国家社科基金重大项目“东西方心灵哲学及其比较研究”
（项目批准号12&ZD120）研究成果

华大“韦卓民哲思”文丛

丛书主编/高新民　毛华兵

东西方心灵哲学及其比较研究

中国心灵哲学论稿

高新民　邢起龙　杨足仪/著

科学出版社
北京

内 容 简 介

本书试图用标准的心灵哲学框架解读中国心灵哲学，并构建其学科体系，针对中外的中国心灵哲学研究中存在的不足，基于对第一手资料的掌握和细致分析，对中国心灵哲学的历史、主要问题、代表性理论、实质、特点和主要贡献，特别是在心理语言、民间心理学、心灵观、心身问题、他心知、自我、自我意识、意向性、感受性质、天赋心灵（心性）、心灵的价值性维度等问题上的建树，分别作了全面而深入的探讨，对蕴涵在汉传佛教、藏传佛教和竹简文献中的心灵哲学思想作了耙梳和探讨，为心灵哲学的学科体系建设作了尝试性的探讨。

本书认为，中国哲学中占主导地位的心灵哲学是价值性心灵哲学，但也有求真性心灵哲学，其中有一部分具有现代意义，值得发扬光大，如其包含的反二元论或超二元论思想、非实体主义、非中心主义、宽心灵观、特种形式的具身性思想等。

本书可供哲学研究者、哲学教学工作者及哲学专业的本科生和研究生阅读参考。

图书在版编目（CIP）数据

中国心灵哲学论稿/高新民，邢起龙，杨足仪著. —北京：科学出版社，2020.4
（华大“韦卓民哲思”文丛.“东西方心灵哲学及其比较研究”系列）
ISBN 978-7-03-064717-7

Ⅰ.①中… Ⅱ.①高… ②邢… ③杨… Ⅲ.①心灵学-研究-中国 Ⅳ.①B846

中国版本图书馆 CIP 数据核字（2020）第 046794 号

丛书策划：刘 溪
责任编辑：邹 聪 刘 溪 张 楠/责任校对：贾伟娟
责任印制：吴兆东/封面设计：黄华斌

科学出版社 出版
北京东黄城根北街 16 号
邮政编码：100717
http://www.sciencep.com
北京厚诚则铭印刷科技有限公司印刷
科学出版社发行 各地新华书店经销
*
2020 年 4 月第 一 版 开本：720×1000 B5
2025 年 2 月第三次印刷 印张：64 1/4
字数：990 000

定价：298.00 元

（如有印装质量问题，我社负责调换）

华大“韦卓民哲思”文丛

编　委　会

总　序

“华大‘韦卓民哲思’文丛”是为纪念和发扬韦卓民科学精神、展现华中师范大学哲学一级学科原创性学术成果而组织策划的。

本丛书以韦卓民先生的名字命名，是因为他用他的生命实践成功、生动地诠释了难得而又最为我们华中师范大学哲人、我们时代所需要的科学或学术精神。

韦卓民（1888—1976）生于广东中山县的一个茶商家庭，是我国现代著名的哲学家、翻译家、教育家和宗教学家，西方哲学史学科的奠基人之一，曾长期担任作为华中师范大学前身之一的华中大学的校长（1929—1951 年）。曾留学于哈佛大学、伦敦大学、牛津大学、巴黎大学、柏林大学等著名学府，1927 年获英国伦敦大学哲学博士学位。20 世纪三四十年代，先生曾三次应邀赴美国长时间讲学，并受聘为耶鲁大学、芝加哥大学、哥伦比亚大学哲学和伦理学客座教授。其所讲的关于中国文化的系列讲座不久以“中国文化之精神”为书名在纽约以英文公开出版。

先生长期的哲学和逻辑研究折射出了一种只在作为民族脊梁的少数知识分子身上才能看到的文化和精神现象。其内隐藏着与“李约瑟难题”“钱学森之问”有异曲同工之妙的“韦卓民难题”。他以自己的人生实践和元方法论层面上的科学哲学探讨对之做了别具一格的回答。反思这些用实践写成的答案有助于我们理解今日知识界的种种反常、异常、异化现象，破解杰出、创新人才培养的重大难题。他的学术实践所诠释的科学精神是，以科学本身为目的，为学术而学术，殚精竭虑地敬重、维护、创新科学文化这一最高的社会价值，不仅不像今天许多人那样把它当作谋取金钱、财富、地位、权力的手段，或只做有利可图的学问，反而只要学术需要就毫不犹豫地奉献自己的一切，生为学术而生，死为学术而死。最为突出的是，他以不可思议的意志和毅力，自己戴着“右派”“反动学术权威”“牛鬼蛇神”等一顶顶可怕的帽子，在经常上五七干校、下农村改造的艰难处境下，完成了令人瞠目的著述和译作。仅逝世前短短二十年时间，就写下了近千万字的文字，其中大多数是一笔一画誊正清晰的完整手稿。最为感人的是，许多作品是在国人对学术不仅不需要反倒嗤之以鼻的背景下写出来的，例如，关于新康德主义和关于《判断力批判》的总批判两篇文章签署的时间地点分别是“1972 年 1 月 12 日政治系宿舍”和“1972 年 1 月 4 日政史连”。他关于黑格尔哲学的 10 多万字的英文稿，签署的时间也是 1972 年。1976 年春天的一天，先生对一位同事说争取在最近把他十分看重的《黑格尔〈小逻辑〉评注》写完。可惜的是，没过几天，他因患感冒而悄然离开了人世。

我们将铭记和发扬先生所践行的学术精神，不断拿出无愧于时代的成果，并通过本文丛陆续推出。

高新民　毛华兵

2019 年 3 月

前　言

中国不仅有自己的特种形式的心灵哲学（价值性心灵哲学，详见后文），而且有自己的可与西方对话、沟通的求真性心灵哲学。这已成为不争的事实，因为尽管围绕着中国有无西方的求真类型的心灵哲学仍有学理上的探讨与争论，但许多人超越这一争论，一直在做着关于中国心灵哲学的挖掘和清理工作，并卓有成效。

自从《左传》等论著中表达了理论化心灵哲学思想以后，中国一方面开始了心灵哲学自身的历史进程，另一方面开始了对中国心灵哲学的学术史研究。当然，用规范的心灵哲学眼光来反观，则中国的心灵哲学研究始于 20 世纪 90 年代。尽管此前诞生了许多论著，如杜预、孔颖达、朱熹等各家对《左传》的注解，以及现代的钱穆等所写的专门著作，但由于缺乏心灵哲学的视角和概念框架，因此其并不是真正的心灵哲学研究。20 世纪 80 年代出版的刘文英的《中国古代意识观念的产生和发展》一书是一个新的开端，李似珍的《形神・心性・情志——中国古代心身观述评》一书以及许多学者在用新的心灵哲学框架反观中国心灵哲学等方面取得了重要进展。国外对中国心灵哲学的了解和关注至少在近代就开始了，西方的传教士既在中国传播了西方的哲学，又把中国的哲学带回了本国。著名哲学家莱布尼茨、伏尔泰等都从这些来自中国的思想中受益，进而在此基础上，不仅予以研究，而且从中吸取营养。

当然，从规范心灵哲学的视角看，对中国心灵哲学的研究则是最近 40 年的事情，不仅研究的人数众多、成果众多，而且主流心灵哲学家都介入了这一研究，如舒梅克（S. Shoemaker）、格雷厄姆（A. Grahman）、施瓦茨（B. Schartz）等。特别值得一提的是美国哲学家弗拉纳根（O. Flanagan）。他是杜克大学的哲学系教授，主要研究心灵哲学、认知科学、比较哲学和道德心理学。他的许多著作被译成韩、日等文字，他本人被香港城市大学等多所大学聘为教授，曾获得富布莱特研究奖（Fulbright Research Award）。其代表作《道德之端与自然目的论：21 世纪道德心理学遭遇中国传统哲学》（*Moral Sprouts and Natural Teleologies: 21st Century Moral Psychology Meets Classical Chinese Philosophy*）提出，孟子的四端学说是最早的道德模块学说。难得的是，他是在西方倡导和开展价值性心灵哲学研究的拓荒者，强调离开了心灵哲学就不可能充分说明包括幸福、快乐和道德在内的一切价值性问题。因为只有心灵哲学的求真性的研究才能说明这些价值现象的内在心理原因，而孟子的思想为此提供了启示。弗拉纳根的《菩萨脑：自然化的佛教》（*The Bodhisattva's Brain: Buddhism Naturalized*）一书除了研究了自我、无我等经典心灵哲学问题之外，还对佛教的价值性心灵哲学做了独到的阐发。他还就广泛的心灵哲学发表了大量的论著，对中国心灵哲学特别是藏传佛教的心灵哲学以及儒家与亚里士多德的异同等都做了较深入的研究。许多西方学者如泰恩斯（J. Taynes）等发挥他们长于语言分析的优势，对中国的心理语言及其所隐含的心灵观念做了耐人寻味的研究。印度学者最近 20 年也开始了对中国心灵哲学的研究，并取得了一些成果。例如，拉奥（K. R. Rao）的《意识研究：跨文化的视角》（*Consciousness Studies: Cross-Culture Perspectives*）（2002 年）及其所附的参考文献就从一个侧面反映了印度的中国心灵哲学研究的成绩。保尔（D. Paul）在《中国六世纪的心识哲学——真谛的〈转识论〉》（*Philosophy of Mind in Sixth-Century China: Paramartha's "Evolution of Consciousness"*）一书中，以真谛心灵哲学为研究个案，探讨了唯识学说在中国早期的发展历程和思想内核。保尔不但非常熟悉西方心灵哲学，这表现在其能够熟练掌握和使用西方心灵哲学的一套标准术语，如意向性、感受性质、心理内容等，而且在承认东方有心灵哲学的基础上，用西方心灵哲学的标准范式考释东方心灵哲学，用西方心灵哲学的标准术语解释和重构中国法相唯识宗的心灵哲学思想。通过这种重构和解释，保尔指出，真谛通过对语言的关注切入了意向性问题，认为解决问题的关键在于将心灵与其对象统一起来，而非西方心灵哲学所执着的二者间的对立。意向行为应当被看作是一个统一的结构，支撑着意向对象的主体与被意向的对象。这种见解通过语言哲学和心灵哲学的结合为解决意向性问题提供了新的思路[①]。在这一领域有建树的人还有很多。例如，著名汉学家格雷厄姆写过大量关于中国心灵哲学

① [美]保尔：《中国六世纪的心识哲学——真谛的〈转识论〉》，秦瑜、庞玮译，上海古籍出版社 2011 年版，第 4-6、59-77 页。

的论著，其中主要有 1964 年的《理性在中国哲学传统中的地位》（*The Place of Reason in the Chinese Philosophical Tradition*）[①]等；马可斯（J. Marks）等汇编了研究亚洲情绪理论的论文集[②]；施瓦茨 1985 年出版了《中国古代的思想世界》（*The World of Thought in Ancient China*）[③]。美籍华裔学者刘纪璐（Jee Loo Liu ）也值得一提。她是美国加利福尼亚大学哲学系教授，著作宏富，研究旨趣在于构建“分析的中国哲学”，比如中国形上学、儒家道德心理学。她曾与约翰·佩里（John Perry）合编了《意识与自我：新论文集》（*Consciousness and the Self: New Essays*），该书从一个侧面展示了西方自我的心灵哲学和比较研究的最新走势及成果；她还与道格拉斯·伯杰（Douglas Berger）合作出版了《亚洲哲学中的无》（*Nothingness in Asian Philosophy*）一书。她对中国心灵哲学所做的最富当代气息的工作是对“气”之类的范畴进行了自然化，并别出心裁地提出了气-自然主义（qi-naturalism）。美国汉学家、斯坦福大学哲学系教授尼维森（D. S. Nivision）的《儒家之道：中国哲学之探讨》（*The Ways of Confucianism: Investigations in Chinese Philosophy*）虽然是一本关于中国全部哲学的导论性的书，但其中有大量从西方的视角对中国心灵哲学的分析。美国汉学家陈汉生（Chad Hansen）在对中国哲学进行全面

① Graham A. “The place of reason in the Chinese philosophical tradition”. In Dawson R (Ed.). *The Legacy of China.* Oxford: Oxford University Press, 1964: 28-56.

② Marks J, Ames T, Solomon C (Eds.). *Emotions in Asian Thought.* New York: State University of New York Press, 1995.

③ Schartz B. *The World of Thought in Ancient China.* Cambridge: Harvard University Press, 1985.

深入研究的过程中，对中国心灵哲学的诸多方面也做了创造性的研究，发表了大量论著，如《中国思想的道家学说：一种哲学解释》(*A Daoist Theory of Chinese Thought: A Philosophical Interpretation*)、《理解中国人的心灵》(*Understanding the Chinese Mind*)、《心灵中的语言》(*Language in the Heart-Mind*)①。英国金斯顿大学教授克拉克（J. J. Clark）的代表作《东方启蒙：东西方思想的遭遇》（*Oriental Enlightenment: The Encounter Between Asian and Western Thought*）是一本中西方对话的通论性著作，不仅讨论了中国心灵哲学，而且还包含有大量关于中西方心灵哲学比较研究的内容，引用率很高。另外，澳大利亚哲学家阿尔巴哈里（M. Albahari）以研究形而上学、认识论、心灵哲学和东西方哲学见长，但对中国心灵哲学也有一定涉猎，如围绕佛教的自我、意识理论等发表了十几篇论文。最令人感兴趣的是英国著名生物学和人类学家克鲁克（J. Crook）。他是中国台湾圣严法师的第一位西方传法弟子、中华禅法鼓宗的法子，其对中国心灵哲学研究的成果主要反映在论文集《心灵中的空间：东西方心理学与当代佛教》（*Space in Mind: East-West Psychology and Contemporary Buddhism*）中。无独有偶，热心于心灵哲学的著名脑科学家、认知神经科学家理查德·戴维森（Richard Davidson）对藏传佛教情有独钟，不仅从认知神经科学角度展开了研究，而且醉心于禅定实践，多年

① Chad H. "Language in the heart-mind". In Allinson R (Ed.). *Understanding the Chinese Mind—The Philosophical Roots.* Oxford: Oxford University Press, 1989: 1-25.

来坚持不断，且达到了较高的修证境界。其最有特色的工作，一是研究藏传佛教的心灵哲学，二是把禅定及其所伴随的心理现象当作心灵哲学的课题来研究，成果突出，发表了大量关于禅定与意识的神经科学的论著。其最令人深思的思想是，认为禅定为神经科学研究心理现象提供了难得的契机，因为以禅定功夫高的人为研究对象，可较好地解决以往的被试者无法控制自己的心理、无法对其予以准确而清楚的描述的弊端，另外对禅定中出现的觉照现象的研究有助于更好地认识意识的本质（明性或自身性或原始、核心自我意识）与结构，如此等等。

中国不仅有真正的心灵哲学，而且它在中国哲学中还占据着十分重要而关键的地位。如果不理解中国哲学家关于心灵的理解和理论，就没法真正理解中国以“生命”为中心的哲学。牟宗三先生说：“中国哲学以‘生命’为中心……二千多年来的发展，中国文化生命的最高层心灵，都是集中在这里表现……对于以‘生命’为中心的学问没有相应的心灵，当然亦不会了解中国哲学。”[①]

研究中国心灵哲学不仅有重要的思想史意义，而且对解决当今心灵哲学所面临的困境有不可多得的重要帮助。众所周知，在西方现当代心灵哲学中，对心灵本质的研究陷入了成果多而进展少的尴尬境地。要予以消解，其必要条件之一是，对心理个例、样式及其性质做尽可能全面的描述现象学研究，尽量不遗漏心理样式

① 牟宗三：《中国哲学的特质》，上海古籍出版社 1997 年版，第 6-7 页。

和个例，尤其是典型样式，否则在抽象心的一般本质时就会犯以偏概全的错误。这里可从四方面开展工作：一是探讨心与非心的区分标准。二是运用描述现象学方法或类似于地理大发现的方法，对共时存在的一切心理样式及其性质，进行心理个例的“普查”，尽可能全面地弄清心的表现形式，乃至建立关于一切心理个例的库存清单，至少查明典型的心理样式。三是对表层心理后的深层心理做进一步的勘探和挖掘。根据麦金（C. McGinn）等的最新研究和佛教心灵哲学的认识，无意识心理还不是心理世界的底层，其后还有隐结构和更深的自我等，如有七识、八识、九识、十识，有识精和真心等。[①]四是关注长期尘封的东方心灵哲学宝藏。随着对心灵认识的深入和比较心灵哲学研究的推进，包括西方学者在内的许多有识之士都认识到，仅靠西方心灵哲学是不足以解决心灵哲学的全部问题的。就心理个例和范围的描述性研究来说，东方心灵哲学在这一领域确实做了大量足以弥补西方之不足的工作。它关注的心理范围之大、涉及的个例之多都超过了西方。这不难理解，因为东方心灵哲学不仅有像西方一样的对心之体、心之本质的探讨，而且还特别热心从价值角度探讨“治心”的问题，而要如此，就一定会如实考察人身上现实表现出来的各种心理状态，并比较它们对人的利害，以供人们在“治心”时选择。为此，佛教关注和考察过的心理现象号称有84 000种之多，仅欲望就有750

① McGinn C. *The Mysterious Flame*. New York: Basic Books, 1999: 145-155.

种，其中有许多是不曾为西方人所知的，如无为心、戒心、定心等[①]。中国心灵哲学在这方面也有不凡的表现，例如，它对心、性、情、志、才、精、气、神、魂、魄等的挖掘和探讨就极具特色。尽管它对其所做的解释、对其本质的揭示以及由此而建立的心理图景还值得研究，但所造出的这些词绝不是无病呻吟，而是有其真实的且不能为其他心理语言所涵盖的所指。

中外对中国心灵哲学的研究尽管方兴未艾，成绩斐然，但冷静品析，至少可看出两大问题：一是基于对心灵哲学划界标准的宽泛或“自由主义”理解，把中国思想史上一切关于心灵的认识都看作是中国的心灵哲学，甚或想当然地构建其体系。很显然，由此出发而建构出来的中国心灵哲学必然与常识心理学以及作为具体科学的心理学难以划清界限。二是基于对心灵哲学的紧缩或“沙文主义”理解，只承认分析传统的心灵哲学是真正意义的心灵哲学，据此又把中国心灵哲学限制在十分狭小的范围。笔者认为，要挖掘和建构关于中国心灵哲学的思想，首先必须正确回答心灵哲学的划界标准这一前提性问题。对此，笔者在本丛书的《西方心灵哲学及其最新发展研究》一书中已做了探讨。在本书中，笔者将以自认为标准或规范的心灵哲学框架来挖掘、解读中国的心灵哲学。

笔者对中国心灵哲学展开“标准或规范”的研究的冲动还来源于对其内所隐藏的“李约瑟难题”的忧思。这一难题的表观是17世纪以前，中国心灵哲学领先于西方心灵哲学，在后来，它的

---

①《大乘悲分陀利经》卷5、卷7，《大正藏》第3册，第266、279页。

确掉队了，而且差距越拉越大。在古代，中国占主导地位的心灵哲学是价值性心灵哲学，但也存在着可与西方对话的视界、问题域和内容，如对形神关系的探讨等。中国也有求真性心灵哲学，其中有一部分具有现代意义，值得发扬光大，如它包含的反二元论或超二元论思想、非实体主义、非中心主义、特种形式的具身性思想；它还有值得小心对待、值得用科学方法去研究且可能有真理性元素的问题和思想，如关于形、气、精、神、心、意的大量探索等。中国心灵哲学最有特点、最宝贵的内容是关于心、性、情的讨论。这些都是我们的先哲对世界心灵哲学所做的宝贵贡献。然而遗憾的是，17 世纪以降，很难再在中国哲学中看到这样的贡献。

最近 30 年，这种状况尽管有所改变，如取得了有目共睹的成绩……但已有的研究即使是与印度相比也有许多不足，如缺乏对心灵哲学以及西方心灵哲学的实质与特点的到位理解。就国内已有的数量上极为可观的成果来说，学者对中国心灵哲学侧重于境界型或价值论方面的内容研究较多，而对可以与西方心灵哲学对话和贯通的内容，如意向性、意义、人格同一性、有我无我问题、具身性意识、人的心物二分或超二分的问题等，关注不够，或缺乏足够的研究。西方或印度学者对中国心灵哲学的研究尽管有规范的心灵哲学和比较研究的视角，但由于文化的差异、理解前结构中的问题等，因此，其对中国心灵哲学的理解尚存在着不到位、不精准和疏漏等问题。

鉴于上述问题，本书将在全面、深入了解西方和印度心灵哲学（尤其是前者）的历史发展、主要研究领域及成果、前沿焦点问题及其争论、跳动脉搏与最新走向的基础上，着力解决如下问题：第一，《尚书》《诗经》等文献已记载了先民关于心灵、魂魄的认识，甚至在甲骨文中就出现了表示魂魄的字（如“白”等）。这些说明：至少在这些字出现的时候，中国人就已开始了对心的认识。但有对心的认识，并不等于说就有心灵哲学产生和存在。因此，必须探讨的问题是对心的常识认识与真正的心灵哲学的本质区别是什么？心灵哲学起源和存在的标准是什么？中国心灵哲学的历史起点和逻辑起点如何确定？具体是怎样起源的？其演变发展的一般进程是什么？第二，在弄清中国心灵哲学的问题域的基础上，比对西方心灵哲学的问题域，一方面探讨中国心灵哲学对共同性的心灵哲学问题的解答，另一方面探讨中国有个性的心灵哲学问题及其解答。第三，由于心灵哲学本身的复杂性，加之各民族都有自己的特殊资源和智力优势，因此中国心灵哲学应当且也能够为世界心灵哲学的宝库贡献自己的真理颗粒。本书将在全面研究中国心灵哲学的基础上，着力探寻其中所隐含的、有助于推动世界心灵哲学发展的合理思想。第四，将中国心灵哲学置于跨文化比较背景下，揭示中国心灵哲学的共性和个性。当然，必须同时说明的是，由于中国心灵哲学博大精深，加之它目前还是一片待开垦的荒漠，因此本书在重构中国心灵哲学的内容和结构时，将本着突出重点的原则，把着力点放在对各家各派关于心灵哲学诸问题的共时性回答的考释之上，而在一些问题上可能暂时避开对诸理论、学说的历时性探讨和源流分析，有时受篇幅限制可能只考释有关派别、人物对某一问题的趋同的回答，而略去对它们的差异和争论的考据、追溯和分析。

目　录

第二篇 求真性心灵哲学

第三篇 价值性心灵哲学

第一篇

中国心灵哲学的一般问题

心灵哲学有这样一个元问题，即如何判断一种哲学理论是不是心灵哲学理论。对此，有“沙文主义”、自由主义和折中主义等多种不同看法。笔者认为，要找到这样的判断标准，只能以西方典型心灵哲学家的典型的心灵哲学研究实践和理论概括为依据，然后辅之以东方心灵哲学的理论和实践。根据这样的理解，笔者认为，心灵哲学有两大论域：一是以究心之体、心之本来面目为目的的求真性心灵哲学；一是以究心之对于做人成圣的无穷妙用为主旨的价值性或解脱论性质的心灵哲学。

一般认为，西方心灵哲学属于前者，中国心灵哲学属于后者。笔者认为，中国哲学除了有自己的带有明显价值论倾向的心灵哲学之外，也有以心本身的存在、构成要素、结构功能、本质以及心与身的关系为对象的知识性或求真性心灵哲学。之所以是这样，根本原因在于除了中国哲学也服从于求知、求理解的动机之外，还在于对心的潜在价值资源的挖掘离不开对心本身的认识。综观中国古代的求真性心灵哲学，我们可以自豪地说，中国在近代以前，这一类型的心灵哲学，无论是在内容的丰富性上，还是在认识的深度上，与西方相比是有过之而无不及的。我们在心灵哲学上的落伍，主要是 17 世纪以后的事情。

本篇的主要任务是想就中国心灵哲学的一般性理论问题及其所牵涉的元心灵哲学问题做一些抛砖引玉的探讨，以为后面对中国心灵哲学具体内容的具体考释做一铺垫。

第一章

中国心灵哲学的动机、形态与特质

“中国心灵哲学”作为一个概念已得到了中外学术界的认可，但作为心灵哲学中的一个子学科尚在探讨和建设之中。本书的目的就是要为这一学科的建设做铺垫和添砖加瓦。笔者认为，当务之急是要用描述性现象学的方法，将中国心灵哲学的“家底”弄清楚。而要如此，又必须在形成对心灵哲学的划界标准问题的正确理解的前提下，结合对历史文献资料的研究，探寻中国心灵哲学的历史、逻辑起点、动机、形态和特质，进而获得关于中国心灵哲学的整体把握。由于常识心理学是当今心灵哲学的热门话题，加之中国有丰富而独特的原始灵魂观念和常识心理学，同时它又是中国理论化心灵哲学的一个源头，其所创设的“心”“灵魂”之类的语词、概念是后来心灵分析和探究的出发点，因此我们的探讨将从考释常识心理学中“心”的概念以及后来衍生的有关概念开始。

第一节 “心”的概念的复杂性

在许多方面，中国心灵哲学比西方心灵哲学要复杂得多。例如，就作为心灵哲学之主要对象的“心”的概念来说，中国没有建立与身、物对立的统一的“心”概念。首先，这表现在，“心”在许多情况下是不包含魂、魄、神、意等概念的，它们之间有并列或交叉的关系。这样一来，中国心灵哲学所面对的基本概念就不是统一的“心”，而是许多带有自己特定本体论地位和性质的实在，如心、魂、魄等。其次，即使撇开魂、魄、神、精等中国心灵哲学所“发现”的与心有时有并列关系的心理实在，仅就“心”一词而言，它在日常用法中就有多种不同的所指，有些所指之间没有内在的统一性或关联，甚至指的是风马牛不相及的对象。质言之，它的每种用法指的其实是一种特定的实在或现象。例如，“天地之心”、“肉团心”、心脏之心（人身血液流动的中心）与心理学意义上的“心”就没有太大的关联。为了说明心的概念的复杂性、多样性，这里拟考释几篇重要文献对“心”一词的运用。

20 世纪 90 年代出土的竹简《凡物流形》中包含了丰富的心灵哲学思想，所述的“心”除了指作为身体器官的心脏之外，至少还有这样几种用法：①心者，身之君也，即作为人身主宰的心；②“心不胜心”，前“心”指正义之心，后“心”指杂染之心；③“少彻心”，指一种心能战胜另一种心，如“心如能胜心，是谓少彻”[①]。这里的“少”也可释读为小，“彻”可理解为通达、彻悟，因此，心灵经转化而达到的境界也可称作“少彻心”[②]。王中江先生还根据《凡物流形》和东周子学的其他经典关于心的用法，认为这一时期的“心”一词有四种所指：一指不同于五官的能思的器官；二指认知性思维活动及意识；三指后天合理或不合理的意识和意志；四指先天的道德本心。[③]

再看另一竹简文献《性自命出》中的“心论”。该文章可看作中国理论化心灵哲学最早、最重要的作品之一。王中江说：“作为迄今发现的孔子之后、孟子和荀子之前的儒家言说人性、人情和人心的典型作品，它们的发现和公布使我们第一次看到了儒家人性论和心灵哲学比较早的完整表现和形态。”[④]它所说的“心”引出了多种不同的解释。尽管学界对此研究得很多，但其所说的“心”究竟指什么，仍莫衷一是。概括说，有这样几种理解：一是指人身上的激活性动力；二是指介于情、性之间，但对它们有制约作用的力量，指自我操持的作用；三是指在不同语境下，“心”有不同的所指，例如，有时指人的自然而有的心，有时指因

① 王中江：《简帛文明与古代思想世界》，北京大学出版社 2011 年版，第 100 页。
② 王中江：《简帛文明与古代思想世界》，北京大学出版社 2011 年版，第 100 页。
③ 王中江：《简帛文明与古代思想世界》，北京大学出版社 2011 年版，第 99-100 页。
④ 王中江：《简帛文明与古代思想世界》，北京大学出版社 2011 年版，第 181 页。

教化而有的心。有这样的说法："其用心各异，教使然也。"[①]笔者认为，第三种理解较好地反映了该词在文本中的用法及意义。首先，应认识到，它指的是与志、性、身、乐、欲等不同而又有关的一种作用，一种在人身上起主导作用的力量，但又不是绝对高于一切、君临一切的力量。例如，就心与性的关系来说，它们既不同，又有相关性，其表现是，"人之虽有性，心弗取不出"[②]。意为性只有在心发挥作用时，才发挥作用。其次，这种作用在不同的地方发挥，便表现为不同的力量，或以不同的方式呈现出来，这样就表现为不同的心。大致说来，可表现为三种心，即血气情感性之心（如人表现出的喜乐忧等）、道德意志之心[如"（心）欲柔齐而泊"]，以及介于两者之间的思虑之心（如"虑欲渊而毋伪"）。另外，心有时指的是潜在的心理资源，此即潜在的心；有时指的是现实的心，即与对象或"物"发生了关系、让志指向其上的心，例如，"凡人虽有性，心无定志，待物而后作"[③]。

《管子》是中国古代心灵哲学的又一重要代表作。"心"在该书中出现得十分频繁，概括起来，至少有如下用法和所指：①书中说，"心以藏心，心之中又有心焉"[④]，这里就说到了两种心，它们各有自己的组成和功能，例如，前"心"指的是作为器官的心，后"心"即被包藏的心，指的是人的本心，当然主要是作为道德本体、资源、根据以及决定人的道德行为之力量的心，近于弗洛伊德所说的超我或理想的自我；②书中说，"心之在体，君之位也"[⑤]，这里的心，既可理解为上面第二种意义的心，也可理解为作为人的知、情、意的主宰的心，或人们常说的作为"身之君"的心，即理性的、协调本我与超我的自我；③有欲、情之心，例如，书中说，"夫心有欲者，物过而目不见"[⑥]；④作为意、思、知的心，例如，书中说，心中又有心，意以先言，意然后形，形然后思，思然后知，"彼心之心，意以先言"[⑦]；⑤心只是广袤无边且处在生成、开放、发展中的心理世界中的一分子，也就是说，心并未囊括一切心理现象，因为《管子》常把神、精、

① 李零：《郭店楚简校读记（增订本）》，中国人民大学出版社 2009 年版，第 136 页。
②《性自命出》，载荆门博物馆编：《郭店楚墓竹简》，文物出版社 1998 年版，第 180 页。
③《性自命出》，载荆门博物馆编：《郭店楚墓竹简》，文物出版社 1998 年版，第 179-181 页。
④《管子·内业》。
⑤《管子·心术上》。
⑥《管子·心术上》。
⑦《管子·内业》。

意、思、性等与心并用，如“意气定，然后反正”[①]“有神自在身……失之必乱，得之必治”“精想思之，宁念治之”[②]，另外，《管子》所说的心一般不包括感性认识，例如，认为感性认识由五官独立完成，心不干涉视听之事，“官得守其分”[③]，因此就此而言，中国心灵哲学所使用的心的概念比西方心灵哲学有复杂的一面。

《孟子》也是中国心灵哲学的最重要的著作之一，所说的心也有多种用法和指称。例如，就广义的心来说，它包括人的感性心理和理智性心理，前者可称作小体，后者可称作大体。小和大是就其作用而言的，耳、目等器官之所为小体，是因为它们对人只有很有限的作用；而能思之心之所以为大体，是因为它有成就圣人的作用。是故说：“从其大体为大人，从其小体为小人。”[④]就作为大体的能思之心而言，其具体的所指是不一样的，有时指的是作为潜在道德根源、资源的本心，例如，说人没有让此心现实显现，就可说“失其本心”[⑤]。此外，心也可指人的纯理智性、认知性的理性心理，如《孟子》常说的“是非之心”尽管有道德上的作用，但无疑包含人的理智认知作用。再有，书中说到的“一人专心致志”“一人虽听之，一心以为有鸿鹄将至”[⑥]，这里的心显然指的是人的注意力，指的是西方哲学常说的意向性或意指之心。最后，心还可指理、义之类的东西，例如，“心之所同然者何也？谓理也，义也”[⑦]。

中国心灵哲学常说的“天心”尽管主要指自然的“静”“寂然”“不为而物自为，不生而物自生”的“大德”[⑧]，但有时也有心灵哲学的意义，即指人身上出现的一种高级的心理状态，如竹简《成之闻之》说：“（宅）于天心。”[⑨]宅即居住于。如此以天心为寄托、与之同一的状态显然具有心灵哲学的意义。孔颖达也说：“天地非有主宰，何得有心，以人事之心，托天地以示法尔。”[⑩]王阳

①《管子·心术下》。
②《管子·内业》。
③《管子·心术上》。
④《孟子·告子上》。
⑤《孟子·告子上》。
⑥《孟子·告子上》。
⑦《孟子·告子上》。
⑧《周易注疏》，[魏]王弼、[晋]韩康伯注，[唐]孔颖达疏，[唐]陆德明音义，中央编译出版社 2013 年版，第 153 页。
⑨《成之闻之》，载荆门博物馆编：《郭店楚墓竹简》，文物出版社 1998 年版，第 167 页。
⑩《周易注疏》，[魏]王弼、[晋]韩康伯注，[唐]孔颖达疏，[唐]陆德明音义，中央编译出版社 2013 年版，第 153 页。

明（1472—1529，名守仁，字伯安）说得更明白：如果说天地有心，它不过是一个灵明。“可知充天塞地中间，只有这个灵明，人只为形体自间隔了。我的灵明，便是天地鬼神的主宰。天没有我的灵明，谁去仰他高？地没有我的灵明，谁去俯他深？”[①]

对世界心灵哲学做出了不可替代贡献的理学与心学，通过自己对心理世界的“地理大发现”“地质学勘探和挖掘”，无疑在其中有了新的发现，即看到了一般哲学、心理学没有注意到的心理样式，这也体现在它们所用的“心”的概念中。例如，前面提到的王阳明所说的“灵明”就是如此，它指的是一种隐藏极深的心理现象，每个有意识的经验都少不了它，但一般的人又不知道它。它近似于今日现象学所说的前反思自我意识或自身性，也类似于今日心灵哲学的自我论研究中所说的“核心自我”、心的不假反省的自明性。另外，心学所说的“心”极其特殊，尽管它难以把捉，但其所指肯定有本体论地位。其特点在于：第一，它不是肉团心，不是耳眼鼻舌，但又有对它们的一定的依赖性，因为只有“发窍于”“表现于”耳眼等，心才能让视听言动之类的心理现象表现出来。这就是说，心是躯体中“能视听言动的”[②]。第二，心即真心，也可以说就是性或天理，即“汝之真己”[③]。第三，“这个真己，是躯壳的主宰”[④]，视听言动由之而发。第四，此真心又不是视听言动等心理行为的唯一决定因素，因为没有相应的肉体器官，就不会有它们的发生。故说：“汝心之视，发窍于目。”[⑤]余可类推。第五，心主要表现为道德本体或道德的根据、资源。第六，它“通人物，达四海，塞天地，亘古今，无有乎弗具，无有乎弗同”[⑥]。第七，就它与经、道、性、命等的关系来说，是一实多名的关系。换言之，它们作为名称，不外乎是从不同的角度对同一真实本体的不同描述方式。王阳明说：“经，常道也。其在于天谓之命，其赋于人谓之性，其主于身谓之心。心也，性也，命也，一也。”[⑦]

大致来说，中国心灵哲学中所说的“心”至少有如下用法和所指：①指心脏，

---

① [明]王守仁：《王阳明全集（上）》，吴光、钱明、董平等编校，上海古籍出版社2012年版，第109页。
② [明]王守仁：《王阳明全集（上）》，吴光、钱明、董平等编校，上海古籍出版社2012年版，第32页。
③ [明]王守仁：《王阳明全集（上）》，吴光、钱明、董平等编校，上海古籍出版社2012年版，第32页。
④ [明]王守仁：《王阳明全集（上）》，吴光、钱明、董平等编校，上海古籍出版社2012年版，第32页。
⑤ [明]王守仁：《王阳明全集（上）》，吴光、钱明、董平等编校，上海古籍出版社2012年版，第32页。
⑥ [明]王守仁：《王阳明全集（上）》，吴光、钱明、董平等编校，上海古籍出版社2012年版，第214页。
⑦ [明]王守仁：《王阳明全集（上）》，吴光、钱明、董平等编校，上海古籍出版社2012年版，第214页。

从词源和本义上说，“心”一字即心脏的象形字，《说文解字》云，“心，人心，土藏，在身之中，象形”[①]；②有“本根”“中心”“关键”“核心”之意，王弼（226—249）所说的“天地虽广，以无为心”[②]中的心即有此意，这种心没有心灵哲学意义；③思维的器官，如孟子“心之官则思”[③]，这种心即认知活动的主体，古代常把这种意义上的心称作“灵台”“神舍”；④道德观念的意义，如“丧心病狂”中的心指的是良心、道德之心；⑤行动的决定因素、道德行为的主体，相当于自由意志，孔子说，“七十而从心所欲，不逾矩”[④]，竹简《五行》中所说的能役使眼、耳、鼻、口、足、手六方面的心也是这种心，例如，“六者为心役”，“心也者，悦仁义者也”[⑤]，此心最宝贵，故可说“心贵”；⑥指心中潜在的道德资源，如仁、义、礼、智、信“五常”，孟子所说的“尽心、知性、知天”中的心、性就是这个意义上的心；⑦董仲舒（前179—前104）等所说的“天心”，有时指一种境界之心，圣人有这样的心，其特点是执玄德于心，人心照着天心讲，而与天地、日月、四时和合；⑧中国化佛教所说的心，有时指真心，有时指妄心，真心即万物之体，妄心即每个人当下能感知到的现象性心理；⑨心学中所说的“心”指的是“良知”“理体”，王阳明说，“心之虚灵明觉，即所谓本然之良知也”[⑥]，“良知者，心之本体”[⑦]；⑩心的最广泛的一种用法就是泛指一切心理现象，甚至包括魂、魄、神等，这种用法在近代以后尤其是现在十分常见。

“心术”是与“心”有关的、中国心灵哲学独有的范畴或研究课题。从特定的意义来说，尽管它有有限的意义，但却带有重要的、普遍的心灵哲学意义，值得关注。这一概念在古代许多文献中被大量使用，例如，《管子》专门列有《心术》篇，《性自命出》也使用过此概念。这一概念的出现表明中国古代已出现了真正的心灵哲学。之所以如此，是因为这一概念及其所引发的研究已表明中国古人已从哲学高度把心作为对象加以研究。王中江说：“‘心术’这一概念的出现，

---

① [东汉]许慎：《说文解字·心部》。

②《老子》，[曹魏]王弼注，首都经济贸易大学出版社2007年版，第28页。

③《孟子·告子上》。

④《论语·为政》。

⑤ 转引自陈来：《竹帛〈五行〉与简帛研究》，生活·读书·新知三联书店2009年版，第175页。

⑥ [明]王守仁：《王阳明全集（上）》，吴光、钱明、董平等编校，上海古籍出版社2012年版，第41页。

⑦ [明]王守仁：《王阳明全集（上）》，吴光、钱明、董平等编校，上海古籍出版社2012年版，第54页。

表明古代‘心’面向自己思考的意识达到了一个新的高度。”①

“术”是一个用法极为广泛的词：第一，指道路。《说文解字》云：“邑（城）中道也。从行，术声。”②尤指大道的派生道、分叉，例如，《墨子·旗帜》云：“巷术周道者，必为之门。”③何晏（？—249）《景福殿赋》云：“出此入彼，欲反忘术。”④第二，指技艺。例如，《孟子·公孔丑上》云：“术不可不慎也。”⑤《礼记·乡饮酒义》云：“德也者，得于身也。故曰：古之学术道者，将以得身也。”⑥第三，指法、法律、法令，如古人常说“立术”“正术”。第四，指办法、策略。第五，指学说、主张，如常说的道术、道业。《晏子春秋·内篇·杂上》云：“言有文章，术有条理。”⑦第六，通“述”，如述说、阐述。“心术”中的术主要指道、道路、途径，即心的最好、最合适的住处、安顿处。质言之，心的本然状态，能带来心的无穷妙用的体或道。从这个角度使用“术”一词，在中国古代哲学中很常见，例如，常说的“道四术”，指的就是造就人才的四种道路、途径。“四术”即《诗》《书》《礼》《乐》四种经术。《礼记·王制》曰：“顺此四术，而教以成是士也。”⑧

《管子》等经典在讨论心术时，所说的“术”除上述道路、途径等意之外，还有更深一层的意趣。先看《管子》对“心术”一词的用法及语境表述，然后再来品味其包含的奥义。“心之在体，君之位也；九窍之有职，官之分也。心处其道，九窍循理。嗜欲充益，目不见色，耳不闻声。故曰：上离其道，下失其事。毋代马走，使尽其力；毋代鸟飞，使弊其羽翼；毋先物动，以观其则。动则失位，静乃自得。”⑨接着，该书对“心之在体，君之位也；九窍之有职，官之分也”做了这样的解释和发挥：“耳目者，视听之官也，心而无与于视听之事，则官得守其分矣。夫心有欲者，物过而目不见，声至而耳不闻也。故曰：‘上离其道，下失其事。’故曰：心术者，无为而制窍者也。故曰：‘君。’”⑩很显然，这

① 王中江：《简文明与古代思想世界》，北京大学出版社 2011 年版，第 197 页。
② [东汉]许慎：《说文解字·行部》。
③《墨子·旗帜》。
④ [东汉]何晏：《昭明文选·景福殿赋》。
⑤《孟子·公孙丑上》。
⑥《礼记·乡饮酒义》。
⑦《晏子春秋·内篇·杂上》。
⑧《礼记·王制》。
⑨《管子·心术上》。
⑩《管子·心术上》。

里探讨的是心的管理、心的正解的道的问题，当然也涉及心与身或窍（即人身上的九个出入通道，如两眼、两耳等）的关系问题，以及如何“制窍”、如何管理自己的身体使之进入它的最佳状态的问题。具言之，怎样安心才能让心合其道、合其本然状态而不违反其本性，进而让“下面”不失其事？什么是心的最佳、最应进入的状态？怎样才能进入这样的状态？很显然，这里探讨的主要是价值性心灵哲学的问题，但同时又预设了求真性心灵哲学的问题。因为要回答前一类问题，必须要提出和探讨后一类问题，例如，心是否存在，以什么形式存在，其本质、结构和可能的功能是什么，心是否具有可调节性、可塑性，心的体性、本然状态是什么，等等。《管子》涉及了这些问题，当然可以说它对心的思考的意识达到了一个新的高度。不仅如此，它也做了对后世产生了持久影响的回答，如“心术者，无为而制窍者也”①，意为心的道或体就是无为，就是静。唯其如此，则“心处其道，九窍循理”②。反之，“上离其道，下失其事”③。

除此之外，“心术”还有其他的用法与意义，例如，可指心中的、依赖于身体的像言与行一样的作用方式。明代心学家蔡清说：“心术言行，身之精也。”④另一种用法是指与“舍”相对的由心气之道而出的神明。《鬼谷子》云：“术者，心气之道所由，舍者，神乃为之使。”⑤这就是说，术是相对于“舍”而言的。“舍”即可停留的地方，主要指与感官有关的 12 种心理现象，如“目见色，耳闻声，鼻受香，口知味，身觉触，意思事”⑥，亦即佛教说的六根与六尘（境）。“根境互相停舍，故曰十二舍。”⑦它们由心所操控，能表现神明，故说可为神“使”。而术就是由心气之道流溢出来的神明。神明源于道，故说“道者，神明之源也”⑧，而神明就是心的“术”或妙用。还有一种用法见于《礼记·乐记》中，这里的术

① 《管子·心术上》。
② 《管子·心术上》。
③ 《管子·心术上》。
④ ［明清之际］黄宗羲：《明儒学案（下）》，沈芝盈点校，中华书局 2008 年版，第 1095 页。
⑤ 《鬼谷子》，［南朝梁］陶弘景注，载胡道静、陈莲笙、陈耀庭选辑：《道藏要籍选刊（五）》，上海古籍出版社 1989 年版，第 806 页。
⑥ 《鬼谷子》，［南朝梁］陶弘景注，载胡道静、陈莲笙、陈耀庭选辑：《道藏要籍选刊（五）》，上海古籍出版社 1989 年版，第 806 页。
⑦ 《鬼谷子》，［南朝梁］陶弘景注，载胡道静、陈莲笙、陈耀庭选辑：《道藏要籍选刊（五）》，上海古籍出版社 1989 年版，第 806 页。
⑧ 《鬼谷子》，［南朝梁］陶弘景注，载胡道静、陈莲笙、陈耀庭选辑：《道藏要籍选刊（五）》，上海古籍出版社 1989 年版，第 806 页。

指的是心与物发生关系时表现出来的作用，就此而言，心术是心的带有现象学性质的构成及作用，如该书说：“夫民有血气心知之性，而无哀乐喜怒之常；应感起物而动，然后心术形焉。”①

第二节　“心”的特殊地位：圣人千言万语不出一个“心”字

在本书接下来的论述中，如无特别说明，为了叙述的方便，我们将把“心”理解为足以包括“魂”“魄”“神”等一切心理个例、样式的最广泛的心理概念，至于内部诸心理样式、个例的关系，留待后面再予讨论。首先值得特别一提的是“心”不仅早就成了中国有关学术关注的一个对象，而且被拔高到无以复加的地位，如被看作是“体”“本”“宗”“主”。如果说身、国有同构的一面的话，那么心在全部人体中的地位恰如君主在一国的地位。因为无论是修齐治平，还是认识世界、追求真理，“心”都是名副其实的“牛鼻子”，是能让“目”得以张开的“纲”，只要纲举，目便随之而张。同样，只要认识了心、管好了心，则可无事不办。

“心”之所以如此重要，一是因为它本身有无穷奥妙，此奥妙不仅与宇宙的奥妙连在一起，而且是奥妙中之奥妙，是奥妙之根，因此心是穷究天人之奥时必须关注的关键课题。只要认识心，就能如实认识世界。因此道教说“心为道宗，心为祸本”②，一切源于心。二是因为它是一切价值之源，例如，不仅是真之源，而且是善、美、福、吉、安、乐的根源。因此心是真正的“大本”。这里的心当然是作为心之本体的心，或道学、儒学和中国化佛教所说的“真心”。朱熹说：“自古圣贤皆以心地为本。圣贤千言万语，只要人不失其本心。”③修身齐家治国平天下，必须先识心、安心。例如，心既是道德之根，又是千变万化的根源，“迎接酬酢，千变万化，无一而非本心之发见”④。

正因为心有如此的重要性，所以中国哲学各家各派都不谋而合地将心放到最

①《礼记·乐记》。
②［唐］杜光庭：《太上老君说常清静经注》，载胡道静、陈莲笙、陈耀庭选辑：《道藏要籍选刊（三）》，上海古籍出版社1989年版，第28页。
③［南宋］黎靖德编：《朱子语类（一）》，王星贤点校，中华书局1986年版，第199页。
④［明］周汝登：《周汝登集（下）》，张梦新、张卫中点校，浙江古籍出版社2015年版，第756页。

高、最重要的地位来加以探讨。就主流的儒释道而言，它们要解决的问题是如何去凡成圣的问题，即都以建立圣学为出发点和旨归，而要解决这类问题，就必须进到“心”这一本源处。它们一致认为，人做得如何、能否去凡成圣，取决于心调制得如何、开发得如何。张载（1020—1077）的“大心说”最有代表性，认为圣人即有大心（视天下无一物非我）之人，而世人之心为闻见所制约，因此凡圣的差别只是心的状态上的差别。再如，要想治国平天下，根据中国心灵哲学，只要治好心就能如愿。即使是对于古代法家来说，心治也是比法治更为根本的大治，因为依法治国依赖于“以法治心”。先秦法家如慎到、商鞅等认为，现实的人心都是“奸伪之心”[①]。基于这一判断，他们提出了自己的治国理论，强调治国必先治心，治心必须依法而治，即“以法一心”“以法教心”。不难看出，法家的心性论或人性论以及与之相匹配的管理理论就是今日管理学的“经济人假说”。它是建立在对人心的悲观的看法的基础上的。

再就做人来说，修心是完满人格或去凡成圣的根本。因为要成圣必须修道、证道、得道，而要如此，则必须通过修心让本然心性现前。唐末著名道士杜光庭说：“修道即修心也，修心即修道也。”[②]对于儒释道来说，心即道，安心、虚心是道。道教主张：“心不逐物，谓之安心；心不受物，谓之虚心；心安而虚，便是清净，便是道也。”[③]

关于心为一切之本的说法还有许多。例如，是圣是凡，取决于一心；“无尘心者，仙道也”[④]；“口不可论，心不可思”[⑤]；“内功外行，全在自心……须当隐伏心”[⑥]；“生死境中，巍然不动，种种结缚，一时解脱。此是难行处行也”[⑦]；人以心为宗，无心便无身；“万法以人为主，人则以心为宗。无主则法不生，无

---

① [战国]商鞅：《商君书·垦令》。

② [唐]杜光庭：《太上老君说常清静经注》，载胡道静、陈莲笙、陈耀庭选辑：《道藏要籍选刊（三）》，上海古籍出版社 1989 年版，第 13 页。

③ [南宋]石泰辑：《修真十书》，载胡道静、陈莲笙、陈耀庭选辑：《道藏要籍选刊（三）》，上海古籍出版社 1989 年版，第 512 页。

④ [南宋]石泰辑：《修真十书》，载胡道静、陈莲笙、陈耀庭选辑：《道藏要籍选刊（三）》，上海古籍出版社 1989 年版，第 502 页。

⑤ [南宋]石泰辑：《修真十书》，载胡道静、陈莲笙、陈耀庭选辑：《道藏要籍选刊（三）》，上海古籍出版社 1989 年版，第 502 页。

⑥ [南宋]石泰辑：《修真十书》，载胡道静、陈莲笙、陈耀庭选辑：《道藏要籍选刊（三）》，上海古籍出版社 1989 年版，第 502 页。

⑦ [南宋]石泰辑：《修真十书》，载胡道静、陈莲笙、陈耀庭选辑：《道藏要籍选刊（三）》，上海古籍出版社 1989 年版，第 502 页。

心则身不立”[①]。如果说有天堂与地狱的话，那么是上天堂享福，还是下地狱受罪，均取决于当下一念心的处置。道教云：“古人立个天堂地狱，出自人心。人行所为，冥然相应，谓如常清常静，利益一切，诸善奉行，明白不昧，便属阳界。”[②]也就是说，是进入天堂，还是堕入地狱，皆系于心。这一思想其实也是中国化佛教最常见的思想，如天台宗智顗大师常说：心能天堂，心能地狱，心能圣贤，心能凡夫。[③]

对于道教的丹道来说，修炼内丹外丹是实现道教飞升成仙最高理想的关键之途，而识心修心则是炼好丹道的基础。丹道尽管重炼丹，但同时认为，要达到炼丹的预期目的，必须精通性理。因为“夫学道之人，不通性理，独修金丹，如此既性命之道未备，则运心不普，物我难齐，又焉能究竟圆通，迥超三界”[④]？

心的重要性还表现在：祸福本自心。“积善成福，积恶成祸。祸福之源，本自一心，积心方成，可不慎之？”[⑤]也可说祸福出自阴阳壳。“但凡心上一毫头许私邪利欲恶，便属阴壳。有一毫头许善念，便属阳壳。”[⑥]质言之，心做得主，便无善无恶，无福无祸。人人都希求安乐，而“安乐皆从心生”[⑦]。若知心本空，无欲无求，便能得大安乐。道教还用近乎佛教的语言说：“以大乘无上慧心观我身相从无量劫因何法生，既知无因，乃知我以无我故是我身，常在三清，常乐净土。”[⑧]这就是说，要得真正的安乐，就得让心回到它本然的状态，而这本然的状态就是空。是故说，“心性本空”[⑨]。

同理，疾病、生死的总根源也是心。“失由识暗，不能进明，贪欲滞心，致

① [北宋]张君房编：《云笈七签》，载胡道静、陈莲笙、陈耀庭选辑：《道藏要籍选刊（一）》，上海古籍出版社 1989 年版，第 64 页。

② [南宋]石泰辑：《修真十书》，载胡道静、陈莲笙、陈耀庭选辑：《道藏要籍选刊（三）》，上海古籍出版社 1989 年版，第 510 页。

③ [隋]智顗：《法华玄义》卷 1，《大正藏》第 33 卷，第 685 页。

④ [南宋]石泰辑：《修真十书悟真篇》，载胡道静、陈莲笙、陈耀庭选辑：《道藏要籍选刊（三）》，上海古籍出版社 1989 年版，第 424 页。

⑤ [南宋]石泰辑：《修真十书》，载胡道静、陈莲笙、陈耀庭选辑：《道藏要籍选刊（三）》，上海古籍出版社 1989 年版，第 510 页。

⑥ [南宋]石泰辑：《修真十书》，载胡道静、陈莲笙、陈耀庭选辑：《道藏要籍选刊（三）》，上海古籍出版社 1989 年版，第 511 页。

⑦ [北宋]张君房编：《云笈七签》，载胡道静、陈莲笙、陈耀庭选辑：《道藏要籍选刊（一）》，上海古籍出版社 1989 年版，第 650 页。

⑧ [北宋]张君房编：《云笈七签》，载胡道静、陈莲笙、陈耀庭选辑：《道藏要籍选刊（一）》，上海古籍出版社 1989 年版，第 650 页。

⑨ [北宋]张君房编：《云笈七签》，载胡道静、陈莲笙、陈耀庭选辑：《道藏要籍选刊（一）》，上海古籍出版社 1989 年版，第 650 页。

招衰老，得喜失嗔，致招疾病，迷著不改，致招死殁。”[①]人是否长生也取决于心。“夫欲长生，其在神气相合而心不动，守于内息，神不役于外，无去无来，无出无入，湛然常住。”[②]“惟神与气合，子母相守，随其呼吸上下而散补三宫，则精魂不散，是故定者不死之根也，心者气之主也。”[③]“天道之精，杳杳冥冥，神不见神，形不见形，即心无心，即形无形，心尚不有，而况于外哉。”[④]根据道教仙道的观点，达到这种境界，人就可以长生不死。众生之所以会死，是因为心不能真正进到无心的状态。

儒家的理学也有“心为万法之本”这样的现象学思想，如有这样的论断：“先天学，心法也，图皆从中起，万化万事生于心也。”[⑤]这里所说的图是指太极图之类。如前所说，天地之心是一个有争论的概念，有的以产生万物为天地之心，有的以静而止为天地之心，有的以无心为天地之心。康节处士邵雍（1011—1077）之子邵伯温的看法是，天地之心即圣人之心，亦即人心的最好去处，获得此心，即万事大吉。他说：“天地之心，盖于动静之间有以见之。夫天地之心于此而见之，圣人之心即天地之心也，亦如此而见之。”[⑥]有的人只以生物为天地之心，这是片面的。“天地之心何止于动而生物哉！”[⑦]同理，天地之心也不止于静。

宋代理学家周敦颐（1017—1073）认为，人君的心是否纯，关系到天下是否治，心纯则天下治。心不纯则无以治。所谓纯心是指：“仁、义、礼、智四者，动静、言貌、视听无违。”[⑧]二程认为，心的状态不仅决定人是凡是圣，而且决定了人的吉凶，如心安静则吉祥。他们对《周易》“幽人贞吉，中不自乱”的解释是，“履道在于安静，其中恬正，则所履安裕。中若躁动，岂能安其所履？故必幽人，则能坚固而吉。盖其中心安静，不以利欲自乱也”[⑨]。对“维心亨，行

---

① ［北宋］张君房编：《云笈七签》，载胡道静、陈莲笙、陈耀庭选辑：《道藏要籍选刊（一）》，上海古籍出版社 1989 年版，第 343 页。
② ［北宋］曾慥编：《道枢》，载胡道静、陈莲笙、陈耀庭选辑：《道藏要籍选刊（十）》，上海古籍出版社 1989 年版，第 440 页。
③ ［北宋］曾慥编：《道枢》，载胡道静、陈莲笙、陈耀庭选辑：《道藏要籍选刊（十）》，上海古籍出版社 1989 年版，第 441 页。
④ ［北宋］曾慥编：《道枢》，载胡道静、陈莲笙、陈耀庭选辑：《道藏要籍选刊（十）》，上海古籍出版社 1989 年版，第 441 页。
⑤ ［明清之际］黄宗羲：《宋元学案（一）》，陈金生、梁运华点校，中华书局 1986 年版，第 391 页。
⑥ ［明清之际］黄宗羲：《宋元学案（一）》，陈金生、梁运华点校，中华书局 1986 年版，第 474 页。
⑦ ［明清之际］黄宗羲：《宋元学案（一）》，陈金生、梁运华点校，中华书局 1986 年版，第 475 页。
⑧ ［北宋］周敦颐：《周敦颐集》，陈克明点校，中华书局 2009 年版，第 24 页。
⑨ ［北宋］程颐、程颢：《二程集（下）》，王孝鱼点校，中华书局 2004 年版，第 751 页。

有尚”的解释是，“维其心诚一，故能亨通。至诚可以通金石，蹈水火，何险难之不可亨也？行有尚，谓以诚一而行，则能出险，有可嘉尚，谓有功也”①。对“失道凶”的解释是，“失道也，是以凶。能出于险，乃不失道也”②。总之，心是凶吉祸福的总根源，而要想推测人的吉凶，则可依据其所拥有的心理状态。

朱熹从圣学解释学角度指出：《论语》说了很多，其实只说一个心，甚至也可以说，一切圣贤所说的不出一个“心”字。“‘兴于《诗》’，兴此心也；‘立于礼’，立此心也；‘成于乐’，成此心也。”③因为心是“本原处”。到了孟子更是如此，人们围绕“人心”大做文章，其相近的表述更多，如“推是心”“求放心”“尽心”“赤子之心”“存心”等。之所以如此，是因为到孟子时，世变既远，人的品性渐渐不如古人，故孟子极力与言，要人从个本原处理会。

朱熹还认为，孔子的《论语》表面上看不说一个“心”字，其实通篇都是在说心。“孔门虽不曾说心，然答弟子问仁处，非理会心而何。仁即心也。”④孔孟要说的都是实理，此“实”字应“作‘心’字看”⑤。

朱熹门人蔡沈说：“二帝三王之治本于道，二帝三王之道本于心。得其心，则道与治可得而言矣。何者？精一执中，尧、舜、禹相授之心法也。”⑥理学家叶适在与徐遵明讨论时也说心即师。徐遵明指着心说：“真师正在于此。”⑦叶适发挥说：“古者师无误，师即心也，心即师也。非师无心，非心无师。”⑧

在陆九渊（1139—1193，因在江西贵溪象山讲学，故又称象山先生）看来，心是牛鼻子。他说：“如木有根，苟有培浸而无伤戕，则枝叶当日益畅茂。”⑨“如水有源，苟有疏浚而无壅窒，则波浪当日盖充积。”⑩常见学问的通病是，不重视心，未知其心。“今日向学，而又艰难支离，迟回不进，则是未知其心”，而心是“为学之门，进德之地”，“得其门，有其地，是谓知

---

① [北宋]程颐、程颢：《二程集（下）》，王孝鱼点校，中华书局2004年版，第844页。
② [北宋]程颐、程颢：《二程集（下）》，王孝鱼点校，中华书局2004年版，第845页。
③ [南宋]黎靖德编：《朱子语类（三）》，王星贤点校，中华书局1986年版，第932页。
④ [南宋]黎靖德编：《朱子语类（二）》，王星贤点校，中华书局1986年版，第430页。
⑤ [南宋]黎靖德编：《朱子语类（二）》，王星贤点校，中华书局1986年版，第431页。
⑥ [明清之际]黄宗羲：《宋元学案（三）》，陈金生、梁运华点校，中华书局1986年版，第2139页。
⑦ [明清之际]黄宗羲：《宋元学案（三）》，陈金生、梁运华点校，中华书局1986年版，第1780页。
⑧ [明清之际]黄宗羲：《宋元学案（三）》，陈金生、梁运华点校，中华书局1986年版，第1780页。
⑨ [南宋]陆九渊：《陆九渊集》，钟哲点校，中华书局1980年版，第92页。
⑩ [南宋]陆九渊：《陆九渊集》，钟哲点校，中华书局1980年版，第92页。

学，是谓有志”。[①]陆九渊兄弟陆九龄也承认：圣人要传递的只是一个心。《鹅湖示同志》云：“孩提知爱长知钦，古圣相传只此心。”陆九渊和韵诗云：“墟墓兴哀宗庙钦，斯人千古不磨心。”[②]陆九渊也承认：发明人心的妙用，即能获福。他说：“发明人心之善，所以自求多福者，莫不晓然有感于中，或为之泣。”[③]人是否做人到位，完全取决于心。心被事牵去便是凡，能出凡心，“便好”，便成圣。因此要让人去凡成圣，必须识知此心。此心日常的表现及特点是“人心只爱去泊著事，教他弃事时，如猢狲失了树，便无住处。”“心不可汩一事，只自立心。人心本来无事胡乱被事物牵将去。若是有精神，即时便出便好，若一向去，便坏了。”[④]

心的作用不仅表现在对修齐治平有第一位的决定作用，而且还表现在对世界求真性认识也有制约作用。根据中国心灵哲学，要如实认识万事万物的本质，乃至把握整个世界，必须首先发挥心的作用，将心认识清楚。胡宏说：“天下莫大于心，患在于不能推之尔；莫久于心，患在于不能顺之尔；莫成于命，患在于不能信之尔。不能推，故人物、内外不能一也；不能顺，故死生、昼夜不能通也；不能信，故富贵、贫贱不能安也。”[⑤]

朱熹也认为，认识心是认识天下万物的入口、必由之路。因为如程子所说：“已立后自能了得天下万物。”[⑥]朱熹说：“今自家一个身心不知安顿去处，而谈王说霸，将经世事业别做一个伎俩商量讲究，不亦误乎！”[⑦]

第三节　中国哲学围绕“心”的理论创造

既然心是“本原处”“诸法之本”，自然便是学问之中心、探索之枢机。围

① [南宋]陆九渊：《陆九渊集》，钟哲点校，中华书局1980年版，第64页。
② [明清之际]黄宗羲：《宋元学案（三）》，陈金生、梁运华点校，中华书局1986年版，第1873页。
③ [南宋]陆九渊：《陆九渊集》，钟哲点校，中华书局1980年版，第510页。
④ [明清之际]黄宗羲：《宋元学案（三）》，陈金生、梁运华点校，中华书局1986年版，第1892页。
⑤ [明清之际]黄宗羲：《宋元学案（二）》，陈金生、梁运华点校，中华书局1986年版，第1368页。
⑥ 转引自[明]王守仁：《王阳明全集（上）》，吴光、钱明、董平等编校，上海古籍出版社2012年版，第113页。
⑦ [明清之际]黄宗羲：《宋元学案（二）》，陈金生、梁运华点校，中华书局1986年版，第1558页。

绕这一特殊的对象，中国哲学做了数量上堪称一流的探讨，建立了各种各样的“学”或“论”，如“心学”“身心之学”“事心之学”“圣学”“道学”“观心论”等，以“心”为名称的论著、以心为专题的书更是数不胜数。例如，佛教、道教中都有“心经”，宋明时期的杨万里著有《心学论》，刘宗周（1578—1645）著有《心论》等。先来看“心学”这个概念。

“心学”一词最早出现在南北朝时的佛教翻译经典之中，如经论中常有这样的说法，当学三学，谓增上戒学、增上心学、增上慧学。这里所谓的增上即增长、发展，心学实即定学。因为修定即修心，而定有正邪之分，让心做到“一心”即为正定，反之，即为邪定。在特定意义上可以说，佛教不仅提出了“心学”概念，建立了自己的心学，而且在特定意义上可以说，全部佛教就是名副其实的心学。这门心学既有对心的可与当今西方心灵哲学、认知科学媲美的科学和形而上学探究，又有关于如何改造、重塑、升华心灵，以及如何灭除有害心理、得到健康积极心理直至找回遗失之真心从而离苦得乐的实践及理论总结。在儒家哲学中，最早使用“心学”一词的是韩愈。例如，他在《纳凉联句》中说：“谁言摈朋老，犹自将心学。”[①]这里的心学即学心。儒家作为一门学问的“心学”源于对《尚书》“十六字心传”的解释。这十六字是“人心惟危，道心唯微，唯精唯一，允执厥中。”[②]早在北宋时期，二程就对之做了符合儒家需要的解释，把它看作是治心的原则和方法，认为人心即私心，道心即正心（天理），治心要唯精唯一（专一），人心、道心是一体的，己之心无异于圣人之心。宋儒把“十六字心传”作为道统的基本内容，并认为是从尧舜开始、代代相传的“道统”。从此以后，“心学”一词开始流布、兴盛，当然也有不同的声音。这不难理解，因为人们对“十六字心传”有不同的理解，自然便有不同的心学。另外，对于心学，人们也有不同的看法，有的人甚至对当时的“心学”提出了批评。也有人热衷于心学探讨，或建立自己的心学，如13世纪初的真德秀的理学就被称作“心学”。

南宋理学家、湖湘学派的创立者胡宏也讨论过心学。他所说的心学实即古圣之圣学。他说：“生，求称其欲；死，惧失其欲；冲冲天地之间，莫不以欲为事，

---

① 黄勇主编：《唐诗宋词全集（六）》，北京燕山出版社2007年版，第2481页

② [明]王守仁：《王阳明全集（上）》，吴光、钱明、董平等编校，上海古籍出版社2012年版，第206页。

而心学不传矣。”[①]黄震认为，如果把专注人心、道心作为划分心学的标准，那么，可以说朱熹等人也有自己的心学。“近世喜言心学，舍全章本旨而独论人心道心，甚者单摭道心二字，而直谓即心是道。”[②]

概括地说，“心学”一词至少有五种所指：①陆王（陆九渊、王阳明）心学；②道学和中国化佛教的“心学”；③其他还有许多人自称自己的学问为心学；④元代赵复把“十六字心传”称作心学，例如他说，“三代圣人（尧舜禹）以心学传天下后世”，一般而言，十六字心传即使不是心学本身，至少也可看作是儒学的心学之渊，王阳明也承认十六字为心学之源；⑤陈白沙所用的“心学”一词有时有这样的含义，即指读书、为学要自得于心，不能人云亦云。对“心学”还有这样一些理解：①胡宏认为，“心学”指的是不受物欲诱惑的正统儒学，亦即一般的“理学”；②张九成等人所说的“心本论”；③黄震所批评的独论人心道心的心学，或“单摭道心”的心学。应承认，在一般用法中，心学主要指陆王心学，但如前所述，陆王心学只是心学中的一种。因为即使撇开佛教的心学不论，单在儒学中，把自己的学说称作心学的人就有很多，例如，在宋朝，真德秀的儒学就被弟子称作心学，如其弟子所说：先生之心学。与朱熹同时代的唐仲友说：“吾之学，心学也。”[③]

应注意的是，一个人是否有心学思想，不能看他是否有口头声明，而应看他的实际思想。例如，陆九渊创立了货真价实的心学体系，但他自己并未用“心学”二字来概括自己的思想。王阳明也没有为自己的思想贴上心学的标签，对于别人围绕他的学说究竟属于理学还是心学的争论，他本人不置可否。尽管晚明有人把他归于理学，或排除于心学之外，但其弟子及后世一般把他的思想看作是心学的集大成，甚至在晚明至清代有这样一种观点，即以心学专指阳明心学。在清代中后期，才开始有“陆王心学”之说。

用今日心灵哲学的眼光看，陆王心学是真正的心灵哲学，既包含价值性心灵哲学，同时又包含求真性心灵哲学。它关注的心尽管主要是作为道德本体、可能性根据和资源的心，即“以本心为学”，但对它的发现、开挖无疑会触及心的内

---

① ［南宋］胡宏：《胡宏集》，吴仁华点校，中华书局 1987 年版，第 18 页。
② ［南宋］黄震：《读尚书•舜典》，载《黄氏日抄》卷 5，《四库全书》本。
③ ［明清之际］黄宗羲：《宋元学案（三）》，陈金生、梁运华点校，中华书局 1986 年版，第 1960 页。

在结构、深层本质，即必然会进入求真性心灵哲学。若将陆王心学放到儒学大背景之下加以考察，则可认为，它实际上是一种圣学解释学，因为它的旨趣和任务是要揭示圣学的实质与基本内容。用陆王的话说，“圣人之学，心学也”[①]。根据《圣学宗传》的看法，这种圣学判定是一切欲阐发圣学宗旨的人的共同看法，因此是对圣学的最准确的解释。其根据在于，尽管一切圣贤说教无尽、所要表达的意义无量无边，但究其实质，不外一义，即以本心为学。《圣学宗传》云：本心人皆有之，“反求诸身，即此而是。以心而学，非特陆子为然，尧、舜……周、张、程诸子，盖莫不然”[②]。因此以为只有陆子（陆九渊）之学为本心学，“非知圣人之道者也”[③]，因为圣学即心学。

按照陆王，尤其是王阳明对儒学的理解，由孔孟创立的、得到准确到位理解的儒学或儒家圣学[或如牟宗三（1909—1995）先生所说的“成德教”]只能是心学。而心学在古代的出现，恰如苏格拉底人学在西方的诞生及其所引发的思想转向。我们知道，在古希腊，至苏格拉底出世，哲学认识的重心发生了重大转向，即由自然转向了人，其标志是苏格拉底重新赋予“认识你自己”以新的含义。在中国古代也有这样的转向，其标志是，以孔孟等为代表人物的一大批思想家通过自己的理论求索完成了将认识的重心从自然、人事向人心的转化。从表面上看，这一转向是由孟子发起和完成的，其实在孔子那里早就潜在地开始了。因为自尧以来，先圣所传的道即心。孔子表面上“未尝直言心体。盖日用事物，其非此心之用，于其用处各当其理，而吾心之体在是矣”，因此“孔子教人非不言心也”。[④]当然，应承认：明确突出、强调本心和心之体的人是孟子。例如，《圣学宗传》云：“孟子传孔子之道，而患学者之失其本心也，于是始明指本心以教人。此陆子之学所从出也。”[⑤]更可贵的是，孟子不仅明确地将关注的重心转向了心、转向了自我，而且转向了一念心，认为一念心无不具足一切最美好的价值资源，因此强调重塑人心要在一念上下功夫。例如，“孟子提醒人，每每不离此窍，最吃紧，最亲切……只此一念，无不具足”[⑥]。既然如此，当然应以心为宗、

① [明]王守仁：《王阳明全集（上）》，吴光、钱明、董平等编校，上海古籍出版社2012年版，第206页。
② [明]周汝登：《周汝登集（下）》，张梦新、张卫中点校，浙江古籍出版社2015年版，第756页。
③ [明]周汝登：《周汝登集（下）》，张梦新、张卫中点校，浙江古籍出版社2015年版，第756页。
④ [明]周汝登：《周汝登集（下）》，张梦新、张卫中校注，浙江古籍出版社2015年版，第756页。
⑤ [明]周汝登：《周汝登集（下）》，张梦新、张卫中点校，浙江古籍出版社2015年版，第756页。
⑥ [明]周汝登：《周汝登集（中）》，张梦新、张卫中点校，浙江古籍出版社2015年版，第424页。

以心为本。这就是孟子的精神或“精髓”，把握了这一点，就是“深契其宗”[①]。陆王的心学正是如此，从而这种精髓被准确地概括为心学。

为孟子等所发现、由陆王所深入浅出阐发的心，正是赋予中国心灵哲学以个性特点的东西。因为孟子所说的“本心”就是一种类似于树根一样的东西，例如，它是道德之根，如《圣学宗传》所云，孟子所说的本心，“以为万事之所根，犹草木之有本，而苗茎叶皆由是以生也”[②]。我们说孟子等人发起了中国的思想转向，并不是说孟子在儒学中另辟了一条新的航道，只是说他将本来在儒学中的一种思想发扬光大了。因为重视心、强调心为万物之本，本来就包含在先儒的言论著作之中，孟子的贡献在于，从解释学上把原先文本中的这一大义由隐变显了。《圣学宗传》云：“此孟子之真见真知，所以接夫子之统也欤。”[③]

《圣学宗传》认为，孟子是心学的源头，如“《孟子》一书只是要正人心，千变万化只说从心上来”[④]。孟子为什么要转向心？因为心是宗、体、根，“万物皆备于我矣，求在我者也。凡有四端于我者知，知皆扩而充之矣”[⑤]。陆王继承了这一总原则。例如，陆九渊强调：“圣贤道一个自字煞好。盖孟子常言自字、己字、身字、我字，是其宗领。”[⑥]“心学者，以心为学也。以心为学，是以心为性也。”[⑦]性即天命，因此以心为学，就是要在弄清其天理的前提下，顺之而行。

怎样真知心学？陆王心学的回答是“知求心与求于心与求放心之辩（辨），则知心学矣。”[⑧]尽管这里的概念只一字之差，但却体现了心学与非心学的原则差别。例如，心学的实质在于求放心，即把被人迷失放逐的本心找回来，把失去的真心、天理找回来，而求心则非心学。因为求心意味着把心当作异己的、与我不同类的东西。其实，心就是我们的本体。同理，求于心是心学，因为求于心，即要于心中寻找天理。而求心则非心学。王阳明说：“圣人之学，心学也。尧舜禹之相授曰：‘人心惟危，道心惟微，惟精惟一，允执厥中。’此心学之源也。

---

① [明]周汝登：《周汝登集（中）》，张梦新、张卫中点校，浙江古籍出版社 2015 年版，第 564 页。
② [明]周汝登：《周汝登集（下）》，张梦新、张卫中点校，浙江古籍出版社 2015 年版，第 756 页。
③ [明]周汝登：《周汝登集（中）》，张梦新、张卫中点校，浙江古籍出版社 2015 年版，第 565 页。
④ [明]周汝登：《周汝登集（中）》，张梦新、张卫中点校，浙江古籍出版社 2015 年版，第 562 页。
⑤ [明]周汝登：《周汝登集（中）》，张梦新、张卫中点校，浙江古籍出版社 2015 年版，第 562 页。
⑥ [明]周汝登：《周汝登集（中）》，张梦新、张卫中点校，浙江古籍出版社 2015 年版，第 562-563 页。
⑦ [明清之际]黄宗羲：《明儒学案（下）》，沈芝盈点校，中华书局 2008 年版，第 1017 页。
⑧ [明清之际]黄宗羲：《明儒学案（下）》，沈芝盈点校，中华书局 2008 年版，第 1017 页。

中也者，道心之谓也；道心精一之谓仁。所谓中也。孔孟之学，惟务求仁。”[①]圣人谈心的目的就是要让人去凡成圣，因此心学的宗旨不外是让人由凡跻圣，让人立圣人之志。而圣人之所以为圣人，不外是圣人的心回归于本心，或找回了迷失的本心，因此其心纯乎天理，无人欲之杂。要成圣，唯有从心上用功，即去其心之不正，以全其本体之正，亦即要去人欲存天理。这就是心学的功夫论。

心与知是何关系？心学的回答是，心寂然不动，感而遂通，或者说它既寂然又有灵明之知，也可以说，“知是心之本体”[②]，“心之灵明是知”[③]。

王阳明还用过“身心之学”这一概念，如“然有志身心之学，此为朋友者所大愿也”[④]。这与心学的意义完全一致。

圣学之所以可以被解释为心学，这是由圣学的宗旨所决定的，因为圣学不外是要“提撕人生”[⑤]，而“提撕人生”关心的是如何“事心”，因此圣学也可理解为“事心之学”。曹端说：“事心之学，须在萌上着力。”[⑥]也就是说，在当下心之萌动时下功夫，把心管好。另外，也可这样表述圣学的宗旨，即明心。王阳明说：圣学或“君子之学以明其心。其心本无昧也，而欲为之蔽，习为之害。故去蔽与害而明复，匪自外得也”[⑦]。简言之，圣学旨在明圣人之心，而圣人之心只是一。“千百世之上有圣人出焉，此心同也，此理同也。千百世之下有圣人出焉，此心同也，此理同也。”[⑧]很显然，这样的理论和操作正好就是心学的理论和操作。

在特定意义上，理学也可理解为心学，因为它的主题就是“治心之学”。早期儒学已有这样的认识，例如孟子曾强调：儒学的任务就是穷理、尽心、尽性。二程在此基础上更明确地说“学本是治心”[⑨]，治心就是尽心，而尽心就是让心中的德行变成现实。二程说：“尽己心，则能尽人尽物，与天地参，赞化育。”[⑩]因此理学作为学就是“治心之学”。程颐说：“有谓因苦学而至失心

---

① [明]王守仁：《王阳明全集（上）》，吴光、钱明、董平等编校，上海古籍出版社2012年版，第206页。
② [明]王守仁：《王阳明全集（上）》，吴光、钱明、董平等编校，上海古籍出版社2012年版，第6页。
③ [明]王守仁：《王阳明全集（上）》，吴光、钱明、董平等编校，上海古籍出版社2012年版，第21页。
④ [明]王守仁：《王阳明全集（下）》，吴光、钱明、董平等编校，上海古籍出版社2012年版，第975页。
⑤ [明清之际]黄宗羲：《明儒学案（下）》，沈芝盈点校，中华书局2008年版，第864页。
⑥ [明清之际]黄宗羲：《明儒学案（下）》，沈芝盈点校，中华书局2008年版，第1062页。
⑦ [明]王守仁：《王阳明全集（上）》，吴光、钱明、董平等编校，上海古籍出版社2012年版，第197页。
⑧ [明清之际]黄宗羲：《宋元学案（三）》，陈金生、梁运华点校，中华书局1986年版，第1884页。
⑨ [北宋]程颐、程颢：《二程集（上）》，王孝鱼点校，中华书局2004年版，第156页。
⑩ [北宋]程颐、程颢：《二程集（上）》，王孝鱼点校，中华书局2004年版，第78页。

者，学本是治心，岂有反为心害？”[①]“学也者，使人求于内也，不求于内而求于外，非圣人之学也。”[②]

理学所说的心尽管在外延上大于心学所说的心，它既包括本心，又包括作为表象的染污之心，但理学也突出心的本原性地位，如说心即元。“元者何？仁是也。仁者何：心是也。建立万法，酬酢万事，帅驭万夫，统理万国，皆此心之用也。”[③]

在“心学”的广泛意义上，也可以说，“道学”有自己的心学。这里的道学泛指道家和道教的哲学文化。胡孚琛先生说：“我们将道学概念定义为以老子的道的学说为理论支柱的整个文化系统，其中包括道家的哲学文化、道教的宗教文化，还有丹道的生命科学文化。”[④]之所以说道学有心学，是因为道学也有以心为本、为体、为宗的思想，只是其具体内容不同于儒学心学罢了。胡孚琛说：“注释道学经书不懂人体的心灵体验，那就没法理解道学的功夫境界，只能望文生义地推衍其政治学说，虚静自然的心态便成了无本之木，就难免作出消极避世的解释。”[⑤]因为道学始祖老庄创立自己的理论和实践体系的出发点是人的心理生活所陷入的困境，其目的就是要做出化解。如果注解道学文本时忽视这一点，那么所形成的解说“离老子真义总是隔了一层”[⑥]。要获得客观的理解，既要重视考据、文字知解，同时又要有心性之体验。这是宗教类文本理解的特殊要求。胡孚琛说：“学术界之注本长于考据训诂，内丹家及道教之注本长于心灵体验，须将二者结合起来。”[⑦]

道学在探讨世界本原时也得出了以心为本的结论，加之它的目的是解决人现实生存中所面临的各种忧悲苦恼，因此它必然要切入对人的心理生活的全面而深入的探讨，进而它必然有自己的独具一格的心学思想。例如，它的性命学就是心学，或特种形式的、中国式的心灵哲学，其特点在于：在满足大量价值性诉求的同时涉及并探讨了大量具有求真性心灵哲学意义的课题。道学强调以心为本最突

---

① [北宋]程颐、程颢：《二程集（上）》，王孝鱼点校，中华书局2004年版，第156页。
② [北宋]程颐、程颢：《二程集（上）》，王孝鱼点校，中华书局2004年版，第319页。
③ [北宋]胡安国：《春秋胡氏传（三）》，浙江古籍出版社2010年版，第37-38页。
④ 胡孚琛：《道学通论（修订版）》，社会科学文献出版社2009年版，第6页。
⑤ 胡孚琛：《道学通论（修订版）》，社会科学文献出版社2009年版，第53页。
⑥ 胡孚琛：《道学通论（修订版）》，社会科学文献出版社2009年版，第53页。
⑦ 胡孚琛：《道学通论（修订版）》，社会科学文献出版社2009年版，第53页。

出的表现是将心形容为玄珠，如唐初的王玄览（626—697）的《玄珠录》就是如此。玄珠实即心，又称宝珠、心珠。他说："宝珠即心也，儒曰太极，释曰圆觉，盖一理也。"①

按陆九渊的界定，心学即"发明本心之学""以心为学"。这种学尽管主要是解决道德哲学、生命哲学、人格哲学、价值论等方面的问题，例如，主要探讨如何修齐治平、如何去凡成圣、如何提升生命的价值，但如后面的具体研究将展示的那样，根据心学，要实现这些目标，关键是治好心。而要如此，必须要有对心灵的本质、机制、结构、起源、作用等的如实认识。例如，圣学一直在问：人能否成为尧舜？心学的回答是肯定的。而要找到其可能性根据，必然要回答求真性心灵哲学的一系列问题。事实也是如此。司马光说："学者所以求治心也，学虽多而心不治，安以学为？"②"道之要在治方寸之地而已。"③而要治心，无疑要知心、尽心。如何知心、尽心？这一追问中无疑包含有求真性心灵哲学的意趣。

第四节　中国心灵哲学的合法性问题

这里的"合法性问题"是指将一种心灵理论判释为心灵哲学理论是否合乎规范、是否能被心灵哲学界承认的问题。在过去的评判和承认过程中，常见两种倾向：一是宽泛的理解，以为对心灵的认识都可看作是心灵哲学的内容；二是狭隘的理解，即只承认分析传统的心灵哲学是心灵哲学。这两种看法都是不妥的。尽管许多人对心灵哲学的判断标准都做了探讨，但仍未找到令人满意的答案。我们将通过考察西方心灵哲学来回答这一问题。正如要弄清本体论的对象、标志、意义，必须研究它所出自的西方哲学一样。因为作为独立的哲学分支的规范的心灵哲学是西方现代哲学家的发明，因此要弄清心灵哲学的标志性特征，必须剖析西方已形成的心灵哲学。另外，由于它不是个别人的心血来潮，而是凝聚着群体的智慧，因此我们不能以个别权威或某些人的界定为依据，而必须通过考察尽可能多的人的看法以及他们的具体的心灵哲学操作来抽象关于问题的答案。

---

① [明]张宇初：《元始无量度·人上品妙经通义》卷2。
② [北宋]司马光：《举要》，《司马温公文集》，中华书局1985年版，第24页。
③ [北宋]司马光：《中和论》，《温国文正司马公文集》卷71。

这里我们面对的是心灵哲学的这样一个“元问题”，即如何理解心灵哲学本身、如何找到把心灵哲学与非心灵哲学区分开来的划界标准、如何判断一种思想是不是心灵哲学。这是心灵哲学的众多元问题中的一个。我们把它当作关键性问题的依据是它是所有研究中国、印度、西方心灵哲学的具体内容，是试图建立关于它们的学科体系，进而对它们做比较研究的人必然要碰到的前提性问题。对它的理解不同，后面的操作就必然不同。通常有两种理解：一是宽松的或自由主义的理解，即把人类思想史上一切关于心灵的认识都看作是心灵哲学，由此出发而建构出来的中国、印度、西方心灵哲学必然与常识心理学以及作为具体科学的心理学难以划清界限；二是紧缩的或带有“沙文主义”特点的理解，即只承认分析传统的心灵哲学或自己所钟爱的心灵哲学是真正意义上的心灵哲学。据此，现象学传统、价值性心灵哲学等就都被排除在心灵哲学之外了。为了使我们对中国心灵哲学的研究以及在此基础上的东西方心灵哲学的比较研究规范地、健康地进行下去，我们必须优先探讨这一关键问题。

在回答上述元问题时，我们不以某个人（即使是权威）的看法为根据，而是努力通过考察大多数心灵哲学家的实际操作，辅之以大多数人的看法来引出答案。我们的初步想法是心灵哲学区别于其他学科的本质特征，不在于对心做了探讨和论述、不在于从哲学上对心做了论述，而在于对常识心理学（即根源于原始灵魂观念的，通过生物和文化遗传、积淀在每个人心灵中的，有解释和预言人的行为作用的关于心及其与身、世界的关系的常识心理学理论）做了反思和超越。其反思和超越的具体表现是有对“意识”“心”等心理概念的自觉分析；有对心的本体论地位的思考；有对心的本质或心理语言地位的思考；有对心的本质或心理语言所指的思考，等等。有这样的反思和超越，就必然提出和思考下述问题：心灵的本体论（存在论）地位问题、认识论问题（他心知和自我意识问题）、心理语言的语义学问题、具体的心理现象学（对意志、思维、信念、意识等的描述性研究）问题、心理现象区别于非心理现象的特征问题（感受性质、意向性），等等。另外，心灵是不是白板？如果不是，它有什么样的天赋资源？有没有原初（primary）心灵？如果有，它是什么？如果承认它有对做人有用的资源，那么心灵哲学就自然有这样的派生领域，即研究人心与人生、幸福、道德行为的关系。这是西方心灵哲学的一种新的倾向，也可看作是对东方心灵哲学的“回归”。例如，著名心灵哲学家弗拉纳根（O. Flanagan）等人认为，心灵哲学既应研究自然获得的第一人性，又应研究通过文化而形成的第二人性。具体来讲，研究人的第一人性能否改变、转化，研究幸福与大脑的关系（如大脑中是否有与幸福对应的东西或神经关联物），研究幸福有无本体论地位，研究通过沉思、禅定而形成的心理状态是一种什么样的现象、有无本体论地位，等等。正是这些问题以及回答所用的分析和思辨方法把心灵哲学与其他科学区别开来了。

基于上述关于心灵哲学划界标准的看法，笔者认为，中国哲学不仅涉及、提出了上述种种问题，而且对它们形成了自己的独到回答，在许多问题上，不仅有深入全面的探讨，而且进行了持续的争论，建立了各种有自己创见的理论。例如，在心灵观、身体观、人格结构及动力学、心身问题等标准的心灵哲学问题上，中国不同学派的哲学家都奉献了自己的比较规范的心灵哲学理论。因此有充分的理由说，谈论并展开关于中国心灵哲学的理论研究、思想史挖掘和重构是合理、合法的。如果中国思想史事实上没有心灵哲学，而偏要展开对它的心灵哲学研究，那显然是非法的。基于我们对心灵哲学元问题的研究和对中国哲学的具体考释，这里不存在这样的“违法”问题。

当然，应承认的是，一方面，相较于西方心灵哲学，中国心灵哲学有视界“小”的一面，例如，由于中国语言哲学的特殊性，即不承认存在着语言—观念—外物的三角关系，其中特别不太重视作为语言与所指之中介的观念或表征的研究，因此，中国的心灵哲学中就没有关于观念、表征、命题态度、思维的内部语言这样一些研究课题的研究。但另一方面，中国心灵哲学又有视界“大”的一方面，例如，由于中国心灵哲学在人身上看到的不只是心身二分，而是同时看到了精、气、神、魂、魄等多种要素，因此，中国心灵哲学的人的问题、人性问题便变得更加复杂，所要处理的关系问题更多，特别是心、性、情的关系问题是西方所没有的，而这些研究是与心的本质问题密切联系在一起的，甚至也可看作是中国哲学切入心的本体论地位、心的构成和结构及本质问题的带有中国特色的方式，因此不仅没有偏离心灵哲学的航道，而且可看作是中国哲学对世界心灵哲学所做的独到的奉献。客观地说，中国心灵哲学在问题开发和理论创新方面所做的贡献远不止这些，这里，我们不妨就此做一些探讨和梳理。例如，在全面探讨中国心灵哲学所涉及的问题的基础上，概括说明围绕这些问题所产生的争论以及所形成的代表性观点。

概括地讲，中国心灵哲学所涉及的问题有如下几类：第一，关于心的构成问题。中国心灵哲学一般是超二分的，即不简单地把人看作是心身统一体，而是看作由形、气、精、魂、魄、心、性等构成的复杂统一体。第二，中国心灵哲学也讨论了类似于西方心身问题的心身关系问题。例如，从构成人的多因素中抽出主要的因素，诸如形与神、心与物、心与境、言与意等，于是便形成了关于形神关系、心物、心境、言意关系的各种理论。它们处理的尽管是二维关系，但其理论前提是超二元论的。第三，心理现象的构成与本体论地位问题。中国心灵哲学尽管没有涉及像内部语言、命题态度之类的心理现象，但它认识到了西方人所没有涉及的大量心理现象，如文化心、道心、大心、神、魄、性等，因此标准的中国心灵哲学研究就应该肩负这样一个任务，就是在查明中国心灵哲学所涉及的一切心理样式的基础上，考察各种分类理论，并做出梳理和重构。中国心灵哲学尽管不否认以上各种心理现象的存在地位，但一般不把它们看作是实体，而是只承认它们作为属性、状态、事件的存在地位。中国的大多数心灵哲学家既否认上帝这样的绝对实体，也否认如物质实体、精神实体这样的相对实体。由此可以说，中国心灵哲学具有超越实体一元论或实体二元论的特点。第四，心、性、情及其关系问题。各家对这三个概念都有自己的规定，但不管对它们的规定是什么，在西方心灵哲学中都是看不到的。这一内容构成了中国心灵哲学的特质，也是中国心灵哲学独有的圣学的基础。第五，中国也有特殊形式的自然化问题，即如何用中国哲学和科学的气、精之类的“科学概念”解释心理学概念的问题。第六，他心知问题，即能否以及如何知道他人的心理及其内容的问题。这主要体现在中国哲学中“鱼乐之辩”以及后来的各种各样的回答中，如察言观行法、揣情说、类推说、内省等。第七，思维、意义与语言的关系问题。这在中国心灵哲学中称为“言意之辩”。“言意之辩”自《周易》“书不尽言，言不尽意”始，至魏晋时期达到顶峰，并形成了“言尽意论”和“言不尽意论”等理论。在争论背后，还涉及意向性的本体论地位问题。第八，意向性或心理内容问题。这是西方心灵哲学最感兴趣的问题，因为这是解开人心之特征和奥秘的一个关键问题。最近一二十年有西方学者在中国心灵哲学研究中开辟了这一领域，即展开对中国的意向性学说的研究，当然这只是开始，因此有进一步研究的广阔空间。第九，自由意志问题。不同于西方心灵哲学自由意志理论的地方在于，中国心灵哲学既重内在的追溯，又重从道德哲学角度的探讨。第十，心性的主体或载体问题，即认知、思考、情感等都是活动或属性，它们有无被依赖的主体？如果有，它们是什么？孟子、陆王心学等都讨论过这一问题。第十一，与上述问题密切相关的问题是有我无我的问题，这是自佛教传入中国后所形成的一个重要问题。第十二，心的可朽与不朽的问题。第十三，人心与人生、做人、伦理道德、幸福、解脱的关系问题。讨论这些问题构成了中国的一种特殊形式的心灵哲学，即心学，而心学实即“圣人之学”。

总之，即使用严格的心灵哲学标准，也有理由断定：中国不仅有自己的心灵哲学，而且是最早从标准的心灵哲学角度思考心灵问题的国家之一。有文字记载的历史大约可以上溯到殷商时期。因为这一时期留下的甲骨文中已有表示感觉器官、心理器官及其作用的词语。此外，中国人对心灵的思考最为广泛。正是这样的事实，才造成了中国哲学中的“心”具有其他文化所无可比拟的最为复杂多样的意义。例如，有心理学意义的“心”、认识论意义的“心”、形而上学意义的“心”，还有从人生哲学、道德哲学角度所谈论的“心”。这一事实又产生了中国心灵哲学下述独特的品质，即从不同的致思取向，如从知识论的、本体论的、价值论的角度，去探究心灵（详见后文）。另外，中国心灵哲学在中国文化中具有重要而独特的地位。一般都不否认，中国哲学关心的主题是人伦道德问题、政治哲学问题，即修齐治平，而所有这些都要落实到心，都得直接或间接从中去寻找形而上学的根据。为什么是这样呢？在后文，我们将在做出简要的分析的基础上揭示中国心灵哲学的特质。

有充分的根据证明，中国不仅有自己的心灵哲学，而且对世界心灵哲学做出了不可磨灭的贡献。笔者认为，中国 17 世纪以前的心灵哲学领先于西方。这样说的根据在于：第一，直到 20 世纪上半叶，西方由于分析哲学的介入才发现对人做心身二分、对世界做心物二分存在着“范畴错误”，这个错误既表现为逻辑错误，又隐含着与科学事实不符的矛盾。而中国心灵哲学一开始就避免了这一错误，其原因和意义值得探讨。第二，西方心灵哲学只是到了现代才有一部分人看到了心灵哲学中的实体论、单子主义（认为心以精神实体为依托，此实体是实物性或单子性存在）的错误和危害，而中国大多数心灵哲学都没有这样的预设。第三，与此相关的是，中国心灵哲学早就包含关于心的具身性（即心灵是由包括躯体在内的多种因素所成就的现象）思想，而西方只是在最近二三十年才开始这一研究的。第四，中国心灵哲学一般不把心看作固定不变的东西，而把它看作是变动的，同时，只有在人进入动的状态时才出现，正如梁漱溟（1893—1988）先生所说的：识心必于“生”（语默动静）求。而西方只是到最近二三十年才由脑科学家、诺贝尔奖获得者埃德尔曼认识到了这一点。第五，中国历来就有对心灵的自然化操作，而西方的自然化是最近几十年才兴起的。如此等等。在后面，我们将看到，中国心灵哲学还对大量标准心灵哲学问题做了探讨，表达了自己各有特色的看法。例如，在心理范围的勘定，心理样式、个例的调查、发现，心理的由浅入深、由表及里的挖掘，尤其是从浅深、粗精、情性、表里等维度对心理构成要素和结构的探讨等方面，都做了有个性的贡献。王夫之（1619—1692）认为，就人心的结构而言，可从精粗、性情两个角度去解剖分析，“就其精而察之，乃知其别；就其粗而言之，则无别”，就性情而言，“心统性情者也”，其体是性，其用是情。[①]

就“社会承认”而言，认可中国有规范的心灵哲学尽管尚不是主导的声音，但关注过这一领域的中外学者一般是不否认这一点的。卢国龙以隋唐道教为例说：为了解决先前道教理论建设中碰到的种种矛盾与问题，“还需要有某种非逻辑性而内在于心灵的精神信念作为支撑点，将其思想主题作为一种理念重建起来。这决定了隋及唐初期的重玄学本质上是一种精神哲学”[②]。在国外，许多一流的关注过东西方比较研究的心灵哲学家一般都不否认中国有自己独特但又符合规范的心灵哲学。

第五节　中国心灵哲学的动机与形态

随着对东方心灵哲学的关注和研究的推进，尤其是随着东西方心灵哲学比较研究的开展，西方心灵哲学在结构和核心层面也呈现出变化与发展的态势。例如，在动机和致思取向上已发生或正在发生重要的变化，其表现是，由以前只服务于求真性动机、只是要弄清心灵的本来面目的心灵哲学派生出了向东方靠拢的新倾向，即也注意研究心灵对于人的幸福、解脱的妙用及其内在机理、实质，因而除

---

① ［明清之际］王夫之：《尚书引义》，中华书局1976年版，第23页。
② 卢国龙：《道教哲学》，华夏出版社2007年版，第216页。

了认识论动机之外，还新增了解脱论动机。当然，后一动机属边缘化动机，只为弗拉纳根等部分心灵哲学家所追求和践行。中国心灵哲学则不然，从古代有理论化心灵哲学建构开始，就同时兼有这两种动机，而且两者相辅相成、密不可分。用王夫之等人的话说，究心的认识论动机就是要见心、识心、知心，要如实知心之体与用，而解脱论动机则是要探讨如何治心。可替换的词还有很多，例如，如何安心、养心、制心、调心，如何求放心，甚至如何灭妄心，如何无心，等等，总之是如何做到善用其心。王夫之说："从其本而立体者，见心也。从其末而起用者，治心也。"①认识了本、体，在心的事、用或具体生起的个别的心念上用功，调节它、净化它，即为治心。质言之，中国心灵哲学有如实知心和依理治心这样的双重动机与操作。这一对双重动机的追求，几乎贯穿在中国一切大圣大教的思想之中。关于中国化佛教这方面的表现，我们将另辟专章予以讨论，这里只简要考察一下儒道的论述。

先看先哲关于治心这一心灵哲学动机的论述。毋庸讳言，治心的动机在中国心灵哲学中是居主导地位的动机，因为它既是研究心的目的、出发点，又是其最终归宿，更决定着心之研究的方向和路径。就此而言，中国心灵哲学如程颢、程颐所说的是真正的"治心之学"。由于中国心灵哲学服从于并贯彻着这样的动机，因此中国心灵哲学具有强烈的实用性、人本关怀性。林语堂先生说：西方的书籍尽管出版得越来越多，但"与普通民众毫无关系，他们并没有告诉我们应当如何生活。然而，在中国的古书中，直截了当地告诉了我们应当如何生活"②。

根据朱熹的看法，早在《尚书》中，人们就提出了"治心"的问题。他说："且如《商书》中伊尹告太申五篇，说得极切，其所以治心修身处，虽为人主言，然初无贵贱之别，宜取细读，极好。"③治心也可称作制心。朱熹说："'以义制事，以礼制心'，此是内外交相养法。"④治心的方法还有很多，如熟读《尚书》，可悟尧、舜、汤、禹等"圣人之心"。朱熹认为，究心旨在弄清如何收心、治心。"夫读书固收心之一助，然今只读书时收得心，而不读书时便为事

① [明清之际]王夫之：《尚书引义》，中华书局 1976 年版，第 23 页。
② 转引自[日]中村元：《比较思想史》，吴震译，浙江人民出版社 1987 年版，第 85 页。
③ [明清之际]黄宗羲：《宋元学案（二）》，陈金生、梁运华点校，中华书局 1986 年版，第 1569 页。
④ [明清之际]黄宗羲：《宋元学案（二）》，陈金生、梁运华点校，中华书局 1986 年版，第 1569 页。

所夺。”[①]以此反观读书界、知识界，不难发现其中所存在的这样的“主要问题”，即书增而义理昧，义理昧而不明就是失书之本。他说：“自圣学不传，世之为士者不知学之有本，而惟书之读，则其所以求于书，不越乎记诵、训诂、文辞之间，以钓声名、干禄利而己（已）。是以天下之书愈多而理愈昧，学者之事愈勤而心愈放，词章愈丽，论议愈高，而其德业事功之实，愈无以逮乎古人。然非书之罪也。读者不知学之有本。”[②]

在二程看来，谈论心灵，目的在于制心、调心或正心，在于去凡成圣。程颐说：“觉者约其情，使合于中，正其心，养其性，故曰性其情。愚者则不知制之，纵其情而至于邪僻，梏其性而亡之，故曰情其性。”[③]“凡学之道，正其心，养其性而已。中正而诚，则圣矣。”[④]是圣是凡，取决于如何处理性情关系。若是性其情，即让情得到节制、合于中，即为圣人。若是情其性，即让情制伏性，覆蔽性，即为凡夫。基于此认识，中国心灵哲学中相当多的人，不拘于儒家，都有这样的看法，探究心灵之奥秘就是为了弄清如何“灭情”“去情”，即灭尽情欲、灭尽妄心，直至做到“无心”（详见后文）。二程认为，认识心的目的就是弄清该去何心、该固何心、该扩充何心。欲心为众恶之本，必去之。“欲寡则心自诚。”[⑤]私心是有害之心，必去之。“克己则私心去，自然能复礼。”[⑥]道心、天心宜养、宜固、宜扩充之，“今之学者，惟有义理以养其心”[⑦]。“须是大其心，使开阔。”[⑧]

张载认为，研究心、认识心的目的就是弄清：如何善用其心，应操何种心、舍何种心，等等。他说：人应常存仁心，要“立得此心”，“存心之始须明知天德，天德即是虚”[⑨]。要存要操的此心，即“大心”[⑩]。之所以要存此大心，是因为“心大则百物皆通，心小则百物皆病”[⑪]。

陆九渊认为，心学的主旨就是探讨如何安心、治心。他说：“学问之要，得

① [明清之际]黄宗羲：《宋元学案（二）》，陈金生、梁运华点校，中华书局1986年版，第1569页。
② [明清之际]黄宗羲：《宋元学案（二）》，陈金生、梁运华点校，中华书局1986年版，第1557页。
③ [北宋]程颐、程颢：《二程集（上）》，王孝鱼点校，中华书局2004年版，第577页。
④ [北宋]程颐、程颢：《二程集（上）》，王孝鱼点校，中华书局2004年版，第577页。
⑤ [北宋]程颐、程颢：《二程集（上）》，王孝鱼点校，中华书局2004年版，第18页。
⑥ [北宋]程颐、程颢：《二程集（上）》，王孝鱼点校，中华书局2004年版，第18页。
⑦ [北宋]程颐、程颢：《二程集（上）》，王孝鱼点校，中华书局2004年版，第21页。
⑧ [北宋]程颐、程颢：《二程集（上）》，王孝鱼点校，中华书局2004年版，第33页。
⑨ [北宋]张载：《张载集》，章锡琛点校，中华书局1978年版，第269页。
⑩ [北宋]张载：《张载集》，章锡琛点校，中华书局1978年版，第269页。
⑪ [北宋]张载：《张载集》，章锡琛点校，中华书局1978年版，第269页。

其本心而已。”[1]只有得本心，才能成圣，才完成了做人的任务。学问或心学尽管也有识知本心的认识论任务，但这是服从于得本心的最高目的的。他说：心学的目的就是要教人“发人本心，全人性命”[2]。只有这样，才有去凡成圣的前景，反之，“未识本心，如云翳日”[3]。

道家和道教心灵哲学也有鲜明而强烈的解脱论动机。具言之，在它们那里，究心或如实知心之本来面目是为了更好地探讨、实现长生久视这一最高理想。通过探讨，道教发现，能否让生命永存，不致形劳德散、叛道、精消魂散，完全取决于“用心”，如果用心、用气不当，即有损心身健康，例如，“形劳则德散，炁越则道叛，精消魂损，目动魄微。是以守静、爱炁、全精、宝神，道德凝密，魂魄固守”[4]。是故应知：“至道不远，近在己身，用心精微，命乃永存。”[5]庄子认为，心乱、世乱的根源都在于知。这里所说的知，指的是不利于正确用心的知见、知识、乱心。庄子说：“已而为知者，殆而已矣。”[6]意为有这样的知识是危险的、有害的。这种危害的表现是多方面的，比如会导致天下大乱。庄子说：“天下每每大乱，罪在于好知。”[7]反之，“绝圣弃知，而天下大治”[8]。另外，好知对个人也有害，反之，“心无所知，女神将守形，形乃长生”[9]。因此最好是“外于心知”[10]。要“治心”和“治世”，就必去知。而要去知，就要研究知的根源及机理。这便自然要研究心。

道家、道教认为，治国治身，都以治心为前提。而治心的最高境界是将心调节到虚心、无心的状态。因为“虚心实腹，绝欲忘知，于为无为，则无不理矣”[11]。“虚心”的意思是令心不著、不动，具言之，“役心逐境，则尘事汩昏。

① [明]周汝登：《周汝登集（中）》，张梦新、张卫中点校，浙江古籍出版社2015年版，第726页。
② [明]周汝登：《周汝登集（中）》，张梦新、张卫中点校，浙江古籍出版社2015年版，第726页。
③ [明]周汝登：《周汝登集（中）》，张梦新、张卫中点校，浙江古籍出版社2015年版，第726页。
④ [唐]司马承祯：《胎息精微论》，载胡道静、陈莲笙、陈耀庭选辑：《道藏要籍选刊（九）》，上海古籍出版社1989年版，第295页。
⑤ [唐]司马承祯：《胎息精微论》，载胡道静、陈莲笙、陈耀庭选辑：《道藏要籍选刊（九）》，上海古籍出版社1989年版，第295页。
⑥《庄子·养生主》。
⑦《庄子·胠箧》。
⑧《庄子·在宥》。
⑨《庄子·在宥》。
⑩《庄子·人间世》。
⑪ [唐]杜光庭：《道德真经广圣义》，载胡道静、陈莲笙、陈耀庭选辑：《道藏要籍选刊（二）》，上海古籍出版社1989年版，第46页。

静虑全真，则情欲不作，情欲不作，则心虚矣”[①]。虚心也可理解为“无心”（令心念不有）、“定心”（令心不惑）、“息心”（令心不为）、“制心”（令心不乱）、“正心”（令心不邪）、“净心”（令心不染）。[②]既然如此，能否虚心、如何虚心，其内在机理、条件是什么，等等，自然成了心灵哲学探讨的核心课题。

虚心的重要一环是“伏情”，即降伏人心之现实表现出来的一切心情、心理相状。要实现这一目的，自然要深入心的内在本质与机制之中，探讨其可能性根据与条件。果如此，自然便会把对心的认识引向纵深，如深入对“机”“情”“性”本身的挖掘之中。这三者被称作心的认识的“三要”。所谓机即心的机构、机制、机理，“人谓天性，机谓人心”。“机之则无不安，情之则无不邪，性之则无不正。故圣人动以伏其情，静以常其性，乐以定其机。”[③]

生死问题是解脱论的终极性问题，不突破生死、超越生死，不会有真正的解脱。正是看到了这一点，佛道耶乃至许多世间哲学都把如何破生死、如何过生死关，看作是重要的课题。我们知道，对于生死不外乎四种态度：①听天由命；②顺天安命，持此态度的人已打破生死关，对于生不感兴趣，对于死不起恐慌，如庄子说“不知说生，不知恶死”；③乐天知命，有此态度的人也已破生死关，同时于生死不取消极，而取积极，生时光阴绝不虚度，必济人利物，死后灵性归还本原，此乃圣人应化之境；④道家、仙家的态度，即“逆天改命”，其特点是，夺造化生死之权，试图将命运掌控于自己手中，如《参同契》云，“金砂入五内，雾散若风雨……发白皆变黑，齿落生旧所。老翁复丁壮，耆妪成姹女。改形免世厄，号之曰真人”[④]，所谓真人、仙人，即能做到长生久视的人。根据道教的观点，能否做到这一点，完全取决于心。如果真的能把心治好，让精气神永远充满不泄，那么人就可以突破生死，进至长生不死的状态。为了完成这一任务，道教对人的心身做了独特的分析和深掘，形成了自己独特的心灵哲学。

中国心灵哲学之所以独创性地提出“治心”的动机和任务，是基于对广泛理

① [唐]杜光庭：《道德真经广圣义》，载胡道静、陈莲笙、陈耀庭选辑：《道藏要籍选刊（二）》，上海古籍出版社1989年版，第47页。
② [唐]杜光庭：《道德真经广圣义》，载胡道静、陈莲笙、陈耀庭选辑：《道藏要籍选刊（二）》，上海古籍出版社1989年版，第48页。
③ [上古]黄帝：《阴符经集释》，[商]伊尹等注，中国书店2013年版，第87页。
④ 转引自陈撄宁：《陈撄宁仙学精要（上）》，胡海牙、武国忠编，宗教文化出版社2008年版，第267页。

论和现实问题的深刻反思的。首先，中国心灵哲学家由于看到了许许多多的“心灵问题”困扰着人类，因而提出了“治心”的要求。这一点也得到了现代精神分析学家荣格的认可。他也强调：之所以应加强对心灵本身的认识，是因为现代人有严重的心灵问题。他说：“如果我们不全力去研究心灵的动向，我们便无法继续生存下去了。”①“科学甚至于已经把内心生活的避难所都摧毁了。昔日是个避风港的地方，如今已成为恐怖之乡了。”②当然，知道内心是恐怖之乡比糊里糊涂、盲目乐观地生活要好，他说：“我们能够在我们内心深处发觉到这么多的恶魔，几乎可算是一大慰藉了。”③因为找到了它们，便会设法予以“纠正”或“扑灭它们”。这样下去，人便还是有希望的。在他看来，由物向心的转向是值得庆幸的。但这远不够，于是，他倡导更深一层的转向，即号召人们关注潜意识。他说：“我的目的并非要高唱什么悲观的论调，我只是希望强调一个事实，潜意识不但对病者有极大的吸引力，对于健康者或具有创造力者亦复如此”，因为“心灵的内部便是本性，而本性是一种创造性的生活”。④其实，中国心灵哲学不仅早就有向内的转向，而且涉入的层次比荣格要深得多，因为中国心灵哲学进到了本体、本心的最本原处。

其次，中国心灵哲学突出解脱论动机，是服务于解决道德哲学问题、寻找道德根基这一目的的。例如，儒家在孟子及孟子以后，一直有此自觉。徐复观（1903—1982）先生说：“在心上奠定人生道德的根基，儒家一直到孟子才有此发现。”⑤中国为学尽管也有求真的动机，但主要是为了完善人格、增进道德，以成治世。而求真最终是为了善。陆九渊说：“大抵为学，但当孜孜进德修业，使此心于日用间戕贼日少，光润日著。”⑥

最后，中国心灵哲学之所以强调治心，是基于对现实生活中存在的严重问题的考量。最突出的问题是，现实生活与理想总是存在着根本的冲突，人生活于其中的世界几乎总是邪恶的、阴暗的。《淮南子》对此概括得极准确，认为中国之所以兴起诸子百家之学，皆是起于救世之弊，应时而兴。

① [瑞士]荣格：《现代灵魂的自我拯救》，黄奇铭译，工人出版社1987年版，第301页。
② [瑞士]荣格：《现代灵魂的自我拯救》，黄奇铭译，工人出版社1987年版，第306页。
③ [瑞士]荣格：《现代灵魂的自我拯救》，黄奇铭译，工人出版社1987年版，第306页。
④ [瑞士]荣格：《现代灵魂的自我拯救》，黄奇铭译，工人出版社1987年版，第323页。
⑤ 徐复观：《中国人性论史（先秦篇）》，上海三联书店2001年版，第339页。
⑥ [南宋]陆九渊：《陆九渊集》，钟哲点校，中华书局1980年版，第34页。

还应看到的是，中国心灵哲学不仅有解脱论动机，同时也有求真性动机、认识论动机，有时还将其提高到无以复加的高度。道理很简单，要完成心灵哲学的解脱论任务，要真正做到善用其心，其前提是要如实知心之要。张载说："夫求心不得其要，钻研太甚则惑。心之要只是欲平旷，熟后无心如天，简易不已。"[①]这就是说，心之要、心的本质特点是简易、平旷，是无，是虚。要如实知这样的心，就应以无心、虚心的态度去求，而不应生有求之心。因为有求就是有心动，就违背了心的本性。他说："今有心以求其虚，则是已起一心，无由得虚。"[②]

王夫之认为，如实知心是解脱论中的治心工夫的前提。怎样见心？关键是在体上用功，崇本息末。"从其本而立体者，见心也。"[③]知心的原则是，知一心有两种表现，即人心和道心，而它们又分别有危和微的特点。这是"见心之则"[④]。

程颢说："尽心知性，知之至也。"[⑤]这里的尽心知性尽管有实践上的追求道德完满的意义，但无疑有强调对心与性的认知的意义，如究尽或彻底弄清心与性的本来面目。只有进至这一境界，才是知的极致。以圣人为例，圣人是做人的完成，是心灵之妙用发挥至极致之人。之所以如此，是因为他们如实认知了自心。邵雍强调：正如人是物之至一样，"圣也者，人之至者也。人之至者，谓其能以一心观万心，一身观万身，一世观万世者焉。其能以心代天意，口代天言，手代天工，身代天事者焉"[⑥]。他还说："《易》曰'穷理尽性，以至于命'。所以谓之理者，物之理也；所以谓之性者，天之性也；所以谓之命者，处理性者也。"[⑦]能处理性者即是道。因此道为天地之本。认识性、命等，就是认识道。

《宋元学案》认为，宋元理学一直有探求心之理、物之理的求真性诉求。"好学以尽心，诚心以尽物，推物以尽理，明理以尽性，和性以尽神。"[⑧]

道家、道教的心灵哲学也有求真的一面，例如，它们最看重的是体道、证道，而体道、证道除了有心性上的实证、体验之外，无疑还有如实认知道体的诉求。在强调认知心性的道或本质这一点上，它们与世间心灵哲学是没有区别的，所不

① [北宋]张载：《张载集》，章锡琛点校，中华书局 1978 年版，第 269 页。
② [北宋]张载：《张载集》，章锡琛点校，中华书局 1978 年版，第 269 页。
③ [明清之际]王夫之：《尚书引义》，中华书局 1976 年版，第 23 页。
④ [明清之际]王夫之：《尚书引义》，中华书局 1976 年版，第 23 页。
⑤ [明]周汝登：《周汝登集（中）》，张梦新、张卫中点校，浙江古籍出版社 2015 年版，第 622 页。
⑥ [明清之际]黄宗羲：《宋元学案（一）》，陈金生、梁运华点校，中华书局 1986 年版，第 370 页。
⑦ [明清之际]黄宗羲：《宋元学案（一）》，陈金生、梁运华点校，中华书局 1986 年版，第 370 页。
⑧ [明清之际]黄宗羲：《宋元学案（一）》，陈金生、梁运华点校，中华书局 1986 年版，第 231 页。

同的是，它们所认识到的心的本质是别样的东西，如是空、是无，如同死灰。《淮南子》明确指出：懂得了心如死灰的道理就是如实知心。“形若槁骸，心如死灰，直实知，不以故自持。”[①]真认识了道的表现是，认识到了它的如死灰的本质，但又不以此而有矜持之情。

道教把“探心深”作为认识世界的前提。《鬼谷子》云：“探心深，得其主也。”[②]得其主则有无穷妙用。因为外由内制，事由心系。识心深，得其本质，就能处理好一切外事。例如，《鬼谷子》注云：“既探知其心，所以得主，深也。得心既深，故能从外制内。内由我制，则何事不行。”[③]

道教心灵哲学的一个独有主题是见精神。这里的精神有特殊含义：一指精，二指神，三指作为物质和心理能量的精神。怎样见“精神”？只能通过悟道、证道。因为“是道也，能见精神”。当然，见精神又不只是纯认识论的意义，还有解脱论意义，即“忘精神而超生”[④]。

道教认为，如实认识心，就是要弄清其理、道、性。由于理与性是形而上学的对象，因此不能用通常的认识方式来把握，只能靠特殊的心理操作才能通达，例如必须靠闭缘息想。杜光庭说：“夫初修道者，既闭恶缘又息恶想，以降其心，心澄气定，想念真正，稍入道分。善缘善想亦复忘之，穷达妙理，了尽真性，想缘俱忘，乃可得道。故云：穷理尽性，闭缘息想也。”[⑤]

如果说心有深层的本质的话，那么可把它称作理与性，因此这是最高、最神圣的认识对象。《周易》早就看到了这一点，如提出了“穷理尽性以至于命”的命题。从此以后，穷理尽性就成了中国哲学的经常性话题。杜光庭说：“穷极万物深妙之理，穷尽生灵所禀之性。物理既穷，生性又尽，以至于一也。”[⑥]“性”有多种用法：一指性欲；二指万物体性；三指生灵之性，即生命、心灵得之于体、理的先天的资源、本性。《淮南子》云：“知性之情者，不务性之所无以为（不

---

① [西汉]刘安：《淮南子·道应训》。

②《鬼谷子》，[南朝梁]陶弘景注，载胡道静、陈莲笙、陈耀庭选辑：《道藏要籍选刊（五）》，上海古籍出版社1989年版，第813页。

③《鬼谷子》，[南朝梁]陶弘景注，载胡道静、陈莲笙、陈耀庭选辑：《道藏要籍选刊（五）》，上海古籍出版社1989年版，第814页。

④ [元]牛道惇：《文始真经注》，载胡道静、陈莲笙、陈耀庭选辑：《道藏要籍选刊（五）》，上海古籍出版社1989年版，第394页。

⑤ [唐]杜光庭：《释御疏·序下》。

⑥ [唐]杜光庭：《释御疏·序下》。

会做本性不允许人做的事情）；知命之情者，不忧命之所无奈何（不会为命运达不到的目标而担忧）。”[①]

总之，中国心灵哲学在动机上有不同于西方心灵哲学的特点，这表现在，它同时强调求真性诉求和价值性诉求、认识论和解脱论这两种动机，并把它们较好地统一在一起了。之所以如此，是因为真妄与福祸、与人的解脱与否是一致的，有真即有福；同理，妄不仅是错误的，而且是有害的。《淮南子》云：“妄则欺也，得之必有祸，斯有妄也。”[②]

再来讨论一下中国心灵哲学的形态或类型问题。所谓形态问题是与动机问题密切联系在一起的问题，指的是，如果中国有自己的心灵哲学的话，那么它与西方心灵哲学在类型上是一致的还是不同的？如果说心灵哲学有求真性或知识型与价值性或境界型两种类型的话，那么中国心灵哲学是属其中一类，还是同时属两类？

如果我们对心灵哲学的考察只着眼于西方，那么就不存在“致思取向”这一问题。因为西方的心灵哲学无论是古代、近代的，还是现当代的，无论是从苏格拉底式的问题（即“心是什么”“什么是心”……）出发的，还是从语言哲学问题（即“心”等词语指的是什么、意义何在，等等）入手的，其目的都是要查明这样的事实：有没有心理语言所指谓的实在，如果有，它们以什么形式存在，有什么结构、特点和功能，等等。出于这一目的，按照学科建立和发展的共同范式，于是便有了其心灵哲学的问题域，其中主要有所谓的心理语言学问题、心理本体论问题、心理现象学问题、自知与他心知问题，等等。但是如果我们把目光转向东方，尤其是中国哲人智者对心的哲学思考，那么就会在看到东方有近乎上述的心灵哲学的同时，还会发现另一风格迥异的心灵哲学，它在目的、价值取向、运思方法和途径等方面与西方的心灵哲学大异其趣。基于对中西方心灵哲学的宏观审视，我们可以说，世界上至少存在着两种有不同致思取向和性格的心灵哲学：一是从知识论的角度切入的心灵哲学，其目的是要弄清心是什么、由什么构成、结构如何、有何功能（结构之功能，不同于价值论的“用”，因为前者为结构的客观作用，不管有无评价者，其作用都是客观存在的。后者是在事物与价值主体

① ［西汉］刘安：《淮南子·泰族训》。
② ［明清之际］黄宗羲：《宋元学案（一）》，陈金生、梁运华点校，中华书局1986年版，第384页。

的关系中发生的用，与人的需要有关）。经过探索所形成的是关于心灵的事实性、求真性认识。二是从道德哲学、人生哲学的角度所切入的心灵哲学，其目的主要是弄清心对于人之为人、人之道德提升、人格升华、生存质量之提高的作用、禀赋，旨在查明“性”（类似于莱布尼茨所说的大理石“花纹”，康德的理论理性和实践理性、审美判断力中所包含的先天原理）之内容、作用和变成现实的机理与条件。经过探索，最终所形成的是关于心灵的价值性认知。用蒙培元先生的话说就是，哲学有两种形态，即知识型和境界型。中国哲学同时有这两种形态，例如，知识型哲学以墨家、名家为代表；境界型哲学以儒家、道家等为代表。[①]中国心灵哲学不同于西方的地方在于：儒释道的心灵哲学属于境界型，它们反对实体说，既不承认相对实体，如物质实体、精神实体，又不承认绝对实体。这些心灵哲学尽管也是要解决心灵问题，但“着眼点在于人的心灵的存在及其价值和意义问题，包括心灵的自我实现以及超越一类问题”[②]。

笔者认为，中国的心灵哲学同时具有求真性和价值性或知识型和境界型两种品格，当然，后一品格居主导地位，或者说后一方面不仅是出发点和归宿，而且贯穿于中国博大精深的心灵哲学的始终。之所以如此，这完全是由中国文化发展的性格特点所决定的。关于中国文化发展的特点以及它与心灵哲学的关系问题，徐复观先生在其《中国人性论史（先秦篇）》一书中做了细心考证和缜密的论证。他说：“中国文化发展的性格，是从上向下落，从外向内收的性格。由下落以后再向上升起以言天命，此天命实乃道德所达到之境界，实即道德自身之无限性。由内收以后再向外扩充以言天下国家，此天下国家实乃道德实践之对象，实即道德自身之客观性、构造性。从人格神的天命，到法则性的天命；由法则性的天命向人身上凝聚而为人之性；由人之性而落实于人之心，由人心之善，以言性善：这是中国古代文化经过长期曲折、发展，所得出的总结论。”[③]这就是说，中国文化中的“心”这一观念在中国文化尤其是道德哲学、人生哲学、价值哲学、政治哲学中占据基础性、枢纽性的地位，是由“下落”到“上升”、由“内收”到“外扩”的枢纽和转换器。天命、道、理等下落、内收便有了中国哲人所要面对和

① 蒙培元：《情感与理性》，中国人民大学出版社 2009 年版，第 1 页。
② 蒙培元：《心灵超越与境界》，人民出版社 1998 年版，第 3 页。
③ 徐复观：《中国人性论史（先秦篇）》，上海三联书店 2001 年版，第 141 页。

思考的心，通过对它的独特的研究，他们既发现了西方哲学家所发现的那些具有知识论意义的东西，又发现了他们未加注意，因而不可能看到的丰富而珍贵的非知识论价值资源，即道德论的、生存论的、修养论的价值资源，一言以蔽之，即成圣的价值资源。

再进一步，围绕这种“心”便形成了一种心灵哲学，而这种心灵哲学是一种特殊的心灵哲学，可称为圣性理学或心理哲学。这是“去圣”的“绝学”，至少是其中的枢纽和重要组成部分。它的致思取向比西方的心灵哲学要广泛，即不仅要追问心灵是什么、是否存在、以什么形式存在、与身有何关系之类的带有科学和哲学本体论双重性质的问题，而且更为关心的是圣人的心理标志，以及成圣的心理机理、机制、原理、条件和方法途径等问题。这些问题既有人生哲学、道德哲学、价值论意义，同时又具有心理学和心灵哲学意义。应特别注意的是，这里所说的“理”不是规律，而是机理、原理、机制，甚至有“纹理”的意思，类似于莱布尼茨所说的大理石之“花纹”。更为重要的是，它关注的心不是一般的心，而是心灵之中的、由自然所授予的“性”或价值资源。中国古代的圣心理哲学就是要以此为条件、根据和基础，用类似于康德的所谓“前进法”，顺推人的善行、德行、最美好的人生境界、无漏的幸福生活、真诚与美丽是如何可能的，以及圣人人格之成就是如何可能的和如何从先天的资源中生发、扩充出来的。因此中国心理哲学的任务是要探寻至圣之道，而直接的对象是心，尤其是其中的先天的禀赋和价值资源，而宗旨是揭示这一资源生成圣人之“理”，即由潜在的性转化为现实的性（圣）之理。

这里的问题在于：价值性心灵哲学是不是真正的心灵哲学？能否被纳入真正意义上的心灵哲学的范畴？笔者的看法是，这要具体情况具体分析。如果一种关于心理的理论只是从纯粹价值角度探讨心灵问题的，而没有触及心灵的本体论地位、深层本质、机制等标准心灵哲学的专有问题，那么就不能被纳入心灵哲学的范畴。反之，如有涉及，就可看作是心灵哲学。一般认为，中国哲学关注的主题是人伦道德问题。正如梁漱溟先生所说的，“儒家是一个大伦理学派”[①]，其他学派也都有强烈的伦理倾向。但它们同时又有这样的特点，即在追溯伦理的深层

① 梁漱溟：《人心与人生》，上海人民出版社 2011 年版，第 1 页。

根源时自觉进到了对心灵的掌握中。梁漱溟先生还说：任何伦理学都是从其“对于人类心理的一种看法，而建立起来的”[①]。“欲返求其所指，恐怕没有一句不说到心理。”[②]如果一种伦理理论自觉阐发了自己的心灵观，并以此为基础阐发有关思想，那么就可认为这种伦理哲学有价值性乃至求真性心灵哲学的意义。

以对幸福的研究来说。从表面上看，这一研究只有价值论、解脱论意义，其实则不然。如果像过去那样只关心幸福的定义、种类、获取方式等问题，那么这样的研究是与心灵哲学无关的，但如果像弗拉纳根那样从心灵哲学、神经科学、认知科学角度切入，去探讨幸福后面的问题，如心理经验及其本质、机制、条件等，那么这样的研究可以说就是心灵哲学的研究。一些实验心理学家也做了这样的工作，即当一个人自称有幸福感时，便借助仪器去观察大脑内发生的状态，经过研究所得出的结论是①大脑中存在着作为幸福的东西；②有关于幸福测量的方法论；③幸福像水一样是自然的种类。由于这些研究，传统的只属于伦理学或人生哲学问题的幸福问题现在则成了心灵哲学、认知神经科学的对象，并派生出了这样一些研究领域：关于幸福是否存在的本体论问题；关于幸福测量的方法论问题；关于幸福之本质、结构、条件、生成机理等的形而上学问题。

第六节　中国心灵哲学的特质

本章第五节所述的中国心灵哲学有两种致思取向，可看作是它的特质，也可以说是它的首要的、基础性的特点，因为其他的特点都是由此派生出来的。

第一，就内容而言，中国心灵哲学既关心心灵是否存在、本身是什么这样的本体论、知识论性质的问题，又关心价值论方面的问题。刘文英先生说：“在中国古代的意识观念中，除了形神关系、心物关系、闻见与思考的关系以及言意关系等问题之外，关于意识本身的修养问题，也占有重要的地位，也受到各派哲学家的重视。”[③]就前一方面来说，如果可以肯定有与“心”之名相对应的实，那么就得认识它、“知道”它。如果“科学”（science）一词的词源意义是“知道”

① 梁漱溟：《人心与人生》，上海人民出版社 2011 年版，第 1 页。
② 梁漱溟：《人心与人生》，上海人民出版社 2011 年版，第 2 页。
③ 刘文英：《中国古代意识观念的产生和发展》，上海人民出版社 1985 年版，第 234 页。

（scientia 或 knowing），即要知道其对象是什么、是怎样的、为什么如此等，那么中国心灵哲学也有“科学”的性质和意义，因为它也涉及了这些问题。

第二，中国心灵哲学在研究心时，由于其宗旨在于揭示心之价值资源与禀赋，因此其侧重点主要在心之性情。钱穆（1895—1990）先生说：“中国人亦无与其他民族同样之灵魂观。此两事乃有甚深关系。中国人独于人心有极细密之观察。中国人常以性情言心。言性，乃见人心有其数千年以上之共通一贯性。言情，乃见人心有其相互间广大之感通性。西方希腊人好言理性，此仅人心之一项功能而已。中国文化之最高价值，还在其能一本人心全体以为基础。”[①]当然这不是说中国哲学没有涉及理性。非但如此，涉及的还很多，只是它处在从属地位。

第三，中国心灵哲学所感兴趣的心不是肉团心或依赖于肉体之心，而是形而上学的超越之心。当然，这种心在大多数哲学家那里不是西方二元论所说的无广延而能思的非物质实体之心，而是由人的肉体心所产生的用。例如，在自心中设想、体验到的感受、观念，把万物乃至天地宇宙纳入自心之中，在观念中想象、思考它们与自心同一，实现“独与天地精神往来”“万物皆备于我”，甚至设想自心超越于其上，“游乎四海之外”，乃至“游无何有之乡”。这类心指称的其实是心之“用”。用西方心灵哲学的术语来说，指的是心的感受性（qualia）和意向性[或关于性（aboutness）]。尽管中西方都认识到了心的这些用，但关心的侧重点判然有别。西方心灵哲学在研究这些用时要弄清的是这类用是否真的存在，如果存在，其基础、机理、机制、本质是什么。而中国心灵哲学关心的则是这些用的内容及其对于人提升自我、去凡成圣的作用。钱穆先生说：“中国人又常以心身对言，而心更重于身。故亦每分心为二。有附随于身之心，有超越于身之心。中国人重其后者，不重其前者。”[②]人之所以有二心，孔颖达在《左传注疏》中指出：“附形之灵为魄，附气之神为魂也。形是各别所私，气则共通之公。”[③]

钱穆先生把中国哲学所说的那种在自心中设想体验他心的作用称为相通之心。不仅如此，他还考察了它在思想史上的形成过程。他认为，最初的原始人的心是本能之心、肉体或生物之心。其表现是躯体觉得痛，心做出反应和决定，有

---

① 钱穆：《灵魂与心》，广西师范大学出版社 2004 年版，第 94 页。
② 钱穆：《灵魂与心》，广西师范大学出版社 2004 年版，第 94 页。
③ [西晋]杜预注、[唐]孔颖达疏：《左传注疏》。

冷暖饮渴，心有相应的感觉和反应。钱穆先生说："此乃原始生活中，心之职责所在，非可谓真有心生活。"①随着语言尤其是文字的发明，人类的心出现了一种新的形态，那就是相通之心，其特点是"心与心之间作共同之会通"②。由于有文字，"一人之心，可以感受异地数百千里外，异时数百千年外他人之心以为心。数百千里外他心之忧喜郁乐，数百千年前他心之忧喜郁乐。可以同为此时此地吾心之忧喜郁乐。吾心之于他心亦然……此始为吾心之真生活真生命所在"③。

第四，中国心灵哲学由其至圣取向所决定，还特别关心心的生活，也就是说，它像西方的二元论一样把人的生活二重化：一为肉体或身的生活，一为心的生活。人与人之间的身的生活差别甚小，但心的生活大不相同，经验或给人的体验迥然有别。例如，"孔子饭疏食，饮水，曲肱而枕之。颜渊居陋巷，一箪食，一瓢饮。就物质生活言，此属一种极低度之生活，人人可得。但孔子、颜子在此物质生活中所富有之心生活，则自古迄今，无人能及。乃亦永久存在，永使人可期望在此生活中生活"④。另外，人的心的生活可神交千古，亦可以心存百代。例如，"读两三千年前人书，不啻亲承其謦欬，亲接其谈吐。故若真为一中国读书人，其心生命每可植根浚源于三千年之前"⑤。再如，"人类之心灵生命与其心灵生活，乃可一一摄入文字。人能识字读书，乃可使人深入心灵界于不知不觉中"⑥。"中国人喜言神来之笔。此种神，即是其人深入心灵世界中，而沉进于心生命心生活之深处，其一己之心灵，已非当身物质界人生之所能拘缚与影响，而一若有神寓乎其中。"⑦不仅如此，人还能借助自己心灵之意向性，实现心与心的交融。钱穆先生说："中国人生活理想，则贵心心交融，两心化成一心……此心在孔子谓之仁。仁即在尘世中。家庭有此仁，此家庭即如一天堂。社会有此仁，此社会亦即如一天堂。"⑧

第五，中国心灵哲学关注的心是"境界之心"。钱穆先生认为，孟子所说的

① 钱穆：《灵魂与心》，广西师范大学出版社 2004 年版，第 89 页。
② 钱穆：《灵魂与心》，广西师范大学出版社 2004 年版，第 89 页。
③ 钱穆：《灵魂与心》，广西师范大学出版社 2004 年版，第 90 页。
④ 钱穆：《灵魂与心》，广西师范大学出版社 2004 年版，第 90 页。
⑤ 钱穆：《灵魂与心》，广西师范大学出版社 2004 年版，第 91 页。
⑥ 钱穆：《灵魂与心》，广西师范大学出版社 2004 年版，第 91 页。
⑦ 钱穆：《灵魂与心》，广西师范大学出版社 2004 年版，第 91 页。
⑧ 钱穆：《灵魂与心》，广西师范大学出版社 2004 年版，第 92 页。

“仁，人心也”[①]，正是就“这种心的境界而言”的。他说：“中国人看心，虽为人身肉体之一机能，而其境界则可以超乎肉体。”[②]他还说：“中国人看心，可以超乎肉体而为两心之相通。如孝，即亲子间两心相通之一种境界也。”[③]

第六，中国人所关注的心是一种道心、文化心。钱穆先生说得好：“中国人所谓心，并不专指肉体心，并不封蔽在各各小我自体之内，而实存在于人与人之间。哀乐相关，痛痒相切，中国人称此种心为道心，以示别于人心。现在我们可以称此种心为文化心。所谓文化心者，因此种境界实由人类文化演进陶冶而成。亦可说人类文化，亦全由人类获此种心而得发展演进。中国人最先明白发扬此意义者，则为孔子。”[④]

第七，人心是中国人生哲学的基础。如前所述，中国人生哲学的终极目标是去凡成圣，因此，这种人生哲学在本质和核心内容上就是圣学。而圣学又离不开中国特有的心理哲学。钱穆先生说：“中国的人生观是‘人心’本位的。此所谓人心，非仅指肉体心。肉体心，凡属动物皆有，而各不相通……西方科学里的心理学，即以这类心态为研究题材，他们自称是无灵魂的心理学。”[⑤]它不可能研究“人心之真实境界……因此对人心的认识实嫌不够”[⑥]。中国的心灵哲学和人生哲学则不同，例如，“孔子讲人生，常是直指人心而言。由人心显而为世道，这是中国人传统的人生哲学，亦可说是中国人的宗教……中国古人也信仰上帝鬼神，直到孔子，才把此等旧说舍弃，而专从人心这些子上立论”[⑦]。因此，“我们可以说西方的宗教为上帝教，中国的宗教则为‘人心教’或‘良心教’”[⑧]。因为“依照孔学论之，人生即在仁体中。人生之不朽，应在此仁体中不朽。人生之意义，即人人的心互在他人的心中存在之谓。永远存在他人的心里，则其人即可谓不朽”[⑨]。总之，人生可以是有意义的，也可以做到不朽，关键是看如何存心。

---

①《孟子·告子上》。
② 钱穆：《灵魂与心》，广西师范大学出版社2004年版，第18页。
③ 钱穆：《灵魂与心》，广西师范大学出版社2004年版，第18页。
④ 钱穆：《灵魂与心》，广西师范大学出版社2004年版，第19页。
⑤ 钱穆：《灵魂与心》，广西师范大学出版社2004年版，第19页。
⑥ 钱穆：《灵魂与心》，广西师范大学出版社2004年版，第19页。
⑦ 钱穆：《灵魂与心》，广西师范大学出版社2004年版，第19页。
⑧ 钱穆：《灵魂与心》，广西师范大学出版社2004年版，第19页。
⑨ 钱穆：《灵魂与心》，广西师范大学出版社2004年版，第21页。

第八，中国心灵哲学的独特之处在于：它有一个独特的、西方心灵哲学从未涉及的研究课题，即“性”。当然，莱布尼茨、康德等人在认识论、道德哲学和美学中有所触及。由对性的关心所决定，中国的心灵哲学与人性论之间便有着千丝万缕的、不可分割的，甚至相互包摄的关系。根据徐复观先生对中国人性论的界定，中国心灵哲学是人性论的一个组成部分。徐复观说：“人性论是以命（道）、性（德）、心、情、才（材）等名词所代表的观念、思想，为其内容的……要通过历史文化以了解中华民族之所以为中华民族，这是一个起点，也是一个终点。”[①]但从中国心灵哲学的目的、任务和实际所涉及的范围来说，人性论又可被看作是心灵哲学的有机组成部分，尤其是在儒家心学中更是如此。在后面我们将看到，从中国心灵哲学的价值追求来看，心灵哲学实即圣学，而要揭示成圣的先天根据、内在机制、原理和实现途径，又必须深入人心之中，尤其是要进到“性”之中。而要如此，又必然要涉及对命、理、道、材的探讨。

当然，从中西方比较的角度看，西方哲学也有丰富的人性论思想，但从心灵哲学的角度直接将人性作为对象来研究，这在西方几乎是看不到的。而且即使西方有对人性的研究，但在致思的目的、对象、侧重点等方面，与中国的人性论是不可同日而语的。首先，这表现在，中国哲学瞄准的性是天赋的潜在可能性、倾向或禀赋，而西方人的人性论要澄明的是现实的人性。当谈到潜在、天赋之性时，我们自然会想到莱布尼茨和康德。的确，中国哲学所关注的性与莱布尼茨所说的“大理石花纹”，以及康德所说的心灵所具有的先天知识原理、道德原理、审美原理有某种可比性。它们的共通点在于，都承认心灵不是白板，上面不是什么都没有，而是有点什么。这种“有”不是后天获得的，而是先天的或天生的、天赋的。中文的“性”字本身就说明了这一点：性即“天生之心”。荀子说：“性者，天之就也。”[②]莱布尼茨和康德也都明确肯定，心一开始就有自己潜在具有的东西，就像大理石一开始就有自己的“花纹”一样。其次，对性的存在形式及作用，他们的看法也有会通之处，如都认为，这种性只是一种可能性，而不是现实的性，因此具有因条件、践行而变的可塑性。尽管如此，它又是现实的东西所必不可少的条件，决定了后者可能与不可能的范围及程度。例如，一个人如果没有成为数

① 徐复观：《中国人性论史（先秦篇）》，上海三联书店2001年版，序第2页。
②《荀子·正名》。

学家的“花纹”或“种子”，那么他的环境再好，他再努力，老师的水平再高，他也还是不能成为数学家。就像一块大理石如果没有适合于刻苏格拉底像的纹路，你硬要去雕刻，只会劳民伤财。

尽管有上述共通之处，但中西方哲学之间的差异是非常大的。首先，中国人对性关注主要是为了揭示成圣的先天根据及原理，而西方的天赋观念论主要是为了认识论的目的而建立起来的。即使在康德那里，目的有所扩展，即增加了伦理学和美学的维度，但还是不能与中国心灵哲学的人性论相提并论。因为从范围上说，中国人性论涉及的性的范围和作用要大得多，即既要查明认知性的性（如荀子说“凡以知，人之性也”[①]，意思是说，人之所以能知，一定是有其先天的性），又要弄清人之能为善，甚至达到最高的善的先天根据（如仁、义、礼、智四端），还要弄清人有无摆脱不幸、获得彻底幸福乃至解脱的可能性及其先天根据。如果有这些根据或“端”，那么就有成圣的可能。换言之，“圣可学而致”。即使西方最新的完成了由认识论向心灵哲学-认知科学转向的天赋论致力于对“天赋心灵”的研究，但如上所述，其也没有中国对性的研究的范围宽、深度深。

第九，由于中国心灵哲学对心灵的开发、挖掘进到了比西方人关注的更深的本体层面，甚至比无意识心理还要深，因此这种甚深的心又有其至简至易的特点。这是中国心灵哲学的心灵观的一个特点。从特定意义上说，这种心灵观与其说是一种认识，不如说是一种预设。中国心灵哲学基于对世界的整体把握，先预设了复杂的心后的简易之理、简易之本或体（有道是，大道至简），然后强调既应运用理性认识的方法去认识，又应运用非理性的方法如直觉等去把握，更要用东方人发明的且长于运用的禅定、寂照等手段去体验、证悟。于是基于对世界的理解，中国哲人形成了这样的致思、致学取向，即穷易简之理，尽天人之奥。在心灵哲学中，这也是有用的原则。基于上述取向或预设，中国心灵哲学认为，复杂的心理现象之后有简易的道、理或体。心灵哲学的任务就是找到它。果如此，万事大吉。“大道不离方寸地，工夫细密有行持。”[②]“推此心而与道合，此心即道也；体此道而与心会，此道即心也……心外别无道，道外别无物也。”[③]

---

①《荀子·解蔽》。

②［南宋］白玉蟾：《大道歌·上清集》。

③［南宋］白玉蟾：《修真十书·谢张紫阳书》。

第十，中国心灵哲学对语言分析方法的强调和运用早于西方，如早就强调把语言与实在区别开来。以“天”“理”“性”等语词可能指称的对象或实在为例，中国哲学认识到，它们是可从不同的角度去描述的对象。例如，同是“天”，在述说对象时就有这样一些不同，朱熹说：有时是“以形而上者言之”，“自理言之”，“纯乎理言之”①，有时是“自形而下言”②。他还认为可“截断说起”③。正像对一对象如庐山既可“综合地说”，又可“分解地说”。程颐对“天”也有类似的解释：“以形体言之谓之天，以主宰言之谓之帝，以功用言之谓之鬼神，以妙用言之谓之神，以性情言之谓之乾。”④可见“天”“帝”“鬼神”是多名，对应的只是一实。程颢说：“天者理也，神者妙万物而为言者也。帝者以主宰事而名。”⑤二程还有这样的说法：理在命为命，在人为性，论其所立为心。朱熹说：“主宰运用底便是心，性便是会恁地做底理。性则一定在这里，到主宰运用却在心。情只是几个路子，随这路子恁地做去底，却又是心。”⑥这些表明，中国哲人看到了名实关系的复杂性，如既认识到一实多名的现象，也注意到了一名多实的情况，更看到了名随语境变化的事实。由于有这样的语言哲学思想，因此中国心灵哲学在切入心的研究时，首先或常常把“心”当作一个用语问题看待，而不在一开始就直接回答“心是什么”这样的苏格拉底式的问题。由于有这一意识，因此就不常见语言与实在混淆、语言误用所导致的混乱。例如，就“天地之心”这一中国心灵哲学独有的概念或课题来说，由于它在不同语境下被赋予了不同的意义，因此人们有时说“天地有心”，有时说其“无心”。可见，这里没有“定说”。如果在“主宰”“生物”的意义上言“心”，那么可说天地有心。反之，则只能说天地无心。朱熹说：“程子曰：‘以主宰谓之帝，以性情谓之乾。’他这名义自定，心便是他个主宰处，所以谓天地以生物为心。”⑦“天地以此心普及万物，人得之遂为人之心，物得之遂为物之心，草木禽兽接着遂为草木禽兽之心，只是一个天地之心尔。今须要知得他有心处，又要见得他无心处，只恁定

① [南宋]朱熹：《答吕子约》，《晦庵先生朱文公文集》卷47。
② [南宋]朱熹：《答汪尚书》，《晦庵先生朱文公文集》卷30。
③ [南宋]黎靖德编：《朱子语类（六）》，王星贤点校，中华书局1986年版，第2378页。
④ [北宋]程颐、程颢：《二程集（上）》，王孝鱼点校，中华书局2004年版，第288页。
⑤ [北宋]程颐、程颢：《二程集（上）》，王孝鱼点校，中华书局2004年版，第132页。
⑥ [南宋]黎靖德编：《朱子语类（一）》，王星贤点校，中华书局1986年版，第90页。
⑦ [南宋]黎靖德编：《朱子语类（一）》，王星贤点校，中华书局1986年版，第4页。

说不得。”[①]在特定意义上也可说天地有志、有情。所谓“无心”，如果“心”指“思虑”，那么就应言天地无心，正所谓“天地无心而成化”[②]。此处说的就是它的无心处。“天地之心不可道是不灵，但不如人恁地思虑。”[③]

万物是否有心？对此，在西方有万物有灵论与反万物有灵论之争，而中国心灵哲学的基本回答是没有定说，因为这要看怎么规定“心”。朱熹说：“天下之物，至微至细者，亦皆有心，只是有无知觉处尔。且如一草一木，向阳处便生，向阴处便憔悴，他有个好恶在里。”[④]说它们有心，这里的心指的是“倾向性”，而非人所拥有的那种能思之心。如果所说的心是这个意义，那就只能说万物无心。

第十一，中国心灵哲学常把心看作是“牛鼻子”，认为只要解决了心灵的问题，则一切问题就迎刃而解。这是中国哲学所重视的知一、守一方法论在心灵哲学中的体现。道学对此方法论有精准的表述，例如，“人能知一，万事毕。知一者，无一之不知也。不知一者，无一之能知也。道起于一，其贵无偶”[⑤]；“天得一以清，地得一以宁，人得一以生，神得一以灵”[⑥]；“子欲长生，守一当明”[⑦]。思一、守一，可逢饥即饱、逢凶化吉。“守一存真，乃能通神。”[⑧]因此认知的最高目的就是知一、知简。怎样才能“知一”呢？中国心灵哲学一般的回答是认识心不仅是把握心的本质的需要，也是把握道或一的关键。其机理在于：“知心无物（本来无有），则知物无物；知物无物，则知道无物。”[⑨]

第十二，中国心灵哲学关心的“心”的特点还在于：除了关心西方人所说的作为知、情、意的心之外，更关心自然所授之心、作为道德本体之心。徐复观先生认为，中国人所说的心之所以不是唯心之心，是因为其性是天之所与，是自然而有的。他说：“心可以主宰其他的生理作用，但是亦不离开其他生理作用，而且心的作用，须由其他生理作用来完成。”[⑩]因此中国的心论不是唯心论，或者说，中国主流心灵哲学没有唯心论的地盘，至少可以说它不发达，不足以成为主

① [南宋]黎靖德编：《朱子语类（一）》，王星贤点校，中华书局1986年版，第5页。
② [北宋]程颐、程颢：《二程集（下）》，王孝鱼点校，中华书局2004年版，1029页
③ [南宋]黎靖德编：《朱子语类（一）》，王星贤点校，中华书局1986年版，第4页。
④ [南宋]黎靖德编：《朱子语类（一）》，王星贤点校，中华书局1986年版，第60页。
⑤ 王明：《抱朴子内篇校释》，中华书局1985年版，第323页。
⑥ 王明：《抱朴子内篇校释》，中华书局1985年版，第323页。
⑦ 王明：《抱朴子内篇校释》，中华书局1985年版，第323页。
⑧ 王明：《抱朴子内篇校释》，中华书局1985年版，第324页。
⑨《文始真经·五鉴》。
⑩ 徐复观：《中国思想史论集》，九州出版社2014年版，第301页。

流思潮的对抗性力量。徐复观说："把中国所说的心，附会到唯心论上去，可以说是牛头不对马嘴。"[①]即使陆九渊的心学也是如此，也不是唯心论。

第十三，在中国心灵哲学中占主导地位的心灵观是宽心灵观，即不把心局限于人身之内，甚至不认为心简单地居于心脏或大脑中，而认为心弥散于主客之间，乃至可与世界一样大。例如，二程认为，心不是实体性东西，不是固定的性质，没有确定的空间定位，只是身体的作用的一种表现。孟子说："思则得之，不思则不得也"，"操则存，舍则亡，出入无时，莫知其乡"。[②]二程说："心，一也。有指体而言者（寂然不动是也），有指用而言者（感而遂通天下之故是也），惟观其所见如何耳。"[③]就其体而言，心有形体、有限量；就其用而言，心无形体、无限量。由于心有这一特点，它便与性、理有密切关系，有时甚至有同义的关系。理学经常说："心即理"，或"心之本体即是性，性即是理"。[④]朱熹说："天所赋为命，物所受为性。赋者命也，所赋者气也；受者性也，所受者气也。"[⑤]性是理之落实。而"心"是从特定的方面对万物本体的一种言说方式，与性、理、体等大同小异。例如，二程说："在天为命，在人为性，论其所主为心。"[⑥]朱熹说："盖主宰运用底便是心，性便是会恁地做底理。性则一定在这里，到主宰运用却在心。情只是几个路子，随这路子恁地做去底，却又是心。"[⑦]

由心灵观的外在主义或反实体主义、反单子主义的特点所决定，中国哲学所说的"心"或"心灵"，就不是指一个东西、一种性质，因此不是一个概念，而是一个简写的句子或命题，全写即为，心有灵性。[⑧]

第十四，中国心灵哲学中占主导地位的是一元论基础上的多样性理论（多元论）。当然也有例外，如刘宗周的理论就接近于笛卡儿的实体二元论。他认为，身是实体（有物质充实之体），心为虚体（无形之物所成的、像方寸一样的虚灵之体）。当然，这样的看法只是个别现象，一般人们都持关于人的非二元的、整

---

① 徐复观：《中国思想史论集》，九州出版社 2014 年版，第 296 页。
②《孟子·告子上》。
③［北宋］程颐、程颢：《二程集（上）》，王孝鱼点校，中华书局 2004 年版，第 609 页。
④［明］王守仁：《王阳明全集（上）》，吴光、钱明、董平等编校，上海古籍出版社 2012 年版，第 22 页。
⑤［南宋］黎靖德编：《朱子语类（一）》，王星贤点校，中华书局 1986 年版，第 82 页。
⑥［北宋］程颐、程颢：《二程集（上）》，王孝鱼点校，中华书局 2004 年版，第 204 页。
⑦［南宋］黎靖德编：《朱子语类（一）》，王星贤点校，中华书局 1986 年版，第 90 页。
⑧［北宋］张君房编：《云笈七签》，载胡道静、陈莲笙、陈耀庭选辑：《道藏要籍选刊（一）》，上海古籍出版社 1989 年版，第 618 页。

体的概念图式。根据这一图式，人既是内在多要素的统一，又是人与环境的统一。《礼运》云："人者，其天地之德，阴阳之交，鬼神之会，五行之秀气也。"[①]这里的鬼即是魄或形之精，神即气之精。《正义》解释说："鬼谓形体，神谓精灵。"[②]

理学、心学等也讲理与气、道与器、心与物、种与形，但不把它们作为二元对立物看待，而是把它们看作是同一东西的不同方面，或者是描述同一对象的不同方式，或如牟宗三所说的，是对它的"分解表示"[③]。

---

①《礼记・礼运》。

② [清]朱彬：《礼记训纂》，饶钦农点校，中华书局 1996 年版，第 345-346 页。

③ 牟宗三：《心体与性体（二）》，《牟宗三先生全集（六）》，台湾联经出版事业有限公司 2003 年版，第 47 页。

第二章

中国的民间心理学

真正的心灵哲学一定包含着或直接或间接、或显或隐的对“民间心理学”（folk psychology，FP）（详见本章第一节）的反思和某种形式的超越。正因为如此，民间心理学成了当代西方心灵哲学的一个热点和焦点问题。正如威尔逊（R. Wilson）所说的：最近二三十年来，心灵哲学和认知科学所思考的三个传统问题即心—物关系、心灵结构、第一人称观点“均汇聚于一个问题之中，即分别被称为常识心理学、命题态度或民间心理学的本质、地位和前途问题”①。西方对它的研究，不是要完善它、发展它，而是旨在弄清潜藏在一般人的文化心理结构底层的心灵观念是什么，是怎样产生的，最终弄清哲学中的许多心灵哲学理论，包括各种形式的二元论、有二元论倾向的自然主义为什么那么有生产力，以及其错误的根源是什么。这种研究可以看作是一种新的转向，即从过去的对心理实在、心理语言的研究转向了对传统心灵观念的批判性研究。这一研究既包含了过去心灵哲学的本体论研究、本质研究、语言哲学研究，又超越于其上。因此其研究的意义不亚于“语言学转向”对于现代分析性心灵哲学形成和发展的意义。

我们之所以断言中国有标准的心灵哲学，其中的一个根据是中国文化、中国人的心理结构中不仅有自己的不同于西方的民间心理学，而且有自己的对它的特

---

① Wilson R, Keil F (Eds.). *The MIT Encyclopedia of the Cognitive Science*. Cambridge: The MIT Press, 1999: Preface.

种形式的反思和超越。正因为有此操作，中国才有了自己的理论化心灵哲学的真正开端（详见本书第三章）。为了给第三章的分析提供前提条件，在本章，我们将在追溯西方的民间心理学研究及其成果的基础上，通过一定的方法扫描和重构中国的民间心理学。这一研究除了有上述意义之外，还有多方面的意义。首先，有助于我们进一步认识中国人的文化心理结构和民族性格。泰勒（E. B. Tylor）说：原始灵魂观念“既构成了蒙昧人的哲学基础，同样也构成了文明民族的哲学基础”①。这里所谓的原始灵魂观念实即民间心理学的核心内容，换言之，民间心理学是内化于人的文化心理结构中、借助自然和文化遗传而在人的文化演进中传递的原始灵魂观念。其次，这一研究有助于澄清西方人的两个误解：一个是认为西方心灵哲学家从他们所关注的西方人或其他地方的土著民族的“民间心理学实践”（详见后文）所抽象出的民间心理学可类推到中国，以为中国人有与西方人完全相同的民间心理学，其实相同只是表面的，而差异是巨大的，乃至是根本性的。另一个是认为中国古代的心灵理论相似于西方的民间心理学。其意思是说，我们视为心灵哲学的中国古代心灵理论被他们看作是民间心理学。其问题在于：一是把中国民间心理学与中国的心灵哲学混同在一起了；二是低估了中国的心灵哲学，以为它停留于民间心理学，而没有自己的理论超越。

第一节　西方的民间心理学及其研究

民间心理学是比照民间音乐学、民间医药学等概念而杜撰出的一个新的概念，有多种译法，如“常识心理学”“大众心理学”等。笔者认为，较准确的译法是译为“世间心理学”，但考虑到“世间”这个词是一个难解的佛教名词，加之我们过去常译为“民间”，为了保持一贯，还是一仍其旧。

FP 是心灵哲学和认知科学的一个崭新的研究课题，发端于 20 世纪 60 年代。蒯因、费耶阿本德曾涉及这个课题。刘易斯（D. Lewis）有精辟的论述，他认为，我们理解他人的心灵是以一种关于人类心灵的结构与功能的内隐理论为中介的。这里隐含着把 FP 当作一种理论的观点。1978 年，普雷马克（D. Premack）等发

① ［英］泰勒：《原始文化》，连树声译，上海文艺出版社 1992 年版，第 414 页。

表了《大猩猩有心灵理论吗》一文，进一步肯定 FP 是一种心灵理论。丹尼特（D. Dennett）等对此给予了极高的评价，从而引发了人们极大的兴趣。1981 年丹尼特在《三类意向心理学》中创立了 FP 一词，用以表示人们解释、预言行为时作为基础和原则而发挥作用的知识或资源。当然，这只是对 FP 的众多理解中的一种。此外还有几十种之多，如说“FP 是一种认知现象”“是一种模仿能力”“是关于心理现象的常识概念框架”“是根据信念等命题态度解释人的行为的常识理论”，等等。[①]

笔者认为，要搞清 FP 的形式、内容和实质，首先要明确：在回答 FP 的地位和命运问题之前要做的是一种追溯性、描述性的研究。我们知道，正常的人都会使用心理概念，都会解释和预言自己、他人的行为，这是客观的事实。问题在于这是怎么可能的呢？要回答这一问题，首先必须追溯这一事实后面的内在条件、结构和机制，描述、概括他们的解释和预言过程及其所运用的心理资源。这种概括属于描述性的，而不是规范性的，用斯蒂克（S. Stich）的话说是一种“历史的重构”[②]。奇怪的是，每个人都有这种资源，但大多数人却没有意识到它，而又都会运用它，例如，看到某个人拿着雨伞，便会推知他的信念、愿望和想法，反过来，知道后者又能够预言他将做出的行为。这种推论、解释、预言的活动就是埃卡德（B. Eckardt）所说的 FP 实践。因此 FP 有理论和实践两个方面，FP 理论是由 FP 的实践表现出来的，从对后者的分析，我们可以窥见其后所隐藏的 FP 理论。只要一个人能解释、预言他人的行为，能把心理概念用于他人，即对心理概念做出归属，那么我们就可以断定他有非常丰富的心理学知识。正是有了 FP 实践，我们才有描述、概括、重构 FP 的形式和内容，以及揭示其实质的出发点和根据。

在西方心灵哲学中，围绕着 FP，已经形成了一个蔚为壮观的研究领域，诞生了许多别具一格的阐释理论，形成了由许多问题组成的、有相当深度的问题域。它们主要有：①心灵概念的主宰问题——究竟是什么控制着心理概念在民间心理学解释实践中的运用；②关于 FP 实践的描述问题——FP 实践（尤其是归属、解

① Horgan T, Woodward J. “FP is here to stay”. In Lycan W (Ed.). *Mind and Cognition: A Reader.* Cambridge: Blackwell, 1990: 399.
② Stich S. *From FP to Cognitive Science.* Cambridge: The MIT Press, 1991: 14.

释和预言实践）的关键特征是什么；③FP 的解释问题——当成年人在归属心理状态、解释预言他人的心理状态和行动时，他们利用的是什么资源；④正常成人的信息加工基础问题——为了对人们归属心理状态、解释和预言他人行动的方式做出解释，需要假定什么样的信息加工机制；⑤发展的描述问题——当人们发展其从事 FP 实践的能力时，遵循的是什么样的过程；⑥发展的解释问题——怎样说明这种发展过程；⑦变化机制问题——为了解释儿童 FP 能力的变化，需要假定什么机制；⑧发展无序性的解释问题——为了解释 FP 实践发展所表现出的无序性，需要建立什么样的解释理论；⑨FP 的本体论地位问题——FP 存在与否，有无一些人赋予它的那些作用，其未来的命运是被继续保留，还是被还原取消，从语言哲学的角度说，对有机体的内在信念功能状态做出外在的语义解释是否可能。

上述最后一个问题涉及对 FP 的本质、地位和命运的探讨，是心灵哲学向心灵深处探幽发微，揭示其内在结构、运作过程与机制的重大课题。

我们承认，正常的人的确都有 FP 实践，进而其内都潜藏着 FP 的理论资源，这应该是没有争议的。但问题是世界上是否只有西方心灵哲学家所说的那种 FP？不同民族所拥有的 FP 在形式和内容上是否有差别？笔者认为，西方心灵哲学基于它们的考察所抽象的 FP，有些内容带有普遍性，但有些内容只为西方人所拥有，至少不适用于中国人。例如，心身或心物二分图式就不是中国人的 FP 中的通行原则，因为中国 FP 的占主导地位的倾向是超二分的。为了说明中国 FP 的形式、内容及实质，我们先看西方心灵哲学所抽象出的 FP 及其内容。

西方心灵哲学所关注的 FP 代表的主要是西方普通人对人的心理地理学、地貌学、结构图景、运动学、动力学、原因论的基本看法：信念、愿望等心理事件、过程和状态构成了人的内部世界，它们与物理事件、过程和状态一样是一种实在，只是看不见、摸不着，没有形体性。西方心灵哲学所抽象出的、主要为西方人所拥有的 FP 所代表的这幅心理图景既涉及对心理世界的内部关系的看法，又涉及对心与身、心与世界的关系的看法，因此是一幅关于人的常识概念图式。关于 FP 的内容尽管有争论，但笔者认为，可这样予以描述，从其存在和显现方式来说，它是内在于人脑内部、外显于人的解释预言实践中的常识心理学知识；从其关系维度看，它与常人所拥有的民间物理学、化学知识处在同样的层次，渗透、包含于常人关于人、自然、宇宙的概念图式之中；从其历时性结构看，它“无师自通”、自发自生；从其共时性结构看，它包含许多存在命题、普遍原则和大量的理论术语。对此，我们可根据人们在解释和预言实践中所外显出来的作用，对西方人的FP的主要内容做出这样的描述性重构：第一，它有这样一些存在命题或本体论承诺，即人是有理性的存在，人有心灵，其内部心理活动、状态和事件等是一种实在，像物理事物一样存在着，只是看不见、摸不着，没有形体性。第二，信念等像外物一样有存在的空间，那就是在“心灵里面”，这个“里面”像外部空间一样是非充实的，里面有心理的事件，它们要么是并列的，要么是先后继起的，相互之间可以互为因果、相互作用。第三，信念概念具有指向性，是“关于”某种事物的。第四，诸心理概念具有整体性、相互联系性，因而从一个可推知别的。第五，有这样一些普遍原则：心理状态与刺激、反应之间有因果关系；正是基于此，便有了人们对自己和他人行为的解释、预言实践；我们每个人都可以认识他心；等等。

西方的FP之所以主要是西方的，而非全人类的（至少不足以完全代表中国），还体现在它所源自的灵魂观念之上。西方有关领域的学者在抽象原始灵魂观念时尽管用到了跨文化资料，但这种观念的主要内容只能是为西方人所持有的。

人类学、民俗学通过研究原始死亡观念、习俗，考古学通过分析所发现的考古资料，找到了关于原始灵魂观念起源和基本内容的部分答案。弗雷泽说：对于原始人来说，“一个动物活着并且行动，只是因为它身体里面有一个小动物在使它行动……这个动物体内的小动物，人体内的小人，就是灵魂……睡眠或睡眠状态是灵魂暂时地离体，死亡则是永恒地离体”[①]。弗雷泽用大量民俗学、民族学和人类学资料以及民间故事等证明了这一点。遗憾的是，他所引的资料，尽管涵盖世界各地，但很少看到关于中国的资料，而中国这方面的资料是极其丰富的。如果他们认真仔细地研究一下我们的文化，进而从中探寻中国原始灵魂的起源及共与不共的思想内容，那么他们就不会那么匆忙地得出关于原始灵魂观念的结论。

为了说明中国FP及其所包含的原始灵魂观念的特殊性，我们不妨先梳理和

---

① ［英］弗雷泽：《金枝》，徐育新、汪培基、张泽石译，新世界出版社2006年版，第181页。

概述西方学者所抽象出的并视之为世界各地原始人所持的灵魂观念的主要观点。

第一，他们以为，原始人都把灵魂描述为身体的复制品，是与身体外貌相同的又一个“我”。不过灵魂不是由构成身体的东西构成的，而是由像影子一样不可捉摸的东西构成的，甚至可以说它就是身体的影子本身。由于对灵魂持这种看法，许多原始部落如赤道附近的未开化民族正午时就不敢外出，因为在正午，人是看不到自己的影子的。他们对此的解释是在正午外出，人的灵魂会跑掉。现今的有些原始部落不允许为他们拍照的原因也大致相同，因为他们害怕拍照时把他们的灵魂带走。①

第二，原始人都把灵魂描述成像空气或气息一样的东西，认为灵魂是轻微的吹动（tenuis aura）。从语源学上我们可以看到，希腊文和拉丁文的“灵魂”（ψυχή或 psyche、pneuma、anima）一词其原初的意义都是“呼吸”和“气息”。②未开化的梅兰内西亚底人由于也认为灵魂是像气一样的东西，因而在人死后，就给死者洗尸、施膏，加以装饰，并将口、窍填满，将臂与腿束起来，以为这样就把死者的灵魂封闭在里面了，从而使他不会出来伤害活人。③这种对灵魂的看法作为一种“古代残留物”一直延续至今，如人们常把人死了说成是“人断气了”，等等。

第三，灵魂在人死后仍然存在，或游荡于空气中，或寄存到树木、山河和动物或人等新的个体中。

第四，灵魂是生命的根源。灵魂离开身体永远不再回来，就意味着一个生命的结束。因此在原始人那里有一个不成文的规定，就是在人熟睡时，不突然地、大声地把人叫醒，因为他们认为这样会把灵魂吓跑，或使外出游玩的灵魂忘记回来的道路，而当灵魂不能返回人体时，这个人就永远也醒不过来了。④

第五，原始人未能形成具有多种功能的、统一的灵魂观念，而是认为一个人有几个灵魂或几个彼此分离的灵魂部分。在北美洲，灵魂由多个或数部分组成则被看成是一个定则。“某些希达查人相信，每个人都有由四个灵魂合成的一个灵

① McDougal W. *Body and Mind: A History and a Defense of Animism*. London：Methuen and Co. Ltd，1915: 1；[法]拉法格：《思想起源论》，王子野译，生活・读书・新知三联书店 1963 年版，第 122-123 页。
② [法]拉法格：《思想起源论》，王子野译，生活・读书・新知三联书店 1963 年版，第 123 页。
③ [英]马林诺夫斯基：《巫术、科学、宗教与神话》，李安宅译，中国民间文艺出版社 1986 年版，第 30-32 页。
④ McDougal W. *Body and Mind: A History and a Defense of Animism*. London: Methuen and Co. Ltd, 1915:1-2.

魂。他们用这一点来解释逐渐死的现象……四个灵魂是在不同时刻一个跟一个离开的。当完全死的时候，他们就说所有的灵魂都走了，到身体以外的什么地方去再合起来。”①古埃及人认为，人至少有九个灵魂，或一个灵魂有九个部分。每个小灵魂都有七个哈托尔，即七个美丽女神，他们在孩子出生时都会到场。这些灵魂不在一处，而是分布在身体的不同部位中。第一个灵魂是始前生命精神阿库（aakhu），位于血液里，既闪亮又发光，充满着智慧。第二个灵魂即阿布（ab），位于心脏之中，是智慧、知识和理智的根据地。第三个灵魂即巴（ba），是人的中心灵魂（heart soul），高贵而伟大，它是永恒不变的知识，人死时，它会飞到太阳神身旁。第四个灵魂即卡（ka），是传统中的幽灵，在镜中可以看到的影子。第五个灵魂是凯布特（khaibut），是肉体的影子。第六个灵魂即克哈特（khat），是活着的肉体借以在死后复活成肉的物质。第七个灵魂即赛赫姆（sekhem），代表的是人的生机。第八个灵魂即瑞恩（ren），是人的名字。这个名字很神秘和重要，因为抹掉人的名字近似等于消灭这个人。第九个灵魂是萨胡（sahu），象征心智与精神力量的统一。②

第六，灵魂观念一经形成，原始人便如获至宝，把它变成解释一切的模式或原则。以前无法被解释的东西，现在在灵魂观念的基础上似乎都可以得到说明了。动物为什么能跑能跳，甚至伤人？大火为什么会烧毁山林或烧死人和野兽？雷为什么能把人和动物击杀？他们依据灵魂观念，运用类比推论，对这一系列现象做出了如下解释：太阳、月亮、风、雨、山、河等万事万物由于都有一定的作用或法力，因而无一不有灵魂。这就是原始人的“万物有灵论”或万物有灵信仰。

西方学者由描述性研究所得出的关于原始灵魂观念实质的看法是在原始人那里，尽管人与自然、主体与客体没有被明确区分开来，但两者已为原始人的想象初步区分开来了，已被当作两种不能等同的存在，各有自己的起源、存在方式和作用。也就是说，原始人的灵魂观念已具备了二元论的雏形。因为原始人认为：灵魂属于想象、幻想、生命的根源的那一重的“我”，可以离开肉体外出活动，而肉体不过是灵魂所选择的一个暂时的寓所。尽管原始人有时也用肉体、自然事物的可感的形象、样式来说明和描述人的灵魂的特征，如说灵魂或某些灵魂部分

---

① [法]列维·布留尔：《原始思维》，丁由译，商务印书馆 1985 年版，第 77-83 页。
② [美]弗雷德·沃尔夫：《精神的宇宙》，吕捷译，商务印书馆 2005 年版，第 70 页。

有某种形体性、颜色，但这不等于说灵魂是可以为外部感官所接触到的肉体本身，因为形体性、颜色只是灵魂的象征化的特征，而且是不可捉摸的，同时灵魂还具有肉体所不能具有的作用。例如，灵魂可以主宰生命，可以展翅高飞、搏击长空，可以决定肉体的行动，有喜怒无常的情绪变化，等等。

第二节　中国的民间心理学的内容与特点

我们这里要弄清和重构的中国“民间心理学”，其内容的构成不只包括派生出它的原始灵魂观念，而且包括潜存于中国人的 FP 实践后面的常识性的关于心理的构成论、结构论、地理学、动力学，即在中国的理论化心灵哲学诞生之前常人所持的关于心理世界的常识的看法，尤其是西方心灵哲学没有注意到的非西方的 FP 的内容和特点。

我们的研究将主要从以下方面着手：第一，利用已有的关于古文化遗址的考古学资料；第二，利用由田野调查、民族志资料汇编而成的人类学、民俗学、民族学资料；第三，利用《尚书》《山海经》《黄帝内经》等历史文献中记录先民风俗习惯、思想观念的资料，尤其是与灵魂观念有关的资料；第四，运用“古生物学研究”方法或语言发生学和文化语言学研究方法挖掘中国心理语言中所隐藏的关于 FP 的信息。基于这些研究可以得出的基本结论是，中国的 FP 像西方一样，也是以灵魂观念为其核心的，但它的具体内容以及心灵观、关于心与物的关系的看法等与西方又有很大差别，最突出的是，中国的 FP 具有超二元论的特点。

首先，必须承认，大量的材料足以证明中国的 FP 是以灵魂观念为核心内容的。这可从多方面加以说明。先看竹简中所透露的有关信息。笔者认为，了解中国古代的 FP 的最好的考古资料莫过于竹简，因为它们是我们能直接见到的、没有受到人为改变的最原始的文本，其中有一部分属卜筮、祭祷性质的文献。尽管它们没有直接表达人们的灵魂观念，但对我们了解残存于民间、渗透于有关文化活动中的 FP 有重要意义。例如，湖北江陵望山一号墓、天星观一号墓、仓山二号墓、秦家嘴一号墓、河南新蔡葛陵大墓等墓葬中就包含有这样的简书。据专家推断，它们属战国中期楚威王时期或楚怀王前期的作品。[①]竹简中的卜筮祭祷简特别是《日书》（有很多地方都发现了此书，例如，湖北江陵九店楚墓出土楚简《日书》，湖北云梦睡虎地则出土了秦简《日书》，另外还有 10 来种），较好地反映了当时当地的民间文化，尤其是关于 FP 的文化。

楚国卜筮简中记载的神灵，许多与楚辞《九歌》一致。《九歌》保留了较完备的楚人信仰的神谱，但卜筮简在数量上大大增加了，有 100 个左右。[②]它们可分为三大类，即天神、地祇、人鬼。天神中位置最高的是太一神，一般表示为“太”或“太一”。据晏昌贵归纳，它有三个特点：第一，它是战国楚人普遍信仰的对象；第二，它是祈福祭祷的对象，位居最前列；第三，它也会作祟，因此不一定是善神。[③]《太一生水》云：“四时者，阴阳之所生也。阴阳者，神明之所生也。神明者，天地之所生也。天地者，太一之所生也。”“天地复相辅也，是以成神明。”[④]太一实即水所蒸发的小雾气，即气或元气。《太一生水》云：“太一藏于水。”[⑤]这些表明：这个时代的人不仅有关于灵魂的观念，而且以拟人化的方式将它泛化了、夸大了，以为本属于人的心灵之神明特性也为人以外的自然事物所拥有。

要知中国原始的 FP，最好的办法是研究原始文化的残留物，这种残留物在中国特别多。“文化残留物”或“文化残余”（survivals）是泰勒等人所创制的概念，指现存的风俗习惯等所包含的来自原始文化的东西。鲁迅说：“万有神教”的思想“到了现在依然留存……其实这种思想，本是无论何国，古时代都有的，不过后来渐渐也没有罢了。但中国还很盛”[⑥]。人类学家、民俗学家已通过田野调查搜集到了大量的文化残留物。它们经汇编不仅成了极有价值的人类学、民俗学、民族学资料，而且对我们认识先民内心深处的 FP 也有不可替代的价值。马雷特（R. Marlett）说：民俗学家通过思考这样一个问题，即“文化残余如何和为何残存”[⑦]，而达到自己在文化残余研究中对其心理学方面的把握。

---

① 陈振裕：《望山一号墓的年代与墓主》，载中国考古学会：《中国考古学会第一次年会论文集》，文物出版社 1979 年版，第 229-236 页；陈振裕：《略论九座楚墓的年代》，《考古》1981 年第 4 期，第 319-331 页。
② 晏昌贵：《巫鬼与淫祀》，武汉大学出版社 2010 年版，第 77 页。
③ 晏昌贵：《巫鬼与淫祀》，武汉大学出版社 2010 年版，第 81 页。
④ 荆门市博物馆编：《郭店楚墓竹简》，文物出版社 1998 年版，第 125 页。
⑤ 荆门市博物馆编：《郭店楚墓竹简》，文物出版社 1998 年版，第 125 页。
⑥ 鲁迅：《鲁迅全集（第 8 卷）》，人民文学出版社 1958 年版，第 319 页。
⑦ [英]马雷特：《心理学与民俗学》，张颖凡、汪宁红译，山东人民出版社 1988 年版，第 10 页。

文化残留物随处可见，如我们身边到处可见的丧葬风俗、禁忌文化、巫术、算命、风水等。它们里面都隐藏着古老的观念，其中不乏关于灵肉及其关系的观念，以及关于心理图景的常识观念。研究民俗或风俗，也可间接地认识风俗后面隐藏的灵魂观念。民俗从类别上说有物质民俗（服饰、饮食、交通、居住等）、社会民俗（家族、亲族、村落、民间组织等）、岁时民俗（节庆、文娱等）、人生礼仪民俗（诞生、成年、婚姻、丧葬等）、精神民俗（巫术、宗教信仰、禁忌）、口承语言民俗（民间文学、民间游艺、舞蹈、工艺、竞技、游艺等）。

就其中的丧葬民俗来说，从神农时代始，先民对之历来都很重视，直至今日，依然如此。深入其中，可清晰地看到人们所持的神灵观念。例如，在民间仍盛行祭祀鬼神、驱鬼等习俗，之所以要驱鬼，是因为他们有这样的观念：人的各种祸患、不平静的生活都是由于鬼灵在作祟，因此便发展出了许多驱鬼仪式。其做法既有村民自发举行的，也有请专门巫师主持的。祭祀的目的在于：一是祈求吉利鬼神保佑活着的人，如阿昌族每年春耕和秋收前都要祭三次地鬼即土主，在祭祀时全寨人都要来到田里，洒鸡血，插鸡毛，然后祷告，其内容是求地鬼让他们有好收成。

再如民间的“七七之祭”，七日为忌。其对祭祀者的要求是，于人死后，每一个第七天都要祭祀。这种行为之后的支配性观念是人有七魄，每七天走一个，七个魄要走四十九天，到第四十九天，人才真正死亡。据《陔余丛考》：“人之初生，以七日为腊，死以七日为忌，一腊而一魄成，一忌而一魄散。杨升庵亦曰，人生四十九日，而七魄全，死四十九日，而七魄散。”①

丧葬中也浸透着人们的灵魂观念，但其意义十分复杂。例如，其他许多民族相信尸体中有灵魂，因此为让这些灵魂对人有利而不至产生祸害，因此便安葬。中国远古则不同，它有葬礼，但不太重视，钱穆先生通过对远古南方和其他地方的丧葬习俗的考察得出结论说：“中国古代于葬礼乃不甚重视。”之所以如此，是因为古人持有这样的魂魄观念，即人死后魂魄不再在肉体之中，而回归于它们原来的地方，如魂上升到天中，魄回归于地。宋玉《招魂》曰：“魂魄离散。”《小戴礼记·檀弓》曰：“骨肉归复于土，命也。若魂气则无不之也。”《小戴

---

①《陔余丛考》卷17，转引自马昌仪：《中国灵魂信仰》，上海文艺出版社1998年版，第192页。

礼记·效特性》曰："魂气归于天，形魄归于地。"即使后来重视丧葬，如大兴厚葬，也不表明中国的灵魂观念发生了变化。钱穆说："厚葬之事始见于《左传》，成公二年秋八月，宋文公卒，始厚葬……其后生事渐富，风俗渐奢，厚葬之风亦渐盛。"[①]尽管如此，这种风俗并不表明中国人相信尸体中存有灵魂。因为重丧葬或厚葬是出于这样的想法："所重所爱，死而弃之沟壑，人之情不忍为也，故有葬死之义。葬也者，藏也。"[②]意思是重丧葬不是为了已死的魂魄计，而是不忍看到尸体遭到不礼貌的对待。

由于中国人对灵魂有不同于西方人的观念，因此中国人对死人有一习俗，即祭祀先人一般不在墓地，而主要在庙宇中。顾亭林的《日知录》说："离魄则降，知气在上，故古之事其先人，于庙而不于墓。"韩退之《丰陵行》也说："三代旧制存诸书，墓藏庙祭不可乱。"意为古代确立的制度是，藏尸于墓，祭祀于庙。钱穆说："此皆中国历古相传魂不随尸之义之明记。"[③]

招魂习俗在许多地方仍可见到。招魂即通过一定的仪式让游走的魂重新回到其载体之上。有三种形式：一是为生者招魂，二是为死者招魂，三是为动植物招魂。之所以要为生者招魂，是因为被实施招魂术的生者有病或有灾祸。据说，他的病是源于灵魂的暂时离体。民间认为，人有病与灾是因为"丢了魂"。只有把它招回，才会却病除灾。在这种观念的支配下，民间形成了许多习俗。例如，小孩跌倒时，大人扶起时，要叫小孩的名字，并说"某某快回来"。湖北许多农村有这样的习俗，人生病了，或小孩哭时气接不上来，一般会喊叫他的名字，叫他快点回来。一般多为儿童招魂，如母亲在夜间拿着失魂儿童的衣服到空旷田野呼叫儿童的名字，然后以灯引路，边走边叫。到家后把衣服给儿童穿上。侗族有这样的习惯，即老人抱着大公鸡，傍晚时分到野外叫魂。如果病重的人的魂被鬼怪摄去，常请鬼师追魂，其仪式极为复杂。[④]

灵魂的走失有两种情况：一是自动、无意走失。如果碰到这种情况，一般由父母呼唤其名字就行了，据说这样能让迷失的灵魂重新回到身体。二是由外力特别是恶鬼所造成的灵魂走失，或被精灵拐走了，如果是这样，则须通过祭祀等仪

① 钱穆：《灵魂与心》，广西师范大学出版社 2004 年版，第 37 页。
②《吕氏春秋·节葬》。
③ 马昌仪：《中国灵魂信仰》，上海文艺出版社 1998 年版，第 38 页。
④ 张紫晨：《中国巫术》，上海三联书店 1990 年版，第 123 页。

式、法术来处置。例如，怒族认为，人患病是因为家鬼或各路崖神扣住了人的灵魂，要让其回来，就要祭祀，当人病危时，家人则要请人祭祀，或杀牛祭祀。[①]

江苏南通的招魂仪式被称作“清叫”，由执事主持，先要献祭品，如豆腐、肉等。然后在由土地菩萨查魂、叫魂时，用镜子一面、衣尺一把、剪刀一把，再用顺治铜钱一板，青线圈扣，套在患者头上，名曰扣魂。口念送魂入窍，前后约1小时。[②]

为活人招魂的形式还有，为濒死者招魂、驱灾性招魂、人生礼仪性招魂（如求子招魂，为新生儿定魂、销魂、固魂，度关招魂，求爱招魂，婚娶招魂，延寿招魂等）、家族定期性招魂等。

招魂习俗隐藏着这样的灵魂观念，即认为灵魂不仅是人的重要构成，而且在生与死中起着决定性作用。质言之，魂是生命的原则，但由于某些原因，魂却离开了身体，这样一来，人便有各种麻烦，甚至死去。离去的原因很多，如做梦时，魂离体了不知道回来，受惊吓，人可以失魂，死鬼可以作祟，摄走人的魂。敌人施行黑巫术也可把魂摄走。跌个跟头有时也会把魂弄丢。为了让失去的魂回来，于是古人便发明了许多招魂的方法。

再看小儿出天花、麻疹的处治习俗。应承认，不同地方有不同的应对办法。例如，江苏省连云港市有一习俗，当儿童出天花、麻疹时，人们会用一套特殊的仪式来处置。人们相信，黄痘中有痘魂和痘神，只要处置得当，小孩就会逢凶化吉。处置方法是用二寸宽、八寸长的一块黄布和一块红布，下悬两串黄豆，上端系在一根小芦紫棒或高粱杆上，插在患病儿童住房上方的屋檐上，把红、黄布条挂在窗口，叫挂痘痘魂。这红、黄布条既是小儿痘魂之所在，又是痘神即痘儿哥和疹儿姐的象征。传说黄布条是痘儿哥，红布条是疹儿姐，专门保护小儿安全度过灌浆、做盘和退盘这三关的（俗称出痘之三关）。[③]

走阴或过阴是贵州舟溪苗族的鬼师通过实行阴术，在确定是哪位鬼魂作祟的情况下，为人治病、驱邪所用的方法。鬼师身上据说附有许多“阴崽”，即已死去的人的灵魂，其作用是通过祭祀，赠送礼物，请求它们不为害某人。[④]

---

① 张紫晨：《中国巫术》，上海三联书店 1990 年版，第 235-236 页。
② 张自强、杨问春、施汉如：《南通傩祭与傩神》，《民俗》1994 年第 1 期，第 26 页。
③ 马昌仪：《中国灵魂信仰》，上海文艺出版社 1998 年版，第 82 页。
④ 张紫晨：《中国巫术》，上海三联书店 1990 年版，第 113 页。

巫术或扶箕（如占卜、占梦）等在原始社会的广泛存在及作用也可从特定角度证明原始人有自己特殊的灵魂观念。例如，认为外界存在着许多像人的灵魂一样的幽灵。许地山说："扶箕底现象……多半可以用心理学和心灵学的原理来解释……信箕示是因降箕底有前知底本领，而这本领是属于鬼灵或神灵底。信箕示与信死后生活有密切的关系。它……是幽灵回到人间示人以当来底事情与命运。"①

在学界有这样的争论，即陪葬、把死人与活人分开等习俗的存在能否证明行为人已有灵魂观念？一种观点认为，不能证明。因为安葬行为表明的是原始人对亲人遗体的不舍之情。②还有人认为，安葬等行为属前宗教现象，不能证明人有灵魂观念。③另一种观点是"到了山顶洞人时代……活人、死人、动物分开，表明人类有了两个世界的观念……对人类自身来说，把活人与死人分开，把生与死分开，从而产生了人死后到另外世界生活的灵肉可以分离的灵肉二元观。"④

其次，我们不否认，中国的 FP 有一致于西方的 FP 的地方，例如，它有否定无主论而承认有主论、有我论的倾向，以为这主体就是心或我。如果说人身上有因果链的话，那么身体的行为是结果，是由心或"我"决定的。但同时又必须看到，中国的 FP 在设想心的构成时，不像其他地方的 FP 那样，尽管强调心为身之主，就像君王为一国之君一样，但其一开始就有超心身二元论或超心物二分模式的倾向，最明显的是认为人身上同时存在着魂、魄、心、精、神等不同的主体，它们不仅有各自不同的位置，如心在心脏中、魂在肝中、魄在肺中；而且认为它们各有不同的作用，如心的作用主要在于思、魂的作用在于意志抉择、魄的作用是管记忆以及身体的运动和感知等。不仅如此，魂和魄还不止一个，汉地最常见的说法是认为有三魂七魄。这些思想经过春秋时期的自然化、理论化（详见第三章），都转化成了理论化心灵哲学的元素。中国 FP 的这种关于心灵、魂魄的理论在现今的文化残留物中仍有其踪迹。例如，广西防城京族、彝族的风俗是人死

---

① 许地山：《扶箕迷信底研究》，上海文艺出版社 1988 年版，第 74 页。
② 郑建业：《宗教演化史》，载中国大百科全书编辑部编著：《中国大百科全书》，中国大百科全书出版社 1988 年版，第 566 页。
③ 参阅杨学政：《原始宗教论》，云南人民出版社 1991 年版。
④ 马昌仪：《中国灵魂信仰》，上海文艺出版社 1998 年版，第 17 页。

入殓前，在死者口中放铜钱（或硬币）三枚，意为安抚三魂；放白米七粒（女性放九粒），旨在不让死者惊慌，钱代表的是魂，米代表的是魄。东北赫哲族认为，有三种灵魂：一是与生命同始终的“奥任”，二是可以离开肉体、在死后可以继续存在的“哈尼”，三是人死就离开肉体的“法相库”。云南永宁纳西族和普米族认为，灵魂永远离开肉体即意味着人的死亡。死后，灵魂可存在于遗骨中，因此有把死者骨头放入有孔布袋或陶器中的习俗。留孔是为了灵魂的出入。[①]哈尼族叶车人的原始观念认为，人有十二个魂，每个魂对人的安危福祸具有不同的作用。其作用从大到小排列：第一魂的作用最大，离人体最近；其他第二三等，依次排列；第十二为米魂，亦即极微小之灵魂。这十二个魂只有都在体内、各负其责时，人才健康、平安，若有离散的，人就会有这样那样的麻烦。人死的过程先是第十二个魂离去，然后一个个离去，最后，当第一主魂离开时，人便彻底死亡。[②]彝族的毕摩教认为，每个人都有三个身体，同时有三种非物质的东西，即“依”“娜”“娜格”，相当于汉语所说的魂、魄、灵。一位毕摩教祭司说：魂调节感觉（活动与休息），魄支配举止（稳定与失常），灵支撑躯体（健康与病态）。这三种实在，既可附体，也可离体。例如，“‘依’离体会出现精神疲惫而长眠难醒的不佳现象，‘娜’离体会出现失常的轻浮和胆怯现象，‘娜格’离体就造成害病的状况”[③]。离去不回，就会导致人死亡。这些精神性实在的定位不固定，幼年时，它们寄附于冠发（天灵盖）之下；青壮年时，它们游移于五脏六腑中；到年老时，“依”和“娜”常去祖先那里玩耍。[④]云南兰坪县河西区白族支系的拉玛人也相信人有三个灵魂：①攀买，是主魂，附着于人的精神，对精神起作用；②机龄；③依欧。后两个是次魂，主要支配肉体。[⑤]

关于灵魂的构成及性质特点，一般认为，灵魂尽管是多，但都像影子一样存在，或就是人投射出的影子。禁忌足以说明它们的关联，许多民族禁止踏踩人影。若要惩罚某人，可施设这样的巫术，即烧炙人影或人像。[⑥]当然，有的地方认为，

① 杜耀西、黎家芳、宋兆麟：《中国原始社会史》，文物出版社 1983 年版，第 476 页。
② 张紫晨：《中国巫术》，上海三联书店 1990 年版，第 121-122 页。
③ 吉克・尔达・则伙：《我在神鬼之间——一个彝族祭司的自述》，刘尧汉整理，云南人民出版社 1990 年版，第 78 页。
④ 吉克・尔达・则伙：《我在神鬼之间——一个彝族祭司的自述》，刘尧汉整理，云南人民出版社 1990 年版，第 78-79 页。
⑤ 马昌仪：《中国灵魂信仰》，上海文艺出版社 1998 年版，第 122 页。
⑥ 马昌仪：《中国灵魂信仰》，上海文艺出版社 1998 年版，第 115 页。

只有部分魂表现为影子。例如，魂有身魂、气魂、游魂三种，而做梦是游魂在起作用，只有它才像影子。钱钟书说："固结之魂即身魂，心肾是也；游离之魂有二，气魂，吐息是也；影魂，则梦幻是也。"①一般认为，魂不可能由实物性存在构成，只能表现为气息或影子，这与西方 FP 的看法基本相同。例如，在古希腊，灵魂的词根是肺，其派生词是呼吸、气等，spirit 一般被译为精神，其本义是精气。北美印第安人称灵魂为 otahchup，意为"他的影子"。我国许多少数民族的文化残留物中也保存着这样的观念，即一般把灵魂看作人的"复身"，此复身的构成元素是影子。例如，在四川、云南、贵州三省的彝族的语言中，"影子""像""灵魂"三词用的是同一个符号。②云南兰坪怒族若柔人，以"腊拢"表示灵魂，也有影子的意思。不过，他们又认为，人的灵魂不止一个，因为当用多重光源照同一个人时，会出现多重影子。③魂不仅就是影子，而且影子的特点反映的是人的特点，如影短的人，其魂便弱，寿便短。如果一个人没有影子，那么可以说他身上没有魂。④

《山海经》《诗经》诞生的时代已有灵魂不死的观念。《山海经》中说有鸟神，即人鸟合体之神。《诗经》中曾说到人死后，魂可化为鸟，如"楚魂鸟"，传说是楚怀王之魂化身为鸟。据崔豹《古今注》云："楚魂鸟，一名亡魂鸟。或云梦怀王与秦昭王会于武关，为秦所执（扣），囚咸阳不得归，卒死于秦。后于寒食月夜，入见于楚，化而为鸟，名楚魂。"⑤亡魂变鸟的观念在现今少数民族文化残留中仍有踪迹。另外，民间文化中也流行着魂魄死亡的观念，如云南省独龙族认为，灵魂会死亡。人和动物都有两个灵魂，即"卜拉"和"阿细"。前者是生命之魂。人的卜拉和人的身材、相貌、性情、品德、智慧完全相同。卜拉会死，死后又不转世，不在世间起作用。卜拉死后，阿细便出现，不过只出现在祖先生活的另一世界中。⑥

灵魂不仅存在、有作用，而且有其寄存处。当然，人们对此有不同的看法。例如，一种观点认为，灵魂不固定于一个地方，因为心性存在物是多，道教说有

① 钱钟书：《管锥编》，中华书局 1979 年版，第 633 页。
② 钱钟书：《管锥编》，中华书局 1979 年版，第 113 页。
③ 钱钟书：《管锥编》，中华书局 1979 年版，第 114 页。
④ 钱钟书：《管锥编》，中华书局 1979 年版，第 115 页。
⑤ 马昌仪：《中国灵魂信仰》，上海文艺出版社 1998 年版，第 136 页。
⑥ 马昌仪：《中国灵魂信仰》，上海文艺出版社 1998 年版，第 126-127 页。

三魂七魄，它们又统辖三万六千神。常见的寄存处是血液、毛发、骨、指甲、男根等。“结发夫妻”一词中浸透着这样的古老灵魂观念，即人的头发中有人的魂，或是魂的寄居之所。因此当结婚时，男子将自己的头发取出几根交与女方，意味着把自己的心、魂交给了对方。江绍原说：“他俩的发亲近，就可以使他俩的心、他俩的魂，也非常亲近。”①许多民间信仰认为，灵魂还可寄存于体外的许多事物中，如动植物、自然物、人造物等之中。②

关于魂的归宿，中国民间的说法很多：①人死魂魄归泰山；②东北一带信仰人死归赤山；③人死返归祖地，这一观念多流行于少数民族地区；④返祖归宗，汉族地区基于祖先崇拜认为，人死后，其魂回到祖先魂灵所在地；⑤化身图腾祖先，如果所崇拜的图腾是鸟，死后则化身为鸟；⑥轮回；⑦进入仙界、不死，只有少数有修为的人才能做到；⑧回归自然，如纳西族就持此观点；⑨混合型回归。

中国文化中有所谓的寄魂信仰。这一信仰其实是先民关于灵魂及与其有关的物体、外界的关系的“理论”。它包含这样一些观念：第一，灵魂有独立性，可存在于不同的地方；第二，其寄居处便是灵魂之所在、生命之所在；第三，寄居的魂，如受损、受伤、受惊，便会致人生病乃至死亡。灵魂常寄居于三个住处：一是永远离体，二是暂时离体，三是寄存于体内某一器官或他物之中。民间文化的许多禁忌、风俗反映的就是上述观念，如招魂术，就是招回受伤的灵魂。一些黑巫术在惩罚要惩罚的人时，一种重要的办法就是让他们的魂回不了家。原始灵魂观念尽管主张灵魂无形，但也有这样的看法，即认为灵魂有物质的某些特性，如有形状。许地山说：“许多民族都信灵魂底形状像鸟一样……中国人信魂像一只公鸡。”③

中国的FP也有万物有灵论的成分。1975年湖北云梦睡虎地出土的占卜书籍《日书》记载了古代先民关于万物有灵及其处理态度的思想。研究者把他们信仰的魂灵大致分为五大类，每类都有其作用和处置办法：①亚神灵，其形式有大神、上神、状神、神虫等，它们有害人等作用，应对办法是以击鼓等形式驱赶；②亡灵，如父母的灵魂，它们有让人生病等作用，如果是这样，就可用献祭等方法对

① 江绍原：《发须爪：关于它们的迷信》，开明书店1928年版，第61页。
② 马昌仪：《中国灵魂信仰》，上海文艺出版社1998年版，第186页。
③ 许地山：《扶箕迷信底研究》，上海文艺出版社1988年版，第75页。

待；③鬼灵，如刺鬼、阳鬼、外鬼等；④物灵，如雷、云、天等的灵；⑤生灵，如虫、鼠、狼、马等的魂。[①]

万物有灵论的最典型例子是认为虎有魂与魄。根据这一观念，虎死时，其精魄入地化为石，琥珀状似此石，故被称为虎魄。[②]其魂像人的魂一样，它在虎死时上升到空中。大谷孝太郎说："一个朦胧的、然而却被认为是现世的真实复写的精灵世界，为人们普遍相信着。亡灵、精灵、祖灵、物神充满中国人想象中的环境，支配中国人生活方式的所有方面。"[③]足以证明这一点的一个事实是，中国每年要烧掉无数吨的纸，炸掉无数吨的炸药、爆竹。

道教的传说为张三丰所做的《心性图》及其表述性文字，以心国同构为预设，对心理王国的结构图景做了形象的描述，可看作是中国 FP 的心灵观的一个缩影。其文字表述如下。

玄天上帝拱而问之："道舍何也？"太上曰："心即舍，而性即道，清静斋戒为之城。六根即六部宰辅，六尘即六贼强梁，六识即六门出入，五欲即五道井坑，见、闻、知觉（觉、知）即住国四相，同佐性土，一体的家邦。性道见而心常明，六臣四相同理国政。若性道真明，不顺私情，有功则赏，有过则罚，体天道而行，死而不怨，如此刑政，能以坚固身心。六门谨慎，六贼不起，内则六尘清政，四相体公，不敢作弊；内外如一，性土太平。若性道不明，爱听谗纳佞，背公向私，赏罚不平，上下相乖，在内六尘相背，四相作弊；在外则六贼乱起，入破戒墙，入自家邦，劫自功德，福尽法无，身心落泊，便受沉沦。是故，治世有法，治心有理，不公不行，不正不立，直交内外，一如上下，无失君臣，道合心性圆明，共为一致性土，君民同乐太平。故名，王道者也。"[④]

根据这个心性图，心像一座城池一样，有眼、耳、鼻、舌、身、意六根作为宰辅（像皇帝的辅政大臣），有色、声、香、味、触、法六尘作为六贼强梁（破

① 王桂钧：《〈日书〉所见秦俗发微》，《文物》1988 年第 4 期，第 65 页。
② 马昌仪：《中国灵魂信仰》，上海文艺出版社 1998 年版，第 77 页。
③ [日]大谷孝太郎：《中国人的精神结构研究》，转引自沙莲香：《中国国民性》，中国人民大学出版社 1989 年版，第 170 页。
④ 转引自陈禾塬：《丹道修炼与养生学》，社会科学文献出版社 2007 年版，第 74-75 页。

坏朝政的坏人），有眼等六识作为六门出入，有色等五境所引起的五欲作为五道穽坑，这是陷阱，人受五欲支配，就会掉入陷阱。另外，心内还有见、闻、觉、知四相或四类大员、要员。它们不直接对外产生作用，而主要是起协调内部的作用，如辅佐心性之土地。上面这些因素组成了“一体的家邦”，即像统一的国家一样。人这个国家的治理不外乎这样一些状态：一是性体显现，在心中居主导地位。如果是这样，人这个小国就会得到有效的治理，其结果是如有功则赏；有过则罚，不徇私情身心坚固，六门把守严谨，六贼不犯四相体公，不敢作弊，“内外如一，性土太平”。二是性道不明，即性道被湮没、遮蔽。果如此，则身心落泊，沉沦恶道。

综上所述，中国原始灵魂观念不同于其他民族灵魂观念的特点在于：没有把它们设想为实体，同时认为它们不止一个。正如钱穆先生所说的，中国古人没有西方人所拥有的灵肉对立观念。由这一文化基因所决定，中国后来的理论化的心灵哲学一般是反心身二分的，占主导的思想近似于西方的“自然主义”。就中国的 FP 与其他民族的 FP 的同异来说，它们都主张，心是主宰性的、小人性的实在，它用感官接受外界信息，然后做出决定，指挥身体的行动。两者的差异主要表现在：第一，由于中国的 FP 缺乏分析的精神，因此不太注重分析感官传来的信息内容，只是对其采取一种朴素的实在论态度。第二，在设想心灵的状态和图景时，中国的 FP 缺乏语言的维度，因而没有想到里面有命题态度之类的东西，而西方人在构想信念等心理状态时，把它设想为心对语句的关系。换言之，西方人为了具体说明心理世界，引入了语言学方法，认为心理学理论类似于语言学理论，心理状态类似于语言状态，至少有语言的表现形式，质言之，心灵状态就是一种象形文字的状态，如命题态度。而中国人由于没有语言学的维度，因此对心的设想是笼统的、不明确的。他们没有从语言学角度去分析心理状态，没有进一步揭示心的语义内容和语言表现形式，例如，中国古代语言就没有“信念语法”，即使有把信念分析为对于句子的态度，即使中国的民间心理学有时也关注语言，但与西方也有不同，这表现在：西方人关心句子；中国人关心词，如知、情、意等。第三，西方人由于有语言学的维度，因此在语言的作用问题上做了进一步的区分，即区分开了描述（表征、认知）作用与规范作用。前者的作用不同于后者的作用，而中国人没有这层区分，常把它们混同起来，即使有区分，也把表征作用看作服务于规范作用的东西。第四，价值取向不同。西方人谈论心灵的目的主要是想认识心灵，而中国人探讨心灵的目的主要是服务于做人。第五，中国的 FP 把心的情感作用与认知作用混同起来了，而西方人则区别对待。

第三节　中国心理语言及其隐含的心灵观

这里所说的“中国心理语言”指的是中国古人创造和使用的表示个别心理样式、个例的语言形式，如表示心理现象的字、词、句等。本节的任务就是运用发生学或“古生物学”研究方法通过考察先民对心理语言的创制和使用，来澄清、还原中国原始的心灵观念及其所派生的 FP。大量研究已表明，语言尤其是远古时代的语言是一种重要的文化化石，其内隐藏着大量极其珍贵的文化信息，因此人类最初的语言以及后来经过派生、复合、新造的语言，不仅是研究语言本身起源、演变的不可多得的资料，而且也是认识创造和使用语言的人的生活方式、生产实践活动、认知能力与方式、思想观念乃至世界观、本体论的活化石。贝尔纳（J. Bernal）在《历史上的科学》（*Science in History*）一书中指出：“语言是现今仍然活着的古代遗物，研究语言应该是研究各期各地物质文化的一些残存遗产的基本补充工作。研究语言并研究物质文化残迹，再加上目前存在的原始民族来作证，就应该能提供古代社会生活的某些图景。”[①]文化语言学告诉我们，语言是文化的活化石，里面积淀着创制和使用语言的先民所持的世界观、价值观与方法论。语言的古生物学或发生学研究就是要通过对语言起源和发展的研究，揭示与语言有关的、共同起源和发展的社会制度、风俗习惯及思想观念。西方学者已将这一方法运用到了心灵观念的起源研究之中。笔者借用这一方法，就是要通过对汉字这一世界上最古老而精妙的文化化石的研究，从一个侧面揭示中国人的原始心灵观念和常识心理学。中国古代文字中有丰富的心理语言和词汇，仅《诗经》中与“心”有关的词条就有 200 个之多。从作用上说，它们是塑造中国理论化心灵哲学特质的重要渊源和力量。

对心理语言与心理观念及其关系做发生学研究，就是要在考察心理语言的创

① ［英］贝尔纳：《历史上的科学》，伍况甫等译，科学出版社 1983 年版，第 39 页。

制、发明过程的基础上，反观古人心灵观念的形成过程及具体内容，了解他们创立心理语言时所面临的困惑和真实的动机，弄清他们创立那些心理符号时要表征、命名的东西究竟是什么，是不是无病呻吟、无的放矢，其面对的要命名的实在是一种什么样的实在，他们是怎样设想它们的，是怎样构想关于它们的结构图景的。就一般情况而言，语言是在有对象存在，并且获得了关于它们的认识、思想的前提下产生出来的，换言之，是按照实在—思想—语言的顺序产生的。这也是大多数人关于语言与思想、实在的相互关系的看法。但是也有这样的情况，由于对象本身的复杂性，人们按照通常的造字原则造出的词语其实并没有相应的对象。也就是说，他们类推出的对象并不真的存在，而他们以为它们存在，并为它们安立了名字，如“以太”“燃素”“上帝”等。对心灵观念的语言发生学进行研究，就是要澄清这个问题，就是要说明心理语言要表达的原旨、原意及观念是什么，以及这些观念有没有它们要表征的对象。这种研究可从两方面进行：一是从逻辑上考察现实生活中的个体，揭示他们的心理语言及相应的心灵观念的发生过程；二是从语言、知识考古学的角度，具体考察心理语言及心灵观念的种系发生。分析哲学在前一方面做了大量颇具开创性且极有价值的工作。我们这里拟在后一方面做一些尝试性探讨。笔者认为，考察汉语的心理语言的发生是弄清中国的FP乃至一般的FP的起源、内容与实质的最好的一条途径。

不过，这里还有这样一个问题，即尽管我们有办法弄清古人创制心理语词的真实动机，知道了他们要表达的关于心理世界的看法是什么，但是由后者能做出这样的断言吗？即古人的心理观念起源于相应的心理语词起源的时候吗？换言之，前者为什么就不能在此之前早就产生出来了呢？例如，通过资料说明了某一心理词汇在某时没有出现，但这能否用来说明人们在此之前没有产生类似的观念或思想呢？答案是恐怕不能，因为即使经考证证明在殷商以前没有出现某一数量词或连接词，但并不能由此说，在此之前人们没有这类观念。因为记载在甲骨文和后来金文中的文字毕竟是很有限的。另外，文字作为符号是晚于口头语言的，或者说两者在时间上是不一致的，即使文字中没有某些词汇，也不等于说在口语中也没有这些词汇。这样一来，仅考察文字的起源似乎不足以解决上面提出的问题。笔者认为，这些反例的确是存在的，但对于我们的探讨并不构成实质性的障碍。因为心理语言的具体的、确切的历史起源，无论是口头语言还是文字，对于我们的目的来说并不是至关重要的。只要我们有办法从逻辑上，当然是从有历史根据的、与历史相一致的逻辑上，弄清作为文字的心理语言的起源，例如，它是怎样创立的，通过什么途径创立的，人们在创立这些语言时要表达的观念即关于心理世界的结构图景是什么，他们的民间心理学是什么样子的，就足够了。因为我们的研究是哲学的，旨在弄清古人的心理观念是不是虚构的，是不是虚妄推论的产物；以及现在的日常心理概念图式是怎样起源的，它为什么是错误的心理地形学、地貌学、结构论和动力学。要达到这一目的，完全用不着研究心灵的生物进化史，因为民间心理学的起源与此无关，只需研究汉字的起源就可以由一斑而窥全豹。理由在于，我们的目的和任务只是要从心理语言的创制过程中弄清当时创制和使用这些词语的人对于心理的构想，至于它们在以前的什么时候出现，这与我们的目的没有什么关系。

汉族使用文字至少有五六千年的历史。西安半坡等地所发现的记事符号，可以说是已知的最早的文字。过了约 2000 年，文字进入了甲骨文时代。甲骨文是相当成熟的文字体系，后又有金文、铭文等，再往后就是更为完善的文字如篆书、隶书等。从汉字的形体结构看，它经历了一个由史前的单体写意性的图画文字（刻符、岩画）到独体象形“文”，再到独体“字”的演变过程。根据对这些文字进行研究的成果，我们不难发现以下几点。

第一，汉字及词汇的起源、演进过程像其他语言一样，也经历了一个先物理语言、后心理语言的历史过程，而且这里的心理语言也是借助于类比、隐喻从物理语言中转化而来的。例如，“我”字最初表示的是一种长柄兵器，后来才转化成了心理语言。[①]

第二，物理语言的发生顺序大致是，最先出现较多的是表示自然现象如风、雷、日、月的词汇，表示肢体的词汇，表示方位和时令的词汇，以及表示狩猎、捕鱼、农业活动的词汇。而且这些词汇在甲骨文中基本上都可以见到。随后陆续出现的是数量词、代词以及表示房屋、宫殿等物质文化现象的词。抽象的、表示事物内部结构和属性的词以及连接词，特别是其意义随语境变化而变化的索引词（如这、那、现在、你、我、他）等都是很晚才产生出来的。[②]

---

① 戴吾三：《汉字中的古代科技》，百花文艺出版社 2004 年版，第 166-168 页。
② 参阅王力：《汉语史稿》，中华书局 1980 年版，第 484-506 页。

第三，物理语言中的词汇是按照实在—思想—语言的模式而发生的。也就是说，只有在面对某一对象，同时思想中有相应的观念出现时，才可能有命名或造字活动发生。索绪尔说："对汉人来说，表意字和口说的词都是观念的符号。在他们看来，文字就是第二语言。""符号连接的不是事物和名称，而是概念和音响形象。"[①]也就是说，光有对象是不会有命名活动的，只有当有"造意"即有要表达的观念时，才如此。而由于有此造意，才有文字的本义。因此在汉字中，大多数本义与造意是一致的、相合的。当然也有不相合的，例如，造意指个别，本义变成了一般，如"尘"（塵），造意是鹿行走时扫起的尘土，但本义却指尘土。还有这样的情况，即有时造意指实，本义却指虚。

第四，心理语言的产生也是如此，即先有对象，然后有相应的观念，最后才是心理语言，也就是说，心理语言的命名活动之所以发生，首先是人的内部产生了已有物理语言表达不了的对象，即有"非说不可的东西"。例如，"宁"（寧）和"省"字足以说明这一点。之所以有"寧"字的创制，是因为人内部出现了一种特殊的状态，如大起大落的情绪平静下来了，很安静、安定，很舒适，这些用已有的物理语言和心理语言都表达不了，而用摹状词又太烦琐。于是就造出一个"寧"字来。它形象地说明的是"心在皿上，人之饮食器，所以安人"（《说文解字》）。可见，一个心理语词的出现实际上意味着一个范畴的诞生，具有重大的认识意义，这表现在，人的认识之网上又织出了一个新的网上纽结，人们又认识到了心理世界中的一种新样式或个例。不仅如此，由于汉字的结构不同于拼音文字的结构，它常以三维立体的形式反映所指的结构，因此它还以特殊的形式再现了造字人对对象的构成、结构、本质的看法。以"寧"字为例，它形象地描绘了人心安于一物上的安宁的状态。这种状态是人们能够得到的、根本有别于作为对立面的扰动的状态。"省"也是如此，古人体验到了一种活动或过程，它是针对内在的另一活动或过程的，由于前者对后者的窥探不是借助眼耳之类的器官完成的，因此不能用表示肉体行为的词来指示这一过程。于是就有举行"命名式"的必要，即造一个符号表示这个过程，即有了"省"字的出现。它在甲骨文中是一个象形符号，画的是长着眉毛的眼睛，因此清代文字训诂学家段玉裁在为《说

① [瑞士]索绪尔：《普通语言学教程》，高名凯译，商务印书馆1985年版，第101页。

文解字》作注的时候说："省者，察也。"[①]就此而言，笔者不赞成杰恩斯（J. Jaynes）所说的心理语言借隐喻创造了它的对象。也就是说，古人创制心理语言不是无病呻吟，而是有某个新认识到的真实的过程或对象要表达，且有对它的感觉或经验，有某种造意或观念。当然，同样不可否认的是，造字和用字的人有时难免对所认识到的这个新心理成员做出错误的设想或想象。例如，常常根据外部物质世界来设想它们的形象、特性、作用方式和关系等，形成了一种拟人、拟物化的心理结构图景（详见后文）。要明白这一点，我们必须先弄清汉字的一般造字原则与方法。

汉字有两类，一是单体字即独体之文（许慎认为，依类象形谓之文）。它又有两种创制方法：其一是象形，即根据所指对象的形象造字，这种字刻画的是对象的简单轮廓，如人、木；其二是指事，即用文字表征事物的抽象方面，亦即指称事件的过程或事物的性状、关系，如上、下。二是合体之字（形声相益谓之字）。这类字也有两种形成方法：一是会意，即比类合谊，以见指称，就是把两个字的意义合在一起，形成新字，如森、好；二是形声，让一字表意、一字形声，以事为名，取譬相成，如江、河。其他的字基本上是在这些字的基础上经分解、组合而派生、繁衍出来的。派生、繁衍的方法论原则有二：一是转注，即"建类一首，同意相受"，根据类似性，略改原有的字形和读音，形成能表达新意或有新的读音的字，如考、老；二是假借，即本无其字，依声托事，借用原有的字，使之成为同音而异义的字。

心理词汇基本上也是根据这样的原则和方法制造出来的。我们先来看假借和转注。有些词原本是物理语言，即表示的是物质对象及其性状、运动变化，后经过类比，转化成了心理语词。这就是说，它的本义是表示物质对象及属性的，而派生义则是表示心理事件的。例如，"明"，会意字本义是明亮、照明，如日月照在窗台上，后转义为"明白""明晰""明了"；"断想"，断是根据以斧断草状而成字，本义表示外物的性状，与"想"连在一起就是一种隐喻；"为"，其繁体为"為"，象形字，《说文解字》认为，这个字表示的是猴爪好抓好动的特点，据此表示人的作为。甲骨文的"为"字，模拟的是人以手牵象之形，转意

---

① [东汉]许慎：《说文解字（一）》，[清]段玉裁注，中国戏剧出版社 2008 年版，第 375 页。

为人的劳作，经过隐喻，后也转化成了表示人的心理活动的词，如“无为”“有为”。再如，“安，静也，从女在门下。指的是女在房中休息，其意为静”，后变成了心理语词，表示心的一种状态，如“心安理得”。这类词还很多，如谢、诚、省、学、习、兴、善、信、分析、解释、痛苦、验、证、吉、畏、望、内疚、吝啬、狡诈、拙、痴等。

心理语言形成的第二个途径就是按照类比、隐喻的原则，运用象形、指事、会意、形声等方法新造。这里有这样几种情况：一是将有关的物理单词合在一起，构成新的心理词汇，如“信仰”“尊重”“魂”“魄”。后两个字中，每一个由两部分构成，它们原来都是表示非心理的东西，合在一起就成了表示某种特殊心理主体的词。二是按“物理词汇（或偏旁或字根）+心（忄）”的模式造出新的心理词汇。这是汉字心理词汇的主体或主要来源。这类字均由表示外物运动、行为、性状、过程事件等的词加“心”的偏旁构成，总共至少有 1400 个。它们是中国古人智慧的结晶，是他们在心理王国的地理大发现、矿物学勘探中为世界心灵哲学所做的举世无双的宝贵贡献。这里的每一个字既是一个范畴，同时又是一个句子或理论，甚或一篇反映一个重大发现的论文，非常奇妙地再现和论证了人们所发现的一个心理样式或个例，就像天文学家所发现的一个个的星座一样。

综观这些字的构成和表意方法，可做这样的分类：①表示外物的名词性的字+心，如忍、思等；②表示数量的字+心，如忈、恶、怬等；③表示空间关系、方位的字+心，如忐、忑、忠等；④表示人体行为的字+心，如惭等；⑤否定字+心，如悲、忽等；⑥表示事物时间关系的字+心，如怘、愁等；⑦表示身体器官或组成部分或身体状况的字+心，如恬等；⑧表示事物性质、状态的字+心，如怕、情等；⑨表示事物形体、存在方式的字+心，如怅、悃等；⑩表示外物运动的字+心，如惓等。

还应注意的是，汉字还有一个不同于西方文字的特点，即不仅组成心理证词的核心偏旁，如“心”“忄”，具有强大的派生能力，即可以由此组成很多表示心理现象的字，而且表示心理的字又可与其他有关的字结合，组成表示更复杂的心理样式、个例的词，如心猿意马、情投意合、感今怀昔等。这些词的数量极其庞大，其创立出来足以说明：创立者已经认识到了有关的心理样式或个例，已经将心理的地理大发现工作做得几乎尽善尽美了。其创立者显然不再局限于古代的史官，而是广大的知识分子，甚至包括非知识分子，因为许多表示心理现象的合成词及成语，是许多使用语言的人在日常交流中创造出来的。网络语言的创制和流行就是其最好的例证。

从上面的分析，我们可以得出这样的结论：汉语中的心理语言是借助类比、黏合从物理语言中派生出来的，而且两者是类似的。例如，物理语言中有表示行为、运动的词，心理语言中也有这样的动词，如“想”“思”“意志抉择”“心情激动”等；物理语言中有表示活动主体的词，心理语言中也有，如“心”、“灵魂”（表示的是心理活动的一般主体）、“理性”、“意志”（表示的是特定心理活动的主体）；物理语言中有表示时间、空间关系的词，心理语言也不例外，如“我的内心深处”“心直口快”；物理语言中有描述物理实在、过程、活动的性状和特点等的形容词、副词，心理语言中也有，而且可以不费力气地把前者转化为后者，如“快捷”“迟缓”“剧烈”等。总之，物理语言描述的是这样的世界，即实体具有其特性并存在于时空中，心理语言也是如此。所不同的是，已有的心理语言本来是要表现真实发生的过程，然而，在隐喻、类推的误导下，无意中形成了自己的生殖能力，在隐约吐露了一点内在信息的同时，结果构造出了一幅关于心理世界的拟人、拟物式的结构图景。试看“忐”“忑”二字。尽管它们的下面都有一个“心”字，因此合并而成的新字已不是表示外部事物性状的字，但它们其实就是隐喻中的喻媒，让人想到的仍是外部世界中事物上下变动不居的特点，而且在文字使用者心中唤起或创造的仍是一种类似于外部世界的图像。如果借助隐喻仅仅只是为了比喻性地理解那不可捉摸的内部世界，那倒无妨，问题是隐喻在这里有生殖力，它僭越它的界限，创造出了一个超喻，一个根本就不存在或根本就不符合实际的图景。这些图景让人想到人内部有一个像人或像物一样上下变动起伏的事件或状态。

大多数用来描述心的字，都有“心”或“忄”作为其偏旁，或有表示其基本含义的形体结构，它告诉人们：该字表示的状态或性状发生在心中，或属于心，或依赖于心，就像我的眼、手、耳、鼻、肤色、高矮属于我的身体一样。也就是说，造字的人在造这些字时，已把人二重化了，即把文字要表示的“义”设想成了一个“小人”，它是另一个“我”，它也有它的作为、过程、状态、特征。所有带有“心”或“忄”这一构字成分的字无一例外地是这个“我”即另一个世界的某一方面的“反映”或“摹写”。这样一来，心理语词的创造和使用便通过其隐含的隐喻创造出了一个特殊的世界。质言之，造字和用字的人只要是诚实的，那么他们在造和用的时候所要述说的对象肯定是有本体论地位的，肯定是真实的，但他们由此对这个不可触摸的新对象及世界的构想则不一定是符合实际的。例如，可能有这种情况，即创造心理词汇的人想表达的是真实的过程、事件，但由于认识的不到位，在想象、推理的帮助下，可能形成错误的“造意”。这样一来，即使所造的词语吐露了真实的信息，即有其所指，也是对这个对象做了错误的构想，形成了错误的地形学、运动论、动力学，以至把内在心理世界设想为外在世界的类似物，心理的王国仿佛成了装实物的容器，心是这种容器，观念、思想、情感像糖果一样按上下左右的方式摆放在其中，按先后顺序出出进进；同时心理活动就像搅拌机一样，感觉材料从外面进来，心便在自己的房子里对它加工，最后也有加工的结果，如想法、决定等。

西方学者，如莱布尼茨、索绪尔等，早就认识到：一个汉字就是一幅图画，它以特殊的方式反映了造此字的时代的人对事物本质、结构的认识，因此可以说是一个作为“认识之网的网上纽结”的范畴，里面浸透着复杂的认识、文化、社会信息。汉语的心理语词也是这样，它尽管是从物理语言转化而来的，但也反映着中国古人的心灵观，即关于心灵的地理学、地貌学、结构论、动力学、运动论的构想，值得品味和追索。

文字的创造过程以及被创造出的文字中隐藏着文字形成时的FP。因此要揭示中国的FP及其内容，最好是关注心理语言创造的过程，尤其是关注创制者在创造时的“造意”及对要表述的所指的构想、观念。就语言发生的过程而言，一般是先有口语，然后到了一定的时候才为其配上相应的符号，这便是留传下来的文字或书面语言。在中国，书面语言一般是由专职的、有“闲暇时间”并得到了专门授权的“史官”创造和使用的。这里有两种传说：一是传说上古是用结绳的方法记事的，后演变成“书契”；二是传说黄帝的史官仓颉最早发明了文字。《说文解字》的序曰：“黄帝之史仓颉，初造书契，依类象形，故谓之文。其后形声相益，即谓之字，著于竹帛谓之书。”[①]《尚书》曰：“古者伏羲氏之王天下也，

① [东汉]许慎《说文解字·序》。

始画八卦，造书契，以代结绳之政，由是文籍生焉。”①

在距今约 5000 年的属仰韶文化的陕西半坡村遗址和陕西临潼遗址出土的彩陶上，刻有类似于文字的简单刻画符号②，这至少可看作是中国已知最早的文字形式之一。接下来的文字形式是刻于甲骨上的甲骨文和刻于青铜器上的金文。出土的简册让我们看到了中国古代更完备的文字形态，即书写于竹简、木牍上的楚国文字，这是秦统一六国文字前的各种文字形式中的一种。

在古代相当长的时期内，文字记录、著书是由专人即史官负责的。王国维说：“掌文书者亦皆谓之史，则史之职专以藏书、读书、作书为事。”③“史官”又可简称为“史”。在甲骨文中，该字为“”。《说文解字》云：“史，记事者也。从又持中。中，正也。”“又”即再、再现。“中”指公正客观地再现事实，这样的人就是史。很显然，这是一个会意字。上面是放简策的容器，下面是手。合起来表示掌管文书记录的人。

根据《管子》的说法，“名”由圣人所制，“名者，圣人之所以纪万物也”④。圣人之所以为圣人，其表现之一是能恰当地命名，为实有或实在者安名，反之，无则不名。“形固有名，名当（安得恰当）谓圣人。”⑤

史官在创造文字时的“从又持中”表现在：一是用特定符号将人们表示相应之实的口语记载下来，从而形成文字；二是由于史官是当时最有知识、智慧的人，他们必定有自己对实在的认识，尤其是有对一般人认识不到的实在的认识。他们创造的符号有一部分可能就是这种认识的记录。就语言类型来说，语言不外乎物理语言和心理语言。前者是表示物理实在的符号，后者是表示心理实在的符号。从发生顺序来说，如前所述，后者是由前者派生出来的。就这类语言是否“当”、是否有对应之实的问题来说，尽管其中由于认识的原因而有“为无”立名的问题，但不能由此得出这样的取消论结论，即它们都是“无病呻吟”“无的放矢”，是类似于“以太”等一样的空概念。因为道理很简单，新的词语的出现一定是由于人们在认识中遇到了已有语词表述不了的实在。即使新造的词是已有词的同义

①《尚书·序》。
② 中国社会科学院考古研究所编：《新中国的考古发现和研究》，东方出版社 2007 年版，第 64 页。
③ 王国维：《释史》，《官堂集林（一）》，中华书局 1959 年版，第 269 页。
④《管子·心术上》。
⑤《管子·心术上》。

词，其所指尽管与原词相同，人们也一定在其上发现了新的不能由原词表述的特性或现象学性质，如变换角度，由此同一个对象的显现就大不一样了。据此，笔者认为，古人所造的心理语言一般是有其对象的，这对象有不同于物理语言所述对象的特定的本体论地位。因为语言创造的铁的原则是“如无必要，勿增实体”“为有立名，无则不立”。至于如何构想被指之实在的图景、如何设想它们的性质及相状、如何说明其构成与本质，那又是心灵观念的另一课题。下面我们将通过一定的方法和程序，分析、揭示中国心理语言及其创造过程中所隐藏的 FP 信息。

第一，汉语表示心理现象的单字及合成词的创立和运用，表明中国人不仅认识到了一个不同于物理世界的世界，一个与物理世界有交叉、部分重叠或有高于关系的世界，例如，同时具有物理现象性质的“胆”（胆大妄为）、“气”（心高气傲）等表示的就是这样的东西，而且对这个世界的构成、结构、本质特点形成了这样的认识，即世界的个别的心理样式、个例是由不同于物理实在的特殊主体如心之类的东西完成或拥有的，这主体尽管不是物理的主体，但也有自己的活动、作用、过程、状态、事件。由于中国的 FP 看到了这一点，因此为了区别起见，便用特殊的标记法将其标示出来，即在每个心理用字上置入“心”或“忄”，如“忐忑”，它们表示的现象是，也像物理的过程或状态一样，有上下的波动、变化，不同的是，这类现象发生在心中，或为心所完成。相信心理王国及现象有自己的主体和特定的空间、时间，这与西方的 FP 没有差别，不同在于：中国的 FP 相信的主体是多而非一，如意（意马心猿）、志（志骄意满）、神（神不附体）、精（精疲力竭）、心（心不在焉）、魂和魄（魂飞魄散）。更具特色的看法是，中国人认为，胆、肝等在特定意义上也可成为心理主体，至少可成为心物兼有的主体，如说胆大妄为、胆小如鼠、肝胆相照等。另外，由于中国的 FP 没有心物二分的意识，因此其承认心理主体和物理主体之外还存在着非心非物的主体，如上面说的胆、气等就是如此。

第二，中国的 FP 所认定的心、魂、魄、神等尽管有本体论地位，即不是取消论所说的虚无，但对它们的图景的构想充满着拟物论、“小人论”或“人格化”色彩，质言之，古人在创造心理语言时是根据关于物理的认识模式、关于人的存在和活动模式来设想心的，以至于把心构想成了一个小人式的存在。这就是说，中国的 FP 在这一点上与西方是相同的，即把心构想成了一个主体或一个小人式的东西，所不同的是，西方人所设想的心一般是一个统一的主体，因而以一对一的形式与身体发生关系，进而导致了西方人的心身或心物二分模式。而中国的 FP 则不同，它所设想的心是多，所设想的人也不是心身的单纯的复合体，即没有对之做简单的心身二分，而是认为人是多元复合体，有时许多人甚至认为，人体是没法划分的整体性存在。就心理语言的内容来说，它与物理语言存在着明显的对应。首先，描述心理活动的词来自描述物理运动的词，如加工、选择、迟缓、快捷等。其次，心理既然有活动，那一定有位置，于是稍作类推，就有了关于心理活动空间特性、方位的词，如心胸开阔、心胸狭隘、城府很深、内心深处等。最后，描述心理状态方面的词，如心理平静、不平静等；描述性质特征方面的词，如专注、分散、集中、清楚、模糊等，都来自对应的物理语言。另外，心理既然有活动，活动就一定有其主体，于是便有了“心”“灵魂”等词。据人类学、民族学等所提供的资料，“灵魂”一词开始也是一个物质性的名词，指的是肺、呼吸、气息。在希腊文中，据考证，它转化为心理语言，是在从线形文字乙碑到梭伦改革这一时期。中文的心理语言要复杂得多，不过在本质上无异，也是一种比喻。形容词、副词和部分名词自不待言，与上述情况大体相当，但有些词和单字则值得单独考证，如“恼”“卤”原为“𡿺”，上为火苗之形相，下为脑袋，它们与“忄”合在一起，就以借喻的方式曲折、隐晦地指谓某种心理状态。这不难理解，因为几千年来，人类设想心理世界的参照系经常在变化，但万变不离其宗，即根据某种有形可见的东西及其结构、功能去设想心理世界，例如，亚里士多德的“腊块”、洛克的“白板”、莱布尼茨的“有花纹的大理石”、拉美特利（J. O. Lamettrie）的“机器”、海克尔（E. Haeckel）的“电报机”等。20 世纪诞生了电子计算机以后，它便成了主要的类比基础。应当承认，这些模式在特定的条件下，均以其某一或某些方面的特征解除了人们理解和说明心理现象时的困惑，在一定程度上弥补了“言不尽意”的缺憾，为人们建立新的心身学说提供了一定的条件。尤其是计算机作为类比基础，确实推进了认知科学和心灵哲学的发展，有些极有影响的学说如功能主义、认知主义就直接导源于、得益于这种类比。但是应该看到，这些认知方式毕竟不是把握心理这一特殊对象的直接方式，不管它多么有生殖力，但生产出的多为“畸形儿”或“怪胎”。克里克（F. Crick）

基于计算机和人脑的运行速度、工作方式、输入输出、贮存过程、信息编码方式的分析指出："这种比较，如果陷入极端的话，将导致不切实际的理论。"[①]当然，将其限制作为一种辅助的手段，仍不失为一种有用的"活化石"，不过只能仅此而已。

① [英]弗朗西斯·克里克：《惊人的假说——灵魂的科学探索》，汪云九、齐翔林、吴新年等译，湖南科学技术出版社1998年版，第181页。

第三章
中国特色的“自然化”与心灵哲学的开端

我们既反对说中国没有真正的、标准的心灵哲学，又不赞成西方的这样一种观点，即认为中国的心灵哲学相似于西方的FP。如前所说，FP实即常识心理学，是内化于常人文化心理结构中的心灵观，连真正的心理学都算不上，更不用说是真正的心灵哲学。本章的任务就是与有关观点展开对话，并阐述笔者所持的观点及理由。笔者的基本观点是，中国不仅有真正的、理论化的心灵哲学，而且早就开始了，即开始于春秋末期，其标志是《左传》所记述的郑子产（前580—前522）的以气释魂魄及其所引发的争论。

第一节　心灵哲学的划界标准与“自然化”

要评判中国有无真正的心灵哲学，首先必须回答这样一个前提性问题，即究竟什么是心灵哲学？如何判断一种心理理论是不是心灵哲学？心灵哲学区别于非心灵哲学的标志性特征是什么？划界标准是什么？对此有三种不同的回答：一是狭隘的、紧缩的理解，其中又有如下分别，有人认为，心灵哲学研究的是心理学的概念问题；有人认为，只有研究与心灵有关的形而上学问题，尤其是像心灵在自然界中有无本体论地位这样的问题的学问才能被称作心灵哲学；还有人认为，心灵哲学的任务就是分析心理语词，澄清概念混乱，充其量加上对心灵的自然化；等等。二是宽泛的、带有自由主义特点的理解，如把一切对心的论述都看作是心灵哲学，还有的人无视学术规范，想当然地界定心灵哲学，或把自己关于心的某些构想称为心灵哲学。三是折中的理解，其特点是既反对自由主义理解，又主张心灵哲学除了分析传统之外，还有现象学传统，除了英美有心灵哲学之外，欧洲大陆乃至印度、中国也有心灵哲学。由于对心灵哲学本身的理解不同，因此即使是西方学者所写的“西方心灵哲学”也是大相径庭、五花八门。

笔者认为，要解决这些问题，必须全面深入了解西方哲学家对心灵哲学的理论界定和实际探讨，尤其是他们关于心灵哲学的元问题的探讨。因为心灵哲学毕竟是西方哲学家的创造，对于我们来说是舶来品，正像要进行东西方的本体论比较研究，必须先弄清西方本体论的对象、内容与特点一样。基于此，我们选择了这样的研究思路和方法，即不以某一或少数几个权威的界定和实际研究为参照，而是考察尽可能多的心灵哲学家的看法及实际的心灵哲学操作，然后从中抽象出心灵哲学的对象、问题、视域、方法及内容，据此重构西方心灵哲学的科学体系，寻找心灵哲学作为一门有自己个性的哲学分支的标志性特征。

我们用上述方法展开研究所得的基本结论是，标准、规范的心灵哲学有如下标志性的、能把它与相关科学区别开来的特征：第一，它有自己独有的问题域，如心理现象的本体论地位问题、心理概念的语义学问题、心理理论的认识论问题（自我意识与他心知问题）、心理样式的现象学问题等。[①]第二，心灵哲学区别于其他学科的本质特征不在于它从哲学上对心做了分析和论述，而在于它对常识心理学做了反思和超越。其具体表现是，有对“心”“意识”等心理概念的自觉分析，有对心的本体论地位的思考，有对心的本质或心理语言地位的思考，有对心的本质或心理语言所指的思考。有这样的反思和超越，就必然提出和思考下述问题，如心灵的本体论（存在论）地位问题、认识论问题（他心知和自我意识问题）、心理语言的语义学问题、具体的心理现象学问题（意志、思维、信念、意识等）、心理现象区别于非心理现象的特征问题（感受性质、意向性）。第三，心灵哲学必然用新观点和方法审视天赋问题，并进一步探讨人心与人生的关系问题。例如，

① 高新民、沈学君：《现代西方心灵哲学》，华中师范大学出版社 2010 年版，第 1-17 页。

心灵是不是白板？如果不是，它有什么样的天赋资源？如果承认它有对做人有用的资源，那么心灵哲学就自然有这样的派生领域，即研究人心与人生、幸福、道德行为的关系。这是西方心灵哲学的一种新的倾向，也可看作是对东方心灵哲学的“回归”。例如，著名心灵哲学家弗拉纳根等人认为，心灵哲学既应研究自然获得的第一人性，又应研究通过文化而形成的第二人性。具体来讲，研究人的第一人性能否改变、转化；研究幸福与大脑的关系（如大脑中是否有与幸福对应的东西或神经关联物）、幸福有无本体论地位；研究通过沉思、禅定而形成的心理状态是一种什么样的现象、有无本体论地位、有何结构和机制，禅定中要开发和利用并必然随着禅定功夫提升而得到彰显的觉照性、清明性、绵密性与现象学所说的反思性自我意识、前反思性自意识是何关系，禅定的觉照性对重新构建意识理论有何意义；等等。正是这些问题以及回答所用的分析和思辨方法把心灵哲学与其他科学区别开来了。

当前在西方流行的心灵的自然化，尽管不是心灵哲学的唯一特征，但却可以看作是心灵哲学的充分条件，因为如后面将说明的，心理的自然化既包含着对FP乃至科学心理学的反思和超越，又体现了心灵哲学重概念或语言分析的特点。道理很简单，只要进行心理自然化的操作，就一定会对日常心理概念与有关科学概念、非基本概念与基本概念及其关系做出分析，就必然会对日常心理概念表明态度，而这样的工作正好就是心灵哲学的工作。具言之，如果一种理论对 FP 的概念、理论做了反思，不管是分析论证性的思考，如功能主义等所做的那样，还是否定性的、排斥性的思考，如取消主义所做的那样，那么都可以把这种工作或理论称作心灵哲学，因此判断一种理论是否是心灵哲学，可以从这个角度进行。中国有自己的特种形式的心理自然化，仅凭这一点，我们就有充分的依据断言中国有自己的理论化的规范心灵哲学。为了说明这一点，同时也是为后面揭示中国自然化的特点做铺垫，我们不妨先考察西方心灵哲学的自然化。

在心灵哲学中，心理现象在自然界有无本体论地位、心理学概念和理论在科学大厦中有无自己的一席之地，这一直是争论不休的问题。对此，尽管有不同的态度，如意向实在论、取消论等，但在英美哲学中占主导地位的倾向则是自然主义。自然主义既维护自然科学的权威和尊严，又不轻易否认心理学的合法地位，而是试图把两者调和起来。其策略就是根据自然科学的术语来说明心理学的概念，实即把后者还原为前者。这也就是所谓的“心灵的自然化运动”。由于用来还原的理论和概念不尽相同，因此心灵自然化的种类也彼此有别。例如，早期温和行为主义的自然化的方式是根据刺激-反应模式说明心理学概念，而逻辑实证主义则试图把心理学概念还原为物理学概念，一些脑科学家如著名的诺贝尔奖得主克里克则用生理学、神经科学术语说明心理现象，把两类概念看作描述同一大脑行为的、可以对应与还原的两种方式。这些尝试由于是按先后顺序出现在现当代的，因此可看作是自然化运动中所经历的不同的“转向”。在最近二三十年，又涌现出了一种新的“转向”，即“生物学转向”。正如麦克唐纳所说的：自然主义战略“所采取的最近一种转向就是向生物学的转向”①。

心灵的自然化遵循的仍是一般自然化的基本纲领和方法。我们知道，“自然化”是当代西方哲学中极为盛行的自然主义的研究纲领和操作方法。它在本体论上的基本主张是我们的世界从最基本的层面来说是物理的、自然的世界，我们的科学本体论、心理学本体论乃至形而上学本体论都是关于自然事物及其属性的本体论。而自然事物及其属性有基本和非基本之别。前者已得到物理学等基础科学的研究和认可，因此用不着说明，后者则需要说明。而说明的方式就是分析它们与基本属性的关系。如果它们能同一于基本属性，或者在其中能找到其存在的充分必要条件，或者能从科学上说明它们随附于基本属性，或由基本属性所实现，那么它们就得到了自然化。换言之，表述非基本属性的概念如能根据自然科学的原则、术语加以说明，如果在自然界中能找到其所指，或与已有自然科学的概念体系能够相容，能为其所解释，那么就得到了自然化。能被“自然化”的东西在自然中便有地位，就是存在的，否则就是不存在的。例如，“幽灵”“上帝”等不能被自然化，因此我们就没有理由认为它们存在。总之，能否被自然化是判断对象是否存在的本体论标准，当然也是我们说明对象之合理性、重要性的方法。不难看出，自然主义实质上就是物理主义，因为它们都承认自然科学有至高无上的地位，承认科学所揭示的图景是真实不虚的。当然，两者也有差别，如前者比后者更宽容。因为根据前者，不仅符合物理科学的东西有其存在的地位，而且符合其他自然科学、据以能得到说明的东西在自然秩序中也有其地位。此外，后者

① MacDonald G. “Introduction: the biological turn”. In MacDonald C, MacDonld G (Eds.). *Philosophy of Psychology*. Oxford: Blackwell, 1995: 238.

主张以物理学为基础统一所有科学，而前者认为，各门自然科学都有其独立性，因此都可作为自然化的根据或基础。

心灵哲学中自然主义的基础也是科学主义，即相信科学是基础，是判断认识对错、对象是否存在的标准。心灵哲学中的自然化运动是心灵哲学“本体论变革”的一种更温和、更折中的表现形式。其特点是一方面，它承认存在着的东西都是自然的东西；另一方面，它又不像取消论那样一概否认 FP 以及传统的心灵哲学，反而强调不能抛弃它们。当然，它又强调要对 FP 进行重构，要重新解释它的术语，以抛弃传统哲学赋予它们的那些神秘莫测的拟人化、隐喻式的意义，尤其是要抛弃其中所隐含的二元论幽灵。它主张，“意识”“信念”等心理术语是必不可少的，但它们指的不是自然界之外或之上的独立的实在或属性，而是自然界之内的实在和属性，人内部没有超自然、超物理的过程，人不过是一个自然存在。

自然主义对心理概念的自然化就是通过一定的方法和程序使被自然化的对象具有科学上的合理性、合法性，进而说明它在自然界中有其存在地位。其形式主要有以下几种。

（1）概念分析，即把要自然化的概念分析为相应的自然科学概念，或者说分析制约它们运用的充分必要条件，以说明前者具有科学上的合法地位。这种方法的特点是撇开经验研究的成果，只重视对心理概念的先验反思（即纯概念分析），揭示它们与科学概念的关系。根据这种观点，一种论断或命题的检验方法应该是看它与人们用非意向术语所表示的现实和反事实的情况是否一致。因为一种先验的可发现的本质就是与我们的概念相一致的本质。简言之，这是对意向性本质的先验的还原分析。应看到的是，这种自然化形式后来发生了微妙的变化。因为鉴于蒯因对分析与综合之间区分所做的批判，哲学家意识到，试图为任何概念都提供充要条件是不可能的。因此坚持这种自然化方案的人，现在一般只想为其提供充分条件。

（2）证明意向名词是“自然种类名称”（term of natural kind）。自然种类名称是通名的一种，其所指对象是由个别的自然事物所构成的类，如水、老虎、铁、黄金等。就心理概念的自然化来说，相应的自然类型术语主要是人、大脑、神经元等。这种自然化就是试图说明心理术语与它们的联系。质言之，只要能证明意向术语也是自然种类的名词，它们就得到了自然化。

（3）部分概念、部分科学的分析。这种自然化方案强调，没有科学研究及其成果，就不可能完全揭示意向性的本质与地位。如果承认心理词汇不能被取消，就必须证明它表示的要么是非基本属性，要么是基本属性。有充分根据表明，“信念”等心理术语不可能指称原子、分子之类的基本属性，只能表示非基本属性。如果是这样，那么问题便复杂了。因为要揭示意向性的本质，不仅要靠概念分析，而且还要指出它有什么非意向、非语义的本质。一般认为，非基本属性就是由基本属性实现的或随附于基本属性的属性。例如，温度就是一种非基本属性，其高低由它后面的分子运动及动能所决定。要对“温度”概念进行自然化，就必须说明它表示的现象后面的基本属性。同样，“信念”等表示的只能是非基本属性，要对其自然化，就必须说明实现它的物理、化学、生物属性及过程。如果能做出这种说明，能揭示心理属性的基本条件，那么它们便得到了自然化。

第二节　中国理论化心灵哲学的开端

有理由认为，中国不仅有自己极富个性的FP，而且有自己的理论化或合乎规范、标准的心灵哲学。其诞生的时间非常早，标志是以《左传》《国语》等为中心的一大批著作的问世。当然，在此之前的“人文思想”之形成为理论化心灵哲学之开端做了必要的铺垫。所谓“人文思想”是《诗经》《周易》《尚书》等论著所包含和表达的远天近德的思潮，有人把它称作发生于这一时期的“思想解放运动”。张耀南说：“孔子以前的所谓‘人文思想’就是一股远‘天’近‘德’的思潮。天神权威不断坠落，道德意识逐渐抬头，最后以‘德’而取代‘天’。”[①]韦政通先生认为，西周厉王（前878年～前842年在位）时代，参与《诗经》创作的“少数先知式诗人”开始对“天”之善意与权威产生怀疑，“要求从天神权威中解放出来，无意中为人文思想的滋长，扫除了最大的障碍”[②]。障碍扫除后，

① 张耀南：《“大人”论：中国传统中的理想人格》，北京大学出版社2005年版，第29页。
② 韦政通：《中国思想史（上）》，吉林出版集团有限责任公司2009年版，第34页。

《尚书》开始直接表达“道德的自我意识”，进而出现了所谓的“人文思想”，其特点是“道德责任感的自觉”，以及“重人的精神”等。[①]这一思想重心的转向极相似于苏格拉底在古希腊中期思想繁荣肇始之初所发起的“认识你自己”的思想重心转向。

作为中国现存最早的史书之一的《尚书》对中国心灵哲学的正式开始的铺垫作用是不可否认的。例如，《尚书》提出了后来心灵哲学的一个重要议题，即人心与道心及其关系问题。其原文是“人心惟危，道心惟微，惟精惟一，允执厥中。”[②]这就是后来热心于心灵探讨的思想家所津津乐道的“十六字心传”，是中国心灵哲学独有的，同时又具有重要的心灵哲学意义的课题，也是引导后来中国心灵哲学向心的深处挖掘的一个标杆。朱熹对此的解释是“只是这一个心，知觉从耳目之欲上去，便是人心；知觉从义理上去，便是道心。”[③]意为知觉服从于情欲即为人心，服从于义理即为道心。“圣人不以人心为主，而以道心为主。盖人心倚靠不得，人心如船，道心如舵。任船之所在，无所向，若执定舵，则去住在我。”[④]换言之，“人心者，气质之心也，可为善，可为不善。道心者，兼得理在里面。‘惟精’是无杂，‘惟一’是终始不变，乃能‘允执厥中’”[⑤]。朱熹还认为，“惟精惟一”是舜传禹、圣王代代相传的法宝，讲的就是最好的心态，其特点是“虚明安静，乃能精粹而不杂，诚笃确固，乃能纯一而无间。”“精，是识别得人心道心；一，是常守得定。允执，只是个真知。”[⑥]

《尚书》已开始提出和讨论价值性心灵哲学的问题，如“治心”“格心”概念已被明确提出来了。“格心”即“格其非心”，非心即不正当的心。“格”即纠正之意，“是将此一物格其不正者”[⑦]，旨在让不正当的心变为正当的。

最早的既具有思想性又具有史书性质的书还有许多，如《诗经》《礼记》《乐经》《周易》《春秋》等。透过这些书可以看到，中国的主要心理语词已被制定齐全，关于心理的观念、本体论图景已开始形成，尤其是 FP 已十分完备。《礼

① 韦政通：《中国思想史（上）》，吉林出版集团有限责任公司 2009 年版，第 35 页。
②《尚书・大禹谟》。
③ [南宋]黎靖德编：《朱子语类（五）》，王星贤点校，中华书局 1986 年版，第 2009 页。
④ [南宋]黎靖德编：《朱子语类（五）》，王星贤点校，中华书局 1986 年版，第 2009 页。
⑤ [南宋]黎靖德编：《朱子语类（五）》，王星贤点校，中华书局 1986 年版，第 2013 页。
⑥ [南宋]黎靖德编：《朱子语类（五）》，王星贤点校，中华书局 1986 年版，第 2014 页。
⑦ [南宋]黎靖德编：《朱子语类（五）》，王星贤点校，中华书局 1986 年版，第 2061 页。

记》《乐经》之被创造出来足以证明这一点，因为它们都是人心的反映。朱熹说："古者礼乐之书具在，人皆识其器数，却怕他不晓其义，故教之曰：'凡音之起，由人心生也。'"[①]从动机上说，古代贤圣创造《礼记》《乐经》主要是为了治心。正所谓"乐以治心，礼以治躬"[②]。"心要平易，无艰深险阻，所以说，'不和不乐，则鄙诈之心入之矣！不庄不敬，则慢易之心入之矣！'"[③]

《礼记》的主要内容是对祭祀的根据、道理、意义、操作规章及方法做详尽的论述，不仅表达了对鬼神的看法，而且包含有丰富的魂魄观念，如"气也者，神之盛也；魄也者，鬼之盛也"[④]。人死时，魂气归于天，精魄归于地。朱熹说："古人祭祀，燎以求诸阳，灌以求诸阴。"[⑤]

《诗经》的铺垫作用也值得一提。我们知道，《诗经》是西周至春秋中期的诗歌总汇，既抒发了不同阶层群众的思想和情感，也就是所谓的"诗言志"，又记录了人们对世界、社会、人自身的认识。后来的诗经学更是发挥了其中所包含的关于人的哲学认识，例如，发挥其中关于心性的思想。王博先生说："《诗》言志，解释《诗》的文献就顺着情志的方向，而发展出注重心与性的学说。"[⑥]而心性学说是中国心灵哲学的核心内容。之所以说《诗经》有铺垫作用，是因为后来的《五行》《民之父母》等讨论的许多主题都直接由《诗经》而起。郭店竹简《五行》对心性的论述就是这样，它引用了《诗》中述及心、天及其关系的诗句。据李零先生的看法，《五行》分别引用了《召南·草虫》等中的诗句。[⑦]王博说：在《五行》中，"心与天的主题是非常突出的，且两者之间相互诠释，这也正是《五行》篇的关怀"[⑧]。

《左传》是春秋社会、思想史的客观再现。《左传》原名《左氏春秋传》，又称《春秋左氏传》或《左氏春秋》，是我国现存的第一部叙事详细的编年体史书。它与《公羊传》《谷梁传》合称"春秋三传"。《左传》实质上是一部独立撰写的史书。旧时相传是春秋末年左丘明为解释孔子的《春秋》而作。它的记录

① [南宋]黎靖德编：《朱子语类（六）》，王星贤点校，中华书局1986年版，第2252页。
②《礼记·乐记》。
③ [南宋]黎靖德编：《朱子语类（六）》，王星贤点校，中华书局1986年版，第2256页。
④ [南宋]黎靖德编：《朱子语类（六）》，王星贤点校，中华书局1986年版，第2258页。
⑤ [南宋]黎靖德编：《朱子语类（六）》，王星贤点校，中华书局1986年版，第2258页。
⑥ 王博：《〈诗〉学与心性学的开展》，《中国社会科学》2013年第2期，第131页。
⑦ 李零：《郭店楚简校读记》，北京大学出版社2002年版，第103页。
⑧ 王博：《〈诗〉学与心性学的开展》，《中国社会科学》2013年第2期，第132页。

上起鲁隐公元年（前 722 年），迄于鲁哀公二十七年（前 468 年），以《春秋》为本，通过记叙春秋时期的具体史实来说明《春秋》的纲目，是儒家重要的经典之一。左丘明是极有理论造诣的，所记录的思想史既有客观性，又有深度。徐复观先生说，“他对当时由《诗》、《书》、《礼》等所代表的文化渐渍之深，运用之熟”，达到了相当的水准，因此“他在精神上，可以把握他所面对的历史，作完整而有深度的处理”。[①]

在中国心灵哲学的发展历史上，《左传》做出了不可磨灭的贡献，这表现在，它客观记录了灵魂观念自然化的开端及发生过程。徐复观先生说：“《左氏传》的最大成就，是在孔子所修《春秋》的提挈之下，把这个时代的各方面的变迁、成就、矛盾、冲突，都以让历史自己讲话的方式，系统地、完整地、曲折地、趣味地表达出来。”[②]其客观反映了前 722～前 468 年这段时间社会和思想的变迁。它“记录的语言，能忠实地反映说这种语言的人的时代”[③]。《左传》在中国心灵哲学史上之所以有标杆性意义，是因为它客观记载了郑子产的心灵哲学思想。郑子产即公孙侨，春秋时最负盛名的政治家、思想家。前 554 年为官被立为卿时，孔子还没有出生。郑子产没有著述传世，他的言行事迹，主要载于《左传》《史记》等书。郑子产在法律上所做出的贡献主要有：①铸“刑书”，公布成文法；②提出“以宽服民”“以猛服民”的主张。在统治劳动人民的方法上，郑子产第一个提出“宽”“猛”相济的策略。在心灵哲学上，尽管他仍沿用了以前常识心理学的“心”“魂”“魄”“神”等语词，但正如钱穆先生所说的，他提出了新的魂魄观、形神观。这表现在：他反思和超越了常识心理学，对魂等实在、现象的起源、构成做了具体的设想，尤其是用气等自然力量予以说明，如说：“人生始化曰魄，既生魄，阳曰魂。”[④]这开了后来的气-自然主义心灵哲学的先河。根据气来说明心理现象是中国心灵自然化的独有方式。因此中国不仅有自然主义，而且有自己独特的形式，即以气为基础，故名。这一自然化形式已得到了西方心灵哲学的认可，“气-自然主义”一词在有关文献中极为常见。此外，他不再把魂魄当作能在人身上回转的主体，而是赋予它们负责身体运动、觉知、神明等作

---

① 徐复观：《两汉思想史（三）》，九州出版社 2014 年版，第 261 页。
② 徐复观：《两汉思想史（三）》，九州出版社 2014 年版，第 261 页。
③ 徐复观：《两汉思想史（三）》，九州出版社 2014 年版，第 257-259 页。
④《左传·昭公七年》。

用，以解释人的行为。我们说郑子产的思想是开端的最重要根据是它构成了中国心灵哲学的“范型”或研究纲领。它一经提出，就陆续成了关心这一领域的注释家、思想家的出发点和争论焦点，引出了杜预、孔颖达、刘炫、朱熹等思想家的不同诠释。这些诠释代表的实际上是中国的各有特点的心灵哲学思想，而且是可与西方对话的求真性心灵哲学。

根据《左传》的记载，郑子产对 FP 的魂魄观念既做了理论的说明，又做了理论的改进和升华，而这又主要表现在他根据作为中国科学理论的气论对 FP 的魂魄观念做了自然化。FP 的灵魂观不外乎这样内容：①人除了肉体之外，还有灵魂；②灵魂是气一样的存在，极其精微；③灵魂具体表现为魂与魄；④魂与魄都可为鬼，鬼的信仰比魂魄观念早，于是先民往往根据鬼来构想魂与魄，如认为魂与魄是像云、像气一样的精爽之物，可为鬼；⑤鬼是人死后的一种特殊的存在，对活人有各种不同的作用，做好事的为好鬼，做恶事的为恶鬼。

郑子产对 FP 的魂魄观的反思和超越表现在以下几个方面。

（1）他对魂魄起源、构成有更具体的设想，如认为，魂魄始于生命之始，有生才有魄与魂。他说：“人生始化曰魄，魄既生，阳曰魂。”[①]魄属阴，魂属阳，两者都极精极细，故曰“精爽”。阴阳也可看作中国的能作为自然化根据的“基本依据”，因此他根据阴阳对魂魄的说明也可看作是一种自然化的方式。这既是中国理论化心灵哲学诞生的一个标志，也为后来的心灵哲学的探讨和争论埋下了种子。

（2）魂魄是形体的精微方面，如由气所构成。这种对魂魄的自然化说明的意义类似于上述说明。

（3）赋予魂魄以认知作用，如认为它们有神明的特性，而神明是理智、智慧、有能动性的表现，即不再只把魂魄当作人身上回转的主体，而赋予它们觉识的功能，认为它们能认知，甚至让人神明。

（4）鬼是魂魄在人死后的惯性作用，或如钱穆所说的“余劲未息、余势未已”[②]。

（5）魂魄在人死后不一定为鬼。只有人生前表现出来的强而有力的魂魄才可

①《左传·昭公七年》。

② 钱穆：《灵魂与心》，广西师范大学出版社 2004 年版，第 41 页。

为鬼，弱的未必为鬼。因此人死后不一定有灵魂的存在与转世。

据孔颖达的解释，郑子产上述著名的关于魂魄自然化的表述包含的魂魄观念有以下几种。

（1）人非二元统一体，而是形、气、神灵的统一体。

（2）人禀五常以生，感阴阳以灵。有这些因素的相互作用，便有形体。

（3）魂魄不是独立的实体，不是肉身之外的存在，而是以形气合成中的精微的实在或作用的形式存在，即形气中的神灵。“形之灵者，名之曰魄也”[①]，魄内有阳气，此阳气即魂，故可说：“气之神者，名之曰魂也。”[②]换言之，“附形之灵为魄，附气之神为魂也”[③]。“形气既殊，魂魄亦异。”[④]可见魂魄产生于、依赖于形气。

（4）魄的存在和作用表现在人的随之而来的耳目心识、手足运动之中，例如，人啼呼为声即人有魄的表现；人生来能知自身之冷暖饥渴，皆因有魄，可见魄与体的联系更近。故常言“体魄”。简言之，魄是形体表现出的作用，它也有认知、心智的作用，如它有对形体自身的知。而魂指人的精神识性，它是渐有所知的。

（5）从产生顺序看，先有五行阴阳，然后依次有形气、魄、魂。

（6）郑子产的另一新提出的重要的、不同于常识的观点是人生有命不表现在灵魂来到了人的身上，即不再赞成说灵魂投胎到一肉体，此肉体即为有命。因为他不认为魂魄是独立的实在，而是气、阴阳结合为人体表现出来的力量。正因为如此，他便有魂魄依于形体、不离形体的一元论思想。钱穆把这称作“无灵魂的人生观”或“纯形气的人生观”“自然主义的人生观”“宇宙观”。[⑤]

郑子产的关于形气魂魄的观点在中国的心灵认识史上具有革命性的意义，一经提出，便成了当时和后世注释家、理论家争论的一大焦点，如孔颖达、杜预、刘炫、郑玄等对此做了不同的解释。而这些解释尽管在动机上是要澄清文本的原旨原意，但实际上却在表达各自所持的有自己发挥和奉献的魂魄观。有理由说，郑子产及其后人围绕魂魄的经久不息的探讨构成了中国心灵哲学的壮丽篇章。由

① 转引自钱穆：《灵魂与心》，广西师范大学出版社 2004 年版，第 42 页。
② 转引自钱穆：《灵魂与心》，广西师范大学出版社 2004 年版，第 42 页。
③ 转引自钱穆：《灵魂与心》，广西师范大学出版社 2004 年版，第 42 页。
④ 转引自钱穆：《灵魂与心》，广西师范大学出版社 2004 年版，第 42 页。
⑤ 钱穆：《灵魂与心》，广西师范大学出版社 2004 年版，第 43 页。

于本书后面将设专章探讨此内容，如在讨论心理的构成与结构时予以考释，因此这里从略。

中国理论化心灵哲学于郑子产时代正式诞生的又一表现是，由于郑子产的探讨，许多既有中国特色又有一般心灵哲学意义的问题进到了中国哲人的视野，例如，郑子产的魂魄探讨不仅将魂魄这一中国心灵哲学的独有课题摆在中国学人的面前，而且还提出和引发了许多既有中国特色又有普遍心灵哲学意义的问题或研究领域。例如，魂魄与鬼神的关系问题，形气关系问题，形神关系问题，心、魂、魄、神、形关系问题，等等。就鬼神问题而言，需特别注意的是，中国心灵认识中的作为理论思考对象的鬼与神尽管有时有宗教有神论的意义，但更多、更大的意义是，它们是被当作一种特殊的、形而上的但又是自然的心理现象看待的，正如王船山概括的："魄丽于形，鬼之属，魂营于气，神之属。"[①]不可否认，在中国文化中，"鬼"在很多情况下指的的确是人死后所变的有其特殊存在和作用方式的超自然力量，如《说文解字》云"人所归为鬼"，即人终结后所归趣的东西。有时其也被泛化，如指万物的精灵等。但在学理探讨中，它更多地是作为一形而上的现象被追溯的，它或者被认为是一种心理现象，或者被认为是一种心身混合的现象。就其根源而言，它也依于形，与魄有密切关联，甚至就是魄的更隐秘的形式。"鬼"一词的比喻的用法足以说明这一点，它有时泛指隐秘莫测的东西，如《韩非子》云："故明主之行制也天，其用人也鬼。"[②]总之，在心灵哲学的语境下，鬼是被当作一种比魄更深、更复杂的心理或心身合一的现象看待的。神也是如此。尽管它有时指宗教意义上的人格神，但当它被限定在生命体之内予以观察时，它指的则是心理王国中更隐秘、更微妙但又确有本体论地位的现象。例如，当一个人精神和身体状况同时进入最佳之境时，人的言行举止乃至脸上可以清楚地感觉到真正的神采或神气，它像人的性格、气质、人格等一样，不拘于某一部位，而依赖于包括心身在内的生命整体，因此不是虚无，而是有其客观实在性。这是西方心灵哲学所不知或注意不够的一种存在样式。对它的探讨构成了中国心灵哲学亮丽的风景。至于它们究竟是什么，有何机理与本质，如何去构想

① [明清之际]王夫之：《张子正蒙注》，载船山全集编辑委员会编校：《船山全书（第12册）》，岳麓书社2011年版，第105页。

②《韩非子·八经》。

关于它们的结构论、地理学、地貌学、动力学、运动论，则是需要进一步加以探讨的。中国古人不仅提出了问题，而且开始了长期不懈的探讨。例如，强调鬼神尽管与魂魄有关，但两对范畴又不能混同，因为魂魄局限于体，而鬼神则往来于虚。人的感通能力根源于鬼神，与魂魄无关。它们的关联在于：鬼神与魂魄的变化、精粗、力量等有关，因此它们又有统一性，如“自其既凝为人物者和合以济，无有畛域，则为一物矣。虽死而为鬼神，犹是一物也”①。当然，这些探讨和看法是应该而且可以进一步被探讨的。即便中国哲学家关于它们的看法是错误的，但其意义仍不能被低估，因为中国心灵哲学将这类课题提出来并加以关注，不仅意味着中国人对心理的哲学思考的觉醒，而且标志着中国是世界心灵哲学探索中的一支不可缺少的生力军。

《左传》对于中国心灵哲学的开创性意义还表现在：不仅记录了中国最早的关于心灵的自然化思想，例如，郑子产以气、阴阳解释魂、魄，解释鬼神，而且在对当时及以前的心理语言的运用做了客观记录的基础上，对它们做了分析。众所周知，对心理语言做出分析一直说的都是规范性心灵哲学的最具个性的工作。在该书中，“心”一词出现的频率很高。从用法上看，它在有的语境下是独立出现的，指的是作为主体的心，或指不同于物理世界的心理世界，有心理“地方”“空间”的意思，如“平其心，成其政”②。“心”有时有“志向”“追求”等意义，如“同心同德”③。“心”有时有计划、打算、思想、内心智谋等意义，如“民各有心”④“君有心矣”⑤。

“心”有时与其他词连用组成合成词。它们一般指人的心理状态、境界、态度，或作为主体的心所进入的境界、状态，如“仁心”或“仁人之心”，即德心、境界之心。再如，“争心”指的是人的倾向性的心理，此心是仁心的反面。《左传》承认，“争心”是人们普遍具有的心理现象，如“凡有血气，皆有争心”⑥。“怨心”指人们的心所进入的抱怨的状态，如“私欲不违，民无怨心”⑦。

---

① [明清之际]王夫之：《礼记章句》，载船山全集编辑委员会编校：《船山全书（第4册）》，岳麓书社2011年版，第1270页。
②《左传·昭公二十年》。
③《左传·昭公二十四年》。
④《左传·昭公四年》。
⑤《左传·闵公二年》。
⑥《左传·昭公十年》。
⑦《左传·昭公十三年》。

由于中国的心灵观一般持一元论、多主主义，例如，认为心理世界不是由一个主体主宰的，而是由心、神、魂、魄共同治理的；认为心理现象、事件也不只是发生在一个空间中的，而是可以出现在许多地方，如五脏在人情绪的发生过程中就可能具有不同的作用，因此中国心灵哲学就必须讨论这么多主体的关系。《左传》就是如此，例如，在说明心与魂魄的关系时强调：魂魄是心的更加微妙、更加隐秘的形式或作用，如“心之精爽（精华神明），是谓魂魄”①。另外，人的心理世界有时也像国家一样，在一定的时间内会进入无主的状态，如“今民各有心，而鬼神乏主”②。

《左传》不仅用阴气和阳气分别说明了魂魄的生成及特点、解释了鬼的形成与作用，而且用“六气”对别的心理现象，如好、恶、喜、怒、哀、乐等，做了分析说明，如“民有好恶喜怒哀乐，生于六气。是故审则宜类（要审慎效法），以制六志”③。所谓六气指阴、阳、风、雨、晦、明六种构成事物的微观元素，是中国人所认识到的基本的、微观的自然现象，因此是自然化的最根本的基础。它们是天生的，即自然而有的，不仅是一切事物的构成元素，而且决定了世界上的一切秩序。例如，春、夏、秋、冬四时之分就是由六气所决定的；金、木、水、火、土五行或五节也是由六气所组成的；辛、酸、咸、苦、甘五味，以及白、青、黑、赤、黄五色，宫、商、角、徵、羽五声，也是由六气的运动变化所决定的。如果六气的运动失常，那么就会引发寒、热、末、腹、惑、心六种疾病。六气之所以能成为说明包括心理现象在内的许多非基本的事件的基础，是因为它们由自然的本原和规律所决定，是六种原始元素，相对于它们所决定的高层次事件来说，它们又具有基础的意义。例如，《左传》云：“则（效法）天之明（天上的日月星辰等），因（遵循）地之性（高下刚柔之性），生其六气，用其五行。气为（可表现为）五味，发为五色，章为（显示）五声。淫（过度）则昏乱，民失其性。”④六气是心理状态及其是否健康的决定因素，人体六气运行正常，就有正常的心理，反之，“淫（过度）则昏乱，民失其性”⑤。

---

①《左传·昭公二十五年》。
②《左传·桓公六年》。
③《左传·昭公二十五年》。
④《左传·昭公二十五年》。
⑤《左传·昭公二十五年》。

在中国理论化心灵哲学的开创和奠基中做出过贡献的除《左传》之外，还有许多论著功不可没，例如，左丘明所著的《国语》也可看作是中国理论化心灵哲学诞生的一个表现。它也涉及了《左传》的许多主题，例如，在论述“帝心”时引出了中国心灵哲学的又一问题，即人以外的自然界是否包含如人心一样的心。这当然就是心灵哲学的范围问题。《国语》对此的回答是肯定的，如认为“帝心”就是天的心，即一种客观精神的意志，在描述大禹治水时说他有时违背了帝心，因而受罚。“帅象禹之功，度之于轨仪，莫非嘉绩，克厌帝心。”[①]

《周易》《尚书》《诗经》《礼记》《春秋》等像《左传》《国语》一样，代表了中国古代的智慧，包含有对心、灵、魂及其与身体的关系的初步认识。这些思想即使不能被看作中国心灵哲学理论诞生的标志，也至少可看作是准备。它们源自中国的民间心理学，但又做了一定的理论升华。例如，关于《周易》的成书时代，众人说法不一，有的人认为成书于西周初年，有的人认为成书于西周末年。不管怎么说，把它看作中国最早的哲学、科学著作之一，应无不妥。它对心的讨论也很多，如坎卦卦辞说：“有孚维心，亨，行有尚。”[②]意为只要内心诚实，就会一切顺利，且所做将有成就。革卦云：“大人虎变，未占有孚。”[③]意为君王进行大的变革，即使不占筮，也能令人信服，此处的“孚”是意动词，有“相信”的意思。

《周易》中还包含有近于《左传》的关于魂魄的自然化思想，即根据气及其变化来说明魂魄，而不再像FP那样只断言魂魄存在和有作用，如说“游魂为变”。这类说明模式成了后代思想家讨论的主题。《大戴礼记》或称《大戴记》是秦汉前各种礼仪论著的选辑，相传为西汉戴德编纂。原有85篇，现仅存39篇，是了解秦汉前社会历史、文化制度、儒家早期思想的重要参考书。它根据“虚”“精气”对魂魄的自然化也是后来探讨魂魄本质和作用的导火索。例如，《周易》进一步说：“精气为物，游魂为变，是故知鬼神之情状。”[④]精气即精微之物质元素。万物都由它构成，游魂也不例外，即它的变化。鬼神与天地一样，也都是气的不同的变状。明代的王廷相（1474—1544）依据这些书所强调的虚和精气做了

①《国语·周语下》。
②《周易·坎卦第二十九》。
③《周易·革卦第四十九》。
④《周易·系辞上》。

这样的发挥："虚者气之本，故虚空即气……生者，'精气为物'，聚也；死者，'游魂为变'，归也。归者，返其本之谓也。返本，复入虚空。"[①]王夫之也说："《易》言'游魂为变'，谓魂返于天，唯天所变化，而非人之所能为。"[②]

根据新的研究，竹简文献《五行》在中国理论化心灵哲学的最初发展中做出了重要贡献。我们知道，孔子之后，中国心灵哲学有一项独有的，但同时又具有标准心灵哲学意义的课题，即作为做人之基础尤其是作为人的道德实践之根源的本心或道心。这类心理是西方心灵哲学一般没有触及的心理个例或样式（当然康德等少数哲学家是例外）。它之所以有心灵哲学意义，是因为它是客观存在的心理样式，是心理大家族的成员，如果弃之而不顾，就不能形成关于全部心理一般本质的理论。如前所述，这一研究肇始于《尚书》的"十六字心传"中对人心与道心的区分，而真正的奠基人则是孔子，如王博所说的："在早期儒学传统中，心的发现始于孔子，经孟子和荀子而发扬光大"，最后两人明确认识到了两种形态的心，即道德心（孟子）和认识心（荀子）。[③]在这个过程中，诗经学扮演了关键角色。"《五行》最早确立了心作为价值和秩序基础的地位，是儒学传统里心之发现的重要标志。"[④]例如，《五行》在把"德之行"与非德行区别开来的同时，强调仁、义、礼、知、圣这"五行""形于内"（心）才是德之行，否则就是身体的外行。"仁形于内谓之德之行，不形于内谓之行。"[⑤]义、礼、智、圣可以此类推。根据《五行》，五种德行之所以不同于一般的行，原因在于：德行与心不可分割，成德也离不开心的运作。《五行》说："君子无中心之忧则无中心之知，无中心之知则无中心[之悦，无中心之悦则不安，不]安则不乐，不乐则无德。"[⑥]王博说："成德的关键在于'中心'的参与，并且经历了从忧到乐的转化，心的枢纽作用由此变得不可替代。"[⑦]更难得的是，《五行》还认识到了心对于形体的主宰作用，如说："耳目鼻口手足六者，心之所役也，心曰唯，莫敢不唯；诺，莫敢不诺；进，莫敢不进；后，莫敢不后；深，莫敢不深；浅，

① [明]王廷相：《慎言·五行篇》。
② [明清之际]王夫之：《张子正蒙注》，载船山全集编辑委员会编校：《船山全书（第12册）》，岳麓书社2011年版，第369页。
③ 王博：《〈诗〉学与心性学的开展》，《中国社会科学》2013年第2期，第133页。
④ 王博：《〈诗〉学与心性学的开展》，《中国社会科学》2013年第2期，第133页。
⑤ 转引自王博：《〈诗〉学与心性学的开展》，《中国社会科学》2013年第2期，第133页。
⑥ 转引自王博：《〈诗〉学与心性学的开展》，《中国社会科学》2013年第2期，第133页。
⑦ 王博：《〈诗〉学与心性学的开展》，《中国社会科学》2013年第2期，第134页。

莫敢不浅。”心的观念在天的观念变化中也有重要作用。以前所说的天指的是外在律令或意志，而《五行》在这里的一个革命性的变化是，主张人心中的德就是天。王博说：“《五行》篇一个突出的贡献是在心与天之间建立起直接关系，天道就是德，而德不过是形于内的仁义礼知圣五行之和……‘德，天道也’的说法是革命性的。我们不必再去仰望天空就可以接近天道，因为德的获得不过就是中心的事情。心成为天道的基础，而天也落实到人心之上。”①这为孟子“诚者，天之道”命题的提出奠定了基础。

竹简中的其他儒家经典在中国心灵哲学的早期拓荒中也扮演了重要角色，例如，《性自命出》对性的来源和作用及其展开过程的说明就是如此。关于性的来源的思想包含在性、命、天三范畴之中，强调的不外乎是“天命之谓性”，后一思想体现在性、情、道三范畴中。另外，《孔子诗论》的作用也值得一提。它提出的近于“天命之谓性”的命题是“民性固然”，如说：“孔子曰：吾以《葛覃》得氏初之诗，民性固然。”“吾以《甘棠》得宗庙之敬，民性固然。”②

总之，一种文化有无心灵哲学思想，不应看它是否用过“心灵哲学”这个概念，而要看它是否提出和回答过心灵哲学问题。我们之所以断言中国在先秦就开始了它的规范的心灵哲学的探讨，也正是基于这一点。因为许多人在自己的理论思索中真正进到了对心灵哲学问题的发现和探讨之中，如郑子产等人就是这样；有些人即使不像今天的心灵哲学家那样自觉有意识地直奔主题，但通过对他们所直接关心的其他问题的探讨也间接触及了真正的心灵哲学问题，如孔子在他的教育学探索中就是如此。众所周知，孔子不仅十分推崇教育，而且强调有教无类。在具体的教化过程中，他制定了具体的教学大纲。他的教育实质上是对人心的教化、训练。他认识到，要予以教化的人的特点是不知仁、义、礼、智，因此他关心的问题是怎样让人心克己复礼、怎样让他们归于仁。而要回答这类问题，首先又必须回答：人能否做到这一点？人是否可能把教化转化为行动？这实际上就是要研究人性问题。因此儒学提出的最早的问题是人性或心性问题，而这恰恰是中国心灵哲学的核心问题。

① 王博：《〈诗〉学与心性学的开展》，《中国社会科学》2013年第2期，第134-135页。
② 马承源主编：《上海博物馆藏战国楚竹书（一）》，上海古籍出版社2001年版，第139页。

第三节　中国心灵哲学自然化的理论基础

如前所说，有自然化一定有其理论基础。因为自然化的实质就在于，用基础的得到科学共同体公认的（一般是自然科学的）理论、原理、概念说明非基础的其所指对象的本体论地位有疑义的概念或理论。在心灵哲学中，FP 中的概念都是有疑义的、非基本的，其所指的东西要想在自然界中取得本体论地位，其概念、理论要想进入哲学和科学的殿堂享有其合法的地位，就必须与基础的概念发生关系，这关系的形式多种多样，如同一、还原、实现、构成、随附等。如果两类概念经过一定的分析说明程序而取得了其中一种关系，即被视为得到了自然化。

中国的理论化心灵哲学之所以超越于 FP，就在于它有自己的特种形式的自然化。这种特殊性除了表现在方式、方法、逻辑程序等之上，还体现在自然化的理论基础别具一格。例如，中国心灵哲学据以分析、说明 FP 概念的基础概念不是原子、分子、神经元、刺激-反应、功能、目的等，而是气、阴阳、五行、道、理、命等。这些概念尽管有点原始和质朴，近于西方古代哲学原子论所说的原子、虚空等，但它们一般被认为是自然的存在，而非根源于超自然力量或绝对精神或神意。即使作为宗教的道教有相信人格神的一面，但其所说的道、气等基本概念则主要是反映自然实在的概念。就此而言，中国哲学占主导地位的倾向是自然主义。道教的下述断言足以表明这一点："大道元气，造化自然……虚无为体，自然为性。莫能使之然，莫能使之不然。不知其所以然，不知其所以不然，故曰自然而然。"[①]这里所说的"然"即现实的一切、既成的事实，自然即指由自己固有的道而成了如此这个样子，故说"自然而然"，由自己而然，而非别的力量使其然。自然事物的是这样和不是这样，都是由其所以然和所以不然所决定的，非由神意和人意所使然。

自然主义内部尽管也有差别，如有许多不同的样式，但各种样式的自然主义都有这样的共同倾向，即不承认或拒绝谈论超自然的东西，认为一切都是自然的，试图用自然力量解释一切现象，因此自然主义是一种诉诸自然力量、规律解释、

① [唐]杜光庭：《道德真经广圣义》，载胡道静、陈莲笙、陈耀庭选辑：《道藏要籍选刊（二）》，上海古籍出版社 1989 年版，第 10 页。

预言世界的哲学。其鲜明的特点是对立于超自然主义。这里当然有这样的预设：一切都是自然的，自然科学就是全部一切存在的科学，因此如西方自然主义者所常说的那样，自然主义是世界解释中的一个最好的赌注。

中国哲学的自然主义早就体现在《周易》之中了。它有这样的基础性预设：万物有易简之理，因此科学和哲学的目的就是将易简之理、万物运行的共同准则和模式找出来。质言之，穷易简之理，尽天人之奥。二程说：“圣人作《易》，以准则天地之道。《易》之义，天地之道也。”[①]“其义周尽万物之理，其道足以济天下。”[②]例如，伏羲造六十四卦，目的是“通神明之德”，揭示大道的运行规律、表现形式和作用方式。根据六十四卦，天地万物之常变“悉管乎是”[③]，即不外乎这样一些运行模式，例如，人每天都在说话，但“未尝离乎是”[④]。其原理在于：天、地、人、国同构，万物同构，因此只要画出了其中一类存在的构造、运行规律、作用方式等，也就等于揭示出了万物的运行模式。

“气”是中国心灵哲学自然化的最基本、最常用的基本概念。尽管中国哲学有不同的派系、对气的看法也不尽相同、在有些问题上存在着根本的分歧，但有一点是共同的，即都承认气是本原性存在，是说明其他存在的根据。根据英文对它的翻译，“气”一词至少有如下用法，即指以太（ether）、质料（matter）、呼吸之气（breath）、生命力（life-force）、质-能（matter-energy）、空气（air）等。很显然，能用作心理现象之自然化基础的无疑是质能、生命力这样的既有功能作用又有一定物质性的东西。它近似于西方哲学的“原子”之类的本原，即微观的粒子性存在，但其不同于原子并具有超前性的地方在于：它同时具有波动性。气的形态就是这样的看不见的东西。为了说明气何以能成为中国的心灵自然化运动的首选理论基础，下面我们将采取求同存异的方式概述各家各派对气的共同理解。

王充（27—约 97）的气一元论最具代表性。它实际上就是典型的“气-自然主义”。他在《论衡》中专辟了《自然》篇，基本观点是，认为气是客观存在的构成万物的本原，因此可成为对一切现象进行自然化的基础。其他的气论尽管旨

① [北宋]程颐、程颢：《二程集（下）》，王孝鱼点校，中华书局 2004 年版，第 1028 页。
② [北宋]程颐、程颢：《二程集（下）》，王孝鱼点校，中华书局 2004 年版，第 1028 页。
③ [明]周汝登：《周汝登集（中）》，张梦新、张卫中点校，浙江古籍出版社 2015 年版，第 487 页。
④ [明]周汝登：《周汝登集（中）》，张梦新、张卫中点校，浙江古籍出版社 2015 年版，第 487 页。

趣、内容各不相同，但有意思的是，它们基本上持气一元论立场，即认为气是从质料上看的唯一本原。即使按古希腊关于本原（arche）的苛刻标准，如必须同时具有源头、归宿、主宰三要件，也可以说气是这样的本原。因为根据气一元论，万物既始于它，消灭时又复归于它，同时它还在事物的生灭中起主宰作用。连道教也有这样的气一元论。《道枢》云："道生一者，太空之一气也。万物与人，其生，因乎一气者也；其死，归乎一气者也。阴者，性也，无中来者也；阳者，命也，有中生者也。"①

中国气论的特点还在于：不像西方一样把原子看作质上相同的东西，而是认为不同的气有不同的质和量，因此气有无数的形式，可对之做不同的分类，其中，元气为其根本，此元气有多名，如冲气、和气、玄元始气等。它们是由道所生的构成万物的本原之气。杜光庭说："道动出和气以生于物。""一者冲气也，言道动出冲和妙气。"②冲气乃阴阳未分、混沌未判的微妙之气。③就儒家的看法而言，朱熹在坚持理气一元论的基础上，具体说明了气的这样一些性质、特点：①有聚能散，聚则为物之形成，散则有物之消亡；②既有有形的气，如有形之物就是气，又有无形的气，如"声臭有气无形，在物最为微妙，而犹曰无之"④；③气有清浊昏明。人之所以有贤愚、凡圣之别，是因为他们所禀的气的清浊、昏明不同。"有得其气清，聪明而无福禄者；亦有得其气浊，有福禄而无知者，皆其气数使然。"⑤这近于王充的观点。王充说："人生性命当富贵者，初禀自然之气，养育长大，富贵之命效矣。"⑥这说明，气不仅可用来解释物理现象，而且可用来解释精神现象，甚至像聪明、福禄之类的更复杂的现象。

在气的来源、本质问题上，多数人认为，元气来源于天地，是自然而有的，人的一吐一纳就表现了这一点。《道枢》云："夫人禀天地元气而生，故一吐一纳，内外相应焉。"⑦"气者，道也；道者，虚无也；虚无者，自然也；自然者，

① [北宋]曾慥编：《道枢》，载胡道静、陈莲笙、陈耀庭选辑：《道藏要籍选刊（十）》，上海古籍出版社 1989 年版，第 483 页。
② 《道德经集释（下）》，[西汉]河上公、[唐]杜光庭等注，中国书店 2015 年版，第 842 页。
③ 李大华、李刚、何建明：《隋唐道家与道教（下）》，人民出版社 2003 年版，第 545 页。
④ [南宋]朱熹：《中庸章句·第三十三章》。
⑤ [南宋]黎靖德编：《朱子语类（一）》，王星贤点校，中华书局 1986 年版，第 8 页。
⑥ [东汉]王充：《论衡·初禀》。
⑦ [北宋]曾慥编：《道枢》，载胡道静、陈莲笙、陈耀庭选辑：《道藏要籍选刊（十）》，上海古籍出版社 1989 年版，第 409 页。

无为也；无为者，心也。”[①]这里的心当然不是人心，而是天心，即自然界的客观的主宰力量。为何心是气之本？这是基于对人的生理运动的分析而类推出的结论。“内心不起则外境不入，内外安静则神和，神和则气和，气和则元气自充，元气自充则五藏滋润，五藏滋润则百脉流通。”[②]

从比较上说，作为中国自然化基础的气，既类似于西方人所说的原子之类的基本粒子，也有一致于西方科学所说的“场”的特点。从西方科学来说，场有三要素，第一要素是质量，第二要素是能量，第三要素是信息，因此场是“质、能、息”的三位一体。其实，中国哲学所说的气有时也符合这个要求。

气的分类很多，例如，有分为先天之气与后天之气的，有分为清气与浊气的，《淮南子》则将气分为粗陋之气或烦气与精微之气或精气，如此等等[③]。关于它们的具体规定及讨论，留待考释有关人物和著作的心灵哲学思想时再予以一并论述。

与气直接关联的一个范畴是质。质即材质、形质、质料，因此也是构成万物的元素。气与质的关系是包含关系，也就是说，质是气中的一种，即其中的较低级、粗糙的气，如浊气。朱熹说：“气之清者为气，浊者为质。”[④]从万物由无到有的形成过程也可看出气与质的联系和差异。根据道教，万物自微至著经历了太易、太初、太始、太素诸阶段。“太易者未见气也，太初者气之始也，太始者有形之始也，太素者有质之始也。”[⑤]这里的质是一种性。故说“质者性也”。这种性不是事物的深层的、内在的性质，而是物形成时所具有的特定的、外显的性质，如刚柔、动静、沉浮等。

心灵自然化的第二类基础性概念是阴阳与五行。它们在本质上都是气，不同在于，阴阳五行是气的更具体的形态。从词源上说，“阴阳”是一个比拟性的词，本指天气的阴阳现象。段玉裁对阴阳的解释是“今人阴阳字，小篆作霒昜。”“阴”的词源是“霒”，后简化为“侌”，指的是日光为云所遮断。“阳”源于“昜”，

① [北宋]曾慥编：《道枢》，载胡道静、陈莲笙、陈耀庭选辑：《道藏要籍选刊（十）》，上海古籍出版社1989年版，第409页。
② [北宋]曾慥编：《道枢》，载胡道静、陈莲笙、陈耀庭选辑：《道藏要籍选刊（十）》，上海古籍出版社1989年版，第409页。
③ [西汉]刘安：《淮南子·精神训》。
④ [南宋]黎靖德编：《朱子语类（一）》，王星贤点校，中华书局1986年版，第37页。
⑤ [元]高守元编：《冲虚道德真经四解》，载胡道静、陈莲笙、陈耀庭选辑：《道藏要籍选刊（五）》，上海古籍出版社1989年版，第531-532页。

其原意是“开”，即云离开了。因此最初的阴阳二字说的是有无日光的两种天气现象。“阴”在《诗经》中出现过约8次，大都指天气的阴暗；“阳”出现了18次，多指山水的方位，如朝阳、背阳，有时也指日光的出现，有时还有“温暖”这样的引申用法。它们变成普遍的哲学范畴是一个渐进的过程。至春秋时代，阴阳观念已开始变化，其表现是，以“阴阳”二字分别表示六气中的二气。六气即阴、阳、风、雨、晦、明。《左传》云：“天有六气，降生五味，发为五色，征为五声，淫生六疾。”[①]《国语》中也有六气之说，不过，这时所说的六气尚不是万物的构成元素，而是万物中的六种存在，即阴、阳、风、雨、晦、明。由于阴阳在六气中较为抽象，适合于作解释的根据，因而有被突出出来作为两种基本元素的迹象。

“阴阳”后来逐渐从常识的用法转变成了哲学的基本范畴。徐复观认为，这一决定性的变化，“恐怕是顺着《周易》发展而来的。而受影响最快的却是道家，最后乃得各家的共同的承认”[②]。之所以出现这样的变化，是因为古人发现自然界也存在着与明暗、天地、男女等一样的普遍对立的现象或力量，于是经一定的理论化便将阴阳加以泛化，使它们成了既具有哲学性质，又具有科学性质的基本范畴。它们包含两个基本思想：一是断定或预设一切事物中都有阴与阳两个对立方面；二是认为它们相互对立、相互作用，是万事万物构成和运动变化的总根源。就阴阳与气的关系而言，阴阳是气的形变。周敦颐认为，阴阳即阴阳二气，是说明构成宇宙万物之本原、元素的两种比气更具体的方式。他说：“自其本质言之曰一气，自其鼓荡言之曰阴阳。任何气都有清浊、轻重之分，轻清者即为阳，为天，浊重为阴，为地。”[③]意思是气有动变、鼓荡就是阴阳，而阴阳的本质就是气。特别是气中的先天元气更是如此，因为这种气就是无极，而无极即太极。它是“动而阳、静而阴之本体也。然非有以离乎阴阳也，即阴阳而指其本体”[④]。简言之，阴阳是太极之动静。“盖太极者，本然之妙也；动静者，所乘之机也。”[⑤]“动极而静，静极复动，一动一静，互为其根……动而

①《左传·昭公元年》。
② 徐复观：《中国人性论史（先秦篇）》，上海三联书店2001年版，第491页。
③ [北宋]周敦颐：《太极图说》，转引自吕思勉：《理学纲要》，东方出版社2012年版，第33页。
④ [北宋]周敦颐：《周敦颐集》，陈克明点校，中华书局2009年版，第1页。
⑤ [北宋]周敦颐：《周敦颐集》，陈克明点校，中华书局2009年版，第4页。

生阳，静而生阴。”[①]朱熹认为，阴阳都是气，“清者属阳，浊者属阴”[②]。王夫之认为，一切都可用阴阳来解释，心亦如此，因为“阴阳之外无物，则阴阳之外无道”[③]。

再看常与阴阳连在一起的五行。五行即构成万物的五种元素：金、木、水、火、土。其近于印度所说的地、水、火、风四大。一般认为，它最早出现在《尚书》中，特别是其中的《洪范》中。徐复观则认为，“在《左传》《国语》中，才有五行的名词、观念。整个《诗经》中，同样的没有”[④]。不过，在这里，五行尚无元素之义，只指日常生活中不可缺少的五种资料。中国古代哲学之所以把五行看作是说明万物及其构成的原概念，是因为他们看到了这样的事实，即从质地上说，万物有刚柔等不同性状。既如此，其构成元素一定也有其足以使这些性状得以形成的东西。例如，水性常静，火性常动，金性不败朽。就它们的自性而言，五行的性质与特点分别是金性能按需要形变，产生辛味；木性能屈能伸，产生酸味；水性往下湿润，产生咸味；火性向上燃烧，产生苦味；土能种植作物，产生甘味。另外，万物生成是从微弱、隐匿向显著的不断变化过程，而这一定是由构成元素所决定的。于是，古人认为五行本身也有先后顺序，例如，“水生木，木生火，火生土，土生金，金生水，相攻相克，不可胜数”[⑤]。《尚书·洪范正义》说：“万物成形，以微著为渐，五行先后，亦以微著为次。水最微为一，火渐著为二，木形实为三，金体固为四，土质大为五。”[⑥]就它们的相生关系言，萧吉的《五行大义》说：“木生火者，木性温暖，火伏其中，钻灼而出。故木生火，火生土者，火热，故能焚木。木焚而成灰。金居石，依山津润而生，聚土成山，必生石，故生金。金生水者，少阴之气，温润流泽；销金亦为水。水生木者，因水润而能生。”除相生关系外，五行还有相胜、相克的关系。《白虎通·五行篇》说：“天地之性，众胜寡，故水胜火也；精胜坚，故火胜金；刚胜柔，故金胜木；专胜散，故木胜土。”概而言之，作为终极解释项的五行概念有两个要点：

---

① [北宋]周敦颐：《周敦颐集》，陈克明点校，中华书局2009年版，第4页。
② [南宋]黎靖德编：《朱子语类（一）》，王星贤点校，中华书局1986年版，第37页。
③ [明清之际]王夫之：《周易外传》，中华书局1977年版，第286页。
④ 徐复观：《中国人性论史（先秦篇）》，上海三联书店2001年版，第459页。
⑤ [元]牛道惇：《文始真经注》，载胡道静、陈莲笙、陈耀庭选辑：《道藏要籍选刊（五）》，上海古籍出版社1989年版，第425页。
⑥ 转引自吕思勉：《中国通史（上）》，北京联合出版公司2014年版，第155页。

一是认为构成物质的材料有金、木、水、火、土五种元素；二是把五行之间的相互关系归结为相生相克的模式，进而以此解释事物的性质、特点，预测事物的变化。就五行与气的关系而言，周敦颐的概括是，五行则气之所为，“若以物质言，则一切物之原质，皆为气；水、火、木、金、土，皆此气之所为，万物之错综，则又五行之所淆所播也。气之所以分为五行，五行之所以淆而为万物，则以不可知之太极”①。就五行与阴阳的关系而言，五行生于阴阳。周敦颐说：“阳变阴合，而生水、火、木、金、土。五气顺布，四时行焉。”②王夫之认为，五行是阴阳的具体化，是阴阳变化中派生出的物质，因此可以说阴阳是体、五行是阴阳的用。王夫之说：“（五）行之为言也，用也”，五行相当于我们所说的气态、液态、固态，“金亦土也，炼之而始成；火隐于木也，钻之而始著；水凝为冰，则坚等于金；木腐为壤，则固均于土”。③

“道”是中国心灵自然化中最基本的元范畴，是说明一切现象的最高、最后的根据，真可谓深之又深、本之又本、玄之又玄。尽管如此，除少数对它的宗教神学理解之外，中国哲学一般认为，它不是人格性力量，不是最高神意，不是超自然的东西。如果在“自然”的最本然的意义上理解，道就是自然本身。因此道不仅不与自然主义相矛盾，而且恰恰是中国自然主义的基本原则。以道说明一切，这似乎是自古以来中国哲学思想占主导地位的倾向，直到现代似乎依然如此。金岳霖（1895—1984）说：“不道之道，各家所欲言而不能尽的道，国人对之油然而生景仰之心的道，万事万物所不得不由、不得不依、不得不归的道才是中国思想中最崇高的概念，最基本的原动力。”④

中国哲学所说的“道”肯定是有指称的，只是这所指是一般人所无法把捉的，甚至不能为平常的认知方式所接近，而只能由哲人通过宗教-哲学式的修证或佛道所说的实证实修才能体验到，因此它有超理性、超语言的一面。正如道教所强调的：“希言自然。”⑤希言即无言。只有离言、忘言，才可能悟道。因为道是离言绝相的。尽管如此，道又不是绝对的虚无，如金岳霖所说的：“道

① [北宋]周敦颐：《太极图说》，转引自吕思勉：《理学纲要》，东方出版社2012年版，第33页。
② [北宋]周敦颐：《太极图说》，转引自吕思勉：《理学纲要》，东方出版社2012年版，第33页。
③ [明清之际]王夫之：《尚书引义》，中华书局1976年版，第112页。
④ 金岳霖：《论道》，《金岳霖全集（第2卷）》，人民出版社2014年版，第20页。
⑤ [唐]杜光庭：《道德真经广圣义》，载胡道静、陈莲笙、陈耀庭选辑：《道藏要籍选刊（二）》，上海古籍出版社1989年版，第101页。

决不是空的……道一定是实的，可是它不只是呆板地实像自然律与东西那样的实，也不只是流动地实像情感与时间那样的实。”[①]这就是说，圣人确实发现了一个不为众人所知的实，但难以用语言表述，只是勉强用“道”来述说。正所谓“强名为道，已失其真”。意思是，一诉诸语言，就有失其真。因为既可说其有，也可说其无，但这样说都有局限性，都不准确，因此可以说道超有无之辩。“论其无，则影响犹为有焉，论其有，则万物尚为无焉。”[②]奇怪的是，只要是悟道之人，不管用什么言辞都可把它说得淋漓尽致。例如，圣人经常用下述词语表述道：无无、太易、太初、太虚、太始、太无、太素、太空、太极、太有、太神、太器、太玄、太上、太一等。道体有时还可称作真性、道性。道性既可表现为万物的体性，也可表现为人的本性。此即“众生道性”。是故道教《太玄经》说：“道性众生性，皆与自然同。”

中国哲学所说的“道”既是对一个特殊的“实”的如实反映，同时又有“为人”的一面，即有对于人的无穷的妙用。质言之，中国哲学谈论道既服务于求真的动机，又有价值论追求，即旨在解决人的修齐治平以及国家治理中的根本问题，也就是说，如何在这类庞大工程中抓主要矛盾、纲举目张。根据道家、道教的诊断，要想修齐治平，必须道德双修，因此道家、道教谈论道与德表面上陷入了虚无缥缈的形而上学，其实，其着眼点是非常现实的，即为人的或以人为本的。近代高延第说：“道德本以善身，亦可以善世。”[③]《老子》第九章说：论道旨在“治人事天”。德园子说：“圣人治心之学也。无知则识灭而心虚，无欲则漏尽而腹实，言此虚心实腹之道，贵乎自然，非可用智，能不用智，则无不治。”[④]

“道”的所指尽管离言绝相，但哲人智者为了让人们生起敬道、求道之心，难言能言，以“指月”“筏喻”的方式试图将它说出来。理解者只要不把这些言语当作道本身，就像不把指月之指当作月亮一样，而是顺着言语去体验言语后面的实，还是有望接近道的。这里不妨概述几种较有代表性的表述。《管子》云：“虚无无形谓之道。”“道也者，动不见其形，施不见其德，万物皆以得，然莫

① 金岳霖：《论道》，《金岳霖全集（第2卷）》，人民出版社2014年版，第21页。
② 王明：《抱朴子内篇校释》，中华书局1985年版，第170页。
③ [清]高延第：《老子证义·第五十四章》。
④ [清]德园子：《道德经证·第三章》。

知其极。”[1]简言之，道的体性是自然、虚无。魏源解释说：道“以虚无自然为体，柔弱不盈为用”[2]。道体自然的表现是无欲、无为，“无为之道，必自无欲始也”[3]。但道由于是至真至实的，因此不仅有作用，而且妙用无穷。其表现是，道为造化之根，即能派生万事万物。因为“道能清能浊，能动能静”[4]，“清浊动静，皆为至道之用”[5]。“清者天也，正阳之炁，上腾为天；浊者地也，正阴之炁，下结为地。”[6]《淮南子》除了承认道为虚无之系、造化之根外，还认为道是客观规律。“夫道者，无私就也，无私去也”，“顺之则治，逆之则凶”。[7]最究竟的顺就是无为，因为道即无为。“若未始出其宗（若不违背道）者，何为而不成？”[8]意为只要守道，做一切没有不成功的。刘鼎和说：“道者即万事万物之最大原理。”[9]求此原理是哲学的特有任务，因此《老子》是中国最早的、真正的哲学。

就道与物质、精神的关系而言，道超越精神和物质，先于物质和精神。[10]葛洪（284—364）认为，道即玄，可称作玄道。“故玄之所在，其乐不穷；玄之所去，器弊神逝。”“玄者，自然之始祖，而万殊之大宗也。”[11]道无为而无不为。“道者，有形之父母也，寂然不动至虚无也，感而遂通至神明也，视之不见，无形容也；听之不闻，无音声也，故无形无名，言象莫能得也。”[12]

如果想描述道的本质特点或“形体”，可这样说：虚无、平易、清静、柔弱、淳粹、素朴。唐代重玄学之集大成者杜光庭说：“此六者，道之形体也。虚无者，道之舍也；平易者，道之素也；清静者，道之鉴也，柔弱者，道之用也；淳粹素

① 《管子·心术上》。
② [清]魏源：《老子本义·第一章》。
③ [清]魏源：《老子本义·论老子一》。
④ [唐]杜光庭：《太上老君说常清静经注》，载胡道静、陈莲笙、陈耀庭选辑：《道藏要籍选刊（三）》，上海古籍出版社1989年版，第12页。
⑤ [唐]杜光庭：《太上老君说常清静经注》，载胡道静、陈莲笙、陈耀庭选辑：《道藏要籍选刊（三）》，上海古籍出版社1989年版，第12页。
⑥ [唐]杜光庭：《太上老君说常清静经注》，载胡道静、陈莲笙、陈耀庭选辑：《道藏要籍选刊（三）》，上海古籍出版社1989年版，第12页。
⑦ [西汉]刘安：《淮南子·览冥训》。
⑧ [西汉]刘安：《淮南子·览冥训》。
⑨ [清]刘鼎和：《新解老·第一》。
⑩ [清]江希张：《道德经白话解说·自序》。
⑪ 王明：《抱朴子内篇校释》，中华书局1985年版，第4页。
⑫ [北宋]张君房编：《云笈七签》，载胡道静、陈莲笙、陈耀庭选辑：《道藏要籍选刊（一）》，上海古籍出版社1989年版，第379页。

朴者，道之干也。”[①]

从有无之辩的角度看，道既超有无，又是既有又无，是有无的统一。说它超有无，意思是说，不能用通常的有无来述说它。说它是有，这里的有不是通常所知的有，例如，其中没有各种有色形的东西。但也不是绝对的无。若说绝对没有，便成断见。道教虽然像佛教一样承认“诸法性空”，但又认为道体中有精，其精甚真、甚希、甚夷、甚微。“明至道虽言无色，不遂绝无，若绝无者，遂同太虚，即成断见。”[②]可见，佛、道在讲体无时既有一致，即都强调体空；又有不同，例如，道教认为，至道中有精微的有，如有精气，因此是真正的既无又有，玄之又玄。杜光庭说：“所说空相亦非空相，空相是道之妙用，应道用即有，不用即无，非无、非有、非名，为道。道本无形之形，真之能名；德本无象之象，是谓真象。”[③]道的实有、真象的一个表现是道本包于元气。

这些论述从一个侧面说明了道与气的关系。根据中国的道论，道是不离气的，甚至可以说，道本身包含有元气或精气。另外，从作用上说，道与气都是本原性实在。当然又不能将它们等量齐观。它们的区别在于：第一，气由道所生；第二，道与气在派生的万物中作用不一样。例如，气是构成万物的“元”或本原性元素，而道是作为法则在万物生成中发挥作用的，因此相对于气的作用而言，道可称作“朴”。“端寂无为者，道之真也，故谓之朴。”[④]北宋王安石说：“道有体有用。体者，元气之不动，用者，冲气运行于天地之间。其冲气至虚而一，在天则为天五，在地则为地六。盖冲气为元气之所生，既至虚而一，则或如不盈。”[⑤]道教认为，元气以道为本，例如，“元气者，以道为本，要在乎精，动于水火”[⑥]。《老子》认为：气由道所生。这里的气指的是一，即混沌未分的气。此气有两个特点：一是质料性；二是变动性、动力性，即有“冲”的特点。所谓“冲”就是不停地运动变化，之所以“冲”，是因为其内有阴阳的运动。道家在道

---

① [唐]杜光庭：《道德真经广圣义》，载胡道静、陈莲笙、陈耀庭选辑：《道藏要籍选刊（二）》，上海古籍出版社1989年版，第103页。

② [唐]成玄英：《道德真经玄德纂疏》。

③ [唐]杜光庭：《太上老君说常清静经注》，载胡道静、陈莲笙、陈耀庭选辑：《道藏要籍选刊（三）》，上海古籍出版社1989年版，第14页。

④ [唐]杜光庭：《道德真经广圣义》，载胡道静、陈莲笙、陈耀庭选辑：《道藏要籍选刊（二）》，上海古籍出版社1989年版，第136页。

⑤ [北宋]王安石：《老子注·道冲章》。

⑥ [北宋]曾慥编：《道枢》，载胡道静、陈莲笙、陈耀庭选辑：《道藏要籍选刊（十）》，上海古籍出版社1989年版，第421页。

气关系上的特点是，强调道比气更加根本的意义，进而提出了“道—气—物”这样的宇宙起源模式。元气以道为本，“元气者，以道为本，要在乎精，动于水火”[①]。

就道与阴阳的关系而言，它们也有同有异。同表现在：一阴一阳之谓道，道离了阴阳更无道，所以阴阳者是道也。但又不能简单地加以等同，因为阴阳就是气，而部分的气是形而下者，道是形而上者。[②]

就道与神、器的关系而言，“夫玄道者，得之乎内，守之者外，用之者神，忘之者器”[③]。就道与天、命的关系而言，道就是天，而命就是道的绝对命令或所规定的秩序。《文始真经》说：“无一物非天，无一物非命。”[④]如注云：天的意思是，“无为而为，自然而然也”；命指的是，“不知所以然而然也”；神指的是道的妙用，“阴阳不测之谓神”，“不神之神”，道之异名。[⑤]因此，这里所说的神没有宗教神学的意义。

从道与心的关系看，道为妄心、乱心之体，或为人心之体，此体即真空。如果说人心之外还有道心、真心的话，那么道就是真心本身。如果物为心之用，那么道就是物之体。因此世界是一，都本于道。《文始真经》云：“圣人以知心一、物一、道一，三者又合为一。”[⑥]就道与智的关系而言，根据道学和中国化佛教的看法，即使是“圣智”也只能“造迷”[⑦]，即制造迷惑，无法悟道。唯绝圣弃智，才能了悟妙道。因为道本身的特点是，“不可为，不可致，不可测，不可分”[⑧]，绝对的真空，“故曰天、曰命、曰神、曰玄”[⑨]。这是否意味着道是不可知、不可悟的呢？可以肯定的是，道不能用认识形而下者的方式去认识，

---

① [北宋]曾慥编：《道枢》，载胡道静、陈莲笙、陈耀庭选辑：《道藏要籍选刊（十）》，上海古籍出版社1989年版，第421页。
② [北宋]程颐、程颢：《二程集（上）》，王孝鱼点校，中华书局2004年版，第162页。
③ 王明：《抱朴子内篇校释》，中华书局1985年版，第2页。
④《文始真经·宇篇》。
⑤ [东晋]葛洪：《抱朴子内篇·畅玄》。
⑥ [元]牛道惇：《文始真经注》，载胡道静、陈莲笙、陈耀庭选辑：《道藏要籍选刊（五）》，上海古籍出版社1989年版，第357页。
⑦ [元]牛道惇：《文始真经注》，载胡道静、陈莲笙、陈耀庭选辑：《道藏要籍选刊（五）》，上海古籍出版社1989年版，第354页。
⑧ [元]牛道惇：《文始真经注》，载胡道静、陈莲笙、陈耀庭选辑：《道藏要籍选刊（五）》，上海古籍出版社1989年版，第354-355页。
⑨ [元]牛道惇：《文始真经注》，载胡道静、陈莲笙、陈耀庭选辑：《道藏要籍选刊（五）》，上海古籍出版社1989年版，第355页。

因此一般人是无法认识道的。当然可用特殊的方式近道，例如，如果能清心寡欲，那么便可会道。《管子》云：“虚其欲，神将入舍，扫除不洁，神乃留处。”①“心静气理，道乃可止”，反之，“忧悲喜怒，道乃无处”。②若能像水一样持守卑下，便能得道。“人皆赴高，己独赴下，卑也；卑也者，道之室，王者之器也，而水以为都居。”③悟道的方法还有很多，例如于心之未萌时观看、参究，即可悟道。“心既未萌，道亦假之”，圣人就是这样“登大道”的。④再如，绝圣弃智也是途径之一。另外，因道体现在任何事物之中，因此善知道的人，可“即一物中，知天、尽神、致命、造玄”⑤。

总之，道是有与无、动与静、实与虚、我与彼的统一。“高与下一也，贵与贱一也，彼与我一也，无往而不无，则无往而不一。”⑥

应说明的是，中国哲学尤其是不同派系的圣人对于道的实相、本质、妙用尽管有大致相同的体认，但其差别也是不能否认的。例如，道教在界定道时有神化、人格化的倾向。此外，由于证道有深浅的差别，因此不同派别对道的空性的深浅、大小也必然有不同的把握。最后，有的人把道与气区别开来，有的人则把它们等同看待，提出了道即气的命题。当然，这里的气不是后天之气，而是先天之气。例如，黄裳说：“道者何？真一之气也。”⑦“道者何？太和一气。”⑧滕云山说：“无名天地之始，始者，母气也。”⑨

再来看“理”。在中国哲学中，“理”尽管有被理解为客观精神的倾向，但一般被看作是事物里面的条理、秩序、纹路，用现代术语说，是近于“程序”或“算法”的东西，因为它决定了事物变化发展可能与不可能的范围、样式。正因为如此，中国心灵哲学也常把它看作是分析说明心理学概念的一个基础。从词源学上说，只是在周代及以后的文献中，才有了“理”的运用，如《诗经》《国语》

---

①《管子·心术上》。
②《管子·内业》。
③《管子·水地》。
④［元］牛道惇：《文始真经注》，载胡道静、陈莲笙、陈耀庭选辑：《道藏要籍选刊（五）》，上海古籍出版社1989年版，第358页。
⑤［元］牛道惇：《文始真经注》，载胡道静、陈莲笙、陈耀庭选辑：《道藏要籍选刊（五）》，上海古籍出版社1989年版，第355页。
⑥［清］魏源：《老子本义·第三十四章》。
⑦［北宋］黄裳：《道德经讲义·第十五章》。
⑧［北宋］黄裳：《道德经讲义·第十五章》。
⑨［清］滕云山：《道德经浅注·第一章》。

《左传》等就是如此。就构成而言，“理”字由“王”和“里”合成，这里的“王”实即“玉”。在甲骨文中，“玉”是一个象形字，描写的是一绳串系数块玉的状况。“里”字首见于金文中。它从田、从土。有田、有土，人们便可息居生活。因此最初的“里”指的是人居住的地方。《说文解字》云：“里，居也，从田、从土。”“玉”与“里”合成“理”后，“里”表示的是读音，“玉”才是“理”字的本义，指的是玉的纹理。众所周知，玉的脉理最密，依脉理而治，即理，故《说文解字》云：“理，治玉也。”段玉裁说：“玉之未理者为璞，是理为剖析也。玉虽至坚，而治之得其鰓理以成器不难，谓之理。”[①]这里的“鰓”即角中的骨。在纹理这一本义上，后逐渐引申出条理、纹理、理路等意，到最后便有物理、天地之理、理则等越来越抽象的意义。在具体运用中，理还有这样一些特殊所指，如义、礼、名理（概念）、无为、虚无（王弼）、空理（佛教）、实有[郭象（252—312）]、天理、心即理、气之条理、公理等。“理”做动词用则有调理、调适之意，例如，刘勰（约465—约532）说：“神躁而心荡，心荡而形伤。将全其形，先在理神。”[②]

从词性上说，“理”可同时做名词和动词用。名词指的是条理，动词有治理之意。在《左传》中，“理”的意义有二：一为治理；二为官名，如“吏”。《周易》首次将“理”字提升为哲学范畴，不仅论述了理的多种形态，如人理、物理、天理、地理、性命之理、生理（产生、形成之理），而且抽象出了最一般的理，如认为最一般的理是一切事物共有之理，因此是易简之理，同时还阐述了这样的科学、哲学任务或认识活动之最高目标，即“穷易简之理，尽天人之奥”。

尽管理像道一样被公认为具有本原的意义，因而被当作是最高的认识目标或最根本的认识对象，但人们对理的具体看法是不一样的。例如，在宋明理学以后，一种新的倾向是根据心来释理，戴震（1724—1777）说：“心之所同然者，谓理也，义也。”[③]这是从认识角度言理的，意思是，对于理，所有人都有同样的认识。“凡一人以为然，天下万世皆曰‘是不可易也’，此之谓同然。”[④]“是故，

① 转引自邓文彬：《中国古代语言史》，巴蜀书社2002年版，第301页。
② [南朝梁]刘勰：《刘子集校·清神》。
③ 安正辉选注：《戴震哲学著作选注》，中华书局1979年版，第67页。
④ 安正辉选注：《戴震哲学著作选注》，中华书局1979年版，第67页。

明理者，明其区分也。”①戴震反对宋儒所主张的理在心，而强调“理在事情”，当然可为人所认识，如“理义在事，而接于我之心知”②。在心学中，有受佛教影响的一种新释，如“无着便是理”③。也有人认为，理是决定事物所以如此的机理、程序、算法。“无形者理也。有形者物也。阴阳五行，其物也与。所以阴阳五行，（其）理也与。”④这大概可看作是对理的标准理解。这里所谓的理指的是授予阴阳五行、万事万物以规律、道理的无形之物。

理像道一样也有无穷妙用，例如，占卜之所以有效，鬼神之所以存在并起作用，药之所以能治病，等等，都是因为它们服从的是同一个理。二程说：“卜筮之能应，祭祀之能享，亦只是一个理……卦有吉凶，莫非有此理……鬼神之理在彼，我以此理向之，故享也。不容有二、三，只是一个理也。如处药治病，亦只是一个理。”⑤“梦寐皆无形，只是有此理。”⑥“物生则气聚，死则散而归尽”，若言散后还有物，“无此理”。⑦闪电、雷鸣都有其理，例如，阴阳摩擦故闪电，相击便有雷声。

就理与作为自然化基础的其他范畴的关系来说，理是一个更为根本的范畴，从这一点来说，理与道处在相同的层次。朱熹说：“道训路，大概说人所共由之路。理各有条理界瓣。”“理是有条瓣逐一路子，以各有条，谓之理；人所共由，谓之道。”“道便是路，理是那文理。”⑧理是道中的许多理脉。道宏大，理精密。就理与德、行的关系看，“存之于中谓理，得之于心为德，发见于行事为百行”⑨。就理与无极、太极的关系来说，它们有同一的关系。无极即本体，它“上天之载，无声无臭，而实造化之枢纽”⑩。就其不能为感官把握而言，可被称作无极；就其产生万物、是世界之根源而言，可被称作太极。它至善，因此可说，它“是极好至善的道理”⑪。它有动有静，静即太极之体，动即太极之用。一动

① 安正辉选注：《戴震哲学著作选注》，中华书局1979年版，第68页。
② 安正辉选注：《戴震哲学著作选注》，中华书局1979年版，第72页。
③ [明]周汝登：《周汝登集（下）》，张梦新、张卫中点校，浙江古籍出版社2015年版，第806页。
④ [明]周汝登：《周汝登集（中）》，张梦新、张卫中点校，浙江古籍出版社2015年版，第728页。
⑤ [北宋]程颐、程颢：《二程集（上）》，王孝鱼点校，中华书局2004年版，第51-52页。
⑥ [北宋]程颐、程颢：《二程集（上）》，王孝鱼点校，中华书局2004年版，第56页。
⑦ [北宋]程颐、程颢：《二程集（上）》，王孝鱼点校，中华书局2004年版，第56页。
⑧ [南宋]黎靖德编：《朱子语类（一）》，王星贤点校，中华书局1986年版，第99页。
⑨ [南宋]黎靖德编：《朱子语类（一）》，王星贤点校，中华书局1986年版，第101页。
⑩ [北宋]周敦颐：《周敦颐集》，陈克明点校，中华书局2009年版，第4页。
⑪ [南宋]黎靖德编：《朱子语类（六）》，王星贤点校，中华书局1986年版，第2371页。

一静两仪分，一变一合五行具。理学家陈淳认为，无极、太极只是理，理本圆，故太极之体浑沦。[①]“太极只是总天地万物之理而言。”[②]在道与理的关系上，他强调：“道理二字，亦须有分别，万古通行者，道也；万古不易者，理也。”[③]

在理气关系上，理学家一般坚持理本气末论，认为理为宇宙本体，而气为万物的构成材料。当然两者不能分离。因为有理必有表现理的气，有气必有决定气之存在和运行的理。心学认为，理气无先后。薛瑄说：“理气无先后，无无气之理，亦无无理之气。”[④]王阳明后的心学代表人物薛侃说：“后儒纷纷理气之辨，为理无不正，而气有不正，不知以其条理谓之理，以其运用谓之气，非可离而二也。”[⑤]周汝登说：“即理即气，所谓浩然之气是也；不识知之识知，所谓赤子之心是也，非槁木死灰之谓。”[⑥]“动处是气，静处是理。”“静与动对，静亦是气。”[⑦]

中国心灵哲学中作为心灵自然化基础的概念还有很多。例如，张载除了用气说明包括心在内的万物之外，还用了一个本原性范畴，即“太虚”。气与太虚这两个概念近于古希腊德谟克利特所说的原子与虚空。张载说：“太虚无形，气之本体，其聚其散，变化之客形尔。”[⑧]“太虚者，气之体……形聚为物，形溃反原。”[⑨]“太虚者，天之实也，万物取足于太虚，人亦出于太虚，太虚者心之实也。”[⑩]简言之，太虚即气，但不见形体；而气是有与无、有形与无形的统一。太虚之所以能对包括心在内的事物进行说明，是因为太虚是它们的基础。张载说：“天地之道无非以至虚为实，人须于虚中求出实。”“虚者天地之祖，天地从虚中来。”[⑪]太虚同时也是心的基础。“大人不失其赤子之心，赤子之心今不可知也，以其虚也。”[⑫]“由太虚，有天之名；由气化，有道之名。”[⑬]

---

① [明清之际]黄宗羲：《宋元学案（三）》，陈金生、梁运华点校，中华书局 1986 年版，第 2220 页。
② [明清之际]黄宗羲：《宋元学案（三）》，陈金生、梁运华点校，中华书局 1986 年版，第 2221 页。
③ [明清之际]黄宗羲：《宋元学案（三）》，陈金生、梁运华点校，中华书局 1986 年版，第 2221 页。
④ [明清之际]黄宗羲：《明儒学案（下）》，沈芝盈点校，中华书局 2008 年版，第 112 页。
⑤ [明]周汝登：《周汝登集（下）》，张梦新、张卫中点校，浙江古籍出版社 2015 年版，第 861 页。
⑥ [明清之际]黄宗羲：《明儒学案（下）》，沈芝盈点校，中华书局 2008 年版，第 856 页。
⑦ [明清之际]黄宗羲：《明儒学案（下）》，沈芝盈点校，中华书局 2008 年版，第 856 页。
⑧ [北宋]张载：《张载集》，章锡琛点校，中华书局 1978 年版，第 7 页。
⑨ [北宋]张载：《张载集》，章锡琛点校，中华书局 1978 年版，第 377-378 页。
⑩ [北宋]张载：《张载集》，章锡琛点校，中华书局 1978 年版，第 324 页。
⑪ [北宋]张载：《张载集》，章锡琛点校，中华书局 1978 年版，第 325 页。
⑫ [北宋]张载：《张载集》，章锡琛点校，中华书局 1978 年版，第 325-326 页。
⑬ [北宋]张载：《张载集》，章锡琛点校，中华书局 1978 年版，第 8 页。

另外，特定意义的“命”也是中国自然化的基本概念。这里所谓的“命”当然不是指命运，更不是由主观精神、客观精神决定的东西，也不是神的意志，而是指必然性，或自然的律令、道的命令。“天命”就是天的命令、自然颁布的必然落实、实现的规则、程序。例如，《大戴礼记·本命第八十》云：“分于道，谓之命。”再如，人生来就有的本性之所以是本性，不以自己和他人的意志为转移，就是因为这性是道“命于人”的。①尽管道教持有神论，但在规定命时，有时也有自然主义倾向，如说“命者自然者也”②。

最后，特定意义的“性”有时也是中国心灵哲学自然化的一个基本概念。这留待“心性论”部分再来考释。

值得注意的是，中国心灵哲学在对心灵进行自然化时，既重视单个基本概念的作用，又强调基本概念的合力作用，即同时用许多基本概念对心灵进行自然化。之所以能如此，是因为诸基本概念之间有内在的关联。王夫之在论述道、性、才、形的关系时说：“性者道之体，才者道之用。”③“人之体惟性，人之用惟才。”④“形者性之凝，色者才之撰也。”⑤以人与非人的同异为例，人之所以相同于草木禽兽之类的外物，是因为他们都是气的堆积，都遵行相同的道、理、命。他们之所以在结构、作用、本质上判然有别，乃是因为构成他们的气有差别，由虚而导致的灵性有差别，质的充美、均匀也不同，如此等等。正是这些决定了人与草木禽兽的差别。“夫人之有是形矣，其虚也灵，则既别乎草木矣；其成质也充美而调以均，则既别乎禽兽矣。”⑥《大戴礼记·本命第八十》在论述道、命、气、性、阴阳的关系时说：道即万物的本原、规律，命即道的命令、律令，或道的强制。“分于道，谓之命；形于一，谓之性；化于阴阳，象形而发，谓之生。”⑦事物之所以发生、存在、有其作用，完全是自然的事情，由自然界的道、性、阴阳二气等所决定。《圣学宗传》云：“上天之载，无声无臭，其体则谓之易，其理则谓之道，其用则谓之神，其命于人则谓之性，率性则谓之道，修道则谓之

---

① [明]周汝登：《周汝登集（中）》，张梦新、张卫中点校，浙江古籍出版社2015年版，第622页。
② [北宋]陆佃：《鹖冠子》，载胡道静、陈莲笙、陈耀庭选辑：《道藏要籍选刊（五）》，上海古籍出版社1989年版，第741页。
③ [明清之际]王夫之：《尚书引义》，中华书局1976年版，第116页。
④ [明清之际]王夫之：《尚书引义》，中华书局1976年版，第116页。
⑤ [明清之际]王夫之：《尚书引义》，中华书局1976年版，第116页。
⑥ [明清之际]王夫之：《尚书引义》，中华书局1976年版，第116页。
⑦《孔子家语·本命题》。

教。”[①]正是因为这些基本概念有内在联系，因此其才可以结合在一起共同构成心灵自然化的基础。

还应看到的是，中国心灵哲学自然化的基础有与时俱进的一面，例如，近代以后，随着西方科学文化向中国的传入，中国自然化的基础就随之发生了一些变化，如开始用新传入的自然科学概念作为说明心灵的根据。康有为（1858—1927）说：“神者有知之电也，光电能无所不传，神气能无所不感。”[②]“知气者，灵魂也，略同电气，物皆有之。”[③]严复（1853—1921）在这方面更是有过之而无不及。他将科学分为三类，即天学、地学、人学。人学又有生学和心学两部门。前者研究的是长养孳乳之大法，后者专究心理。[④]研究心的目的就是要挖掘其资源，扩充其境界，发挥其妙用，可用“姱心”一词表示这类工作。“姱”有修饰、装点、使之更美好等意，因此借助科学来说明心，当然可使心更加美好。他说：“古之中西圣贤人，皆以姱心为至重之学。”[⑤]谭嗣同（1865—1898）对心灵进行自然化的特点是，以电力或以太解释心，认为心就是一种以太。他说：“仁以通为第一义。以太也，电也，心力也，皆指出所以通之具。”[⑥]康有为也用电或以太说明人心，他说：“不忍人之心，仁也，电也，以太也，人人皆有之，故谓人性皆善。”[⑦]电或以太之所以有此说明作用，是因为他们认为，电是联系物质、传播能量的媒介，甚至是万物的始基。这种说明方式较过去的诉诸气之类的说明心灵的模式有了进步的一面，但由于当时东渐的西学本身在发展中，本身并不完善，因此使得刚接受西学的中国人不可避免地带有历史的局限性，用以太说明心就是如此。

现代道教著名理论家、实践家陈撄宁先生对心灵的自然化既坚持了道教的传统，又吸收了所学到的科学知识，例如，根据物质说明心灵，进而别出心裁地提出了“精神物质论”。他根据大道至简的道理强调：只要找到了这个理，就能对一切做出顺理成章的说明。他说，“孔子系《易》曰：《易》简而天下之理得

① [明]周汝登：《周汝登集（中）》，张梦新、张卫中点校，浙江古籍出版社 2015 年版，第 622 页。
② [清]康有为：《大同书·甲部》。
③ [清]康有为：《礼运注》。
④ [清]严复：《原强》。
⑤ [清]严复：《论今日教育应以物理科学为当务之急》。
⑥ [清]谭嗣同：《仁学界说》。
⑦ [清]康有为：《孟子微》卷 1。

矣”[①]，“丹道亦然，不外乎阴阳五行，不外乎生克制化”[②]。阴阳五行可看作是这样的理。五行中主要是水火二行，“盖水之数一，其中之金为四，则成五。此五之中，有精曰气。火之数二，其中之木为三，则成五。此五之中，有精曰神。神气一交，灵苗立结。所谓二五之精妙合而凝也”[③]。用阴阳五行说明精神等现象实即用气说明它们，因此他坚持气一元论。他说：“至顽者形，至灵者气；有尽者形，无尽者气……天地皆气之所成，则凡天之下，地之上者，何一非气之所成乎？”[④]就魂与魄来说，它们在世界上是有其位置的，既可在人中，又可在人外，正所谓“天魂地魄”。他的思想与时俱进的表现是提出了精神物质论。这是一种广义的物质论，实即气一元论的又一表述方式。他认为，这是丹学、仙学的基础，是道学的重要组成部分。根据这一自然化理论，精神也可称作灵魂。因其“微细到不可思议，故名曰精神”[⑤]，而精神在本质上就是一种物质，只是它太微细，故被称作精神，“以示与粗劣之物质有所区别。其实，粗劣物质即微细物质所转变，故精神与物质，可谓同出一源。物质若能还源（原），即是精神，然神既已成为物矣，当无自动还源（原）之理，必有外力加入，则物质又可转变而为精神。知此者，可以谈炼丹”[⑥]。他强调：精神只有与物质结合起来，才能有作用，才能发挥作用。因为它们的关系像电（精神）与电灯泡（身体）的关系。他说：“电与电灯泡相合方能发光，灵魂与肉体相合方有作用。灯泡毁坏，虽有电而无光，肉体死亡，虽有灵魂而无用。灯光（具）陈旧，光虽有而不明亮；肉体衰老，人虽活而无生机。”[⑦]灵魂既然依赖于物质，而物质由于有不灭的一面，因而灵魂也有不朽的一面。他说：“肉体死亡之后，灵魂分散于空间，附着新胎儿，则又成人矣。”[⑧]就像灯泡坏了，电线附着于别的电线、灯泡上一样。灵魂与肉体两者也有相互作用的一面，例如，心理可以改变生理，生理可以改变心理。这样的例子俯拾即是，例如，悲哀则流泪，脑充血则神智昏迷。他强调：这种精神物质合一论，是仙学的理论基础。他说：“精神与物质是一件事”，

① 陈撄宁：《陈撄宁仙学精要（上）》，胡海牙、武国忠编，宗教文化出版社 2008 年版，第 138 页。
② 陈撄宁：《陈撄宁仙学精要（上）》，胡海牙、武国忠编，宗教文化出版社 2008 年版，第 138 页。
③ 陈撄宁：《陈撄宁仙学精要（上）》，胡海牙、武国忠编，宗教文化出版社 2008 年版，第 139 页。
④ 陈撄宁：《陈撄宁仙学精要（上）》，胡海牙、武国忠编，宗教文化出版社 2008 年版，第 140 页。
⑤ 陈撄宁：《陈撄宁仙学精要（上）》，胡海牙、武国忠编，宗教文化出版社 2008 年版，第 265 页。
⑥ 陈撄宁：《陈撄宁仙学精要（上）》，胡海牙、武国忠编，宗教文化出版社 2008 年版，第 265 页。
⑦ 陈撄宁：《陈撄宁仙学精要（上）》，胡海牙、武国忠编，宗教文化出版社 2008 年版，第 264 页。
⑧ 陈撄宁：《陈撄宁仙学精要（上）》，胡海牙、武国忠编，宗教文化出版社 2008 年版，第 264-265 页。

“是一非二”，认识到这一点，“则知凡体炼成仙体非不可能矣”。[①]尽管这种精神物质合一论有其独到和合理之处，但如此应用于仙学之中，无疑有其可商榷的一面。

第四节 “魂魄”等心理概念的自然化

用自然主义的话说，“魂、魄”等不是基本概念，而是FP或原始灵魂观念所拥有的术语，如果不加分析地予以相信，并据以解释和预言行为，那么则会停留于FP的水平。如果能根据被公认的概念、范式去说明、思考、论证，不管是对之合理化还是做否定性论证，那么就是在对之做自然化操作。这样的操作及所形成的理论就具有规范心灵哲学的特点。笔者正是在此意义上认为，中国自《左传》等论著问世以后，便开始了它的理论化心灵哲学的探索和建构历程，因为论者不再停留于对灵魂的相信和运用的层面，而是进到了对它们的理论思考、解释和分析之中。

先来看看魂魄的自然化。心灵哲学在对其进行自然化时，首先要解决的一个问题，就是对其本体论地位做出判断。根据中国的自然主义，只要能够说明有待自然化的对象（如魂魄等）与气、道、理等有关系，不管是同一、派生关系，还是随附、实现关系，那么就可以认定，魂魄不是虚构的，而是有其存在地位的。因为根源于气、道等的东西，都有本体论地位或存在地位。其次，如果它们有其作用，那么在对它们进行自然化时就必须说明它们作用的根源、机制、条件等。可见，自然化不是简单的论证，而是真正意义上的哲学反思。正是有此特点，对魂魄做了自然化的心灵哲学相对于FP或常识心理学就有了其超越的一面。

根据陈撄宁先生的概括与梳理，中国哲学对魂魄的论述，根据所依据的不同理论基础可概括为十大类：①以阴阳论魂魄；②以五行论魂魄；③以五脏论魂魄；④以鬼神论魂魄；⑤以动静论魂魄；⑥以升降论魂魄；⑦以志气论魂魄；⑧以思量与记忆论魂魄；⑨以知觉与形体论魂魄；⑩以生成先后论魂魄。[②]其中，

① 陈撄宁：《陈撄宁仙学精要（上）》，胡海牙、武国忠编，宗教文化出版社2008年版，第266页。
② 陈撄宁：《陈撄宁仙学精要（上）》，胡海牙、武国忠编，宗教文化出版社2008年版，第9-10页。

除④⑦⑧属一般的说明、分类之外，其余都可看作自然化的不同方式，而最基本的则是根据气来说明魂魄的起源、存在和作用机理。这是魂魄自然化中居主导地位的倾向。朱熹认为，从基本的存在来说，人身上除了理气什么都没有。他说：“此身只是个躯壳，内外无非天地阴阳之气，如鱼在水，外面水便是肚里水，鳜鱼肚里水与鲤鱼肚里水只一般。”[①]根据这种自然化方式，心灵之所以产生、存在和有作用，都是气所使然，例如，心灵的形成靠的就是气的依理而成的组合。朱熹说：“气聚成形，理与气合，便能知觉，如火得脂膏便有许多光焰，所觉者，心之理也；能觉者，气之灵也。”[②]心不是气所成的身之外的东西，而是由体内的气之灵所表现出的作用。如同燃烧的火得了油之后发出的光一样，是实在的一种性质或作用。当然，要对心灵做全面的说明，还得诉诸理之类的范畴。朱熹说：“理也者，形而上之道也，生物之本也。气也者，形而下之器也，生物之具也。”[③]心及其知觉的产生也是根源于气和理的，气为之提供质料，理为气提供形式或本质。“人物之生必享此理然后有性，必享此气然后有形。”[④]

可见，在朱熹那里，理气是自然化的不可或缺的根据，事物的形成缺一方就是不可能的。他说：“有此理后方有此气，既有此气，然后此理有安顿处。”[⑤]理决定了事物的性或本质，因此是“主”。“气之所聚，理即在焉，然理终为主，此即所谓妙合也。”[⑥]精神、魂魄的产生、存在和作用也是由理气共同决定的，例如，气按理组合成一定构造之后便有精神、魂魄。他说：“精神、魂魄、有知有觉者，皆气之所为也，故聚则有，散则无。”[⑦]这既回答了心怎样产生、具有何本质的问题，也回答了心灵哲学中的这样一个恒久的难题：心有无消亡？是否不朽？根据朱熹的以理气为基础的自然主义，心灵自然会随着躯体的消亡而消亡。[⑧]这种根据理与气对精神、魂魄的说明与西方现当代物理主义诉诸基本粒子之类的物理的东西对心的说明如出一辙，只是具体的根据存在着不同罢了。如果西方物理主义的说明是自然化，那么我们同样有理由认为，根据理气对心的说明

---

① [南宋]朱熹：《朱子全书》卷49。
② [南宋]朱熹：《朱子全书》卷49。
③ [南宋]朱熹：《朱子全书》卷49。
④ [南宋]朱熹：《朱子全书》卷49。
⑤ [南宋]朱熹：《朱子全书》卷49。
⑥ [南宋]朱熹：《朱子全书》卷49。
⑦ [南宋]朱熹：《朱子全书》卷49。
⑧ [南宋]朱熹：《朱子全书》卷49。

也是一种自然化操作。

朱熹在《楚辞辩证》中根据理气对魂魄的自然化更加完善，可概括为如下要点：①从产生上说，魂魄派生于形气，物生始化，然后有魂魄；②魄是精气聚合中的灵者，“精血之聚，其间有灵者，名之曰魄也”；③魂是魄中的阳气，神是魄中的神者，“既生魄，阳曰魂，既生此魄，便有暖气，其间有神者，名之曰神也”；④形气聚合体散后，魂游而为神，魄降而为鬼。[①]

朱熹还根据理气、阴阳等对最麻烦的鬼神做了自然化。这里的鬼神当然是指人的心理作用，如前所述，鬼是看不见摸不着的隐秘作用，神即人的高级的精神作用，如神明、人的难以测知的创造性、能动性等。在朱熹看来，它们也不神秘，因为它们也是由理气等所决定的。他说：“推行有渐为化，合一不测为神。又曰：一故神，两故化。言两在者，或在阴或在阳，在阴时全体都是阴，在阳时全体都是阳……一故神，犹一动一静，互为其根；两故化，犹动极而静，静极复动。”[②]从起源来说，鬼神不过是阴阳消长而已，精气聚而为物，何物而无鬼神。产生的顺序是“人生初间是先有气，既成形，是魄在先，形既生矣，神发知矣。既生形后，方有精神知觉。”“在人则精是魄，魄者，鬼之盛也，气是魂，魂者，神之盛也。”[③]

朱熹还认为，气是万物的源泉、材质，最初只有阴阳二气。例如，气之凝聚便成地，气之清者便为天。有生命物和无生命物也都是由气凝聚而成的，如人之耳聪目明、知觉精神、魂魄乃至天地间鬼神都由气而成。他说：“鬼神只是气，屈伸往来者也，气也。”[④]“魄是一点精气，气交时便有这神。魂是发扬出来底，如气之出入息。魄是如水，人之视能明，听能聪，心能强记底。有这魄，便有这神。不是外面入来。魄是精，魂是气；魄主静，魂主动。”[⑤]

王船山推尊张载与朱熹，又做了自己的发挥，认为神是形而上者，鬼是形而后有者。很显然，他所说的鬼神像其前辈的论断一样，尽管所用的词是日常语言，但其所指与日常的用法根本不同，指的是有一定客观性的更隐秘、更微妙的精神

① 转引自钱穆：《灵魂与心》，广西师范大学出版社 2004 年版，第 75 页。
② [南宋]朱熹：《朱子全书》卷 49。
③ 转引自钱穆：《灵魂与心》，广西师范大学出版社 2004 年版，第 68 页。
④ [南宋]黎靖德编：《朱子语类（一）》，王星贤点校，中华书局 1986 年版，第 34 页。
⑤ [南宋]黎靖德编：《朱子语类（一）》，王星贤点校，中华书局 1986 年版，第 40 页。

性存在或力量。钱穆评价说：“如此说鬼神，全属抽象的哲学名词，显距世俗所谓鬼神甚远了。”[①]因为王夫之对鬼神的界定是“形而上者，亘生死，通昼夜，而常伸，事近乎神。形而后有者，困于形而固将竭，事近乎鬼。”[②]它们都是一种气，例如，神是人出生以后，日生日长之气，即依赖于形体的或由形体表现出的作用，并非在人生前有一神，死后仍能存在。具言之，神是阴阳二气清通之理，或是它们的和合。王夫之说：“神者非他，二气清通之理也。不可象者，即在象中。”[③]鬼则是人出生后日衰日反之气，亦非人死后才成鬼。也就是说，鬼不是人死时才有的，在人活着时就有，因为它是人身上的日衰日反之气，是返归的力量，质言之，鬼即归，如王夫之所说的：“反归者鬼。”[④]“惟人之死，则魂升魄降，而神未顿失其故，依于阴阳之良能以为归，斯谓之鬼。鬼之为言归也，形气虽亡，而神有所归。”[⑤]当然，由于气的转化、消散是一个过程，因此人死后，人身上的鬼还会存留一定的时间。这是因为，人死后，其气并未灭尽。王夫之说：人“所行之清浊善恶与气俱，而游散于两间，为祥为善，为眚为孽，皆人物之气所结”[⑥]。尽管他相信人死后有鬼，但这种鬼与平常人们所相信的鬼还是有不同的，因为它指的是人体的未完全灭尽的剩余力量，更重要的是，它是一种气，即“生前之余气”。王夫之对鬼神的自然化还表现在根据阴阳这一所谓的“科学”概念解释鬼神，如认为鬼神是阴阳中的至精至灵的东西或力量。他说：“以祭祀言之，求之于阳者，神也。求之于阴者，鬼也。是所谓阴阳之灵也。思成而翕聚者，神也。未求之先与求已而返于漠者，鬼也。是所谓至而伸，反而归也。”[⑦]就鬼神的表现形式而言，神的特点是自隐而显、自幽而明，而鬼则相反，是自显而隐、自明而幽。这正好又是由它们的阳和阴的属性所决定的。就作用及其方式而言，神的作用是外显的，即为“伸”；鬼的作用是伸的反面，即“归”，都是人之能。王夫之说：“用则伸，不用则不伸，鬼而归之，仍乎神矣……伸者天之化，归者人之能。”[⑧]既然鬼神是气结合在一起必然表现出的作用或力量，那么它们

① 转引自钱穆：《灵魂与心》，广西师范大学出版社 2004 年版，第 79 页。
② 转引自钱穆：《灵魂与心》，广西师范大学出版社 2004 年版，第 79 页。
③ 转引自钱穆：《灵魂与心》，广西师范大学出版社 2004 年版，第 82 页。
④ 转引自钱穆：《灵魂与心》，广西师范大学出版社 2004 年版，第 79 页。
⑤ 转引自钱穆：《灵魂与心》，广西师范大学出版社 2004 年版，第 82 页。
⑥ 转引自钱穆：《灵魂与心》，广西师范大学出版社 2004 年版，第 79-80 页。
⑦ 转引自钱穆：《灵魂与心》，广西师范大学出版社 2004 年版，第 80 页。
⑧ 转引自钱穆：《灵魂与心》，广西师范大学出版社 2004 年版，第 82 页。

绝非生命所独有，而能为物所具有。承认这一点对于王夫之来说不仅有逻辑的必然性，而且能帮他解释自然界的许多难以解释的现象，如磁石为什么能吸铁。他说：“魄丽于形，鬼之属。魂营于气，神之属。此鬼神之在物者也……琥珀拾芥，磁石引铁，不知其所以然而感。”[①]也就是说，要说明事物之间的感通现象，必须诉诸鬼神。

道家、道教的心灵哲学尽管与儒家的有重大差别，但在心灵的自然化方面，它们则有异曲同工之妙，即也是诉诸自然的存在和力量来解释魂魄鬼神之类的现象。《道藏》云：“神者魂也，降之于天；鬼者魄也，经之于地。是以神能服气，形能食味，气清则神爽，形劳则魄浊。服气者绵绵而不死，身飞于天；食味者，混混而殂形归于地。”[②]神的强弱、盛衰源于气，是故道教强调人应学会服气。服气可让神长久，服气是养神之关键。

魏晋玄学的自然化的特点在于：强调一切都是自然的，例如，身由精气所构成，性情与精神是自然的禀赋，因此自然是人之本。阮籍（210—263）说：“人生天地之中，体自然之形。身者，阴阳之精气也，性者，五行之正性也；情者，游魂之变欲也；神者，天地之所以驭者也。”[③]在造就自然万物的自然力量中，阴阳之气最为根本，可以说是一切自然现象的根源，因此据此可解释一切，例如，阴阳偏则产生风，俱则产生雷，交则产生电；乱则雾，和则雨；阳气胜，则散为雨露，阴气胜，则凝为霜雪。在生命界也不例外，毛羽之虫，阳气之所生，介鳞之虫，阴气之所生，而人之所以高于诸飞禽走兽，是因为人得“阴阳之精”而生。同理，可根据阴阳的精气解释人身上最高级、最神奇的心理现象。

还有一种自然化方案是以精气释魂魄鬼神。所谓精气即更为精微的气。中国汉代比较彻底的唯物主义哲学家王充就是如此。他说：“夫魂者，精气也。精气之行，与云烟等。”[④]隋朝王通有近似的看法，如说：“魂犹伝伝也，行不休于外也。少阳之气，故动不息，于人为外，主于情。魄者，犹迫然著人也，此少

① 转引自钱穆：《灵魂与心》，广西师范大学出版社2004年版，第80页。
② [北宋]张君房编：《云笈七签》，载胡道静、陈莲笙、陈耀庭选辑：《道藏要籍选刊（一）》，上海古籍出版社1989年版，第638页。
③ [曹魏]阮籍：《达庄论》。
④ [东汉]王充：《论衡·纪妖》。

阳之气，像金石著人不遗，立于性也。”[①]他还说：“精者，静也，太阴施化之气也；像水之化，须待任生也。神者，恍惚太阳之气也，出入无间，总云支体，万化之本也。”[②]

理学家周敦颐的自然化特点是根据二气五行之精、之灵说明心身的形成，从而提出了比较完备的以自然主义为基础的心身发生论。他认为，万物的本原是“无极”，而无极的特点是太极，即时空无限，故说无极而太极。太极因其自身的动静而生阴阳二气，这二气各含太极，同处动静之中。阴阳二气感合交变进而产生五行和万物。他说：“阳变阴合而生水火木金土。五气顺布，四时行焉……五行之生也，各一其性。无极之真，二五之精，妙合而凝。乾道成男，坤道成女。二气交感，化生万物。”[③]心灵之所以是世界上最神奇的现象，是因为它所禀的气极为特殊，即所禀的是气中的精华。他说：“惟人也，得其秀而最灵，形既生矣，神发知矣，五性感动，而善恶分，万事出矣。”[④]可见，人也是禀气而有，其中的心是由灵秀之气而成的。圣人之所以高于凡人，是因为他的灵秀之气更灵秀。

对周敦颐历来有不同的解释，例如，以朱子为代表的儒家解释就有别于以李道纯为代表的道家解释。关于朱熹的思想，我们在前面已有论述，这里只简单分析一下后者。李道纯对气的差别做了这样的区分，认为里面除了一般物质性的气之外，还有元神、元精之类的东西。他说：“无极之真者，元神之妙应也。二五之精者，五行之妙合也，妙合而凝者，作成万有。”[⑤]这就是说，人身上除了有灵秀之气而成的心之外，还有元神、元精（以气为根源）等实在。正是因为有这些东西，人才可去凡成圣，返本还原。李道纯强调：只要在精神上追溯万有形成之源头，在此境中保真炼神，保精固形，做到真精不泄，气固神灵，形神俱妙，便能与道合一，得成正果。[⑥]

以五行解释精神魂魄在中国的心灵自然化中也很常见。例如，道学的《文始真经》说：“无火则无土，无意则无魄矣，无土则无金，一者不存，五者

① [东汉]班固：《白虎通义·情性》。
② [东汉]班固：《白虎通义·情性》。
③ [北宋]周敦颐：《周敦颐集》，陈克明点校，中华书局2009年版，第5页。
④ [北宋]周敦颐：《周敦颐集》，陈克明点校，中华书局2009年版，第6页。
⑤ [元]李道纯：《全真集玄秘要》。
⑥ [元]李道纯：《全真集玄秘要》。

皆废。”[①]魂魄等“其形其居，其识其好，皆以五行契之”[②]。

一种不太常见的心灵自然化方式是以白、芸释魂魄。例如，《孝经说》曰：“魄，白也。魂，芸也。白，明白也。芸，芸动也。形有体质，取明白为名。气唯嘘吸，取芸动为义。”[③]

“心”是常识中最常见的心理学概念，也是中国心灵哲学自然化最突出的一个对象。如前所述，心是一个多义词。我们这里关注的是作为心理主体、有认知等神明作用的心。由于这种心以“神”（不可预测的认知作用，其突出表现是有智慧、明而不昧）为特点，因此对心的自然化必然涉及对作为智慧表现的神的自然化。这在前面已有简略考释，这里重点考察关于心的自然化。

最常见的自然化方式是用气说明心。张载的解释最具代表性。他根据多因素论认为，心像其他事物一样，也可用他认定的本原即太虚（虚空）和气（原子）来加以解释。当然，他同时强调：由于心是世界上最复杂、最神奇的现象，因此要予以解释，还必须加上“性”“觉性”这样的灵明本性。不过，从根源上说，性也根源于太虚和气的结合。他说：“由太虚，有天之名；由气化，有道之名；合虚与气，有性之名；合性与知觉，有心之名。”[④]因此，即使应根据性来说明心，但由于性是气与虚相合的产物，心也从根本上根源于气和虚。

人心的特点是灵，故中国人常说“心灵”。“心灵”其实不是一个指称对象的概念，而是述说一个实在有何特点的句子。根据周敦颐的看法，心之所以最灵，是因为它所禀的阴阳五行是气中最精妙的，即“秀”。他说：“惟人也，得其秀而最灵。”[⑤]朱熹对此的解释是“然阴阳五行，气质交运，而人之所禀独得其秀，故其心为最灵。”[⑥]这一看法在理学家中极为盛行。黄宗羲（1610—1695）《孟子师说》云：“天地间只有一气充周，生人生物。人禀是气以生，心即气之灵处……心体流行，其流行而有条理者，即性也。”气就像四季的更替一样，井然有序。“流行而不失其序，是即理也。”[⑦]

---

① 《文始真经·四符》。

② 《文始真经·四符》。

③ 《十三经注疏》整理委员会整理、李学勤主编：《十三经注疏·春秋左传正义（下）》，北京大学出版社 1999 年版，第 1248 页。

④ [北宋]张载：《张载集》，章锡琛点校，中华书局 1978 年版，第 9 页。

⑤ [北宋]周敦颐：《周敦颐集（上）》，陈克明点校，中华书局 2009 年版，第 6 页。

⑥ 转引自陈来主编：《早期道学话语的形成与演变》，安徽教育出版社 2007 年版，第 518 页。

⑦ [明清之际]黄宗羲：《宋元学案（二）》，陈金生、梁运华点校，中华书局 1986 年版，第 1283 页。

由于心的构造极有特点，即同时有形而上和形而下的成分，因此在解释心时仅说心即气是远远不够的。因为它的形而下的部分的确离不开气，就此而言可说：“心即气”，但其形而上的部分主要表现为“理或性”。尽管它们依赖于气，但又不能等同于气，就像子女由父母所生，但不能画等号一样。理学家李侗说：“理不可见，见之于气，性不可见，见之于心。”[①]当然，理学家一般认为，就终极根源来说，心以气为基础。朱熹说：“天地间无非气。人之气与天地之气常详解，无间断，人自不见。人心才动，必达于气，便与这屈伸往来者相感通。”[②]大至心，亦不过是气而已。这里所说的心不是血气之属，不是肉团心，而是心理学意义上的心。此心即性。过去所说的肉团心，“非心也”，因为它是“血气之属”。心理的心，“极天下之尊而无以尚，享天下之洁净精微纯粹至善而一物莫之或撄者，其为人心乎”[③]。但从本质上说，由于此心以气为基础，因此仍可说心即气。“人心，一气而已矣。”[④]黄宗羲云：“人禀是气以生，心即气之灵处。”[⑤]“天地间只有一气……人得之以为心，亦气也。”[⑥]当然，不是任何气都可为心。能成为心的气是有知之灵气，或者说是气的灵性。黄宗羲说：“心即气之灵处，所谓知气在上也。”[⑦]

周汝登认为，世界只是一心，要解释这心，必须诉诸理和气。他说：“理气虽有二名，总之一心。心不识不知处，便是理；才动念虑起知识，便是气。虽至塞乎天地之间，皆不越一念。”[⑧]为何说即心即理？“凡人视所不当视，听所不当听，声色牵引得去，皆知识累之也。知识忘而视听聪明，即心即理，岂更有理为心所循耶？”[⑨]从来源上说，心根于太极，是其妙用。而太极是一切的本原，可解释一切，当然也可解释心的起源和无穷妙用。“天地、日月，四时、鬼神，皆太极中物。”[⑩]“夫太极者，所以发明此心之妙用也。”[⑪]每个人的身体

---

① [明清之际]黄宗羲：《宋元学案（二）》，陈金生、梁运华点校，中华书局 1986 年版，第 1284 页。
② [南宋]黎靖德编：《朱子语类（一）》，王星贤点校，中华书局 1986 年版，第 34 页。
③ [明]刘宗周：《原旨・原学中》。
④ [明清之际]黄宗羲：《明儒学案（下）》，沈芝盈点校，中华书局 2008 年版，第 1529 页。
⑤ [明清之际]黄宗羲：《孟子师说》卷 2。
⑥ [明清之际]黄宗羲：《明儒学案（上）》，沈芝盈点校，中华书局 2008 年版，第 47 页。
⑦ [明清之际]黄宗羲：《孟子师说》卷 2。
⑧ [明清之际]黄宗羲：《明儒学案（下）》，沈芝盈点校，中华书局 2008 年版，第 856 页。
⑨ [明清之际]黄宗羲：《明儒学案（下）》，沈芝盈点校，中华书局 2008 年版，第 856 页。
⑩ [明]周汝登：《周汝登集（中）》，张梦新、张卫中点校，浙江古籍出版社 2015 年版，第 614 页。
⑪ [明]周汝登：《周汝登集（中）》，张梦新、张卫中点校，浙江古籍出版社 2015 年版，第 613 页。

中都有太极，因此“人得其秀而最灵，非从他得自得之也”[①]。

理学家认为，即使把心区分为人心和道心，也都可用气来解释，因为人心之虚灵知觉，一而已。人心之所以不同于道心，是因为前者以形气为主，后者以义理为主。陈淳说：“其由形气而发者，以形气为主，而谓之人心。由理义而发者，以理义为主，而谓之道心。”[②]由于它们的“主”不同，因此作用也不同。例如，人心的作用是饥思食、渴思饮、冷思暖，等等；道心的作用是视思明、言思忠、动思义，等等。人心道心两者各有脉络，不相混淆。

一般来说，人心容易被自然化，而道心则不然，因为道心即等于天地之心，或者说是不做有无是非分别的心。此心为本心。既然如此，就必须诉诸比气更多的东西来解释。一般的解释方式是诉诸自然来解释，如说此心亦自然。邵雍曰：“自然之外别无天，自然者，即吾心，不学不虑之良也，故天与心不可判。判天与心而二之者，非惟一之旨矣。”[③]另外，也可根据太极来解释。邵雍认为，太极即一，即道。他说：“太极不动，性也。”[④]它有派生一切的作用。其生成万物的过程是“太极一也，不动；生二，二则神也。神生数，数生象，象生器。”[⑤]所谓神即太极之发用，“发则神”。天地有神，人也有神，而人神存于心。

心由于有特殊而神奇的作用，因此也可称作识神。即便它有此特点，也可根据一般的自然化概念而加以说明，如可以说识神禀于自然。《道藏》云：“理本自然，一切众生识神亦复如是，禀乎自然，自应道性，无有差异。”[⑥]就此而言，也可根据道对之做出说明。在特定意义上可以说，识神最初就是道，本来就是善。“一切众生识神之初……本既为善，所习复善。”[⑦]后因有染恶因缘，才有恶行、恶业。

一般认为，心之神有精微、爽、明等特性，如可以说：“是以有精爽，至于神明”，“爽，明也”，“精亦神也，爽亦明也”。[⑧]怎样说明这些特性呢？如

① [明]周汝登：《周汝登集（中）》，张梦新、张卫中点校，浙江古籍出版社 2015 年版，第 613 页。
② [明清之际]黄宗羲：《宋元学案（三）》，陈金生、梁运华点校，中华书局 1986 年版，第 2227 页。
③ 转引自[明]周汝登：《周汝登集（中）》，张梦新、张卫中点校，浙江古籍出版社 2015 年版，第 414 页。
④ [北宋]邵雍：《皇极经世·观物内篇》。
⑤ [北宋]邵雍：《皇极经世·观物内篇》。
⑥ [北宋]张君房编：《云笈七签》，载胡道静、陈莲笙、陈耀庭选辑：《道藏要籍选刊（一）》，上海古籍出版社 1989 年版，第 650-651 页。
⑦ [北宋]张君房编：《云笈七签》，载胡道静、陈莲笙、陈耀庭选辑：《道藏要籍选刊（一）》，上海古籍出版社 1989 年版，第 651 页。
⑧ 《十三经注疏》整理委员会整理、李学勤主编：《十三经注疏·春秋左传正义（下）》，北京大学出版社 1999 年版，第 1249 页。

前所述，神实即心的精粹、极致作用。既然如此，仍可用气来对其加以解释。《春秋左传正义》云：“气之神者，名之曰魂也。”[①]程颐认为，神没有独立的本体论地位，“气外无神，神外无气”[②]。神不过是气之清，或清明之气。吕大临认为，气是神的载体，故可说：“气也者，神之盛也。”[③]同样，也可根据阴阳来加以说明，如《周易》云：“阴阳不测之谓神之本。”[④]《春秋左传正义》对“是以精爽，至于神明”的解释是“此言从微而至著耳。精亦神也，爽亦明也。精是神之未著，爽是明之未昭。”[⑤]

道教的解释有相近之处，如强调神是气中之精，或由气所变。《道枢》云：“水也、火也、土也，其聚也，是为心、为肾、为脾，其变也是为气、为血、为精。气也、血也、精也，其化为神。”[⑥]“上玄之宫，太一真气者也，其数三万六千，随其所生而变焉，故在气变神，在神变气，气在则神存，神去则气散。其散也，为云为雾。”[⑦]

一种更为独特的自然化方式是，将神、魂等看作是有关器官的灵性、功能。根据这种观点，不仅肉团心有神明的特性，而且其他脏器也有心理的特性，例如，《圣学宗传》说：“心之灵曰神，胆之灵曰魄，脾之灵曰魂，肾之灵曰精。心之神发乎目，则谓之视；肾之精发乎耳，则谓之听；脾之魂发乎鼻，则谓之嗅；胆之魄发乎口，则谓之言。”[⑧]

心的特性、特征是虚灵、知觉。这里的知觉相当于西方人所说的意识或觉知（awareness），即当心理活动进行时，心伴有对对象和对自身的晓得、体验。这一特性一直是西方自然化的一块难啃的硬骨头。中国心灵哲学也知道这一问题，其应对的办法是用气等加以说明。明代哲学家罗钦顺（1465—1547）首先承认，

① 《十三经注疏》整理委员会整理、李学勤主编：《十三经注疏·春秋左传正义（下）》，北京大学出版社 1999 年版，第 1248 页。
② [明]周汝登：《周汝登集（中）》，张梦新、张卫中点校，浙江古籍出版社 2015 年版，第 627 页。
③ [明清之际]黄宗羲：《宋元学案（二）》，陈金生、梁运华点校，中华书局 1986 年版，第 1109 页。
④ 《十三经注疏》整理委员会整理、李学勤主编：《十三经注疏·春秋左传正义（下）》，北京大学出版社 1999 年版，第 1249 页。
⑤ 《十三经注疏》整理委员会整理、李学勤主编：《十三经注疏·春秋左传正义（下）》，北京大学出版社 1999 年版，第 1249 页。
⑥ [北宋]曾慥编：《道枢》，载胡道静、陈莲笙、陈耀庭选辑：《道藏要籍选刊（十）》，上海古籍出版社 1989 年版，第 393 页。
⑦ [北宋]曾慥编：《道枢》，载胡道静、陈莲笙、陈耀庭选辑：《道藏要籍选刊（十）》，上海古籍出版社 1989 年版，第 393-394 页。
⑧ [明]周汝登：《周汝登集（中）》，张梦新、张卫中点校，浙江古籍出版社 2015 年版，第 607 页。

虚灵知觉是心的特异之处、微妙之处，如“盖虚灵知觉，心之妙也”[①]。虚能接受来自外物的认识，灵则神明莫测。这些特性其实不难说明，即都是由构成心的灵气所使然，因为万物只有一本，那就是气。不管是心还是非心，都源于气。“凡赋形于两间者，同一阴阳之气以成形，同一阴阳之理以为性，有知无知，无非出于一本。”[②]人心之所以有这些特点，是由构成心的阴阳二气所决定的，因为变化是阴阳的属性。“夫（变）化乃阴阳之所为。”[③]

方以智（1611—1671）认为，心是一种虚体，而虚体的意思是心是一个实在的存在，但不是一个有质碍性、粒子性、实体性的东西，而是空虚性的存在，正因为其中有虚而非充实，因此能接纳、包容来自外界的一切认识，能有其觉知的特性。他说：“心虚而神明栖之，故灵，名其灵曰‘知’……心则官则思，用其知也。”[④]南宋张栻也主张：心内是空的，有空则有容，则能感应、接纳事物，进而才能发挥其觉知本性。他说：“心本虚，理则实，应事物。”[⑤]

不仅心及其神明、认知作用可用气解释，而且五官的五种认知作用也是如此。例如，可用气解释口为何能说话、眼睛为何能视物。左丘明早就认识到：“气在口为言，在目为明。”[⑥]有些人的口眼功能之所以异常，如口出狂言、眼有眩惑，也是由气所决定的。以口狂为例，“味入不精，不精则气佚，气佚则不和。于是乎有狂悖之言”[⑦]。眼的毛病也是由气之不和造成的。[⑧]当然，五种知觉之出现既依于五种器官，又离不开五种心理机制。这五种心理机制分别存于五脏之中，如前面所述的，“心之神发乎目，则谓之视，肾之精发乎耳，则谓之听；脾之魂发乎鼻，则谓之臭；胆之魄发乎口，则谓之言”[⑨]。

中国心灵哲学也有对意向性的自然化。所谓意向性，也被称作语义性、心理表征或心理内容，指的是心理现象的能有意识、主动与外物发生关联的特性。其最神奇之处是，任何物理事物都不可能与非存在对象（如方的圆、独角兽等）发

---

① [明]罗钦顺：《困知记》卷上。
② [明]罗钦顺：《困知记》续卷上。
③ [明]罗钦顺：《困知记》卷上。
④ [明]方以智：《东西均・译诸名》。
⑤ [南宋]张栻：《张栻集（二）》，岳麓书社 2010 年版，第 834 页。
⑥《国语・周语下》。
⑦《国语・周语下》。
⑧《国语・周语下》。
⑨ [明]周汝登：《周汝登集（中）》，张梦新、张卫中点校，浙江古籍出版社 2015 年版，第 607 页。

生关系，而人的心理能建立与它们的关系，如能思考它们。对意向性进行自然化是西方当代心灵哲学最热闹的课题。之所以如此，是因为这是心灵自然化的最大难题，也可以说，意向性好像有拒绝、抵制自然化的一面。中国表示意向性、心理表征的概念有多个，如意、念、志等。以念为例，其是典型的意向性的形式，因为所谓念，即指当下的心中有东西呈现或显现出来，它们就在当下心的面前，其定义是“今心为念”。用西方的话说，就是心中有内容、有表征，而内容、表征是意向性的同义词。中国哲学家仍用气来解释这种现象，即认为它是由心的“余气”造成的。心学家刘宗周说：“盖心之余气也。余气也者，动气也，动而远乎天，故念起念灭，为厥心病，还为意病。”①

中国心灵哲学的自然化还推广到了西方人不曾注意到的领域，如对贤愚、凡圣、福祸等进行自然化。这些类似于气质、性格等的整体性现象尽管不一定是纯粹的心理现象，但显然包含有心理的构成，因此其有无存在地位、能否被理智殿堂接纳，是值得一辩的。正是看到了这一点，中国也将它们纳入了自然化的视野。其一般操作是，根据气等范畴对之做合理化说明。

先看人的愚智、凡圣特点。人要么成凡、愚蠢，要么成圣、有智慧。人的这些特点是什么？为什么是这样的？元代许衡（1209—1281）说：“受生之初，所禀之气有清者，有浊者，有美者，有恶者。得其清者则为智，得其浊者则为愚；得其美著（者）则为贤，得其恶者则为不肖；若得全清全美，则为大智大贤，其明德全不昧也，身虽与常人一般，其心中明德与天地同体，其所为便与天地合。若全浊全恶，则为大愚、大不肖，其明德全昧，虽有人之形貌，其心中堵塞，与禽兽一般……若清而不美，则为人有智而不肖。若美而不清，则为人好善而不明……清美之气所得的分数，便是明德存得的分数。浊恶所得的分数，便是明德堵塞了的分数。”②按照这一模式，许衡还用气解释了贫富、贵贱、祸福等。他说：“贫富、贵贱、死生、修短、祸福，禀于气，是气禀之命，一定而不可易者也。”③

这一自然化方式在王充的《论衡》中被使用得也很突出，他认为，人的美丑也由禀气所决定。因为人“受气时，母不谨慎，心妄、虑邪，则子长大狂悖不善，

① [明清之际]黄宗羲：《明儒学案（下）》，沈芝盈点校，中华书局2008年版，第1525页。
② [元]许衡：《许鲁斋集·答丞相问大学明明德》。
③ [元]许衡：《语录下》，《鲁斋遗书》卷2。

形体丑恶”[①]。气与人的强弱、寿夭也有关。例如，“夫禀气渥则其体强，体强则其命长，气薄则其体弱，体弱则命短”[②]；“至德纯渥之人，禀天气多，故能则天，自然无为。禀气薄少，不遵道德，不似天地，故曰不肖”[③]。

性、命、情也是中国心灵自然化的独有课题。先看性。这是西方汉学家讨论得较多的一个话题。这里的性，当然有两种情况。根据对性的生物自然主义理解，性本身就是一种基本的自然现象，因此用不着自然化。如果把性理解为一种心理现象，那么便有必要对之自然化。美国汉学家华霭仁（Irene Bloom）认为，性是生物学、遗传学上的特质，如果性就是道德心灵的本质，那么道德心灵也是生物学的。[④]根据这一思路，他对孟子的人性论进行了新解读，认为孟子人性论的意图是用更宽泛的生物主义取代老子的狭隘生物主义，如主张人的生物特征包含了道德心的本能。格雷厄姆（A. Grahman）认为，中文的性有共性和个性之别，西方人所说的 nature 也是如此，既可指一切事物所共有的本性，又可指子类的性，如人性、物性等。另外，从存在上说，性与生有密切关系，因而两词在词源上有渊源关系。根据孟子等人的观点，生之谓性。[⑤]既然如此，性是一产生就有的东西。[⑥]

有人认为，孟子所说的性的意义不能一概而论。因为其在不同用法中有不同意义。仅《左传·昭公二十五年》中的几个“性”字就有多种不同的用法。例如，“则天之明，因地之性，生其六气，用其五行……淫则昏乱，民失其性。哀乐不失，乃能协于天地之性，是以长久”。根据格雷厄姆的看法，性，可以用“趋向、方向、途径、规范、可能性等大约我们所中意的词语”来予以解释。[⑦]徐复观、张岱年等早已注意到：“不同的人所说的性”意味着非常不同的东西。这一点更容易为以分析语言及意义见长的西方哲学所认可。张岱年认为，性有三种主要用法：第一，指生而自然、不学而能、非由于习的性质（荀子、老子等的观点）；

---

① [东汉]王充：《论衡·命义》。
② [东汉]王充：《论衡·气寿》。
③ [东汉]王充：《论衡·自然》。
④ [美]江文思、安乐哲编：《孟子心性之学》，梁溪译，社会科学文献出版社 2005 年版，第 236 页。
⑤《孟子·告子上》。
⑥ [英]格雷厄姆：《孟子人性理论的背景》，载[美]江文思、安乐哲编：《孟子心性之学》，社会科学文献出版社 2005 年版，第 12-13 页。
⑦ [英]格雷厄姆：《孟子人性理论的背景》，载[美]江文思、安乐哲编：《孟子心性之学》，社会科学文献出版社 2005 年版，第 22 页。

第二，人生所禀受的宇宙之性（新儒家的观点）；第三，人之所以为人的东西（孟子的观点）。安乐哲也强调，在对性进行说明之前，先要弄明白自己所要解释的性是什么。①

中国古代心灵哲学早就开始了对性的自然化历程。他们要自然化的性当然是天所授的但又是人的后天的东西之基础的性。一般而言，即使把性看作是一种心理现象，也可根据气来说明它的形成、存在和作用。王充认为，性完全由气所决定。有无性、性的具体内容是什么，全由气的组合所决定，如“禀气有厚薄，故性有善恶”②。贤愚之性也是如此，“气有少多，故性有贤愚”③。王充还认为，性的确是天生的，但不一定纯善，因为是善是恶是由气决定的。“性本自然，善恶有质”，性像“面色或白或黑、身形或长或短，至老极死，不可变易，天性然也”。④《吕氏春秋》认为，性即生，或由天所授，生而自有。“生，性也。”⑤张载用他所认定的本原，即太虚与气，对性做了这样的说明：“合虚与气，有性之名。”⑥由于性有气质之性与天地之性两种，因此具体的说明就必须区别对待，后者即生而即有、纯粹善的性，前者指气成形后由特定形体具有的性，它不同于攻取之性，主要指刚柔缓急等禀性。尽管有这样的区别，但仍可用气来说明。他说：“湛一，气之本。”⑦湛一之性是太虚之气的本性。由于它也进入了人体，因此人有仁、义、礼、智等性。气还有“攻取”的属性。由于人也禀有此性，因此人有饮食男女等自然属性。“攻取，气之欲，口腹于饮食，鼻舌于臭味，皆攻取之性也。”⑧

根据中国的气一元论，人之所以有喜怒之类的情感，都是由气所决定的。因为人是气的聚合体。气的一定的搭配、状态使人有言语能力，人的具体的言语表现，如口出狂言，也由气的特殊构型所决定。其他能力、活动可以此类推。《国语》早就注意到：“气在口为言，在目为明……若视听不和，而有震眩，则味入

① [美]安乐哲：《孟子的人性概念》，载[美]江文思、安乐哲编：《孟子心性之学》，社会科学文献出版社 2005 年版，第 89 页。
② [东汉]王充《论衡·率性》。
③ [东汉]王充《论衡·率性》。
④ [东汉]王充《论衡·本性》。
⑤《吕氏春秋·知分》。
⑥ [北宋]张载：《张载集》，章锡琛点校，中华书局 1978 年版，第 9 页。
⑦ [北宋]张载：《张载集》，章锡琛点校，中华书局 1978 年版，第 324 页。
⑧ [北宋]张载：《张载集》，章锡琛点校，中华书局 1978 年版，第 324 页。

不精，不精则气佚，气佚则不和。于是乎有狂悖之言。”认知也是如此，气和则耳聪目明，气失则耳震目眩。快乐心境也离不开气，如心气平和、耳纳和声、口出美言，人就会有好的心情。[①]

心学家刘宗周认为，喜、怒、哀、乐等皆为气的表现。他说：“一气流行，自喜而乐，自乐而怒，自怒而哀，自哀而复喜……故寂然不动之中，四气实相为循环，而感受遂通之际，四气又迭以时出，即喜怒哀乐之中各有喜怒哀乐焉。”[②]“人有四气，喜怒哀乐，中和出焉。”[③]

根据王充的概述，董仲舒的《春秋繁露》中有这样的思想（今本《春秋繁露》无此内容，因为该书佚失的内容很多）：“天之大经，一阴一阳，人之大经，一情一性。性生于阳，情生于阴。阴气鄙，阳气仁。日性善者，是见其阳也，谓恶者，是见其阴者也。”[④]生于阳的性有善质；生于阴的性有恶质，生于阴的性即情。《孝经纬钩命诀》曰：“情生于阴，欲以时念也；性生于阳，以就理也。阳气者仁，阴气者贪。故情有利欲，性有仁也。”[⑤]《白虎通义·情性》的看法也是这样：“性者阳之施，情者，阴之化也。人禀阴阳气而生，故内怀五性六情。”[⑥]

命运是人世间最难解的现象。王充以禀气的多少来说明命的吉与凶，而对于人的性善、性恶之别，王充便用气的厚薄予以说明。“禀气有厚泊，故性有善恶也……禀之泊少，故其操行不及善人……气有少多，故性有贤愚。”[⑦]由于禀气不同，而气有形体性的一面，因此人之禀气的多少、厚薄在形体骨相上都一定有其表现。就此而言，骨相、面相都有其道理。王充相信有“命”，此命是决定人寿夭、祸福的东西。他说：“凡人遇偶及遭累害，皆由命也。有死生寿夭之命，亦有贵贱贫富之命。自王公逮庶人，圣贤及下愚，凡有首目之类，含血之属，莫不有命。”“故贵贱在命，不在智愚；贫富在禄，不在顽慧。”[⑧]但命又不是神的意志，不是超自然力量，而是自然的规律，由气所决定。他说：“人禀元气于

① 《国语·周语下》。
② [明]刘宗周：《学言中》，第三卷，第372页。
③ [明清之际]黄宗羲：《明儒学案（下）》，沈芝盈点校，中华书局2008年版，第1588页。
④ [东汉]王充：《论衡·本性》。
⑤ 转引自[东汉]班固：《白虎通义·情性》。
⑥ [东汉]班固：《白虎通义·情性》。
⑦ [东汉]王充：《论衡·率性》。
⑧ [东汉]王充：《论衡·命禄》。

天，各受寿夭之命，以立长短之形。”[①]气组合方式不同，便有不同的性。性一经确定，命也随之确定了，此即“用气为性，性成命定”。

人有什么样的性与命，是由气决定的，故可说“性命在本”。就命的寿夭来说，“禀得坚强之性，则气渥厚而体坚强，坚强则寿命长……禀性软弱者，气少泊而性羸窳，羸窳则寿命短……故言有命，命则性也”[②]。当然，性与命也有不一致的地方，例如，性善的人也可命凶，反之，也有性恶而命吉的。人的性、命都有正、随、遭三种情况。“正者，禀五常之性也”[③]，即禀仁、义、礼、智、信这五常的本性是正常的本性；随性是指随父母而来或由遗传决定的性；遭性即指在初禀气时，遭到恶物凶象，于是有了凶险之性。命也有如上三种，它们也都是由三种不同的力量决定的。例如，遭命就是由于在初结胎时碰到了凶险的事情，如“妊妇食兔，子生缺唇”[④]。

中国心灵哲学认为，人的起源、人的不同于非人的特点以及寿夭等都可用气等基本概念来说明。就人之生成来说，性像程序一样，决定了人的结构、特点，而气像材料一样，决定了人的构成、质材上的特点。另外，在人的生成中，天、父母都奉献了其资源，因此人是多因素合力的产物。王夫之说：“由其（五阴、阴阳）资以厚人之生，则取其精以养形，凝乎形而以成性者在是矣。成乎质者，才之所由生也；辅乎气者，情之所由发也；充气而生神者，性之所由定也。”[⑤]天和父母的作用也不能忽视，如“有生之初，受于天者，其刚柔融结之神，受于父母者亦取精用物之化也。得其粹则正，不足于一而枵，有余于一而溢，则不正”[⑥]。

《文始真经》认为，就像果子有核一样，一定有水、火、土的结合。同理，人或“我”也是这样，也必须有水、火、土之类的东西。在人身上，精为水，神为火，意为土。当然，三者的结合不是简单相加，而是基于某种“基础”或“根”的统一作用，才成为整体的。精、神、意也是这样，“本不交”即不相交，没有关联，“惟人以根合之”[⑦]。

---

① [东汉]王充：《论衡·无形》。
② [东汉]王充：《论衡·命义》。
③ [东汉]王充：《论衡·命义》。
④ [东汉]王充：《论衡·命义》。
⑤ [明清之际]王夫之：《尚书引义》，中华书局1976年版，第113页。
⑥ [明清之际]王夫之：《尚书引义》，中华书局1976年版，第113页。
⑦《文始真经·四符》。

荀子认为，人之所以与其他事物有同有异，这是由气等多种参数决定的。人与水火、草木、禽兽共同的是都有气，不同在于“水火有气而无生，草木有生而无知，禽兽有知而无义，人有气、有生、有知亦且有义，故最为天下贵”[①]。

《淮南子》认为，人之所以不同于物，是因为人得的是气中的精华，而非由烦气、杂气所成。他说“烦气为虫”，意为虫由杂乱之气所生，而人之所以为人，是因为构成人的是精气，故说：“精气为人。”[②]

张载也用气解释了人与物的差别，解释了人的愚智差别。他说：“凡物莫不有是性，由通蔽开塞，所以有人物之别，由蔽有厚薄，故有智愚之别。”[③]二程认为，人与非人都有心，但由于得气的正偏不同，因此人心与非人心便有不同。“天地之间，非独人为至灵。自家心便是草木鸟兽之心也，但人受天地之中以生尔。人与物，但气有偏正耳，独阴不成，独阳不生。得阴阳之偏者为鸟兽草木夷狄，受正气者人也。”[④]根据理学的看法，人不同于非人，主要表现在人有灵性，而灵性不是神意所使然，而是大自然的塑造。“天地储精，得五行之秀者为人。其本也真而静，其未发也五性具焉，曰仁义礼智信。”[⑤]

自然、社会运行的状况也都由气所决定，正常的运转即气运行有序，反之，就是气失其序。例如，周幽王二年，西周三川发生大地震，《国语》对此的解释是“阳伏而不能出，阴迫而不能蒸，于是有地震。”同理，国乱、民反也与气有关。“夫天地之气，不失其序；若过其序，民乱之也。”[⑥]

---

①《荀子·王制》。
②［西汉］刘安：《淮南子·精神训》。
③［北宋］张载：《张载集》，章锡琛点校，中华书局1978年版，第374页。
④［北宋］程颐、程颢：《二程集（上）》，王孝鱼点校，中华书局2004年版，第4页。
⑤［明清之际］黄宗羲：《宋元学案（一）》，陈金生、梁运华点校，中华书局1986年版，第642页。
⑥《国语·周语上》。

第二篇

求真性心灵哲学

西方心灵哲学在探究心灵时，受其科学精神的影响，更为关注的是对心灵的体的方面的研究，如心灵的本质、结构、奥秘之类的问题。为了把它与侧重于研究心灵之妙用的价值性心灵哲学区别开来，我们不妨把它称作事实性或求真性心灵哲学。中国心灵哲学较发达的是价值性心灵哲学，但在求真性心灵哲学探讨中也有自己的宝贵建树，其表现是，它不仅建立了许多内容广泛而深刻的灵魂学说，获得了关于灵魂的构成、灵魂与身体的关系以及关于人的复杂构成（魂、魄、形、气、性等）及本质的大量事实性、求真性认识，而且还建立和发展了一种特殊形式的心灵哲学，即以心灵之“性”“理”为对象的心性学。另外，中国心灵哲学还就意向性、性情关系、性命关系、有我无我问题、心理现象的范围及标准等问题做了大量的深入探讨。本篇的任务就是考释这种心灵哲学。

第四章

心理语言的语义学与心理的“地理大发现”

根据认识本质的方法论，要认识某类对象的本质：一是要借助相应的方法做地基清理，弄清有待认识的对象的性质特点；二是必须遵循从个别到一般的认识路线，即首先弄清其全部个例及其本质，然后再过渡到对整体对象及其一般本质的把握。在认识心的本质时，无疑也应如此。肯定不能一上场就直接去回答“心是什么”，而必须把考察尽可能多的个例、样式，弄清心理现象的范围、地图作为前提性的工作。因为对个别的认识越多、越全面，对本质的认识便越可靠。另外，心理的范围有多大、心理与非心理的界限如何划定，也是心灵哲学的有意义的问题。如前所述，中国古人在创造和使用心理语言时，涉及了大量的心理样式和个例，其中许多是西方心灵哲学没有注意到的，就此而言，中国心灵哲学关注的范围有大于西方的认识的一面。由此所决定，中国心灵哲学对心理划界及其标准以及对心理本质的认识也必然有别于西方。为了更好地描述和剖析中国心灵哲学关于心理本质的理论，本章将着力探讨中国心灵哲学对心理个例、范围、地理学等所做的创造性工作。由于这主要体现在中国的心理语言的语义学之中，因此我们的探讨就从这里入手。

第一节　描述心理学与心理语言的语义学

有这样一种对心灵哲学的理解，即认为心灵哲学应做的工作主要是对心理现象做出如实的描述。例如，“对人的心理状态与属性”做出描述，“像处在这些状态之中和具有这些属性的人体验到它们那样时描述它们”。[①]这样做的目的就是要把握“现象的本质”，更好地“解决心理状态和属性引起的哲学上的困惑，以便由此更好地理解……人”[②]。这是不无道理的。因为不管人们对心灵哲学的理解多么不同，但有一点是一致的，即都承认心灵哲学的一个根本性任务是要在弄清心理的本体论地位的基础上揭示心理的本质。而根据本质认识的方法论，要认识一个对象的本质，必须首先查明这类对象的“家底”，尽可能像人口普查一样，查明其全部个例，也可以说，应像地理学、地质学对地理的板块、构造、资源的考察一样，尽可能通过调查，弄清地理的全部成员及其结构图景。只有这样，才可能揭示该对象的本质。而要查清全部个例、样式，就要做描述心理学研究。这一研究的另一意义是可附带为解决心理的范围和界限、心理与非心理区分的标准这一类心灵哲学问题做出贡献。在西方，关注这类心灵哲学的人和学派很多，例如，布伦塔诺式的描述心理学，胡塞尔和存在主义者的现象学，甚至维特根斯坦的《哲学研究》也有这种心灵哲学。

中国也有这种类型的心灵哲学，它们主要存在于心理语词的创造者的命名活动、过程尤其是所造的文字之中。因为中国表述心理现象的每一个字都是一幅绝妙的图画，都从特定方面描述了人们所认识到的对应实在的相状、性质、作用和特点等，都表达了造字和用字的人关于某一具体心理样式或个例的结构图景乃至运动论、动力学的看法，因此可看作是他们所持的心灵哲学的组成部分。例如，先秦表示“仁”的词是“㤻”，描写的是一种心理内容，即心理总是想着自己和他人的身，因此以形象的方式刻画了有仁心时的心理结构图景。用西方心灵哲学的话说，这就是一种命题态度，即心对身的仁慈的态度。郭沫若说：“古称㤻字

---

① [美]齐硕姆：《心身问题、描述心理学与心理物理学问题》，载高新民、储昭华编：《心灵哲学》，高新民、储昭华译，商务印书馆2002年版，第6页。

② [美]齐硕姆：《心身问题、描述心理学与心理物理学问题》，载高新民、储昭华编：《心灵哲学》，高新民、储昭华译，商务印书馆2002年版，第6页。

乃仁字之异。仁古或作忎，从心千声，息则从心身声，字例相同，可以互证。”[①]十分有意思的是，尽管中国没有使用西方心灵哲学常说的“命题态度”一词，但很大一部分心理语词描述的就是命题态度，其中每一个在本质上都是一种命题态度，如“患”“惑”“怒”（有欲望、心中有所好）等。我们不妨对汉字的这方面的特点和优势略做分析。

第一，汉字尽管是非表音性的文字，不必与发音相关，甚至可称作“耳聋者创造的”文字，但它非常奇妙和独特，因为它里面沉淀着古人的智慧和科学文化知识。正是基于此，后世的古文字学家、科技史专家才能通过剖析古汉字揭示古人对世界的认识及所达到的水平，例如，通过分析“桑”字可以知道商代关于种桑、养蚕等方面的情况与知识。[②]不仅如此，它对于我们揭示古人的哲学观念的形成和状况也同样具有不可多得的价值。因为它的独特的理念基础、创制原则和方法使它成了一种载荷语言创造和使用者的哲学观念的最合适的载体。莱布尼茨说：“汉字也许更具有哲学特点并且似乎基于更多的理性考虑，它是由数、秩序和关系决定的。”[③]索绪尔也说：“对汉人来说，表意字和口说的词都是观念的符号。”在他们看来，文字就是第二语言，即“语言的语言，符号的符号”。基于这一点，我们通过考察汉文字中的心理词汇就可窥探其创造者和使用者的内心世界即“心灵印记”[④]，追溯文字中所隐藏的“哲学”与“理性”。

第二，它的“原生态”保存得最为完好，几千年没有大的变化，尤其是其中的心理语言与物理语言的血缘关系，当然还有派生义、派生词与原意、原词的血缘关系仍清晰可见。

第三，它作为表意文字对于我们追溯远古有关思想的起源与演变来说，却是难得的活化石。因为它有其他语言所没有的特点，如它的视觉形象、形体结构与它的意义十分和谐地统一在一起，它以形表意，即通过笔画、字形及结构变化来表达意义，如索绪尔所说的，它摆脱具体对象、感性显现而表达“心灵印记”，因而是观念的“活的显现”。这些正好有助于我们完成我们预定的计划，即通过考察古文字的起源演变来揭示古代哲人对心理的认识和构想。参与造字的人中尽

① 郭沫若：《金文丛考（二）》，人民出版社 1954 年版，第 216 页。
② 戴吾三：《汉字中的古代科技》，百花文艺出版社 2004 年版，前言。
③ 转引自[法]德里达：《论文字学》，汪堂家译，上海译文出版社 1999 年版，第 115-116 页。
④ [瑞士]索绪尔：《普通语言学教程》，高名凯译，商务印书馆 1985 年版，第 101 页。

管很多没有青史留名，但由于他们是他们时代最有学问的人，且掌管着特殊的权力，因此他们的认识代表的是他们时代的最高思想成就。就他们所造的心理语词来说，他们通过创造这些字和词表达了他们在确认了有关心理的本体论地位之后所形成的对它们的结构图景、性质特点等的认识或构想。因此透过表述心理现象的字和词，我们可以看出中国古人的心灵哲学。王力先生说："象形字凭它们所象的形（家、鳥），指事字凭它们所指的事（本、末），会意字凭它们所会的意（休、斩），都让我们知道某些词的原始意义（本义）。形声字一边是形，一边是声，它们不但能让我们知道原始意义，而且也让我们知道原始语言的大概。至于假借字，就更能打破字形的束缚，追溯到上古音近义逼的原始情况了。"[①]既然如此，我们通过分析汉字中的有关的心理语词的字形结构及其变化，考察它们与它们所表达的本义、派生义的关系，就有望探明古人创制心理语言时的真实动机以及所面临的困惑，如为什么要创制那些词汇，不创制而用原有的物理语言表达行不行，或者说他们是否碰到了真实存在的，而已有语言又无法表达的对象；此外，这种研究还有助于我们弄清古人在创制这些语言时关于心理世界的观念图景是什么，对所要表达的对象是怎样设想的，为什么要如此设想，从而真正建立起关于心理语言的"古生物学"。

顺着心理语言的"古生物学"研究往前推进，可过渡到心理语言的语义学这一心灵哲学的又一研究领域。所谓心理语义学研究就是研究日常心理语词的语义学问题，即它们的意义与所指问题。这一研究将涉及的子问题有：①心理语词是怎样起源的？在最初的命名式上人们造出某种符号的动机、本意是什么？②心理语词与物理语词有何区别与联系？③关于心理现象的常识术语在什么地方获得它们的意义？④人们运用于他们自己和其他有意识的造物的那些心理语词的恰当的语词定义是什么？它们指称的是什么？或者说所指具有什么现象学特征与外部行为表现？人们是怎样构想这些指称的？人们心底持的是一种什么样的心灵哲学？

在心灵哲学中，研究心理语言的语义学问题是心灵哲学的逻辑起点。其内在机理在于：心理语言不是心理实在的直接的表达式或符号，而是一种间接的、

① 王力：《汉语史稿》，中华书局1980年版，第21页。

不明确的、极为模糊和朦胧的指谓，是在比喻、比附基础上产生的一种借喻，或者说是借助比喻、类推而产生的一种物理语言的类似物。我们知道，借喻是比喻的三种形式之一。而比喻一般有三个构成因素，即被喻体（本体）、喻媒和比喻词或媒介。借喻的特点是它说明对象时被喻体、比喻词均不出现，只用喻媒述说，如不说“割麦子”，而说“割尽黄云”。心理语言也是如此，至少大多数是这样的，所不同的是，它们不是出于审美上的追求，而是造字词人举行“命名式”时的无可奈何。因为其要述说的对象是内隐的，难以直接名状。有的对象甚至如闪电流星，稍纵即逝；有的则恍恍惚惚，似有似无；有的则如一团乱麻，没有头绪，无从把握。当人们想述说所碰到的这类现象时，尤其是在最初创立心理语词、为它们安立名字亦即举行克里普克（S．Kripke）等人所说的“命名式”[①]时，就不能像用“石块”之类的词去指称实在的石块那样有清楚分明的对应，而只能用别的较明确的描述物体、身体的行为、属性、状态等的词去比喻。例如，“明白”本来是指谓外部世界的状况和特点的词，移用过来就成了表示一种心理状态的词。从统计上看，多数表示心理的汉字都由表示心理的偏旁加上相应的物理语词所构成，如“忑”“忐”“慁”“怡”“懿”“薏”“意”等。

从语言起源的历史过程可知，人类在从动物进化出来的过程中，开始也像其他动物一样只能发出单音节的声音，后来由于交往的复杂化，单音节词转化为多音节词，并传递着打招呼、呼叫的信息。再后来，在劳动中，由于群体捕捉大动物、制造工具的需要，加上大脑特定区域的相应发展，语言逐渐复杂起来，开始有了表示物体的名称，进一步有了表示事物运动及状况特征的词。在进化过程中，又有了一定的内部心理活动及感受。但是它们看不见、摸不着，因而人们就造不出形象、贴切、逼真的词语去述说，加上人们把它们理解为“另一个我”的作为，于是借助内部活动与外部活动的类似性，便把物理语言转化成了心理语言。

从心理语言的内容来说，它与物理语言存在着明显的对应。首先，描述心理活动的词来自描述物理运动的词，如加工、选择、迟缓、快捷等。其次，心理既然有活动，那就一定有位置，于是稍作类推，就有了关于心理活动空间特性、方位的词，如心胸开阔、心胸狭隘、城府很深、内心深处、由浅入深、由表及里等。再次，描述心理状态方面的词，如心理平静、不平静等，描述性质特征方面的词，

① Kripke S. *Naming and Necessity.* Oxford: Basil Blackwell Publisher, 1980: 91-92.

如专注、分散、集中、清楚、模糊等，都来自对应的物理语言。最后，心理既然有活动，活动一定有其主体，那么便有了“心”“灵魂”等词。从中国的心理语义学来看，中国人对心理主体的认识不同于其他民族的看法表现在：一方面承认多种各有其特定功能的主体，如心、魂、魄、神等，甚至肝、肺等五脏也能作为心理主体起作用；另一方面相信它们有时可联合在一起产生一种心理现象，如恼怒等情感现象就既有心的作用，又有肝等的参与。

借喻式的心理语言一经产生，就不仅发挥着描述、传递信息的作用，而且僭越了自己的权限，形成了一种有再生力、创造力的东西，无意识地帮助了使用它的人们在心中构筑出一幅幅关于心理世界的结构图景。例如，人们在理解动词“思考”、对观念的“抽象”“分解组合”等时，自然会联想到人体对外物的加工改造。基于两者输入、输出过程的类似性，人们自然会从外物运动的状况、特性和主体类推出相应的东西。例如，根据外物的运动有空间特性，便想到心理有深浅、表里；外部加工有产物，人们便说思维也有其产物；外部加工有主体、材料，心理活动也是如此，主体就是自我或精神实体。根据这幅图画，借助心理语言、类推和联想所建立起来的心理世界图景是实在物理世界的复制品。它已积淀在人类的文化心理结构中，成了常识的心理观，以至一旦看到某一心理语词，人们就会在头脑中浮现出相应的有时空特性的形象的图像。当然，这里交织在一起的两个问题必须严格区别开来：一是心理语词创立时要表达的“实”是什么？二是如何构想这个“实”？由构想建立了什么样的心理图景？是将心理设想为小人式的实在，还是只把它们理解为大脑或身体的作用？等等。本章的任务不涉及第二类问题，只拟考释中国古代造字圣人所代表的中国心灵哲学通过创制心理语言涉及了哪些心理现象，即通过追溯心理语词创造和使用的历史过程来弄清中国心灵哲学对心理王国有哪些个例、样式的看法，以及对心理范围的看法，以为后面考察中国心灵哲学关于心理本质的理论做理论准备。

第二节　从汉字创制看古圣对心理地理学的认识

汉字作为视觉记号由于来自作为听觉记号的口语，因此一方面包含了原始人对心理现象的最古老的认识，另一方面又反映了文字在先秦时期产生时人们对心理现象的较发达的认识。

根据索绪尔的语言起源理论，语言作为一种人工记号，由作为形态的语言与作为内容的听觉映象两部分组成。形态是内容的载体，听觉映象是语音这一载体中的内容，语音是能指，听觉映象是所指，因此听觉记号包含能指和所指这样的二元结构。听觉记号是后来作为视觉记号的文字起源发展的基础。由于听觉记号有二重结构，因此后来形成的文字便有两种可能：一是只侧重于记录读音，如此形成的文字即为表音文字；二是侧重于记录听觉映象或语义内容，如此形成的文字即为表意文字。汉字是一种特殊的视觉记号，既包含有记录语音的一面，又重视用特定的手段再现听觉映象，因此既记录语音，又表意。

汉字是为记录汉民族的语音而创造的记号，如果说听觉记号即口语是语言的第一次创造的话，那么文字作为视觉记号则是语言的第二次人工创造。刘德秦说：“听觉记号本身是人类创造的产物，为听觉记号再创造一套视觉记号，是在第一次人工创造基础上的第二次人工创造，是再建一个有别于听觉记号的视觉记号体系。”①

汉字由于表音与表意兼具，因此具有纯粹的表音意字所不具有的优点。例如，只懂现代英语的人是读不懂四百年前的莎士比亚的原著的。因为如刘德秦所说的：“四百年前的语音与现在的语音相差悬殊，四百年前的书写形态也因此与今天的书写形态相差极大。”“但是作为视觉记号的汉字与它所指示的听觉记号的内容，不会随着语音的改变而改变，两者互为依据，存在相关关系，固定对应数千年，超然于语言的变化之外。”②再一优点是汉字的字形反映了字义。因为汉字是形态，音义的组合是内容。“中国自古以来的形、音、义的排序，正反映出了中国人的‘视觉记号出现之后才有听觉记号附着’的认识。”③这也就是说，视觉记号与其指示的内容之间存在着透明的关系，这便使人们透过字形研究字义成为可能。

就汉字的具体起源时间及过程而言，尽管现在无根据做出准确的断言，但可

① 刘德秦：《汉字造字新解》，江西人民出版社 2004 年版，第 10 页。
② 刘德秦：《汉字造字新解》，江西人民出版社 2004 年版，第 13 页。
③ 刘德秦：《汉字造字新解》，江西人民出版社 2004 年版，第 14 页。

做出大致的推断。根据考古学材料，汉字发明于大汶口文化早期。所谓的大汶口文化是指新石器时代文化，因山东省泰安市大汶口遗址而得名。据放射性碳素断代并校正后得到的数据，大汶口文化年代距今6300～4500年，延续时间约为2000年左右。裘锡圭先生认为，现在所知的是最早的文字是商代后期（前14～前11世纪）的甲骨文和金文，它们是能完整记录语言的汉字。他说："原始汉字的出现大概不会晚于公元前第三千年中期……汉字大概就是在这样的基础上，在夏商之际（约在前17世纪前后）形成的完整的文字体系。"①

文字的创制在原始时代是自发的，到了阶级社会后，文字由"特权者"、专家，如巫史官（传说中造字的仓颉就是黄帝的史官），所创制和掌握。鲁迅说："文字在人民中间萌芽，后来却一定为特权者所收揽。"②

汉字的特殊性、优越性为我们研究中国古代心灵哲学尤其是古人对心理个例、样式、范围、界限以及心理地理学的认识提供了有利的资源和途径。因为汉字的创制尽管离不开广大民众的实践及智慧，但文字的具体创造或"总结"毕竟是由专职的史官、巫师或"专家"或"圣人"完成的。而圣人造字的原则是为有立名，无则不立。具言之，有其名一般有其所指。正是因为造字圣人在认识世界时碰到或发现了已有文字无法表述的对象，圣人才有了安立新的名字或举行新的"命名式"的需要和动力。当然，未被立名的不一定不存在，因为存在着不能命名的东西，如"道"就是如此，对这类对象就只能通过"不言之言"去把握。但这样的情况毕竟是少数。一般的情况是，只要认识到了已有文字无法表述的对象，圣人就一定会为之安立名称。因此反过来，一般而言，有其名便一定会有对应的实。《管子》说："物固有形，形固有名，名当（命名恰当）谓圣人。"③意为圣人之所以为圣人，是因为他们能根据实际存在的对象恰当地为之命名。为有安名，无则不名。淮南王刘安说："言以绎理，理为言本。名以订实，实为名源。有理无言，则理不可明。有实无名，则实不可辨。"④由于实为名源，因此只要诚实说出的名言，一定有其对应的实。由此所决定，名便有辨实的作用。当然有

① 裘锡圭：《文字学概论》，商务印书馆2004年版，第27页。
② 瑞峰主编：《鲁迅作品选（一）》，中央民族大学出版社2005年版，第211页。
③《管子·心术上》。
④［唐］袁孝政注：《刘子》，载胡道静、陈莲笙、陈耀庭选辑：《道藏要籍选刊（五）》，上海古籍出版社1989年版，第861页。

时也有其害。如不正确地加以制定和使用，便会害义，此即“以名害义”①。

心理语言是如何创立的呢？要回答这一问题，有必要先探讨表示物理事物（山、河、水、火等）的物理语言是怎样被创立的。因为如前所述，从发生顺序和根据来说，心理语言不仅晚于物理语言，而且其创立是以物理语言为基础的，许多还是由之类推或转化而来的。

尽管把“六书”作为“造字之本”在学界有争论，但有根据说，大多数汉字是用其中的一种方法创制出来的。“六书说”最先出现在《周礼》中。《周礼·地官·保氏》曰：“养国子以道，乃教之以六艺，一曰五礼，二曰六乐，三曰五射，四曰五驭，五曰六书，六曰九数。”这里所说的六书即象形、会意、转注、处事、假借、谐声六种造字的原则及方法。《汉书·艺文志》说：六书“谓象形、象事、象意、象声、转注、假借，造字之本也”。汉代对六书有三种不同的解释：班固认为，六书即象形、象事、象意、象声、转注、假借；郑众认为是指象形、会意、转注、处事、假借、谐声；许慎认为它包括指事、象形、形声、会意、转注、假借。一种观点认为，创立文字的鼻祖是黄帝的史官仓颉，而仓颉造字的总法是相生为字。六书造字的总法也是“相生”。所谓相生即“五步相生”的造字程序。陈文敏说：“仓颉造字的总法是先按照事物的形象画出‘文’，然后用‘文’来滋生‘字’。”②简言之，相生，即“以文生字”。或者说，“相生”就是由更原始的字派生而来的，例如，指事字是通过在象形字的特定部位施加指事之点从而表达抽象之义的。这是五步相生的第一部。再如，一个转注字背后，必须隐藏着相生它的转注链，甚至代表着由这条转注链相生出来的转注树已经存在。转注字是后起字，是在一系列文字产生之后产生的。③

综合的观点认为，成熟的表意文字有其创造的客观规律，那就是采用拼合的方法，根据不同情况选用不同的造字方法。刘德秦说：各种表意文字都“‘不约而同’地采用‘画成其物’的手法创造最初的视觉记号，然后采用‘拼合’的方法，将对听觉映象摹写的类似视觉记号重新排列组合，创造出‘会意’或‘形声’

① [唐]袁孝政注：《刘子》，载胡道静、陈莲笙、陈耀庭选辑：《道藏要籍选刊（五）》，上海古籍出版社 1989 年版，第 864 页。
② 陈文敏：《汉字起源与发展》，上海古籍出版社 2007 年版，第 21 页。
③ 陈文敏：《汉字起源与发展》，上海古籍出版社 2007 年版，第 13 页。

结构的合体字”[①]。

汉字由于有通过字形反映字义的特点，因此物理语言在创造时便有其模拟根据，那就是“近取诸身，远取诸物”，即根据自然万事万物的形象“随体诘诎”“画成其物”。具言之，物理语言的造字根据分别是或取象于人体，或取象于动物，或取象于植物，或取象于人工制品，或取象于天地自然，或取象于其他事物。例如，“气”所画的是云气的形象，取象的就是自然事物及其状态。在许多字典中，“心”与“忄”被看作同一字素的两种不同写法。据说，它是404个字素中，构字能力仅次于10个高频字素的56个字素中的一个。[②]李圃先生说：“汉字的字素是构成汉字的结构要素，是汉字中形与音、义相统一的最小造字单位。”[③]字素有两类：一是有独立构字功能的字素，如“心”“耳”等；二是无独立构字功能的字素，如“忄”“阝”等。字素的功能指字素在构成合体时所取的表意或声的功能。其常用功能有两个，即要么表意，要么表声。

再来看心理语词的创造过程。如本书第二章所述，它们主要是通过三个途径从物理语言转化而来的。途径之一是直接从物理语言和别的语言通过借喻的方式转化而来。例如，“精神”的“精”在开始是相对于“粗”而言的，据《说文解字》，它“从米从青”，合在一起指粮食中的精细部分。后来，由于人们看到心理现象不可能从一般的物体中产生，于是便把“精”转化成了一个表示心理主体的词。途径之二是用偏旁部首“心”与另一些字或部首组成心理语词，如“意”“忐”等。“心”以外的部首有的起注音作用，有的则有表意的作用。后者实质上也是一种借喻。因为这类词语的一部分如“忐忑”中的“上”“下”等都是从描述物理状态、属性的语词转化而来的。还有一些词中的另一部分则兼有注音和表意的作用，如“忠”“怒”“忽”等，因此它们在实质上也是借喻。途径之三是将“忄”与别的部首结合组成隐喻心理现象的新字。这些字中的另一半也像第二种情况一样，有些起注音作用，有些则借助外物的状态特性来比喻那些不可名状的内部的东西，如“忼”“忻”“忾”“愧”“恸”“怯”“怡”“惭”“恼”

① 刘德秦：《汉字造字新解》，江西人民出版社2004年版，第12页。
② 张再兴：《西周金文文字系统论》，华东师范大学出版社2004年版，第90-91页。
③ 李玲璞：《甲骨文文字学》，学林出版社1995年版，第9-10页。

等都是如此。尤其是“恼”“怡”更为典型，因为“囟”原为“㐫”，上为火苗之形相，下为脑袋，而“台”则指台子、基础，它们与“忄”合在一起，就以借喻的方式曲折、隐晦地指谓某种心理状态。当然，也有一类心理语词没有“心”的字素，但有心理的指示动能。例如“警”就是如此，当然，其在开始包含有“心”的偏旁，如被写作“憼”[①]。有时，由“言”这一字素也可合成心理语词，因为“言为心声”。例如，“谋”“警”等就是如此。[②]

还存在一种介于物理语言与心理语言之间的中性语言，例如，“言”“警”等尽管有时有心理语言的意义，但有时指的是非心非物、亦心亦物的现象。就“言”所指的由口所发出的声音自身来说，它是生理、物理现象，但另外，由于“言为心声”[③]，因此它又不是纯物理现象。谋、信、谟等都有类似特点。

汉字的心理语言还有这样一个特点，即它们在汉字的使用频率中居中间地位，既不是最常见字，又不是罕见字。根据张再兴的分类，汉字的出现频率可分为三等，即常见、次常见、罕见。而在每一等级中又有一级、二级、三级的区别。其字频规律在于：“字的应用频率越高，它们的平均笔画就越低”，反之，越高。[④]根据上述区分标准，“心”“念”“惠”“懋”等属三级常用字，而大量的心理语词则属罕见字。

如前所述，汉字的一个特点是，它有时不仅是一个词，而且是一个表述事件的句子、一幅图画、一个命题态度。既然如此，只要弄清了表示心理现象的汉字，就可弄清中国古代心灵哲学所认识到的主要的心理个例、样式及其心理地图。如果再进一步探讨由字合成的心理语词，那么就可把中国人所认识到的心理个例和样式基本梳理清楚，因为在大多数情况下，有其名必有其实，也就是说，多数心理语词的指称是真实的、有本体论地位的，指的是人们所认识到的心理王国的成员。当然，我们不否认这样两种情况：一是古人由于认识的限制，可能为不存在的心理安立了名字，如小人式的、人格化的“心”就是如此；二是存在着一实多名或同义词的情况，如表示同一意义的字可以是形符多体的[⑤]。当然，这里有这

① 张桂光：《古文字论集》，中华书局 2004 年版，第 36 页。
② 张桂光：《古文字论集》，中华书局 2004 年版，第 49 页。
③ 张桂光：《古文字论集》，中华书局 2004 年版，第 49 页。
④ 张再兴：《西周金文文字系统论》，华东师范大学出版社 2004 年版，第 6 页。
⑤ 张桂光：《古文字论集》，中华书局 2004 年版，第 60-68 页。

种情况，即不同字的指称是同一个，但观察角度不同，所记录的则是同一对象的不同侧面。而这不同的侧面从现象学上说可以看作是不同的事物。张桂光说：“同一事物，如果观察的角度不同，所得的印象就会有差异，记录这一印象的符号就会有区别。”[①]再者，有些典型的心理语言在使用时并不指示心理现象，如“意”有时就不是指意识的，而是作为“抑”的通假字使用。例如，上博 4 号简有“意（抑）其力故不能至焉乎”[②]。有时，许多心理语言在运用时完全没有心理的意义，指非心理现象，“心”一词的比喻性意义“核心”就是如此，如说：“民以君为心，君以民为体。”[③]这里的“心”有中心、支柱的意思。

由于表示心理的合成词难以统计，我们这里将主要考察表示心理的字，兼及少数合成词。我们不妨根据迄今收词最多的《汉语大字典》的汇编[④]，将它们展示出来，然后再予以分析和讨论。当然，在这个过程中，我们也会涉及一些古书对有关心理字词的运用，以说明先哲对心理实在的内在结构图景的构想。1988 年出版的《汉语大字典》，收 6 万多字，是目前收字最多的字典，因为它不仅将历代辞书中的字收括殆尽，而且还从古今著作中增收了部分单字。其中收录的带“心”字素的字约有 1400 个，加上许多从物理语言转化而来的字和不带“心”字素的字，总计表示心理的字可能在 1500 个以上。而由这些字与有关的字结合组成的词，如成语、短语、摹状词、短句等，则是难以计数的。下面按笔画数多少列举如下。

（1）一画：必忆忆。

（2）二画：忈忩忍忊忙忉忇忋。

（3）三画：志忑忥忒忐忎忌忎忩念忍发忘忖忌忌忞忍忓忏忓忓忏忖忕忕忪忓忔忡忕忛忔忔忣忙忙忔忚忛忛忛忛。

（4）四画：忎忝忢忑态忞忢忌忠忥忔忦忪念忷忿忿忌忽忞忞忞忞忮忮忱忮忱忱忮忮忮。

---

① 张桂光：《古文字论集》，中华书局 2004 年版，第 60 页。

② 陈伟：《新出楚简研读》，武汉大学出版社 2010 年版，第 253 页。

③《缁衣》，参阅李零：《上博楚简三篇校读记》，中国人民大学出版社 2007 年版，第 74 页。

④ 汉语大字典编辑委员会编：《汉语大字典（第 4 卷）》，四川辞书出版社、湖北辞书出版社 1986 年版，“检字表”，第 1-7 页。

（5）五画：恧怘忞恋思河悲点恳思思忌恩恚恙怎怴怤怠息他您恙忽怨急恳悲怒怨怼怠悉忢怽怔怯怕怈怙体怵怐怲怌怙怖怭怍怦怴怗怚怛怬怞怞怏怳恗恫恟性怢怍恃怕怑怪怜怟恂忪怠怉怖怘怭忪怴怩怫恨怫怏怺恉怓怊怩怿怿怪怡怀悔恸。

（6）六画：恝恚恐恐耻恭恶恶恶恁恴恴恧烈怒恖忲虑思患恦恩恧懎恩恁息恩恩念恕恙恕恋恴恣恙恙恙恧恳弦恚恸恶恕恕恇恜恸恎恃恄恅恭恾恒恢悚恓恹恑恗恢恑恢恷恡恔悦恍恑恛恫恦恬恸恷恬恀恤恟恜恠恮恊恰恱恎恗恎恡恔恦恑恗恎恫恹恙恡恢恑恔恡恗恮恠恳恋恍恇恨恘恔协恉恼恭。

（7）七画：悊悆壶悡悫恶悘悥悆悬悬悠患悓恩悡悔悗悠悠您悤悆悇悉狂悐悥悃悛悡悫悆悕悈悋悇悃悚悖悙悑悚悟悝悋悭悈悗悭悭悄悝悍悒悦悈悁悃悜悀悍悧悆悕悠悑悔悦悙悇悢悚悐悗悦悓悤悥悼悍悦悌悗悾悢悛悀悀悷悛悩茶。

（8）八画：惣惡惎惹惷惪惠惏惏惁惷惑惠惪惪悲惄惪惪惪帖惠惄惾惣惚惠惁惪惥惢惍惠惢惣惣惪惎惢惢惁惔惢惣惥惷惴惥悳惪惌惚惜惜惏惢惙惪惑惤惣惏惣惛惯惦惆惉惈惕惝惎惙惃惐惐惧惂惠惕惔惘惈惏惜惔惍惖惓惋惞惙惌惛惓惗惊惇惦惓惞惔惏惎惉惓惧惚悾惓惔惨惯。

（9）九画：惷惪意惪基基想勃感惪奄惪惪愚惪惪惪惪惪惪惪惪惪惪惪惪惪爱意惪惪慈惪惪。

（10）十画：愿愿惷慇愁愁愐能愻愨愳愬愷愱愫傲愫愯愩慎愩愽愫愿愰慨慆慆慥愹愭慊慊愧慏慆慕慑愪愩。

（11）十一画：慧惷愁感愁憨憂憞慤甜慟慙慜感慫慸慇慾慮憨憨慰慹慺慻慼慽慨慬慪慴慵慓慫慯慱慬慲慷慳慹慱慫慤慴慩慢慖慛慟慫慹慷慺慷慲慲慦慛慏慻慳慴。

（12）十二画：憙憩憝憖憗憠憡憩憑憝憊憘憧憉憈憓憘憕憓憓憛憛憭憦憯憒憚憮憍憔憔憣憐憖憕憣憬憎憣憪憪憪憕憚憞憰憥憦憢。

（13）十三画：慸懋愳濍慹懇憲慟憁應懯憤懞憷懌懅憷懵懶憾懀懢懆懙懀懓

懈懍懷憶懁懒憻憺憹懱。

（14）十四画：懕懇懇懣懥懗懤懨懦懜懠懝懭懬懡懚懧。

（15）十五画：懯懲懩懴懵懮懪懰懫懰懫。

（16）十六画：懳懷懶懹。

（17）十七画：懽懴懺懹。

（18）十八画：懿懾戄。

（19）十九画：戁戂戀。

（20）二十画：戄戃戅。

（21）二十一画：戇戇。

（22）二十四画：戇戆。

综观这些字的构成和表意方法，可做这样的分类：①表示外物的名词性的字+心，如忍、思等；②表示数量的字+心，如忈、忢、恓等；③表示空间关系、方位的字+心，如忐、忑、忠等；④表示人体行为的字+心，如慚等；⑤否定字+心，如悲、忽等；⑥表示事物时间关系的字+心，如恴、愁等；⑦表示身体器官或组成部分或身体状况的字+心，如恬等；⑧表示事物性质、状态的字+心，如怕、情等；⑨表示事物形体、存在方式的字+心，如怅、悃等；⑩表示外物运动的字+心，如惓等。

有充分的依据说，每一个表示心理现象的字及词实际上都是中国哲人在心理地理大发现中所发现的地理新大陆的记录，是认识心理王国时的认识之网的“网上纽结”，不仅记录了一个本体论的事实，而且对其结构图景甚至运动论、动力学做了具体的描述。由于这样的字词特别多，因此中国心灵哲学承诺了比西方要多得多的心理样式，其认识到的心理范围也大得多。其中尽管有一些是同义词，但大多都应有其特定所指。从历史分期看，其中的大多数词语在秦汉之前就出现了。例如，《尚书》是中国最早的记载远古历史的书，记载了虞、夏、商、周诸王的文告、谈话内容。《尚书·虞书》有谈心术、孝心的文字。《尚书·夏书》记录了舜与禹讨论用人问题的对话，例如，强调君王自己要安静心意，用人要用诚实有德的人。《诗经》是最早的诗歌总集，收集了西周初年至春秋中叶的诗歌，共 311 篇。其中大量使用了描述知、情、意的心理语言，例如，《诗经·小戎》

云：“言念君子，温其如玉，在其板屋，乱我心曲。”曲即里面、深处。[①]《诗经·出其东门》云：“出其东门，有女如云，虽则如云，匪我思存。缟衣綦巾，聊乐我员。”“员”一字有不同的解释：一解释为“云”（助词），二解释为“魂”或“神魂”。《诗经》中经常出现的心理语言还有：思、畏、爱、想、念、信、忌、戒（警惕、提防）、惠、悔等。例如，《子衿》说“悠悠我心”，意为深深忧思的是我的心。《甫田》云：“劳心忉忉”（白白操心忧戚戚），“无思远人，劳心怛怛”（白白操心焦急）。《葛屦》云：“维是褊心。”（只是心地狭窄）《杨之水》云：“云何不乐？”“云何其忧？”《有杕之杜》云：“中心好之。”（心里好喜欢他）《晨风》云：“忧心钦钦”（忧愁，心摇摆不定），“忧心如醉”（忧愁，心如酒醉）。《防有鹊巢》云：“心焉忉忉”（心里焦急苦恼），“心焉惕惕”（心里焦急烦闷）。如此等等。

《周易》产生于殷周之际，是一部占筮用书，但里面保存了远古先人关于自然现象、社会现象、心身现象的素朴认识，因此对于认识中国早期灵魂观念的内容、相状、特点，是有一定的作用的。中国古代巫术很发达，至少在殷商，就出现了以此为职业的人，如巫师，甚至还有巫吏结合的现象，即巫既承担巫的职能，同时又做吏官。在汉代，巫已被赋予神奇的色彩。先秦古籍《山海经》记载了大量关于巫和巫术的事实。正因为如此，在西方，巫术历来是历史学家剖析、认识原始文化及灵魂观念的重要依凭。[②]

中国心灵哲学认识到的心理样式多、心理范围大的又一表现是，表示心理能力之程度的词出现了，并极为发达，不仅大量地从物理语言中转化，如用表示物理属性的“大小”“高低”“优劣”等表示心理能力的相应属性，而且创造了新的心理词汇，例如，用“敏”“不敏”表示心理的能力的特点，如《战国策》齐王说“寡人不敏”[③]。

中国心灵哲学也注意到了心理内容这种现象，如“心”一词有时指的就是心理内容。《尚书》云：“公曰‘前人敷乃心’。”意为，周公说：武王曾坦露过

---

①《诗经白话译诠》，孙达译注，华中师范大学出版社 1994 年版，第 215 页。
② 张紫晨：《中国巫术》，上海三联书店 1990 年版，第 11 页。
③《齐策》，载《战国策》，宋韬译注，山西古籍出版社 2003 年版，第 88 页。

他的心思。[①]周公对筹划叛变的人说："尔心未爱。"意为你们心里没有驯顺之意。[②]"文王惟克厥宅心"，即文王能了解各人的具体心理特点，因此能知人善任。[③]从《汉语大字典》的收录来看，包含有"心"作为偏旁的字，如忐、忑、志、忠、忢、惓、忒、怘、㤢、息、态、恋、㦤、惪、恖等，它们表示的就是心中出现了有关的内容或状态，或指向了某对象。甚至可以说，它们以更为逼真的方式表现了今日西方心灵哲学研究得热火朝天的"心理内容"或意向性。每一个这样的字描述的就是一个心理内容，甚至是一个命题态度，即心对某对象、某命题的态度。

另外，还有综合性、涵盖面宽的心理语言，如才、智、情、知等经常可以被看到。《战国策》说："欲以一人之智。"[④]"周自知失九鼎，韩自知亡三川，则必将二国并力合谋。"[⑤]涵盖或介于心物二者之中的词也很多，如卑、傲、奢侈、危、禁等。

心理语言的类别反映的是人们对心理现象的类别的认识。中国古代的心灵哲学已有关于所有心理类别的认识。根据关于语言的整体论，个别心理语词是在整体语言框架中诞生的，因此只要弄清一个心理语词所隐含的心理意义，就可推知该词所出自的语言整体对心理图景的设想。根据这一认识，我们只需考察若干有代表性的心理语词，就可窥知中国心灵哲学最初的相貌。只要稍加考察就可发现：在中国的心理语言中，认知方面的词汇有很多，这又从一个侧面表明——人们已认识到了大量的认识现象。可以推定，在战国以前，五种感觉的名称就已经出现了，其表现一是分别为感知主体安了名字，如眼、耳、鼻、舌、身；二是为它们的功能、活动安了名，如看或视、听或闻、嗅、尝、触；三是为活动的结果安了名，如眼识、耳识、鼻识、舌识、触识等。对五官的异常情况也有认识及对应名称，如眼瞎、耳聋、舌弊耳聋等。[⑥]其他认知性心理语言也基本上齐备了，如观、察、知、思、虑、想等。《战国策》云："必无独知"，"独知之契也"，"使

① 《尚书·君奭》。
② 《尚书·多方》。
③ 《尚书·多政》。
④ 《秦策》，载《战国策》，宋韬译注，山西古籍出版社 2003 年版，第 30 页。
⑤ 《秦策》，载《战国策》，宋韬译注，山西古籍出版社 2003 年版，第 33 页。
⑥ 《秦策》，载《战国策》，宋韬译注，山西古籍出版社 2003 年版，第 25 页。

天下见之”。[①]“信”也作为表示认知活动和态度的词在使用，如说“天下来有信之者也”[②]。“观”“察”等词用得也很多，如说“无淫于观、于逸、于游”，意为不能沉溺于游览、安逸、游玩中。

中国心灵哲学认识得最多的心理现象是情绪。仅就《战国策》而言，它们出现的频率极高，如“秦兴师临周而求九鼎，周君患之”，“患”即忧患。由于齐国的干预，秦放弃了这个要求，但“齐将求九鼎，周君又患之”，颜率在出主意时说：“大王勿忧。”[③]再如，齐明对东周国君说“臣恐西周之与楚、韩宝”，恐即担心，担心把宝物给了楚国和韩国。[④]总之，表示常见情绪现象的词一应俱全，如“周君大悦”[⑤]“周君惧焉”[⑥]“道不拾遗，民不妄取，兵革强大，诸侯畏惧”[⑦]“状有愧色”[⑧]“寡人忿然，含怒日久”[⑨]，等等。

表示意动、意志的词也很多，例如，“欲”字用得很多，当然，它不是指欲望，而是“想”“试图”之意，相当于西方人所说的作为意动或意欲的意向性，如“君若欲害之”[⑩]。

按照心的表现方式，可把心分为活动或行为、过程、状态、事件、性质、主体等类型。在古代，表现这些心理的字词基本上都被创立齐全了：表示行为的有想、思等；表示过程的是只要在有关动词上加一定的副词或形容词就可组成相应的合成词，如“正在想”“一直在生气”等；表示状态的字词最多；表示西方人所说的感受性质或现象学性质的字词也大量出现了，如“感”，不仅说明心中有性质发生，而且以象征的方式表现了其特点。

由于中国人特别关心“治心”“制心”问题，而治心就是要克服有害心态，设法进入有利、有益的心态，因此中国心灵哲学特别关心对心理状态的扫描和分析。例如，经常涉及的有害的心态包括贪图安逸、荒宁、迷乱[⑪]；中性的心态有

---

①《西周策》，载《战国策》，宋韬译注，山西古籍出版社 2003 年版，第 19 页。
②《西周策》，载《战国策》，宋韬译注，山西古籍出版社 2003 年版，第 19 页。
③《东周策》，载《战国策》，宋韬译注，山西古籍出版社 2003 年版，第 2-3 页。
④《东周策》，载《战国策》，宋韬译注，山西古籍出版社 2003 年版，第 4 页。
⑤《西周策》，载《战国策》，宋韬译注，山西古籍出版社 2003 年版，第 15 页。
⑥《西周策》，载《战国策》，宋韬译注，山西古籍出版社 2003 年版，第 14 页。
⑦《秦国策》，载《战国策》，宋韬译注，山西古籍出版社 2003 年版，第 22 页。
⑧《秦国策》，载《战国策》，宋韬译注，山西古籍出版社 2003 年版，第 27 页。
⑨《秦国策》，载《战国策》，宋韬译注，山西古籍出版社 2003 年版，第 31 页。
⑩《东周策》，载《战国策》，宋韬译注，山西古籍出版社 2003 年版，第 5 页。
⑪《尚书·无逸》。

“厥心违怨”（百姓心里会对抗、抱怨）[①]；有利的心态包括开阔胸襟、“宽绰厥心”[②]。另外，严格要求自己的一些心理状态也涉及很多，例如，周公在描述殷王中宗时说：他“严恭寅（敬）畏，天命自度（衡量），治民祗惧（治民时谨慎小心），不敢荒（荒废政务）宁（安宁）”[③]，因此在位达 75 年之久。商朝后来的有些殷王就不是这样，而是“生则逸”，即生下来就贪图安逸，“惟耽乐之从”，即沉湎于享乐。《尚书》涉及的好的心理状态还有“克自抑畏”（克制自己，谨慎戒惧）、“文王卑服”、“顺从先王之德”、“微柔懿恭”[④]，以及善美、仁爱、恭敬，等等。

表示价值性心理态度的词也出现了，如“贵”“敬”“重”等，以及在其前加上了“不”“非”等反义词，如“非敬”。《老子》中经常使用“贵柔”“贵弱”等词。

当然，我们应注意到心理语词有变化的一面。例如，相对于现在，过去的心理语词既有多又有少的一面。多表现在许多语词现在不用了，如“諟”（诚）等就是如此，另外，许多带“忄”和“心”的字现在不用了。[⑤]再如，竹简中常用的“忎”，现在就废弃了。郭店楚简中的所有“仁”字（70 多处）都写作“忎”。其首见于战国的玺印文，多有“忠忎”之合称。一般认为，“忎”是“仁”字之异，或“仁”字的较早构形。根据《说文解字》，它是会意兼形声字，从心身声。当今学界对此有不同理解：第一种解释是，心里想着别人、别的身命；第二种解释是对己身的爱，或关心自己。再如，“怼”字也几乎成了废弃字。它有怨恨的意思，这是圣人所没有的心理，如圣人处在山林之中不会为之而“愁悴怨怼，而不失其所以自乐也”[⑥]。这种乐与贵贱、贫富、劳逸没有关系，因为圣人之乐不会因为环境中的这些因素而发生丝毫改变。再看“愆”，它有过错的意思，《尚书・无逸》云：“丕则有愆。”意为贪图安逸、不务正事，就会犯错误。

心理语言有变化的另一个表现是，有些心理语言被新词所取代，如《尚书》

① 《尚书・无逸》。
② 《尚书・无逸》。
③ 《尚书・无逸》。
④ 《尚书・无逸》。
⑤ ［西汉］刘安：《淮南子・谬称训》。
⑥ ［西汉］刘安：《淮南子・原道训》。

等古书中所常说的“祇惧”[①]，后来被更明白的“恭敬谨慎”之类的词所取代[②]，同样，现在人们一般不说“荒宁”，而更具体地说“荒废政务，贪图安宁”。

第三节　古书的心理语词及其所隐含的心理构想

中国的古书数不胜数。这里只拟选择较早的古书，如《山海经》《尚书》等，特别是出土竹简中的有关文献，作为考察样本，通过对其中所运用的心理语词的考释，反观中国古人对心理范围、地图、结构等的看法。特别值得强调的是，这里之所以把重点放在对出土竹简中相关文献的考察上，是因为这类古书未受到后来传抄过程中的改动的影响，较好地保存了它们在战国之前的风貌，因此能让我们较逼真地接近这个时代及以前哲人的思想世界。

先来看《山海经》。一般认为，《山海经》的成书非一时，作者亦非一人。大约是从战国初年到汉代初年，由楚国和巴蜀地方的人所作。其内容无奇不有、无所不包，蕴藏着丰富的地理学、神话学、民俗学、科学史、宗教学、民族学、医学等方面的宝贵资料，因此可看作是上古时期的一部奇书。其心灵哲学方面的价值也是很高的。

汉语心理语言的外形标志十分明显，除灵、魂、魄、神、畏、疑等少数词语外，一般都带有“忄”或“心”的偏旁，这很方便人的识别。在《山海经》中，心理语言尽管出现得不多，但也不算少。有些字词尽管有心理语词的外形，但有时没有心理的所指，如“怪”“恒”“蕙”“宪”等。下述词语也是这样，如“怪兽”“怪鱼”“怪蛇”。有些字词没有心理语言的外观，但却有心理的意义。例如，“畏”有时就只指一种怪兽，它九尾四耳，其目在背，这种运用没有心理意义；但有时却有，如“畏”作为怪兽有让人生畏的作用，正所谓“佩之不畏”[③]。另一世界的观念在这里已经形成。这个世界是个非物质的世界，有各种各样的天神、地祇，也有各种各样的人鬼，如有富鬼、穷鬼等。[④]在描述一种神时有

①《尚书·无逸》。
②《尚书·无逸》。
③ 袁琦：《山海经校注》，上海古籍出版社1980年版，第3页。
④ 袁琦：《山海经校注》，上海古籍出版社1980年版，第45页。

这样的说法："其状马身而人面，虎文而鸟翼，徇（周行）于四海……其气魂魄。"①典型的心理语言除魂魄之外，还有像"安宁"等描述心理状态的词，如在描述凤凰这一吉祥之鸟时说："自歌自舞，见则天下安宁。"②

再来看《尚书》。对于此书，常见的有三种解释：一种说法认为"尚"是"上古"的意思，因此《尚书》就是"上古的书"；另一种说法认为"上"是"尊崇"的意思，《尚书》就是"人们所尊崇的书"；还有一种说法认为"上"代表"君上"（即君王）的意思，因为这部书的内容大多是臣下对"君上"言论的记载，所以叫作《尚书》。清华简中已发现有多篇《尚书》，有些篇有传世本，更多的是前所未见的佚篇。这说明《尚书》在战国中期以前就诞生了。相传《尚书》由孔子编撰而成。如果是这样的话，那么《尚书》出现的时间便更早。

《尚书》是夏商等多个朝代的文献汇编，保存了商周特别是西周初期的一些重要史料，是已知中华文明中最早的、最上（尚）的"书"。透过它使用的心理语言，我们可以看到战国以前人们对心理世界图景的认识之大概，例如关于这个世界的多主体观，即不仅把魂魄等当作是心理活动、过程的主体，而是当作心理资源的所有者，而且把心也看作是这样的主体。其中的《秦誓》说，如有一介臣，"断断猗，无他技，其心休休焉"，说的是秦穆公对一名大臣的赞扬。这个大臣尽管无他技，但其心善良、美好、宽厚。"人之彦圣，其心好之"，意为别人表现为圣，他以心好之。这里的心都是作为精神主体的心。据《酒诰》载，周公训告康叔时有这样的话：应经常教育臣民子孙，"惟土物爱，厥心臧"，臧即善良，意为要让人们的心变得善良。心有时指的是作为整体的心，如说"未戾厥心"，意为殷民没有安定他们的心。再如"用康乃心"，意为君王应安顿好自己的心。③"民罔不衋（伤痛）伤心"，意为百姓没有不感到伤心的。④另外，该书所说的心有时指人身上的一个特殊的地方或空间，即"心里"。例如，《酒诰》描述纣王时说：他只知纵情作乐，"厥心疾很"，意为这个人的内心乖戾狠毒。该书还认识到，既然有作为主体的心，既然它有活动、作用，因此它就必然有自己的状态。该书描述心的状态、倾向的词语很多，如《盘庚上》告诫君王："汝

① 袁琦：《山海经校注》，上海古籍出版社 1980 年版，第 45 页。
② 袁琦：《山海经校注》，上海古籍出版社 1980 年版，第 16 页。
③《尚书·康诰》。
④《尚书·酒诰》。

克黜乃心，施实德于民。”“乃心”即“你的私心”，这种心应予驱除。这里的“心”指的就是一种自私的内心状态，或专为自己着想的心理倾向。《立政》中所说的“宅心”“俊心”也是指状态、倾向，例如，宅心指恶人之心，俊心即贤俊之心。不过，“宅心”有时有更多的境界、道德情操方面的意义，如“宅心知训”，意为放在心上，乐于听取训诫。[①]因为“宅”即居，宅心即管束心、存一种心。

《尚书》常用“我”，表明古人已经对人究竟是有我还是无我、我是什么等心灵哲学问题有了初步的意识。一般来说，中国心灵哲学除了少数学派强调在做人时应做到无我之外，大多数人都持有我论立场。《尚书》也是这样，不仅认识到了心理现象有其独特主体，而且认识到了这种主体的能自做主宰、有自我意识的特点。例如，周王对殷旧臣说：“朕不敢有后，无我怨！”[②]意思是我不敢怠慢，你们不要埋怨我。

《尚书》还涉及了大量具体、细小的心理状态。例如，“恫”指一种情感，痛苦，“恫瘝乃身”，意为百姓的痛苦就像自己身上的痛苦[③]；“忱”指测知，如“天畏（威）棐忱”[④]，意为天威得以测知；“忱”有时有信誉的意思，如“勿用非谋、非彝蔽时忱”[⑤]，意为不能用不好的谋划、法令影响了你的信誉；“震惊朕师”[⑥]，这里的“震惊”有让人耸动不安之意。有根据说，春秋之前，先圣不仅认识到了大量的知、情、意现象，而且还有对它们做出分类的意识，即把它们分为知、情、意三大类。《尚书》中就有这类心理语言的运用。“明四目，达四聪”[⑦]，意为广接视听于四方，以增加博闻远见。在这里，人们认识到的认知现象是思维，例如，“惟”常作思的同义词单独使用，如“惟几（危险的苗头）惟康”[⑧]，意为既考虑到安康，又居安思危。“恤”是兼有认知性和情感性的词，因为它有体察、顾虑、怜悯、体恤等意，如“不恤我众”[⑨]。情感语言出现得最

①《尚书·康诰》。
②《尚书·康诰》。
③《尚书·康诰》。
④《尚书·康诰》。
⑤《尚书·康诰》。
⑥《尚书·尧典》。
⑦《尚书·尧典》。
⑧《尚书·皋陶谟》。
⑨《尚书·汤誓》。

多，例如，“予畏上帝，不敢不正”[①]，意为替天行道，不能不征伐夏朝；“志”一词既有意志的意思，也有意向性的意义，具言之，是中国人表述意向性中的意动性意向性的独有概念（另一意向性形式是认知性的），如常说的“诗言志”。《毛诗·周南·关雎》序云：“在心为志，发言为诗。”[②]志除了有志向、意愿等意之外，有时还有心态的意思，如“以丕（服从）从厥志（大家的心态）”[③]。

难能可贵的是，该书还讨论了较有综合性的心理状态，甚至涵盖了心身现象的状态，如“逸”指的就是综合性的心身状态。周公告诫成王说：“君子所其无逸！”[④]意为君王一开始就会贪图安逸。在该书的同一段，“逸”还在别的意义上被使用，如讨论在什么情况下才能“逸”。另外《尚书》还注意到了兼类、大跨度的心理现象，如“傲”“私心”。文中说：“猷黜（驱除）乃心（你们的私心），无傲（不傲慢、放纵）从康（放纵享乐）。”[⑤]更宏观的心身现象是五事，即貌（态度）、言（言语）、视（观看）、听（闻听）、思（思考）。该书强调“敬用五事”[⑥]，意为君王于此五事应谨敬，努力做到貌应恭、言应从（顺从、温顺）、视应明、耳应聪、思应睿。如果做到了，那么这五方面分别有这样的好处：恭作肃（态度恭敬会显出庄严）；“从作乂”（乂）（说话温和，会得到广泛辅佐）；“明作哲”（看问题分明就有智者风范）；“聪作谋”（听取意见聪颖，就能善于谋断）；“睿作圣”（思考周全，就能圣明）[⑦]。言、视等之所以是更宽的心理现象，是因为它们既包括活动、过程、器官、结果等，又夹杂知、情、意甚至生理的作用。

如前所述，中国心灵哲学的一个有个性的研究领域是，探讨心的转化、净化、治理、人为生灭等问题。《尚书》在这方面也有表现，例如，大量使用净化心灵的心理语言，如说“惇德允元”，意为“惇厚其德，信用善人”[⑧]。常用的描述心理性质、性格、品性的语言有刚、傲、直、温、宽，认为人有九种心性之德，如说：“宽而栗（庄严），柔而立（坚定），愿（谨厚）而恭，乱（处理乱事）

①《尚书·汤誓》。
②《尚书·尧典》。
③《尚书·盘庚》。
④《尚书·无逸》。
⑤《尚书·盘庚》。
⑥《尚书·盘庚》。
⑦《尚书·洪范》。
⑧《尚书·皋陶谟》。

而敬（谨敬），扰（驯顺）而毅（刚毅），直而温，简（简易率性）而廉，刚而塞（平实），强而义。”[①]在这里，有些讲的是人的行为乃至心身的总的特性，但更多的是讲人应追求的心理的性质、品性。

中国的心理语言有时也有不带“心”的偏旁的，如“尔忱不属，惟胥以沉，不其或稽”[②]，意为你不考虑到这一点，只是一味怨恨。这里的沉就有思考等意。最典型的是监督、考察，如“惟天监下民”[③]，意为上天观察下界。另外，《尚书》还使用了一些后来被废弃的心理语词，如“懖”（kuò），指的是包含多种心理要素的复杂现象，即不听正确意见、愚昧自用。例如，“今汝聒聒，起信险肤”[④]。

通过对远古（夏商周）的心理语言进行考察，可得出这样的结论，即这一时期已基本完成了民间心理地形学、地理学、地貌学的主体工程，如对心理王国的主要构成、结构、本体论图景有了基本的构想。

《黄帝内经》是中国古代一部综合论述中医理论的经典著作。其集结成书的根据和过程是，以古代的解剖知识为基础，以古代的哲学思想为指导，通过对生命现象的长期观察以及医疗实践的反复验证，逐渐发展而成。一般认为，该书成书于春秋战国时期，其作者已不可考，但可以肯定，其非一时之作、非自一人之手，而是战国以前的许多上古医学著作的总结。在该书中，精、精神、志、情、欲、意、神明、魂、灵等词反复出现。它们一般有其特定所指。有时同一词有不同所指。例如，精，有时指精神性实在或力量；有时指精气，如说“精绝”，即指水谷精气衰竭，“阳气者，精则养神”，指的也是精气[⑤]；有时指精华，如“藏精而起亟也”。亟即气，意为体内的阴精是气的来源，可让气生起。[⑥]魄有时指的是精神性力量，有时指体魄，即身体中的阴气，如说“魄汗”，即为体汗。[⑦]“精神”也有多义，有时指心灵，有时指人的精力、神气，如“阴平阳秘，精神乃治”[⑧]，意为，阴气平和，阳气周密，精神就会旺盛。

---

①《尚书·皋陶谟》。
②《尚书·盘庚》。
③《尚书·高宗肜日》。
④《尚书·盘庚》。
⑤《黄帝内经·素问·生气通天论》。
⑥《黄帝内经·素问·生气通天论》。
⑦《黄帝内经·素问·生气通天论》。
⑧《黄帝内经·素问·生气通天论》。

由于该书运用了当时大量先进的科学知识解释心灵的起源与本质，即已经进行了关于心灵自然化的大量工作，因此其所包含的心灵哲学思想是超民间心理学的，已具有标准化心灵哲学的雏形。例如，在用阴阳等解释最高级的神明现象时说阴阳乃“神明之府”①。神明的意思是变化不测谓之神，品物流行谓之明。神明有时指的是推动万物生灭变化的力量，有时指精神心灵的智慧、明了的特性。

在说明诸心的样式如神、心、意、志、思、虑、智等的特性及起源时，该书说：“天之在我者，德也（天赋予人的是德），地之在我者，气也。德流气薄（天德下流与地气上交），而生者也（使万物化生成形）。故生之来（与生俱来的东西）谓之精，两精（阴阳）相搏（相结合）谓之神。随神往来者谓之魂，并精（跟精气一起）而出入者谓之魄，所以任物（可以支配、应对外物）者谓之心，心之所忆谓之意，意之所存谓之志，因志而存变谓之思，思而无慕谓之虑，因虑而处物谓之智。”②这里所涉及的心理样式有这样几类情况：一是指心理现象的主体。它所承诺的主体是多而非一，如承认精、神、心、魂、魄等都有自己的起源、构成和作用，因此是不同的主体。其中，心的作用最大、最多，不仅可以支配、应对外物，而且有意识、意向性的作用，即能“忆”，能把应对外物时形成的认识观念呈现出来，加以把握、统摄。二是涉及了心理活动、过程、状态等心理样式，如意、思、虑。尽管它们都可以表现为心理的作用，但却是不同类型的作用，因为它们的所依、作用对象、方式及结果是不一样的。这是极了不起的认识，是人类在心理王国的本体论库存清单建构、心理地理的大发现、心理结构的构建上所取得的宝贵成果。最后，该书看到了更高阶的心理现象，如智。它之所以是高阶现象，是因为它依于虑，而虑依于思，思又依于志，志依于意，意依于心，心依于气、精、阴阳等。

《诗经》是中国最早的诗歌总集。我们从中可以看出，所论及时代的心理语言十分发达，仅“心”字就出现了160多次。根据孔子的评判，《诗经》的宗旨是道德教化，即教人要存好心，如“思无邪”。孔子云：“《诗》三百，一言以蔽之，曰：思无邪。”③《诗经》特别强调：君主应以“德心”治国。《诗经·泮

①《黄帝内经·素问·阴阳应象大论》。
②《黄帝内经·灵枢·本神》。
③《论语·为政》。

水》云：“济士多士，克广德心。”因此可以说，该书是一部论心之改造的书。这里的德心就是一种尊德、贵德的心理状态，或一种心理境界。此外，《诗经·节南山》还在其他意义上使用“心”字，如“民心”“君子如届，俾民心阕”，意为君王残暴无德，会让民心背离。这里的民心指的是大众的态度。这些关于心理语言的用法及其思想开了儒家心灵哲学的先河。就“心”的用法来说，后来的儒家纷纷在此基础上赋予“心”以不同的意义，例如，孟子所说的“心之官则思”中的“心”指的就是心脏或主管思维机制的心理器官，孔子所说的“从心所欲而不逾矩”中的“心”指的是意志之心，或专司行为选择、欲望协调的心，也可理解为作为知、情、意之主体的心。[①]孔子在评论颜回时对“心”还有这样的用法，即主要指作为道德主体的心。例如，“回也，其心三月不违仁，其余则日月至焉而已矣”[②]。

孟子对“心”一词的用法很多，例如，所说“心之官则思”中的“心”指的就是心脏或主管思维机制的心理器官。[③]他的书专辟《尽心》一篇。这里所说的心指的是心性，即心所潜藏的仁、义、礼、智“四端”。因为“仁、义、礼、智根于心”[④]。包含有这些先天资源的心类似于西方今日所说的“原初心灵”或天赋心灵。这类心当然既能以潜在种子的形式存在，也可表现为现实的心理状态。他说：“恻隐之心，仁之端也；羞恶之心，义之端也；辞让之心，礼之端也；是非之心，智之端也。”[⑤]再者，“存其心，养其性”中所说的心也是指这种意义的作为道德根源的心。[⑥]另外，“心”也可泛指所有一切心理现象，包括主体、活动、内容等。例如，“心之所同然者，何也？谓理也，义也”[⑦]，意为人心中共同的东西是理或义。道德之心也可称作“本心”“良心”，因为丧其本心，即“放其良心”[⑧]。孟子还有“不忍人之心”（仁心）的说法。

荀子承认心理王国的多元性或多主体性，但同时又将狭义的“心”作为多主中最高的主，如说：“心居中虚，以治五官，夫是之谓天君。”“心者，形之君

---

①《论语·为政》。
②《论语·雍也》。
③《孟子·告子上》。
④《孟子·尽心上》。
⑤《孟子·公孙丑上》。
⑥《孟子·尽心上》。
⑦《孟子·尽心上》。
⑧《孟子·告子上》。

也，而神明之主也。”[①]这表明他不仅认为心是无形相的，如居中虚，而且赋予心以无与伦比的作用。其具体的作用有：“自禁也，自使也，自夺也，自取也，自行也，自止也。故口可劫而使墨云，形可劫而使诎申，心不可劫而使易意，是之则受，非之则辞。”[②]意为，心不同于身、口的特点是，口可以被外力改变而不说话，身的四肢也可以如是屈伸，但心却不能以这样的方式改变主意，正确的，它便接受；错了，它便拒绝，它有自主性。

荀子在心灵认识史上的一个重要功绩在于，不仅更明确具体地赋予心以认知的功能，而且对其根源做了自然化说明，即根据人的来自天或自然的性说明心的来源，如说：“凡以知，人之性也。”[③]我们之所以说他有超越性贡献，根据在于：他不仅像孟子等一样承认人的道德本心源于先天之性，而且看到了人心中还有认知的成分，并用性予以说明。另外，他还看到，五官的五种作用都离不开心的“征知”作用，因此五种感性认识中都包含有心这一主体的作用。他说：“心有征知，征知则缘耳而知声可也，缘目而知形可也。”[④]否则，即使对象在眼睛面前也不会产生视觉，声音撞击耳朵也不会有听觉。“心不使焉，则白黑在前而目不见，雷鼓在侧而耳不闻。”[⑤]

荀子还说明了心之所以有认知能力的根源、原理，那就是心“虚壹而静”[⑥]。他自问自答说：“心何以知？曰：虚壹而静。”[⑦]“虚”就是不让已有的认识妨碍当下要得到的认识，实即让已有的认识“虚”起来；“壹”就是心能做到不以对一事物的认识而妨碍对另一事物的认识；“静”就是能不让虚幻的思想扰乱正常的认识，能于动中静下来，从而有所知。总之，他既重视认知之心，又不偏废道德之心，这是他不同于其他先儒的一个特点。

从道家、道教的论著中，不仅可以看出心理语言的日趋完善，而且可以由此推测，道家、道教为了完成治心的崇高任务，已对几乎所有的心理样式做了较全面的考察、分析。例如，《管子》论心的篇幅很大，涉及很多心理样式。它告诫

---

①《荀子·天论》。
②《荀子·解蔽》。
③《荀子·解蔽》。
④《荀子·正名》。
⑤《荀子·解蔽》。
⑥《荀子·解蔽》。
⑦《荀子·解蔽》。

人们：要治心，关键是保护、巩固积极健康的心理样式，消除有害的心理样式，其中，“谨慎”“节制”显得至关重要。《管子》云：“禁藏于胸肋之内。”意为谨慎藏于胸肋之内，可让祸“避于千里之外”。“节制”也很重要，“故圣人之制事也，能节宫室”[①]。

在关尹子时代，常见的心理语言都出现了，如心、神、精、思、想、意、情、识、知等。《文始真经》云：“圣人不去天地，去识。”[②]“知彼有待，知此无待。”“认”“智”等词也出现了，如说：“而彼私智，认而已之。”[③]“爱”“恶”等情绪语言也经常被使用，例如，“天无爱恶”[④]，“有思心，则声迟迟然（徐缓）。有怨心，则声回回然（纡曲）”，“所谓悲思怨慕……”[⑤]，常见的心理还有利害心、贤愚心、是非心、好丑心等。[⑥]

为了突出“心”这种心理样式的地位，道家、道教常把“心”称作“玄珠”。《山海经》中已出现了“玄”字的用法，以及与玄相联系的神话，如“玄股之国”“玄丘之民”等。这里所谓的“玄”实即远，主要是眼、耳不能企及的奇异世界。因此一般不好理解的对象常常被加上“玄”这个修饰词，如玄都、玄台、玄音、玄云曲、玄室等。葛洪的《抱朴子内篇·畅玄》则把“玄”看作是万物的本原，如说：“玄者，自然之始祖，而万殊之大宗也。”后来，由于心有这样的超越性，因此其常被称作“玄珠”。在道教中，“心”还有模仿佛教的用法，即用来表示现象性的乱心之后的作为本体的真心，它绝对寂静，例如，“故静者天地之心也，动者天地之气”[⑦]。更常见的是，把“灵”当作谓词，如说：“所谓凝性者，心灵也，乃内观不动，湛然无为。”[⑧]这里的“灵”就是谓词，强调的是让心发挥灵妙之用，如凝于一境。

“心”有时也与“灵”连用，以组成“心灵”这一合成词。唐代道教著名领袖成玄英（608—669）在描述《庄子》的结构和逻辑时认为，从《逍遥游》，至

①《管子·禁藏》。
②《文始真经·二柱》。
③《文始真经·二柱》。
④《文始真经·三极》。
⑤《文始真经·三极》。
⑥《文始真经·三极》。
⑦［唐］吴筠：《玄纲论·超动静章》。
⑧［北宋］张君房编：《云笈七签》，载胡道静、陈莲笙、陈耀庭选辑：《道藏要籍选刊（一）》，上海古籍出版社1989年版，第509页。

《齐物论》《养生主》，到《应帝王》，有逻辑上的连贯性，例如，《养生主》是《齐物论》的继续。他说："既指马（蹄）天地，混同庶物，心灵凝澹，可以摄卫养生，故以《养生主》次之。"[①]"精神"有时指有力量，指心理和物理能量及状态，如说某人精神饱满。"精神盛而气不散则理，理则均，均则通，通则神，神之以视无不见，以听无不闻也。"[②]

竹简是纸张发明之前、战国至魏晋时代的主要书写材料，一般表现为削制成的狭长竹片。也有制成木片的，此即木简。比简宽厚的书写材料即为牍，竹制称竹牍，木制称木牍，均用毛笔墨书。简牍与甲骨文、敦煌遗书、明清档案一同被列为 20 世纪东方文明的四大发现。早在商代，先民就开始使用简牍，可见，它几乎与甲骨文、金文同时出现，春秋到东汉末年是简牍最盛行的时期。纸张发明后，竹木简牍又与纸张并行数百年，直至东晋末年恒玄下令，简牍制度方告结束。目前，考古发现的竹简主要是战国时期的。中华人民共和国成立后，陆续发现的竹简主要有：①1953 年 7 月，湖南长沙仰天湖古墓出土竹简 42 支；②1957 年，河南信阳楚墓出土竹简 800 多片，简上文字依然清晰；③1972 年山东临沂银雀山发现《孙子兵法》和《孙膑兵法》竹简；④1975 年 12 月，湖北云梦睡虎地秦墓出土竹简 1100 多枚；⑤1993 年 10 月，在湖北省荆门市郭店村，郭店一号楚墓 M1 发掘出竹简共 804 枚，为竹质墨迹，其中有字简 730 枚，共计 13 000 多个楚国文字，郭店楚简包括 16 篇先秦时期的文献，其中道家典籍 3 篇，分别为《老子》（甲、乙、丙）、《太一生水》、《语丛四》，儒道共同典籍《五行》，儒家典籍 12 篇，分别为《缁衣》《鲁穆公问子思》《穷达以时》《唐虞之道》《忠信之道》《成之闻之》《尊德义》《性自命出》《六德》《语丛一》《语丛二》《语丛三》；⑥1994 年 5 月，上海博物馆分两次分别从香港购买回 1200 枚和 497 枚楚国的竹简，此即通常所说的"上博简"；⑦2008 年 7 月，清华大学校友赵伟国向母校捐赠了 2388 枚战国竹简，这些竹简也是从境外买来的，此即"清华简"，其中的珍贵文献有《尚书》《系年》《筮法》等。

我们先看楚简中的心理语言的使用。透过竹简，我们能看到这样一种很有意思的现象，即古人认识到的心理样式比我们现在认识到的多，因而心理现象的范

---

① [唐]成玄英：《庄子疏·序》。
② [西汉]刘安：《淮南子·精神训》。

围有比现在认识到的范围大的一面。其表现之一是现在不被看作心理现象的现象，或最多只是包含心理现象的现象，过去被看作是心理的一种样式，如“仁”“德”。这些字在过去都包含有“心”的部首，从其指称和含义看，应判为描述心理现象的典型的心理语词。郭店楚简中“仁”字出现过70多次，多写作“息”。

这个字在这里的构型向关于仁的传统理解提出了新的问题。一般认为，“仁”从人从二，指的是在处理人与人的关系时表现出来的道德情操。如果表示仁的最初的字是“息”或“忈”，那么古人造此字时的造意或想指的实就值得再思。郭沫若说：“古称息字乃仁字之异。仁古或作忈，从心千声，息则从心身声，字例相同，可以互证。”[①]“从身从心”之“仁”的构型，最早见于战国玺印文，多有“忠”之合称。

不同的人对“息”有不同的解读，例如，罗福颐编的《古玺文编》把它释为“信”；刘翔坚持郭沫若的解读，认为“息”是“仁”的较早形式，“从心从千”之仁则是“息”的“讹变”，而“仁”是“息”的“省”变。[②]

基于对郭店楚简的研究，也有人提出了不同的看法，例如，有人认为，“息”和“仁”反映的是南北两个不同地区的演变关系；还有人认为，仁不是源于“息”，不是“息”的省变，仁字的最早形式是“忎”。

关于它的本义，有这样一种看法，即认为它指的是心里想着别人、关心他人。刘翔说：“此构形之语义，当是心中想着人之身体（身、人义类相属，古音同在真部）。可见仁字造文语义，与爱字造文语义，实属同源。”[③]另一看法是指对己身的爱，心里想着自己。因为一个人不爱自己，就不可能爱他人。颜回说“仁者自爱”曾受到孔子的肯定，足以证明“仁的本义首先是‘自爱’，然后‘推己及人’”。[④]

“仁”字在竹简中的构型给我们的提示是，造“仁”字的人想表示的实是仁是一种心理状态，或一种高尚的心理体验，而非一种只为他人做好事的道德行为。正如韩非子所说的：“仁者，谓其中心欣然爱人也；其喜人之有福，而恶人之有

① 郭沫若：《金文丛考（二）》，人民出版社1954年版，第216页。
② 刘翔：《中国传统价值观诠释学》，上海三联书店1996年版，第157-161页。
③ 刘翔：《中国传统价值观诠释学》，上海三联书店1996年版，第139页。
④ 王中江：《简帛文明与古代思想世界》，北京大学出版社2011年版，第215页。

祸也；生心之所不能已也，非求其报也。”[①]竹简《五行》云：“悬之思也清，清则（察），（察）则安，安则□，□则兑（悦），兑则戚，戚则新（亲），新则旡（爱），爱则玉（王）色，玉（王）色则型（形），型则悬。”[②]

“德”在《老子》之前也是心理语词，其写法是“悳”。其所指的现象显然是心理现象，即心理很正直的状态。至少可以说，造字的人有这样的造意，即德源于心。竹简《老子》云：“往（广）悳女（如）不足。”“攸（修）之身，丌（其）悳乃贞。”[③]为什么说“悳”（德）指的是心理现象呢？可以推断，这个字反映了古人这样的认识，即德是天道在心中的体现。心知道、行道，即为德。古文说：“悳，天道也。君子亡心之悥（忧）则亡中心之智，亡中心之智则亡中心[之说（悦）]，亡中心[之说，则不]安，不安则不乐，不乐则亡德。”[④]可见，“悳”指的是这样一种复杂的心理现象，即对体道的把握及其所伴随的悦、安、乐等。竹简《五行》所说的“五行”也可说明这一点。这里的“五行”指的是仁、义、礼、智、圣之类的道德的五种基本构成，不同于通常所说的金、木、水、火、土“五行”。王中江认为，竹简《五行》为“悳”规定了四方面的意义：“第一，在同‘善行’相区别的情况下，‘悳’既是在心灵中‘养成’和‘练就’的‘内在品质’，又是自然而然表现于外的‘悳行’；第二，在同‘四种’善行的和谐、统一这种‘善’相区别的情况下，‘悳’被看成‘从内到外’五种品行的平衡、和谐和统一；第三，在跟由‘和’经过‘同’而达到的‘善’相区别的情况下，‘悳’被认为是由‘和’经过‘乐’而到达的；第四，在同作为人间秩序和价值的‘人道’相区别的情况下，‘悳’被看成是根源于超越性的秩序和价值的‘天道’。”[⑤]总之，“‘悳’是道德操守和内心专一的结果”[⑥]。悳所依赖的条件，可说明这一点。根据古人的看法，有聪、明、圣、智、仁、安、乐，才有德。反之，“不聪不明，不圣不智，不智不仁，不仁不安，不安不乐，不乐无德”[⑦]。

---

①《韩非子·解老》。
②《五行》，载陈伟等：《楚地出土战国简册（十四种）》，经济科学出版社2009年版，第181页。
③《老子》，载陈伟等：《楚地出土战国简册（十四种）》，经济科学出版社2009年版，第151-152页。
④《老子》，载陈伟等：《楚地出土战国简册（十四种）》，经济科学出版社2009年版，第151页。
⑤ 王中江：《简帛文明与古代思想世界》，北京大学出版社2011年版，第264-265页。
⑥ 王中江：《简帛文明与古代思想世界》，北京大学出版社2011年版，第268页。
⑦《五行》，载陈伟等：《楚地出土战国简册（十四种）》，经济科学出版社2009年版，第182页。

中国古代认识到的心理样式多、范围大的又一表现是，认识到了许多在今天被遗忘的心理样式。其表现之一是，认识到心中也有其依托。由于它不同于物理的托，于是把它写作“𢘓”，近于托、讬。另外，心中也有图，被写作“𢝔”。还有，“谋”指的是心理的高级的、有生产性的活动。这个意思在古字中表示得更明显、更充分，它被写作“𢘑”。“君不与少（小）𢘑（谋）大”，“毋以少（小）𢘑则大𢝔（图）”。①

“恖”是一个已消失的心理语言，可看作是今日所说的“愠”。“㤓”也是这样的字，它指的是心的无化、否定活动及状态。但它根源于虑，即否定之虑。这种特殊的虑是静的根源。例如，《语丛二》云：“㤓（倍）生于虑，静（争）生于㤓（倍）。”②可见，此词尽管现在不用了，但它确实述说了一种真实存在的心理样式或个例。“怀”也是这样，指的是能产生忡或忧愁的心理状态，其特点是，它不是一般的忧愁，因为它根源于贪的心理。③“浸”也可指心理状态，即一种沉湎于某对象的执着心理，例如，《成之闻之》云：“君之之于教也，其道（导）民也不𢡟（浸）。”④当然，这种心理仍为今日所承认，只是看不到古人的特殊的表示法。而这特殊的表示法恰恰透露了古人所看到的这种心理的某些特殊性。

再来看“㤹”，其可被看作是慝，即一种奸邪的心理。“𢝔”也值得品味。据《汉语大字典》，一些古字典如《改併四声篇海》认为它“音示”而“义阙”；而《成之闻之》对它的运用则为我们推测它的意义提供了条件，该文有这样的说法，即“𢝔为父子之新（亲）”⑤，它有心中的图像的意思。“欺”在竹简中是典型的心理语词，被写作“惎”。《忠信之道》云：“不惎弗智，信之至也。”⑥“威”也是这样的心理语词，在竹简中被写作“戫”，如《唐虞之以道》说：“戫暴用。”⑦“危”古时也为心理语言，被写作“㤳”，如说：“民言㤳不行，行不言㤳。”⑧再看“劝”。因为劝的行为根于心，因此它也有心理的指

① 《缁衣》，载陈伟等：《楚地出土战国简册（十四种）》，经济科学出版社2009年版，第164页。
② 《语丛二》，载陈伟等：《楚地出土战国简册（十四种）》，经济科学出版社2009年版，第253页。
③ 《语丛二》，载陈伟等：《楚地出土战国简册（十四种）》，经济科学出版社2009年版，第253页。
④ 《成之闻之》，载陈伟等：《楚地出土战国简册（十四种）》，经济科学出版社2009年版，第203页。
⑤ 《成之闻之》，载陈伟等：《楚地出土战国简册（十四种）》，经济科学出版社2009年版，第204页。
⑥ 《忠信之道》，载陈伟等：《楚地出土战国简册（十四种）》，经济科学出版社2009年版，第200页。
⑦ 《唐虞之道》，载陈伟等：《楚地出土战国简册（十四种）》，经济科学出版社2009年版，第193页。
⑧ 《缁衣》，载陈伟等：《楚地出土战国简册（十四种）》，经济科学出版社2009年版，第165页。

称。《缁衣》说："民有懽（劝）心。"[①]"顺"也是心理语言，被写作"思"。《缁衣》说："又（有）悳（德）行，四方思（顺）之。"[②]"逊"也是心理语言，古文中写作"愻"，如说"民有愻心"[③]。有些字表述的确实是心理个例，但后来都被淘汰了。例如，"烈"，如"烈生于耻"，即生于廉耻之心。据考证，"烈"指人的刚烈之心性。[④]

"为"原来是心理语言，被写作"急"。其道理大概在于：人的一切做作、行为首先都是心之为。故古汉语如郭店楚简中有"急"字，其本义指"本自然"的人为，故又可写作"偽"。其下有很多子类，例如，欺诈的行为，可写作"慮"。竹简《老子》在写"慮"表示"绝仁弃义"时，用的是"绝急弃慮"[⑤]。

竹简中使用了大量现在不常用或遭淘汰或改变了意义的心理语言，如"您"（过）。"过"之所以也是心理语言，可能是因为当时的人们有这样的看法，即心中变化的东西即为"过"。在"忞"（字）被创制和使用时，人们可能持有这样的观点，字出于心，字是心之（材），因此在创造关于"字"的字时，便标上了心的偏旁。有趣的是，这样的看法与今日西方持"思维语言"（mentalese）假说的人的看法有一致之处，即都承认，进入心中被思考的语言不是手写的或口说的语言，而是只能出现于心中的类似于机器语言的特殊语言，是心中之材。另外，"志"有时指的也是意向性现象。竹简时代的看法是，它是由心专司的职能，如眼专门负责视物一样。《性自命出》说："凡心必有志。"郭店楚简《语丛一》说得更明确："容色，目司也；声，耳司也；嗅，鼻司也；味，口司也；气，容司也；志，心司。"

当然，也有这样的情况，即有些字表现为心理语言，带有心理语言的标记，如有"心"的偏旁，但并没有心理的意义。例如，湖北荆门包山简中有"思攻解"之说，"思"有二义，一读为"使"，二读为"式"，作"应""当"等语气副词用；"攻解"意为"责让冤鬼、解除灾患"[⑥]。还有这样的情况，即有些词，开始是心理语言，后变成了非心理语言，如"恆"等于反。《穷达以时》云："古

①《缁衣》，载陈伟等：《楚地出土战国简册（十四种）》，经济科学出版社 2009 年版，第 164 页。
②《缁衣》，载陈伟等：《楚地出土战国简册（十四种）》，经济科学出版社 2009 年版，第 164 页。
③《缁衣》，载陈伟等：《楚地出土战国简册（十四种）》，经济科学出版社 2009 年版，第 164 页。
④《语丛二》，载陈伟等：《楚地出土战国简册（十四种）》，经济科学出版社 2009 年版，第 253 页。
⑤ 丁四新：《郭店楚竹书〈老子〉校注》，武汉大学出版社 2010 年版，第 6-7 页。
⑥《卜筮祷词记录》，载陈伟等：《楚地出土战国简册（十四种）》，经济科学出版社 2009 年版，第 99 页。

（故）君子懧（惇）于恆(反）已。”[①]

还有一种现象，即有些字词不表现为典型的带“心”字旁的心理语言，但却指的是心理的样式，如“信”“闻”“知”“嗅”“触”“见”“尝”等。还有，表示感知觉的语言都不表现为心理语言，如“视”“听”“闻”“嗅”“触”“观察”“欲望”“求”“明”“徇”“顺”（谋求），中国化佛教中所说的“寻”“伺”等指的都是心理现象，但也不表现为心理语言。“辩”在包山竹简中多次出现，指治理、察明等现象，显然也有心理的意义。还有，有些字在简化过程中被去掉了“心”的偏旁，如“愛”现为“爱”。

“性”一词在现在一般不被看作是心理语词，而在竹简时代，它所指的不仅是一种最为典型的心理样式，而且是带有极强生殖能力的心源。例如，它可依次生起人的各种心理现象，首先是生出情，而情又能依次生出礼、严之类的道德情操。郭店楚简《语丛二》云：“情生于性，礼生于情，严生于礼，敬生于严，望生于敬，耻生于望（恐惧），悡（刚烈）生于耻，廉生于悡。”[②]性除了能直接生出情之外，还能生出欲、爱。由此又形成了另一个派生系列，如性依次生出爱、欲、情、智、子（质直）、恶、喜、恖（愠）、懼等。这就是说，由性生出的爱、欲本身又有派生功能，如欲能生浸、贪、喧、急等。这些被生出的东西又有派生功能，例如，喧可生吁，吁可生妄，等等。该书描述的派生系列还有很多，例如，

恖（愠）生于忧，慼（爱）生于性，亲生于慼，忠生于亲。

欲（慾）生于性，虑生于欲，悳生于虑，静生于悳，党生于争。

贪生于欲，怀生于贪，忡（忧愁）生于怀。喧生于欲，吁生于喧，妄生于吁。浸（执着性心理）生于欲，恧（奸邪，慝）生于浸，逃生于恧。急（一种心理）生于欲，察生于急。

智生于性，智又可生谋，谋可生悦，悦可生好。

子（质直、平直）生于性，易生于子，肆生于易。

恶生于性，怒生于恶，胜生于怒，惎（期、忌恨）生于胜，恻（贼心）生于惎。

①《穷达以时》，载陈伟等：《楚地出土战国简册（十四种）》，经济科学出版社2009年版，第177页。
②《语丛二》，载陈伟等：《楚地出土战国简册（十四种）》，经济科学出版社2009年版，第253页。

喜生于性，乐生于喜，悲生于乐。

恩（愠）生于性，忧生于恩，哀生于忧。

懼生于心，监（心寒，惂）生于懼，望生于监。

㦐生于性，立生于㦐，断生于立。

弱生于性，疑生于弱，北（背、败北）生于疑。①

这些描述和阐释，具有极高的心灵哲学价值。因为它们不仅展示了竹简时代的哲人关于心理样式的丰富的认识，而且表明：他们对心理世界的内在结构和动力学有了较深的领会。例如，认识到了大量心理现象的相互关系，看到了心的源于性的深之又深的结构，更看到了心理世界的动力源泉，这就是性。它在具备相应条件时，能把大量的心理样式派生出来。

有一种语言是介于心理语言和物理语言之间的中性语言。例如“述”，过去写作“頪”。郭店楚简《缁衣》第3-4号简说：“为下可頪而等（志）。”②志即记识、记述，全句意为以等同的方式再现出来。由此所决定，最初表示记述意义的“志”也带有中性语言的性质。再如，《周礼》云：“小吏掌邦国之志。”③郑玄注引郑司农云：“志谓记也，《春秋传》所谓《周志》，《国语》所谓《郑书》之属是也。”④

有些心理语言指的是心理现象，但字形与现在的不同，如返。它就是后来所说的作为心理现象的急。如前所述，它生于欲，又可派生察。惎，即后来所说的期，有忌恨义。子，即后来所说的质直心。㦐，即后来所说的好强。思，即后来所说的谋、悔。㬎，即后来所说的安。⑤

再看“忩”。望山1号墓简册中有这样的说法：“既痤（危），以忩心。”⑥“以心忩，不能食”⑦，对于“忩”，有不同释读，有人认为是“娩”的古体，有的认为是“悗”的异体，而“悗”有闷之意，陈伟认为，意为“内心闷乱”。⑧

① 《语丛二》，载陈伟等：《楚地出土战国简册（十四种）》，经济科学出版社2009年版，第253页。
② 陈伟：《新出楚简研读》，武汉大学出版社2010年版，第17页。
③ 《周礼·宗伯·小史》。
④ [东汉]郑玄注、[唐]贾公彦疏：《周礼注疏》，上海古籍出版社1997年版，第818页。
⑤ 《语丛二》，载陈伟等：《楚地出土战国简册（十四种）》，经济科学出版社2009年版，第253页。
⑥ 《语丛二》，载陈伟等：《楚地出土战国简册（十四种）》，经济科学出版社2009年版，第271页。
⑦ 《语丛二》，载陈伟等：《楚地出土战国简册（十四种）》，经济科学出版社2009年版，第272页。
⑧ 《语丛二》，载陈伟等：《楚地出土战国简册（十四种）》，经济科学出版社2009年版，第278页。

湖北荆门包山发现的战国楚简中出现了“悁”字，意为“忿”，包山简 138 号反面说“有悁不可证”，意为对当事人有愤恨情感的人不能成为证人。此字也可理解为“怨”。[①]

楚简中的卜筮祭祷简表述的是古人的神灵观。晏昌贵认为，《日书》与卜筮祭祷简“基本一致”。[②]后者主要出自湖北江陵望山一号墓、天星观一号墓、包山二号墓、秦家嘴一号墓和十三号墓、河南新蔡葛陵大墓等。据说，这些简所涉及的“神灵数有 100 个左右，超过任何一种传世文献资料的记载”[③]。这些神灵可按天神、地祇和人鬼三分法来分类。地祇即土地神。人鬼的形式有：①祖先亲属；②恶鬼；③巫鬼，如巫者生则为巫师，死则为巫之鬼神。恶鬼又有这样几种情况：①不辜、强死者，不辜即不以其罪而死亡的人，其鬼常为强死的人所变的鬼，强死即非正常死亡；②绝无后者，其鬼常四处游荡，为祟；③兵死、格杀者；④殇、大殇、女殇、三世之殇，殇有二义，一指未成年而死，二指无主之鬼；⑤溺死；⑥车马下之死。

天神的形式有以下几种：一是至上神。竹简时代已出现了“至上神”观念，如简文中的“太”代表的就是这种神。它是祈福祭祷的对象，在诸神灵中，它住居最前，地位最高贵。它能作祟，是“解”的对象，因此不完全是善神。[④]“太”后来演变成“太一”“大”“大一”“泰壹”等。二是诸司神，如司命（掌管人的生命年寿的神）、司救等的神。三是其他天神，如日、月、白朝、夜吏、太岁、岁神（木星）等。

《鬼神之明》（东周）体现了一种不同于墨子（构建绝对鬼神信仰）、孔子（信持鬼神能够祸善、祸淫，有因果报应）的鬼神观，相信有鬼神，但又认为鬼神的赏罚并不一贯，无规律可循，且有盲点，如说鬼神“有所明，有所不明”。

楚简《性自命出》、竹简《五行》等的发现为重新认识孔孟之间的儒学的分化、谱系、特性等提供了难得的资料。其心灵哲学意义也十分突出。因为这些文献告诉我们：慎独、心性、身心是这一时期儒学的重要课题。正因为如此，学界对这些文献的研究十分活跃。例如，这一时期帛书中的心身观研究，已涌现出许

① 陈伟：《新出楚简研读》，武汉大学出版社 2010 年版，第 4 页。
② 晏昌贵：《巫鬼与淫祀》，武汉大学出版社 2010 年版，第 13 页。
③ 晏昌贵：《巫鬼与淫祀》，武汉大学出版社 2010 年版，第 77 页。
④ 晏昌贵：《巫鬼与淫祀》，武汉大学出版社 2010 年版，第 81 页。

多成果，如日本学者池田知久的《马王堆汉墓帛书〈五行篇〉所见的身心问题》、郭齐勇的《郭店楚简〈五行〉的身心观和道德论》等。《五行》的心身观的特点在于：不把心看作是与五官并列的官能，而看作能役五官的主体。其中所说的“五行”是孟子的思想，里面所讨论的“大体”“小体”也是如此。当然这也涉及了孟子之前的人如子思、曾子的思想。这里的“心”不是西方人所说的心，即不是把一切心理现象都统一在一起的心，不是有实体和属性的构造，而是一种作用。例如，它与情、性有关，但不是包含关系，而是相互协调、相互作用的关系。这种心可“调节”情，使之保持不失。它也有突出道德之心的倾向，认为这种心的特点是悦仁义，就像耳目之性悦声色一样。耳、目、鼻、口、手、足六者，人体之小者也；心，人体之大者也，故可称作君。《五行》中的“性”论也很有特点，如强调性是先天的素质。其样式有草木之性、禽兽之性、人之性。人之性中，又有许多形式，如耳目和口鼻之性、手足之性、心之性。草木之性有生命，无好恶；禽兽之性有好恶，无礼义；人之性有仁、义、礼、智、圣。在心性关系问题上，它有时将心与性统一起来，而有时又将它们区别看待。

上博简中出现的心理语词也很多。它们也从一个侧面反映了古人对心理样式个例之多样性、心理现象的界限之广大性和变动性的认识。这里拟对若干有个性和丰富内涵的概念略作考释。

先看“信”。就其本义而言，它指的是宇宙万物生起前的、与气并列的状态，即真、诚、可信。《恒先》云：“气、信，神哉，云云相生，信盈天地，同出而异生。”①由此本义，我们就能更好地理解后来转化为心理语言的“信”的真实所指，即指信以为真的态度。

再看“神明”。道家文献《太一生水》等中经常使用这个词。对于神明，学界有不同的看法：一种看法认为，神和明分别指日、月；另一种看法认为，其所指与“神灵”差不多。还有人认为，神明即天地的功能，等等。王中江认为，神明指天地的特性。②其实，通过对竹简的考察，我们不难发现，“神明”作为语词在不同语境中有不同的用法，因而有不同的意义和指称，如有时指人的智慧高超的特点。《国语·楚语上》说：“若武丁之神明也，其圣之睿广也，其智之不

①《恒先》，载马承源主编：《上海博物馆藏战国楚竹书（三）》，上海古籍出版社 2003 年版，第 290 页。
② 王中江：《简帛文明与古代思想世界》，北京大学出版社 2011 年版，第 49-50 页。

疢也。”有时，也可用于说明鬼神的特性。可以肯定的一点是，神明不指实体性实在，而指事物的性质，如同冷热等一样。①

上博简中也出现了许多后来被淘汰的心理语言，如“㤅”。《容成氏》云：“厚㤅（愛）而泊（薄）斂安（焉）。”其指称是什么，尚无准确的解释，李零先生推测是“施”之意。②“哀”显然有心理语词的特点，其古代写法是“㥢”，竹简中写作“忞”。例如。《昔者君老》说：君王死了，太子“唯忞悲是思”③。作为心理语言的“亲”，在这里被写作“憃”，意为从心里尊敬、亲近，故为“憃”，正如“恶”有心理的表现一样。④“治”有两种：一是对心的治；二是对非心事物的治，如治国、治校等。中国心灵哲学的独有课题是治心。由于治心是一种特殊的心理操作、过程、状态，因此古人为突出其特点，专门造了一个字。治国之治是“絧”；而治心之治则被写作“嬰”“緫”。⑤君子与小人在心理方面的总区别是君子治心，故不乱，小人不治，因而心乱。是故可说：“不絧则（乱）。”⑥

上博简也出现了“㥆”字，但用法和意义不完全相同于郭店楚简，如说：“㥆（温）良而忠敬，悳之宗。”⑦意为这种想不是一般的思想，而是一种善良而忠敬的道德心理，是德之宗。为区别心之为与非心之为，古人在“为”字上加了“心”，即“為”或“僞”。人心之为即“伪”。《荀子·正名》云：“情然而心为之择谓之虑，心虑而能为之动谓之僞，虑积焉，能习焉，而后成谓之僞。”《性情论》云：“凡人僞可恶也。”⑧“怒”在竹简中写作“忞”“惹”。《性情论》说：“憙惹哀悲之气，眚（性）也。”⑨

如前所述，古人注意到的情感样式有很多，这在竹简中也有表现。前面已涉及了许多，这里再看“恋”“戚然”。《性情论》云：“哭之动心也，浸焊，其[烈]恋恋如也，戚然以终。”⑩另外，竹简还论述过思与情感的关系，如有这样

① 王中江：《简帛文明与古代思想世界》，北京大学出版社2011年版，第51页。
②《容成氏》，载马承源主编：《上海博物馆藏战国楚竹书（二）》，上海古籍出版社2002年版，第277页。
③《昔者君老》，载马承源主编：《上海博物馆藏战国楚竹书（二）》，上海古籍出版社2002年版，第246页。
④《昔者君老》，载马承源主编：《上海博物馆藏战国楚竹书（二）》，上海古籍出版社2002年版，第244页。
⑤《昔者君老》，载马承源主编：《上海博物馆藏战国楚竹书（二）》，上海古籍出版社2002年版，第283-284页。
⑥《昔者君老》，载马承源主编：《上海博物馆藏战国楚竹书（二）》，上海古籍出版社2002年版，第236页。
⑦《昔者君老》，载马承源主编：《上海博物馆藏战国楚竹书（二）》，上海古籍出版社2002年版，第236页。
⑧《性情论》，载马承源主编：《上海博物馆藏战国楚竹书（一）》，上海古籍出版社2001年版，第275页。
⑨《性情论》，载马承源主编：《上海博物馆藏战国楚竹书（一）》，上海古籍出版社2001年版，第221页。
⑩ 李零：《上博楚简三篇校读记》，中国人民大学出版社2007年版，第60页。

的说法："凡忧思而后悲，[凡]乐思而后忻，凡思之用心为甚。"①"戚"指的也是一种情感，即忧愁。《子羔》曰："民之有戚患也。"《性自命出》中也出现了"戚"字，也有忧愁之意。在这里，"患"被写作"惓"②。另外，"怨怼"指的也是一种情感。《子羔》曰："怨怼者也哀矣少矣。"可读为"悁怼"③。"吝"指的是一种怜惜、舍不得的心理现象，战国前写为"㥶"，上半部意为邻，有怜之意。④"息憩"指的是这样一种休息的心理状态，如说"召开所憩"⑤。"戁"等于"难"，在最初，指一种惶恐羞愧的心理，如孔子曰："《蟋蟀》知戁。"⑥"悡"，指恨、怠之类的心理状态，后来废弃不用。"《杨之水》其爱妇悡。"李零说："从文义看，似非表示恨、怠等义的'黎'。"⑦"悆"，指的是逊心，如有这样的说法："民有悆心。"⑧"宁"，如前所述，它在现在是不带心字旁的心理语词，但在竹简中是有心的构成的，如竹简中写作"寍"。它强调的是，只有心空才能宁静。《缁衣》说："邦家之不寍也。"⑨"谋"，也指心理活动，竹简写作"思"。《缁衣》说："君不以小思大。"⑩"作"，现在也可作为心理语言使用，显然没有心字的构成，但在竹简中则不是这样，例如，竹简写作"煮"，也可写作"惜"。⑪"庆"也可用来表示心理现象。"庆"在竹简中写作"慶"，如《缁衣》说："一人有庆，万民赖之。"⑫"㝐"，有弃、投、捐等意，加"心"部首指心中的离弃之意。"缜密"，即一种心理现象，《孔子论诗》用"慙𥨊"把这一意义明确表达出来了。例如，"慙𥨊而不知言"⑬。"忬好色之忨。"这里的"忬"，有疑、嬉等意，这里指嬉，有游乐之义。"好色"指淑女，不是贬义。"忨"，即忨，《说文解字》云："忨，贪也。"⑭这里有贪、爱二义。"㥜"

---

① 李零：《上博楚简三篇校读记》，中国人民大学出版社2007年版，第60页。
② 李零：《上博楚简三篇校读记》，中国人民大学出版社2007年版，第31页。
③ 李零：《上博楚简三篇校读记》，中国人民大学出版社2007年版，第33-34页。
④ 李零：《上博楚简三篇校读记》，中国人民大学出版社2007年版，第11页。
⑤ 李零：《上博楚简三篇校读记》，中国人民大学出版社2007年版，第18页。
⑥ 李零：《上博楚简三篇校读记》，中国人民大学出版社2007年版，第19页。
⑦ 李零：《上博楚简三篇校读记》，中国人民大学出版社2007年版，第25页。
⑧ 马承源主编：《上海博物馆藏战国楚竹书（一）》，上海古籍出版社2001年版，第188页。
⑨ 马承源主编：《上海博物馆藏战国楚竹书（一）》，上海古籍出版社2001年版，第186页。
⑩ 马承源主编：《上海博物馆藏战国楚竹书（一）》，上海古籍出版社2001年版，第187页。
⑪ 马承源主编：《上海博物馆藏战国楚竹书（一）》，上海古籍出版社2001年版，第188页。
⑫ 马承源主编：《上海博物馆藏战国楚竹书（一）》，上海古籍出版社2001年版，第182页。
⑬《孔子论诗》，载马承源主编：《上海博物馆藏战国楚竹书（一）》，上海古籍出版社2001年版，第158页。
⑭《孔子论诗》，载马承源主编：《上海博物馆藏战国楚竹书（一）》，上海古籍出版社2001年版，第144页。

即忧。[1]“慜”，楚简中写成“悡”，可看作是楚国的简体字，意为恨心。[2]“恙”，可说“少又恙安”，其意尚未解读出来，待考。[3]“悉”等于爱，是一种心理现象，故“爱”的古字中有“心”旁，如“愛”。“难而悹退”[4]，可理解为“难而悁怼”。“悹”，有的解释为“怨”，马承源先生释读为“悁”。“怼”有“怨”之意。“民主之惓慸”，可解读为“民之有罢惓”[5]。“𢞁”即离。“哭”，是吝的异体，但“𢞁”的意思不是吝。若意义相同，就没必要增加“卩”之类的构成部分。马承源先生认为，“𢞁”有“离”之意。例如，《孔子论诗》说：“诗亡𢞁志，乐亡𢞁情，哭亡𢞁言。”意思是，诗不离志，乐不离情，哭不离言。[6]

基于上述考释，我们可以从中抽象出如下结论。第一，中国古人认识到的心理样式是很多的，比西方人认识的要多得多，相应地，所认识的心理现象的范围、界限也要大得多。这种多和大，对心理本质的认识极为重要。因为样本越多，越有助于哲学家从中抽象出更具概括性、更能全面反映更多心理个别的一般本质。第二，中国造字的时代，人们在本体论世界已认识到了世界上有一类不同于物、气、精的现象，看到了它们独立的本体论地位，这就是由众多心理个例所组成的心理王国。能有此发现，并予以肯定和解释，这是中国心灵哲学在心理本体论上的有益贡献，对我们进一步建构本体论的库存清单和范畴体系有奠基作用。第三，不仅纯粹的心理现象，如思，可用心理语言予以表示，而且源于心理的现象，如顺，也可用心理语言予以表示，如“㐖”。第四，古人已看到了作为一种心理样式的心本身又有多样性的特点。早在春秋时期，《管子・内业》就认识到：“心以藏心，心之中又有心焉。”例如内面有本心、仁心，有作为体的心，有作为用的心，有处置得当的心，有处置不当的心，等等。“心不当，则天下祸。”反之，则天下福。[7]竹简在这方面有过之而无不及，如说：“形不胜心”，则大乱，“心如能胜心，是谓少彻”。[8]彻即通达、把握，如《庄子・外物》云：“目彻为明，耳彻为聪，鼻彻为颤，口彻为甘，心彻为知，知彻为德。”竹简不仅注意到西方

①《孔子论诗》，载马承源主编：《上海博物馆藏战国楚竹书（一）》，上海古籍出版社2001年版，第145页。
②《孔子论诗》，载马承源主编：《上海博物馆藏战国楚竹书（一）》，上海古籍出版社2001年版，第147页。
③《孔子论诗》，载马承源主编：《上海博物馆藏战国楚竹书（一）》，上海古籍出版社2001年版，第136页。
④《孔子论诗》，载马承源主编：《上海博物馆藏战国楚竹书（一）》，上海古籍出版社2001年版，第136页。
⑤《孔子论诗》，载马承源主编：《上海博物馆藏战国楚竹书（一）》，上海古籍出版社2001年版，第131页。
⑥《孔子论诗》，载马承源主编：《上海博物馆藏战国楚竹书（一）》，上海古籍出版社2001年版，第126页。
⑦《尸子・贵言》。
⑧ 马承源主编：《上海博物馆藏战国楚竹书（七）》，上海古籍出版社2008年版，第222-228页。

心灵哲学所遗忘的道德之心，而且也不轻视认知之心，认为心的主体性既表现在认识之中，也表现在对身的控制之中，如说：“耳目鼻口手足六者，心之（役）也。”“心曰唯，莫敢不唯；如（诺），莫敢不如（诺）；进，莫敢不进；后，莫敢不后；深，莫敢不深，浅，莫敢不浅。”意为心想让身做什么，身一定会照办，如心让身进、退等，身不敢不从。[①]竹简认识到的心的样式及其作用还有很多，如作为激活性动力的心，介于性情之间并对它们有制约作用的心，血气情感性之心，道德意志之心，思虑之心，等等。[②]

第四节 重要心理语词考释

尽管中国心灵哲学述及大量的心理样式和个例，从而为心理的地理大发现、本体论库存清单的建构和完善做出了不可磨灭的贡献，但由中国崇本息末的思维原则所决定，中国心灵哲学又非常重视对主要心理样式的具体深入的剖析。本节的任务就是考察它对一些基本的心理样式的探究。先看“心”这一核心范畴。

就现有文献看，最早的“心”字始见于甲骨文中。这里的“心”字即人和动物心脏的象形符号。殷商甲骨文中就出现了“心”字，写作“”。[③]王筠先生说：“心，中象心形，外兼象心包络也。”[④]《说文解字》也认为，古人所说的心即居身中心的心脏。“心，人心，土藏，在身之中，象形。”[⑤]在五行中，土为中央，故可以心配土。最初的“心”字指的是心脏，但被赋予了两种功能：一是具有维持血液循环的作用；二是有认知功能，即今日所说的心理功能。古人认为，心之所以有这种功能，是因心像纤一样，能深入微细之处。例如，有这样的解释：“心，纤也，所识纤微，无物不贯也。”[⑥]把心作为认知器官这一思想出现得也很早，如甲骨卜辞中就有萌芽。“庚戌卜，□贞，王心若。”[⑦]“若”有顺和善的意思。在金文中，尽管心仍是象形字，但字形略有变化，即笔画有增减。

---

① 《五行》，载陈伟等：《楚地出土战国简册（十四种）》，经济科学出版社2009年版，第183页。
② 王中江：《简帛文明与古代思想世界》，北京大学出版社2011年版，第196页。
③ 董作宾、李济：《殷虚文字·甲编》，商务印书馆1948年版，第3510号图。。
④ ［唐］王筠：《文字蒙求》卷1。
⑤ ［东汉］许慎：《说文解字（三）》，汤可敬译注，中华书局2018年版，第2145页。
⑥ ［东汉］刘熙：《释名·释形体》。
⑦ 叶玉森：《铁云藏龟拾遗》，1925年版，第9页，第11号图。

随着认识的拓展和深入，人们不断认识到心的一些新的样式和作用，由此所决定，在后来的甲骨文卜辞和金石铭文中，我们逐渐可以看到这样的情况，即它被用来表示人身上出现的不同于吃饭等生理现象的心理现象。在《周易》中，“心”字用得很多，《尚书》《诗经》中除了以“心”表示思维等心智现象之外，还有以之表示道德情操的用法。

大量史料表明，“心”这个词最初指的是一种与五官并列的“官”，是一种官能，其职能是思，如常说的“心之官则思”。后来，其涵盖的范围逐渐扩大，其作用也随之不断泛化，人们认识到，心不仅有思虑的作用，而且对其他感官还有支配作用，如“心志”说的就主要是这种作用。其范围、作用扩大的另一表现是，人们认识到了心作为一个总类，其下还有很多子类或样式。中国心灵哲学在这方面的最大成就就是认识到：心不仅有道德心这样的样式，它类似于实践理性，主管道德操守，而且从心的深浅结构看，在心的底层还有甚深广大的道德资源，可称作本心。《五行》《管子》《荀子》等关注的心主要就是这种心。《五行》云：“心也者，悦仁义者也，此数体者皆有悦也，而六者为心役。”

从“心”字在《周易》《尚书》《诗经》等古书的用法中可以看出，古人已认识到，人身上除了肉体的存在之外，还有一个世界，即心识的世界，它有它的内容，也有它的主体，即“我”或狭义的“心“（作为主体的心）。周宣王时的《师询簋》载：“敬明乃心，率臣乃友干吾王身。”意为，在训诫臣下时要敬要明，而敬明是由心完成的，正像行走是身体的作为一样。《周易》中的“心”既指一种不同于身的主体，又指不同于身的另一个世界，即人除了“身上”之外，还有一个“心内”或“内心”“心里”。“心”在卦爻辞中出现过7次，例如，井卦九三爻辞云：“井渫不食，为我心恻。”“心恻”意为心感到悲恻，之所以悲恻是因为井水被涤除了污泥因而变干净了，但仍不能为人饮用。艮卦九三爻辞云：“艮其限，列其夤，厉熏心。”熏心指因认识有误而让心情变得不好。益卦上九爻辞云：“莫益之，或击之，立心勿恒，凶。”“立”是动词，有树立、调节等意。立心即处理心，把心调适成不恒、不固的状态，这是危险的。这里的心显然有指人的精神主体的意思。这些说明，这些时代的人已经认识到了人身上有一个特殊的主体，它不仅存在、有作用，而且组织了自己的世界，即内心世界。

“心”一词还有很多用法及指称，有时指“想法”“计划”等；有时指心理态度、观点，如“恻隐之心”“羞恶之心”“恭敬之心”“是非之心”；有时指心脏；有时指有最关键作用的东西；有时指负责高级心智功能的主体，例如，孟子说“心之官则思”[①]，荀子说“何以知道？曰：心”[②]；有时指智慧、神明；有时又指有神明、智慧作用的主体或地方，如《管子》云“心也者，智之舍也”[③]；有时指诸心身现象中居统治地位的东西，如《管子》云“心之在体，君之位也”[④]。北宋理学诞生后，受先儒孟子等的影响，“心”的经常性用法是被用来指本心或人的道德之心、让人践行美德的心。其体是理，或可说本心即理。其特点是每个人都有、每个人可知，且“简易”。陆九渊说：“此理本天所以与我，非由外铄。明得此理，即是主宰。真能为主，则外物不移，邪说不能惑。”[⑤]“盖心，一心也；理，一理也。至当归一，精义无二……孟子曰，所不虑而知者，其良知也；所不学而能者，其良能也。此天之所与我者，我固有之……故曰，万物皆备于我矣。反身而诚，乐莫大焉。此吾之本心也。”[⑥]道教和中国化佛教中则常说“真心”。它有多个名称，如本心、净心、本来面目、元本真宗、清净本原、元本真灵、真宰等，也可称作“道”。应注意的是，“心”有时也有非心灵哲学的用法，例如，张载说：“为天地立心。”再如，程颐说：“一阳复于下，乃天地生物之心也。先儒皆以静为见天地之心，盖不知动之端乃天地之心也，非知道者，孰能识之！”[⑦]这里的天地之心，指主宰天地的根本原则。

再看“意识”。在《黄帝内经》之前，意与识是分开使用的，意指记忆，有观念、心像呈现于心中，相当于西方人所说的意向性或心理表征；识指认识。而在此之后，经常出现两词连用的情况，例如，《黄帝内经·素问·五藏生成论》曰：“五藏相音，可以意识。”王充在《论衡·实知》中说：“众人阔略，寡所意识。”魏晋及以后，这两个字在佛教的影响下，常连在一起使用，指回忆、思虑之类的活动。

“精”是中国心灵哲学的独有课题。其本义是指谷物中的精微部分，属物

---

① 《孟子·告子上》。
② 《荀子·解蔽》。
③ 《管子·心术上》。
④ 《管子·心术上》。
⑤ [南宋]陆九渊：《与曾宅之》，《象山全集》卷1。
⑥ [南宋]陆九渊：《与曾宅之》，《象山全集》卷1。
⑦ [南宋]程颐、程颢：《二程集（下）》，王孝鱼点校，中华书局2004年版，第819页。

理世界中的成员。后《黄帝内经》等用它比喻说明人身中的特殊部分，例如，《黄帝内经·素问·金匮真言论》云：“夫精者，身之本也。”这种精不仅存在于人身，而且也存于其他事物之上，例如，涸川之精，生于蚴(此虫一头而两身)；水也有其精，此精相对于粗而言。①有时，它指的是一种兼具心理和生理两种因素或性质的实在、力量，如《列子》（又名《冲虚至德真经》）云：“意迷精丧。”②有时，它也有纯心理学的用法，即指人身上的与神、魂、心等并列的、有自己特定心理作用的主体。《老子》第二十一章云：“道之为物，唯恍惟惚……窈兮冥兮，其中有精；其精甚真，其中有信。”徐复观先生说：“‘精’的观念，至战国末期而大为流行……承认在人生命中也有一种可称为‘精’的东西……可以与天地之精相通感，也可以与天下之人相通感。”③这种精显然是一种高级的心理现象。

“神”同“精”一样，也有多种所指，具体如下。

（1）指自然的、有神奇力量的东西，如《黄帝内经·灵枢》云：“神者，水谷之精气也。”

（2）最常见、基本的用法，是泛指变化的复杂性、莫测性，如“太神了”。这种神既可指心理现象，也可指物理或生理现象。

（3）指人身上有特殊作用、看不见的东西，可能同时有心物二重性。

（4）指一种像心、魂等一样有特定作用的主体。它是王中之王、君中之君。例如，《黄帝内经》中所说的神，多属这种情况。

（5）指最高级的心智现象，或指作用、功能。例如，“神明”指的是智慧或心智的能明辨、清明的功能，神明即明之神。《管子》云：“一物能化谓之神。”意为顺应物的变化即为神，同理，“一事能变谓之智”，意为顺应一切事物中的变化即为智。④

（6）指心中的一种状态，此状态有这样一些样式，如躁动不安、安然不动，神介于两者之间。

（7）指心身中最宝贵、像牛鼻子一样的东西，得之即万事大吉。《管子》云：

①《管子·水地》。
②《冲虚至德真经·周穆王》。
③ 徐复观：《西汉思想史（二）》，九州出版社 2014 年版，第 43 页。
④《管子·内业》。

“有神自在身，一往一来，莫之能思，失之必乱，得之必治。”“得之而勿舍，耳目不淫（聪明不惑），心无他图。正心在中，万物得度。”①得这种神也能让人通达最高的智慧境界，甚至无所不知，例如，《冲虚至德真经》认为，人若真正合于体内之元神，则能无所不知。“体合于心，心合于气，气合于神，神合于无”，便能超越见闻觉知，而无所不知。②

（8）相当于本心、真心一样的体性。由于它表现为体无，因此可称作“不神而神”。道教的《阴符经》云：“人知其神而神，不知不神而神。神而神者，诸景之神。不神而神者，黄庭之神。”③意为一般人只知道识神，此神有神妙的一面；但不神的特点是不是神，同时又是神，因为它寂然不动，但感而遂通、变化莫测。此无神即道，它不神而神。

与“神”相关的是“神明”。以《周易》为代表的许多论著所说的神明是指鬼神，《左传·襄公十四年》说：“敬之如神明。”而庄子所谓的“神明”指精神及其作用。④有时也有把“明”单独加以使用的情形。这是中国心灵哲学的一个特有范畴：一是指对对象的明了，一般指视觉对其对象的清楚认知；二是指心的明亮，如朱熹说的“心之明”。这种明也有其对象，只是这个对象是内在的，如心像、思想、概念、情感、善恶、美丑、好坏等。儒学很看重这种明，但庄子不以为然，认为心之明只能算是“滑疑之耀”，是圣人“应图而去之”的东西。在否定的基础上，庄子指出了一种新的明，即泯是非、忘彼我的状态，不同于前面的明的特点是这种明反对分辨之明，而强调不分别的状态。因此这里的“明”是名词，而非一般所说的动词。佛教的明有“妄心之明”和“真心之明”两种。⑤

把“精”与“神”连用，即写作“精神”，始见于《老子》和《左传》。《韩非子·解老》云：“圣人爱精神而贵处静。”《管子·内业》认为，精神是精气发展到一定程度表现出来的作用，例如，精气藏于胸中、定在心中、抟气如神，最后“至于神明”，“精神者，所受于天也”。⑥

①《管子·业内》。
②《冲虚至德真经·仲尼》。
③ 转引自[唐]梁丘子注：《黄庭经集释》，中央编译出版社 2015 年版，第 202 页。
④ 徐复观：《中国思想史论集》，九州出版社 2014 年版，第 123 页。
⑤ 徐复观：《中国思想史论集》，九州出版社 2014 年版，第 122-123 页。
⑥［西汉］刘安：《淮南子·精神训》。

尽管“气”在多数情况下指的是物理现象，如现代物理学所说的有波动性和粒子性的电子之类的东西，但有时也在心理学意义上被使用。这又有两种情形：①表示道德性、精神性的特性，如和气、正气、勇气、脾气、怒气、志气、心气等，而浩然之气不仅是心理样式，而且是充满理、义的境界，当然，它又有物理的构成；②它常被看作是不同质的心物相互关联和作用的桥梁，因为尽管气是物理的东西，但它微细又微细，近于心的无形，因此同时具有心物二重性，进而能成为心物沟通的桥梁。

梦是人类最先碰到的心理现象，因此最先闯进人类心灵哲学思索的视野，是一个最古老的谜题。但由于精神分析学的重视，它同时又成了最新的研究课题。中国古人对梦的探讨极为发达，例如，为了弄清其本质，首先在找出梦的样式、个例的基础上对之做出分类，然后分门别类地加以探讨。有的人认为有六种梦，即正梦、噩梦、思梦、寤梦、喜梦、惧梦。各种梦的具体相状、缘由是“阴气壮，则梦涉大水而恐惧；阳气壮，则梦涉大火而燔灼；阴阳俱壮，则梦生杀；甚饱则梦与，甚饥则梦取；是以以浮虚为疾者，则梦扬；以沉实为疾者，则梦溺；藉带而寝则梦蛇，飞鸟衔发则梦飞。”[①]就原因而论，它们都是神识与有关观念交往、交感变化的结果。故可说：“此六者，神所交也。”“神遇为梦，形接为事。故昼想夜梦，神形所遇。”“识感变之所起者，事至则知其所由然。”[②]人们究梦、释梦的目的当然是要找到对待它们的正确态度。一种观点认为，对于梦的态度最好是，即便是碰到噩梦也不应害怕，而要不害怕，就要“知其所由然”。果如此，“则无所怛”。古人还认识到，尽管大多数人都必然经历梦这种现象，但只要像圣人一样治心，也可做到不做梦。例如，“古之真人，其觉自忘，其寝不梦”[③]。

中国心灵哲学像佛教一样，由于关心“治心”“人为生灭心理”这类课题，因此也从价值上探讨了心理样式与人的生存的关系问题，在这个过程中，由于必然涉及人为什么能通过人为的方式让某些心理生起或让某些心理减轻直至灭除，因此其自然进到了对心的本质的探讨。因为不认识心的本质，是不可能真正实现

①《冲虚至德真经·周穆王》。
②《冲虚至德真经·周穆王》。
③《冲虚至德真经·周穆王》。

人为让心生灭的目的的。在做这样的探讨时，中国心灵哲学首先根据心与人的利害关系，把它们分为三类：一是积极健康的、应予保护和发展的心理；二是有害的、应予灭除的心理；三是既无害又无利的中性心理，如纯认知性的心理。第一类心理主要包括：益国裕民之心、想大贤之心、君心、宽心、人心、心术、无厌之心。[①]此外还有心态谦和、平心、淡心、泰心、和心，其好处在于："谦以受益，平以称施，淡以发智，泰以明威，和以通知。"[②]第二类心理有很多，如能心、胜心、骄心等。它们的危害是，例如，骄心一起，真心便会"飞扬而上"；有吝心，人便卑堕而下；有躁心，人便纵放；有怠心，人便廓落而后；有侵心，人便攘据而右；有怯心，人便委顺而左；有奇心，人便索隐行怪；有巧心，人便机械变诈。若能让这些心灭除，便回归"平平妥妥"之真心，"即是察乎天地"[③]。有道是"能心忘则心谦；胜心忘则心平；侈心忘则心淡；躁心忘则心泰；嫉心忘则心和。"[④]

"成心"是一个值得单独予以考察的概念。它是由庄子在《庄子·齐物论》中提出的。所谓成心即群品在认识之前就有的心，内含着彼与我的是非。因此只要人们有成心，就必将陷入无休止的争论，结果总是与道无缘。因为有成心，就等于心被遮蔽了，有此遮蔽，就不可能接近大道。林云铭说："人心之所至，便有成见在胸中，牢不可破。"[⑤]庄子说："夫随其成心而师之，谁独且无师乎？"[⑥]意为如果一个人总是把自己的成心当作自己的向导，那么每个人都会如此。其结果是先入为主，妨碍得到正确的认识。这样的成心就像说"今天往越国去，可是昨天就已经到了"[⑦]一样荒唐。郭象在注《庄子》时一方面继承了庄子的思想，认为要得道成圣，必须"以理遣知""以理化情"，克服"成心"；但另一方面又说"心之足以制一身之用者，谓之成心。人自师其成心，则人各自有师矣。人各自有师，故付之而自当"[⑧]。如果说性是万物本具的独特本性，那么成心也是其组成部分。就此而言，有成心便有其必然性和合理性。

---

① [南宋]陆九渊：《陆九渊集》，钟哲点校，中华书局1980年版，第69、71、73页。
② [明清之际]黄宗羲：《明儒学案（上）》，沈芝盈点校，中华书局2008年版，第440页。
③ [明清之际]黄宗羲：《明儒学案（下）》，沈芝盈点校，中华书局2008年版，第965页。
④ [明清之际]黄宗羲：《明儒学案（下）》，沈芝盈点校，中华书局2008年版，第440页。
⑤ 杨柳桥：《庄子译注》，上海古籍出版社2006年版，第22页。
⑥ [唐]成玄英：《庄子·齐物论》。
⑦ 杨柳桥：《庄子译注》，上海古籍出版社2006年版，第23页。
⑧ [西晋]郭象：《庄子注·齐物论》。

魏晋玄学于心灵哲学的一个贡献是提出并研究了一些新的心理范畴。它们涉及以前乃至今日很少或几乎未予关注的一些心理现象，如性、才、志气（如人穷志不短）等。这留待以后专门予以探讨。再如明与胆及其关系问题。明即聪明、明白、畅达，是有智慧的表现。从质性上说，“明以阳耀”，体现的是人身中的阳性本质。胆包含一般心理学所说的意志、抉择作用，但不止于此，还包括人的胆识、胆量、胆力、勇气之类的心理。刘劭（182—245）说：“聪明秀出谓之英，胆力过人谓之雄。”①“聪能谋始，明能见机，胆能决之，然后可以为英。”②可见，精英是既有智慧又有决断能力的人。他还说：“气力过人，勇能行之，智足断事，乃可以为雄。”③可见，胆识主要表现在气力、勇气、无所畏惧等方面。它们是不同于聪明、心智的又一种心理现象，与情感有关，但又不能完全归于情感，因为智、明的特点是善于随机应变。故说一事能变曰智，意为能专心、专一地做事，且善变通，即为有智。④

首先，从关系上说，胆与明无派生关系，即不能相互产生。其次，其作用也各不相同。嵇康说：“明、胆殊用，不能相生。”⑤就胆量本身而言，胆量是性，决定是用。有胆识，一定“勇于决断”，正像有智慧一定能对物理形成到位的认识一样。⑥

① [东汉]刘劭：《人物志・英雄》。
② [东汉]刘劭：《人物志・英雄》。
③ [东汉]刘劭：《人物志・英雄》。
④《管子・心术下》。
⑤ [曹魏]嵇康：《明胆论》。
⑥ [曹魏]嵇康：《明胆论》。

第五章

心理多主论：心、魂、魄

通过对心的探矿式或“地理大发现”式的搜寻、探究，中国哲学发现了西方哲学所不曾注意到的心理样式，如魂、魄、真心、神、胆识、胆量等。从比较研究的角度看，中国心灵哲学在对人与世界做整体把握时，除了有超心物二分图式的特点之外，还有这样一个特点，即在将心理王国作为统一对象把握时，尽管在一些语境下表面上承认心为主宰，但一般坚持认为，心理王国的主宰不像西方哲学所说的那样只有一个主宰，而是有各司其特定功能和职责的“多主角”或多主体，如心、魂、魄、神、我等。我们知道，任何规范的求真性心灵哲学探讨都会面临这样一个共同难题，即具有心性多样性的心理世界，究竟有没有起主导或统摄作用的主体，也即心是有主还是无主的，是有所有者（owner）还是无所有者的。如果有，它是一还是多？这是一个关系如何建构心灵观、如何设想心灵的结构图景的重大问题。只要往深处探讨心灵哲学问题，就必然为上述问题所困扰。中国心灵哲学不仅自觉进入了这一领域，而且做出了极有个性的回答，例如，认为心的主体是多，即心、魂、魄、神、我等，它们都有自己的势力范围、功能和职责。由于“自我”的问题比较复杂，我们留待后面设专章（第十二章）予以讨论。这里只拟把这些主角或主体分成心、魂魄、精气神灵三组，分别予以考释。

第一节　“狭义心”论及其分类理论

“心”既是主体，同时又是心理世界乃至全部世界中最重要的认识对象。就中国哲学最为关心的做人问题来说，它是通圣学、通道理的关键。质言之，要想通圣学、通道理，就必须通心。王阳明说：“只（是）要解心。心明白，书自然融会。若心上不通，只要（追求）书上文义通，却自生意见。”[①]由于中国哲学所说的心太复杂了，因此不加区分和限定是没法展开讨论的。本节所考释的心论所涉及的心是狭义的。而狭义的心是相对于广义的心而言的。广义的心是指涵盖一切心理现象甚至包括像魂、魄、神这样的心理主体的最广泛的心灵哲学概念。狭义的心是指不包含魂、魄等，而与它们有某种并列关系的心。

一、心的概念分析与心的实质

“心”是中国哲学中用得最多、最泛滥的一个词。因此在考察中国的心论之前，有必要先对这个概念做一番认真的分析和梳理。大体来说，心有广义的心和狭义的心之别。前者包括魂、魄等一切心理个例与样式。这种泛指所有心理现象的用法当然出现得较晚，至少在古代，中国没有造出一个能囊括一切心理的词。后者则只指魂、魄等以外的作为认知主体和道德本体的心。本节对“心”的考察主要侧重于狭义的意义。

为便于后面对作为主体的心的探讨，我们先来考察一下中国心灵哲学关于心的一般性理论。有根据说，它对心做了深入、全面的探讨和论述，形成了系统的理论。这种总括性的心论所关心的问题主要有：①“心”的用法研究和意义辨析；②心的所依与根源，心与形、气、天、理、道的关系等；③心的结构、功能作用；④心的样式及其分类；⑤心的本质、特点等。先看关于第一个问题的讨论。澄清“心”的意义的最好方法是分析它在语言中的用法。这既是西方分析性心灵哲学的一个重要原则，也是中国古代哲学家所认识到并付诸实践的方法。

① ［明］王守仁：《王阳明全集（上）》，吴光、钱明、董平等编校，上海古籍出版社 2012 年版，第 83 页。

在“心”的诸多用法中，第一种较常见的用法是用它指称心的功能作用的载体。此种心可称作载体之心，或“灵之台”或“灵台”。由于不同的人对心所依赖的载体或对心的定位有不同的看法，因此表述此种心的名称也各不相同。较常见的是，认为“心”指的是五脏之心的心脏，或道教和中国化佛教所说的肉团心。《道藏》云：“血有血焉，谓之赤凤之髓，其流入于脑，谓之海，其流入于华池，谓之神水。”①“神在心为帝王，又为绛宫，为灵台，为中丹田。”②“属火，色赤，其形如未开莲花，有三叶见于内，为脉见于外，以口舌为门户，小肠为府，受肾之制伏，五脏之主。”③很显然，这里说的心就是心脏之心。下列表述更清楚地说明了这一点：“心者生之本，神之处也，且心为诸藏之主……君主之官也，神明出焉……心为帝王，正居中央，亦号曰灵台。”④

第二种用法是把心称作“泥丸”或“谷神”。《道藏》云：“天脑者，一身之宗，百神之会，道合太玄，故曰泥丸。”⑤所谓谷神即指元神之宫中居住的神。“谷者天谷也，神者一身之元神也。”⑥此处的谷类似于能藏物的山谷。而天谷则是能容万物的地方，在这里指的是藏元神的地方，亦即人头，或名黄庭，总之，它是“元神所住之宫”⑦。较第一种用法的一个变化是，它将心定位于大脑之中。

第三种用法是把心的居所称作方寸。这样称呼的根据是，心作为有各种作用的东西，像猿猴一样，其所在地一定很小，故被形象地称作“方寸”。《修真十书》云：“了了心猿方寸机，三千功行与天齐。”袁公辅解释说：“神室者，聪明之符，为丹之枢辖，纵广一寸，为一身之主，喻之为猿者，盖跳跃难驯之

① [北宋]曾慥编：《道枢》，载胡道静、陈莲笙、陈耀庭选辑：《道藏要籍选刊（十）》，上海古籍出版社 1989 年版，第 396 页。
② [南宋]石泰辑：《修真十书》，载胡道静、陈莲笙、陈耀庭选辑：《道藏要籍选刊（三）》，上海古籍出版社 1989 年版，第 371 页。
③ [南宋]石泰辑：《修真十书》，载胡道静、陈莲笙、陈耀庭选辑：《道藏要籍选刊（三）》，上海古籍出版社 1989 年版，第 371 页。
④ [南宋]石泰辑：《修真十书》，载胡道静、陈莲笙、陈耀庭选辑：《道藏要籍选刊（三）》，上海古籍出版社 1989 年版，第 517 页。
⑤ [南宋]石泰辑：《修真十书》，载胡道静、陈莲笙、陈耀庭选辑：《道藏要籍选刊（三）》，上海古籍出版社 1989 年版，第 371 页。
⑥ [南宋]石泰辑：《修真十书》，载胡道静、陈莲笙、陈耀庭选辑：《道藏要籍选刊（三）》，上海古籍出版社 1989 年版，第 297 页。
⑦ [南宋]石泰辑：《修真十书》，载胡道静、陈莲笙、陈耀庭选辑：《道藏要籍选刊（三）》，上海古籍出版社 1989 年版，第 297 页。

物。”[①]修丹的人的任务就是调伏它。调伏好了，就能进入“与天齐的境界”[②]。心有时也被看作是载体。这种心被认为是一个空间区域，是一个承载内容的实在或宫殿、宅室。唐代成玄英把它称作灵台、灵府或天门，如说：“灵府者，精神之宅，所谓心也。”[③]“天门，心也。”[④]“灵台，心也。”[⑤]作为一个场所的心也可称作智舍或宫。《管子》云：“宫者，谓心也。心也者，智之舍也，故曰宫。”[⑥]

第四种用法是从“心之容”（即心的容受性、包含性、内容）的角度言心。[⑦]“心之容”一词为庄子所创。容即盛、装，意为心有容受万物的功能，而且心也可表现为万物之容受。

第五种用法是把心看作是主人、主体。《管子》云：“心之在体，君之位也。九窍器有职，官之分也。心处其道，九窍循理。”[⑧]九窍即身体上的九种器官、组成部分，如眼、耳等。只要心行于道，身体的行为便会在理。

第六种用法是指能思之心。此能知之心与心脏有关，这里说的显然是能思能知之心。《管子》云：“我心治，官乃治，我心安，官乃安，治之者心也，安之者心也。”[⑨]“耳目不淫，心无他图，正心在中，万物得度。”此“无他图”“不为物使”的心显然不是生理器官的心脏。孟子说：“心之官则思，思则得之，不思则不得也。”[⑩]

第七种用法是进一步将心的功能放大，以“心”指具有全部知、情、意功能的主体，它不仅能思，而且主管情感，类似于一国之君，而魂魄只类似于臣。例如，“凡人临危险而毛发寒竖者，是神恐伤其窟宅尔”[⑪]。神有很多，其中，心神或元

---

① [南宋]石泰辑：《修真十书》，载胡道静、陈莲笙、陈耀庭选辑：《道藏要籍选刊（三）》，上海古籍出版社 1989 年版，第 416 页。
② [南宋]石泰辑：《修真十书》，载胡道静、陈莲笙、陈耀庭选辑：《道藏要籍选刊（三）》，上海古籍出版社 1989 年版，第 416 页。
③ [唐]成玄英：《庄子疏·德充符》。
④ [唐]成玄英：《庄子疏·天运》。
⑤ [唐]成玄英：《庄子疏·庚桑楚》。
⑥《管子·心术上》。
⑦《庄子·天下》。
⑧《管子·心术上》。
⑨《管子·内业》。
⑩《孟子·告子上》。
⑪ [北宋]张君房编：《云笈七签》，载胡道静、陈莲笙、陈耀庭选辑：《道藏要籍选刊（一）》，上海古籍出版社 1989 年版，第 619 页。

神为主，“元神如主，千神如臣”[①]。元神也可称作“阳神”。“阳神者，是纯阳之精英，是元神也，非五藏诸体之神也。元神能生其三魂七魄及诸体之神尔。”[②]作为全部心身之主宰的心神，可称作童子、众神之主、玄灵。它不仅是认知、情感的主体，而且是欲望的主体。其特点是“咸有色象，触物皆欲……多有求欲，不知止足。”[③]而修道贵在让心神做主，“玄灵之欲不欲”[④]。“玄灵飞去，心神凝定，则五方秀气入于灵台，滋于童子（心神）。”[⑤]是故道教花大力气探讨“存童子、去玄灵法”[⑥]。

这种作为全身之主宰的心就是主宰或主体意义的心。《管子》的“心术”足以说明这一点。心术即让心进入无为状态，以达到管好全身的目的，因此心像君王。《管子》云：“心术者，无为而制窍者也，故曰君。”制的目的就是不让心为物所役、为物所乱。“毋以物乱官，毋以官乱心。”[⑦]而要制，关键是让心一心一意，即“一心”，“执一而不失，能君万物，心安是国安也，心治是国治也。治也者心也，安也者心也，治心在于中”[⑧]。

《云笈七签》也说：“心者，禁也，一身之主，禁制形神，使不邪也。心则神也，变化不测，无定形也。所以五藏藏五神也。魂在肝，魄在肺，精在肾，志在脾，神在心。”“心者，火也，南方太阳之精，主火。”[⑨]“其神也，非青非白、非赤非黄、非大非小、非短非长、非曲非直、非柔非刚、非厚非薄、非圆非方，变化莫测，混合阴阳，大包天地，细入毫芒，制之则正，放之则短（狂），

① [北宋]张君房编：《云笈七签》，载胡道静、陈莲笙、陈耀庭选辑：《道藏要籍选刊（一）》，上海古籍出版社 1989 年版，第 619 页。
② [北宋]张君房编：《云笈七签》，载胡道静、陈莲笙、陈耀庭选辑：《道藏要籍选刊（一）》，上海古籍出版社 1989 年版，第 619 页。
③ [北宋]张君房编：《云笈七签》，载胡道静、陈莲笙、陈耀庭选辑：《道藏要籍选刊（一）》，上海古籍出版社 1989 年版，第 580 页。
④ [北宋]张君房编：《云笈七签》，载胡道静、陈莲笙、陈耀庭选辑：《道藏要籍选刊（一）》，上海古籍出版社 1989 年版，第 581 页。
⑤ [北宋]张君房编：《云笈七签》，载胡道静、陈莲笙、陈耀庭选辑：《道藏要籍选刊（一）》，上海古籍出版社 1989 年版，第 582 页。
⑥ [北宋]张君房编：《云笈七签》，载胡道静、陈莲笙、陈耀庭选辑：《道藏要籍选刊（一）》，上海古籍出版社 1989 年版，第 582 页。
⑦《管子 • 心术下》。
⑧《管子 • 心术上》。
⑨ [北宋]张君房编：《云笈七签》，载胡道静、陈莲笙、陈耀庭选辑：《道藏要籍选刊（一）》，上海古籍出版社 1989 年版，第 129-130 页。

清净则生，浊躁则亡。”①“人之难伏，唯在于心。”②可见，道教像佛教一样，也有制心、禁心这一主题。其制的目标是让心清净无为，因为“心若清净，则万祸不生。所以流浪生死，沉沦恶道，皆由心也”③。制心之所以可能，是因为它本身是有自主性的主体。“人身之中，只有此心，便是一身之主，所谓视听言动者，此心也。故心常清静则神安，神安则七神皆安……心劳则神不安，神不安则精神皆危，使道闭塞而不通，形乃大伤，以此养生则殃。”④这里的七神指五脏之神加阴阳二神。心作为主体不仅能管情感意志等，而且能管同样是主体的魂魄之类。《云笈七签》说：“主管精魄之谓心。”⑤心当然也是认识主体，其对象则是所缘，或境界，“能缘者名之曰心”⑥。相对于心来说，身不能自作主张，而“无形而用者心也”⑦。

理学也有把心作为主体或主宰看待的思想。朱熹说：“心者，一身之主宰。”⑧此主宰是一，而非二，“一而不二者也，为主而不为客者也，命物而不命于物者也”⑨。这个主宰同时也是一切心理样式的所有者、寄宿地，故可称作“舍”。他说：“心是神明之舍。”⑩

王夫之也有类似的思想。他认为，心不仅是人之内起统率作用的东西，而且是认知的主体，例如，感知一物的色无疑离不开眼及其看，但最终有对物的意识则离不开作为主体的心。“感吾以色，目受之，受之而留吾目以视之，心在视矣。”⑪其他认知，包括道德认识，如“审诸礼”，都离不开“吾心”的作

---

① [北宋]张君房编：《云笈七签》，载胡道静、陈莲笙、陈耀庭选辑：《道藏要籍选刊（一）》，上海古籍出版社 1989 年版，第 130 页。
② [北宋]张君房编：《云笈七签》，载胡道静、陈莲笙、陈耀庭选辑：《道藏要籍选刊（一）》，上海古籍出版社 1989 年版，第 130 页。
③ [北宋]张君房编：《云笈七签》，载胡道静、陈莲笙、陈耀庭选辑：《道藏要籍选刊（一）》，上海古籍出版社 1989 年版，第 130 页。
④ [明]万密斋：《养生四要·慎动》。
⑤ [北宋]张君房编：《云笈七签》，载胡道静、陈莲笙、陈耀庭选辑：《道藏要籍选刊（一）》，上海古籍出版社 1989 年版，第 624 页。
⑥ [北宋]张君房编：《云笈七签》，载胡道静、陈莲笙、陈耀庭选辑：《道藏要籍选刊（一）》，上海古籍出版社 1989 年版，第 625 页。
⑦ [北宋]张君房编：《云笈七签》，载胡道静、陈莲笙、陈耀庭选辑：《道藏要籍选刊（一）》，上海古籍出版社 1989 年版，第 625 页。
⑧ [南宋]黎靖德编：《朱子语类（一）》，王星贤点校，中华书局 1986 年版，第 96 页。
⑨ [南宋]朱熹：《观心说》，《朱文公文集》卷 67。
⑩ [南宋]黎靖德编：《朱子语类（七）》，王星贤点校，中华书局 1986 年版，第 2514 页。
⑪ [明清之际]王夫之：《四书训义》，载船山全集编辑委员会编校：《船山全书（第 7 册）》，岳麓书社 2011 年版，第 682 页。

用。基于此，他反对孟子的“大体”“小体”二分说。孟子认为，耳目为小体，心为大体。而王夫之认为，它们有同的一面，即它们的体是一；其异则只是在同一认识中各自发挥了不同的作用而已，这些作用是不能截然分开的。因为离开了哪一个的作用，认识就没法进行，如视物，无眼肯定不行，无心亦如此。他说：“当其合而从本，则名之‘心官’，于其分而趋末，则名之‘耳目之官’。官有主辅，体无疆畔。”①相对于心学而言，王夫之心论的特点是突出心的心理学、认识论意义。例如，承认心是主体之心，而淡化心的本体意义。这就是说，他理解的心，是集各种心理功能于一体的心。他说：“心者，函性、情、才而统言之也。”②

道教对“心”还有一种更为宽松的用法，即把心等同于人，认为心就是一个人。例如，“人则心也，在外则午之时也，真阳也者。在人则元阳也，则外在太阳也”③。

中国心灵哲学也有一实多名论的倾向，如认为心就一个，但可从不同角度描述。描述不同、表现方式不同，其所指和意义便不同。王阳明说：“心一而已，以其全体恻怛而言谓之仁，以其得宜而言谓之义；以其条理而言谓之理。”④心是一个复杂统一体，有本有末，有体有用。体是良知、善，用是视听言动和诸情之发。“至善者，心之本体。”⑤理学也有近似的说法，如说：“心与理一”，“在天为命，在义为理，在人为性，主于身为心，其实一也”。⑥“心一也，有指体而言者（寂然不动是也）。有指用而言者（感而遂通天下之故是也）。”⑦心还有已发与未发的区别，已发之心即有诸用的现象之心，未发之心即赤子之心。

下面我们再来考察一些有建树的思想家对心的论述。先看心学。心学在说心时，不太重视其他意义的心，而专注于作为道德本体的心，也就是说，他们所说的“心”主要指称本体之心、道德之心，或道心、圣洁之心、清净心、圣人之心。

---

① ［明清之际］王夫之：《尚书引义》，中华书局1976年版，第119页。
② ［明清之际］王夫之：《尚书引义》，中华书局1976年版，第130页。
③ ［北宋］曾慥编：《道枢》，载胡道静、陈莲笙、陈耀庭选辑：《道藏要籍选刊（十）》，上海古籍出版社1989年版，第601页。
④ ［明］王守仁：《王阳明全集（上）》，吴光、钱明、董平等编校，上海古籍出版社2012年版，第37页。
⑤ ［明］王守仁：《王阳明全集（上）》，吴光、钱明、董平等编校，上海古籍出版社2012年版，第85页。
⑥ ［北宋］程颐、程颢：《二程集（上）》，王孝鱼点校，中华书局2004年版，第204页。
⑦ ［北宋］程颐、程颢：《二程集（上）》，王孝鱼点校，中华书局2004年版，第609页。

这既是中国心灵哲学对心的一种特殊的用法，又可看作是它所关注的一个特殊的课题。心学家夏尚朴说：“卓然竖起此心，便有天旋地转气象。学者涵养此心，须如鱼之游泳于水始得。才提起便是天理，才放下便是人欲。”[①]“君子之心，纤恶不容，如人眼中著不得一丝尘埃。”[②]仁是此心之德，其相状是平静，正所谓“君子一心如止水”[③]。“湛然虚明者，心之本体，本无存亡出入可言。”[④]从心理之本体论调查的角度说，心学如此言心是有积极意义的，因为他们所做的一系列探讨表明他们在心理样式的勘探中发现了一个别的语词表述不了的事实。陆九渊说：“为学只是理会此。”[⑤]应看到的是，心学除了承认有作为本体的心（理）之外，也承认人有主观的、私人性的心，此心有明、不明的分别。而理或心体则与此妄心根本不同。“此理在宇宙间，固不以人之明不明、行不行而加损。”[⑥]

心由于有巨大、神奇的作用，因此可被称作心神。陆九渊说：“安详沉静，心神自应日灵，轻浮驰骛则自难省觉。心灵则事事有长进，不自省觉，即所为动皆乖缪。”[⑦]从起源上说，心来自大自然。他说：“吾所谓心，天之所予我者也。”[⑧]天给予我的是什么呢？回答只能是，这所予的东西不是私心，而是能致尧舜之道的根据、种子、资源。“彼其险诐颇侧，悉精毕力以遂其私，而不肯以入尧舜之道，岂亦天之所予我者乎？”[⑨]天授予人的资源也可说是道。“道者，天下万世之公理，而斯人之所共由者也。君有君道，臣有臣道，父有父道，子有子道，莫不有道。惟圣人惟能备道……无所处而不尽其道。”[⑩]王阳明也承认心的本明和对外物的认知功能。黄宗羲说：“先生（阳明）悯宋儒之后，学者以知识为知，谓‘人心之所有者不过明觉，而理为天地万物之所公共，故必穷尽天地万物之理，然后吾心之明觉，与之浑合而无间’，说是无内外，其实全靠外来闻

① [明清之际]黄宗羲：《明儒学案（上）》，沈芝盈点校，中华书局2008年版，第66页。
② [明清之际]黄宗羲：《明儒学案（上）》，沈芝盈点校，中华书局2008年版，第67页。
③ [明清之际]黄宗羲：《明儒学案（上）》，沈芝盈点校，中华书局2008年版，第69页。
④ [明清之际]黄宗羲：《明儒学案（上）》，沈芝盈点校，中华书局2008年版，第73页。
⑤ [南宋]陆九渊：《陆九渊集》，钟哲点校，中华书局1980年版，第444页。
⑥ [南宋]陆九渊：《陆九渊集》，钟哲点校，中华书局1980年版，第26页。
⑦ [南宋]陆九渊：《陆九渊集》，钟哲点校，中华书局1980年版，第187页。
⑧ [南宋]陆九渊：《陆九渊集》，钟哲点校，中华书局1980年版，第247页。
⑨ [南宋]陆九渊：《陆九渊集》，钟哲点校，中华书局1980年版，第247页。
⑩ [南宋]陆九渊：《陆九渊集》，钟哲点校，中华书局1980年版，第263页。

见以填补其灵明者也。”[①]心学所说的心是本明，是纯然的灵明，既不是穷尽天理后所得，也不需靠外来闻见的补充。当然，陆王在论心时也是有差别的，如徐复观先生所说的：“象山所复的本心，依然是在心的道德这一面落脚，而不是在‘知’上落脚。阳明开始虽以知行合一立教，其中因含有挽救空言不行之弊之意，然其立言本旨，乃在指出‘知’的发动处即‘意’，意即是行，要人在这种地方用力把不好的一点念头克掉，以为拔本塞源之计。”[②]就此而言，王阳明的心学是重知行合一、反对空言不行的学说。根据这种心学，人要行得正，关键是从当下一念入手，即严格管住心灵，时时盯住它，一旦有不好的念头产生，就把它消灭掉。因此概括说，他的行动哲学大概就是要从当下一念心做起。王阳明说：“我今说个知行合一，正要人晓得一念发动处便即是行了。发动处有不善，就将这不善的念克倒了。须要彻根彻底，不使那一念不善潜伏胸中，此是我立言宗旨。”[③]为此他批评了朱熹的心、理二分思想。他还强调：心与神其实是一个东西，心静即为神，神动即为心，“动神者心”[④]。因此若关注其动，可称作“心”；若关注其静，则可称作“神”。

朱熹对“心”字的分析、梳理极富现代分析哲学的特点。例如，他认为，“心”一词，“各有地头说”，即看到了不同人所说的心是有不同侧重的，有时指的是不同的实在，如孟子所说的“仁，人心也”[⑤]，这心是合理说。再如，“颜子其心三月不达仁”[⑥]是说他的心作为主，不违乎理。经朱熹的分析、梳理，“心”有三种所指：一是知觉义的心，如说“人心但以形气所感者而言尔。具形气谓之人，合义理谓之道，有知觉谓之心”[⑦]；二是主宰义的心，即认为心是身的主宰，“心者，人之所以主乎身者也，一而不二者也，为主而不为客者也，命物不命于物者也”[⑧]；三是理义的心，认为心由气与理合成，心之理即性。“心者，人之神明，所以具众理而应万事者也。”[⑨]“心包万理，万理具于一心。”[⑩]尽管他也

① [明]王守仁：《王阳明全集（下）》，吴光、钱明、董平等编校，上海古籍出版社2012年版，第1279页。
② 徐复观：《中国思想史论集》，九州出版社2014年版，第46页。
③ [明]王守仁：《王阳明全集（上）》，吴光、钱明、董平等编校，上海古籍出版社2012年版，第29页。
④ [唐]吴筠：《心目论》。
⑤ [南宋]黎靖德编：《朱子语类（一）》，王星贤点校，中华书局1986年版，第84页。
⑥ [南宋]黎靖德编：《朱子语类（一）》，王星贤点校，中华书局1986年版，第84页。
⑦ [南宋]黎靖德编：《朱子语类（八）》，王星贤点校，中华书局1986年版，第3340页。
⑧ [南宋]朱熹：《朱子文集·观心说》。
⑨ [南宋]朱熹：《四书集注·尽心上》。
⑩ [南宋]黎靖德编：《朱子语类（一）》，王星贤点校，中华书局1986年版，第155页。

像陆王一样说心是“管摄主宰者”，但他没有赋予心以道德主宰的意义，只强调它是认知、行动上的主体，即“总管家”意义上的主宰。这种主宰不同于陆王所说的主宰，其表现还在于：后者承认心有固有的家当、资源，因此主宰即主宰本有的东西，而朱熹并无关于道德资源之承诺，因此能主管的是后置的东西。正如徐复观先生所说的：朱子所说的主宰“是勤俭持家的主宰，本无家当，只靠勤俭向外面去找”①。朱熹的超前还表现在，他根据他知道的科学对心做了自然化说明。他强调：人心不同于其他事物的心的特点是有知觉，而知觉根源于清纯之气，有此气即能知觉。草木石块之所以有心而无知觉，是因为它们所禀的是混浊之气，故说人心“其气清则为知觉”②。

二、心的构成、功能及其自然化说明

既然心有不同的用法，而每种用法所指的实即广义的心中的一种特殊的心理样式，因此本章下面的讨论将集中于具有各种心理功能的心，即带有主体意义的心，而非生理意义上的心，也即考察中国心灵哲学关于主体意义的心的理论。

先看中国心灵哲学对心的构造的描述与说明。道教认为，灵根即命根，在身脐下。修道的目的之一就是固灵根（通过炼精、炼气）。这里的灵指有分辨、认知能力的灵官。这种灵官也可称作帝京、神室、心窝。此心为一身之主，故曰神室，又可叫心舍，即本性真心所在之处，或心窝。道教修真图有助于说明这一点，例如，它对人体各部位的结构做了全面勾勒和说明。这里也提到“心”，但指的是心脏。例如，“直下肺窍，以至于心，心上有骨，名为鸠尾；心下有穴，名曰绛宫”③。

中国占主导地位的观点是，认为有种种心理作用的心是无形无相的，但又是一个主体性的存在，不然它就不会有那些神奇的作用，其位置要么在心脏中，要么在头脑内，要么在全身。但也有人把心看作是极微妙的存在，例如，庄子以精言心，而“精者小之微也”④。《管子》则把心看作是由气构成的东西，如说：“心气之形，明于日月。”当然，作为心的气不是一般的气，而是气之精、气之

① 徐复观：《中国思想史论集》，九州出版社 2014 年版，第 31 页。
② [南宋]黎靖德编：《朱子语类（一）》，王星贤点校，中华书局 1986 年版，第 89 页。
③ 转引自陈禾塬：《丹道修炼与养生学：武当丹道延寿图说》，社会科学文献出版社 2007 年版，第 191 页。
④《庄子·秋水》。

灵，是“精气之极”[①]。

有人认为，心并不是一个点式的存在，不封闭于方寸、泥丸式的实物之内，而是以弥散的方式存在，主张心有内有外就是其根据之一。《小戴礼记·祀器》曰：“礼之以多为贵者，以其外心者也；礼之以少为贵者，以其内心者也。”郑玄注曰：“外心，用心于外，其德在表也；内心，用心于内，其德在内。”[②]张舜徽先生说：“此释最为精谛。”他据此释人心与道心，说：“所谓人心者，言用心于人也；亦即其德在表之意。所谓道心者，言用心于道也；亦即其德在内之意。”[③]

由于心的构成极为复杂，我们便可从不同角度予以描述和说明。首先，从动静上说，性是静，心则表现为动。其次，从体用上说，心之体即如同虚空的真性，其用就是手足口鼻、语默动静。《盘山语录》云：“喻如人心之用，在目为见，在耳为闻，在口为言，在心为思，在手为拈，在足为行，所用不同，心体无别。”从阴阳角度看，“谓此一心，本无定体，在阳则明，在阴则暗，熟境不存，无为清净，性珠明了”[④]。“但凡心上起一毫头许利欲恶心，便是阴壳，有一毫头许善念便是阳壳。在阴则有恶报，在阳则有善报。”[⑤]

陆九渊承认心有隐有显、有表有里，表心后即为心之真实。找到此真实，便完成了人格的完满。如果能“剖剥”，去心之浮伪，即识得了心之“真实”，而识得此真实就等于“自省自觉”，成了人格完美之人。因为得此真实，心便凝然不动，便成“大人”。“大人凝然不动，不如此，小家相。”[⑥]

对心还可从本与迹、体与用、先与后等不同角度予以描述。王夫之也从体一静、用一动的角度对心做了描述。他说：“动其用，则了、知、作、用之瞥然有矣。静其体，则镜花水月、龟毛兔角之涣然无矣。”[⑦]从根源上说：人性根于性，人心也是如此，“成之者性”[⑧]。成后的表现是既静又动，静是其体，动是其用。“一动一静，则必有同、异、攻、取之机。同、异、攻、取，而喜怒哀

① 《管子·内业》。
② 转引自郑开：《德礼之间：前诸子时期的思想史》，生活·读书·新知三联书店2009年版，第365页。
③ 张舜徽：《先秦道论发微》，中华书局1982年版，第41-42页。
④ [元]王志谨：《盘山栖云王真人语录》。
⑤ [元]王志谨：《盘山栖云王真人语录》。
⑥ [明清之际]黄宗羲：《宋元学案（三）》，陈金生、梁运华点校，中华书局1986年版，第1892-1893页。
⑦ [明清之际]王夫之：《尚书引义》，中华书局1976年版，第27页。
⑧ [明清之际]王夫之：《尚书引义》，中华书局1976年版，第27页。

乐生矣。”[①]

对心的构成的描述还有横向和纵向的维度。就纵向来说，心有深浅，其最深处，即心之源、心之本体。《道枢》云：“心源湛然。”[②]横向则可这样描述，其体是寂（寂者心之本），其用是动。纵向的心还可这样描述，即从未发与已发、交物前与交物后的角度去描述。例如，理学认为，未发是指心的本然、未与外物发生关系的状态，其潜在本性、资源一应俱全，但未表现出来，只以潜在的形式存在。已发指心的这样的状态或阶段，即心与外物发生关系进而表现为有种种知情意的现实的或潜能之实现的心。心之发即为情。这里的情就是广义的，指心的实情。心的已发，始于欲念的萌动，如心有欲，起意做什么，定其向、决其趣，就有意识之类的心理发生。心既可发善，又可发恶，而这是由所禀气的清浊决定的。朱熹认为，心是体与用、静与动、性与情、主体与所持有者的矛盾统一体。“一心之中自有动静，静者性也，动者情也。”[③]

总之，人心是复杂统一体，其内有本心、末心，有所得之心，有得失之心，有行道之心，有人心、道心、师心、欲心、贡高我慢之心，等等。朱熹就是这样看的，认为心是一个复杂、矛盾的统一体、聚合体。从它上面抓住的侧重点不同，定义便不同。例如，就其主体、“能觉者”而言，可以说“心者，气之精爽”或“气之灵”“心官”。[④]就其不是从来就有，而是禀理而生而言，“心”又可被定义为“生”。此“生”有多义：一是指它是生成的；二是指它生动活泼。一言以蔽之，曰“生”而已。“天地之大德曰生”，“人受天地之气而生，故此心必仁，仁则生矣”。[⑤]就其流行而言，心生生不息。就其内容来看，它广大无边。“必须兼广大流行底意看，又须兼生意看。且如程先生言：‘仁者，天地生物之心。’只天地便广大，生物便流行，生生不穷。”[⑥]就其体而言，“心之为物，众理具足”[⑦]。

王夫之在讨论孟子关于五官与心官的关系的理论时阐述了自己关于心的

① [明清之际]王夫之：《尚书引义》，中华书局 1976 年版，第 27-28 页。
② [北宋]曾慥编：《道枢》，载胡道静、陈莲笙、陈耀庭选辑：《道藏要籍选刊（十）》，上海古籍出版社 1989 年版，第 553 页。
③ [南宋]黎靖德编：《朱子语类（七）》，王星贤点校，中华书局 1986 年版，第 2513 页。
④ [南宋]黎靖德编：《朱子语类（一）》，王星贤点校，中华书局 1986 年版，第 85 页。
⑤ [南宋]黎靖德编：《朱子语类（一）》，王星贤点校，中华书局 1986 年版，第 85 页。
⑥ [南宋]黎靖德编：《朱子语类（一）》，王星贤点校，中华书局 1986 年版，第 85 页。
⑦ [南宋]黎靖德编：《朱子语类（一）》，王星贤点校，中华书局 1986 年版，第 86 页。

构成、结构的思想。一般的理解是把五官与心官的关系看作小体与大体、末与本的关系，或把它们看作两个分别存在的官能。王夫之不否认五官与能思的心是小体与大体、末与本的关系，但不赞成把它们绝对分开，而是认为它们构成了统一的心。小体是其外，由分体中的某一功能而成，大体是其内，由五官的结合而成。“本摄乎末，分承乎合，故耳目之于心，非截然而有小大之殊……当其合而从本，则名之‘心官’，于其分而趋末，则名之‘耳目之官’。官有主辅，体无疆畔。是故心者即目之内景，耳之内牖，貌之内镜。”①“合之则大，分之则小，在本固大，逐末则小。”②耳之闻、目之视都是末，“惟思与为体”③。另外，大小是可以转化的，例如，“思而得，则小者大，不思而蔽，则大者小”④。总之，心是由小体、大体、性、情、才构成的复合体。其特点是合、大。合即合诸要素，大即包含大小、本末的大。王夫之说：“心者，函性、情、才而统言之也。”⑤它们三者的关系是①事实上的关系，即它们相互依赖、缺一不可；②应然的关系，即应让它们各守其德，唯其如此，人才能有美好的生活，才能去凡成圣。例如，如果才循乎道，那么“必贞其性”。反之，如果不能顺乎性，则不能尽其才。如果让性被覆被、压抑，情就会放纵。同理，“情之已荡，未有能定性也”。因此情的状态是人做得如何的关键。“情者安危之枢，情安之而性乃不迁。”⑥反之，则是背道而驰、逆性而为。果如此，人将不为人。

中国心灵哲学的心论还探讨了心的功能问题。对此，不同哲学家有不同的回答，有的人侧重于心所具有的思的功能，这是最常见的看法，肇始于孟子，他说：“心之官则思。”⑦有的人关心它的情感和意志的功能，有的人侧重于它对于做人的功能，等等。下面笔者将分别予以考察。

张载继承孟子的思想，提出了这样的观点，认为“思与谋，心之本乎人者也”⑧。《管子》认为，心作为主体，其专司的功能是思虑。正像耳目专门负责

---

① [明清之际]王夫之：《尚书引义》，中华书局1976年版，第119页。
② [明清之际]王夫之：《尚书引义》，中华书局1976年版，第119页
③ [明清之际]王夫之：《尚书引义》，中华书局1976年版，第119页
④ [明清之际]王夫之：《尚书引义》，中华书局1976年版，第119-120页。
⑤ [明清之际]王夫之：《尚书引义》，中华书局1976年版，第130页。
⑥ [明清之际]王夫之：《尚书引义》，中华书局1976年版，第130页。
⑦《孟子·告子上》
⑧ 转引自[明清之际]黄宗羲：《宋元学案（一）》，陈金生、梁运华点校，中华书局1986年版，第668页。

听视一样。“耳司听，听必顺闻，闻审谓之聪。目司视，视必顺见，见察谓之明。心司虑，虑必顺言，言得谓之知。”①这些官能的功能发挥的最佳状态或德行在于：“目贵明，耳贵聪，心贵智。”②因此心的虑与智的关系是智是思虑的最高境界。智的表现是虑之则无不知③。《淮南子》也认为心的功能是知、虑。“夫七尺之形，心知忧愁劳苦，肤知疾痛寒暑，人情一也。”④当然，人在知觉外物时，眼耳等器官也有作用，但最终都要归于心，因为物象是先“入于耳”，再“感人心”的⑤。心的最高的、最能代表其特性的功能是，能知“性”“道”。“知人之性，其自养不勃；知事之制，其举错不惑；发一端，散无竟，周八极，总一管，谓之心。”⑥果能“知道”，便能不惑不忧。“知道者不惑，知命者不忧。”⑦

朱熹对心的功能的论述比较全面。他认为，心之所以是心，是因为它有知觉这一不可为自然事物所具有的功能。这里的知觉显然就是西方心灵哲学所说的意识或觉知（awareness）。他说：“有知觉谓之心。”⑧有知觉也可理解为对事物的认知、思维。他说：“心则能思，而以思为职。”⑨虑是思的一种。“虑，是思之重复详审者。”“虑是思之周密处。”⑩

就知的这种功能而言，一般只强调闻见之知，而侧重于心学的学者则提出，心还有德行之知。两种知都是心的灵明的表现。陆九渊所说的心尽管指的是道德本体，但由于他坚持关于心的体用不二的思想，因此他不否认心的认知功能，如认为这种功能是心体之妙用。当然，他对心的认知意义，语焉不详。吴澄（1249—1333）说：“知者，心之灵，而智之用也。”“闻见者，所以致其知也……闻见虽得于外，而所闻所见之理则具于心，故外之物格，则内之知致。”⑪ 这就是说，即使是闻见之知，也是内外两种力量、资源共同作用的结果，

① 《管子·宙合》。
② 《鬼谷子·符言》。
③ 《管子·九守》。
④ [西汉]刘安：《淮南子·修务训》。
⑤ [西汉]刘安：《淮南子·缪称训》。
⑥ [西汉]刘安：《淮南子·人间训》。
⑦ [西汉]刘安：《淮南子·诠言训》。
⑧ [南宋]黎靖德编：《朱子语类（八）》，王星贤点校，中华书局 1986 年版，第 3340 页。
⑨ [南宋]朱熹：《孟子集注·告子上》。
⑩ [南宋]黎靖德编：《朱子语类（一）》，王星贤点校，中华书局 1986 年版，第 277 页。
⑪ [明清之际]黄宗羲：《宋元学案（四）》，陈金生、梁运华点校，中华书局 1986 年版，第 3040 页。

而非单纯由外在因素或内在因素所决定的。这种关于知的理论是儒学的特点之一，可称作它的“内外合一之学”[①]。心学当然更重视德行之知，强调它是先天的，不依赖于见闻、记诵。

其实，理学中的有些人也注意到了心的两种功能，例如，张载认为，有两种知：一是见闻之知；二是不止于见闻的德行之知。“见闻之知，乃物交而知，非德性所知；德性所知，不萌于见闻。”“人病其以耳目见闻累其心而不务尽其心。”[②]张载强调，心的功能包括闻思，但不止于此。他说：“若以闻见为心，则止是感得所闻见。亦有不闻不见自然静生感者，亦缘自昔闻见。”[③]“知包着心性识，知者一如心性之关辖然也。”[④]“心到处便谓之知，守者守其所知，知有所极而人知则有限。”[⑤]

戴震在强调心有不同形式、程度、等级的功能的同时，认为心有三种知：一是最初的基于心之精爽的知，二是神明之知，三是遇事根据道义所完成的天德之知。心之所以有知的功能，是因为它有精爽的特点。他说：“心之精爽以知，知由是进乎神明，则事至而心应之者，胥事至而以道义应，天德之知也。”[⑥]神明是认知中的最高级的认知作用，也是只为心才有的功能。正是因为有此特点，人才把自己与非人区别开来，或高于非人。他说：“人之异于禽兽者，虽同有精爽，而人能进于神明也。”[⑦]精爽指心的认知功能，此功能也为禽兽所具有。但只有神明才是人所独有的。神明的作用表现在，能认识不存在的东西，能认识无形的、不在眼前的东西。“有蔽隔而不能通之时，及其无蔽隔，无弗通，乃以神明称之。”[⑧]神明最重要的作用是能把握道、德等。

《淮南子》的特点在于：看到了心不仅有认知之类的功能，还有意欲的功能。例如，认为心既有欲望的功能，同时又有放纵和节制两种功能。人是纵欲，还是节制以至步入圣途，都由心的作用所决定。心的放纵的表现是“趣舍滑心，使性

---

① [明清之际]黄宗羲：《宋元学案（四）》，陈金生、梁运华点校，中华书局1986年版，第3040页。
② [北宋]张载：《张载集》，章锡琛点校，中华书局1978年版，第24页。
③ [北宋]张载：《张载集》，章锡琛点校，中华书局1978年版，第313页。
④ [北宋]张载：《张载集》，章锡琛点校，中华书局1978年版，第316页。
⑤ [北宋]张载：《张载集》，章锡琛点校，中华书局1978年版，第316页。
⑥ 安正辉选注：《戴震哲学著作选注》，中华书局1979年版，第22页。
⑦ 安正辉选注：《戴震哲学著作选注》，中华书局1979年版，第74页。
⑧ 安正辉选注：《戴震哲学著作选注》，中华书局1979年版，第73页。

飞扬。”[①]节制的表现是“耳目鼻口不知所欲，皆心为之制。”“以义为制者，心也。”[②]

中国主流心灵哲学最看重的是心对于做人的作用，例如，认为心的状态是决定一个人是凡是圣的关键。张载说：“礼曰：心广体胖，心既弘大则自然舒泰而乐也。”[③]“心大则百物皆通，心小则百物皆病。”[④]因为做人、实现人生的幸福和价值，关键是要知道心的本质、顺应心的发展规律。心的本质是虚静，顺之则为圣，逆之则为凡。《冲虚至德真经》说：“夫心者何？寂然而无意想也。”[⑤]“夫心，寂然无想者也，若横生意虑，则失心之本矣。”[⑥]最明显的是，心会烦躁，不用一定方法调适，人就活得很苦。而心之所以烦躁，是因为心属火。要想活得好，就必须静心。万廷言说：“心，火也，性本躁动……故光明外铄，附物蔓延，思虑烦而神气竭。如膏穷灯灭，其生几何！古之善养心者，必求一掬清净定水，旦夕浇浸之，庶转浊溽为清凉，化强阳为和粹。”[⑦]是故《大学》《中庸》《孟子》等都主静，“洗心之密，皆先此为务”[⑧]。

中国心灵哲学不仅揭示了心的各种功能，例如，强调心既是生理性器官，有泵血等作用，又是心理的主体，如能认知、决定人的智慧高低，而且也是情感的主体。更重要的是，它还是决定人的生存质量、人格境界的决定因素，而且还试图找到这些作用的根据和机理。而后一方面的探讨则属于西方最近所流行的关于心的自然化操作。

中国心灵哲学对心之根据和机理的探讨是按由表及里、由浅入深的路线展开的。道教对心之相状的特点有这样的描述：“心之状，其色赤，其象如莲华，其神如朱雀。”“火为赤帝，神形如朱雀，象如倒悬芙蓉。”“重十二两，中有七孔三毛。”[⑨]其功能是“变水为血”。这说的当然是有生理功能的心脏。但中国心灵哲学将心理的心智定位于心脏也不是没有一点道理的。因为它看到，人有心智是离不开血的流动的，而血的流动显然是根源于心脏的。现当代神经科学有一

① [西汉]刘安：《淮南子·精神训》。
② [西汉]刘安：《淮南子·诠言训》。
③ [西宋]张载：《张载集》，章锡琛点校，中华书局 1978 年版，第 265 页。
④ [西宋]张载：《张载集》，章锡琛点校，中华书局 1978 年版，第 269 页。
⑤ [东晋]张湛：《冲虚至德真经注》卷 2。
⑥ [东晋]张湛：《冲虚至德真经注》卷 4。
⑦ [明清之际]黄宗羲：《明儒学案（上）》，沈芝盈点校，中华书局 2008 年版，第 508 页。
⑧ [明清之际]黄宗羲：《明儒学案（上）》，沈芝盈点校，中华书局 2008 年版，第 508 页。
⑨ [日]汤浅泰雄：《灵肉探微：神秘的东方身心观》，马超等编译，中国友谊出版公司 1990 年版，第 179 页。

种猜测认为，旧记忆的储存可能与肺脏乃至心脏有密切关系。[①]道教还认为，心合小肠，主其血脉，主于舌。如果舌不知味，则是心亏，而血不通，心会惊。由于心有这样的作用，因此它的结构也决定着智慧的高低。例如，上智之人通明，有七孔；中智之人，气通五孔；下智之人，既不明，又不通，无孔、无智慧。人的各种情感都发于心，如多悲是由于心伤。人之性格如暴急，也发于心，记忆也与心有关。如果多忘，则是神离心。“忧重语者，心乱也；色青黑者，心冰也；好食苦者，心不足也；容色赤者，心无疾也；心有病则口干舌强。”[②]

在说明心的功能作用时，中国心灵哲学一般坚持自然主义原则，即坚持用自然事物及其作用说明心的形成、构成与作用。一种观点认为，心之所以有作用，是因为心依赖于头脑。道教说：“头者，精明之府。”[③]正像背是胸之府、腰是肾之府一样，诸髓属于脑，血皆属于心，诸气皆属于肺。头脑是人身中的三界之首。“首者，天界之首也，是为上元天谷泥丸之宫，万神之所聚也，三万六千神之所经由焉。”[④]当然，更多的是认为，心神依止是肉团心或心脏。《道枢》云：“心者，绛宫也。心安即神安，心乱则神乱，万神于是取则焉。其形丹凤，其名赤龙，盖属南方之火者也。以心之液，炼肺之气，则为金膏矣。”[⑤]心的作用是由心脏的结构和功能决定的，因为其中有气，名曰朱雀，气可通过心脏之络，入于舌下，可化为津，咽而入于心，进而化为血。血是真大之余气，流入舌之左即为神水。心神尽管主要依赖于心脏，但其他部分的作用也是不可否认的，如“脐之下三寸，其名曰大海，内有龟蛇潜藏，元气者也。修生者能知，所以呼吸斯养真之本乎。左者肾也，右者命也。抱守元气，烹炼性命，锻阴以为阳，可以安乐延年矣”[⑥]。当然，心对其他部分同时有反作用，如“心有九用，以

① [日]汤浅泰雄：《灵肉探微：神秘的东方身心观》，马超等编译，中国友谊出版公司 1990 年版，第 179-180 页。
②《四气摄生图》，载胡道静、陈莲笙、陈耀庭选辑：《道藏要籍选刊（九）》，上海古籍出版社 1989 年版，第 419 页。
③ [唐]司马承祯：《修真精义杂论》，载胡道静、陈莲笙、陈耀庭选辑：《道藏要籍选刊（九）》，上海古籍出版社 1989 年版，第 285 页。
④ [北宋]曾慥编：《道枢》，载胡道静、陈莲笙、陈耀庭选辑：《道藏要籍选刊（十）》，上海古籍出版社 1989 年版，第 421 页。
⑤ [北宋]曾慥编：《道枢》，载胡道静、陈莲笙、陈耀庭选辑：《道藏要籍选刊（十）》，上海古籍出版社 1989 年版，第 421 页。
⑥ [北宋]曾慥编：《道枢》，载胡道静、陈莲笙、陈耀庭选辑：《道藏要籍选刊（十）》，上海古籍出版社 1989 年版，第 421 页。

驱九窍”[①]。九窍指的是眼、耳等身体部位。

在说明心的作用根源与机制时，中国心灵哲学既提出了许多略显幼稚的观点，又表达了极富前瞻性乃至现代性的思想。例如，《淮南子》认为，人有两大构成方面，即粗与精，而心在精一边。人心之所以有物质所没有的奇妙的功能，是因为人身上有许多精微的存在及力量。《淮南子》说：“是故血气者，人之华也，而五脏者人之精也。”[②]根据中国的自然主义，精被解释为一种气，“精者人之气”[③]。也就是说，心之所以有种种神奇的作用，是由构成心的精微的气及其作用所决定的。周敦颐认为，心有灵明的根源在于它本身是精微的。质言之，精微故明。他说：“诚精故明，神应故妙。”[④]杨简认为，心之能思虑的内在机制在于它不可见、不可得。“似动而不移也，似变而未尝改也。不改不移，谓之寂然不动可也，谓之无思无虑可也，谓之不疾而速、不行而至可也，此天下之至动也，此天下之至赜也。”[⑤]“无须臾而不为也，是心本一也，无二也，无尝断而复续也，无响也不如是而今如是也，无响也如是而今不如是也……可强可弱者血气也，无强无弱者心也，有断有续者思虑也，无断无续者心也。”[⑥]

有的人根据有质碍性、充实性实物没有灵明心知的作用，得出了这样的结论，即心的本体由于有虚、灵的特点，因此才有那些妙用。心学家湛若水（1466—1560）的观点极有代表性。他强调：只有承认虚，才能解释心为何有生之理、生之性；只有承认灵，才能解释心为何有神明之性。他说：“吾常观吾心于无物之先矣，洞然而虚，昭然而灵。虚者心之所以生也，灵者心之所以神也。”[⑦]其“虚焉灵焉，非由外来也，其本体也”[⑧]。朱熹也说：“虚灵自是心之本体，非我所能虚也……若心之虚灵，何尝有物！”[⑨]“心属火，缘是个光明发动底物，所以具得许多道理。”[⑩]道教也承认：中虚为神之舍，因此有其神妙作用。“人中虚圆不

① [北宋]曾慥编：《道枢》，载胡道静、陈莲笙、陈耀庭选辑：《道藏要籍选刊（十）》，上海古籍出版社1989年版，第426页。
② [西汉]刘安：《淮南子·精神训》。
③ [西汉]刘安：《淮南子·精神训》。
④ [明]周汝登：《周汝登集（中）》，张梦新、张卫中点校，浙江古籍出版社2015年版，第615页。
⑤ [明清之际]黄宗羲：《宋元学案（三）》，陈金生、梁运华点校，中华书局1986年版，第2473页。
⑥ [明清之际]黄宗羲：《宋元学案（三）》，陈金生、梁运华点校，中华书局1986年版，第2473页。
⑦ [明清之际]黄宗羲：《明儒学案（下）》，沈芝盈点校，中华书局2008年版，第878页
⑧ [明清之际]黄宗羲：《明儒学案（下）》，沈芝盈点校，中华书局2008年版，第878页。
⑨ [南宋]黎靖德编：《朱子语类（一）》，王星贤点校，中华书局1986年版，第87页。
⑩ [南宋]黎靖德编：《朱子语类（一）》，王星贤点校，中华书局1986年版，第87页。

径寸，神明舍焉。”[①]“心居中虚，以治五官。”[②]理学和心学等基于对心与理、道的关系的探讨，还得出了这样的结论：心之所以有无穷妙用，是由其理、性所决定的。程颐说：“顺理则裕，从欲惟危。”[③]

更全面的观点是，认为人的心理、生理作用是由多种因素共同决定的，正像果树的生长、结果离不开种子、水、火、土等因素的共同作用一样，人的“精水”“神火”“意土”，若不结合在一起，即使有种子也不会有人及其心的存在和作用。[④]例如，五行在这个过程中的作用至关重要。《文始真经》认为，心理现象因五行及物境的变化、复合而生。“惟其来干我者，皆摄之一息，则变物为我，无物非我，所谓五行者，孰能变之。”[⑤]《道藏》对此的注解是“我者心也，心本无心，因物境来相干，则一息之间，心忽见也，以此知即物是心也……若无物境来干，则心不见心。既不见，即是真空。五行岂能变真空哉？不能变真空者，则无生死轮回也。”[⑥]本章要阐明的观点是“一念才生，则落五行轮回不已；一心不生，则真空、阴阳不能陶铸矣。”[⑦]

这种用多因素的合力解释心及其功能的思想是很超前的，因为这种“反部分论”思想在西方是最近才有的，而中国早已有之。王夫之的论述最为深刻。他强调：心的神明依赖于全身，尤其是五脏，因此心不是单子性或点性实在。“一人之身，居要者心也。而心之神明，散寄于五藏，待感于五官。肝、脾、肺、肾，魂魄、志思之藏也。一藏失理而心之灵已损矣。无目而心不辨色，无耳而心不知声，无手足而心无能指使，一官失用而心之灵已废矣。”[⑧]根据王夫之的看法，心不是脑的功能，而是依赖于全身，如果一个脏器不按规律运行，心灵之灵便随

---

① [春秋]程本：《子华子》，载胡道静、陈莲笙、陈耀庭选辑：《道藏要籍选刊（五）》，上海古籍出版社1989年版，第720页。
② [春秋]程本：《子华子》，载胡道静、陈莲笙、陈耀庭选辑：《道藏要籍选刊（五）》，上海古籍出版社1989年版，第726页。
③ [明清之际]黄宗羲：《宋元学案（一）》，陈金生、梁运华点校，中华书局1986年版，第641页。
④ [元]牛道惇：《文始真经注》，载胡道静、陈莲笙、陈耀庭选辑：《道藏要籍选刊（五）》，上海古籍出版社1989年版，第393页。
⑤ [元]牛道惇：《文始真经注》，载胡道静、陈莲笙、陈耀庭选辑：《道藏要籍选刊（五）》，上海古籍出版社1989年版，第387页。
⑥ [元]牛道惇：《文始真经注》，载胡道静、陈莲笙、陈耀庭选辑：《道藏要籍选刊（五）》，上海古籍出版社1989年版，第387页。
⑦ [元]牛道惇：《文始真经注》，载胡道静、陈莲笙、陈耀庭选辑：《道藏要籍选刊（五）》，上海古籍出版社1989年版，第387页。
⑧ [明清之际]王夫之：《尚书引义》，中华书局1976年版，第176页。

之消失或受损。张载也认为，只有有关部分的“合”，才有心的功能之出现；只有单个部分，如仅有脑，则不可能有心。“合”不仅包括全部有关部分的合，而且还包括有关器官与对应对象的“合”，例如，只有眼与色合，才有眼识发生。因此结论是“合，故相知。”①

中国心灵哲学不仅看到了心有多种功能，而且还探讨了它们之间的关系，甚至探讨了心的功能与其他部分的功能的关系。例如，认为心与耳目等五官尽管各有其专门功能，但这些功能不是绝对无关的，譬如心的思虑的功能是在耳目发挥了作用，进而积累了思虑得以开展的资料的前提下发生的，同样，耳目发挥自己的作用也离不开心的调节、指挥、主导作用。戴震对此说得很明白。“耳之能听也，目之能视也，鼻之能臭也，口之知味也，物至而迎而受之者也。心之精爽，驯（锻炼）而至于神明也，所以主乎耳目百体者也。”②心之所以有这种作用，是因为心是气之合一，或二气结合的产物，有此特点便有神的特点。他说：“耳目百体，会归于心；心者，合一不测之神也。”③因此神是心理功能的一个条件。“形也、神也、物也，三相遇而知觉乃发。故由性生知，以知知性，交涵于聚而有间之中，统于一心，由此言之则谓之心。”④

三、从关系上看心

中国心灵哲学论心的一个特点是把它放到与理或道的关系中加以探讨。由于理或道是最深或最本根的存在，是最终极的解释因，因此由此角度所做的关于心的研究也便具有更深层的意义。根据理学的观点，理与性、道处在相同的层面，如可说性即理，换言之，理“在天为命”，而“在人为性”，“道与性一”。⑤心是根源于性或理的，故可说，理主于人身就表现为心。心由于有其理，才成了有灵性、能知觉的东西。“理与气合，便能知觉。”⑥理无心，则无落脚处，心无

① [明清之际]王夫之：《张子正蒙注》，载船山全集编辑委员会编校：《船山全书（第12册）》，岳麓书社2011年版，第146页。
② 安正辉选注：《戴震哲学著作选注》，中华书局1979年版，第33页。
③ 安正辉选注：《戴震哲学著作选注》，中华书局1979年版，第107页。
④ [明清之际]王夫之：《张子正蒙注》，载船山全集编辑委员会编校：《船山全书（第12册）》，岳麓书社2011年版，第33页。
⑤ [北宋]程颐、程颢：《二程集（上）》，王孝鱼点校，中华书局2004年版，第204页。
⑥ [南宋]黎靖德编：《朱子语类（一）》，王星贤点校，中华书局1986年版，第85页。

理，则不可能生成。“所觉者，心之理也，能觉者，气之灵也。”①质言之，心的主体是“气之灵”。因此可说，“心者，气之精爽”②。这样的表述还有很多，例如，“心有动静：其体，则谓之易；其理，则谓之道；其用，则谓之神”③；“心之理是太极，心之动静是阴阳”④；“灵处是心”⑤，是性，而性只是理。心有灵性的表现是心有知觉。而知觉是气聚成形、“理与气合”的产物，心至精至微，微妙难言。“心之精微，口莫能述，亦岂笔端所能尽已！”⑥

心学与理学尽管在许多问题上有重大差别，但在心与理两者的关系问题上，则有相同的语言表述，例如，程颐说“理与心一”；程颢说“心是理，理是心”；朱熹说“心与理一”。朱熹的意思之一是，心作为主体能完全把握理，与之合一，他说：“心与理一，不是理在前面为一物。理便在心之中，心包蓄不住，随事而发。”⑦其意思之二是，“心与理一”也有本体论的意义，因为他认为心本来就是理。正如他常说的：心外无理，理外无心。“理在人心，是之谓性。性如心之田地，充此中虚，莫非是理而已。”⑧当然，理学又没有像心学那样把心与理等同起来，只承认心的体是理，其用则有动、非理的方面。理学认为，心与性属两个不同的层面，性是万物的本性，即理；心是殊相，其中包含有性，但不等于性。例如，仁、义、礼、智四端是性，是理，表现于心中即为孝悌，而孝悌只是心的作用，不是理。心学则不同，其更明确、彻底地提出了心即理的主张。就心性关系而言，陆九渊对心性不做区分，认为心即性，甚至心、性、情、才都是同一个事物，只是在言说上可能有侧重、角度上的差别。

道家、道教关心的是心与道的关系问题。《管子》认为，心之所以有那些妙用，是因为心本身就是道，而道无为而无不为。“道之在天者，日也；其在人者，心也。”⑨从认识上说，心与道也有一致的一面，例如，道可以成为心的对象，为心所把握。“德者道之舍，物得以生，生知得以职道之精（认识道的

① [南宋]黎靖德编：《朱子语类（一）》，王星贤点校，中华书局 1986 年版，第 85 页。
② [南宋]黎靖德编：《朱子语类（一）》，王星贤点校，中华书局 1986 年版，第 85 页。
③ [南宋]黎靖德编：《朱子语类（一）》，王星贤点校，中华书局 1986 年版，第 84 页。
④ [南宋]黎靖德编：《朱子语类（一）》，王星贤点校，中华书局 1986 年版，第 84 页。
⑤ [南宋]黎靖德编：《朱子语类（一）》，王星贤点校，中华书局 1986 年版，第 85 页。
⑥ [明]王守仁：《王阳明全集（上）》，吴光、钱明、董平等编校，上海古籍出版社 2012 年版，第 141 页。
⑦ [南宋]黎靖德编：《朱子语类（一）》，王星贤点校，中华书局 1986 年版，第 85 页。
⑧ [南宋]黎靖德编：《朱子语类（七）》，王星贤点校，中华书局 1986 年版，第 2514 页。
⑨《管子·枢言》。

精髓）。”[①]

理、道的本质特点是极静，因此心也有此特点。当然，从用上说，心又有动的一面。王阳明说：“其静也者，以言其体也；其动也者，以言其用也。”[②]陈献章（1428—1500）认为，心与理有两重关系：第一，理是心之体。人正因为有此体，人之心才是不同于禽兽的心。“君子一心，万理完具，事物虽多，莫非在我。此身一到，精神随具。”[③]心由于具有此理，因此才有人独有的各种精神现象。此理一具，诸精神俱到，禽兽之所以没有人心，是因为它们没有相应的理。如果人心中无理，即无异于禽兽。“忿而争，忧而悲，穷则滥，乐则淫……则命之曰‘禽兽’可也。”[④]

在心的定位问题上，如前所述，有人认为应定位于心脏中，有人认为应定位于大脑中，还有人认为应同时承认在两者之中。除这些之外，还有一种折中的观点，即认为心的位置很灵活，不固定在某一处。例如，心可在全身，全身是心的“神明舍降之舍”。朱熹认为，心既可在心脏中，又可在大脑中，但不局限于这些地方，就像县官既可住在县衙内，又可住在其外一样。[⑤]理学家邵伯温在从体用、本迹角度分析心的基础上，阐述了自己关于心的定位的思想。从体用、本迹角度分析心，是中国心灵哲学揭示心之本质的独有途径。他说：“心无所在，而无所不在，故以用言。迹有方所。”[⑥]意为从用上说，心有方所，即有其依存之处。此方所即一切所，“无所不在”。因为心要让其用表现出来，则需要各方面的配合。但从体上说，心则无方所，即不能说它存在于什么地方。邵伯温说：“以体言，心迹体用之间，有权存焉。则所谓体无定用，唯变是用；用无定体，唯化是体者也。”[⑦]如是则心迹、体用俱以泯矣。从体上说，心寂然不动，无所谓本迹、体用差别，无所谓方所不方所。

更为全面的解释是近于现象学的解释。有些心学家认为，离开身体，离开所知之物，不会有心的发生，因此心是一种具有“函数”性质的现象。王阳明的弟

---

① 《管子·心术上》。
② ［明］王守仁：《王阳明全集（上）》，吴光、钱明、董平等编校，上海古籍出版社 2012 年版，第 155 页。
③ ［明］陈献章：《陈献章集·禽兽说》。
④ ［明］陈献章：《陈献章集·禽兽说》。
⑤ ［明清之际］黄宗羲：《宋元学案（二）》，陈金生、梁运华点校，中华书局 1986 年版，第 15243 页。
⑥ ［明］周汝登：《周汝登集（中）》，张梦新、张卫中点校，浙江古籍出版社 2015 年版，第 637 页。
⑦ ［明］周汝登：《周汝登集（中）》，张梦新、张卫中点校，浙江古籍出版社 2015 年版，第 637 页。

子黄弘纲说："人心只此独知，出乎身而加乎民者，只此视听喜怒诸物，舍此更别无着力处矣，谓天下之物触于前者，有正有不正，又谓知意心身无能离天下国家之物而独立。"[①]后来的戴震也有类似的思想，如说："心者，耳目百体之灵之所会归也。"[②]

四、心的分类

由于具有心理作用的心的个例、样式极多，因此心灵哲学研究接下来必然的工作就是通过分类来把握心理的全貌。尽管中国没有西方的知、情、意分类，没有基于意向性和感受性质的分类，但也有自己的极有特色的分类。最常见的一种分类就是把心分为人心与道心。

"道"有不同的用法：一指道路；二指万物本原；三指虚无、无为；四指理，如理学家即持此说；五指心，如心学家所说；六指气，张载认为，由气化，有道之名，道即气运动变化的过程，或通过气化表现其规律性，戴震认为，阴阳二气是"道之实体"；七指人道、天道、地道，天道即阴阳，地道即刚柔，人道即仁义。从词源学上说，甲骨文中无"道"字，只有近义的"途"字。此"途"又有两种用法：一是指路途，二是指屠杀。金文中出现了"道"字[③]，它从首、从行、从止。段玉裁《说文解字注》云："首者，行所达也"，即所经过的道路。《说文解字》对"行"的解释是，"人之步趋也"。可见，古人所说的"道"与人的行走有关，指的是人的足走过的路。殷周之际的最古老的书籍《周易》中出现过"道"字，都是在"道路"的意义上使用的。《尚书》是夏、商、周诸朝文献的汇编，由于夹杂着东晋人的伪托，因此所传递的就不是纯粹古老的信息。在这里，"道"的意义开始向抽象的方向延伸，如指皇天之道（或天数运行规律）、王道（"遵王之道""王道正直"）、断狱之道（判断刑罚的道理）、作为方法之道等。《诗经》中的"道"的意义也有拓展的特点，例如，除"道路"这层意义之外，还有作为方法、道理的道，以及言说的道等。在《左传》和《国语》中，"道"常在天道和人道的意义上被使用。《大学》主要宣传"大学之道"，如说"大学

① [明]周汝登：《周汝登集（下）》，张梦新、张卫中点校，浙江古籍出版社 2015 年版，第 873-874 页。
② [清]戴震：《孟子字义疏证·绪言》。
③ 张立文、岑贤安、徐荪铭等：《道》，中国人民大学出版社 1989 年版，第 19 页。

之道，在明明德，在亲民，在止于至善”。《中庸》重在阐述中和之道，《礼记·礼运》重在阐述礼义之道。理学家在论述道时强调：道即万物的本体、法则，神即道的妙用。因此认识道的最好办法是通过神。张载说：“惟神为能变化，以其一天下之动也。人能知变化之道，其必知神之为也。”①道的神奇变化表现在：它统一天地万物的运动变化。“天之不测谓神，神而有常谓天。”②常即道。两者的差别在于，“语其推行故曰道，语其不测故曰神”③，意为道与神所突出的侧重点不一样。道主要是讲气的运行及其规律，而神突出的是其变化的神秘莫测性。

理学已开始把道与心联系在一起加以探讨。从事实的角度看，心是道的体现。大道运行即有心的产生、运用和作用。但道又必须借心的存在表现自己。故二程说：“心，道之所在。”④从心的构成来说，心的体性就是道。“心即性也……其实只是一个道。”⑤从应然的角度看，心只有通过对道的通达，才能发挥它的最优化的作用，如明辨是非，乃至修齐治平。“心通乎道，然后能辨是非，如持权衡以较轻重。”⑥意为认识、掌握了道，即掌握了标准、法则，就像拿着秤能称轻重一样。心学在心道关系上也有近似的看法，例如，陆九渊认为，道就是心，或就在心中，心外无道。“道未有外乎其心者，自可欲之善至于大而化之之圣，圣而不可知之神，皆吾心也。”⑦心应该符合道或体现道，只有这样才能无为而无不为，才能随心所欲而不逾矩。“若心在道时，颠沛必于是，造次必于是。”⑧意为只要心在道，即使是颠沛、造次，都不会违道。

再来看人心与道心及其关系。这两个概念最先出现在《尚书·虞书·大禹谟》中。在这里，该书非常经典地表述了后来儒家所说的“十六字心传”：“人心惟危，道心惟微；惟精惟一，允执厥中。”此心传一经提出，特别是春秋以后，人心与道心及其关系就成了中国心灵哲学、道德哲学、政治哲学的经常性话题。一般来说，人心是每个平常的人表现出来的有善恶性质的心，亦即心理学意义上的心，而道心则是纯粹善良的心，近于康德所说的善良意志，亦即本体心、人之本

---

① [北宋]张载：《张载集》，章锡琛点校，中华书局1978年版，第18页。
② [北宋]张载：《张载集》，章锡琛点校，中华书局1978年版，第14页。
③ [北宋]张载：《张载集》，章锡琛点校，中华书局1978年版，第65-66页。
④ [北宋]程颐、程颢：《二程集（上）》，王孝鱼点校，中华书局2004年版，第204页。
⑤ [北宋]程颐、程颢：《二程集（上）》，王孝鱼点校，中华书局2004年版，第204页。
⑥ [北宋]程颐、程颢：《二程集（上）》，王孝鱼点校，中华书局2004年版，第601页。
⑦ [南宋]陆九渊：《陆九渊集》，钟哲点校，中华书局1980年版，第228页。
⑧ [明清之际]黄宗羲：《宋元学案（二）》，陈金生、梁运华点校，中华书局1986年版，第1894页。

心或道德哲学意义上的心。

在两者的本质和关系问题上，第一种观点是强调它们之间的区别。二程认为，人心与道心的差别在于，一个以充满人欲为表征，一个以安于天理为特征。“人心惟危，人欲也；道心惟微，天理也。”[①]“人心私欲，故危殆；道心天理，故精微。灭私欲则天理明矣。”[②]“心，道之所在；微，道之体也。心与道，浑然一也。”[③]“自理言之谓之天，自禀受言之谓之性，自存诸人言之谓之心。”[④]“有心而后有意”，意是心之所发，“心则无出入焉，逐物是欲”。[⑤]程颐认为，性即道心，与性一致的情为道心，或良心、本心，与性不一致的心为人心。

第二种观点认为，两心只是一心，从不同角度说才有二心。陆九渊曰：“心一也，人安有二心？自人而言，则曰惟危（人心）；自道而言，则曰惟微（道心）。”[⑥]心学强调：在心内部不能再分若干个心，即使人心与道心也不是两个心，而是一心的不同表现形式。人只有一个心，不可能有两个心。“心者，人之所以主乎身者也，一而不二者也，为主而不为客者也，命物而不命于物者也。”[⑦]

即使人们常说有人心、道心之别，但这不是说人有两个心，而是说一心有两种状态。陆九渊说：“心只是一个心，某之心，吾友之心，上而千百载圣贤之心，下而千百载复有一圣贤，其心亦只如此。心之体甚大，若能尽我之心，便与天同。”[⑧]“心一也，人安有二心？”[⑨]心只有一个，不能分为二心。他不赞成常见的二分法，如人心即人欲、道心即天理。他说：“此说非是。心一也，人安有二心？自人而言，则曰惟危，自道而言，则曰惟微。罔念作狂，克念作圣，非危乎？”[⑩]意为人只有一心，从人的角度来说，或就一般人表现出来的心而言，

① [北宋]程颐、程颢：《二程集（上）》，王孝鱼点校，中华书局2004年版，第367页。
② [北宋]程颐、程颢：《二程集（上）》，王孝鱼点校，中华书局2004年版，第312页。
③ [北宋]程颐、程颢：《二程集（上）》，王孝鱼点校，中华书局2004年版，第276页。
④ [北宋]程颐、程颢：《二程集（上）》，王孝鱼点校，中华书局2004年版，第296-297页。
⑤ [北宋]程颐、程颢：《二程集（上）》，王孝鱼点校，中华书局2004年版，第297页。
⑥ 转引自[明]周汝登：《周汝登集（中）》，张梦新、张卫中点校，浙江古籍出版社2015年版，第494页。
⑦ [南宋]陆九渊：《陆九渊集》，钟哲点校，中华书局1980年版，第396页。
⑧ [南宋]陆九渊：《陆九渊集》，钟哲点校，中华书局1980年版，第444页。
⑨ [南宋]陆九渊：《陆九渊集》，钟哲点校，中华书局1980年版，第396页。
⑩ [南宋]陆九渊：《陆九渊集》，钟哲点校，中华书局1980年版，第396页。

是为人心，即为“危”；从道的角度来看，或就其表现在圣人身上而言，即为道心。因此道心作为现实的被发明的本心来说，它只是心的一种表现形式，而非另一独立的心。吕祖谦（1137—1181）也坚持这一观点，强调道外无心，心外无道；心即道，道即心。但其又有自己的折中调和的一面，他认为人心有两方面，一是道心，二是私心。心的本体是道心，而在日常中使用的心即私心。“人心惟危，人心是私心；道心惟微，道心是本心。”①王阳明说：“这心体即所谓道，心体明即是道明，更无二。”②因此人心、道心实一心，它们是从不同角度对一心的刻画。“心，一也，未杂于人谓之道心，杂以人伪谓之人心。人心之得其正者即道心，道心之失其正者即人心，初非有二心也。”③“若解向里寻求，见得自己心体，即无时无处不是此道……心即道，道即天，知心则知道、知天。”④而心体或道可具体解释为“良知”。所谓良知即判断是非的标准，或事君处友、为人处世的道德原则。“良知即是道，良知之在人心。”⑤良知有未发和已发两种状态，在未发时，它处在潜在可能的状态；已发即表现为人的具体的道德情操。“若无有物欲牵蔽，但循着良知发用流行将去，即无不是道。”⑥后来的许多心学家在坚持一心说的基础上，往往承认两词描述的侧重点存在着差别，如说：“道之在人则道心是也。神之在人则人心是也。”⑦有神明等作用，尤其是有情欲的心即人心。两者的关系是道心为体，人心为用。“道心性也，性者道之体。人心，情也。情者道之用。”⑧

第三种观点认为，两者既一又异。朱熹有时有这种倾向，如说：“心之虚灵知觉，一而已矣。而以为有人心、道心之异者，则以其或生于形气之私，或原于性命之正……然人莫不有是形，故虽上智不能无人心……故虽下愚不能无道心。”⑨“此心之灵，其觉于理者，道心也；其觉于欲者，人心也。”⑩“只是这

---

① ［南宋］吕祖谦：《东莱集·杂说》。
② ［明］王守仁：《王阳明全集（上）》，吴光、钱明、董平等编校，上海古籍出版社2012年版，第13页。
③ ［明］王守仁：《王阳明全集（上）》，吴光、钱明、董平等编校，上海古籍出版社2012年版，第6页。
④ ［明］王守仁：《王阳明全集（上）》，吴光、钱明、董平等编校，上海古籍出版社2012年版，第19页。
⑤ ［明］王守仁：《王阳明全集（上）》，吴光、钱明、董平等编校，上海古籍出版社2012年版，第60页。
⑥ ［明］王守仁：《王阳明全集（上）》，吴光、钱明、董平等编校，上海古籍出版社2012年版，第60页。
⑦ ［明］罗钦顺：《困知记附录·答黄筠溪亚卿》。
⑧ ［明］罗钦顺：《困知记附录·答黄筠溪亚卿》。
⑨ ［南宋］朱熹：《四书集注·中庸章句序》。
⑩ ［南宋］黎靖德编：《朱子语类（四）》，王星贤点校，中华书局1986年版，第1487页。

一个心，知觉从耳目之欲上去，便是人心，知觉从义理上去，便是道心。”[①]因此两者的关系是既一又异，本是一。之所以异，是因为如果生于形气之私，此心便表现为人心；如果原于性命之正，则表现为道心。因此心究竟是人心还是道心，根源于“知觉者不同”。人心、道心之所以要区别开来，是因为人心有欲望、道心无欲望。每个人不论凡圣都有人心和道心。“虽上智不能无人心”，因为他有知觉、欲望；“虽下愚不能无道心”，因为他们被天赋了仁、义、礼、智这些性。人心即由欲望主宰的心。“人心便是饥而思食，寒而思衣底心。饥而思食后，思量当食与不当食；寒而思衣后，思量当着与不当着，这便是道心。”[②]可见道心即道德之心，或弗洛伊德所说的“超我”。“道心则是义理之心，可以为人心之主宰，而人心据以为准者也。”[③]两者的关系是，“人心如船，道心与舵。任船之所在，无所向，若执是舵，则去住在我”[④]。朱熹说：“非以道为一心、人为一心”，“谓人心之危者，人欲之萌也，道心之微者，天理之奥也。心则一也，以正、不正而异其名耳”。[⑤]

在上述观点的对立和争论中，有些人试图寻找更折中、更具综合性和包容性的理论。例如，吴澄试图调和陆九渊、朱熹的对立，主张把它们统一于一体。他说：“心也者，形之主宰，性之郛郭。此一心也，自尧、舜、禹、汤、文、武、周公传之，以至于孔子，其道同。道之为道，具于心。”[⑥]王夫之认为，人心与道心既有不同，又可结合在一起。其区别在于：“性，道心也；情，人心也。恻隐、羞恶、辞让、是非，道心也；喜、怒、哀、乐，人心也。”“性者，道心也；知觉，人心也。”[⑦]意为它们是不同的心。人心与道心的不同还在于来源不同，例如，人心成于气的一动一静，而道心来自天然的体性。再者，一个染净兼有，一个纯净、纯善。另外，道心无生灭，人心有存亡。但就每个人的现实的心来说，不存在纯粹的人心或道心，只有两者合在一起，才组成现实的心。换言之，人心中总包含有道心，而道心不可能以独立的形式存在，总体现在人心之中。是故王

---

① [南宋]黎靖德编：《朱子语类（五）》，王星贤点校，中华书局1986年版，第2009页。
② [南宋]黎靖德编：《朱子语类（五）》，王星贤点校，中华书局1986年版，第2016页。
③ [南宋]黎靖德编：《朱子语类（五）》，王星贤点校，中华书局1986年版，第2009页。
④ [南宋]黎靖德编：《朱子语类（五）》，王星贤点校，中华书局1986年版，第2009页。
⑤ [明清之际]黄宗羲：《宋元学案（二）》，陈金生、梁运华点校，中华书局1986年版，第1509页。
⑥ [元]吴澄：《仙城本心楼记》。
⑦ [明清之际]王夫之：《读四书大全说》，卷8、卷10。

夫之说："人心道心合而为心。"①

道教也关心人心与道心及其关系问题。有一种观点认为，心与道如果能融合于一体，那么此心即道心；与道相背或分离，就是人心。因此心究竟表现为什么心，取决于它与道的关系。《道藏》云："推此心而与道合，此心即道也。体此道而与心会，此道即心也。道融于心，心融于道也。心外无别道，道外无别物也。"②能做到心绝对宁静，不留一物，不知孰为道、孰为心，即为道心。"但见恍恍惚惚，杳杳冥冥，似物非物，似象非象"③，此心即道心。一旦有分别心生，即与道相背，此心即人心、有染污之心。

中国心灵哲学最有特色的分类是把心分为真心与妄心。这既有认识论、科学认识的意义，又有解脱论的意义。其倡导者为佛教，中国佛教的诸宗派都参与了探讨，所用的概念不尽相同，例如，有的说"妄心"为"假心"，有的说"妄心"为"逐物之心"，等等。对于中国化佛教的真心妄心论，我们将辟专章讨论，这里只考察儒家和道家、道教的有关思想。

儒家承认有两种心，即真心与逐物生心。心学家唐枢（1497—1574）说："实有之心，乃天地生人之根底，亘古今不变，不着一物，是谓中者天下大本。"④人随物也可生心，此心非本心，"不得为事物之主"⑤。从认识上说，一般的人尽管有真心，但没法接近这个真心。原因在于："以见闻所习，信而为当然，执以运用，戾人罔人，不力考而深思之。"⑥人的真心是不学而知、不虑而能。但凡愚由于私气蒙蔽，"私念起，知能为物念所蔽，于是昏明强弱、低昂浅深杂出"⑦。就此而言，两心即一心，一心明即真心，一心蔽即私心。"心无两心，立乎其心之大，耳目口鼻四肢百骸从其所令，则为真心。以耳目口鼻四肢百骸之所被以生心，则心非其心矣。"⑧它们也可被称作真心与假心。"心一也，曷言

---

① [明清之际]王夫之：《读四书大全说》，卷8、卷10。
② [南宋]石泰辑：《修真十书杂著指玄篇》，载胡道静、陈莲笙、陈耀庭选辑：《道藏要籍选刊（三）》，上海古籍出版社1989年版，第304页。
③ [南宋]石泰辑：《修真十书杂著指玄篇》，载胡道静、陈莲笙、陈耀庭选辑：《道藏要籍选刊（三）》，上海古籍出版社1989年版，第304页。
④ [明清之际]黄宗羲《明儒学案（下）》，沈芝盈点校，中华书局2008年版，第955页。
⑤ [明清之际]黄宗羲《明儒学案（下）》，沈芝盈点校，中华书局2008年版，第955页。
⑥ [明清之际]黄宗羲《明儒学案（下）》，沈芝盈点校，中华书局2008年版，第955页。
⑦ [明清之际]黄宗羲《明儒学案（下）》，沈芝盈点校，中华书局2008年版，第955页。
⑧ [明清之际]黄宗羲《明儒学案（下）》，沈芝盈点校，中华书局2008年版，第955-956页。

乎真之与假也。心得其心之体为真，有所因而动，则受病而为假。”①

唐枢还依据有关医学知识说明了真心的相状与物质基础。他认为，中医主张人身上有十二经，其中一经是心包络，又名心主经，而将少阴称为真心经。他说：“心包络乃真心之别脉，不与真心同经。真心为君火，心主为相火，二者其脉虽殊，均谓之心。君火为火之全体，相火一时用事之火。”②相火虽不离体而有，但未尽其体。真心是不会病的，是没有麻烦、障碍的，能病的是心包络。心包与三焦互为表里。三焦是气父，而心包是血之母。正是因为有心包和三焦的辅助，真心才有其用。因为君火不能自盈，必假三焦和心包所提供的气与血才能如此。真心的特点在于：“真心乃人实有之心，是人自知的所在，无贤愚，无古今，无老幼，无操舍，无贵贱，只被人自埋没，不肯露出头面。”③不难看出，真心有如下特点：第一，实存；第二，是人自知之所在；第三，人人皆有；第四，在凡愚身上被埋没了，埋没的原因是人的“缘习见闻”④。而只要将覆盖其上的东西清除干净，真心就会显露出来。由于真心是“气极流行之本”⑤，因此它有这样的作用，即能决定心身各自的功能及其限度，如耳目能感知、心能思等，都由真心所决定。

道家、道教对真心的论述也很多。根据二者的看法，所谓真心是相对于妄心而言的。妄心即凡夫身上可由知觉体验到的一切心理现象。之所以被称作“妄”，是因为它们是虚妄的、有害的、不该发生的。就根源而言，妄心是感应外物并随之所转的结果。《道藏》云：“心为物转，神为心役，心神既不清静，道安在哉。”⑥不清静、离道的结果就是妄心的出现。真心的特点则相反，它本来清静，一尘不染。道教对真心的本质及特点的描述十分接近于佛教，如常说：“真心者，湛寂无物。”⑦

《灵源大道歌》云：“无心心即是真心，动静两忘为离欲。”意为无心之心、

① [明清之际]黄宗羲《明儒学案（下）》，沈芝盈点校，中华书局2008年版，第957页。
② [明清之际]黄宗羲《明儒学案（下）》，沈芝盈点校，中华书局2008年版，第957页。
③ [明清之际]黄宗羲《明儒学案（下）》，沈芝盈点校，中华书局2008年版，第957页。
④ [明清之际]黄宗羲《明儒学案（下）》，沈芝盈点校，中华书局2008年版，第957页。
⑤ [明清之际]黄宗羲《明儒学案（下）》，沈芝盈点校，中华书局2008年版，第957页。
⑥ [唐]杜光庭：《太上老君说常清静经注》，载胡道静、陈莲笙、陈耀庭选辑：《道藏要籍选刊（三）》，上海古籍出版社1989年版，第39页。
⑦ [唐]杜光庭：《太上老君说常清静经注》，载胡道静、陈莲笙、陈耀庭选辑：《道藏要籍选刊（三）》，上海古籍出版社1989年版，第34页。

动静两忘之心，就是真心，人们知觉到的变化之心，不是真心，而是妄心。此真心即真我、真人。“借问真人何处来，从前元只在灵台。”[①]司马承祯（639—735）强调：这真心也就是人的心源或妙性。它是修道达到相当境界的人必然碰到的一种本体论存在，因而真实不虚。在解释《太上升玄消灾护命妙经》时，他说：该经的主旨就是要阐述众生身上或万法本具的“妙性之本”这一为人忽视的存在样式。这个存在也可称作“心源”。他说：“心源是元始，更无无上道。”[②]此心源也可称作虚心、真心。所谓虚心即指真心虚寂而无执着，但此虚无之心又最真最实，故是真心。就此心圆融无碍而言，又可称作“自由心”。他说：“认他毫发事，难得自由心。”[③]

根据道教的看法，真心还具有不生灭、超有无的特点，《道藏》说：“这个有体用、没你我、正正当当的真心，自从亘古未有天地已前，禀受得来，不可道有，不可道无。古今圣贤，天下老道人，皆得此然后受用。”[④]

说真心是无杂染之心，质言之，是无心，是否意味着真心像木石一般？道教的回答是否定的。《丹阳真人语录》说：“无心者，非同猫狗，蠢然无心也。务存心于清静之域而无邪心也。”可见，有两种无心：一是木石之类的无心，二是作为清静心的无心。这种无心的特点是无邪伪之心，其心体空。所谓心体空是指，“心体念灭，绝尽毫思，内无所知，外无所觉，内外俱寂，色空双泯”[⑤]。《灵源大道歌》云：“无心心即是真心，动静两忘为离欲。”陈撄宁的解释是“无心心，就是无念头的心体”，“有念的心是假心”，“那个无念的心方是真心”，“人能认识真心，自然一动一静全是天机”。[⑥]“借问真人何处来，从前原只在灵台。”[⑦]陈撄宁说：真人即真我或真心。肉体、念头都不是真心。在肉体、念头之后，“寻出一个无生无死、万劫长存的实体，这个方是真我”[⑧]。它就在灵台之中。

① 《灵源大道歌》，转引自田诚阳：《仙学评述》，宗教文化出版社1999年版，第245页。
② ［唐］司马承祯：《太上升玄消灾护命妙经颂》。
③ ［唐］司马承祯：《太上升玄消灾护命妙经颂》。
④ ［南宋］石泰辑：《修真十书》，载胡道静、陈莲笙、陈耀庭选辑：《道藏要籍选刊（三）》，上海古籍出版社1989年版，第512页。
⑤ 《真同直指语录·丹阳真人语录》，载《正统道藏·正一部》鼓字号。
⑥ 陈撄宁：《陈撄宁仙学精要（上）》，胡海牙、武国忠编，宗教出版社2008年版，第44页。
⑦ 陈撄宁：《陈撄宁仙学精要（上）》，胡海牙、武国忠编，宗教出版社2008年版，第45页。
⑧ 陈撄宁：《陈撄宁仙学精要（上）》，胡海牙、武国忠编，宗教出版社2008年版，第49页。

《修真十书玉隆集》对真心的本质特点的概括最为全面："夫心者，澄之不清，挠之不浊，近不可取，远不可舍，寂然不动，感而遂通，大包乾坤，小入芥粟，如玉莲之不水，如云之已天，涣然如濯水之鱼，超然如跨山之虎，飘然如际云之鸿，贫贱不能移，富贵不能屈，居山林虽则惟静，处市井未尝稍喧。所谓在俗元无俗，居尘不染尘者也。"①简言之，真心体无，但妙用无穷。

道教对真心的看法充满了鲜明的佛化色彩。道教也不否认这一点，辩解说：儒释道三教都重视心，以心为诸法之本。"三教之道唯一心"②，此心非肉团心，而是"天地正中之心也。当知此心乃性命之原"③。道教佛化的表现是，不仅用无心、心源等说明真心，而且把真心解释为平常心。例如，说真心即平常心，如同天空中皎洁的明月，本来清莹洞彻，只因情欲、邪念遮蔽，才晦暗不明。因此修行的实质就是清除覆障，让本心显现。《北游录》说："又指其月曰：此物但不为清霄之下浮云隐蔽，则虚明洞彻，无物不照，人皆见之矣。殊不知人人有此心月，但为浮云所蔽，则失其明。"④真心有虚、寂、定、莹（明）四个特点。龙门派更多地把真心称作平常心，强调修心、治心实即让不平常的心回复其平常。《北游录》说："道本无为，惟其了心而已，治其心得至于平常，则其道自生。"因此修行的过程实即在日常生活中常应常静。"如此则心得平常，物自齐矣！逍遥自在，游于物之中而不为物所转也。先必心上逍遥，然后齐得物。"⑤禅宗经常说的"明心见性"在宋以后的道教中俯拾即是，当然有一些改造，如丹阳派心性论的特点是用真心释性。"且道性虽无修无证，尘心日要损消到忘心忘性，方契无修无证。"⑥心与性的关系是心是性的载体，性是心的体。要见性，必修心，即止息心中的贪念。将心猿意马捉住、擒拿，果如此，便能性自见。此性亦可称作"真我"。《长生真人至真语录》说："我者，真我也，人之

① [南宋]石泰辑：《修真十书玉隆集》，载胡道静、陈莲笙、陈耀庭选辑：《道藏要籍选刊（三）》，上海古籍出版社 1989 年版，第 432 页。
② [元]陈致虚：《上阳子金丹大要》，载胡道静、陈莲笙、陈耀庭选辑：《道藏要籍选刊（九）》，上海古籍出版社 1989 年版，第 268 页。
③ [元]陈致虚：《上阳子金丹大要》，载胡道静、陈莲笙、陈耀庭选辑：《道藏要籍选刊（九）》，上海古籍出版社 1989 年版，第 268 页。
④ [明]谈迁：《北游录》。
⑤《正统道藏・正一部》鼓字号。
⑥《丹阳真人语录》，载《正统道藏・正一部》鼓字号。

性也。”①

在心体问题上，道教的论述接近于佛教，当然用了道教的表达方式。例如，就体性而言，《坤宁妙经》云：它“唯真唯一，常惺常明，虚空不昧”，“默默兀兀，太虚罔象，妙绝等伦”。就其用来说，它“光莹”“常明”。在自然界，它表现为“天心”“道心”；在人，则表现为“人心之本”。“说有心而心视为有，说无心而心不见为心……觉心常照，妄心常空，本体如如，真心乃见……性善性恶，皆是假名，道心人心，千古纷纷……如如泰定，百体从令。修道修仙，随心所证。”②

如果说上面对真心、心性的解释让人有似曾相识（使人想到佛教的心性论）之感的话，那么下面的论述则是道教的“独创”。这主要表现在用“纯阳”解释性。刘长生的《阴符经注》说：“人性乃纯阳之灵耀。”即性是一点纯阳，此纯阳禀自天之光。“有情之小物得其天之光则性生也。”③道教对真心的独有的解释还体现在根据道来解释真心，如强调见道即见真心。“天道即本心，心虚明则天理昭彰，乃至知道在自身，向外求则远矣。”④“道本无为，惟其了心而已。治其心，得至于平常，则其道自生。”⑤有的人则干脆把道看作是心的体，如说：“道者，心之体；心者，道之用。道融于心，心会于道，道外无余心，心外无余道。”⑥修到这样的境地，妄心即转为真心，而真心当体即道。“以道观心，心即道也；以心贯道，道即心也。是心也，非人心之心，乃天心之心也。”⑦道教与此相关的又一特点是强调：要见道、见真心，必须按道教的修炼方法去修炼，其主要方法是炼丹，而其中的类似于“抓牛鼻子”的方法则是“心法”。在这一点上，它又有向佛教靠拢的表现。《修真十书杂金丹大成集》云：“求道至近，学仙岂难？”⑧这个简易之法就是心法，即把心调至不动的状态，就是炼丹的关键中的关键，就能行一法而摄一切法。

---

① 《丹阳真人语录》，载《正统道藏·正一部》鼓字号。
② 陈撄宁：《陈撄宁仙学精要（上）》，胡海牙、武国忠编，宗教出版社 2008 年版，第 201 页。
③ 见明《正统道藏·正一部》鼓字号。
④ 《玄教大公案》，载《正统道藏·太玄部》下字号。
⑤ 《北游录》，载《正统道藏·正一部》弁字号。
⑥ [南宋]石泰辑：《修真十书杂金丹大成集》，载胡道静、陈莲笙、陈耀庭选辑：《道藏要籍选刊（三）》，上海古籍出版社 1989 年版，第 315 页。
⑦ [南宋]石泰辑：《修真十书杂金丹大成集》，载胡道静、陈莲笙、陈耀庭选辑：《道藏要籍选刊（三）》，上海古籍出版社 1989 年版，第 315 页。
⑧ [南宋]石泰辑：《修真十书杂金丹大成集》，载胡道静、陈莲笙、陈耀庭选辑：《道藏要籍选刊（三）》，上海古籍出版社 1989 年版，第 315 页。

下面根据元神之类对真心的刻画和解释也具有十足的道教风格，如说真心即本命元神，平常看不见，要想体究这一元神，就要与虚空打成一片。《盘山录》云："修行人常常心上无事，正正当当，每日时时刻刻体究自己本命元神，端的处明白不昧，与虚空打作一团，如此才是道人底心也。"①能体究元神的人即为不死的真人，因为"真人者，通于灵府"②。这样的人也可说是圣人。因为圣人内修道术，而不外饰仁义，知九窍四肢之宜，而游乎精神之知，"此圣人之游也"。"动乎至虚，游心乎大无，驰于方外，行于无门，听于无声，视于无形，不拘于世，不系于俗。"③

真心既是人能够飞升成仙、得无上妙道的根据，同时也有认知功能。尽管它无为不动，但无所不知。《老子》第四十七章云："不出户，知天下。不窥牖，见天道。其出弥远，其知弥少，是以圣人不行而知。"这就是知的辩证法。常人发挥能动性，想知一切，为知一切，不顾一切，但反而无知。而圣人处于无为状态，却无所不知。其机理在于：其心寂静、专注，进而有无比的能量，同时，进到了这种状态，其心广大，无有边际，没有障碍。"有道之人，虚怀内静，不驰心于世境，而天下之事悉知，此以真照俗也。"④

从心与神的关系看，有的人将其分开，如说"神为心役"；有的人将其等同，如说"心即神也，神即心也"⑤。从真心与良心的关系来看，"人之良心本来空寂之妙，不动不静，非思非言，一法不立，万法昭然"⑥。

从真心与妄心的关系来看，道教认为，它们本是一心，动则为妄心、人心，静则为真心、道心。妄心的特点是习性志物，离真逐妄。随着相应行为的发生，人便陷入这样的生存状态：物欲交攻，精神耗散。道心的特点是本体圆通，应变万物，只能为圣人体会。圣人体会的结果是惟精惟一，允执厥中⑦。

① 《盘山录》，载明《正统道藏·太玄部》卑字号。
② [唐]默希子：《通玄真经》，载胡道静、陈莲笙、陈耀庭选辑：《道藏要籍选刊（五）》，上海古籍出版社1989年版，第445页。
③ [唐]默希子：《通玄真经》，载胡道静、陈莲笙、陈耀庭选辑：《道藏要籍选刊（五）》，上海古籍出版社1989年版，第449页。
④ 《老子注》第47章。
⑤ [元]王玠：《太上老君说常清静妙经纂图解注》，载胡道静、陈莲笙、陈耀庭选辑：《道藏要籍选刊（三）》，上海古籍出版社1989年版，第67页。
⑥ [元]王玠：《太上老君说常清静妙经纂图解注》，载胡道静、陈莲笙、陈耀庭选辑：《道藏要籍选刊（三）》，上海古籍出版社1989年版，第67页。
⑦ [元]王玠：《太上老君说常清静妙经纂图解注》，载胡道静、陈莲笙、陈耀庭选辑：《道藏要籍选刊（三）》，上海古籍出版社1989年版，第68页。

与上述分类密切相关的是关于本心与习心的分类。本心即人的本然具有的心，作为本体的心，近于真心；习心即后天经熏习而成的心，近于妄心。理学家刘宗周在解释程颢的《识仁篇》时说："良知良能是本心，昏昧放逸是习心。向来不识此理，故种种本心为习心用。今来既识此理，故种种习心为本心转。"①我们这里重点考察一下中国心灵哲学的本心论。

本心尽管是虚，是静，但不是空寂之心，而是有其内容，这是本心论不同于佛教的地方。其中充斥的是仁、义、礼、智。"道义之在天下，在人心，岂能泯灭？"②换言之，本心即本来固有的仁义之心，"仁义者，人之本心也"③。孟子说："仁义礼智根于心。"④"人之有是四端也，犹其有四体也。"⑤杨简说："吾之本心无他，妙也，甚简也，甚易也，不损不益，不作不为，感而遂通，以直而动，出乎自然者是也。"⑥"此心虚明无体象，广大无际量，实不曾动，不曾静，不曾生，不曾死，而人谓之动，谓之静，谓之生，谓之死。昼夜常光明。"⑦从认知上说，"此心自然，非知不知之所及"⑧。

心学所说的本心是指人心中所包含的能成为德行、道德原则之根源、基础的资源，是道德的种子。陆九渊在回答学生问的什么是本心时说："恻隐仁之端也，羞恶义之端也，云云，此即是本心。"⑨人人皆有此心。"是心本一也，无二也"⑩，无断无续，无强无弱。一有断续，就是思虑；一有强弱，就是血气，即失去本心而沦为人心。

本心不仅是道德心，而且还是元神，是心内的主宰。心学家魏校（1483—1543）说："人心元神，昭昭灵灵，收敛停畜，因其真机，引而伸之，触类而长之，自有无穷之妙。"⑪承认有本心的人，在本体论上有更多的本体论承诺，即除了承认有各种可感的事物存在之外，还承认不为常识所知的这样的存在，即本体、心

① [明清之际]黄宗羲：《宋元学案（一）》，陈金生、梁运华点校，中华书局1986年版，第541页。
② [南宋]陆九渊：《陆九渊集》，钟哲点校，中华书局1980年版，第101页。
③ [南宋]陆九渊：《陆九渊集》，钟哲点校，中华书局1980年版，第9页。
④《孟子·尽心上》。
⑤《孟子·公孙丑上》。
⑥ [明]周汝登：《周汝登集（下）》，张梦新、张卫中点校，浙江古籍出版社2015年版，第741页。
⑦ [明]周汝登：《周汝登集（下）》，张梦新、张卫中点校，浙江古籍出版社2015年版，第741页。
⑧ [明]周汝登：《周汝登集（下）》，张梦新、张卫中点校，浙江古籍出版社2015年版，第742页。
⑨ [明]周汝登：《周汝登集（下）》，张梦新、张卫中点校，浙江古籍出版社2015年版，第731页。
⑩ [明]周汝登：《周汝登集（下）》，张梦新、张卫中点校，浙江古籍出版社2015年版，第737页。
⑪ [明清之际]黄宗羲：《明儒学案（上）》，沈芝盈点校，中华书局2008年版，第61页。

体。朱熹说：正所谓日用之间，别有一物，光辉闪烁，动荡流转，是即所谓“无极之真”，所谓“谷神不死”。用佛教的话说，此心即真心或无位真人。圣人之所以著书立说，就是因为他们发现了此实在，并愿将其昭示于天下，“以明道体之极致”。由此所决定，学问的真功夫便是发明、照管此心。“学者合下便要识得此物，而后将心想像照管，要得常在目前，乃为根本工夫。”[①]此心的本体论地位上的特点是，“心之神明，无乎在而无乎不在也，无乎不在而有在也。静则气母归根，动则神机发见，故疑其在彼，而不知实在于心，虽有在也，而无迹也”[②]。意为此心的存在上的特点是，它是真有，但又没有形迹；它无处不在，但由于什么也没有因而好像是无，是不在；它表现为无，但又确实是真有。

本心的认知上的特点是，灵而明。当然，只有在心中绝对寂静而没有任何意念时才如此，若意念一起，心便失其灵明。杨简说：“人心自明，人心自灵。意起我立，必固碍塞，始丧其明，始失其灵。”[③]朱熹说：人之一心，本是光明，不是死物。[④]

灵明与虚静是连在一起的，只要有灵明，它就一定至虚至静。程颐说：“心兮本虚。”[⑤]陈北溪解释说：“心之为体，其中洞然，本无一物，只纯是理而已，然理亦未尝有形状也。”[⑥]从用上说，心能接应事物，在接应时，又没有可触的迹象，故说：“应物无迹。”[⑦]意思是，心的特点是虚灵知觉，一接触事物，即动而应，且无踪迹可寻。陆九渊认为，本心之灵的表现在于：能知正与不正。他说：“念虑之不正者，顷刻而知之，即可以正。念虑之正者，顷刻而失之，即是不正。此事皆在其心。”[⑧]

心本不动，有动迁是因为有物欲的覆蔽。“蔽交于前，其中则迁。”[⑨]多数人的心是覆蔽的、变动不居的。怎样复于不动？办法很简单，那就是，只要知理、知其所以然，就能“知止有定”[⑩]。因为事物都有其当止之处，此即理之当然。

① [明清之际]黄宗羲：《宋元学案（二）》，陈金生、梁运华点校，中华书局1986年版，第1562页。
② [明清之际]黄宗羲：《明儒学案（上）》，沈芝盈点校，中华书局2008年版，第62页。
③ [明清之际]黄宗羲：《宋元学案（三）》，陈金生、梁运华点校，中华书局1986年版，第2475页。
④ [明清之际]黄宗羲：《宋元学案（二）》，陈金生、梁运华点校，中华书局1986年版，第1569页。
⑤ [明清之际]黄宗羲：《宋元学案（一）》，陈金生、梁运华点校，中华书局1986年版，第637页。
⑥ [明清之际]黄宗羲：《宋元学案（一）》，陈金生、梁运华点校，中华书局1986年版，第637页。
⑦ [明清之际]黄宗羲：《宋元学案（一）》，陈金生、梁运华点校，中华书局1986年版，第637页。
⑧ [南宋]陆九渊：《陆九渊集》，钟哲点校，中华书局1980年版，第270页。
⑨ [明清之际]黄宗羲：《宋元学案（一）》，陈金生、梁运华点校，中华书局1986年版，第638页。
⑩ [明清之际]黄宗羲：《宋元学案（一）》，陈金生、梁运华点校，中华书局1986年版，第639页。

能一一知其然，就能做到内心明彻，于日用应接时做到寂然不动，不为物所诱、所迁。

从动静上说，心体本静，但又不静。朱熹说："心体固本静，然亦不能不动，其用固本善，然亦能流而入于不善。夫其动而流于不善者，固不可谓心体之本然，然亦不可不谓之心也，但其诱于物而然耳。"①

应看到，中国心灵哲学所说的本心尽管主要是从道德本体的角度立论的，但同时也有认知的、心灵哲学的意义，因为这种心同时是心中那寂静但又能决断是非的心。陆九渊与杨简的一段对话足以说明这一点。杨简问："何谓本心？"答曰："君今日所听扇讼，彼讼扇者，必有一是，有一非。若见得孰是孰非，即决定为某甲是，某乙非，非本心而何？"②杨简听后突觉此心澄然清明，便问："这止下来的心就是本心吗？"陆九渊的回答是肯定的。这本心就在妄心之后。要识本心，就要像剥蒜一样，一层层剥落。陆九渊说："人之精爽，负于血气，其发露于五官者，安得皆正！不得明师良友剖剥，如何得去其浮伪而归于真实，又如何能得自省自觉？"③其心灵哲学意义在于，中国对本心的探讨如精神分析学一样，将过去对心的认识由平面转向了纵深，揭示了浅层心灵之下还有纵深层次心灵的真理。不仅如此，中国心灵哲学发现的本心比弗洛伊德所说的无意识心理还要深得多，是真正的本体。每个人都有此本心，只因蒙蔽而迷失。"盖蒙蔽而不自觉，陷溺而不自知耳。"④"愚不肖者不及焉，则蔽于物欲而失其本心。贤者智者过之，则蔽于意见而失其本心。"⑤意为愚者是由于物欲而失其本心，智者则以为自己有知有见而失其本心。丧失的表现是，"常俗汩没于贫富、贵贱、利害、得丧、声色、嗜欲之间，丧失其良心，不顾义理，极为可哀"⑥。陆九渊不只关注本心和一般人常论及的心，而且涉及许多罕见的心理样式，如慝心、欢心、怛悍之心、腹心、葵藿之心等。他说："使虑忧之偪仄转为欢心，惨悽怛悍散为和气。""仰恃爱念，敢布腹心。"⑦"独阴氛重重，殊未廓清，葵藿心，不能

① [明清之际]黄宗羲：《宋元学案（二）》，陈金生、梁运华点校，中华书局1986年版，第1568页。
② [明清之际]黄宗羲：《宋元学案（三）》，陈金生、梁运华点校，中华书局1986年版，第2466页。
③ [明清之际]黄宗羲：《宋元学案（三）》，陈金生、梁运华点校，中华书局1986年版，第1892-1893页。
④ [南宋]陆九渊：《陆九渊集》，钟哲点校，中华书局1980年版，第8页。
⑤ [南宋]陆九渊：《陆九渊集》，钟哲点校，中华书局1980年版，第9页。
⑥ [南宋]陆九渊：《陆九渊集》，钟哲点校，中华书局1980年版，第59-60页。
⑦ [南宋]陆九渊：《陆九渊集》，钟哲点校，中华书局1980年版，第116页。

不为大明惜之。”①

本心为什么是本体？朱熹的回答是，因为它是“爱之理、心之德。爱是恻隐，恻隐是情，其理则谓之仁。心之德，德又只是爱”，“人之所以为人，其理则天地之理，其气则天地之气”。②仁作为理就是天地生物之心。

王阳明是中国心学的集大成者，对心之本体的构成、内容等的挖掘当然要高人一筹。他的本心发现是通过近乎钻井式的方式完成的。他强调：顺着当下任何一念心，如好色心、好利心，追溯下去，便能见到此不动之心体，但此体又有无穷妙用，如“感而遂通、发而中节、物来顺应”③，都是它的妙用。就本心的内容或所拥有的资源来说，他的认识也有拓展。我们知道，陆九渊同孟子一样，只承认四端这样的性、理是心体的构成。而王阳明认为，良知、良能、乐等都是心体的构成。

所谓良知即是非之心，即一种知，王阳明说：“知是心之本体，心自然会知。”④它天然本有，不虑而知，不学而能。良知之在人心，无圣愚差别，天下古今之所同也。良知即心之本体，即所谓性善，未发之中，寂然不动之体，廓然大公。他说：“性无不善，故知无不良，良知即是未发之中，即是廓然大公，寂然不动之本体，人人之所同具者也。”⑤因此不能离心之良知而求天理、物理。“良知之外，岂复有加于毫末乎？”⑥“扩充之极，至于尽性知天，亦不过致吾心之良知而已。”⑦“自己良知原与圣人一般，若体认得自己良知明白，即圣人气象不在圣人而在我矣。”⑧

再看乐。这里的乐是真乐，也是本心所固有的。正因为如此，圣贤发明了本心便别有真乐。王阳明说：“乐是心之本体，虽不同于七情之乐，而亦不外于七情之乐。虽则圣贤别有真乐，而亦常人之所同有。但常人有之而不自知，反自求许多忧苦，自加迷弃。虽在忧苦迷弃之中，而此乐又未尝不存。但一念开明，反

---

① [南宋]陆九渊：《陆九渊集》，钟哲点校，中华书局1980年版，第118页。
② [南宋]黎靖德编：《朱子语类（一）》，王星贤点校，中华书局1986年版，第111页。
③ [明]王守仁：《王阳明全集（上）》，吴光、钱明、董平等编校，上海古籍出版社2012年版，第20页。
④ [明]王守仁：《王阳明全集（上）》，吴光、钱明、董平等编校，上海古籍出版社2012年版，第6页。
⑤ [明]王守仁：《王阳明全集（上）》，吴光、钱明、董平等编校，上海古籍出版社2012年版，第55页。
⑥ [明]王守仁：《王阳明全集（上）》，吴光、钱明、董平等编校，上海古籍出版社2012年版，第41页。
⑦ [明]王守仁：《王阳明全集（上）》，吴光、钱明、董平等编校，上海古籍出版社2012年版，第41页。
⑧ [明]王守仁：《王阳明全集（上）》，吴光、钱明、董平等编校，上海古籍出版社2012年版，第51页。

身而诚，则即此而在矣。”[①]意为乐也是本心的元素，为凡圣所共有，凡夫之所以感觉不到，是因为本心被覆被了。也可以说，它在凡夫身上是潜在的，不为其所知，而在圣人身上则现实表现出来了。

王阳明对心之本体的内容的扩充还表现在很多方面，例如，他不只承认善是天理，而且还承认恶也是如此，他说：“善恶皆天理。”[②]“知是心之本体，心自然会知。”[③]另外，虚静也是本心固有的品质。

心的体、性是什么？回答很简单：心即理也。这个回答显然有别于理学，因为理学只承认心中包含理体，而王阳明认为，心就是理本身。他说：“心之本体原自不动。心之本体即是性，性即是理，性元不动，理元不动。集义是复其心之本体。”[④]心之本体既可描述为寂然不动，也可描述为“中和”。他说：“人性皆善，中和是人人原有的，岂可谓无？”[⑤]“无所不中，然后谓之‘大本’，无所不和，然后谓之‘达道’。”[⑥]

心之本体也可称作“定”。他说：“定者心之本体，天理也。”[⑦]总之，心体一实多名，但可用不同语言给予不同的描述。“性一而已：自其形体也谓之天，主宰也谓之帝，流行也谓之命，赋于人也谓之性，主于身也谓之心。”[⑧]

与上述分类密切相关的是将心分为本心与放心、成心与未成心。先看前一分类。如前所述，本心是作为道德本原的心，是邪恶之人也有的心，只是他们没有让其表现出来，即“放弃”罢了。本心被放逐即为放心。只要把它找回来、求回来，就能成圣。故“学问之道无他，求其放心而已矣”[⑨]。

“成心”是庄子提出的一个概念。他说：“随其成心而师之，谁独且无师乎？”[⑩]对此人们有不同的解释，一种注解是“成心即子思，所谓诚者自成也。

① [明]王守仁：《王阳明全集（上）》，吴光、钱明、董平等编校，上海古籍出版社2012年版，第61页。
② [明]王守仁：《王阳明全集（上）》，吴光、钱明、董平等编校，上海古籍出版社2012年版，第85页。
③ [明]王守仁：《王阳明全集（上）》，吴光、钱明、董平等编校，上海古籍出版社2012年版，第6页。
④ [明]王守仁：《王阳明全集（上）》，吴光、钱明、董平等编校，上海古籍出版社2012年版，第22页。
⑤ [明]王守仁：《王阳明全集（上）》，吴光、钱明、董平等编校，上海古籍出版社2012年版，第20页。
⑥ [明]王守仁：《王阳明全集（上）》，吴光、钱明、董平等编校，上海古籍出版社2012年版，第21页。
⑦ [明]王守仁：《王阳明全集（上）》，吴光、钱明、董平等编校，上海古籍出版社2012年版，第15页。
⑧ [明]王守仁：《王阳明全集（上）》，吴光、钱明、董平等编校，上海古籍出版社2012年版，第14页。
⑨ 《孟子·告子上》。
⑩ [南宋]褚伯秀：《南华真经义海纂微》，载胡道静、陈莲笙、陈耀庭选辑：《道藏要籍选刊（二）》，上海古籍出版社1989年版，第285页。

此本然之性，能尽其性则无所不通，人皆有是心。”[①]根据这种解释，成心即诚心。每个人既有此心，当然能师之。“人能师其诚心”[②]，便能明生死之理。褚伯秀的解释是成心是相对于“未成心”而言的。后者指“真性混融，太虚同量”。成心则超越了此真性的混融状态，“有善有恶”，是真性的具体表现或大用，“心者，性之用，万法之本原，一身之主宰”[③]。张载认为，成心可理解为由意识起作用而形成的、凡夫现实具有的心。他说：“成心者，意之谓。”[④]或者说，成心即业已形成的、充满着善恶和私意的心。只有灭成心，才能成道心。“成心忘，然后可与进于道。”[⑤]

心还可分为可见与不可见的心。心的思虑功能尽管与心脏有关，但支撑此功能的既有有形之形气，又有形上基础，前者是可见的，后者是不可见的。杨简说：“心之为脏可见，其能思虑者不可见。其可见者，有大有小，有彼有此，有纵有横，有高有下，不可得而一。其不可见者，不大不小，不彼不此，不纵不横，不高不下，不可得而二。视与听若不一，其不可见则一……运用、止趋、周流、思虑若不一，其不可见则一。是不可见者，在视非视，在听非听……在思虑非思虑。”[⑥]李侗说：“人身虽一气之流行，流行之中必有主宰。主宰不在流行之外，即流行之有条理者。自其变者而观之，谓之流行；自其不变者而观之，谓之主宰。”[⑦]张载《孟子师说》云：“集义者，应事接物，无非心体之流行。心不可见，见之于事。行所无事，则即事即义也。心之集于事者，是乃集于义矣。有源之水，有本之木，其气生生而不穷。”[⑧]

心还可做形上与形下的分类。形下之心即肝、肺等五脏之心，此心“实是一物”；形上之心即操舍存亡之心、道德之心，“自是神明不测”[⑨]，它不能

① [南宋]褚伯秀：《南华真经义海纂微》，载胡道静、陈莲笙、陈耀庭选辑：《道藏要籍选刊（二）》，上海古籍出版社1989年版，第285页。
② [南宋]褚伯秀：《南华真经义海纂微》，载胡道静、陈莲笙、陈耀庭选辑：《道藏要籍选刊（二）》，上海古籍出版社1989年版，第285页。
③ [南宋]褚伯秀：《南华真经义海纂微》，载胡道静、陈莲笙、陈耀庭选辑：《道藏要籍选刊（二）》，上海古籍出版社1989年版，第286页。
④ [明]周汝登：《周汝登集（中）》，张梦新、张卫中点校，浙江古籍出版社2015年版，第642页。
⑤ [明清之际]黄宗羲：《宋元学案（一）》，陈金生、梁运华点校，中华书局1986年版，第702页。
⑥ [明清之际]黄宗羲：《宋元学案（三）》，陈金生、梁运华点校，中华书局1986年版，第2470-2471页。
⑦ [明清之际]黄宗羲：《宋元学案（二）》，陈金生、梁运华点校，中华书局1986年版，第1284页。
⑧ [明清之际]黄宗羲：《宋元学案（二）》，陈金生、梁运华点校，中华书局1986年版，第1617页。
⑨ [南宋]黎靖德编：《朱子语类（一）》，王星贤点校，中华书局1986年版，第87页。

像五脏之心那样为药物所治疗、干扰。朱熹说："心比性则微有迹，比气则自然又灵。"①

其他的分类还有：将心分为妄心和照心。照心即觉照之心，或能反观自照诸心理现象的心。有此心，人便有可能除去妄心而回归本然之静心。王阳明也讲"妄心""照心"，如说："夫妄心则动也，照心非动也。"②"'照心非动'者，以其发于本体明觉之自然，而未尝有所动也，有所动即妄矣。"③

从道德角度上说，心有善心、恶心和非善非恶的中性之心。心本善，但"发于思虑，则有善有不善"④。从境界上说，心可分为凡夫之心与圣人之心。后者又可称作赤子之心。"大人者，不失赤子之心。赤子无智巧，无伎能，无算计，纯一无伪，清净本然。"⑤圣人之心也可称作大心。张载说："大其心则能体天下之物，物有未体，则心为有外，世人之心止于闻见之狭，圣人尽性，不以见闻梏其性，其视天下无一物非我。"⑥这种万物皆备于我的心当然是广大至极。这种大心也可称作天心，即是体一切为一之心，是无外之心。若有外，即不为大心。"天大无外，故有外之心不足以合天心。"⑦

赤子之心是中国心灵哲学所独有的关注对象。它近于圣心或大心。二程的看法是"赤子之心已发，发而去道未远也。圣人之心，如明镜，如止水。"⑧之所以被称作赤子之心，是因为人的诸心理样式中有这样一种心，它是像胎儿心一样的无思虑之心。张载说："冥然无所思虑，顺天而已。赤子之心，人皆不可知也，惟以一静言之。"⑨

再看人心与天地之心。人心是拥有神明、智慧，同时染净兼具的心。道教《太平经》说："心者，最藏之神尊者也。"⑩即人的藏神之所。"夫人本生混沌之气，气生精，精生神，神生明。本于阴阳之气，气转为精，精转为神，神转为

---

① [明清之际]黄宗羲：《宋元学案（二）》，陈金生、梁运华点校，中华书局1986年版，第1523页。
② [明]王守仁：《王阳明全集（上）》，吴光、钱明、董平等编校，上海古籍出版社2012年版，第53页。
③ [明]王守仁：《王阳明全集（上）》，吴光、钱明、董平等编校，上海古籍出版社2012年版，第57页。
④ [北宋]程颐、程颢：《二程集（上）》，王孝鱼点校，中华书局2004年版，第204页。
⑤ [明]周汝登：《周汝登集（上）》，张梦新、张卫中点校，浙江古籍出版社2015年版，第512页。
⑥ [北宋]张载：《张载集》，章锡琛点校，中华书局1978年版，第24页。
⑦ [北宋]张载：《张载集》，章锡琛点校，中华书局1978年版，第24页。
⑧ [北宋]程颐、程颢：《二程集（下）》，王孝鱼点校，中华书局2004年版，第1257页。
⑨ [北宋]张载：《张载集》，章锡琛点校，中华书局1978年版，第255-256页。
⑩ [东汉]于吉：《太平经・忍辱象天地圣诚与神相应大戒》。

明。”[①]对于天心或天地之心，历来有不同的说法：一是认为，天心即天地万物的主宰，实即自然规律；二是认为，“天心乃心之用”[②]。董仲舒所说的天心不同于《淮南子》所说的天心，指的是天神的心。它也有知、情、意等心理，能赏罚。董仲舒说：“天者，百神之太君也。”[③]天尊阳，不尊阴，尊德而卑刑。天心唯圣人能见，“天地神明之心，与人事成败之真，固莫之能见也，唯圣人能见之”[④]。“天心之仁，爱人君而欲止其乱。”[⑤]《太平经》云：“道者，天之心。天之首。”[⑥]“夫火者，乃是天之心也。”[⑦]这种天心是相对于地心而言的，后者像皇后一样繁殖养育万物。“皇后者，地之心也。”[⑧]

理学家邵雍承认有天地之心，认为它先于天地万物而存在。此心实即道或太极，是故他提出了“心为太极”的命题。他说：“太极，一也，不动，生二，二则神也，神生数，数生象，象生器。”[⑨]太极也可以说就是道。“身生天地后，心在天地前，天地自我出，自余何足言。”[⑩]“天地之心者，生万物之本也。”[⑪]从天心与人心的关系说，人心是源自天心的。就此而言，人心有自己的独立本源，因此邵雍有二元论倾向。

为何说天地有心？朱熹认为，是就天地有产生万物的功能而言，才说天地有心的。这个意义上的心即“生”或“生物”之意，或“主宰”之意。朱熹说：“天地以生物为心者也。而人物之生，又各得夫天地之心以为心者也。”[⑫]“‘天地以生物为心’。天包着地，别无所作为，只是生物而已。亘古亘今，生生不穷。”[⑬]另外，根据一般的对心的理解，心即有主宰作用的东西。就此而言，由于天地之理有主宰作用，因此应说天地有心。天地为何有生物的功能？朱熹的回答是，天

① [东汉]于吉：《太平经·附录》。
② [南宋]石泰辑：《修真十书杂金丹大成集》，载胡道静、陈莲笙、陈耀庭选辑：《道藏要籍选刊（三）》，上海古籍出版社1989年版，第320页。
③ [西汉]董仲舒：《春秋繁露·郊语》。
④ [西汉]董仲舒：《春秋繁露·郊语》。
⑤ [西汉]董仲舒：《春秋繁露·贤良策一》。
⑥ [东汉]于吉：《太平经·王者无忧法》。
⑦ [东汉]于吉：《太平经·火气正神道诀》。
⑧ [东汉]于吉：《太平经·阙题》。
⑨ [北宋]邵雍：《击壤集·自余吟》。
⑩ [北宋]邵雍：《皇极经世·观物外篇》。
⑪ [北宋]邵雍：《皇极经世·观物外篇》。
⑫ [南宋]朱熹：《仁说》，《晦庵先生朱文公文集》卷67。
⑬ [南宋]黎靖德编：《朱子语类（四）》，王星贤点校，中华书局1986年版，第1280页。

地有自己的理或主宰。它们若没有自己的理、主宰，便没有“牛生牛”这样的规律。因此就天地有其主宰而言，理学才说天地有心。“若果无心，则须牛生出马，桃树上发李花。”[①]意思是天地没有自己的主宰，没有自己的规则或条理，就会出现“牛生马”这样的现象。因此“心便是他个主宰处，所以谓天地以生物为心”[②]。“心固是主宰底意，然所谓主宰者，即是理也。”[③]就理、心有主宰作用来说，其可被称作“帝”。正是因为它们有这样的作用，才说它们有心。

由于这里所说的心是指主宰，因此如果赋予心以别的意义，如把心理解为能觉知的主体，那么就不能说天地有心。朱熹说：“天下之物，至微至细者，亦皆有心，只是有无知觉处耳。且如一草一木，向阳处便生，向阴处便憔悴，他有个好恶在里。”[④]就其有好恶、运转流通的作用而言，它们有心，但就知觉而言，它们又没有心，因此充其量只能说它们“有个无心之心”[⑤]。从这个意义上说，对心可做这样的分类，即把心分为有知觉之心和无知觉之心。再如，如果把心理解为有灵明性、能思维的东西，那么说天地有心就得小心。的确，天地有其灵性，就此而言，可说天地有心。但它们又不能思维，没有人的明见性，就此而言，则它们没有心。是故朱熹说：“天地之心不可道是不灵，但不如人恁地思虑。伊川曰：‘天地无心而成化，圣人有心而无为。’”[⑥]总之，朱熹说：“今须要知得他有心处，又要见得他无心处，只恁定说不得。”[⑦]意为不顾条件、绝对地说天有心或无心是不行的。如果这样看问题，那么在特定意义上也可说物有心、草木禽兽有心，也可说它们无心。他说：“天地以此心普及万物，人得之，遂为人之心，物得之，遂为物之心，草木禽兽得之，遂为草木禽兽之心，只一个天地之心尔。”[⑧]朱熹的这番追索和阐释既包含丰富而深刻的心理语义学思想，如强调要根据语境理解“心”的含义和所指，不能绝对化，同时又表达了他关于人心之起源的思想，那就是认为，人心不是神造的，不是人虚构的，而是根源于大自然本身，是天地的能生、主宰功能所使然。由于这些功能是仁、是德，因此可以

① [南宋]黎靖德编：《朱子语类（一）》，王星贤点校，中华书局1986年版，第4页。
② [南宋]黎靖德编：《朱子语类（一）》，王星贤点校，中华书局1986年版，第4页。
③ [南宋]黎靖德编：《朱子语类（一）》，王星贤点校，中华书局1986年版，第4页。
④ [南宋]黎靖德编：《朱子语类（一）》，王星贤点校，中华书局1986年版，第60页。
⑤ [南宋]黎靖德编：《朱子语类（一）》，王星贤点校，中华书局1986年版，第60页。
⑥ [南宋]黎靖德编：《朱子语类（一）》，王星贤点校，中华书局1986年版，第4页。
⑦ [南宋]黎靖德编：《朱子语类（一）》，王星贤点校，中华书局1986年版，第5页。
⑧ [南宋]黎靖德编：《朱子语类（一）》，王星贤点校，中华书局1986年版，第5页。

说，天有仁的一面。同样，就人心有能生种种真善美的妙用而言，也可以说："仁，人心也。"[①]

这里的心即道德意义上的心，实即"仁""理"的泛化。它原本为天地所固有，具体化于人和物之上，便有了人和物的心。质言之，人的仁心源于天地之仁德，因此人与天地是贯通的。朱熹说："盖谓仁者，天地生物之心，而人物所得以为心，则是天地人物莫不同有是心，而心德未尝不贯通也。虽其为天地，为人物，各有不同，然其实则有一条脉络相贯。"[②]这里的心显然是能将一切贯通起来的理。它体现于人身上，即为人心；体现于物之上，即为物性或物心。

北宋象数学家邵伯温对天地之心的论述也很辩证。他说："天地之心，不可以有无言，而未尝有无，亦未尝离乎有无者也。不可以动静言，而未尝动静，亦未尝离乎动静者也。"[③]意思是说，不能绝对地说天地是有心还是无心，应根据语境来说它们的有无、动静。

五、心的本质、特点论

最后，我们来考察中国心灵哲学对心的本质、特点的研究。我们知道，这是一切心灵哲学的重中之重、要中之要，因为一切别的对心的探究，都是为这做铺垫的，都要回归于这个主题。

要追问心的本质，首先必须回答：人有无相同的心？一般的回答是肯定的，因为从表层看，凡人与圣人的心根本不同，但其真心是相同的。另外，正像人们在视听上既有差异又有共同性一样，人内心的构成也是如此。其相同主要表现在：有相同的理、义。《孟子》云："口之于味也，有同耆焉；耳之于声也，有同听焉……至于心，独无所同然乎？心之所同然者何也？谓理也，义也。"[④]这种共同性不一定为所有的学派或人物所承认，质言之，中国心灵哲学对心之共性的内容的看法可能存在着很大甚至根本的分歧，但有一点是一致的，即承认心有共同性，至少承认存在着有差别的或矛盾的同一性。由于一类事物的本质是该类事物的所有属性中最深层的、起决定性和根本性作用的属性，因此只要承认有共同

① [明清之际]黄宗羲：《宋元学案（二）》，陈金生、梁运华点校，中华书局1986年版，第1510页。
② [南宋]黎靖德编：《朱子语类（六）》，王星贤点校，中华书局1986年版，第2424页。
③ [明]周汝登：《周汝登集（中）》，张梦新、张卫中点校，浙江古籍出版社2015年版，第638页。
④ 《孟子·告子上》。

性，就可到诸属性中去探寻这样的本质。这就是说，本质就位于根本处，或就是源、原、元。

“何谓元？曰：是不可言也。其阴阳为形之初乎，肇而一谓之元。一而二，谓之气。运而不息，谓之道。”[①]心的元是什么？中国心灵哲学占主导地位的倾向是到作为构成万物本原的气中去寻找。

第一种观点认为，心的本质就在于：它是气之灵。明代心学家薛敬之说：“人皆是气，气中灵底便是心，故朱子曰：‘心者，气之精爽。’”[②]心有两种状态：一是明净，二是昏暗。“心本是个虚灵明透底物事，所以都照管得到。一有私欲，便却昏蔽了，连本体亦自昧塞。”[③]《道枢》也说：“人禀天地元气而生者也，一呼一吸，内外之气应矣。”[④]正是因为有气，才有心、肺、肝、脾、肾、三焦及其功能。

第二种观点认为，究心之本质必涉及如何看待它的有与无，如果是有，或是无，这种有或无究竟有何特点。道教的心理本质论的特点是，既说其有，又说其无，强调两说都是有针对性之说。例如，针对两类人说无心。第一，针对爱色众生说心无色，即强调心没有物质的构成，因此是特定意义的无，意为如果只承认物或色是有，是存在者，那么心在这个意义上就是无。第二，还有一类众生，他们有“爱心”或钟情于心的特点，只承认心的存在。道教有时针对这类众生说无心，即强调没有他们所执着的心。在此意义上，才说“道为无心宗”。但心又不是绝对的无。如果由上述观点而走向了否认心的存在，那么就陷入了断见。例如，王弼就持这样的断见：“天地以本为心者也……寂然至无是其本也。故动息地中，乃天地之心见也。”[⑤]为了破除这种观点，道教又针对持断见的众生，强调心不仅是有，而且是最真实的有。就此而言，道教坚持的是色（身）心俱有论，如说：“则言俱有色心。”[⑥]

什么是这实有之心呢？道家、道教的基本看法是，心即道，或是以道为基础

---

① [南宋]杨万里：《诚斋易传·乾卦》。
② [明清之际]黄宗羲：《明儒学案（上）》，沈芝盈点校，中华书局2008年版，第133页。
③ [明清之际]黄宗羲：《明儒学案（上）》，沈芝盈点校，中华书局2008年版，第133页。
④ [北宋]曾慥编：《道枢》，载胡道静、陈莲笙、陈耀庭选辑：《道藏要籍选刊（十）》，上海古籍出版社1989年版，第444页。
⑤ [曹魏]王弼：《王弼集校注·周易注》。
⑥ [唐]孟安排：《道教义枢》卷1。

的，例如，他们常说，道即妙心。“真道累尽，唯有妙心，但此妙心，具一切德，寂不可见，名为妙无。动时乘迹，同物有体；心色虽妙，物得见之，故名妙有。”[①]意思是，就心的体性来说，它寂然不动。就其没有一般存在者的物质的构成而言，它是非存在，是无。由于它是形而上的妙有，因此看不见、摸不着。尽管它是寂然、是无，但遇物又能运动、变化，发挥作用。一旦如此，它又有物的表现，或通过物表现自身。既然如此，人们又能通过物来观察、窥探这个深不可测的心，因此这个以无的形式存在的心又是妙有。

第三种观点认为，心离不开五行的合力作用，特别是，心的灵性或灵明之性根源于火，故有“灵”以“火”为根的说法。宋代道学家王道说：“心者，火也……心为绛宫者，神也。妙用不测，变化无定，神明依泊，三叶如莲花。”[②]“制之则正，放之则狂，清静则生，浊躁则亡。”[③]因此圣人制心的关键是让心清静、不狂躁。

北宋及后来的一些理学家和心学家由于不觉中受了佛教心性论的影响，因此其关于心的本质特点的看法有近于佛教的地方，有的人的说法就是佛教的语言，例如，有人说真心不变随缘、随缘不变。这类说法是《楞严经》等经论中的基本命题。据《圣学宗传》，有这样的论断：“心自无体，自清明，自寂然不动，视听言动心思，皆其变化。”[④]王宗沐说：“圣人之言心，渊然无朕，其涵也；而有触即动，其应也。佛氏语其涵者，圆明微妙，而祕之以为奇。”[⑤]

理学家对心理本质论的基本命题是，心具理，而理即气的本质、条理、规律。胡居仁（1434—1484）说：“有此气则有此理，理乃气之所为。”[⑥]心像其他事物一样，也是禀气循理而生、而有。“具是理者心也，故理是处心即安，心存处理即在。”[⑦]在心的定位问题上，他的看法接近于西方心灵哲学中外在主义的心灵观，认为心既不在心脏中，又不在大脑中，而是弥漫于全身。他说：“满身都

① [唐]孟安排：《道教义枢》卷1。
② [唐]杜光庭：《太上老君说常清静经注》，载胡道静、陈莲笙、陈耀庭选辑：《道藏要籍选刊（三）》，上海古籍出版社1989年版，第13页。
③ [唐]杜光庭：《太上老君说常清静经注》，载胡道静、陈莲笙、陈耀庭选辑：《道藏要籍选刊（三）》，上海古籍出版社1989年版，第13页。
④ [明]周汝登：《周汝登集（中）》，张梦新、张卫中点校，浙江古籍出版社2015年版，第513页。
⑤ [明清之际]黄宗羲：《明儒学案（上）》，沈芝盈点校，中华书局2008年版，第318页。
⑥ [明清之际]黄宗羲：《明儒学案（上）》，沈芝盈点校，中华书局2008年版，第35页。
⑦ [明清之际]黄宗羲：《明儒学案（上）》，沈芝盈点校，中华书局2008年版，第35页。

是心也。如刺著便痛，非心而何？然知痛是人心。”[①]腔子外虽不可言心，但心可“驰于外”。[②]这一说法与社会外在主义的著名代表伯奇的看法是不谋而合的，都认为，心可存在于主客体之间，客体有多远，心就可延伸至多远。二程认为，心的最突出特点是无形无相。他们说：“心无形体，才主著事时，便在这里。”[③]心存在的地方就是其主事处。“才过了便不见”，因此“出入无时，莫知其乡”。[④]何谓心？心即体现于身的理。与命、理、性是一非二，“在天为命，在义为理，在人为性，主于身为心，其实一也”[⑤]。理学家蔡沈认为，人心是性情、体用、寂感的统一体。他说：“人之一心，实为身主，其体则有仁义礼智之性，其用则有恻隐、羞恶、辞让、是非之情。方其寂也，浑然在中，无所偏倚，与天地同体，虽鬼神不能窥其幽；及其感也，随触随应，范围造化，曲成万物，虽天地不能与其能。”[⑥]

心学家唐枢赞成张载等人的看法，认为道、性、理生于虚，心、精、神生于形。生后，又以虚的形式存在。他说：“圆中窍外而为心，以其虚也。虚而生神生精，圆彻灵明之所具乎！谓其方盈寸，取其所涵，不即其血肉。故心无心。心之所以为心，命于性。性无性，性之所为性，现于心。心命于性，则清通而为神，机不容以自滞，性现于心，则密察而为精，理不能以自昧。”[⑦]

“太虚”是中国心灵哲学用来说明心的本质的又一依据。它有近于德谟克利特所说的“虚空”的地方，如指空洞的非充实的空间，但又有很多不同，因为中国人所说的太虚有极强的形而上的意义。它是本原，不是感觉能接触到的东西，但又能为事物运动提供条件。根据一种心灵本质观，心源于太虚，同时在存在方式上又表现为太虚。周汝登说：“人心如太虚，元无一物可着，而实有所以为天下之大本者在。”[⑧]正因为它体无而妙用无穷，可成为本之本的大本，因此其可用不同名称来表述，如中、极、善、诚、仁、义、礼、智、信等。

有一种稍具综合性的观点是强调，要揭示心的本质特点，既要看到它的虚寂、灵明的一面，又要看到它与气的关联。因为心作为集认知、道德、情感、行为

---

① [明清之际]黄宗羲：《明儒学案（上）》，沈芝盈点校，中华书局2008年版，第35页
② [明清之际]黄宗羲：《明儒学案（上）》，沈芝盈点校，中华书局2008年版，第35页。
③ [北宋]程颐、程颢：《二程集（上）》，王孝鱼点校，中华书局2004年版，第207页。
④ [北宋]程颐、程颢：《二程集（上）》，王孝鱼点校，中华书局2004年版，第208页。
⑤ [北宋]程颐、程颢：《二程集（上）》，王孝鱼点校，中华书局2004年版，第204页。
⑥ [明清之际]黄宗羲：《宋元学案（三）》，陈金生、梁运华点校，中华书局1986年版，第2150页。
⑦ [明清之际]黄宗羲：《明儒学案》（下），沈芝盈点校，中华书局2008年版，第960页。
⑧ [明清之际]黄宗羲：《明儒学案》（下），沈芝盈点校，中华书局2008年版，第862页。

主宰等多种功能于一体的主体，它一定有这样的特点："能虚灵知觉，作止任灭，随机应境，千变万化……又能逆料未来，推测祸福，大而天下国家，小而僻陋罅隙，无所不至。善藏喜怒哀乐，慈爱恶欲，又能随人。其人表正，其神亦正，其人谄曲，神亦邪佞。"①心的独特本质是知觉，亦即今日所说的觉知、意识，而其体则是无。"人之灵明，知觉者，即无也、神也。细缊活动者，即有也，气也。"②

周汝登还认为，可用比喻的方式来说明心的本质、特点，如把心看作类似于草之本一样的本的东西。不过，他在这里把本与根区别开来了，认为根还不是本，只能算是末。只有具有能生作用的东西才能被称作本。很显然，事物的能生性与根有关，但仅有根显然还不够，还依赖于许多根本性和非根本性的东西，甚至还依赖于形而上的东西，如理、道等。以树为例，一般认为，根为本，枝叶杪为末。周汝登在这里提出的新奇看法是"生意其本，根与杪皆末也。"③意为只有其能生性才是本，余皆为末。他强调：尽管树木的能生性根于根，但"根不足以尽生意，犹人心寄于方寸，而方寸不足以尽心也"④。这个思想极富独创性和超前性，它说明：心依赖于方寸之类的载体、器官，但仅有它们还不足以导致心的存在和作用。心还有自己的特殊的本，那就是人体中的带有整体性的能生性。

在心学中，有这样一种关于心的本质的观点，即以气、理解释心，主张心依赖于身、离身无心。而另一种倾向认为，心有其独立存在性。明代心学家金声把"诠心"作为自己心学研究的重要工作，写成了《诠心》一文。他说："心不附物而行，故不随物而存亡，而超生死之外，了不干涉；心亦不对物而立，故不与物角胜负，而入死生之中，初无挂碍。故曰：'实际理地，不染一尘，佛事门中，不舍一法。'……惟不变故非因缘性，惟随缘故，又非自然性。"⑤这里的心当然不是一般的心，而是真心、真如之体，文中显然借用了《楞严经》的许多思想，例如，最后这一句话就来自该经关于因缘与自然关系的议论，另外，该经的"因

① [元]陈致虚：《上阳子金丹大要》，载胡道静、陈莲笙、陈耀庭选辑：《道藏要籍选刊（九）》，上海古籍出版社1989年版，第227页。
② [元]陈致虚：《上阳子金丹大要》，载胡道静、陈莲笙、陈耀庭选辑：《道藏要籍选刊（九）》，上海古籍出版社1989年版，第222页。
③ [明清之际]黄宗羲：《明儒学案（下）》，沈芝盈点校，中华书局2008年版，第856页。
④ [明清之际]黄宗羲：《明儒学案（下）》，沈芝盈点校，中华书局2008年版，第857页。
⑤ [明清之际]黄宗羲：《明儒学案（下）》，沈芝盈点校，中华书局2008年版，第1362页。

明立所，立汝妄能”等论述在金声的思想中也留下了清晰的印记。

方学渐（1540—1615）认为，心的特点是，既高大又微细。他说：“人心道心，非谓心有二也。”[①]人心惟危，“危，高大也。人心之量本自高大，其中道理则极精微”[②]。故曰：“道心惟微”，“心危而微，故谓之中”。[③]

宋代理学家陈埴认为，从构成上说，心离不开血气；从作用上说，心有能动性，能生物，如能生善与恶、好与坏、美与丑。为何有这些特点呢？他的回答是心不过是血气做成，但它又有能生之性。而有此性必有其能生之理。心的能生性及其根源可这样比喻：心像谷种的能生性一样。“心生物也，而所以能生者，以有仁也。故心如谷种，虽具此生理，然有形……人心是物，穀程亦是物，只是物之有生理者耳……谷不过是实结成而成，而谷之所以才播种而便萌蘖者，盖其有生之性。心不过是血气做成，而心之所以有运动恻怛处，亦以其有生之性。”[④]心尽管依赖于血气，但它又有形而上的特点，如心广大无边。他说：“心体昭融，其大无外，包具许多众理，是之谓性，性即理也。”[⑤]从体上说，不动为心之体性、妙境。他说：“不睹不闻，乃此心不动之境。”[⑥]另外，心也有矛盾的性格。其表现在于：它可通过戒慎恐惧获得，但一旦如此去做，又可能动其心。“太著力，则恐反动其心。”[⑦]不睹不闻也可看作是未发。“既是未发，才著工夫，便是发了。”[⑧]其最佳的态度是“盖虽是未发之初体，已含具万用在此，不比禅家寂如空如。所以惺惺主人，常在冥漠中照管，都不曾放下了。盖虽是持守体段，却不露痕迹。”[⑨]这里包含对佛教的误解或不到位的解读，这里的问题无疑是佛教禅修者也会碰到的。例如，虚云法师曾清楚地说明过这一点，认为当进入深禅之时，有这样的两难：一是如果在寂然不动时不以觉照护心，便会陷入枯死禅，但如果有觉照，又背离了禅定之境，落入了妄动，当然是细妄念。但这一问题是可以解决的[⑩]。例如，楞严大定就是本体之定，其定既寂又明、又照。如果另外

---

① [明清之际]黄宗羲：《明儒学案（上）》，沈芝盈点校，中华书局2008年版，第838页。
② [明清之际]黄宗羲：《明儒学案（上）》，沈芝盈点校，中华书局2008年版，第838页。
③ [明清之际]黄宗羲：《明儒学案（上）》，沈芝盈点校，中华书局2008年版，第838页。
④ [明清之际]黄宗羲：《宋元学案（三）》，陈金生、梁运华点校，中华书局1986年版，第2097页。
⑤ [明清之际]黄宗羲：《宋元学案（三）》，陈金生、梁运华点校，中华书局1986年版，第2098页。
⑥ [明清之际]黄宗羲：《宋元学案（三）》，陈金生、梁运华点校，中华书局1986年版，第2100页。
⑦ 净慧主编：《虚云和尚全集》，中州古籍出版社2009年版，第172页。
⑧ 净慧主编：《虚云和尚全集》，中州古籍出版社2009年版，第173页。
⑨ 净慧主编：《虚云和尚全集》，中州古籍出版社2009年版，第174页。
⑩ 净慧主编：《虚云和尚全集》，中州古籍出版社2009年版，第172-174页。

再生一心去明、去照此定，即落入了这样的头上安头、导致妄心发生的窘境："因明立所。"所既妄立，立汝妄能。这便远离了本然之定体。在操作上，只要不在定时别生一心去照、去明，长久地坚持下去，便可进至楞严大定。

较常见的一种心的本质论是以无为释心。《道枢》云："心者，无为者欤，盖惟不动则不起于内，而外不入矣，内外安静则神存气和，元气斯至矣。"①

有的人还把狭义的心理的心放在与肉团心、性、气等的关系中加以比较，以揭示心理的心的本质。朱熹强调：相对于肉团心而言，此心是形而上者。相对于性而言，心"则微有迹"，"比气，则自然又灵"。②就心的处所来说，心一般存于身内，但不一定常在躯壳之内，正像一县令，尽管常在县衙之内，但不一定永远如此。③

第二节 魂 魄 论

魂与魄既是中国民间心理学在人身上找到的不同于肉体而属于心理王国的存在样式，又是中国理论化心灵哲学的独有研究课题。它们近于西方人所说的"灵魂"（soul），而不同于"心智"（mind），因为它们带有明显的实体性、单子性。就功能作用而言，它们所具有的主要不是理性和智慧，而是决定生命和生存状态的作用以及其他较低层次的认知作用。在第一篇中，我们在讨论中国心灵哲学的理论化时，曾论述过魂魄的自然化，这里只拟重点考察中国哲人在魂魄的起源、构成、作用、本质等问题上所做的探究。

从用法上说，文献中在说到魂魄时，多数指人身上存在的心理实在，但也有例外。例如，有时指身体的素质、特性，有时还在比喻意义上加以使用，指外在的实在或力量，如说："老君者，天之魂也"，"天和者，天之魂也"。④我们这里关心的是前一意义的魂与魄。

---

① [北宋]曾慥编：《道枢》，载胡道静、陈莲笙、陈耀庭选辑：《道藏要籍选刊（十）》，上海古籍出版社1989年版，第444页。
② [南宋]黎靖德编：《朱子语类（一）》，王星贤点校，中华书局1986年版，第87页。
③ [南宋]黎靖德编：《朱子语类（一）》，王星贤点校，中华书局1986年版，第87页。
④ [北宋]张君房编：《云笈七签》，载胡道静、陈莲笙、陈耀庭选辑：《道藏要籍选刊（一）》，上海古籍出版社1989年版，第135页。

在重构和阐释中国心灵哲学的魂魄学说时，我们首先面对的一个有争论的问题是人的心理王国是不是只有魂、魄这两个主角？对此，主流的倾向是多元论观点，即认为人是形、气、精、神、魂、魄的多元组合体，在心理王国也是如此，起主体作用的不止一个因素。《黄帝内经》云：“阳气者，精则养神，柔则养筋，开阖不得，寒气从之，乃生大偻。陷脉为瘘，留连肉腠。俞气化薄，传为善畏，及为惊骇。营气不从，逆于肉理，乃生痈肿。”[①]“南方赤色、入通于心，开窍于耳，藏精于心，故病在五脏。”“藏之心意，合心于精。”[②]“苦生心，心生血，血生脾，心主舌。”“在脏为心。”[③]“心者，君主之官也，神明出焉。肺者，相傅之官，治节出焉。”[④]在人身上，不仅心、魂、魄、肺、肝等有存在地位和心理的作用，而且精、气等亦是如此，如说：“精气开于心则喜，并于肺则悲，并于肝则忧，并于脾则畏，并于肾则恐，是谓五并，虚而相并者也。”[⑤]肺、肝等尽管不是有独立作用的独立的心理主体，但悲、忧、怒的产生和起作用是离不开它们的参与的。另外，人身上的血、气、形、志、神等也是如此。例如，《黄帝内经》云：“形乎形，目冥冥，问其所病，索之于经，慧然在前，按之不得，不知其情。故曰形。”“神乎神，耳不闻，目明，心开而志先，慧然独悟，口弗能言，俱视独见，适若昏，昭然独明，若风吹云。故曰神。”“视之无形，尝之无味，故谓冥，若神仿佛。”[⑥]神的存在和作用的表现是耳不闻杂声，目光敏锐，心志开朗，有智慧，善领悟，但又无法用言语直说。人身上起作用的实在还有脉、经络、穴位、血、阴、阳等。

《韩非子》也认为，人身上起作用的心理主体不只是魂魄。该书说：“凡所谓祟者，魂魄去而精神乱，精神乱则无德。鬼不祟人则魂魄不去，魂魄不去则精神不乱，精神不乱之谓有德。”[⑦]这里的“鬼”指血气的不顺的状态。从这里的论述可以看出，精神也是人身上不可忽视的力量，它们依赖于魂魄但又高于魂魄。而魂魄又依于血气，因为只要血气在，魂魄就会不去，魂魄不去，精神

---

①《黄帝内经·素问·生气通天论》。
②《黄帝内经·素问·阴阳应象大论》。
③《黄帝内经·素问·阴阳应象大论》。
④《黄帝内经·素问·灵兰秘典论》。
⑤《黄帝内经·素问·宣明五气》。
⑥《黄帝内经·素问·八正神明论》。
⑦《韩非子·解老》。

就会正常运作，此即有德。

在魄的心理性质问题上，有的人把它归于身体的素质或特性，而把它排除在心理王国之外。王丞说："魂即是气，魄即是体。"①也有人反对等同，朱熹说："体、魄自是二物。"②有一种观点则认为，人的心理王国只有魂魄，其他的心理现象即使存在，也都可归结为魂魄。黄宗羲说："其实人止有魂魄二者而已。"③

我们这里按多数人的主张把魂魄看作是众多心理主体中与心神并列的成员，以此为基础来讨论中国心灵哲学在这一独有领域的理论建树。

一般认为，魂魄是心理王国中有本体论地位的真实的存在。它们不仅是实有，而且还享有自己的专有职能。就存在的根基来说，它们根源于气，或表现为气中的精微或精微之气。就其存在位置而言，魂魄像心、志等一样，分别存在于体内的不同部位，《云笈七签》云："肝藏魂，肺藏魄，脾藏志，心藏神，肾藏精，此皆百神六灵之主也。"④《修真十书杂著指玄篇》云："肝藏其魂，位居其东，而有青龙之号。肺藏其魄，位居其西，而有白虎之称。心藏其神，位居其南而有朱雀之名。肾藏其精，位居其北而有玄武之喻。脾藏其志，位居其中，而有土德之尊，故水得其土则潜其形，火得其土则隐其明，金得其土则增其色，木得其土以溢其润。"⑤《黄帝内经》的看法大体相同。王夫之也承认魂、魄、志、思的相对独立性，认为它们分别存于肝、肺、肾等之中。⑥

也有这样一种观点，把魂魄定位于大脑之中。李时珍《本草纲目》卷五云："人之头，圆如盖，穹窿象天。泥丸之宫，神灵所集。修炼家取坎补离，复其纯乾，圣胎圆成，乃开颅囟而出入之。"是故"天灵盖"又有"仙人盖""头颅盖""脑盖骨"等名称。天灵盖内是灵魂、魂魄居住的地方，而其盖又是它们出入的通道。是故在民间文化中，初生小孩百日或一月内不能剃头，囟门不能被随便摸或拍；有的地方，小孩的囟门上的头发不剃，直到十二三岁。现代仙学代表人物

① [南宋]朱熹：《答吕子约》，《晦庵先生朱文公文集》卷470。
② [南宋]朱熹：《答吕子约》，《晦庵先生朱文公文集》卷470。
③ [明清之际]黄宗羲：《宋元学案（二）》，陈金生、梁运华点校，中华书局1986年版，第1516页。
④ [北宋]张君房编：《云笈七签》，载胡道静、陈莲笙、陈耀庭选辑：《道藏要籍选刊（一）》，上海古籍出版社1989年版，第419页。
⑤ [南宋]石泰辑：《修真十书杂著指玄篇》，载胡道静、陈莲笙、陈耀庭选辑：《道藏要籍选刊（三）》，上海古籍出版社1989年版，第287页。
⑥ [明清之际]王夫之：《尚书引义》，中华书局1976年版，第176页。

陈撄宁先生根据现代科技的成果论证了这一点，他说：魂魄、灵魂等“总机关在脑中，而分布于神经系统。用麻药麻醉人体可证明这一点。如全麻，人则毫无痛苦感觉，就像电灯的总开关断掉了，则全部电灯都不亮。局麻则只导致局部感知能力丧失”[①]。譬如人家电灯总门并未关断，只有一处分支电线关断，电流不通，则少数电灯不亮。人的初死也可说明这一点，此时机能停止、脑筋不能活动，“灵魂当然失其作用，所以没有知觉”[②]。可见，神经、大脑与灵魂的关系非常密切，神经所不到之处，灵魂亦不到。

魂魄在人身上不是以属性或功能的形式存在的，而是以有特定功能作用的主体的形式存在的，例如，它们既可存在于人体的五脏之内，又可暂时或永久地离开身体，这些足以说明它们是有自己身份的存在样式的，而非依于某种实体的属性。

魂魄本身存在于内，无形无相，看不见摸不着，但由于它们是有功能作用的实在，因此它们在人体的外显处常有其表象，先儒有一种看法：口鼻之嘘吸为魂，耳目之聪明为魄。[③]道教中有一种观点认为：魂表现为精，而魄表现为目。“魂以精为根，魄以目为户。”“精消魂损，目动魄微。”[④]

为了说明魂魄各自的特点，朱熹对之做了下述比喻性说明：“灯似魂，镜似魄。灯有光焰，物来便烧，镜虽照见，却在里面……火日是魂，金水是魄。”“运用动作底是魂，不运用动作底是魄。”[⑤]

中国心灵哲学不仅承认魂魄有存在地位，而且赋予它们广泛的功能作用。第一，它们是人之为人、决定人是否活着的原则或力量。《黄帝内经》云：“魂魄毕具，乃成为人。”薛生自对此的注解是其生存的基础是“炁”。“炁形盛则魂魄盛，炁形衰则魂魄衰。魂是魄之光焰，魄是魂之根柢。魄阴主藏受，故魄能记忆在内。魂阳主连用，故魂能动作发挥。二物本不相离，精聚则魄聚，炁聚则魂聚，是为人物之体。至于精竭魄降，则炁散魂游，而无所知矣。”[⑥]

---

① 陈撄宁：《陈撄宁仙学精要（上）》，胡海牙、武国忠编，宗教文化出版社2008年版，第295页。
② 陈撄宁：《陈撄宁仙学精要（上）》，胡海牙、武国忠编，宗教文化出版社2008年版，第295页。
③ [明清之际]黄宗羲：《宋元学案（二）》，陈金生、梁运华点校，中华书局1986年版，第1514页。
④ [唐]司马承祯：《胎息精微论》，载胡道静、陈莲笙、陈耀庭选辑：《道藏要籍选刊（九）》，上海古籍出版社1989年版，第295页。
⑤ [南宋]黎靖德编：《朱子语类（六）》，王星贤点校，中华书局1986年版，第2260页。
⑥ 转引自田诚阳：《仙学详述》，宗教文化出版社1999年版，第216-217页。

第二，魂魄还是人的身体好坏、强壮与否乃至人格境界的决定力量，例如，修炼魂魄达到一定境界，即成真人。“魂魄返婴得成真人。”[①]而炼魂魄的关键是在玄元之上炼。“玄元上一魂魄炼，宝一以炼神，神炼以合一。”[②]“一者，无称也，心恬淡以得之而不可见。”[③]魂魄的养生作用表现在：“魄者，阴也，魂者，阳也。寤则主其魂，寐则主其魄。是以真人不梦者，守魂而静魄也。不灭者，守魂者乎，不思者，静魄者乎，如是则真气常存而不死矣。”[④]尤其是魄，它是衡量人的身体强壮与否的指标。通常所说的“体魄”足以说明这一点。如果魄聚，同时魂充，则“心力强”“心之神明精爽，则魂魄有统”[⑤]。

第三，魂魄还分别具有相应的心理作用，乃至认知作用。正因为有这类作用，因此其才被划入心理范畴。朱熹认为，魂的职责在于思量计度、运用作为，而魄是负责耳目等的机制，有记忆作用。朱熹说：“会思量计度底便是魂，会记当去底便是魄。又曰：见于目而明，耳而聪者，是魄之用。”[⑥]“魄是一个晶光坚凝物。”[⑦]魄的这种对于记忆、视听的作用在日常生活中可找到证明。朱熹说：“人之语言动作是气，属神。精血是魄，属鬼，发用处皆属阳，是神。气定处皆属阴，是魄。知识处是神，记事处是魄。人初生时，气多魄少。后来魄渐盛，到老魄又少。所以耳聋目昏，精力不强，记事不足。”[⑧]简言之，魄尽管与体质有关，但有认知作用，如主管视听、记忆等。其根据是，人魄衰，即有“重听多忘”的表现。[⑨]魂的心理、认知作用也是不可否认的，如思量计度，特别是负责行为的选择与控制，相当于今日所说的意志作用。朱熹说：“凡能运用作为，皆魂也，魄则不能也。今人之所以能运动，都是魂使之尔。”[⑩]

---

① [南宋]石泰辑：《修真十书》，载胡道静、陈莲笙、陈耀庭选辑：《道藏要籍选刊（三）》，上海古籍出版社 1989 年版，第 541 页。
② [南宋]石泰辑：《修真十书》，载胡道静、陈莲笙、陈耀庭选辑：《道藏要籍选刊（三）》，上海古籍出版社 1989 年版，第 541 页。
③ [南宋]石泰辑：《修真十书》，载胡道静、陈莲笙、陈耀庭选辑：《道藏要籍选刊（三）》，上海古籍出版社 1989 年版，第 542 页。
④ [北宋]曾慥编：《道枢》，载胡道静、陈莲笙、陈耀庭选辑：《道藏要籍选刊（十）》，上海古籍出版社 1989 年版，第 426 页。
⑤ [明清之际]黄宗羲：《宋元学案（三）》，陈金生、梁运华点校，中华书局 1986 年版，第 2227 页。
⑥ [南宋]黎靖德编：《朱子语类（一）》，王星贤点校，中华书局 1986 年版，第 41 页。
⑦ [南宋]黎靖德编：《朱子语类（一）》，王星贤点校，中华书局 1986 年版，第 41 页。
⑧ 转引自吕思勉：《理学纲要》，东方出版社 2012 年版，第 95 页。
⑨ [南宋]黎靖德编：《朱子语类（一）》，王星贤点校，中华书局 1986 年版，第 41 页。
⑩ [南宋]黎靖德编：《朱子语类（一）》，王星贤点校，中华书局 1986 年版，第 41-42 页。

魂魄之所以有种种心理作用，是因为它们本身有能量，即以特种形式的气的形态存在。朱熹说："魄是一点精气，气交时便有这神。魂是发扬出来底，如气之出入息。魄是如水，人之视能明，听能聪，心能强记底。有这魄，便有这神，不是外面入来。魄是精，魂是气；魄主静，魂主动。"①这就是说，魂、魄之所以能以具有特定功能的主体的形式起作用，是因为它们都是某种真实的存在，是具有作用的主体，而非别的东西的属性或作用。例如，魄是一种精，即极其精微的东西，因而有其变化莫测的能明、能聪、能记的神性；而魂则是一种精微的气，因此有其"主于动"的特性。康有为对此有近似的解释，只是把魄说成了由气等元素构成的带有子系统性质的团块，他说："五官百骸，肌肤血液，身之体也；魄者，脑气之白团，及腰之白筋如块者，周身之脑气筋，专司运动，微有知觉，强厉不化者。"②魂是专司认知等高级心理能力的主体，它与脑有关，不过只有当它能化为心思时，才为有灵性的魂，即魂灵或灵魂。魂实即一种魂气。康有为有时还赋予魂以思虑作用，而魄则不同，它作为体质，主要分布于五官中，因此只有感知的作用。他说："尝质而言之，心思之官者，魂灵也；耳目之官者，魄质也。"③由于魂魄所依赖的基质有微妙的差别，魄主要依于体质，或者说，魄属于躯体，即体魄、体质，而魂属于气，因此它们在人体消亡时的情况就不尽相同，魄会随肉体消亡而消亡，而魂则不是这样。他说："若魂气有知，浮游在上，固未尝死也。"④

戴震也承认魂魄具有自己的不同于心的心理或认知功能，当然对其作用的根源、机制做了不同的解释，例如，认为魄的记忆之类的功能既与体质有关，又"资于外"，即与所接受的外来信息和能量有关。他说："凡资于外以养者，皆由于耳目鼻口，而魄强则能记忆，此属之魄者存之已尔。"⑤"人之异于禽兽者，虽同有精爽，而人能进于神明也。"⑥

道教也承认魂、魄有心理性质和作用，但又从价值论角度对这些作用做了说明和评价。《文始真经注》云："魄者，阴也，妄想、贪著，众恶是也。魂者，

---

① [南宋]黎靖德编：《朱子语类（一）》，王星贤点校，中华书局 1986 年版，第 40 页。
② [清]康有为：《孟子微》。
③ [清]康有为：《孟子微》。
④ [清]康有为：《孟子微》。
⑤ [清]戴震：《戴震集·绪言》。
⑥ 安正辉选注：《戴震哲学著作选注》，中华书局 1979 年版，第 74 页。

阳也，清净无染，众善是也。”[①]意思是，魄所主的心理作用表现为妄想、贪著等，属于邪恶的心理，而魂所产生的心理是善良的。这主要是由它们所依的气的阴阳性质所决定的。既然魂魄的价值属性不同，因此人在修炼时就要区别对待，在去凡成圣的修炼过程中，应该以魂运魄、去阴还阳，直至成就纯阳之神。《文始真经注》云：“圣人以魂运魄者，木有余则金不足也。”意为，运者周行也，圣人初学道时，心开了悟，清净无染，外行众善，内保元阳，不住空相，离种种边，纯阳流住，阳魂运化，阴魄消寂。功满即升阳界，进而为圣人。魂属木，故说“木有余”，魄属金，故说“金不足”，因为魄消寂了。[②]

道教有一种观点将魂魄的作用扩大了，例如，陈士元说：“魂能知来，魄能藏往。”[③]再如，清醒的见性来自魂，而做梦主要得益于魄。“人之昼兴也，魂丽于目；夜寐也，魄宿于肝。魂丽于目，故能见焉；魄藏于肝，故能梦焉。”[④]如果说魂魄有心理的功能，那么根据这种观点，人的心理功能的定位就不应局限于心或脑，还应把肝等也算进来，如魄可寄居于肝中。陈撄宁赋予魂魄的功能更多，他说：“人的灵魂包含许多成分在内，有情欲，有识神，有真意，有元神，有灵光，一层比一层清，一层比一层高，情欲不过占吾人灵魂中之一部分。”[⑤]陈淳赋予它们的作用更多，他认为，魂的作用是“奋厉振作，通畅和乐，施为经画，思虑明觉”，等等；魄的作用是“整齐严肃，安恬退止，持循执守，沃断记志”，等等。[⑥]

中国心灵哲学不仅认为心内多主角并存，而且认为魂魄内也是如此，道教的“三魂七魄说”就是其典型。《云笈七签》云：“三魂者，第一魂胎光，属之于天，常欲得人清净，欲与生人延益寿筭（算）、绝秽乱之想，久居于人身中，则生道备矣。”[⑦]意为，作为三魂之一魂的“胎光”源于天，其作用是主管人的生

---

① [元]牛道惇：《文始真经注》，载胡道静、陈莲笙、陈耀庭选辑：《道藏要籍选刊（五）》，上海古籍出版社1989年版，第387页。

② [元]牛道惇：《文始真经注》，载胡道静、陈莲笙、陈耀庭选辑：《道藏要籍选刊（五）》，上海古籍出版社1989年版，第387页。

③ [明]陈士元：《梦占逸旨·真宰篇》，转引自刘文英：《梦的迷信与梦的探索》，中国社科出版社1989年版，第37页。

④ [明]陈士元：《梦占逸旨·真宰篇》，转引自刘文英：《梦的迷信与梦的探索》，中国社科出版社1989年版，第37页。

⑤ 陈撄宁：《陈撄宁仙学精要（上）》，胡海牙、武国忠编，宗教文化出版社2008年版，第309页。

⑥ [明清之际]黄宗羲：《宋元学案（三）》，陈金生、梁运华点校，中华书局1986年版，第2227页。

⑦ [北宋]张君房编：《云笈七签》，载胡道静、陈莲笙、陈耀庭选辑：《道藏要籍选刊（一）》，上海古籍出版社1989年版，第375-376页。

命福寿，有追求清净、长寿的功能，因此常居身中，有益无害。第二魂是“爽灵”，“属之于五行，常欲人机谋万物，徭役百神，多生祸福、灾衰、刑害之事”①。意思是，此魂属五行，其作用是驱使身上的百神，因此是智慧之神。而智慧是双刃剑，既可致人以福，又可为人带来灾祸。可见，此魂是人的小聪明，专司营谋、算计、思虑、筹划等功能，有控制百神的作用，故“多生祸福、灾衰、刑害之事”。之所以有这些危害，是因为算计必心劳，“心劳则役百神，役百神则气散，气散则太清一气不居，人将丧矣”②。第三魂是“幽精”，“属之于地，常欲人好色、嗜欲，秽乱昏暗，耽着睡眠”③。意为此魂属地，其作用是产生欲望，因此是欲望之魂，如让人“好色、嗜欲”，让人“秽乱昏暗，耽著睡眠”。这些功能发挥的后果是让人多病，乃至早夭。因为这些作用的发挥会让人合杂，而“合杂则厚于色欲，厚于色欲则精华竭，精华竭则名生黑薄鬼录罪著”④。《云笈七签》中的另一种说法是“一名胎光，太清阳和之气也。一名爽灵，阴气之变也。一名幽精，阴气之杂也。”⑤三魂的重要性在于：调整好，使之平衡，“则神气清爽，五行不拘，百邪不侵，疾病不萦，长生可学”⑥。三魂的关系决定了人的生存状态，甚至也可以说，三魂的状态就是人的生存状态。正像柏拉图所说的三个灵魂各守其德行，人便为最好一样，道教所说的三魂也有类似的作用。例如，如果后两魂为所欲为，那么不仅人将不人，堕落为邪恶之人，而且会多病、早夭。反之，如果让胎光发挥制御后两魂的作用，那么人便能转凡成圣。如果人能做到清净，“不生恶状，则魂常不离人左右，神气雄壮，百神随从，所为无不从其善愿……疾病不敢辄近”⑦。换言之，如果制御调适好，它们便妙不可言。例如，“胎光

① [北宋]张君房编：《云笈七签》，载胡道静、陈莲笙、陈耀庭选辑：《道藏要籍选刊（一）》，上海古籍出版社1989年版，第376页。

② [北宋]张君房编：《云笈七签》，载胡道静、陈莲笙、陈耀庭选辑：《道藏要籍选刊（一）》，上海古籍出版社1989年版，第376页。

③ [北宋]张君房编：《云笈七签》，载胡道静、陈莲笙、陈耀庭选辑：《道藏要籍选刊（一）》，上海古籍出版社1989年版，第376页。

④ [北宋]张君房编：《云笈七签》，载胡道静、陈莲笙、陈耀庭选辑：《道藏要籍选刊（一）》，上海古籍出版社1989年版，第376页。

⑤ [北宋]张君房编：《云笈七签》，载胡道静、陈莲笙、陈耀庭选辑：《道藏要籍选刊（一）》，上海古籍出版社1989年版，第375页。

⑥ [北宋]张君房编：《云笈七签》，载胡道静、陈莲笙、陈耀庭选辑：《道藏要籍选刊（一）》，上海古籍出版社1989年版，第375页。

⑦ [北宋]张君房编：《云笈七签》，载胡道静、陈莲笙、陈耀庭选辑：《道藏要籍选刊（一）》，上海古籍出版社1989年版，第376页。

延生，爽灵益禄，幽精绝死。急急如律令，每日如此，魂不离人左右，飞灾、横祸、恶鬼、凶神不能为害”[①]。

既然三魂如此重要，因此就必须小心对待、处置，为此道教探讨并建立了“三魂的拘留之法”。其总的原则和办法是让其不失其位，清净安居于身中。果如此，它们的三种功能就会尽情发挥，类似于柏拉图所说的让三种魂尽量发挥其智慧、节制、勇敢的德行。做到了，人便命长、富贵、无灾衰；反之，“三魂绝而不归，即魄与五鬼为徒”[②]。这样的魂即为游魂，魂为游魂，身便“无主”。身无主，人便行事昏乱，耽睡好眠，灾祸横生。

道教也是一种崇本息末、强调抓牛鼻子的宗教，因此在探讨三魂的拘留之法时指出：调适的关键是让它们安定，因为人的最好的状态是安定，不安定就会有病，就会灾祸不断。《云笈七签》说：“三魂不定，爽灵浮游，胎光放形，幽精扰唤。”[③]“皆弃身，游遨飚逝本室，或为他魂外鬼所见留制，或为魅物所得收录，或不得还返，离形放质，或犯于外魂。”[④]总之，要养生，三魂“当拘而制之”[⑤]。而要安定三魂，便要学、用“拘留之法”，“拘留之法，当安眠向上，下枕伸足，交手仰上，冥目闭气，三息叩齿，三通存身”[⑥]。

七魄分别是尸狗、伏矢、雀阴、吞贼、非毒、除秽、臭肺。它们是“身中之浊鬼”。它们对人的生存状态的作用也有两面性，调适不好，则让人活不好；反之，则让人其乐融融。七魄的较好的、对人有利的状态是，安于身内，不好游走。“七魄和柔，与我相安，不得妄动。”[⑦]“内闭相守，受制若常。”[⑧]如果游走，

① [北宋]张君房编：《云笈七签》，载胡道静、陈莲笙、陈耀庭选辑：《道藏要籍选刊（一）》，上海古籍出版社 1989 年版，第 376 页。
② [北宋]张君房编：《云笈七签》，载胡道静、陈莲笙、陈耀庭选辑：《道藏要籍选刊（一）》，上海古籍出版社 1989 年版，第 376 页。
③ [北宋]张君房编：《云笈七签》，载胡道静、陈莲笙、陈耀庭选辑：《道藏要籍选刊（一）》，上海古籍出版社 1989 年版，第 377 页。
④ [北宋]张君房编：《云笈七签》，载胡道静、陈莲笙、陈耀庭选辑：《道藏要籍选刊（一）》，上海古籍出版社 1989 年版，第 377 页。
⑤ [北宋]张君房编：《云笈七签》，载胡道静、陈莲笙、陈耀庭选辑：《道藏要籍选刊（一）》，上海古籍出版社 1989 年版，第 377 页。
⑥ [北宋]张君房编：《云笈七签》，载胡道静、陈莲笙、陈耀庭选辑：《道藏要籍选刊（一）》，上海古籍出版社 1989 年版，第 377 页。
⑦ [北宋]张君房编：《云笈七签》，载胡道静、陈莲笙、陈耀庭选辑：《道藏要籍选刊（一）》，上海古籍出版社 1989 年版，第 378 页。
⑧ [北宋]张君房编：《云笈七签》，载胡道静、陈莲笙、陈耀庭选辑：《道藏要籍选刊（一）》，上海古籍出版社 1989 年版，第 378 页。

便致人有疾病、灾祸。若遇此情形，便应学控制之法。“道士徒知求仙之方，而不知制魄之道，亦不免于徒劳也。”[①]拘留的方法同安三魂的方法一样，那就是要让它们安定、各守本分。

道教认为，三魂七魄是真实的存在，因此可为人认识到，当然，非一般人所能接近，只有有神通的人才能亲见。葛洪说：“欲得通神，当金水分形。形分则自见其身中之三魂七魄。而天灵地祇，皆可接见，山川之神，皆可使役也。”[②]

在魂魄的本质问题上，中国心灵哲学一般不把它们当作非物质的精神实体，因而超越了笛卡儿的实体二元论，而是把它们看作自然界中的自然存在。在魂魄的起源问题上，道教认为，魂魄不是来自纯精神的本原，不由神所创造，而是自然发生的，要么来自气，要么来自天地（自然）。《云笈七签》云：“魂降于天，谓之神，魄本于地，谓之鬼，鬼即属阴神。”[③]这里尽管使用了鬼神之类的字眼，但没有有神论的意味，因为这里所谓的鬼神不外乎是指难以想象、测知的自然作用。这样的情形在中国心灵哲学中是极为常见的，例如，《周易》早就认识到，魂不过是物的精气的变化、变状。“精气为物，游魂为变。”[④]当提及精诚、精识、精灵等略显神秘意味的现象时，说的仍然是人的心知。因为它们看不见摸不着，古人才用了一些让人联想到神秘现象的词。从根源和存在方式上说，它们一点也不神秘，如天气为魂、地气为魄。当然，用阴阳二气解释魂魄最为常见，如本书上篇所说的，这是自郑子产以来在中国居主导地位的看法。《黄帝内经》云：“阴阳者，天地之道也，万物之纲纪，变化之父母，生杀之本始，神明之府也。”所谓阴阳，其实是中国哲学表示有解释力的微观自然力量或原因的“科学概念”。其本义是日照的向背，后指两种气，或气的两种状态，而气不过是指有波动性和粒子性的微观力量。凡动的、热的、在上的、向外的、明亮的、亢进的、强壮的等，即为阳；凡静的、寒的、在下的、向内的、晦暗的、减退的、虚弱的等，即为阴。《周易》云：“一阴一阳谓之道。”意为阴阳的相互交替作用即为宇宙的根本规律。既然如此，源于或构成于气、阴阳的魂魄就没有任何神秘性，而不过

---

① [北宋]张君房编：《云笈七签》，载胡道静、陈莲笙、陈耀庭选辑：《道藏要籍选刊（一）》，上海古籍出版社 1989 年版，第 378 页。
② 王明：《抱朴子内篇校释》，中华书局 1985 年版，第 326 页。
③ 王明：《抱朴子内篇校释》，中华书局 1985 年版，第 389 页。
④《周易·系辞上》。

是自然中的现象。道教也常用阴阳释魂魄，如说：“在道曰阴阳，在人曰魂魄，在物曰表里，在天曰日月，在地曰声色，在丹田曰铅汞。”①既然如此，魂魄就不神秘，就是像日月、声色一样的自然现象。张载对魂魄的规定是“气于人，生而不离、死而游散者谓魂；聚成形质，虽死而不散者谓魄。”②

朱熹的魂魄观是郑子产观点的坚持和发挥，他说：郑子产所说的“人生始化曰魄，既生魄，阳曰魂”，“说得好”。③当然，他对这一思想有补充和发展，这表现在：第一，从动静上对魂魄做了区分。他说：“动者魂也，静者魄也。动静二字，括尽魂魄。凡能运用作为皆魂使之尔，魄则不能也。今人之所以能运用，都是魂使之耳。”④第二，认为魂是气的功能，魄是体的功能。这些功能中有些是属于生理的，但有些则是典型的心理现象。他说：“知觉运动，阳之为也；形体，阴之为也。气曰魂，体曰魄。”⑤第三，朱熹也注意到，过去也有以神释魂魄的，但他认为，这与用气解释魂魄的方法并无根本不同，因为作为解释项的神实质上还是气，只不过它是气中的更微妙的实在或力量。例如，高诱《淮南子注》曰：“魂者，阳之神，魄者，阴之神。”⑥可见，神并没有超出阴阳二气，是其中的至精至微者。就作用而言，神的作用更大、更高超，如“所谓神者，以其主乎形气也”⑦，意为魂魄可理解为主宰形气的力量。总之，鬼神魂魄不是超自然的力量，而是气质的特定形式。第四，朱熹既看到了鬼神魂魄对气等物质力量的依赖性，也注意到了它们的形而上的性质，即认识到，既然它们是由气等所派生的高阶现象，因此就一定有低阶存在中所没有的东西，即由各种力量结合时所产生的新的东西。他说：“气质是实底；魂魄是半虚半实底；鬼神是虚分数多，实分数少底。”⑧这里的虚可理解为形而上。第五，在功能作用上，他强调：先儒所说的“口鼻之嘘吸为魂，耳目之聪明为魄”⑨，只说出了个大概，没有全面反映魂魄的功能。他认为，因为魂魄是气之神，所以其作用就一定很多、很大。“暖

---

① [北宋]曾慥编：《道枢》，载胡道静、陈莲笙、陈耀庭选辑：《道藏要籍选刊（十）》，上海古籍出版社 1989 年版，第 385 页。
② [北宋]张载：《张载集》，章锡琛点校，中华书局 1978 年版，第 19 页。
③ [明清之际]黄宗羲：《宋元学案（二）》，陈金生、梁运华点校，中华书局 1986 年版，第 1515 页。
④ [明清之际]黄宗羲：《宋元学案（二）》，陈金生、梁运华点校，中华书局 1986 年版，第 1515 页。
⑤ [南宋]黎靖德编：《朱子语类（一）》，王星贤点校，中华书局 1986 年版，第 37 页。
⑥ [南宋]黎靖德编：《朱子语类（一）》，王星贤点校，中华书局 1986 年版，第 37 页。
⑦ [南宋]黎靖德编：《朱子语类（一）》，王星贤点校，中华书局 1986 年版，第 37 页。
⑧ [南宋]黎靖德编：《朱子语类（一）》，王星贤点校，中华书局 1986 年版，第 40 页。
⑨ [南宋]黎靖德编：《朱子语类（一）》，王星贤点校，中华书局 1986 年版，第 41 页。

气便是魂，冷气便是魄。魂便是气之神，魄便是精之神。会思量忖度底便是魂，会记当去底便是魄。”[①]耳聪目明都是魄的作用的表现。第六，朱熹有时以精、质释魂魄，如说：“气是魂，谓之精”[②]，意为气中之精即魂。“血是魄，谓之质”[③]，意为血中之质即魄。“阳者气也，归于天；阴者质也，魄也，降于地，谓之死也。”[④]

当然，对魂、魄本质还有多种不同的说明。一种较有个性的解释是曾子根据神灵对魂魄的解释。他说：“阳之精气曰神，阴之精气曰灵，神灵者，品物之本也。”[⑤]再如，秦汉时《吕氏春秋·禁塞》云：“费神伤魂。”高诱注：“魂，人之阳精也，阳精为魂，阴精为魄。”[⑥]这就是说，魂魄都是事物中的精或神，如魄是人的阴神、魂是人的阳神。《淮南子》分别用天之气和地之气说明魂魄，如说：“天气为魂，地气为魄。”汉代以后，有这样一种倾向，即根据形体解释魄，如说形魄，即认为形之灵者为魄、精气为魂，或认为魄内的阳气为魂。魂魄当然又有其不同于形气的特点，例如，它们无形，是气之灵。这就是说，魂魄依于形气，但并不是形气本身，而是形气之灵。“心之精爽，是谓魂魄。”[⑦]

郑子产的魂魄自然化是后来的魂魄解释的基础、依据，戴震在建立自己的魂魄学说时，也引用并利用了郑子产的思想，如把魂与魄看作阳与阴。根据他的判释，《左传》对魂魄的自然化，实即以心之精爽释魂魄。这种判释与其说是他对《左传》的解释，不如说是他自己的发挥。所谓精爽是生生灭灭的事物所具有的精微构成，而它们又是因气组合而有的灵性。他说：“凡有生则有精爽，从乎气之融而灵，是以别之曰‘魄’；从乎气之通而神，是以别之曰‘魂’。”[⑧]

中国的魂魄学说给心灵哲学提出了一个尖锐的研究课题：心理王国除了心这样的实在之外，真的还有魂魄之类的实在吗？如果有，如何予以证明？它们是何关系？对此，简单否定和肯定都是不可取的。明智的态度是像著名科学家、诺贝尔奖获得者克里克所说的那样，用直接的而非思辨的方法予以研究，即在人们诉

① [南宋]黎靖德编：《朱子语类（一）》，王星贤点校，中华书局1986年版，第41页。
② [南宋]黎靖德编：《朱子语类（一）》，王星贤点校，中华书局1986年版，第38页。
③ [南宋]黎靖德编：《朱子语类（一）》，王星贤点校，中华书局1986年版，第38页。
④ [南宋]黎靖德编：《朱子语类（一）》，王星贤点校，中华书局1986年版，第38页。
⑤《大戴礼记·曾子天圆篇》。
⑥ [东汉] 高诱注：《吕氏春秋》，上海古籍出版社2014年版，第144页。
⑦《左传·昭公二十五年》。
⑧ 安正辉选注：《戴震哲学著作选注》，中华书局1979年版，第23页。

说自己的魂魄及其作用时，借助科学的手段去观察大脑中有无相应的过程、事件发生。陈撄宁也强调：灵魂问题之解决有赖实证。他说："灵魂问题既非今日科学所能解决，而许多宗教书籍，虽议论纷纷，皆是空谈，而无实证。"①而这类问题又刻不容缓，必须予以回答。因为它们既有理论意义，又有实践意义，例如，对道教的修炼来说，只有弄清了这类问题，修炼才有正确的方向。陈撄宁说："当其入门之初步，就要认识灵魂，否则便盲修瞎炼。"②如何知肉体之外还有灵魂？他以汽车为例做了自己的分析，他指出：汽车的构造同身体的构造几乎完全相同。汽车之所以能在复杂的情况下行驶，是因为有司机。灵魂就如同司机。肉体若无灵魂，就像汽车无司机一样。③

最后，必须承认的是，中国魂魄学说除了会受到"本体论人口爆炸"等的质疑之外，还确实包含有泛灵论因素。例如，有的哲学家认为，不仅人身上有魂魄，而且到处有神、灵、魂。《云笈七签》云："人者受生于天魂，经成于元灵。"④《文始真经》也包含有万物有灵论的思想，至少记载了这样的思想，例如，"以我之精，合天地万物之精，譬如万水可合为一水；以我之神，合天地万物之神，譬如万火可合为一火；以我之魄，合天地万物之魄，譬如金之为物，可合异金，而熔之为一金；以我之魂，合天地万物之魂，譬如木之为物，可接异木，而生为一木。则天地万物，皆吾精、吾神、吾魂、吾魄。何者死，何者生？"⑤《道藏》认为，万物都有魂魄。动物有，自不待言；植物也有，《修道十书上清集》云："松之魂，松之魄。"正因为如此，修成神仙的人就可隐于松、隐于柳。⑥"地魄天魂日月精，夺来鼎内及时烹。"⑦

---

① 陈撄宁：《陈撄宁仙学精要（上）》，胡海牙、武国忠编，宗教文化出版社2008年版，第294页。
② 陈撄宁：《陈撄宁仙学精要（上）》，胡海牙、武国忠编，宗教文化出版社2008年版，第294页。
③ 陈撄宁：《陈撄宁仙学精要（上）》，胡海牙、武国忠编，宗教文化出版社2008年版，第294页。
④ [北宋]张君房编：《云笈七签》，载胡道静、陈莲笙、陈耀庭选辑：《道藏要籍选刊（一）》，上海古籍出版社1989年版，第218页。
⑤《冲虚至德真经·四符》。
⑥ [南宋]石泰辑：《修真十书上清集》，载胡道静、陈莲笙、陈耀庭选辑：《道藏要籍选刊（三）》，上海古籍出版社1989年版，第453-454页。
⑦ [南宋]石泰辑：《修真十书上清集》，载胡道静、陈莲笙、陈耀庭选辑：《道藏要籍选刊（三）》，上海古籍出版社1989年版，第467页。

第六章

心理多主论：气、精、神

“精”“神”“灵”在多数情况下无疑是较典型的心理术语。“气”尽管主要属“非心”范畴，但也有心理的用法，如“神气”“浩然之气”“气魄”等。这些词表明中国人在心理大发现中看到了西方人不曾注意到的心理样式。在中国心灵哲学看来，它们不仅存在，而且在心理王国具有主体性的地位，即多主体体系结构中的成员。另外，由于它们各有其特殊的职能和作用，在心理王国也有自己的主导权、主宰权，对于认识世界特别是对于做人、养生具有突出意义，因此一直是中国心灵哲学关注度极高的课题。道家经典说：“人之一身至精至粹，至尊至贵，莫越精气神三者。”[①]它们对于生命的意义在于：“闭而宝之可长活。”“精神者，命之本也，道之源也；元炁者，神之根……炁衰则神弱，炁壮则神强。”[②]本章的任务就是考察中国心灵哲学在这些课题上的建树。

第一节　“气”及其心灵哲学意义

应承认，“气”在大多数语境中是被当作物理语言使用的，但也有例外，即

① [元]陈致虚：《上阳子金丹大要》，载胡道静、陈莲笙、陈耀庭选辑：《道藏要籍选刊（九）》，上海古籍出版社 1989 年版，第 224 页。

② [唐]司马承祯：《胎息精微论》，载胡道静、陈莲笙、陈耀庭选辑：《道藏要籍选刊（九）》，上海古籍出版社 1989 年版，第 296 页。

有时被当作心理语词使用，甚至有时还有表示心理主体、主宰的意义。这有三种情况：第一，有时被当作兼有心物双重意义的词使用，如浩然之气；第二，有时被用来表示中国心灵哲学所发现的特殊的心理样式，如骨气、气节、胆气、气魄、脾气、怒气、火气、怨气等；第三，有时被用来指称心理的根源、主宰、主体，如后面将阐述的，《上阳子金丹大要》主张，不仅人的心身都源于气，由气所构成，而且人对外面对象（如色、声等）的知觉都离不开气，没有气就没有知觉。在此意义上，气也有心理主体的意义。

我们先来考察“气”的词源和一般用法。徐复观将中国哲学中的“气”的用法概括为三种：①呼吸之气；②生命力，即孟子所说的“体之充”，这是活的形体与死的形体的根本区别之所在，有气即有体之生命，因此气是“生理所形成的生命力”，是“人身生理的综合作用，或由综合作用所发生的力量”；③万物的构成元素[①]，这个概括是比较全面的。

我们先从词源上说起。“气”是中国文字中最早出现的文字之一，甲骨文中就有此字，写作“三”。在钟鼎文、金器文中这个字更常见，东周金文作“三”。《说文解字》云：“气，云气也，象形。”古人之所以用似“三”的数字表示气，是因为古人认为云气就表现为这个样子，或类似于这个符号。这也从一个角度表明，人们最先形成“造意”或造字冲动及意象时所面对的“实”是较具体的实在，而没有太多抽象性，因此“气”这个词在开始时是一个近于“树”“猫”之类的实词。《说文解字部首订》云：“气之形与云同，但析言之，则山川初出者为气，升于天者为云。合观之，则气乃云之散蔓，云乃气之浓敛。”[②]

随着对气的样式、个例认识的拓展，气的抽象性质逐渐提高，以至在先秦，人们已认识到气是事物的普遍性构成因素。这表现在“气”成了许多词的组成部分，如气候、气交、气令、气象、气运、节气、暑气、温气、寒气、大气、秋气、天气、地气、雾气、脾气、心气等。在甲骨文卜辞中，“气”除了有云气之意外，还可训为乞求、迄至等意。在后来的运用中，“气”的用法逐渐增多，其意义也随之增加。有这样一些引申情况：一是表示氤氲聚散形成万物的气。例如，经过对不同形态的气（如云气、水气、烟气、风气等）的抽象，人们提出了“精气”

① 徐复观：《中国思想史论集》，九州出版社 2014 年版，第 172 页。
② [清]饶炯：《说文解字部首订》，转引自陆流：《气道》，上海三联书店 1994 年版，第 54 页。

“元气”等更抽象的气范畴。二是表示人的嘘吸的气息。三是表示人的血气。四是表示万物的共同的更微观的构成元素。

从用法上说，“气”一词的意义演变到今天，已经出现了五花八门的用法及所指。如前所述，徐复观将中国哲学中“气”的用法概括为三种。这个概括尽管比较贴切和全面，但反观这个词的实际用法，似仍有补充的余地。综合来看，它的用法主要有如下情形：①指“云气”，《说文解字》云“气，云气也”，如天上的白云、水的流动，尤其是水里冒出的气、食物上冒出的气；②儒家所说的正气、浩然之气，这种气尽管带有主观精神性，但也是客观存在的，如通过调心，让气聚集，配以道义，可形成这种气；③精气，即构成万物的先天的元素；④元气，如董仲舒所说的在太初之前的气，根据他关于宇宙的起源模式，宇宙万物的产生经历了这样一些阶段，即太易（这时充满的就是混沌的元气，它先于气、形、质）、太初（气之始，有气产生出来）、太始（形之始）、太素（质之始）；⑤张衡所说的元气，即在道之后产生出来的、能构成万物的元气，按照他的宇宙起源模式，万物产生的过程是道—元气—万物；⑥有一种观点认为，元气即道，如王安石、张载认为，太极不在气先，道气一体；⑦王弼等认为，气即作为有之本的无，郭象认为，气即有，一气万形；⑧在道教中，气可以指修炼中运行的气，即导引之气，如胎息中运动的气；⑨气即西方科学所说的电子，康有为把气称为电气，认为它有热温、重力、光电等属性，严复把气解释为质点，认为它有形体、有质量，犹如化学元素，谭嗣同用以太解释气，认为气是光、声传播的媒介。

我们这里关注的是作为哲学范畴的气，即作为构成万物之本原的气。对其本质，不同的人有不同的看法。陆流概括说：它是“横贯有无、体符自然、顺透生灭、融主形神、超越时空之自在‘物’”[①]，是“实体存在与虚体存在的中介性的虚中有实、实中有虚的媒介体”[②]，是虚体与实体、物质与精神、生生与死灭的桥梁，更是时间与空间、有恒与变化、万有与一无的桥梁。只有如此理解，才能把握这个世界的一切存在。笔者认为，尽管不是所有的用法都包含这个指称和含义，但至少有一种用法是这个样子。正是因为气同时有心物的意义，或能作为心物的桥梁，或能表现为兼有心物二重性的存在，因此它才能被纳入心灵哲学的

① 陆流：《气道》，上海三联书店 1994 年版，第 61 页。
② 陆流：《气道》，上海三联书店 1994 年版，第 2 页。

探讨视野。当然，气还有其他很多用法及意义，例如，《老子》云："道生一。"一即混沌之气。内丹家称之为元始先天一炁、真一祖气、太一真气。《庄子・知北游》云："人之生，气之聚也。聚则为生，散则为死。""通天下一气耳。"胡孚琛先生说："气是有生机的连续的基始物，大致相当现代物理学中'场'的概念。"[①]《道枢》云："气者，阴阳之至精也，天地之阳魂。"[②]《上阳子金丹大要》云："气者，天地万物莫不由之在。"[③]"日月星辰得以明，风云雷雨得以动，四时品物得以生长收藏，此唯天地间阴阳造化之气。"[④]

可见，中国哲学所说的气，难以在西方科学和哲学中找到对应的概念，因为它确有基本粒子、场等意义，是万物的构成元素，但又不止于此，因为它还同时是万物运动变化的根源、动力，因此既是元素又是能量。但这样说显然也还不够，因为气还是许多事物有其专有功能的根据、使然者。例如，气不仅构成日月，而且还使其具有明亮性。在气的虚实问题上，不同的人有不同的看法。占主导地位的观点是，认为气是构成有形事物的元素性的东西，有形有相，只是太精微罢了。而张载、湛若水等认为，太虚即气，其本然状态是虚无的，无形可见。就此而言，"气"更不能被翻译为西方人所说的基本粒子之类，因为它具有形上的性质。对于气的作用，一般都给予充分的肯定。概括说，它的作用体现在以下方面。

（1）构成万物。《管子》云："凡物之精，此则为生。"[⑤]意为一切都禀天地精气而生，就此而言，气对于万物有能生、派生的本原作用。

（2）天、地、人这"三才"之所以大、灵，也源于气。例如，"清阳为天，浊阴为地"，"天地合气，命之曰人"。[⑥]

（3）气是人的生存状态的关键决定因素。《黄帝内经》云："百病生于气也，怒则气上，喜则气缓，悲则气消，恐则气下，寒则气收，炅则气泄，惊则气乱，劳则气耗，思则气结。"[⑦]人的寿夭甚至是否长生都与气有关，如果总是让它泄

---

① 胡孚琛：《道学通论（修订版）》，社会科学文献出版社2009年版，第47页。
② [北宋]曾慥编：《道枢》，载胡道静、陈莲笙、陈耀庭选辑：《道藏要籍选刊（十）》，上海古籍出版社1989年版，第478页。
③ [元]陈致虚：《上阳子金丹大要》，载胡道静、陈莲笙、陈耀庭选辑：《道藏要籍选刊（九）》，上海古籍出版社1989年版，第224页。
④ [元]陈致虚：《上阳子金丹大要》，载胡道静、陈莲笙、陈耀庭选辑：《道藏要籍选刊（九）》，上海古籍出版社1989年版，第224页。
⑤《管子・内业》。
⑥《管子・内业》。
⑦《黄帝内经・素问・举痛论》。

漏，必有害于生命；若能宝气，让它充足，则能健康长寿。而宝气贵在节欲少劳。“节欲少劳者，则气长而缓，多欲而劳倦者，则气少而短。气少则身弱，身弱则病生，病生则命危。”①如果要抓宝气的主要矛盾，那么心不动是其关键。“一念若动，气随心散，精逐气忘。”②心不动就是静，而静可使人“气平而缓”③。“恬淡虚寂，真气居之，精神内守，病从何来？”④既然如此，对气的正确态度是，“惜气常如惜面”，“气之为理也，纳而难固，吐而易竭。难固须保而使全，易竭须惜而勿泄”。⑤当然，气的状态对心的静止与否也有反作用，如庄子说：“欲静，则平气。”⑥意为要想静下心来，则要设法让气息平和。

（4）气有间接的心理作用，是决定人的寤、梦的一个因素。张载说：“寤，形开而志交诸外也；梦，形闭而气专乎内也。寤所以知新于耳目，梦所以缘旧于习心……凡寤梦所感，专语气于五藏之变，容有取为焉。”⑦从心理的起源角度来说，气则是人的心理的根源，因为有气的聚集才有人的形成，有气之精在人身内的出现，便有人的心理及其生活。《上阳子金丹大要》云：“凡人唯气最先，莫先于呼吸。眼耳鼻舌身意皆由是气。非是气，则色声香味触法都不知觉。气之呼接于天根，吸接地根。气之在人身有八百一十丈，与脉偕行，衰旺相关。”⑧这就是说，不仅人的心身都源于气，由气所构成，而且人对外面对象（如色、声等）的知觉都离不开气，没有气就没有知觉。在此意义上，气也有心理主体的意义。

在理解中国的气论时，关注和考察气的个例是一个有益的途径。这是因为，中国哲学在建立自己的气论时，注意到并研究过许多个例。例如，“炁”就是其中一个。《说文解字》认为，“炁”是“火”和“无”的合字。《字林》云：“炁，

① [元]陈致虚：《上阳子金丹大要》，载胡道静、陈莲笙、陈耀庭选辑：《道藏要籍选刊（九）》，上海古籍出版社 1989 年版，第 224-225 页。
② [元]陈致虚：《上阳子金丹大要》，载胡道静、陈莲笙、陈耀庭选辑：《道藏要籍选刊（九）》，上海古籍出版社 1989 年版，第 225 页。
③ [元]陈致虚：《上阳子金丹大要》，载胡道静、陈莲笙、陈耀庭选辑：《道藏要籍选刊（九）》，上海古籍出版社 1989 年版，第 225 页。
④ [北宋]张君房编：《云笈七签》，载胡道静、陈莲笙、陈耀庭选辑：《道藏要籍选刊（一）》，上海古籍出版社 1989 年版，第 400 页。
⑤ [北宋]张君房编：《云笈七签》，载胡道静、陈莲笙、陈耀庭选辑：《道藏要籍选刊（一）》，上海古籍出版社 1989 年版，第 400 页。
⑥《庄子·庚桑楚》。
⑦ [北宋]张载：《张载集》，章锡琛点校，中华书局 1978 年版，第 20 页。
⑧ [元]陈致虚：《上阳子金丹大要》，载胡道静、陈莲笙、陈耀庭选辑：《道藏要籍选刊（九）》，上海古籍出版社 1989 年版，第 224 页。

从无、从火，视之则无，审之则有。”在道学中，指的是先天之元气，相应地，用“气”表示后天之气，以示区别。从词源上说，“炁”比“气”更加形而上，介于有无之间。从起源上说，炁与火有关，故说“从火”。这就是说，炁即先天之气，或先于万物而同时又派生阴阳二气的气。

“炁”也可称作“精炁”。唐代李荃在注《阴符经》时说，“天[地]者，阴阳之总名也。阳之精炁轻清，上浮为天，阴之精炁重浊，下沉为地……故知天地则阴阳之二炁，炁中有子，名曰五行”①。由于炁的能生功能、变化作为难以测知，因此其可被称为神。他说：“阴阳生万物人谓之神，不知有至道静然而不神，能生万物阴阳为至神矣。”②“不神”即“至道”。“言至道虚静、寂然而不神。此不神之中能生日月、阴阳、三才、万物种种，滋荣而获安畅，皆从至道虚静中来，此乃不神之中而有神矣。”③

有人认为，先天一炁可称作真铅。朱元育说：它“从虚无中来，即金丹大药也”④。虚无即道，因此炁源于道。从炁的相状、特点看，它是无形之形，有无相制。从作用上说，其是构成万物的基本元素。就其自身的构成来说，炁中还有先天祖炁。此祖炁可形象地称作“真汞”。⑤《灵宝玉鉴》认为，由于它最为珍贵，故可被称作“灵宝”，“即元始祖炁”，它自无而有，“一切有象、有形皆由是气而生成”。⑥

《修真十书悟真篇》认为，炁在人身上表现为真炁。它是人身上最原始的、本原性的炁，住于两肾之间，或在“玄牝之门”内。“门者出入之谓也。人原父母一点精炁，先结为丹元，然后生五脏六腑，两肾中间混元一穴是也。真炁从此而出。”⑦修炼的目的就是要得、要保这种天地之灵气，而得气的表征是“恍恍惚惚，杳杳冥冥，自然身心和畅，如痴如醉，肌肤爽透，美在其中。”⑧真元之

① [唐]李荃：《阴符经疏》。
② [唐]李荃：《阴符经疏》。
③ [唐]李荃：《阴符经疏》。
④ [清]朱元育：《悟真篇·阐幽》。
⑤ [清]朱元育：《悟真篇·阐幽》。
⑥ [元]吴全节：《灵宝玉鉴》，载胡道静、陈莲笙、陈耀庭选辑：《道藏要籍选刊（八）》，上海古籍出版社 1989 年版，第 549 页。
⑦ [南宋]石泰辑：《修真十书悟真篇》，载胡道静、陈莲笙、陈耀庭选辑：《道藏要籍选刊（三）》，上海古籍出版社 1989 年版，第 412 页。
⑧ [南宋]石泰辑：《修真十书杂金丹大成集》，载胡道静、陈莲笙、陈耀庭选辑：《道藏要籍选刊（三）》，上海古籍出版社 1989 年版，第 330 页。

气也可被称作元气。“其大也，则笼罩八隅；其小也，则潜藏一毫，呕坤吐乾，出有入无。”[①]从元气与身体其他要素（五行）的关系看，元气为君，五行为臣。其相状是“元气本无形，因精而生有。”[②]吴筠（？—778）说：“元气者，无中之有，有中之无，旷不可量，微不可察，氤氲渐着，混茫无倪，万象之端，兆朕于此……生天地人物之形者，元气也。”[③]

理学也承认有真气或元气。二程说：“真元之气，气之所由生，不与外气相杂，但以外气涵养而已。”[④]就像鱼为水涵养一样，真元之气也可被称作元气。

就炁与气的关系而言，《道藏》云：“先天炁乃天元一气也，在天枢之上注之。后天炁乃地元一气也，在地枢之下注之。”[⑤]基于这样的说法，我们可以对炁与气的关系做这样的梳理，即把“气”区分为广义和狭义两种用法，狭义的气是炁这种先天元气之外的后天的气，而广义的气同时包括两大类。

再一典型的气是人气。人由天地之气构成，构成后又有自己特殊的气，即不同于天气、地气的人气。它随四时之气的变化而变化，在人体各部分表现出来，例如，正月二月，天气始方，地气始发，人气在肝；七月八月，人气在肺；九月十月，人气在心；等等。[⑥]

《左传》对气的内涵和外延做了全面深入的论述，进而第一次使气进入了哲学范畴。在论述人气时，《左传》认为人气与最重要的“六气”有关。所谓六气是指阴、阳、风、雨、明、晦六种气。它们是万物的根源，同时不仅存在于人身，而且决定了人的六疾、六志。六疾即寒、热、末、腹、惑、心，六志即好、恶、喜、怒、哀、乐，甚至社会的礼义刑法等都源于六气。

人身上遍布各种气，如五脏六腑中藏有心气等各种气。概括说，人气有“液气”“髓气”“心气”等差别。《道藏》云：“纯阳上升者，谓之气。纯阴下降者，谓之液气。液相交于骨髓之间者，谓之髓气。髓相交于膀胱之外者，谓

---

① 《橐龠子》，载胡道静、陈莲笙、陈耀庭选辑：《道藏要籍选刊（五）》，上海古籍出版社 1989 年版，第 763 页。
② 《橐龠子》，载胡道静、陈莲笙、陈耀庭选辑：《道藏要籍选刊（五）》，上海古籍出版社 1989 年版，第 764 页。
③ [唐]吴筠：《玄纲论·元气章》。
④ [北宋]程颐、程颢：《二程集（上）》，王孝鱼点校，中华书局 2011 年版，第 165 页。
⑤ [南宋]石泰辑：《修真十书杂金丹大成集》，载胡道静、陈莲笙、陈耀庭选辑：《道藏要籍选刊（三）》，上海古籍出版社 1989 年版，第 330 页。
⑥ 《黄帝内经·素问·诊要经终论》。

之精。”[①]心气主于心脏，或者说发源于心脏的真气，就像精源于肾一样。正所谓：“肾为精枢，心为气馆。”[②]它们的最佳状态是待在它们的所在地，因为真精只有存于肾中，余精才会自动返还下丹田；真气只有存于心中，余气才会自动回归元府。反之，心气若进入其他地方，加之真精不固，就会导致很多麻烦，如“心气在肝，肝精不固，目眩无光。心气在肺，肺精不固，肌肉瘦弱。心气在肾，肾精不固，神气减少”[③]。根据道教《摄生三要》的论述，后天之气的样式很多。“人身之气，各有部分。身中有行气、横起气、诸节气、百脉气、筋气、力气、骨间气、腰气、脊气、上气、下气，如此诸气，住各有定，不可相乱。乱则贼，大则颠狂废绝，小则虚空相陵，虚则痒，实则痛。疾病之生，皆由于此。”[④]

“浩然之气”是人所独有的一种兼有心物二重性的气。孟子发现这种存在样式之后，它就成了后来儒道一直在讨论的一种气。由于它充满了道义，是包含有道义的气，因此其也可被看作是一种特殊的心理样式。二程说：“天地之正气，大则无所不在，刚则无所屈，以直道顺理而养，则充塞于天地之间。‘配义与道’，气皆主于义而无不在道。”[⑤]就它与别的心理样式如与志的关系而言，它由志所决定。只有当人有大志并把气与道义结合在一起时，人才会表现出浩然之气。“志，气之帅。若论浩然之气，则何者为志？志为之主，乃能生浩然之气。志至焉，气次焉，自有先后。”[⑥]道教也承认孟子所说的浩然之气，如强调它是配义与道的气。[⑦]

中国心灵哲学最为关心的是作为人体内生命之根的气，因为人无气即断气，即死亡，有气则有生命。

气的样式、个例多了，归类、分类便成了必要。《左传·昭公元年》的分类是“六气”，即阴、阳、风、雨、晦、明。此外，《左传》有时也把气分为阴气

① [南宋]石泰辑：《修真十书杂著指玄篇》，载胡道静、陈莲笙、陈耀庭选辑：《道藏要籍选刊（三）》，上海古籍出版社 1989 年版，第 287 页。
② [南宋]石泰辑：《修真十书杂著指玄篇》，载胡道静、陈莲笙、陈耀庭选辑：《道藏要籍选刊（三）》，上海古籍出版社 1989 年版，第 287 页。
③ [南宋]石泰辑：《修真十书杂著指玄篇》，载胡道静、陈莲笙、陈耀庭选辑：《道藏要籍选刊（三）》，上海古籍出版社 1989 年版，第 287 页。
④ [清]袁了凡：《摄生三要·养气》。
⑤ [北宋]程颐、程颢：《二程集（上）》，王孝鱼点校，中华书局 2004 年版，第 11 页。
⑥ [北宋]程颐、程颢：《二程集（上）》，王孝鱼点校，中华书局 2004 年版，第 162 页。
⑦ [元]陈致虚：《上阳子金丹大要》，载胡道静、陈莲笙、陈耀庭选辑：《道藏要籍选刊（九）》，上海古籍出版社 1989 年版，第 226 页。

与阳气两种。这是一种较为常见的分类法。此外，先天之气与后天之气的分类也很常见。先天之气是先于天地万物的真气。“真一之气，生于天地之先，得于虚无之中，恍惚窈冥，视之不见，听之不闻，博之不得。”[①]形质由后天地之气所成，“天地之内已有形质者，皆后天地之气”[②]。它源于米，故“气”（氣）字从乞、从米，谷入胃，“胃得谷而生气”[③]。“五藏之气会于胃，而气所由生也。”[④]在胎内也是这样，不过胎儿的气来自母亲，而母亲之气出于胃，“随母呼吸，受气而成”[⑤]。内丹家也把气分为先天和后天两种。先天气是元气，可写作“炁”，是“人体生命运动的机能，体现为高度有序的能量流和躯体活力”[⑥]。后天之气即伴随生命出现而发生的呼吸之气，也可分为阴阳二气。“阳化气，阴成形。”[⑦]阳为功能，阴为形质。就其定位而言，后天之气，一是藏于肾中的精气，二是为肺呼吸的气，三是经脾胃消化、吸收运化的水谷精气。“三气说”是将气分为上气、中气和下气。宇宙最初是混沌状态，同于虚空，万物开始于气。道教《子华子》云：“夫混茫之中，是名太初，实生三气，上气曰始，中气曰元，下气曰玄。玄资于元，元资于始，始资于初。”[⑧]

中国心灵哲学对人身之气有不同角度的解说。一般来说，人身上本来只有一气，由于它可存在于不同的地方并具有不同的作用，因此便表现为不同形态的气。从描述上说，如果从不同角度去解说，便有不同的名称或理论，如阴阳说、先天后天说、血气说、精气说、脏气说、神气说、真气说、元气说等。下面择几种予以简要说明。首先，阴阳说认为，人身上的气表现为阴阳二气。因为气有动有静，有动静就有阴阳，阳为动，阴为静。其次，先天后天说认为，就气的来源而言，

① [元]陈致虚：《上阳子金丹大要》，载胡道静、陈莲笙、陈耀庭选辑：《道藏要籍选刊（九）》，上海古籍出版社 1989 年版，第 226 页。
② [元]陈致虚：《上阳子金丹大要》，载胡道静、陈莲笙、陈耀庭选辑：《道藏要籍选刊（九）》，上海古籍出版社 1989 年版，第 226 页。
③ [元]陈致虚：《上阳子金丹大要》，载胡道静、陈莲笙、陈耀庭选辑：《道藏要籍选刊（九）》，上海古籍出版社 1989 年版，第 224 页。
④ [元]陈致虚：《上阳子金丹大要》，载胡道静、陈莲笙、陈耀庭选辑：《道藏要籍选刊（九）》，上海古籍出版社 1989 年版，第 224 页。
⑤ [元]陈致虚：《上阳子金丹大要》，载胡道静、陈莲笙、陈耀庭选辑：《道藏要籍选刊（九）》，上海古籍出版社 1989 年版，第 224 页。
⑥ 胡孚琛：《道学通论（修订版）》，社会科学文献出版社 2009 年版，第 47 页。
⑦《黄帝内经・素问・阴阳应象大论》。
⑧ [春秋]程本：《子华子・序》，载胡道静、陈莲笙、陈耀庭选辑：《道藏要籍选刊（五）》，上海古籍出版社 1989 年版，第 715 页。

气有先天之气和后天之气。先天之气即元气、真气，或称作“炁”。它先天地而有，源于道。在人身上，它也有其表现。后天之气是由先天之气加上有关因素的作用而产生的气，如人的呼吸之气。再次，血气说认为，气表现为人身体中的精微力量、精华之所在，即为血气。《淮南子》说：“血气者，人之华也，而五脏者，人之精也。”[①]最后，精气说认为，就气有精粹、精灵、精变等特点而言，气即精气。《管子·内业》云：“精也者，气之精者也。”“一气能变曰精。”[②]

第二节　“精”及其心灵哲学意义

中国心灵哲学除了像西方那样关注“精神”（spirit）之外，还对以单字形式出现的“精”做了深入的探讨。它之所以重视精，是因为精不仅是生命中最宝贵的东西，而且有时也可表现为心理的形式，甚至以心理主体的形式存在和起作用。《上阳子金丹大要》云：“精实一身之根本，未有木无根而能久乎。”[③]意为精在人身上的地位类似于根在树木中的地位，若根上有问题，树的生命就不能长久，若人的精不充足或枯竭，人身就有种种毛病或性命难保。《黄帝内经》说得更明白：“夫精者，身之本也。”[④]既然如此，养生的出路在于：贵精、宝精，只增不减。若只是减、耗，势必“油枯灯尽，髓竭人亡”[⑤]。“养生之士，先宝其精，精满则气壮，气壮则神旺，神旺则身健。”[⑥]而要知道如何贵精、宝精，尤其是知其所以然，就要对精本身进行剖析和探究。

根据中国心灵哲学的看法，精不限于人身，而是有广泛的存在性。也就是说，它的广义的用法是指广泛存在于心物中的精妙力量、性质和状态。这种力量之所以被看作心理王国中的成员，是因为它具有只有心才有的这样的特性，即明性或觉知性。至少有许多论者承认：有精必有明，必有力量。即使不是全

① [西汉]刘安：《淮南子·精神训》。
②《管子·心术》。
③ [元]陈致虚：《上阳子金丹大要》，载胡道静、陈莲笙、陈耀庭选辑：《道藏要籍选刊（九）》上海古籍出版社1989年版，第223页。
④《黄帝内经·素问·金匮真言论》。
⑤ [元]陈致虚：《上阳子金丹大要》，载胡道静、陈莲笙、陈耀庭选辑：《道藏要籍选刊（九）》，上海古籍出版社1989年版，第223页。
⑥ [元]陈致虚：《上阳子金丹大要》，载胡道静、陈莲笙、陈耀庭选辑：《道藏要籍选刊（九）》，上海古籍出版社1989年版，第223页。

部精都是这样，至少有一部分是这样。《淮南子》云："心之精者，可以神化（神妙地变化），而不可导（教导、引导）人。目之精者，可以消泽（看到无形），而不可以昭認（教诫）。"①

从词义学上说，"精"是相对于"粗"而言的，有精微、精妙、精华的意思，是一切事物内最珍贵、最微妙者，或精华性存在、力量。道士赵志坚说："诸缘共聚，各有精粗。"②《管子》云："一气能变曰精。"意为专一之气所形成的变化即为精。③庄子认为，区分粗与精的标准是是否可言说。可言说者为粗，只能意会者为精。精是微妙之实在。"可以言论者，物之粗也；可以意致者，物之精也。""夫精者，小之微也。"④据此，庄子把道和人的精神都称作精。

古人发明"精"的概念是想说明物之起源、变化的原因。《周易》云："精气为物，游魂为变。"⑤根据这一后来受到广泛讨论的命题，世界有两类现象：一是事物的作用、变化，它们是形而上的；二是形而下者，即有形有象之物理存在。精也在这个范畴之内，只是它是其中隐匿的、靠近形上的东西，正所谓精者，物质凝聚、紧密之谓。《公羊传》云："觕者曰侵，精者曰伐。"⑥所谓觕，即粗，而精是粗的否定或反面。张载认为，精是事物内部的微观实在或力量。事物及其构成元素之中均有精，如人体之内有精、阴阳五行中有精。"阴阳之精互藏其宅，则各得其所安。"⑦"木金者，土之华实也，其性有水火之杂……金之为物，得火之精于土之燥，得水之精于土之濡，故水火相待而不相害。"⑧

老子曰："窈兮冥兮，其中有精，其精甚真。"⑨这一规定开辟了精的另一种解释途径，即把它看作是无形的实在。道教认为，精的体性是空，是无我，其内没有常一不变的实体。《文始真经注》曰："精属水，水无人也，精亦无人也，合乎至精，则历历孤明，不与万法为侣也。"⑩

---

①［西汉］刘安：《淮南子·谬称训》。
②［南宋］赵志坚：《道德真经疏义》卷5。
③《管子·心术下》。
④《庄子·秋水》。
⑤《周易·系辞上》。
⑥《公羊传·庄公十年》。
⑦［北宋］张载：《张载集》，章锡琛点校，中华书局1978年版，第13页。
⑧［北宋］张载：《张载集》，章锡琛点校，中华书局1978年版，第13页。
⑨《老子·第二十一章》。
⑩［元］牛道惇：《文始真经注》，载胡道静、陈莲笙、陈耀庭选辑：《道藏要籍选刊（五）》，上海古籍出版社1989年版，第394页。

把“精”解释为有心理作用的实在或主体的人也很多，例如，根据戴震的看法，精即“精爽”。它是人与动物共有的特性。既然是精爽，因此就一定有相应的心理功能，如精爽能对对象做出反应。当然，精爽有巨细、高低之别，低的只能认识事物的表面性质、特点，且难免错误。他说：“凡血气之属（人与动物），皆有精爽。其心之精爽，钜细不同，如火光之照物。”①火光有大有小，其照有远有近。精爽也是这样，所得到的认识也是如此。动物只有精爽，而人异于禽兽处在于：不仅有精爽，还有神明，人和动物“虽同有精爽，而人能进于神明也”②。另外，他还认识到，精爽是可改进、可发展的，乃至过渡到神明。“今谓心之精爽，学以扩充之，进于神明。”③

“精”的具体用法和解释还有很多，例如，有的人把它理解为具体化于人身之中的道。这种意义的精不同于精血之精，因为这种“精通于天”，即为“主精”④，也可称作至精，而“至精为神”。其作用极为神奇，如让它显现即有无穷之妙用。《淮南子》云：“刑罚不足以移风，杀戮不足以禁奸，唯神化为贵。至精为神……至精之像，弗招而自来，不麾而自往；窈窈冥冥，不知为之者谁。”⑤

还有一些人把精同时理解为物质和精神的能量、力量。物质的能量或精，包括血气、肾中的精液等。心理性的精则是心理的感知、思维活动、作用的基础，由于它至精至微，因此人只知其用，而不知它本身究竟是什么。充其量，人只能通过它的作用推知它的存在。基于此可以说，精到什么地方，什么地方便有奇妙的作用发生，例如，来到或“泄于”眼，则有视的作用。“精泄于目，则其视明；在于耳，则其听聪；留于口，则其言当；集于心，则其虑通。”⑥由此可以说，精即使不是这些作用的主体，至少是使这些作用发生的重要条件，例如，它存在于心中，便让心发挥思虑通达的作用。

也有这样的倾向，即把它降格为物理王国中的成员，如认为它不过是精液。而精液是人体中的以液体形式出现的精华，可称作“玉体金浆”。其有六种形式，即精、泪、唾液、涕、汗、溺。《云笈七签》云：“人之一身有此六液，同一元

① 安正辉选注：《戴震哲学著作选注》，中华书局1979年版，第74页。
② 安正辉选注：《戴震哲学著作选注》，中华书局1979年版，第74页。
③ 安正辉选注：《戴震哲学著作选注》，中华书局1979年版，第75页。
④ [西汉]刘安：《淮南子·览冥训》。
⑤ [西汉]刘安：《淮南子·主术训》。
⑥ [西汉]刘安：《淮南子·精神训》。

气而分配五藏六腑九窍四肢也。”[①]由于精液是人身上的精华，因此最好是藏而不泄。即使是汗，也不宜出得太多，因为“汗是神之信”。《通玄真经》认为，精即精细之物，故物中有物质性精，“血气者，人之华也，五藏者，人之精也”[②]。这种精属物质范畴，是形体、物质中的精微存在或能量，也是相对于神而言的东西。例如，卵生之物、胎生之物中都有精与神两方面，“形者，彼之精，理者，彼之神”[③]。生命体之所以有神，有识性，是因为其内有理，理的具体化即为识神。

在有些人的用法中，“精”有时指心绝对专一而没有任何杂念的状态，其意思近于“精一”“精诚”，如《淮南子》云：“至精之所动，若春气之生，秋气之所杀。”[④]“老母行歌而动申喜，精之至也。”[⑤]“精”有时也指反道之本的状态。《淮南子》云：“偃其聪明，而抱其太素，以利害为尘垢，以死生为昼夜……则至德，天地之精。”[⑥]还可指心理学所说的心，如说“精通于灵府”[⑦]。《上阳子金丹大要》则提出，精即美好的或对立于丑恶的东西，如说：“精者，极好之称。美者言精，恶者言粗。夫物皆然。凡人唯精最贵。”[⑧]

王阳明认为，精有不同的意义，例如，“精一”之“精”以理言，“精神”之“精”以气言。理者气之条理，气者理之运用。[⑨]

对精可根据不同标准做出不同的分类，根据其是本有还是生成的，可把它分为先天之精和后天之精两大类。先天之精即元精。它是天地之根，还丹之宗，万物之母，七宝之精，大道之体，日月、父母、五行元首，也可称作真一。[⑩]故《老子》云：天得一以清，地得一以宁，万物得一以生三才（天、地、人）。后天之精即派生性的精，比如吃了食物后转化成的血液、体液等，再如“吸气以养精，

① [北宋]张君房编：《云笈七签》，载胡道静、陈莲笙、陈耀庭选辑：《道藏要籍选刊（一）》，上海古籍出版社 1989 年版，第 389 页。
② [唐]默希子：《通玄真经》，载胡道静、陈莲笙、陈耀庭选辑：《道藏要籍选刊（五）》，上海古籍出版社 1989 年版，第 453 页。
③ [唐]默希子：《通玄真经》，载胡道静、陈莲笙、陈耀庭选辑：《道藏要籍选刊（五）》，上海古籍出版社 1989 年版，第 365 页。
④ [西汉]刘安：《淮南子・主术训》。
⑤ [西汉]刘安：《淮南子・说山训》。
⑥ [西汉]刘安：《淮南子・俶真训》。
⑦ [西汉]刘安：《淮南子・原道训》。
⑧ [元]陈致虚：《上阳子金丹大要》，载胡道静、陈莲笙、陈耀庭选辑：《道藏要籍选刊（九）》，上海古籍出版社 1989 年版，第 223 页。
⑨ [明]王守仁：《王阳明全集（上）》，吴光、钱明、董平等编校，上海古籍出版社 2012 年版，第 54 页。
⑩ [唐]郑思远：《真元妙道要略》，载胡道静、陈莲笙、陈耀庭选辑：《道藏要籍选刊（九）》，上海古籍出版社 1989 年版，第 176 页。

如金生水；吸风以养神，如木生火”①。《管子》也承认精有先天与后天之别。前者源于天，“凡人之生也，天出其精，地出其形。合此以为人”②。

根据是否有形，可把精分为有形之精和无形之精，例如，物质性的精是有形的，而道和心理性的精爽则是无形的。“道也者，至精也，不可为形，不可为名，强为之名，谓之太一。”③《老子》云：“窈兮冥兮，其中有精，其精甚真。”④而万物有形有相则为粗。

尽管精广泛存在于全宇宙之中，如“天之精，日、月、星、辰、雷、电、风、雨也”，但是人体中的精是一种特殊的精，不仅有维系生命、让人进入高级人格境界的作用，而且与气、神、心相关的精还有心理功能。如前所述，精泄于目，则其视明；集于心，则其虑通。据《玄门大论·释名》，宋文明有这样的看法：“精者虚妙，智照之功，神者无方，绝累之用；气者方所，形相之法也。亦曰希、微、夷。希，疏也；微，细也；夷，平也。夷即是精，希即是神，微即是气。精言夷者，以知万境，均为一照也。神言希者，以神于无方，虽遍得之，甚疏也。气言微者，以气于妙体，义有非粗也。”⑤可见，精与神、气不仅在形态上不同，而且在认知功能上也相互区别开来了，例如，精能知万境，而神的作用更大。根据戴震的看法，有认知作用的精爽是比神明低一级的认知作用。宋文明说：“精爽有蔽隔而不能通之时，及其无蔽隔，无弗通，乃以神明称之。”⑥意为当心对于对象有不能通达之时，心的作用就被称作精爽；而到了没有障碍、无不通达时，心的作用则被称作神明。⑦

第三节 “神”及其心灵哲学意义

“神”是一个极富歧义性的语词，因此应做小心细致的用法分析。就词性而

---

① [元]牛道惇：《文始真经注》，载胡道静、陈莲笙、陈耀庭选辑：《道藏要籍选刊（五）》，上海古籍出版社 1989 年版，第 394 页。
② 《管子·内业》。
③ 《吕氏春秋·仲夏纪·大乐》。
④ 《老子·第二十一章》。
⑤ 《玄门大论·释名》。
⑥ 安正辉选注：《戴震哲学著作选注》，中华书局 1979 年版，第 73 页。
⑦ 安正辉选注：《戴震哲学著作选注》，中华书局 1979 年版，第 73 页。

言，在很多情况下，它是作为形容词被使用的，指的是事物的玄妙、变化、神奇、难以测知的特点。《淮南子·泰族训》云：元气聚为万物，“其生物也，莫见其所养而物长，其杀物也，莫见其所丧而物亡，此之谓神明”。有时，它也常常作为名词被使用，如说“五藏神”“气和而生，津液相成，神乃自生”“府精神明”。有时与“明”连在一起组成合成词，如说人体各部分都有神明、心之神明等。

该词最常见的意义是指神妙难测的作用。《周易》有言：“阴阳不测谓之神。”这里说的是事物的内在动力和外在极致表现。由于神有如此的作用，因此应以神为本，是故《黄帝内经》设有《本神》篇。据说孔子也说：“阴阳不测之谓神。”“神无方而易无体。”[①]这说的是，天地间的不可测知的变化皆阴阳所为，故说阴阳的变化莫测即为神。周敦颐说：“大顺大化，不见其迹，莫知其然之谓神。”[②]“动而无动，静而无静，神也。”[③]物则不然，它是没有神性的。二程说：“‘唯神也，故不疾而速，不行而至。’神无速，亦无主。”[④]“‘穷神知化’，化之妙者神也。”[⑤]“气外无神，神外无气。”[⑥]可见，神不是独立的实在，而是气及其组合体中表现出来的力量、化之妙。“天者理也。神者妙万物而为言者也。”[⑦]总之，“神是极妙之语”[⑧]。在人身上，神既指身体各部位的最佳状态，如面有其神，又指整体的最佳状况。另外，心理的状态也是神的表现，如意、志、忆等。

就形容的对象而言，“神”既可用来形容道，也可用来形容心和物。形容道时可说：“道者天地之始，一其纪也……莫见其形，莫知其名，谓之神灵。”“故道者神明之源。”[⑨]这是就其作用大而难测所言的。北宋理学象数学派创始人邵雍认为，道或太一是世界的本原，其特点是神，甚至也可说道本身就是神。正因为神，道才产生数与象，并由此而派生万物。他说：“天由道而生，地由道而成，人、物由道而行。天地人物则异也，其由于道则一也。”“道与一，神之强名也。以神为神者，至言也。”“气一而已，主之者神也。神亦一而已，乘气而变化。

---

①《黄帝内经·素问·天元纪大论》。
②［北宋］周敦颐：《周敦颐集》，陈克明点校，中华书局2009年版，第24页。
③［北宋］周敦颐：《周敦颐集》，陈克明点校，中华书局2009年版，第27页。
④［北宋］程颐、程颢：《二程集（上）》，中华书局1981年版，第121页。
⑤［北宋］程颐、程颢：《二程集（上）》，中华书局1981年版，第121页。
⑥［北宋］程颐、程颢：《二程集（上）》，中华书局1981年版，第121页。
⑦［北宋］程颐、程颢：《二程集（上）》，中华书局1981年版，第132页。
⑧［北宋］程颐、程颢：《二程集（上）》，中华书局1981年版，第64页。
⑨《鬼谷子》，［南朝梁］陶弘景注，载胡道静、陈莲笙、陈耀庭选辑：《道藏要籍选刊（五）》，上海古籍出版社1989年版，第805页。

能出入于有无生死之间，无方而不测者也。”“潜天潜地，不行而至，不为阴阳所摄者，神也。”“神无所在，无所不在。至人与他心通者，以其本于一也。”①“神”也可用来形容作为自然的天。例如，“天者神也，地者形也”②；“地宁天澄，众美归焉，名尸神明”③；“天也者，神明之所根也”④。“神”当然也可用来形容心的神奇作用，因为它也有神妙难测的作用，如心有应人事之用，故可说，它“至神则冥冥莫测”⑤。

当然，“神”有时指的是宗教神学意义的神，如具有超自然力量的人格神、用来解释难解现象的理性神。在大自然中，除了人格化的神之外，还有像规律、法则一样的神，“天神者，妙万物而言，依形而生”⑥。我们这里关心的只是中国心灵哲学中与心有关的“神”。

在以“神”说明心的作用时，它有时指的是一些因素巧妙结合在一起所具有的能或能力、能动性。因为这种能也具有变化莫测的特点，因此可以说人的能力“至神”，但这种神又离不开心，离不开具体的行为，即总是通过或巧或拙的行为表现出来，故说：“能虽至神，不离巧拙。”⑦在人身上，神既指身体各部位的最佳状态，如面有其神，又指整体的最佳状况。另外，心理的状态也是神的表现，如意、志、忆等。有时其也被用来形容心、魂、魄、精神这些心理主体的神奇作用。《淮南子》说：“魂魄处其宅，而精神守其根，死生无变于己，故曰至神。”⑧

“神”的另一用法是指心中的一种至高至胜的主体性实在。它既能神妙变化，又能作为认知和道德主体起作用。有时作名词使用时，专指人心，如说“神识”

---

① [北宋]邵雍：《皇经极世·观物内篇》。
② [北宋]陆佃：《鹖冠子》，载胡道静、陈莲笙、陈耀庭选辑：《道藏要籍选刊（五）》，上海古籍出版社 1989 年版，第 745 页。
③ [北宋]陆佃：《鹖冠子》，载胡道静、陈莲笙、陈耀庭选辑：《道藏要籍选刊（五）》，上海古籍出版社 1989 年版，第 747 页。
④ [北宋]陆佃：《鹖冠子》，载胡道静、陈莲笙、陈耀庭选辑：《道藏要籍选刊（五）》，上海古籍出版社 1989 年版，第 750 页。
⑤ [元]牛道惇：《文始真经注》，载胡道静、陈莲笙、陈耀庭选辑：《道藏要籍选刊（五）》，上海古籍出版社 1989 年版，第 394 页。
⑥ [元]陈致虚：《上阳子金丹大要》，载胡道静、陈莲笙、陈耀庭选辑：《道藏要籍选刊（九）》，上海古籍出版社 1989 年版，第 227 页。
⑦ [元]牛道惇：《文始真经注》，载胡道静、陈莲笙、陈耀庭选辑：《道藏要籍选刊（五）》，上海古籍出版社 1989 年版，第 376 页。
⑧ [西汉]刘安：《淮南子·精神训》。

“心神”。中国心灵哲学一直所关注的形神关系（心身关系的一种特例）中所说的神就是这个意义的神。有时，神仅指心的最高级功能。这里的心是作为心理活动主体的心脏，如说：“夫心者五脏之主也，所以制使四肢，流行血气，驰骋于是非之境，而出入于百事之门户者也。”①而神是它的能主宰一切的作用，如神能决定思想和行动。“故神制，则形从，形胜则神穷。”②“故心者，形之主也，神者心之宝也。”③陈撄宁先生对这种意义的心神关系做了恰到好处的区分，认为心与其作为功能的神结合在一起是脏腑的主宰，而心是这个主宰中静的方面，神是其动的方面。他说：“人身脏腑所以能有功用者，皆神为之主宰。心与神共为一物，其静谓之心，其动谓之神。”④

中国心灵哲学在说明人身上的神的构成、性质特点及作用时，一般坚持“多神论”，即认为人身上的神成百上千，乃至上万，例如，道家、道教认为，人体每个器官、每个组成部分都有神。《上阳子金丹大要》说：“泥丸百节皆有神，发神苍华字太元，脑神精根字泥丸，眼神明上字英玄，鼻神玉垄字灵坚，耳神空闲字幽田。”说“泥丸百节皆有神”的意思是，上部有发神、脑神、眼神、鼻神、口神、耳神、舌神、齿神，中部有肺神、心神、肝神、左肾神、右肾神等，下部有大小肠神、左阴左阳神、右阴右阳神。⑤《上清黄庭内景经》说：“散化五形变万神。”《云笈七签》的《魂神》则具体说明了人身之内有三万六千神，其中当然有起主导作用的神。但关于主导神有多少、它们是什么，是有不同说法的。一种观点认为，人身上的主神是五神，即两手、两足加头的神。这种神是生理的能量，无心理学意义。但存神的过程是心理过程。若能存之、固之，则有助于修道、证道、“去仙近”。“当存五神于体。五神者，谓两手、两足、头是也。”⑥存神的方法是“头想恒青，两手恒赤，两足恒白。”⑦关于主神，还有八神之说，它们是①聪明神，名觉元子；②发神，名玄父华；③皮肤神，名通众神；

① [西汉]刘安：《淮南子·原道训》。
② [西汉]刘安：《淮南子·诠言训》。
③ [西汉]刘安：《淮南子·精神训》。
④ 陈撄宁：《陈撄宁仙学精要（上）》，胡海牙、武国忠编，宗教文化出版社2008年版，第17页。
⑤ [元]陈致虚：《上阳子金丹大要》，载胡道静、陈莲笙、陈耀庭选辑：《道藏要籍选刊（九）》，上海古籍出版社1989年版，第227页。
⑥ [南朝梁]陶弘景：《真诰》，载胡道静、陈莲笙、陈耀庭选辑：《道藏要籍选刊（四）》，上海古籍出版社1989年版，第595页。
⑦ [南朝梁]陶弘景：《真诰》，载胡道静、陈莲笙、陈耀庭选辑：《道藏要籍选刊（四）》，上海古籍出版社1989年版，第595页。

④目神，名灵监生；⑤项髓神，名灵谟盖；⑥膂神，名盖历辅；⑦鼻神，名仲龙玉；⑧舌神，名始梁峙。[1]还有一种观点认为，主神中还有主神，那就是居于心脏或泥丸的心神或识神。不仅心是百神六灵之心，而且魂、魄、志、精“皆此百神六灵之主”[2]。

中国心灵哲学把神当作独立的心理主体的一个表现是，强调人身上的诸神，尤其是有心理功能的心神或识神，在定位、构成、性质和作用等方面都有别于魂魄，例如，从地位上说，它们为魂魄所辅护。《上阳子金丹大要》云：“人身之中自有三万六千神。左三魂右七魄，阴阳配合，共辅护识神。”[3]

道教所说的阳神与阴神不仅是主神，而且是一种极其特殊和高级的心理现象。按道教理论，修炼达到一定程度，人就有阳神、阴神出现，修炼到最高境界，还有所谓的阳神出壳这样的现象。阴神是指：“阴未尽而出神太早。”“其出之时，或眼中见白光如河，则神从眼出；或耳中闻钟磬箫管之音，则神从耳出。”[4]阴神出的相状是“自逍遥快乐，穿街度巷，临水登山，但能成形，不能分形。但能游走人间，不能飞腾变化。若盛夏太阳当空，则阴神畏而避之。是以虽带仙风，未离鬼趣。”[5]阴神可原形粉粹，其方法是“忘其身，虚其心，空洞之中，一物不生。”[6]阴神经过修炼，也可出离肉体。这就是说，阴神也是修炼达到较高境界时出现的现象，只是它没有阳神神妙，实质上未出鬼趣。《玄宗直指万法同归》对阴神的描述是“存思想化之神，此神随用殊致，触处滞碍……多与鬼神邻。”不过，有阴神出现，也是了不起的，也是值得肯定的。陈撄宁说：“虽是阴神，究竟比不神强得多少。”[7]因为这是修炼达到一定程度时才有的心理现象。根据道教的观点，修炼到一定的火候，可用出神之法。例如，人炼至身若水壶、神如秋水时，就可用此法，即让神移出身外。“使其神灵通活泼，而无障

① [北宋]张君房编：《云笈七签》，载胡道静、陈莲笙、陈耀庭选辑：《道藏要籍选刊（一）》，上海古籍出版社 1989 年版，第 226 页。
② [北宋]张君房编：《云笈七签》，载胡道静、陈莲笙、陈耀庭选辑：《道藏要籍选刊（一）》，上海古籍出版社 1989 年版，第 419 页。
③ [元]陈致虚：《上阳子金丹大要》，载胡道静、陈莲笙、陈耀庭选辑：《道藏要籍选刊（九）》，上海古籍出版社 1989 年版，第 227 页。
④ 陈撄宁：《陈撄宁仙学精要（上）》，胡海牙、武国忠编，宗教文化出版社 2008 年版，第 93 页。
⑤ 陈撄宁：《陈撄宁仙学精要（上）》，胡海牙、武国忠编，宗教文化出版社 2008 年版，第 93 页。
⑥ 陈撄宁：《陈撄宁仙学精要（上）》，胡海牙、武国忠编，宗教文化出版社 2008 年版，第 93 页。
⑦ 陈撄宁：《陈撄宁仙学精要（上）》，胡海牙、武国忠编，宗教文化出版社 2008 年版，第 222 页。

碍，或游山玩山，或随缘显化。”[1]当然，不宜走得太远，也不宜费时太长。不然可能会出现“神迷而无所归”的麻烦。“宜将所出之神回转于肉体之内，一出一入，由近及远，切记不可放纵。”[2]

阳神则不同，它“非思虑妄念之神，此神清净圆明，周遍法界，靡所不通，故虽出之不离根本智”[3]。两者的差别是“阳神天之道也，阴神鬼之道也。阳为灵觉虚玄，阴为梦想颠倒。”[4]就神通而言，两者皆有神通，只是阳神有天眼、天耳、神境、他心、宿命、漏尽六神通，阴神只有前五种神通。之所以有这些差别，是由于修炼工夫不同。

根据全真道，阴神与阳神在心性论上靠得较近。它认为，性命双修的最终结果除了达到无心之境之外，还伴有阳神出壳或“出神”这一现象。所谓出神即阳神脱体，融入他方世界。换言之，阳神实即身外之身。该派还认为，佛教的见性只能见阴神。阴神虽然脱离了二元世界，但阴神无法进入阳神能进入的世界，而只能进入鬼界。这样说当然包含对佛教的误解。

全真道认为，随着修炼由筑基到炼精化气，再到炼气化神的递进，最后可进入炼神还虚这一阶段。在这里，阳神就会出现。如果再进一步用功，出壳的阳神就会融入极乐世界。陈撄宁先生引《青华老人语录》对阳神的出现过程及特点做了这样的描绘：“阳神脱胎之先兆，有光自脐轮外注，有香自鼻口中出。既脱之后，则金光四射，毛窍晶融，如日之初升于海……香气氤氲满室，一声霹雳，金火交流，而阳神已出于泥丸矣。出神以后，全看平日工夫，若阳神纯是先天灵气结成，则遇境不染，见物不迁，收纵在我，去来自如。一进泥丸，此身便如火热，金光复从毛窍间出，香气亦复氤氲，倾刻反到黄庭，虽有如无，不知不觉，此真境也。”[5]出阳神时，不同的人由于工夫不同，因此其表现不尽相同，有的人出神之后化为一道白气，有的人则化为香风瑞气，有的人则表现为霹雳。

道教认为，人身上的神还有思虑之神与修炼之神的区别。思虑之神是能思考分别或有认知作用的神，而修炼之神是与人的生命、解脱有关的神。例如，性命

---

① 陈撄宁：《陈撄宁仙学精要（上）》，胡海牙、武国忠编，宗教文化出版社 2008 年版，第 222 页。
② 陈撄宁：《陈撄宁仙学精要（上）》，胡海牙、武国忠编，宗教文化出版社 2008 年版，第 222 页。
③《玄宗直指万法同归》，载《正统道藏・太玄部》下字号。
④《玄宗直指万法同归》，载《正统道藏・太玄部》下字号。
⑤ 转引自陈撄宁：《陈撄宁仙学精要（上）》，胡海牙、武国忠编，宗教文化出版社 2008 年版，第 96 页。

双修中的神就不是思虑神，它的特点是神是性，气是命，神不外驰气自定。[①]只要人的心神不外驰，就会有修炼之神的出现。在道教看来，修炼或炼内丹的过程是人之自然生成过程的逆过程。人的自然生成过程是虚化神，神化气，气化精，精化形，形乃成人。而修炼的过程是炼精化气，炼气化神，炼神合虚，金丹乃成。[②]金丹成，意味着人又回归于他的虚而神的本然状态。

不管是个体的人还是作为种系的人，都不是无源之水。就每个个别的人来说，他的出生既有来自父母的物质和心理的因素，也有来自大自然的乃至形而上的东西。例如，人身上的先天地之神或真神就是如此，它不仅是人的根源之一，而且居于主神的地位。根据中国心灵哲学关于心理结构的图景，心理王国不是一元政体，而是多权分立的格局。例如，根据道教的说法，每个主神都有它的独有的权力，各神所拥有的权力具有平衡的特点。这种格局有点类似于弗洛伊德所说的两匹烈马和骑手所构成的人格结构。诸神之间有动的交涉关系。当然，中国心灵哲学所说的烈马和骑手是多，不止两个。在这个结构中，真神的地位最为根本，因此是名副其实的元神。从构成上说，它是纯阳，无头无尾，无背无面，无名无字。就定位来说，它不固定住在身体的某个位置，它无处不在，同化于它所在的个人，因此可称作无位真人。从元神与后天之神的区别来看，后天之神是“血肉之神”[③]。与前者的区别在于，它有形性，或依于形，而前者是无形无相的，带有本根性。从功能上说，此神的功能是役使四心神、四智神、八神神，尤其是，它对人的修仙成道的作用最大。例如，要想修得圣果，就必须明了此神。从精气神论的角度看，成仙的关键是把先天地之神与人的精气神配合，不配合即为凡。《上阳子金丹大要》云：“世人未得先天地之阳神与身中精气神相配，终不仙也。”[④]

具有心灵哲学意义的神是居住在心中的神，它是诸神中起着协调或统摄作用的神，近于弗洛伊德所说的自我。这个神的特点是无形，因此被称作形上神。它

---

① [元]陈致虚：《上阳子金丹大要》，载胡道静、陈莲笙、陈耀庭选辑：《道藏要籍选刊（九）》，上海古籍出版社 1989 年版，第 228 页。

② [元]陈致虚：《上阳子金丹大要》，载胡道静、陈莲笙、陈耀庭选辑：《道藏要籍选刊（九）》，上海古籍出版社 1989 年版，第 228 页。

③ [北宋]曾慥编：《道枢》，载胡道静、陈莲笙、陈耀庭选辑：《道藏要籍选刊（十）》，上海古籍出版社 1989 年版，第 373 页。

④ [元]陈致虚：《上阳子金丹大要》，载胡道静、陈莲笙、陈耀庭选辑：《道藏要籍选刊（九）》，上海古籍出版社 1989 年版，第 227 页。

有主宰作用，是一身之灵，因此又是太一真神或真君。由于它能像谷子一样滋养他物，因此也可称作谷神。它的宫殿是泥丸。因此泥丸即元神之府，像天谷。“天谷者，泥丸之宫也，上赤下玄，左青右白，其中有黄焉，斯元神之府也，谷神真一之至灵者也。”[①]当然，泥丸中住的还有别的神，如九真之神，其分居东、西、南、北、东南、西南、东北、西北、中部之宫，分管四正、四隅及中央。中部即泥丸的中央方圆一寸之处，是中部之宫，里面住的是这个总管全身的神，故被称作“一部之神”。道教修炼时，思神、存想所要思或想的就是这个神，即要观想此神。修炼好了就能延年延寿。

从这里我们可以看到道教关于心理定位的独特看法，例如，它既承认心脏是心理的一个基础，又承认脑的重要作用。因为承认谷神居住在泥丸中就是承认有的心理依于大脑。它其实也提到了大脑，如说：“脑者，一身之灵也，百神之命窟，津液之山源，魂精之玉室也。”[②]脑中的关键地方是泥丸，泥丸正是元神的居所。“泥丸者，形之上神也。”[③]“太一真君居之，其形如婴儿，坐于金戕玉帐之中。”[④]道教有时也把黄庭看作心神的寄居地。“黄庭者，脑中、心中、脾中者也”[⑤]，即脑等器官的中间。有时也说心居于灵台之中，而灵台即心脏，如说“心者，灵台也，有神灵居之，静则守一，动则存神，神全则体安”[⑥]。

再来看神的作用。必须看到的是，神的作用多种多样，有高有低，而且在其作用的程度上也是有高有低。例如，有一种神是作为决定生命力的力量而存在的，如果这种神处于正常状态，便有这样的表现：精气充足，血脉充盈，精力充沛，面色光泽，目光炯炯有神。反之，神有问题时，人便表现为：面无光泽，精神不振。神对于生命的作用还表现在：“失神者死，得神者生。”[⑦]因为神是一种整

---

① [北宋]曾慥编：《道枢》，载胡道静、陈莲笙、陈耀庭选辑：《道藏要籍选刊（十）》，上海古籍出版社 1989 年版，第 414 页。

② [北宋]曾慥编：《道枢》，载胡道静、陈莲笙、陈耀庭选辑：《道藏要籍选刊（十）》，上海古籍出版社 1989 年版，第 416 页。

③ [北宋]曾慥编：《道枢》，载胡道静、陈莲笙、陈耀庭选辑：《道藏要籍选刊（十）》，上海古籍出版社 1989 年版，第 416 页。

④ [北宋]曾慥编：《道枢》，载胡道静、陈莲笙、陈耀庭选辑：《道藏要籍选刊（十）》，上海古籍出版社 1989 年版，第 416 页。

⑤ [北宋]曾慥编：《道枢》，载胡道静、陈莲笙、陈耀庭选辑：《道藏要籍选刊（十）》，上海古籍出版社 1989 年版，第 410 页。

⑥ [北宋]曾慥编：《道枢》，载胡道静、陈莲笙、陈耀庭选辑：《道藏要籍选刊（十）》，上海古籍出版社 1989 年版，第 410 页。

⑦《黄帝内经・灵枢・天年》。

体论效应、一种突现性质，因此是生命及其力量的表征。《黄帝内经》云：“血气已和（调和），营卫已通，五脏已成，神气舍（潜藏、存在于）心，魂魄毕具，乃成为人。”“百岁（人死时），五脏皆虚，神气皆去，形骸独居而终矣。”①我们这里重点考察中国心灵哲学关于神的心理作用的论述。

神的最大的作用就是神明。《黄帝内经》说：“心者，君主之官也，神明出焉。”②神明，即最高智慧。从体上说，这种智慧于道彻底通达、明白，或道于心前彻底显现，因此心通彻明亮。从用上说，神明有这样一些特点：在认知上，无不通达，无不知晓；在道德上，进入人生最高境界，像圣人一样完美无缺；在心境上，心静、心像虚空、心平、心粹。“故心不忧乐，德之至也。通而不变，静之至也。嗜欲不载，虚之至也。无所好憎，平之至也。不与物散，粹之至也。能此五者，则通于神明。”③其中，最重要的是有大智慧，正所谓“神者智之渊”，意即智根源于神。同时，智慧的高低取决于神的清净程度，如“渊清则智明”④。明是智的表现，最高的明就是神明。《鹖冠子》云：“法之在此者谓之近，其出化彼谓之远，近而至故谓之神，远而反故谓之明。”简言之，神明即一种大智慧。神明也可这样分开来理解，知道、明道为神，知器谓之明。《鹖冠子》之解释者陆佃说：“明之在道为神，神之在器者为明。”⑤

神明的根由、机理何在？《鹖冠子》的回答是其根由即法道。“贤生圣，圣生道，道生法，法生神，神生明。神明者正之末也，末受之本是故相保。”⑥意为神明是末、是用，只要知其体，就可得神明。从物质基础来说，神明有对气的依赖性。正因为气有神妙之处，才有心智及其神明的诞生。二程说：“形一受其生，神一发其智。”⑦当然，神明的根本性根据是理，只有顺理，才能得神明。二程说：“顺性命之理，尽变化之道。”⑧“散之在理，则有万殊；统之在道，则无二致。所以‘《易》有太极，是生两仪’。太极者道也，两仪者阴

①《黄帝内经·灵枢·天年》。
②《黄帝内经·素问·灵兰秘典论》。
③［西汉］刘安：《淮南子·原道训》。
④［西汉］刘安：《淮南子·俶真训》。
⑤［北宋］陆佃：《鹖冠子》，载胡道静、陈莲笙、陈耀庭选辑：《道藏要籍选刊（五）》，上海古籍出版社1989年版，第741页。
⑥［北宋］陆佃：《鹖冠子》，载胡道静、陈莲笙、陈耀庭选辑：《道藏要籍选刊（五）》，上海古籍出版社1989年版，第757页。
⑦［北宋］程颐、程颢：《二程集（上）》，中华书局1981年版，第667页。
⑧［北宋］程颐、程颢：《二程集（上）》，中华书局1981年版，第667页。

阳也。阴阳一道也。”①“顺性命之理，通幽明之故，尽事物之情，而示开物成务之道也。”②另外，在神明的产生中，心的作用也不可或缺。戴震认为，心是血气组合在一起所具有的作用，是自然事物中最灵秀的地方，神明则是心的最高境界。“呈其自然之符，可以知始，极于神明之德，可以知终。由心知而底于（到达）神明，以言乎事，则天下归之（认为是）仁；以言乎能，则天下归之智。”③心对于神明的作用还表现在，要得神明，必须将心调适至静谧。他说：“夫静漠者，神明之宅也；虚无者，道之所居也。”④神明里面又有程度的差别，如有盛、不盛、盛于至盛的差别。达到至盛，即为圣人。戴震说：“神明之盛也，其于事靡（没有）不得理，斯仁义礼智全矣。故理义非他，所照、所察者之不谬也。何以不谬？心之神明也。”⑤神明是相对于精爽而言的，精爽只能获得一般的认识，不能做到“无谬”，不能把握义理。另外，百神和耳目等的配合对神明也很重要。“神明者，由神故明也。故三光在天而万物彰，百神在己而五气昌。其耳目适用，气力体康，是其神也。”⑥

神除了表现为高级的智慧作用之外，还有较低级的认知作用，其表现之一是负责人的日常认知，如视听言动。邵雍云：“尽之于心，神得而知之。人之聪明犹不可欺，况神之聪明乎！”⑦由于神有认知作用，因此可成为梦的一个根源。道教认为，神散必梦，“神凝者，想梦自消”⑧，因此“古之真人，其觉自忘，其寝不梦”⑨。梦的内容也可证明这一点，因为梦的内容与神在白天的所遇有关，与气的状态有关。“昼想夜梦，神形所遇。”“阴气壮则梦涉大水而恐惧；阳气壮则梦涉大火而燔焫（火性猛烈则燔焫）；阴阳俱壮则梦生杀；其饱则梦与，甚饥则梦取。”⑩其表现之二是负责圣人的认知。这种认知是一种直契一切事物的

---

① [北宋]程颐、程颢：《二程集（上）》，中华书局1981年版，第667页。
② [北宋]程颐、程颢：《二程集（下）》，中华书局1981年版，第689页。
③ 安正辉选注：《戴震哲学著作选注》，中华书局1979年版，第5页。
④ [西汉]刘安：《淮南子·精神训》。
⑤ 安正辉选注：《戴震哲学著作选注》，中华书局1979年版，第74页。
⑥ [北宋]张君房编：《云笈七签》，载胡道静、陈莲笙、陈耀庭选辑：《道藏要籍选刊（一）》，上海古籍出版社1989年版，第380页。
⑦ [明清之际]黄宗羲：《宋元学案（一）》，陈金生、梁运华点校，中华书局1986年版，第372页。
⑧《冲虚至德真经·周穆王》。
⑨《冲虚至德真经·周穆王》。
⑩ [元]高守元辑：《冲虚至德真经四解》，载胡道静、陈莲笙、陈耀庭选辑：《道藏要籍选刊（五）》，上海古籍出版社1989年版，第586页。

虚无本质的过程。当然，这不是一般人所能做到的，因为只有当人真的进入心的本然的寂静状态时，才能明见事物的虚无本质。在这种寂静状态中，也有观照的作用发生。这种观的特点是“于是观也，神不入乎色视也，神不入于声闻也，神不入于香味也。吾湛湛乎，其定四器（耳目鼻舌）可谓空也矣。圣人于是知空之不空也，色之不色也，而得智慧于斯焉。”[①]此时的神是不神之神。“能于定之中而明不神之神、不性之性，则神而化，性而真，与天地等其久。”[②]

总之，神也有识、意等作用，故曰神识。当然，道家、道教强调，神的这种作用可帮助人认知，但对人的作用从根本上说是有害无益的。正因为如此，所以在养生中，应息灭神识，至少应停止其分别的作用，让其不放逸。《道枢》云：“勤守中者，神识内守也；勿放逸者，一意不散也；外不入者，对境如无也；内不出者，居尘不染也；还本无者，专气致柔也；万事毕者，止外无求也。”[③]

怎样看待神的本质呢？它究竟是什么？是独立的实体还是别的什么？对于这些问题，中国心灵哲学都有讨论和回答。总的观点是，尽管神无形无相，有难知、难测的妙用，但中国心灵哲学并没有像西方的二元论那样把它当作独立的实体，而是把它看作高阶现象，或随附性现象。如果说神有主体的地位的话，那也只能是一种高阶的主体，因为它是以基础性的条件、关系为前提的。根据一般的看法，它是在有关条件具备时发生的。离开了其基础条件，就没有这个高阶现象。《黄帝内经》说：“生神之理，可著于竹帛，不可传于子孙。”[④]既然如此，就可通过构筑相应的条件而让其产生，至少元神之外的许多神都是这样。中国医学认为，通过求道、守道，就能让神产生出来，因此医理就是“生神”之理。这说明，元神之外的多数神是依于条件的高阶现象。它们的出现依赖于哪些条件呢？

第一，从大的方面说，神明之神根源于阴阳五行的变化，换言之，五行的变化也可导致神的出现。魏伯阳说：“知白守黑，神明自来。白者金精，黑者

---

① [北宋]曾慥编：《道枢》，载胡道静、陈莲笙、陈耀庭选辑：《道藏要籍选刊（十）》，上海古籍出版社 1989 年版，第 415 页。
② [北宋]曾慥编：《道枢》，载胡道静、陈莲笙、陈耀庭选辑：《道藏要籍选刊（十）》，上海古籍出版社 1989 年版，第 415 页。
③ [北宋]曾慥编：《道枢》，载胡道静、陈莲笙、陈耀庭选辑：《道藏要籍选刊（十）》，上海古籍出版社 1989 年版，第 466 页。
④ [西汉]刘安：《淮南子·览冥训》。

水基。”[①]金和水是五行中的二行。阴阳也可以成为神产生的条件。他说：“日月为金水之验，阴阳为神明之度……日月相推之谓变，阴阳不测之谓神。”“穷神以知化，阳往则阴来。”[②]

《黄帝内经》认为，神即天地万物表现出来的一种神妙的状态。万物皆有神，如“神在天为风，在地为木……在天为气，在地成形”[③]，心的智慧、能思、能创造等也是神的表现，是神的一种。而神的根源、基础是五行（亦可称五运）和阴阳。之所以如此，是因为阴阳五行是天地之道，是万物之纲纪，是变化的根源。“阴阳者，天地之道也，万物之纲纪，变化之父母，生杀之本始，神明之府也。”[④]“阴阳不测谓之神，神用无方谓之圣。夫变为之为用也，在天为玄，在人为道，在地为化。化生五味（地能化生，于是有五味），道生智（人明白道理，就有智），玄生神（天的深奥不测，就产生了神明）。”[⑤]

道教将阴阳二元的运动变化看作是神明发生的直接原因。《太清玉碑子》云：“两精（指阴阳）相搏而生神明。神以形用，形以神生。”[⑥]这就是说，人的神明之出现除了阴阳的作用之外，还离不开形的作用。在特定意义上可以说，形体是神的体，而神是其用。

第二，神的作用也离不开道的制约。由于大道具体化于人身上，或者说道入于人便有神生，因此可以说神就是道。《道枢》云：“神者道也，入则为神明，出则为文章。”[⑦]《云笈七签》还具体说明了道生神的原理和过程，认为道是一切之本原，神作为一种实在或作用也一定派生于它。道“无端无绪，无心无意，都无诸欲，淡泊，不动不摇”[⑧]。当道变为神明时，人便有思想、心灵。“神者，

---

① [东汉]魏伯阳：《周易参同契》，载胡道静、陈莲笙、陈耀庭选辑：《道藏要籍选刊（九）》，上海古籍出版社 1989 年版，第 13 页。
② [东汉]魏伯阳：《周易参同契》，载胡道静、陈莲笙、陈耀庭选辑：《道藏要籍选刊（九）》，上海古籍出版社 1989 年版，第 7 页。
③ [西汉]刘安：《淮南子・地形训》。
④《黄帝内经・素问・阴阳应象大论》。
⑤《黄帝内经・素问・天元纪大论》。
⑥《太清玉碑子》，载胡道静、陈莲笙、陈耀庭选辑：《道藏要籍选刊（九）》，上海古籍出版社 1989 年版，第 189 页。
⑦ [北宋]曾慥编：《道枢》，载胡道静、陈莲笙、陈耀庭选辑：《道藏要籍选刊（十）》，上海古籍出版社 1989 年版，第 523 页。
⑧ [北宋]张君房编：《云笈七签》，载胡道静、陈莲笙、陈耀庭选辑：《道藏要籍选刊（一）》，上海古籍出版社 1989 年版，第 59 页。

外其光明，多所照见，使有心意，诸欲因生。”[①]神不仅由道所生，而且其种类也由道的种类所决定，例如，道有五种，神也有五种。它们分别是“一道者，神上天为天神；二道者，神入骨肉，形而为人神；三道者，神入禽兽，为禽兽神；四道者，神入薜荔，薜荔者，饿鬼名也；五道者，神入泥黎，泥黎者，地狱人名。”[②]

第三，神依赖于心。《云笈七签》云：“三魂七魄，三元五真，一神百神，三万六千神，皆在于心也。心正则神正，心邪则神邪。”[③]心正与不正，又取决于悟。“悟则入正，迷则归邪。”[④]

第四，神的直接的基础和根据是精与气。如前所述，精有很多种形式，其中最重要的是元精。它在生成包括神在内的万物的过程中具有根本的作用。彭晓说：“元精者，是鼎中神灵鬼精，天地之元气也。搏之不得，视之不见，而能潜随化机，生成万物。”[⑤]周敦颐特别强调气的作用，而在气中无极又更具根本性，他认为它是气以及气所形成的东西中最精微灵妙的实在。《太极图说》曰：“无极之真，二五之精，妙合而凝。”[⑥]“惟人也，得其秀而最灵，形既生矣，神发知矣，五性感动而善恶分，万事出矣。”[⑦]意即人之所以神、灵，是因为形成人的气最精妙、最灵秀。一旦无极的真与灵秀的形凝聚为人，便有了神的功用，如认知思维、辨善恶等。《云笈七签》云：“气者，道之几微也。几而动之，微而用之。”[⑧]“形之所全者本于脏肺，神之所安者质于精气也。”[⑨]“气者，胎之元也，形之本也。”[⑩]气

① [北宋]张君房编：《云笈七签》，载胡道静、陈莲笙、陈耀庭选辑：《道藏要籍选刊（一）》，上海古籍出版社1989年版，第59页。
② [北宋]张君房编：《云笈七签》，载胡道静、陈莲笙、陈耀庭选辑：《道藏要籍选刊（一）》，上海古籍出版社1989年版，第59页。
③ [北宋]张君房编：《云笈七签》，载胡道静、陈莲笙、陈耀庭选辑：《道藏要籍选刊（一）》，上海古籍出版社1989年版，第380页。
④ [北宋]张君房编：《云笈七签》，载胡道静、陈莲笙、陈耀庭选辑：《道藏要籍选刊（一）》，上海古籍出版社1989年版，第380页。
⑤ [唐]彭晓注：《周易参同契分章通真义》，载胡道静、陈莲笙、陈耀庭选辑：《道藏要籍选刊（九）》，上海古籍出版社1989年版，第42页。
⑥ [北宋]周敦颐：《周敦颐集》，陈克明点校，中华书局2009年版，第5页。
⑦ [北宋]周敦颐：《周敦颐集》，陈克明点校，中华书局2009年版，第6页。
⑧ [北宋]张君房编：《云笈七签》，载胡道静、陈莲笙、陈耀庭选辑：《道藏要籍选刊（一）》，上海古籍出版社1989年版，第394页。
⑨ [北宋]张君房编：《云笈七签》，载胡道静、陈莲笙、陈耀庭选辑：《道藏要籍选刊（一）》，上海古籍出版社1989年版，第395页。
⑩ [北宋]张君房编：《云笈七签》，载胡道静、陈莲笙、陈耀庭选辑：《道藏要籍选刊（一）》，上海古籍出版社1989年版，第396页。

是“荣（让身体繁荣）卫（保卫）之气”①。

有的人认为，神同时离不开精、气、形，如说：“精者身之本，气者神之主，形者神之宅也，故神太（过度）用则歇，精太用则竭，气太劳则绝。是以人之生者，神也；形之托者，气也。若气衰则形耗，而欲长生者，未之闻也。”②“身劳则神散，气劳则命终，形瘦则神斃，神斃则精灵游矣。”③《修真十书悟真篇》也认为，神的基础是精、气，它说：“玄牝之宫即中宫也，中藏真一之炁，生金精也。真炁生产金精，复还其室，则灵光不离于已。灵光，神也。积精生神。”④

《玄纲论》对神明生成的过程做了这样的描述：太极或元气是构成万物的本原性实在，但它“不能自运，运太极者真精。真精自然，惟神惟明，皇曰虚皇，高居九清，乃司玄化，总御万灵，干以之动，坤以之宁。寂默无为，群方用成”⑤。它有点像今日心灵哲学家麦金、查默斯（D. Chalmers）等所说的心性后的“隐结构”“泛心原”。但它又不是精神性存在，不是心灵。“其动非心，其翔非翼。听不以耳，闻乎无穷。视不以目，察乎无极。此皆无祖无宗。”⑥

此外神是随附性、整体性现象，神的产生还有很多条件，如形体、精气、血气都是导致人身上的神突现出来的因素，因此《黄帝内经》云：“血气者，人之神。”意为血气是人神的寄存之所。⑦

---

① [北宋]张君房编：《云笈七签》，载胡道静、陈莲笙、陈耀庭选辑：《道藏要籍选刊（一）》，上海古籍出版社 1989 年版，第 399 页。

② [南宋]石泰辑：《修真十书杂著捷径》，载胡道静、陈莲笙、陈耀庭选辑：《道藏要籍选刊（三）》，上海古籍出版社 1989 年版，第 386 页。

③ [南宋]石泰辑：《修真十书杂著捷径》，载胡道静、陈莲笙、陈耀庭选辑：《道藏要籍选刊（三）》，上海古籍出版社 1989 年版，第 386 页。

④ [南宋]石泰辑：《修真十书悟真篇》，载胡道静、陈莲笙、陈耀庭选辑：《道藏要籍选刊（三）》，上海古籍出版社 1989 年版，第 412 页。

⑤ [唐]吴筠：《玄纲论·真精章》。

⑥ [唐]吴筠：《玄纲论·真精章》。

⑦《黄帝内经·素问·八正神明论》。

第七章

多主关系与心理结构图景

本章的任务是在第五章和第六章对中国心灵哲学的多主体论的考察的基础上，进一步探讨中国心灵哲学对这些有主体地位的心理现象之间的关系的揭示和论述，进而探讨它们的结构关系在整个心理图景中的地位，为全面揭示中国心灵哲学关于心理图景的构想提供框架。

第一节　“灵”和“精神”

“灵”和“精神”也是中国心灵哲学常用的两个术语，指的也是心理王国中具有主体性地位的实在和作用，因此也是心理的多主体结构中的成员。在具体讨论中国心灵哲学的多主关系论及心理结构图景之前，我们先对其做简要分析。

作为名词使用的“灵”指的是一种有主体性作用的实在。《大戴礼记》说：“阳之精气曰神，阴之精气曰灵；神灵者，品物之本也。”①意思是，精气有两种：一是由属阳之精气构成的神，即我们前面所说的难测难知作用的那个神；二是表现为阴性精气的灵，它也有同神一样的灵明之性，如也能“品物”，即有认知事物的作用。神和灵都是能品物的主体（本）。

---

① 转引自安正辉选注：《戴震哲学著作选注》，中华书局1979年版，第23页。

“灵”作为名词有时指能照、灵明之觉。《玄机直讲》云：“始将双目微闭，垂帘观照……万念俱泯，一灵独存。”[①]在这种心理状态中，一切都停止了，只有灵知和元性存在。北宋以后，道教心性论受禅宗等中国化佛教宗派的影响，也把心分为妄心和照心两种，强调妄心应灭而照心不灭。这里所说的灵知就相当于照心，它也近于中国化佛教所说的“灵光独耀”中从真心上截取的本明的、能自照的灵光。用西方心灵哲学的话说，这里的灵知相当于西方常说的自我意识中的一种形式，即不依赖于主体和客体二分、无须通过反省或反思作用的前反思性自我意识。其特点是，当人们认识外物时，或当人们有心理活动、状态发生时，由于人们有这种本明的觉性或照性，因此人们在能知道心理作用的对象时，还清楚地知道心本身的一切。这种灵性或照性在高级禅定中一定会出现，因为行者修行到一定境界，必然出现这样的心理状态。在这里，心寂然不动，但又灵明不昧，明明白白，这就是通常所说的寂而常照、照而常寂的状态。其中不同于一般心理现象的特殊之处是，出现了一种能反观自照，但又不假主客二分的灵明之觉性。由于它不来自一般的心理主体，而依赖于其内的特殊能力，因此它也可被看作是一种主体。当然，由于这里没有主客二分，因此其是一种特殊形式或特殊意义的主体。

中国化佛教以外的关于灵性、灵光的看法也许达不到佛教的高度，但可以肯定的是，它们看到了自然界中有一种不同于心、神的精微的实在与能量，可称作精或精灵。《橐龠子》云：“天有其精，地有其灵，若人得之，可以长生，在天成象，在地成形。形象禀气，气生精灵，不可去形取象，不可去象取形。”[②]何谓地精、地灵？“天精者，宝也；地灵者，宝也。”[③]它像金、宝一样。“天无宝而日月不大明，地无宝而山岳不恒静，人无宝而形神不常金。”[④]就宝的来源而言，“阴阳结气，天地覆载。春以暄之仁之，夏以暑之礼之，秋以冻之义之，冬以寒之智之，变化若此而遂成焉”[⑤]。总之，这种宝是事物有其奇妙作用的根

---

① 《张三丰全集》，方春阳点校，浙江古籍出版社 1990 年版，第 9 页。

② 《橐龠子》，载胡道静、陈莲笙、陈耀庭选辑：《道藏要籍选刊（五）》，上海古籍出版社 1989 年版，第 763 页。

③ 《橐龠子》，载胡道静、陈莲笙、陈耀庭选辑：《道藏要籍选刊（五）》，上海古籍出版社 1989 年版，第 763 页。

④ 《橐龠子》，载胡道静、陈莲笙、陈耀庭选辑：《道藏要籍选刊（五）》，上海古籍出版社 1989 年版，第 763 页。

⑤ 《橐龠子》，载胡道静、陈莲笙、陈耀庭选辑：《道藏要籍选刊（五）》，上海古籍出版社 1989 年版，第 763 页。

源。人有品物或神识的能力，也一定有其宝。人之宝就是骨髓、神、灵。“以骨为金，以髓为玉，以神为精，以灵为识。”①就此而言，有识的作用的灵又近于心或神。这些宝遍存于每个人身上，因此这些宝都完好地保存着。但圣人显现了它，凡愚身上则没有，这是因为圣人无欲、愚凡多欲。多欲便使“宝丧焉”。“心有欲，其宝将尽。”②“天地无欲，其宝常存。”③

卢辩对《大戴礼记·曾子天圆》所说的“阳之精气曰神，阴之精气曰灵。神灵者，品物之本也”做了这样的注解：阴阳之精气，生之本也。神即魂，灵即魄。上升天为神、为魂，下降地下为魄、为鬼。这样的解释有简化心理王国主体复杂性的好处，但不一定符合文本的原意。因为如果灵性指的是心理的自明的觉照性，那么显然就不能把它等同于魄。

“灵”还常作为形容词使用，指的是“灵活”“灵敏”等作用。用于描述心时，强调的是心识的不可思议的功能，如“六灵”说的就是眼、耳、鼻、舌、身、意六识的灵明之性。“守六灵者，眼耳鼻舌身意，亦谓之六识。”④“灵”也可指其他器官的作用，如“五神（五脏之神）清，则百节灵”⑤。

当把“灵”与“心”连用时，有两种意义：一指有灵明作用的心，二指心是灵明的。这里的“灵”就是形容词，可理解为谓词“是灵明的”。它的作用是述谓主词“心”。心之所以灵于万物，是因为它具有非心事物所不具有的至精至灵的作用。理学家邵雍说：“人之所以能灵于万物者，谓其目能收万物之色，耳能收万物之声……声色气味者，万物之体也；耳目口鼻者，万人之用也……是知人也者，物之至者也。”⑥人不过是一物，不同于他物的地方在于人比他物更灵罢了。

当然，灵有时被等同于神，就心有灵明的作用而言，心有时也被称作灵，或

---

① 《橐龠子》，载胡道静、陈莲笙、陈耀庭选辑：《道藏要籍选刊（五）》，上海古籍出版社 1989 年版，第 763 页。
② 《橐龠子》，载胡道静、陈莲笙、陈耀庭选辑：《道藏要籍选刊（五）》，上海古籍出版社 1989 年版，第 763 页。
③ 《橐龠子》，载胡道静、陈莲笙、陈耀庭选辑：《道藏要籍选刊（五）》，上海古籍出版社 1989 年版，第 763 页。
④ [北宋]张君房编：《云笈七签》，载胡道静、陈莲笙、陈耀庭选辑：《道藏要籍选刊（一）》，上海古籍出版社 1989 年版，第 419 页。
⑤ [北宋]张君房编：《云笈七签》，载胡道静、陈莲笙、陈耀庭选辑：《道藏要籍选刊（一）》，上海古籍出版社 1989 年版，第 419 页。
⑥ [明清之际]黄宗羲：《宋元学案（一）》，陈金生、梁运华点校，中华书局 1986 年版，第 370 页。

心灵。道教说的要“常思灵宝”，指的就这种有灵明作用的心理实在，它既可被称作神，又可被称作心灵。《云笈七签》云：“灵者神也，宝者精也。但常爱气惜精，握固闭口，吞气吞液，液化为精，精化为气，气化为神，神复化为液，液复化为精，精复化为气，气复化为神，如是七返七还，九转九易。”①

再看“精神”。从词源学上说，把精与神连用进而组成“精神”这一概念，是庄子的首创。徐复观先生说：“在庄子之前，精字神字，已很流行。但把精字神字，连在一起而成立‘精神’一词，则起于庄子。这一词之出现，是文化史上的一件大事。”②例如，庄子说：“独与天地精神往来”③，“精神生于道，形本生于精”④。

“精神”一词出现后，其用法、所指并不统一。大致有两种用法：一是指精华、精灵；二是指心理现象。在后一用法中，又有多种情况，例如，有时可用来表示所有一切心理现象，这种意义上的精神可等同于心理现象。有时，它也可作为表示心理主体的符号。《云笈七签》云：“气整冲至，精神笃之为志；气循准常，精神守之为性；气会机指，精神适之为情；气密隐模，精神运之为意；气合重遇，精神澄之为怀；气因事结，精神系之为忧；气美偶触，精神降之为勇；气从驰御，精神崇士为愿；气仁垂注，精神钟之为念；念深为矜；矜深为悯；悯深为慈；慈深为悲；悲深为啼；啼深为号；皆肝腑之气起也。”⑤这段话的心灵哲学意义非常丰富和深刻，它既说明了气、肝等物质性实在和力量对于精神之产生和存在的基础意义，它们至少是其存在和作用的一个条件，如“肝者，精神首运之路”⑥，再如，寤寐怡然而独笑，就是由于肝气呈飘浮状态；同时，它还说明志、怀、情、勇、念等心理作用、状态都是精神在特定条件下的所为。

道家所说的“精神”的意义更加广泛，例如，认为它既是心理生活的主体，同时又是生命之根。《老子河上公章句》云：“人生含和气，抱精神，故柔弱，

① [北宋]张君房编：《云笈七签》，载胡道静、陈莲笙、陈耀庭选辑：《道藏要籍选刊（一）》，上海古籍出版社1989年版，第388页。
② 徐复观：《中国人性论史（先秦篇）》，上海三联书店2001年版，第345页。
③《庄子·天下》。
④《庄子·知北游》。
⑤ [北宋]张君房编：《云笈七签》，载胡道静、陈莲笙、陈耀庭选辑：《道藏要籍选刊（一）》，上海古籍出版社1989年版，第612页。
⑥ [北宋]张君房编：《云笈七签》，载胡道静、陈莲笙、陈耀庭选辑：《道藏要籍选刊（一）》，上海古籍出版社1989年版，第612页。

人死则和气竭，精神亡，故坚强。”①“人所以生者，以有精神。”②《老子想尔注》云：“古仙士实精以生，今人失精以死，大信也……所以精者，道之别气也，入人身中为根本。”③

《淮南子·精神训》同时从心灵哲学和养生哲学两个维度讨论过精神，因此是一种真正哲学意义上的“精神哲学”。其心灵哲学动机是如实知心，其养生论动机是“所以使人爱养其精神，抚静其魂魄，不以物易己，而坚守虚无之宅者也。”④精神对于人来说之所以为根本，是因为它禀天而有。“是故精神，天之有也；而骨骸者，地之有也。”⑤精神一经出现在人体之上，便有认知作用。“夫精神滑淖（柔和）纤微（精细），倏忽变化，与物推移（与物一起转移变化），云蒸风行（像云上升时会有风跟随一样），在所设施（存在于所作用的事物之上）。”⑥

王充依据其所坚持的唯物主义对精神做了这样的说明：“阴气主为骨肉，阳气主为精神……骨肉精神，合错相持。”⑦人死精神升天，骨骸归土。⑧

中国心灵哲学对精神有不同的定位，例如，有的人说魂在脾、魄在肝、神在心、精在肾；有的人说“人之有精神犹天之有太帝也。精神居乎心脾之中，肺肝之间，犹太帝处四守之内也。精神以胆为御坐，犹太帝之居紫微宫也。以脾为内室，犹太帝以轩辕为内舍也。以肝为咸池，以肺为天河，以肾为司阙，犹太帝之有四守也”⑨。另外，精神以气为车骑、载体，以行为五识。根据这个说明，精神显然是一种不同于魂、魄、神、精的实在，因为它不像它们那样，有固定的位置或居所，而是既有自己相对固定的位置，同时又游走于并控制着各个部门。还有这样一种观点，即认为精神凝于玄牝。牝，本指女性生殖器官，在道教中，玄牝专指能生育万物的机关，而精神就在其内，如说精神凝于玄牝。“玄为之关，橐阴龠阳，安炉之鼎，莫外乎此。玄为之键，是此玄者，乃性命主，乃造化基，

①《老子河上公章句》第76章注。
②《老子河上公章句》第72章注。
③ 刘昭瑞：《〈老子想尔注〉导读与译注》，江西人民出版社2012年版，第118-119页。
④ [西汉]刘安：《淮南子·要略》。
⑤ [西汉]刘安：《淮南子·精神训》。
⑥ [西汉]刘安：《淮南子·修务训》。
⑦ [西汉]王充：《论衡·订鬼》。
⑧ [西汉]王充：《论衡·论死》。
⑨ [北宋]张君房编：《云笈七签》，载胡道静、陈莲笙、陈耀庭选辑：《道藏要籍选刊（一）》，上海古籍出版社1989年版，第612页。

乃胚胎种，乃元神宅。”①

《淮南子》还论述了精神的通道，其曰：“孔窍者，精神之户牖也，而气志者，五藏之使候也。”②精神的状态就是生存的状态，内守、坚固、充盈、安静，即为好，圣人就是这样，“使耳目精明玄达而无诱慕，气志虚静恬愉而省嗜欲，五藏定宁充盈而不泄，精神内守”③。因此，养护精神的准则是“精神之不可使外淫也。”④

在精神的本质问题上，一般的观点是，其是单子性的实在，因为它是存在中的至精、至微、至灵者，但也有这样一种近于今日西方外在主义宽心灵观的观点，认为精神不是单子性实在，而是弥散性实在。例如，它来自天，或其构成同于天，而天的构成特点是充满的是“精轻者”。这显然不同于地的构成。后者由“浊重者”所构成。有浊重，就有形、有确定的位置，就是可以区分开来的单个事物。而天的构成是混沌的，没法区分开彼与此、这一个与那一个，因为“属天清而散”，因此天及其构成就一定是弥散性现象。精神也是如此。故说“精神者，天之分”，即来自天上的清轻精气，分有其成分，分有其弥散的特点。它不同于形体、骨骸，因为“骨骸者，地之分”⑤。总之，精神不是单子性存在。如若是单子性存在，即为地性事物，“属地浊而聚”⑥。尽管精神分布性地存在着，但又无形。“精神离形，各归其真。”⑦

陆九渊也用到了“精神”一词，例如，他说“收拾精神，自作主宰”，意为把精神收摄向内，使自己成为自己的主人。“人精神在外，至死也劳攘，须收拾作主宰，收得精神在内时，当恻隐即恻隐，当羞恶即羞恶。”⑧人应“自立”，“正坐拱手，收拾精神，自作主宰，万物皆备于我，有何欠阙”⑨！很显然，这里所说的“精神”一词指的不是作为本体的本心，而属于浅层次的心理。再如，他对门人说，在读告子论性的语句时，“不必深考，恐其力量未到，则反惑乱精神”⑩。

---

① 陈撄宁：《陈撄宁仙学精要（上）》，胡海牙、武国忠编，宗教文化出版社 2008 年版，第 202 页。
② ［西汉］刘安：《淮南子·精神训》。
③ ［西汉］刘安：《淮南子·精神训》。
④ ［西汉］刘安：《淮南子·精神训》。
⑤《冲虚至德真经·天瑞》。
⑥《冲虚至德真经·天瑞》。
⑦《冲虚至德真经·天瑞》。
⑧ ［南宋］陆九渊：《陆九渊集》，钟哲点校，中华书局 1980 年版，第 454 页。
⑨ ［南宋］陆九渊：《陆九渊集》，钟哲点校，中华书局 1980 年版，第 456 页。
⑩ ［南宋］陆九渊：《陆九渊集》，钟哲点校，中华书局 1980 年版，第 92 页。

由于它属于较浅层次的心理，因此就有必要自然化，即根据气来加以说明。朱熹说：“所谓精神魂魄，有知有觉者，气也。”[①]从这个角度也可以看出精神魂魄与本心的差别，后者是不能根据气来说明的，因为它具有本体的意义。

第二节　多主体之间的关系

由于中国心灵哲学所说的主体较多，因此我们没法把它们都集中在一起来加以讨论。过去的哲学家也几乎没有这样论述它们之间的关系的，而只是讨论一个心理主体与相近的一个或两个主体的关系。笔者在本节也按这一方式来进行关系梳理。

先看中国心灵哲学对心神关系的论述。由于心和神的样式很多，或者说，由于“神”像“心”一样，有多种用法及指称，因此它们的关系便错综复杂。这里我们姑且把神作为心的最高级的功能或作用看待，在此基础上来关注心神关系。众所周知，中国心灵哲学所说的神的形式有很多，例如，有先天之神和后天之神、心身上的神与非人的神之别，等等。一般认为，人心中也有许多神。其元神与性一样，是心的体性。经过修炼，做到心无事，隐匿的元神就会显现出来。我们这里讨论的神当然主要局限于人心之神。

第一种观点认为，心是这种神的基础，而神是心的最高级的作用，尽管不可测知，但可以肯定它是形体组合达到一定程度的突现特性。元代理学家吴澄明确提出：神为心之用。他说：“其体则道，其用则神，一真主宰，万化经纶，夫如是心，是为太极。”[②]朱熹说：“草木之生自有个神。它（草木）自不能生。在人则心便是，所谓‘形既生矣，神发知矣’，是也。”[③]就心神的智慧特性来说，它们是离不开耳、目等感官的，因为耳、目等是心神的源泉。就神的内在机制与表现而言，魏源认为，神聚于心而发于目。他说：“心为天君，神明出焉。”“灵光如日，心也；神光如月，目也。”“故光明者，人身之元神也，神聚于心而发

① [南宋]黎靖德编：《朱子语类（一）》，王星贤点校，中华书局1986年版，第46页。
② [元]吴澄：《放心说》，《吴文正集》卷4。
③ [南宋]黎靖德编：《朱子语类（一）》，王星贤点校，中华书局1986年版，第40页。

于目，心照于万事，目照于万物。”[①]

道教也承认这一点，如说：“执本穷元，亦一而已矣。随时变化，由吾之心焉，故在体感热，斯为汗矣；在目感悲，斯为泪矣；在肾感合，斯为精矣；在鼻感风，斯为涕矣。”[②]《云笈七签》说得更明白：“心者生之本，神之处也，肺者气之本，魄之处也，肝者罢极之本，魂之处也。脾者仓廪之本，荣之处也。肾者封藏之本，精之处也。”[③]《管子》云：“目贵明，耳贵聪，心贵智。以天下之目视则无不见也，以天下之耳听则无不闻也，以天下之心虑则无不知也。”[④]怎样才能让心达致神明（极度的、无比的明白）呢？儒道共同的看法是“神明之德，正静其极也。”[⑤]意为只有虚静至极，才会得神明。心学家邓元锡认为，神是心的一种作用机制，如帮心去追逐、把握外物，“心之著于物也，神为之也。心之神，上炎而外明，犹火然，得膏而明，得薰而香，得臭腐而羶，故火无体，著物以为体。心无形，著物以为形”[⑥]。修养的目的是治心，而治心又必须安神。安神的目标是让“神凝而定，知止而藏”[⑦]。由于神气是连在一起的，气动则神动，因此要得神明，还必须调气。黄宗羲在《明儒学案》中写道：“神不浮则气归其宅”，要让它安定，必须“兢兢于克己、舍己、择中、用中”。[⑧]

韩非子早就认识到：心的综合性功能是智。基于此，他首次将心与智连用，创立了“心智”概念。他说：“辞辩而不法，心智而无术，主多能而不以法度从事者，可亡也。”[⑨]意为治国时如有能而不用法度，心有智而无术，那么会亡国。心为何有智的作用呢？中国心灵哲学一般用心中的神的机制来回答。道教说：神是“心中智者也”[⑩]。基于此，道教也讲“神识”，如说神识像大智大慧一样为

---

① [清]魏源：《默觚·学篇》，《魏源集》。

② [北宋]曾慥编：《道枢》，载胡道静、陈莲笙、陈耀庭选辑：《道藏要籍选刊（十）》，上海古籍出版社 1989 年版，第 446 页。

③ [北宋]张君房编：《云笈七签》，载胡道静、陈莲笙、陈耀庭选辑：《道藏要籍选刊（一）》，上海古籍出版社 1989 年版，第 401 页。

④《管子·九守》。

⑤《管子·九守》。

⑥ [明清之际]黄宗羲：《明儒学案（上）》，沈芝盈点校，中华书局 2008 年版，第 564 页。

⑦ [明清之际]黄宗羲：《明儒学案（上）》，沈芝盈点校，中华书局 2008 年版，第 564 页。

⑧ [明清之际]黄宗羲：《明儒学案（上）》，沈芝盈点校，中华书局 2008 年版，第 564 页。

⑨《韩非子·亡征》。

⑩ [北宋]张君房编：《云笈七签》，载胡道静、陈莲笙、陈耀庭选辑：《道藏要籍选刊（一）》，上海古籍出版社 1989 年版，第 428 页。

众生本有，“神识稍稍自明，非谓今时”①。

王夫之说：“智统四德，而遍历其位。”“是故夫智，仁资以智爱之真，礼资以知敬之节，义资以知制之宜，信资以知诚之实，故行于四德之。”②从终极根源说，人的智及神又依赖于二仪、五行。他说：“今夫水、火资之以能熟，木资之以能生，金资之以能莹，土资之以能浃。”③

第二种观点把神当作一种像心一样的认知主体。唐代道士延陵说：“神，心中知者也。安而无欲则神王。”④

第三种观点是心神等同论。明代心学家曹端说：“心者神也，神无方所，视听言动，一切感应皆是。”⑤在周敦颐的哲学中，诚、神、心是解释世界生生不息的几个重要范畴。牟宗三先生对此有这样的概括：“‘诚’不但是形而上的，它还是个神心。这个‘诚’就代表心，代表神，神是无限的妙用。神通‘用’这个观念了解，不是通人格神了解。照周濂溪，‘寂然不动者诚也’与‘感而遂通者神也’两者是一回事。”⑥

《黄帝内经》在这一点上表现得更为坚定和明确，一方面，它明确承认心是独立的主体，除了有生理的功能之外，如说“心主身之血脉”⑦“诸血者皆属于心”⑧，还强调心有养生的功能，如说“心藏神”“主神志”⑨“心者，生之本，神之变也”⑩。另一方面，它又认为神可作为有自己特定势力范围、职能和作用的主体，如说“两精相搏谓之神”⑪，意为阴阳两精交结于一起即为神。当让它进入安静的状态时，人便有长生久视的功效，反之，则神伤、麻烦接踵而来。从与心的关系来说，它不同于心，因为心的作用是“所以任物”⑫，即通过处理与

---

① [北宋]张君房编：《云笈七签》，载胡道静、陈莲笙、陈耀庭选辑：《道藏要籍选刊（一）》，上海古籍出版社 1989 年版，第 649 页。
② [明清之际]王夫之：《周易外传》，中华书局 1977 年版，第 3-4 页。
③ [明清之际]王夫之：《周易外传》，中华书局 1977 年版，第 3-4 页。
④《延陵先生集新旧服气经》，载胡道静、陈莲笙、陈耀庭选辑：《道藏要籍选刊（九）》，上海古籍出版社 1989 年版，第 444 页。
⑤ [明清之际]黄宗羲：《明儒学案（下）》，沈芝盈点校，中华书局 2008 年版，第 1061 页。
⑥ 牟宗三：《宋明理学讲演录》，《牟宗三先生全集（三十）》，台湾联经出版事业有限公司 2003 年版，序第 34 页。
⑦《黄帝内经・素问・痿论》。
⑧《黄帝内经・素问・痿论》。
⑨《黄帝内经・灵枢・九针论》。
⑩《黄帝内经・素问・六节藏象论》。
⑪《黄帝内经・灵枢・本神》。
⑫《黄帝内经・灵枢・本神》。

外物的关系，获得关于它们的认识。

概括来说，关于心神关系有这样一些看法。首先，应承认，心与神有时可作同义词使用。因为就心有巨大作用而言，其可被称作神。“发一端，散无竟；周八极，总一筦，谓之心。”①此心即神。这种心本身就是神，它是三万六千神之主，可称作绛霄宫真人，亦名肉团神。朱熹说：“人之精神知觉与夫运用云为皆是神。”②再如，在讨论形神关系时，这里的神就是广义的心。

其次，在许多语境中，中国心灵哲学把心神看作两种各有自己定位、特性和作用的不同实在，例如，《淮南子》说：“心者形之主也，神者心之宝也。”③根据《淮南子》的看法，其不同在于：神在胸臆之中，胸臆即心里面，如说神“无亏缺于胸臆之中”，而心在五脏之中。这就是说，心在五脏中，而神在心中，因此神比心更根本，但又依存于心。正所谓“心有所至，而神喟然在之”④。从生死上说，心有生有死，而神不死不化，至少元神等是这样。“形有摩（死）而神未尝化者。”⑤此外，心有形，依于形，而神则无形，可离形独存。神充于形，但“充形者之非形”，它能生，但“生生者未尝死”，“其所生者死矣”。⑥这就是说，心、形都有生死，而神能生但不死。另外，心和神有居所与寄居、体与用的关系，《鬼谷子》说：“口者心之门户也，心者神之主也。”⑦因为神为心之用，故说心为神之主。心与神的爱好也各不相同，如“神好清而心扰之，人心好静而欲牵之，常能遣其欲而心自静，澄其心而神自清，自然六欲不生，三毒消灭”⑧。

心与神既是能认识者，又都可以成为人们的认识对象。作为认识或反思对象的心与神被认知的方式是不一样的，例如，尽管神是形而上的，但通过其迹象、妙用可推知其存在。《道枢》云：“神者，在耳而听，在目而视，在舌而味，在心而变化，在意而倏忽。其神长游于六根，六根不纳，则六根自静矣。神气归一，

① ［西汉］刘安：《淮南子·人间训》。
② ［南宋］黎靖德编：《朱子语类（六）》，王星贤点校，中华书局1986年版，第2260页。
③ ［西汉］刘安：《淮南子·精神训》。
④ ［西汉］刘安：《淮南子·俶真训》。
⑤ ［西汉］刘安：《淮南子·精神训》。
⑥ ［西汉］刘安：《淮南子·精神训》。
⑦ 《鬼谷子》，［南朝梁］陶弘景注，载胡道静、陈莲笙、陈耀庭选辑：《道藏要籍选刊（五）》，上海古籍出版社1989年版，第786页。
⑧ 《太上老君说常清静妙经》，载胡道静、陈莲笙、陈耀庭选辑：《道藏要籍选刊（三）》，上海古籍出版社1989年版，第3页。

则其神自真矣。”[①]这就是说，通过五官和心、意的作用可知神的存在，因此心也是我们认知神的媒介之一。就此而言，心神不在相同的认知层次。再如，每个人都有关于神的状态的感知能力。神有足与不足两种状态。神足则精力充沛，神不足则有气无力。足即充盈、有余，不足即匮乏、无余。其表现分别是“神有余则笑不休，神不足则悲。”[②]另外，神足则面色、表情、目光、语言、意识、体态等都呈现最佳状态，反之，则呈不祥之兆。充足与否的根源是气，气足则神足。因此要治疗神的病，就要运气，如“移气于不足，神气乃得复”[③]。很显然，心不具有这些特点，也不能通过人的精神状态、气力、脸色去感知和判断。

从气与神的关系来说，它们有子与母的关系，即气是能生者，是神的依止处，也是心、神有能动作用的动力源泉和媒介。《修真十书杂金丹大成集》云：“神是火，火属心。气是药，药属身。神气子母也……气者生之元也，神者生之制。持满驭神，专气抱一，神依气住，神气相合，乃可长生……气是添年药，心为使气神，能知神气祖，便是得仙人。”[④]

再来看魂与魄的关系。既然它们是两种不同的心理实在，那么就必有关系问题应予回答。其实，《左传》一诞生就引发了关于它们的谁先谁后、谁主谁从的关系问题。《左传》的看法是魄先魂后、魄主魂从，如说“人生始化曰魄，既生魄，阳曰魂”，这是正统的观点。朱熹也认为，从发生学上说，先有魄，后有魂。“人生始化曰魄”，“魄既生，暖者为魂。先有魄而后有魂，故魄常为主为斡”。“人生初间是先有气。既成形，是魄在先。形既生矣。神知发矣。既有形后，方有精神知觉。”[⑤]

陈淳不赞成这种占主导地位的观点，他说：“人生始于气感，则得魂为先，既而体凝焉，则魄次之。”[⑥]也有一种观点，强调要具体情况具体分析，不能绝对说哪个在先、哪个为主，因为魂魄的地位在男女身上是不一样的，例如，在男为魂统魄，在女则相反。

此外，关于两者的不同，一般认为，不同主要表现在它们是两类不同的气。

---

① [北宋]曾慥编：《道枢》，载胡道静、陈莲笙、陈耀庭选辑：《道藏要籍选刊（十）》，上海古籍出版社 1989 年版，第 478 页。
②《黄帝内经·素问·调经论》。
③《黄帝内经·素问·调经论》。
④ [南宋]石泰辑：《修真十书杂金丹大成集》，载胡道静、陈莲笙、陈耀庭选辑：《道藏要籍选刊（三）》，上海古籍出版社 1989 年版，第 318 页。
⑤ [明清之际]黄宗羲：《宋元学案（二）》，陈金生、梁运华点校，中华书局 1986 年版，第 1515 页。
⑥ [明清之际]黄宗羲：《宋元学案（三）》，陈金生、梁运华点校，中华书局 1986 年版，第 2227 页。

例如，阳气为魂，阴气为魄；天气为魂，地气为魄；暖气为魂，冷气为魄；口鼻之嘘吸为魂，耳目之聪明为魄。陈淳认为，魂、魄尽管都是气之精灵，但其构成和作用是不同的，如“魂者，阳之灵，气之发也，其分主动，所以行乎此身之中，随所贯而无不生。魄者，阴之精，体之凝也，其分主静，所以实乎此身之中，随所注而无不动”①。就关系而言，两者既是不同的，又可相互渗透，如“魂中有魂，魄中有魂，无所不存”②。两者还能相互配合，配合好是生命力强、智力强的表现。“魂充魄聚，则心力强。心之神明精爽，则魂魄有统。”③

魂与魄的不同还表现在起源、位置、作用、归宿等方面。对于这些不同，可做这样的综合概括：尽管它们都源于气，但从起源上说，先有魄，后有魂；从构成上说，魂由阳气构成，魄由阴气构成。位置不同表现在，魂位于肺，魄居于肝。作用不同表现在，魄主管身体的运动、知觉等，魂主管高级认知，有神明性。死后的归宿也不同，例如，人死后，“魂气归于天，形魄归于地”④。

魂与魄还具有不能分离的关系，例如，“无魂，则魄不能以自存”⑤。另外，它们还有相互渗透的关系，魂中有魄，魄中有魂。朱熹说：“精气周流，充满于一身之中。嘘吸（魂）聪明（魄），乃其发而易见者耳。然既周流充满于一身之中，则鼻（魂）之知臭，口（魂）之知味，非魄呼？耳目（魄）之中皆有暖气（魂），非魂乎？推之遍体，莫不皆然。”⑥这就是说，精气周流、相互渗透是必然之事。尽管嘘吸是魂的作用，耳目聪明是魄的作用，但在一定条件下，这些作用可互换。《周易参同契》也认为，魂与魄可互为宅室，如说：“阴阳为度，魂魄所居，阴神曰魄，阳神曰魂。魂之与魄，互为室宅。”⑦魂与魄的密切关联还表现在，它们有伴随关系，如“魄之藏，魂俱之，魂之游，魄因之”⑧。这就是说，魂总跟着魄，魂的游动也是因为魄在游动。“魂昼寓目（白天住在眼中），魄夜舍（宿）肝。”⑨而住于目中，眼就视物；住在肝中，就会做梦。

---

① [明清之际]黄宗羲：《宋元学案（三）》，陈金生、梁运华点校，中华书局 1986 年版，第 2226 页。
② [明清之际]黄宗羲：《宋元学案（三）》，陈金生、梁运华点校，中华书局 1986 年版，第 2226 页。
③ [明清之际]黄宗羲：《宋元学案（三）》，陈金生、梁运华点校，中华书局 1986 年版，第 2227 页。
④《礼记·郊特性》。
⑤ [南宋]黎靖德编：《朱子语类（一）》，王星贤点校，中华书局 1986 年版，第 41 页。
⑥ [南宋]黎靖德编：《朱子语类（一）》，王星贤点校，中华书局 1986 年版，第 42 页。
⑦ [东汉]魏伯阳：《周易参同契》，载胡道静、陈莲笙、陈耀庭选辑：《道藏要籍选刊（九）》，上海古籍出版社 1989 年版，第 23 页。
⑧《冲虚至德真经·四符》。
⑨《冲虚至德真经·四符》。

再看精、气、神的关系。从起源上说，它们不是神造，不是另有本原，即源自自然之道。道尽管是本无，但又是有，即有元气、真一之神。元气是本原性的能构成有形事物的能量、材料，元神则是使事物富有灵性、变幻莫测的变动性的根源，更是人的精魂的根源。就此而言，精、气、神在起源上有一致之处。《云笈七签》云："人之生也禀天地之元气为神，为形，受元一之气为液为精。天气减耗，神将散也；地气减耗，形将病也；元气减耗，命将竭也。"[①]即使是最元始的真神也与精、灵、魂等一样是元气的转化。《玄纲论》云："真一运神，而元气自化。元气者，无中之有，有中之无，旷不可量，微不可察。"万物都源于此，由此构成。"生天地人物之形者，元气也。授天地人物之灵者，神明也。故乾坤统天地，精魂御人物。气有阴阳之革，神无寒暑之变……道德之体，神明之心，感应不穷，未尝疲于动用之境矣。"[②]也可以说，它们都是道的派生物。以真精与道的关系来说，"太始、太素、太极之际，因有混成，乃混沌也。中有真一之精，为天地之始，为万物之母"[③]。就精与气的关系而言，"元精者，是鼎中神灵鬼精，天地之元气也"[④]。这就是说，它们其实是同一的。

从位置上说，精、气、神居住在不同的地方，例如，神即性，天所赋也，在泥丸，泥丸即上丹田，其穴在眉正中入内三寸之地，方圆一寸二分，虚间一穴，乃藏神之所。中丹田即黄庭宫，即藏气之所。下丹田即华池，是藏精之所。

陈撄宁说：精、气、神是"人身三灵物，彼此有连带之关系"[⑤]。它们可比作油灯上的灯、火、光。油量（精）充足，则火焰（气）炽盛，火焰炽盛则光亮（神）倍明。"火譬如人之气，光譬如人之神，精满则气旺，气旺则神全。"[⑥]

精、气、神是道家、道教所说的三宝。它们不但有先天、后天之别，而且彼此相互区别。胡孚琛先生对此做了极富现代意味的解释，至少可看作一家之言。他认为，后天的精包括各种精液，而先天的精，"是在无为状态下自然而然本能

① [北宋]张君房编：《云笈七签》，载胡道静、陈莲笙、陈耀庭选辑：《道藏要籍选刊（一）》，上海古籍出版社 1989 年版，第 387 页。
②《玄纲论·地气章第二》。
③ [唐]彭晓注：《周易参同契分章通真义》，载胡道静、陈莲笙、陈耀庭选辑：《道藏要籍选刊（九）》，上海古籍出版社 1989 年版，第 42 页。
④ [唐]彭晓注：《周易参同契分章通真义》，载胡道静、陈莲笙、陈耀庭选辑：《道藏要籍选刊（九）》，上海古籍出版社 1989 年版，第 42 页。
⑤ 陈撄宁：《陈撄宁仙学精要（上）》，胡海牙、武国忠编，宗教文化出版社 2008 年版，第 21 页。
⑥ 陈撄宁：《陈撄宁仙学精要（上）》，胡海牙、武国忠编，宗教文化出版社 2008 年版，第 21 页。

地产生的，又称元精、真精，主要指人在不受淫心刺激下自发的性功能，广义上还包括内分泌系统、生殖系统、循环系统等激发生命活力的自然功能。后天的气指呼吸之气，先天的气为元气、真气，写作‘炁’（由炼精化炁而来，是精气凝炼为一的代号），指生命运动的机能，体现为高度有序的能量流和躯体活力。后天的神为思虑之神，称识神；先天的神称元神（由炼炁化神而来，是炁神凝炼的结果），呈一种极清醒的无思维状态”①。

根据道教，精、气、神有两种产生关系：一是自然的产生关系，其顺序是神（道）—炁—精—形；二是修炼的逆过程，其发生的顺序是形—精—炁—神。元精、元气、元神是自然发生的。道教早期经典《太平经》云：“神者受之于天，精者受之于地，气者受之于中和，相与共为一道。”②意为它们合在一起即为道。后天的精、气、神的关系有相互转化的关系，例如，气生精，精生神，神生明，反过来，精也可生气、神，神也可生气、精。神也可由精与气转化而来，例如，“精与气合而为神。神者，息也，息者为土为火，火能养土，土能存火”③，因为气是虚中之实，精是无中之有。

就气与神而言，它们可互为根本。一方面，一般而言，气是根本。“气乃神之祖，精乃气之子，气者，精神之根蒂也。大矣哉！积气以成精，积精以全神，必清必静，御之以道，可以为天人矣。”④但另一方面，神反过来也可成为气之源。例如，从修炼上说，神可生气、精，当然，从自然发生顺序来说，“气结为精，精感为神，神为真人，真人升为赤子，此真一者也”⑤。

精、气、神不仅相互转化，修到一定境界，它们还能融合为一。一方面，真精、元炁、元神本来是合一的；另一方面，在平常人身上，它们分开了，通过修炼，人的元精、元炁、元神可以合而为一。这种状态可称作“三家相见”。元精与元神交媾凝结可称作“夫妻合欢”。张伯端说：“二物会时情性合，五行全处龙虎蟠，本因戊己为媒聘，遂使夫妻镇合欢。”⑥

---

① 胡孚琛：《道学通论（修订版）》，社会科学文献出版社 2009 年版，第 391 页。
② 王明编：《太平经合校》，中华书局 1960 年版，第 728 页。
③ [北宋]曾慥编：《道枢》，载胡道静、陈莲笙、陈耀庭选辑：《道藏要籍选刊（十）》，上海古籍出版社 1989 年版，第 594 页。
④ [元]李明之：《脾胃论·省言箴》。
⑤ [北宋]曾慥编：《道枢》，载胡道静、陈莲笙、陈耀庭选辑：《道藏要籍选刊（十）》，上海古籍出版社 1989 年版，第 417 页。
⑥ [北宋]张伯端：《悟真篇》。

《文始真经注》讨论过人的形、精、神、魂、魄的关系。这里的精当然是指非心理学意义的精。它们的关系可比作鼓的形、声的关系。例如，“鼓之形如我之精，鼓之声如我之神，其余声者，犹之魂魄”[①]。尽管精只是物质元素和能量，但它既是生命的物质基础，又是心理的物质基础，例如，人的神、魂作用都离不开它，正像鼓的声响离不开形一样。

在论述精、气关系时，道教认为，它们有互助、互益、互损的关系。若良性循环，两者便相互促进、相互增长。例如，不节则精耗，精耗则气衰，气衰则病至，病至则身危。若恶性循环，则两者互损，直至均陷入衰竭。相反，“精与气相养，气聚则精盈，精盈则气盛”[②]。

再看王廷相对气与精、神关系的论述。他认为，气是万物的构成元素，但本身空虚无形，当然是真实存在的，“空即太虚冲然元气，气不离虚，虚不离气……无所有而来，无所从而去”[③]。而精是气的能上升者，神即精的神妙变化。他说：“形神之分，能知阴阳果不相离，则升而上者气之精也；降而下者，气之迹也。精则为神、为生、为明灵；迹则为形、为死、为糟粕。”[④]“神者，形气之妙用。”[⑤]“神者，生之灵，皆气所固有者也，无气，神从何生？”[⑥]总之，它们有三（精、气、神）一关系，一者即道也。

据《玄门大论》，玄靖法师持这样的观点：“夫妙一之本，绝乎言相，非质非空，且应且寂。”[⑦]此妙一以圆智为体，此体非本非迹，能本能寂，不质不空，而质而故空。就本迹关系来说，本迹皆圆，都以三一为体，三一皆圆。不只是精圆，神与气都圆。“精之绝累即是神，精之妙体即是气，神之智即是精，气之智即是精，气之绝累即是神也。斯则体用圆一，义共圆三。”[⑧]

南朝臧矜也赞成这种关于精、气、神关系的三而一、一而三的理论，他

---

① [元]牛道惇：《文始真经注》，载胡道静、陈莲笙、陈耀庭选辑：《道藏要籍选刊（五）》，上海古籍出版社 1989 年版，第 393 页。

② [东汉]魏伯阳：《周易参同契》，载胡道静、陈莲笙、陈耀庭选辑：《道藏要籍选刊（九）》，上海古籍出版社 1989 年版，第 22 页。

③《雅述·上篇》。

④ [北宋]张载：《内台集·答何柏斋造化论》。

⑤ [北宋]张载：《内台集·答何柏斋造化论》。

⑥ [北宋]张载：《内台集·答何柏斋造化论》。

⑦ [北宋]张君房编：《云笈七签》，载胡道静、陈莲笙、陈耀庭选辑：《道藏要籍选刊（一）》，上海古籍出版社 1989 年版，第 345 页。

⑧ [唐]孟安排：《玄门大义》。

说："夫言希夷微者，谓精神气也。精者灵智之名，神者不测之用，气者形相之目，总此三法为一。"①之所以说它们希夷微，是因为它们虽然无色，但又不是绝无。若绝无，即堕断见，"今明不色而色，不声而声，不形而形，故云希夷微也"②。

许多事物都有这种三一关系。一即道，三有许多形式，如视、听、触。精、气、神是诸三中的一种，此三也有上述三一关系。而精、气、神的每一个也可分为三方面，这三方面也是三一关系。这种模式有点类似于黑格尔所说的三分法。宋文明云："精有三智，谓道、实、权；神有三宫，谓上、中、下；气有三别，谓玄、元、始。"③根据《云笈七签》的看法，太初时，只有精，"其炁赤盛，即为光明"④。"气包神，神包精，故曰白包黄、黄包赤，赤包三。三包一，三一混合，名曰混沌，故老君曰：一生二，二生三，三生万物。"⑤道本身也是三一体。其三是"虚、无、空。空者白也，白包无，无者黄也。黄包赤，赤为虚"，"虚者，精光明，明而无形质"。⑥

王阳明认为，精、气、神其实是一实多名的关系。他说："夫良知，一也。以其妙用而言谓之神，以其流行而言谓之气，以其凝聚而言谓之精。""真阴之精，即真阳之气之母，真阳之气，即真阴之精之父。阴根阳，阳根阴，亦非有二也。"⑦

第三节　多主体论视野下的心理结构论

中国心灵哲学所理解的广义的"心"指的是一个包含多种各自独立的心理成

① [南朝齐]顾欢编：《道德真经注疏》卷工引录，《道藏》第13册，第285页。
② [南朝齐]顾欢编：《道德真经注疏》卷工引录，《道藏》第13册，第285页。
③ [北宋]张君房编：《云笈七签》，载胡道静、陈莲笙、陈耀庭选辑：《道藏要籍选刊（一）》，上海古籍出版社1989年版，第345页。
④ [北宋]张君房编：《云笈七签》，载胡道静、陈莲笙、陈耀庭选辑：《道藏要籍选刊（一）》，上海古籍出版社1989年版，第59页。
⑤ [北宋]张君房编：《云笈七签》，载胡道静、陈莲笙、陈耀庭选辑：《道藏要籍选刊（一）》，上海古籍出版社1989年版，第59页。
⑥ [北宋]张君房编：《云笈七签》，载胡道静、陈莲笙、陈耀庭选辑：《道藏要籍选刊（一）》，上海古籍出版社1989年版，第59页。
⑦ [明]王守仁：《王阳明全集（上）》，吴光、钱明、董平等编校，上海古籍出版社2012年版，第54页。

员和主体的松散的统一体（当然也有将其进行实质性合并、归化、统一的倾向），而且其边界是模糊的，与物的界限不是整齐划一的，因为在心物之间有非心非物或亦心亦物的现象，如浩然之气、脾气等。前面的章节对此已有阐述。这里我们将探讨的问题是中国心灵哲学如何看待它们的内部关系和结构图景呢？大致来说，有四种倾向：第一，各自独立论，即认为诸心理主体是平起平坐的，各有自己的定位、职责和作用；第二，归并论或统一论，即认为诸心理成员可归并或统一于其中的某一个，要么是心，要么是神；第三，主中有主论，即认为有一主体在诸主体中居中心、主宰地位；第四，一实多名论，意为表述诸主体的概念实际上是对同一实在的从不同角度展开的描述。

一、各自独立论

《黄帝内经》将“各自独立论”表述得最为充分。它说：“心者，生之本，神之变也，其华在面，其充在血脉，为阳中之太阳，通于夏气。肺者，气之本，魄之处也，其华在毛，其充在皮，为阳中之太阴，通于秋气。肾者，主蛰，封藏之本，精之处也，其华在发，其充在骨，为阴中之少阴，通于冬气。肝者，罢极之本，魂之居也，其华在爪，其充在筋，以生气血。”[①]“夫血之与气，异名同类……营卫者，精气也，血者，神气也。故血之与气，异名同类焉。”[②]从这幅心理地图我们可以看出，广义的心的结构不是一个点状的东西，而是像一个由许多小国组成的松散的国家一样，里面有许多各自为政的主宰，它们既有自己的居所、领地、权力，又有自己的构成、性质、特点等。例如，心在心脏中，魄在肺中，精在肾中，魂在肝中。它们既有自己特定的生理作用，又有自己特定的心理功能。它们一般是平起平坐的，但如果说有一个的权力稍微大一点的话，那只能说心有这样的地位。另外，黄帝与岐伯的一段对话也表达了大致相同的思想。前者问后者：“何谓德、气、生、精、神、魂、魄、心、意、志、思、智、虑？”后者回答说：“天之在我者，德也。”[③]天赐予人的即为德，或者说，人身心中先天的而不来自后天的东西即为德。“地之在我者，气也。”“德流气薄而生者

---

①《黄帝内经·素问·六节藏象论》。
②《黄帝内经·灵枢·营卫生会》。
③《黄帝内经·灵枢·本神》。

也。”意为天德流布，地气磅礴，万物便化生，“故生之来谓之精”[①]。生命的来到即为精。“两精相搏谓之神。”[②]阴阳二精互相撞击的威力谓之神。“随神往来者谓之魂，并精而出入者谓之魄。所以任物者谓之心。”[③]即用以支使事物、处理与事物的关系的东西可称作心。“心有所忆谓之意；意之所存谓之志。”[④]在心里将已认识到的观念提取出来进行加工的活动就是意。这里所说的意有点类似于西方人所说的心理的意向性结构及意向活动。这种意进一步发挥其指向作用、瞄准某一对象或目标即为志。“因志而存变谓之思。”[⑤]由志而存心变化即为思。“思而远慕谓之虑。因虑而处物谓之智。”[⑥]从这里可以看出，心理世界的确是一个包括很多成员的大家庭，其中的诸主体、诸样式角色尽管有的有派生关系，例如，智来自虑，虑来自思，思来自志，志来自意，而意源于心，但一经产生，它们又都有平起平坐的地位，有自己的独有功能。它们的不同不仅表现在作用上存在差别，还表现在有不同的定位。另外，诸心理成员与身体也不是绝对隔绝的，因为一方面，它们要居住在有关的身体部位中；另一方面，它们要发挥作用，需要有关部门提供能量，如五脏的作用就不可或缺。[⑦]

当然，《黄帝内经》在强调它们独立的同时，又不否认它们的内在联系。《黄帝内经》曰：“人之血气精神者，所以奉生而周于性命者也。经脉者，所以行血气而营阴阳……卫气者，所以温分肉、充皮肤、肥腠理、司开阖者也。志意者，所以御精神，收魂魄，适寒温和喜怒者也。是故血和则经脉流行……卫气和则分肉解利，皮肤调柔……志意和则精神专直，魂魄不散，悔怒不起，五脏不受邪矣。”[⑧]

道家、道教的有些派别在强调诸心理样式的独立性时主要从它们所配的不同的五行的角度做了论述，基本观点是，五行与人的精、神、魂、魄、意是可配列的。由于可配，因此人的精、神、魄、魂、意也会像五行一样相生相克。相生即可相互产生，相克即相互对立、制衡。《文始真经注》云：“五行之运，因精有

①《黄帝内经·灵枢·本神》。
②《黄帝内经·灵枢·本神》。
③《黄帝内经·灵枢·本神》。
④《黄帝内经·灵枢·本神》。
⑤《黄帝内经·灵枢·本神》。
⑥《黄帝内经·灵枢·本神》。
⑦《黄帝内经·素问·六节藏象论》。
⑧《黄帝内经·灵枢·本藏》。

魂……因魂有神……因神有意……因意有魄……因魄有精，五者回环不已。”[①]还说：“精者水，魄者金，神者火，魂者木……精主水，魄主精，金生水，故精者魄藏之。神主火，魂主木，木生火，故神者魂藏之……惟水之为物，能藏金而息之，能滋木而荣之，所以析魂魄。惟火之为物，能镕金而销之，能燔木而烧之，所以冥魂魄。惟精在天为寒，在地为水，在人为精。神在天为热，在地为火，在人为神。魄在天为燥，在地为金，在人为魄。魂在天为风，在地为木，在人为魂。”[②]人的精、神、魂、魄，有与天地万物中的对应实在一致的或同一的一面，只是表现形态不一样而已。例如，神在天表现为热，在地表现为火，在人就表现为神，其他可类推。因此，“天地万物皆吾精、吾神、吾魄、吾魂，何者死，何者生”[③]？

《黄帝内经》也表达了诸主体各有自己的定位和功能作用的思想：“心藏神，肺藏气，肝藏血，脾藏肉，肾藏志。”[④]“心者，生之本、神之处也；肺者，气之本、魄之处也；肝者，罢极之本、魂之处也；脾者，仓廪之本、营之处也；肾者，封藏之本、精之处也。”[⑤]五藏为人体之源，而心又为五藏之主。“心者，君主之官，神明出焉。”[⑥]

《文始真经》在说明精、神、魂、魄的关系时强调：“精者水，魄者金，神者火，魂者木。”它们分属五行中的一种。“精主水”，即水是精主，“魄主金，金生水，故精者魄藏之”，精藏于魄。“神主火，魂主木，木生火，故神者魂藏之。”[⑦]水的作用很大，能“析魂魄”，意为将魂与魄分开。火由于有烧、热之类的作用，因此能“冥魂魄”，即让它们暗合。由于可配五行，因此精、神、魂、魄不是人独有的，而是自然的力量、现象。当然可表现在人身上，例如，“魄在天为燥，在地为金，在人为魄”，“魂在天为风，在地为木，在人为魂”，“神在天为热，在地为火，在人为神”，“精在天为寒，在地为水，在人为精”。[⑧]另

① [元]牛道惇：《文始真经注》，载胡道静、陈莲笙、陈耀庭选辑：《道藏要籍选刊（五）》，上海古籍出版社1989年版，第386-387页。
② [元]牛道惇：《文始真经注》，载胡道静、陈莲笙、陈耀庭选辑：《道藏要籍选刊（五）》，上海古籍出版社1989年版，第385-386页。
③ [元]牛道惇：《文始真经注》，载胡道静、陈莲笙、陈耀庭选辑：《道藏要籍选刊（五）》，上海古籍出版社1989年版，第386页。
④《黄帝内经·素问·调经论》。
⑤《黄帝内经·素问·六节藏象论》。
⑥《黄帝内经·素问·灵兰秘典论》。
⑦《文始真经·四符》。
⑧《文始真经·四符》。

外，就性与心的关系而言，“性者，心未萌也”[①]。就精、神、魂、魄等与形、理的关系而言，它们也是相互独立、相互作用、相互依存的，如说：“形者，彼（胎生之物）之精，理者，彼之神。爱者，我之精，观者，我之神。”[②]

《鬼谷子》认为，神、魂、魄、精、志，实质上是一种气。它们共同表现为威神。故说“威神中有五气”，即神、魂、魄、精、志。“神为之长，心为之舍，德为之人。”[③]

唐代赵志坚认为，精、气、神、形、命尽管都是道的派生物，但又以不同的角色表现出来。他说：“初经一气，次涉阴阳，道为精神，元和为气命，阴阳为质绪，大道为都匠，总此数物，陶冶成身。”[④]尽管它们都派生于道，都是气之精，但作用不同。“心是阴阳之精，而为嗜欲之主；神是至道之精，而为气命之主。”[⑤]心有认知、嗜欲、运行生理等多种功能，而神则只有养生、至道、决定生命的功能。它们互不相干，都是自己功能的主宰。中国的多主论由此可见一斑。

现代仙学大师陈撄宁以道学基本思想为依据，吸收现代物理学的某些思想，提出了自己独树一帜的心理结构论，认为心理世界有浅深结构上的差别，第一层次都可看作是独特的心理样式。每种样式都有自己特殊的物质根基，由于用心不同，因此它们都配有自己相应的境界，如图 7-1 所示。

心对应的物质	识心的程度	对应的境界
精血	——情欲	——凡人堕落境界
肉体	——灵魂	——凡人境界
细胞	——识神	——仙凡分界
分子	——真意	——地仙境界
原子	——元神	——神仙境界
电子	——灵光	——天仙境界
中子	——混沌	——道仙分界
以太	——清虚	—— 道之境界

体　用

道[⑥]

图 7-1　识心的样式及其对应的物质、境界

①《文始真经·四符》。
②《文始真经·二柱》。
③《鬼谷子》，[南朝梁]陶弘景注，载胡道静、陈莲笙、陈耀庭选辑：《道藏要籍选刊（五）》，上海古籍出版社 1989 年版，第 805 页。
④ [唐]赵志坚：《道德真经疏义》卷 5。
⑤ [唐]赵志坚：《道德真经疏义》卷 5。
⑥ 陈撄宁：《陈撄宁仙学精要（上）》，胡海牙、武国忠编，宗教文化出版社 2008 年版，第 127 页。

由图 7-1 可以看出，中间的“识心的程度”指的是有知识、智慧程度的心理样式，由于程度不同，其所依赖的物质也不同，所到达的境界更不同。陈撄宁说：“情欲者，凡喜怒哀乐及各种行为，专以感情为用，而不问事理如何。”“肉体之人既有精血，自然有情欲，精血是物质，情欲即精血所发生之能力，有体必有用……人的灵魂包含许多成分在内，有情欲，有识神，有真意，有元神，有灵光，一层比一层清，一层比一层高。情欲不过占吾人灵魂中之一部分。自识神上皆属于理智范围。”①

《淮南子》承认诸心理主体、样式的独立性，但又认为，其中最重要的主体是心与神。就心与神这两种样式的关系来说，尽管它们联系紧密，如神不离心、心不离神，但它们毕竟是不同的心理样式。《淮南子》说：“心有所至，而神喟（欣）然在之，反之于虚，则消铄灭息（情欲消停），此圣人之流也。”②“神元所掩（无掩饰），心无所载（无负担）。”③心与神的最大区别是，心有染污而神清净。唐代杜光庭认为，众生的心是染净兼有的，其特点是随境而动；作用是主体、主宰，可等同于自我。而神则是清净的，是生命之本。“心之照也，通贯有无，周遍天地，因机即运，随境即驰。”④如果滞染欲，则万恶生。因此可说：“生我者神，杀我者心。以其心有人我，故形有生死。无心者可阶道矣。”⑤《灵宝经》云：“道为无心宗是也。”⑥

《青华秘文》云：“心者，众妙之理，而宰万物。性在乎是，命在乎是。”当然，心与神、气等又有区别，这表现在：“心者，神（性）之舍也”，性藏于心，由心而生，“以无为临之，则其所以动者，元神之性耳；以有为临之，则其所以动者，欲念之性耳”。⑦这就是说，心有不同的表现，如果起日常之用，如思、贪、欲、虑等，那么此心即妄心，即有为之心，如果以金丹之心临事，“以无为临之”，此心即为真心，显现的是本性或元神之性。⑧神是心中的一种作用、机构。《黄庭外景经》石和阳注曰：“元神者，心中之意，不动不静之中，活活

① 陈撄宁：《陈撄宁仙学精要（上）》，胡海牙、武国忠编，宗教文化出版社 2008 年版，第 131 页。
② ［西汉］刘安：《淮南子·俶真训》。
③ ［西汉］刘安：《淮南子·俶真训》。
④《道德经集释（下）》，［西汉］河上公、［唐］杜光庭等注，中国书店 2015 年版，第 638 页。
⑤《道德经集释（下）》，［西汉］河上公、［唐］杜光庭等注，中国书店 2015 年版，第 999 页。
⑥《道德经集释（下）》，［西汉］河上公、［唐］杜光庭等注，中国书店 2015 年版，第 999 页。
⑦ ［北宋］张伯端：《青华秘文》。
⑧ ［北宋］张伯端：《青华秘文》。

泼泼时是也。”换言之，元神乃心中最关键的东西。元神本不静不动，但却是人的生命、生气的关键。有此元神，人便活活泼泼。《咏望》云：“内念不萌，外想不入，独我自主，谓之元神。”一旦有想、有念，即为识神。《道法会元》卷第二百一十云：“元神者，灵灵不昧，了了常知，在喧无挠，处静不寂，不可以知知，不可以识识，迥出思议之表，卓然而独存者是也。”这些论述尽管是从人生哲学和道德哲学的角度展开的，但它们是以一种特殊的心灵观为基础的，或者说，体现了这种心灵观。根据这种心灵观，心与神是心理王国的两个最有权势的主宰。心决定的是人的认知、心理生活，而神决定的是人的生存状态、精神境界，当然也有其特殊的认知功能，同时还有它的独立性，如“活活泼泼”“卓然而独存”。如果神受到污染，那么人将不人，如果不打扰它，那么人便能去凡成圣。从性与神的关系看，《道法会元》卷第二百一十曰：“在人身则主而为正者，性也，性中有神者即元神。”

神与心的区别还在于，它们的能力层次不一样，例如，神的作用是至高无上的，心则次之。据《玄品录》，关尹子有这样的思想：“神者，智之渊，神清则智明。智者，心之府，智公则心平。”[①]这就是说，神是最高级的能力。“上学以神听之，中学以心听之，下学以耳听之。”[②]

就神与心的应然关系来说，最好是让神处于静止状态，让心处于和平状态。如果是这样，那么人便能进入最佳的生存状态。这种应然关系也从一个侧面说明心与神不是一个东西。《云笈七签》曰：“神静而心和，心和而形全，神躁而心荡，心荡则形伤，将全其形，先在理神。”[③]“恬知养神，则自安于内，清虚栖心，则不诱于外也。”[④]

二、归并论

归并论比较复杂，其中有的只强调可将某一或某几种样式归并为一种样式，

---

① [元]张天雨：《玄品录》，载胡道静、陈莲笙、陈耀庭选辑：《道藏要籍选刊（六）》，上海古籍出版社 1989 年版，第 535 页。

② [元]张天雨：《玄品录》，载胡道静、陈莲笙、陈耀庭选辑：《道藏要籍选刊（六）》，上海古籍出版社 1989 年版，第 535 页。

③ [北宋]张君房编：《云笈七签》，载胡道静、陈莲笙、陈耀庭选辑：《道藏要籍选刊（一）》，上海古籍出版社 1989 年版，第 626 页。

④ [北宋]张君房编：《云笈七签》，载胡道静、陈莲笙、陈耀庭选辑：《道藏要籍选刊（一）》，上海古籍出版社 1989 年版，第 626 页。

有些则坚持所有心理样式实质上都是某一样式。例如，在精气与魂、心等的关系上，王充认为，魂、心等就是精气。这是他坚持唯物主义的气一元论的表现。王充对气的区分很细致，例如，认为元气中的气有精粗之分，其精微部分即精气。它是构成天、人以及精神的气。构成人的精气又有等级之分。例如，魂就由其中较精微的气所构成。“夫魂者，精气也；精气之行与云烟等。”①人之所以有凡圣差别，也是由气的精微程度所决定的。圣人之所以为圣人，是因为构成他的气更精密。例如，他有殊绝之知，就是因为他有特殊的精气。“禀天精微之气，故其为有殊绝之知。”②有的人则把魂、神等归并为精，例如，唐代吴筠说：“阳之精曰魂与神，阴之精曰尸与魄。”③

在魂魄与神的关系上，魏伯阳认为，它们可以等同，如说“阳神曰魂，阴神月魄”，阳神也可称作日魂，阴神可称作月魄，“魂之与魄，互为宅室”。④

《道枢》认为，魂、魄、意都可看作神。它们藏于五脏之中，“肝藏魂，肺藏魄，心藏神，脾藏意与智，肾藏精与志”⑤。

道教在论述精、气、神的应然关系（如炼精化气、炼气化神）时，也表达了它们的可转化或可化归的关系，如说：“道之委也，虚化神，神化气，气化形，形生而万物所以塞也。”⑥这种化的过程，是自然发生的过程，被化的诸项之间是实然关系。反向的化，也是道的作用的表现。而这种化则是人返本还源、去凡成圣的过程，被化的诸项之间是应然关系。“道之用也，形化气，气化神，神化虚，虚明而万物所以通也。”⑦正是以此为根据，才有了内丹的基本修炼之法：炼精化气，炼气化神，炼神还虚，炼金合道。此乃神化之道。

就心与神的关系而言，儒道中都有将它们统一的观点，认为心神其实是同一

---

① [东汉]王充：《论衡·纪妖》。
② [东汉]王充：《论衡·奇怪》。
③ [唐]吴筠：《玄纲论》，《虚白其志篇》第22。
④ [东汉]魏伯阳：《周易参同契》，载胡道静、陈莲笙、陈耀庭选辑：《道藏要籍选刊（九）》，上海古籍出版社1989年版，第23页。
⑤ [北宋]曾慥编：《道枢》，载胡道静、陈莲笙、陈耀庭选辑：《道藏要籍选刊（十）》，上海古籍出版社1989年版，第525页。
⑥ [唐]谭峭：《化书》，载胡道静、陈莲笙、陈耀庭选辑：《道藏要籍选刊（五）》，上海古籍出版社1989年版，第769页。
⑦ [唐]谭峭：《化书》，载胡道静、陈莲笙、陈耀庭选辑：《道藏要籍选刊（五）》，上海古籍出版社1989年版，第769页。

实在的两面，如“动神者心”，意为心静即为神，神动即为心。[①]这就是说，心与神，实即一物，静谓之心，动谓之神，故修炼的直接目的是存神以安心，再虚心以炼神，互相为用。六腑五脏及别的身体部分都有神，有道是“六腑五脏神体精，皆在心内运天经，昼夜存之自长生。”[②]

魂魄在特定意义上可以说就是精神。有人说：“魂魄者，精神所首，左枕为魂；精神所体，右据为魄。故肝藏魂，魂动为恐；肺藏魄，魄动为惧。魂震为惊，魄震为怖。故婴儿之所以多恐惊者，精神之所在肝也，及其长有怯勇者，胆虚为怯，胆实为勇。胆附乎肝，生而怯；胆附乎肺，生而勇。”[③]这就是说，人的情绪的主体是魂魄。当然，魂魄在产生惊、恐、怯、勇等情绪时，又离不开肝、肺的作用。这里表达了关于心理的具身性思想。

理学反对以五行配五脏，不认为心藏神、肝藏魂，不赞成把意、志、精看作魂魄之外的独立现象。黄宗羲《破邪论·魂魄》说：“医家言心藏神，脾藏意，肝藏魂，肺藏魄，肾藏精和志，信乎？曰：非也，此以五行相配，多为名目，其实人身只有魂魄二者而已。”[④]

朱熹也有归并论的倾向，例如，强调把神、意、志看作是魂的功能，因为他在诸心理主体的本体论地位问题上只承认魂魄。他在解释《周易》的“精气为物、游魂为变”时说：“所谓精气，即魄也。神与意、与志，皆魂之所为也。”[⑤]魂与魄的区别在于：“昭昭灵灵者是魂，运动作为者是魄。魄依形而立，魂无形可见。故虎死眼光入地……一切为厉者，皆魄之为也，魂无与焉。譬之于烛，其炷是形，其焰是魄，其光明是魂。”[⑥]另外，魂与魄可以分离开来，例如，其中之一离开身体时，另一个可以不离开身体。在人死时，“有魂先去而魄尚存者，今巫祝家死后避哀之说是也。有魄已落而魂尚未去者，如楚穆王弑成王，谥之曰灵，不瞑，曰成，乃瞑”[⑦]。

在心与魂的关系问题上，有人认为，魂是心中的一种实在或作用，主管思虑、

① [唐]吴筠：《心目论·制恶兴善章》。
②《黄庭内景经·第八章》。
③ [北宋]张君房编：《云笈七签》，载胡道静、陈莲笙、陈耀庭选辑：《道藏要籍选刊（一）》，上海古籍出版社1989年版，第612页。
④ [明清之际]黄宗羲：《宋元学案（二）》，陈金生、梁运华点校，中华书局1986年版，第1516页。
⑤ [明清之际]黄宗羲：《宋元学案（二）》，陈金生、梁运华点校，中华书局1986年版，第1516页。
⑥ [明清之际]黄宗羲：《宋元学案（二）》，陈金生、梁运华点校，中华书局1986年版，第1516页。
⑦ [明清之际]黄宗羲：《宋元学案（二）》，陈金生、梁运华点校，中华书局1986年版，第1516页。

谋划。另一理解是把它们区别开来，认为心是非物质的、不朽的，而魂是有机的、精细的物质，它在形体死时会消失，庞景仁先生就是这样看的，并认为这也是朱熹的看法。[①]道教中也有这样的看法，例如，认为魂有识、精、神三方面，广泛存在于眼、耳、鼻、口、心等之中。它白天在眼睛中，因而眼可视物、辨色，有识、精、神三种作用。目之辨色即识的作用，目之神水即精神。耳、口、心，这三方面的作用可以此类推。《文始真经》说："精、神、识三者具有魂，魂者识，目者精，色者神。见之者为魂，耳口鼻心之类。"意为精、神、识三者之中都有魂。以眼睛为例，魂的作用是识知、视物。耳、口、鼻、心与之类似，其中也有魂，也有识的作用。

有人认为，心的功能是"自具的"，其内在机制是魂魄。戴震说："血气心知，有自具之能：口能辨味，耳能辨声，目能辨色，心能辨夫理义。"[②]感官之所以有这些功能，之所以灵，是因为其内有魄，同理，心之所以有神的功能，是因为其内有魂。"耳之能听，目之能视，鼻之能臭，口之知味，魄之为也，所谓灵也，阴主受者也；心之精爽，有思辄通，魂之为也，所谓神也，阳主施者也。"[③]魂与魄、神与灵、心与感官的关系是前者是起主宰、决断作用的，后者处听从、服从地位，故说："主施者断，主受者听（听从）。"[④]

也有人持相反的看法，即在魂魄与心的关系问题上，有人强调，心识为根本，其他心理现象则是由之所派生的。例如，作为情感的爱和作为认识能力及活动的观，尽管不同，但"皆识生"。爱与观都不是识，"爱之无识"，"观之无识"，但由于有了识，才有这些现象。正所谓"吾识不萌，吾生何有"[⑤]？心的功能作用表现在，不只是对理义敏感，不只是能思，而且还主于五官百体。戴震说："心，君乎百体者也，百体之能，皆心之能也，岂耳悦声、目悦色、鼻悦臭、口悦味，非心悦之乎？"[⑥]但又应注意，心作为百官之主的作用是有限度的，即只是"使"，而不是"化"，"心能使耳目鼻口，不能够代耳目鼻口之能，彼（它们的）其能

① 庞景仁：《马勒伯朗士的"神"的观念与朱熹的"理"的观念》，冯俊译，商务印书馆 2005 年版，第 102 页。
② 安正辉选注：《戴震哲学著作选注》，中华书局 1979 年版，第 72 页。
③ 安正辉选注：《戴震哲学著作选注》，中华书局 1979 年版，第 73 页。
④ 安正辉选注：《戴震哲学著作选注》，中华书局 1979 年版，第 73 页。
⑤《文始真经·四符》。
⑥ 安正辉选注：《戴震哲学著作选注》，中华书局 1979 年版，第 77 页。

者各自具也，故不能相为”①。

为什么五官的功能是“各自具”的呢？戴震说：“外内相通，其开窍也，是为耳目鼻口。五行有生克，生则相得，克则相逆，血气之得其养，失其养系（联系）焉。资于外足以养其内，此皆阴阳五行之所为，外之盈天地之间，内之备于吾身，外内相得无间而养道备……血气各资以养，而开窍于耳目鼻口以通之，既于是通，故各成其能，而分职司之。”②

心的作用大的表现是有神明，而神明的标志是能把握理义。理义不外于事物。戴震说：“心之神明，于事物咸足以知其不易之则，譬有光皆能照，而中理者，乃其光盛，其照不谬也。”③

理学中还有这样的看法，即认为神、精、魂、魄都可归结为灵。尽管它们分别是四种器官中的四种机制，或是有其特定心理、生理作用的构造，也可以说是这四种机制的作用，但它们的途径很精微、奇妙，故被称作“灵”。“心之灵曰神，胆之灵曰魄，脾之灵曰魂，肾之灵曰精。”④不仅活着的人的魂魄有认知作用，而且死去的人亦如此。

归并论最常见的形式是从广义上理解心，把它看作包摄一切心理现象、包括魂魄在内的大全。《左传·昭公二十五年》云：“心之精爽，是谓魂魄，魂魄去之，何以能久。”⑤朱熹门人陈淳说：“心也者，丽阴阳而乘其气，无闲于动静，即神之所会，而为魄之主也。昼则阴伏藏而阳用事，阳主动，故神运魄随而为寤。夜则阳伏藏而阴用事，阴主静，故魄定神蛰而为寐。神之运，故虚灵知觉之体灼然呈露，如一阳复后，万物之有春意焉，而此心之于寤也，为有主。神之蛰，故虚灵知觉之体沈然潜隐，悄无踪迹，如纯坤之月，万物之生性，不可窥其朕焉，而此心之于寐也，为天主。”⑥在心停止活动的时候，看似无心，其实里面仍有未泯者。“其中实未尝泯，而有不可测者存。呼之则应，警之则觉，是亦未尝无主也。”⑦心的特点是有动有静，而在动中又有静，动是思，静是无思。此无思

① 安正辉选注：《戴震哲学著作选注》，中华书局1979年版，第77页。
② 安正辉选注：《戴震哲学著作选注》，中华书局1979年版，第77页。
③ 安正辉选注：《戴震哲学著作选注》，中华书局1979年版，第79页。
④ [明清之际]黄宗羲：《宋元学案（一）》，陈金生、梁运华点校，中华书局1986年版，第384页。
⑤《左传·昭公二十五年》。
⑥ [明清之际]黄宗羲：《宋元学案（三）》，陈金生、梁运华点校，中华书局1986年版，第2225页。
⑦ [明清之际]黄宗羲：《宋元学案（三）》，陈金生、梁运华点校，中华书局1986年版，第2225页。

即动中之静、阳中之阴。同样，静中也有动，例如，在晚上，心进入了静的状态，但静中常有梦发生，此属静中之动、阴中之阳。如果无梦，则属静中之静、阴中之阴。

在魂与魄的关系上，道家、道教的一个基本观点是魂与魄不仅可以合一，而且应该如此，如常说“摄魂还魄”，其意思就是让灵魂与体魄融合。唯其如此，才能生存；其分离，则六神无主，魂飞魄散。

三、主中有主论

“主中有主论”主要体现在王夫之的有关论述之中。他承认魂、魄、心、意有不同定位，因而是不同的心理实在，如说：“肝魂、肺魄、脾意、肾志、心神。”[①]但他利用《黄帝内经》的有关思想成功解决了中国心灵哲学的一大难题：分立的心理功能有无统一性？《黄帝内经·灵枢》云：“肝藏血，血为魂之舍，脾藏荣，荣为意之舍。心藏脉，脉为神之舍，肺藏气，气为魄之舍，肾藏精，精为志之舍。是则五藏皆为性情之舍，而灵明发焉，不独心也。”具有心智功能的不只是心，其他四脏也能生出特定的心智功能。先人之所以特别突出心的作用，有时给人这样的感觉，即只有心才是心理现象的基础，原因其实是其他四脏的心理功能都与心之神这一功能有关，或会合于神，故“独立言”。王夫之说：“君子独言心者，魂为神使，意因神发，魄待神动，志受神摄，故神为四者之津会也。然亦当知，凡言心，则四者在其中，非但一心之灵而余皆不灵。”[②]全面地看，心理现象之发生，不仅依赖于五脏，而且离不开天之授予人身的资源。它们因得于天，故可称作“德”。《黄帝内经·灵枢》云：“天之在我者德也。”同理，人不仅获得了天之灵秀，而且还获得了地之灵秀，这就是气。可以说：“地之在我者，气也。”[③]五脏之所以各有自己的功能，心神之所以有统一各种功能、作为它们“津会”的作用，乃离不开德与气。王夫之说：“气之所至，德即至焉，岂独五藏胥

① [明清之际]王夫之：《思问录内编》，载船山全集编辑委员会编校：《船山全书（第12册）》，岳麓书社2011年版，第408页。
② [明清之际]王夫之：《思问录外篇》，载船山全集编辑委员会编校：《船山全书（第12册）》，岳麓书社2011年版，第456页。
③《黄帝内经·灵枢·本神》。

为含德之府而不仅心哉！”[①]另外，人体的四肢、百骸等都是心理现象产生、存在和发生作用的必要条件。“四肢、百骸、肤肉、筋骨苟喻痛痒者，地气之所充，天德即达，皆为吾性中所显之仁，所藏之用。故孟子说：‘形色，天性也。’”[②]

王夫之承认，人除了心之外，还有魂、魄、神、意，认为它们是自然生成的。他说：“天地之化，以其气生我，我之生，以魄凝气而生其魂神，意始发焉。”[③]他不赞成道家这样的看法：从发生顺序上说，魄聚气，由气立魂，由魂生神，由神动意，意动而阴阳之感通，则生成了人与物，从修行角度说，成圣成仙的过程是上述过程的逆过程，即只要反过来，就能由人而成圣，“以意驭神，以神充魂，以魂袭气，以气环魄，为主于身中而神常不死也”[④]。

王夫之承认佛教所说的八识，但做了不同的解释。他说：“释氏之所谓六识者，虑也；七识者，志也；八识者，量也；前五识，小体之官也。呜呼！小体，人禽共者也。虑者，犹禽之所得分者也。人之所以异于禽者，唯志而已矣。不守其志，不充其量，则人何以异于禽哉。”[⑤]他反对佛教转识成智的主张，认为这样做将使人不成其为人，也不赞成把七识说成是染识。

四、一实多名论

“一实多名论”主要体现在新老儒家的论述之中。荀子认为性、情、虑、知、动、智、能，表面上是反映不同心理实在的概念，实际上所描述的是相同的实在，当然，它们分别从不同角度反映了同一实在的不同方面的性质与特点。他说：“生之所以然者谓之性，性之和所生，精合感应，不事而自然谓之性；性之好恶喜怒哀乐谓之情；情然而心为之择谓之虑；心虑而能为之动谓之伪。”[⑥]“所以知之

① ［明清之际］王夫之：《思问录外篇》，载船山全集编辑委员会编校：《船山全书（第12册）》，岳麓书社2011年版，第456页。
② ［明清之际］王夫之：《思问录外篇》，载船山全集编辑委员会编校：《船山全书（第12册）》，岳麓书社2011年版，第456页。
③ ［明清之际］王夫之：《思问录外篇》，载船山全集编辑委员会编校：《船山全书（第12册）》，岳麓书社2011年版，第451页。
④ ［明清之际］王夫之：《思问录外篇》，载船山全集编辑委员会编校：《船山全书（第12册）》，岳麓书社2011年版，第451页。
⑤ ［明清之际］王夫之：《思问录外篇》，载船山全集编辑委员会编校：《船山全书（第12册）》，岳麓书社2011年版，第451页。
⑥ ［明清之际］周汝登：《周汝登集（中）》，张梦新、张卫中点校，浙江古籍出版社2015年版，第574页。

在人者，谓之知；知有所合谓之智；知所以能之在人者，谓之能。”[①]

陆九渊也强调心的唯一性、统一性，认为心不管有多少种不同的意义，不管有多少不同的作用，但人心只有一个。他说：“盖心，一心也，理，一理也。至当归一，精义无二，此心此理，实不容有二。”[②]“心只有一个心，某之心，吾友之心，上而百千载圣贤之心，下而百千藏复有一圣贤，其心亦如此。心之体甚大。若能尽我之心，便与天同，为学只是理会此。”[③]

王阳明的论述更清楚，其思想有如下要点：第一，名无穷，只一性而已。名多的表现是包括性、天、帝、命、心等。其实，“性一而已，自其形体也谓之天，主宰也谓之帝，流行也谓之命，赋于人也谓之性，主于身也谓之心”[④]。第二，理、性、心、意、知、物，理一而已，以其理之凝聚而言，则谓之性；以其凝聚之主宰而言，则谓之心；以其主宰之发动而言，则谓之意；以其发动之明觉而言，则谓之知；以其明觉之感应而言，则谓之物。第三，身、心、物等只是一实，因为指其充塞处言之谓之身、指其主宰处言之谓之心、指意之涉着处谓之物。第四，理、心、孝、亲也有一实多名的关系。王阳明说：“理也者，心之条理也。是理也，发之于亲则为孝，发之于君则为忠，发之于朋友则为信。”[⑤]第五，与“心”名异实同的词很多，对此王阳明做了具体考释。他说：“所谓汝心，却是那能视听言动的。”[⑥]此心也可看作至善，因为它同时是道德资源、礼仪规范的源泉。他还说：“至善者，心之本体。”[⑦]心同时是道德活动、认知活动的主体。它不是经验的自我，而是纯粹的道德主体、认知主体。从体上说，心就是本体。他说：“人心本体亦复如是，太虚无形，一过而化，亦何费纤毫气力？”[⑧]第六，精、气、神、灵、良知也具有一实多名论的特点。他说：“天地间膈塞充满，皆气也；气之灵，皆性也。人得气以生而灵随之。”[⑨]“夫良知，一也。以其妙用而言谓之

---

① 转引自[明]周汝登：《周汝登集（中）》，张梦新、张卫中点校，浙江古籍出版社 2015 年版，第 574 页。
② [南宋]陆九渊：《陆九渊集》，钟哲点校，中华书局 1980 年版，第 4 页。
③ [南宋]陆九渊：《陆九渊集》，钟哲点校，中华书局 1980 年版，第 5 页。
④ [明]王守仁：《王阳明全集（上）》，吴光、钱明、董平等编校，上海古籍出版社 2012 年版，第 14 页。
⑤ [明]王守仁：《王阳明全集（上）》，吴光、钱明、董平等编校，上海古籍出版社 2012 年版，第 233 页。
⑥ [明]王守仁：《王阳明全集（上）》，吴光、钱明、董平等编校，上海古籍出版社 2012 年版，第 32 页。
⑦ [明]王守仁：《王阳明全集（上）》，吴光、钱明、董平等编校，上海古籍出版社 2012 年版，第 85 页。
⑧ [明]王守仁：《王阳明全集（下）》，吴光、钱明、董平等编校，上海古籍出版社 2012 年版，第 1075 页。
⑨ [明]王守仁：《王阳明全集（中）》，吴光、钱明、董平等编校，上海古籍出版社 2012 年版，第 781 页。

神，以其流行而言谓之气，以其凝聚而言谓之精。”[①]“气即是性，性即是气，原无性气之可分也。”[②]王阳明的弟子徐樾说：“天命之谓性。知者，心之灵也。自知之主宰言心，自知之无息言诚，自知之定理言性，自知之不二言敬，自知之莫测言神，自知之浑然言天，自知之寂然言隐，自知之遍覆言费，自知之不昧言学。”[③]

王阳明之所以提出上述思想，是因为他不满朱熹思想的“言之太详，析之太精”[④]“支离割裂”，而是试图建立综合、统一、简明易行的哲学，进而对圣学做出贯通、简明的阐释。根据他的判释，“圣人之学，心学”[⑤]。“心一而已”[⑥]，“理一而已”[⑦]，“性一而已”[⑧]。“即知即行，即心即物，即动即静，即体即用，即工夫即本体，即上即下，无之不一。”[⑨]这就是说，他反对对知行、心物、动静、体用、工夫本体、上下的割裂理解，而是努力把它们统一起来。他认为，世界万物无非是一，如天、帝、命、性、心就是如此。当然，用不同语言描述则为多。或者说，“多”突出的是“一”的特定方面的特点。宇宙的“一”“常道”，“自其形体也谓之天，主宰也谓之帝，流行也谓之命，赋予人也谓之性，主于身也谓之心”[⑩]。

明代气论大家吴廷翰在气一元论基础上强调：“气即道，道即气，天地之初，一气而已矣。”“理也者，气得其理之名，亦犹变易之谓易，不测之谓神之类，非气之外别有理也。”“性者，生于心而根于心者也。人之初生，得气以为生生之本，纯粹精一，其名曰性。”“性之为气，则仁义礼知之灵觉精纯者是已。”“心者，性之所生，而性在焉，虚灵知觉，皆性之所为也。”[⑪]

道教的有些论著也表达了一实多名论思想，如说：“从道受生谓之命，自一禀形谓之性，所以任物谓之心，心有所忆谓之意，意之所出谓之志，事无不知谓

---

① [明]王守仁：《王阳明全集（上）》，吴光、钱明、董平等编校，上海古籍出版社2012年版，第54页。
② [明]王守仁：《王阳明全集（上）》，吴光、钱明、董平等编校，上海古籍出版社2012年版，第53页。
③ [明]周汝登：《周汝登集（下）》，张梦新、张卫中点校，浙江古籍出版社2015年版，第882页。
④ [明]王守仁：《王阳明全集（下）》，吴光、钱明、董平等编校，上海古籍出版社2012年版，第1334页。
⑤ [明]王守仁：《王阳明全集（上）》，吴光、钱明、董平等编校，上海古籍出版社2012年版，第206页。
⑥ [明]王守仁：《王阳明全集（上）》，吴光、钱明、董平等编校，上海古籍出版社2012年版，第155页。
⑦ [明]王守仁：《王阳明全集（上）》，吴光、钱明、董平等编校，上海古籍出版社2012年版，第220页。
⑧ [明]王守仁：《王阳明全集（上）》，吴光、钱明、董平等编校，上海古籍出版社2012年版，第14页。
⑨ [明清之际]黄宗羲：《明儒学案（上）》，沈芝盈点校，中华书局2008年版，第7页。
⑩ [明]王守仁：《王阳明全集（上）》，吴光、钱明、董平等编校，上海古籍出版社2012年版，第14页。
⑪ [明]吴廷翰：《吴廷翰集·吉斋漫录》。

之智，智周万物谓之慧，动以营身谓之魂，静以镇形谓之魄，流行骨肉谓之血，保神养气谓之精，气清而駃谓之荣，气浊而迟谓之卫，总括百骸谓之身，众象备见谓之形，块然有阂谓之质，状貌可则谓之体，大小有分谓之躯，众思不得谓之神，莫然应化谓之灵，气来入身谓之生，神去于身谓之死，所以通生谓之道。道者，有而无形，无而有情；变化不测，通神群生。”[①]这里述及的人的构成，有些是名异实同，如心与神、灵、道等就是如此。有些有层次的关系，如心之忆，即为意；意之所出、意的追求即为志；心的能知性谓之智；智的周遍性谓之慧。《云笈七签》云：“人受天地之气，生气之来也，谓之精；精之嫥也，谓之灵；灵之变化之谓神；神之化也之谓魂；随魂往来之谓识；随魂出入之谓魄；主管精魂之谓心；心有所从之谓情；情有属之谓意；意有所指之谓志；志有所忆之谓思；思而远慕之谓虑；虑而用事之谓智。智者尽此诸见者也。”[②]这里的一实多名论要弱一点，因为它强调，心、神、魂、魄等尽管指向的是同一实在，但由于它们分别从特定的角度反映了这同一实在中的不同侧面，因此每个词又有自己的特定所指。

① [北宋]张君房编：《云笈七签》，载胡道静、陈莲笙、陈耀庭选辑：《道藏要籍选刊（一）》，上海古籍出版社1989年版，第130页。
② [北宋]张君房编：《云笈七签》，载胡道静、陈莲笙、陈耀庭选辑：《道藏要籍选刊（一）》，上海古籍出版社1989年版，第624页。

第八章

心的生灭与鬼神问题

这里所说的“心”泛指包括魂、魄、神、灵等在内的一切心理现象。在说明其本质时，中国心灵哲学不仅注重从心本身的构成、特点和作用等角度加以揭示，而且重视从其起源、消亡的角度加以探究。在说明心的灭亡时，既注重研究它们的自然的灭亡过程及原因，又像佛教一样开辟了这样一个为西方所不知的研究领域，即从人生解脱论角度探讨如何人为灭除有害的、妨碍高质量生存的心理，乃至灭除一切心理，直至进入“无心”状态。其心灵哲学意义在于：要找到灭除的方法和途径，势必要探讨心的生成和存在的机理与可能性条件，而这一研究无疑有助于加深人们对心本身的科学和哲学认识。另外，还值得说明的是，中国心灵哲学在探究心的生与灭的过程中，触及了西方心灵哲学所不曾关注的特殊的鬼神问题。其特殊性表现在：这里的鬼神是作为心理现象，或其形式或其延伸，被中国心灵哲学所关注和探讨的，因此中国的鬼神研究也具有心灵哲学意义。

第一节　心 的 起 源

中国心灵哲学根据其特有的气一元论和道论等基础理论或原理分别从个体与种系两个维度对心之发生、起源过程做了探讨。

中国心灵哲学对心的种系发生的探讨是在其关于万物起源的一般理论的基础上进行的。对于万物起源的一般原理、进程和模式，不同的人尽管有不同的看法，但其占主导地位的倾向则是道气一元论。《冲虚至德真经》这样描述了万物的产生过程：万物为有形，而生于无形。其一般的生成过程是，从无形到气，再到有形之物。具言之，它们经历了一个从太易到太初、太始、太素的过程。“太易者，未见气也；太初者，气之始也；太始者，形之始也；太素者，质之始也。气、形、质具而未相离，故曰浑沦。”[①]也可这样描述，太易即万物的本原，由它生出气，然后逐渐有了形成事物的形式和质料，于是有了混沌的一，再进一步，便有了天、地、人及万物的形成。《冲虚至德真经》云：“一者，形变之始也。清轻者上为天，浊重者下为地，冲和气者为人；故天地合精，万物化生。”[②]在万物的生成中，道的作用最为关键和巨大，可以说，它是能产生的“生者”，相当于斯宾诺莎所说的“产生自然的自然”。它无形、无相，无知、无能，像虚空一样，因而如果说有形者是存在、是有的话，那么道就是非存在或无，但它又有无穷妙用，如无不知、无不能。“无知也，无能也，而无不知也，而无不能也。”[③]由于它能生，因此可以说它是能产生的“生生者”；由于它不仅给了万物作为质料的气，而且给了它们形，因此是能赋形的“形形者”。被它产生的就是有形者，或如斯宾诺莎所说的“产生自然的自然”。

“有生者，有生生者；有形者，有形形者……生之所生者死矣（被产生的东西必然消亡），而生生者（产生生者的东西即道）未尝终；形之所形者实矣，而形形者未尝有。”[④]后一句话的意思是，赋形者不是实物性存在，而是特定意义的非存在，即道。道教《本际经》对道的界定有佛教的影子，如说：“所言道者，通达无碍，犹如虚空，非有非无，非悬非智，非因非果，非凡非圣，非色非非色，非相非非相，即一切法，亦无所即。”[⑤]如此界定的道显然近于佛教所说的毕竟空、真心。

---

① 《冲虚至德真经·天瑞第一》，载《老子·庄子·列子》，张震点校，岳麓书社1989年版，第153页。
② 《冲虚至德真经·天瑞第一》，载《老子·庄子·列子》，张震点校，岳麓书社1989年版，第153页。
③ 《冲虚至德真经·天瑞第一》，载《老子·庄子·列子》，张震点校，岳麓书社1989年版，第154页。
④ 《冲虚至德真经·天瑞第一》，载《老子·庄子·列子》，张震点校，岳麓书社1989年版，第154页。
⑤ 《本际经·最胜品》，敦煌P. 3280号卷9。

在万物的起源、生成过程中，不仅道的作用至关重要，而且气也是如此。它既是道生成万物的必然环节，也是它们拥有形体、成为有形者的必要条件，因为万物都由它所构成。如本书第五章曾述及的，气的形式多种多样，最具根本性的是元气。元气是生出后天之气的气。后天之气是质料性的东西，是开始被赋形的东西。董仲舒说："元者，始也，言本正也"，"元者，为万物之本"。①元气即直接源于道的、最初的本始之气，存在于天地之前。道教的宇宙、万物起源论认为，万物起源于气。其最初是混沌，里面充满的是未形的元气。《云笈七签》云："混沌之先，太无空焉，混沌之始，太和寄焉，寂兮寥兮，无适无莫，三一合元，六一合气，都无形象，窈窈冥冥，是为太易，元气未形。"②从太易元气慢慢依次演变为太初元气（未形，但有其可能性）、太始形气（始萌）、太素形气（始端）、太极之气（有质素）、太一元气（气未分形，结胚象卵，气圆形备），先清升上为天，元气后浊，降下为地，总之，万物以道为父母，以气为根本。"自然本一大道，本一元气。"③《上阳子金丹大要》认为，气是本原。"道之为物，通气而生。气复资气，育天地万物。未有非气而自生育者。然吾所谓气，非天地呼吸口鼻往来。要知是气之名，须究外内之道。气之在外者曰黑铅，即金丹……气之在内者，曰黑汞，即修定之道也。"④儒家也承认气在万物起源、生成过程中的作用，只是对气的形态、构成、本质特点的看法有不同罢了。董仲舒认为由元气进而有阴阳二气。它们有贵贱之分，他的倾向是"贵阳而贱阴"，根据是，阳气为天之德，阴气为地之形。⑤

精或精气的作用也不可或缺，尤其是在人的起源、形成过程中更是如此。《黄帝内经》认为，精气是气中的特殊样式，它源于天地，是生命的基础，"夫精者，身之本也"⑥。此气也可称作"精"。"人始生，先成精，精成而脑髓生，骨为干，脉为营，筋为刚，肉为墙，皮肤坚而毛发长，谷入于胃，脉道以通，血气乃

① [西汉]董仲舒：《春秋繁露·王道》。
② [北宋]张君房编：《云笈七签》，载胡道静、陈莲笙、陈耀庭选辑：《道藏要籍选刊（一）》，上海古籍出版社1989年版，第384页。
③ [北宋]张君房编：《云笈七签》，载胡道静、陈莲笙、陈耀庭选辑：《道藏要籍选刊（一）》，上海古籍出版社1989年版，第384页。
④ [元]陈致虚：《上阳子金丹大要》，载胡道静、陈莲笙、陈耀庭选辑：《道藏要籍选刊（九）》，上海古籍出版社1989年版，第219页。
⑤ [西汉]董仲舒：《春秋繁露·阳尊阴卑》。
⑥《黄帝内经·素问·金匮真言论》。

行。”[1]《管子》认为，能变的气即为精。“一气能变曰精”[2]，“精也者，气之精者也”[3]。

心的起源、生成问题当然是最复杂难解的问题。其主要原因在于，心理的样式太多、太复杂。如前所说，中国心灵哲学承诺了真心或本心这样一种样式。它们不仅没有生起的问题，反倒是说明别的事物生起的根据，因为在特定意义上，它就是道，就是本体、本原。我们这里不涉及它的来源问题，只关注其他的心理样式的起源和形成的问题。其复杂性还在于，相对于万物而言，这类心也有本原性地位，这当然是从现象学角度而非自然主义立场所说的。例如，道家、道教、儒家等都像佛教一样认为，心生则万法生。杜光庭说：“一切世法因心而生，因心而灭。”[4]但就这类心本身而言，由于它们本不是终极本原，而是处在心的表面层次，因此，它们也有其起源和形成过程，如它们也是源于道气的。杜光庭说：“知、身是道气之子，从道气而生。”[5]

一般而言，这类心尽管不是“形者”，但有一点相同于形者，即它们也是“生者”，是被自然产生的自然，而非“生生者”。不仅如此，它们生起的根源和过程也接近于其他生者、形者。例如，它们的起源的最重要的决定因素仍然是道，因为道是一切的造化之根，关键之处还在于：心的特点是有神明性，而道则是神明之本。成玄英说：“虚无之系，造化之根，神明之本，天生之源。其大无外，其微无内，浩旷无端，杳冥无对。至幽靡察而大明垂光，至静无心而品物有方。”[6]

根据道教《海空经》的看法，心之所以源于道，是因为道有其道性。这里所说的道性近于佛教所说的佛性。所谓佛性既是成佛的根据、种子，也是能够随缘变现一切诸法的本原。而所谓道性即派生包括心、圣在内的一切的种子、根性。《海空经》云：“道性之理，自为妙无。以寂渊故，以应感故。若以住于渊寂之地，观于诸有，则见无相。若以住于感应之地，观于诸有，则见有相……以是当

---

①《黄帝内经・灵枢・经脉》。
②《管子・心术下》。
③《管子・内业》。
④［元］刘惟永：《道德真经集义》卷 7。
⑤［唐］杜光庭：《道德真经广圣义》，载胡道静、陈莲笙、陈耀庭选辑：《道藏要籍选刊（二）》，上海古籍出版社 1989 年版，第 197 页。
⑥［唐］成玄英：《老子注》卷 1。

知，道性之‘有’，非世间有；道性之‘无’，非世间无，是谓妙无。”[①]道性，也可称作真道、道身。其特点是圆满清净，犹如虚空。“言道性者，即真实空，非空不空，亦不不空……而为一切诸法根本。无造无作，名曰无为。自然而然，不可使然，不可不然，故曰自然。”[②]“有理存焉必当得，故理而未形，名之为性。”[③]众生本有道性，由于颠倒之所覆蔽，“不得显了”。只要如实观照，就能让其显现。一旦如愿，即为悟道，因为“悟此真性，名曰悟道”[④]。在没有转化为众生的现实品性、业性未受染污之前，道性是以纯粹的体性存在的。“一切六道四生业性，始有识神。皆悉淳善，唯一不杂，与道同体。禀乎自然，自应道性，无有差异。”[⑤]这就是说，道性本来清净，由于有业性，才有作为心的特性的识神的生起。

唐代初期，围绕着佛道是否一致、是否可以沟通，当时佛道两家的重量级人物，如玄奘法师、慧乘、李仲卿、蔡子晃、成玄英等，都参与了争论。争论涉及了道教理论建设中经常碰到的重要问题。例如，道体是否存在？如果存在，以什么形式存在？道与万物是何关系？道是否有灵知？是属于境，还是属于智？与众生的关系是感应还是静默不应？道教的基本观点是，认为道有灵性，有时甚至将其人格化。在道与心的关系问题上，道教一般认为，道落实到人身上便为心。《灵宝玉鉴》云：“合性与知觉，谓之心。”[⑥]

道家和其他承认道的本原地位的学派也承认，道是人心的根源，例如，《管子》云：“道之在天者，日也；其在人者，心也。”[⑦]意为，道具体化为天，就产生了太阳，具体化于人身上，就让其有心。这倒不是说，道像造物主一样造出了心，而是像规律、程序一样，在人的形成过程中决定了心要出现在里面。这个过程是由道决定的。《管子》云：“凡心之刑（形态），自充自盈，自生自成。”[⑧]

---

①《海空经·序品》，敦煌 P. 2806 号卷 1。
②《本际经·道性品》，敦煌 P. 2806 号卷 4。
③《本际经·道性品》，敦煌 P. 2806 号卷 4。
④《本际经·道性品》，敦煌 P. 2806 号卷 4。
⑤《本际经·道性品》，敦煌 P. 2806 号卷 4。
⑥ [元]吴全节：《灵宝玉鉴》，载胡道静、陈莲笙、陈耀庭选辑：《道藏要籍选刊（八）》，上海古籍出版社 1989 年版，第 550 页。
⑦《管子·枢言》。
⑧《管子·内业》。

唐代道士李荃认为，人的心智是自然发生的，有其“阴符性”。阴即暗，符即符合，“阴符性”指的是决定心发生的规律、程序是暗地里起作用的，不以人的意志为转移。质言之，心智像万物一样，是自发的按自然法则而产生和存在的。他说：“人与禽兽草木，俱禀阴阳而生，人之最灵，住处中宫，以怀智度，能反照自性，穷达本始，明会阴阳五行之炁，则而用之。”[①]

心的起源和生成同时也离不开气的作用，其机理在于，气即道的“几微”，正因为有几微，道才能在动中将心派生出来。几即动，微即妙用。因此道有动、有妙用，就能将世界上最灵、最秀的心突现出来。唐代的司马承祯说：“夫气者，道之几微也。几而动之，微而用之，乃生一焉……夫一者，道之冲凝也。冲而化之，凝而造之，乃生二焉……精神著焉，万物与之齐受。”[②]《鹖冠子》云：“有一（道）而有气，有气而有意（陆佃解云“意者冲气所生”），有意而有图（可以象矣），有图而有名，有名而有形，有形而有事，有事而有约。”[③]冲气是《老子》第四十二章所使用的一个概念，如说：“道生一，一生二，二生三，三生万物。万物负阴而抱阳，冲气以为和。”[④]冲气即气中的一种，即含有阴阳激荡、相互作用的气，或由之而成的和气。根据《鹖冠子》的心理起源论，人的心意就是这种气的变化。

再看儒家的探讨。张载继承了《周易·说卦传》的思想，用气解释了心神这一高级心理现象的形成过程。他说：“神，天德；化，天道；德，其体；道，其用。一于气而已。”[⑤]意为心神是万物的体、本性，这本性就是它的变化的复杂性、不确定性、不可预测性。而化是万物的用，尽管事物有神的一面，但由于万物本于气，是气的聚与散，因此又不是神秘的。他说：“气之性本虚而神，则神与性乃气所固有。”[⑥]他对心的起源与本性的解释在中国心灵哲学中可以说具有标杆性的地位，因此人尽皆知。他说：“由太虚，有天之名；由气化，有道之名，

① [唐]李荃：《阴符经疏》。

② [北宋]张君房编：《云笈七签》，载胡道静、陈莲笙、陈耀庭选辑：《道藏要籍选刊（一）》，上海古籍出版社1989年版，第394页。

③ [北宋]陆佃：《鹖冠子》，载胡道静、陈莲笙、陈耀庭选辑：《道藏要籍选刊（五）》，上海古籍出版社1989年版，第741页。

④《老子·第四十二章》。

⑤ [北宋]张载：《张载集》，章锡琛点校，中华书局1978年版，第15页。

⑥ [北宋]张载：《张载集》，章锡琛点校，中华书局1978年版，第63页。

合虚与气，有性之名，合性与知觉，有心之名。”[①]这种起源论的特点是强调多因素的合力作用。在他看来，心的本质是有心性与知觉。知觉即灵明觉知，亦即今日西方人所说的现象学意识或前反思性自我意识，其特点是在意识到对象（有意向性）时将自己显现给自己，或拥有关于自身的明见性、自明性。有这一特点的心是多种因素一步步变化出来的，如道、太虚、气化等。由于它们的合力作用，于是有了性，即像种子一样的体性。它与知觉相结合，就有了心的诞生。陆九渊认为，心起源于自然之授，本质是必有其理。他说：“天之所以（赐）与我者即此心也。人皆有是心，心皆具是理，心即理也。”[②]此可等同于理的心即“本心”。理即天地万物必然要顺从的规律、原理。

中国心灵哲学不仅探讨了心理现象的一般发生学，而且对具体的心理样式的起源、生成也着力不小。先看识、神、意的种系起源。

道教认为，这些心理样式的起源的总特点是自然而然，或者说是因为大自然有造化之功。所谓造化，是自然发生，不是造物主的创造。唐代道士张志和（732—774）说：“无自而然，自然之元，无造而化，造化之端。”“造而化之存乎初，太而极之存乎无，自而然之存乎虚，无而住之存乎妙。观其所存，而造化之元可见矣。”[③]见、意、识的自然发生过程是，“空遍而体存，风行而用作，水聚而有见，识感而念生，气通而意立”[④]。这些东西都是气化的产物。它们产生后又有其存在地位和作用，如“有见故可以观变，念生故可以知化，意立故可以详理”[⑤]。

中国心灵哲学讨论得较多的是魂魄的起源。不过，由此可推知其他心理样式的起源过程。钱穆说：“凡中国古籍言及魂魄，皆指其人生前之心知言。惟魄乃附随其身之知，魂乃超越于身之知。此乃其主要之区别。”[⑥]这就是说，魂魄就是人的心知，只不过，它们更突出的是心知的现实作用的根由，例如，魄指的是由身所形成的且关于身的心知，而魂的作用范围超出了身体，即魂有超越身的一面，其知也能超出自身。例如，通过对自身饥寒的认识，推知他人的状况。这种

① [北宋]张载：《张载集》，章锡琛点校，中华书局 1978 年版，第 9 页。
② [南宋]陆九渊：《陆九渊集》，钟哲点校，中华书局 1980 年版，第 149 页。
③ [唐]张志和：《玄真子·碧虚》。
④ [唐]张志和：《玄真子·碧虚》。
⑤ [唐]张志和：《玄真子·碧虚》。
⑥ 钱穆：《灵魂与心》，广西师范大学出版社 2004 年版，第 97 页。

知识就是“超越于身之知”。再如，伤离惜别，也是超越身体之知。“形在江海之上，心存魏阙之下，神思之谓也，此种神思也属魂。”[①]就魂魄与心的关系而言，“心之精爽是谓魂魄，是魂魄亦指人心言，故曰心魂，又曰心魄”[②]。魂魄都有认知功能，魄与身体有关，因此其知的范围限于躯体，就此而言，魄是随附于身的心。相对而言，魂是超越身的心。[③]

对于它们的起源，有很多解释，例如，有的用气，有的用阴阳，等等。《孔颖达疏》用形之灵释魄，以气之神释魂，如说：“附形之灵为魄，附气之神为魂。”[④]

戴震对这个问题的探讨可谓十分独到。他认为，魂魄和鬼神都是天地所生事物表现出的神明作用，是阴阳二气运动变化过程中出现的功能。他说：“天地之化呈其能，曰‘鬼神’。”[⑤]意为天地阴阳在变化过程中表现出的功能，就是鬼神。可见，这里的鬼神与鬼神论所说的鬼神不可同日而语，因为它们指的是自然现象，只是它们的存在形态和作用相对隐蔽，有神奇的特点而已。他接着说：“其生生也，殊其用，曰‘魂魄’。”[⑥]意为阴阳二气运动变化产生的事物所具有的个别的功用即魂魄。“魂以明而从天，魄以幽而从地。魂官乎动，魄官乎静，精能之至也。”[⑦]就作用而言，魂有致动的作用，有明显的一面，而魄则主静。静是精气的最高功能。魂魄的心理功能在于：魂有睿智的一面，因而可称作神，其极致即为睿圣。魄有耳聪目明的作用，因而可称作灵。两者合在一起即为神明。就渊源而言，魂根源于天，魄根源于地。这里的天地都是自然力量。

王夫之认为，心、魂等所表现出的神其实并不神秘，鬼也是如此，因为它是体之用，即根源于自然力量的实在。他说：“位者其体也，神者其用也。体者所以用，而必有其定体。”[⑧]这个定体要么是道、自然本身，要么是由它们派生出的自然存在或力量。他说：“神不测，则六子之用，相成相济而无其序。乃丽乎万物而致功，则神且专有所主而为之帝。帝则周流于八方，以有序而为

① 钱穆：《灵魂与心》，广西师范大学出版社 2004 年版，第 95 页。
② 钱穆：《灵魂与心》，广西师范大学出版社 2004 年版，第 94 页。
③ 钱穆：《灵魂与心》，广西师范大学出版社 2004 年版，第 94-95 页。
④ 钱穆：《灵魂与心》，广西师范大学出版社 2004 年版，第 95 页。
⑤ 安正辉选注：《戴震哲学著作选注》，中华书局 1979 年版，第 23 页。
⑥ 安正辉选注：《戴震哲学著作选注》，中华书局 1979 年版，第 23 页。
⑦ 安正辉选注：《戴震哲学著作选注》，中华书局 1979 年版，第 23-24 页。
⑧ [明清之际]王夫之：《周易外传》，中华书局 1977 年版，第 258 页。

始终。”[①]

道教尽管是有神论，但在鬼神的起源、本质等问题上，则有自然主义的一面。《云笈七签》云：“灵气谓之神，休气谓之鬼；烦气谓之虫豸；杂气谓之禽兽；奸气谓之精；邪气谓之浊。”[②]可见，神、鬼不过是源于气，其灵即为神，其休或隐伏就是我们通常所谓的鬼，与常见的形体在本质上无异。“形者气之聚也，气虚则形羸（瘦弱）。”[③]神也可用宇宙中最精微的力量即精来解释。如前所述，精是相对于粗而言的实在或能力。而神就由之所成，或由天地所生，是天地的最大成就。“神者精之成也，精虚则神悴。形者人也，为万物之最灵。神者生也，是天地之大德。最灵者是万物之首，大德者为天地之宗。”[④]这一思想回答了当今心灵哲学一直难以回答的一个问题，即人的心或神怎么可能有那么大的能动作用。心神发挥自己的作用时要不要“劳驾”身体？怎样说明心灵的原因地位？而根据中国心灵哲学的这一观点，心之所以有神奇的作用，是因为其内有精，而精就是精微的物质或能力。《文始真经》云：“吾心中可作万物，盖心有所之，则爱从之；爱从之，则精从之。”[⑤]例如，人之能见奇异之物，就是精与物相交的结果。“人之平日，忽忽目见非常之物者，皆精有所结而使之然。”[⑥]心的其他的不可能为物质所具有的作用也是根于精及其神的，如“能于无中示有”“能于有中示无”。[⑦]“精之所结，亦有一人独见于昼者，神之所合，亦有两人同梦于夜者，二者皆我精神孰为梦，孰为觉。”[⑧]既然心有如此作用，人就应以心为师。正所谓，“善心者，师心不师圣”[⑨]。因为以心为师方可成圣，凡圣皆取决于心。

---

① [明清之际]王夫之：《周易外传》，中华书局 1977 年版，第 258 页。
② [北宋]张君房编：《云笈七签》，载胡道静、陈莲笙、陈耀庭选辑：《道藏要籍选刊（一）》，上海古籍出版社 1989 年版，第 627 页。
③ [北宋]张君房编：《云笈七签》，载胡道静、陈莲笙、陈耀庭选辑：《道藏要籍选刊（一）》，上海古籍出版社 1989 年版，第 627 页。
④ [北宋]张君房编：《云笈七签》，载胡道静、陈莲笙、陈耀庭选辑：《道藏要籍选刊（一）》，上海古籍出版社 1989 年版，第 627 页。
⑤ [元]牛道惇：《文始真经注》，载胡道静、陈莲笙、陈耀庭选辑：《道藏要籍选刊（五）》，上海古籍出版社 1989 年版，第 425 页。
⑥ [元]牛道惇：《文始真经注》，载胡道静、陈莲笙、陈耀庭选辑：《道藏要籍选刊（五）》，上海古籍出版社 1989 年版，第 405 页。
⑦ [元]牛道惇：《文始真经注》，载胡道静、陈莲笙、陈耀庭选辑：《道藏要籍选刊（五）》，上海古籍出版社 1989 年版，第 406 页。
⑧ [元]牛道惇：《文始真经注》，载胡道静、陈莲笙、陈耀庭选辑：《道藏要籍选刊（五）》，上海古籍出版社 1989 年版，第 408 页。
⑨ [元]牛道惇：《文始真经注》，载胡道静、陈莲笙、陈耀庭选辑：《道藏要籍选刊（五）》，上海古籍出版社 1989 年版，第 401 页。

心、意一经形成，反过来又成了事物的本根，正如土是物的生起处、复归处一样，意也是万事万物的生起处、复归处，是故说，“事生于意，终变于意。”[①]这从现象学上说是完全正确的。意与心的区别在于：“意有变，心无变，意有觉，心无觉。”[②]这里的心即本心，意即意根。《文始真经注》云：“意根有迁变，本来妙心无迁变，意根有知觉，本来妙心无有知觉。”[③]

由此我们可以看到一种来自佛教的心理起源论，即把真心或本心当作诸心理样式的根源，或源中之源、本中之本。例如，道教受佛教的影响强调：真心无气无形，但可气可形。“我之一心能变为气、为形，而我之心无气无形。”[④]正像太虚于至无中变成一气、于一气中变成万物一样。道教在这里再次借鉴佛教的思想说明了心神形成的又一根源，即真心。根据佛教和道教的观点，心有真心和妄心两种形式。真心在底层，比无意识还深得多，是根、是本；而妄心在其上，是被生，是其用，亦即我们每个当下能知觉、能运用的一切心理样式。真心即本心，它寂然不动，一般不露其真容。当它由于某种原因，如碰到一定的因缘或条件时就显现为日常心理现象。用中国化佛教的话说，这就是真心随缘而变现为妄心。真心的特点是，不变随缘，而随缘又不变。这一过程就是我们通常所看到的心理现象的起源、形成。使真心上显现出妄心的条件是有欲望，有与外物的接触（随缘）。佛教的这一思想不仅影响了道教，而且在北宋后的儒学中也留下了印记。《宋元学案》就记录了这样的思想：“形既生矣，外物触其形而动于中矣，其中动而七情出焉，曰喜怒哀惧爱恶欲。”[⑤]

作为具体心理样式的气当然有生有灭，它由气派生而来，但是心一经形成，又可成为气的主宰。于是，心、气、形又有一种新的关系，即心为主，气、形为随从的关系。“心之所之，则气从之，气之所之，则形应之。”[⑥]

① [元]牛道惇：《文始真经注》，载胡道静、陈莲笙、陈耀庭选辑：《道藏要籍选刊（五）》，上海古籍出版社1989年版，第403页。
② [元]牛道惇：《文始真经注》，载胡道静、陈莲笙、陈耀庭选辑：《道藏要籍选刊（五）》，上海古籍出版社1989年版，第403页。
③ [元]牛道惇：《文始真经注》，载胡道静、陈莲笙、陈耀庭选辑：《道藏要籍选刊（五）》，上海古籍出版社1989年版，第403页。
④ [元]牛道惇：《文始真经注》，载胡道静、陈莲笙、陈耀庭选辑：《道藏要籍选刊（五）》，上海古籍出版社1989年版，第405页。
⑤ [明清之际]黄宗羲：《宋元学案（一）》，陈金生、梁运华点校，中华书局1986年版，第642页。
⑥ [元]牛道惇：《文始真经注》，载胡道静、陈莲笙、陈耀庭选辑：《道藏要籍选刊（五）》，上海古籍出版社1989年版，第405页。

道气尽管是一切的本原，但它们在派生心和非心（如人的形体）时的具体途径与作用形式是不一样的。例如，形体有质碍的一面，里面有实物，而心则无质碍性。如果是这样，形体的充实性从何而来呢？中国心灵哲学认为，还是应到气中找原因，因为气有清浊之别。浊气是导致形体有其质碍性的原因，心之所以是心，是因为它由清气所成。换言之，形体也是由气聚合而成的。在这一点上，人与动植物没有差别。差别只在于，构成它们的气的精与粗不一样。心与形的差别也是这样。动物与植物的差别在于：植物无识。《列子》注云："无识者为气所变"[①]，动物有神，而"有神者为识所迁"[②]。神的来源是气中的精粹者，这精粹者就是神。因此神也是一种气。得此精粹即有神，即为心。形体之所以不是心，是因为构成它的气比较粗糙。

气的精、粗不仅能解释人与非人、心与非心的差别，还能解释人的圣与凡的差别。尽管人都有精粹之神气，但不同人的气的精粹程度是不一样的。正所谓"神气精微者为贤为圣，神气杂浊者为凡为愚"[③]。

尽管中国哲学中流行根据气这样的"科学概念"来对心的起源做出说明，但其内的唯物主义与非唯物主义的差别还是存在的。例如，标准的唯物主义哲学家王充用气所做的说明就有自己的特点，他由之得出了无神论和比较彻底的唯物主义的结论，即不赞成人死后构成心的精气还能为鬼的说法。他说："人之所以生者，精气也，死而精气灭。能为精气者，血脉也；人死血脉竭，竭而精气灭，灭而形体朽，朽而成灰土，何用为鬼？""人之死，犹火之灭也。""精神依倚形体……死而精神亦灭。"[④]形神合一才有认知功能。"形须气而成，气须形而知。天下无独燃之火，世间安得有无体独知之精？"[⑤]

在说明心理现象的起源时，许多学派还自觉运用了合力论原则，强调仅某一因素不足以导致心的形成。例如，《云笈七签》认为，心神的产生、存在依赖于众多必要条件，如天地之气、作为物质基础的形体、作为命根的生命等。"人之

---

① [东晋]张湛注：《列子》，上海古籍出版社 2014 年版，第 7 页。
② [元]杨清叟：《仙傳外科秘方》，载胡道静、陈莲笙、陈耀庭选辑：《道藏要籍选刊（九）》，上海古籍出版社 1989 年版，第 533 页。
③ [元]杨清叟：《仙傳外科秘方》，载胡道静、陈莲笙、陈耀庭选辑：《道藏要籍选刊（九）》，上海古籍出版社 1989 年版，第 533 页。
④ [东汉]王充：《论衡・论死》。
⑤ [东汉]王充：《论衡・论死》。

生也，禀天地之元气，为神为形，受元一之气，为液为精。天气减耗，神将散也，地气减耗，形将病也。元气减耗，命将竭也。”[①]《淮南子》云：“夫精神者，所受于天”，即来自天上的精气，“而形体者，所禀于地”[②]，即来自地上的气。《淮南子》还做了这样的探讨，即探讨“人之所由生”[③]，或人之起源、人之所生的根本，进而说明人的形骸九窍为什么与天合同，通过考察生死之区分、同异之迹、动静之机，揭示如何返性命之宗。通过这些研究，最终弄清：为什么以及如何爱养精神、抚静魂魄，不为物转而坚守虚无之宅。

儒家也有类似的思想。例如，董仲舒也注意到了多种因素的作用，他说：“人之形体，化天数而成；人之血气，化天志则仁；人之德行，化天理而义。”[④]人心离不开天心的作用，即由天心决定，甚至是模仿天心而成的。他说：“心有计虑，副度数也；行有伦理，副天地也。”[⑤]副有随附、模仿、效法的意思。朱熹也认为，人的形成除了理、性等的作用之外，还离不开天地的作用，因为人禀天地之气而有形体，禀天地之理而有本性，而有心。人之所以有善恶二性，是因为他是理、性、气的复杂组合。性有天命之性与气质之性之别。“论天地之性则专指理言，论气质之性则以理与气杂而言之。”[⑥]气质之性既是气与形质的属性，又杂合着理的作用，是天命之性受气质熏染而发生的转化形态。《圣学宗传》认为，人之所以是万物之灵，是因为人是全宇宙的结晶，就像草木等有刚有柔，是因为它们得地之灵气。人的性情、形体有阴有阳，均得之于天。正因为人得天地之灵气，因此才为万物之灵。“备天地万物者，人之谓也。”[⑦]

再看心理现象的个体发生。在这方面，道教受佛教的影响做了较多的探讨。道教认为，其起点是父母的欲爱之念，进而通过交合，产生一个新的个体，其内有爱、有观，于是有心、有形。《文始真经》云：“先想乎一元之气，具乎一物。执爱之，以合彼之形；冥观之，以合彼之理（神识），则象存矣。”[⑧]接着有金、

① [北宋]张君房编：《云笈七签》，载胡道静、陈莲笙、陈耀庭选辑：《道藏要籍选刊（一）》，上海古籍出版社 1989 年版，第 387 页。
② [西汉]刘安：《淮南子·精神训》。
③ [西汉]刘安：《淮南子·要略》。
④ [西汉]董仲舒：《春秋繁露·为人天者》。
⑤ [西汉]董仲舒：《春秋繁露·人副天数》。
⑥ [南宋]黎靖德编：《朱子语类（四）》，王星贤点校，中华书局 1986 年版，第 67 页。
⑦ [明]周汝登：《周汝登集（中）》，张梦新、张卫中点校，浙江古籍出版社 2015 年版，第 606 页。
⑧ [元]牛道惇：《文始真经注》，载胡道静、陈莲笙、陈耀庭选辑：《道藏要籍选刊（五）》，上海古籍出版社 1989 年版，第 366 页。

木、水、火、土，有完整的人。“木之为物，钻之得火，绞之得水。金之为物，击之得火，镕之得水。金木者，水火之交也。水为精、为天，火为神、为地，木为魂为人，金为魄为物。”①

人与天是同构的，其发生的过程、模式是一样的，如人、天均有三清。天之三清为：玉清、上清、太清。人之三清为“父母之精、气、神”，它们“聚而为胎”。②其中，精血为表，精气为里，如天地之清浊。

魂魄的具体生起过程是这样的：“月者太阳之精也。阴不得阳则不生，所以月受日，魂而为明也。日者太阳之精也，阳不得阴则不成，所以日得月，魄而见也……所以魂生于肝焉……魄生于肺焉。”③

《通玄真经》认为，人受天地变化而生。它还具体描述了婴儿在母亲腹中的成胎过程，例如，一月而膏（凝聚），二月血脉，三月而胚，四月而胎，五月而筋，六月而骨，七月而成形，八月而动，九月而躁，十月而生。由于心、魂、魄等与人的脏器密不可分，因此该经还描述了五脏的形成过程，认为五脏是在骨骸成形后发生的，如说：“形骸已成，五藏乃分，肝主目，肾主耳，脾主舌，肺主鼻，胆主口。”④而目、耳等都是能产生心理现象的器官，因此揭示了它们的形成过程也就等于说明了一些心理现象的形成过程。

《内观经》认为，个体的人的形成过程是个由多因素决定的复杂的过程，例如，人是道性或道一、气、阴阳、宿业、父母精血等众缘和合的结果。该经说：“天地构精，阴阳布化，万物以生。承其宿业，分灵道一，父母和合，人受其生。”⑤《道枢》认为，人的根源是父母的精血加元气。“人受形于胎，故以精血为根，以灵识元气为本。”“元气浩然，凝结成质，育以五脏法五行之相应也。”⑥

---

① [元]牛道惇：《文始真经注》，载胡道静、陈莲笙、陈耀庭选辑：《道藏要籍选刊（五）》，上海古籍出版社 1989 年版，第 366-367 页。
② [唐]默希子：《通玄真经》，载胡道静、陈莲笙、陈耀庭选辑：《道藏要籍选刊（五）》，上海古籍出版社 1989 年版，第 463 页。
③ [北宋]曾慥编：《道枢》，载胡道静、陈莲笙、陈耀庭选辑：《道藏要籍选刊（十）》，上海古籍出版社 1989 年版，第 463 页。
④ [唐]默希子：《通玄真经》，载胡道静、陈莲笙、陈耀庭选辑：《道藏要籍选刊（五）》，上海古籍出版社 1989 年版，第 452 页。
⑤ [北宋]张君房编：《云笈七签》，载胡道静、陈莲笙、陈耀庭选辑：《道藏要籍选刊（一）》，上海古籍出版社 1989 年版，第 129 页。
⑥ [北宋]曾慥编：《道枢》，载胡道静、陈莲笙、陈耀庭选辑：《道藏要籍选刊（十）》，上海古籍出版社 1989 年版，第 447 页。

“父母和合，人受其生始。始，一月为胞，精血凝也。”“二月成胎，形兆胚也。三月阳神为三魂，动以生也。四月阴灵为七魄，静镇形也。五月五行分藏，以安神也。六月六律定腑，用滋灵也。七月七精开窍，通光明也。八月八景神具，降真灵也。九月宫室罗布，以定精也。十月气足，万象成也。”[①]可见，心的发生过程是离不开形的，是伴随着相应的形体的形成而形成的。这个描述比较全面，既说明了三魂七魄的形成过程，也描述了神、精、灵的生起过程。另外，道教还描述了经过个体发生而形成的心理王国的结构图景。《云笈七签》云：“太一帝君在头，曰泥丸。君总众神也。”[②]这是心理王国中最高的心神，居住在大脑中，统率全部一切心身。另外是作为识神的魂，由观照所生。“照生识神，人之魂也，司命处心，纳心源也。无英居左，制三魂也。白元居右，拘七魄也。桃孩住脐，保精根也，照诸百节，生百神也。所以周身，神不空也。元气入鼻，灌泥丸也。所以神明，形固安也。”[③]

《无上秘要》对心身的形成过程是这样描述的：天地交运，二象合真，阴阳降炁，上应于九天流丹，九转结炁为精，精化成神，神变成人。故人像天地，炁法自然。“凡人生皆禀九天之炁，炁凝为精，精化成丹，丹变成人。”[④]“夫人受生于天，魂结成于元灵，转轮于九炁，挺命太一，并开三道，积神幽宫……口耳运其神。”[⑤]人体各处之所以不同于土石而有其灵敏性，是因为它们皆有神。例如，“脑神名觉元，字道都；发神名玄文华，字道行……目神名虚监，字道章……心神明焕阳，字道明”[⑥]，而这些神又不神秘，因为它们都是禀气而生的，如人身上的心身构成都来自天，即来自大自然。例如，“五神者，天之魂；三真者，天之道；九炁者，天之胎；太一者，天之源；日月者，天之眼；玄液者，天之渊；

① [北宋]张君房编：《云笈七签》，载胡道静、陈莲笙、陈耀庭选辑：《道藏要籍选刊（一）》，上海古籍出版社1989年版，第129页。
② [北宋]张君房编：《云笈七签》，载胡道静、陈莲笙、陈耀庭选辑：《道藏要籍选刊（一）》，上海古籍出版社1989年版，第129页。
③ [北宋]张君房编：《云笈七签》，载胡道静、陈莲笙、陈耀庭选辑：《道藏要籍选刊（一）》，上海古籍出版社1989年版，第129页。
④ [北周]宇文邕编：《无上秘要》，载胡道静、陈莲笙、陈耀庭选辑：《道藏要籍选刊（十）》，上海古籍出版社1989年版，第14页。
⑤ [北周]宇文邕编：《无上秘要》，载胡道静、陈莲笙、陈耀庭选辑：《道藏要籍选刊（十）》，上海古籍出版社1989年版，第15页。
⑥ [北周]宇文邕编：《无上秘要》，载胡道静、陈莲笙、陈耀庭选辑：《道藏要籍选刊（十）》，上海古籍出版社1989年版，第16-17页。

六虚者，天之光；幽宫者，天之府；神器者，天之化；元灵者，帝之变”[①]。

人像万物一样都是禀先天之气而形成的，不过，也有其特殊性，这表现在：“父母二气交感，混合成珠，内藏一点元阳真气，外包精血，与母命蒂相连。母受胎之后，自觉有物一呼一吸，皆到彼处与所受胎元之气相通。先生两肾，其余脏腑次第相生。至十月胎圆气足。”[②]出母腹时，原来掩面的双手自然打开，于是开始用口鼻呼吸。至此，人便开始呼吸后天之气，当然，先天的气还在，它们作为元阳真气存在于脐之内。总之，“气者，胎之元也，形之本也”[③]。

《淮南子》在说明心理的发生时还表现出了同西方一样的外在主义倾向，即用外在环境、条件来说明心理事件的个体性。在刘安等看来，心理发生的过程实即人远离性情的过程。由知而有情，情形成后，智被外境所诱惑，不能返回自身，因此天理、天性便被迷失了。刘安说：“物至而神应，知之动也；知与物接，而好憎生焉。好憎成形，而知诱于外，不能反已，而天理灭矣。”[④]《文始真经》也认为，心本来是无，与物交才有心。“物我交，心生，两木摩，火生。”[⑤]这就是说，心理现象的形成离不开外部环境，离不开人与物的交感。这是典型的外在主义思想。

第二节　心的转化与灭除

中国心灵哲学关心的心的生死问题实际上接近于西方心灵哲学中这样的问题：灵魂是否可朽？灵魂是否会随着肉体的死亡而死亡？灵魂是否永存或永生？当然，也有很大的不同。例如，由于中国心灵哲学承诺的心理样式比较多，因此心是否可朽的问题就显得极为复杂。另外，中国心灵哲学除了有认识论动机之外，还有解脱论、价值论动机，因此它除了讨论心的自然的生起与灭亡的问题之外，

---

① [北周]宇文邕编：《无上秘要》，载胡道静、陈莲笙、陈耀庭选辑：《道藏要籍选刊（十）》，上海古籍出版社 1989 年版，第 15 页。
② [南宋]丘处机：《大丹直指》，载胡道静、陈莲笙、陈耀庭选辑：《道藏要籍选刊（九）》，上海古籍出版社 1989 年版，第 305 页。
③ [唐]司马承祯：《服气精义论》，载胡道静、陈莲笙、陈耀庭选辑：《道藏要籍选刊（九）》，上海古籍出版社 1989 年版，第 298 页。
④ [西汉]刘安：《淮南子・原道训》。
⑤ [南朝梁]陶弘景：《养性延命录》，载胡道静、陈莲笙、陈耀庭选辑：《道藏要籍选刊（五）》，上海古籍出版社 1989 年版，第 400 页。

还提出了一个新的问题，即心能否人为地予以转化和灭除？

心的自然的生起、形成问题已在本章第一节讨论过了，这里先看心的自然死亡的问题。由于“心”有不同的意义，因此中国有些心灵哲学家认为，有些心理样式是无生无死的。朱熹认为，心的生死不能一概而论。例如，凡愚之精神是可散可尽的。他们身上“无有不散之气”，可“同归于尽”。但圣贤之精神则不会散尽，而有永恒性，“吾谓有聚必散者，为愚凡而言也。圣贤之精神长留天地”[①]。例如，尧舜就不为鬼，一切志士仁人，“其过化之地，必有所存之神，犹能以仁风笃烈拔下民之塌茸……死而不亡，岂不信乎”[②]！再如，肉团心或心脏、真心等，其生灭性也是不一样的。朱熹认为，既可说心有生死，又可说心无生死。因为心有两种：一是作为五脏之心的肉团心，它由形气所生，此心有生有死；二是本体之心，它是无生无死的。[③]这是为儒释道共同持有的观点。根据中国心灵哲学，人及其心的生与死是相对的。所谓相对是指，人及其心在特定意义上是不朽的，是不生不灭、永恒常一的（详见后文），在特定意义上又是要死的，但不具有必然性，其表现是，一般凡夫的心是会死的。例如，就一般凡夫的魂魄而言，它们是有生有死的，因为它们是气聚散的结果。庄子说：“人之生，气之聚也。聚则为生，散则为死。”[④]但是，只要满足长生的条件，人就可以做到长生久视，其魂魄当然也就能随之永存。这至少是道家、道教的观点。

人的所谓死亡主要与心有关，也就是说，中国心灵哲学的死亡标准是心理标准。如果魂魄永远离开了身体，如魂飞魄散、魄归魂散、魂升魄降，那么就意味着人的死亡。简言之，魂魄离身，即为死亡，反之，即为生。《文始真经》云：“魂魄半之（半魂半魄），则在人间。升（上升的）魂为贵，降（下降）魄为贱；灵魂为贤，厉魄为愚，轻魂为明，重魄为暗；阳魂为羽，钝魄为毛；明魂为神，幽魄为鬼。”[⑤]孔子认为，魂魄都是精气，与别的气合在一起即为生命的诞生。《礼记·祭义》云：“人生有气、有魂、有魄，气魂魄会，谓之生。人者，神之盛也；魂者，鬼之盛也。夫生必有死，死必归土，此谓鬼；魂气归天，此谓

① [明清之际]黄宗羲：《宋元学案（二）》，陈金生、梁运华点校，中华书局 1986 年版，第 1517 页。
② [明清之际]黄宗羲：《宋元学案（二）》，陈金生、梁运华点校，中华书局 1986 年版，第 1517 页。
③ [南宋]黎靖德编：《朱子语类（一）》，王星贤点校，中华书局 1986 年版，第 35-36 页。
④《庄子·知北游》。
⑤《文始真经·四符》。

神。”[1]可见，鬼神的共同点在于都是气；不同在于，鬼是归土的精气，神是上升的精气。东汉历史学家班固编撰的《汉书》载：“精神离形，各归其真，故谓之鬼。鬼之为言归也。其尸块然独处，岂有知哉。”[2]“精神者，天之有也；形骸者，地之有也。精神离形，各归其真，故谓之鬼。”[3]朱熹说：“生则魂载其魄，魄检其魂；死则魂游散而归于天，魄沦坠而归于地也。”[4]康有为承认灵魂的存在与作用，他说：“知气者，灵魂也，略同电气，物皆有之。”[5]灵气像电磁之类的存在一样为万物共有。它们还有决定人的生死的作用。他说：“盖人之死者，体魄而已。若魂气有知，游浮在上，固未尝死也。”[6]

当然有这样的情况，如魂魄暂时离开，即通常所说的魂不守舍、失魂落魄，由此所导致的死亡是暂时的，只要魂魄还能回来，人的生命就不会完结。就心理的内部关系的作用而言，只有诸心理主体和谐相处，才有人的生活，否则，就会导致死亡，如魂魄永久分离就会如此。《抱朴子内篇》认为，“魂魄分去则人病”，因此应让它们合一，“尽去则人死”。而这是有办法解救的，例如，若分去，术家可用“拘录之法”，将它们找回，让它们重新合一；若尽去，则可用招呼之法。[7]这当然是没有科学根据的臆测。

在死亡问题上，也有人持多因素论，例如，《淮南子》认为，形、神、气对于生命来说缺一不可，三者结合即为有生。“夫形者，生之舍也；气者，生之充也（王念孙注：充本作元）；神者，生之制也。一失位，则三者伤矣。”[8]它们都是生命的必要条件，缺一个，三者都受伤害，甚至导致人的死亡。即便是根据这种观点，心的生灭仍可看作是人是否活着的一个标志。

在心的生死原因问题上，中国心灵哲学做了大量的探讨。王夫之认为，人心之所以有生死，是因为心有动静。他说：“人心乘动静以为生死，道心贞阴阳以为仪象。”[9]《抱朴子内篇》认为，欲为死根。“夫人所以有死者，诸欲所损也。

---

①《孔子家语・哀公问政》。
②［东汉］班固：《汉书・杨王孙传》。
③［东汉］班固：《汉书・杨王孙传》。
④［南宋］朱熹：《楚辞集注・九歌・国殇》。
⑤［清］康有为：《礼运注》。
⑥［清］康有为：《礼运注》。
⑦ 王明：《抱朴子内篇校释》，中华书局 1986 年版，第 21 页。
⑧［西汉］刘安：《淮南子・原道训》。
⑨［明清之际］王夫之：《尚书引义》，中华书局 1976 年版，第 30 页。

老也，百病所害也，毒恶所中也，邪气所伤也。”[①]朱熹认为，魂魄的生死是由气决定的，如果有气聚集，则有魂魄出现，反之，魂魄就会消失。他说：“人所以生，精气聚也。人只有许多气，须有个尽时。尽则魂气归于天，形魄归于地而死矣。人将死时，热气上出，所谓魂升也；下体渐冷，所谓魄降也。此所以有生必有死，有始必有终也。夫聚散者，气也。”[②]

应承认，中国心灵哲学中也有一类观点主张，心或灵魂可以离开身体从而导致人的死亡，但灵魂本身是不生不死的，质言之，灵魂是可以在生死中轮回的。例如，心学家王畿（1498—1583）认为，一般人由于有心动，有心念生起，有行为，有业力种子，进而有生死轮回。圣人灭了心识，自然超越生死轮回。王畿说：“人之有生死轮回，念与识为之祟也。念有往来，念者二心之用，或之善，或之恶，往来不常，便是轮回种子。”“至人无心则念息，自无轮回。”[③]

由于这类观点否认有绝对的死亡，因此就导致了这样一种人生态度，即面对死亡而无所畏惧。在他们看来，人的所谓死亡不过是魂魄的回归。“生死而非常”[④]，生死都不是常恒性现象，或者说，生死是循环往复的。张志和说：“死生有循环之端……死之换生而魂化，死过而生来。”[⑤]“生死乃自然之理。形骸自然冲和，即生，滞则死，或者说，精气神充盈于体即生，离之，则死。”[⑥]再者，修行达到一定境界的人是不死的，如至人不会恐惧生死。“死生之会，不能变至人之神……神不变，故至人无死生之恐者矣。”[⑦]因为至人只有形躯之死，而无神灵之死。他们的精神是不变化的，总是抱神守一。总之，只要看到生死、来去不过是气的自然运动，便不会畏死。《冲虚至德真经》云：人身不过是天地之委顺，“生非汝有，是天地之委和也，性命非汝有，是天地之委顺也”[⑧]。

中国心灵哲学由于坚持用气说明魂魄的出现与离出、说明人的生死，因此其一般坚持积极乐观的生死观。其内容有三：第一，不畏惧生死。第二，不厌死。

① 王明：《抱朴子内篇校释》，中华书局 1986 年版，第 123 页。
② [南宋]黎靖德编：《朱子语类（一）》，王星贤点校，中华书局 1986 年版，第 37 页。
③ [明]王畿：《新安斗山书院会语》，《龙溪王先生全集》卷 7。
④ [唐]王玄览：《玄珠录》卷上。
⑤ [唐]张志和：《玄真子外篇》卷下。
⑥《文始真经・四符》。
⑦ [唐]张志和：《玄真子・碧虚》。
⑧ [元]高守元编：《冲虚道德真经四解》，载胡道静、陈莲笙、陈耀庭选辑：《道藏要籍选刊（五）》，上海古籍出版社 1989 年版，第 549 页。

因为道教等认识到，生与死是相对的。生可能就是死，而死可能就是生。“方生方死，方死方生。”[①]“万物一府，死生同状。”[②]生与死只是气的两种不同的状态罢了，简言之，生是气的聚合的状态，死是气的分散状态。两者都自自然然，因此不必“悦生而恶死”。庄子在妻子死时击鼓而歌足以证明他的超越生死的生死观和态度。一般人贵生厌死、欣生惧死，而真的活着，又烦恼无尽。怎样解释这类问题呢？魏晋玄学代表人物张湛根据宇宙生成论、本体论指出：人之所谓生不过是从虚无中产生，由气之所聚而成；所谓死不过是气的消失，回归于太虚。如果人能明白这个道理，从太虚中来，又回到太虚中，就不难理解生死的本质。所谓生死只是表象，其实从本质上说，人像万物一样是无生无死的。万物从表象上说有生有死，但从本体上说，则无生无死。“夫尽于一形者，皆随代谢而迁革矣，故生者必终，而生生物者无变化也。”[③]第三，既以生为乐，又以死为乐。例如，圣人因为有独有的世界观、生死观，因此即使死期将至，以至孤苦，也可享至乐。《冲虚至德真经》云：“吾之所以为乐，人皆有之。”“少不勤行，长不竞时，故能寿若此。老无妻子，死期将至，故能乐若此。”令人费解的是，寿者人之情，死者人之恶，而圣人为何以死为乐？回答是“死之与生，一往一反，故死于是者，安知不生于彼，故吾知其不相若矣，吾又安知营营而求生非惑乎？亦又安知吾今之死不愈昔之生乎？”[④]圣人之所以乐死，是因为他们能认识到死亡本身包含着不死。世上本无生死，人“横计曰生死”。为何本无生死？本来的状态是“真空之性，禀自五太之前。五太之前未有一气。以此明知真空之性不属气也，不属气者则无聚散”[⑤]。而有聚散即有生死。“若知道之士，不见生，故不见死。”[⑥]“人之厌生死、超生死者皆是大患。”[⑦]“我之生死如马之手、如牛

① [唐]成玄英：《庄子·齐物论》。
②《庄子·天地》。
③《冲虚至德真经·天瑞注》。
④ [元]高守元编：《冲虚道德真经四解》，载胡道静、陈莲笙、陈耀庭选辑：《道藏要籍选刊（五）》，上海古籍出版社1989年版，第543页。
⑤ [元]牛道惇：《文始真经注》，载胡道静、陈莲笙、陈耀庭选辑：《道藏要籍选刊（五）》，上海古籍出版社1989年版，第396页。
⑥ [元]牛道惇：《文始真经注》，载胡道静、陈莲笙、陈耀庭选辑：《道藏要籍选刊（五）》，上海古籍出版社1989年版，第396页。
⑦ [元]牛道惇：《文始真经注》，载胡道静、陈莲笙、陈耀庭选辑：《道藏要籍选刊（五）》，上海古籍出版社1989年版，第396页。

之翼，本无有，复无无。”[①]

《淮南子》云：“夫至人倚不拔之柱（其靠山、精神支柱稳固），行不关之途（无所不通的道路），禀不竭之府（其精神财富的源泉永不枯竭），学不死之师；无往而不遂，无至而不通；生不足以挂志，死不足以幽（泯灭）神；屈伸俯仰，抱命而婉转；祸福利害，千变万紾（转），孰足以患心（怎么会让心有忧患呢）？”[②]

灵魂的可朽与不朽问题既是传统的心灵哲学问题，又是当今的前沿问题。中国心灵哲学对此有大量独到的探讨和建树。例如，鲁襄公二十四年，鲁国的叔孙豹来到晋国，与晋国执政官有一段关于不朽问题的对话。后者问，古人有言曰：“死而不朽，何谓也？”[③]叔孙豹认为，“不朽”指的不是禄位的世代相传不失。只有立德、立言、立功，才算是不朽。“太上有立德，其次有立功，其次有立言。虽久不废，此之谓不朽。”[④]这就是说，鲁襄公提出了立德、立功、立言三不朽之说，否定灵魂不朽说。

另一不朽论是西方看不到的，这与中国心灵哲学对心的分类有关。如前所述，中国心灵哲学强调人身上有两种心：一是人心或妄心或乱心，二是道心或本心或真心。进而认为，人心有生死，而真心作为本体无生无死，即不朽的，因此，此真心就是“不死之师”。《文始真经》认为，一切本无生死，生死是人分别的结果。“不生不死，而人横计曰生死。”[⑤]道学的作用在于，能帮人看清事物的本质，还事物以本来面目，因此悟道之人，可以无生死。“若知道之士，不见生，故不见死。”“人之厌生死、超生死者，皆是大患者。”[⑥]意为厌生死或想超生死的想法和行为，都是学道的大患。“若有厌生死心，超生死心，止名为妖，不名为道。”[⑦]因为从本体上说，生死本无有。《淮南子》说：至人“学不死之师”[⑧]。此不死不是肉身的不死，而是指精神的不死。

有佛化倾向的道教派别像佛教一样坚信真心超越生死。例如，隋唐时代所出

① ［元］牛道惇：《文始真经注》，载胡道静、陈莲笙、陈耀庭选辑：《道藏要籍选刊（五）》，上海古籍出版社1989年版，第397页。
② ［西汉］刘安：《淮南子·精神训》。
③《左传·襄公二十四年》。
④《左传·襄公二十四年》。
⑤《文始真经·四符》。
⑥《文始真经·四符》。
⑦《文始真经·四符》。
⑧ ［西汉］刘安：《淮南子·精神训》。

现的道教经典《本际经》和《海空经》等，所用的概念，“甚至文章段落、行文风格，都与汉译佛经相类似，甚至雷同”[①]，所关心的主题尽管用了一些道教术语，但不难看到佛教的印记。《本际经》所宣示的宗旨是“将示重玄义，开发众妙门”[②]，“开演真一本际，示生死源，说究竟果，开真道性，显太玄宗”[③]。

难能可贵的是，葛洪等人倡导的神仙道教在生命的生死问题上向正统观点乃至向古今中外的科学常识提出了挑战，向已有的生物学规律提出了挑战。已有规律强调：有生必有死。而神仙道教认为，人通过努力可以摆脱这一规律，实现长生久视。葛洪说：“我命在我不在天，还丹成金亿万年。”[④]长生在道教中是作为最高目标被看待的。葛洪说：“是以道家之所至秘而重者，莫过乎长生之方也。”[⑤]“老子以长生久视为业。”[⑥]“上士先营长生之事，长生定可以任意。”[⑦]“夫神仙之法，所以与俗人不同者，正以不老不死为贵耳。”[⑧]当然，道教要解决的问题也有现实的、世俗的一面，如帮人“难老迟死”“不逢灾祸”“防身却害”“避邪恶，度不祥”。[⑨]

为了解决长生不死的问题，道教深入生命的内在奥秘之中。仙道认为，死亡是有条件的，只要消除这些条件，人就可以逆生死而做到不死。这里关键是弄清人死的原因和条件。根据道家、道教的看法，人死是因为人的精、气、神有泄露，如精泄神飞，人必生病或死去。反之，精凝神定，或永远做到精足、气旺、神满，人便会不死或长生久视。因此养生之道在宝精贵神，将外力或有用资源转化为精与神。此即“假外以延精神”[⑩]。同理，也可充分利用内在因素来滋养精神。养生之道是“能见精神而久生，能忘精神而超生。吸气以养精，如金生水，吸风以养神，如木生火，所以假外以延精神。漱水以养精，精之所以不穷。摩火以养神，神之所以不穷，所以假内以养精神。”[⑪]

---

① 卢国龙：《道教哲学》，华夏出版社2007年版，第226页。
②《本际经·护国品》，敦煌P. 3371号卷1。
③《本际经·道性品》，敦煌P. 2806号卷4。
④ 王明：《抱朴子内篇校释》，中华书局1985年版，第287页。
⑤ 王明：《抱朴子内篇校释》，中华书局1985年版，第252页。
⑥ 王明：《抱朴子内篇校释》，中华书局1985年版，第253页。
⑦ 王明：《抱朴子内篇校释》，中华书局1985年版，第254页。
⑧ 王明：《抱朴子内篇校释》，中华书局1985年版，第174页。
⑨ 王明：《抱朴子内篇校释》，中华书局1985年版，第177页。
⑩《文始真经·四符》。
⑪《文始真经·四符》。

唐代著名道学家吴筠也对生死做了深入的探讨，建立了自己的一家之言。他认为，老庄尽管以无为为本，不尚仙道，但并不否定人们贵生、追求长生的愿望和行为，例如，老子提出：死而不亡者寿。对于一般人来说，生死也是最大的事情。吴筠说："死生于人最大者也。"[①]当然，根据老庄的生死观，寿不只是肉体的持久，更在于神、性的永存。有了这样的生死观，人便能于生死而俱乐。"当生不悦，将死不惧，怡然自适，忧乐两忘，则情灭而性在，形殁而神存，犹愈于形性都亡。故有齐生死之说，斯为至矣。何为乎不尚仙者也？夫人所以死者，形也；其不亡者，性也。"[②]

从特定意义上也可以说，让精、气、神充足、永不泄露，就是让道永存，而道存则神明存，神明存就是心清净不动，果如此，则长生不死。反之，心神一有动变，邪念妄起，便背道，便有生死。其原理在于："道无生死，形有生死。"[③]生死属形不属道。《云笈七签》云："常能清净其心，则道自来居。道自来居，则神明存身，神明存身则生不亡也。""虚心静神，道自来也。"[④]劳形、苦心、役志、躁神，都是背道的表现。反之，则合道。"道贵长存，保神固根。精气不散。"[⑤]这里无疑表达了中国古人对生死根源与机理的探索成果，其要点在于，生是由道以及精、气、神决定的，只要它们不失，就有生，甚至有永生不死。因此生命的不死是完全有可能的。葛洪说："夫有因无而生焉。"[⑥]有即形，无即神，即道。形神结合即为生。离为死，只要抱一不离，便能不死。"有者，无之宫也，形者，神之宅也……身劳则神散，气竭则命终。"[⑦]因此，长生的出路在于："涤除玄览，守雌抱一，专气致柔，镇以恬素，遣欢戚之邪情，外得失之荣辱……为乎无为，以全天理。"[⑧]而所有达致不死的操作中的"牛鼻子"则是心，如果让心永远寂静、恬淡、不动，便能得如所愿。葛洪说："养其心以无欲，颐

① [唐]吴筠：《玄纲论·长生可贵章》。
② [唐]吴筠：《玄纲论·长生可贵章》。
③ [北宋]张君房编：《云笈七签》，载胡道静、陈莲笙、陈耀庭选辑：《道藏要籍选刊（一）》，上海古籍出版社1989年版，第130页。
④ [北宋]张君房编：《云笈七签》，载胡道静、陈莲笙、陈耀庭选辑：《道藏要籍选刊（一）》，上海古籍出版社1989年版，第130-131页。
⑤ [北宋]张君房编：《云笈七签》，载胡道静、陈莲笙、陈耀庭选辑：《道藏要籍选刊（一）》，上海古籍出版社1989年版，第131页。
⑥ 王明：《抱朴子内篇校释》，中华书局1985年版，第110页。
⑦ 王明：《抱朴子内篇校释》，中华书局1985年版，第110页。
⑧ 王明：《抱朴子内篇校释》，中华书局1985年版，第111页。

其神以粹素，扫涤诱慕，收之以正，除难求之思，遣害真之累，薄喜怒之邪，灭爱恶之端，则不请福而福自来，不禳祸而祸去。”[①]命在哪里？命在抱一守神、淡默恬愉之中。“命在其中，不系于外，道存乎此，无俟于彼也。”[②]

基于上述机理探讨，仙道试图解决这样一些理论和实际问题，如找到“不死之道”“不死之方”。[③]它认为这是完全可以做到的。凡夫的问题在于：“好生而不知有养生之道，知畏死而不知有不死之法。”[④]经过探索，它找到的答案是“欲求神仙，唯当得其至要。至要者在于宝精行炁，服一大药便足。”[⑤]当然，还有别的许多方法，如行气等。每种方法中又有许多具体行法。以行气为例，葛洪说：“服药虽为长生之本，若能兼行气者，其益甚速。”[⑥]因为“夫人在气中，气在人中，自天地至于万物无不须气以生者也。善行气者，内以养身，外以却恶”[⑦]。“炁可以禳天实也。”[⑧]碰到妖怪、邪力，“以炁禁之，皆即绝”[⑨]。另外，要不死、成仙，必须循序渐进。葛洪说：“凡学道当阶浅以涉深，由易以及难。”[⑩]

《修真十书》认为，长生不死靠的不是医、不是药，而是要找回“真主人”。真主人即人的本性、真心。在这里，道教借鉴禅宗的思想强调：“日用体天法地，常清常静，明而不昧，济物利生，虽混于万缘诸境之间，真源湛寂，无有间断，自得出离生死结缚。”[⑪]一般的人之所以生死不能自主，是因为他们遗失了“主宰”，进而“欲情攻于内，根尘诱于外，不得自由，四生而从此轮回六道”[⑫]。具体的操作要领是，“长养万物，生杀机权，造化之本。久而满于体内，精与天真相济，天气降于地，地气接之而不相离，若能识之故，不死矣”[⑬]。例如，有

① 王明：《抱朴子内篇校释》，中华书局 1985 年版，第 170 页。
② 王明：《抱朴子内篇校释》，中华书局 1985 年版，第 170 页。
③ 王明：《抱朴子内篇校释》，中华书局 1985 年版，第 149 页。
④ 王明：《抱朴子内篇校释》，中华书局 1985 年版，第 122 页。
⑤ 王明：《抱朴子内篇校释》，中华书局 1985 年版，第 149 页。
⑥ 王明：《抱朴子内篇校释》，中华书局 1985 年版，第 114 页。
⑦ 王明：《抱朴子内篇校释》，中华书局 1985 年版，第 114 页。
⑧ 王明：《抱朴子内篇校释》，中华书局 1985 年版，第 114 页。
⑨ 王明：《抱朴子内篇校释》，中华书局 1985 年版，第 114 页。
⑩ 王明：《抱朴子内篇校释》，中华书局 1985 年版，第 123 页。
⑪ [南宋]石泰辑：《修真十书》，载胡道静、陈莲笙、陈耀庭选辑：《道藏要籍选刊（三）》，上海古籍出版社 1989 年版，第 509 页。
⑫ [南宋]石泰辑：《修真十书》，载胡道静、陈莲笙、陈耀庭选辑：《道藏要籍选刊（三）》，上海古籍出版社 1989 年版，第 509 页。
⑬ [南宋]石泰辑：《修真十书杂著指玄篇》，载胡道静、陈莲笙、陈耀庭选辑：《道藏要籍选刊（三）》，上海古籍出版社 1989 年版，第 294 页。

的人长寿，“皆因五行正理也。五行者，五脏也，水得一气，人肾属于水”[①]。修身、修道要在精、气、神上下功夫，使之充盈。“真气居下，精者师也，心者王也，身者形也，三阳循环于内，久而神自朝元，故不死矣。”[②]

在众多方法中，留神、安神是长生久视之本。怎样留神？关键是在任何时候都不起心动念。正所谓，“欲得身中神不出，莫向灵台留一物”[③]。道教像佛教一样认为，超生死的基础是一念不生、回归寂然状态。有疏曰：“一志无他虑，能顿忘形骸者，则死生忧惧不能入，况泯然与道合，宝神以会真。”[④]当然，德行也有助于养神，如“人勤于礼者，神不外驰，可以集神；人勤于智者，精不外移，可以摄（养）精”[⑤]。

怎样回归淡泊寂然状态呢？此状态是人的本然状态，也是最理想的状态。其进入的方法很简单，那就是忘身、无身。“我本无身，忽然而有。常忘有自身，同于来生之时……不以生为生，故常生而不朽。”“内外绝灭，然后能使淡泊寂然，复归于无物也。”[⑥]这与佛教达摩祖师的下述思想基本一致，即外绝诸缘，内无喘息，心如墙壁，可以入道。

圣人之所以为圣人，就是因为他们回归于道本，做到了无心、虚心、定心、正心等。“所以言虚心也，遣其实也”[⑦]，即将乱识赶尽杀绝，心中空无一念一识，此心亦是无心、定心。“无心者，除其有也。定心者，令不动也。正心者，使不邪也。清心者，使不浊也。净心者，使不秽也。”[⑧]心本来是这样的自然状态，由于情识的扰动，人的本心便变成了愚凡之妄心。不过，只要修心，使其妄心得到遣除，人又可回归清净状态。“此皆已有，今使除也。心明者不暗昧也，

① [南宋]石泰辑：《修真十书杂著指玄篇》，载胡道静、陈莲笙、陈耀庭选辑：《道藏要籍选刊（三）》，上海古籍出版社1989年版，第294页。
② [南宋]石泰辑：《修真十书杂著指玄篇》，载胡道静、陈莲笙、陈耀庭选辑：《道藏要籍选刊（三）》，上海古籍出版社1989年版，第295页。
③ [南宋]石泰辑：《修真十书杂著指玄篇》，载胡道静、陈莲笙、陈耀庭选辑：《道藏要籍选刊（三）》，上海古籍出版社1989年版，第287页。
④ [唐]李荃：《黄帝阴符经疏》，载胡道静、陈莲笙、陈耀庭选辑：《道藏要籍选刊（五）》，上海古籍出版社1989年版，第562页。
⑤《文始真经·四符》。
⑥ [唐]韦处玄：《西升经·双诸章》，《道藏》第14册，第583页。
⑦ [北宋]张君房编：《云笈七签》，载胡道静、陈莲笙、陈耀庭选辑：《道藏要籍选刊（一）》，上海古籍出版社1989年版，第131页。
⑧ [北宋]张君房编：《云笈七签》，载胡道静、陈莲笙、陈耀庭选辑：《道藏要籍选刊（一）》，上海古籍出版社1989年版，第131页。

心通者不质碍也，此皆本自然也。”[①]

葛洪基于对生老病死根源的探讨，认为人不仅可以做到不死，而且也可以做到不生病。他说：“养生之尽理者，既将服神药，又行气不懈，朝夕导引，以宣动荣卫……加之以房中之术，节量饮食，不犯风湿，不患所不能，如此可以不病。”[②]这样的观点在理论上是说得通的，即只要真的不让精气神泄漏，永远让它充满于全身，人就可以不死、不病。但现实生活中没有人真的能做到这一点，故没法超越死亡。

也有这样的现象，圣贤不一定长生，而凡夫有的活得很长久。怎样予以解释呢？道教的看法是，圣人的生死也是由自然规律所决定的。葛洪说：“圣人之死，非天所杀，则圣人之生，非天所挺也。贤不必寿，愚不必夭，善无近福，恶无近祸。”[③]

长生不死尽管有理论上的可能性，但问题是，这又是不可能做到的，因此在现实中便没有一个人不死。正是看到了这一点，内丹学中的长生观念后来发生了根本变化，即出现了新的长生思想。它否定过去对长生的错误理解，强调长生不是肉身不死，而只是精神上对死亡的超越。既然如此，人就不应“执其有身而恶死悦生”[④]，而应从思想上超越生死。要如此，就要炼成永存之元神，与道融为一体。“长生岂论幻形骸，数尽归元土底埋。唯有本真谁会得？古今元去亦无来。”[⑤]这就是说，新的长生观看重的不再是形骸的长久，因为有生必有死。“其所贵者，神性耳。”[⑥]

有一种观点认为，“道本无象，仙贵有形，以有契无，理难长久”[⑦]。吴筠不赞成此看法，他说：“以炼凡至于仙，炼仙至于真，炼真合乎妙，合妙同乎神，神与道合，即道为我身……能有能无，不终不殁，何为理难长久乎？”[⑧]

总之，对于不朽、长生，道教内是有不同看法的。第一个阶段的汉魏时期的

---

① [北宋]张君房编：《云笈七签》，载胡道静、陈莲笙、陈耀庭选辑：《道藏要辑选刊（一）》，上海古籍出版社 1989 年版，第 131 页。
② 王明：《抱朴子内篇校释》，中华书局 1985 年版，第 271 页。
③ 王明：《抱朴子内篇校释》，中华书局 1985 年版，第 138 页。
④ [唐]张伯端：《禅宗诗偈》。
⑤ [元]姬志真：《云山集·长生》。
⑥ [唐]吴筠：《玄纲论·长生可贵章》。
⑦ [唐]吴筠：《玄纲论·长生可贵章》。
⑧ [唐]吴筠：《玄纲论·长生可贵章》。

道教一般认为，人可以做到肉体的长生久视，并以长生成仙为追求目标。第二个阶段的隋唐时期的看法五花八门，有的人承认肉体不死；有的人只承认精神不朽；有的人则既讲肉身成仙，又讲灵魂不朽。第三阶段的宋明时期所追求的长生主要是精神方面的不朽，即老子所说的“死而不亡”。庄子认为，“久视”的表现是“外乎死生”[①]“忘乎物我”[②]“同于大通”[③]。这是一种折中的观点，即主张神、性不死，形质可死。尽管对于一个人来说，神、性的离开即意味着死亡，但神、性的离开只是变换了存在处所，它们本是不生不灭的。“夫人所以死者，形也。其所贵者，神性尔。”[④]

在唐代，成玄英成了道教内的佛化派，他反对肉身成仙说，肯定有生必有死，肉体是皮囊，只承认精神的不朽。他认为，道教提倡和实践长生之术，是圣人怜悯众生、随顺那些追求长生的人而说的。要达到精神不朽这一目的，必须调适心态、转化心灵。他说：“人欲得不死者，必须处心中正，谦和柔弱，此则长生也。”[⑤]对于身体，尽管仍承认“贵身”，但反对执着于身体。他说：“圣人不执身为身，忘怀迷执，故能出三界。”[⑥]之所以不执身，是因为圣人看到了身的虚幻本质。“一身是幻”，“根尘两空，物我俱幻”。[⑦]庄子甚至提出要“堕体以忘身”。这一思想当然不是成玄英独有的。例如，晋代的《老子西升经》中就有“不贪身形”“绝身灭有，绵绵常存”的主张。因为生死是自然规律，不可避免。同时，对于死生，不必哀乐。因为生死如“四时代序，是以达人观察，何哀乐之有哉”[⑧]！

看清了生死的本质，生死便没有什么差异了。他说：“智冥造物，神合自然，故不觉死生聚散之异也。”[⑨]“一于死生，均于彼我，生为我时，不见其得，死为我顺，不见其丧。视万物，混而一之。”[⑩]认识再向前发展，便会看到包括人

① 《庄子·逍遥游》。
② 《庄子·天地》。
③ 《庄子·大宗师》。
④ ［唐］吴筠：《玄纲论·长生可贵章》。
⑤ ［唐］成玄英：《老子注》卷 3。
⑥ ［唐］成玄英：《老子注》卷 4。
⑦ ［唐］成玄英：《老子注》卷 5。
⑧ ［唐］成玄英：《庄子·至乐》。
⑨ ［唐］成玄英：《庄子·齐物论》。
⑩ ［唐］成玄英：《庄子·德充符》。

在内的一切是无生无死的，“凝然湛然，不复生死”[①]，心冥至道，不灭不生。很显然，这是对佛教的无生灭性思想的借鉴。

最后，中国儒家、道家、道教的心灵哲学除了探讨了心的事实性的生死问题之外，还提出和探讨了心的生死的“应然”问题，即应该怎样对待我们自己所拥有的心理、怎样让我们喜欢的心理产生和存在，以及怎样让有害的心理得到灭除或生起。它追求的不是让心灵永恒，而是要让对人有害、不利的心得到转化直至灭除。例如，烦恼、恐惧、悲伤、愤怒等对人是有害无益的，如果能铲除，让其永远不再发生，那么无疑等于进入了幸福美满的境地。问题是它们有无人为予以灭除的可能呢？如果有，其机理、条件是什么？而要回答这些问题，又必须回答：它们生起的条件和机理是什么？若能找到答案，并在人生实践中努力不提供有关的条件，那么它们就自然不会出现在人身上。这样的探讨无疑具有重要的心灵哲学意义，因为要回答有关问题，必然会深入对心的起源和本质的探讨之中。中国化佛教对此做了全面深入的探讨，道教即使也提出了一些观点，但主要受佛教的影响，因此这里将不涉及佛教的有关思想，留待探讨中国化佛教的心灵哲学时再一并予以分析。

孔子的生死观对于回答上述问题具有理论基础和方法论意义。据《圣学宗传》，孔子强调要知死，必先知生，而要知生，必先知气的本质及作用。一切事物，包括人在内，之所以有生有死、有鬼有魂，是因为有精气，精气聚即为生，散即为死。在死时，人的魂魄便回归于土。“子曰：未知生，焉知死。原始反终，故知死生之说。精气为物，游魂为变，是故知鬼神之情状。众生必死，死必归土，此之谓鬼。骨肉毙于下，阴为野土，其气发扬于上，为昭明，焄蒿凄怆，此百物之精也，神之著也。”[②]这说明，要知死，要知如何减轻和灭除心理的方法，必须先弄清魂魄等心理是怎样生起的。而要如此，又必须原始反终，即进到生起的根本之中，返本穷源，如弄清心理现象生起的根源、机制与条件。果能如此，就等于“知死生之说”。而中国哲学的气一元论，为回答这些问题指明了方向，例如，它告诉人们，事物的生起是由气决定的，有气的聚集，就有事物的生起，心也不例外。因此，知心之生起的出路就是弄清气的聚集与消散及其规律。

---

① [唐]成玄英：《老子注》卷1。
② [明]周汝登：《周汝登集（中）》，张梦新、张卫中点校，浙江古籍出版社2015年版，第536页。

理学家陈淳说："死生无二理。"[①]一切现象不外乎二五之精的聚与散。"得是至精之气而生，气尽则死。""能原其始而知所以生，则反其终而知所以死。"[②]意为只要追溯到心的原始处，就知道它是怎样生起的，同样，能追溯到气运动的终点，就知道心会怎样消灭。胡宏也认为，尽管人的道心不生不灭，但人当下的知觉之心，"则随形气而有始终"，因为"所谓心者，乃虚灵知觉之性，犹耳目之有见闻尔"。[③]胡宏曾与学生有一段关于心有无生死的精彩、机智的对话。"或问：'心有死生乎？'曰：'无生死。'曰：'然则人死，其心安在？'曰：'子既知其死，而问安在邪！'或曰：'何谓也？'曰：'夫唯不死，是以知之。又何问焉！'或者未达，胡子笑曰：'甚哉，子之蔽也！子无以形观心，而以心观心，则其知之矣。'"[④]意为，人的心有不死的一面，当然这种不死只能限定在人的本心，而人的知觉之心是有生有灭的。只要以心观心，看到它的随气之聚散而聚散的本质或规律，就能如实知心，进而知道如何治心。

朱熹认为，知心的生灭的关键是认识其后起决定作用的理与气。他说："人物在天地间，其生生不穷者，固理也，其聚而生、散而死者，则气也。有是理，则有是气。气聚于此，则其理亦命于此。"[⑤]知气与理，其实就是知生与死的原、始、本，而认识了这些东西，就掌握了主宰心理现象的生、夺大权。周敦颐也有相近的思想。他在解释孔子所说的"原始反终，故知生死之说"时说："能原其始，而知所以生，则反其终而知所以死矣。"[⑥]

由于心的人为生灭问题，尤其是心的生灭的具体操作方法和途径等问题，同时是人生哲学解脱论、成圣论问题，因此关于中国心灵哲学对它们的具体探讨，笔者将放到本书第三篇即"价值性心灵哲学"中予以一并考究。

第三节　鬼神问题

人格性的神、解释世界时所用的理性神以及精灵鬼怪意义上的鬼，由于不是

① [明清之际]黄宗羲：《宋元学案（三）》，陈金生、梁运华点校，中华书局1986年版，第2227页。
② [明清之际]黄宗羲：《宋元学案（三）》，陈金生、梁运华点校，中华书局1986年版，第2227页。
③ [明清之际]黄宗羲：《宋元学案（二）》，陈金生、梁运华点校，中华书局1986年版，第1374页。
④ [明清之际]黄宗羲：《宋元学案（二）》，陈金生、梁运华点校，中华书局1986年版，第1374页。
⑤ [明清之际]黄宗羲：《宋元学案（二）》，陈金生、梁运华点校，中华书局1986年版，第1519页。
⑥ [北宋]周敦颐：《周敦颐集》，陈克明点校，中华书局2009年版，第8页。

心灵哲学的应有主题，因此不在本书的讨论之列。这里关心的是作为心理现象或与之有关的鬼神。王夫之认为，这种意义的鬼神与人其实是一。他说：“人之死也，魂升于天，魄降于地，性之隐也，未尝亡而不得存者，与魂升，与魄降，因其屈而以为鬼神。故鬼神之与人，一也。”[①]因为魂魄与形气相合即为人，魂魄若隐、若屈则为鬼神。因此鬼神“不殊于人”。这里所说的神也不是超自然的实在或力量，因为它指的是人的精神的一种特殊存在方式。他说：“神者无为也，形之未形，体之未体者也。”[②]先看中国心灵哲学关于神的论述。

要了解中国心灵哲学的神论，必须先澄清语义。因为这个词的歧义性很强。一般而言，尽管有部分语词是基于对实在的虚幻认识而造出的，如“戈肖克”“以太”等，后来随着认识的发展必遭淘汰，但大多数的语词一经造出，就一定有其特殊所指，一定意味着古人发现了一种别的已有语词表述不了的“实”。不然，古人就不会举行“命名式”。例如，“性”尽管源于“生”字，但造字的人毕竟发现了“生”所包含不了的“实”，即天生就有的包含有潜在资源的性质、种子，于是改造“生”字，加上偏旁，予以表示。“神”字也是如此。它所包含的意义尽管部分包含在别的词中，但毕竟已有词不能表示造字人的新发现，于是造出了“神”字。它表示的对象与“心”“变化”“作用”等有关，但这些词毕竟不足以传递其全部意义，因此便有了“神”字的被造出。现在，我们要做的工作是，通过对该字的不同用法进行分析，弄清其特殊的所指。至于如何构想它、如何解释它、如何对之自然化，那又是另外的问题。从特定意义上说，对语词做用法考察和分析，实际上是包含本体论（这里所说的本体论，是西文所说的本体论，不是关于本根的理论）意义的探讨工作，因为这种考察会涉及这样的追究，例如，弄清语词之所指有无本体论地位；如果有，其地位该如何确定。

在考察“神”一词的用法时，我们最好把目光聚焦于《周易》的神论之上，因为它不仅完成了对《周易》的原始宗教观念的转换，而且将中国心灵哲学独有的新课题，即精、气、神，摆到了人们的面前。我们知道，古代圣人作《周易》的目的是“知来”，即预知未来、推测未来，而他们通过对人的心理样式及功能的剖析同时认识到，能知来的只能是神。这种神当然带有神秘的意味，甚至被赋

① ［明清之际］王夫之：《尚书引义》，中华书局1976年版，第58页。
② ［明清之际］王夫之：《尚书引义》，中华书局1976年版，第70页。

予了一定的人格性。到孔子的《系传》时，仍说神，但赋予了其新的内涵。例如，这里的“神”指的是自然的变化莫测的力量。这一新的发现或认识，有多种不同的表述，例如，“阴阳不测之谓神”“形乃谓之器，制而用之谓之法。利用出入，民咸用之谓之神”[①]，“妙万物而为言者也”[②]。“妙”的意思是，生万物而不见其生之迹。总之，在《系传》中，神不是超自然的实在，而是与神奇变化连在一起的作用，如“神而化之”“穷神知化”[③]。变化是千变万化，一般的力量不可企及。若能变化，即为神，同样，若能知化，也是神。可见，神是一种自然的、超乎寻常的力量或作用。

当然，《系传》并未完全否认宗教意义上的鬼神观念，因为《系传》认为，从现象界可推论出它们的存在，如说：“精气为物，游魂为变，是故知鬼神之情状。”[④]不同于过去的是，一方面，《系传》对鬼神做了自然化，即用气对之做了解释；另一方面，不赋予这种鬼神太大的作用。

完全没有宗教和神秘意义而同时有心灵哲学意义的神是出现在人身之上的神。中国心灵哲学认识到，人之所以有这种神，是因为人有特殊的“知几”能力，故《系传》说：“子曰，知几其神乎。”[⑤]“几”的意思是微，是最初的萌动、征兆，或微而未显、萌而待发的状态。如果一个人能通过认识、剖析“几”来推知未来的发展趋势、结果等，那么就可断言，他的精神中有神存在。这就是心灵哲学意义的“神”一词被创立的语境和缘由。根据这种“造意”，人的心理主体客观上存在的“知来”作用，就是人的神的标志。故言“神以知来”。可见，心灵哲学意义上的神并不神秘，指的是能知来的作用，是关于人的认知能力、实践能力之不可想象性、难以理喻性的一个“摹状词”，是对人的心理能量、力量的赞叹。相应地，关于这种神的理论其实就是中国最早的、中国式的“复杂性”理论。

神既然不是超自然的神，而只是人的能力的超越，因此是可望可得的。例如，只要“穷理、尽性”，便不仅可以“至于命”，而且可以“至于神”，即达到神

①《周易·系辞上》。
②《周易·系辞下》。
③《周易·系辞上》。
④《周易·系辞上》。
⑤《周易·系辞下》。

明的状态，只要认识人之性，按要求将其发挥出来，就可得到神明。《系传》云："神而明之，存乎其人。""神而化之，使民宜之。""穷神知化，德之盛也。""精义入神，以致用也。"①如此等等，说的都是一个意思，即神明尽管神奇，但只要知性、尽性，便是不难达到的。

当然，中国心灵哲学在人身上认识到神之后，也存在着拟人化的问题，即在认识人以外的自然事物时，为了说明其难以测知性，往往不自觉地将在人身上得到的认识类推到外物之上，这样就有了下述结论：不仅人有神，而且自然界也有其神的一面。例如，荀子所说的天，即指自然界，它的特点是"不为而成，不求而得，夫是之谓天职……不见其事而见其动，夫是之谓神。"②张载认为，事物之所以有神的一面，是因为它们变化莫测。若能知变化之道，就能知神的本来面目和作用。他说："惟神为能变化，以其一天下之动也。人能知变化之道，其必知神之为也。"③当然，这种神与超自然的人格神仍不可相提并论，因为它是自然的本性、妙用，是变化的复杂性。他说："神，天德，化，天道。"④由于神的作用、变化超出了人的认知能力，因此人们在描述它时，就难免有人格化的倾向，例如说它"虚明，照鉴，神之明也。无远近幽深，利用出入，神之充塞无间也"⑤。

有一种观点认为，人身上的神就是有灵明特性的心。如果说身体是质料，那么神就是身体的形式。这种意义的神就十分接近于亚里士多德所说的作为身体形式的灵魂或现当代功能主义所说的作为功能的心灵。《史记》中记录了这样的思想："凡人所生者神也，所托者形也……神者，生之本也；形者，生之具也。"⑥意为形是生命的基础，而依于形的神则是生命的本质。这种神之所以被看作属于心灵哲学的范畴，是因为它被赋予了认知功能。例如，《大戴礼记》认为，作为阳气之精的神，像作为阴气之精的灵一样，有"品物"的作用，即有认知事物、处理与事物的关系的功能，是"品物之本"⑦。

---

①《周易·系辞下》。
②《荀子·天论》。
③［北宋］张载：《张载集》，章锡琛点校，中华书局1978年版，第18页。
④［北宋］张载：《张载集》，章锡琛点校，中华书局1978年版，第15页。
⑤［北宋］张载：《张载集》，章锡琛点校，中华书局1978年版，第16页。
⑥［西汉］司马迁：《史记·太史公自序》。
⑦《大戴礼记·曾子天圆》。

再来看鬼神。如前所说，中国哲学中所说的鬼神除了有宗教神学意义之外，还有一种不为西方人所知的“科学”意义，即指自然的、看不见的、幽隐的存在和作用，有时还有十分典型的心灵哲学意义，即指特殊形式的心理现象。由于鬼有与神相对的意义，因此必须先说神。神即事物彰显、突现出来的作用，即“来”“伸”。“来”即从虚无而来，故谓之神；“伸”意为伸展，指的也是由无到有、由虚到实，进而生发出来。而鬼则是其反面情形，即“往”或“归”“屈”，意为从有到无。张载说：“鬼神，往来、屈伸之义，故天曰神，地曰示，人曰鬼。”①另一说法更明白：“气日反而游散，至之谓神，以其伸也；反之谓鬼，以其归也。”②它们之所以是自然现象，是因为它们在本质上都是气，即气的变状。他说：“鬼神者，二气之良能也……神者，太虚妙应之目。”③这就是说，它们都不过是气。气由无到有生发出来就是神，“至之谓神，以其伸也”④。意思是，气伸展导致事物之产生、形成，这就是神，因此神实际上是对难以解释的神奇现象、奇妙变化的一种形容，而鬼指的是形成物的气返回、回归原初的状态，因此归、屈的现象即为鬼。

在朱熹看来，说“二气之良能”不外乎是说“往来屈伸乃理之自然，非有安排布置，故曰‘良能’也”⑤。就阴阳二气而言，“鬼者，阴之灵也，神者，阳之灵也。以一气言，则至而伸者为神，反而归者为鬼。其实一物而已”⑥。这与说“游魂”为鬼神是一致的。《周易·系辞上》说：“精气为物，游魂为变，是故知鬼神之情状。”⑦精气是“自无而有”，实即从无形的气变化出有形的物，这种变化即神，或“神之情”。而游魂是“自有而无”，实即气由有形返回无形的状态，这种返就是鬼，或“鬼之情”。张载说：“物虽是实，本自虚来，故谓之神；变是用虚，本缘实得，故谓之鬼。此与上所谓神无形而有用、鬼有形而无用，亦相会合。”⑧朱熹下面的一段话较好地反映了古人相信鬼神存在的逻辑。他看到，现实世界有这样的事实或“迹”，例如，树上出现枯死的叶子，风雨雷

① [北宋]张载：《张载集》，章锡琛点校，中华书局1978年版，第16页。
② [北宋]张载：《张载集》，章锡琛点校，中华书局1978年版，第19页。
③ [北宋]张载：《张载集》，章锡琛点校，中华书局1978年版，第9页。
④ [北宋]张载：《张载集》，章锡琛点校，中华书局1978年版，第373页。
⑤ [南宋]黎靖德编：《朱子语类（八）》，王星贤点校，中华书局1986年版，第3004页。
⑥ [南宋]朱熹：《四书章句集注·中庸章句》，上海书店1987年版，第11页。
⑦《周易·系辞上》。
⑧ [北宋]张载：《张载集》，章锡琛点校，中华书局1978年版，第183-184页。

电之发生，等等。它们由于不为一般人所理解，故被称作“怪”，例如，山之怪曰魍魉，水之怪曰龙、罔象，等等。而朱熹像张载等主张有作为自然力量的鬼神的人一样认为，诉诸鬼神就可说明这些现象。他说：“皆是气之杂揉乖戾所生，亦非理之所无也。专以为无，则不可。”[①]这作为根源的气的杂糅乖戾，其实就是鬼神。因此这里所谓的鬼神其实是他们所发现的一种有解释力量的自然现象。王阳明的门人欧阳德认为，有神就可以解释那些不好解释的现象。在他看来，神尽管无方无体，但有解释作用，人的视听言动、喜怒哀乐，天地万物的发育、造化，如鸟之飞、鱼之游、山川之流，都是神的表现。[②]

二程认为，鬼神只是变化，并无物，因此只要理会了其中的道理，就不会有迷惑、恐惧。他们说：“理会得精气为物、游魂为变与原始要终之说，便能知也”，“游魂为变”，“既是变，则存者亡，坚者腐，更无物也”，要想消除对鬼神的恐惧，“须是气定，自然不惑”。[③]二程也根据气对鬼神做了说明，认为“鬼神”指的其实是气的散与聚。气聚集，即为神。因为聚集了便有作用、变化生发出来，而气散开来，就是我们通常所说的鬼或游魂。他们说：“聚为精气，散为游魂。聚则为物，散则为变。观聚散，则见‘鬼神之情状’。万物始终，聚散而已。鬼神，造化之功也。”[④]

鬼神既然是气的良能或变状，那么由气所构成的人也一定有鬼神。如果是这样，鬼神就能成为心灵哲学的课题。一般认为，鬼神是离体的魂灵。张载认为，鬼神终日与人不相离，在特定意义上甚至可以说，人即鬼神。他之所以有此看法，是因为他对鬼神的看法不同一般。如上所述，鬼即能往而屈者，神即来而伸者。“鬼神者，二气之良能也。”[⑤]生死者，气之聚散之名；鬼神者，气之聚散之用。由于人身上也有气的来与往、伸与屈、聚与散，因此自然就有鬼神的存在与作用。朱熹说：“人自少至壮是神，衰老是鬼。鼻息呼是神，吸是鬼。”[⑥]“有许多聪明知识，这是如何得恁地？虚空之中，忽然有风有雨，忽然有雷有电，这是如何

① [明清之际]黄宗羲：《宋元学案（二）》，陈金生、梁运华点校，中华书局 1986 年版，第 1518 页。
② [明]周汝登：《周汝登集（下）》，张梦新、张卫中点校，浙江古籍出版社 2015 年版，第 738 页。
③ [北宋]程颐、程颢：《二程集》，王孝鱼点校，中华书局 2004 年版，第 190 页。
④ [北宋]程颐、程颢：《二程集》，王孝鱼点校，中华书局 2004 年版，第 1028 页。
⑤ 转引自吕思勉：《理学纲要》，东方出版社 2012 年版，第 63 页。
⑥ 转引自吕思勉：《理学纲要》，东方出版社 2012 年版，第 63 页。

得恁地？这都是阴阳相感，都是鬼神。”[①]意为要解释人身上发生的聪明、知识等不可能为非人所拥有的现象，只有诉诸鬼与神。它们都是鬼神的作用的表现，正像风、雨、雷、电等必须用阴阳的交互作用来解释一样。人不仅活着，身上有鬼神；死了也是如此，因为人死了气还在，只是这时的气再与人无关了，它们里面的鬼也只是回归原初状态的气。朱熹说：“只今人生，便自一半是神，一半是鬼了。但未死以前，则神为主，已死之后，则鬼为主。”[②]

当然，尽管他们坚持的都是关于鬼神的自然主义，但仔细考究，他们的看法不是没有差异的。例如，张载认为，鬼神为阴阳二气之良能；而二程以为，鬼神为造化之功。正是因为他们有不同，所以才有了朱熹的“合题”，即兼取二说。朱熹说：“造化之迹，是日月星辰风雨之属。二气良能，是屈伸往来之理。”“虚空之中，忽然有风有雨，忽然有雷有电，这是如何得恁地？这都是阴阳相感，都是鬼神。”“以二气言，则鬼者，阴之灵也，神者，阳之灵也。以一气言，则至而伸者为神，反而归者为鬼。日之午以前是神，午以后是鬼。月自初三以后是神，十六以后是鬼。草木方发生来是神，雕残衰落是鬼。人自少至壮是神，衰老是鬼。鼻息呼是神，吸是鬼。”[③]

朱熹否认世人所说的人死后仍有作用的那类鬼神。人死之后之所以不能为鬼，是因为其聚而生、散便死。既然人死后，其原先聚集的气解体了，因此就不可能存在人们所相信的那类能干涉活人生活的鬼。“所谓精神魂魄，有知有觉者，皆气之所为也。故聚则有，散则无。”[④]人身上的鬼、神也是自然现象，只是其难以被认知，才被称作鬼神，因为它们都是以气之精微的形式存在的。例如，神在心中，凝在里面为精，发出光彩为神，气的消隐即为鬼，这跟鬼神在人以外的事物中表现出的阴阳消长、亭毒化育、风雨晦暝并无实质区别。所谓鬼不过是功用而已，神不过是妙用而已。

从价值属性上说，鬼神有邪正之分，如风露雨雷、日月昼夜，这些都是鬼神之迹，是“白日公平、正直之鬼神”[⑤]，而“啸于梁、触于胸”[⑥]的鬼神则是不正、

① 转引自吕思勉：《理学纲要》，东方出版社 2012 年版，第 63 页。
② 转引自吕思勉：《理学纲要》，东方出版社 2012 年版，第 63 页。
③ 转引自吕思勉：《理学纲要》，东方出版社 2012 年版，第 63 页。
④ 转引自吕思勉：《理学纲要》，东方出版社 2012 年版，第 94-102 页。
⑤ [南宋]黎靖德编：《朱子语类（一）》，王星贤点校，中华书局 1986 年版，第 34 页。
⑥ [南宋]黎靖德编：《朱子语类（一）》，王星贤点校，中华书局 1986 年版，第 34 页。

邪暗的鬼神。

既然人死后没有那种能干涉活人生活的鬼神，那又该怎样看待从古以来就盛行并得到孔孟等圣人肯定的祭祀呢？朱熹的看法是，古人的祭祀已包含着古人对鬼神魂魄的看法。可概括如下：“魄者，形之神，魂者，气之神。魂魄是形气之精英，谓之灵。”[①]“耳目之精明者为魄，口鼻之嘘吸者为魂。”“魄有个物事形象在里面，恐如水晶相似，所以发出来为耳目之精明。且如月，其黑晕是魄也，其光是魂也。”“人生时魂魄相交，死则离而各散去，魂为阳而散上，魄为阴而降下。”从功用上说，“凡能记忆，皆魄之所藏受也，至于运用，发出来是魄”。“能知觉底是魄，然知觉发出来底又是魂。”“大率魄属形体，魂属精神。”“精又是魄，神又是魂。”[②]如前所说，“鬼神”指的不过是气的功用，“以屈伸往来之气言之，则来者为神，去者为鬼。以人身言之，则气为神而精为鬼”[③]。在祭祀问题上，朱熹坚持的仍是孔子的原则。首先，人是第一位的，而鬼是第二位的，知生是前提，处理好活着的人的事情是当务之急。“子曰：‘未能事人，焉能事鬼？’‘敢问死。曰：‘未知生，焉知死！’此说尽了。”[④]其次，他承认有鬼神，并赞成祭祀。因为祭祀是古圣所制定的行为规范，其中自有它的道理。他说：“敬鬼神而远之。”“古来圣人所制祭祀，皆是他见得天地之理如此。”[⑤]这理就在于，人死只是原先聚集在一起的气散开了，而非绝对地化为无，因为里面仍有其散不尽的东西，因此值得活人纪念、表达敬意。他说：“人死虽终归于散，然亦未便散尽，故祭祀有感格之理。”[⑥]

王夫之除了仍坚持用气的伸屈说明鬼神之外，如说“其屈而消，即鬼也；伸而息，则神也。神则生，鬼则死”[⑦]，还有一发明，即用事物的显与隐、丽与未丽予以说明。他说：“在天为理，而理之未丽于实则为神，理之已返于虚则为鬼。”[⑧]虚为本原之一，由虚而实，显现于实，即为神。反之，重新返回虚，即为鬼。王夫之的鬼神论的另一特点是，从形下、形上的角度揭示了鬼神的本质，

① [南宋]黎靖德编：《朱子语类（六）》，王星贤点校，中华书局 1986 年版，第 2259 页。
② [南宋]黎靖德编：《朱子语类（六）》，王星贤点校，中华书局 1986 年版，第 2258-2259 页。
③ [南宋]黎靖德编：《朱子语类（一）》，王星贤点校，中华书局 1986 年版，第 40 页。
④ [南宋]黎靖德编：《朱子语类（一）》，王星贤点校，中华书局 1986 年版，第 33 页。
⑤ [南宋]黎靖德编：《朱子语类（一）》，王星贤点校，中华书局 1986 年版，第 34 页。
⑥ [南宋]黎靖德编：《朱子语类（一）》，王星贤点校，中华书局 1986 年版，第 37 页。
⑦ [明清之际]王夫之：《周易外传》，中华书局 1977 年版，第 15 页。
⑧ [明清之际]王夫之：《周易外传》，中华书局 1977 年版，第 15 页。

如说："形而上者，亘生死，通昼夜，而常伸，事近乎神。形而后有者，困于形而固将竭，事近乎鬼。"①从起源上说，鬼神是随气形的产生、变化而产生、变化的。他说："方来之神，无顿受于初生之理。非畏厌溺，非疫疠，非猎杀斩刈，则亦无顿灭之理。日生者神，而性亦日生。反归者鬼，而未死之前为鬼者亦多矣。所行之清浊善恶与气俱，而游散于两者，为祥为喜，为眚为孽，皆人物之气所结，不待死而为鬼，以灭尽无余也。"②意思是，神是随着肉体之形成而出现的日生日长之气，而不是在出生前就有的、通过投胎来到肉体中的精灵。鬼则是人出生以后日衰日反之气。换言之，鬼不是人死后所变的东西。人的形体和魂魄在人死时不会完全消灭，而是会转化为气。这就是说，人死后，鬼神仍存在。他说："魂升魄降，各反其本，则为二物。自其既凝为人物者，和合以济，无有畛域，则为一物矣。虽死而为鬼神，犹是一物也，实一物也"，鬼神"是所谓阴阳之灵也。思成而翕聚者，神也。未求之先，与求已而返于漠者，鬼也。是所谓至而伸，反而归也"。③

在人身上，鬼神不仅本身是心理现象，而且还决定着其他心理现象，甚至可以说，别的心理现象其实是鬼神的不同形式，如"人欲，鬼神之糟粕也"④，而人身上好的品性，如好学、力行、知耻等，它们是阴阳二气之良能，即鬼神的好的一面。⑤神在人身上的作用当然还有很多，例如，让人具有明性以及各种能力，让人独立于天地间，等等。王夫之说："神自幽而之明，成乎人之能，而固与天相通。"⑥"惟人能自立命，而神之存于精气者，独立于天地之间，而与天通理。"⑦它对人的健康、成圣成凡也至关重要。他说："太和之中，有气有神。神者非他，二气清通之理也。不可象者，即在象中。阴与阳和，气和神和，是谓太和。人生而物感交，气逐于物，役气而遗神，神为气使而迷其健顺之性，非其生之本然也。"⑧如果神役于气、役于物，则不符合其本性，其结果是遗神、失

① 转引自钱穆：《灵魂与心》，广西师范大学出版社 2004 年版，第 79 页。
② 转引自钱穆：《灵魂与心》，广西师范大学出版社 2004 年版，第 79 页。
③ 转引自钱穆：《灵魂与心》，广西师范大学出版社 2004 年版，第 80 页。
④ [明清之际]王夫之：《思问录内篇》，载船山全集编辑委员会编校：《船山全书（第 12 册）》，岳麓书社 2011 年版，第 405 页。
⑤ [明清之际]王夫之：《思问录内篇》，载船山全集编辑委员会编校：《船山全书（第 12 册）》，岳麓书社 2011 年版，第 405 页。
⑥ 转引自钱穆：《灵魂与心》，广西师范大学出版社 2004 年版，第 80 页。
⑦ 转引自钱穆：《灵魂与心》，广西师范大学出版社 2004 年版，第 82 页。
⑧ 转引自钱穆：《灵魂与心》，广西师范大学出版社 2004 年版，第 82-83 页。

和，违其健顺之理。反之，顺其本然而行，则对人有利。

道家、道教也认为，万物都有神，神乃动力之源。宋代王元泽云："神有甚于圣，而鼓舞万物者，神也。与万物同忧者，圣也"，是故，"庄子之言尚神而贱圣"。[①]神在人身上也有其表现，例如，人的明白、明智、明了等就根源于神，有神必有明。他说："明者神之散（具体化），神者明之藏，是明由神之所致也，故曰明不胜神。"[②]杜光庭说："神者灵效之谓"，而鬼也不神秘，就是一种不表现出来的神，故说"人神处幽为鬼"。[③]

下面，我们再从源流上做一些考察。有文字可考的证据证明：早在夏代就不仅有鬼神观念，而且有对鬼神的顶礼膜拜的信仰和行为。《论语·泰伯》载：孔子说禹"菲饮食而致孝乎鬼神"[④]。《礼记·表记》载，孔子对夏商周的鬼神观及其信仰、行为特点做了这样的概括："夏道遵命，事鬼敬神而远之"，"殷人尊神，率民以事神，先鬼而后礼"，"周人尊礼尚施，事鬼敬神而远之"。[⑤]

到了百家争鸣时代，鬼神问题成了争论的焦点之一，占主导地位的是实有论，如墨家、儒家等就持此观点。《墨子》中有专门的《明鬼》篇，不仅强调鬼神存在，而且认为鬼神的作用不可小视。墨子肯定鬼神存在的根据是所谓的"三表"，即三种判断对错的标准：一是看是否符合圣贤言论；二是看有无经验根据，是否符合大众经验；三是看是否有利于国家。根据这三条，墨家推出了他们的有鬼论。当然，在这个时代，也有人持无鬼论和中立观点。王充对当时存在的关于鬼的解释做了梳理，概括出这样一些理解：①鬼不是人死留下的精神，而完全是活人的思念所致；②人之见鬼，是由于"目光反照"；③鬼是病气、不和之气；④鬼者，老物精，即老物的精气；⑤鬼本生于人，但由于没有成人，于是成了鬼；⑥鬼就是每天出来值班的神；⑦鬼作为一物，无异于人，只是居住于荒郊野岭；⑧鬼为妖怪之气；等等。其中，占主导地位的观点是承认人死后，其游魂为鬼。

当然，也有一种主张无鬼的观点，例如，杨王孙说："死者，终生之化，而

---

① [南宋]褚伯秀：《南华真经义海纂微》，载胡道静、陈莲笙、陈耀庭选辑：《道藏要籍选刊（二）》，上海古籍出版社 1989 年版，第 897 页。

② [南宋]褚伯秀：《南华真经义海纂微》，载胡道静、陈莲笙、陈耀庭选辑：《道藏要籍选刊（二）》，上海古籍出版社 1989 年版，第 897 页。

③ [唐]杜光庭：《道德真经广圣义》，载胡道静、陈莲笙、陈耀庭选辑：《道藏要籍选刊（二）》，上海古籍出版社 1989 年版，第 219 页。

④《论语·泰伯》。

⑤《礼记·表记》。

物之归。归者得至，化者得变，是物各反其真也……且吾闻之，精神者天之有也，形骸者地之有也。精神离形，各归其真，故谓之鬼。”[①]这就是说，“鬼”的意思不是说人死后还有一种存在，而是说精神各归其真。因为“鬼之为言归也，其尸块然独处，岂有知哉”[②]。赵咨说：“夫亡者，元气去体，贞魂游散，反素复始，归于无端。既已消仆，还合粪土，土为弃物，岂有性情。”[③]这些说明，人死后，尸体是无知无情的，不可能出现能影响活人生活的鬼。钱穆说：这些论述是既“明言无鬼，又言尸无知”[④]。

有的人根据某个时代存在着厚葬之风，便推断其盛行鬼魂观念，这是没有逻辑必然性的。因为厚葬有时恰恰能证明人们不相信鬼魂的存在。例如，人们厚葬死者，主要不是替死人着想，而是出于这样的动机，即一方面不忍尸体遭践踏，另一方面是做给活人看的。赵咨说：“以生者之情，不忍见形之毁，乃有掩骼埋窆之制。”[⑤]

祭祀作为古人的一种行为、仪式、制度，当然是以某种观念为基础的，因此通过剖析，可以找到其后所隐藏的思想和观念，例如，祭祀一般是以神灵观念为前提的，因此从祭祀活动中可窥探古人关于心身及其关系问题的看法。祭祀在不同的朝代，所用的名称是不同的，如周曰绎、商曰肜、夏曰复胙等。古代的祭一般分四时进行，即在春、夏、秋、冬四季进行。一般而言，祭祀必然与两种观念有关，必然受其中一种观念的支配：一是持灵魂不灭论的人的神灵观念。他们认为，人死，灵魂不死，不死就有其生活，而祭祀正是为了向他们提供贡品，以让他们在另一世界也过上好的生活。例如，七月用黍稷，让祖先尝新，叫尝；冬天奉进新收的稻，叫蒸；等等。总之，祭祀就是“处之以爱敬，行之以恭让”[⑥]。二是无鬼神的观念。这就是说，举行祭祀的人也可能有这样的观念，即人死如灯灭，不存在什么鬼神。这又有两种情况：首先是据此否定祭祀的必要；其次是认为，尽管人死后什么也不存在，但祭祀仍有必要，仍有意义。根据王充的归纳，祭祀有这样一些意义：第一，祭祀不是为了供奉不死的灵魂，而是表示“不忘先”，

① [东汉]班固：《汉书·杨王孙传》。
② [东汉]班固：《汉书·杨王孙传》。
③ [南朝宋]范晔：《后汉书·赵咨传》。
④ 转引自钱穆：《灵魂与心》，广西师范大学出版社2004年版，第39页。
⑤ [南朝宋]范晔：《后汉书·赵咨传》。
⑥ [西汉]董仲舒：《春秋繁露·四祭》。

或修先。修先即敬奉祖先。王充说："宗庙，己之先也。生存之时，谨敬供养，死不敢不信，故修祭祀，缘先事死，示不忘先。"[①]简言之，祭祀只是"自尽恩勤而已"[②]。第二，是为了"报功"，即给有功者以回报。王充说："凡祭祀之义有二，一曰报功，二曰修先。报功以勉力，修先以崇恩。力勉恩崇，功立化通，圣王之务也。"[③]

朱熹认为，祭祀鬼神有两种意义，即以有感有、以有感无。他说："天地之间，二气氤氲，无非鬼神，祭祀交感，是以有感有。人死为鬼，祭祀交感，是以有感无。"[④]"以我之精神感彼之精神……祭祀之礼全是如此。"[⑤]我之气即祖先之气。祖先之气虽散，或者说，鬼只是已散了的气，但"根却在这里，尽其诚敬，则亦能呼召得他气聚在此"[⑥]。"神便是气之伸"，"鬼便是气之屈"，或是已散了的气，"以精神去合他，又合得在"。[⑦]

朱熹门婿黄干对祭祀的意义也有自己的独到看法，认为用鬼神来解释祭祀，"亦甚粗浅"。因为人死后，其形气、精神必丧，因此祭祀不可能是表示对死者之魂灵的献礼。祭祀的意义只在于"交感"。黄干说："古人奉先追远之谊至重，生而尽孝，则此身此心，无一念不在其亲……朝夕之奠，悲慕之情，自有相为感通而不离者……祖考之气虽散，而所以为祖考之气，未尝不流行于天地之间。祖考之精神虽亡，而吾所受之精神，即祖考之精神，以吾受祖考之精神，而交于所以为祖考之气。神气交感，则洋洋然在其上、在其左右者，盖必然而不能无者矣。"[⑧]

根据《左传》的观点，鬼指的是死人的魂魄。例如，伯有死了，人都害怕其鬼。"公孙段卒，国人愈惧。"[⑨]当时一般认为，恶人死后，其鬼为厉鬼。郑子产来到晋国，晋国中军佐赵成问曰：伯有死后是否为鬼？答复是肯定的。其道理是"人生始化曰魄（形），既生魄，阳（神气）曰魂。"[⑩]《春秋左传正义》对

① ［东汉］王充：《论衡·祀义》。
② ［东汉］王充：《论衡·祀义》。
③ ［东汉］王充：《论衡·祭意》。
④ ［南宋］黎靖德编：《朱子语类（一）》，王星贤点校，中华书局 1986 年版，第 49 页。
⑤ ［南宋］黎靖德编：《朱子语类（一）》，王星贤点校，中华书局 1986 年版，第 47 页。
⑥ ［南宋］黎靖德编：《朱子语类（一）》，王星贤点校，中华书局 1986 年版，第 47 页。
⑦ ［南宋］黎靖德编：《朱子语类（一）》，王星贤点校，中华书局 1986 年版，第 49 页。
⑧ ［南宋］黄干：《复李贯之兵部》。
⑨《左传·昭公七年》。
⑩《左传·昭公七年》。

此的解释是“人禀五常以生，感阴阳以灵。”[①]意为，活生生的人是阴阳五行和合的产物。人有不同的构成，如形、气、魂、魄。“有身体之质，名之曰形，有嘘吸之动，谓之气……形之灵者名之曰魄也。既生魄也，魄内自有阳气。气之神者，名之曰魂也。”[②]而魂魄有不同的构成、作用，因此是各自独立的主体。魄是形之灵，因本形而有，其作用是，“初生之时，耳目心识，手足运动，啼呼为声，此则魄之灵也”[③]。用现代的话说就是，魄是负责身体运动、身体知觉的主体，而魂是“附气之神”，属“精神性识”，“渐有所知，此则附气之神也”。[④]它们的相同之处在于，都有识知作用，是故可说“魄识”“魂识”。不同表现在：构成不同、作用不同、产生时间不同（魄先魂后）、多少不同（魄少魂多）。最重要的是，它们在人死后，去向和作用是不同的，例如，因为有形气，才有魂魄，当形气分散时，魂魄便会离去。它们的去往之地分别是“魂气归于天，形魄归于地。”[⑤]归于地的即为鬼。作为鬼，其厉害的程度与生前的气的强弱程度是一致的，如果身体好、气强，则死后，其魄为厉鬼。

《礼记·祭义》认为，魂在人死后，回归为神，魄在人死后，变为鬼。“气也者，神之盛也。魄也者，鬼之盛也”，“死必归土，此之谓鬼”，“其气发扬于上”，“神之著也”。[⑥]是故魂魄之归宿可称作鬼神。

《礼记·祭义》中还记载了孔子与宰我关于鬼神的谈论及观点。孔子说：“气也者，神之盛也，魄也者，鬼之盛也。合鬼与神，教之至也。”[⑦]鬼的意思是，“众生必死，死必归土，此之谓鬼”；神指的是，“骨肉毙于下，阴为野土，其气发扬于上为昭明，焄蒿凄怆，此百物之精也，神之著也”。[⑧]所谓“昭明”指的是上升为神灵光明。人与百物共同有精气，但唯有人的情识更多、更精。这精

---

① 《十三经注疏》整理委员会整理、李学勤主编：《十三经注疏·春秋左传正义（下）》，北京大学出版社1999年版，第1248页。
② 《十三经注疏》整理委员会整理、李学勤主编：《十三经注疏·春秋左传正义（下）》，北京大学出版社1999年版，第1248页。
③ 《十三经注疏》整理委员会整理、李学勤主编：《十三经注疏·春秋左传正义（下）》，北京大学出版社1999年版，第1248页。
④ 《十三经注疏》整理委员会整理、李学勤主编：《十三经注疏·春秋左传正义（下）》，北京大学出版社1999年版，第1248页。
⑤ 《礼记·郊特牲》。
⑥ 《十三经注疏》整理委员会整理、李学勤主编：《十三经注疏·春秋左传正义（下）》，北京大学出版社1999年版，第1248页。
⑦ 《礼记·祭义》。
⑧ 《孔子家语·哀公问政》。

灵就是神明的显示。古代圣人常把这精灵称作鬼神，并以之为众人的法则。

理学对鬼神的讨论很多。邵雍思考过这样的问题：怎样看待常见的祷鬼神以求福？为什么经常有这样的现象发生，即为恶而得福，为善而得祸？他首先承认：人的祸福是由善恶所决定的，这是天定的，是自然规律，与鬼神无关。他说："鬼神岂能违天乎！自作之咎，固难逃矣！"[①]也就是说，祭祀鬼神与人的福祸是没有关系的，不会因为祷鬼神就能得福。至于善得祸、恶得福这类现象，邵雍的解释是"有幸，有不幸也，幸不幸命也；当不当，分也。一命一分，人其逃乎。""小人之遇福，非分也，有命也。当祸，分也，非命也。君子之遇祸，非分也，有命也，当福，分也，非命也。"[②]但他又不否认鬼的存在和作用，例如，承认鬼不仅有形影，而且有知。不过，他所说的鬼是朱熹等人所理解的作为气之归的鬼，而非人格性的鬼。他说："人谓鬼无形而无知者，吾不信也。"[③]因为鬼即死去的人，而死人不过是精魄返于地。"属阴，而阴者阳之影。""人者，鬼之形也，鬼者，人之影也。"[④]既如此，鬼不可能无知。

胡宏也认为，鬼像人的性、心、神等一样也有其存在地位。它们不仅存在，而且有其特殊的作用，例如，性使物得以生而有，心为身之主宰，鬼使物往来无穷，神使物变化莫测。他说："有而不能无者，性之谓与！宰物不死者，心之谓与！感而无自者，诚之谓与！往而不穷者，鬼之谓与！来而不测者，神之谓与！"[⑤]

理学家之所以一般都承认鬼的地位，是因为他们所说的鬼有特定的所指，即指形体的精微不可测知的力量，或魄中的奇妙力量。吕大临说："魄也者，鬼之盛也。"[⑥]人有魄，因此"人亦鬼神之会尔"[⑦]。而魄是一种气，有气即有魄。因此鬼神的存在形式就很多，其范围就很大。他说："气也者，神之盛也，莫不有魄。"[⑧]因此鬼神不仅存在于人身上，而且无所不在。"鬼神者，周流天地之间，无所不在，虽寂然不动而有感必通，虽无形无声而有所谓昭昭不可欺者。"[⑨]由

① [明清之际]黄宗羲：《宋元学案（一）》，陈金生、梁运华点校，中华书局 1986 年版，第 383 页。
② [明清之际]黄宗羲：《宋元学案（一）》，陈金生、梁运华点校，中华书局 1986 年版，第 383-384 页。
③ [明清之际]黄宗羲：《宋元学案（一）》，陈金生、梁运华点校，中华书局 1986 年版，第 385 页。
④ [明清之际]黄宗羲：《宋元学案（一）》，陈金生、梁运华点校，中华书局 1986 年版，第 385 页。
⑤ [明清之际]黄宗羲：《宋元学案（二）》，陈金生、梁运华点校，中华书局 1986 年版，第 1368 页。
⑥ [明清之际]黄宗羲：《宋元学案（二）》，陈金生、梁运华点校，中华书局 1986 年版，第 1109 页。
⑦ [明清之际]黄宗羲：《宋元学案（二）》，陈金生、梁运华点校，中华书局 1986 年版，第 1109 页。
⑧ [明清之际]黄宗羲：《宋元学案（二）》，陈金生、梁运华点校，中华书局 1986 年版，第 1109 页。
⑨ [明清之际]黄宗羲：《宋元学案（二）》，陈金生、梁运华点校，中华书局 1986 年版，第 1109 页。

于鬼不过是气的一种形式，因此鬼的现象就不局限于人，只要有气的地方都可能有鬼，例如，聚集在一起的气散去，回归原来的状态，就表现为鬼。朱熹说："大凡说鬼神，皆是通生死而言。"[①]即鬼神不只是死人的精灵，而且也存在于活人身上。他对"气也者，神之盛也；魄也者，鬼之盛也"，做了这样的解释："此言盛者，则是指生人身上而言。"[②]意思是，鬼神可生在包括人在内的许多事物身上。总之，"鬼神便是精神魂魄"[③]。

既然鬼魂之类是气的形式，因此就不会绝对消灭。这大概是中国哲学对物质、能量不灭或守恒规律的一种特殊的认知和表达。既然不灭，因此人死后，其鬼魂就一定有一个去处。理学认为，尽管圣人和凡愚之魂魄在肉体死后都有其去向或归处，但归处是不一样的。例如，凡愚的魂魄就不能像圣人的精神一样长留人间，只会随气散而散去。但由于魂魄是气，因此不会绝对消失，而只会转化，"凡愚之魂散矣，而有子孙者，便是他未尽之气"[④]。而圣人的魂魄则长留于人间。

下面再看有关理论对反例的回应以及有关的争论。承认鬼魂的存在，往往会承认"投胎"这一现象的存在。如果它是真实的，那么它就是一种值得研究的特殊的心理现象。但问题是，它是否真的存在？如何看待"投胎说"？包括理学在内的许多学派都承认"投胎"现象的存在。朱熹的看法具有两面性：一方面他认为，投胎的事例很多，"故不可谓之无"；另一方面又认为"不尽然"[⑤]，意思是，这一现象不具有普遍必然性，就是有反例的。因为大多数人死时，魂魄"皆随气而散，散有迟速，总之不能留也"[⑥]。意思是，人死如灯灭，气散尽后不可能再投胎到别的地方。因此魂魄不能作为一个独立实在在人死后存在，只是作为气飘散了，不可能在六道中往还。如果是这样，这一观点便站到了灵魂轮回说的对立面。根据这一观点，如果承认灵魂轮回、辗转，则没法说明盛与衰、聚与散、有与无、成与亏这样的现象。朱熹说："试观天下之人，尸居余气，精神懵懂，即其生时，魂已欲散，焉能死后而复聚乎！且六合之内，种类不同，似人非人，

① [南宋]黎靖德编：《朱子语类（六）》，王星贤点校，中华书局1986年版，第2258页。
② [南宋]黎靖德编：《朱子语类（六）》，王星贤点校，中华书局1986年版，第2258页。
③ [明清之际]黄宗羲：《宋元学案（二）》，陈金生、梁运华点校，中华书局1986年版，第1561页。
④ [明清之际]黄宗羲：《宋元学案（二）》，陈金生、梁运华点校，中华书局1986年版，第1517页。
⑤ [明清之际]黄宗羲：《宋元学案（二）》，陈金生、梁运华点校，中华书局1986年版，第1516页。
⑥ [明清之际]黄宗羲：《宋元学案（二）》，陈金生、梁运华点校，中华书局1986年版，第1516-1517页。

地气隔绝，禽虫之中……大小悬殊，有魄无魂，何所凭以为轮回乎！”[①]

如果鬼是一种自然现象，那么人们为什么怕鬼呢？儒家在探讨怕鬼的原因及如何克服时还涉及一种新的心理现象，即慊。王阳明认为，人们怕鬼的原因是“平日不能‘集义’，而心有所慊，故怕。”[②]“慊”有多种意义：一是《说文解字》所说的“慊，疑也”，即指疑惑的心理状态；二是指怨恨、不满的心理状态；三是指满足、快意之类的心理状态；四是指不足、欠缺之类的状态。王阳明这里所说的慊指的应是一种欠缺的状态，如不明白道义及其所伴随的疑惑、恐惧的心理状态。人心的特点是，心念总是有其依附或攀附的，总要寄存在一个寄托之上，不是道就是非道。由于人们没有集义、失道，因此就会有负面的心理发生，如害怕、恐惧等，而怕鬼是其中之一。在王阳明看来，怕鬼的实质，不是鬼迷人心，而是“心自迷”。他说：“若素行合于神明，何怕之有！”[③]意为只要心合于道，心凝神定，就不会有怕鬼这样的现象发生。

王充在鬼神问题上独树一帜，坚持典型的无鬼神论。在这个过程中，王充表现出了不畏权威甚至敢于问难于圣人的大无畏精神。他说：“凡学问之法，不为无才，难于距师，核道实义，证定是非也。问难之道，非必对圣人及生时也。”[④]即使问难于圣人，又有何妨？尽管王充推崇孔子，但仍“追难孔子”，认为这“何伤于义”？[⑤]他不仅与孔子讨论问题，而且问难于韩非子、孟子等，正因为如此，《论衡》中有《非韩》《刺孟》等诸篇。在鬼神问题上，由于墨家的观点较有代表性，且影响较大，因此他批评的矛头主要对准了墨家。他说：“墨家之议右鬼，以为人死辄为神鬼而有知，能形而害人，故引杜伯之类以为效验。”[⑥]这些都是无稽之谈。因为所谓的效验其实只是“苟以外效立事是非，信闻见于外，不诠订于内。”[⑦]即只是根据外在的牵强联系而得，而所得的结论则缺乏内在的思考及根据。如果不停留于耳目的见闻觉知，而是过渡到理性的思考，“以心意议”，其结论就会不同。他强调：有鬼神论是“失实之议”，“虽

① [明清之际]黄宗羲：《宋元学案（二）》，陈金生、梁运华点校，中华书局1986年版，第1517页。
② [明]王守仁：《王阳明全集（上）》，吴光、钱明、董平等编校，上海古籍出版社2012年版，第14页。
③ [明]王守仁：《王阳明全集（上）》，吴光、钱明、董平等编校，上海古籍出版社2012年版，第14页。
④ [东汉]王充：《论衡·问孔》。
⑤ [东汉]王充：《论衡·问孔》。
⑥ [东汉]王充：《论衡·薄葬》。
⑦ [东汉]王充：《论衡·薄葬》。

得愚民之欲，不合知（智）者之心，丧物索用，无益于世”。[①]

有鬼论有时还以气论为根据，例如，说人是禀气而生的，其中有一种气是精气，即构成人的灵魂的东西。此气由天所出，不会消灭，故人死，此精气亦存。《管子・内业》云：“凡人之生也，天出其精，地出其形，合此以为人。”[②]这不过是把心当作一种单子性实在，只是它没有形体而已。既然心魂是精气，那么它就不会死，而能“流行于天地之间”，这就是通常所说的鬼神。鬼神与人的精魂的区别是，后者寄存于人的形体，前者游离于体外、天地间，就是处于游离状态的精气。王充认为，这样的根据和推论是站不住脚的。他的否定性的论证有很多，这里主要考察一下他在内在机理方面所做的论证。他认为精神、心灵的确是由精气变来的。精气在没有进入肉体时，是没有知觉的，在死之后，精神又回归到原初没有知觉的精气状态。此精气既然没有知觉，因此就不能成为能害人的鬼。[③]人们之所以相信有鬼，是因为他们错误地把知觉特性赋予了人死后留下的精气。例如，有一种观点认为，人死曰鬼。“大凡生于天地之间者皆曰命；其万物死皆曰折；人死曰鬼；此五代（黄帝、尧、舜、禹、汤）之所不变也。”[④]另一种观点认为，活人身上也有鬼，生物中都有鬼，因为鬼即气之屈，神即气之伸。《周易・系辞上》说：“精气为物，游魂为变，是故知鬼神之情状。”[⑤]王充在特定意义上承认有鬼，即人死后留下的精气，但不认为它是有知觉的。他说：“鬼神，阴阳之名也，阴气逆物而归，故谓之鬼；阳气导物而生，故谓之神。”[⑥]由于不承认它们有知觉，因此王充认为它们没有世人所赋予它们的那些祸害活人的作用。

值得注意的是，王充在讨论鬼神问题的过程中表达了一种近于西方物理主义、功能主义的人体观或关于精神的功能理论。他认为，人由精神与肉体组合而成，精神除了有主宰生命的作用之外，还有认知功能。他说：“阴气主为骨肉，阳气主为精神。人之生也，阴阳气具，故骨肉坚、精气盛。精气为知，骨肉为强，故精神言谈，形体固守。”[⑦]

---

① [东汉]王充：《论衡・薄葬》。
② 《管子・内业》。
③ [东汉]王充：《论衡・论死》。
④ 《礼记・祭法》。
⑤ 《周易・系辞上》。
⑥ [东汉]王充：《论衡・论死》。
⑦ [东汉]王充：《论衡・订鬼》。

再看道家、道教关于鬼的理论。道教承认鬼的存在及作用，但在对鬼的态度上，既有主张敬鬼的，也有主张制裁的。不管是哪种态度，有一点是共同的，即都热衷于谈论鬼，并都颇有“建树”，由此便造就了道教的这样的特点，即它建立了世界上内容最丰富的鬼论，仅它建构的神祇体系所包含的鬼的数量之多、职能之杂、层次结构之复杂，就可谓举世无双。例如，经常涉及的鬼的样式有：灵鬼、淫鬼、沉鬼、狂鬼、奇鬼、物鬼，等等。①其身体构成各不相同，有的以阴为身，有的以幽为身，有的以风、气、土偶、彩画、老畜、败器为身。②《关尹子》云：“是或以阴为身，或以幽为身，或以风为身，或以气为身，或以土偶为身。”③鬼一般是由人所变。《文始真经注》云：“鬼者人死所变。”④意为离体的魂、魄为鬼，因此鬼有两种：一是离体的魂，二是离体的魄。“鬼云为魂，鬼白为魄。”“云者，风；风者，木；白者，气；气者，金。”⑤其变的原因在于：人的阳彻底消失了。无阳，人即变为鬼。“有一分阳不尽，不能为鬼。”⑥可见鬼即纯阴之气。反之，若阴尽，只有纯阳，即为出神成仙，达到了修炼的最高境界，故说：“有一分阴不尽，不能为仙。”⑦鬼也有五行，因此有空中之鬼和地下之鬼之别。“风散故轻清，轻清者上天。金坚故重浊，重浊者入地。”⑧人死后是升天还是坠地，取决于生前的行为属性。如果行善多，即升天，这样的鬼可称作“灵魂”。换句话说，这里的灵魂指的是升在天界的鬼魂。反之即坠地。而“魂魄半之则在人间”⑨，意为如果善恶参半，死去的人即鬼，既不升天，又不下地，而是留在人间。由于善恶不同，因此升天的鬼享福，下地的鬼受罪。中间的介于两者之间。“升魂为贵，降魄为贱，

---

① [元]牛道惇：《文始真经注》，载胡道静、陈莲笙、陈耀庭选辑：《道藏要籍选刊（五）》，上海古籍出版社1989年版，第397页。
② [元]牛道惇：《文始真经注》，载胡道静、陈莲笙、陈耀庭选辑：《道藏要籍选刊（五）》，上海古籍出版社1989年版，第398页。
③《文始真经・五鉴》。
④ [元]牛道惇：《文始真经注》，载胡道静、陈莲笙、陈耀庭选辑：《道藏要籍选刊（五）》，上海古籍出版社1989年版，第390页。
⑤ [元]牛道惇：《文始真经注》，载胡道静、陈莲笙、陈耀庭选辑：《道藏要籍选刊（五）》，上海古籍出版社1989年版，第390页。
⑥ [元]牛道惇：《文始真经注》，载胡道静、陈莲笙、陈耀庭选辑：《道藏要籍选刊（五）》，上海古籍出版社1989年版，第390页。
⑦ [元]牛道惇：《文始真经注》，载胡道静、陈莲笙、陈耀庭选辑：《道藏要籍选刊（五）》，上海古籍出版社1989年版，第389-390页。
⑧ [元]牛道惇：《文始真经注》，载胡道静、陈莲笙、陈耀庭选辑：《道藏要籍选刊（五）》，上海古籍出版社1989年版，第390页。
⑨ [元]牛道惇：《文始真经注》，载胡道静、陈莲笙、陈耀庭选辑：《道藏要籍选刊（五）》，上海古籍出版社1989年版，第391页。

灵魂为贤，厉魄为愚，轻魂为明，重魄为暗。”①“其形、其居、其识、其好，皆以五行契之。”②

道教还认为，鬼都是有一定神通的，如能解奇事、异事、瑞事等，这是由附之实在的精与人心中的精“相搏”而形成的。从最终构成看，构成鬼的气是清轻之气，而非凝聚性的、地性的事物。若精气离开人体，归于空中，此精气即为鬼。故说：“鬼，归也，归其真宅。”③鬼的作用很多，例如，能蒙蔽人的心；能干扰活人的生活；人有吉凶，是因为灵鬼在那里作祟。④

道教认为，鬼神的存在地位具有相对的一面。说鬼神是有，是从表象上说的，若从体性上说，则“道无鬼神，独来独往”⑤。即使有鬼神，它们也是不可怕的，而且可制可降，如道即有、即无，知此道可制鬼神。这就是说，鬼神可制，方法是知道。《文始真经注》云：“有即无，无即有，知此道者，可以制鬼神。”⑥“实即虚，虚即实，知此道者，可以入金石。上即下，下即上，知此道者，可以待星辰。古即今，今即古，知此道者，可以卜龟筮。人即我，我即人，知此道者，可以窥他人之肝肺。物即我，我即物，知此道者，可以成腹中之龙虎。”⑦《文始真经注》认为，凡夫怕鬼，圣人可以御鬼。因为圣人“其心寂然”，能应万物，“神而不神于神，役万神而执其机，可以会之，可以散之，可以御之”。⑧《黄帝内经》承认有鬼神，但反对崇信它们，如说：“拘于鬼神者，不可与言至德（医学道理）。”⑨

① [元]牛道惇：《文始真经注》，载胡道静、陈莲笙、陈耀庭选辑：《道藏要籍选刊（五）》，上海古籍出版社1989年版，第391页。
② [元]牛道惇：《文始真经注》，载胡道静、陈莲笙、陈耀庭选辑：《道藏要籍选刊（五）》，上海古籍出版社1989年版，第391页。
③《列子·天瑞第一》，载《老子·庄子·列子》，张震点校，岳麓书社1989年版，第155页。
④《文始真经·五鉴》。
⑤《文始真经·五鉴》。
⑥ [元]牛道惇：《文始真经注》，载胡道静、陈莲笙、陈耀庭选辑：《道藏要籍选刊（五）》，上海古籍出版社1989年版，第416页。
⑦ [元]牛道惇：《文始真经注》，载胡道静、陈莲笙、陈耀庭选辑：《道藏要籍选刊（五）》，上海古籍出版社1989年版，第416-417页。
⑧ [元]牛道惇：《文始真经注》，载胡道静、陈莲笙、陈耀庭选辑：《道藏要籍选刊（五）》，上海古籍出版社1989年版，第398页。
⑨《黄帝内经 ·素问·五脏别论》。

第九章

心、性、情：中国心灵哲学切入心理本质研究的独特进路

不管人们对心灵哲学的对象和内容的理解有多大差别，但有一点是共同的，即都承认：只有心灵哲学才能担荷起心理现象的本体论地位和本质研究的重任。中国心灵哲学尽管没有西方心灵哲学那样的旗帜鲜明的心理本质理论，如功能主义、物理主义、平行论、两面论等，但却有自己切入这一问题研究的特殊进路，那就是，通过对性及其与心、情、才、命、智等的关系的探幽发微，收到了与西方心理本质理论的殊途同归的效果。不仅如此，中国的心性论还同时具有回答天赋问题、人生解脱论问题的多重意义。

第一节　心性研究的动机与意义

在切入心性及心理本质研究时，中国心灵哲学不同于西方的特点是，不仅有求真性、认知性动机，即试图如实知心，如刘劭说圣贤之可贵，“莫贵乎知人”[①]，而且始终贯彻着解脱论或人生哲学动机，即试图通过对心性的探讨找到人类离苦得乐、去凡成圣的机理与途径。前一方面的动机及实践一般不为学界所重视，因此我们这里将以此为重点。

① [东汉]刘劭：《人物志・自序》。

不可否认，中国心灵哲学的心性研究的直接动机和出发点是要解决圣学中的一系列问题，例如，人为何有生死？为什么有的人生得好、死得好，而有的人却相反？凡愚之人能否成圣？如果可能，其内在的心理根据和条件是什么？人为何有善恶不同的行为？人为何有凡圣的差别？人的德行的心理根源是什么？等等。程颢说："知性即明生死之说。"①胡宏说："心、性二字，乃道义渊源，当明辨不失毫厘，然后有所持循。"②意为心性为道义的总根源，要找到道德的本体、本根，必须回归心性。其道理不难理解，因为中国哲学是以人为本的哲学，要解决的是如何去凡成圣、如何提升道德境界、如何完满人格这一类做人的大问题，或者放大一点，是要解决修齐治平的问题。而道德的根源、成圣的根据和原理都隐藏于人心之中，因此要解决做人的种种哲学问题，必须回归于人心之中。徐复观先生说："在心上奠定人生道德的根基，儒家一直要到孟子才有此发现。庄子对心的警惕，特为突出，主要原因，是因为'知'的作用，是从心出来的。而知的作用，一则扰乱自己，不合养生之道；一则扰乱社会，为大乱之源。"③性是道落实于生命的产物，或是道在人身上的体现。而落实于身，即落实于心，因为性要由心来把握和显现。徐复观说："性由心而见，德由心而见。心是生命的一部分，是人可能确切把握到的。把生命中的心指点出来，于是对生命中之理性，乃可由人在一念之间加以把握，此乃中国文化发展的大方向。"④

心性研究之所以有人生价值论意义，是因为心本身蕴藏着对人有用的资源，因为它堪称宝贵，为体大，相比较而言，耳目之欲等为贱、为小。孟子说："体有贵、贱，有小、大……养其小者为小人，养其大者为大人。"⑤心之所以为贵，是因为，一方面，它藏有仁、义、礼、智四端；另一方面，心有思的官能。由于能思，而"思则得之"⑥，即通过反省、思考可得仁、义、礼、智，让其由潜在变成现实，因此通过心之思便能成圣。

《吕氏春秋》也认为，心性与人的生存质量、人格品位有密切关系，因此顺性即全性、全生、"全其天"，此为"全性之道"。"故圣人之于声色滋味也，利于性，则取之；害于性，则舍之。""以便一生，生无不长。故圣人之制万物

① [明]周汝登：《周汝登集（中）》，张梦新、张卫中点校，浙江古籍出版社 2015 年版，第 626 页。
② [明清之际]黄宗羲：《宋元学案（二）》，陈金生、梁运华点校，中华书局 1986 年版，第 1378 页。
③ 徐复观：《中国人性论史（先秦篇）》，上海三联书店 2001 年版，第 339 页。
④ 徐复观：《两汉思想史（二）》，九州出版社 2014 年版，第 215 页。
⑤《孟子·告子上》。
⑥《孟子·告子上》。

也，以全其天也。”[①]利于性，即有高质量、美满幸福的生活，反之即为凡，即下地狱。凡夫的特点是逆于性、害于性，如“于声色滋味也，多惑者，日夜求，幸而得之，则遁（放纵不能自制）焉。遁焉，性恶得不伤……以害一生，生无不伤”[②]。利性、顺性之后的美景是无为无不为，如入于天人合一或“天全”境界，即“人与天地同”，“天地万物，一人之身”。[③]“天全则神和矣，目明矣，耳聪矣，鼻臭矣，口敏矣，三百六十节皆通利矣。若此人者，不言而信，不谋而当，不虑而得，精通乎天地，神覆乎宇宙……上为天子而不骄，下为匹夫而不惛，此之谓全德之人。”[④]

不可否认的是，中国的心性论研究同时也具有与西方心灵哲学一样的求真性动机和意义。徐复观说：孟子说人性如何，“不是把它当作‘应该地’道理来说，而是把它当作‘实然地’事实来说”[⑤]。这就是说，中国哲学建立人性论的一个科学动机是弄清人与非人的差别。孟子认为，人与禽兽在饮食等方面没有差别，有差别的地方很少，即“几希”，主要表现在禀天而有的道德性有差别。

对心性展开求真性研究的心灵哲学意义在于：由于中国心灵哲学所深究的心性处在心灵的底层，是心的底层的储藏、构成和图景，因此对它的探究就是对心的本质或决定心之所以然的根本的探究。明代心学家汪俊说：“虚灵应物者心也，其所以为心者，即性也。性者心之实，心者性之地。”[⑥]就此可以断言，中国心灵哲学心性探讨的直接动机尽管是要弄清做人及其道理、机制等问题，但客观上有如实知心之本来面目和本质的求真性意义。

就中国心性论具体的研究课题而言，它事实上也触及了人心最原始、最根本的状态与实质。例如，其试图回答的问题是心的生而即有的东西是什么？春秋战国时盛行的对人性的探讨要回答的问题是人生来就有的、能把人与非人区别开来的本性、本质究竟是什么？心里面究竟有无东西？如果有，是什么？有何作用？尽管各家各派对心的生而即有的性有不同看法，但在其“用”的问题上则有基本相同的看法。例如，认为此心之性为心后来能成为什么、不能成为什么颁布了规律或道，同时是把人与非人区分开来的根据。不同类的事物，如人、牛、马，之

---

① 《吕氏春秋·本生》。
② 《吕氏春秋·本生》。
③ 《吕氏春秋·有始览》。
④ 《吕氏春秋·本生》。
⑤ 徐复观：《中国人性论史（先秦篇）》，上海三联书店2001年版，第142页。
⑥ ［明清之际］黄宗羲：《明儒学案（下）》，沈芝盈点校，中华书局2008年版，第1144页。

所以相互区别，是因为各自禀天而有的性各不相同，因此对世界及其万物的求真性认识的任务就是如实知它们各自的生而即有的性，以及所有事物的共性。

上述人性问题在春秋战国时就被明确提出来了，例如，当时盛行的对人性的探讨要回答的问题是人生来就有的、能把人与非人区别开来的本性、本质究竟是什么？这种对人性的探讨同时意味着人们对本质的探讨进入了一个新的阶段。因为这时关心的“性”就是本质，至少是本质的构成，或认识本质的一个维度。“性”的这种赋义或新义表明：人们“开始不能满意于平列的各种现象间的关系，而要进一步去追寻现象里面的性质；所谓现象里面的性质，一面为现象所以成立之根据，一面是某物生而即有的特质”[①]。

总之，中国的人性论实际上就是一种心灵哲学，不仅触及了标准的心灵哲学问题，而且提出和回答了大量有心灵哲学意义的问题，如性、命、气、理、道、心、才、情等的本质及其关系问题等。徐复观说：“人性论是以命（道）、性（德）、心、情、才（材）等名词所代表的观念、思想，为其内容的。人性论不仅是作为一种思想，而居于中国哲学思想史中的主干地位，并且也是中华民族精神形成的原理、动力。”[②]因为这里的性既涉及宇宙万物的最一般的本质，又涉及心的“性”。在探讨人性时，既有对心灵哲学意义上的心理本质的探讨，又有对心之先天资源、内在构成的探讨，更有对现实的心理样式及其具体性质的探讨。中国的人性论当然也是中国人的生命哲学和道德哲学，徐复观说：人性论是“对人的生命的根源、道德的根源的基本看法”[③]。

“心性”问题真正成为中国哲学的学术课题是战国以后的事情。《老子》一书未出现“性”字，《论语》也只出现过两次，到了荀孟时代，盈篇累牍论性的书才层出不穷。徐复观先生认为，到人心中找道德的根源、根据，自觉如此去探寻，始自孟子。[④]孟子经过探讨的一个新发现是，在心中看到了一般人没有看到的“本心”。这种心“摆脱了欲望的裹胁而成为心的直接独立的活动，这才真正是心自己的活动”[⑤]。因此可以说，孟子的心性探讨是中国心灵哲学的一个转折点，因为他明确认识到人心的内在本质不是空无，而是有点什么，这就是决定人

① 徐复观：《中国人性论史（先秦篇）》，上海三联书店 2001 年版，第 51 页。
② 徐复观：《中国人性论史（先秦篇）》，上海三联书店 2001 年版，序第 2 页。
③ 徐复观：《中国人性论史（先秦篇）》，上海三联书店 2001 年版，第 1 页。
④ 徐复观：《中国人性论史（先秦篇）》，上海三联书店 2001 年版，第 150 页。
⑤ 徐复观：《中国人性论史（先秦篇）》，上海三联书店 2001 年版，第 151 页。

之为人的理义。戴震说：孟子之前的古人不知心之于理义也属人性，“徒知耳之于声、目之于色、鼻之于臭、口之于味之为性，而不知心之于理义，亦犹耳目鼻口之于声色臭味也”[①]。总之，“古人言性，但以气禀言，未尝明言理义为性”[②]。只有孟子，才“明人心之通于理义，与耳目鼻口之通于声色臭味，咸根诸性，非由后起”[③]。

由于孟子发现了本心或怀，同时又不否认心中有情与才的方面，因此孟子所看到的人心便有这样的构造和格局：“从心向上推一步即是性；向下落一步即是情；情中涵有向外实现的冲动、能力，即是‘才’。性、心、情、才，都是环绕着心的不同层次。”[④]

孟子的心性论对于儒家乃至道家、道教等是名副其实的“研究范式”，因为它不仅提出了心性论研究的课题、纲领、范畴、构架、基调，而且由于提出了有意义的问题，因而为后来的研究提供了规范。更为重要的是，他关于心中存在着性的本体论承诺，成了后来研究的真正出发点。这是了不起的贡献，一点也不逊色于康德在批判考察人的能力时在心中所发现的一系列先天形式、概念和原则。用心灵哲学的术语说，孟子在对人的心理世界的“地理大发现”“地矿学”探索中，看到了一种新的存在形式，即每个人的本性中有善、仁的种子，于是大谈特谈“性善”，因而超越于心灵白板说和狭隘的经验论之上。

如果说西方哲学史上经历过研究重心的转向的话，那么中国哲学也有这样的现象，当然内容不完全相同。西方有两次转向：一是近代的从本体论向认识论的转向，此即“认识论转向”；二是现代的从认识论向语言哲学的转向，此即“语言转向”。中国哲学从南北朝开始就发生了从本体论向心性论的转向，至宋元时期达到顶峰。语言学转向也有，但范围很窄，影响面不太大，例如，在王阳明哲学中就有这样的表现。心性论转向后的哲学关心的主要问题是人心与人性是何关系，性与情是何关系，是否人人都有佛性或道性，心性的容受能力与反映能力是否有限，心性的天赋与后天的关系问题，意志、情感与认识是何关系，人性与人的去凡成圣是何关系，等等。有理由说，心性学是中国哲学思想的标志性理论思潮。汉代以前哲学关注的重心是以天人感应为中心的宇宙论。魏晋南北朝经历了

---

① 安正辉选注：《戴震哲学著作选注》，中华书局 1979 年版，第 76 页。
② 安正辉选注：《戴震哲学著作选注》，中华书局 1979 年版，第 76 页。
③ 安正辉选注：《戴震哲学著作选注》，中华书局 1979 年版，第 76 页。
④ 徐复观：《中国人性论史（先秦篇）》，上海三联书店 2001 年版，第 151 页。

由宇宙论向本体论的转向，至隋唐又经历了从本体论向心性学的转向。这以后的心性学又按三种走向向前发展：一是道家的以内丹心性论或内丹生命哲学形式表现出来的心性论；二是中国化佛教尤其是禅宗的心性论；三是新儒家或理学的融佛道二家的心性学。总之，正如唐君毅（1909—1978）、牟宗三所说的："心性之学，正为中国学术思想之核心，亦是中国思想中之所以有天人合德之真正理由所在。""心性之学，乃中国文化之神髓所在。""不知、不了解中国心性之学，即不了解中国之文化也。"[①]

第二节 "性"的用法考释

"性"在中国心灵哲学中是一个用得极泛滥的概念，要准确把握中国的心性论，显然必须优先对其不同用法做出考释。

在已考认的甲骨文中，未见"性"字，但有"生"与"心"字。由于"性"所指的对象抽象，隐藏在看不见的甚深处，因此是文字出现得相对较晚的一个会意字。其首见于金文，作"生"，指性命。至晚周时，"生"加上了"心"的偏旁，合为"性"。至《左传》《国语》，"性"逐步上升为哲学概念，泛指事物内先天形成的本性。孟子认为，性是"天之降才"；荀子认为，性是人与物的"本始材朴"；《周易》认为，性是人与物的天命的"成性"。既然是"心"与"生"的合成字，其意义就必定与它们的所指有某种关系。因此要理解"性"，必须从这两个字入手。甲骨文中，"生"写作"屮"[②]，描述的是草从土中的生出。有生长即意味着活，因此最初的"生"字有生命、活着的意思，其反义词即为死。至金文，"生"的意思被表达得更为清楚，被写作"㞢"，下面是土，上面象征着草木的生长。

对于"性"，尽管应根据生来理解，但又不能完全等同。因为既然加了一个偏旁"忄"，进而造出了一个新字"性"，就说明造字的人看到了原来的"生"表达不了的新对象。当人们将眼光转向人及别的动物的"生"时，人们发现，人

① 唐君毅、牟宗三：《我们对中国学术研究及中国文化与世界文化前途之共同认识》，载张祥浩编：《文化意识宇宙的探索——唐君毅新儒学论著辑要》，中国广播电视出版社 1992 年版，第 342-347 页。

② [清]罗振玉：《殷墟书契·前编》。

的生除了与所禀的天地之气有关以外，还与心密不可分，正所谓：“人身之生，在于心。”[①]于是，后来“生”便加上了“心（忄）”这一偏旁。这个合成字反映了古人对人之本性及其产生根源的认识，旨在说明：人之本性是禀天生资源而生且与心有密切关系的东西。但这个词在后来的泛化运用中，又不局限于人，而广泛用于一切事物，用以指称它们的内在本性。

《尚书》和《诗经》中都出现了“性”字，前者出现了两次，后者出现了三次，如说殷纣王荒淫无度，“不虞天性”[②]。这里的天性即自然界、上天的性情、法则。除此之外，《尚书》也用“性”指人的性情，如说“节性”[③]。《诗经》中所说的“性”指人的性命。《左传》中所说的“性”，一指天地之性，即天地之常性或道，如说“则（效法）天之明，因地之性”[④]；二指人性，这性既有恶性，如小人的食色之性，又有善性，如圣人的德行。《周易》认为，“性”即“成性”，“成之者，性也”[⑤]，意为性是事物形成时被自然赋予的性质。有此性，事物形成后就以此为规律、准则而运行，因此事物能各循其道，“各正性命”[⑥]。既然如此，要认识世界、按规律办事，就必须认识这个性，是故《周易》提出了“穷理尽性以至于命”[⑦]的口号。从此，“穷理尽性”便成了中国心灵哲学的一个奋斗目标。既然性是本性，是体，是道，因此认识世界特别是认识心灵的主要任务就是“穷理尽性”。

从“性”的实际运用看，该词没有统一的意义，不同的人在不同的语境下用的“性”，意义大不相同。例如，孟子所说的“性”，指仁、义、礼、智四端；《左传》中不同地方用的“性”也不同，如“小人之性，衅于勇，啬于祸，以足其性而求名焉者，非国家之利也”[⑧]，这里的“性”指的是人的低级的欲望。“性”的另一种用法是指万事万物共有的、客观本然的共性，简言之，是事物的客观本性、内在的规律性。它不局限于人，而是人与物共有的，同时，这种性也没有儒家所说的那种作为道德本源、纯善或纯恶的性质。《吕氏春秋》云：“石可破也，

① [南唐]徐锴：《说文系传通论》。
②《尚书·西伯戡黎》。
③《尚书·召诰》。
④《左传·昭公二十五年》。
⑤《周易·系辞上》。
⑥《周易·彖传上·乾》。
⑦《周易·说卦》。
⑧《左传·襄公二十六年》。

而不可夺坚；丹可磨也，而不可夺赤。坚与赤，性之有也。”“性也者，所受于天也，非择取而为之也。”[①]例如，人的欲与恶之类的道德心理，就是由性决定的。“天使人有欲，人弗得不求；天使人有恶，人弗得不辟。欲与恶，所受于天也，人不得与焉。”[②]同理，万物皆有性，如水、土都有其性。“夫水之性清，土者扫（浊）之，故不得清。”[③]性有客观性、强制性，服从则能遂心如愿，违则必受惩罚。“性者万物之本也，不可长，不可短，因其固然而然之，此天地之数也。”[④]

告子等也认为，性与生密不可分，只要有产生的事物，就都有性。当然，这种性是自然而有的，指的是禀受先天资质的“生”。有生便有命，告子曰：“生之谓性。”[⑤]《说文系传·通论》说：“性者，生也，既生有禀，曰性。”意为禀受了先天资质或有气禀的生即为性。徐复观认为，这是早在春秋时期就赋予“性”的新义。他说：“最可注意的，是作本性、本质解的性字之出现，这是性字的新义。”[⑥]例如，《左传》中常说“天地之性”，同时还说道，人因天地而有其性。“则天之明，因地之性，生其六气。”[⑦]

郭象所说的“性”显然超出了心性的范围，泛指事物之现实作用的固有根据。例如，“马之真性，非辞鞍而恶乘，但无羡于荣华”[⑧]。鸟有鸟的真性，如“目能睹，翼能逝，此鸟之真性也”[⑨]。人也是如此，人有人的真性。当然，不同的人有不同的性，而个性中又有共性。不过“小异而大同”，例如，百姓的大同之性有，追求衣食，必须耕织。[⑩]

张载在论述性时，也有将性看作超出人的范围、为万物天然共有的特点，例如，他以气来释性。所谓气有体、用两面，体即气的虚静、本然状态，换言之，

---

①《吕氏春秋·诚廉》。
②《吕氏春秋·大道》。
③《吕氏春秋·本生》。
④《吕氏春秋·贵当》。
⑤《吕氏春秋·贵当》。
⑥ 徐复观：《中国人性论史（先秦篇）》，上海三联书店 2001 年版，第 51 页。
⑦《左传·昭公二十五年》。
⑧ [西晋]郭象：《庄子注·马蹄》。
⑨ [西晋]郭象：《庄子注·山木》。
⑩ [西晋]郭象：《庄子注·马蹄》。

气的本体是太虚。“太虚者，气之体。”[①]太虚之用即气的聚散变化，此气即质料性的气。太虚相当于德谟克利特所说的虚空，气相当于原子。物质之质有阴阳、刚柔、缓速、清浊等差异。很显然，这种性不具有心理学的意义。他明确指出：性不是精神性实在，不是神造的，而是自然形成的，即由虚与气和合而有的。他说：“合虚与气，有性之名。”[②]性的作用在于：决定了一事物与别的事物的差别。事物之所以相互区别，是因为它们各有自己的性。“凡物莫不有是性，由通蔽开塞，所以有人物之别，由蔽有厚薄，故有智愚之别。”[③]性尽管本身不是心理现象，但心理现象有其性，此性即它们的性质、特点，是无意识的。作为最一般之性的道、万物的天地之性更是如此。“率性之谓道则无意也，性何尝有意？”[④]性本身不是心理，是无意识的，但作为体性的性可成为心理的基础，例如感知觉、情感就是如此。“感者性之神，性者感之体。”“感皆出于性，性之流也。”[⑤]性只是心的基础，如果没有别的因素起作用，就不会有心出现，即只有性与知觉结合时，才会有心出现，故可说：“合性与知觉，有心之名。”[⑥]这种意义的性由于不是心理现象，因此不仅不需自然化，反倒可成为自然化的基础。

南宋胡宏则认为，性为气本。他说：“非性无物，非气无形。性，其气之本乎。”[⑦]这就是说，性即道、即体、即理。“形而上者谓之性，形而下者谓之物。”[⑧]

朱熹也有将性看作万物共性的一面，认为性在物中有同有异。首先，万物同禀一理以为性，同受天地之气以为形，因此一定都有其性。质言之，有物即有性，“天下无无性之物。盖有此物，则有此性，无此物，则无此性”[⑨]。性是一物之独有、决定该物生起和变化的根据、道理。事物成为什么样式，都取决于性，故说：“成之者性。”[⑩]性不是空洞的东西，而有其天然的禀赋，如具仁、义、礼、智四天然禀性。其次，由于气的清浊、昏明、厚薄等不尽相同，理的通蔽开塞不尽相

① [北宋]张载：《张载集》，章锡琛点校，中华书局 1978 年版，第 66 页。
② [北宋]张载：《张载集》，章锡琛点校，中华书局 1978 年版，第 9 页。
③ [北宋]张载：《张载集》，章锡琛点校，中华书局 1978 年版，第 374 页。
④ [北宋]张载：《张载集》，章锡琛点校，中华书局 1978 年版，第 318 页。
⑤ [北宋]张载：《张载集》，章锡琛点校，中华书局 1978 年版，第 63 页。
⑥ [北宋]张载：《张载集》，章锡琛点校，中华书局 1978 年版，第 9 页。
⑦ [南宋]胡宏：《胡宏集》，吴仁华点校，中华书局 1987 年版，第 22 页。
⑧ [南宋]胡宏：《胡宏集》，吴仁华点校，中华书局 1987 年版，第 319 页。
⑨ [南宋]黎靖德编：《朱子语类（一）》，王星贤点校，中华书局 1986 年版，第 56 页。
⑩ [南宋]黎靖德编：《朱子语类（一）》，王星贤点校，中华书局 1986 年版，第 56 页。

同，因此每个事物都有自己的个性。就本原而言，万物同据一理，因此其性理是同一的。但就已形成的现实的万物来说，由于结合时，气的清浊不尽相同，其气尽管大致相同，但性理差别很大。同表现在："同此二五之气，故气相近。以其昏明开塞之甚远，故理绝不同。"[①]朱熹还认为，万物都有仁、义、礼、智之性，只因各物的气不一样，因此这些性的通蔽开塞各不相同。"在人则蔽塞有可通之理，至于禽兽，亦是此性，只被他形体所拘，生得蔽隔之甚，无可通处。至于虎狼之仁，豺獭之祭，蜂蚁之义，却只通这些子，譬如一隙之光。"[②]简言之，各物所得之于天理的性是一样的，但由于其形体各不相同，所以这些性的显现通道各不相同，例如，有的通，因此易显；有的完全堵塞，因此无通之可能。"人物之生，天赋之以此理，未尝不同，但人物之禀受自有异耳……各自随器量不同，故理亦随以异。"[③]人之所以为人，是由人的性的"粹然"所决定的，"人之仁义礼智之粹然者，物则无也"[④]。人物之性的差别根源还在于："人之性论明暗，物之性只是偏塞。"[⑤]意为人的性有明暗的差别，物的性没有明暗之别，只有偏塞之别。由于有明暗，因此即使是暗，或表现不明，也能使之由暗转明，而偏塞之性则没有使之通达的可能性。

朱熹为了突出性的特点，还把它放在与命、性、气质、情的关系中做了形象的说明。他说："命，便是告劄之类；性，便是合当做底职事，如主簿销注，县尉巡捕；心，便是官人；气质，便是官人所习尚，或宽或猛；情，便是当应处断事，如县尉捉得贼。情便是发用处，性只是仁义礼智。"[⑥]意思是，一个人的心就像一个县衙，县衙中有许多部门、职事，心也是这样，性、命等都有其地位。

人与非人之所以有差别，是因为其性不一样，而性的差别又根源于禀气不同。例如，由于禀受了天地之偏气，因此其性也有偏，如鸟只知孝、獭只知祭、犬但能守御，而人的性得到了全面禀受，故可"无不知、无不能"[⑦]。人类之内的差别可如此类推，例如，人与人之所以有差别，是由于人所禀之气有浊清之异。"就

① [南宋]黎靖德编：《朱子语类（一）》，王星贤点校，中华书局1986年版，第57页。
② [南宋]黎靖德编：《朱子语类（一）》，王星贤点校，中华书局1986年版，第58页。
③ [南宋]黎靖德编：《朱子语类（一）》，王星贤点校，中华书局1986年版，第58页。
④ [南宋]黎靖德编：《朱子语类（一）》，王星贤点校，中华书局1986年版，第56页。
⑤ [南宋]黎靖德编：《朱子语类（一）》，王星贤点校，中华书局1986年版，第57页。
⑥ [南宋]黎靖德编：《朱子语类（一）》，王星贤点校，中华书局1986年版，第64页。
⑦ [南宋]黎靖德编：《朱子语类（一）》，王星贤点校，中华书局1986年版，第66页。

人之所禀而言，又有昏明、清浊之异。”[①]禀清气，即为优秀的人，反之，即为凡愚。

邵雍讨论了性与其载体的关系，认为性总是某物之性，此作为性之载体的物即为性之体。两者是相互依存的关系，他说：“性非体不成，体非性不生。”[②]相对于静来说，动即为性，其静则为体。“动者性也，静者体也……性得体而静，体随性而动。”[③]就性与气的关系来说，“气则养性，性则乘气，故气存则性存，性动则气动也”[④]。戴震认为，人身上的性的载体是血气心知。他说：“血气心知，性之实体。”[⑤]

“性”的一种更宽泛的用法是，让“性”既指万物的共性，又指万物的个性。相同于其他用法的地方在于，这种用法仍认为性不是人为的、主观任意的，而是事物产生时客观固有的。但这种用法同时认为，天授于人和物的，既有共性，又有个性。如《大戴礼记》所云：“分于道谓之命，形于一谓之性。”[⑥]戴震说：“言分于阴阳五行以有人物，而人物各限于所分以成其性。”[⑦]意思是，人物是从阴阳五行的运动变化中产生出来的，而各个人和物所分得的东西、所形成的组合是不一样的，因此其个性又相互区别。就性的内容而言，戴震认为，性既不局限于孟子所说的四端，也不局限于静。《礼记・乐记》曰：“人生而静，天之性也。感于物而动，性之欲也。”[⑧]戴震的发挥是，人性除有本静的一面之外，还有血气心知，这种本性在人未感于物时也存在，清静明亮。它是天授予人的本性。戴震说：“盖方其静也，未感于物，其血气心知，湛然而无有失，故曰‘天之性’。”[⑨]总之，成之者性。“分于阴阳五行以为血气、心知、品物，区以别焉，举凡既生以后所有之事，所具之能，所全之德，咸以是为其本。”[⑩]这就是说，性是阴阳五行在形成事物时表现出来的相互区别的性质特点，如产生之后所有之事（欲望）、所具之能、所全之德等，都是性。性的根源既有道，即阴阳五行之运行，同时又与

① [南宋]黎靖德编：《朱子语类（一）》，王星贤点校，中华书局1986年版，第72页。
② [明清之际]黄宗羲：《宋元学案（一）》，陈金生、梁运华点校，中华书局1986年版，第376页。
③ [明清之际]黄宗羲：《宋元学案（一）》，陈金生、梁运华点校，中华书局1986年版，第376页。
④ [明清之际]黄宗羲：《宋元学案（一）》，陈金生、梁运华点校，中华书局1986年版，第376页。
⑤ 安正辉选注：《戴震哲学著作选注》，中华书局1979年版，第116页。
⑥ 安正辉选注：《戴震哲学著作选注》，中华书局1979年版，第116页。
⑦ 安正辉选注：《戴震哲学著作选注》，中华书局1979年版，第116页。
⑧《礼记・乐记》。
⑨ 安正辉选注：《戴震哲学著作选注》，中华书局1979年版，第65页。
⑩ 安正辉选注：《戴震哲学著作选注》，中华书局1979年版，第128页。

具体产生的过程、环境因素有关，因此，每个事物所分得的性又不一样。“一言乎分，则其限之于始，有偏全、厚薄、清浊、昏明之不齐，各随所分而形于一，各成其性也。”①

由于放宽了对性的理解，因此戴震认为，人性的内容不只是仁、义、礼、智四端。例如，阴阳五行决定了人的血气心知，这也是人之性的表现。他说：“人之血气心知本乎阴阳五行者，性也。如血气资饮食以养……心知之资于问学，其自得之也亦然。”②另外，人之心知能力的差异，是由禀天（天定）的差异所决定的，也属于人性。“人之血气心知，其天定者往往不齐，得养不得养，遂至于大异。”③至于具体的人性那就更多了，如“喜怒哀乐，爱隐感念，愠懆怨愤，恐悸虑叹，饮食男女，郁悠蹙咨，愉舒好恶之情，胥成性则然，是故谓之道”④。这些都是性禀于人而后发生的，因此具有其必然性。

“性”的另一种用法，是以“性”表示人的道德的本源。它生而即有，具有天赋性，但又不是现实的道德品性，而是人的后来的德行、成圣的先天可能性根据，类似于莱布尼茨所说的“大理石花纹”。不同在于，莱布尼茨所说的先天种子主要限于认识论领域，而中国心灵哲学所说的作为种子的性则属于道德、做人的范围。早期儒家所说的“性”一般指的是这种先天实在。牟宗三先生强调：中国儒家所说的性不同于西方人所说的人性，指的是“秉彝”。《诗经·大雅·烝民》说：“天生烝（众多）民，有物有则，民之秉彝，好是懿德。”⑤“秉”指的是执持，来自大自然的赐予而执持不失；“彝”原指的是置于宗庙中用于祭祀典礼的常用礼器，转义即指人身上的常性。人的常性就是孟子所说的“悦理义”之心。牟宗三先生说：“一切道德、伦常之理皆从此常性表现，人心具有好善好恶的常性。”⑥这就是先儒所说的人性。《中庸》云：“天命之谓性，率性之谓道。”⑦孔子说：“性相近，习相远。”⑧这里的文字尽管简略，但对人性的哲学问题做出了回答：第一，孔子承认人有共同的本性，此即“相近”；第二，人性

---

① 安正辉选注：《戴震哲学著作选注》，中华书局 1979 年版，第 128 页。
② 安正辉选注：《戴震哲学著作选注》，中华书局 1979 年版，第 80 页。
③ 安正辉选注：《戴震哲学著作选注》，中华书局 1979 年版，第 80 页。
④ 安正辉选注：《戴震哲学著作选注》，中华书局 1979 年版，第 21 页。
⑤《诗经·大雅·烝民》。
⑥ 牟宗三：《宋明儒学的问题与发展》，华东师范大学出版社 2004 年版，第 42 页。
⑦《中庸·第一章》。
⑧《论语·阳货》。

又有可变、可塑的一面，例如，“习”或熏习、环境又能使不同的人有不同的乃至差距甚远的性质；第三，人性与后天环境、教育、习惯有密切关系。

孟子认为，性是先天授予事物的本性、本质，与生俱来。孟子说：“天之降才。”[①]“才”即才质，亦即事物一开始就有的内在构成与本质。每种事物都是如此，人亦不例外，也有这样的“性”。人天生的本性或才质有两方面：一是人由自然所使然的先天的生理、心理本能或性质。例如，必有特定的形色；有吃饭等生理需要；特定感官对相应的对象能做出反应，如眼之于色、耳之于声等。二是人先天具有的潜在善良的道德本性或种子，如有仁、义、礼、智、信“五端”。这些是不需学、不需虑知的良能、良知。“人之所不学而能者，其良能也；所不虑而知者，其良知也。”[②]例如，人生来都有恻隐之心、羞恶之心、恭敬之心、是非之心，它们分别是仁之端、义之端、礼之端、智之端。“人之有是四端也，犹其有四体也。”[③]只要是人，都天生有此四端，因此可以说，它们是“人心所同然者”。既然如此，“人皆可以为尧舜”[④]。

孟子的这些思想有重要的心灵哲学意义。他认为，心生来不是白板，而是具有其“才质”、矿藏。此“才”为“天之降才”，即先天固有、自然而有。因此心灵哲学的一个任务就是要“知其性”[⑤]。怎样才能如此呢？别无他途，就是对心做开发性、挖掘性探讨，穷尽此心。如果能如实识心，那么就能认识大自然或天的本质与规律。孟子说：“尽其心者，知其性也；知其性，则知天矣。”[⑥]当然，中国心灵哲学在认识心性的两重意义即对于知的意义和治的意义中，更突出后一意义。《淮南子》认为，无论治心还是治国，都必须以返性为务。“为治之本，务在安民；安民之本，在于足用。”[⑦]

荀子也认识到，性是包括心在内的事物生来就有的资质，因此识心必须识性。而性本身又不是白板，里面也有资质、纹理。他说：“性者，天之就也；情者，性之质也。”[⑧]情即性的具体表现和内容，或者说是性的展开、性的实现了的情

①《孟子・告子上》。
②《孟子・尽心上》。
③《孟子・公孙丑上》。
④《孟子・告子下》。
⑤《孟子・尽心上》。
⑥《孟子・尽心上》。
⑦［西汉］刘安：《淮南子・人间训》。
⑧《荀子・正名》。

况。例如，“性之好恶喜怒哀乐谓之情”①。而情又与欲有关。所谓欲即对可得之物的欲求，是人的天性。“欲者，情之应也。以所欲为可得而求之。”②这就是情，而此情是“必不免”的。

中国化佛教中有两种关于“性”的独特用法，如“人我的自性”“佛性”。前一用法常出现在世俗对一种实体性我的看法中，如认为人有我，就是有自性，此自性能在不同时空中保持不变。佛教否定生命之上有这种性。后一用法所说的“性”完全不同，指的要么是人的体性、真心或本心，要么是成佛的因性、根据。由于本书有专章论述中国佛教的心灵哲学，这里从略。

理学家所说的“性”也有其特殊之处，值得考释。例如，他们除了仍在孟子的意义上使用“性”一词之外，有时还把它当作理的同义词，如说：“性即理性，所谓理，性是也。”③性即一切事物受之于天的本性，此性即理。当然，两个词的侧重点有所不同，如“自理言之谓之天，自禀受言之谓之性”④。二程如此界定性有调和孟子、告子人性论之对立的动机。他们说：“告子言生之谓性，通人物而语之也。孟子道性善，极本原而言之也。生之谓性，其言是也。然人有人之性，物有物之性，牛有牛之性，马有马之性，而告子一之，则不可也。”⑤“上天之载，无声无臭，其体则谓之易，其理则谓之道，其用则谓之神，其命于人则谓之性。”⑥邵雍也说：“天使我有是之谓命，命之在我之谓性，性之在物之谓理。”⑦

朱熹也承认性与理在本质上的一致，他说：“天命，如君之命令，性，如受职于君，气，如有能守职者。”⑧只是一个理，在人身上即表现为仁、义、礼、智四性，“然四者有何形状？亦只有如此道理。有如此道理，便做得许多事出来，所以能恻隐、羞恶、辞让、是非也。譬如论药性，性寒、性热之类，药上亦无讨这形状处，只是服了后，却做得冷、做得热底，便是性，便只是仁义礼智”⑨。“合而言之，则天即理也，命即性也，性即理也。”“理者，天之体，命者，理

①《荀子·正名》。
②《荀子·正名》。
③［北宋］程颐、程颢：《二程集》，王孝鱼点校，中华书局2004年版，第292页。
④［北宋］程颐、程颢：《二程集》，王孝鱼点校，中华书局2004年版，第296页。
⑤［北宋］程颐、程颢：《二程集》，王孝鱼点校，中华书局2004年版，第1253页。
⑥［北宋］程颐、程颢：《二程集》，王孝鱼点校，中华书局2004年版，第4页。
⑦［北宋］邵雍：《观物外篇》。
⑧［南宋］黎靖德编：《朱子语类（一）》，王星贤点校，中华书局1986年版，第63页。
⑨［南宋］黎靖德编：《朱子语类（一）》，王星贤点校，中华书局1986年版，第63页。

之用。”[①]但他同时又认为，它们之间还是有区别的，例如，“性”是天理在人身上的体现，只表现在人生之后，在生之前无所谓性。正因为有这样的看法，他才把自己的思想与佛教区别开来。他说：“人之性本实，而释氏以性为空也。”[②]实的表现是有仁、义、礼、智四者，它们是“未发之性”。[③]这就是说，即使就性的本体、本源来说，也是有内容的，而不像佛教所说的是体空的。因为上述四性是人的本体，现实的人的一切都由它派生出来。他说：“人只是此仁义礼智四种心，如春夏秋冬，千头万绪，只是此四种心发出来。”[④]再者，它们所指的实尽管是同一的，但表述的角度、侧重点是不同的。他说：“天则就其自然者言之，命则就其流行而赋于物者言之，性则就其全体而万物所得以为生者言之，理就其事事物物各有其则者言之。”[⑤]

就性与心、情的关系而言，心有两种状态：一是未动，二是已动。未动即心之性，已动即心之情。所以“心统性情”，“心如水，性犹水之静，情则水之流，欲则水之波澜”。[⑥]性不是心中的一个东西，而是心之体。

还有一种用法也很常见，就是把“性”理解为事物的自性、本性，即指一类事物独有的、能区别于别的事物的内在素质，或天然如此的质素。庄子说：“性之所能，不得不为也；性之所不能，不得强为。”[⑦]这说明，性即可能性根据、资源、质素，它们决定了拥有此性质的事物的可能和不可能的范围及程度。郭象认为，这种性有如下特点：①天生如此；②有具体而特定的内容，一物之所以不同于别物，纯由它的性所决定，例如，马有可乘之性，一般百姓“性不可去者，衣食也；事不可废，耕织也”[⑧]；③性是不可改变的，“天性所受，各有本分，不可逃，亦不可加也”[⑨]；④性的作用方式很特别，它只是一种可能性，没有相应条件，它什么用也没有，但若有条件，则又能表现出极其关键的作用，如以规律的形式决定有此性的事物的现实化方式。事物能成为什么、不能成为什么、将

① [南宋]黎靖德编：《朱子语类（一）》，王星贤点校，中华书局1986年版，第82页。
② [南宋]黎靖德编：《朱子语类（一）》，王星贤点校，中华书局1986年版，第104页。
③ [南宋]黎靖德编：《朱子语类（一）》，王星贤点校，中华书局1986年版，第104页。
④ [南宋]黎靖德编：《朱子语类（一）》，王星贤点校，中华书局1986年版，第105页。
⑤ [南宋]黎靖德编：《朱子语类（一）》，王星贤点校，中华书局1986年版，第82页。
⑥ [南宋]黎靖德编：《朱子语类（一）》，王星贤点校，中华书局1986年版，第93页。
⑦《庄子·外物》。
⑧《庄子·山木》。
⑨《庄子·养生主》。

达到什么程度，完全由性所定。如庄子所说的："性之所能，不得不为也；性所不能，不得强为。"[①]庄子以马为例说明了"性"的所指。马"性"即马天生具有的可能性资源。这是利用它必须依据的规律，因为这些资源决定了它的可能和不可能的范围。例如，它有"龁草饮水，翘足而陆"、供人乘骑的可能性，不适于强加种种训练、装饰，否则它就会死掉，因此马"性"即马的天生的、决定它的可能和不可能范围的"真性"。

郭象认为，"性"是万物得以产生的本性、真性。由于它是具体事物或迹象、表象的所以然，因此也可作"所以迹"。"所以迹者，真性也。夫任物之真性者，其迹则六经也。"[②]

郭象在论述性的过程中还提出了性分与无"分"的关系问题。通常的理解是，将性与性分当作同义词看待，而郭象则不同。根据王晓毅对郭象的新的研究，在郭象那里，"性分"中的分是指"片面局限，故有特点、可区分"[③]，因此只能说性分是凡夫的人性。"郭象笔下的圣人之性是无局限性的，因而是无'分'的。"[④]不过，凡夫的性分是先天铸就的，与后天环境、努力无关。因为它们是"天性所受"，因此"各有本分，不可逃，亦不可加也"[⑤]。这就是说，性分也是一种先天的可能性，只有为其提供相应条件，才能表现为现实的能力、性格、气质。"物虽有性，亦须数习而后能耳。"[⑥]天然的性的样式很多、范围很大，如男女之类的生理本能、心理的气质性格等，甚至人的等级、地位、荣辱富贵、是凡是圣，都包含有对应的不可易的性分。郭象说："夫时之所贤者为君，才不应世者为臣，若天之自高，地之自卑，首自在上，足自居下。"[⑦]这些都由天定的性分决定好了。

董仲舒鉴于"性"之用法的混乱，提出应为之"正名"。他强调：性本善，但性又不是善，两者的关系是禾与米的关系。一方面，禾潜在地包含着米，但条件不成熟则不能成为米；另一方面，米在条件具备时，会从禾中长出来，而禾本

---

① 《庄子·外物》。
② 《庄子·天运》。
③ 王晓毅：《郭象评传》，南京大学出版社 2006 年版，第 273 页。
④ 王晓毅：《郭象评传》，南京大学出版社 2006 年版，第 273 页。
⑤ 《庄子·养生主》。
⑥ 《庄子·达生》。
⑦ [唐]成玄英：《庄子·齐物论》。

身不是米。他说："禾虽出米，而禾未可谓米也。"[①]米是继天而成于外，善也是如此，源于性，但本身不是性。"性有善质，而未能为善也。"[②]基于这种区分，他不赞成孟子的性善论，因为他认为人尽管同有此性，但不一定同善。如前所述，性与善不能等同，如禾与米的关系。不仅性不能等于善，而且还必须认识到，不同事物的性是不一样的。这是经常被弄错的一点。例如，卵之性未能作雏，茧之性未能作丝，麻之性未能为缕。同理，圣人有圣人的性，斗筲之人有斗筲之人的性，中民有中民的性。在正名的基础上，他提出了自己带有折中、综合性质的性三品说，即认为人性有如下三种或品：圣人之性、中民之性、斗筲之性。[③]

在道家、道教哲学中，"性"有一种近于佛教的用法，即让它指称妙本、真性、道性或万物的无为体性。《三论元旨》云："妙本者，则自然之奥也。夫自然者，无为之性，不假他因，故曰自然。"[④]从作用上说，性无生而无所不生。道家、道教喜欢说道性。所谓道性即指得道之所由，或可能性根据、资源。宋文明说："得道之所由，由有道性，如木中之火，石中之玉，道性之体，冥默难见。"[⑤]当然，道性不是什么事物都能拥有的，只有有心识的动物才有，无心识或无含识（不含有心识）的草木水石无道性，只有物性，因而无所谓得道、不得道的问题。他说："有识所以异于无识者，以其心识明暗，能有取舍，非如木石，虽有本性，而不能取舍者也。"[⑥]很显然，这种道性论类似于佛教的佛性论，关心的是道性与人性的关系问题，尤其是人的道性如何起源，以及包含什么样的资源、本质特点、作用和现实化条件等的问题。

由于性太复杂了，道教也对性进行了区分，例如，认为在人身上有两层不同的性：第一层是五行之性。五行即金、木、水、火、土。每行都有自己的性。《北游录》说："人禀五行之气以生，故亦随其性，如木性多仁，火性多礼之类是也。"[⑦]如果说这是相对浅表的五行之气的气性的话，那么人身上还有更深、更本源性的性，即第二层的真性或常性。

---

① 阎丽：《董子春秋繁露译注》，黑龙江人民出版社 2003 年版，第 181 页。
② 阎丽：《董子春秋繁露译注》，黑龙江人民出版社 2003 年版，第 181 页。
③ 阎丽：《董子春秋繁露译注》，黑龙江人民出版社 2003 年版，第 182 页。
④《三论元旨》，载《正统道藏·太玄部》卑字号。
⑤ [南朝梁]宋文明：《道德义渊》卷上。
⑥ 转引自卢国龙：《道教哲学》，华夏出版社 2007 年版，第 207 页。
⑦《北游录》，载《正统道藏·正一部》鼓字号。

在性与道的关系问题上，《北游录》的看法是①性中有道的根源，“人性本去道不远”[①]，但由于性入肉体后为其所玷污，为其覆蔽，因此好像与道有距离；②真性或常性与道本来合一，修行的目的就是要让被覆蔽、隔障的性与道融合为一，“人生于道而能复于道，是不失其常性矣”[②]。真性或常性可先于五行之气性，因此可以说是一个超越五行气性、父母未生前的真体世界。当然，当生成了五行构成的身心构造时，此真性也可存在于其内，这就是真心、平常心。只是由于爱欲、习气的覆盖，此真性不能为人所知。道与性有时是有差别的，就起源而言，道是万物的本原，同时是性的根源。就此而言，性不同于道。但就性是道在人身上的体现而言，性就是道，至少是道的一种表现。

盘山派所说的性的内涵和外涵有一变化，即不再简单地把性理解为真心，而是认为，性有深浅之别。最深层的性即体性、真心，表层的性有利钝之分。“修行之人，性有利钝，性钝者，不可坚执，宜住丛林，低下存心，与达理明心之人结缘。”[③]这种性即气性，其利钝是由禀气的清浊所决定的。换言之，性有体用，视听食息尽管不是性本身，但却是性之用。“道性不即此是”，即不等于视听言动、思虑抉择，但又“不离此是”，因为“动静语默是性之用，非性之体也”，“性之体则非动非静，非语非默”。[④]

张伯端认为，有元神之性和欲念之性两种。这种分法对张载的分类有一定的影响。后者认为，性可分为天地之性和气质之性。一般认为，张载是这种分类的创始人。胡孚琛说：张载的思想来自张伯端。因为后者曾先于张载提出：“欲神者，气质之性也。元神者，先天之性也。”[⑤]张伯端说：“盖心者，君之位也。以无为临之，则其所以动者，元神之性耳；以有为临之，则其所以动者，欲念之性耳。有为者，日用之心，无为者金丹之用心也。”[⑥]由于性有二分，因此神也是如此。他说：“夫神者，有元神焉，有欲神焉。元神者，乃先天以来一点灵光也；欲神者，气禀之性也。元神乃先天之性也，形而后者气质之性。”[⑦]

① 《北游录》，载《正统道藏·正一部》鼓字号。
② 《北游录》，载《正统道藏·正一部》鼓字号。
③ 《盘山录》，载《正统道藏·太玄部》卑字号。
④ 《盘山录》，载《正统道藏·太玄部》卑字号。
⑤ 胡孚琛：《道学通论（修订版）》，社会科学文献出版社 2009 年版，第 382 页。
⑥ [北宋]张伯端：《青华秘文》。
⑦ [北宋]张伯端：《青华秘文》。

李道纯对性也做了大致相同的二分，但具体说法和规定不同。他认为，一是真性，可称本来真性、本然慧性、本然真性。它“先天至神，一灵之谓也”，“人之极也，中天地而立命，禀虚灵以成性”。[①]二是习性，可称作血气禀赋之性、习染俗气性或识性。

语言哲学的语言分析方法是减轻或消除语言混乱的行之有效的方法。中国哲学也懂得这个道理，例如，王阳明认为，对“性”的不同理解、规定实际上是由人们看问题的角度、言说方式所造成的，孟荀言善言恶就是如此，其实他们并无对立。他说：“有自本体上说者，有自发用上说者，有自源头上说者，有自流弊处说者。”[②]意为性之本体原是无善无恶的，发用上既可为善也可为恶。孟子说性，直接从源头上说来，亦是说个大概如此；荀子性恶之说，是从流弊上来说的。人的善恶、愚智的差别其实也不难理解，因为每个人的身体像盛水的器皿一样，性像水一样，身体有大小、好坏之别，因此所盛的水（性）不同。“气质犹器也，性犹水也。均之水也，有得一缸者，得一桶者，有得一瓮者，局于器也。气质有清浊厚薄强弱之不同，然其为性则一也。能扩而充之，器不能拘矣。”[③]性与心的关系也是这样，体是一，看问题的角度不同，说法就有差别。王阳明说：“心之本体即是性。”[④]心之本体就是心，因此心也就是性，“心，性也”[⑤]。从性与气的关系来看，“气之灵，皆性也。人得气以生而灵随之”[⑥]。王阳明的上述思想可概括为“一实多名论”。例如，心与性并不是两个东西，而是对同一实在从不同角度所做的描述。就主体而言，可称作心，就其体来说，心即性。他说：“所谓汝心，却是那能视听言动的。”[⑦]由于有性，心才有这些作用，因此也可说，心即性。就心有“自然灵昭明觉”这一本性而言，可以说心就是良知。“良知乃天命之性，吾心之本体，自然灵昭明觉者也。”[⑧]总之，本体就一个，“性一而已”，或者说世界就一个，可用不同名称从不同角度予以述说。“所谓汝心，却是那视听言动的，这个便是性，便是天理。有这个性，才能生这性之生理，便

---

① [南宋]李道纯：《中和集·玄门宗旨》。
② [明]王守仁：《王阳明全集（上）》，吴光、钱明、董平等编校，上海古籍出版社2012年版，第101页。
③ [明]王守仁：《王阳明全集（下）》，吴光、钱明、董平等编校，上海古籍出版社2012年版，第968页。
④ [明]王守仁：《王阳明全集（上）》，吴光、钱明、董平等编校，上海古籍出版社2012年版，第22页。
⑤ [明]王守仁：《王阳明全集（上）》，吴光、钱明、董平等编校，上海古籍出版社2012年版，第222页。
⑥ [明]王守仁：《王阳明全集（中）》，吴光、钱明、董平等编校，上海古籍出版社2012年版，第781页。
⑦ [明]王守仁：《王阳明全集（上）》，吴光、钱明、董平等编校，上海古籍出版社2012年版，第32页。
⑧ [明]王守仁：《王阳明全集（中）》，吴光、钱明、董平等编校，上海古籍出版社2012年版，第802页。

谓之仁。这性之生理，发在目便会视，发在耳便会听；发在口便会言，发在四肢便会动。”[①]二程也有一实多名的思想，他们认为，性也可说是心，是命，是道，是体，“心则性也，在天为命，在人为性，所主为心，实一道也”[②]。如此看问题，说天命之性与禀受之性也无冲突，因为它们是从不同角度说的。“‘天命之谓性’，此言性之理也。”[③]即从体上说，性即理，即天命之性，但从生成的角度说，性即禀受之性。“‘生之谓性’，止训所禀受也。”“今人言天性柔缓，天性刚急，俗言天成，皆生来如此，此训所禀受也。”[④]

除上述用法之外，“性”的用法还有很多，例如，强调性有不同的层次：一是指与体性有关的本性，或就是体性，如“佛性”，此即深层次的、本原性的性。二是表层的，这又有多种情况：首先，指孝、廉、悌、温、雅等德行。例如，魏晋才性之辩中的“性”，许多就是在此意义上使用的，如“祖光禄少孤贫，性至孝”[⑤]“隐之既有至性（孝），加以廉洁”[⑥]。其次，指人的嗜好、兴趣、志趣，如“（王肃）性嗜荣贵，不求苟合”[⑦]“（孙统）性好山水”[⑧]“民性饮道嗜味”[⑨]。最后，气质之性，即后天环境等塑造的、作为可能性种子存在的品质、倾向、禀赋、性格，如“（陆亮）性高明率至”[⑩]“陶公性检厉（检点、严厉）”[⑪]“羊忱性甚贞烈”[⑫]。这类用法很多，涉及不同人的各具特色的性格、个性，如“才性清婉”“性弘静”“性清淳”“性刚”“性轻率”“性矜假多烦”“性宏放”“性忠厚”“性倨傲”“性虚淡”“性平简”“性简要”等。

徐复观先生也提出了自己的一种理解，即强调应从其原义理解“性”，而“性”的原义、本义即指生来就有的东西，包含有“生”的部分意义。他说：性字之含义，若与生字无密切之关联，则性字不会以生字为母字。但如果只看到生的意义，

① ［明］王守仁：《王阳明全集（上）》，吴光、钱明、董平等编校，上海古籍出版社2012年版，第32页。
② ［北宋］程颐、程颢：《二程集（下）》，王孝鱼点校，中华书局2004年版，第1252页。
③ ［北宋］程颐、程颢：《二程集（上）》，王孝鱼点校，中华书局2004年版，第313页。
④ ［北宋］程颐、程颢：《二程集（上）》，王孝鱼点校，中华书局2004年版，第313页。
⑤ ［南朝宋］刘义庆：《世说新语译注》，张伪之译注，上海古籍出版社2012年版，第27页。
⑥ ［南朝宋］刘义庆：《世说新语译注》，张伪之译注，上海古籍出版社2012年版，第52页。
⑦ ［南朝宋］刘义庆：《世说新语译注》，张伪之译注，上海古籍出版社2012年版，第517页。
⑧ ［南朝宋］刘义庆：《世说新语译注》，张伪之译注，上海古籍出版社2012年版，第750页。
⑨ ［南朝宋］刘义庆：《世说新语译注》，张伪之译注，上海古籍出版社2012年版，第754页。
⑩ ［南朝宋］刘义庆：《世说新语译注》，张伪之译注，上海古籍出版社2012年版，第170页。
⑪ ［南朝宋］刘义庆：《世说新语译注》，张伪之译注，上海古籍出版社2012年版，第179页。
⑫ ［南朝宋］刘义庆：《世说新语译注》，张伪之译注，上海古籍出版社2012年版，第303页。

那显然也不够，因为性字中一定有生字表达不了的意义，否则不会造出性字。这就是说，性字的独有意义既体现在“生”中，又体现在作为偏旁的“心”中。他的理解是“性之原义，应指人生而即有的欲望、能力等而言，有如今日所说之‘本能’。其所从心者，心字出现甚早，古人多从知觉感觉来说心；人的欲望、能力，多通过知觉、感觉而始见，亦即通过心而始见。所以性字便从心。其所以从生者，既系标声，同时亦即标义；在生命之中，人自觉有此作用，非由后起，于是即称此生而即有的作用为性……此当为性字之本义。”①

牟宗三先生认为，应认识到人性具有双重意义。与其把这看作是对传统儒学人性论的诠释，不如把它看作是牟宗三先生自己的人性论建构。他说：“上层的人性指创造之真几”②，它源于天道、天命，是“根据天命、天道而为性”，“这个性当然是偏重‘道’方面说的，偏重‘天命流行之体’，创造真几方面说的。此是道边事、神边事，不是气边事”③，“天命之性，无论如何……总是一种超越意义之性，价值意义之性”④。《大戴礼记·本命》云：“分于道谓之命，形于一谓之性。”“下层的人性指‘类不同’的性”⑤，即在人、禽兽、物等不同类事物中共同表现出来的低层次的自然属性、结构之性或气命之性。“结构之性亦即是‘类不同’之性。”⑥人可以有此性，在有此性时，“他仍然与草木瓦石各不同类”⑦，但有它们所具有的情性、本能。从其渊源来说，这种性不是根源于道或命的，而是根源于气，因此可说这类性是“气命之性”，“气命之性即是气的结聚之性”。⑧

在“性”的理解中，争论最大的是“性”的所指究竟是一还是多，换言之，客观上是否存在着不同种类的性？是否能够对之做出分类？一种看法认为，只有一种性，即本然之性，因此反对对性做本然、气质二分。心学家唐枢说：“性无本然、气质之别。天地之性，即在形而后有之中。天之所赋，元是纯粹至善。气质有清浊纯驳不同，其清与纯本然不坏，虽浊者、驳者而清纯之体未尝全变。其

① 徐复观：《中国人性论史（先秦篇）》，上海三联书店2001年版，第6页。
② 牟宗三：《中国哲学的特质》，吉林出版集团有限责任公司2010年版，第63页。
③ 牟宗三：《中国哲学的特质》，吉林出版集团有限责任公司2010年版，第65页。
④ 牟宗三：《中国哲学的特质》，吉林出版集团有限责任公司2010年版，第63-66页。
⑤ 牟宗三：《中国哲学的特质》，吉林出版集团有限责任公司2010年版，第63页。
⑥ 牟宗三：《中国哲学的特质》，吉林出版集团有限责任公司2010年版，第64页。
⑦ 牟宗三：《中国哲学的特质》，吉林出版集团有限责任公司2010年版，第64页。
⑧ 牟宗三：《中国哲学的特质》，吉林出版集团有限责任公司2010年版，第66页。

未全变处，便是本性存焉。”[①]即只有天地之性。“夫性一而已矣，始终唯我，故谓之一。”“若谓禀来由天，而变化由我，则成两截。”[②]一般认为，气质之性就是由变化而来的性，例如，气受染污，我之染之，“故可变化”。天赋的性，就是不可变化的，如红花必不可为绿花。如果说有气质之性的话，那也只是表面上的，例如，人的恶的一面，有教而不改，等等。这些所谓的气质之性的本质仍是天地之性，例如，生而恶者，岂不知是非？有教不改者，心并不昧，如在刑威面前就知畏惧等，“故曰无气质之性”[③]。

占主导地位的观点是，认为性就层次、种类、内容而言，是极为复杂的，不能认为只有一个性。《文始真经》认为，性确实包括体性。万物只有这个体性，即体空、虚无。“在大化中，性一而已，知夫性一者，无人无我，无死无生。”[④]但性同时有不同的层次。万物的共同体性是虚无，每类事物又有自己的共性，个别事物有自己的特性。例如，上等人和中等人尽管天性相同，但又各有不同的性。《冲虚至德真经》也说：“上等之人得其性则天下理（得到大治），中等之人得其性则天下大乱。”[⑤]

《淮南子》认为，在不同层次的性中，最高的是道，其次是每类事物的性，如人性、动物性[⑥]；或者说，第一级的性是道德本性、善性，第二级是现实的本性，例如，欲望满足即有乐，此就是人的天性之一。“凡人之性，心和（平）欲得（得到满足），则乐，乐斯动（快乐即要激动），动斯蹈（顿足舞手），蹈斯荡（放荡），荡斯歌，歌斯舞。”“人之性，心有忧丧则悲，悲则哀，哀斯愤。”[⑦]

最常见的是把性区分为天地之性和气质之性。前者是义理、本体、本性，纯然为善；后者是气质、才，构成了对本性的蒙蔽。二程认为，有两种性：一是本原之性，即“极本穷源之性”，亦即最根本的性；二是受生时形成的或受生后所具有的性，亦即因禀不同的气而形成的气质之性，如性急和性缓之性、贤愚之性等。“且如言人性善，性之本也。生之谓性，论其所禀也。”[⑧]他们有时还把生

① [明清之际]黄宗羲：《明儒学案（下）》，沈芝盈点校，中华书局2008年版，第958页。
② [明清之际]黄宗羲：《明儒学案（下）》，沈芝盈点校，中华书局2008年版，第858页。
③ [明清之际]黄宗羲：《明儒学案（下）》，沈芝盈点校，中华书局2008年版，第858页。
④《文始真经·七釜》。
⑤《冲虚至德真经·臣道》。
⑥ [西汉]刘安：《淮南子·泰族训》。
⑦ [西汉]刘安：《淮南子·本经训》。
⑧ [北宋]程颐、程颢：《二程集》，王孝鱼点校，中华书局2004年版，第207页。

之谓性的性称作“才”，认为性出于天，才出于气，而讨论人性，必须同时关注性与气。因为“论性不论气，不备；论气不论性，不明”[①]。

张载说：“由太虚，有天之名，由气化，有道之名。合虚与气有性之名。”[②]从性与心的关系来说，心根源于性，性与知觉结合便有了心。他说：“合性与知觉，有心之名。”[③]性像神一样是气所固有的东西，他说：“凡可状，皆有也；凡有，皆象也；凡象，皆气也。气之性，本虚而神，则神与性乃气所固有。”[④]“其成就者性也”[⑤]有两种性：一是天地之性，二是气质之性。天地之性是禀赋了太虚本体之气而成的性，气质之性是禀赋了构成人身的具体的聚散之气的性。所谓气质指的是变化，气之质即变化，简言之，“变化气质”[⑥]。“气有刚柔、缓速、清浊之气也，质，才也。气质是一物，若草木之生亦可言气质。”[⑦]人的气质，形式多样，如美恶、贵贱、寿夭。气质尽管有其“定分”，但“学即修移”[⑧]，这种性是事物表现出的浅表的性质特点。“如言金性刚，火性热，牛之性，马之性也，莫非固有。凡物莫不有是性，由通蔽开塞，所以有人物之别，由蔽有厚薄，故有智愚之别。”[⑨]从与形体的关系来看，它不能离开形体，是附随形的出现而出现的性，故说形而后有气质之性。

朱熹对天地之性和气质之性的区分、说明更明了。他说：“论天地之性，则专指理言，论气质之性，则以理与气杂而言之。”[⑩]两者又有相互依赖的关系，例如，“性只是理，气质之性亦只是这里出”，“天命之性，若无气质，却无安顿处，且如一勺水，非有物盛之，则水无归著”，“性非气质，则无所寄，气非天性，则无所成”。[⑪]

陈埴也把性区分为两种，但名称换成了义理之性与血气之性。他强调，本来只有一性，但由于各人禀赋不一样，所以对性做出了区分。“性者人心所具之天

① [北宋]程颐、程颢：《二程集》，王孝鱼点校，中华书局2004年版，第252页。
② [北宋]张载：《张载集》，章锡琛点校，中华书局1978年版，第9页。
③ [北宋]张载：《张载集》，章锡琛点校，中华书局1978年版，第9页。
④ [北宋]张载：《张载集》，章锡琛点校，中华书局1978年版，第63页。
⑤ [北宋]张载：《张载集》，章锡琛点校，中华书局1978年版，第187页。
⑥ [北宋]张载：《张载集》，章锡琛点校，中华书局1978年版，第265页。
⑦ [北宋]张载：《张载集》，章锡琛点校，中华书局1978年版，第281页。
⑧ [北宋]张载：《张载集》，章锡琛点校，中华书局1978年版，第266页。
⑨ [北宋]张载：《张载集》，章锡琛点校，中华书局1978年版，第374页。
⑩ [南宋]黎靖德编：《朱子语类（一）》，王星贤点校，中华书局1986年版，第67页。
⑪ [南宋]黎靖德编：《朱子语类（一）》，王星贤点校，中华书局1986年版，第66-67页。

理，以其禀赋之不齐，故先儒分别出来，谓有义理之性，有气质之性。仁义礼智者，义理之性也。知觉运动者，气质之性也。”[①]两者的关系是相互依赖。“有义理之性而无气质之性，则义理必无附著，有气质之性而无义理之性，则无异于枯槁之物，故有义理以行乎血气之中，有血气以受义理之体，合理与气而性全。”[②]

魏晋时期的哲学家刘劭也承认有先天之性和气质之性，且对气质之性的说明极有特色，认为由后天构成因素之和合作用而产生的性，即通常所说的“生之谓性”。这种性根源于五行的搭配。“其在体也，木骨、金筋、火气、土肌、水血，五物之象也。”[③]有五行必有五象，进而有五质、五性、五德。它们的关系是如图9-1所示。

五行		五象（体）		五质		五性		五德
木	→	骨	→	骨植而柔	→	弘毅	→	仁
金	→	筋	→	筋劲而精	→	勇敢	→	义
火	→	气	→	气清而朗	→	文理	→	礼
土	→	肌	→	体端而实	→	贞固	→	智
水	→	血	→	色而平畅	→	通征	→	信[①]

图9-1　五行与五象、五质、五性、五德关系图[④]

在人的性的同异问题上，刘劭认为，人有相同的先天之性，但有不同的气质之性。这是由人所禀的气所成的形质之不同而决定的。汤用彤先生概括说：“才性有中庸，有偏至，有依似，各有名目。故形质异而才性不同，因才性之不同，而名目亦殊。”“凡人禀气生，性分各殊。”[⑤]

有一种分类是根据性的作用范围划分的，把性分为情性与知性，后者的作用是以智慧去认知，前者专司人的道德行为及情操，其包含的种子、端倪有仁、义、礼、智、信。根据刘劭的看法，情性和知性都源于元一，是阴阳和合的结果。

王凤仪在《化性谈·三性》中指出性有三种：一是天性，即纯善无恶、禀天而有的性，此性即道；二是禀性，是禀天而有的纯恶无善的性，如荀子所说的性；三是习性，即后天形成的性，其特点是可善可恶。[⑥]

① ［明清之际］黄宗羲：《宋元学案（三）》，陈金生、梁运华点校，中华书局1986年版，第2101页。
② ［明清之际］黄宗羲：《宋元学案（三）》，陈金生、梁运华点校，中华书局1986年版，第2101页。
③ ［东汉］刘劭：《人物志·九征》。
④ ［东汉］刘劭：《人物志·九征》。
⑤ 汤用彤：《魏晋玄学论稿》，上海古籍出版社2001年版，第3-4页。
⑥ ［清］王凤仪：《化性谈·三性》卷6。

第三节　从关系上看“性”

性的指称极多，在下文中，我们将只关注与心有关的性。这里先看中国心灵哲学从性与理、气、才、命、智的关系角度对性的探讨，至于对性与心、性与情的关系的论述将在后面专门予以考究。

就性与道、理的关系来说，儒家的基本观点认为，它们是一实多名的关系。说它们表示的是一实，意思是说，它们的指称都处在世界的相同的存在层次，即都属于体、属于本。相对于语言而言，它们都有超言说的特点，即它们都不可言传，不能用通常的方式去认知。子贡曰：“子之文章，而得而闻（了解）也。夫子之言性与天道，不可得而闻也。”[①]但为了教化，又不得不说。而要识要说，就一定有角度的差别，例如，每个试图述说的概念在表述同一实时，又都有其侧重点，都只能分别反映同一实的不同侧面和特点。周敦颐认为，“性”指的是刚善刚恶，柔亦如是，中焉上矣；“理”说的是厥彰、厥微，匪灵弗莹。[②]

二程的看法代表了理学的主流观点，他们认为性即理。“斯理也，成之在人则为性。”[③]在他们看来，“道”“理”“性”“命”“神”是对一实的不同描述。“盖上天之载，无声无臭，其体则谓之易，其理则谓之道，其用则谓之神，其命于人则谓之性，率性则谓之道，修道则谓之教。”[④]

朱熹不承认理是心，但承认理即性。他所说的心不是陆王所说的“本心”、道德之心，而是认知性的心。既然如此，心便是一个殊相，作为殊相其一定具有此理，当然不能等于理。[⑤]这就是说，心、理、性不可能是同一个东西，但又有关联，如有心一定有其理，因为理是心之体。理总是寄存于具体事物之上的。心也是它的一个载体，“理无心，则无著处”[⑥]。心有作用、有其特殊性（如能知觉）的根源、机制在于：一是有理，二是有气之灵。他说：“所觉者心之理，能觉者气之灵。”[⑦]性也有一般和个别两方面：一方面，其作为全体是每个事物的

---

① 《论语・公冶长》。
② ［北宋］周敦颐：《周敦颐集》，陈克明点校，中华书局 2009 年版，第 32 页。
③ ［北宋］程颐、程颢：《二程集》，王孝鱼点校，中华书局 2004 年版，第 1029 页。
④ ［北宋］程颐、程颢：《二程集》，王孝鱼点校，中华书局 2004 年版，第 4 页。
⑤ ［南宋］朱熹：《答徐子融》，《朱文公文集》卷 58。
⑥ ［明清之际］黄宗羲：《宋元学案（一）》，陈金生、梁运华点校，中华书局 1986 年版，第 85 页。
⑦ ［明清之际］黄宗羲：《宋元学案（二）》，陈金生、梁运华点校，中华书局 1986 年版，第 1522 页。

共性；另一方面，其具体化于殊相中，即为具体的性，表现在人身上即为人的性，得此性便有人的生成。他说："性者，理之全体而人之所得以生者也。"[①]从性与理、道的关系来说，"性只是理，万理之总名"[②]。"性字是浑然全体，道字便有条理分别之殊耳。"[③]

心学不赞成把心与理割裂看待，例如，陆九渊不赞成朱熹把心放入"器"类（形而下之器）的看法，而主张心属道、理，简言之，心即理。当然，从言说的角度看，它们作为语词又有微妙的差别，它们的关系是一实多名的关系，如强调心、性、情等名异实同，即都是从不同角度对同一对象的指谓。他说："且如情、性、心、才，都只是一般物事，言偶不同耳。"[④]意为所指相同，说的角度、侧重点有不同罢了。在天者为性，在人者为心，"圣人急于教人，故以情、以性、以心、以才说与人"[⑤]。杨简把这一关系说得十分明白，他说：道、心、性三者同一，即宇宙本体，"三者形也，一者性也，亦曰道也，又曰易也，名言之不同而其实一体也"[⑥]。吴澄说："道也、理也、诚也、天也、帝也、神也、命也、性也、德也、仁也、太极也，名虽不同，其实一也。"[⑦]王阳明不仅把性、心、理等统一起来了，而且还把性、情、质、欲统一起来了，认为它们也是同一实的不同呈现。作为语词，它们是对同一实的不同侧面的说明。他说："性一而已，仁、义、礼、智，性之性也；聪、明、睿、知，性之质也；喜、怒、哀、乐，性之情也；私欲、客气，性之蔽也。"[⑧]

道家、道教承认性与道、理在本质上的相近，但认为它们之间存在着微妙的差异。根据庄子的看法，这主要表现在：道是产生自然的自然，而性是被产生的自然的先天的本质构成，是事物后来一切发展变化的种子、内在可能性根据。庄子说："道者，德之钦（极至）也；生（产生、化生）者，德之光（道之德的体现，化生即为天地之德）也；性者，生之质也（所生的东西的本质，生而即有的

① [南宋]朱熹：《尽心说》，《朱文公文集》卷70。
② [南宋]黎靖德编：《朱子语类（七）》，王星贤点校，中华书局1986年版，第2816页。
③ [南宋]朱熹：《答黄子耕》，《朱文公文集》卷51。
④ [南宋]陆九渊：《陆九渊集》，钟哲点校，中华书局1980年版，第444页。
⑤ [南宋]陆九渊：《陆九渊集》，钟哲点校，中华书局1980年版，第444-445页。
⑥ [南宋]杨简：《已易》，《慈湖遗书》卷7。
⑦ [元]吴澄：《无极太极说》，《吴文正文集》卷2。
⑧ [明]王守仁：《王阳明全集（上）》，吴光、钱明、董平等编校，上海古籍出版社2012年版，第60页。

质）。”①性的本质是静，但它也会动。这里有三种情况：第一种是有害的、不该发生的动，这是由欲望、错误的认识造成的，可称作“动之伪”。“性之动，谓之为；为之伪，谓之失。”②第二种是由规律决定的动，此动是不得不动，即道之德或用。“动以不得已之谓德。”③第三种动是“治”，即由人心发动的、能纠正伪动的动。“动无非我之谓治。”④治与德名义不同，但实质一致，因为治实即伪动的逆过程，是回复性之静的操作，是与德一致的动。⑤《洞灵真经》云：“虚者道之体，靖者道之地，理者道之纲，识者道之目。”⑥心识是道的妙用、表现，就像人的眼睛是心灵的窗户一样，而性是心性的内在本性，是生而即有的种子。

性与气、命的关系比较复杂。这首先表现在气与命都是有歧义的概念。“气”已如前所述。这里的“命”，即自然必然性，即由自然规律决定的命。它也可理解为天命，其性不可改变。葛洪说：“所禀有自然之命，所尚有不易之性。”⑦“命”还可指宿命之命，即由超自然力量或意志决定的命。与心灵哲学有关的气和命分别是指作为构成形体之元素的气，以及作为自然必然性的命，这种命如道家、道教所说的，其实也是气。

先看儒家的论述。张载认为，气与性是不同的，因为性是气组成事物（生物）时所具有的质材、本质。在特定意义上，性是由气构成的，或者气是性的一个成立条件。他说：“气之性本虚而神，则神与性乃气所固有，此鬼神所以体物而不可遗也。”“合虚与气，有性之名。”“太虚无形，气之本体，其聚其散，变化之客形尔。”⑧

二程认为，气与性的区别十分明显，例如，从道德属性看，“气有善、不善，性则无不善也”⑨。心中表现出的所谓不善，全由“才”所决定，“才”即作为

---

①《庄子・庚桑楚》。
②《庄子・庚桑楚》。
③《庄子・庚桑楚》。
④《庄子・庚桑楚》。
⑤《庄子・庚桑楚》。
⑥［唐］王士元：《洞灵真经》，载胡道静、陈莲笙、陈耀庭选辑：《道藏要籍选刊（五）》，上海古籍出版社1989年版，第501页。
⑦王明：《抱朴子内篇校释》，中华书局1985年版，第139页。
⑧［北宋］张载：《张载集》，章锡琛点校，中华书局1978年版，第9页。
⑨［北宋］程颐、程颢：《二程集（上）》，王孝鱼点校，中华书局2004年版，第274页。

构成材料的气。气有清浊之分。[①]在解释《中庸》“天命之谓性，率性之谓道，修道之谓教”时，他们说：“性与天道，一也。天道降而在人，故谓之性。性者，生生之所固有也。”[②]很显然，气在聚散、构成万物时，要遵循天道，但显然不是天道。当然，气与性又密不可分，因为有气之聚合必有相应的性在那里起作用；有性之存在，必有气作为其载体。他们说：“论性而不及气，则不备，论气而不及性，则不明。”[③]

朱熹认为，性气关系也可理解为理气关系。因为气即宇宙万物的实质部分，理即寓于气中的性，或条理、规范，因此性与气的区别一目了然。当然，理、气不是两个独立的东西，而是必然结合在一起，因为他认为，天下既没有无理之气，也没有无气之理，理未尝离于气。但理、气又不能等同，因为理是一，气是多，理是常，气是变。从本原、时间上说，理先气后，若论禀赋，则是先有气，理随具。气以成形，理亦赋焉。他说：“本无先后之可言。然必欲推其所从来，则须说先有是理。然理又非别为一物，即存乎是气之中。无是气，则是理亦无挂搭处。”[④]他也承认，性与气是不同的，但同时又强调：性气必须兼言，才具有完备的解释力。他说：“性主于理而无形，气主于形而有质。”“人之有生，性与气合而已。”[⑤]性既可在气中，又可不在气中。“须知未有此气，已有此性，气有不存，性却常在，虽其方在气中，然气自气，性自性，亦自不相夹杂。”[⑥]

就性与命的关系而言，由于“命”有不同的含义，因此其关系必须具体分析。他说：“如‘天命谓性’之‘命’是言所禀之理也。‘性也有命焉’之‘命’，是言所以禀之分有多寡厚薄之不同也。”[⑦]“天命谓性”与“死生有命”中的“命”也不一样，后者是“带气言之”，前者是“纯乎理言之”。[⑧]也就是说，如果把命理解为所禀之理，那么这种命就是性。其他意义的命与气的关系则类似于殊相与性的关系。

---

① [北宋]程颐、程颢：《二程集（上）》，王孝鱼点校，中华书局2004年版，第274页。
② [北宋]程颐、程颢：《二程集（下）》，王孝鱼点校，中华书局2004年版，第1152页。
③ [北宋]程颐、程颢：《二程集（下）》，王孝鱼点校，中华书局2004年版，第1253页。
④ [南宋]黎靖德编：《朱子语类（一）》，王星贤点校，中华书局1986年版，第3页。
⑤ [南宋]朱熹：《答蔡季通》，《朱文公文集》卷44。
⑥ [南宋]朱熹：《答刘叔文》，《朱文公文集》卷46。
⑦ [南宋]黎靖德编：《朱子语类（七）》，王星贤点校，中华书局1986年版，第77页。
⑧ [南宋]黎靖德编：《朱子语类（七）》，王星贤点校，中华书局1986年版，第77页。

张栻认为，要解释人与物、人与人的差异，必须同时依据性与气。他说："论性而不及气，则昧夫人物之分。"[①]意为只注意性一方面，不足以解释人与物的区别。同样，只注意气一方面，也会失之偏颇。"论气而不及性，则迷失大本之一。"[②]根据这种性气论，人之所以有别于禽兽草木，是因为人禀天地之精、五行之秀。人与人之所以不同，如在善恶上的表现不同，是因为气禀不同。"气得以汩之，欲得以诱之，而情始乱。情乱则失其性之正，是以为不善也。"[③]

在它们的关系问题上，戴震的看法比较全面。他说："性，言乎本天地之化，分而为品物者也。"[④]意为性根源于天地，分化后则是各别事物的属性。"限于所分曰命；成其气类曰性。"[⑤]命即自然规律的强制，由强制而成的气类，如人、物，就是性。由性所决定，事物各有自己的形质，其好的、优秀的即为心，表现于貌色声中，即为才，"征于貌色声曰才"[⑥]。总之，命、性、才、心，都是由自然力量促成的自然现象。

道教出于养生的需要对性、气、命的关系的讨论比较多，但内部的看法不完全相同。例如，命在内丹学中指精气，性即神，至少有一种性是神。因为性有两种，即元神之性（先天之性）和欲念之性（气质之性）。修命为炼精化炁，修性为炼气还神。性与命的关系是，命是性的载体，宋代张伯端说："命之不存，性将焉存？"[⑦]但性对命有反作用，例如，修性成功可安命。滕云山说："性者，神也，命者，气也。"[⑧]无，指性，有，指身，性为生身之始，心为一身之主，气为生物之母。[⑨]《丹经极论》云："性者，道也，神也，用也，静也，阳之阴也。命者，生也，体也，动也，阴中之阳也。"两者的关系是，首先，它们的区别在于，相对性而言，命是性的体，因为性作为用，依命而有。"命自有中而无，必以性为用。""性自无中而有，必籍命为体。"[⑩]它们的区别还在于：它们的

---

① [南宋]张栻：《孟子说》卷6。
② [南宋]张栻：《孟子说》卷6。
③ [南宋]张栻：《孟子说》卷6。
④ 安正辉选注：《戴震哲学著作选注》，中华书局1979年版，第5页。
⑤ 安正辉选注：《戴震哲学著作选注》，中华书局1979年版，第5页。
⑥ 安正辉选注：《戴震哲学著作选注》，中华书局1979年版，第5页。
⑦ [北宋]张伯端：《悟真篇·自序》。
⑧ [清]滕云山：《道德经浅注·第四十》。
⑨ [清]滕云山：《道德经浅注·第一》。
⑩《灵宝无量度人上品妙经》，载胡道静、陈莲笙、陈耀庭选辑：《道藏要籍选刊（四）》，上海古籍出版社1989年版，第346页。

变化及其原因不同，如“性因情乱，命逐色衰”①。其次，它们相互依存，离开一方，另一方便不复存在。“斯二者相需，一不可缺。孤阳不立，孤阴不成，体用双全，方为妙道。”②最后，它们有相互作用的一面，例如，“命盛则神全而性昌，命衰则性弱而神昏”③。性若安于自己的寂静状态，则会有命盛的结果。

道教常说性命双修，实即强调既要炼气、炼形，又要炼性或炼心神。其道理在于：性是人的灵觉，命是人的生机，二者不可分，故应双修。当然也有人只突出一方面的修炼，例如，白玉蟾强调性功的作用，因为命功尽管重要，但若无性功，不会达到最高理想境界，因此心性修炼才是根本。修心、修性就是要让心回归本然状态，“无心之心无有形，无中养就婴儿灵。学仙学到婴儿处，月在寒潭静处明”④。

由于命有两种，因此性与命的关系也有两种情况：一种是天命，即天所命，由自然所规定的必然性、规律性。“穷理尽性以至于命”的命就是这种命。此命由道性所决定，故可说：“命为性之极。”⑤此命不可改变，例如，天决定某人是人就是人，是兽就是兽。另一种是人之命，即人的形、身方面，性命双修要修的命就是人身中的形气。

如果把命理解为生命之命，那么可以说，性就是命。《道枢》云：“命者居于二肾之中，元海之内，所出真元之气，于是其中有真水焉，本生于心，流于肾，化而为精。”⑥从根源上说，这种命是作为本体的真一在人身上的具体化，而性也是真一在人身上的体现，因此性、命、气等可理解为同一本体的不同表现形态。《道枢》说：“真一者何谓也？天之阳也，地之阴也，物之气也，人之性也，身之祖，命之宗也。”⑦

---

①《灵宝无量度人上品妙经》，载胡道静、陈莲笙、陈耀庭选辑：《道藏要籍选刊（四）》，上海古籍出版社1989年版，第346页。

②《灵宝无量度人上品妙经》，载胡道静、陈莲笙、陈耀庭选辑：《道藏要籍选刊（四）》，上海古籍出版社1989年版，第346页。

③《灵宝无量度人上品妙经》，载胡道静、陈莲笙、陈耀庭选辑：《道藏要籍选刊（四）》，上海古籍出版社1989年版，第346页。

④［北宋］张继先：《大道歌》。

⑤［南朝梁］宋文明：《自然道性》。

⑥［北宋］曾慥编：《道枢》，载胡道静、陈莲笙、陈耀庭选辑：《道藏要籍选刊（十）》，上海古籍出版社1989年版，第395页。

⑦［北宋］曾慥编：《道枢》，载胡道静、陈莲笙、陈耀庭选辑：《道藏要籍选刊（十）》，上海古籍出版社1989年版，第553页。

龙门派的一个独到见解是强调性命合一，认为它们在人身上的现实形态尽管不同，即性表现为真性、真心，命表现为气，但实质是一。尹志平说："初学之人，不知性命，只认每日言语动作者是性，口鼻出入之气为命，非也。性命岂为二端，先须尽心认得父母未生前真性，则识天之所赋之命。"①

再看性与才的关系问题。这一问题能够成为中国心灵哲学的重要课题得益于魏晋玄学的才性之辩。众所周知，魏晋玄学是中国最富思辨哲学气息的哲学流派。它触及并探讨了许多真正高深的哲学课题，如有无之辩（本体论）、才性之辩（人学、心灵哲学）、言意之辩（语言哲学、逻辑学、认识论）、名教与自然之辩（价值论、道德哲学）等。之所以说才性之辩有心灵哲学意义，是因为才性关系涉及的是心身关系。

才性之辩涉及的问题有：才性的本质特征，才性的本体论根源，才性的价值论问题，才性与理想人格及其实现途径，等等。从用法上说，"才"有两种所指：一指构成事物的材料、素材；二指才能、能力、人才。就后一意义的"才"而言，根据其适用的领域又可分为：①认知、思维方面的才，即才思、才学；②语言表达方面的才，即辩才，如说"何晏以才辩显于贵戚之间"②；③经世治国的政治才能，如"经国之才"；④艺术、武术方面的才能，如"文武才俊""有才艺"。从高低上分，其至少有上、中、下诸等。在才性之辩中，"才"本身又构成了独立的研究领域。这一研究涉及的问题是①才的价值、评价问题；②才与德的关系问题。就事实而言，才与德在人身上可能有这样一些关系：第一，并列（既有德，又有才）；第二，只有一边（如有德无才，或有才无德）；第三，一方胜过一方（如德多才少，或德少才多）。从"应然"的角度来说，人们一般希望德才兼备，退一步至少希望德胜于才。

由于性有情性与智性之别，情性即人对人、对事表现出来的情感特点，智性即人对事物、对人所表现出的认知、理智态度，因此情与性、智与性是何关系就分别构成了情性之辩和智性之辩。就它们与才性之辩的关系而言，由于智性之辩、情性之辩是性范围内的论辩，因此其范畴小于才性之辩，或者说，它们包含于才性之辩中。

---

① [元]尹志平：《清和真人北游语录》卷1。
② 转引自汤一介、胡仲平：《魏晋玄学研究》，湖北教育出版社2008年版，第184页。

在魏晋玄学中，刘劭的才性关系论最为重要。他认为，才性是外在表现与内在性理的关系，因此是同一的。有什么样的理，便有什么样的才。他说："质与理合，合而有明，明足见理，理足成家。是故质性平淡，思心玄微，能通自然，道理之家也。质性警彻，权略机捷，能理烦速，事理之家也。质性和平，能论礼教，辩其得失，义礼之家也。质性机解，推情原意，能适其变，情理之家也。"[①]性的表征、表现有九个方面，或其必从九个方面表现出来，故有"九征"之说。九征分别是神、精、筋、骨、气、色、仪、容、言，"性之所尽，九质之征也"[②]。

刘劭在说明不同类型的人才为什么各有自己的才能、特点时，用的自然化根据是五行或五物。他说："若量其材质，稽诸五物；五物之征，亦各著于厥体矣。其在体也，木骨、金筋、火气、土肌、水血，五物之象也。五物之实，各有所济……五质恒性，故谓之五常矣。"[③]不仅人才的特点由五行决定，而且五常这样的心理道德属性亦是如此。人之所以有仁、义、礼、智、信五常，是因为五行的质有其恒性。在才性之辩中，刘劭的一个贡献是根据元一对人及其才性的起源和本质做了说明。他说："盖人物之本，出乎情性。情性之理，甚微而玄……凡有血气者，莫不含元一以为质，禀阴阳以立性，体五行而着形。"[④]这无疑是关于人的质、性、形的十分精彩的自然化表述，即用中国人特有的自然主义术语对"性"等非基本术语做了"科学化"说明。根据这一说明，人的质源于元一，性成于阴阳之气，形得益于五行。[⑤]

才性关系问题当然不是魏晋玄学独有的问题，在其他时代也有探讨。例如，宋明理学的二程认为，性与才之间存在着明显的区别，因为首先，从道德属性上说，"性无不善，其所以不善者才也"。其次，它们的来源也不同，"受于天之谓性，禀于气之谓才。才之善不善由气之有偏正也……才之不善，亦可以变之，在养其气以复其善尔。故能持其志，养其气，亦可以为善"[⑥]。"性即是理，理则自尧、舜至于涂人，一也。才禀于气，气有清浊，禀其清者为贤，禀其浊者为愚。"[⑦]

---

① [东汉]刘劭：《人物志・材理》。
② [东汉]刘劭：《人物志・九征》。
③ [东汉]刘劭：《人物志・九征》。
④ [东汉]刘劭：《人物志・九征》。
⑤ [东汉]刘劭：《人物志・九征》。
⑥ [北宋]程颐、程颢：《二程集》，王孝鱼点校，中华书局 2004 年版，第 393-394 页。
⑦ [北宋]程颐、程颢：《二程集》，王孝鱼点校，中华书局 2004 年版，第 204 页。

朱熹认为，“才”的一般意义是指材料、才质。身体有身体的才质，心有心的才质。“才是心之力，是有气力去做底。”[①]心之所以有这样那样的作用，是因为心有其才，有其做事的材料、动力、力量，正如物质事物有根源于它的能量、材料一样。才之所以有力量，能成为心之运作的动力源泉，是因为才出于气。从价值上说，才也有善与不善之分。这也是由它所根源的气所决定的。出于气的之所以有善恶，出于天的之所以纯善，是因为气是形而下，而形而下即渣滓。形更是如此，因为形是渣滓之至浊者。就心与才的关系来看，才是才能、力量、功能，“才是心之力，是有气力去做底，心是管摄主宰者”[②]。既然心是才的主宰者，那么可以说，性是主宰的主宰，因为性是心的理或体。朱熹还以水为喻媒说明了性与心、才、欲等的关系。他指出：心就像河里流动的水，由复杂因素所构成，即有性、情、志、意、欲、才等。它们的关系是“心譬如水，性，水之理也，性所以立乎水之静，情所以行乎水之动，欲则水之流而至于滥也。才者，水之气力所以能流者。然其流有急有缓，则是才之不同。”“情与才绝相近，但情是遇物而发，路陌曲折恁地去底，才是那会如此底。”[③]

一般人只注意它们的不同，陆九渊认为，它们没有本质差别，都是从不同角度对同一实在的不同描述。“今之学者读书，只是解字，更不求血脉。且如情、性、心、才，都只是一般物事，言偶不同耳。”[④]

戴震认为，才的范围比才能、才智宽，泛指所有事物所拥有的形质及功能，在人身上则表现为才能。人的认知之所以能把事物相互区别开来，正是根据它们各自所具有的才质。他说：“才者，人与物百各如其性以为形质，而知能遂区以别焉。”[⑤]才与体、性处在相同的层面。不同在于：“气化生人生物，据其限于所分而言谓之命，据其为人物之本始而言谓之性，据其体质而言谓之才。”[⑥]在事物形成时起限制作用的东西即为命，事物的本始是性，其体质为才。才与性的关系是前者是后者的载体。“才质者，性之所呈也。舍才质安睹所谓性哉！”[⑦]

① [北宋]程颐、程颢：《二程集》，王孝鱼点校，中华书局2004年版，第97页。
② [明清之际]黄宗羲：《宋元学案（二）》，陈金生、梁运华点校，中华书局1986年版，第1521页。
③ [南宋]朱熹：《朱子语类（一）》，陈金生、梁运华点校，中华书局1986年版，第97页。
④ [南宋]陆九渊：《陆九渊集》，钟哲点校，中华书局1980年版，第444页。
⑤ 安正辉选注：《戴震哲学著作选注》，中华书局1979年版，第163页。
⑥ 安正辉选注：《戴震哲学著作选注》，中华书局1979年版，第163页。
⑦ 安正辉选注：《戴震哲学著作选注》，中华书局1979年版，第163页。

神与性的关系问题也曾受到部分哲学家的关注。如前所述，神有多义，例如，既可指事物具有的变化莫测的作用、性质，又可指精神现象，等等。西汉思想家贾谊（前200—前168）说：“变化无所不为，物理及诸变之起，皆神之所化也。”[①]这种神是自然的性质，因此其常是中国心灵哲学对心理现象做自然主义说明的基础。例如，明是心理尤其是智慧性的心理的特点，有明就一定“有辉于外”，这类心理特性显然是非基本的现象。中国哲学常用“神”对之做出说明。贾谊说：“明者，神气在内则无光而为知，明则有辉于外矣。”[②]这种神也可用来说明性。他说：性为“神气之所会”[③]。这里的神不是超自然的力量。他说：“命者，物皆得道德之施以生，则泽、润、性、气、神、明及形体之位分，数度各有极量指奏矣。”[④]

中国心灵哲学还有这样一种倾向，即根据名实理论对性与有关心理现象的关系做综合说明，基本观点是它们是一实多名的关系，至少是从不同角度对同一实的各有侧重的描述。例如，宋明理学中有这样的观点，即认为心、性、情等其实是一个东西。胡宏弟子吴翌说：“夫性也，心也，情也，其实一也”，“自性之有形者谓之心，自性之有动者谓之情”，“心本善，发于思虑则有善有不善，若既发，则可谓之情，不可谓之心”，它们的关系是，“今由前而观之，则是心与情各自根于性矣。由后而观之，则是情乃发于心矣。窃谓人之情发，莫非心为之主，而心根于性，是情亦同本于性也”。[⑤]程蒙端认为：所谓命是指“天理流行，赋予万物，是之谓命”；性是指“人所禀受，莫非至善，是之谓性”；心是指理“主于吾身，统乎性情，是之谓心”；情、欲是指“感物而动，斯性之欲，是之谓情”；才是指“为性之质，刚柔、强弱、善恶分焉”；志是指“心之所之，趋向期必，皆由是焉”。[⑥]作为人性之端的仁、义、礼、智、信，实即五行之神，如木之神，在人则恭之理，其发则恻隐之情，是之谓仁，义为金之神，礼为火之神，智是水之神。[⑦]

---

① [西汉]贾谊：《贾谊集·道德说》。
② [西汉]贾谊：《贾谊集·道德说》。
③ [西汉]贾谊：《贾谊集·道德说》。
④ [西汉]贾谊：《贾谊集·道德说》。
⑤ [明清之际]黄宗羲：《宋元学案（二）》，陈金生、梁运华点校，中华书局1986年版，第1388页。
⑥ [南宋]程蒙端：《性理字训》。
⑦ [明清之际]黄宗羲：《宋元学案（三）》，陈金生、梁运华点校，中华书局1986年版，第2279页。

第四节　心　性　论

如前所述，由于“性”有不同的指称，因此中国哲学对性的研究便会形成不同的领域和理论。从大的方面说，不外乎两大走向：一是只关注人之性或心之性，二是关注一切事物的性。前一研究属于心灵哲学的范围，而后一研究属于一般的形而上学范围。牟宗三先生对儒家的研究有相近的看法，但表述不同。他说：“综观中国正统儒家对于性的规定，大体可分为两路：（一）《中庸》、《易传》所代表的一路，中心在‘天命之谓性’一语。（二）孟子所代表的一路，中心思想为‘仁义内在’，即心说性。”[①]前者是“宇宙论的进路”，后者是内在心性论进路或“道德的进路”。我们这里关注的当然是心性论或我们所说的心灵哲学进路。

中国哲学对心性问题的关注是伴随着“人文精神的觉醒”而发生的，这一觉醒类似于苏格拉底在“认识自我”的旗帜下所进行的由关心自然到关心人的致思转向。徐复观说：中国人性论“发生于人文精神进一步的反省。所以人文精神之出现，为人性论得以成立的前提条件”[②]。这种人文精神的核心内容是以人为中心的理念和实践。

中国心灵哲学的心性论探究受双重动机的驱动：一个动机是“如实知”的动机，即通过“尽心、知性”而知天，即认识自然的本来面目；另一个动机是解脱论动机，即通过对心性的认识找到人生彻底解脱、圆满人格、去凡成圣的机理与途径。两者也有一致或会合之处，如唐代道士施肩吾所说的：“先圣之行道，存乎一心也”[③]，要成圣，就要尽心知性。张伯端也说：“取将坎位中心实，点化离宫腹内阴，从此变成乾健体，潜藏飞跃总由心。”[④]简言之，成圣成凡皆由心。

中国哲学专门把心性作为一个对象来加以探讨肇始于儒家，而孔子又是其当之无愧的祖师。他对性的论述不多，但为后来的研究确立了“范型”。有两个要点：一是《论语·阳货》中的观点“性相近也，习相远也”。人们对此有不同的理解，二程、朱熹等认为，这里的性指气质之性；徐复观认为，孔子时代并未把性区分为气质之性和天理之性。二是《论语·公冶长》中的说法：“夫子之文章，

① 牟宗三：《中国哲学的特质》，吉林出版集团有限责任公司2010年版，第61页。
② 徐复观：《中国人性论史（先秦篇）》，上海三联书店2001年版，第13页。
③ [唐]施肩吾：《西山群仙会真记》。
④ [北宋]张伯端：《悟真篇浅解》，王沐浅解，中华书局1990年版，第54页。

可得而闻也。夫子之言性与天道，不可得而闻也。”尽管孔子没有对性做二重区分，但对气质之性的样式涉及很多，例如，“狂而不直、侗而不愿、悾悾而不信”①，“狂者进取，狷者有所不为也”②。《论语·阳货》中列举了这样的性：古之狂也肆，今之狂也荡；古之矜也廉，今之矜也忿戾；古之愚也直，今之愚也诈；等等。这些性中有些是生理的，但大多是心理的。这些无疑有心灵哲学意义，因为它们涉及了心理样式的多样性与性质。

之所以说孔子的心性论是中国心性论的源头，主要是因为他把性与天道、性与仁关联起来了。如果孔子所说的天道或天命是指道德的超越性，那么就不难理解孔子为什么把性与天道关联在一起。徐复观说：“性与天命的连结，即是在血气心知的具体的性里面，体认出它有超越血气心知的性质。这是在具体生命中所开辟出的内在的人格世界的无限性地显现。”③在他那里，性就是人天生就有的道德本性。正是基于这一认识，孟子的人性论才能够开始对性做具体的开发和挖掘。在孔子那里，仁有两种状态：一是潜在的，这是每个人天生就有的，但只以种子形式存在着，此种仁就是人性。“孔子既认定仁乃内在于每一个人的生命之内，则孔子虽未明说仁即是人性，但……他实际是认为性是善的。”④后来的孟子把这一点明确表达出来了。他说：“仁，人心也。”⑤这实际上等于说：“仁，人性也。”⑥二是现实的，这是只有君子才能完全表现出来的仁。总之，仁在孔子那里就是道义。孔子曰：“成性存存，道义之门。”⑦

孔子之后，早期儒家论心性的思想大致有三派：一是从曾子、子思到孟子，他们提出了尽心、知性、知天的认识路线，并由心所证验的善端以言性善；二是以《周易》为中心的一派，后与道家关系紧密，它也坚持性善论，但以阴阳言天命；三是以礼的传承为中心的一派，以荀子为其顶点。如果根据对性的善恶的不同看法分，则可分为五派。章炳麟说：“儒者言性有五家，无善无不善，是告子也。善，是孟子也。恶，是孙卿也。善恶混，是杨子也。善恶以人异，殊上中下，

①《论语·子罕》。
②《论语·子路》。
③ 徐复观：《中国人性论史（先秦篇）》，上海三联书店 2001 年版，第 78-79 页。
④ 徐复观：《中国人性论史（先秦篇）》，上海三联书店 2001 年版，第 87 页。
⑤《孟子·告子上》。
⑥ 徐复观：《中国人性论史（先秦篇）》，上海三联书店 2001 年版，第 89 页。
⑦ 转引自[元]陈致虚：《上阳子金丹大要》，载胡道静、陈莲笙、陈耀庭选辑：《道藏要籍选刊（九）》，上海古籍出版社 1989 年版，第 268 页。

是漆雕开，世硕、公孙尼、王充也。”[①]这里择主要的略加分析。

孟子继承了孔子的基本思想，认为心之性就是人心共同具有的道德本原。它足以把人与非人区别开来，是人之所以然。其内容主要是道和义。他说：“心之所以同然者何也？谓理也，义也。”[②]此义、理不是现实性的东西，而是生时被先天赋予的“端倪”，即种子一样的东西，具体表现为仁、义、礼、智四端。当然，孟子所说的“性”的范围除了指四端之德行之外，也指人的欲望、认知上的天然之性。这类性与动物既同又不同。所谓同表现在：人、动物的口都有对美味的嗜欲。“口之于味，有同耆也。”[③]各种感官都有其对应的感知对象，这也是人兽共同的，如目之于色、耳之于声等。但由于人与兽的这类性在对象、内容、作用等方面有不同，因此，“犬马之与我不同类”[④]。孟子不仅明确提出了性善论，而且强调性与心的下述关系，即“仁义礼智根于心”。牟宗三认为，孟子思想的纲领在于：“仁义内在，性由心显。”[⑤]

再看《中庸》的论述，它用三句话概括了全书乃至全部孔教的总纲领：“天命之谓性，率性之谓道，修道之谓教。”第一句的意思是，“性由天所命”。具言之，人的善、仁的道德本性是天授予人的，是自然而有的。由于人生而即有此性，因此人不同于非人。这个命题也表达了人在价值上平等的观念。它“确定每个人都是来自最高的价值实体——天——的共同根源；每个人都秉赋了同质的价值，因而人与人之间，彻底是平等的”[⑥]。第二句的意思是，人若顺着性向外发展，将其潜在性转化为现实性，就是道。这意味着，道含摄于人性之中。《中庸》有时用“诚、明”表述人性的内容。它们近于佛教的“寂、明（照）”。因为所谓“诚”指的是人性中“实有其仁”，这是千真万确的，而明的意思是知。按儒家的逻辑，有此诚，必有其明，“诚则明知”，即仁必然包含知，“明则诚矣”[⑦]，即知必归于仁。“仁与知，同具备了天所命的人性、物性之中。”[⑧]

《周易》仍坚持性善和性禀天命的原则，但用阴阳对天命做了进一步的具体

① 章炳麟：《国故论衡》，上海古籍出版社2006年版，第113页。
②《孟子·告子上》。
③《孟子·告子上》。
④《孟子·告子上》。
⑤《孟子·告子上》。
⑥ 徐复观：《中国人性论史（先秦篇）》，上海三联书店2001年版，第104页。
⑦《中庸·第二十一章》。
⑧ 徐复观：《中国人性论史（先秦篇）》，上海三联书店2001年版，第137页。

说明，如说："一阴一阳之谓道。继之者善，成之者性也。仁者见之谓之仁，知者见之谓之知。百姓日用而不知，故君子之道鲜矣。"[①]意思是，阴阳的变化决定了万物的生灭变化，而变化恰恰是道的表现。随着阴阳的变化，天地仁德便显露出来，故说继之的是"善"，再进一步，便成就了天地万物的本性。不难看出，事物固有的性是自然而有的，由规律而有。

荀子承认性是自然赋予人的本性。他说："凡性者，天之就也，不可学、不可事。""今人之性，目可以见，耳可以听。夫可以见之，明不离目，可以听之，聪不离耳，目明而耳聪不可学，明矣。"[②]所不同的是，他不认为此性是本善的，而认为是本恶的。他说："凡人有所一同，饥而欲食，寒而欲暖，劳而欲息，好利而恶害，是人之所生而有也，是无待而然者也，是禹桀之所同也。"[③]不仅如此，人的诸器官先天就有其特定功能，如五官有其认知功能，这也是生而就有的本性。"目辨黑白美恶，耳辨音声清浊，口辨酸咸甘苦，鼻辨芬芳腥臊，骨体肤理辨寒暑疾养，是人之所常生而有也，是无待而然者也。"[④]

理学把心看作是体与用的统一体，强调性是其体，是心之理。张载说得很明白："合性与知觉，有心之名。"[⑤]性是事物的禀性，有湛一之性、天地之性、攻取之性和气质之性等形式。而心是在此基础上加上了"知觉"而形成的东西。就两者的联系来说，一方面，心依赖于性，因为性是心的一个条件，合性与知觉，方有心；另一方面，心统性情，因为心包含性与情，同时决定了潜在的性如何表现为现实的性。[⑥]二程认为，由于性是心之体、理，因此心与性实是一。"自理言之谓之天，自禀受言之谓之性，自存诸人言之谓之心。"[⑦]心即气之灵处，"其流行而有条理者，即性也"[⑧]。胡宏的基本主张是"性体心用"。他说："此心本于天性，不可磨灭，妙道精义具在于是。"[⑨]天性即本原。性即体，是未发，心是用，是已发，"圣人指明其体曰性，指明其用曰心。性不能不动，动则心矣"[⑩]。

---

①《周易·系辞上》。
② 转引自[明清之际]黄宗羲：《宋元学案（一）》，陈金生、梁运华点校，中华书局1982年版，第33页。
③《荀子·荣辱》。
④《荀子·荣辱》。
⑤ [北宋]张载：《张载集》，章锡琛点校，中华书局1978年版，第9页。
⑥ [北宋]张载：《张载集》，章锡琛点校，中华书局1978年版，第374页。
⑦ [明清之际]黄宗羲：《宋元学案（一）》，陈金生、梁运华点校，中华书局1986年版，第595页。
⑧ [明清之际]黄宗羲：《宋元学案（一）》，陈金生、梁运华点校，中华书局1986年版，第598页。
⑨ [南宋]胡宏：《胡宏集》，吴仁华点校，中华书局1987年版，第120-121页。
⑩ [南宋]朱熹：《胡子知言疑义》。

当然，由于性有两种，一是“天下之大本”的性，二是“定性”，即由心所决定的性，因此心与性的关系便有两种情况。从心与大本的性的关系看，心由性所决定，但要知此性，又要靠心的作用。心有“知天地、宰万物”的作用，可以“尽性”“成性”。从心与定性的性的关系看，心主性。胡宏说：“性主乎心，心纯则性定而气正。”①就性与气的关系来说，“气主乎性”，即气由性所决定、所主宰，性是气之运动的根源和法则。他说：“气之流行，性为之主，性之流行，心为之主。”②

朱熹在心、性、情的关系问题上的观点可概括为“心统性情说”。所谓“统”指心统率性情，像将帅统率千军万马一样。“统”还可理解为统摄、管摄，如可说“心统摄性情”“心即管摄性情者也”③。这又表现在两个方面：一是心兼性情，二是心主宰性情。他说：“性，其理；情，其用。心者，兼性情而言。兼性情而言者，包括乎性情也。”④从动静上说，它们的关系可表述为：“一心之中自有动静，静者性也；动者情也。”⑤

所谓心为主宰，主要是从应然的角度说的。例如，心未发时，心应为主宰，存养其性。当心已发、性表现为情时，心亦应为主宰。心宰则情正，否则就不正。具言之，心是体与用、静与动的统一体。而性则是心的体、理。如果说理是太极，那么也可说：“心之理是太极，心之动静是阴阳。”⑥性是人与物共具的天理，因此也是道、太极。理是形而上学之道，无知觉，无情意，无计度，无造作。就性的内容而言，“盖性中所有道理，只是仁义礼智，便是实理”⑦。性也可称作明德。在凡圣心中，此明德是一样的，在凡不增，在圣不减。之所以在凡夫身上看不到，是因为它被染欲等覆盖住了，因而只以潜在的形式存在。这类似于莱布尼茨所说的真理的种子，它们以大理石花纹的形式存在。只要条件具备，可能性就能转化为现实。朱熹说：“人皆有此明德，但为物欲之所昏蔽，故暗塞尔。”⑧如果说情是心的已发，即现实表现出的实际心情，那么性则是心的“未发”，即以

① [南宋]胡宏：《胡宏集》，吴仁华点校，中华书局1987年版，第16页。
② [南宋]胡宏：《胡宏集》，吴仁华点校，中华书局1987年版，第22页。
③ [南宋]朱熹：《朱子语类（一）》，中华书局1986年版，第91页。
④ [南宋]朱熹：《又论仁说》，《朱文公文集》卷20。
⑤ [南宋]朱熹：《张子之书一》，《朱文公文集》卷98。
⑥ [南宋]黎靖德编：《朱子语类（一）》，王星贤点校，中华书局1986年版，第84页。
⑦ [南宋]黎靖德编：《朱子语类（一）》，王星贤点校，中华书局1986年版，第64页。
⑧ [南宋]黎靖德编：《朱子语类（一）》，王星贤点校，中华书局1986年版，第315页。

天赋原则的形式存在。从认识上说，性不可见、不可言。情是可见、可言的。因为发者情也，其本则是性。

心与性的区别是显而易见的，因为“灵底是心，实底是性。灵便是那知觉底。如向父母则有那孝出来，向君则有那忠出来，这便是性。如知道事亲要孝，事君要忠，这便是心”①，“主宰、运用底便是心，性便是会恁地做底理”②。心是执行系统，而性则像程序、条理一样制约着心的运作。以庄稼为例，它们的种子是性，种子决定了一株植物长成什么样子。现实的庄稼即为心。“包裹底是心，发出不同底是性。”③由于佛教也有这样的认知，因此朱熹对佛教做了这样的肯定：“佛家说心处，尽有好处。”④性与心的区别还表现在：性是心的静的一面，而心有动有静。朱熹对张栻下述思想的肯定也表达了自己的上述倾向：“自性之有动谓之情，而心则贯乎动静而主乎性情者也……心之所以为之主者，因无乎不在矣。”⑤心与性的差异还表现在：性决定了人与人的同一性，而心与气、形一道决定了人的个体性、人与人的差异性。只要是人，就都有性或理，因此性是人之同的表现。异则在于：每个人所禀的形气不同，进而心有明暗、性有全和不全等程度上的差别。“心则知觉之在人而具此理者也。”“人物所禀于形气不同，故其心有明暗之殊，而性有全不全之异尔。”⑥

心与性还有相互依赖、不可分割的关系。这首先表现在：“心以性为体，心将性做馅子模样。盖心之所以具是理者，以有性故也。”“心与性，似一而二，似二而一。”⑦不可分离还表现在：“此两个说著一个，则一个随到，元不可相离，亦自难与分别。舍心无以见性，舍性又无以见心。”⑧

从语言上说，心、性、理三词是对同一实在从不同角度所做的描述，各有侧重，抓住的是它的不同的地方。朱熹说：“心、性、理，拈着一个，则都贯穿，惟观其所指处轻重如何。”⑨心是包含本心、理、性、气质的全体，本心即心之

---

① [南宋]黎靖德编：《朱子语类（二）》，王星贤点校，中华书局1986年版，第323页。
② [南宋]黎靖德编：《朱子语类（一）》，王星贤点校，中华书局1986年版，第90页。
③ [南宋]黎靖德编：《朱子语类（一）》，王星贤点校，中华书局1986年版，第90页
④ [南宋]黎靖德编：《朱子语类（一）》，王星贤点校，中华书局1986年版，第91页。
⑤ [南宋]朱熹：《答吴晦叔》，《朱文公文集》卷29。
⑥ [明清之际]黄宗羲：《宋元学案（二）》，陈金生、梁运华点校，中华书局1986年版，第1566-1567页。
⑦ [南宋]朱熹：《朱子语类（一）》，黎靖德编，中华书局1986年版，第88页。
⑧ [南宋]朱熹：《朱子语类（一）》，黎靖德编，中华书局1986年版，第89页。
⑨ [南宋]朱熹：《朱子语类（一）》，黎靖德编，中华书局1986年版，第89页。

体，清净本善，实即理、性。理、性在心中，而性、理是心的本体、本质。另外，“性便是心之所有之理，心便是理之所会之地”，“性是理，心是包含该载（详尽载明），敷施发用底”。[①]受于天者为性，主于身者为心，心如官人，性如其所该尽的职事。就心之动来说，动处是心，动底是性，意为运动着的是心，而其动的不动者是性。因此心以性为体。最后，心是性的依凭处。朱熹说：“盖道无形体，只性便是道之形体。然若无个心，却将性在甚处！须是有个心，便收拾得这性，发用出来。”[②]

吕祖谦的哲学介于朱熹、陆九渊之间，但又倾向于心学。他认为，心为本体，为万事之纲。他说：“心即天也，未尝有心外之天，心即神也，未尝有心外之神。”[③]“极本原以示之，心者，万事之纲也。”[④]在心性关系上，他认为两者都是本体，但又不能混同。其区别在于：“心犹帝，性犹天，本然者谓之性，主宰者谓之心。工夫须从心上做，故曰尽其心者知其性。”[⑤]

在心学中，“心”的所指受到了严格的限制，即仅指人的本心或道德本原，因此其意义与性趋同。陈来认为，性在心学中不再是必要概念。他说：“陆象山哲学中伦理原则的内在根源是由‘本心’或‘心’表示的，并不需要一个性的概念。与之相似，阳明哲学中，性也不是体系中的一个必要的概念。”[⑥]由于心学以外的许多人所说的心是经验与先验混杂的东西，因此有“心与性”的关系问题，而由于心学的“心”的内涵有较大收缩，即等同于本心，完全没有经验的成分，不包含意识能接触的心，因此心、性就不能再用“与”字说明，即无关系问题。如果说有关系的话，它们也只是实同名异的关系。王阳明说：“心即性，性即理，下一与字，恐未免为二。”[⑦]“夫心之体，性也；性之原，天也。”[⑧]与此相应，王阳明在尽心与知性的关系问题上就不赞成通过尽心来知性或通过知性来知心的观点，而认为两者是一回事。他说：“能尽其心，是知尽其性矣。”[⑨]

---

① [南宋]朱熹：《朱子语类（一）》，黎靖德编，中华书局1986年版，第88页。
② [南宋]朱熹：《朱子语类（一）》，黎靖德编，中华书局1986年版，第64页。
③ [南宋]吕祖谦：《东莱博议·楚武王心荡》卷1。
④ [南宋]吕祖谦：《立政》，《增修东莱书说》卷29。
⑤ [南宋]吕祖谦：《杂说》，《东莱集》卷20。
⑥ 陈来：《有无之境：王阳明哲学的精神》，生活·读书·新知三联书店2009年版，第98页。
⑦ [明]王守仁：《王阳明全集（上）》，吴光、钱明、董平等编校，上海古籍出版社2012年版，第13页。
⑧ [明]王守仁：《王阳明全集（上）》，吴光、钱明、董平等编校，上海古籍出版社2012年版，第37页。
⑨ [明]王守仁：《王阳明全集（上）》，吴光、钱明、董平等编校，上海古籍出版社2012年版，第37页。

当然，由于心与性及其关系问题是传统哲学的重要问题，为了表明自己的立场，心学也在从俗的意义上阐述了对心、性的看法，如对性做了这样的界定："心之本体原自不动，心之本体即是性，性即是理，性元不动，理元不动。"①就性与心、情的关系而言，"心统性情，性，心体也，情，心用也。程子云：'心，一也，有指体而言者，寂然不动者是也；有指用而言者，感而遂通是也'"②。王阳明在这里有相同于理学的一面。但不同也是显而易见的，如理学的理有客观、超越的一面，而心学的理，就是心，它承认性理，不承认物理，不承认万物中有客观的理。

就性与天、帝、命的关系而言，性也是对它们的从特定角度的不同描述。王阳明说："自其形体也谓之天，主宰也谓之帝，流行也谓之命，赋于人也谓之性，主于身也谓之心。"③就性与气的关系来说，也可说它们是对同一实的不同侧面的概括。"'生之谓性'，生字即是气字，犹言气即是性也，气即是性。人生而静以上不容说，才说'气即是性'，即已落在一边，不是性之本原矣。孟子性善是从本原上说，然性善之端须在气上始见得。"④

王阳明之后的心学家在继承心学基本原则的基础上，为回应责难和理论本身包含的问题，对心学的心性学做了不同形式的发展。例如，陈献章承认心有不同的形式：①"寓于形而为主"的心，此即个人的、现实的、能被觉知的心，他认为"此身一到，精神具随"⑤；②非见闻所得的直觉之心，类似于陆九渊所说的"本心"；③虚明静一的主体之心；④以自然之性为基础的心。⑥既然有如此多的心，那么就有复杂的心性关系需要讨论，例如，有的心同一于性，有的则不同。其基本思想是心是体与用的统一，而性只是其体。

罗钦顺提出了心性不离但有别的理论。不离表现在："除却心即无性，除却性即无心。"⑦区别在于："夫心者，人之神明；性者，人之生理。"生理即有产生、生成作用的机理、道理。"理之所在谓之心，心之所有谓之性，不可混而

---

① [明]王守仁：《王阳明全集（上）》，吴光、钱明、董平等编校，上海古籍出版社 2012 年版，第 23 页。
② [明]王守仁：《王阳明全集（上）》，吴光、钱明、董平等编校，上海古籍出版社 2012 年版，第 23 页。
③ [明]王守仁：《王阳明全集（上）》，吴光、钱明、董平等编校，上海古籍出版社 2012 年版，第 14 页。
④ [明]王守仁：《王阳明全集（上）》，吴光、钱明、董平等编校，上海古籍出版社 2012 年版，第 53 页。
⑤ [明]陈献章：《陈献章集》卷 1。
⑥ 刘宗贤：《陆王心学研究》，山东人民出版社 1997 年版，第 214-219 页。
⑦ [明]罗钦顺：《困知记》卷下。

为一也……二者初不相离而实不容相混。”[①]

湛若水也认为，性为心之生理。他说：“性者，天地万物一体者也……性也者，心之生理也，心性非二也。譬之谷焉，具生意而未发，未发故浑然而不可见。”[②]性就是这能生而未发的东西。

刘宗周的“独体说”认为，心有自己的本体，此体可称作“独体”，“天命之谓性，此独体也”[③]。独体其实就是性体、心体。其心性说的基本主张是心即性。“须知性只是气质之性，而义理者气质之本然，乃所以为性也；性则是人心，而道者人之所当然，乃所以为心也。人心、道心只是一心，气质、义理，只是一性，识得心一性一，则工夫亦一。工夫与本体亦一，此慎独之说也。”[④]

戴震的心性论表现出了大综合的特点。他认为，对儒家人性论可做这样的梳理和区分：一是正统的人性论，即《周易》《论语》《孟子》所表达的性善论。二是对立于正统的理论，又有三种情况：①人性即耳目百体之欲，至于义理则不是人性，是用来从外面约束人性的，这是荀子、告子的观点；②人的知觉能力即人性，人先天具有的是精神知觉，“心之有觉”，“其神独先”，而义理与欲望是后来发生的，故不是人性；③天理即人性，而觉和欲是人的私心杂念，不属于性，这是理学家的观点。他认为人的本性的范围很广，如义理、仁义、耳目百体之欲、趋利避害等都是人的本性，因此心性关系就应具体情况具体分析。基于这一点，他认为孟子、荀子、告子的人性论都同时具有两面性。“孟子道性善，察乎人之才质所自然，有节于内（能为自己的思想所节制）之谓善。”[⑤]他看到了仁、义、礼、智是人性的构成，这是其合理性的表现，但没有看到人性还有更为广泛的构成。告子看到了性包括至善无不善等人性内容，但“贵性而外义理，异说之害道者也”，“荀子二理义于性之能事，儒者之未闻道也”。[⑥]意为他把义理与性所表现的欲望、知觉看作两回事，这是其他儒者所不知道的。

再看道家、道教的心性论。应承认，老子未说“性”字，《庄子·内篇》也无，但其所说的“德”就是性，《庄子·外篇》涉及了“性”。庄子认为，心源

---

① [明]罗钦顺：《困知记》卷下。
② [明清之际]黄宗羲：《明儒学案（下）》，沈芝盈点校，中华书局 2008 年版，第 876 页。
③ [明]刘宗周：《刘宗周全集（三）》，何俊点校，浙江古籍出版社 2012 年版，第 345 页。
④ [明]刘宗周：《刘宗周全集（三）》，何俊点校，浙江古籍出版社 2012 年版，第 123 页。
⑤ 安正辉选注：《戴震哲学著作选注》，中华书局 1979 年版，第 27-28 页。
⑥ 安正辉选注：《戴震哲学著作选注》，中华书局 1979 年版，第 28 页。

于道。“夫昭昭生于冥冥，有伦生于无形，精神生于道。”[①]他对性的界定是“性者，生之质也。”[②]即产生出来的东西生而有之的质性、质素。[③]《冲虚至德真经》对心性较为重视。其《杨朱篇》说的性是道德之根性，亦即人高于非人的生而即有的特性。“杨子曰：人肖天地之类，怀五常之性，有生之最灵者也。”[④]《冲虚至德真经》中的其他地方也述及了性，这些性主要是低级的性，如欲望、“无厌之性”、“忧苦，犯性者也；逸乐，顺性者也”，以及更低级的生理本能。《淮南子》认为，性在生命中，实即在心中，因此尽其心可知其性。“能原其心者（把心追溯到本原处），必不亏其性；能全其性者，必不惑于道。”[⑤]这与孟子尽心知性知天的命题如出一辙。

道教至唐代重玄学的成玄英，便加大了对心性问题的关注和探讨的力度，从此以后，道教的心性学与中国佛教的佛性论、儒学的心性论并驾齐驱。道教之所以重视对心性问题的考量，是因为它看到了心性在修道中的根本性作用。成玄英说：“理身之道，先理其心。心之理也，必在乎道。得道则心理，失道则心乱。心理则谦让，心乱则交争。”“道果所极，皆起于炼心。”[⑥]重玄学之后的心性学的基本观点是道体即心性，亦有亦无，玄之又玄，修心即修道。这里重点剖析一下成玄英的心性论。

成玄英是唐初的著名道教学者，所创立的重玄学提出了一种崭新的思维方式：玄之又玄，遣之又遣。“重玄”即由“又玄”而来。他强调：仅看到道的玄还不够，还必须再进一层，看到道的“又玄”“更玄”的一面，此更玄既超有，又超无。只有对片面的有与无遣之又遣，才能达到玄之又玄的大道。成玄英说：“玄者，深远之义，亦是不滞之名。有无二心，微妙两观，源于一道，同出异名。异名一道，谓之深远。深远之玄，理归无滞，既不滞有，亦不滞无，二俱不滞，故谓之玄。”[⑦]为了不让人滞于此超越有无的玄，成玄英又强调：在悟道的过程中，还应有“又玄”或“重玄”的态度，即应再进一步，玄之又玄、遣之又遣。

---

①《庄子·知北游》。
②《庄子·庚桑楚》。
③《庄子·庚桑楚》。
④《冲虚至德真经·杨朱》。
⑤［西汉］刘安：《淮南子·诠言训》。
⑥［唐］杜光庭：《道德真经广圣义》，载胡道静、陈莲笙、陈耀庭选辑：《道藏要辑选刊（二）》，上海古籍出版社1989年版，第98页。
⑦［唐］成玄英：《道德经义疏》第1章。

这表面上一致于佛教的非有非无，但据成玄英说，也不同。因为根据他的观点，佛教只明于玄，“和二边为中一，而犹是前玄，未体于重玄理也”[①]。他认为，重玄的独特之处在于：“有欲之人，唯滞于有；无欲之士，又滞于无，故说一玄。”“又恐行者滞于此玄，今说又玄，更袪后病，既而非但不滞于滞，亦乃不滞于不滞，此则遣之又遣，故曰玄之又玄。”[②]其实，这种遣之又遣的方法在佛教中早已有之，如离四句、绝百非等。重玄学既是一种本体论，同时也是一种修道原则及方法，或摄心方法，王玄览说：“空有俱空，心无所系。”“莫令心住有，莫令心住空；莫令心离有，莫令心离空。”[③]

在心性问题上，成玄英认为，心性即人的真实不虚的本性，可简称作“真性”。从起源上说，非人为、非偶然，而为自然、天生。“自然之性者，是禀生之本也。”[④]儒家所看重的仁、义、礼、智不仅不是人的真性，反倒是人之真性的桎梏。“夫仁义是非，损伤真性，其为残害，譬之刑戮。”[⑤]真性不同于天性。真性是人人普遍具有的共性；而天性尽管也是天造地设的，但因人而异。“所禀天性，物物不同。”[⑥]因为天性是每个人在因果承负原则下所天然形成的浅一层的本性，里面包含有先前的善恶诸业所留的痕迹。因此可以说，天性“禀之自然，各有定分”[⑦]。

真性的作用在于，它是成圣的先天根据，若创造条件，让其显现，人就完成了由凡向圣的转化。转凡成圣的过程其实是复性复命的过程。因为真性本具，由于染污，真性才消失不见了。若消除染污，心神凝寂，则真性自然复归。成玄英说：“命者，真性惠命也。既屏息嚣尘，心神凝寂，故复于真性，反于惠命。”[⑧]

成玄英还从心与道的关系的角度讨论了心的本质。他认为，心与道的同异取决于心进入的境界或状态。若心为情使，攀缘不息，或表现为凡夫之心，那么心根本有别于道；若心回归其真心，虚无寂灭，此心就是道。是故他提出了“心冥至

① [唐]成玄英：《道德经义疏》第1章。
② [唐]成玄英：《道德经义疏》第1章。
③ [唐]王玄览：《玄珠录》。
④ [唐]成玄英：《庄子疏・庚桑桑》。
⑤ [唐]成玄英：《庄子疏・大宗师》。
⑥ [唐]成玄英：《庄子疏・德充符》。
⑦ [唐]成玄英：《庄子疏・德充符》。
⑧ [唐]成玄英：《老子注》卷1。

道”的命题。就心的产生来说，心源于道。“精智神识之心，生于重玄之道。”[①]从道的存在处所来说，道无所不在，当然也存在于人心之中。因此要求道、证道，不需要到心之外。他说：“外智凝寂，内心不移，物境虚空，外不从事，乃契会真道。”[②]

就心与理的关系而言，理即自然的妙理、规律。成玄英也有心即理的思想，当然主要是从圣学的角度论述的。他强调：合乎天理即为圣人。而要如此，就是要让心不动不变，因为理的本质就是如此。若有求理之心，或让心有一点变动，就是背理而行。总之，有心无理，无心合理。“夫有心求大，于理尚乖。”[③]

就心与境的关系而言，成玄英表达了境由心生、境随心转的思想。他说：“有无在心，不在于乎境。”[④]“境之异同，在心之静乱耳。”[⑤]心静，则万境一如，心境一如；心乱，有分别，则心境对立，万境纵横。“心生诸法生，心灭诸法灭。若证无心定，无生亦无灭。”[⑥]作为有为法的心、境是相辅相成的，是互为条件的。他说：“将心对境，心境互起……心不自起，因境而起，无心之境，境不自起。无境之心，亦不自起。”[⑦]境也是心的一个条件，若无境，心便无知。“心中本无知，对境始生知。”[⑧]

再来看内丹心性学。内丹之学在早期道教中就已得到了较充分的发展。到唐末以后，至宋元明清，在对丹学做重新整合（例如，将外丹学融入内丹学中作为三元丹法的分支，将广义的丹学作为道教的正宗的修持方法）的基础上，在与宋明理学、佛教心性学的碰撞中，内丹心性学得以形成，并成了道教哲学的重要内容。在宋元时期正式形成之后，它属于道教中传承的“内学”，且成了士族书香门第的学者家传秘习的学问。[⑨]

内丹心性学的核心概念是性与命，在实践上则强调性命双修。例如，张伯端提出了先命后性的内丹心性学。[⑩]所谓性，即神，“神者，性之别名

---

① [唐]成玄英：《庄子疏·知北游》。
② [唐]成玄英：《庄子疏·达生》。
③ [唐]成玄英：《庄子疏·徐无鬼》。
④ [唐]成玄英：《庄子疏·则阳》。
⑤ [唐]成玄英：《庄子疏·天地》。
⑥ [唐]王玄览：《玄珠录》卷上。
⑦ [唐]王玄览：《玄珠录》卷上。
⑧ [唐]王玄览：《玄珠录》卷上。
⑨ 胡孚琛：《道学通论（修订版）》，社会科学文献出版社 2009 年版，第 223 页。
⑩ 胡孚琛：《道学通论（修订版）》，社会科学文献出版社 2009 年版，第 224 页。

也”[①]，其作用是统率精气。性也可指人的先天元神。由于宋代以后，致力于内丹心性学理论和实践探讨的人极多，其中许多是既有理论造诣又有实修功夫的大家，因此它的发展极为活跃和迅速，出现了许多不同的派系，主要有两大派：一是金丹派南宗的先命后性的心性论；二是全真道的先性后命的心性学。前者的创始人是张伯端，后者的创始人是王重阳。

金丹派南宗将老子的清静无为思想与道教修炼实践相结合，吸收了禅宗明心见性的思想和理学正心诚意的思想，形成了内丹的修持理论及方法，如认为修内丹的过程是道生万物的逆过程，即从形而下的形气等修炼起，归根返本，最后回归于道。逆而行之，能够扭转自然的生老病死，最后长生久视，复归于道的永恒状态。张伯端说：“逆之而产于内，则长生久视之道存矣。”[②]

在心性关系上，他认为，性是心中的所藏，心是性的载体。“心者，神（性）之舍也。”[③]而性就是真心。当然，这是有多种说法的。胡孚琛先生将它们概括为三大类：一是性即神，“神者，性之别名也”[④]；二是性指人的先天之神，如张伯端认为先天之性即“元性”，“神者，元性也”，“元神者，先天之性也”[⑤]；三是性即道德修养功夫和心理的稳定状态。对于心，内丹心性学也提出了自己的理解。一般而言，心是一个复杂统一体，其内既有妄心，又有本心、性、神等。本心即心之体，亦即道或金丹之心。其特点是无为虚静。“欲体至道，莫若明乎本心，心者，道之枢也。”[⑥]基于此，张伯端对儒释道三家的心性学发表了这样的看法：“儒教欲行于世，用于时，故以礼为之防。所谓妄心者，喜怒哀乐各等耳。忠恕慈顺，恤恭敬谨，则为真心。吾修丹之士，则以真心并为妄心，混然返其初而原其始，却就无妄心中生一真念，奋天地有为而终则至于无为也。若释氏之所谓真心，则又异焉。放下六情，了无一念，性地廓然，真元自见，一见之倾，来往自在。”[⑦]

王重阳的心性论强调全神炼气，即强调以炼性（神）为首，将心性修炼作为

① [北宋]张伯端：《青华秘文》。
② [北宋]张伯端：《青华秘文》。
③ [北宋]张伯端：《青华秘文》。
④ [北宋]张伯端：《青华秘文》。
⑤ [北宋]张伯端：《青华秘文》。
⑥ [北宋]张伯端：《悟真篇·自序》。
⑦ [北宋]张伯端：《玉清金笥青华秘文金宝内炼丹诀》。

修行的根本，目的是让心进入清静无为的状态。他的话语风格类似于禅宗，如说："诸公如要真修行，饥来吃饭，睡来合眼也。莫打坐，莫学道，只要尘冗事屏除，只要清净两个字。其余都不是修行。"①他对金丹及其修炼的理解是金丹即真性、真心。"本来真性唤金丹，四假为炉炼作团。不染不思除妄想，自然衮出入仙坛。"②关于心性的本质，王重阳说："性者神也，命者气也。"③丘处机说："金丹之秘，在于一性一命而已。性者天也，常潜于顶，命者地也，常潜于脐，顶者，性根也；脐者，命蒂也。"④性与心的关系是，性即心的不动之体性。王重阳说："心生则性灭，心灭则性现，心灭者是宝。"⑤明心寂静即见性。丘处机说："吾宗惟贵见性，水火配合其次也。"⑥总之，性即心的本性、先天之真性。王重阳说："心本是道，道即是心，心外无道，道外无心也。"⑦

全真道的心性论在后来的发展中出现了分化的格局，这是因为创教者王重阳倡导三教合一，而他的弟子对其他二教即儒释的亲疏关系不同，因此所建立的心性论便表现出近禅、近儒、清净本色三种不同的走向。例如，王重阳的弟子马丹阳以心合性，以神气说明性命，以清静为统道，建立了以清静为基础的丹阳派清净本色心性学。先看这一派的内丹心性学。

其基本理论之一是把全部心区分为尘心和真心两类。尘心即贪心，即每个人的意识面前显现的心。真心即清静心、本心，它是体，不动不变。修炼心性就是炼尽尘心，进而让真心显现。谭处端的《水云集》云："道人心，处无心，自在逍遥清净心，闲闲云水心。利名心，纵贪心，日夜煎熬劳役心，何时休歇心？修行心，包含心，一怎清虚冷淡心，闲闲无用心。灭嗔心，去贪心，寂寞清贫合圣心，无生现本心。"如果说有丹药、妙玄的话，它们不过就是清净心，炼成清净心，复原本心，当即妙玄。"休离方寸搜丹药，莫外周游觅妙玄。长使灵台无一物，便成九转产胎仙。"⑧牧常晁说："性为心体，心为性用，性静也，心动也。

---

① [南宋]王重阳：《玉花社疏》。
② [南宋]王重阳：《重阳全真集·金丹》。
③ [南宋]王重阳：《重阳玄教十五论》。
④ [南宋]丘处机：《大丹直指》。
⑤ [南宋]王重阳：《重阳授丹阳二十四诀》，载明《正统道藏·太玄部》文字号。
⑥ [南宋]丘处机：《长春祖师语录》。
⑦ [南宋]王重阳：《重阳真人授丹阳二十四诀》，载明《正统道藏·太乎部》文字号。
⑧ [金]牧常晁：《玄宗直指万法同归》，载明《正统道藏·太玄部》下字号。

心用不动则性体融合。愚人外心求性，智者即性即心。”①

再来看元代全真道南派的心性论。这是与理学、禅宗有明显区别的新道教心性论，其代表人物是李道纯、陈致虚（1290—？），其核心范畴有心、性、神、意、虚、精、气、身。其宗旨是修证仙道、等同虚空，而手段是性命双修，其特点是强调全精、全气、全神。“所谓全真者，全其本真也。全精、全气、全神方谓之全真。才有欠缺，便不全也。才有点污，便不真也。全精可以保身。欲全其精，先要身安定，安定则无欲，故精全也。全气可以养心。欲全真气，先要心清静，心清静则无念，故气全也。全神可以返虚。欲全其神，先要意诚，意诚则身心合而返虚也。是故精气神为三元药物，身心意为三元至要。”②

李道纯的心性学可称作综合性心性学。忽必烈统一江南后，道教中出现了南北融合的倾向，在这个过程中，李道纯在揭示南北原先的“堕于偏枯”的片面性的基础上，建立了一个“靡所不备”的理论修行体系。从更大的方面说，这个体系还有试图融合三教的特点。例如，李道纯认为：“三教所尚者，静定也。”③也可说，三教所传即虚静。他说：“收拾身心之要，在乎虚静。虚其心则神与性合，静其身则精与情寂，意大定则三元混一。”④

在心的构成与本质问题上，全真道南派认为，人只有一个心，但有两个方面，即人心与道心，或妄心与本心、尘心与照心。人心与道心的关系是体用关系。在凡夫身上，本心隐而尘心显，在圣者身上，妄心灭除，真心显现。不同于理学的地方是尽管它们都强调人心、道心只是一心，但南派不认为人心与道心的区别是人欲与天理、动与静的区别。李道纯说：“常灭妄心，不灭照心。一切不动之心皆照心也，一切不止之心皆妄心也。照心即道心也，妄心即人心也。”⑤照心也可说就是道。《玄教大公案》说：“心即道兮道即心，不劳思想别追寻。”⑥

就心与神的关系而言，全真道南派认为，真妄合一的心同时包含有神，神藏于心，心是神舍。可见，两者有能寄与所寄的关系。⑦另外，两者还有虚与实的

① [金]牧常晁：《玄宗直指万法同归》，载明《正统道藏·太玄部》下字号。
② [元]李道纯：《中和集·全真活法》。
③ [元]李道纯：《中和集·玄门宗旨》。
④ [元]李道纯：《中和集·金丹妙诀》。
⑤ [元]李道纯：《中和集·玄门宗旨》。
⑥ [元]苗大素：《玄教大公案》。
⑦ [元]李道纯：《中和集》，载明《正统道藏·洞真部·方法类》光字号。

关系。心犹如运动之物的场所、虚空一样，神则是其中的实。李道纯说："虚心养神，心明神化，二土成圭，采而饮之，性圆明也。"①"心虚其中，神所以通变。故虚为实利，实为虚用，虚实相通，去来无碍。"②陈致虚认为，心像君主，神为执行者。"心为一身君主，万神为之听命，以故虚灵知觉，作主生灭，随机应境，千变万化，瞬息千里，梦寝百般。"③

在心性关系上，李道纯说："性在心在，心自性生。"④如果承认心从自性，那么必须同时承认：性乃心之未始。因此要明性，必须先息心。心产生后，性又存在于心中，本心即心。就作用、地位而言，性是心之主。当心现实产生之后，心便成了同时有体与用、内与外的复杂统一体。性与神寄居其中，因此心是性、神的载体、房舍。神与性在心进入寂明、虚明状态时便合而为一。因为心清净、安定，神便全真。全真之神便莹洁，便是性。"性者，寂然不动之真空也，神乃真空之中妙有灵通者，性之神所以感而通也。心者，性之枢、神之机也。枢机静，则性神安，动则性神摇。虽曰二用，不离一体。性不自灵，神灵之也，性不自通，神通之也。安其性，存其神，心也；万法莫不由心也。"⑤

再来看盘山派的以道合神、以性统命的心性论。其开山祖师是王重阳的弟子王志谨（1177—1263）。他是全真道盘山派的创始人，其心性论的特点是将本心、本性、大道融合为一，并认为它就是金丹。因为"快利刚明，变化融液，故名金；曾经锻炼，圆成具足，万劫不坏，故名丹"⑥，而修炼的目的就是找回这真性或金丹。他说："这个便是神仙的日用，便是圣贤的行踪。"⑦该派心性论还有这样的特点，即吸收禅宗、理学的心性思想，以心为基点，强调本心、本性、道三合一。其核心范畴是心。该派认为，心足以囊括性、神、道诸范畴。此心有体、用两方面，其体是真心，真心即性、即道，其余一切为其用。真心无不贯通。它"八面玲珑，珠璨玄虚之上，丹圆宝鼎之中，混乾坤为一体，夺造化与同功；无象无私，若春阳之及物；不留不碍，如秋月之行空"⑧。王志谨还分别用云、风、

① ［元］李道纯：《中和集》，载明《正统道藏·洞真部·方法类》光字号。
② ［元］李道纯：《道德会元》，载明《正统道藏·洞神部·玉诀类》谈字号。
③ ［元］李道纯：《金丹大要》，载明《正统道藏·太玄部》夫字号。
④ ［元］李道纯：《中和集》，载明《正统道藏·洞真部·方法类》光字号。
⑤ ［元］李道纯：《玄宗直指万法同归》，载明《正统道藏·太玄部》下字号。
⑥ ［元］王志谨：《盘山语录》。
⑦ ［元］王志谨：《盘山语录》。
⑧ ［元］姚志真：《云山集·心赋篇》。

山、水、天、地、虚空七种形象从七个方面描述了真心的特点。这里不妨略述其中五点：①“如云之出山，无心往来，飘飘自在……草木丛林，碍他不住”；②不动不变，“又如太山，巍巍峨峨，稳稳当当，不摇不动”；③不与物争，利益群品，“又如水之物，性柔就下，利益群品，不与物竞”；④明白四达，其体常清，“又如日月，容光必照，至公无私，明白四达”；⑤广大无边，“如虚空广大，无边无际，无所不容，无所不包”。[①]

盘山派释心体还有一个特点，即不像其他派别那样以清静无为释心体，而是借用佛教的“空”来解释，认为心体即空、虚，玄之又玄。之所以有这种转化，是因为该派认为，以“不动”“清静”“圆明”等释心，都不彻底，都让人想到“边际去处”，即有有的一面、让人着相的一面，而以空来解释则无这类问题。《盘山录》说：“修行之人心地平稳，事触不动，便是个不动地面；万尘染他不得，便是个清静地面；露出自己亘初法身，分分朗朗承当得底，便是个圆明地面。凡言地面，亦有边际去处。若到无地面，无方所，绝名言处，乃所谓玄之又玄也。”[②]

就真心与性的关系来说，“此一心本无定体，在阳则明，在阴则暗，熟境不存，无为清净，性珠明了”[③]。这就是说，性就是真心。因为性的体是不动不变，用则是语默动静。王志谨说：“语默动静是性之用，非性之体。”[④]当然，性与妄心的关系就不是这样，它们有依存关系即心为性的根。

龙门派的心性论也值得一述。它的最高概念是道，认为道是包括心性在内的一切深浅本性、元素的最终根源，道即无，而无为纯阳之体。在阴阳二者中，阴为浊、为恶。除有与阴结合的阳之外，还有纯阳，此阳即天。地上的阴与阳不可分。但“惟天上无阴无阳，是谓纯阳”[⑤]。其本质状态是至静、至虚、至纯，也可说是“真空”，“初悟道为真空，直至了处亦为真空”[⑥]。《北游录》说：“虽万类不同，其出于道则一也。既出于道而皆具道性，况人为万物之灵，则有可复于道之理。”性与天是同体的，如说：“吾之性本出于天，与天同体，故所行皆

---

① [元]王志谨：《盘山语录》。
②《盘山录》，载明《正统正藏·太玄部》卑字号。
③《盘山录》，载明《正统正藏·太玄部》卑字号。
④《盘山录》，载明《正统正藏·太玄部》卑字号。
⑤《北游录》，载明《正统正藏·太玄部》卑字号。
⑥《北游录》，载明《正统正藏·太玄部》卑字号。

法于天，学人能至此则始可与入道矣。”①

张三丰的《心性图》是内丹心性学的直观再现，既再现了心性学的核心内容，又说明了内丹修炼的基本原则和方法，因此该图又是内丹修炼的示意图。此图目前为武当山珍藏，其中既有图，又含有 269 字的文字表述。②其要点之一是回答了什么是道之舍，以及道依存于什么的问题，回答是“心即舍，而性即道，清静斋戒为之城。”③意思是，道即性，而性以心为舍，道有多大，心有多大。道无边无际，心亦如是。“城”即护卫道的保障，要想心守道，让道安于心中，就应为之筑好牢不可破的城池，这就是要清静斋戒。

再来看看《道教义枢》的道性论，所谓道性即得道之因性。根据这一理论，一切万物都有成道的本性、资源。众生尽管现在离道极远，没有证道，但他们的道性与圣人的道性不差丝毫。“道以圆通为义，谓智照圆通；性以不改为名，谓必成圆果。”“性语在因，谓有得果之性。”④具言之，此因性可具体表现为这样五种助人成道的原因和条件：①正中性，“中是不偏之名，正是不邪之目”，不邪不偏，是为中正道；②因缘性，“因是能生，者（缘）是由籍……由此因缘生智成道”；③观照性，“观照有无二境，因有入无，明照真境，发生妙观”；④智慧性，“极果冥寂，玄通大智慧源”；⑤无为性，“智慧断除因果二累”。⑤道教的道性论在形式上极相似于佛教的佛性论，但也有自己的特点，如它是与道气论结合在一起的。根据道教，道性要变成现实，必须借助气的接引，因此道气论是道性论的组成部分。前者说明了道性变成现实的一个条件。道性由道气变成现实，就像竹子由雨水而生长一样。孟安排说：“凡业既弱，不能自生，须假应气，贷生接引……一念笋生，即带皮出，生力既弱，不能自生，须假天雨，助令成竹。”⑥

第五节 性的妙用

莱布尼茨和康德在心理的大发现中，发现了人除了现实表现出来的、能为人

① 《北游录》，载明《正统正藏·太玄部》卑字号。
② 参阅陈禾塬：《丹道修炼与养生学》，社会科学文献出版社 2007 年版，第 74-75 页。
③ 转引自陈禾塬：《丹道修炼与养生学》，社会科学文献出版社 2007 年版，第 74 页。
④ [唐]孟安排：《道教义枢》卷 8。
⑤ [唐]孟安排：《道教义枢》卷 8。
⑥ [唐]孟安排：《道教义枢》卷 8。

经验到的现实的心之外，在其后还看到了以禀赋、潜能形式存在的心。由此他们得出了“心不是白板而是有其先天资源”的结论。不仅如此，他们还分别从体与用两个方面对这种先天的心做了探讨。康德把关于这种心之体的研究称作“形而上学的阐明”，而把关于天赋之心的用的研究称作“先验的阐明”，这是十分恰当的。中国心灵哲学对心性的研究类似于他们的研究。关于体的研究，在前面我们已做了考释，这里要研究的是中国心灵哲学关于心性之妙用的讨论。

概括来说，中国心灵哲学在这方面的基本观点有两方面：一是像莱布尼茨一样承认心性是人们获得认识尤其是获得真理、成为人才的必要条件。因为如胡宏所说：“性，天下之大本也”，“心也者，知天地，宰万物，以成性者也”，尽心，则“能立天下之大本”。[①]二是提出了不为西方哲学家所关注的独特的观点，那就是心性中的先天资源是决定人做得如何、是否能完满人格、是否能成圣的必要条件。性在这方面的作用在于：决定后天可能与不可能的范围，是成圣成凡的可能性根据。圣人之所以为圣人，关键是顺性而为。圣人能“全性之道”，即性全、天全、神全。是故圣人之于声色滋味，利于性则取之，害于性则捐之，此全性之道也。所谓全性之道，即保全天性之道，使之完整、全面发挥。性全具有无上妙用，例如，性全则天全，天全则神全。“神全之人，不虑而通，不谋而当，精照无外（精气普照无边），志凝宇宙，德若天地。”[②]

早在先秦时代，老庄就把心静、不动作为最高价值加以追求，而虚静不动恰恰是性的本质特点。如果真的能致虚极、守静笃，那么人便能无为而无不为。而要如此，务必“弃知去已”，“不师知虑，不知前后，魏然（坚固）而已”。[③]《道枢》解释说：性是天之授予人的东西，它“无拙也，无巧也，无智也，无愚也，湛湛乎适于自然之场焉”。天之性就是虚无。“内而遗朴，如槁木。”[④]在庄子看来，性的作用在于：顺性则成圣，得治世；失性则成凡，处乱世。圣人之所以为圣人，尧、舜、禹三代之所以得治世，是因为人人都保持自己的素朴之性。乱世的根源是，“驰其形性，潜之万物，终身不反”[⑤]。人散失天然本性有五个表

---

① [明清之际]黄宗羲：《宋元学案（二）》，陈金生、梁运华点校，中华书局1986年版，第1370页。
②《文始真经・全道》。
③《庄子・天下》。
④ [北宋]曾慥编：《道枢》，载胡道静、陈莲笙、陈耀庭选辑：《道藏要籍选刊（十）》，上海古籍出版社1989年版，第371页。
⑤《庄子・徐无鬼》。

现。庄子说：“夫失性者有五，一曰五色乱目，使目不明；二曰五声乱耳，使耳不聪；三曰五臭熏鼻，困惾中颡；四曰五味浊口，使口厉爽；五曰趣舍滑心，使性飞扬。”①

《冲虚至德真经》认为，性即本性、本质。以物养性即合道、长生，反之，以性养物，违背天理，必不得好果。“人之性寿，物者扫（gǔ，搅浑）之，故不得寿。”②从本质上说，人是长寿的，但由于没有认识到性与物的关系，人们逆之而行，因而不能长寿。如果据性而为，便能长生，乃至成圣。

葛洪认为，体玄道或真性有无穷妙用。他说：“夫玄道者，得之乎内，守之者外，用之者神，忘之者器，此思玄道之要言也。得之者贵，不待黄钺之威。体之者富，不须难得之货。”③道的妙用不只体现在养生、养性之上，它同时有造化万物的大用。“夫所谓道，岂唯养生之事而已乎？”④“且夫养性者，道之余也。”⑤

道、性之所以重要，是因为它是心主。“天地开辟贵本根，乃气之元也。”⑥求道之人，切忌不能离此本，求余末。“夫一者，乃道之根也，气之始也，命之所系属，众心之主也。”⑦

龙门派认为，要治心、见自本性、速登仙道，必须知道凡夫背离仙道、圣者证得仙道的原理。根据龙门派的心性论，凡夫之所以为凡夫，就是因为人们的邪念覆盖了真心。真人之所以为真人，是因为他们扫除了邪念，而让真心显现出来了。《北游录》说：“故修行治心为重，既明损益，把世人一切所行事，心上都颠倒行过，则身中之气亦自随之，百骸自理，性自止，息自调，命自固，去仙道不远。”⑧

人之所以有凡圣差别，就是因为他们的本有的性所处的状态不一样，契真者为性，受染者为情，至人忘情归性，而凡夫忘性任情。性即本性，或善恶的可能性根源、先天的根据和资源。为其提供的条件不同，所变成的现实之果便不同。例如，“以无为临之，则其所以动者，元神之性耳；以有为临之，则其所以动者，

①《庄子·天地》。
②《文始真经·全道》。
③ 王明：《抱朴子内篇校释》，中华书局1985年版，第2页。
④ 王明：《抱朴子内篇校释》，中华书局1985年版，第184页。
⑤ 王明：《抱朴子内篇校释》，中华书局1985年版，第138页。
⑥ 王明编：《太平经合校》，中华书局1960年版，第12页。
⑦ 王明编：《太平经合校》，中华书局1960年版，第12页。
⑧《北游录》，载明《正统道藏·正一部》允字号。

欲念之性耳”①。

性不仅是成圣的根本，而且是人的吉凶祸福的决定因素。相信它，不让它被物欲压制，就能远离凶险得吉祥。《冲虚至德真经》云：“信命者，亡寿夭；信理者，亡是非；信心者，亡逆顺；信性者，亡安危。”②“至人之学也，欲以反性于无，游心于虚。”③世俗之学则相反，不是去识性、反性，而是极尽扰性之能事。④

识性之后，就是要循性而行。“循性而行谓之道，得其天性谓之德。”⑤性的妙用还表现在它是决定治世与乱世的一个根源，如天下大乱的根源是人失其性。《通玄真经》云：“性失然后贵仁义，仁义立而道德废。”⑥

心性还具有修行实践上的意义。因为心性是诸法之本，是牛鼻子，只要让贪心复归于真心，一切万事大吉。真心就是不动之心。只要于一切时处，心定念止，真心就会现前。马丹阳说：“断情、除欲、降心，休与亲戚相见，休教心到处去，行住坐卧乃至搬柴运水或上茅去也，要心定念止，湛然不动，名为真心。”⑦

丹阳派心性学以气释命，认为性与命的关系就是神与气的关系，在修炼中，两者是相辅相成的，命修不好，性便不会如实显现，同理，性没修好，命也不可能修好。当然，在性功和命功两者中前者是主要矛盾。“修真之士若不降心，虽出家多年无有是处，为不见性。既不见性，岂能养命。”⑧因为内修心性就是内功、无为之功，关键是在心地用功，而心是根本，是主要矛盾。本心即道，性在心中，本心即性。

强调明心见性是全真道同一于禅宗的地方，但用本命元神、胎仙不死等加以描述，则是道教独有的。根据盘山派的思想，性命双修的最终目的是让性命融为一体，显露本命元神。为此，所用的功法主要是阳神出壳法。通过修炼，最终

① [北宋]张伯端：《青华秘文》。
② [元]高守元编：《冲虚道德真经四解》，载胡道静、陈莲笙、陈耀庭选辑：《道藏要籍选刊（五）》，上海古籍出版社1989年版，第649页。
③ [唐]默希子：《通玄真经》，载胡道静、陈莲笙、陈耀庭选辑：《道藏要籍选刊（五）》，上海古籍出版社1989年版，第495页。
④ [唐]默希子：《通玄真经》，载胡道静、陈莲笙、陈耀庭选辑：《道藏要籍选刊（五）》，上海古籍出版社1989年版，第495页。
⑤ [唐]默希子：《通玄真经》，载胡道静、陈莲笙、陈耀庭选辑：《道藏要籍选刊（五）》，上海古籍出版社1989年版，第497页。
⑥ [唐]默希子：《通玄真经》，载胡道静、陈莲笙、陈耀庭选辑：《道藏要籍选刊（五）》，上海古籍出版社1989年版，第497页。
⑦《群仙要语纂集》，载明《正统道藏·正一部》鼓字号。
⑧《真仙直指语录·郝太古真人语录》，载明《正统道藏·正一部》鼓字号。

让阳神逃脱阴阳之数，此即阳神出壳，进而位列仙数，以性合命，证得胎仙不死之果。

盘山派对佛教的借鉴不是表面的，而是实质性的。这表现在它借鉴过来的真空概念有机地整合进了道教的理法和修证体系之中。例如，丘处机说："性体真空，方于正念。"清风曰："若不到真空，阳神难出。"[①]在修性问题上，盘山派强调修性即治心，治心就是要明心，而明心即见性，见性即成神仙。"神仙莫向外边寻，止是元初一片心，洒落万尘笼不住，立教大地变黄金。"[②]

儒家也承认心性具有无穷之妙用。《孟子·本命》曰："穷理尽性，以至于命"[③]，"能尽其性，则能尽人之性；能尽人之性，则能尽物之性；能尽物之性，则可以赞天地之化育；可以赞天地之化育，则可以与天地参"[④]。怎样认识性呢？途径只有穷尽，或如孟子所说的，要"尽心"。而尽心，一是要从广度上去探索，二是要从深度上挖掘，弄清其内隐藏着什么。尽心即可知性，知性即可知天（道、命）。[⑤]

北宋理学在论性时，将性的地位进一步提升，乃至将其本体化，看作一切现象的本体。其标志是提出了"性即理""性即心"的命题。周敦颐认为，性及其作为根源的诚是人能够去凡成圣的内在根据。诚即太极，换言之，太极体现在人身上即为诚。所谓诚，即至实而无妄，从来源上说，诚是自然之禀赋。圣人之所以为圣人，是因为他让"诚"这一本性现实地体现出来了。是故说，"诚者，圣人之本"，"圣，诚而已矣"。[⑥]此诚亦即性。"一阴一阳之谓道，继之者善也，成之者性。"[⑦]"诚则无事。"[⑧]"诚，无为。"[⑨]"性焉、安焉之谓圣"[⑩]，意为让性充分实现、平安无事的人即为圣。诚之所以重要，是因为它是体，其用是神。周敦颐说："寂然不动者，诚也；感而遂通者，神也。"[⑪]"诚、神、几，曰圣

---

① [元]丘处机：《长春真人寄西州道友书》。
②《云山集》，载明《正统道藏·太平部》兄字号。
③《孟子·本命》。
④《中庸·第二十四章》。
⑤《孟子·尽心上》。
⑥ [北宋]周敦颐：《周敦颐集》，陈克明点校，中华书局2009年版，第15页。
⑦ [北宋]周敦颐：《周敦颐集》，陈克明点校，中华书局2009年版，第13页。
⑧ [北宋]周敦颐：《周敦颐集》，陈克明点校，中华书局2009年版，第15页。
⑨ [北宋]周敦颐：《周敦颐集》，陈克明点校，中华书局2009年版，第16页。
⑩ [北宋]周敦颐：《周敦颐集》，陈克明点校，中华书局2009年版，第17页。
⑪ [北宋]周敦颐：《周敦颐集》，陈克明点校，中华书局2009年版，第17页。

人”，“诚精故明，神应故妙，几微故幽”，几即“动静体用之间，介然有顷之际，则实理发见之端，而众事吉凶之兆也”。[①]可见，这里的诚是比孟子的性（四端、五行）更根本的性。它既是宇宙本体，也是道德本体。

二程认为，性即种子，一切善、不善皆出其中。“礼经三百，威仪三千，皆出于性。”[②]胡宏用简明的语言概括了性的妙用，即只要让性现实表现出来，让其表现它的静定的本来面目，那么人就可以主宰自己的心理，治理好心理。而心治好了，则万事大吉，修齐治平乃至长寿吉祥，无不通达。他说：“性定而心宰”，“心宰则物随”。[③]

郭店楚简《语丛二》对心的妙用的论述特别值得关注。它从独特的视角说明了性在心理世界中的本原性地位，即认为心理世界中的几乎全部成员都由它派生出来，或与它有关，因此它是人的心理结构图景的发祥地、组建者。

第六节　情　与　性

本节将考释中国心灵哲学对情及其与性的关系的研究。中国的“情论”既具有心灵哲学情感理论的性质，同时也有解脱论的意义，因为情是人的解脱征程上要治理、要转化或要消灭的对象。另外，由于中国的情论常将情放在与性的关系中一并予以讨论，因此研究“情论”可看作是心性论的拓展性研究。

这里所说的“情”，其歧义性不亚于“性”。一般而言，它至少有如下几种用法及指称：一是指实际情况或实情、情愫、实际，即普遍存在于自然、社会、心理中的事实、表象。例如，孟子说：“乃若其情，则可以为善。”[④]意为就其实际情形而言，人性是本善的。二是指心情，这又有多种情况：首先，泛指包括知、情、意乃至道德心理在内的一切现实出现的心理现象。朱熹说：“心是神明之舍，为一身之主宰，性便是许多道理，得之于天而具于心者，发于智识念虑处，皆是情。”[⑤]二程认为，心本来是善，但一旦与事物发生关系，表现为现实的心

① [北宋]周敦颐：《周敦颐集》，陈克明点校，中华书局2009年版，第17-18页。
② [北宋]程颐、程颢：《二程集》，王孝鱼点校，中华书局2004年版，第668页。
③ [明清之际]黄宗羲：《宋元学案（二）》，陈金生、梁运华点校，中华书局1986年版，第1369页。
④ 安正辉选注：《戴震哲学著作选注》，中华书局1979年版，第166页。
⑤ [南宋]黎靖德编：《朱子语类（七）》，王星贤点校，中华书局1986年版，第2514页。

时，心就有善与不善。这种既发的状态就是“情”。“心本善，发于思虑，则有善、有不善。若既发，则可谓之情，不可谓之心。”①其次，相当于西方心理学、心灵哲学所说的情感、情绪，这将是本节关注的重点。最后，仅只情欲，或指向各种有形、无形对象的欲望。例如，魏了翁（1178—1237）说：“心本虽静，感于外物而心遂动，是性之所贪欲也。自然谓之性，贪欲谓之情，是情、性别矣。”②因为心兼动、静两方面，心体本静，其表现为性，但心又可感知外物。在这个过程中，心必有动，而动则为欲，欲可谓之情。三是指性的现实化，例如，人表现出恻隐、羞恶、辞让、是非之心时，即可认为它们是情。朱熹说：“仁义礼智，性也；恻隐、羞恶、辞让、是非，情也；性者心之理也，情者心之用也，心者性情之主也。”③质言之，性是心之体，情是心之用。四是有时指人的“真性”，即没有受污染、装饰的质朴之心。《韩非子·解老》说：“礼为情貌者也，文为质饰者也。夫君子取情而去貌，好质而恶饰。夫恃貌而论情者，其情恶也；须饰而论质者，其质衰也……由是观之，礼繁者，实心衰也。”④

本节关心的“情”是除“实情”以外的各种指称，即既探讨中国心灵哲学对广义的心情的研究，又着力于它对狭义的情绪的论述。

在春秋时代，关于“情”的讨论就已有很多，如《诗经》《国语》《左传》等常用此字。战国中叶以后，还可看到“性情”连用。在所发现的战国竹简文献中，论情的就更多了，还出现了专门研究情感的专著，如《性情论》。自孟子后，情与心、性一道成了中国心灵哲学最亮丽的风景线。

中国心灵哲学在从整体上把握心时，既有繁复的一面，例如，所认识到的主体性的心就不是一，而是多，包括精、神、魂、魄、神、意等；同时又有趋简的一面，如认为仅用心、性、情三词就足以概括其全貌。根据这种从简的理解，人身上只有一心，性是心的体、内、隐，而情是心的用、表、显。心性已如前述，这里我们先考察中国心灵哲学对这种宽泛意义上的情的认知。应承认，这种情中的主要内容是狭义的情绪，这是哲学家讨论较多的。对此有五情说、六情说、七情说等不同学说。

① [南宋]朱熹、吕祖谦：《朱子近思录》，上海古籍出版社2000年版，第34页。
② [南宋]魏了翁：《礼记要义·乐记》卷19。
③ [南宋]黎靖德编：《朱子语类（一）》，王星贤点校，中华书局1986年版，第91页。
④《韩非子·解老》。

《大戴礼记》论述过“五情”，即五种情感，如说民有五情，即“喜怒欲惧忧也”[①]。五情总伴有五气，如喜气、怒气、欲气、惧气、忧气。它们发生关系的规律是气会内隐，但阳的一面会表现于外，如喜怒内畜，虽想隐蔽，但阳喜、阳怒必显于外。“五气诚于中，发形于外，民情不隐也。”[②]

道教既说五情，也说六情、七情，如说：“五情者，阴阳五腑之神气形于人者。”[③]意思是，人之所以有五情，是因为五腑中的形、气、神共同作用于人，或者说是内在神气在身体上的外在表现，因此是心理、生理共同作用的结果。[④]这从一个侧面表明了道教在情绪本质问题上的态度，即认为情绪作为心理不是单子性现象或点式存在，而是弥散性、具身性现象，并同时具有心理性和物理性。其物理性的表现是，在其形成和表现的过程中，甚至五脏都有其不可替代的作用。

最早提出六情的是《左传》，这里所谓的情，也就是志，如好、恶、喜、怒、哀、乐，此六志即六情。[⑤]荀子也讨论过好、恶、喜、怒、哀、乐六情。他以情为性，认为情是性之质，即人性的质料。

《礼记》将情概括为七类，即喜、怒、哀、惧、爱、恶、欲。孟子也把情分为七类，但其内容不同，认为七情包括思，它们分别是喜、怒、忧、思、悲、恐、惊。这样的情接近于心，指的是心中出现的情况。

《管子》十分重视对包括情在内的心理的研究，其表现是，该书有多篇专门讨论心。在论情绪时，该书的特点是从养生、完满人格的角度对诸情绪样式做了具体考察。它涉及的情绪样式主要有：①诱惑、惧怕，如“见利不诱，见害不惧”[⑥]；②欢畅，如“凡人之生也，必以其欢”[⑦]；③忧、悲、喜、怒、躁等，该书认为，有这些情绪在，就无道、精、神的位置，因为“忧则失纪（失纲纪），怒则失端，忧悲喜怒，道乃无处（没有安身之处）……静则得之，躁则失之”[⑧]；④不喜、

---

①《大戴礼记·文五官人第七十二》。
②《大戴礼记·文五官人第七十二》。
③［北宋］张君房编：《云笈七签》，载胡道静、陈莲笙、陈耀庭选辑：《道藏要籍选刊（一）》，上海古籍出版社 1989 年版，第 614 页。
④［北宋］张君房编：《云笈七签》，载胡道静、陈莲笙、陈耀庭选辑：《道藏要籍选刊（一）》，上海古籍出版社 1989 年版，第 614 页。
⑤《左传·昭公二十五年》。
⑥《管子·内业》。
⑦《管子·内业》。
⑧《管子·内业》。

不怒；⑤忧患、畏惧、惊恐，“忿怒之失度，乃为之图（务必调节）”[①]，人之所以失去生命，是因为控制不住情绪，“所以失之，必以喜怒忧患”[②]；⑥心态平和，这是长寿的一个条件，如“平正擅匈（心态平正），论治在心，此以长寿”[③]；⑦与道德有关的情绪样式涉及更多，例如，“俭约恭敬，其唯无福，祸亦不来矣（即使无福，至少无祸）。骄傲侈泰，离度（不适度）绝理，其唯无祸，福亦不至矣”[④]，“安徐（安然舒徐）而静，柔节（和柔节制）先定，虚心平意以待须”[⑤]，“温恭自虚，所受是极。见善从之，闻义则服（见义勇为）。温柔孝悌，毋骄恃力（不傲、不倚勇力）。志毋虚邪，行必正直……小心翼翼”[⑥]。

将“情”泛化，让它包含一切显现出来的心理，在《管子》中已有表现，如说：“凡有天下者，以情伐者（靠人心取天下）帝。”[⑦]意为，如果能以心服人、以心取天下、将人心治理好，即为帝。“欲爱吾身，先知吾情……乃知行情（可行的情况）。”[⑧]

由于情可以泛指人心的一切实情、状况，日常语言中便有“人之常情”一说。《淮南子》说：“人情一也。”其表现是“心知忧愁劳苦，肤知疾痛寒暑。”[⑨]这不仅意味着人有共同的心情，而且有决定人的心情变化、运动的规律。就这种意义的情的结构来说，它也有内外两方面。《淮南子·缪称训》说：“情系于中，行形于外，凡行戴（充满）情。”“同是声，而取信焉异，有诸情也。故心哀而歌不乐，心乐而哭不哀……情系于中而欲发外者也。”[⑩]这里也表达了关于情绪本质的具身性、非单子性思想。

理学、心学中也有以情泛指一切外显心理的倾向。例如，张载认为，只要是性之所发，只要情表现于外，有其用出现，就都是情。他说：“发于智、识、念、虑处，皆是情。”[⑪]

①《管子·内业》。
②《管子·内业》。
③《管子·内业》。
④《管子·禁藏》。
⑤《管子·九守》。
⑥《管子·弟子职》。
⑦《管子·禁藏》。
⑧《管子·白心》。
⑨［西汉］刘安：《淮南子·修务训》。
⑩［西汉］刘安：《淮南子·缪称训》。
⑪［北宋］张载：《张载集》，章锡琛点校，中华书局1978年版，第337页。

在“情”的广义用法中，“欲”常被包括进来。最典型的是，中国心灵哲学常说“情欲”。例如，道教认为，情欲作为用也根源于道。它直接与神有关，而神有两面：一是其本，本即道；二是其用，即转为五欲、六情等。“神本自清净。”由情欲迷惑，便“陷于暗冥”。道教常说“五欲”，如眼、耳、鼻、舌、身对其对象的欲望。荀子所说的“情”有时也包括欲，如说：“人之情，食欲有刍豢，衣欲有文绣，行欲有舆马，又欲夫余财蓄积之富也。然而穷年累世不知不足，是人之情。”①“情者，性之质也，欲者，情之应也。以所欲为可得而求之，情之所必不免也。”②

竹简《恒先》在论欲时强调：气等原始实在能生成对他物的“欲求”，如说“因生其所欲”③，由于其有欲，因此才有自生及其动力。

当然，中国心灵哲学将欲与情区别看待，也是很常见的。朱熹认为，情是心之已发、已动，而欲则是由情发出来的。如果情是水之流的话，那么欲则是流动上出现的波浪。它有好有坏。④

中国心灵哲学涉及的情绪样式还有很多，这可看作是心理地理大发现中的又一重要成果，如七爱、五知、三恶就包括在广义的情的范围内。七爱是敬老、尊齿、乐施、亲贤、好德、恶贪、廉让。古人以此七爱教人，故七爱也可说为“七教”。五知或知类五是貌恭、言从、视明、听聪、思睿。三恶或恶类三是暴、虐、颇。

人的气质、性格也可看作广义的情感。魏晋玄学的一个重要研究课题是人的质性或气质及其根源问题。这里所谓的气质比今日心理学所说的气质要宽泛，不仅指狭义的气质，而且可泛指人的性格、能力、特点，因为这里的质性是性在展现过程中现实表现出来的情状、特点。根据刘劭，质性有四种，即平淡、警彻、和平、机解。它们各自的表征、才能、特点及作用是“质性平淡，思心玄微，能通自然，道理之家也；质性警彻，权略机捷，能理烦速，事理之家也；质性和平，能论礼教，辩其得失，义礼（理）之家也；质性机解，推情原意，能适其变，情理之家也。”⑤

---

①《荀子·荣辱》。

②《荀子·正名》。

③ 马承源主编：《上海博物馆藏战国楚竹书（三）》，上海古籍出版社2003年版，第288页。

④ ［南宋］黎靖德编：《朱子语类（一）》，王星贤点校，中华书局1986年版，第93页。

⑤ ［东汉］刘劭：《人物志·材理》。

中国心灵哲学所发现的下述特殊心理样式也可包括在广义的情之中。它们分别是胆识、胆量、胆大、胆小、胆敢、斗胆、胆小鬼、胆战心惊、胆壮、壮胆、胆子不小、胆大妄为、胆大包天、胆气、胆怯、胆略、胆力、胆寒，等等。与“胆”有关的现象，有些属于生理现象，如胆汁；有些属于介于心与物之间的中性现象；有些则属于纯心理。上述样式中绝大多数就是这样。这可看作是中国心灵哲学对世界心灵哲学的心理大发现、心理地理学、心理矿藏学建构所做的独特贡献。

就情的起源来说，中国心灵哲学一般认为，它不来自纯粹的精神本原，而由性、道、气、接（接触外物）等因素共同决定。这可看作是中国特有的自然化方式。《淮南子》认为，情源于性之被扰动。“且人之情，耳目应感动，心志知忧乐，手足之拂疾痒（可以揉搓伤痛、搔痒）、辟寒暑，所以与物接也。”①可见，中国心灵哲学关注的情的范围比一般心理学所说的要大，既包括各种狭义的情绪，也包括人的言语、躯体行为，如耳目对刺激的反应、搔痒等。

王充不仅有关于情的具身性思想，而且在情的起源问题上坚持了多因素决定论，如认为其中最重要的因素是性。他说：“性生而然者也，在于身而不发。情接于物而然者也，出形于外。形外则谓之阳，不发者则谓之阴。”②意为人的情源于性，是性接触外物时表现出的现象。阮逸在为刘劭的《人物志》所写的“序”中说：“人性之为原，而情者，性之流也，性发于内，情导于外，而形色随之。”可见，性、情的关系有两方面，一是体与用的关系或原与流的关系，二是内与外的关系。张载明确指出：情根源于性，性动便生情。“才有生识，便有性，有性便有情”，“感于外而发于中”，“‘心统性情’，性情皆因心而后见，心是体，发于外谓之用”。③在朱熹的哲学中，如果说欲、思、言属于广义的情的话，那么它们发生的顺序是“人生而静，天之性也。感于物而动，性之欲也。夫既有欲矣，则不能无思；既有思矣，则不能无言。”④“性者心之理，情者心之动，才（心动）便是那情之会恁地者。”⑤情与才相近，遇物而发。

如果说性有天命之性与气质之性之别的话，那么它们在情的生起过程中分别

① [西汉]刘安：《淮南子·俶真训》。
② [东汉]王充：《论衡·本性》。
③ [北宋]张载：《张载集》，章锡琛点校，中华书局1978年版，第339页。
④ [南宋]朱熹：《诗集传序》。
⑤ [明清之际]黄宗羲：《宋元学案（二）》，陈金生、梁运华点校，中华书局1986年版，第1521页。

发挥着不同的作用。天命之性是人心之原，气质之性是人心的表象。王夫之认为，人心之显为气质之性，其隐即为天命之性。如果心表现为道心，而道心即本心、本性，那么道心一与外物相感，有动变发生，就会表现出情。因此“道心亦统情”，在道心中，天命之性是其显，而气质之性是其藏。①

道家在说明情的根源时表现出了辩证机智的特点。以“怒”这一情的个例来说，它不外乎是心动之怒、之为，而此怒此为，则出自无为之怒、无为之为。也可以说，怒根源于不怒，不怒就是不动的无为之体、道体。是故《庄子》说：“出怒不怒（生发怒的东西本身不怒），则怒出于不怒矣；出为无为，则为出于无为矣。”②

中国心灵哲学诸派在许多问题上尽管有分歧，但在用气解释情这一点上则表现出了高度的一致。荀子认为，情有其天生的根源，那就是气。具言之，气的组合不同、形体不同，生出的情便不同。他说：“形具而神生，好恶、喜怒、哀乐藏焉，夫是之谓天情。”③人天生有出现欲望、情感的可能，即只要有由气而成的身，就一定有其情，就像水有清浊、动静一样。《文始真经》认为，一切皆气，一切变化皆气之所以然，“万物变迁，虽互隐见，气一而已”④。情也是气的变化。“今之情情不停，亦气所为，而气为物，有合、有散……有合者生，有散者死。”⑤张载说：“湛一，气之本；攻取，气之欲。口腹于饮食，鼻舌于臭味，皆攻取之性也。”⑥“形既生矣，外物触其形而动于中矣，其中动而七情出焉。”⑦

戴震认为，情欲、心知根源于血气，而血气是人身上的根本构成，甚至可看作是人身本身。他说：“血气者，天地之化。心知者，天地之神。”⑧就人禀有血气这一点来说，人的本性有共同的一面，故说：“人之得于天也一本”，“本阴阳五行以为血气心知”。⑨有血气便有心知，进而依次派生出欲、情、智。“凡有血气心知，于是乎有欲。性之征（表现）于欲，声色臭味而爱畏分。”⑩意为性表现为欲，进而有对声色臭味的喜欢与害怕等情感之区分。“既有欲矣，于是

① ［明清之际］王夫之：《尚书引义》，中华书局 1976 年版，第 25 页。
②《庄子・庚桑楚》。
③《荀子・天论》。
④《文始真经・七釜》。
⑤《文始真经・七釜》。
⑥ ［北宋］张载：《张载集》，章锡琛点校，中华书局 1978 年版，第 22 页。
⑦ ［北宋］张载：《张载集》，章锡琛点校，中华书局 1978 年版，第 374 页。
⑧ 安正辉选注：《戴震哲学著作选注》，中华书局 1979 年版，第 13 页。
⑨ 安正辉选注：《戴震哲学著作选注》，中华书局 1979 年版，第 13 页。
⑩ 安正辉选注：《戴震哲学著作选注》，中华书局 1979 年版，第 13 页。

乎有情。性之征于情，喜怒哀乐而惨（悲伤）舒（舒畅）分。既有欲有情矣，于是乎有巧有智。性之征于巧智，美恶（丑）是非而好（爱好）恶（厌恶）分。”①总之，欲、情、智，“血气心知之自然也”②。欲的特性在于：因有对声色臭味的爱畏，而有对它们的追求，情即喜怒哀乐，根源是有惨舒，智的作用是基于好恶对事物的美丑做出分辨。从根源上说，欲、情、智，都离不开身。戴震说：“有是身，故有声色臭味之欲……有喜怒哀乐之情”，进而有知。③

董仲舒认为，从大的方面说，气不外乎表现为阴阳二气，它们在人身上的变化即表现为人的情感变化，就像自然界表现为寒暑一样。董仲舒说：“阴阳之气，在上天，亦在人。在人者为好恶喜怒，在天者为暖清寒暑。”④例如，博爱而容众、盛养而乐生是春夏的阳气，立严而成功、哀死而恤丧是秋冬的阴气。“人无春气，何以博爱而容众？人无秋气，何以立严而成功？”⑤

道教也常用阴阳二气来说明情的起源，如说：“情者，魂之使，性者，魄之吏，情生于阴”，“性生于阳”，“阴贪故情有利欲，性有仁和。精多则魂魄强，气少则情性弱。情性为嗜欲乱之由素丝染于五色也”。⑥王夫之也有类似的思想，他说：“阳主性，阴主形，理自性生，欲以形开。”⑦当然，情也以性为根，他认为“性以发情”，即情是从性中发生出来的。天理与人欲的关系是“天理人欲同行异情。”⑧所谓异情即指它们有不同的变化，同行指它们都依于、行于形色。

在情的生理定位问题上，中国心灵哲学表现出了不同于西方的倾向。西方一般是到人脑中寻找情感的定位或生理机制，而中国常到五脏中寻找情的生理根基，甚至认为魂魄思虑等都与五脏有关。就喜怒哀乐来说，它们都直接发生于五脏，例如，喜与心脏有关，怒与肝有关，但总的根源是心。“喜怒哀乐，莫不由于心。”⑨但心之动念又与气有关系，因为气是心之动的能量、动力之源，因此

---

① 安正辉选注：《戴震哲学著作选注》，中华书局1979年版，第13页。
② 安正辉选注：《戴震哲学著作选注》，中华书局1979年版，第167页。
③ 安正辉选注：《戴震哲学著作选注》，中华书局1979年版，第167页。
④ [西汉]董仲舒：《春秋繁露·如天之为》。
⑤ [西汉]董仲舒：《春秋繁露·天辩在人》。
⑥ [北宋]张君房编：《云笈七签》，载胡道静、陈莲笙、陈耀庭选辑：《道藏要籍选刊（一）》，上海古籍出版社1989年版，第638页。
⑦ [明清之际]王夫之：《周易外传》，中华书局1977年版，第15页。
⑧ [明清之际]王夫之：《周易外传》，中华书局1977年版，第15页。
⑨ [北宋]曾慥编：《道枢》，载胡道静、陈莲笙、陈耀庭选辑：《道藏要籍选刊（十）》，上海古籍出版社1989年版，第445页。

气又是心之动因。《黄帝内经》认为，忧愁与脾有关，悲哀与肝有关，喜乐与肺有关，怒与肾有关。例如，“脾忧愁而不解则伤意”，“肝悲哀动中则伤魂”，“肺喜乐无极则伤魄”，“肾盛怒而不止则伤志”。[①]

许多哲学家还认识到，情的产生除了离不开内在的可能性根源（如性、道等）之外，还离不开外物的激发作用，即只有当人心接触外物受其作用时，才有情的现实出现。刘子政曰：“情，接于物而然者也，出形于外。”[②]情的先天可能性根据是性，现实化条件是人接触外物。《文始真经》云：“心感物，不生心，生情；物交心，不生物，生识”，“故我之良（好好端端的）心，受制于情，我之本情，受制于物”。[③]

唐代道士李道纯认为，情的发生离不开意。这里所说的意即类似于佛教所说的“作意”，即心萌发了要做什么的念头。他说：“喜怒哀乐爱恶欲，情也，因意而有。”[④]有些哲学家还强调：情的发生离不开别的心理现象的作用。这可看作是中国关于心理的整体论观点。刘劭的六机说表达的就是这个思想。他认为，六种情的出现都以别的相应的心理为机缘。例如，欲望得到满足即为喜，反之即为怨。他说：“夫人之情有六机，杼其所欲则喜，不杼其所能则怨，以自伐历之则恶，以谦损下之则悦，犯其所乏则婟（对别人揭己短时所表现出的愤恨），以恶犯婟则妒。此人性之六机也。”[⑤]

在情与性的关系问题上，儒家一般把它们分别看作是人心的外在、内在构成。例如，宋代以前的以孟子为代表的传统儒学认为，性是心之体，情是其用。从与个体的关系来看，情是具体的、个人的，而性则是超越的、普遍的。荀子认为，情是性的具体表现或质料。他说：“性者本始材朴也”[⑥]，“情者性之质也”[⑦]。或者说，“性之好恶喜怒哀乐，谓之情”[⑧]。北宋以后的儒家受佛教心性论的影响，对心的论述超过了对人性的论述。张载、二程等表现出两种倾向：一是接近传统的，即把心归并到性、情关系论的框架中，认为本心是性，心发用为情，心

①《黄帝内经·灵枢·本神》。
②［东汉］王充：《论衡·本性》。
③《文始真经·五鉴》。
④［元］李道纯：《中和集》，载明《正统道藏·洞真部·方法类》尖字号。
⑤［东汉］刘劭：《人物志·八观》。
⑥《荀子·礼论》。
⑦《荀子·正名》。
⑧《荀子·正名》。

同时包含有性情，或者说它们是一体的，张载等就持此论；二是以程颐等为代表人物产生的新倾向，他们把心、性、情三者并立，认为心是主体，以心统性情。我们先看前一种倾向。

张载认为，心的体是性，性即静，动即表现为情，表现为各种心理现象。他说："性者理也，性是体，情是用，性情皆出于心，故心能统之。统如统兵之统，言有以主之也……一心之中自有动静，静者性也，动者情也。"[①]"天性在人，正犹水性之在冰，凝释虽异，为物一也。"[②]邵雍所创立的学说被二程称作"圣人之学"。在情性关系上，他所提出的观点尽管仍坚持性体情用，但所做的说明极为深刻。第一，他把情比作伴随性的影子，如说："情者，性之影也。"[③]第二，从观察角度说明了性与情。在他看来，性和情可被看作认识、观察事物的两个维度。例如，从性上观物，能知一物之本质。从情上观物，看到的只是差异不等的自然现象。"以物观物，性也。以我欢物，情也。性公而明，情偏而暗。""任我则情，情则蔽，蔽则昏矣。因物则性，性则神，神则明矣。"[④]第三，性情与言意的关系是不同的，例如，性可以以意得，不能言传，而情则可以言传。

王安石把情与性的关系看作是外与内的关系。他说："喜怒哀乐好恶欲，未发于外而存于心，性也。喜怒哀乐好恶欲，发于外而见于行，情也。"[⑤]性者情之本，情者性之用，例如，七情其实都出于性。

程颐等强调，心、性、情各有自己的构成、特点和作用，因此不能被看作是一体的，例如，只能说性即理，而不能说心是理，因为心是理与气的结合。心既具有纯形式的理，又具有气的能动性。当心不动时，它与性一致，当它动时，心就表现为情，而情有善恶之分。朱熹的论述较为全面，认为情与性的不同表现在多方面：第一，性是形上者，情是形下者，心则包贯形之上下，主要特点是活动、控制、灵妙；第二，性、情分别是心的里和表，性总是在心之里或底，而情是心的外表；第三，性是心的本心或虚明洞彻的一面，情是心的用，"寂然不动"是性，是心之体，"感而遂通"是情，是心的用[⑥]；第四，"主宰运用底便是心"，

① [北宋]张载：《张载集》，章锡琛点校，中华书局 1978 年版，第 334 页。
② [北宋]张载：《张载集》，章锡琛点校，中华书局 1978 年版，第 21-22 页。
③ [明清之际]黄宗羲：《宋元学案（一）》，陈金生、梁运华点校，中华书局 1986 年版，第 379 页。
④ [北宋]邵雍：《皇极经世观物外篇衍义》卷 8。
⑤ [明清之际]黄宗羲：《宋元学案（四）》，陈金生、梁运华点校，中华书局 1986 年版，第 3240 页。
⑥ [南宋]黎靖德编：《朱子语类（一）》，王星贤点校，中华书局 1986 年版，第 90 页。

“性便是会恁地做底理，情只是几个路子”，“性是心之道理，心是主宰于身者”[①]；第五，从各自的内涵看，性的内涵是仁、义、礼、智，性为静、未发、体，而情的内涵是恻隐、羞恶、辞让、是非，情为喜、怒、哀、乐，其特点是动、已发、用。所谓未发就是事物处在潜在的、未得到现实化的状态，已发就是得到现实化的状态。就此而言，性与情两者又有密切的联系，是一物的两个方面，甚至可以说“性情一物”。因为性是处在未发状态的物，情是处在已发状态的物。“性发为情，情根于性，未有无性之情，无情之性。”[②]

心学在心、性、情的关系问题上的观点比较复杂。首先，它所理解的心不同于一般所说的心，因为它指的是作为道德本原的心；其次，对情、性的理解也有其独特之处，如它们在特定意义上都可看作是心本身。例如，一般认为，性是体、是静，而情是用、是动、是“静”这一天性的背离。陆九渊则认为，情也是天性本身。他说：“且如专言静是天性，则动独不是天性耶？”[③]

王夫之既强调性情的不同，又强调它们的不可分割。他说：“夫一阴一阳之始，方继乎善，初成乎性。”[④]性即生之性、生之理。“止此生理为之初始，故推善之所自生。”[⑤]它们的不可分割首先表现在，情来自性。“夫有其性者有其情，有其用者有其变。”[⑥]情也有对性的依赖性，例如，没有情，性就无法表现自身。王夫之说：“是故性情相需者也，始终相成者也，体用相函者也。性以发情，情以充性。始以肇终，终以集始，体以致用，用以备体。”[⑦]所谓性以发情是指，情根于性，是性在一定条件下的表现，如阳动而喜、阴动而怒。情以充性的表现是喜以奖善、怒以止恶。

再看道家、道教关于性与情的关系的理论。庄子说：“性者，生之质也。”[⑧]质即事物生来就有的素朴质地或自然而然的本性。任何事物都有生，因此都有其性。人生来就有的性有很多，如“欲恶避就，固不待师，此人之性也”[⑨]。趋利避害、

① [南宋]黎靖德编：《朱子语类（一）》，王星贤点校，中华书局1986年版，第90页。
② [南宋]朱熹：《又论仁说》，《朱文公文集》卷32。
③ [南宋]陆九渊：《陆九渊集》，钟哲点校，中华书局1980年版，第395页。
④ [明清之际]王夫之：《周易外传》，中华书局1977年版，第5页。
⑤ [明清之际]王夫之：《周易外传》，中华书局1977年版，第5页。
⑥ [明清之际]王夫之：《周易外传》，中华书局1977年版，第14页。
⑦ [明清之际]王夫之：《周易外传》，中华书局1977年版，第198页。
⑧《庄子·庚桑楚》。
⑨《庄子·盗跖》。

取美舍恶，这是人无须学习、培养就有的本性。[①]性一形成就作为程序、规律起作用，有此性的事物就依之运行。“物成生理，谓之形，形体保神，各有仪则，谓之性。”[②]有什么性，当碰到相应的条件就会有相应的情发生。《淮南子》认为，情源于性，或情存在于性之中，“性命之情，淫而相胁（淫乱会威胁生命）”[③]。情即实情、情况，性有其情，命也有其情，故可说“性之情”“命之情”[④]。魏伯阳认为，性主处内，情主营外。[⑤]《文始真经》云：“情生于心，心生于性。”就像水中的几种状态一样，情像水之波，心像水之流，有流故有波，性则像水一样。[⑥]情是这样发生的，即真心本无情，由于愚痴，其上便生一迷情，由于不觉是妄，认以为真，进而辗转生出其他万情。故说：“一情认之，积为万情，万情认之，积为万物。”[⑦]

宋文明认为，性与情是心识的两种状态，“夫有识之主，静则为性，动则为情，情者成也，善成为善，恶成为恶”[⑧]。性由于是心的不动的本性，故无善无恶，而情有动有变，自然便有善恶二性。

道教的特点之一是将性、情、魂、魄、意与五行、四方相配合，以揭示它们的本质。例如，认为情可配金，可配西方，以数算则为“四”，“西四，金也，我之情也”；性可配木，可配东方，以数算则为“一”，“故木喻魂、喻性”。[⑨]

第七节　情与做人

中国心灵哲学研究情，不仅关心情的事实性状态，即情是什么、怎样起源、与别的现象事实上有何关系、有何作用等，而且试图弄清它的应然状态，即相对

---

① 《庄子·盗跖》。
② 《庄子·天地》。
③ [西汉]刘安：《淮南子·本经训》。
④ [西汉]刘安：《淮南子·泰族训》。
⑤ [东汉]魏伯阳：《周易参同契》，载胡道静、陈莲笙、陈耀庭选辑：《道藏要籍选刊（九）》，上海古籍出版社1989年版，第23-24页。
⑥ [南朝梁]陶弘景：《养性延命录》，载胡道静、陈莲笙、陈耀庭选辑：《道藏要籍选刊（九）》，上海古籍出版社1989年版，第403页。
⑦ [南朝梁]陶弘景：《养性延命录》，载胡道静、陈莲笙、陈耀庭选辑：《道藏要籍选刊（九）》，上海古籍出版社1989年版，第404页。
⑧ [南朝梁]宋文明：《自然道性》。
⑨ [元]李道纯：《中和集》，载明《正统道藏·洞真部·方法类》尖字号。

于人的养生、完满人格、去凡成圣的追求与任务来说，情应该是什么样子，人应该怎样对待它，是任情、纵情，还是加以节制甚至将它彻底消灭？如果折中一点说，情既不能纵，又不能灭，而应予以妥善管理、调适、裁制，那么该怎么做呢？这是中国心灵哲学特有的课题。这类研究之所以也被纳入心灵哲学的范畴，是因为要解决上述问题，一定会涉及对情的本质的认识。

在对情的态度问题上，一种极端的观点是要想长生久视、去凡成圣，必须绝情去欲。为什么呢？回答很简单，情是妨碍这些目标实现的障碍。持此观点的主要是道教和中国化佛教。理学、心学有时也有此倾向，如它们所说的“存天理、去人欲”就有此意。这里重点分析道家、道教的观点。

情之所以应予制裁、灭除，是因为它的危害是严重的、多方面的。就它们对身体的利害来说，“六欲七情以损元阳”①。情之所以应去，是因为它是病、死的根源。“死皆情之所移，非神之所使也。”②因为“情动则万化生”③，“心乱则神烦，神烦则欲盛”，“欲盛则疾，且死矣”。④也就是说，情是人的生死、吉凶的一个根源，因为情动则心乱，心乱则神烦，神烦则欲多，欲多则有疾病、死亡。简言之，灭我者情。《刘子》云：“情者是非之主，而利害之根……有情以接人，触应而成碍。”因此必须“去情、去欲”⑤。《玄纲论》云：“生我者道，灭我者情，苟忘其情，则全乎性。性全则形全，形全则气全。气全则神全，神全则道全。道全则神王，神王则气灵。气灵则形超。形超则性彻。性彻则返覆流通，与道为一。”⑥

从人格境界的角度说，有情变即为凡夫。因此修道之人的任务是制情、忘情。“能制一情者可以成德，能忘一情者可以契道。”⑦就治国、理家而言，袁孝政说：

---

① [北宋]曾慥编：《道枢》，载胡道静、陈莲笙、陈耀庭选辑：《道藏要籍选刊（十）》，上海古籍出版社 1989 年版，第 600 页。
② [北宋]曾慥编：《道枢》，载胡道静、陈莲笙、陈耀庭选辑：《道藏要籍选刊（十）》，上海古籍出版社 1989 年版，第 409 页。
③ [北宋]曾慥编：《道枢》，载胡道静、陈莲笙、陈耀庭选辑：《道藏要籍选刊（十）》，上海古籍出版社 1989 年版，第 414 页。
④ [北宋]曾慥编：《道枢》，载胡道静、陈莲笙、陈耀庭选辑：《道藏要籍选刊（十）》，上海古籍出版社 1989 年版，第 393 页。
⑤ [北齐]刘昼：《刘子》，载胡道静、陈莲笙、陈耀庭选辑：《道藏要籍选刊（五）》，上海古籍出版社 1989 年版，第 848 页。
⑥ [唐]吴筠：《玄纲论·同有无章》。
⑦ [元]牛道惇：《文始真经注》，载胡道静、陈莲笙、陈耀庭选辑：《道藏要籍选刊（五）》，上海古籍出版社 1989 年版，第 407 页。

“欲者贪爱之原，奢淫之本。”[①]治理不好可亡国（如商纣）、亡家（如庆封智伯）。“情出于性而情违性，欲由于情而欲害情，情之伤性，性之妨情，犹烟波之于火水也。”[②]如冰出于水而遏水。“性贞则情销，情炽则性灭。”[③]而性灭则意味着失道，因而是人生的最大不幸。这里以简明的语言昭示了制情、忘情的内在机理，那就是情必伤性，而性贞或宁是人的健康生存乃至修齐治平的关键。

情应灭，但问题是，这是否有其可能性呢？要回答这个问题，当然必须弄清它的起源和本质。如果它不是从来就有的，而是有条件地产生的，那么，只要弄清其生成的条件和机制，就能对上述问题做肯定的回答，即可以断言，情既可自然灭亡，也可人为灭亡。所谓自然灭亡，就是事物自身在发展变化中，自然地丧失了情欲存在的条件。人为灭除则是人为剥夺有关条件。因此灭除的过程其实是产生的逆过程。道教认为，既然情是由形气神的作用产生的，那么其伏断便有其可能性，即只要不提供相应的条件，五情便不会出现。例如，学仙者隐靖山林，潜心修炼，不让五腑出现五情所需的形气神。“会真玄神”，“以温恭慈悦之气藏于肝”[④]，就能如愿。这就是说，从情的产生过程中可找到灭除情的办法，那就是倒过来。“五情者，阴阳五腑之神气形于人者也。”[⑤]意为五腑中的神与气表现于形体即为人的千差万别的情感。如果倒过来，深入靖山，潜心修炼，调和五脏六腑中的神气，人就不会有五情发生。

如前所述，中国心灵哲学几乎异口同声的说法是，情是由性、气等因素的作用而产生的，既然如此，铲除这些条件，就可让情得到人为的消灭。事实也证明情欲可灭，因为世界上有真实的圣人存在，而圣人的特点是冥情。“一情冥为圣人。”“冥者真空窈冥莫测。”[⑥]圣人之所以为圣人，就是因为他灭除了情欲，

① [北齐]刘昼：《刘子》，载胡道静、陈莲笙、陈耀庭选辑：《道藏要籍选刊（五）》，上海古籍出版社1989年版，第847页。

② [北齐]刘昼：《刘子》，载胡道静、陈莲笙、陈耀庭选辑：《道藏要籍选刊（五）》，上海古籍出版社1989年版，第847页。

③ [北齐]刘昼：《刘子》，载胡道静、陈莲笙、陈耀庭选辑：《道藏要籍选刊（五）》，上海古籍出版社1989年版，第847-848页。

④ [北宋]张君房编：《云笈七签》，载胡道静、陈莲笙、陈耀庭选辑：《道藏要籍选刊（一）》，上海古籍出版社1989年版，第614页。

⑤ [北宋]张君房编：《云笈七签》，载胡道静、陈莲笙、陈耀庭选辑：《道藏要籍选刊（一）》，上海古籍出版社1989年版，第614-615页。

⑥ [唐]王题河编：《三洞珠囊》，载胡道静、陈莲笙、陈耀庭选辑：《道藏要籍选刊（五）》，上海古籍出版社1989年版，第360页。

或者说，他成为圣人，其条件之一是他无情。“圣人弃智以全真，遗情以接物，不为名尸。”①尸即主，意为圣人不求虚名，不做名誉的主人。情性调整不好，就不能有神明，而神明是圣人的根本标志。“情性未炼，则神明不发。”②就像木中有火，不钻不会出火，金性包水，只有炼金才会出水。同理，只有炼性情才会契道、有神明。“能制一情者，可以成德；能忘一情者，可以契道。”③

另外，认识心、性、情的关系也有助于人们找到灭除的方法。《文始真经》认为，心除了平常心之外，还有变动之心。此心如流水，情像流水上的波，而性则是水的不变本质。“情生于心，心生于性。情，波也；心，流也；性，水也。来干我者（来扰乱我的东西），如石火顷（如石头撞击产生火花一样），以性受之，则心不生。”④意为只要努力做到遇事不动心，就不会有情波的生起。《玄纲论》云：“神者，无形之至灵者也。神禀于道，静而合乎性。”神即性，只要神处于安静状态，就是合乎道性，或就是体性的本然状态。反之，神若处于扰动状态，即表现为情，就背离了它的本然状态。“人禀于神，动而合乎情。故率性则神凝，为情则神扰……止则生，（变）迁则死，皆情之所移，非神之所使。”⑤简言之，只要做到心静，情就不会出现。即使出现了，只要率性、凝神，情也会随之消失。

灭除情欲的方式有很多，剥夺它的有关条件是最根本的方式，另外，先天所制的乐也是制情欲的手段。《刘子》云：“非苟欲愉心娱耳听其铿锵而已，将顺天地之体，成万物之性，协律吕之情，和阴阳之气，调八风之韵。”⑥朱熹认为，古之圣人，以乐宣和心，“圣人作乐，以宣畅其和心，达于天地”，“乐者，古以平心”，其反面是“今以助欲”，其结果是“长怨”。⑦因此学的最高境界是乐。邵雍说：“学不至于乐，不可谓之学。”⑧王夫之说：“乐者，音之所由生

① [北齐]刘昼：《刘子》，载胡道静、陈莲笙、陈耀庭选辑：《道藏要籍选刊（五）》，上海古籍出版社1989年版，第849页。
② [北齐]刘昼：《刘子》，载胡道静、陈莲笙、陈耀庭选辑：《道藏要籍选刊（五）》，上海古籍出版社1989年版，第850页。
③《文始真经・五鉴》。
④《文始真经・五鉴》。
⑤ [唐]吴筠：《玄纲论・率性凝神章》。
⑥ [北齐]刘昼：《刘子》，载胡道静、陈莲笙、陈耀庭选辑：《道藏要籍选刊（五）》，上海古籍出版社1989年版，第853页。
⑦ [南宋]黎靖德编：《朱子语类（一）》，王星贤点校，中华书局1986年版，第30页。
⑧ [明]周汝登：《周汝登集（中）》，张梦新、张卫中点校，浙江古籍出版社2015年版，第606页。

也，其本在人心之感于物也。”“知声而不知音者，禽兽是也。知音而不知乐者，众庶是也。惟君子为能知乐。”①

从情与性的关系可找到对付情欲的办法。如前所述，情性关系在凡圣身上的表现是不一样的，即一个是性其情、一个是情其性。前者是表现于圣人身上的关系。圣人由于心性像止水一样，因此能让情“合于中，正其心，养其性，故曰‘性其情’”②。后者是在凡愚身上的关系，“愚者则不知制之，纵其情而至于邪僻，梏其性而亡之，故曰‘情其性’”③。这是典型的异化，因为在凡人身上，情出于性而情违性、害性。尽管如此，要让它们恢复其本然的、有利的关系也不难，那就是从性入手，让性归于本然、贞洁的状态，“性贞则情销，情炽则性灭”④。使性贞，即为全性、销情之道。修炼的目的就是要“性以摄情，情来归性，如是则有无相入，隐显相符，虚实相通，动静相养，而丹质成矣”⑤。

圣人在绝情去欲方面做出了表率，例如，孔子既强调要寡欲、坦荡、静养，同时又身体力行。他倡导仁，但仁的真正要求不同于知。“知者乐水，仁者乐山（像山一样静止不动）；知者动而仁者静；知者乐，仁者寿。”⑥也就是说，要做到无情，像山一样静止不动，进而去凡成圣，就要努力成为仁者，而不能成为知者。而要成为仁者，关键是不让本静的心失去、跑掉，而应操持住，或者说守住自己的真精神，因为“心之精神是谓圣”⑦。“操则存，舍则忘，出入无时，莫知其乡。”⑧这里说的是本心的特点，它无形无体，自然无方所，你操持，它则有，否则就无。

按一般的看法，人的终极性价值是快乐，而快乐是一种情感，因此如果让人绝情去欲，那么无异于将快乐也一起否定了。果如此，人活着还有什么意义？这种看法既包含有概念的混淆，又没有理解灭情与快乐的关系。根据道家的看法，乐的形式有很多，例如，有与情欲满足有关的乐，有与道相合的乐。前者为小乐，

① [明清之际]王夫之：《尚书引义》，中华书局1976年版，第16页。
② [明清之际]黄宗羲：《宋元学案（一）》，陈金生、梁运华点校，中华书局1986年版，第642-643页。
③ [明清之际]黄宗羲：《宋元学案（一）》，陈金生、梁运华点校，中华书局1986年版，第642-643页。
④ [北宋]张君房编：《云笈七签》，载胡道静、陈莲笙、陈耀庭选辑：《道藏要籍选刊（一）》，上海古籍出版社1989年版，第626页。
⑤ [南宋]林元鼎：《内义丹旨纲目举要》。
⑥《论语·雍也》。
⑦ [明]周汝登：《周汝登集（中）》，张梦新、张卫中点校，浙江古籍出版社2015年版，第423页。
⑧《孟子·告子上》。

后者为大乐或天乐。灭情只会让人失去小乐，而不仅不会危害大乐，反倒会让人真正得到大乐。《庄子·天道》云："与天和者，谓之天乐。"嵇康据此发挥说："若以大和为至乐，则荣华不足顾也……故以荣华为生具，谓济万世不足以喜耳，此皆无主于内，借外物以乐之，外物虽丰，哀亦备矣。有主于中，以内乐外，虽无钟鼓，乐已具矣。"①大乐的精神表现是意足，即充实。"世之难得者，非财也，非荣也，患意之不足耳。意足者，虽耦耕甽亩，被褐啜菽，岂不自得。不足者，虽养以天下，委以万物，犹未惬。然则足者不须外。不足者，无外之不须也。无不须，故无往而不乏；无所须，故无适而不足。"②这种状态表面上无财无物，但却是"真富贵"。③荣华之所以与大乐无关，是因为有荣华者未必能免忧愁。很多人事实上是"今居荣华而忧，虽与荣华偕老，亦所以终身长愁耳。"④

当然，中国心灵哲学也承认，制伏情欲是很难的事情。《道枢》云："人情难制，如风中竖幡，飘飘不止……人既受纳有形，形染六情，六情一染，动之弊秽，惑于所有，昧于所无。"⑤因此要想制伏情欲直至予以灭除，就必须下一番功夫。

中国心灵哲学还注意到，由于"情"有歧义性，因此它强调灭情也是有条件的，如它就不主张消灭真情。正是因为情中有真的、好的情，因此《性自命出》等提出了"贵情"的思想。若能如此，即成为有德之人。庄子对真心、真情之价值的说明有助于理解先人为什么贵情。"真者，精诚之至也。不精不诚，不能动人。故强哭者，虽悲不哀……真悲无声而哀……真在内者，神动于外，是所以贵真也……真者，所以受于天也，自然不可易也。故圣人法天贵真，不拘于俗。"⑥这种真是真诚，也可理解为人的真情。

情有不同的道德、审美属性，其中有些是需要转化的，当然也可以转化。例如，对于负面有害的情绪，就应加以转化乃至予以消灭。"'养心莫善于寡欲'，不欲则不惑。"⑦道教认为，负面心理是学道之大忌，且对人有害无益，例如，

① [曹魏]嵇康：《答向子期难养生论》。
② [曹魏]嵇康：《答向子期难养生论》。
③ [曹魏]嵇康：《答向子期难养生论》。
④ [曹魏]嵇康：《答向子期难养生论》。
⑤ [北宋]张君房编：《云笈七签》，载胡道静、陈莲笙、陈耀庭选辑：《道藏要籍选刊（一）》，上海古籍出版社 1989 年版，第 623 页。
⑥《庄子·渔父》。
⑦ [北宋]程颐、程颢：《二程集》，王孝鱼点校，中华书局 2004 年版，第 145 页。

“喜怒损志，哀感损性，荣华惑德，阴阳竭精。皆学道之大忌，仙法之所疾也”[①]。楚简对此有这样的描述：“忧则昏耳（疑问），（怒）则勳（胜），思（惧）则怀（背）。”[②]这些情绪是小人的情绪，君子的情绪是其反面，可以说：“君子不忧不惧”，故不背，小人因忧而生惧，复因惧而致背。[③]

温和的态度是主张：情欲不应绝对予以灭除，因为情欲有真伪、好坏之分。王弼认为，不管是哪种情，都是性的现实化。性在相应条件下必然表现为这样那样的情感。它们的关系可用火与热的关系来说，火显然不是热，性同样也不是情。但它们之间又有密切关系。例如，离火越近，温度越高、感觉越热，反之越低、越冷，同理，离性越近的情，越真、越正，反之，越邪、越不正。王弼认为，情有真伪之别，真情是人类正常的感情，例如，对于久别的朋友，“遇之不能无乐”，也可称作“正情”。[④]这种情不应灭。伪情是变异的、不正常的，是伪装出来的，也可称作“邪情”。“变者何也？情伪之所为也。”[⑤]这种情是应予以灭除的。

理学的主张也带有折中的特点，至少有些理学家是这样的，例如，其一方面承认情是有害的，另一方面又不主张予以彻底灭除，只要能于情的发生时保持中节即可。张载说：“情来必为恶，哀乐喜怒发而皆中节谓之和，不中节则为恶。”[⑥]“盖好善而恶恶，情也，而其所以好善而恶恶，性之节也。且如见恶而怒，见善而喜，这便是情之所发。至于喜其所当喜而喜不过，怒其所当怒而怒不迁，以至哀、乐、爱、恶、欲皆能中节无过，这便是性。心之未发则属乎性，既发则属情。”[⑦]因此情不一定都要灭，只要做到发时皆中节即可。朱熹也认为，从价值上看，情欲有好有坏，好的欲望如欲行善。[⑧]这种情，就不应灭，至少在成圣的一定阶段是这样。

戴震在这个问题上的思想既带有总结、综合的性质，又具有极大的创新性。他反对宋明理学对六经、孔孟之书的解释，而是试图找到古圣文本的原旨原义。就情欲问题而言，他反对宋儒把天理与人欲绝对对立，认为这不符合古圣的看法。

---

① [南朝梁]陶弘景：《真诰》，载胡道静、陈莲笙、陈耀庭选辑：《道藏要籍选刊（四）》，上海古籍出版社1989年版，第596页。
② 马承源主编：《上海博物馆藏战国楚竹书（二）》，上海古籍出版社2004年版，第235页。
③ 马承源主编：《上海博物馆藏战国楚竹书（二）》，上海古籍出版社2004年版，第235页。
④ 转引自[西晋]陈寿：《三国志》，崇文书局2009年版，第361页。
⑤ [三国]王弼：《周易略例·略爻通变》。
⑥ [北宋]张载：《张载集》，章锡琛点校，中华书局1978年版，第323-324页。
⑦ [北宋]张载：《张载集》，章锡琛点校，中华书局1978年版，第340页。
⑧ [南宋]黎靖德编：《朱子语录(一)》，王星贤点校，中华书局1986年版，第94页。

“《六经》，孔、孟之书，岂尝以理为如有物焉，外乎人之性之发为情欲者，而强制之也哉？”[①]意为，圣人是否以正邪来论天理与人欲？圣人是否主张强制灭除一切情欲？戴震认为，宋儒的理解是有偏差的，因为圣人并不把天理与人欲当作正与邪的关系。正确的理解是“圣人教人反躬”[②]，而并不主张因有些欲有害而塞其流。对欲的正确态度是“节而不过，则依乎天理；非以天理为正，人欲为邪也。天理者，节其欲而穷人欲也。是故欲不可穷，非不可有；有而节之，使无过情，无不及情，可谓之非天理乎！”[③]情欲与王道也不矛盾。因为所谓王道就是要以仁义道德治天下，而要如此，就必须满足人民的欲望。换言之，满足人民的欲望恰恰是行王道的表现，“圣人治天下，体民之情，遂民之欲，而王道备”[④]；反之，就是背离王道。怎样看待欲与仁的关系？怎样看待欲的价值属性？是否一切欲都是有害的、不仁的？戴震的看法是，真正的仁是既允许自己满足欲望，又允许别人如此。相反，不顾别人的欲求，肆意践踏别人的欲望，则是最大的不仁。另外，欲并不都是有害、不仁的。

有一种观点认为，多欲必愚。戴震认为，愚、智与欲没有太大的关系，有的智者少欲而多智，但也有无欲的人愚蠢之极。因此愚有两种：一是有欲愚，二是无欲愚。“有生而愚者，虽无欲，亦愚也。”[⑤]之所以无关，是因为愚智属于知的范畴，而欲生于血气，不生于知。戴震说：“私生于欲之失，蔽生于知之失，欲生于血气，知生于心。”[⑥]

要灭情欲，必然碰到的前提性问题是它们是可灭，还是不可灭？戴震的基本观点是有些情欲灭不掉，只能尽量减少或“寡”，再者，有些情欲也不能灭，而应予以保护。戴震说：“孟子言‘养心莫善于寡欲’，明乎欲不可无也，寡之而已。”[⑦]有些欲望是去不掉的，也是不能去掉的，如生存的欲望。这些欲望不满足，就是最大的痛苦，“人之生也，莫病于无以遂（满足）其生”[⑧]。可见，戴震在关于情欲的一系列问题上都坚持了辩证的观点。

① 安正辉选注：《戴震哲学著作选注》，中华书局 1979 年版，第 86 页。
② 安正辉选注：《戴震哲学著作选注》，中华书局 1979 年版，第 87 页。
③ 安正辉选注：《戴震哲学著作选注》，中华书局 1979 年版，第 88 页。
④ 安正辉选注：《戴震哲学著作选注》，中华书局 1979 年版，第 86 页。
⑤ 安正辉选注：《戴震哲学著作选注》，中华书局 1979 年版，第 83 页。
⑥ 安正辉选注：《戴震哲学著作选注》，中华书局 1979 年版，第 83 页。
⑦ 安正辉选注：《戴震哲学著作选注》，中华书局 1979 年版，第 83 页。
⑧ 安正辉选注：《戴震哲学著作选注》，中华书局 1979 年版，第 83 页。

第十章

一元论与多元论结合基础上的心身关系论

根据西方对民间心理学的最新研究，一般常人和大多数科学家、哲学家心底都潜藏着民间心理学这样的资源或解释、预言框架。[①]而西方人的民间心理学在本质上是二元论或二分图式。即使是坚持物理主义的许多哲学家，心底也都没有完全超越这种图式。赖尔（G. Ryle）说："有一种关于心的本质和位置的学说，它在理论家乃至普通常人中非常流行，可以称其为权威的学说"，其基本观点是，"每个人都有一个躯体和心灵"。[②]罗蒂（R. Rorty）也有与赖尔相近的看法，认为包括哲学家在内的大多数人面对人和世界时都会"毫不踌躇地"做出心、物二分的划分。[③]这也就是说，西方心灵哲学在人和世界的整体把握上尽管也有超二元论的思潮，但占主导地位的，尤其是潜藏在人的文化心理结构中的却是二元论。相比而言，中国的民间心理学和心灵哲学则相反，其中尽管也有二分图式，但占主导地位的却是一元论基础上的多元主义。这一结论早就有人论证过，例如，钱穆先生说："在西方有灵肉对立，在东方则不能有身心对立……因此东方思想亦不能有西方哲学上之二元论。"[④]张学智认为，中国对心身问题的主流观点是一

---

① 参阅高新民、刘占峰等：《心灵的解构——心灵哲学本体论变革研究》，中国社会科学出版社 2005 年版，第 12-47 页。

② [英]赖尔：《心的概念》，刘建荣译，上海译文出版社 1988 年版，第 5 页。

③ [美]罗蒂：《哲学与自然之镜》，李幼蒸译，生活·读书·新知三联书店 1987 年版，第 14-15 页。

④ 钱穆：《灵魂与心》，广西师范大学出版社 2004 年版，第 9-10 页。

元整体观。“中国古代思想一开始就把二者设想成体用合一的、神秘相应的、以意带气的、混沌不分的，倾向于现象地、一元地而不是截然两分地论说身与心。”[①]

笔者赞成上述观点，但同时又认为，中国心灵哲学在观察人和世界时既坚持一元透视，又坚持多元观照，因此坚持的是一种一元论基础上的多元主义。对此内容，笔者在本书第五章曾有涉及。这里拟探讨的是中国心灵哲学在多元论背景下对其中的一种关系即心身关系或形神关系的聚焦和所做的理论建树。因为它在承认人的构成的多样性、多元性的同时，又认为心与身是这种多元构成中的关键因素，因此又将探讨聚焦于两者的关系之上，既重视西方人也注意到的事实性关系，又着力探讨西方人所没有关注的“应然关系”，进而形成了许多各具特色的心身关系理论。

第一节　人体的多元透析

在中国的常识心理学和心灵哲学中，人们在描述人时尽管也常常心身并举，这表面上是在对人的构成进行概括或分类，但至少在心灵哲学中，这只能理解为列举，即只是将人体的复杂构成的两个主要方面挑出来说了，并不等于是对人的周延的划分。因为无论是在中国化佛教中，还是在道学（包括道家、道教等）、儒学中，占主导地位的倾向是认为：人是多元复合体，由包括心身在内的多个部分所构成，而非简单的心身合一体。

在考察道学的人体构成理论时，我们将以《黄帝内经》等经典为主，兼及其他有关论著。《黄帝内经》的多元人体观的主要表现是以五脏为基础，在内联系六腑、经脉、五体、五华、五窍、五志，在外联系五方、五时、五色、五畜、五音、五气等，从而组成一个以心神为中心的多元复合体，如说：“天食（供给）人以五气（五脏之气），地食人以五味。五气入鼻，藏于心肺，上使五色修明（明润），音声能彰（洪亮）。五味入口，藏于肠胃，味有所藏，以养五气，气和而生（生化机能），津液相成，神乃自生。”[②]从本原上说，人尽管像世界万物一

① 张学智：《心学论集》，中国社会科学出版社2006年版，第7页。
②《黄帝内经·素问·六节脏象论》。

样源于、形成于、构成于气，但气展开则为多，而并非只有心身两方面。因为人像万事万物一样通过阴阳五行组成一个包含多元构成的统一整体，说复杂一点，它的有独立地位的成分数不胜数，如“精、气、津液，四支九窍，五脏十六部（手足十二经脉、二跻脉、一督脉、一任脉）、三百六十五节（全身的关节）”[①]，等等。就主要的来说，至少有这四方面，即精、气、神、形，有的还说有血、魂、魄、心等。

神是气的功能的极致表现。《黄帝内经》在讨论古人为何长寿时说：古人之所以长寿，是因为古人能让身内诸成分平衡、和谐，如“法于阴阳”[②]“知道”“食饮有节，起居有常，不妄作劳，故能形与神俱”，能避“虚邪贼风”，做到“恬淡虚无”，进而“真气从之，精神内守”，“志闲而少欲，心安而不惧，形劳而不倦”，今人之所以相反，是因为不能存真、养精，如“竭其精”“耗其真”。[③]此处的精即指气中的精华或精气，“真”即真气。可见，人的复杂构成是心与身两范畴概括不了的，因为人身中有特定构成和功能作用的成分是多元的，如形、气、精神、神、心、志、欲等。

精与神不同，精即精微之气，神即神明、灵性。它们与心身有关，但又不能完全归并进去。例如，有的人脸上表现出的神采奕奕、神气十足，就可能没法归并为心身中的一个。《黄帝内经》云：“呼吸精气，独立守神，肌肉若一。”“积精全神”或聚精会神，也说明了精与神的区别。若能如此，便能“游行天地之间，视听八达（方）之外”，甚至成为真人。[④]

神、气、血、形、志这些人身上的主要构成之所以有独立性、不能合并，是因为它们的每一种都有两种状态：一是余或充分，二是不足，如“神有余、有不足，气有余、有不足”[⑤]。它们的独立性还表现在它们各有自己的特殊定位，如“心藏神，肺藏气，肝藏血，脾藏肉，肾藏志，而此成形（由上和合，便成人形）”[⑥]。除此之外，还有作为支架的骨髓和联络它们的经络。“志意通，内连骨髓，而成

---

①《黄帝内经·素问·调经论》。
②《黄帝内经·素问·调经论》。
③《黄帝内经·素问·调经论》。
④《黄帝内经·素问·调经论》。
⑤《黄帝内经·素问·调经论》。
⑥《黄帝内经·素问·调经论》。

身形五脏。五脏之道，皆出于经隧，以行血气。”①经络这种构成是中国人在人身上的独到发现。尽管它看不见、摸不着，但又不是无，因为没有它，血气的运行就无法予以解释。就归属而言，它显然非心非身、亦心亦身。有些经络是有心理功能的，如可传递和感知信息。经络都是脉，脉有经脉和络脉两种，经脉有十二，络脉有三百六十五。就生理作用而言，经络是气血运行和沟通脏腑内外的通道，例如，邪气既可由之传入脏腑，也可由之传出。人之所以生病，其中一个原因是经络不通，因此治疗的一个途径是调整经络，使之通畅。例如，十二经脉的作用主要是连通，“内属于腑脏，外络于肢节”②，经水皆汇于海。这里的海即人身的心脏、肾、髓、胃等四海，例如，心为血之海，胃为水谷之海。

根据中国心灵哲学的逻辑，如果硬要对人做二元划分的话，那充其量也只能将其区分为形而上者与形而下者，或虚者与实者，而不能分为心与身，因为心身的划分遗漏太多。《黄帝内经》说：“天有阴阳，人有十二节（两上肢各有肩、肘、腕，两下肢各有股、膝、踝关节），天有寒暑，人有虚实。”③虚即形而上的构造，如元气、元精、元神、意、志等，实即形而下的存在。“人生有形，不离阴阳，天地合气，别为九野，分为四时。”④“人有虚实，五虚（脉细、皮寒、气少、泄利前后、饮食不入）勿近（不要随意去泄），五实（脉盛、皮热、腹胀、二便不通、闷瞀）勿远（可远而不泄）。”⑤“刺虚者须其实（用针刺虚症，须用补法），刺实者须其虚（泄法）。”⑥

《道枢》不仅坚持和论证了人非心身合一体而为多元复杂系统的观点，而且对其多元构成做了更精细、更具体的表述。《道枢》云：“夫身之中有三万六千精光之神焉，一万二千魂魄之君焉。泥丸之中有长生不死之大君焉，二仪、四象、八卦、九宫。”⑦此外，还有五脏六腑，以及骨、髓等物质性构成。就身体中不为一般人所知的构件来说，其中有三元，即上元（人之首或“首以上属”）、中

① 《黄帝内经·素问·调经论》。
② 《黄帝内经·灵枢·海论》。
③ 《黄帝内经·素问·宝命全形论》。
④ 《黄帝内经·素问·宝命全形论》。
⑤ 《黄帝内经·素问·宝命全形论》。
⑥ 《黄帝内经·素问·宝命全形论》。
⑦ [北宋]曾慥编：《道枢》，载胡道静、陈莲笙、陈耀庭选辑：《道藏要籍选刊（十）》，上海古籍出版社1989年版，第409页。

元（首之下、脐之上的部分）、下元（脐下腰上）。[①]就心理一方来说，最明显的是，强调应把心与意、气区分看待，因为“心者，君也，意者臣也，气者，民也”[②]。《道枢》列举的人体构成还有很多，其中有些既不能包括在身体中，也不能包括在心理中。例如，五脏表面上属身体，但它又有心理作用，它们各有其构成和结构，均充斥着自己的精、气、神。它们的不同还在于，各自对应的外部世界是不同的，如“心天也，肾地也，肝阳位也，肺阴位也”[③]。另外，它们的四象也不同。四象中的第一个是金翁，即“肺中之唾，属于纯阴者也”。之所以被称作金翁，是因为它上面“有金液还丹，中有神水华池，与黄芽和合而为阳”，因此是上阳下阴。第二个是姹女，“心中之血属于纯阳，其上有纯阴之唾，其中有阳，故曰姹女”。第三个是婴儿，“肾中之精属纯阴”，就像男子尽管纯阳，但其内有纯阴之精，此即阳中有阴。第四个是黄波，指的是脾中之涎。[④]人身上还有四海五湖，它们是心脑之所藏。“心者，血之海，肾者，气之海，泥丸者，髓之海，胃者，水谷之海”，这是四海；五湖即五脏，里面各藏其液。[⑤]

人体中除了有形可见的存在之外，还有许多精微存在，而它们精到一定程度就将成为心性事物。“身中盖有三万六千神，千二百形影，万二千精光，五脏六腑一十四神，左三魂，右七魄。”[⑥]它们不离不泄，即有完整、健康人生，反之，就麻烦缠身。因此养生的关键是“宜常念，念勿使离于身。”[⑦]形而上的存在中最重要的是精、气、神，因此它们是人身三宝。当然有时只说气、神二宝，如《道枢》云：“人之大宝者，神气也。”[⑧]神、精较抽象，但确实存在，因为它们在

① [北宋]曾慥编：《道枢》，载胡道静、陈莲笙、陈耀庭选辑：《道藏要籍选刊（十）》，上海古籍出版社 1989 年版，第 522 页。
② [北宋]曾慥编：《道枢》，载胡道静、陈莲笙、陈耀庭选辑：《道藏要籍选刊（十）》，上海古籍出版社 1989 年版，第 522 页。
③ [北宋]曾慥编：《道枢》，载胡道静、陈莲笙、陈耀庭选辑：《道藏要籍选刊（十）》，上海古籍出版社 1989 年版，第 599 页。
④ [北宋]曾慥编：《道枢》，载胡道静、陈莲笙、陈耀庭选辑：《道藏要籍选刊（十）》，上海古籍出版社 1989 年版，第 444-445 页。
⑤ [北宋]曾慥编：《道枢》，载胡道静、陈莲笙、陈耀庭选辑：《道藏要籍选刊（十）》，上海古籍出版社 1989 年版，第 587 页。
⑥ [北宋]曾慥编：《道枢》，载胡道静、陈莲笙、陈耀庭选辑：《道藏要籍选刊（十）》，上海古籍出版社 1989 年版，第 383 页。
⑦ [北宋]曾慥编：《道枢》，载胡道静、陈莲笙、陈耀庭选辑：《道藏要籍选刊（十）》，上海古籍出版社 1989 年版，第 383 页。
⑧ [北宋]曾慥编：《道枢》，载胡道静、陈莲笙、陈耀庭选辑：《道藏要籍选刊（十）》，上海古籍出版社 1989 年版，第 456 页。

人的形态上有其表现，例如，“面者神之庭也”，“心悲则面焦”，“精者体之神也，明者身之宝也，劳多则精散”。[①]

就广义的“心”所指称的实来说，它们本身都是超心物二分的。其中所指的首要的一个是心脏，它可归于身体的范畴，但它所指的能发挥神明作用的东西，尤其是最深层的无形无相、寂然不动、明明白白的真心则既超出了心的范畴，又超出了身的范畴。“心接乎心气，与心之火相合，于是太极而生液。”“心生液，其中有真心。”[②]

再看《云笈七签》等经典中的论述。《云笈七签》云：“人身之中自有三万六千神，左三魂，右七魄，阴阳配合，共辅护神识。”三魂是爽灵、胎光、幽精，七魄是尸苟、伏矢、雀阴、吞贼、非毒、除秽、臭肺。[③]此外还有许多按七分法而排列的构成，如七门，即修炼的七个门户，天门在泥丸，地门在尾闾，中门在尾脊，前门在明堂，后门在玉枕，楼门在咽喉，房门在绛宫。七窍，即七种人体部位，即两眼孔、两鼻孔、两耳孔、口。七窍中分别有七种元气、真神，通称七元。七冲门，指人体的七个部位，即飞门、户门、吸门、贲门、幽门、阑门、魄门。人身上还有三田，即上丹田、中丹田、下丹田。三火，即心火、肾火、膀胱火；心为君火，肾为臣火，膀胱为民火。

人的三万六千神本身是一个以主神或元神为中心的充满着复杂层次和结构的大系统。其周围的神有八种，分别是四正神、四隅神。从价值上说，神有善恶之分，如三虫、三彭、三尸神就是指在人体内作祟、影响修炼的三种有害之神。人身上的每个神都有其特殊的位置和功能。根据《黄庭经》，泥丸百节皆有神，包括脑在内的一切部位、关节皆有神。脑神即精根，被称作泥丸。发、眼、鼻、耳、舌、齿、面、心、肝、脾、腑、肾等都有神。[④]神的作用妙不可言，乃至在将死时，只要念神，便可做到“复生”，此即“垂绝念神死复生”[⑤]。

① [北宋]曾慥编：《道枢》，载胡道静、陈莲笙、陈耀庭选辑：《道藏要籍选刊（十）》，上海古籍出版社 1989 年版，第 400 页。
② [北宋]曾慥编：《道枢》，载胡道静、陈莲笙、陈耀庭选辑：《道藏要籍选刊（十）》，上海古籍出版社 1989 年版，第 601 页。
③ [北宋]张君房编：《云笈七签》，载胡道静、陈莲笙、陈耀庭选辑：《道藏要籍选刊（一）》，上海古籍出版社 1989 年版，第 73-74 页。
④ [北宋]张君房编：《云笈七签》，载胡道静、陈莲笙、陈耀庭选辑：《道藏要籍选刊（一）》，上海古籍出版社 1989 年版，第 71 页。
⑤ [北宋]张君房编：《云笈七签》，载胡道静、陈莲笙、陈耀庭选辑：《道藏要籍选刊（一）》，上海古籍出版社 1989 年版，第 73 页。

阴阳也是人身上存在的、有点形而上味道的实在。它们是两种相反的性质、力量。“积阳为天，积阴为地，阴静阳躁，阳生阴长，阳杀阴藏。阳化气，阴成形。”“阴阳者，天地之道也，万物之纲纪，变化之父母，生杀之本始，神明之府也。”①

西方人所不知的身体元素还有三尸。道家、道教认为，人除了形、神、魂、魄之外，还有三尸，即三种微妙的像鬼神一样的存在，“三尸之为物，虽无形而实魂灵鬼神之属也”②。尸者，神主之意。人体有上、中、下三个丹田，各有一尸驻跸其内，统称“三尸”，也叫三虫、三彭、三尸神。道家把三尸称为三毒：上尸好华饰，中尸好滋味，下尸好淫欲。人的疾病、灾祸、做噩梦，都是三尸的所为。道教的守庚申习俗就源于此观念。守庚申即于庚申日昼夜不睡，持经诵咒，目的是防止三尸离开人身，到上天告状危害生人。如果真的如此操作，人也不会做噩梦。③

再看黄庭及其内景。黄庭也是一种既作为生理组织，又作为心理器官的东西。黄即中央之色，庭者，四方之中。外面的中是天中、人中、地中。内面的中是脑中、心中、脾中。“黄庭内”指的是心。其内有景，景即象，外象有日、月等之象，内象即血肉、筋骨、藏府之象。内景即身内的脏腑之境。心居身内，存观一体之象色，故曰内景也。④黄庭的重要性在于：“东华之所秘也，诚学仙之要妙，羽化之根本。”⑤道教认为，黄庭以虚无为主，十三神皆身中之内景。这里涉及一种特殊的本体论存在。根据中国心灵哲学的类似于笛卡儿的逻辑，有形之物是不可能产生心理作用的，尤其是不会有神明之类的作用。笛卡儿认为，心的作用是由精神实体完成的。而中国心灵哲学则以寂然不动、中空或中虚的“中”来解释，认为人之所以有神明之类的奇妙作用，是因为存在着中空或中间虚无的东西。这正是道教设想黄庭及其功能作用的逻辑。

人体中不仅有中虚的实在，还有玄，如“玄中有玄，是我命；命中有命，是我形；形中有形，是我精；精中有精，是我炁；炁中有炁，是我神；神中有神，

① 《黄帝内经·素问·阴阳应象大论》。
② 王明：《抱朴子内篇校释》，中华书局1985年版，第125页。
③ 马昌仪：《中国灵魂信仰》，上海文艺出版社1998年版，第92-93页。
④ 马昌仪：《中国灵魂信仰》，上海文艺出版社1998年版，第67页。
⑤ [北宋]张君房编：《云笈七签》，载胡道静、陈莲笙、陈耀庭选辑：《道藏要籍选刊（一）》，上海古籍出版社1989年版，第64页。

是我自然”[①]。

中国心灵哲学超二元的另一表现是以比喻方式说明人体的构成。最常见的是，在相信身国同构的前提下以国喻人。很显然，这里拿来作为喻媒的只能是有古代中国式政治结构的国家。而这种国家模型是典型的一元基础上的多元构造。其主人是君主，而下面不可能只有两个部分，而是有多个平行的部分。这一点在稍后论述人的三重构成时再一并予以说明。另一常见的比喻方式是以自然事物，如万物组成的天地，来说明人体的构成。《淮南子》云：“形体以成，五藏乃形……人亦有四支、五藏、九窍、三百六十节。”在各器官中，心为主，五藏像宇宙中的日、月等一样，“胆为云，肺为气，肝为风，肾为雨，脾为雷，以与天地相参（配合）也”[②]。《云笈七签》云：“头圆像天，足方法地，发为星辰，目为日月，眉为北斗，耳为社稷，口为江河，齿为玉石，四肢为四时，五脏法五行。与天地合其体，与道德齐其生。”[③]

第二节　儒家的心身关系论

心身关系问题是心灵哲学的核心问题，又常被称作形与神的关系问题。中国心灵哲学的心身关系问题不同于西方同类问题的特点在于：其理论前提不同。西方的心身关系问题以心物二元为前提，而中国心灵哲学尽管也有二元论的成分，但它始终处于边缘，占主导地位的思想倾向是一元论基础上的多元主义。

尽管中国心灵哲学认为，人体是以理气为基础的多元复合体，但仍关心心身问题，即从人体的多元存在者中仅抽出心身或形神这两个主要的方面，探讨它们的本质与关系。这既是合乎逻辑的，因为正像一个房间里同时有多个人存在时，我们可以只挑出两个人来思考他们的关系一样，同时又有其必然性、必要性。因为形神及其关系问题是生命之本、长寿之根。司马谈（前165—前110）说：“凡人之所生者神也，所托者形也。神大用则竭，形大劳则敝，形神离则死。死者不

① [唐]司马承祯：《胎息精微论》，载胡道静、陈莲笙、陈耀庭选辑：《道藏要籍选刊（九）》，上海古籍出版社1989年版，第295页。
② [西汉]刘安：《淮南子·精神训》。
③ [元]陈致虚：《上阳子金丹大要》，载胡道静、陈莲笙、陈耀庭选辑：《道藏要籍选刊（一）》，上海古籍出版社1989年版，第213页。

可复生，离者不可复反，故圣人重之。由是观之，神者生之本也，形者生之具也。”[①]在道家、道教中，形神问题堪称牛鼻子，抓住此问题，就可使一切迎刃而解。形神重要的机理在于：它们是人的两个组成部分。其状态、关系决定了人的生存状态和人格境界。没有神，人就会死去，而形又是生命、神识的基础。若守形存神，使之进入最佳关系状态，如形全神全，那么人就“可齐天地之寿，共日月而齐明”[②]。

中国心灵哲学关心的心身关系问题的另一特点是，它有实然和应然两个方面。实然的关系问题要回答的是它们事实上有何关系。这是东西方共同的问题。应然的关系问题要回答的是它们之间应该具有什么样的关系才对人有益无害。如前所述，中国心灵哲学有价值性动机，而应然问题的探讨正是这一动机在心身问题研究中的表现。例如，道家、道教认为，做人的理想是飞升成仙、去凡成圣，而要如此，就应该让心身关系成为合一的关系。因为心身合一，神气混融，情性成片，谓之丹成，喻为圣胎，即达到了修炼的最高境界。

中国对心身关系问题的探讨早于西方，例如，儒道的最早经典都包含有对它的回答，其他宗派如墨家在《墨经》中也包含有形神相依的思想，如说：“生，形与知处也。”[③]意为形与心知处在一起、结合在一起即为有生命。下面，我们主要剖析儒道两家的有关思想。

儒家的心身关系学说有两大类：一是关于心身的事实性关系的理论。它要回答的是心与身究竟是二元并列的关系，还是相互依赖的关系？如果相互依赖，是心依于身，还是身依于心？是身为主，还是心为主？如果心是有依赖性存在的，那么它是只依于身，还是依于众多因素？心与身之间能否相互作用？如果能，是怎样相互作用的？二是关于心身的应然关系问题的理论。先看前一方面的探讨。

在这类问题上，儒家内部的看法是不完全一致的，当然，较有影响的是形体神用说，类似于西方今日最有影响的功能主义，即认为心以形为基础、为本体，是形的一种用或属性。早在战国时期，荀子就明确提出：“有血气之属必有知。”[④]“血

① [西汉]司马迁：《史记・太史公自序》。
② [唐]吴筠：《形神可固论・养形》。
③《墨经・经上》。
④《荀子・礼论》。

气之精也，志意之荣也。”①“故君子……血气和平，志意广大。”②在东汉，桓谭提出：“精神居形体，犹火之然（燃）烛矣”③，“烛无，火亦不能独行于虚空”④。据此，他否定道教的长生久视说。王充认为自己“违儒家之说，合黄老之义”，实被儒道都视为异端。⑤他继承前述形体神用说，进一步提出：“天下无独燃之火，世间安得有无体独知之精？”⑥在具体论述时，王充仍然把心脏当作思维器官，他说：“人五脏，以心为主，心发智慧，而四脏从之，肝为之喜，肺为之怒，肾为之哀，脾为之乐。”⑦其独到之处是，不把喜之类的心理定位于心脏或大脑中，而认为它们与五脏有关，因而以特定方式表述了中国式的具身性思想。

理学也有人坚持认为，心身之间有不相离的关系。张载说：“理不能离气以为理，心不能离身以为心。若气质必待变化，是心亦须变化也。”⑧朱熹有时也认为，心以形为基础。他说：“但欲生此物，必须有气，然后此物有以聚而成质。”⑨由此质构成的形，才有可能表现心的种种作用。气是构成万物的材料。心尽管不是气，但离不开气，因为心是气构成的物的功能。例如，属于心的特性的知觉，就是理与气结合的结果。有知觉便有灵性，而灵性直接依赖于气。“心之知觉，又是那气之虚灵底。”“理与气合，便能知觉。”⑩刘宗周云：“盈天地间一气而已矣。气聚而有形，形载而有质，质具而有体，体列而有官，官呈而性著焉。”⑪“一性也，自理而言，则曰仁义礼智；自气而言，则曰喜怒哀乐。”⑫洪垣认为，身是心意的前提，他说：“设无此身，何意之有？为其有身也，故人己形而好恶之意起焉，是己与人流通之关键也。”⑬

心学家黄宗羲也有赞成心依于形体的思想，认为有功能作用的心，因人而有，

---

①《荀子·赋》。
②《荀子·乐论》。
③［东汉］桓谭：《新论·祛蔽》。
④［东汉］桓谭：《新论·祛蔽》。
⑤［东汉］王充：《论衡·自然》。
⑥［东汉］王充：《论衡·论死》。
⑦［东汉］王充：《论性情》，见《五行大义》卷4。
⑧［明清之际］黄宗羲：《宋元学案（一）》，陈金生、梁运华点校，上海古籍出版社1986年版，第696页。
⑨［南宋］朱熹：《玉山讲义》，《朱文公文集》卷74。
⑩［南宋］黎靖德编：《朱子语类（四）》，王星贤点校，中华书局1986年版，第1430页。
⑪［明］刘宗周：《刘宗周全集（三）》，何俊点校，浙江古籍出版社2012年版，第252页。
⑫［明］刘宗周：《刘宗周全集（三）》，何俊点校，浙江古籍出版社2012年版，第353页。
⑬［明清之际］黄宗羲：《明儒学案（下）》，沈芝盈点校，中华书局2008年版，第929页。

是气之灵处。他说："心不能离身以为心。"[①]而身由气所构成，因此心不离气而有，人禀气而生，心随人、随身而出现。"天地间只有一气充周，生人生物，人禀是气以生，心即气之灵处。"[②]

王夫之认为，心之所以有不可思议的作用，这是由身体的构成所决定的。他说："是故人之生也，气以成形，形以载气；此交彻乎形气之中，绵密而充实。所以成、所以载者，有理焉，谓之'存存'。"[③]

中国哲学中自古就有整体论、系统论思维。基于这种思维方法，必然得出这样的结论，神不只是形的用，而且是多因素统一体的用。这种观点显然也有形质神用论的成分。康有为说："心灵之智，能辨其是非；心力之勇，能除其缠缚；心神之定，能坚其守持。若是者，皆在于思。思之文，上从脑，下从心，脑与心合为思。"[④]古人其实也有类似的看法。例如，从文字学上说，"思"，古文作"恖"。"囟"即为脑，"心"即五脏的心。上有脑，下有心，两者合作方有思或意。

与形质神用论对立的是带有二元论倾向的心形异质论。它认为，心的本质是无形，而身的本质恰恰是有形，因此两者根本不同。还有人更进一步，认为心的无形是因为它有自己的特殊来源或本原。这样便陷入了标准的二元论。所谓标准的二元论是这样的观点，即不仅承认心身有性质的不同、有各自独立的本体论地位，而且有各自独立的本原。在西方，柏拉图、笛卡儿坚持的就是这类二元论。中国心灵哲学中也有强调心身异质的二元论倾向，认为形、神的不同表现在：第一，心是无形无相的，而身有形有相；第二，它们在整个生命中有各自不同的功能，最重要的是它们的位置不同。形之位在外，神之位在内，气贯通于二者之间。二程为了说明心不同于身的特点，有时主张心无形、无寓所，从而有二元论的倾向。他们说："以心无形体也，自操舍言之耳。"[⑤]"心兮本虚，应物无迹。"[⑥]但心又是绝对真实的存在。它有无定位或寓所呢？答曰："莫知其乡，何为而求

① [明清之际]黄宗羲：《明儒学案（下）》，沈芝盈点校，中华书局 2008 年版，第 911 页。
② [明清之际]黄宗羲：《孟子师说》卷 3。
③ [明清之际]王夫之：《尚书引义》，中华书局 1976 年版，第 58 页。
④ [清]康有为：《孟子微》卷 2。
⑤ [北宋]程颐、程颢：《二程集》，王孝鱼点校，中华书局 2004 年版，第 1258 页。
⑥ [北宋]程颐、程颢：《二程集》，王孝鱼点校，中华书局 2004 年版，第 589 页。

所寓？有寓，非所以言心也，惟敬以操之而已。”①“神无所在，无所不在。”②它们的质上的差别还在于：“形可分，神不可分。”③

中国心灵哲学也有自己的交感论或心身相互作用论。它认为，心与身可以相互作用，例如，身体决定心灵，心灵决定身体。不仅如此，它还较好地解决了西方交感论一直难以解决的一个问题，即心既然无形，没有自己的能量，因此怎么可能发生对身体的因果作用呢？它的回答是心与身都是借气或以气为桥梁发挥对对方的作用的。朱熹认为，身之动由心所决定，“岂不相关，自是心使他动”④。心驱使身之运动，必通过气这一中介，就像挥扇是气所使然一样。心之所思，耳之所听，目之所视，手之持，足之履，都离不气的作用，而“气中自有个灵底物事”⑤。薛敬之也认为，气是心物相互作用之中介。因为气有能量、材料，因而能产生真实之作用。“心乘气以管摄万物，而自为气之主，犹天地之乘气以生养万物，而亦自为气之主。”⑥尽管心能指挥气，但心又不是气。“一身皆是气，惟心无气。随气而为浮沉出入者，是心也。”⑦

中国化佛教在说明神形的相互作用难题时做得更加出色，例如，净土宗初祖慧远大师说：“神也者，图（应为“圆”）应无生（应为“主”），妙尽无名，感物而动，假数而行，感物而非物，故物化而不灭；假数而非数，故数尽而不穷。有情则可以物感，有识则可以数求。数有精粗，故其性各异，智有明暗，故其照不同。推此而论，则知化以情感，神以化传；情为化之母，神为情之根。情有会物之道，神有冥移之功……夫情数相感，其化无端，因缘密构，潜相传写……火之传于薪，犹神之传于形；火之传异薪，犹神之传异形。”⑧意为神是感物而动、假数而行的，即神的活动要以物和数（自然之数，即自然运行的规律、法则、过程）为凭借，但神又不是物和数，所以物虽灭而神不会灭。慧远大师通过对神的不可名状的微妙性的强调，最后把神看作是可以独立于物和数而存在的。此外，为了证明神可以独立于物和数而存在，慧远大师又声称化以情感，神以化传；情

① [北宋]程颐、程颢：《二程集》，王孝鱼点校，中华书局2004年版，第1259页。
② [明]周汝登：《周汝登集（中）》，张梦新、张卫中点校，浙江古籍出版社2015年版，第606页。
③ [明]周汝登：《周汝登集（中）》，张梦新、张卫中点校，浙江古籍出版社2015年版，第606页。
④ [南宋]黎靖德编：《朱子语类（一）》，王星贤点校，中华书局1986年版，第87页。
⑤ [南宋]黎靖德编：《朱子语类（一）》，王星贤点校，中华书局1986年版，第87页。
⑥ [明清之际]黄宗羲：《明儒学案（上）》，沈芝盈点校，中华书局2008年版，第133页。
⑦ [明清之际]黄宗羲：《明儒学案（上）》，沈芝盈点校，中华书局2008年版，第133页。
⑧ [东晋]慧远：《沙门不敬王者论》。

为化之母，神为情之根；情有会物之道，神有冥移之功。他把神与情联系起来，认为生的变化推移是和情的感物分不开的，而神又为情之根，因此情在感物化生的同时也就把神暗暗地传给不断产生的新的生命了。前形虽死，神却可以暗中传于后形，就像前薪之火可以传于后薪一样。

范缜的神灭论或形质神用论是中国心身问题研究中最接近于西方功能主义的理论。它是在中国心灵哲学关于神是否灭亡的讨论中诞生的。佛教传入中国后，在中国民间和知识界都产生了潜移默化的影响。其关于形神问题的思想也为许多人所接受，例如，佛教的识神不灭的思想就是这样。到了南北朝时期，无神论哲学家范缜旗帜鲜明地站到了它的对立面，对它做了尖锐的批判，从而导致了围绕着神是否必灭的激烈争论。范缜的否定性理论可称作神灭论，其理论基础是形质神用说，主张形存则神存、形谢则神灭。他说："形者无知之称，神者有知之名，形者神之质，神者形之用。神之于质，犹利之于刀，形之于用，犹刀之于利。利之名非刀也，刀之名非利也。然而舍利无刀，舍刀无利。未闻刀没而利存，岂容形亡而神在？"[①]有人问："神灭，何以知其灭也？"答曰："神即形也，形即神也。是以形存则神存，形谢则神灭也。"问题还在于："木之质无知也，人之质有知也，人既有如木之质，而有异木之知，岂非木有其一，人有其二邪？"答曰："异哉言乎！人若有如木之质以为形，又有异木之知以为神，则可如来论也。今人之质，质有知也，木之质，质无知也，人之质非木质也，木之质非人质也，安在有如木之质而复有异木之知哉！"[②]问曰："生形之谢，便应豁然都尽，何故方受死形，绵历未已邪？"答曰："生灭之体，要有其次故也。夫欻而生者必欻而灭，渐而生者必渐而灭。欻而生者，飘骤是也；渐而生者，动植是也。有欻有渐，物之理也。"[③]这就是说，不同事物的消亡方式是不一样的，有快有慢，有顿有渐，是故神在形灭后会绵历一定的时间。范缜还探讨了人的心神的一与多问题，他认为，其作用的发挥处和方式是多，如有身的痛痒之知、有心的思虑等，但其根据、主体是统一的。有人问：知之与虑，既然不同，是二或多，人的神是否也是多？答曰："人体惟一，神何得二？"问曰："若不得二，安有痛痒之知，

① [南朝梁]范缜：《神灭论》。
② [南朝梁]范缜：《神灭论》。
③ [南朝梁]范缜：《神灭论》。

复有是非之虑？”答曰：“如手足虽异，总为一人；是非痛痒虽复有异，亦总为一神矣。”[①]范缜还讨论了心神的定位问题。例如，他一方面承认人的感知具有具身性、弥散性，不是单子性心灵的所为，另一方面又认为思虑是心脏之所为。有人问：“是非之虑，不关手足，当关何处？”答曰：“是非之虑，心器所主。”问曰：“心器是五藏之主，非邪？”答曰：“是也。”问曰：“五藏有何殊别，而心独有是非之虑乎？”答曰：“七窍亦复何殊，而司用不均。”问曰：“虑思无方，何以知是心器所主？”答曰：“五藏各有所司无有能虑者，是以知心为虑本。”[②]

与形质神用论对立的，除了前述的形灭神不灭论之外，还有心主形从论。它认为，不是心依于形，而是心主于形。董仲舒像道教身国同构论一样认为，人就是一个小国家，心如君为一国之主一样，它是身之主。“君者民之心也，民者，君之体也。心之所好，体必安之；君之所好，民必从之。”[③]意为心像君王一样，是连贯统率身体各种实在、力量的核心。[④]根据天的构成，也可说明心的这种地位。他说：“人有三百六十节，偶天之数也（与天地之数相吻合）；形体骨肉，偶地之厚也。上有耳目聪明，日月之象也；体有空（孔）窍理脉，川谷之象也；心有哀乐喜怒，神气之类也（与大地神气同类）。”[⑤]黄宗羲认为，在心与身的关系中，心是身中的“大者”。“心是形色之大者，而耳目口鼻其支也。”[⑥]就心与思、知、灵的关系而言，它们不同，但又有主从关系，如“心以思为体，思以知为体，知以虚灵为体”[⑦]。

心学在心身关系问题上尽管有多种声音，例如，有的在特定语境下，强调心依赖于身，有的强调心身异质不同，但主导性的思想则可称作一实多名论，即认为人身上存在一实，但可从不同角度予以描述，这样便有心、意、神、形、气等不同名称，也可把这种理论看作是一种现象学思想。在西方近代，它的典型形态是斯宾诺莎的心身两面论，在现当代，则表现为双重语言论和解释主义。由于语言分析哲学在英美占主导地位，因此伴随语言学转向而诞生的这一理论便极有市

---

① [南朝梁]范缜：《神灭论》。
② [南朝梁]范缜：《神灭论》。
③ 阎丽：《董子春秋繁露译注》，黑龙江人民出版社 2003 年版，第 189 页。
④ 阎丽：《董子春秋繁露译注》，黑龙江人民出版社 2003 年版，第 199 页。
⑤ 阎丽：《董子春秋繁露译注》，黑龙江人民出版社 2003 年版，第 228 页。
⑥ [明清之际]黄宗羲：《孟子师说》卷 7。
⑦ [明清之际]黄宗羲：《孟子师说》卷 6。

场。它认为，人身上或世界上只有一种实在，用心理语言描述即表现为心理现象，用物理语言描述即表现为物理现象。

先看王阳明所说的物或身。它显然是现象学意义的物。他认为，物就是意之着处，或被意识到的东西，或心投射的东西。他说："心外无物。如吾心发一念孝亲，即孝亲便是物。"①"夫物理不外于吾心，外吾心而求物理，无物理矣；遗物理而求吾心，吾心又何物邪？"②心物是不可分的，离物无心，离心无物。

再看王阳明对心的论述。他的基本观点是，全部世界只是一心，因为即便有物有身，它们也不可以是心的着处。他说：心之念尽管有邪有正、有妄有诚，但"合而观之，皆一心也"③。就像"手有翻覆"一样，但不管怎样翻，都不外乎一手。心的邪正、妄诚不过是心的两面，而不代表有两种心，因为去邪即正、失正即邪。"心过则邪，制邪为正，心过则妄，制妄为诚。"④

如果说世界上既有心，又有物，那么由此也不能得出两个世界的结论，因为从根本上说，一切都是气的变状，世界只有一种实在。王阳明认为，心和物其实是不同的概念、语词，而世界的实只有一个，因此心与物其实是对同一实在的不同角度的描述。王阳明说："以吾之散殊于清浊之两间者为万物，以吾之视为目；以吾之听为耳……以吾之思虑为心；言吾之变化云为，深不可测，谓之曰神；言吾心之本曰性，言性之妙不可致诘；不可以人为加焉曰命；得此谓之德；由此谓之道；其觉谓之仁；其宜为之义；其履谓之礼；其明谓之智；其昏谓之愚；其不实谓之伪；其得谓之吉；其失谓之凶。"⑤可见，不仅心与物，而且神、性、觉、智、道等，都是同一实在的不同表述方式。

王阳明在心物关系上还表达了比较标准的现象学思想，如强调心与世界离开了对方就不是自己。他说："虽然天地、鬼神与我同体，但心只是一个灵明。我的灵明，便是天地鬼神万物的主宰。""天地鬼神万物离却我的灵明，便没有天地鬼神万物了，我的灵明离却了天地鬼神万物，亦没有我的灵明。"⑥

王阳明在表述一实多名论时还有很多经典说法，如说："心者身之主，意者

---

① [明]王守仁：《王阳明全集（上）》，吴光、钱明、董平等编校，上海古籍出版社 2012 年版，第 22 页。
② [明]王守仁：《王阳明全集（上）》，吴光、钱明、董平等编校，上海古籍出版社 2012 年版，第 37 页。
③ [明]周汝登：《周汝登集（中）》，张梦新、张卫中点校，浙江古籍出版社 2015 年版，第 500 页。
④ [明]周汝登：《周汝登集（中）》，张梦新、张卫中点校，浙江古籍出版社 2015 年版，第 500 页。
⑤ [明]周汝登：《周汝登集（中）》，张梦新、张卫中点校，浙江古籍出版社 2015 年版，第 509 页。
⑥ [明]王守仁：《王阳明全集（上）》，吴光、钱明、董平等编校，上海古籍出版社 2012 年版，第 109 页。

心之发，知者意之体，物者意之用。”[①]这就是说，人心与天地只是一个东西，是一体的，“实”只有一个，而“名”却有多个。他说：“盖身、心、意、知、物者，是其工夫所用之条理，虽亦各有其所，而其实只是一物。”[②]如果说各有其所、有不同的话，这不同表现在，它们是同一理体的不同表现形式，或从不同角度对同一理体的不同显现或说明。他自问自答说：“何谓身？心之形体运用之谓也。何谓心？身之灵明主宰之谓也。”[③]总之，心与身是从不同角度对人的不同的描述。

应注意的是，一实多名论有两种情况：一是认为多名说的是同一所指，这种一实多名论实际上是心身等同论；二是主张多名说的是同一实在中的不同侧面。多名尽管指向了同一个实，但又从其特定角度反映了这一实中的特定的侧面及其内容。王阳明的一实多名论主要属于后者。例如，就心、知、意、物的关系来说：“身之主为心，心之灵明是知，知之发动是意，意之所著为物。”[④]这里所说的“物”的范围很广，即泛指一切非心事物：一是指事，包括世事、人事以及人所从事的活动等，如事亲、事君等；二是指自然事物。在王阳明看来，物一方面是心赖以存在的基础，另一方面也可以说就是心。因为天地万物只是一心。当然，物是特定意义的心，他说：“意之涉着处谓之物。”[⑤]“身之主为心，心之灵明是知，知之发动是意，意之所著为物。”[⑥]

王阳明的学生问：“物在外，如何与身心意知是一件？”答曰：“耳目口鼻四肢身也，非心安能视听言动？心欲视听言动，无耳目口鼻四肢亦不能，故无心则无身，无身则无心。”[⑦]这里表达的显然是今日盛行于西方的具身性思想。在王阳明看来，身、心、意、知、物的区分是言说层面的区分。具言之，从主宰上说，人身即人心；从行为上说，人就是一个身体，身之主宰便是心，心之所发便是意，意之本体便是知，意之所在便是物。

泰州学派的后学李贽（1527—1602）主张童心说，其理论基础是心物关系论，

---

① [明]王守仁：《王阳明全集（下）》，吴光、钱明、董平等编校，上海古籍出版社2012年版，第981页。
② [明]王守仁：《王阳明全集（中）》，吴光、钱明、董平等编校，上海古籍出版社2012年版，第801页。
③ [明]王守仁：《王阳明全集（中）》，吴光、钱明、董平等编校，上海古籍出版社2012年版，第801页。
④ [明]王守仁：《王阳明全集（上）》，吴光、钱明、董平等编校，上海古籍出版社2012年版，第21页。
⑤ [明]王守仁：《王阳明全集（上）》，吴光、钱明、董平等编校，上海古籍出版社2012年版，第80页。
⑥ [明]王守仁：《王阳明全集（上）》，吴光、钱明、董平等编校，上海古籍出版社2012年版，第21页。
⑦ [明]王守仁：《王阳明全集（上）》，吴光、钱明、董平等编校，上海古籍出版社2012年版，第79页。

而这种心物理论实即现象学的心物论，也可以说是王阳明的心物一体论的继续和发展。因为它坚持的基本原则仍然是万物离不开心，心离不开万物。李贽说："岂知吾之色身，洎外而山河，遍而大地，并所见之太虚空等，皆是吾妙明真心中一点物相耳。"[①]同理，因见万物才有心之现实出现，不遇物就无所谓心。"若无山河大地，不成清净本原矣。"[②]黄宗羲也说："根本不出一心，由一心以措天地万物，则无所不贯。"[③]"盈天地间无所谓万物，万物皆因我而名。如父便是吾之父，吾便是吾之君，君父二字，可推之为身外乎？然必实有孝父之心，而后成其为吾之父；实有忠君之心，而后成其为吾之君。"[④]

与上述问题密切相关的是心有无限量的问题，即心是否真的能包一切物、真的能备万物。朱熹说："人之本心，其体廓然，亦无限量。"[⑤]"周流贯彻而无一物之不该。"[⑥]二程的看法比较辩证，例如，他们认为不通达道，受形体的限制，心便有限量。"苟能通之以道，又岂有限量？"[⑦]

这里无疑隐藏着这样的问题，即心究竟是像形质神用论所说的那样在形之中，还是相反，即身在心中？在此问题上，许多人坚持心包万物论。例如，魏源说："人知心在身中，不知身在心中也。'万物皆备于我'，是以神动则气动，气动则声动，以神召气，以母召子，不疾而速，不呼而至。"[⑧]

王阳明认为，认识到多种说法的同一不仅是如实认识人和世界的需要，而且对提高用功的质量、对开悟也至关重要。有学生对王阳明诉苦说：用了很多工夫，都始终不开悟。王阳明认为其原因是没有认识到许多言词说的其实是"一件事"，没有打通，不解多名一实论之奥。"此可一言而悟……只要知身、心、意、知、物是一件。"[⑨]学生新的疑问是物在外，怎么可能与心、意等同一？王阳明曰："指其充塞处言之谓之身，指其主宰处言之谓之心，指心之发动处言之谓之意，指意之灵明处谓之知，指意之涉着处谓之物，只是一件。"[⑩]它们是一体的，是

---

① [明]李贽：《解经文》，《焚书》卷4。
② [明]李贽：《观音问》，《焚书》卷4。
③ [明清之际]黄宗羲：《明儒学案（下）》，沈芝盈点校，中华书局2008年版，第1254页。
④ [明清之际]黄宗羲：《孟子师说》卷7。
⑤ [南宋]朱熹：《尽心说》，《朱文公文集》卷67。
⑥ [南宋]朱熹：《论疑》，《朱文公文集》卷70。
⑦ [北宋]程颐、程颢：《二程集》，王孝鱼点校，中华书局2004年版，第204页。
⑧ [清]魏源：《魏源全集（十三）》，岳麓书社2012年版，第14页。
⑨ [明]王守仁：《王阳明全集（上）》，吴光、钱明、董平等编校，上海古籍出版社2012年版，第79页。
⑩ [明]王守仁：《王阳明全集（上）》，吴光、钱明、董平等编校，上海古籍出版社2012年版，第80页。

一而非多。因为它们不可能相互作用，尽管用了多词，但说的都是同一个东西，当然是这个东西的不同的地方。这些方面之所以不是多，是因为它们只有结合为一体，才有其存在和作用。例如，若无意，便无心对物进行认识；若无物，意不可能起作用，进而就不会有心。因此物本身就是心，至少是心的必然的方面。例如，“意未有悬空的，必着事物，故欲诚意则随意所在某事而格之，去其人欲而归于天理，则良知之在此事者无蔽而得致矣”①。

王阳明的思想中还可挖掘出这样的意思，即一实多名论不仅是一种澄清心身关系问题上的混乱的有用方法，而且对于解决哲学上的许多争论极有帮助，例如，过去人们围绕着元精、元气、元神的关系问题就莫衷一是，若用上述方法，问题便会迎刃而解。他说：“只是一件，流行为气，凝聚为精，妙用为神。”②它们实即一个东西，只是当人们从不同角度去看并用不同词语去描述时才表现为多。这“一件”究竟是什么呢？回答是“良知”，宇宙只有一实，此实有不同的表现、状态，因此有多名。“夫良知，一也。以其妙用而言谓之神，以其流行而言谓之气，以其凝聚而言谓之精。”③情与性的关系问题如果用这种方法去说明，也不会像过去那样越争越麻烦。它们其实是一，即一个是体、未发（性），一个是用、已发（情）。他说：“喜怒哀乐之未发，则是指其本体而言，性也……喜怒哀乐之与思与知觉，皆心之所发。心统性情。性，心体也；情，心用也。”④心与知的关系也应如是看。他说：“心之明觉处谓之知，知之存主处谓之心，原非有二物。存心便是致知，致知便是存心，亦非有二事。”⑤

王阳明的这种看问题的方法也可看作是消解“分隔”的方法，它强调的是，对各种问题应坚持一体化理解，不能分开看，然后再去统起来。若懂得此道理，便能做到“一言便悟”。例如，善恶表面上如水火、冰炭，相反相异，但其实不然，它们应被理解为“一物”。王阳明说：“如何谓只一物？”答曰：“至善者，心之本体。本体上才过当些子，便是恶了。不是有一个善，却又有一个恶来相对也。故善恶只是一物。”“善恶皆天理，谓之恶者本非恶，但于本性上过与不及

① ［明］王守仁：《王阳明全集（上）》，吴光、钱明、董平等编校，上海古籍出版社2012年版，第80页。
② ［明］王守仁：《王阳明全集（上）》，吴光、钱明、董平等编校，上海古籍出版社2012年版，第17页。
③ ［明］王守仁：《王阳明全集（上）》，吴光、钱明、董平等编校，上海古籍出版社2012年版，第54页。
④ ［明］王守仁：《王阳明全集（上）》，吴光、钱明、董平等编校，上海古籍出版社2012年版，第127页。
⑤ ［明］王守仁：《王阳明全集（下）》，吴光、钱明、董平等编校，上海古籍出版社2012年版，第952页。

之间耳。”[①]再就物、理、义、善、心的关系来说，“夫在物为理，处物为义，在性为善，因所指而异其名，实皆吾之心也。心外无物，心外无事，心外无理，心外无义，心外无善”[②]。

王阳明还认为，以前的理论将知与行人为地分割开来了，即把它们分割为两个阶段，即一个心知、一个身行，如此一来，知与行分明是两件事。他说：“此已被私欲隔断，不是知行的本体……圣贤教人知行，正是要复那本体。”[③]意为知行的本体是合一的，不能复其一体，是因为人的私欲夹杂其间了，才将它们割裂了。具言之，先知后行，是治标的方法。复归本体，看到良知才是心体，才是治本的方法。

王阳明也有自己的“元”论，此元论就是以一心为元的一元论。这元也就是“一实多名”中所说的实。他说：“元者，始也。无始则无以为终。故书元年者，正始也。大哉乾元，天之始也。至哉坤元，地之始也。成位乎其中，则有人元焉。故天下之元在于王，一国之元在于君，君之元在于心。‘元’也者，在天为生物之仁，而在人则为心。”[④]仁即心之本体，因此心为万物全体之元。

王阳明的许多门人在坚持和发展一实多名论上做了许多工作。有的人认为，世界只有一实，即道或心，其余都是道的表现或用。王阳明后的心学家徐樾说：“夫道也者，性也。性也者，心也。心也者，身也。身也者，人也。人也者，万物也。万物也者，道也。夫道一而已矣。”[⑤]人、心、性是对道的不同角度的描述。“人之得一也而灵。是灵也，则性也。以生理名则天也；以普物名则心也；以主宰名则人也；以色象名则万物也；以变见之迹名，会之曰道。”[⑥]湛若水反对将本与末、事与理、内与外分别开来的“支离论”，而试图在这些问题上贯彻一体论。他说：“分内外、本末、心事为两途，便是支而离之。”[⑦]道心与人心也不是两个心，而只是一心。人心即具有形气之人的心，而道心不过是形气之心得其正而已。有的人试图用上述一体论将诸心理样式统一起来，主张不同情识是

① [明]王守仁：《王阳明全集（上）》，吴光、钱明、董平等编校，上海古籍出版社2012年版，第85页。
② [明]王守仁：《王阳明全集（上）》，吴光、钱明、董平等编校，上海古籍出版社2012年版，第134页。
③ [明]王守仁：《王阳明全集（上）》，吴光、钱明、董平等编校，上海古籍出版社2012年版，第3页。
④ [明]王守仁：《王阳明全集（中）》，吴光、钱明、董平等编校，上海古籍出版社2012年版，第806页。
⑤ [明]周汝登：《周汝登集（下）》，张梦新、张卫中点校，浙江古籍出版社2015年版，第882页。
⑥ [明]周汝登：《周汝登集（下）》，张梦新、张卫中点校，浙江古籍出版社2015年版，第882页。
⑦ [明]湛若水：《湛若水文集·大利训规》。

心的不同的变状，表现于言语即为个别的心理语词。而不同的心理语词实即对同一主体之不同变状的不同视角的描述。例如，心的“忻然谓之喜；其惨然谓之忧；悔其非谓之悔；啬而小谓之吝；其不偏不过谓之中；其非邪谓之正；其尽焉谓之圣；其未尽焉谓之贤；言乎其变谓之易”[①]。

儒家对于应然性的心身关系也做了大量的探讨。由于道家、道教的探讨更多，所以我们将在随后具体予以考释，这里只略述王门七派中浙中派创始人王畿的看法。他认为，心身学说是儒家的一个重要理论，过去并未得到正确的诠释。他认为，正确理解了心身关系，无异于抓住了一切丹经养生的精髓。他说：“乾属心，坤属身，心是神，身是气。身心两事，即火即药。元神元气谓之药物。神气行来，谓之火候。神专一则自能直遂，性宗也。气翕聚，则自能发散，命宗也。真息者，动静之机，性命合一之宗也。一切药物、老嫩、浮沉、火候、文武、进退，于真息中求之。大生云者，神之驭气也。广生云者，气之摄神也。”[②]这样的神气关系遍在一切时处，如“天地、四时、日月，有所不能违”[③]，人也如是。若能按此原则调适心身关系，便会有这样的效果，即“不求养生，而所养自在其中，是之谓至德”[④]。这是一切丹经共同的精神，“盖万卷丹经，有能出此者乎”[⑤]。

第三节　道家、道教的心身关系论

我们这里探讨的主要是道家、道教的心身关系理论。它们对心身关系问题的探讨也是从事实和应然两个角度展开的。先看前一方面的思想。

心身相依论是道学心身关系理论的主要形式，其基本观点是心离不开身，同样，在一定条件下，身又离不开心。心之所以离不开身，是因为不存在独立的、与身隔绝的心，如“凡有血气，皆有争心”[⑥]。“血气者，人之神，不可不谨养。”[⑦]许多心理现象都是在血气构成的身体进入特定状态时产生的，如怒、悲、恐等就

① [明]周汝登：《周汝登集（中）》，张梦新、张卫中点校，浙江古籍出版社 2015 年版，第 509 页。
② [明]周汝登：《周汝登集（下）》，张梦新、张卫中点校，浙江古籍出版社 2015 年版，第 836 页。
③ [明]周汝登：《周汝登集（下）》，张梦新、张卫中点校，浙江古籍出版社 2015 年版，第 836 页。
④ [明]周汝登：《周汝登集（下）》，张梦新、张卫中点校，浙江古籍出版社 2015 年版，第 836 页。
⑤ [明]周汝登：《周汝登集（下）》，张梦新、张卫中点校，浙江古籍出版社 2015 年版，第 836 页。
⑥《左传·昭公十年》。
⑦《黄帝内经·素问·八正神明论》。

是如此。“血有余则怒”[①]，“心气虚则悲”[②]，“血不足则恐”[③]。思、知以及心理的宁静、止寂等，则主要是由气所决定的。“精也者，气之精者也。气道乃生，生乃思，思乃知，知乃止矣。”[④]反过来，有些身体状况又是由心的状况决定的，如气盛、胸胀就是由怒引起的，“怒则气盛而胸胀”[⑤]。道教在论述心对身的依赖性的过程中也表达了具身性思想，如认为精神离不开精、气之类的物质性力量。《黄帝内经》云：“五脏者，中之守也。”[⑥]五脏的作用是藏精气而守于内。守得好，精神充盈，身体强壮，反之，则生病。人的精神也离不开头。[⑦]“头者，精明之府（即精神的寓所），头倾（下垂）视深（眼胞内陷），精神将夺（被剥夺、衰败）。”[⑧]

心身的相互依存还表现在它们可相互转化，如精、气、神就可相互转化，既可炼精化气、炼气化神，又可倒过来，即精可由气生、气可由神生，其操作方法是，让神居气中，并控制气，就可“气转为精，精转为神，神转于明”，“精转为神，神生于明”。[⑨]《管子》认为，气充实到一定程度便有心。“气者，身之充也……充不美则心不得。”[⑩]所谓充实到一定程度，就是达到一定的完美程度。到这时，气便包含有“灵气”，即精美之气。有灵气，心便有其特定的功能。“灵气在心，一来一逝，其细无内，其大无外。”[⑪]这是精气之极致。

《黄帝内经》认识到：尽管心理现象的直接主体是精神性的心或我，但人身上的生理器官和过程同时又是心及其活动的必要条件。例如，只有机体健康，心才能出“神明”、藏“精神”、有“神态”。心脏受伤，则会伤神，乃至导致其离去。心容邪，“则心伤，心伤则神去，神去则死矣”[⑫]。《吕氏春秋》强调：

---

①《黄帝内经·素问·调经论》。
②《黄帝内经·灵枢·本神》。
③《黄帝内经·素问·调经论》。
④《管子·内业》。
⑤《黄帝内经·灵枢·论勇》。
⑥《黄帝内经·素问·脉要精微论》。
⑦《黄帝内经·素问·脉要精微论》。
⑧《黄帝内经·素问·脉要精微论》。
⑨［北宋］张君房编：《云笈七签》，载胡道静、陈莲笙、陈耀庭选辑：《道藏要籍选刊（一）》，上海古籍出版社1989年版，第382页。
⑩《管子·心术下》。
⑪《管子·内业》。
⑫《黄帝内经·灵枢·邪客》。

心、智依存于身。“身以盛心，心以盛智，智乎深藏，而实莫得窥乎！”[①]《道枢》认为，心为神之宅，神的存在及作用离不开心脏所生产的血。“元气入心化为血焉。血者，精之源，神之母，流阴入于肾宫则化为精。”[②]《刘子》云：“形者生之器也，心者形之主也，神者心之宝也，故神静而心和。”[③]“心和而形全，神躁则心荡，心荡则形伤。”[④]当然，在形、神的相依关系中，神为主导方面，因此欲全形，当理神。“故恬和养神则自安……神恬心清则形无累矣。”[⑤]

这种相依理论还看到了另一种依赖性、转化性，即看到了心的能动作用。《文始真经》云：“心忆者犹忘饥（专心回想某事，可以忘饥饿），心愤者犹忘害，心养者犹忘寒，心激者犹忘痛。”[⑥]同理，调动心的积极性，可以证道。心的能动作用还表现为：心可以化物。“吾心中可作万物。盖心有所之（即有其所想），则爱从之（随之而生）；爱从之，则精从之。盖心有所结（与他物结合），先凝为水（即凝聚为身中的水）；心慕（想）物，涎出；心悲物，泪出；心愧物，汗出。”[⑦]心尽管根源于气，但反过来也会产生气的反作用。“气缘心生，犹如内想大火，久之觉热，内想大水，久之觉寒。”[⑧]

道学的另一心身关系论是神主形从论。它强调：“神者形之主也，形者神之舍也。形中之精以生气，气以生神者也。液中生气，气中生液。”[⑨]我们知道，形中有五行阴阳。《道枢》云：“水之化为液，液之化为血，血之化为津，阴得阳而生者也。阴阳爽其宜，则涕也、泪也、涎也、汗也，横出而阴失其生矣。气之化为精，精之化为珠，珠之化为汞，汞之化为砂，阳得阴而成者也。”[⑩]阴阳

---

①《吕氏春秋·君守》。
②［北宋］曾慥编：《道枢》，载胡道静、陈莲笙、陈耀庭选辑：《道藏要籍选刊（十）》，上海古籍出版社 1989 年版，第 408 页。
③［北齐］刘昼：《刘子》，载胡道静、陈莲笙、陈耀庭选辑：《道藏要籍选刊（五）》，上海古籍出版社 1989 年版，第 847 页。
④［北齐］刘昼：《刘子》，载胡道静、陈莲笙、陈耀庭选辑：《道藏要籍选刊（五）》，上海古籍出版社 1989 年版，第 847 页。
⑤［北齐］刘昼：《刘子》，载胡道静、陈莲笙、陈耀庭选辑：《道藏要籍选刊（五）》，上海古籍出版社 1989 年版，第 847 页。
⑥《文始真经·六匕》。
⑦《文始真经·八筹》。
⑧《文始真经·二柱》。
⑨［北宋］曾慥编：《道枢》，载胡道静、陈莲笙、陈耀庭选辑：《道藏要籍选刊（十）》，上海古籍出版社 1989 年版，第 594 页。
⑩［北宋］曾慥编：《道枢》，载胡道静、陈莲笙、陈耀庭选辑：《道藏要籍选刊（十）》，上海古籍出版社 1989 年版，第 594 页。

爽其宜则疾、老，乃至死。阴不得阳不生，阳不得阴不成。形体由九窍等部门组成，各有其职责、官能。“心之在体，君之位也。”[①]

有时，神既指心中的一种主宰作用，又指心的思虑作用，此神即识神。从修行角度看，神有先天神、思虑神、元神、识神、阳神等不同形式。先天神即元神，是修炼的主体，也可称作“无位真人”。《上阳子金丹大要》云：“成仙、成佛必要此神方得。此神之功，能驱用四心神、四智神、八识神，又能使之变化。”[②]元神与思虑神、识神相对，而识神是人的日常应用之神。

强调神的地位和作用，是中国心灵哲学的一大特点。这与中国心灵哲学的“地理新发现”有关。因为它在人身上看到了一种既有主宰、认知作用同时又是生命的决定因素的东西。唐代吴筠说：“神去，则身死者矣。”[③]要想神不离人，关键是让神或主人安静。“主人安静，神则居之。”[④]《太平经》云：“人不守神，身死亡。万物不守神，即损伤。”[⑤]

当然，“神”一词有不同的用法：一是指造化万物的本原之神。李道纯说：“物之大者，终有边际。惟神之大，周流无方，化成天地，无有加焉。由其妙有难语，故字之曰神。”[⑥]有时也指宇宙一切变化之本。“神也，其变之本也。”[⑦]二是指相对于形的精神，相当于心，或比心更高级的心理机能。李道纯说：“神乃身之母，神藏于身，喻为母隐子胎。”[⑧]《淮南子》云：“心之于九窍四支也，不能一事焉（不能一一侍奉每一器官），然而（九窍等）动静听视，皆以（心）为主者，不忘乎欲利之也（不忘让九窍得利益）。”[⑨]《黄帝内经》云：“心者，君主之官也，神明出焉。”[⑩]《管子·心术上》云：“心之在体，君之位也。”《荀子·解蔽》云：“心者，形之君也，而神明之主也。”这最后一种意义的心既是生理的心脏，也是作为全身之统帅、认知之最高机能的心灵。我们这里关心的当然是这种心。

---

① 《管子·心术上》。
② 《金丹大要》，载明《正统道藏·太玄部》夫字号。
③ 《形神可固论·服炁》。
④ 《形神可固论·服炁》。
⑤ 王明编：《太平经合校》，中华书局1960年版，第727页。
⑥ [元]李道纯：《玄教大公案》，载明《正统道藏·太玄部》下字号。
⑦ [元]李道纯：《中和集》。
⑧ [元]李道纯：《中和集》。
⑨ [西汉]刘安：《淮南子·主术训》。
⑩ 《黄帝内经·素问·灵兰秘典论》。

道教心灵哲学在心神问题上还有一个特点，那就是坚持关于心神的整体论。它承认心神对身有依赖性，但又认为，决定心神的产生和存在的因素又不只是身体，而是包括身体在内的多种因素。换言之，神绝不是心或魂一个元素的作用，而是整体之效应，正像咳嗽并非独自由肺所决定一样。“五脏六腑皆令人咳，非独肺也。”[①]就神的直接所依来说，它离不开炁和精，是形、炁、精合一的产物。“夫人形体为一，神为二，炁为三。此三三一，乃成人。又神为一，炁为二，精为三，此三三一，乃复成神。又天为一，地为二，人为三，此三三一，乃复成道德。”[②]例如脑神，它不仅依赖于脑，而且事实上还依赖于众多因素。《云笈七签》云：“泥丸君者，脑神也，乃生于脑、肾、根、心、精之元也。”[③]这里的根即丹田。它是人之根，是精神之所藏、五气之元、赤子之府。男子以藏精，女子以藏丹水。[④]

多位置论是中国心灵哲学独有的心身关系理论。道学在这方面表现得尤为突出。它回答的主要是心的定位问题，即各种心理样式是定位于一处还是多处。其基本观点是，诸心理样式分别对应于、定位于身体的不同部位。尽管一般可以说心主要依赖于脑，但准确来说，并不局限于此。胡孚琛概括说：在道学中，“还包括近脑、网状结构，甚至还有心脏等。中国古医学认为心主神明，肝出谋虑，胆主决断，肾出伎巧等是有根据的。这就是说，思维和情感活动在躯体层次上是以人脑及内脏器官等相互制约的复杂生理系统为基础的”[⑤]。

应承认，道教中有时有的人、有的派别也有二元论的思想因素。例如，有的人强调，形和神都有先天与后天之别，它们各有自己的来源和存在方式。就形来说，先天之形，即真形，或自然之法身，可通过修炼而证得。后天之形，即外在的体形，由父母精血所成。神亦有先天后天之别。先天之神即元神，后天之神为识神。元神和识神在后天的形体形成的时候，同时入母胎中，合二为一，同居于心。修道的任务就是要除识神、养元神。“神者，禀父母之性为元神，受天地之

① 《黄帝内经·素问·咳论》。
② [北宋]张君房编：《云笈七签》，载胡道静、陈莲笙、陈耀庭选辑：《道藏要籍选刊（一）》，上海古籍出版社 1989 年版，第 61 页。
③ [北宋]张君房编：《云笈七签》，载胡道静、陈莲笙、陈耀庭选辑：《道藏要籍选刊（一）》，上海古籍出版社 1989 年版，第 136 页。
④ [北宋]张君房编：《云笈七签》，载胡道静、陈莲笙、陈耀庭选辑：《道藏要籍选刊（一）》，上海古籍出版社 1989 年版，第 138 页。
⑤ 胡孚琛：《道学通论（修订版）》，社会科学文献出版社 2009 年版，第 391 页。

性为识神。元神无识无知，能主造化。识神最显最灵，能应变无停……十月胎足瓜熟，识神与元神同投入胎，合而为一，同居于心。从此以心为主，而元神失位，识神当权。七情六欲，昼夜耗散。而元神耗散以尽，地水火风四大分驰，其身呜呼哀哉。”①哲学史上标准的二元论是这样的理论，它主张：形神不仅各有自己的本体论地位和本质，而且各有自己的特殊起源。从道教的上述论述可以看出，它也有这种二元论。还有人从纵向发生学上论证说，人受胎时，先有心识，然后依次有其他构成之发生。“其识潜萌，其神布行，安魂带魄，神足而生，形神相托，神形相成。”②意为受形于胎，先有情识之悄悄萌发。魂生于天，魄生于地，入胎成形，诸神居住。李道纯说：“身者，历劫以来清静身，无中之妙有也；心者，象帝之先灵妙本，有中之真无也。无中有象坎☵，有中无象离☲。”③

心身、形神之所以不同，是因为形神常有不一致的现象发生，例如，有时“形苑（枯竭）而神状”，有时“神伤乎喜怒思虑之患者，神尽而形有余”。④意为精神竭尽，但形仍有余力。再者，形与神不会一起消亡，例如，早亡的人，其魂会危害活着的人，而寿终正寝的人的灵魂是安宁的，因此形神不会“俱没”。心神之所以异于身形，还因为它可以超越时空，而身不能与时空分开。“一身之中，神之分离剖判（游移分离），六合之内，一举而千万里。”⑤所谓六合指天地及东南西北，意为天下。心神可在六合之内变化，一个想法可至千万里之外。道学也有现象学的心物关系论，这显然是受佛教影响而形成的理论。它认识到物是心的标志，有物出现即有心，见物便见心，心不离物，包含物。《修真十书悟真篇》云：“见物便见心，无物心不现。”⑥

道教受佛教影响也提出了自己的真心理论。由于承认有真心，因此它们面对的心身关系便变得复杂起来。道教认为，心身关系有两个层面：一是可见的，即现实的人现实表现出来的心身，这种心身可分别用天地、魂魄、乾坤、马牛、阴阳、铅汞、坎离、男女、乌兔等来比喻性地予以说明。二是不可见的清静身心，

① [明]王道渊：《太上老君清静经图注》。
② [北宋]张君房编：《云笈七签》，载胡道静、陈莲笙、陈耀庭选辑：《道藏要籍选刊（一）》，上海古籍出版社 1989 年版，第 103 页。
③ [元]李道纯：《中和集·全真活法》。
④ [西汉]刘安：《淮南子·俶真训》。
⑤ [西汉]刘安：《淮南子·俶真训》。
⑥ [南宋]石泰辑：《修真十书悟真篇》，载胡道静、陈莲笙、陈耀庭选辑：《道藏要籍选刊（三）》，上海古籍出版社 1989 年版，第 425 页。

李道纯说："身者，历劫以来清静身，无中之妙有也。心者，象帝之先，灵妙本有之真无也。"[①]这方面的内容，本书在讨论中国化佛教的心身关系理论时论述得较充分，这里从略。

道学对心身的应然关系，即它们应该保持什么样的关系，以及在修炼中应如何协调、处理心身之间的关系，做了大量有益于人强身健体、延年益寿乃至去凡成圣的探讨和论述，留下了宝贵的精神财富。

先看先秦道家的"俱空论"。根据这种理论，人应该让心身进入的关系是，让它们空无化或俱空、俱寂。先秦道家认为，下述心身关系对人是有害的，例如，神为形所役使，神跟着形走，形神俱变，不安宁，等等。这是应予避免的心身关系。最好的、值得进入的心身关系形式是形同槁木，心若死亡，不让心驰神往。庄子说："收摄私心，令其平等，专一志度，令无放逸，汝之精神自来舍止。"[②]简言之，对人有利的心身关系是俱空。这种关系是可以人为地建立起来的，如以理观照就能如愿。庄子说："有形者，身也；无形者，心也。汝言心与身悉存，我以理观照，尽见是空也。"[③]

要实现人生的长生久视的目标，人最好做到无我。而无我其实也是一种心身关系，即让心身俱无。庄子说："吾所以有大患者，为吾有身，及吾无身，吾有何患！"[④]身为大患，身者祸患之源，因此不应"贵身"，贵身即贵大患。

最常见的心身应然性理论可称作"固神论"，内丹派对其有重要建树。它认为，精、气、神是人身上最宝贵的东西，甚至是命根，是"神明谓之纲纪"[⑤]。之所以说神是命根，是因为"失神者死，得神者生"[⑥]。"神者，气血所化生之本也……主宰万事万物，虚灵不昧者是也。"[⑦]既然如此，就要予以善待，就要处理好形神、神气的关系。其基本原则是"固神""全神"。杜光庭说："夫神者，阴阳之妙也；形者，阴之体也；气者，阳之灵也……神气全则生，神气亡则

---

① [元]李道纯：《中和集·全真活法》。
②《庄子·知北游》。
③《庄子·天地》。
④ [唐]杜光庭：《道德真经广圣义》，载胡道静、陈莲笙、陈耀庭选辑：《道藏要籍选刊（二）》，上海古籍出版社1989年版，第69页。
⑤《黄帝内经·素问·阴阳应象大论》。
⑥《黄帝内经·灵枢·天年》。
⑦ [明]李南丰：《医学入门·脏腑总论》。

死。”[①]《云笈七签》云：“神由形住，形以神留。神苟外迁，形亦难保。”[②]既然如此，养生的关键就是对精、气、神要守、藏、固，不让其泄漏。“方寸（脐下三寸，方圆一寸，男子藏精之所）之中念深藏，不方不圆闭牖窗，三神还精老方壮，魂魄内守不争竟。”[③]

再一应然性心身关系理论是神主形从论。它认为，在处理形神关系时，要以神为绝对主人，让形绝对听命于神。因为“形者生之舍也，气者生之元也，神者生之制也，一失其位，即三者伤矣。故以神为主者，形从而利。以形为主者，神从而害”[④]。《黄帝内经》认为，养生中若能以神为主，将受用无穷。“主明则下安，以此养生则寿，殁世不殆，以为天下则大昌。主不明，则十二官之危，使道闭塞而不通，形乃大伤，以此养生则殃，以为天下者，其宗大危。”[⑤]神主形从有无穷妙用的机理在于：人即缩小的国家，国家即放大的个人。精、气、神在人身上的地位分别是“神为君，精为臣，气为民。”[⑥]《云笈七签》云：“形者生（命）之具，神者生之本。形不得神，不能自生。神不得形，不能自成。形神更相生、更相成（相辅相成）。形神合同，可以长久。”当然，在特定意义上也可以说形是主人。“形者神之舍也，神之主也。主人安静，神即居之，主人躁动，神即去之。神之无形，难以自固。形之无神，难以自驻。”[⑦]

神主形从论认为，神是心中最宝贵的东西，能起主宰作用，灵与明都源于它。“心者形之主也，神者心之宝也……是故圣人贵而尊之。”[⑧]神主也可说是心主，如可说心为身之本，这里的心是指兼有生理和心理功能的心脏。“心者，身之本也。”[⑨]尽管心不能执行眼耳、四肢等的功能，但能作为其主宰指导它们。《淮

---

① [唐]杜光庭：《道德真经广圣义》，载胡道静、陈莲笙、陈耀庭选辑：《道藏要籍选刊（二）》，上海古籍出版社1989年版，第243页。
② [北宋]张君房编：《云笈七签》，载胡道静、陈莲笙、陈耀庭选辑：《道藏要籍选刊（一）》，上海古籍出版社1989年版，第621页。
③ [北宋]张君房编：《云笈七签》，载胡道静、陈莲笙、陈耀庭选辑：《道藏要籍选刊（一）》，上海古籍出版社1989年版，第77页。
④ [北宋]张君房编：《云笈七签》，载胡道静、陈莲笙、陈耀庭选辑：《道藏要籍选刊（一）》，上海古籍出版社1989年版，第634页。
⑤《黄帝内经·素问·灵兰秘典论》。
⑥ [北宋]张君房编：《云笈七签》，载胡道静、陈莲笙、陈耀庭选辑：《道藏要籍选刊（一）》，上海古籍出版社1989年版，第391页。
⑦ [北宋]张君房编：《云笈七签》，载胡道静、陈莲笙、陈耀庭选辑：《道藏要籍选刊（一）》，上海古籍出版社1989年版，第627页。
⑧ [西汉]刘安：《淮南子·精神训》。
⑨ [西汉]刘安：《淮南子·泰族训》。

南子》云："心之于九窍四支也，不能一事焉，然而动静听视，皆以为主者，不忘于欲利之也。"①

应然性心身关系论的又一形式是神静论，它是与俱空论相近的理论。有道是"神静而心和，心和而形全。神躁则心荡，心荡则形伤。"②神静即让神专一、守一，让神进入它该进入的最佳状态，它的最佳状态即安定。"神得一以灵，即心主于神，心为帝王，主神气变化。"③神静的必要性在于：神静则能让精不摇、形体安。《云笈七签》云："心神动则精摇，精摇则使形不安。若三事（精气神）各令清净无为，则万事自安也。"④

贞顺论或和谐论强调的是神形都应贞洁、清静，并和顺，无冲突。因为和、顺为生命旺盛、永恒的最好条件。"生之为命也，资乎形神，气之所和也，本于脏腑，形神贞颐，则生全而享寿，脏腑清休，则气泰而无病。"⑤《黄帝内经》认为，有生命，方有血气、精神，反过来，"人之血气、精神者，所以奉生（养生）而周于性命者也"。在人的健全的生命中，人体各部门都肩负着自己的不可替代的责任。例如，经络的作用是，"行血气而营阴阳，濡筋骨，利关节者也"；卫气的作用是，"所以温分肉（温养肌肉），充皮肤，肥腠理，司开阖者也（管理皮肤开合）"；志意的作用是，"御精神，收魂魄（收聚魂魄），适寒温，和喜怒者也"。它们的最佳状态是"和"，例如，血和，则经脉流行；志意和，则精神专直（专一而正）、魂魄不散、悔怒不起。⑥人体各构成尽管有相互的依赖性，但也有独立性，如气与形，它们只有平衡，才能造就一个好身体，才能让人健康长寿。例如，"形充而皮肤缓（柔软）者则寿，形充而皮肤急（坚紧）者则夭，形充而脉坚大者顺也，形充而脉小以弱者气衰，衰则危矣"⑦。气胜形者死，形胜气者危矣。

---

① [西汉]刘安：《淮南子·主术训》。
② [北宋]张君房编：《云笈七签》，载胡道静、陈莲笙、陈耀庭选辑：《道藏要籍选刊（一）》，上海古籍出版社 1989 年版，第 626 页。
③ [北宋]张君房编：《云笈七签》，载胡道静、陈莲笙、陈耀庭选辑：《道藏要籍选刊（一）》，上海古籍出版社 1989 年版，第 394 页。
④ [北宋]张君房编：《云笈七签》，载胡道静、陈莲笙、陈耀庭选辑：《道藏要籍选刊（一）》，上海古籍出版社 1989 年版，第 382 页。
⑤ [北宋]张君房编：《云笈七签》，载胡道静、陈莲笙、陈耀庭选辑：《道藏要籍选刊（一）》，上海古籍出版社 1989 年版，第 403 页。
⑥《黄帝内经·灵枢·本藏》。
⑦《黄帝内经·灵枢·寿夭刚柔》。

《淮南子》根据老庄的思想，阐述了心反其初、归根复命的处理心身关系的原则，它强调：这样的心身关系既有利于国家，又有利于每个人。“神明定于天下（天下都表现为精神清明），而心反其初；心反其初，而民性善。”①要成圣，务必固守神之最佳之舍，这舍就是道、虚无。守这个虚无，就是心反其初。若不这样，让心神驰于外，则祸患无穷。“夫人之事其神而嬈（扰乱）其精，营慧然而有求于外，此皆失其神明而离其宅也。”②要让神守其舍，就要恬淡世情，完成价值观转换，因为太看重世间的价值必伤神。“夫人之拘于世俗，必形系而神泄，故不免于虚（病）。”③“嗜欲连于物，聪明诱于外，而性命失其得。”④因此无病、长寿、成圣的根本方法是“游心于虚”。“是故圣人之学也，欲以返性于初（使性情返回于最初的淳静、虚无状态），而游心于虚也。达人（通达知命的人）之学也，欲以通性于辽廓，而觉于寂漠也。”⑤要这样，就要让精神不动、安静、休息。“外从其风，内守其性；耳目不耀（不明），思虑不营（不迷惑）……是故事其（扰乱）神者神去之，休其神（让神休息）者神居之……寂寞以虚无，非有为于物也。”⑥让精神不泄、保持旺盛，则无为无不为。“精神盛而气不散则理（调理），理则均，均则通，通则神，神则以视无不见，以听无不闻也，以为无不成也。”⑦有这样的心身关系，人便“通太一”。圣人之所以为圣人，就是他们善于处理心身关系。“故至人之治也，心与神处（和睦相处），形与性调，静而体德，动而理通，随自然之性，而缘（顺着）不得已之化（不由人定的自然变化），洞然无为。”⑧

在建立应然的、能通太一的心身关系时，调适魂魄也是其途径之一，例如，让它们“反之（反回）玄房（身体），各处其宅（回到自己该去的住处）；守而勿失，上通太一（天、道）”⑨。

再一应然性心身关系论是心身合一论或不离论。它强调的是不仅诸心理样

---

① [西汉]刘安：《淮南子·本经训》。
② [西汉]刘安：《淮南子·俶真训》。
③ [西汉]刘安：《淮南子·俶真训》。
④ [西汉]刘安：《淮南子·俶真训》。
⑤ [西汉]刘安：《淮南子·俶真训》。
⑥ [西汉]刘安：《淮南子·俶真训》。
⑦ [西汉]刘安：《淮南子·精神训》。
⑧ [西汉]刘安：《淮南子·本经训》。
⑨ [西汉]刘安：《淮南子·主术训》。

式，如魂与魄，不能分离，而且人体的各部分都应如此。最早提出合一论的是老子。《老子》曰：“载营魄抱一，能无离乎？”[①]形与神合一论的一般原则是尽量让合的关系长久，因为“常合则吉”。《太平经》云：“人有一身，与精神常合并也。形者乃主死，精神者乃主生，常合即吉，去则凶。无精神则死，有精神则生。”[②]这就是说，形神的最好关系是，长久地合一而不分离，守形存神，以神守形。因为只有这样，才能延年益寿。东汉桓谭说：“精神居形体，犹火之燃烛。”[③]庄子认为，只有做到“神将守形”[④]，“形全神复，与天地合一”[⑤]，才能长生，而如此长生的人即为神人、真人。唐代司马承祯说：“神性虚融，体无变灭，形与道同，故无生死。”[⑥]吴筠认为，神与形合即为仙。怎样使之相合呢？关键是“虚静去躁”。因为只有这样，神才能生，形才能和。[⑦]太史公司马谈推崇黄老之学，他说：“夫神者，生之本；形者，生之具也。神大用则竭，形大劳则毙。形神早衰，欲与天地长久，非所闻也。故人所以生者，神也。神之所托者，形也。形神离别则死，死者不可复生，离者不可复反。”[⑧]《云笈七签》云：“所生之本始胎息，即是神与精气相合凝结，能变化为形者，即是为受之本。本气是人有之根，气因神而生，形因气而成。”[⑨]神、气、心应进入的关系是“神为气子，气为神母，神行神住即气行气住。心能主气，识凭气住。若要长生，神气相合，主心不动，念无来无去，不出不入，湛然常住。”[⑩]神不离形，形不离神，二者相互依存。“脑实则神全，神全则气全，气全则形全，形全则百关调于内，八邪消于外。元气实则髓凝为骨，肠化为筋，其由纯粹真精，元神元气不离身形，故能长生矣。”[⑪]

---

① 《老子·第十章》。
② ［东汉］于吉：《太平经》。
③ ［东汉］桓谭：《新论·形神》。
④ 《庄子·知北游》。
⑤ 《庄子·大宗师》。
⑥ ［唐］司马承祯：《坐忘论》。
⑦ ［唐］吴筠：《玄纲论·制恶兴善章》。
⑧ ［西汉］司马迁：《史记·太史公自序》。
⑨ ［北宋］张君房编：《云笈七签》，载胡道静、陈莲笙、陈耀庭选辑：《道藏要籍选刊（一）》，上海古籍出版社 1989 年版，第 414 页。
⑩ ［北宋］张君房编：《云笈七签》，载胡道静、陈莲笙、陈耀庭选辑：《道藏要籍选刊（一）》，上海古籍出版社 1989 年版，第 415 页。
⑪ ［北宋］张君房编：《云笈七签》，载胡道静、陈莲笙、陈耀庭选辑：《道藏要籍选刊（一）》，上海古籍出版社 1989 年版，第 387 页。

最重要的相合、不离关系应发生在精、气、神之中，因为一身之根有三：一为神，二为精，三为气。此三者本天地人之气也。神者受于天精，天精者受于地气，地气者受于中和相，为共成一道也。故神者，乘气而行；气者，神之举也，居其中也。三者相助为治，人欲寿者，当爱气、尊神、重精也。

道教形神论的宗旨是养生，如讨论它们的各种关系，然后寻找对人最有利的一种关系，那就是真形与元神的合一。唯其如此，才能长生久视，至少能却病延年。要如此，就要养形、养神，当然，关于谁是重点，道教内部是有分歧的。例如，前述的形神合一说主张，合一，则吉，否则即为凶。性命兼顾说强调：要长生久视，既要重视心，又要重视形，即应性命双修。“性是命之根，命是性之蒂。无命则性无依，无性则命无主，二者是二而一也。人能明得性命之源……而于真仙之道得矣。”[①]灵肉关系也即性命关系。“灵魂是性，肉体是命，性命合一，相辅为用，方是有生气的活人。若命根已断，肉体不能维持原状……灵魂势难独存于身中，自然要离歼矣。”[②]

《心性图》为道士张三丰所作，除图外，还有 269 个文字。里面包含的就是基于身国同构预设的心身关系论。张三丰认为，在人的构成中，主要的东西不只是心与身，而是还有性、道、六根、六尘等复杂构成。在心中，最高、最根本的是性或道。人要生活得好，就必须处理好它们的关系，如让性、本心或道做主，同时各部门相互配合、协调。“心即舍，而性即道，清静、斋戒为之城，六根即六部宰辅，六尘即六贼强梁，六识即六门出入，五欲即五道井坑，见、闻、知、觉即住国四相，同佐性土，一体的家邦。”其中最关键的是性、道。“本心即道，性在心中，本心即性”，“性即道”。[③]若其明，则人像治理得好的大国，性土太平，反之，身心落泊。[④]

有的教派认为，如果说多元人体结构有主要的方面的话，那么不能说是心与身，而应是形、气、神三者，或形、精、气、神四者。道教中常见的是将人体分为形、气、神三个子系统。胡孚琛概括说：“道学历来将人体看作是由形（躯体

---

① 陈撄宁：《陈撄宁仙学精要（下）》，胡海牙、武国忠编，宗教文化出版社 2008 年版，第 468 页。
② 陈撄宁：《陈撄宁仙学精要（上）》，胡海牙、武国忠编，宗教文化出版社 2008 年版，第 296 页。
③ [元]张三丰：《心性图》，转引自陈禾塬：《丹道修炼与养生学》，社会科学文献出版社 2007 年版，第 74 页。
④ 参阅陈禾塬：《丹道修炼与养生学》，社会科学文献出版社 2007 年版，第 74 页。

结构）、气（生命结构）、神（心理结构）三个层次组成的巨型系统……形（肉身）、气（能量流）、神（意识）相分离就意味着死亡。”[①]如果考虑到精，以及心与神的差别，那么对人体的主要方面的分析将更复杂，如可说有形、精、气、神四方面，或如王芗斋所主张的：“习拳入手之法……结晶之妙全在神、形、意、力之运用互为一致。”[②]

在人体的诸构成中，居基础地位的是气。因为气是道的具体化，也可说是道的另一种说法。因为这里的气是混沌之气、自然之气、真一之气。《老子》中所说的“道生一”，一即气，气还有其他形式，如行气之气、人身上的先天元气和后天的呼吸之气。这种气的作用类似于民在国家中的地位。葛洪对气在人体中的作用做了这样的说明：“身劳则神散，气竭则命终。根竭枝繁，则青青去木矣。气疲欲胜，则精灵离身矣。”[③]人是缩小的国家，处理好心身各部分的关系，如同处理好君臣及各部门的关系。葛洪说：“一人之身，一国之象也。胸腹之位，犹宫室也。四肢之列，犹郊境也。骨节之分，犹百官也。神犹君也，血犹臣也，气犹民也。故知治身，则能治国也。夫爱其民所以安其国，养其气所以全其身。民散则国亡，气竭即身死。”[④]

也可以说，道教所说的人体是一个由形、气、精、心、神组成的五元组。内丹学的人体观的核心是将人看作由形、精、气、神组成的大系统。精为形体之精华，气为生命能量，神为心理王国。就心来说，它又是复杂的系统。例如，《青华秘文》说：“盖心者君之位也，以无为临之，则其所以动者，元神之性耳；以有为临之，则其所以动者，欲念之性耳。”“元神者，乃先天以来一点灵光也。欲神者，气质之性也；元神者，先天之性也。形而后有气质之性。”总之，处理心身关系的关键是做到心为君、神为主。

第四节　心身的“非线性”关系

中外哲学在考虑心与身的关系时，有这样一种天经地义的看法，即认为心与

---

① 胡孚琛：《道学通论（修订版）》，社会科学文献出版社 2009 年版，第 261 页。
② 胡孚琛：《道学通论（修订版）》，社会科学文献出版社 2009 年版，第 263 页。
③ 王明：《抱朴子内篇校释》，中华书局 1985 年版，第 110 页。
④ 王明：《抱朴子内篇校释》，中华书局 1985 年版，第 326 页。

身都是以一个东西或一个点式的、单子性实在而发生相互关系的。如果说这是一种“线性”的关系的话，那么中国心灵哲学在揭示心身关系时，除了承认心身之间有线性关系之外，还强调它们的非线性关系，例如，认为它们每一方由于是多元组合体，是包含着不同结构、位置和功能作用的子系统，因此它们之间不存在规则的、一对一的关系，而只有一对多、多对一、多对多且经常变化的错综复杂的关系。用西方心灵哲学的术语说，心身之间的关系不存在一对一、类型对类型的关系，只有复杂个例对复杂个例的关系。例如，《黄帝内经》从养生角度讨论了心神等与身体的相关部门的多对多关系：“怵惕思虑者，则伤神，神伤则恐惧，流淫而不止。”这说的是负面的心理对身体有关部分的复杂的有害关系。类似的情形还有，“喜乐者，神惮散而不藏。愁忧者，气闭塞而不行。盛怒者，迷惑而不治。恐惧者，神荡惮而不收”[①]。反过来，诸身体部分对诸心理样式也有影响，这种影响关系也是多对多的关系。《黄帝内经》云：“脾忧愁而不解，则伤意”，“肝悲哀动中，则伤魂”，“肺喜乐无极，则伤魄”，“肾盛怒而不止，则伤志”。[②]概括来说，心与身的多对多的关系主要表现在意对脾、魂对肝、魄对肺、神对心脏、志对肾、心对方寸等的关系之上，以及个别的心理状态对特定的身体系统的关系之上。

心理现象的定位也足以说明心身之间的复杂的多对多关系。中国哲学所说的广义的心是一个松散的乃至异质的联盟。例如，除了有纯心理的心（神、明、志、意）之外，还有非心理的心，如心脏；同时还有中性的心，即既有心性又有物性的心，如浩然之气、胆量等；另外，还有没法归入心身范畴的心，如真心、包天地万物于一身的广大心等。既然心有如此的复杂性，因此其定位肯定不能像西方心灵哲学一直所认为的那样，将它们局限于大脑之中。中国心灵哲学占主导地位的观点是强调：不同的心理样式有不同的位置，有的则没有明确、固定的位置，有的则弥散于多个部位，如情绪既与大脑、心脏有关，同时又与其他脏器、身体部位有关。《黄庭经》云：“上有魂灵下关元。”[③]意为魂在上，即在五脏的上部，如在肝中；而魄在肺中；灵即胎灵，在脾中；关元就是脐，在下部。“左为

①《黄帝内经·灵枢·本神》。
②《黄帝内经·灵枢·本神》。
③《黄庭经·内景·上有》。

少阳右太阴，后有密户前生门。”[①]密户即肾，其功能是藏精，当密守，不使泄漏，生门即命门。“出日入月呼吸存。”[②]“灵台盘固永不衰，中池内神服赤珠。”[③]灵台即心，让其守静、守一，体则安，不衰竭。

就狭义的心与它所依附的物的关系来说，这种关系也很复杂。一般认为，心之所以存在，离不开它所根源的“方寸”，这方寸要么是心脏，要么是大脑。但两者又不能等同，因为心一经从方寸中产生，就有自己的新的存在。周汝登说：“人心寄于方寸”，但“方寸不足以尽心也”。[④]正像树之根是树的能生性的一个条件但不等于生性一样，“根不足以尽生意”。就此而言，在人身上，方寸不是本，唯心是本。“凡目可见、耳可闻、口可言、心可思者，皆末也。不离见闻言思，而不可见、不可闻、不可言、不可思者，本也。”[⑤]

《黄帝内经》首次论述了脑髓对于心理活动的意义。脑髓是人身上的由精构成的器官。“人始生，先成精，精成而脑髓生。”[⑥]脑位于头颅骨内，髓在脊椎骨内，与脑连成一体。“脑为髓之海。”[⑦]“诸髓者皆属于脑。”[⑧]脑是髓的汇聚，而髓是脑的延伸。它们生成之后，不仅对人的生命活动至关重要，而且成了心理活动的物质基础，如“头者，精明之府”[⑨]。所谓精明就是人的心理表现出的认知、智慧特性。“夫精明者，所以视万物，别白黑，审短长。”[⑩]不过，《黄帝内经》不承认头脑是感觉、思维的主体，只是认为，它是“精明之府”。精明的真正主体、实施者是心，心才是主体。《黄帝内经》所说的作为精神主体的心，依存的是心脏，也就是说，它仍认为，心脏既是负责血液循环的器官，也是心理活动的直接基础。“心者，五脏六腑之大主也，精神之所舍也，其脏坚固。”[⑪]

道教重视脑的作用还表现在，强调养神必养脑，因为神所需要的精除了在肾

---

①《黄庭经·内景·上有》。
②《黄庭经·内景·上有》。
③［北宋］张君房编：《云笈七签》，载胡道静、陈莲笙、陈耀庭选辑：《道藏要籍选刊（一）》，上海古籍出版社1989年版，第70页。
④［明清之际］黄宗羲：《明儒学案（下）》，沈芝盈点校，中华书局2008年版，第857页。
⑤［明清之际］黄宗羲：《明儒学案（下）》，沈芝盈点校，中华书局2008年版，第857页。
⑥《黄帝内经·灵枢·经脉》。
⑦《黄帝内经·灵枢·海论》。
⑧《黄帝内经·素问·五脏生成》。
⑨《黄帝内经·素问·脉要精微论》。
⑩《黄帝内经·素问·脉要精微论》。
⑪《黄帝内经·灵枢·邪客》。

中之外，也存在于脑中。《胎息精义论》云：“肾中精属水……脑为泥丸。泥丸是土，有两条脉下彻肾精。其精在肾，谓精流入泥丸则为脑……脑有二条脉夹脊，降到脐下三寸，是名炁海。脑实则炁海王。王则元炁盛，盛则清，清则神生。”①

更复杂的是，中国心灵哲学已经认识到任何一种心理样式都是具有整体论性质的现象，因此它们更不是简单的关系，而是一对多的关系，即由包括形体器官在内的诸多因素组成的整体所决定的。惊、恐等心理显然是这样，温、恭等更复杂的性格、气质更是这样。《云笈七签》云：“精神御气于肝，气清而为温恭慈仁。深念之远，其体恭而安，其视治而正，气浮而为喜，适感会之悦；气烦而为戏，欢笑剧之极；气激而为啼，号哀泣之至，由是有乐极则悲；悲极则乐，亦复为忧。恐怵惕愧慙（渐）之时，皆肝府之气激动之。”②

根据西方心灵哲学家的看法，心的产生和存在只与大脑有关系，而中国心灵哲学则强调：不完全是这样，因为脾等器官也是精神的决定因素。《云笈七签》云：“精神御气于脾，气清而为公正弘畅，吟咏闲远之思，其貌则和而舒，其视则平而亮；气浮而为轻，委于物不虑之误；气烦而为宽慢，骄纵豪诞忽忘之失；气激而为矜扰，怨恚嫌恨忿怼距塞之违。”③心脏对于情绪的作用表现在，精神御气于心，有清、浮、烦、激等状态，相应地，便有不同的情绪心理发生。御气于肺、肾，可如此类推。④

最为突出的是，中国人认为心脏也应包括在思之“所依”的范围之内。“所依”或心的依处（hadaya vatthu）是佛教说明心理定位所用的一个概念。佛教也有类似于中国心灵哲学的观点，如主张心脏为思维之官。vatthu 意为地基、处所，hadaya 指心。佛教认为，心法、心所法有对色法或物质的依赖性，因此所依处必定是某种物质的构成。不过佛教不认为心依于脑，而认为心依于心脏。当然，这只限于欲界和色界众生的心。而无色界的梵天人和无想有情天的心则是纯精神性的，不依于任何物质。《清净道论》认为，心理活动所依的是心膜所泵的血。一

① [唐]司马承祯：《胎息精微论》，载胡道静、陈莲笙、陈耀庭选辑：《道藏要籍选刊（九）》，上海古籍出版社 1989 年版，第 297 页。
② [北宋]张君房编：《云笈七签》，载胡道静、陈莲笙、陈耀庭选辑：《道藏要籍选刊（一）》，上海古籍出版社 1989 年版，第 612 页。
③ [北宋]张君房编：《云笈七签》，载胡道静、陈莲笙、陈耀庭选辑：《道藏要籍选刊（一）》，上海古籍出版社 1989 年版，第 612 页。
④ [北宋]张君房编：《云笈七签》，载胡道静、陈莲笙、陈耀庭选辑：《道藏要籍选刊（一）》，上海古籍出版社 1989 年版，第 612-613 页。

般的经论认为，心脏是心的所依处。其实，古代西方也有类似的思想，如说“心痛”指的是心脏所受的痛（heartache，伤心），“好心”即“心脏好”（kind heart），“铭记于心”也是记于心脏（learn it by heart）。佛教通过禅观发现：大脑只能成为身识的依处，其他心识尤其是高级的心理活动都依于心脏及其所泵的血。这种定位论也有其科学根据，例如，有的人做了心脏移植手术之后，性格完全变了，爱好也变了，甚至能感觉到捐献心脏者的存在，可以认出捐献者曾经认识的人；还有许多被宣布为脑死亡的人……会吃东西，会笑，会眨眼睛。据说还有一个无脑人，脑已经坏死了，但是他却比一般的人还要聪明。玛欣德尊者推测说：“等到医学发达以后有更新的答案，或许最终还是会支持阿毗达磨的观点。”[①]

朱熹认为，心之所以能思，能成为义理之心，是因为它“中虚”。“凡物有心，而其中必虚。如饮食中鸡心、猪心之属，切开可见，人心亦然，止这些虚处便包藏许多道理。”[②]这一思想早已有之，如《管子》云：“宫者，谓心也。心也者，智之舍也，故曰宫。”[③]意为心是生长、储藏智慧的地方。总之，根据中国心灵哲学，心脏既是心理器官，又是维持生命的关键性生理器官。道教中所说的“心”有时指的就是这种生理性的心脏，如说：“盖心属火，中藏正阳之精，名曰汞、木、龙。肾属水，中藏元阳真气，名曰铅、金、虎。先使水火二气，上下相交，升降相接，用意勾引，脱出真精真气，混合于中宫。用神火烹炼，使气周流于一身。气满神壮，结成大丹。”[④]这种心是物理性的，其内有正阳之气，有“心液”。

心学家黄宗羲尽管试图简化心理的构成，如把一切心理样式都归结为魂，但他看到的心身关系也非一对一的关系。他强调：心理大家族中只有魂与魄。精、气是魄，神、意、志皆魂之所为。两者的区别是昭昭灵灵者是魂，运动作为是魄，心对身的关系是魄依形而立，魂无形可见。[⑤]

心身之间尽管也可说有相互作用、相互转化的关系，但这种关系不是机械的、一对一的相互转化，而是错综复杂的转化。《黄帝内经》说：“水为阴，火为阳，

① 玛欣德：《阿毗达磨讲记（上）》，云南省佛教协会印行 2009 年版，第 111 页。
② [南宋]黎靖德编：《朱子语类（七）》，王星贤点校，中华书局 1986 年版，第 2514 页。
③《管子·心术上》。
④ [南宋]丘处机：《大丹直指》，载明《正统道藏·洞真部·方法类》称字号。
⑤ [明清之际]黄宗羲：《黄宗羲全集（一）》，吴光等编，浙江古籍出版社 2012 年版，第 195-196 页。

阳为气（能力、能量），阴为味（食物），味归形，形归气。气归精（真气转化为精），精归化（精血充盈又可生真气）。精食（仰赖）气，形食味。”[①]再如，精、气、形、神的相互转化，也极为复杂。《黄帝内经》云：“食气入胃，散精于肝（经过消化，一部分精微转化到肝中），淫气于筋（经过肝的作用，浸淫满溢的精气滋养于精）。脉气流经，经气归于肺，肺朝百脉（肺将血气送达全身百脉），输精于皮毛（将精气送于皮毛）。脉合精（两相结合），行气于腑（运行精气于诸腑）。腑精神明（腑的精气化生为神明），留于四脏。”[②]

第五节　心身的本原追问与整体论人体观

心灵哲学的一个重要问题是心身是发源于共同的本原，还是各有自己的本原？这是导致一元论和二元论分化的一个问题。西方的二元论中有这样一种彻底的形式，它认为，心身不仅是异质的、各有独立的本体论地位，而且有各自独立的本原，即心来自纯心的本原，身来自物质本原，因此彻底的二元论同时也是二本论，而对立于关于世界的物质统一论（唯物主义）和精神统一论（唯心主义）。我们之所以主张中国心灵哲学是超二元的，根据之一是其中尽管不乏二本论、三本论等（如道教中的神秘主义倾向等），但儒释道中占主导地位的倾向是坚持一本论，即认为世界只有一个本原，那就是气，世间所有一切都源于气、由气所构成。就此而言，中国哲学的“气”是完全符合西方传统的“本原”（archē）标准的。所谓本原有三个条件或标志：第一，能作为本原的，必须是始基，即一切由之发生的东西；第二，本原既指由之派生的东西，又指万物的归属，或消灭时要复归的东西；第三，它是一切的主宰或“头”。符合这三条的即为本原。因此西方人所说的本原还不只是来源、源头。中国哲学所说的气是当之无愧的本原。就人和世界来说，不管是把他们看作由多样性要素构成的实在，还是看作主要由心身或心物所构成的，他们都以气为本原。即使有的学派强调道、理的本原地位，这也没有冲突，因为一般认为，道、理、气是不二的关系，因为道和理都是气的

①《黄帝内经·素问·阴阳应象大论》。
②《黄帝内经·素问·经脉别论》。

道、理，即气的本质构成，用科技的术语说，道、理是气固有的程序、算法，有什么样的气，由其道、理所决定，它就必然以特定的形式表现出来，必然在碰到什么样的条件时做出什么样的变化。

道学尤其是其中的道教尽管夹杂着神秘主义的本原论，但占主导地位的是典型的气一元论，即以气为一切万物的本原。《云笈七签》云："人以元气为本，本化为精，精变为形。"[①]人体的构成不外乎百关九节，它们都是源于气、由气所构成的，如九节：掌、腕、臂、肘、肩项、腰、腿、胫踝、脑。它们都由气构成，然后"合为形质"。心理性的心、魂、魄、神等要么由气所构成，如魂由阳气构成、魄由阴气构成，要么依存于气，是气之精明。从万物的发生顺序来说，最先存在的是气，然后依次有形、质。气即太初，形成太始，质即太素。"太初者，气之始也。"[②]"太始者，形之始也。"[③]"自一而生形，虽有形而未有质，是曰太始。"[④]"太素质，太始变而成形，形而有质，而未成体，是曰太素。太素，质之始而未成体者也。"[⑤]

由于气的进一步具体化，即表现为阴阳二气和金、木、水、火、土五行，因此也可说万物的本原是阴阳五行。五行由阴阳二气而成，五行在天为五星，在地为五岳，"在人为五脏"，即心、肝、脾、肺、肾。五行还可表现为人的五色（青、赤、白、黑、黄）、五音（角、徵、商、羽、宫）、五味（酸、苦、辛、咸、甘）、五德（仁、义、礼、智、信）。[⑥]

既然一切都由气构成，那么为什么有的最贵、最灵，有的则相反？例如，人为何为万物中最灵、最贵？道教的回答是气有灵与不灵、精与不精之分。人之所以如此，是因为人所禀的气最贵、最灵，阴阳五行的搭配优胜于其他事物。《云笈七签》云："人生于天地之间，禀二气之和，冠万物之首，居最灵之位，总五行之英，参于三才，与天地并德……天地构精，阴阳布化。"[⑦]

① [北宋]张君房编：《云笈七签》，载胡道静、陈莲笙、陈耀庭选辑：《道藏要籍选刊（一）》，上海古籍出版社1989年版，第590页。
②《冲虚至德真经·天瑞》。
③《易纬·乾凿度》。
④ [唐]张善渊：《万法通论》，《道法会元》卷67。
⑤ [唐]张善渊：《万法通论》，《道法会元》卷67。
⑥ [北宋]张君房编：《云笈七签》，载胡道静、陈莲笙、陈耀庭选辑：《道藏要籍选刊（一）》，上海古籍出版社1989年版，第380页。
⑦ [北宋]张君房编：《云笈七签》，载胡道静、陈莲笙、陈耀庭选辑：《道藏要籍选刊（一）》，上海古籍出版社1989年版，第213页。

基于气和道这样的本原，中国心灵哲学建立了自己的以一元论为基础的整体的人体观。《云笈七签》云："人类受形于圣路，保和于气母，阴阳交配，随行所成。骨肉以精血为根，灵识以元气为本，故有浅深、愚智、祸福不同。"[①]道教对灵识或神识的本体论承诺并不违背气一元论，更不违背中国式自然主义。因为灵识的产生和作用也服从于气之理、气之性，或服从于理性。《道枢》云："观夫灵识者，本乎理性。性通则妙万物而无穷，故曰成性众妙。"[②]总之，灵识以元气为本，服从于特定意义的"理性"。[③]人之形的直接来源尽管是父母之精血，但其终极根源仍是元气，因此人的包括形神在内的一切都本于元气。《道枢》云："人之形禀父母精血而为元气所化者也。""骨肉者以精为根焉，灵识者以元气为本焉。性者命之本也。神者气之子也，气者神之母也。子母者不可须臾而离也。"[④]如果说有本原的一元的话，那么此一元应为气。

如果说人身上还有魂魄的话，那它们也是根源于气的。《云笈七签》云："心为血，肾为气，合即流行，名丹脉。脉者，魂魄。""魂魄以去，主人寂寂。故伯脉尽即气绝，气绝即死矣。"[⑤]

从性与命的关系也可以看出，人是以气为基础的多元统一体。因为性命表面上是独立的心与独立的身的关系，其实是表里的关系，换言之，性命即神气、心身的关系，而它们的关系即里与表的关系。有观点认为，性是神，命是气。李道纯说："性者，先天至神一灵之谓也；命者先天至精一气之谓也。"[⑥]但两者又不能完全等同，因为性与神、命与气有表里关系，即命是气的表现，性是神的表现。"命系乎气，性系乎神。"[⑦]但这里的气和神相对于更深的根据来说，仍是浅层次的，例如，这里的神源自元神，而元神不过就是元气。

---

① [北宋]张君房编：《云笈七签》，载胡道静、陈莲笙、陈耀庭选辑：《道藏要籍选刊（一）》，上海古籍出版社1989年版，第103页。
② [北宋]曾慥编：《道枢》，载胡道静、陈莲笙、陈耀庭选辑：《道藏要籍选刊（十）》，上海古籍出版社1989年版，第434页。
③ [北宋]曾慥编：《道枢》，载胡道静、陈莲笙、陈耀庭选辑：《道藏要籍选刊（十）》，上海古籍出版社1989年版，第398页。
④ [北宋]曾慥编：《道枢》，载胡道静、陈莲笙、陈耀庭选辑：《道藏要籍选刊（十）》，上海古籍出版社1989年版，第398页。
⑤ [北宋]张君房编：《云笈七签》，载胡道静、陈莲笙、陈耀庭选辑：《道藏要籍选刊（一）》，上海古籍出版社1989年版，第147页。
⑥ [元]李道纯：《中和集・性命论》。
⑦ [元]李道纯：《中和集・性命论》。

从性命与心身的关系来看，“性之造化系乎心，命之造化系乎身。见解智识出于心也，思虑念想心役性也。举动应酬出于身也，语默视听身累命也。命有身累则有生有死，性受心役则有往有来”①。从修炼上也可看出身心对性命的作用。修炼的落脚点是精、气、神，炼好了，则心身健康，心身健康则性命进入最佳状态。“炼精化气所以先保其身，炼气化神所以先保其心。身定则形固，形固则了命，心定则神全，神全则了性。身心合，性命全，形神妙，谓之丹成也。”②心性与身命是相互联系，是互利互惠的，如“全气可以养心”，但“欲全其气，先要心清静，清静则无念，故气全也”，因此“炼气主要在乎心”。③《淮南子》认为，人与动物的区别既由于后天之积习，又源于先天所禀之气。世界一开始，无形无相，后禀气而有万物。其差别在于：禀气的质、量、方式不同。“烦气为虫（非人、动物），精气为人。是故精神，天之有也，而骨骸者，地之有也。精神入其门，而骨骸反其根……夫精神者，所受于天也，而形体者，所禀于地也。”④可见，人之异于非人，根源于人所禀的精气神更精妙。动物之所以低于人，是因为其所禀的气是烦气、粗陋之气。

再来看儒家的观点。荀子关于人与水火、草木的同异的论述，既表达了儒家的气一元论，又论述了事物之特殊性的特殊成因。根据他的观点，水火、草木、禽兽、人之所以有同一性，是因为他们都源于气、由气所构成。不同在于，高级存在总有多于低级存在的因素，如草木有生命，而水火无生命。人之所以高于水火、草木、禽兽，是因为人既有气，又有生、有知，更有义理。荀子说：“水火有气而无生，草木有生而无知，禽兽有知而无义，人有气、有生、有知，亦且有义。”⑤义其实也是一种心，即道德之心。早在《尚书》中，古人就认识到了这种心，如强调：无论是臣民还是君主都应心怀大德，敬德保民。而义、知等高层次的东西尽管不是气，但它们是由气所构成的东西所表现出来的特性，因此从根本上说，一切都以气为基础。

对中国心灵哲学做了杰出贡献的理学与心学也基本上坚持了关于人和世界

① [元]李道纯：《中和集·性命论》。
② [元]李道纯：《中和集·全真活法》。
③ [元]李道纯：《中和集·全真活法》。
④ [西汉]刘安：《淮南子·精神训》。
⑤《荀子·王制》。

的气一元论。朱熹说："阴阳是气，五行是质。有这质，所以做得物事出来。五行虽是质，他又有五行之气做这物事，方得。然却是阴阳二气截做这五个。不是阴阳外别有五行。"[①]意为尽管五行是质，但从本原上说，其仍来自阴阳二气，因为五行不过是气的重新组合（截成）的结果。即使是世上最高级、最尊贵的心灵也源于气。王阳明说："气之灵，皆性也，人得气以生，而灵随之。"[②]张栻说："人者，天地之精，五行之秀，其所以为人者，大体固无以异也。"[③]人禀二气之正，非人禀的是繁气、烦气。

构成人与物的气是相同的，但结构方式、理不同，因此便有他们的差别。黄宗羲说："晦翁言'人物之气犹相近，而理绝不同'。不知物之知觉，绝非人之知觉，其不同先在乎气也。"[④]"其质既异，则性亦异。牛犬之知觉，自异乎人之知觉；浸假而草木，则有生意而无知觉矣；浸假而瓦石，则有形质而无生意矣。"[⑤]唐枢认为，就人的形、神、魂魄的本原来说，它们都来自气，例如，魂是运用心神的能力或力量，魄是决定视听言动的力量。"耳目口鼻四肢为形，视听言动持行为气，聪明睿知恭重为神；所以运聪明睿知恭重为魂，所以定视听言动持行为魄。魂属阳，魄属阴，孤阴易敝，有阳魂以载阴魄，然后能胜于用。常人只是魄来载魂，非魂之载魄。"[⑥]

最难根据气做一体化说明的，莫过于高级的心理现象，如中国化佛教和其他部分儒道大家都承认的"意生身"。所谓"意生身"是由意识而成就的、只具有意识的身体。例如，修行到一定程度的圣者就不再有五蕴和合之身，而只有纯意识。另外还有一重意思，即菩萨为救度众生可以只依意志的力量，而无须精血，就可随意受生，示现生命之体。王夫之根据阴阳二气对之做了说明，认为之所以有此现象发生，是因为有离开阴的纯阳，而纯阳仍不过是一种气。他说："阳无时而不在，阴有时而消"，此即"浮寄其孤阳之明，销归其已成之实，殄人物之所生，而别有其生。玄谓之'刀圭入口'，释谓之'意生身'"。[⑦]

---

① [南宋]黎靖德编：《朱子语类（一）》，王星贤点校，中华书局1986年版，第9页。
② [明]王守仁：《王阳明全集（中）》，吴光、钱明、董平等编校，上海古籍出版社2012年版，第781页。
③ [南宋]张栻：《南轩孟子说》。
④ [明清之际]黄宗羲：《宋元学案（一）》，陈金生、梁运华点校，中华书局1986年版，第614页。
⑤ [明清之际]黄宗羲：《孟子师说》卷6。
⑥ [明清之际]黄宗羲：《明儒学案（下）》，沈芝盈点校，中华书局2008年版，第966页。
⑦ [明清之际]王夫之：《周易外传》，中华书局1977年版，第15页。

戴震认为，人的构成不外乎这样一些方面：一是形色。它们是构成人与物的材料。它们在构成人与物时又是按规律进行的。而它们本身又是由阴阳五行构成的。他说："由天道以有人物，五行阴阳，生杀异用，情变殊致。"①由于阴阳五行相生相克，因此人与物的形色的情况、变化极为复杂。二是血气心知。三是才质。才既指人与物的构成材料，又指其内在的才能。人的才之所以各不相同，是由性所决定的。戴震说："性至不同，各呈乎才。人之才，得天地之全能，通天地之全德。"②从本原上说，血气是人的基础，因为有血气，才有心知，有心知，才有神明。"有血气，斯有心知。"③

仁、智、勇是人身上的高阶现象，表面上是血气之外的存在，其实也离不开血气心知。戴震说："由血气心知而语于智仁勇，非血气心知之外别有智、有仁、有勇以予之也。"④用多层次自然主义术语翻译，这里的基础层次是血气，二阶现象是心知，三阶现象是仁、智、勇。

概而言之，中国心灵哲学在人的结构图景问题上，占主导地位的思想是否定、超越心身二分图式，坚持一元论基础上的多元主义。所谓多元主义就是主张：人体中的一切尽管都源于气、以气为本原，但由于其内存在着位置不同、结构有别、功能各异的组成部分，因此人体内有界限分明的子系统。这些子系统的关系，有些表现为平层的并列关系，如五脏与泥丸、灵台、心、神、志、意等；有些则表现为纵向的层次关系，如神明相对于突现它的生理构造和心理构造而言就是两个不同的层次，荀子所说的气、形、质、生、知、义就表现为不同阶次的存在。从语言表述的角度说，诚实命名和运用的语言都有实在的所指。有两类语言：一是由上或由前人传下来的，如刑律、爵位、礼仪名称；二是散名，即"成俗曲期"，意为约定俗成、曲折期合的名称。表示生理现象的语词，如手、头、足等，以及表示心理的语词，如性、情、心、虑、伪、事、行、知、智、能等，它们都有真实的所指。既然如此，人就不可能是简单的心身合一体，而一定是多元复合体，即由耳、鼻、口、舌、身、知、能、情、欲、虑、心、智所构成的集合性存在。它们大都"生而然"，"精合感应"，并列存在。以性与精、欲为例，它们就不

① 安正辉选注：《戴震哲学著作选注》，中华书局1979年版，第25页。
② 安正辉选注：《戴震哲学著作选注》，中华书局1979年版，第25页。
③ 安正辉选注：《戴震哲学著作选注》，中华书局1979年版，第5页。
④ 安正辉选注：《戴震哲学著作选注》，中华书局1979年版，第195页。

能归并，因为情是性之质，例如，喜、怒、哀、乐、好、恶六情就是性之质，而欲是情之应（与情相应的需要）。但是它们又是一体的，因为其中有些是直接源于气的，而有些是气在与别的因素结成关系之网时表现出的不同层级的高阶现象。

第十一章
天赋心理与意向性

本章的任务是考释中国心灵哲学在标准心灵哲学的一系列问题，如天赋心理、意向性或心理内容之上所做的探讨和争论。

第一节　天赋问题与心理结构论

天赋问题在现代以前主要是被当作一个认识论问题看待的，关心的是经验认识之前心中有无先天知识的问题。现代以降，由于对它的探讨既涉及对后天经验之前的认知构造的追问，又关乎心灵的深层资源和结构问题，特别是着力于对“原初心灵”的探讨，因此天赋问题同时被纳入心灵哲学视野，被当作心灵哲学的问题加以探讨。基于这一事实，笔者认为，西方现当代的天赋研究经历了从认识论到心灵哲学和认知科学的转向。中国哲学对天赋问题的探讨同时贯穿着认识论维度和心灵哲学维度，因此相对于西方而言，有一定的超越性。我们这里侧重于探讨后者。

中国的天赋问题探讨的心灵哲学意义首先表现在它提出了这样的问题，即人知觉到的心只是充塞着物欲、思虑的心，或为这些东西所蒙蔽的心，其内或其下还有无更深一层的心？人的心的最初状态是什么？里面有无与生俱来或先天授予的东西？如果有，它们是什么？中国的天赋论占主导地位的预设是其后至少有一个充满义理的心，至少有本心，其中包含有能帮人完满人格的宝藏、资源，它们是天生的或自然禀赋的。陆九渊说："道理无奇特，乃人心所固有，天下所共由。"[①]也可以说，义理为心所固有。"心苟不蔽于物欲，则义理其固有也"，而"义理未尝不广大"。[②]王夫之通过自己的研究提出：现象的心之后还有资源或宝藏，可称作"吾心之藏"[③]，因此心灵哲学的一个任务就是要弄清、发明这个所藏。这个预设近似于莱布尼茨的看法，与当代西方人所说的"原初心灵"如出一辙，它断言的是，生来就有的心不是白板，而是一定有点什么，如至少有其纹路、资源。中国哲学常说其内有理路或纹理。这与莱布尼茨所比喻的"心像有花纹的大理石"何其相似。不同的是，一个关心的是真理的先天资源；一个除了关心这一点之外，更关心道德、圣学方面的资源。陆九渊说："此心之灵，自有其仁，自有其智，自有其勇。"[④]黄东发说："象山之学"，"谓此心自灵，此理自明，不必他求"。[⑤]这是人本有的，人由于有私欲而让其隐藏起来了，但通过一定功夫，是可以"复其本心"的，心学的任务就是"复"。

这种意义的天赋论在中国早已有之，孔孟早就认识到，心一生下来就不是白板，里面就有善的种子，甚至有一切事物的种子，例如，孟子云："万物皆备于我矣"，"求在我者也"，"求则得之，舍则失之"。[⑥]人的后天的一切都与包含在心中的种子有关，例如，人是否快乐就是如此，因为大乐、至乐的种子就在心中，只要向内开发就行了。正所谓，"反身而诚，乐莫大焉"[⑦]，意为只要反躬自问，让诚显现，即为莫大快乐。

中国的天赋论还有更有意义的形而上学惊诧：人刚生下来的、没有受到后天染污或影响的心，即"童心"[⑧]，究竟是什么？其内是不是什么都没有？如果什么都没有，那么就应认可经验论。如果相反，就应得出相反的结论。中国的天赋论提出的另一有意义的问题是，人们能接触的心是"已发"的心，即在接触外物

① [南宋]陆九渊：《陆九渊集》，钟哲点校，中华书局1980年版，第184页。
② [南宋]陆九渊：《陆九渊集》，钟哲点校，中华书局1980年版，第185页。
③ [明清之际]王夫之：《四书训义》卷6。
④ [南宋]陆九渊：《陆九渊集》，钟哲点校，中华书局1980年版，第196页。
⑤ [南宋]黄震：《黄氏日抄》卷41。
⑥ 安正辉选注：《戴震哲学著作选注》，中华书局1979年版，第246页。
⑦ 安正辉选注：《戴震哲学著作选注》，中华书局1979年版，第246页。
⑧ [明]李贽：《童心说》，《焚书》卷3。

时表现出喜、怒、哀、乐等情状的心，除此心之外，还有没有未现实表现其内容和作用的心，即有无“未发”之心？如果有，它是什么样子？其内有什么？人们对此一般持肯定回答。例如，朱熹说：“未发只是思虑事物之未接时，于此便可见性之体段，故可谓之中，而不可谓之性也；发而中节，是思虑事物已交之际，皆得其理，故可谓之和，而不可谓之心。心则通贯乎已发、未发之间，乃大易生生流行，一动一静之全体也。”[①]也就是说，如果承认心有已发和未发两种状态，那么心的面貌、全体或整体构成与结构就不是经验论所说的那个简单的样子。

中国心灵哲学的高明之处还在于，已经认识到这未发中的心理世界的东西的构成及实质。例如，认为它不是现实的知识、道德、真理、能力等，而只是一种成为这些现实东西的可能性根据，用比喻来说，仅是类似于种子一样的东西。它尽管是潜能、禀赋，但确实是人心之内的真实的存在。它不在外、不由外力所使然，而由心所固有，如道德上的仁在人心内就有这样的种子。它只要碰到相应条件，就会有感而应，成为现实的仁。王夫之说：“心如太虚，有感而皆应；能不在外，故为仁由己，反己而必诚。”[②]当然，作为种子的天赋心理又有这样的本质特点，即没有其他条件，它仅是可能性。正是因为看到了这样的本质，所以王夫之说：“知见之所自生，非固有。”[③]意为已发的知见不是未发的心性，后者是心本身固有的，而前者的产生需要众多条件，不是由先天的一个因素决定的，因此不是固有的。已发的知觉、知见的产生，至少要有这样一些条件，如王夫之说：“形也、神也、物也，三相遇而知觉乃发。”[④]

可见，在天赋问题上，中国哲学占主导地位的观点是类似于莱布尼茨的大理石花纹所说的，而这种天赋论是一种介于先验论和后天环境决定论之间的多因素决定论。其不同在于，中国的天赋论关心的天赋的东西的范围远大于莱布尼茨的看法，因为前者认为天赋的东西不局限于认识方面的先天资源。而且中国哲学一般都坚持气一元论，而气是决定人的后天才智、能力、性格、气质、知识的先天资源。这在儒家学说中表现得更为突出。例如，儒家早就把自己的学说概括为“先天学”。它的基本结论是，真正的学问、知识、能力是先天的。这不是人有意而

① [南宋]朱熹：《答林择之》，《文集》卷 43。
② [明清之际]王夫之：《尚书引义》，中华书局 1976 年版，第 144 页。
③ [明清之际]王夫之：《张子正蒙注・太和》。
④ [明清之际]王夫之：《张子正蒙注・太和》。

为之，也非神所授，而是由“天”（自然必然性）所决定的。通常所说的“先天”指的就是，原先就来自天、决定于天。儒家常说：“此先天学，未有许多言语。”[①]先天学即先天的学问、先天的知与能。邵雍强调：先天之学，就是先天所具有的学识、学问、能力等，“先天之学，心也；后天之学，迹也”[②]。在没有相应条件时，其存在于人之内，隐而不显，好似没有，但一遇到外因刺激，如“略为开其端倪”，其先天的藏品便会像泉水一样涌出，甚至“援引古今不已”。[③]

如果存在着先天之学的话，那么据此可以说，人类的心理王国又多出了一片广大的领域，即一般心灵哲学关注的后天心理之外的先天心理。如果它有本体论地位，客观存在，那么它就应成为心灵哲学的一个研究对象。需要探讨的问题是相信其存在的本体论根据是什么？它里面是什么样子？包括哪些构成？其内在的结构是什么？它们对人有何作用？怎样起源？与基本的自然事物、属性是何关系？此即天赋心理的自然化问题。最后，承诺了天赋心理之后的、由先天和后天心理构成的全部心理的结构是什么？本质是什么？等等。当然，如果没有关于天赋心理的本体论承诺，就自然没有上述问题，例如，经验论就用不着回答这些问题。本节的主要任务是考察中国心灵哲学的“先天学”及其论证。先看其结论和论证。

中国儒家先天学的基本结论是心不是白板，或心不只有后天、经验心理这一块，还有作为此心理之根基、本体的先天心理。它们可看作心之大体、本体，其内容有良知、良能、敛精存理、存敬，以及作为喜、怒、哀、乐等已发心理的种子的东西。王夫之说：“不学而能，必有良能。不虑而知，必有良知。喜怒哀乐之未发，必有大本。敛精存理，翕（聚合）气存敬。”[④]这里不仅表达了先天学的结论，还包含有对其所做的推论性论证。其论证的逻辑是人有不学而能、不虑而知的事实，因此其后必有作为其根据和机制的良能、良知，它们是先天的。王夫之还列举了事实根据，如“有仁，故亲亲。有义，故敬长。秩叙森然，经纶不昧，引之而达，推行而恒，返诸心而夔夔（恐惧）齐栗（庄敬），质诸鬼神而无

① [南宋]邵雍：《皇极经世·观物外编》。
② [南宋]邵雍：《皇极经世·观物外编》。
③ [南宋]邵雍：《皇极经世·观物外编》。
④ [明清之际]王夫之：《思问录内篇》，载船山全集编辑委员会编校：《船山全书（第12册）》，岳麓书社2011年版，第407页。

贰尔心，孟子之所谓良知、良能则如此也”[①]。这些先天的东西由于是后天东西的本，因此可看作是大体、大本。它们之所以是先天的，是因为人在由大自然缔造时获得了大自然之帅、之灵气，“天地之塞成吾之体……天地之帅（性）成吾之性”[②]。

承认有先天心理的最重要的根据是，人生下来就有“性”。此性源于天，由天的必然性所决定，其内尽管没有现成的知识和能力，但却有它们的可能性根据或种子，有像程序一样的能决定后天事实的可能与不可能范围的东西。例如，人之所以有后天的恻隐之心、羞恶之心、辞让之心、是非之心等，是因为人性中有它们的可能性根据，即仁、义、礼、智“四端”。这已在本书第九章“心性论”部分做了考释。

另一根据来自对一种特殊、具体心理的个案研究，即对童心的研究。如果刚生下来的婴儿的心，真的什么都没有，那么先天学就不能成立，如果相反，结论就相反。因此儒家很多代表人物对童心做了极富特色的研究。如前所述，赞成先天学的人认为，童心之内不是什么都没有，而是具有一切先天的能力和知识，特别是其内有寂然不动的“真心”，这是后天经验论所忽视的客观存在的心理。李贽说：“夫童心者，真心也。若以童心为不可，是以真心为不可也。夫童心者，绝假纯真，最初一念之本心也。”[③]童心是先天就有的，“纵不读书，童心固自在”[④]。此童心说尽管与王阳明视良知为本心的思想有渊源关系，但又有很大不同。后者认为，童心天赋有良知或至善或义理这样的先天准则或道德本原，而李贽认为，童心绝假纯真，如果有道理、义理，哪怕是先天的，也不名为童心。“童心者，心之初也。夫心之初曷（怎么）可失也！然童心胡然而遽失也？盖方其始也，有闻见从耳目而入，而以为主于内而其童心失；其长也，有道理从闻见入，而以为主于内而其童心失……夫道理闻见，皆自多读书识义理而来也。”[⑤]意为，心中的一切内容，如道理、知识都从后天来，童心只是纯一童心，什么条理、义

① [明清之际]王夫之：《思问录内篇》，载船山全集编辑委员会编校：《船山全书（第12册）》，岳麓书社2011年版，第407页。
② [明清之际]王夫之：《思问录内篇》，载船山全集编辑委员会编校：《船山全书（第12册）》，岳麓书社2011年版，第407页。
③ [明]李贽：《童心说》，《焚书》卷3。
④ [明]李贽：《童心说》，《焚书》卷3。
⑤ [明]李贽：《童心说》，《焚书》卷3。

理都没有，若有即失童心。

童心内除真心之外还有什么？尽管没有义理、道理、见闻之知，但人在有经验的心之前，必定是有一个心的，这心也不是什么都没有，而是一定有点什么，这先天就有的东西是不会消失的，是故说："心之初曷（怎么）可失也！"[①]正是因为有心之初，人才能学到道理、知识，就此而言，心是有其纹（文）理的。用现在的话说，有其潜在的可能性根据或资源。这"文"不自外来，而是自有。李贽说："童心者之自文。"[②]这"初""纹"就是天赋的东西，但它是什么呢？不同的人对此的回答是不一样的。李贽认为，它不是道德原则，而是人所以有情感表现、自性发挥的先天根据。这先天的东西在每个人身上都有，但由于每个人都有个性差异，因此它们又有差异。李贽说："莫不有情，莫不有性。而可以一律求之哉！"[③]人之所以有自私自利的行为表现，也是因为童心中有相应的先天之纹理，"夫天生一人，自有一人之用"[④]。"富贵利达，所以厚吾天生之五官，其势然也。"[⑤]"我以自私自利之心，为自私自利之学，直取自己快当。"[⑥]

由这种童心说必然引申出个体主义和自由主义的结论。事实上也是这样，李贽思想中包含有追求个性自由发挥、反对人为压制的自由精神，而这又是以天赋论为其理论基础的。他认为，人有天生的情、性、心、志，做人的原则应是顺其自然，不能矫正、压制、昧、抑。他说："不必矫情，不必逆性，不必昧心，不必抑志。"[⑦]

与童心概念相关的概念是赤子之心。在特定意义上，它们没有区别，因为赤子之心是知与道的本然之体，如《宋元学案》云："赤子之心如谷种，满腔生意尽在其中，何尝亏欠。"谷种即后来的稻米得以生出的前提条件或源头。"赤子之心是个源头。""赤子之心，视听言动与心为一，无有外来掺和。虽一无所知，一无所能，却是知能本然之体。逮其后，世故日深，将习俗之知能换了本然之知，便失赤子之心。大人无所不知，无所不能，不过将本然之知能扩充至乎其极，其

① [明]李贽：《童心说》，《焚书》卷3。
② [明]李贽：《失言三首》，《焚书》卷2。
③ [明]李贽：《读律肤说》，《焚书》卷3。
④ [明]李贽：《焚书》卷1。
⑤ [明]李贽：《焚书》卷1。
⑥ [明]李贽：《寄达留都》，《李温陵集》卷4。
⑦ [明]李贽：《焚书》卷3。

体仍然不动，故为不失。”①

圣人与凡夫尽管人格差异如天壤之别，但在心理源头、底层心理上没有差别，因为他们都有赤子之心。所谓赤子之心是心的根源、源头，它本身没有知与能，但却像种子一样，是知能的根源，本身虚静、不动。凡圣的差别在于赤子之心的实现与否，例如，凡夫基于此得到了“习俗之知、能”，但失去了这个本然之知能。而圣人不仅没有失去，而且让其充分发扬光大了，以至“无所不知，无所不能”。这不过是“将本然之知能扩充至其极”罢了，“其体仍然不动”。②

由此可以说，存在着两种知能或两种心理，这是中国心灵哲学对心灵的一个独到的认识：一是习俗知能，即出生后所形成的心理。所谓习俗知能，就是由后天经验、习俗在先天赤子之心的基础上所塑造的心理，一般人形成这种心理后，便把它的根源忘掉了，或“将习俗之知能换了本然之知能”③。西方心灵哲学只看到并只关注、研究这种心理。二是作为其源头的本然之知能，或赤子之心。它是一切心理的源头，本身没有具体的知和能，只是后天知、能的根据、条件，“如谷种，满腔生意尽在其中”④，其体虚静、寂然不动。

在先天之心包含哪些资源、其具体样式有哪些这类问题上，中国的先天学的看法既包含有近代唯理论的思想（承认心包含有真理的种子）、康德的思想（承认心包含有真、善、美的先天形式），又有超越，这主要表现在，它强调人后天所拥有的一切，包括吉凶祸福、寿夭、凡圣、真善美等，这些都在人心中有其先天的种子，就像遗传学所说的，人的生理上的一切都离不开基因密码的决定作用。根据中国的先天学，心中的先天的种子就像基因一样决定了人的后天的一切，当然不是唯一地决定，而只是像种子在植物生长中的作用一样。另外，中国的先天学最为关心的是人生中道德的、成圣的先天资源。

先看先天心理中的道德资源。中国先天学认为，后天道德的能与知都是由天赋的作为道德本原的性所决定的。人之所以不学而能者，其良能也；所不虑而知者，其良知也。⑤这里的良是最优的、最高的，良知、良能即最高的知与能。它

① ［明清之际］黄宗羲：《宋元学案（二）》，陈金生、梁运华点校，中华书局 1986 年版，第 1109 页。
② ［明清之际］黄宗羲：《宋元学案（二）》，陈金生、梁运华点校，中华书局 1986 年版，第 1109 页。
③ ［明清之际］黄宗羲：《宋元学案（二）》，陈金生、梁运华点校，中华书局 1986 年版，第 1109 页。
④ ［明清之际］黄宗羲：《宋元学案（二）》，陈金生、梁运华点校，中华书局 1986 年版，第 1109 页。
⑤《孟子·尽心上》。

们都是心性本具的，如孩提之童无不知爱其亲。[①]孟子说："恻隐之心，仁也；羞恶之心，义也；恭敬之心，礼也；是非之心，智也。仁义礼智，非由外铄我也，我固有之。"[②]当然，这四心只是"端"，即仁之端、义之端、礼之端、智之端。"人之有是四端，犹其有四体。""凡有四端于我者，知皆扩而充之矣，若火之始然，泉之始达。"[③]

荀子人生哲学关心的一个核心问题是"圣可积而致"[④]吗？换言之，"涂之人可以为禹"[⑤]吗？禹是典型的圣人，而"涂之人"是路途中的人，即普通人。荀子的回答是肯定的，即人人都可以为尧舜，凡夫、小人也不例外。问题是，小人如何可能转化为圣人？荀子在性恶论的基础上回答了这个问题。这里的性也是先天的东西，即人生来具有的、无须后天作为的、由人所独有的资源、本性。他说："凡性者天之就也，不可学，不可事。"又说："不可学，不可事，而在人者，谓之性。"[⑥]它与后天由人的行为、努力而成的东西泾渭分明："可学而能，可事而成之在人者，谓之伪，是性伪之分也。"[⑦]这里的"伪"是与性根本有别的、后天所成的作为、性质。这表明荀子是赞成天赋论的，与孟子等不同的地方在于，他对先天的内容有别具一格的看法，即认为人性先天就有的东西是邪恶的，而不是善良的。他说："今之人性，生而有好利焉，顺是，故争夺生而辞让亡焉；生而有疾恶焉，顺是，故残贼生而忠信亡焉；生而有耳目之欲，有好声色焉，顺是，故淫乱生而礼义文理亡焉。然则从人之性，顺人之情，必出于争夺，合于犯分乱理而归于暴。"[⑧]"凡人有所一同：饥而欲食，寒而欲暖，劳而欲息，好利而恶害，是人之所生而有也，是无待而然者也，是禹、桀之所同也。"[⑨]这就是说，人性主要包括好利疾恶、贪求声色口腹之乐等本性和倾向。

如果是这样，人怎么可能成圣呢？荀子认为，要回答这个问题，还是要到人的先天资源中去寻找根据，因为成圣成凡的全部奥秘都隐藏于心灵之中。

---

① 安正辉选注：《戴震哲学著作选注》，中华书局1979年版，第138页。
②《孟子·告子上》。
③《孟子·公孙丑上》。
④《荀子·修身》。
⑤《荀子·性恶》。
⑥《荀子·性恶》。
⑦《荀子·性恶》。
⑧《荀子·性恶》。
⑨《荀子·荣辱》。

再看北宋后新儒家的探索。他们的共同看法是，心内天生就有微密的东西。“微密之旨不须外求，自知自信而已。”[①]人心“湛然虚明，万理具足，无一毫私欲之间”[②]，即人心是纯善的，其间不掺杂一毫私欲。二程强调：刚出生的心只是非善非恶的“性”，此性是理在人身上的体现，里面潜在地包含各种种子，此种子非神授、非人为，而是自然赋予的；人的现实的心理可称作“情”，情有未发和已发的区别，未发即处于潜在状态，尽管没表现，但不是无，一切种子无不具足，“情之未发，乃其本心。本心元无过与不及”，因此处在中和状态，已发即情遇条件现实地表现出来。[③]许衡认为，仁是最重要的先天资源。他说：“仁者，人心之所固有。”[④]“仁者，心之德。”[⑤]谢良佐是与二程几乎同时代的理学家，也是二程的学生。他也认为，人心生来就有仁性。他说：“心者何也？仁是已。”“仁者，天之理，非杜撰也。”[⑥]

理学和心学的天赋论的特点在于：深挖人性中的先天资源。朱熹说：“性是人之所受，情是性之用。”“性即理也，在心唤作性，在事唤作理。”[⑦]“性是天生成许多道理。性是许多理散在处为性。”“性是实理，仁义礼智皆具。”就模态而言，性只是可能的状态，是未发，人一形成，许多道理、可能的作用及根源都包含于其中。“才成个人影子，许多道理便都在那人上。”[⑧]它尽管不是现实的，但决定了人将成为的人的一切可能和不可能的范围。

先天学承认的最重要的先天之心是良知。王阳明认为，只要有心，就有良知，因此良知可看作是心之本体。他说：“夫心之本体，即天理也。天理之昭明灵觉，所谓良知也。”[⑨]“良知”是先验的认识主体、道德本体。“良知不由见闻而有，而见闻莫非良知之用，故良知不滞于见闻，而亦不杂于见闻。”[⑩]“良知只是个是非之心，是非只是个好恶。”[⑪]在描述天赋资源的存在方式时，王阳明的看法

---

① [明]周汝登：《周汝登集（中）》，张梦新、张卫中点校，浙江古籍出版社 2015 年版，第 424 页。
② [南宋]黎靖德编：《朱子语类（一）》，王星贤点校，中华书局 1986 年版，第 94 页。
③ [北宋]程颐、程颢：《二程集》，王孝鱼点校，中华书局 2004 年版，第 1152 页。
④ [元]许衡：《语录上》，《鲁斋遗书》卷 1。
⑤ [元]许衡：《语录下》，《鲁斋遗书》卷 2。
⑥ [明清之际]黄宗羲：《宋元学案（二）》，陈金生、梁运华点校，中华书局 1986 年版，第 917-918 页。
⑦ [南宋]黎靖德编：《朱子语类（一）》，王星贤点校，中华书局 1986 年版，第 82 页。
⑧ [南宋]黎靖德编：《朱子语类（一）》，王星贤点校，中华书局 1986 年版，第 83 页。
⑨ [明]王守仁：《王阳明全集（上）》，吴光、钱明、董平等编校，上海古籍出版社 2012 年版，第 161 页。
⑩ [明]王守仁：《王阳明全集（上）》，吴光、钱明、董平等编校，上海古籍出版社 2012 年版，第 97 页。
⑪ [明]王守仁：《王阳明全集（上）》，吴光、钱明、董平等编校，上海古籍出版社 2012 年版，第 223 页。

十分接近于莱布尼茨。例如，他不承认天赋的东西以现成的知识形式存在，即不认为它们表现为现实性，而只以潜在的形式存在，或像决定事物发展变化的程序、纹理一样，可恰如其分地称作“纹理”。他说：“理也者，心之条理也。”[1]

当然，先天学对良知的具体内容及作用的看法是不完全一致的。一般的看法是，先天的东西就是道德本体或道德的先天根源；而有的人认为，它同时有两方面的资源及作用。欧阳德认为，良知即心之本体，有体必有用，此用有二：首先，它是一切道德的总根源；其次，它是认知之根。他说：“良知不由闻见而有，而见闻莫非良知之用，犹聪明不由视听而有，而视听莫非聪明之用。”[2]良知可派生知识、意念，但不能等同。“若认意念上知识为良知，正未见其所谓不学不虑，不系于人者。”[3]王畿认为，良知是性命之根，“本无污染，本无增益得丧。寂感一体，非因动而后见也”[4]。尽管良知不同于闻见之知，即没有后天之心的那些认知作用，但有特殊的知的作用，如自知、自明，尤其是知是非、善恶。闻见之知的特点是，“可以知知，可以识识”[5]。它们依赖于耳目心意，离不开学习。而良知不依赖于这些东西，它若有知，也是自知，是不学而知。就其知善恶是非言，“良知本无不知”；就其没有闻见之知来说，“良知本无知”。[6]

有的人不仅赋予良知上述作用，而且认为，它同时是人心所具有的灵明性、神明性或他物所不可能有的能动性、创造性的根源。因为良知是人的天赋的、亘古不变的功能、灵明。明代心学家邹守益说：人心之灵，万古如一。例如，眼能分辨颜色，耳能听声音，心能知是非。“心之灵明，是是非非，若黑白甘苦，灼然不爽。”总之，“良知之教乃从天命之性，指其精明灵觉而言”[7]。

还有人赋予良知更多的资源和更大的作用，例如，说它备万物，是一切价值的总根源。之所以如此，是因为它体虚。[8]王夫之认为，道德的原则、法则、知识都以潜在的形式存在于人心之中。他说：“德性之知，循理而及其原，廓然于

---

① [明]周汝登：《周汝登集（下）》，张梦新、张卫中点校，浙江古籍出版社 2015 年版，第 793 页。
② [明]周汝登：《周汝登集（下）》，张梦新、张卫中点校，浙江古籍出版社 2015 年版，第 849 页。
③ [明]周汝登：《周汝登集（下）》，张梦新、张卫中点校，浙江古籍出版社 2015 年版，第 850 页。
④ [明]王畿：《答季彭山龙镜书》，《龙溪王先生全集》卷 9。
⑤ [明]王畿：《欧阳南野文选序》，《龙溪王先生全集》卷 13。
⑥ [明]王畿：《欧阳南野文选序》，《龙溪王先生全集》卷 13。
⑦ [明]周汝登：《周汝登集（下）》，张梦新、张卫中点校，浙江古籍出版社 2015 年版，第 840 页。
⑧ [明]周汝登：《周汝登集（下）》，张梦新、张卫中点校，浙江古籍出版社 2015 年版，第 840 页。

天地万物大始之理，乃吾所得于天而即所得以自喻者也。”[①]人的道德律令也是天赋予人的。他说：心“为性之所藏”，这藏的就是人的良知之类的道德本性。[②]从他对仁义之心与知觉运动之心的区分，也可看出他的天赋论的特点。他认为，天赋的仁义之心不仅是道德的根基、成圣的先天条件，而且是知觉运动之心乃至能思之心所以存在和有作用的根源。之所以有此作用，当然是因为仁义之心有认知的资源和作用。所谓知觉运动之心即人心或肉团之心，指人在外物作用下所发生的心理活动。仁义之心即道心。知觉运动之心是仁义之心的基础、根本，是天生固有的，不依赖于后天经验。“然仁义自是性，天事也。思则是心官，人事也。天与（给予）人以仁义之心，只在心里面。唯其有仁义之心，是以心有其思之能；不然，则但能解知觉运动而已……此仁义为本而生乎思也。”[③]

道是中国哲学中最神圣的范畴，是有识之士最景仰的价值。在先天学看来，道不在心外，而由心先天具有，质言之，心具足道。吴澄说：“一心也，自尧舜禹汤文武周公传之，以至于孔子，其道同。道之为道具于心，岂有外心而求道者。”[④]说心具足道也可理解为心天生就包含着理，而理至大无外。“塞宇宙一理耳，学者之所以学，欲明此理耳。此理之大，岂有限量？”[⑤]众所周知，王阳明生平中发生过如同佛教所说的“开悟”一样的“龙场悟道”。据说，他 37 岁被贬贵州龙场，突然有一天，“忽中夜大悟格物致知之旨，寤寐中若有人语之者，不觉呼跃，从者皆惊。始知圣人之道，吾性自足，向之求理于事物者误也”[⑥]。意为，圣人之道是人之本性先天就有的资源。王阳明所悟的就是这个道。他悟道的因缘是他在谪迁龙场时参悟的问题，即如果圣人处于此境该如何对待。他终得所谓的“龙场悟道”，所悟的道实即这样的天赋论：圣人之道具足于每个人的心，因此不假外求。此道亦即良知、至善或人心“自有之则”。他说：“天命之性，纯然至善，其灵昭不昧者，此其至善之发见，是乃明德之本体，而即所谓良知者也……是而是焉，非而非焉，固吾心天然自有之则。”[⑦]杨国荣评述说：“在王

---

① [明清之际]王夫之：《张子正蒙注・大心》。
② [明清之际]王夫之：《读四书大全说》卷 10。
③ [明清之际]王夫之：《读四书大全说》卷 1。
④ [明]周汝登：《周汝登集（下）》，张梦新、张卫中点校，浙江古籍出版社 2015 年版，第 756 页。
⑤ [南宋]陆九渊：《陆九渊集》，钟哲点校，中华书局 1986 年版，第 161 页。
⑥ [明]王守仁：《王阳明全集（下）》，吴光、钱明、董平等编校，上海古籍出版社 2012 年版，第 1006 页。
⑦ [明]王守仁：《王阳明全集（中）》，吴光、钱明、董平等编校，上海古籍出版社 2012 年版，第 800 页。

阳明那里，天赋之理同时又是指‘心之条理’（先验的条理知识），而心则包括表现为自思的自心。与此相应，王氏所谓心即理，又内在地包含着先验的知识条理（天赋的普遍之理）与自思合一的意思。”①

在先天学看来，不仅人的后天的能力、闻见之知、道德情操及行为都有先天的种子作为其根源，而且人的富贵、贫贱、贤愚都有天生的一面。这里的问题在于，既然每个人都有相同的先天种子，那么为何人有富贵、贫贱、贤愚等不同？朱熹对此的解释是，因人生时禀气不一样，即所用材料、所形成的结构不一样，因此便有上述差别。他说："人之禀气，富贵、贫贱、长短，皆有定数寓其中。"②

人文价值有许多表现形式，如艺术、道德、宗教、认知等。根据先天学，它们都源于心。例如美，自然事物本无美丑，只有像庄子所说的那样，让心进入虚静灵明之心，对象才会有美感。宗教的根源也是心。总之，如徐复观所说的："中国文化立足于心的力量太强大了。"③

陆九渊将先天之心中所藏的藏品的范围放得最宽，如认为本心装着全宇宙："四方上下曰宇，往古来今曰宙。千万世之前，有圣人出焉，同此心同此理也。千万世之后，有圣人出焉，同此心同此理也……理之在，安得不同？"④他还认为，人心本明、本善、本神、本灵。他说："道心大同，人自区别。人心自善，人心自灵，人心自明，人心即神，人心即道，安睹乖殊？圣贤非有余，愚鄙非不足。何以证其然？"⑤例如，人人有恻隐之心、羞恶之心等。

当然，先天学中也有人对先天之心的范围做了限定，即强调不是一切都是先天的。例如，最一般的限定是，不承认先天之心包含有现成的知识、现成的道德原则、现成的圣人、现成的科学知识、现成的能力等，而只承认这些知、能如果是天赋的话，也只能以潜在性或种子的形式存在。它们之所以不同于现实的东西，是因为它们若无相应的条件，就将永远是可能性。而可能性在没有转化为现实性之前则与"无"没有区别。程颐明确主张，不是一切都是天赋的，例如，闻见之知就不是天赋的。他说："闻见之知，非德性之知，物交物则知之，非内也，今

① 杨国荣：《王学通论》，华东师范大学出版社 2003 年版，第 39 页。
② [南宋]黎靖德编：《朱子语类（一）》，王星贤点校，中华书局 1986 年版，第 81 页。
③ 徐复观：《中国思想史论集》，九州出版社 2014 年版，第 298 页。
④ [南宋]陆九渊：《陆九渊集》，钟哲点校，中华书局 1986 年版，第 273 页。
⑤ [南宋]陆九渊：《陆九渊集》，钟哲点校，中华书局 1986 年版，第 514 页。

之所谓博物多能者是也。德性之知，不假闻见。”[①]这就是说，天赋的只是德行之知。程颐还看到，这种知识尽管是天赋的，但若没有后天工夫（格物）的激发，此种知识不会现实出现。“知者吾之固有，然不致则不能得之。而致知必有道，故曰致知在格物。”[②]

孔子其实也做过为先天之心划定界限的工作，他强调：只有部分知、能是天赋的。就人来说，有些人是生而知之，这种人即为上等人；而有些人则需通过学才知；有些人是困而学之；等等。由于他们的所知是通过不同方式得到的，因此他们相对于上等人来说就是下等人，当然，其内有程度的差别。孔子说：“生而知之者，上也；学而知之者，次也；困而学之，又其次也；困而不学，民斯为下矣。”[③]

董仲舒的“性三品说”也可理解为关于先天之心的界限说。他认为，人性有三种：一是圣人之性，其特点是“忠信而博爱，敦厚而好礼”[④]，不待教而善。二是斗筲之性，即下等凡愚之性，其特点是贪而不仁，情欲难满足，虽教也难以为善，只能为恶。这两类性是不能改变的，因此可以说“唯上智与下愚不移”[⑤]。三是中民之性，其特点是不定型、可改造，包含了善质，但需经过教化才能显现。“善，教训之所然也，非质朴之所能至也。”[⑥]

先天学也研究过先天心理资源转化为现实心理的条件和过程。如前所述，先天学一直强调：先天之心只是种子，没有相应的条件如格物之类的工夫是不可能变成现实的。这条件多种多样，孟子认为，良知良能变成现实需触发、诱发。例如，舜“闻一善言，见一善行”，其良知良能就像决口的江河，“沛然莫之能御也”。[⑦]先天之心转化为现实的最重要的条件是工夫。徐复观说：孟子等“是通过一种修养工夫，使心从其生理活动中摆脱出来，以心的本来面目活动，这时心才能发生道德、艺术、纯客观认知的活动”[⑧]。理学认为良知是心之本体，而致良知只有靠工夫。王阳明认识到，良知以种子的形式存在于心中，要使其从潜在

① [北宋]程颐、程颢：《二程集》，王孝鱼点校，中华书局2004年版，第317页。
② [北宋]程颐、程颢：《二程集》，王孝鱼点校，中华书局2004年版，第316页。
③《论语·季氏》。
④ [西汉]董仲舒：《春秋繁露·深察名号》。
⑤《论语·公冶长》。
⑥ [西汉]董仲舒：《春秋繁露·实性》。
⑦《孟子·尽心上》。
⑧ 徐复观：《中国思想史论集》，九州出版社2014年版，第299页。

转化为现实，必须借助“学”之类的“耕种”式的操作。“心，其根也，学也者，其培壅之者也；灌溉之者也，扶植而删锄之者也，无非有事于根焉耳矣。”①这一思想极近于莱布尼茨的大理石花纹说，杨国荣先生也承认这一点。他说：王阳明的看法在某些方面类似莱布尼茨的天赋观念论。②

中国先天学在对心的天赋资源的探讨的基础上，重构了关于心理的地貌学、地理学和结构论。首先，它认为，先天之心是人心后面的宝藏，是“吾心之藏”，因此人心的构造不只是一般心灵哲学所承认的那些外显的心。王夫之说：“吾心所藏，即天下之诚。”③所藏即性，即天然的理，或理的凝聚。就此而言，心的构造就像有表层和海底的大海，先天之心即为底。形象地说，这作为宝藏的先天之心就是地底下的有无穷妙用的天然气，经过开发、提炼和加工，就会转化成许多有现实作用的东西。另外，人的整体的心是一个有静有动的大系统。王夫之说：“心之方静，无非天理之凝也；心之方动，无非天理之发也。”④如果只注意表层的心之动，将遗漏心的广大的世界或心的根本的部分。⑤朱熹把一般心灵哲学地理学所遗漏的这片土地称作心的“安宅”。他说：“一家自有一个安宅，正是自家安身立命、主宰知觉处，所以立大本、行达道之枢要。”⑥此安宅、枢要，就是心之性。人之所以能立大本、行大道，是因为心中有此宝。王阳明的门人钱德洪（1496—1574）说：“至善者，心之本体，动而后有不善也。吾不能必其无不善，吾无动焉而已。彼所谓意者动也，非是之谓动也。”⑦此未发即良知。钱德洪说：“天地间只此灵窍，在造化统体而言，谓之鬼神，在人身而言，谓之良知。惟是灵窍至微不可见，至著不可掩，使此心精凝纯固……则真机活泼，上下昭格。”⑧“圣人于纷纭交错之中，而指其不动之真体，良知是也。”⑨“此心从无始中来，原是止的……原来本体常寂。只为吾人自有知识，便功利嗜好，技能闻见……失却至善本体，始不得止。”⑩心学有时说本体是至善，有时说是良

① [明]王守仁：《王阳明全集（上）》，吴光、钱明、董平等编校，上海古籍出版社2012年版，第202页。
② 杨国荣：《王学通论》，华东师范大学出版社2003年版，第66页。
③ [明清之际]王夫之：《四书训义》卷6。
④ [明清之际]王夫之：《四书训义》卷6。
⑤ [明清之际]王夫之：《四书训义》卷3。
⑥ [南宋]朱熹：《与张敬夫书》。
⑦ [明清之际]黄宗羲：《明儒学案（上）》，沈芝盈点校，中华书局2008年版，第225页。
⑧ [明清之际]黄宗羲：《明儒学案（上）》，沈芝盈点校，中华书局2008年版，第226页。
⑨ [明清之际]黄宗羲：《明儒学案（上）》，沈芝盈点校，中华书局2008年版，第227页。
⑩ [明清之际]黄宗羲：《明儒学案（上）》，沈芝盈点校，中华书局2008年版，第227页。

知，两者是何关系？他的回答是“心之本体，纯粹无杂，至善也。良知者，至善之著察也。良知即至善也。心无体，以知为体。”[①]良知、天理也是一个意思。“以心之灵虚昭察而言谓之知，以心之文理条析而言谓之理。”[②]

先天学基于天赋论的心理结构论还可用许多方式加以描述，例如，有的人认为，人的全部心理是由妄心和真心或由人心与道心构成的复杂统一体，等等。其中，最有个性的描述是用“已发”与“未发”加以描述。

“已发”与“未发”两个概念是由《中庸》提出的。《中庸》说：“喜怒哀乐未发谓之中，发而皆中节谓之和。”宋代以后，受佛教心性论的影响，已发与未发这一课题再度受到关注和新的诠释。陈来说：佛教的“这样一种还原思想（将现实情感思想还原为内心本来状态）显然刺激了儒者对《中庸》‘未发’观念的诠释活力”[③]。陈来还认为，这一研究不仅具有实践的意义，而且有“心性哲学的范畴意义”。[④]周敦颐对已发与未发的区分标准是相对于认识而言，已发可见，未发不可见。但对于未发，可推知。“因其可见，以推其不可见。”[⑤]二程在诠释中提出了两个问题：一是关于两个概念的定义；二是如何在实践中体认未发。二程对两个概念的规定不一致。一种说法是“未发是指心的静的状态，是思虑未起、情感未作的内心状态”，已发则是指心的静转化为动，如有情感思想发生了。另一种说法是凡言心皆指已发，包括动与静。“作为‘中’的未发只能是内在于心的‘性’了。”[⑥]所以已发与未发是心与性的关系，或者说未发是已发中的体。吕大临认为，未发与已发是一心的两种状态。“心一也，有指体而言者，‘寂然不动’是也，有指用而言者，‘感而遂通天下之故’是也。惟观其所见何如尔！”[⑦]未发之心即作为体的心，也可称作赤子之心。该心即“良心”，“天之所以降衷，人之所以受天地之中也。寂然不动，虚明纯一，与天地相似，与神明为一”。[⑧]欧阳德认为，未发指的是“思虑不生，安闲恬静，虚

① [明清之际]黄宗羲：《明儒学案（上）》，沈芝盈点校，中华书局2008年版，第232页。
② [明清之际]黄宗羲：《明儒学案（上）》，沈芝盈点校，中华书局2008年版，第232页。
③ 陈来：《有无之境：王阳明哲学的精神》，生活·读书·新知三联书店2009年版，第74页。
④ 陈来：《有无之境：王阳明哲学的精神》，生活·读书·新知三联书店2009年版，第76页。
⑤ [明]周汝登：《周汝登集（中）》，张梦新、张卫中点校，浙江古籍出版社2015年版，第613页。
⑥ 陈来：《有无之境：王阳明哲学的精神》，生活·读书·新知三联书店2009年版，第75页。
⑦ [明清之际]黄宗羲：《宋元学案（二）》，陈金生、梁运华点校，中华书局1986年版，第1108页。
⑧ [明清之际]黄宗羲：《宋元学案（二）》，陈金生、梁运华点校，中华书局1986年版，第1108页。

融淡泊”①，此亦是良知之体。其体是“寂然不动”，“泯然无觉之中”，没有表现于日用流行。由于没有受到外在因素的扰动，因此“暂与休息，不与事接”。只要有欲求、有意动，甚至有觉，就进到了“已发”。“几微之际，一有觉焉，则又便为已发，而非寂然之谓。”②两者的关系是不可分离的关系，例如，尽管已发，但“其寂然之本体则未尝不寂然也”，“已发之中，未尝别有未发者在。已发在未发之中，而未发之中未尝别有已发者存”。③

二程的学生胡宏不赞成把未发等同于寂然不动，他说：“未发只可言性，已发乃可言心。”④因为圣人已发时，也可做到寂然不动。“圣人尽性，故感物而静，无有远近幽深，遂知来物；众生不能尽性，故感物而动。”⑤在他看来，心性实为一，其差别只在所指的着重点不同罢了，心即心的已发状态，性即心的未发。未发即心的“体”或“体段”，其特点是无思、无为、寂然不动，但又能感而遂通天下。⑥未发之本心的特点是具精义妙道，里面包含有一切善的种子，“此心本于天性，不可磨灭，妙道精义，具在于是。圣人寂然不动，感而遂通，百姓则日用而不知”⑦。

已发与未发研究另一有争论的问题是如何理解“中”。一种观点认为，喜、怒、哀、乐之未发为中；而子思认为，除了这种中之外，还有这样的中，例如，在它们发后，既不泊于它们，又不灭它们，也可看作中。“发而中节，顺理而和。”⑧程颐认为，未发的体就是中。程颐反对人们把它们当作两物，如“在未发前讨个中”，于是强调它们实是一物。还有人从修行的角度，对它们做了区分，强调可通过静观去观察未发之前的状态，这种状态尽管可称作中，但一旦认得了此中，就会认识到此中即未发。因此中与未发在本质上是一致的。古人把两者区别开来，是“古人不得已诱人之言”⑨。

朱熹在这个问题上的论述最为全面。他认为，心的未发状态的特点是寂然不

① ［明］周汝登：《周汝登集（下）》，张梦新、张卫中点校，浙江古籍出版社2015年版，第850页。
② ［明］周汝登：《周汝登集（中）》，张梦新、张卫中点校，浙江古籍出版社2015年版，第556页。
③ ［明］周汝登：《周汝登集（中）》，张梦新、张卫中点校，浙江古籍出版社2015年版，第556页。
④ ［南宋］胡宏：《胡宏集》，吴仁华点校，中华书局1987年版，第125页。
⑤ ［南宋］胡宏：《胡宏集》，吴仁华点校，中华书局1987年版，第125页。
⑥ ［明清之际］黄宗羲：《宋元学案（二）》，陈金生、梁运华点校，中华书局1986年版，第1378页。
⑦ ［明清之际］黄宗羲：《宋元学案（二）》，陈金生、梁运华点校，中华书局1986年版，第1379页。
⑧ ［明］周汝登：《周汝登集（中）》，张梦新、张卫中点校，浙江古籍出版社2015年版，第558页。
⑨ ［明］周汝登：《周汝登集（中）》，张梦新、张卫中点校，浙江古籍出版社2015年版，第557页。

动、理义具全，同时又不是全不知。即使喜、怒、哀、乐未发，但心始终在那里，发挥着它的主宰作用。[①]“动静皆主宰，非是静时无所用，乃至动时方有主宰也。”[②]朱熹还说：“凡感之而通，触之而觉，盖有浑然全体，应物而不穷者，是乃天命流行，生生不息之机，虽一日之间万起万灭，而其寂然之本体则未尝不寂然也。所谓未发，如是而已矣。”[③]这种未发，不是指心的暂时休息、不与事接触的状态，如不是睡着时的状态、不是两个心念中间的停歇状态，而是寂然不动的本体。心之已发指的是心的日用流行，如知觉、运动，“事物交至，思虑萌焉，则七情迭用”[④]。

当然，朱熹的思想是有变化的，例如，他早年接受了心为已发、性为未发的观点，后来改变了，认为未发是思虑未萌时的静的状态，已发即指思虑的萌发和各种现实的作用。他 40 岁之后的成熟看法可概括为如下要点：首先，未发和已发是心理活动的不同阶段。他不认为寂然不动为未发，而认为思虑未萌的状态为未发，已萌时的心理状态为已发。两个阶段都可用功，如未发阶段可主敬涵养（涵养须用敬），已发阶段可格物致知。其次，未发为性，已发为知。情是性的已发，性是知的未发。最后，人不存在两个心，因为心具有体用不二的本质特点。说心寂然不动、感而遂通，不是说有两个心，而是说心是一个统一体，但有体用两方面，这两方面不能分离。朱熹说：“然性之静也而不能不动，情之动也而必有节焉，是则心之所以寂然感通，周流贯彻，而体用未始相离者也。”[⑤]

理学认为，“中”“和”两词能较好地说明心的体用不二的本质特点。因此关于心的中、和的说明是理学关于心的构造、本质的一种独到观点。朱熹认为，心的本质特点是既中又和。所谓“中”指的是心的静止、虚寂但又具足全部道义的状态，是心的本然状态。他说：“心者，固所以主于身而无动静语默之间者也。然方其静也，事物未至，思虑未萌，而一性浑然，道义全具，其所谓‘中’，乃心之所以为体，而寂然不动者也。”[⑥]所谓“和”，指的是“心之所以为用，感

① [明]周汝登：《周汝登集（下）》，张梦新、张卫中点校，浙江古籍出版社 2015 年版，第 861 页。
② [明清之际]黄宗羲：《宋元学案（二）》，陈金生、梁运华点校，中华书局 1986 年版，第 1524 页。
③ [明清之际]黄宗羲：《宋元学案（二）》，陈金生、梁运华点校，中华书局 1986 年版，第 1505 页。
④ [明清之际]黄宗羲：《宋元学案（二）》，陈金生、梁运华点校，中华书局 1986 年版，第 1506 页。
⑤ [明清之际]黄宗羲：《宋元学案（二）》，陈金生、梁运华点校，中华书局 1986 年版，第 1506-1507 页。
⑥ [明清之际]黄宗羲：《宋元学案（二）》，陈金生、梁运华点校，中华书局 1986 年版，第 1506 页。

而遂通者也”。[1]心体尽管寂然不动，但又能妙应万物，此即心之用，如心之动时对事物的知觉、认知等。[2]为了防止对未发的误解，朱熹特别强调，未发状态不是心的绝对休息，“不是漠然全不省”，里面仍有心的作用，是一种具足全部道义的“中的状态”。有人问：心在未发时，形体的动作是否与心有关？朱熹认为，也有关，因为“心无间于已发未发，彻头彻尾都是”[3]。即使喜、怒、哀、乐未发，但只要身体有运动变化，就意味着心在那里。“然视听行动，亦是心向那里。若形体之行动心都不知，便是心不在。行动都没理会了，说甚未发。未发不是漠然全不省，亦常醒在这里，不恁地困。”[4]

王阳明认为，由于“中”是心的未发状态的特点，因此无法在未发时求“中”，只能通过思虑的不息流行之用来体认作为性之本体的“中”。当然，他也有对未发的不同寻常的理解。例如，反对以未发为性，而认为未发之中是思虑未萌的状态。他认为中有三种：一是性善的中，它是人人都有的，因为它是本于人的，属人之固有，类似于佛教所说的本有、本觉；二是思虑未发时能全其本体的中，即境界，类似于始觉、始有；三是无所偏倚，即没有对名利等的偏斜、染着的性质。“美色名利皆未相着”，“如明镜然，全体莹彻，略无纤尘染着”。[5]

心学对“中”的研究既有理论的需要，又有实践上的动机。例如，它要解决这样的问题，即修行的最好下手处在哪里。回答是，最好在“未发之中”上用功。所谓“未发之中”即本心的未受遮蔽的不掺杂一丝私念的纯然状态，它廓然大公、鉴空衡平。在此处用功，就是要保持它，以便让天理在心中发用流行，进而有“发而中节之和”。用功的方法是“但戒慎不睹，恐惧不闻，养得此心纯是天理。”[6]王阳明说：“良知即是未发之中……良知之体，皎如明镜，略无纤翳。妍媸之来，随物见形，而明镜曾无留染，所谓‘情顺万物而无情’也，‘无所住而生其心’。”[7]这些语词很容易让人想到佛教的“大圆镜智”，更何况王阳明明确运用了佛教的名言，如“应无所住而生其心”[8]。

---

① [明清之际]黄宗羲：《宋元学案（二）》，陈金生、梁运华点校，中华书局1986年版，第1506页。
② [明清之际]黄宗羲：《宋元学案（二）》，陈金生、梁运华点校，中华书局1986年版，第1506页。
③ [明清之际]黄宗羲：《宋元学案（二）》，陈金生、梁运华点校，中华书局1986年版，第1523页。
④ [明清之际]黄宗羲：《宋元学案（二）》，陈金生、梁运华点校，中华书局1986年版，第1523页。
⑤ [明]王守仁：《王阳明全集（上）》，吴光、钱明、董平等编校，上海古籍出版社2012年版，第21页。
⑥ [明]王守仁：《王阳明全集（上）》，吴光、钱明、董平等编校，上海古籍出版社2012年版，第33页。
⑦ [明]王守仁：《王阳明全集（上）》，吴光、钱明、董平等编校，上海古籍出版社2012年版，第55页。
⑧ [唐]宗密：《金刚般若经疏论纂要》，《大正藏》第33册，第161页。

湛若水认为，未发与已发可理解为心的这样两个阶段，即未接触外界、未产生经验认识的“无物”阶段，以及接触了外物的“有物”阶段。这是中国哲学观察心灵时的特有角度。在无物之先的阶段，心虚而灵，虚者，心之所以能生；灵者，心之所以能神。有物之后，此时窒然而塞，愦然而昏。“塞者，心之所以死，昏者心之所以景于物。”①

道教在天赋论的基础上也建构了类似于佛教的心理结构论，例如，认为人心由真心和妄心所构成。真心即道心，妄心即浅层的人心。②陈撄宁说：“喜怒哀乐未发之中，即本来面目，名曰道心。如核中未发枝叶时，生意未露，先天也，故喻曰仁；生机一萌，即后天人心矣……是以圣人教民克去自己私欲，则仁全而天德复完。”③

中国心灵哲学在天赋问题上的另一有意义的工作是，为了让人心悦诚服地接受先天之心的本体论地位以及所倡导的有关概念、理论的合理性，许多论者对先天之心做了“自然化”说明，即用公认的概念和理论说明了先天之心的合理性。王夫之认为，人有天性之知，有生来就有的能力和资源离不开心所依的形色。他说：“形色莫非天性，故天性之知，由形色而发。”④此外，所知的对象的存在也是心理现象现实出现的条件，例如，人的知见要现实出现，就离不开与对象或所知之物的交感，“不与物交，则心具此理，而名不能言，事不能成”⑤。最后，从先天之心的起源来说，它像后天之心一样来自大自然（天），而且具备天的主要东西。王夫之说：“心者，天之具体也。”⑥在对天赋心理的自然化说明中，最常见的方式是用气、命、道、理等予以说明。这里主要考察一下王充根据气对圣人天赋心理的说明。

肯定有天赋心理的一个根据是圣人的客观存在。他们之所以不同于非圣人，是因为他们是天命所生，在出生前、中、后都有“异相”。例如，据说黄帝妊

① [明清之际]黄宗羲：《明儒学案（下）》，沈芝盈点校，中华书局2008年版，第818页。
② 陈撄宁：《陈撄宁仙学精要（上）》，胡海牙、武国忠编，宗教文化出版社2008年版，第164页。
③ 陈撄宁：《陈撄宁仙学精要（上）》，胡海牙、武国忠编，宗教文化出版社2008年版，第173页。
④ [明清之际]王夫之：《张子正蒙注》，载船山全集编辑委员会编校：《船山全书（第12册）》，岳麓书社2011年版，第148页。
⑤ [明清之际]王夫之：《张子正蒙注》，载船山全集编辑委员会编校：《船山全书（第12册）》，岳麓书社2011年版，第18页。
⑥ [明清之际]王夫之：《思问录内篇》，载船山全集编辑委员会编校：《船山全书（第12册）》，岳麓书社2011年版，第401页。

20 个月而生；刘媪梦与神遇而生高祖刘邦；汉武帝生时夜无火，而室内自明。王充认为圣人的确是存在的，但他们的特殊性究竟表现在什么地方呢？是什么把圣人和非圣人区别开来？古人已涉及这个问题，王充在《论衡·定贤》中对过去的探讨做了归纳，认为过去有 30 种标准。例如，有的人认为，能居位治人、得民心、受歌颂者，就是圣贤；有的人认为能放弃高位、过贫贱生活者为圣贤；有的人认为能“以经明带徒聚众”为圣贤；等等。王充的“定贤标准”是观心，或以心定贤。怎样观心呢？通过其言行。他说：“何以观心？必以言。有善心，则有善言。以言而察行，有善言则有善行矣。”[①]只要有这样的心、言、行，就可判定为圣人。即使无功、无名、无富贵也无妨。“虽贫贱困穷，功不成而效不立，犹为贤矣。”[②]另外，王充还认为，圣人有这样一些特征，因此可从这些方面判断人是凡还是圣：①圣人材优，即禀和气而生；②圣人勤奋；③有文德，“无文德不为圣贤”；④圣人动机纯正，即使遭难，无功无效，也不会有大的过错。[③]

总之，圣人天生就有其不同凡响之处。为什么有天生的不同呢？王充的回答是，因为他们所禀之气是高级之气，即“和气”或“气和”。所谓“和气”即阴阳之气平衡、调和而成的一种气。正如王充所说的：“阴阳之气，天地之气也，遭善而为和，遇恶而为变。”[④]是故“和气生圣人”[⑤]。太平盛世之所以生圣人，是因为这里充满的是和气。衰世有时也生圣人，如孔子生于东周衰世，王充对此的解释是“衰世亦有和气，和气时生圣人。”[⑥]

应看到的是，中国在天赋问题上不止一个声音，同样充满着百家争鸣的特点。最明显的是，自古以来一直就有与天赋论对立的反天赋论。在先秦时期，墨子坚持的观点就近于白板说。由于这类观点是我们较熟悉的，没有提出什么有意义的问题，也没有独特的理论建树，因此我们这里从略。

① [东汉]王充：《论衡·定贤》。
② [东汉]王充：《论衡·定贤》。
③ [东汉]王充：《论衡·书解》。
④ [东汉]王充：《论衡·讲瑞》。
⑤ [东汉]王充：《论衡·指瑞》。
⑥ [东汉]王充：《论衡·指瑞》。

第二节　意向性问题

在西方心灵哲学中，“意向性”（intentionality）概念自从在古希腊被隐喻式地提出后，就一直是哲学关注的一个重要课题。柏拉图在《克拉底鲁篇》（*The Cratylus*）一书中提出：思想、信念就像弓箭一样，对准的是某种东西。他说：“信念要么就是灵魂所从事的一种对事物怎样成立的知识的追寻，要么可称之为弓箭的射击。”“思想更是这样。”[①]从词源学上说，柏拉图把信念、思想之类的心理状态比喻为“射箭”，无疑是后来的意向性概念的真正发端，而且比较形象、准确地体现了意向性的特征、过程和本质。因为后来中世纪学者所创立的“意向的”（intentio）一词，其本义或原义就是“瞄准、射箭”（intendere）。丹尼特也注意到了这一点。他说：“意向性”是基于类比而提出的一个概念。心理现象关注某对象类似于箭对准某物（intendere arcum in）。因此意向现象就是隐喻的箭。意向对象像箭的对象一样，箭的对象可能是一匹马，也可能是一只麋鹿，也可能是幻觉；意向的对象也可以是存在的，也可以是不存在的。[②]中世纪的托马斯（T. Aquinas）赋予了“意向性”一词更丰富的内涵，主要有三个方面：一是意动层面的内涵，它似乎能说明人们为什么会做出行动，其根源在于有这种意向（意愿、对所渴望对象的追求），而所追求的对象最初是以意向的方式存在的；二是认知意义上的内涵，它指的是对象转化为精神中的存在方式，即意向的方式；三是本体论的意义，即认为存在除了别的方式之外，还有意向的存在方式，或内在的存在方式。19 世纪布伦塔诺的意向性研究既具有总结的意义，又开启了现代心灵哲学的意向性研究。他把意向性规定为心理现象区别于物理现象的独有特征，同时认为，意向性指的是心理现象的一种复杂的特征，可分别从不同角度予以描述，如描述为对象的内在性、指向性、关涉到内容、对象性等。[③]

在传统哲学中，一般都承认意向性是人所独有的特征，至少原始的意向性如此。但这一点在当代存有争论。至少有一部分人认为，意向性是许多事物共有的

---

① [古希腊]柏拉图：《柏拉图全集（二）》，王晓朝译，人民出版社 2003 年版，第 107-108 页。
② [美]丹尼特：《心灵种种》，罗军译，上海科学技术出版社 1998 年版，第 29-30 页。
③ Dretske F. *Knowledge and the Flow of Information.* Cambridge: MIT Press, 1981:173.

一个特征。德雷斯基（F. Dreske）说：“我不承认意向性是心理现象的标志。”① 例如，指南针也可处在意向状态之中②，他强调：这类装置的意向性不同于语词、地图的意向性，因为语词的意向性是派生的，它们来自意图、目的、知识等。基于这些看法，德雷斯基进一步指出：意向性是一种自然的属性，是一种携带着关于别的事物的信息的属性或状态。③在传统哲学和心理学中，一般认为，意向性是心理现象区别于其他非心理现象的一个独特的标志或特征。这一点现在也存有争议。有一种观点认为，心理现象并不存在共有的、区别于其他现象的特征，意向性只是部分心理现象的特征。福多（J. Fodor）就持此论。而海尔（J. Heil）则认为：“心灵状态有两类异常的特征，正是它们把心灵与别的非心理状态区别开来。第一，心灵状态可能是‘投射性的’，如信念可以关于实际或可能的对象……这种关于性或对于性（for-ness），哲学家称之为‘意向性’，是心灵独有的……心灵状态的第二个显著的特征就是它们的经验特征。许多（即使并非所有）心灵状态都有哲学家所说的‘现象学’。”④

现当代西方心灵哲学在继承布伦塔诺思想的同时，试图更明确地说明意向性。例如，在说明意向性这种关系属性时，常常用“关于”（about）、“关于性”（aboutness）、“关涉”（of）、“关涉性”（of-ness）、“内容”、“意义”等予以表述。现代心灵哲学的意向性研究关注的问题很多，如意向性的本体论地位问题、宽窄问题、自然化问题、意向对象的形而上学问题、因果作用问题等。

在这里，我们首先面对的问题是中国心灵哲学是否有意向性理论？这在以前似乎是需要长篇大论才能回答清楚的问题，而现在已无须费太多笔墨。因为美国心灵哲学家保尔(D. Paul)在《中国六世纪的心识哲学——真谛的〈转识论〉》一书中以南北朝时的真谛及其著作《转识论》为个案，论述了中国6世纪流行于中国化佛教中的心灵哲学。从保尔的这一成果中，我们能清楚地看到，以真谛为代表的6世纪的中国心灵哲学对意向性、意义问题做了较具现代意义的探讨。其

① Dreske F. *Perception, Knowledge, and Belief: Selected Essays*. Cambridge: Cambridge University Press, 2000: 212.
② Dreske F. *Perception, Knowledge, and Belief: Selected Essays*. Cambridge: Cambridge University Press, 2000: 254.
③ Dreske F. *Perception, Knowledge, and Belief: Selected Essays*. Cambridge: Cambridge University Press, 2000: 212.
④ Heil J. *Philosophy of Mind*. Oxford: Oxford University Press, 2004: 521.

研究涉及的子问题有：语言如何影响认知、世界，语言与实相、真的关系，语言与指称、意义的关系，名与实、名与法的关系，名与义的起源问题，怎样摆脱语言的限制，含义（sense）与所指（referent）的关系问题，等等。保尔还论述了真谛及瑜伽行派对意向性研究的贡献，例如，认为他对含义与指称做了初步区分，看到了分析语言对认识心灵的作用。保尔提出：心灵与对象的统一，根源于人的意指行为，看到了整个心灵系统具有意向性。这些思想的作用是，让人们把注意力转向对构成系统自身及所有成分的关注。[①]总之，中国心灵哲学中包含有意向性思想是不容再浪费时间争论的事实。需要进一步探讨的是怎样还原、重构中国的意向性认识的历史，怎样总结和概括中国在这方面所做出的理论贡献。这里受篇幅限制，只能就后一类问题做一些抛砖引玉的探讨。

中国心灵哲学一般不否认意向性或心理内容有本体论地位，在解释心理内容的共同性、个体性时一般持外在主义立场。

我们知道，心理内容研究的核心问题之一是心理内容的共同性和个体性的根源与条件问题。一般都不否认，心理状态之间既有共同性，又有相互区别之处，质言之，任何心理状态类型或个例都有自身不同于别的类型或个例的独特之处，即个体性。现在的问题是这种个体性的条件或原因是什么？也可以这样表述：心理内容是什么样的属性？怎样对它们做出区分？换言之，是否应根据它们所随附的内在物理属性而将心理状态个体化？还可以这样来表述：心理状态是怎样被决定的？或由什么所决定的？一状态怎样与别的状态区别开来？一状态的独特的决定因素是什么？它们应当像自然事物的个体性那样根据决定它们的因果关系来个体化吗？例如，“相信水是湿的”这一信念应根据相信者之外的因素如环境中的水的存在来个体化吗？对此，主要有三种回答：一是个体主义或内在主义。二是外在主义或反个体主义或情境主义。外在主义认为，心理内容是关系属性，即心理内容不在头脑中，而由其对象、环境所决定。此即外在主义所说的“宽内容”。其激进的观点主张：没有外在对象就没有相应的内容，例如，一个个体生存于没有水的世界，就不可能有关于水的概念。内在主义认为，心理内容是非关系属性，即心理内容从根本上说是大脑或神经系统本身所具有的属性，此即内在

① 参阅[美]保尔：《中国六世纪的心识哲学——真谛的〈转识论〉》，秦瑜、庞玮译，上海古籍出版社 2011 年版，第 3、4 章。

主义所说的“窄内容”。三是心理内容既可表现为宽内容，又可表现为窄内容，此即内容二元论的观点。这里又有两种情况：一种是认为人心中有两种内容，即有的是宽的，有的是窄的；另一种是认为任何内容都有两方面，即既有宽的性质或因素，又有窄的性质或因素。

中国的外在主义认为，一个心理内容不同于另一个心理内容，如一个相信明天要下雨的信念不同于相信明天天晴的信念，与心本身无关，因为人的心性是同一的，此即“性一也”。不同主要是根源于主体与对象的关系，例如，它们的差别是由心理主体所处的环境、所进行的活动决定的；是由于心流行的地方超出了心本身，而进到了对象之中，因而对象有刚柔、昏明的不同。故可说：“流行之方有刚柔昏明。”①例如，有三个人分别处在三个不同的地方，即密室中、帷幕下、开阔的地方，让他们看同一个对象，他们所形成的信念的具体内容会有很大差别。吕大临说：“三人所见昏明各异，岂目不同乎？随其所居，蔽有浅深尔！”②这些看法是比较典型的外在主义思想。它强调的是，要说明任一心理的个别性的根源，必须诉诸外在对象或心所发生于其中的环境。

无独有偶，中国心灵哲学也有类似于普特南（H. Putnam）所提出的关于外在主义的“孪生地球论证”③。所不同的是，这里用的例子不是地球，而是“日”。例如，理学认为，日无大小，但居住在不同地方（如住在茅屋内和广庭之下）的人所看到的日就不一样。这种有大有小的认识显然不是由心决定的，而是由认识者所处的环境决定的。《宋元学案》云：“日之全体未尝有小大，只为随其所居而大小不同尔。”④张载的外在主义倾向更明显，他说：“人本无心，因物为心。”⑤不同的人之所以不同，是因为所成的物各不相同，同样，“心所以万殊者，感外物为不一也”⑥。王苹说：“人心本无思虑，多是记忆既往与未来事。乃知事未尝累心，心自累于事耳。”⑦

应承认，中国心灵哲学也有内在主义思想，例如，以“性”解释人的心理就

① [明清之际]黄宗羲：《宋元学案（二）》，陈金生、梁运华点校，中华书局1986年版，第1111页。
② [明清之际]黄宗羲：《宋元学案（二）》，陈金生、梁运华点校，中华书局1986年版，第1111页。
③ 参阅高新民：《意向性理论的当代发展》，中国社会科学出版社2008年版，第334-335页。
④ [明清之际]黄宗羲：《宋元学案（二）》，陈金生、梁运华点校，中华书局1986年版，第1111页。
⑤ [北宋]张载：《张载集》，章锡琛点校，中华书局1978年版，第333页。
⑥ [北宋]张载：《张载集》，章锡琛点校，中华书局1978年版，第10页。
⑦ [明清之际]黄宗羲：《宋元学案（二）》，陈金生、梁运华点校，中华书局1986年版，第1050页。

是用人身上的非关系因素说明心理的共同性和个体性。另外，用人的血气解释心知也是内在主义的表现。朱熹说：“动物有血气，故能知。”[①]

在内容的个体性说明中，中国也诞生了介于外在主义和内在主义之间的折中理论，如内容二因素论之类，它强调一个内容的个别性要么同时是由内外两种因素共同决定的，要么同时有两种内容，即一是纯由外在环境决定的内容，二是纯由内在因素决定的内容。例如，庄子尽管在许多地方强调“去知”，但这并不意味着庄子绝对否定一切知智。根据他的充满辩证色彩的知识观，知有不同的种类：一种是分解性知识，即常人所拥有的知识，这种知识是要去除的。除此之外还有一种知，它是以不知为特点的统一的观照，也是最高、最胜、最盛的知，这种知是对第一种知的否定。庄子说：“以其知之所知，养其知之所不知……是知之盛也。”[②]前一知识尽管应抛弃，但就其形成而言，它们是由接触外物而形成的，若无外物、无相应的接触活动，其存在就不可能。还有一种与感知无关，而纯由思虑所决定，即完全是人想出来的。庄子说：“知者，接也；知者，谟也。”[③]“谟”即谋划、思虑。知有两种：一是通过接触外物而知；二是通过内虑于心或通过谋而知。这就是说，人的心理的内容是复杂的，有些是由外在因素决定的，此即外在主义；有些是由心本身的活动决定的，此即内在主义。因此这种理论有点接近于西方的内容二因素论。

西方的意向性研究不仅有深化意义、内容研究的意义，而且对研究心灵本质、构成即对心灵观的发展也有重要作用，其表现之一是导致了新的心灵观的诞生。众所周知，传统的、常识的关于心灵的理解中包含着两个重要的隐喻：一是心灵有不可错的眼睛，有自我认识的优越的、权威的通道；二是认为心灵具有自主机制。而这两个隐喻又包含着这样的心灵观，即认为心灵是一个单子式的、个体性的、实体性的存在，它有自己的活动主体、活动时间和活动空间，因此可以形象地称“心”为人中的“小人”。柏奇（T. Burge）基于自己所倡导的外在主义提出了一种崭新得有点离奇的心灵观。他认为，人类的心灵是在人与外在世界打交道的过程中建立起来的、渗透着社会性和关系性的实在，而不是一种纯个体主义

---

① ［南宋］黎靖德编：《朱子语类（一）》，王星贤点校，中华书局 1986 年版，第 62 页。
②《庄子・大宗师》。
③《庄子・庚桑楚》。

的东西。[①]质言之，心灵是非单子性的、非个体性的，更不可能是实体性的。心灵一旦现实地出现，不论是作为内容、表征，还是作为属性或机能，抑或作为活动和过程，它一定以非单子性的、跨主体的、关系性的、弥散性的方式存在，它不内在于头脑之内，而弥漫在主客之间。

麦金（C. McGinn）的弱外在主义也倾向于这种宽心灵观。在他看来，内容确实包含有货真价实的客观的因素，因此弱外在主义认为，心灵从本质上说是由非心理的世界构成的。内容出现在心灵之中，不仅依赖于环境因素，而且还受制于别的因素。没有这些因素，就不可能有内容归属。例如，在有的情况下，归属内容的真值条件中还包括语词因素，用来把某些信念内容归属给某人的语词本身也成了真值条件的组成部分。

由此看来，外在主义提出的有意义的问题是人心是否有界限或限量？其实，这一问题早就由中国心灵哲学提出来了。二程认为，就心囿于人体来说，它有限量。“论心之形，则安得无限量？”[②]其用亦如此，因人形有限量、气有限量，因此其用亦有限量。若就心能尽心知性、通于道而言，人心又无限量。“天下更无性外之物，若云有限量，除是性外有物始得。”[③]这就是说，心既有限量，局限于人体之内；又无限量，即超出人身的界限，甚至与虚空齐，直至无限。例如，圣人之心无限量，因为它通道、达道。“耳目能视听而不能远者，气有限也。心无远近。”[④]

孟子说：“浑然与物同体”，“万物皆备于我矣，反身而诚，乐莫大焉”。[⑤]张载说：“天地之塞，吾其体；天地之帅，吾其性；民，吾同胞；物；吾与也。”[⑥]“大其心则能体天下之物，物有未体则心为有外。世人之心止于闻见之狭，圣人尽性，不以见闻梏其心”，此大心“视天下无一物非我”。[⑦]从潜在性上讲，人心、圣心两种心都广大无边。从现实性上说，圣人之心与凡人之心的区别在于，前者将潜在的本性完全变成了现实，真的扩充成了无限广大之心。“已之心无异圣人之

① Burge T. “Individualism and the Mental”. In Heil J (Ed.). *Philosophy of Mind*. Oxford: Oxford University Press, 2004: 477.
② [北宋]程颐、程颢：《二程集》，王孝鱼点校，中华书局 2004 年版，第 204 页。
③ [北宋]程颐、程颢：《二程集》，王孝鱼点校，中华书局 2004 年版，第 204 页。
④ [北宋]程颐、程颢：《二程集》，王孝鱼点校，中华书局 2004 年版，第 1253 页。
⑤《孟子・尽心上》。
⑥ [北宋]张载：《张载集》，章锡琛点校，中华书局 1978 年版，第 62 页。
⑦ [北宋]张载：《张载集》，章锡琛点校，中华书局 1978 年版，第 24 页。

心，广大无垠，万善皆备。欲传圣人之道，扩充此心焉。”[①]例如，“禹之心广矣，大矣，孰测之哉。禹之心如虚空木石，无所染涅，无所动摇。而所以异于虚空木石者，惟爱人利物之心独存耳”[②]。

大心也可称作境界形态（vision form）。它不同于实在形态，指的是，“你自己的修行达到某一个层次和水平，你就根据你的层次和水平看世界……你看到的世界是根据你自己的主体的升降而升降，这就叫做境界形态”[③]。这种心境实即一种精神境界，即多种因素的有机整体，包括加工改造过的外部形象，以及心的认知、价值、观念、性格、情感、意志的能力作用。理学不仅强调有超越躯体界限的大心，而且对“大心”做了自然化。例如，有的人在解释张载的“大心”说时认为，心是有形之物，只是很小，即方寸之大。“心处身中，才方寸耳，而能弥六合（前后左右上下）而无外者，由其虚窍为气之橐龠（yuè）而最灵也。”[④]心尽管很小，但由于汇聚了最灵之气，因此能扩充成无外之大心。气凝聚于身，“而身之气又朝宗于心，故此人人各具之一心，实具天地万物之全气。气全而理即全，非谓我一人之心仅为分得之家当也……由一心以措天地万物，则无所不贯”[⑤]。

中国的宽心灵观早就出现在了古代。例如，汉代淮南王刘安说：“发一端（从一端点出发），散无竟（可以发散至无止境之地），周八极（周遍八方），总之管（总结于一个洞管之中），谓之心。”[⑥]

王阳明不仅强调心理内容的个体性根源是外在环境及其对象，而且形成了近于西方外在主义的宽心灵观，如说：“心不是一块血肉，凡知觉处便是心，如耳目之知视听，手足之知痛痒，此知觉便是心。”[⑦]“这视听言动皆是汝心，汝心之视发窍于目，汝心之听发窍于耳，汝心之言发窍于口，汝心之动发窍于四肢。”[⑧]这就是说，心不是一个点式或单子式的东西，而是一个弥散于人体有关部位乃至外部世界的“宽”现象。人心之所以不是大脑，不是血肉，道理还在于：“如今

---

① [明]周汝登：《周汝登集（中）》，张梦新、张卫中点校，浙江古籍出版社2015年版，第620页。
② [明]周汝登：《周汝登集（中）》，张梦新、张卫中点校，浙江古籍出版社2015年版，第496页。
③ 牟宗三：《四因说演讲录》，上海古籍出版社1998年版，第73页。
④ [明清之际]黄宗羲：《宋元学案（一）》，陈金生、梁运华点校，中华书局1986年版，第701页。
⑤ [明清之际]黄宗羲：《宋元学案（一）》，陈金生、梁运华点校，中华书局1986年版，第701页。
⑥ [西汉]刘安：《淮南子·人间训》。
⑦ [明]王守仁：《王阳明全集（上）》，吴光、钱明、董平等编校，上海古籍出版社2012年版，第106页。
⑧ [明]王守仁：《王阳明全集（上）》，吴光、钱明、董平等编校，上海古籍出版社2012年版，第32页。

已死的人那一团血肉还在，缘何不能视听言动？”[①]王阳明的宽心灵观的另一表现是强调耳、目、口、鼻是心的组成部分，当然心又不能等同于它们，不能等同于肉团心。这里包含有西方人今天所强调的具身性（心具体化于身之中）思想。“具身性”是西方心灵哲学和认知科学思考心的构成的新的方向、方式，其特点是，将心灵从心灵空间（“心里”）的象牙塔中解救出来，承认它居住在广泛的区域。其本质接近于柏奇等人的外在主义宽心灵观。“具身性”范式认为，心具有 4E 的特点。4E 代表的是四个由 e 开头的单词，它们分别是具身（embodiment）、嵌入式的（embedded）、使动或生成的（enacted，既作用于世界，又反作用于有机体）、延扩的（extended）。传统心灵观的特点是承认心理活动有主体、主宰，承认心理现象有中心。其实质是单子主义、实体主义、中心主义。王阳明认为，心要有其作用，必须表现于身。例如，“心之视发窍于目”，“心之言发窍于口”，“心之动发窍于四肢，若无汝心，便无耳目口鼻”[②]，但纯粹的耳、目、口、鼻又不是心。“汝心亦不是那一团血肉，若是那一团血肉，如今已死的人那一团血肉还在，缘何不能视听言动？所谓汝心却是那能视听方动的，这个便是性。”[③]他的宽心灵观的最后一个表现是强调心所知觉到的物或知觉处也是心。他说：“心不是一块血肉，凡知觉处便是心，如耳目之知视听，手足之知痛痒，此知觉便是心也。”[④]这的确是一种心物合一论，它强调心不是物，但又离不开物，如既离不开耳、目、口、鼻，又离不开被知觉的对象，心就在这些“物”中，凡有知觉的地方都有心。

王夫之也有宽心灵观。就心的定位来说，他反对“部分论”，强调心离不开全部身体，甚至离不开五官对外的感知。他说：“一人之身，居要者心也。而心之神明，散寄于五藏，待感于五官，肝、脾、肺、肾，魂魄、志思之藏也，一藏失理而心之灵已损矣。无目而心不辨色，无耳而心不知声，无手足而心无能指使，一官失用而心之灵已废矣。”[⑤]他的宽心灵观的另一表现是不仅相信心包含性、情、才、大体、小体，而且相信心包含万物，“函物者心之量，存诸中者心之德……

① [明]王守仁：《王阳明全集（上）》，吴光、钱明、董平等编校，上海古籍出版社 2012 年版，第 32 页。
② [明]王守仁：《王阳明全集（上）》，吴光、钱明、董平等编校，上海古籍出版社 2012 年版，第 32 页。
③ [明]王守仁：《王阳明全集（上）》，吴光、钱明、董平等编校，上海古籍出版社 2012 年版，第 32 页。
④ [明]王守仁：《王阳明全集（上）》，吴光、钱明、董平等编校，上海古籍出版社 2012 年版，第 106 页。
⑤ [明清之际]王夫之：《尚书引义》，中华书局 1976 年版，第 176 页。

圣人则与万物同忧”①。这是多么超前、美妙的具身心灵观、延展心灵观！

中国的宽心灵观不同于柏奇等人的宽心灵观的地方在于：不仅认为心包万物，而且由于强调身在心中，因此有整体论或反部分论倾向。西方一般只承认心在身中；而中国宽心灵观坚持更为广泛的整体论，如认为身在心中。魏源说：“人知心在身中，不知身在心中也。‘万物皆备于我矣’，是以神动则气动，气动则声动，以神召气，以母召子，不疾而速，不呼而至。”②

如前所述，王阳明的心物关系论坚持的是心物一体论，或关于心物的现象学。其基本原则是“心无分于内外。”③这显然是宽心灵观的最准确的表述。王阳明心学在清代的代表人物黄宗羲也坚持这一路线，认为要认识心物各自的特殊性，必须到关系中去寻找根源。任何个别心理、物理现象都是复杂关系的产物。他说：“盈天地皆心也，变化不测，不能不万殊。”④

宋代心学家蔡沈从道德哲学、现象学角度对心的体用的描述体现的也是宽心灵观。他说：“人之一心，实为身主，其体则有仁义礼智之性，其用则有恻隐、羞恶、辞让、是非之情。方其寂也，浑然在中，无所偏倚，与天地同体，虽鬼神不窥其幽及其感也。随触随应，范围造化，曲成万物。虽天地不能与其能。至小无内，至大无外。无内不可分也……无外不可穷也。”⑤心由于虚极，因而有无穷妙用，“至一而静，至虚而灵，有动有静，动直静凝。动已（极）而静，静已而动。一动一静，为屈为伸，为鬼为神，人心之妙，万化之穽（窨），动静之徼”⑥。

西方意向性研究的又一前沿、焦点问题是意向对象的“形而上学问题”。这里所谓的意向对象即心理状态所指向的东西。由于它们一旦被指向了，就进入了意识之中，因而布伦塔诺把它们称作“心内存在的对象”或“内对象”。意向对象有两种：一是被指向的真实存在的对象；二是被指向的不存在的对象，如被我想到的方的圆。这里最有意义也最困难的问题是非存在意向对象有无本体论地位的问题，如被想到的“金山”“方的圆”等是否存在、怎样存在（如果存在的话）之类的问题。为了突出这类问题的哲学性质与特点，关心这一论题的论者不约而

---

① [明清之际]王夫之：《尚书引义》，中华书局1976年版，第150页。
② [清]魏源：《魏源集·学篇五》。
③ [清]顾炎武：《与友人论学书》。
④ [明清之际]黄宗羲：《明儒学案·原序》。
⑤ [明]周汝登：《周汝登集（下）》，张梦新、张卫中点校，浙江古籍出版社2015年版，第867页。
⑥ [明]周汝登：《周汝登集（下）》，张梦新、张卫中点校，浙江古籍出版社2015年版，第745页。

同地把它们称作“意向性的形而上学问题”。

这类问题及其研究在英美分析哲学中经历了曲折的演变。现当代关于非存在意向对象的形而上学问题的研究肇始于19世纪末的迈农（A. Meinong）。现当代的研究主要是围绕他的思想而展开的。在20世纪30~50年代，由于维特根斯坦，尤其是蒯因的否定性论证，这一研究一度陷入停顿状态。到了60年代以后，由于逻辑学对意向谓词的关注及其所取得的成果，以及可能世界语义学的诞生和发展，这一研究又开始兴盛起来。欣蒂卡（J. Hintikka）等人意识到：可能世界语义学的成果可用于对意向语词的分析，克里普克等人的哲学分析甚至还促成了关于意向性的世界-语义学的诞生。[①]与之相呼应，尽管大多数主流哲学家对非存在论仍持否定观点，但仍有一些人“挖空心思”对其予以论证。尽管这些论证没有太大的轰动效应，但客观上深化了这一领域的研究，对本体论、逻辑学、语义学等的发展也有积极的意义。

中国心灵哲学不仅认识到了意向对象不同于自在存在的对象，而且早就把它看作是一种心理样式，如认识到心里想到的东西就是心的样式。朱熹说：“此心至灵，细入毫芒纤芥之间，便知便觉……如古初去今是几千万年，若此念才发，便到那里；下面方来，又不知是几千万年，若此念才发，便也到那里。”[②]心灵中出现的过去久远的事和未来没发生的事显然都是典型的非存在意向对象。

王阳明认识到，意向对象可以是一切事物。他说：“意用于事亲即事亲为一物，意用于治民即治民为一物，意用于读书即读书为一物，意用于听讼即听讼为一物。”[③]意识若指向眼前手中的笔，此笔便是意向对象。总之，只要意识有其所在，落脚于一个东西，此东西即为意识的对象。陈来说：“意之所在指意向对象、意识对象。”[④]当然，王阳明关心的主要是与人事有关的意向活动和对象。他认识到，在意向活动中，其体是知，其对象是物。意、知、体的关系是知者意之体，物者意之用。陈来说：“‘意之所在便是物’显然是一个接近于现象学的命题，而他的心物理论也同现象学的意向性理论颇有相同之处。”[⑤]

① 参阅 Priest G. *Towards Non-Being*. Oxford: Clarendon, 2005: 6.
② [南宋]黎靖德编：《朱子语类（二）》，王星贤点校，中华书局1986年版，第404页。
③ [明]王守仁：《王阳明全集（上）》，吴光、钱明、董平等编校，上海古籍出版社2012年版，第41-42页。
④ 陈来：《宋明理学》，生活•读书•新知三联书店2011年版，第289页。
⑤ 陈来：《有无之境：王阳明哲学的精神》，生活•读书•新知三联书店2009年版，第49页。

王阳明关于意向对象的思想的特点在于：试图从现象学角度去理解心的本质。他认识到：离开了心，无世界可言；同理，离开了心所显现的世界，心也不存在。因此相对于人的认识来说，心不是自在的实在，而是现象学实在。王阳明表述这一思想的一段话十分“现代”，与现象学的心灵理论惊人得一致。他说：“天地鬼神万物，离却我的灵明，便没有天地鬼神万物了，我的灵明离却天地鬼神万物，亦没有我的灵明，如此便是一气流通的，如何与他间隔得开！”①这里所谓的灵明是就心的特性而言心的。王阳明说：心“只是一个灵明”②。这种关于意向对象的思想显然是一种现象学。当然，它不绝对否认自在的存在。它要强调的是事物在成为意识的对象时，不同于它自在的、“寂”的状态，因此意识的对象是全新的实在。

王阳明也碰到了现象学、主观唯心主义常受到的责难：一朵花在人没有感知时是否存在？父母的存在是否后于意识的存在？这些问题对现象学并不构成威胁。因为现象学说心外无物的意思不是人们通常所理解的那个意思。“先生游南镇，一友指岩中花树问曰：‘天下无心外之物，如此花树在深山中自开自落，于我心亦何相干？’先生曰：‘你未看此花时，此花与汝心同归于寂。你来看此花时，则此花颜色一时明白起来，便知此花不在你的心外。’”③不在你心外的花有特定所指，即现象学意义的花。被人们看到的花，不是处在寂的、自在状态的花。

尽管王夫之没有用“意向性”一词，但对心理现象的这样的特点的概括显然符合“意向性”一词的要求。他认为心有一举念而收千里之境的特点。这特点说的不外乎是内在的对象性或对象的内在性。他说：“风雷无形而有象，心无象而有觉，故一举念而千里之境事现于俄顷，速于风雷矣。”④意向对象之所以是心理样式，是因为它是心造的，换言之，心所指的境是心性的，正如梁启超（1873—1929）所说的：“境者心造也。”⑤

牟宗三也探讨了非存在的意向对象，并有积极建树，他认为，即使被相信的东西不存在，但作为内在的心理事实却是千真万确的。他说：“如我相信上帝存

---

① [明]王守仁：《王阳明全集（上）》，吴光、钱明、董平等编校，上海古籍出版社2012年版，第109页。
② [明]王守仁：《王阳明全集（上）》，吴光、钱明、董平等编校，上海古籍出版社2012年版，第109页。
③ [明]王守仁：《王阳明全集（上）》，吴光、钱明、董平等编校，上海古籍出版社2012年版，第94页。
④ [明清之际]王夫之：《张子正蒙注》，载船山全书编辑委员会编校：《船山全书（第12册）》，岳麓书社2011年版，第133页。
⑤ [清]梁启超：《自由书·惟心》，《饮冰室合集》卷2。

在，这个上帝对于我就是一种存在，这种存在对于我就是一个内在的真，一个自我的真。”①

道学所说的“道”，其最好的表述方式应是“无”。老子用“无”来表述他通过玄览所发现的道有重要的形而上学意义，表明他超越于一般常人和哲学家，自觉意识到了一个重要的认识对象，即与“有”相对的“无”或“没有”，这也就是我们这里所说的非存在的意向对象。这里的“非存在”不是绝对的不存在，而是相对于常识的以有形可见为存在标准的本体论而言的非存在。正如任继愈先生所说的那样，他这里要思考的“无”，不再是一个具体的“没有”（如原始人打猎时所发现的此处没有老虎等），也不是一个低层次的抽象的“无”，而是最高层次的概念的“无”。任继愈先生从认识史的角度对老子的“无”范畴的理论价值做了阐发，他指出：无论是个体，还是种系，人的认识的过程“总是由具体事物开始，由微细到宏大”。对事物的认识也是这样，刚开始只能认识一个个有形事物，尔后才有可能认识抽象的事物，在认识抽象对象时，先有对“有”的认识，然后到了较高的阶段才有对“没有”的认识。“把‘没有’抽象到概念的高度，作认识的客体对待，达到这个认识水平，只有具有先进文化的民族，才有这个可能……老子提出了‘无’，是一次飞跃。”②从发生学上说，“无”的概念是在“没有”这一概念的无数次重复的基础上提出的。因为“没有”是对一种特殊对象的客观描述，例如，原始人在树林中打猎，未碰到山羊，就会说“没有”，重复了无数次后，把所有的具体的“没有”加以抽象概括，才有“无”。老子对“无”的提炼和阐述无疑是他对人类认识史所做的一个重大贡献。

老子的“无”究竟指什么呢？任继愈先生的看法是“‘无’并非空无一物，它与‘有’都具有总括万有的品格。老子称之为‘无状之状，无物之象’。它不同于有，所以‘视之不可见，听之不可闻，搏之不可得，此三者不可致诘，故混而为一’。对这个‘负概念’给以特殊的名称，有人称之为‘无’；因为它具有规律性，也称为‘道’。‘无’也是‘道’，‘道’也是‘无’。”③这也就是说，“无”有这样一种意义，就是对“没有”的概括，楚墓竹简中的“无”，有

① 牟宗三：《中国哲学的特质》，吉林出版集团有限责任公司 2010 年版，第 12 页。
② 任继愈：《老子绎读》，北京大学出版社 2006 年版，第 5 页。
③ 任继愈：《老子绎读》，北京大学出版社 2006 年版，第 6-7 页。

时写作“亡”，而“亡”的含义就是“没有”。

按照老子的说法，他所认识的作为道的“无”，是人的一般认识能力没法把握的，也是所有语言都说不出的。就此而言，它玄之又玄、神秘莫测。但若用他实践过的方式去亲近它，又似易如反掌，如只要让心灵“虚极”“静笃”，就能见其庐山真面目。为了让没有见到它的人见到它，由此得到它能带给人的无穷妙用，他便从不同角度、用不同方式对之做了刻画。当然，每种描述只是再现了它的某方面的特征或侧面，而非全体之本来面目。这里略举一二。从认知方式上说，首先，它不能用通常的方式去把握，只能进至“无知”“不思”“寂而不动”“明白四达”的状态，才能与之亲近。其次，它既是“神而神”，又是“不神而神”，《阴符经》云：“人知其神而神，不知其不神之所以神。神而神者，识神也。不神而神者，元神也。”[①]再次，不可以有无计度，即既不能说其有，又不能说其无，其特点是“无而有，有而无”[②]。最后，相对于有形可感之物来说，它“视之不见”“听之不闻”“博之不得”，故可说它们是“希”“夷”“微”。[③]相对于实物来说，它绝对空无，里面什么也没有，可称作“虚空”。老子说：“谷神不死，是谓玄牝。玄牝之门，是谓天地之根。绵绵若存，用之不勤。”[④]此处谷即指虚，神即申，意为变化莫测，玄即指对立之同一，牝指有孕育生成力的母体，全句意为：虚空这种东西是变化莫测的，可看作玄牝，天地万物就由之而产生，它绵绵密密地存在着，其作用无穷无尽。

中国的意向性研究还体现在对“意”和“志”的探讨之中。先看前一方面。这里的“意”有点近于佛教所说的作为五遍行心所的“作意”。所谓“遍行”即指所有一切心理现象共有的东西。从字面上说，“遍行”即遍在于、遍行于八识心王之中。作为心所法，遍行心所法像别的心所法一样，也是为心王所拥有的、伴随心王而发生的，因此是心王的随附性现象。遍行心所法不同于别的心所法的地方在于：不像别的心所法一样只伴随某一个或某几个心王，而是能够伴随一切心王。只要心王出现，不管是哪一个识，一定同时具有上述遍行心所法。不然，就不名“遍行”。还要注意的是，遍行心所法，不仅遍行于心王，而且遍行于别

① [清]德园子：《道德经证》第 8 章。
② 江希张：《道德经白话解说》第 21 章。
③《老子·第十四章》。
④《老子·第六章》。

的一切心所法，因此是一切心理现象中共同的、“遍行的”或普遍的特征。

作意（manaskāra），字面意思为警觉，指的是诸心理现象的这样一种独特作用或特征，即接触到了对象，突然生起了对它的注意，并将心投注其上，开始做出观察、把握。可从性和业两个方面予以描述。“性”即事物本身具有的品性、造作。作意的性是警觉进而能生起种种心理现象。“业”指的是由情所做出的、能连带引起一定后果的行动。作意的业是引心趣向境相，警觉策动其他心所，引导它们趋向对象。这里尽管没有出现“意向性”一词，但说的事实上是西方人所说的意向性的品性和作用，例如，将心之“箭”投注于要予以注意的对象之上，引心趋向境相。作意的样式有很多。有部的《阿毗达磨俱舍论》根据作意所指向的对象，把作意分为三种：一是自相作意，自相即特殊个别的性质、相状，这种作意就是以事物的具体个别性质、相状为对象的作意；二是共相作意，即以事物的共性、共相为对象的作意；三是胜解作意，即在胜妙净行（如不净观、四无量心等）之类的心理操作中所生起的作意。

如前所述，中国心灵哲学所说的“意”有多种所指：一可指与心、魂、魄等并列的心理主体；二指觉知意义的意，或感受性质意义的意；三指意向性意义的意；等等。这里我们只关注最后意义上的意。

先看儒家对意的论述。有意思的是，心学中已经出现了“意向”概念。刘宗周说：“人有生以来，有知觉便有意向。”[①]此意向即作为主宰的“意”的定向作用。在心中，意如舵手，心如船舟。当然，应承认，儒家关于“意”的用法并不统一。例如，心学所说的意有三义：一是近于作意，二是意向性，三是“诚意”中的作为意识、心意的意。王畿说：“意者，动静之端，寂感之机。”[②]王阳明认为，“意”指的是让念头生起的意动。“凡应物起念处皆谓之意，意则有是有非。”[③]此外，还有意欲、意想、意识到、作意之意。“欲食之心即是意，即是行之始矣。”[④]由此可见，心学也重视并探讨了西方人所关注的两种意向性，即认知中的意向性和意动的意向性，当然，更多地是讨论作为意动的意向性，认为其形式有发愿、立志、转个念头。罗汝芳说：把圣学当作一个“物事”，不如“轻

① ［明］刘宗周：《刘宗周全集（三）》，何俊点校，浙江古籍出版社 2012 年版，第 288 页。
② ［明］周汝登：《周汝登集（下）》，张梦新、张卫中点校，浙江古籍出版社 2015 年版，第 836 页。
③ ［明］王守仁：《王阳明全集（上）》，吴光、钱明、董平等编校，上海古籍出版社 2012 年版，第 183 页。
④ ［明］王守仁：《王阳明全集（上）》，吴光、钱明、董平等编校，上海古籍出版社 2012 年版，第 36 页。

轻快快转个念头”，如将念头转向对自心的审问。①发愿就是发誓愿、决意要做什么。周汝登说：“发愿处，便是工夫。”②立志，即把自己的志向指向某一对象，以此为奋斗目标，最高的志就是“立起必为圣人之志”③。

作为意动之意向有两种：一种是由经验性心理主体所发动的意，如心的主意、对各种可能行为方式的选择、确定下一步行动方案等。另一种意即本心基于良知对是非的“自裁自化”，它是本心之妙用，是本心的自然表现，可称作“独”。王阳明心学传人泰州学派的代表人物王栋说：“独即意之别名。”“以其寂然不动之处，单单有个不虑而知之灵体，自做主张，自裁生化，故举而名之曰独。”④这种意在儒家的“慎独”学说中论述得比较清楚。《中庸》是这样界定“慎独”的：“道也者，不可须臾离也；可离，非道也。是故君子，戒慎乎其所不睹，恐惧乎其所不闻，莫见乎隐，莫显乎微。故君子慎其独也。”⑤这就是说，君子也同时有欲望和天性，其特殊的操作不是人为地压制欲望，而是在欲望起作用时以性作为欲望的主人。要如此，就要慎独。所谓独是只有自己独自知道的意念、欲望之初动。质言之，独是意动之意向，慎是在面对此初动时的省察工夫。审查其是出于性，还是出于欲望，出于性的就是合乎道的，但出于性的有两种情况：一是纯粹由性所决定的行为，二是在性的统率下的、出于欲望的行为。徐复观先生说：“出于性的，并非即是否定生理的欲望，而只是使欲望从属于性；从属于性的欲望也是道。”⑥

中国哲学所说的“意”的意向性意义，还体现在这个字的词源上。李经伦说：“意非心之发也，心之发则情也。意从立、从曰、从心。”⑦意思是，意不是心的所发、已发，因为心一发，即为情，而非意。意只是心的这样的性质，即做出决定要指向什么，如想立什么、想说什么。质言之，心之决定立、决定曰（起作用），即为意。“心立欲为之意，而非为之意。”⑧意思是，意只是心的想萌动，而不是已动。已动就进到了心的具体的行为。这就是说，在心学中，意指的

① [明清之际]黄宗羲：《明儒学案（下）》，沈芝盈点校，中华书局2008年版，第769页。
② [明]周汝登：《周汝登集（上）》，张梦新、张卫中点校，浙江古籍出版社2015年版，第67页。
③ [明]周汝登：《周汝登集（上）》，张梦新、张卫中点校，浙江古籍出版社2015年版，第89页。
④ [明]王一庵：《王一庵先生遗集》卷1。
⑤《中庸・第一章》。
⑥ 徐复观：《中国人性论史（先秦篇）》，上海三联书店2001年版，第109页。
⑦ [明清之际]黄宗羲：《明儒学案（下）》，沈芝盈点校，中华书局2008年版，第1258页。
⑧ [明清之际]黄宗羲：《明儒学案（下）》，沈芝盈点校，中华书局2008年版，第1258页。

是心的发动、肇始，这也有西方人所说的“意向性”的意味。

在重视语言和逻辑的墨家哲学中，“意”则有“意象”和“意图”的意义。陈汉生（Chad Hansen）说：“在新墨家理论中，有时把‘意’理解为‘意图’，有时则理解为‘意象’。”①前者近于西方人所说的“意动”的意向，后者则指具有经验性而非逻辑性的内容，逻辑内容是由概念所表述的内容，而经验性内容是介于当下生动直观和逻辑内容的内容。而内容也是一种意向性。《墨经》云：“意楹，非意木也，意是楹之木也。意指之人也，非意人也。意获也，乃意禽也。”②意为在意想中出现的一根柱子，就是一种心理内容，作为内容的特点在于，它不是直接的感知，而是心中的间接呈现，但作为呈现，它又不是概念性内容，如不是抽象的“木”的概念，而是关于木质的东西的意象。同理，意想中出现的猎获物既不是感官前的猎物，又不是作为概念的禽类，而是关于猎获物的意象。美国汉学家陈汉生说：“如果我们思考一根柱子，那么这个意象虽然是木质东西的意象，但不是木头本身的意象。”③

心学家刘宗周认为，从体上说，“意无体，以知为体；知无体，以物为体”④。由于这里的物有两种情况：一是作为感性对象的物，包括外物和人的私欲。以这样的物为体的知即经验之知，以此知为体的意即为经验的意。二是作为理的物。如果这里的物是理，那么依之为体的知和意便是良知、本心。“学以明理而去其蔽，则体物而不遗，物各付物，物物得所。”⑤他还说：“心中有意，意中有知，知中有物。”⑥知中有物，就是布伦塔诺所说的这样的意向性，即对象内存于心中。从体性上看，意之所以有诚意，是因为有良知、天理。“意蕴于心，非心之所发也。又就意中指出最初之机，则仅有知好知恶之知而已，此即意（诚意）之不可欺者也。故知藏于意，非意之所起也。又就知（良知）中指出最初之机，则仅有体物（格物）不遗之物而已。”⑦就意的种类来说，意的形式有作为良知的

---

① [美]陈汉生：《中国古代的语言和逻辑》，周云之、张清宇、崔清田等译，社会科学文献出版社 1998 年版，第 161 页。

②《墨子·大取》。

③ [美]陈汉生：《中国古代的语言和逻辑》，周云之、张清宇、崔清田等译，社会科学文献出版社 1998 年版，第 138 页。

④ [明]刘宗周：《刘宗周全集（三）》，何俊点校，浙江古籍出版社 2012 年版，第 405 页。

⑤ [明]刘宗周：《刘宗周全集（三）》，何俊点校，浙江古籍出版社 2012 年版，第 239 页。

⑥ [明]刘宗周：《刘宗周全集（三）》，何俊点校，浙江古籍出版社 2012 年版，第 239 页。

⑦ [明]刘宗周：《刘宗周全集（三）》，何俊点校，浙江古籍出版社 2012 年版，第 351 页。

意，以及与欲相关的意，“从良知定主意则诚，从情识定主意则欺且伪”①。前一意是出现于未发之中、没有念头生灭时的意。“一念不起时，意恰在正当处也。念有起灭，意无起灭。”②后一意由情识而定，因此是与理相违或“罔于理”的。

西方意向性研究的一个新领域是对意向性进行自然化，即根据自然科学的基本概念对之做出说明，以便更好地予以理解，同时让关于它的理论与科学保持一致。中国哲学也承认，作为意向性的意是可以自然化的，这主要表现在意可用气来说明。例如，意有念这样的样式。所谓念即西方心灵哲学所说的表征、再现，例如，已储存的心意在意识面前呈现出来，或当下呈现出来的心理。刘宗周从词源学上说：“今心为念。”③这种作为意向性的高级心理之所以能出现，是因为有气的余力或剩余的能量存在。他说：“盖心之余气也。余气也者，动气也，动而远乎天，故念起念灭。”④“心之官则思……而心为之动，则思为物化，一点精明之气，不能自主，遂为憧憧往来之思矣。”⑤

儒家为了说明意的本质特点，还把意放在与有关心理样式的关系中做了研究。例如，就心与意的关系而言，刘宗周认为，作为三纲八目中的“诚意”的意是心之所存。他说：“意者心之所存，非所发也。”⑥“心之主宰曰意，故意为心本。”⑦形象地说，心若方寸，而中间空虚。“人心径寸耳，而空中四达，有太虚之象。虚故生灵，灵生觉，觉有主，是曰意。”⑧心之所以有神不可测的妙用，根源在于意。“止言心，则心只是径寸虚体耳，著个意字，方见下了定盘针，有子午可指。”⑨心就其静态结构而言，是由无形的东西所构成的虚体。由于其有虚，便有灵、有觉、有主，有主就有心的现实的作用。这主就是意。他还比喻说：“心如舟，意如舵。”⑩这种意当然包含指向、决定方向的作用。“心所向曰意，正如盘针之必向南也……凡言向者，皆指定向而言，离定字，更无向

① [明]刘宗周：《刘宗周全集（三）》，何俊点校，浙江古籍出版社 2012 年版，第 402 页。
② [明]刘宗周：《刘宗周全集（三）》，何俊点校，浙江古籍出版社 2012 年版，第 305 页。
③ [明清之际]黄宗羲：《明儒学案》，沈芝盈点校，中华书局 2008 年版，第 1525 页。
④ [明清之际]黄宗羲：《明儒学案》，沈芝盈点校，中华书局 2008 年版，第 1525 页。
⑤ [明清之际]黄宗羲：《明儒学案》，沈芝盈点校，中华书局 2008 年版，第 1526 页。
⑥ [明]刘宗周：《刘宗周全集（三）》，何俊点校，浙江古籍出版社 2012 年版，第 371 页。
⑦ [明]刘宗周：《刘宗周全集（三）》，何俊点校，浙江古籍出版社 2012 年版，第 403 页。
⑧ [明]刘宗周：《刘宗周全集（三）》，何俊点校，浙江古籍出版社 2012 年版，第 368 页。
⑨ [明]刘宗周：《刘宗周全集（三）》，何俊点校，浙江古籍出版社 2012 年版，第 304 页。
⑩ [明]刘宗周：《刘宗周全集（三）》，何俊点校，浙江古籍出版社 2012 年版，第 467 页。

字可下。”[①]意也可理解为志，“意，志也，心所之曰志”[②]。

意为何有主宰作用？有无依靠？如有，依于什么？刘宗周认为，意依于知。“意之精神曰知”[③]，这里所谓的“精神”是指主宰。意为正像心主宰身、意主宰心一样，意又为知所主宰。例如，就道德的知与意的关系来说，诚意之所以有好恶，这是由致知格物决定的。“好即是知好，恶即是知恶，非谓既知了善，方去好善，既知了恶，方去恶恶……乃知知之与意，只是一合相。”[④]

就意与性、情等的关系来说，朱熹说：“心是浑然底物，性是有此理，情是动处。”[⑤]“人受天地之中，只有个心性安然不动，情则因物而感。性是理，情是用，性静而情动。”[⑥]意则是心之所发。有人问：“意者心之所发，与情性如何？”曰：“意也与情相近。”[⑦]志与性相近，“只是心寂然不动，方发出便唤作意”，“志公而意私”，“志便清，意便浊，志便刚，意便柔，志便有立作意思，意便有潜窃意思”。[⑧]朱熹认为，从时间上说，先有心而后有意，从表现形式看，心之动处为意。

王阳明之后的心学代表人物王一庵认为，正像心是身的主宰一样，意则是心的主宰。“盖自身之主宰而言谓之心，自心之主宰而言谓之意……大抵心之精神无时不动，故其生机不息，然必有所以主宰乎其中而寂然不动者，所谓意也，犹俗言主意之意。”[⑨]这里的意即心的寂然不动的一面，它是使心能成立的关键。这也正好符合古人造字时的本意。“意字，从心从立，中间象形太极圈中一点，以主宰乎其间，不著四边，不赖倚靠，人心所以能应万变而不失者，只缘立得这主宰于心上。”[⑩]杨国荣先生认为，这里体现的是王阳明之后心学的唯意志论走向。他说：“从王艮的造命由我论到王栋的意为心之主宰论，体现的正是这样一种逻辑的进展，而这种进展，同时又是泰州学派的唯意志论原则由形成到进

① [明]刘宗周：《刘宗周全集（三）》，何俊点校，浙江古籍出版社2012年版，第309页。
② [明]刘宗周：《刘宗周全集（三）》，何俊点校，浙江古籍出版社2012年版，第309页。
③ [明]刘宗周：《刘宗周全集（三）》，何俊点校，浙江古籍出版社2012年版，第466页。
④ [明]刘宗周：《刘宗周全集（三）》，何俊点校，浙江古籍出版社2012年版，第400页。
⑤ [南宋]朱熹：《朱子语类（七）》，黎靖德编，中华书局1986年版，第2513页。
⑥ [南宋]朱熹：《朱子语类（七）》，黎靖德编，中华书局1986年版，第2514页。
⑦ [南宋]朱熹：《朱子语类（七）》，黎靖德编，中华书局1986年版，第2514页。
⑧ [南宋]朱熹：《朱子语类（七）》，黎靖德编，中华书局1986年版，第2514页。
⑨ [明]王一庵：《王一庵先生遗集》卷1。
⑩ [明]王一庵：《王一庵先生遗集》卷1。

一步展开的过程。”[①]

朱熹说：“意者，心之所发也。”[②]就意与情的关系而言，它们都是心之发处。它们的出现，便表明心由未发进至已发，其区别在于：“情是性之发，情是发生恁地，意是主张要恁地。如爱那物是情，所以去爱那物是意。情如舟车，意如人去使那舟车一般。”[③]意为，情是被做的事情，而意则是其直接的作者，是操控情的东西。有什么意就有什么情。情是执行者，意是“百般计较做底”[④]，也就是设计者、策划者。若加上性，它们便有这样的关系，即“性是不动，情是动处，意则有主向”[⑤]。从意与理的区别来看，未动而能动者，理也；未动而欲动者，意也。[⑥]

志也是一种意向性形式，指的是对想得到的东西的追求、定向。从字的词源和构造上看，“志”从“士”从“心”，指的是心想做的事、心的指向。就它与心、意的关系来看，“心者，一身之主宰，意者，心之所发，情者，心之所动，志者，心之所之”，“志是心之所之，一直去底。意又是志之经营往来底，是那志的脚。凡营为、谋度、往来，皆意也”。就意、志、情的关系来说，“情又是意底骨子，志与意都属情”。[⑦]就性质而言，“志公而意私，志刚而意柔，志阳而意阴”[⑧]。之所以是公，因为“志是公然主张要做的事”，而意在其后面，在内里谋划，故是“私”、隐，“是私地潜行间发处”[⑨]。

再看心学的意知（良知）之辩。先看心学对意的论述。王阳明极重“意”，因为知、心、物都与意有关，都要通过意来说明。在具体说明时，王阳明主要是用“心之动”“心之发”来说明意。他说：“至善也者，心之本体也。动而后有不善，而本体之知，未尝不知也。意者，其动也。”[⑩]“心之发动处谓之意。”[⑪]“意”由于其对象不同，又有其形式上的不同。第一种是在接触外物时的意之发

① 杨国荣：《王学通论》，华东师范大学出版社 2003 年版，第 142 页。
② [南宋]朱熹：《大学章句》。
③ [明清之际]黄宗羲：《宋元学案（二）》，陈金生、梁运华点校，中华书局 1986 年版，第 1524 页。
④ [南宋]朱熹：《朱子语类（一）》，黎靖德编，中华书局 1986 年版，第 95-96 页。
⑤ [南宋]朱熹：《朱子语类（一）》，黎靖德编，中华书局 1986 年版，第 96 页。
⑥ [南宋]朱熹：《朱子语类（一）》，黎靖德编，中华书局 1986 年版，第 95-96 页。
⑦ [南宋]朱熹：《朱子语类（一）》，黎靖德编，中华书局 1986 年版，第 96 页。
⑧ [南宋]朱熹：《朱子语类（一）》，黎靖德编，中华书局 1986 年版，第 96 页。
⑨ [南宋]朱熹：《朱子语类（一）》，黎靖德编，中华书局 1986 年版，第 96 页。
⑩ [明]王守仁：《王阳明全集（上）》，吴光、钱明、董平等编校，上海古籍出版社 2012 年版，第 204 页。
⑪ [明]王守仁：《王阳明全集（上）》，吴光、钱明、董平等编校，上海古籍出版社 2012 年版，第 80 页。

动，这种意即西方人所说的及物意义的“意识到”，或认知性的意向性。王阳明说：“其虚灵明觉之良知，应感而动者，谓之意。”①“凡应物起念处皆谓之意。”②应物起念即碰到事物生起了指向它、试图把握它的意向。第二种指心中生起的一个念头，这意念既指向了活动，又关涉着对象，或落在对象上，如说“意在于事亲”“意在于治民”③。第三种接近于西方中世纪所说的意动性的意向。王阳明明确把这种意称作意欲，如说“意欲温清，意欲奉养者所谓意也”④。“夫人必有欲食之心然后知食，欲食之心即是意”，“必有欲行之心然后知路，欲行之心即是意”。⑤这显然是行动的意向。不难看出，王阳明对意的论述比较接近于西方托马斯和布伦塔诺的有关理论，即既重视意动性的意向性，又重视认识性的意向性，同时还看到了作为表征、对象内呈现的意向性，因此比较全面。

“意”总有其“涉着处”，有其所关涉的事物或对象，这对象既可以是进入心中的自然事物，又可以是社会现象、人事，如事亲、事君、仁民爱物，甚至也可以是视听言动，如说“意在于视听言动，便是一物”⑥。“意未有悬空的，必着事物。”⑦意即，只要有心之动，就有意向性，而意向性总与对象有关，即总会落脚在一个事物或对象上。另外，王阳明像布伦塔诺一样认为，意识关涉对象总是内在地进行的，因为一切不外乎是心中之物。王阳明常说：“无心外之理，无心外之物。”⑧

在这一论辩中，王阳明再传弟子胡直等人认为，心中的决定因素不是意，而是良知以及源于良心的准则。胡直说：“夫良知者，乃吾人之天权、天度、天星、天寸者也。吾致其良知以应物，是犹平衡定准以称量天下之物者也。夫是以顺乎本然之则而不涉于按排者也。”⑨“理者，吾心之灿灿者也；以其至一理至不一者也。”⑩“惟人独有良知，则固所以通天地万物而理之者也。良知之通天地万

① [明]王守仁：《王阳明全集（上）》，吴光、钱明、董平等编校，上海古籍出版社2012年版，第41页。
② [明]王守仁：《王阳明全集（上）》，吴光、钱明、董平等编校，上海古籍出版社2012年版，第183页。
③ [明]王守仁：《王阳明全集（上）》，吴光、钱明、董平等编校，上海古籍出版社2012年版，第5页。
④ [明]王守仁：《王阳明全集（上）》，吴光、钱明、董平等编校，上海古籍出版社2012年版，第42页。
⑤ [明]王守仁：《王阳明全集（上）》，吴光、钱明、董平等编校，上海古籍出版社2012年版，第36页。
⑥ [明]王守仁：《王阳明全集（上）》，吴光、钱明、董平等编校，上海古籍出版社2012年版，第32页。
⑦ [明]王守仁：《王阳明全集（上）》，吴光、钱明、董平等编校，上海古籍出版社2012年版，第80页。
⑧ [明]王守仁：《王阳明全集（上）》，吴光、钱明、董平等编校，上海古籍出版社2012年版，第5页。
⑨ [明]胡直：《申言下》，《胡子衡齐》卷8。
⑩ [明]胡直：《明中上》，《藏稿》卷29。

物而理之，是乃所谓天然之条理者也。”①

在意与知等心理样式的关系问题上，王阳明基于整体论思想认为，只要是意向活动，心、意、知就都会出现，都有自己的作用，或都扮演着自己的角色。例如，心是主宰，意是心的发动处，知是意的灵明处或本体。这里的“知”指的当然是作为本体的良知。王阳明说：“身之主宰便是心，心之所发便是意，意之本体便是知，意之所在便是物。”②换言之，“指心之发动处谓之意，指意之灵明处谓之知，指意之涉着处谓之物，只是一件。意未有悬空的，必着事物”③。

从作用上说，作为意动的意是不正的根源。王阳明常说：本体本正，不正源于意动。“性无不善，则心之本体本无不正也。”“自其意念发动而后有不正。故欲正其心者，必就其意念之所发而正之。”④意为，要做到想得正、行得正，就必须在心的动念处即意生起时把捉好、处理好，不让不正的心念生起。

从意与物的关系来看，两者密不可分。这里的物是带有现象学性质的实在。没有所指之物，不可能有意向、意念发生。没有意向，自在之物不可能转化为意向所指向的为我之物、现象学实在。质言之，意向之物不是自在的事物，而是进入心中、呈现于心中、为意识所把握的实在。“心之灵明是知，知之发动是意，意之所着为物。”⑤

再看道学的意向性探索。道家认为，作为意向性的意是心的深层机制。这有点类似于胡塞尔将意向性作为意识的结构的看法。《文始真经》说：思维的主体表面上看是心，但最终主体其实是意。“思者心也，所以思之者是意，非心。”⑥这就是说，心是直接的思考者，而意则是决定如何思的机制和程序、指令。

在见道的过程中，意的作用至关重要，因此意为心主、道主。因为意调和了，停住不动，才能见道。“若意能一日节之，然如常息者，其气即永固。”⑦如此让意停下来，凝固安然，便是顺天意。因为天意即道体无为，否则是“逆天

---

① [明]胡直：《申言下》，《胡子衡齐》卷8。
② [明]王守仁：《王阳明全集（上）》，吴光、钱明、董平等编校，上海古籍出版社2012年版，第5页。
③ [明]王守仁：《王阳明全集（上）》，吴光、钱明、董平等编校，上海古籍出版社2012年版，第5页。
④ [明]王守仁：《王阳明全集（中）》，吴光、钱明、董平等编校，上海古籍出版社2012年版，第801页。
⑤ [明]王守仁：《王阳明全集（上）》，吴光、钱明、董平等编校，上海古籍出版社2012年版，第21页。
⑥《文始真经·五鉴》。
⑦ [北宋]张君房编：《云笈七签》，载胡道静、陈莲笙、陈耀庭选辑：《道藏要籍选刊（一）》，上海古籍出版社1989年版，第392页。

意”。[①]“道体虚无，自然乃无为也，无为者乃心不动也，不动也者，内心不起，外境不入，内外安静，则神定气和。”“精意专念，玄之又玄，道之极秘矣。”“若能存念，其神以守元气，气亦成神，神亦成气。”[②]

《文始真经》也认为，能思的东西是心，所以思者是意，因此意是心之内的深层机制。“思者，心也；所以思之者，是意非心”，正像“运者，车也，所以运之者，是牛非车”。[③]这说明思的主体是心，但其内在机制、动力则是意，就像牛拉动车一样，心由意所驱动。从根源上说，意的这种根本性的作用来自神。神为何能生意呢？这可用五行加以自然化说明。根据道教，神属火，意属土，而火可生土，故说：“火生土，故神生意。”[④]意之所以有生魄、让心萌动的作用，又是因为意本身是一个能生的东西，如说：“土生金，故意生魄。”[⑤]

全真道南派将意从心中独立出来，看作一种独立的心理实在或作用。其独立性表现在：意在天干地支中属于戊已，配中土，色尚黄，又名“胎意”。“胎意”即真意、真心，可称作“黄婆”。“四象五行，意为之主宰，意无偶，自是一家。”[⑥]就作用而言，意是情的根源，情即广义的心情、实际发生的心理。“喜怒哀乐爱恶欲，情也，因意而有。”[⑦]即情是因意感外物而产生出来的。就意与心的关系来说，意由心所发，但又有独立性，就像由意发的情本身不是意一样。

就与神的关系来说，要让神全，必须做到意诚。“炼神之要在于意，意不动则二物交并，三元混一，而圣胎成矣。”[⑧]

中国的意向性研究开辟了一个新的领域，那就是中国哲学不仅对心之意向作用做了较全面的梳理，而且对它在做人、成圣中的作用，对它与人的生存状态的关系做了独到的探究。一般认为，人做得如何，是圣人还是凡夫，人生活得如何，

---

① [北宋]张君房编：《云笈七签》，载胡道静、陈莲笙、陈耀庭选辑：《道藏要籍选刊（一）》，上海古籍出版社1989年版，第392页。
② [北宋]张君房编：《云笈七签》，载胡道静、陈莲笙、陈耀庭选辑：《道藏要籍选刊（一）》，上海古籍出版社1989年版，第393-394页。
③ [北宋]张君房编：《云笈七签》，载胡道静、陈莲笙、陈耀庭选辑：《道藏要籍选刊（一）》，上海古籍出版社1989年版，第400页。
④ [北宋]张君房编：《云笈七签》，载胡道静、陈莲笙、陈耀庭选辑：《道藏要籍选刊（一）》，上海古籍出版社1989年版，第388页。
⑤ [北宋]张君房编：《云笈七签》，载胡道静、陈莲笙、陈耀庭选辑：《道藏要籍选刊（一）》，上海古籍出版社1989年版，第388页。
⑥ [元]李道纯：《中和集》，载明《正统道藏·洞真部·方法类》尖字号。
⑦ [元]李道纯：《中和集》，载明《正统道藏·洞真部·方法类》尖字号。
⑧ [元]李道纯：《中和集》，载明《正统道藏·洞真部·方法类》尖字号。

是在天堂享福还是在地狱受罪，主要取决于人心“位于”“安于”“寄托于”何处，即取决于人心的意向、指向，取决于“心使”。如果让心在任何情况下都指向、安顿于道，“虚其心”，“贵食母”[①]，“休”于“虚静恬淡寂寞无为者”[②]，或者像孟子所说的那样，把心的指向性放在养“大心”、扩充心、尽心之上，那么就会成为快乐无比、人格高尚的圣人、大人。荀子说：“心平愉，则色不及佣而可以养目……蔬食菜羹而可以养口，粗布之衣，粗紃（粗麻绳）之履而可以养体。”[③]意思是说，人如果不为物所役，不向外驰骋，而是安于平愉，那么即使处在物质条件很差的情境之下，也能心安理得、快乐无比。反之，如果为物所役使，让心系于财、色、名、食、睡，那么便会“心忧恐则口衔刍豢而不知其味，耳听钟鼓而不知其声……故向万物之美而盛忧，兼万物之利而盛害，如此者，其求物也，养生也”[④]？《管子·内业》也说：“执一不失，能君万物。君子使物，不为物使。”“是故圣人与时变而不化，从物而不移……定心在中，耳目聪明，四肢坚固。”中国佛教由于对印度佛教和中国文化的精髓兼收并蓄，因此对此的认识更加深刻和透彻。它认识到：心既是体、宗，又是用，或者说，西方不离方寸，一念心净，则佛土净，是圣是凡就取决于当下一念心，取决于心之所住。因此至圣、求解脱的根本问题是处理心的所住，是“善巧安心”。一念心生，向外弛求、攀缘，念念着相，即指向有相之物，便堕凡夫，反之一念不生，安心于法相，念而无念，指而无指，“应无所住而生其心”，永远心平行直，即入涅槃。

中国对作为意动的意向性研究主要体现在对“志”的探讨之中。在前面讨论“意”时，我们曾有涉及，这里再做具体考释。中国心灵哲学重视“志”的研究，是出于强烈的实践动机，即为了解决如何做人、如何治身或治心的问题，以及如何将成圣落实于行动。因此关于志的哲学首先是行动哲学。而要解决行动的问题，自然要追问“志”或西方人所说的“自由意志”。西方的行动哲学必然要涉及自由意志问题，这也说明了志的问题对心灵哲学的必然性。

“志”是心理现象的一个特征，一指人的志向、欲求、意志、理想、追求，如“苟志于仁”；二指人的“志气”“气节”“骨气”，我们不妨从下述表述中

---

①《老子·第十五章》。
②《庄子·天道》。
③《荀子·正名》。
④《荀子·正名》。

去体会这样一种特殊的心理。例如，“三军可夺帅也，匹夫不可夺志也”。这里的志显然是有别于知、情、意志、性格、能力、才智的独立的心理。孟子说：“志，气之帅也，气，体之充也。夫志至焉，气次焉。故曰：‘持其志，无暴其气。’”[①]徐复观先生认为，志是心之所向，是心的作用，持志就是保持心的作用，如保持良心，让其在生命中起统率作用。正所谓“志，气之帅也”[②]。从对象上分，志有三类，即富贵、功名、道德，意为志分别有追求富贵的志、追求功名的志、追求道德的志。“三者所志不同，而其所趋亦远矣。”[③]

陆九渊心学的一个重要课题就是“辨志”。徐复观先生说：“追到一个人决定行为的‘志’的地方，清查一个究竟根源，这就是象山的所谓‘辨志’。”[④]王阳明说：“志不立，天下无可成之事。虽百工技艺，未有不本于志者。今学者旷废隳惰，玩岁愒时，而百无所成，皆由于志之未立耳。故立志而圣则圣矣，立志而贤则贤矣。志不立如无舵之舟，无衔之马，漂荡奔逸，终亦何所底乎？”[⑤]孔子在这方面做出了表率，他三十而立，立就是立志，就是将心的指向性系于某目标之上，如立志知天命、立志不逾矩。因此，“夫志，气之帅也，人之命也，木之根也，水之源也……根不植则木枯……志不立则气昏。是以君子之学，无时无处而不以立志为事”[⑥]。

“志”在中国哲学中是一个有多种用法的词，我们这里关心的只是它的这样的用法，即指向了理想对象的心理状态，或坚定地停留于一心理状态之上，或固守于已认识到对象，如通常所说的专心致志于真理、为真理献身、止于至善等，因此它是一种兼有认知和意志作用的状态，是一种认知到真实之后的坚持、坚固、巩固的心理品质。简言之，知、充、遏，即志。“善念发而知之，而充之；恶念发而知之，而遏之。知与充与遏者，志也。”[⑦]这种意义的志显然是一种极为特殊的心理现象样式，是中国心灵哲学对心理大发现所做的又一重要贡献。

陆九渊认为，志是行为之“端绪”，而端绪即“始”“本”。他说：“学问

① 《孟子·公孙丑上》。
② 徐复观：《中国思想史论集》，九州出版社 2014 年版，第 176 页。
③ [明]周汝登：《周汝登集（下）》，张梦新、张卫中点校，浙江古籍出版社 2015 年版，第 833 页。
④ 徐复观：《中国思想史论集》，九州出版社 2014 年版，第 10 页。
⑤ [明]王守仁：《王阳明全集（中）》，吴光、钱明、董平等编校，上海古籍出版社 2012 年版，第 804 页。
⑥ [明]王守仁：《王阳明全集（上）》，吴光、钱明、董平等编校，上海古籍出版社 2012 年版，第 219 页。
⑦ [明]王守仁：《王阳明全集（上）》，吴光、钱明、董平等编校，上海古籍出版社 2012 年版，第 20 页。

固无穷已，然端绪得失则当早辩……于其端绪知之不至，悉精毕力，求多于未，沟浍皆盈，涸可立待。”[①]志也可说是终点，是心应依止的地方。例如，所以辨志又可称作“知止”“知至”。“知止而后有定，定而后能静，静而后能安，安而后能虑，虑而后能得。”[②]

刘劭认为，志与欲望连在一起，是欲求（志）的外在表现。他说：“夫人情莫不欲遂其志……苟赞其志，则莫不欣然。”[③]由于志得到不同的对待，便有情的“六机”，即六种表现。“杼其所欲，则喜。若不杼其所能，则怨。以自伐历之，则恶。以谦损下之，则悦，犯其所乏，则婟。以恶犯婟，则妒。”[④]

由于中国心灵哲学一般把志看作是“气之帅”，因此从它与气的关系的角度讨论得较多。一般而言，它们有两方面的关系：一是事实上的关系，二是应然的关系。就前者而言，它是心与身的关系的一个个例。就后者而言，告子认为，要成圣，人应做到志帅气充。就次第而言，应该是志至气次，即志主气从。孟子认为，志即人的心思、志意，气即体的构成，并表现为身体的种种作用，如奔跑、跌倒都是气之作用。就它们的应然关系来说，志与气应该统一、合一。当然，它们也有相辅相成的作用，例如，志专一，则气亦随之，正气稳定、专一，则志亦随之。“志壹则动气，气壹则动志也。”[⑤]

理学和心学有将志与气统一起来的倾向，如主张：“志与气原非二物。志即气之精明者是也。持志、无暴，并无两样工夫。”[⑥]即不能离气言持志，也不能离开志而谈养气。王阳明认为，志与气的关系是志至气次。至即人的决定思想、道德行为的精神力量。有两种情况：一是立志，即确定去凡至圣的志向；二是不立志。立志便能培养灵明之气，去掉昏浊习气。反之，“本性为习气所汩者，由于志之不立也”[⑦]。因为志是人的生命、心身活动的统帅。“夫志，气之帅也，人之命也，木之根也，水之源也。源不浚则流息，根不植则木枯，命不续则人死，志不立则气昏。”[⑧]

① [宋]陆九渊：《与邵叔谊》，《象山全集》卷1。
② [宋]陆九渊：《与邓文范》，《象山全集》卷1。
③ [东汉]刘劭：《人物志・八观》。
④ [东汉]刘劭：《人物志・八观》。
⑤《孟子・公孙丑上》。
⑥ [明清之际]黄宗羲：《宋元学案（一）》，陈金生、王运华点校，中华书局1986年版，第39页。
⑦ [明]王守仁：《王阳明全集（中）》，吴光、钱明、董平等编校，上海古籍出版社2012年版，第812页。
⑧ [明]王守仁：《王阳明全集（上）》，吴光、钱明、董平等编校，上海古籍出版社2012年版，第219页。

黄宗羲看到，对于气人们一般有两种态度：一是让喜、怒、哀、乐为气之所使，如果是这样，人便会“过分逾节”；二是让气为志所统率，“志，气之帅，气，体之充”[①]。他赞成后一态度。他认为，志即心中的一个基于知的善良意志。它能辨是非、选择和坚持正确的行为。“盖以谓志则在心而心为有知，有知则所好亦有节，而所恶不过分，纵过而逾节，亦知自反也。”[②]

列子（约前 450—约前 375）认为，在现实的人身上，志与气的关系有两种表现：一是志强而气弱；二是相反。前者的例子是鲁公扈，其表现是足于谋而寡于断；而后者的例子赵齐婴“志弱气强”，其表现是少于虑而伤于专。[③]

中国哲学对志气关系的讨论也可理解为根据气来对志做自然化说明，李侗说：“志，即气之精明者是也。原是合一，岂可分如何是志，如何是气……若离气而言持志，未免把捏虚空，如何养得！”[④]“知者，气之灵者也。气而不灵，则昏浊之气而已。养气之后，则气化而为知，定静而能虑，故知言、养气，是一项工夫。”[⑤]

就志与心的关系来说，《鬼谷子》认为，志是心中的五项功能之一。志的作用是察是非。其与欲有关，《鬼谷子》曰：“志者欲之使也。欲多，则心散，心散则志衰，志衰则思不达也。”[⑥]要想志意不衰，就必须制欲，而要如此，又必须“心气一”。“心气一，则欲不偟。欲不偟，则志意不衰。志意不衰则思理达矣。”[⑦]就志、思、神的关系而言，志若能养心、坚固，便有思虑之达，进而不丧其神。反之，则丧其神。“志不养心，气不固心。气不固则思虑不达。思虑不达，则志意不实。志意不实，则应对不猛。应对不猛，则失志而心气虚。”[⑧]有此失此虚，便必“丧其神”。

陆九渊认为，心即本心，即人的主宰、本体之心，志是其所发。既然心即理，

---

① [明清之际]黄宗羲：《宋元学案（一）》，陈金生、王运华点校，中华书局 1986 年版，第 39 页。
② [明清之际]黄宗羲：《宋元学案（一）》，陈金生、王运华点校，中华书局 1986 年版，第 39 页。
③《冲虚至德真经·汤问第五》。
④ [明清之际]黄宗羲：《宋元学案（二）》，陈金生、王运华点校，中华书局 1986 年版，第 1284 页。
⑤ [明清之际]黄宗羲：《宋元学案（二）》，陈金生、王运华点校，中华书局 1986 年版，第 1284 页。
⑥《鬼谷子》，[南朝梁]陶弘景注，载胡道静、陈莲笙、陈耀庭选辑：《道藏要籍选刊（五）》，上海古籍出版社 1989 年版，第 806-807 页。
⑦《鬼谷子》，[南朝梁]陶弘景注，载胡道静、陈莲笙、陈耀庭选辑：《道藏要籍选刊（五）》，上海古籍出版社 1989 年版，第 807 页。
⑧《鬼谷子》，[南朝梁]陶弘景注，载胡道静、陈莲笙、陈耀庭选辑：《道藏要籍选刊（五）》，上海古籍出版社 1989 年版，第 807 页。

因此此志必与天地万物“不限隔”，必是“与天地相似”的理的体现。如果这样对待本心与志，让本心做主，如主宰欲望、意见，则人自然成为圣人。但现实是“主客倒置”，即一般人都让本心这样的主人退隐，而让欲望之类本在客人地位的东西成了主人，因此人不为人。

就志与意的关系而言，王阳明认为，意让意念生起，进而让心进入意识流状态，有动有变，游移不定并有是非判断，而志尽管也是本心生起的念动，但其特点是，有固定不移的指向对象，具有专一、持久、不变、坚毅的品格，其引发的行为也有不变、不为外界转变的特点。“志苟坚定，则非笑诋毁不足动摇，反皆为砥砺切磋之地矣。”[①]可见，王阳明所说的“志”是今日所说的意志中的一种，即指向高尚对象的坚忍不拔的意志。从志与知的关系来看，两者有互为条件、相互作用的关系，如知什么、知多少都与志有关，“善念发而知之，而充之；恶念发而知之，而遏之。知与充与遏者，志也”[②]。意思是，志既可使向上的认知得到充实发展，也能阻止由恶念而引发的认知。就此而言，志对于知、思虑等理性活动有决定性作用，因此可把志看作是知的种子。“夫志犹种也，学问思辨而笃行之，是耕耨灌溉以求于有秋也。志之弗端，是蕢稗也。”[③]当然，知对志也有反作用，如知的多少、好坏可影响志的方向和坚毅程度。基于正确的、有益的知识可形成高尚的志向。例如，有关于良知之知，就会有成圣之志。“既知至善之在吾心而不假于外求，则志有定向，而无支离决裂、错杂纷纭之患矣。”[④]

今日西方的意向性研究已与传统的语言意义研究合流了。中国心灵哲学也重视对意义问题的研究，如言意之辩就是其表现之一。这个论辩是围绕着“圣人之意”而展开的，所关心的问题尽管没有涉及意义的意义、意义的本体论地位等形而上学问题，但从特定角度切入了对意义哲学的一些重要问题的研究。例如，什么是圣人之意？与所指是何关系？理解圣人之意的条件和方法是什么？等等。

许多人主张“意”有独立的存在地位，如嵇康的“得意忘言说”就持此论。他用比喻的方式说，就像钓鱼的人得鱼忘筌一样，人得到的意是一种有独立性的、

① [明]王守仁：《王阳明全集（上）》，吴光、钱明、董平等编校，上海古籍出版社2012年版，第233页。
② [明]王守仁：《王阳明全集（上）》，吴光、钱明、董平等编校，上海古籍出版社2012年版，第19-20页。
③ [明]王守仁：《王阳明全集（上）》，吴光、钱明、董平等编校，上海古籍出版社2012年版，第200页。
④ [明]王守仁：《王阳明全集（中）》，吴光、钱明、董平等编校，上海古籍出版社2012年版，第800页。

抽象的实在，其表现是“心（意）不系于所言”[①]。

再就言意之辩中经常争论的言、象、意的关系来说，“象”指卦象及象征其义的物象，例如，乾卦之象作“☰”，义为刚健，可用马象之；坤卦之象作“☷”，义为柔顺，又以牛象之。很显然，意义不同于象，是“象外之义”，正如存在着言外之意一样。

言意之辩还涉及了语言与思想是否可分离的问题。这里有不同的看法：一是不可分论，如《墨经》说“执所言而意得见，心之辩也”；二是可分论，例如，孔子说“书不尽言，言不尽意”[②]，庄子说“筌（捕鱼工具）者所以在鱼，得鱼而忘筌。蹄（捕兔的工具）者所以在兔，得兔而忘蹄。言者所以在意，得意而忘言”[③]。

魏晋时期，何晏、王弼发展了言不尽意说。这一意义论包含有“抽象意义论”的思想。“意”有无自己不同于所指的存在地位？有无抽象存在？庄子说：“语之所贵者，意也，意有所随（所指），意之所随者，不可以言传也。”[④]言尽意论者也承认“意”的独立性，例如，魏晋的欧阳建对立于言不尽意论，提出了“言尽意论”。他认为，有三个东西不可混同：一是言或名；二是物，即语言的外在所指；三是“理”或意。他说：“古今务于正名，圣贤不能去言，其故何也？诚以理得于心，非言不畅；物定于彼，非名不辨。言不畅志，则无以相接；名不辨物，则鉴识不显。”[⑤]这里的“理”“志”就是不同于语言之所指的抽象存在。

老子、魏晋玄学中还包含有弗雷格（F. Frege）关于含义与意义之区分的思想雏形。根据王弼的看法，老子所谓的“道、玄、深、大、微、远之言”，它们的所指都是那个至大无外、无处不在的道或无，但又“各有其义”，“未尽其极者也”。[⑥]

美国哲学家保尔通过自己的研究，在瑜伽行派中得到了这样的发现，即该派已认识到语言有意向性。例如，语言一经说出，就有它的关于性或意向性，即指向了某种意识的对象或被意指的对象（object intended），意向对象即所指（referent）。即使这对象没有实际的对应物，例如，人们有意说出的“空花”，尽管世界上不存在空花，但作为意识到的对象的空花，则是被意指的对象。保尔

① [曹魏]嵇康：《声无哀乐论》。
② 《周易·系辞上》。
③ 《庄子·外物》。
④ 《庄子·天道》。
⑤ [西晋]欧阳建：《言尽意论》，见《艺文类聚》卷19。
⑥ [曹魏]王弼：《老子指略》。

说："语言从根本上来看是意向性的……而不论那些对象实际上存在与否。"[①]陈朝的印度译经师、佛学家真谛的看法也是这样，他在"《转识论》中称，要实现交流这一目的，人们无需任何真理观和客观存在的所指，只要有意指对象以及对意指对象达成的共识，人们就可以进行交流"[②]。例如，尽管神灵不存在，但由于人们有对其观念的某些共识，因此能相互谈论神灵。

保尔认为，中国佛教有意向性理论，但它与语言理论联系在一起，因此保尔采取了这样的研究路径，即通过考察中国佛教的语言理论来揭示它的意向理论及意义理论。她说："瑜伽行派的语言观重点在关注语言的交流功能，尤其是语词形成的随意性，语言指称的意向性，以及语言对态度和行为的影响。"[③]她还以真谛为个案，探讨了佛教心灵哲学的特点及内容，认识到佛教也有像西方一样的倾向，即通过研究语言来研究意向性。她说："真谛对语言的分析重点在于'意向性'这一观念。"[④]还应说明的是，这不是保尔的独创，而是西方在佛教心灵哲学和语言哲学研究中的一种有代表性的倾向。当然，保尔在这一领域的建树比较突出。

保尔认为，真谛的《三无性论》提出了两个与语言指称有关的问题：第一，为万物命名是否是了解世界的关键？用语言描述外部事物是否提供了关于事物的标准知识？真谛的看法是命名是随意的活动，语言并不能提供关于事物的准确知识，这种知识只能由智慧的了悟来提供。"名言所显诸法自性即似尘识分……如所显现，是相实无。"[⑤]瑜伽行派也认为，名称与所指之间没有反映与被反映的关系，因为这种对应是"任意的"。[⑥]"含义或意义就是由语言共同体对所指对象的这些功能性特征达成的共识。"[⑦]在这一点上，古老的佛教有近于现代逻

① [美]保尔：《中国六世纪的心识哲学——真谛的〈转识论〉》，秦瑜、庞玮译，上海古籍出版社 2011年版，第62页。
② [美]保尔：《中国六世纪的心识哲学——真谛的〈转识论〉》，秦瑜、庞玮译，上海古籍出版社 2011年版，第63页。
③ [美]保尔：《中国六世纪的心识哲学——真谛的〈转识论〉》，秦瑜、庞玮译，上海古籍出版社 2011年版，第59页。
④ [美]保尔：《中国六世纪的心识哲学——真谛的〈转识论〉》，秦瑜、庞玮译，上海古籍出版社 2011年版，第78页。
⑤ [美]保尔：《中国六世纪的心识哲学——真谛的〈转识论〉》，秦瑜、庞玮译，上海古籍出版社 2011年版，第60页。
⑥ [美]保尔：《中国六世纪的心识哲学——真谛的〈转识论〉》，秦瑜、庞玮译，上海古籍出版社 2011年版，第61页。
⑦ [美]保尔：《中国六世纪的心识哲学——真谛的〈转识论〉》，秦瑜、庞玮译，上海古籍出版社 2011年版，第61页。

辑学家和哲学家弗雷格的思想，即都认为，语言的含义表述的不是实际的所指，而是近于抽象实在的东西。中国佛教还认识到，名称并不指谓客观世界，因为对象、共识、交流都建立在语言使用者（个体或群体）的意向之上。真谛对此提出了这样一些论证：①如果如反对者所说的那样，名称和所指必有关联，那么会得出这样的结论，即命名在前、关于对象的认知在后，而事实肯定不是这样；②如果名称意谓的是真实对象，那么没有听说某名称的人，就不可能理解此意指对象，而事实并非如此；③因为在没有听闻名称时，我们也能理解被意指的对象，因此名称意指的不是真实对象。①

中国佛教在这个问题上的基本观点是，必须把意指对象与真实对象区别开来。前者是"似尘义"，后者是真实所指。这里的义是含义，而非实际所指。"若说分别体，谓三界心及心法，依止及境界更无别体，以似尘义，类为依止。以似尘义，类之名为境界耳。"②所谓似尘，指的是心中显现出来的东西，它没有物质的构成和形体，因此不是实际的尘，但它又不是纯心理的东西，而有对象的特点，因此是名副其实的似尘。

中国佛教有今日心灵哲学的近似思想，如强调：理解语言结构及其意向性是理解心识及其意向性的有效途径，因为两者大致相同。保尔说："依存于语言的心识活动为我们提供了一条理解心识结构的可能途径。"③之所以要根据前者说明后者，是因为后者难解，前者易解。"在交流这个层次上，人们更容易觉察到心识……作为语言对象的制造者所起的作用。"④"真谛正是通过对语言进行原初性的批判性反思，从而引导他的读者去理解心识的比较性或分别性，以及理解支撑我们对世界之物进行名分别和感知分别的心识结构的统一性和意向性。"⑤

---

① [美]保尔：《中国六世纪的心识哲学——真谛的〈转识论〉》，秦瑜、庞玮译，上海古籍出版社 2011 年版，第 64 页。
② [美]保尔：《中国六世纪的心识哲学——真谛的〈转识论〉》，秦瑜、庞玮译，上海古籍出版社 2011 年版，第 63 页。
③ [美]保尔：《中国六世纪的心识哲学——真谛的〈转识论〉》，秦瑜、庞玮译，上海古籍出版社 2011 年版，第 75 页。
④ [美]保尔：《中国六世纪的心识哲学——真谛的〈转识论〉》，秦瑜、庞玮译，上海古籍出版社 2011 年版，第 75 页。
⑤ [美]保尔：《中国六世纪的心识哲学——真谛的〈转识论〉》，秦瑜、庞玮译，上海古籍出版社 2011 年版，第 77 页。

第十二章

自我与心灵的自我认知

自我是一种关键性的、根本性的心理样式。要想揭示心的本质、建立心身理论，特别是建立心灵观，就必须正视它，否则将无功而返。由此所决定，自我研究近年来在心灵哲学中呈现出回归和持续升温的态势。有些人认为，这得益于佛教自我论在西方的传播。[①]这一课题的困难在于，从经验上证明它的存在不难，但要从科学上实证它、解释它，从哲学上揭示其本质和机制则十分困难。也就是说，心灵的自我认知是最大的认识难题。在西方，自我理论可谓汗牛充栋，其中最主要的有两种：一是二元论和民间心理学所坚持的小人式或实体性自我论，这种理论认为自我是人身上的一种有自主作用的小人式实在；二是“无主论”（no ownership view），它走向了另一极端，即绝对否认人身上有自我、有主体。中国心灵哲学在自我及其认知问题上的探讨尽管缺乏科学实证的维度，但有自己的特色和丰富性，是人类自我研究中的一笔宝贵财富，值得开发、挖掘。

---

① 许多学者认为，亚洲哲学尤其是佛学西渐构成了西方文化史上的“第二次文化复兴”（参见[智]F. 瓦雷拉、[加]E. 汤普森、[美]E. 罗施：《具身认知：认知科学和人类经验》，李恒威、李恒熙、王球等译，浙江大学出版社 2010 年版，第 18 页）。另外，近年来研究自我的成果众多，加拉格尔（S. Gallagher）主编的《自我》一书就汇聚了大量新成果（参见 Gallagher S(Ed.). *Self*. Oxford: Oxford University Press, 2011.）。

第一节　有我—无我问题

有我—无我问题或自我问题是东西方心灵哲学的共同主题。在中国和印度，它一直备受关注，而在西方，它有时冷时热的特点。例如，在实证主义盛极一时的 20 世纪上半叶，自我问题常被作为形而上学问题而被“拒斥”。最近三十年来，它在心灵哲学中又呈现出回归和持续升温的态势。一般而言，自我问题是由许多子问题构成的问题域。其第一个问题是人身上除了心理和生理的元素之外，还有无一个起主宰、支托或实体作用的我或主体？第二个与此密切相关的问题是如果说人的心理活动、过程、状态只能作为属性存在而不能作为独立的事物存在的话，那么它们后面有无一个作为它们主体或载体的我，或有无作为它们所有者（ownership）的我？人、心是有主还是无主的？有主论和无主论就是围绕此问题而产生的两种对立理论。第三个问题是，如果人内有一个我，这个我究竟是什么？如果有，其性质、相状、构成、特点是什么？与人之身心的其他方面是何关系？换言之，如果日常交流中所说的“我”一词有指称，那么它指的究竟是什么？如何予以描述？有什么样的本体论地位？其本质是什么？第四个问题是，如果人身上有我，此我是表现为一还是表现为多？这一问题在西方只是到了弗洛伊德提出“我”的三层结构说（自我、本我、超我）才成为人们所重视的问题，而在印度和中国心灵哲学中则一直是受到高度关注的问题。

东方关于自我的理论较之西方，要复杂和深刻得多。例如，在印度，关于实体性、主宰性的我之有无、真假问题，有两种意见：第一种意见是佛教外的诸派（除顺世论）基本上坚持实有论。吠檀多说阿特曼（我）封蔽于人中，为人实有，其根源是无明，在未解脱、未与梵合一之前，虽非真，但却有体有用。数论也坚持实我论，认为人各有一我，是二元之一，自我非作者，与细身不同，可与自性合，无作似作。胜论派认为，人我为九实之一。瑜伽派认为，人我独存。正理派主张，我属十二谛之一，且居首位。从类别上说，有我论有两类：一是分别我执，二是俱生我执。分别我执有多种形式，例如，吠檀多派认为，宇宙唯是梵，一梵唯是一我；数论主张有神我，胜论的六句义或九句义认为神我是实句义。它们也承认神我遍满，我无边大。胜论所说的我有三义：常住、周遍、量同虚空。根据

《成唯识论》，外道的有我论有三种：一是执我体常周遍，量同虚空（数论、胜论等）；二是执我体虽常而量不定（尼虔子）；三是执我体至细，如一极微。就人生观而言，有我论有如下形式：①即蕴；②离蕴；③与蕴，非即非离。《瑜伽师地论》概括为四种：①计我即诸蕴；②计我异于诸蕴，住诸蕴中；③计我非即诸蕴而异诸蕴，非住蕴中而住异蕴离蕴法中；④计我非即诸蕴而异诸蕴，非住蕴中亦不住于诸蕴，离蕴法中，而无有蕴。第二种意见是佛教的无我论、假我论（但有名字）、大我论。在自我问题上，佛教的看法极为复杂和辩证。一方面，破我，即认为一切由因缘和合而成，里面没有世间哲学所说的常一不变的、实体性的、主宰性的我，不仅非人的外法无我，而且人也无我；另一方面，佛教又立我，认为人们为了交流的方便而说的我，是不得已而立的假名，但有名字，并无实指。另外，佛教也承认有一种真我，它实际上是万事万物的体性，也可以说是人在完全破除了我法二执后显现出的万事万物一如一体的境界。

中国心灵哲学，尤其是佛教传入后受其影响、改进的中国心灵哲学，也有其殊胜的一面。就心理现象有无主体或载体的问题来说，中国的探究不仅时间早，而且也极有深度。原始思维已注意到此问题，西安半坡人遗址发现的人首鱼身图像，专为灵魂出入而开了通道，其位置在大脑的额顶上。《山海经》曾提到“开题之国”，此处“题”即“额”。从此以后，主张心理活动一定有其局域性位置，一定有其主体的思想，一直是居主导地位的观点。殷周时期一般认为，思维的器官是心而不是脑。《史记·殷本纪》记载：“纣怒曰：‘吾闻圣人心有七窍。’”《黄帝内经·素问》云：“心者，君主之官也，神明出焉。”“心者，生之本，神之变（处）也；其华在面，其充在血脉。”《黄帝内经·灵枢》曰：“心者，五脏六腑之大主也，精神之所舍也。”“积神于心，以知往今。”道家、道教一般认为，心理现象的主体是心神。例如，陶弘景（456—536）在《真诰》一文中说：面者神之庭，发者脑之华。脑是“灵宅”或“神之庭”“精神之舍”。在揭示心理活动的所在地时，中国也有人主张脑髓说，例如，王清任（1768—1831）认为，灵性、记性在脑者，因饮食生气血、长肌肉，精汁之清者化而为髓，由脊骨上行入脑，名曰脑髓。[①]中国化佛教坚持的是印度佛教的这样的观点，即认为

① [清]王清任：《脑髓说》，《医林改错》上卷。

阿赖耶识是心的主体或载体，但此载体恒转如瀑流，没有常性、实体性、主宰性、同一不变性。应看到的是，中国也有无主论，即认为人身上不存在一般人所说的那种主体，王阳明有对“心灵主体”的解构。有人评述说：这使“中国心灵哲学整体性特征受到一次严重的震撼”①。同时，这是后心学的一个出发点。

在自我的其他问题上，中国心灵哲学的探讨近于佛教，主要有两方面：一是破我，二是立我。先看道学的探讨。它既破我，又立我。

破我论主要是破除常识和传统所理解的作为同一不变实体、主宰的我或心。《玄珠录》云：“一本无我，合业为我，我本无心，合生为心……空则无我、无生、无心、无识。”②意为人本无同一不变的、实体性的自我，如果有的话，它指的不过是因缘合和的聚合体。心也是这样。

要理解破我论或无我论，必须弄清有我论，因为前者是针对后者而阐发的。根据破我论，无我即无常人所设想的那种作为实体和主宰的心。有多种有我论。它们共同的地方在于：承认众因素组合的人体之内有一特殊的存在，即我，它是人以外的事物所不具有的，因此认为有我是人之为人的一个标志性特征。不同在于：对于这个我究竟是什么、是一种什么样的实在，人们见仁见智。有的人认为是心神或神识，有的人认为是自己的思维、感觉之类的经验。《文始真经》对此观点做了这样的描述：“世之人，以我思异彼思，彼思异我思，分人我。”“以我痛异彼痛，彼痛异我痛，分人我。”③这里所说的“世之人”，实即传统和常识的、坚持有我论的人。《文始真经》以经验证明了有我论是不能成立的。因为枯龟无我，能据此推知很多东西。“枯龟无我，能见大知。磁石无我，能见大力。钟鼓无我，能见大音。舟车无我，能见远行。故我一身，虽有智有力有行有音，未尝有我。”④人没有作为我的心，照样有力、有知，正像磁石、枯龟无心能有力、有行一样。《文始真经》认为，通常把心作为我，也是不能成立的，因为心是因缘和合的产物，不是对象，也不能归结于我。“物我交（相互作用），心生”⑤，正像“两木摩（擦）”有“火生”一样。这些生起的东西不是由单一因素决定的。⑥就

① 任文利：《心学的形而上学问题探本》，中州古籍出版社2005年版，第3页。
② [唐]王玄览：《玄珠录》卷下。
③《文始真经・六匕》。
④《文始真经・六匕》。
⑤《文始真经・六匕》。
⑥《文始真经・六匕》。

心的特点来说，它有这样的特点：一是无时，即有超越时间的特点；二是无定域，即有超越空间的特点。非心事物都局限于特定时空，换言之，时空是其固有特点。而心不受时空限制，以梦为例，白天所想的，在晚上可能会出现在梦中，可见，“心无时”。再如，在齐国，看到、想到的与之有关，到了楚国、晋国，心又随之转向了这些国家，可见“心无方”，即无空间限制。既然如此，就没有理由把心当作一个单子性的、小人式的实在。①

有我论还从构成上认为，精、神就是我，或至少是我的构成。《文始真经》认为，精属水，因此像水一样可分可合。既然可分可合，它就不是不变的实体，就不是小人式的存在，其内“无人”。《文始真经》云：“水可析、可合，精无人也。”神的特点也是无我，即不是恒一不变的实体。因为神属火，因此像火一样连续不断，其内没有不变之主体。“火因膏因薪，神无我也。”②万物包括牙齿、春夏等都无我。这近于佛教的“诸法无我”。总之，“以神无我，故鬼凭物则神见”③。意为，通常把精与神当作实体、我，也是不能成立的，因为它们是五行结合的产物。五行分开，精神也随之消失。例如，心为心脏之神，由于心脏像火的燃烧离不开众多条件一样，因此“神无我”。“精神，水火也，五行互生灭之，其来无首，其往无尾，则吾之精一滴不存亡尔（没有一滴的增加和减少），吾之神一欻（闪）无起灭尔，惟无我、无人，无首无尾。”④

基于上述分析，可以对通常所说的“我”做这样的比喻性说明，即它像鼓一样，鼓的形体像“我”的身体，鼓发出的声音像“我”的感觉、心神，声音消失了，“余声尚存”。身上的所谓我、心等就像鼓发出的声音，本来它们会随着身的消失而消失，但由于有余力存在，因此也会像声音的余声一样存在一定的时间。《文始真经》说：“鼓之形如我之精，鼓之声如我之神，其余声者，犹之魂魄。”⑤由此可见，“我”是一个由多因素构成的混合体，“我”本身不是一个独存之体。

有一种观点认为，魂是“我”的必要构成，或就是“我”。《文始真经》认为，魂属木，其特点是离不开水的滋养和火的熏蒸，夜晚藏于精，白天见物表现

①《文始真经・五鉴》。
②《文始真经・五鉴》。
③《文始真经・五鉴》。
④《文始真经・五鉴》。
⑤《文始真经・四符》。

出神采，像木一样。“木根于冬水而花于夏火，故人之魂藏于夜精，而见于昼神。”[①]可见，魂不是同一不变的实体，因而不可能成为“我”。

一个人对魂的认识为什么与他人既有相同的一面，又有不同的一面呢？《文始真经》的回答是相同是因为“魂与精合”，而精是内在的，即蔽于内。不同是因为“合乎神”，而“神未尝有我”，即没有我性，常表现于外。[②]

常见的主张有我的根据是认为人有心神，心神即我。道学认为，神本身是无我的，即不是一实体。其无我的表现是，神一定像影子随形一样，或像鬼依附于人和物一样。鬼神通变化，不是因为它是独立实在，而是因为它依附在某东西之上，同样，神正是因为依附于心才有神明的。精与神的作用也说明它本身不是主体。《文始真经》云：“全精者，忘是非，忘得失，在此者非彼；抱神者，时晦明，时强弱，在彼者非此。”[③]由此只能说：精神本身是无我的，是变化无常的。“精神，水火也，五行互生灭之，其来无首，其往无尾。”[④]精神像火焰、流水一样，既连续又间断。

道学认为，相信有我存在在理论上是错误的，在人生实践上是有害的，因此人的离苦得乐、去凡成圣的过程就应该是破我，即做到无人无我。有道是，圣道即至精之道、至神之道，而此道就是要离生灭、离有无，做到无人、无我。《文始真经》云：“吾之精，一滴不存亡尔；吾之神，一欻无起灭尔。惟无我，无人，无首，无尾，所以与天地冥。”[⑤]从认知上说，圣人和凡夫在认知上是有根本差异的。圣之所以为圣人，就是因为圣人无所不通，其在认知上没有障碍，没有痴迷。凡夫之所以为凡夫，是因为凡夫愚昧无知。在有我、无我问题上，圣人“知我无我”，而凡夫“不知我无我”。故可说：痴迷人“不悟我本无我”，“妄有我而向外逐道”[⑥]。《文始真经》也认识到：人们所设想的那个作为绝对不变主体的我，实际上是没有的，圣人能认识到这一点。“圣人知我无我，故同之以仁

---

①《文始真经·四符》。
②《文始真经·四符》。
③［元］牛道惇：《文始真经注》，载胡道静、陈莲笙、陈耀庭选辑：《道藏要籍选刊（五）》，上海古籍出版社 1989 年版，第 385 页。
④［元］牛道惇：《文始真经注》，载胡道静、陈莲笙、陈耀庭选辑：《道藏要籍选刊（五）》，上海古籍出版社 1989 年版，第 385 页。
⑤［元］牛道惇：《文始真经注》，载胡道静、陈莲笙、陈耀庭选辑：《道藏要籍选刊（五）》，上海古籍出版社 1989 年版，第 385 页。
⑥［元］牛道惇：《文始真经注》，载胡道静、陈莲笙、陈耀庭选辑：《道藏要籍选刊（五）》，上海古籍出版社 1989 年版，第 359 页。

（用仁统一天下的人）；知事无我，故权之以义（用义来权衡）；知心无我，故戒之以礼（用礼来防范）；知识无我，故照之以智（以智观照识）；知言无我，故守之以信。”[①]圣人由于认识到无我、我所，因此在行动上就无障碍。“尚自不见我，将何为我所？”[②]“我之为我，如灰中金。”[③]我是找不到的，因为矿石中的金可找到，是有；而灰中金是无，我亦如是。“合形于神，合神于无。”[④]

从有我论的认识论根源来说，许多人之所以坚持有我论，一个原因是没有认识到人身上的五行是可以互用的，进而便在人身上构想一个可以说明心身作用的我。《文始真经》云：“五行之气，其性一物。”[⑤]性质都是一，即为元气。由于是一物、一元气，因此就可同时成为五行，如成为水、成为火等。这就是五行的互用。而“知五行互用者，可以忘我”[⑥]。

从作用上说，如果能认识到并坚持无我，那么人在认识世界和去凡成圣的征途上就能做到无为而无不为、无我而无不我。“枯龟无我，能见大知（如可占卜一切）；磁石无我，能见大力；钟鼓无我，能见大音；舟车无我，能见远行。”[⑦]简言之，只要无我，便无不我。

庄子也不赞成有我论所说的那种我、心有独立的存在地位，不过，他在对我与心做出严格区分的基础上强调：不存在的、应灭的是人们常说的假我、妄心。《庄子·齐物论》云：“形固可使如槁木，而心固可使如死灰。”[⑧]吕惠卿注曰：“人之所以有其形，心者，以其有我而已，苟为无我，则如死灰、槁木。”[⑨]意思是，心和形都不可能是永恒不变的实体，因为形、心再坚固，都可变为如同槁木、死灰一样的东西，这样的形、心不可能有其不变的我。当然，心有变动之心和能照之心，能被灭的是变动之心，而能照之心不灭，就此而言，人除了有假我之外，还有真我。庄子云：“吾丧我，知其为吾，则心不应如死灰，是有真我存、灭动不灭

---

①《文始真经·三极》。
②《文始真经·三极》。
③《文始真经·三极》。
④《文始真经·三极》。
⑤《文始真经·三极》。
⑥《文始真经·三极》。
⑦《文始真经·三极》。
⑧［唐］成玄英：《庄子·齐物论》。
⑨［南宋］褚伯秀：《南华真经义海纂微》，载胡道静、陈莲笙、陈耀庭选辑：《道藏要籍选刊（二）》，上海古籍出版社1989年版，第277页。

照之义。”[①]意为，我有两种——一种是假我，另一种是真我；心也有两种——一种是变动之心，另一种是不变的真心或觉照之心。从应然的角度来说，应该灭的是假我、变动之心，应该存的是真我、觉照之心，这是去凡成圣的必由之路。

破我与立我是不矛盾的。道学认为，凡愚的问题在于：所认识到的我不存在，同时有害，而真实存在的我或真我又没有被认识到，是故应该立。所谓真我即被肉身、假我、心念掩盖的无生无死、虚灵独存的本体。真我亦即真心，或真素。素即未染之布，真心即人之本性，它自净无瑕、一尘不染。故《老子》云：“见素抱扑，少私寡欲。”[②]

真我不仅存在，而且有妙用，即有天籁之用。《庄子》云：“形可槁，心不可灰之为真我。”此不可灰的心即真心或真我。“心为天君，籁即吾心之用。”[③]其用的表现是，能“格物致知、酬机应变、形诸言动”[④]。由于它们起作用时，没有一点声响，“不必见于声”，因此“而后为籁也”。“人籁、地籁有动有寂，天籁自然，超乎动寂，而有真宰、真君。”[⑤]此真心之所以不灭，根据是“君可端拱无为，不可一日失位，心可寂静无思，不可一时泯灭心。”[⑥]林疑独注曰：真我“不属阴阳内外，可以神会，不可象求，性命之至，情待真宰而后行，而真宰之形不可见也”[⑦]。尽管如此，人身上又“叉有真君以治之，真君者无为而居中虚之地，百体九窍皆为役用而不自知也”[⑧]。

真宰与身上其他部位的关系是君臣关系。陈详道注曰：“心者，一身之主，宜以为君。”[⑨]但就其受道的主宰来说，心又不是绝对的主宰。“心又不能自主，

① [南宋]褚伯秀：《南华真经义海纂微》，载胡道静、陈莲笙、陈耀庭选辑：《道藏要籍选刊（二）》，上海古籍出版社 1989 年版，第 277 页。
②《老子·第十九章》。
③ [南宋]褚伯秀：《南华真经义海纂微》，载胡道静、陈莲笙、陈耀庭选辑：《道藏要籍选刊（二）》，上海古籍出版社 1989 年版，第 278 页。
④ [南宋]褚伯秀：《南华真经义海纂微》，载胡道静、陈莲笙、陈耀庭选辑：《道藏要籍选刊（二）》，上海古籍出版社 1989 年版，第 278 页。
⑤ [南宋]褚伯秀：《南华真经义海纂微》，载胡道静、陈莲笙、陈耀庭选辑：《道藏要籍选刊（二）》，上海古籍出版社 1989 年版，第 278 页。
⑥ [南宋]褚伯秀：《南华真经义海纂微》，载胡道静、陈莲笙、陈耀庭选辑：《道藏要籍选刊（二）》，上海古籍出版社 1989 年版，第 278 页。
⑦ [南宋]褚伯秀：《南华真经义海纂微》，载胡道静、陈莲笙、陈耀庭选辑：《道藏要籍选刊（二）》，上海古籍出版社 1989 年版，第 280 页。
⑧ [南宋]褚伯秀：《南华真经义海纂微》，载胡道静、陈莲笙、陈耀庭选辑：《道藏要籍选刊（二）》，上海古籍出版社 1989 年版，第 280 页。
⑨ [南宋]褚伯秀：《南华真经义海纂微》，载胡道静、陈莲笙、陈耀庭选辑：《道藏要籍选刊（二）》，上海古籍出版社 1989 年版，第 282 页。

而主之者造物。”[①]就此而言，此造物为真君。

《文始真经》也认为，人心中有变和不变两个方面。变的是意想、念想，不变的是真心、“大常”。所谓大常即绝对的常、真正的常，如说：“事生于意，终变于意。”[②]万事的有无其实也根源于意。有意动，便有事的此与彼之分别，因此应“知夫唯意”。但真心是不变的，“意有变，心无变，意有觉，心无觉……吾心有大常者存”[③]。心中有无形之真心。“我之一心，能变为气、为形，而我之心，无气无形。知夫我之一心无气无形，则天地、阴阳不能役之。”[④]这里的心指的是真心。它的特点是，既“能于无中示有”，也“能于有中示无”。[⑤]

道教也重视立我，即设法论证有特定意义的我或心，此心即真我、真心，也可以说是道体、体性、真常。例如，王玄览的思想就有这样的两面性：一方面否认一般所说的自性或自我，认为没有这样的自性。他说：“一法无自性，复因内外有。”[⑥]另一方面又认为，诸法有实性，人有心性，此性即道，即实性。“实性本真，无生无灭。”[⑦]人之真性可称作“正性”，其特点是虚无、寂静、不动不变，但其作用是万能的。“人心之正性，能应一切法，能生一切知，能运一切用，而本性无增减。”[⑧]就正性与众生的愚智性的关系来说，两者都不可见，因此都是“至玄”。但有体用关系，即众生性以正性为体。“大道应感生，此性不可见，众生愚智性，此性不可见。”[⑨]

王玄览认为，见此真我的方法就是，将对事物的分析推进至空无的境界，例如，将现象性的心分析至无心处，就能如实真见真心或真我。这就像剥芭蕉的皮一样，剥到有皮处，还算不上进到了其中心、实质，只有到无边处，才是中心。对心的认识也是这样，“谕如芭蕉，剥皮欲求心，得心会皮成，剥皮乃至无皮无心处，是名为正一。故曰：逾近彼，逾远实，若得无近无彼实，是名为真一”[⑩]。

---

① [南宋]褚伯秀：《南华真经义海纂微》，载胡道静、陈莲笙、陈耀庭选辑：《道藏要籍选刊（二）》，上海古籍出版社1989年版，第282页。
②《文始真经·五鉴》。
③《文始真经·五鉴》。
④《文始真经·五鉴》。
⑤《文始真经·五鉴》。
⑥ [唐]王玄览：《玄珠录》卷下。
⑦ [唐]王玄览：《玄珠录》卷下。
⑧ [唐]王玄览：《玄珠录》卷下。
⑨ [唐]王玄览：《玄珠录》卷上。
⑩ [唐]王玄览：《玄珠录》卷上。

道教有时也像佛教一样承认有这样的我，即因缘和合、作为业报轮回主体的我。这可看作是道教所立的第二种我。

道教是承认有多神的，但不承认有些理论所说的多个我，充其量只承认有作为真神的我和作为假名的我。如前所述，多神表现在人身内外到处都充满神，甚至每个关节、毛孔中都有神。人体内居中心的神是真神或元神，存真即存想真人所在的地方。此外，主要的神还有泥丸夫人，即脑室中央之神，它宜静，因为静则安，动则伤；神的形式还有各部分的神；等等。一切神中的根本即为元神，其特点是无中妙有、寂然不动，可以说是无，但又能感而遂通，因此又是有。如果把这个神看作是我，那么道教承认有我。但不承认其他神是我，因为它们都是因缘和合的。

儒家在自我问题上的观点也较辩证。它的基本观点是，人有特定意义上的我，但没有一般人所理解的那种小人式的、实体性的我。因为从体上说，人内部找不到这样的我。《圣学宗传》云："此心中虚，实无有我，其妄立我，乃外意尔，非虚中之所有。"据说，这句话是从周文王口中说出并传下来的，但实际上是后来的圣学传人为了让圣人理论具体化、形象化，而赋予周文王的。[①]

理学主要从应然的角度做了论证，认为人如果真的能做到无我，那么就能转凡成圣。张载说："无我而后大，大成性而后圣。"[②]"圣不可知也，无心之妙，非有心所及也。"[③]要无我，就要忘物累，"存神过化，忘物累而顺性命者乎"[④]。

当然，在特定意义上又可以承认人有我，例如，如果把人区别于非人的那种灵秀之气或人的其他独特性称作我，那是完全可以的。根据张载，人是天地万物之秀气，即人也由气构成，只不过构成人的气更精、更秀，气的组合方式更奇、更妙。这种特殊性就可看作是我。邵雍认为，具备八个必要条件即为人，"耳、目、鼻、口、心、胆、脾、肾之气全，谓之人"。从语言用法上说，人、我的真实意思不是说里面另有一个实体，而是命名时，人们约定俗成地把具有上述八个特点的实在称作我或人。所谓"八"是指耳、目、鼻、口、心、胆、脾、肾。心、胆、脾、肾四类器官中有四种机制，加上这四种机制所具有的功能即为"八"。

① [明]周汝登：《周汝登集（中）》，张梦新、张卫中点校，浙江古籍出版社 2015 年版，第 513 页。
② [北宋]张载：《张载集》，章锡琛点校，中华书局 1978 年版，第 17 页。
③ [北宋]张载：《张载集》，章锡琛点校，中华书局 1978 年版，第 14 页。
④ [北宋]张载：《张载集》，章锡琛点校，中华书局 1978 年版，第 18 页。

四种机制是心之灵曰神，胆之灵曰魄，脾之灵曰魂，肾之灵曰精。四种功能是心之谓发乎目曰视，肾之精发乎耳曰听，脾之魂发乎鼻曰臭，胆之魄发乎口则谓心。有这八方面且能发挥其作用，即为人、为我。[①]

心学也强调事实上无我、实践上应该无我，因为小我破除方可成圣。精通王阳明心学的赵贞吉（1508—1576）认为，圣人的境界是“至虚至谦”。在这里，“至虚无见，见即是我。至谦无我，我不可见，终日乾乾，学此而已矣”。有见有我，都为有害，是小人的表现，因为“见起忘修，我起害志”。[②]境界上的无我，不仅是应该的，而且能够做到，例如，通过修证或亲见，就能如此。当真的达到无我之境时，就会亲见真我。这是一种解脱的、圣人的境界。如果通过修行见到了心的这样的特点，它“不昧不落，不著不倚”，那么心就回复到了本心状态。这也就是无我的境界。至此，就立马见到了真我。赵贞吉说：“不倚也者无我之谓也，见无我则倚于无我。不倚也者，无见之谓也；无见也者，见即是我；无我也者，我不可见。只此真见、真我之谓真志、真修，谓之至虚至谦，谓之诚意。”[③]

王阳明在自我问题上的思想有二重性：一方面，他没有放弃对先验主体的设定，如常说“有心俱是实，无心俱是幻”[④]，这是从本体上说工夫；另一方面，看到了承认此主体的麻烦，于是便说，“无心具是实，有心便是幻”[⑤]。如果说有体，此体不是一种不变之实体，而是一种特殊的合成性的体，正像“耳无体，以万物之色为体”一样，则“心无体，以天地万物感应之是非为体”。[⑥]杨国荣概括说：“本体可以理解为意识的综合统一体，这种本体并不是独立于意识过程的超验实体，它即形成于并体现于现实的意识活动过程。”[⑦]

有我与无我的问题在王阳明哲学中有时表现为无己与成己的问题。在特定意义上，人是有我的，即能成为真实的自己，而这必须通过为己、克己这样的阶段才能完成。不难看出，圣人在特定意义上是无我的（克己）。但事物的辩证法又

---

① [明清之际]黄宗羲：《宋元学案（一）》，陈金生、梁运华点校，中华书局1986年版，第384页。
② [明]周汝登：《周汝登集（下）》，张梦新、张卫中点校，浙江古籍出版社2015年版，第901页。
③ [明]周汝登：《周汝登集（下）》，张梦新、张卫中点校，浙江古籍出版社2015年版，第901-902页。
④ 转引自[明]王守仁：《王阳明全集（上）》，吴光、钱明、董平等编校，上海古籍出版社2012年版，第108页。
⑤ [明]王守仁：《王阳明全集（上）》，吴光、钱明、董平等编校，上海古籍出版社2012年版，第124页。
⑥ [明]王守仁：《王阳明全集（上）》，吴光、钱明、董平等编校，上海古籍出版社2012年版，第108页。
⑦ 吴光主编：《阳明学综论》，中国人民大学出版社2009年版，第43页。

在于：当真正的克己完成时，人又成己了，即进入了真正的万物皆备于我的大我境界。而此大我的成就又不是绝对与小我无关的。例如，在入圣之初，就应有自我意识，有为己的强烈意识和愿望。有此，就有前进的动力。王阳明说："今之学者须先有笃实为己之心，然后可以论学，不然则纷纭口耳讲说，徒足以为人之资而已。"①为己的目标就是为成己，当然这里的成己中的己则是大我。"须有为己之心，方能克己。能克己，方能成己。"②"成己"，即成就大我，或"圣人之心"。"夫圣人之心，以天地万物为一体，其视天下之人，无外内远近，凡有血气，皆其昆弟赤子之亲，莫不欲安全而教养之，以遂其万物一体之念。"③这种成己是我的否定之否定，即否定了小我后而达到的状态。没有对小我的否定，不能做到无我，就不会有圣人之心。"人心本是天然之理，精精明明，无纤介染著，只是一无我而已……古先圣人许多好处，也只是无我而已。"④可见，无我与有我、无己与成己真的是辩证地联系在一起的。离开了这种关系，就没法把握它们的本质。

第二节　心灵的自我认识问题

心灵的自我认识问题通常被称作心灵哲学的认识论问题。它要回答的问题主要是能够去认识和把捉对象的人心本身能否反过来变成认识的对象？我们能否形成关于它的正确的认识？如果能，这种认识有无必要性？有无意义？其可能性的根据、条件和方法是什么？这一研究既是心灵哲学的必然要求，同时也是建立真正一般意义的普通认识论的一个必要条件。因为缺乏了对心的认识，没有关于这种特殊认识的认识论，即使其他局域性认识论再完善，也会因其欠缺而不可能成为名副其实的普通认识论。在西方，这类问题在古代哲学中就已萌芽，近代的笛卡儿、洛克、休谟等不仅使其明确和具体，而且围绕它们提出了比较完善的理论。现代西方心灵哲学以这些认识为基础，对之进行了较为深入和全面的探讨，

① [明]王守仁：《王阳明全集（下）》，吴光、钱明、董平等编校，上海古籍出版社 2012 年版，第 826 页。
② [明]王守仁：《王阳明全集（上）》，吴光、钱明、董平等编校，上海古籍出版社 2012 年版，第 31 页。
③ [明]王守仁：《王阳明全集（上）》，吴光、钱明、董平等编校，上海古籍出版社 2012 年版，第 47 页。
④ [明]王守仁：《王阳明全集（上）》，吴光、钱明、董平等编校，上海古籍出版社 2012 年版，第 109-110 页。

展开了激烈的争论，形成了许多别具一格的理论。

心灵哲学中的认识论问题的特殊性在于，它包含有他心（other mind）和自心两大领域内的问题。所谓他心问题，除了有关于他心的概念或语词问题、本体论问题和道德哲学问题等之外，还有如何认识他心、如何得到关于他心的知识的所谓他心知问题（the problem of other minds）。它的子问题有很多，例如，如果我们相信我以外有他心，那么如何予以证明？或者说我们能否认识自己以外的他心、他人的心理活动、状态和事件？如果能认识，是怎样认识的？其基础、根据、性质和过程等是什么？也可以这样说，一个人如何确定自己以外的某东西——异己的造物、复杂的机器人、有社会能力的计算机或他人——是不是社会的、有感情的、有意识的存在？如何判断一种无意识的自动机的行为是由不同于真正的心理状态的某种东西引起的？怎样把这种行为与人的行为区别开来？他心知问题由其对象的不可直观性、与“我”的相互转化性、被认识时的主动性、易于伪装性等所决定，对它的认识的可能性及其条件、根据、方法、途径及检验等都有不同于其他对象的特点，因此必须用特殊的方法予以具体研究。

心灵的认识论问题的特殊性的另一表现是，人心可进行自我认识，即通过反省、自我意识等途径认识自身，而这是其他事物所不可能完成的活动。内省与自我意识的子问题有：如果人有内在的心理活动、过程、状态和事件（不管它们可否还原为大脑活动、过程、状态和事件），那么人自己能认识到吗？如果可以认识，那么人自己是怎样或通过什么方式、途径进行这种自我认识的？通常的回答是通过内省、自我意识等形式。如果是内省、自我意识，那么什么是内省和自我意识？它们是如何可能的？其过程和机制怎样？它们与认识外部世界的形式如外感知有什么不同？通过这些方式得到的知识（自我知识）具有什么样的性质和特点？是否是自明的、不可错的、不可检验的、不可改正的？当今心灵哲学争论的焦点问题是，人有无到达自我的优越通道？第一人称认知是否真的是权威的、不可错的？等等。

中国心灵哲学也以自己的方式提出了关于心灵的认识论问题，并做了自己有个性的回答。这里我们将主要考释中国心灵哲学关于心灵认识的一般性探讨，例如，不单独考察它关于心灵自我认识的理论，而把它揉到关于心灵的一般认识的理论之中。在最后，再简要考察庄子和惠子围绕他心知问题所展开的“鱼乐之辩”。

中国心灵哲学的认识论研究的特点在于：它不仅早就明确提出了认识自我、认识心灵的口号和任务，而且把这一任务提高到了“大本”的地位。我们知道，中国哲学出于它的人本主义、人生解脱论动机，把“知天命”看作是终极的、最高的认识目的。因为只有如此，才能像孔子那样进至随心所欲而不逾矩的圣人境界。于是，早在《尚书》中，就已确立了“知天命”的认识目标，提出了“格知天命”的口号。①

这里的“天命”无疑没有神学意义，指的是自然必然性或决定万事万物生成、运行的天理或命理。怎样才能完成知天命这一任务呢？根据崇本息末、纲举目张的方法论，要知天命必先知心，因为知心是知一切包括知天命的大本。孟子早就把知心与知天命的内在关联或体用关系说得一清二楚：“尽其心者，知其性也。知其性，则知其天。”②王恕对此的解释是“人能竭尽其心思而穷究之，则能知其性之理。”③根据戴震的看法，心不是白板，而有“天人道德”。尽其心就是查明心被赋予的这样的东西。“天人道德，靡（没有）不豁然于心，故曰‘尽其心’”，知其性即“知其自然，斯通乎天地之化；知其必然，斯通乎天地之德；故曰‘知其性，则知天矣’”。④魏源认为，心是万物之本，或包含万物，因此知心之源，则无不知，包括能知天命。他说：“诚能心不受垢如目之不受尘者，于道几矣。回光返照，则为独知独觉；彻悟心源，万物备我，则为大知大觉。”⑤大知大觉当然能无所不知，包括知天命。

笔者认为，孟子提出的尽心知性从表面上看有先后关系，但从体性上看，的确如朱熹所说的那样，是没有区别的，更无先后关系。因为一般的识心、知心还不能看作是尽心。这也就是说，尽心是有标准的，只有穷尽心之限量、体性、理体，才可称作尽心。因此真正的尽心就是知其性，而是否知其性则是判断是否尽心的标准。在此意义上，笔者认为，孟子所说的尽心知性为中国心灵哲学各家各派规定了既具有价值性诉求，又具求真性诉求的认识论目标。中国心灵哲学不仅确立了这一目标，而且各家各派还对如何实现这一任务从方法论、认识论上做了

---

①《尚书·大诰》。
②《孟子·尽心上》。
③［明清之际］黄宗羲：《明儒学案（上）》，沈芝盈点校，中华书局 2008 年版，第 161 页。
④ 安正辉选注：《戴震哲学著作选注》，中华书局 1979 年版，第 15 页。
⑤［清］魏源：《默觚·学篇五》，《魏源集》。

大量的探讨。这里拟超越派别做综合考释。

我们先看一些人或派别的否定性论述。他们认为，许多方法是不适合认识心性的。例如，心学要知的心不是表层的表现为知、情、意的心，而是作为道德本体的心，因此心学一般强调：认识这种心不能用通常的把握对象的方式，如不能用类比、比喻的方式去认识这种心。之所以这样，是因为心体是一种特殊的实在，它无形无相、至大无外、无所不包。就此而言，现象界没有一物与它类似，即没有可类比性，没法用别的事物来比拟。金声说："于天下之物，虽至精至美，无一可以尽喻此心者。"①此外，由于心体超越于现象界，属于"德行之知"，因此它没法用适合于认识常见之物的"闻见之知"和"思虑"来把握。朱熹说："然心之为体，不可以闻见得，不可以思虑求。"②唯一的出路是，从自心做起，在自心上用功，让其回复寂然的状态。"必有事焉而勿正，心勿忘，勿助长也。""如是而存，存而久，久而熟，心之为体，必将瞭然有见乎参倚之间，而无一息之不存矣。"③最后，用通常的观察、思维方法也是不可能识心之本体的，因为这些方法的特点是"常应事然后思是事之理，当接物然后思是物之理"④。它们适合认识形而下者，而对于认识心是无济于事的。"思之不豫而无所及"，若豫讲之，则又陷入"出位而思、念虑纷扰"之病。⑤

这里的问题还在于，尽管中国心灵哲学（尤其是心学）在论述知心任务时强调知"心之人本"或"心之本"，但这种知与西方所强调的心灵认知有无共同性呢？换言之，中国的心灵之知有无西方心灵哲学认识论的意义？是否有科学认知的追求和意义？是否涉及对心灵自在本质的认识？这些问题在中国哲学的研究中当然是有争论的。笔者认为，除陆王等的狭义心学⑥之外，中国其他的心灵哲学一般都有明确的求真性追求和意义，至少有与价值性诉求并行的求真性诉求，而陆王心学是否有求真性诉求则值得讨论。

有一种观点认为，狭义的心学涉足的领域只是纯粹实践理性，没有明确的科

---

① [明清之际]黄宗羲《明儒学案（下）》，沈芝盈点校，中华书局2008年版，第1365页。
② [明清之际]黄宗羲《宋元学案（二）》，陈金生、梁运华点校，中华书局1986年版，第1557页。
③ [明清之际]黄宗羲《宋元学案（二）》，陈金生、梁运华点校，中华书局1986年版，第1557页。
④ [明清之际]黄宗羲《宋元学案（二）》，陈金生、梁运华点校，中华书局1986年版，第1557页。
⑤ [明清之际]黄宗羲《宋元学案（二）》，陈金生、王运华点校，中华书局1986年版，第1557页。
⑥ 除儒学之外，佛、道也自认为自己有心学。就日常用法来说，"心学"一词除指陆王心学之外，还有这样的多义性，即以心传心义、以心体会义、澄心静坐义、明心见性义、内观拒外义、先内后外义等。是故，我们把陆王心学称作狭义的心学。

学意识，没有意识到心的区分的必要性，关心的主要是实践理性，目的是弄清从它那里可派生什么，因此不以认识为目的。既然如此，我们就不应指责它没有完成像西方心灵哲学那样的认识心灵的任务。应该承认：心学所说的心的确主要是作为道德本原或本体的心。例如，在王阳明的哲学中，心体亦即心之本体。刘宗周最喜欢说心体与性体。他的看法是，性体为未发，心体为已发。就心学所做的主要工作来说，它关心的是此心体中有什么、对人去凡成圣有何用，以及如何在成圣的过程中发明它、利用它。很显然，这类研究主要属于道德哲学的范畴，其任务是找到道德的根源，弄清道德规范、规则的源头。陈来说："全部心学的基础和整个心学所要表达的就是道德主体的概念。""心既然是实践理性，它就不以'认识'为目的，而以求得至善为责任，它的任务是确定实践原理究竟是由主体内的决定原理决定的，还是以主体以外的决定为原理来决定。"①在孟子那里，本心指四端（仁、义、礼、智）之心，因此本心是理，是道德法则之所从出。陈来说："源于孟子的这个本心概念，是指完全独立于感性欲念，没有任何感性欲望染乎其间的先验的主体。整个孟学，从孟子到王阳明，都是极力肯定、保护这一基本观念。"②

尽管王阳明心学关心的主要是作为道德本体的心，其主要工作是围绕道德哲学展开的，但由于他同时面对着道德哲学外的广泛的问题，例如，谈论心就必然涉及广泛的心理学、认识论、心灵哲学问题，因此他对心的论述就不可能做到完全纯粹。事实上，他在多种意义上使用"心"一词，就足以表明这一点。例如，他至少在三种意义上使用"心"：一是"心即理"中所说的心，此心即心之本体，而心之本体即至善。这种心只能是"心体"或"本心"，不是主宰性、知觉性的心。二是主宰性的心。他说："心者，身之主宰，目虽视而所以视者心也，耳虽听而所以听者心也，口与四肢虽言动，而所以言动者心也。"③三是知觉性的心。他说："这视听言动皆是汝心，汝心之视发窍于目，汝心之听发窍于耳，汝心之言发窍于口，汝心之动发窍于四肢。若无汝心，便无耳目口鼻。"④如果只讨论第一种意义的心，那么的确只会停留于道德哲学或道德心理学的范围内，而一旦

① 陈来：《有无之境：王阳明哲学的精神》，生活·读书·新知三联书店2009年版，第39页。
② 陈来：《有无之境：王阳明哲学的精神》，生活·读书·新知三联书店2009年版，第38页。
③ [明]王守仁：《王阳明全集（上）》，吴光、钱明、董平等编校，上海古籍出版社2012年版，第104页。
④ [明]王守仁：《王阳明全集（上）》，吴光、钱明、董平等编校，上海古籍出版社2012年版，第32页。

涉及后两种意义的心，就一定会探讨对心的求真性认知。王阳明的心学显然有对后两种意义的心的论述。其他心学家在用“心”一词、论述“心”时也没有只集中在作为道德本体的“心”的意义上，这也表明他们同时在关心其他意义的心。例如，有人认为，陈献章所说的心有三种所指：一是“虚明静一者为主”的主宰之心、认知之心；二是“心居万物之上”的本体之心、道德之心；三是“自然之乐乃真乐”的境界之心。[①]

即使只关注作为道德本体的心，但只要对之做了像康德那样的探矿式、挖掘性研究，就一定在有道德哲学意义的同时附带或客观具有求真性心灵哲学的认识论意义。因为作为道德本体的心毕竟是心理现象的一种样式。将这种样式“发现”出来，本身就具有心灵哲学“地理大发现”的意义，因为它将以前或别的心灵哲学忽视了的样式展现在了人们面前。这为人们更全面地抽象心理的本质提供了新的个例或样本。另外，心学在从道德哲学角度切入对它的研究时，客观上涉及了这样一些较标准的心灵哲学问题。例如，这种心有无本体论地位？如果有，有什么样的地位？其本质是什么？与其他心理现象、身体是何关系？如果进一步追问这些问题，那么就进到了关于本心的心灵哲学中来了。

中国心灵哲学认识论的特点还在于：认知性动机与实践性动机交织在一起，有时前者服从于后者，但后者的实现客观上又有利于前者的实现。两者的服从关系表现在：研究心，旨在指导行动，例如，由知己、知人，而知命、知道，最后才是知如何行。楚简《尊德义》云：“智（知）道而句（后）智（知）行。”[②]实践性动机比认知性动机更有利表现在：认知的最高目的是知天命、知道。而知道的目的又是为了行。要知天命、知道，必须知人知己。要知人，必先知己，而知己必须通过察。因此观察人心、知道人心是实现实践性动机的前提条件。是故可以说：“（察）者出所以智（知）旨，智（知）旨所以智（知）人，智（人）所以智（知）命，智（知）命而句（后）智（知）道，智（知）道而句（后）知行。”[③]

王夫之认为，心完全符合大本的三个条件，因此心是“天下之大本”。他强调：只有同时具备诚、几、神三个标准，才能被称作“本”。诚即真，是判断对象是

① 刘兴邦：《白沙心学》，社会科学文献出版社2012年版，第1页。
②《尊德义》，载陈伟等：《楚地出土战国简册（十四种）》，经济科学出版社2009年版，第213-214页。
③《尊德义》，载陈伟等：《楚地出土战国简册（十四种）》，经济科学出版社2009年版，第212页。

否存在的本体论标准。质言之，只有诚的东西才存在。“夫诚者实有者也，前有所始，后有所终也。实有者，天下之公有也，有目所共见，有耳所共闻也。”①诚或实对人的作用在于，它对心极为重要，可成为心的依托。王夫之说：“有实以为之依，是亦鱼之康于渊也已矣。”②意为，如果以诚为心之所依，则人将如鱼回到深渊一样。“诚有之，诚宅之，诚尽之，各体其实而无摇荡拘迫之忧……君子之以康其心者此矣。此之谓立天下之本也。”③“几”指的是本体的萌动或动之微、隐。王夫之说：“若夫人之有道心也，则‘继之者善’，继于一阴一阳者也。一阴一阳，斯以为仁、义、礼、智者也。当其感，用以行而体隐；当其寂，体固立而用隐。”④一阴一阳是道心的内在本性。“一阴一阳之权衡、不爽于铢累者，微也；一阴一阳之妙合无间，而不相为同、异、攻、取者，微也。”“阴变阳合，乘机而为动静。”⑤张载的说明更明白：“几者，动之微”，“几（者）象见而未形也，形则涉乎明，不待神而后知也”。⑥意思是，显之隐、著之微，即几。神指的是变化莫测的妙用。在诚、几、神三者中，诚又是本之本，因为诚即道。

心同时是诚、几、神，因此是天下之大本。张载说：“心之为天下本者有三”，即诚、几、神。诚即真或真实不虚。“几则有善恶矣，而非但免于恶之即善，则几固不可遏而息也。神则不测矣，于此于彼皆神，是人之天，非天之以命人而为其宅者也。故几者受裁于诚，而神者依诚以凝于人者也。”⑦

中国心灵哲学关于心的独特的认识论问题是由孟子的“尽心知性”而引出的。在孟子那里，尽心、知性本身都是目的，但同时又是到达“知天命”这一最高目的的手段、途径。但它们的关系是什么呢？对此人们有不同的看法：一是二程的看法，认为两者有先后递进关系，应先尽心，然后知性；二是把两者看作是一回事，即认为尽心即知性、知性即尽心；三是朱熹提出的“知性才能尽心”⑧。

在朱熹看来，尽心即竭尽、穷尽心的一切构成、机理、本质，完全穷尽心之

---

① [明清之际]王夫之：《尚书引义》，中华书局1976年版，第70页。
② [明清之际]王夫之：《尚书引义》，中华书局1976年版，第133页。
③ [明清之际]王夫之：《尚书引义》，中华书局1976年版，第133页。
④ [明清之际]王夫之：《尚书引义》，中华书局1976年版，第28页。
⑤ [明清之际]王夫之：《尚书引义》，中华书局1976年版，第29页。
⑥ [北宋]张载：《张载集》，章锡琛点校，中华书局1978年版，第18页。
⑦ [北宋]张载：《张载集》，章锡琛点校，中华书局1978年版，第131-132页。
⑧ [南宋]黎靖德编：《朱子语类（四）》，王星贤点校，中华书局1986年版，第1432页。

体。他说："发必自慊，而无有外。"[①]"慊"指满足、充分，说的是心的至大无外、至小无内、一念即具一切的特点。尽心就是要完全认识心的这个本质特点，即"见得心体尽"，弄清其性理。问题是心无限量，如何尽得？朱熹的回答是只要尽知心性、尽知道理，便可尽心，是故他强调要尽心，务必知性。

朱熹之所以强调只有知性才能尽心，是因为他认识到，尽心有可尽和不可尽之别。"不可尽者，心之事，可尽者心之理。"[②]意为人不可能穷尽心之事，只能尽心之理；而要尽心之理，就要知心之性，因为性即理。在这种尽心即尽心之理的意义上，也可以说尽心即知道性。若说尽心、知性、知天命三者有先后，则应先知性，然后才尽心。"先知得性之理，然后明得此心。知性犹物格，尽心犹知至。"[③]在这里，朱熹对知与尽做了区分，强调不能把这两种把握对象的方式混同看待。根据他的区分，知是格物，尽是知至。"知性者，物格也；尽心者，知至也。""所谓知便是心了。"[④]

从表面上看，孟子说的知心、知性、知天，好像有先后关系，好像要先知心，只要知心，便无所不知。其实，在朱熹看来，这里没有先后关系，即不能理解为先尽心、穷尽心的构成结构，然后去认识它的本性，因为它们是一体的。他说："心、性本不可分……心只是包著这道理，尽知得其性之道理，便是尽其心。""所以能尽其心者，由先能知其性，知性则知天矣。知性知天，则能尽其心矣。"[⑤]

判断尽心的标准是什么呢？朱熹的回答是看是否弄清其道理，即看是否知性。他说："尽得此心者，洞然光明，事事物物无有不合道理"，简言之，"见得其道理"，就是尽心。[⑥]"尽心，谓事物之理皆知之而无不尽。"[⑦]因此知心便等于知天。

上述以是否认知了性理为判断是否尽心的标准，只是朱熹的一家之言。他承认，除他的这一看法之外，关于尽心的标准还有其他的看法。根据他的梳理，可概括为这样几种：①心无余蕴为尽心；②扩充得去为尽心；③穷理为尽心。[⑧]张

---

① [南宋]黎靖德编：《朱子语类（四）》，王星贤点校，中华书局 1986 年版，第 1424 页。
② [南宋]黎靖德编：《朱子语类（四）》，王星贤点校，中华书局 1986 年版，第 1426 页。
③ [南宋]黎靖德编：《朱子语类（四）》，王星贤点校，中华书局 1986 年版，第 1422 页。
④ [南宋]黎靖德编：《朱子语类（四）》，王星贤点校，中华书局 1986 年版，第 1422-1423 页。
⑤ [南宋]黎靖德编：《朱子语类（四）》，王星贤点校，中华书局 1986 年版，第 1422 页。
⑥ [南宋]黎靖德编：《朱子语类（四）》，王星贤点校，中华书局 1986 年版，第 1425 页。
⑦ [南宋]黎靖德编：《朱子语类（四）》，王星贤点校，中华书局 1986 年版，第 1426 页。
⑧ [南宋]黎靖德编：《朱子语类（四）》，王星贤点校，中华书局 1986 年版，第 1433 页。

载的第四种看法是，大其心为尽心。因为大其心则能体天下之物，物有未体，则心为有外，有外即不能算作尽心。[①]

怎样才能做到知心之体进而穷尽一切心的构成、机理、本质呢？综合地说，儒家的一般观点是，要知心之体或尽心，第一，要明白此心就在我身上，不待求而得，不待操而存。第二，要像佛教一样认识到，此心不离搬柴运水等日用事功。第三，“须知心是身之主宰，而性是心之道理”[②]。第四，“识心非徒欲识此心之精灵知觉也，乃欲识此心之义理精微”[③]，即对心的认知不能停留于灵明、知觉之类的心之用上，而应进至对心之义理的追溯。[④]第五，要能在涵养本原时做到“打成一片”，中间若有间断，对心的认知就有欠缺，因为只要“觉得间断，便是相续处。只要常自提撕，分寸积累将去，久之自然接续，打成一片尔”[⑤]。心之管控方法是，在无事、有事时，都要提撕、用功，这也是知心的途径。“然其无事之时，犹是本根所在，不可昏惰杂扰，故又欲就此便加持养，立个主宰。其实只是一个提撕警策，通贯动静。”“常有此心，勿令忘失，则随动随静，无时不是用力处矣。”[⑥]

张载倡导的方法是通过知心之来龙去脉来知心之体，因为知心之来去就能“尽心”。他说：“故思尽其心者，必知心所从来而后能。”[⑦]一般的人之所以不能尽心，是因为“以耳目见闻累其心而不务尽其心”[⑧]。怎样才能尽心呢？他的回答是“虚心，然后能尽心。虚心，则无外以为累。”[⑨]“心之不能虚者，由有物榛碍。”“虚则一。”[⑩]这就是说，只有让心进入虚寂的状态，才能尽心。如果相反，心受制于外，跟着耳目等的感受转，则永远不能认识、接近心之体。耳目等从对象中得到、接受的都为“受”，而“受”由内外原因和合而生。“人谓已有知，由耳目有受也。人之有受，由内外之合也。”[⑪]这都与尽心无关。

① 转引自[南宋]黎靖德编：《朱子语类（四）》，王星贤点校，中华书局1986年版，第1433页。
② [明清之际]黄宗羲：《宋元学案（二）》，陈金生、梁运华点校，中华书局1986年版，第1558页。
③ [明清之际]黄宗羲：《宋元学案（二）》，陈金生、梁运华点校，中华书局1986年版，第1558页。
④ [明清之际]黄宗羲：《宋元学案（二）》，陈金生、梁运华点校，中华书局1986年版，第1558页。
⑤ [明清之际]黄宗羲：《宋元学案（二）》，陈金生、梁运华点校，中华书局1986年版，第1560页。
⑥ [明清之际]黄宗羲：《宋元学案（二）》，陈金生、梁运华点校，中华书局1986年版，第1560页。
⑦ [明清之际]黄宗羲：《宋元学案（一）》，陈金生、梁运华点校，中华书局1986年版，第702页。
⑧ [明清之际]黄宗羲：《宋元学案（一）》，陈金生、梁运华点校，中华书局1986年版，第702页。
⑨ [明清之际]黄宗羲：《宋元学案（一）》，陈金生、梁运华点校，中华书局1986年版，第764-765页。
⑩ [明清之际]黄宗羲：《宋元学案（一）》，陈金生、梁运华点校，中华书局1986年版，第702页。
⑪ [明清之际]黄宗羲：《宋元学案（一）》，陈金生、梁运华点校，中华书局1986年版，第702页。

范浚认为，知心的过程就是存心、尽心、尽性的过程。他说：“能于勿忘勿助之间，默识乎所谓至静者，此存心之奥也。”[①]可见，要知心，必先以虚静的方法存心，进一步则是知心、知性。“凡学，始于存心，中于尽心，终于尽性。”“盖心既尽则空洞清明，然后知性之为性，皆天理也。”[②]

王阳明在这方面的探讨有很多，所发明的方法也很多。其中最重要的一点是强调，尽心知性与去凡成圣是一致的。若人格完成、去凡成圣，则能尽心知性；反之亦然。他说：“圣人无所不知，只是知个天理；无所不能，只是能个天理。圣人本体明白，故事事知个天理所在，便去尽个天理。”[③]圣人认识世界时贯彻的是抓主要矛盾的方法，这就是知天理。知天理即成圣，即无所不知，当然包括尽心知性，而尽心知性亦即知天理。另外，他强调：既然心有未发和已发两种状态，因此在未发时用功就是知心的最好办法。所谓未发即心未受欲望作用、未与物交感而表现的状态，是心之本然状态。它天理具足、中而和。只要如实用功亲证，就能见其庐山真面目。他说：“汝但戒慎不睹，恐惧不闻，养得此心纯是天理，便然见。”[④]就像吃苦瓜一样，要知其苦，得自己吃。

宋明儒学通过对大量认知方式的比较得出了这样的结论：止静是明德行之良知的“上者”。“明德性之良知，非由于见闻”，因为见闻之知是末，是次。若“则是专求诸见闻之末”，则“已落在第二义矣。故曰知之次也”。[⑤]“知之上者”，即是“知止”。因为如《大学》云：“知止而后有定，有定而后能静，静而后能安，安而后能虑，虑而后能得。”得就是发明本心、识得万物之本体，至此即可“窥圣门”。[⑥]知止之所以有如此妙用，是因为它是真正的符合真实的认识方法。因为万物之体就是自然，就是寂然不动，只要用直观的、止寂的方式去认识这个本质，便没有任何差别，因此可以说，“知止自然相”[⑦]。事实也是如此，圣人由于有此认知方法，因此能通过获得真理而成圣。“圣人之言，言言菽粟，无一不切紧，则当无一不体认。”[⑧]

---

① [明清之际]黄宗羲：《宋元学案（二）》，陈金生、梁运华点校，中华书局1986年版，第1443页。
② [明清之际]黄宗羲：《宋元学案（二）》，陈金生、梁运华点校，中华书局1986年版，第1443页。
③ [明]王守仁：《王阳明全集（上）》，吴光、钱明、董平等编校，上海古籍出版社2012年版，第85页。
④ [明]王守仁：《王阳明全集（上）》，吴光、钱明、董平等编校，上海古籍出版社2012年版，第33页。
⑤ [明]周汝登：《周汝登集（中）》，张梦新、张卫中校注，浙江古籍出版社2015年版，第529页。
⑥ [明]周汝登：《周汝登集（中）》，张梦新、张卫中校注，浙江古籍出版社2015年版，第529页。
⑦ [明]周汝登：《周汝登集（中）》，张梦新、张卫中校注，浙江古籍出版社2015年版，第529页。
⑧ [明]周汝登：《周汝登集（中）》，张梦新、张卫中校注，浙江古籍出版社2015年版，第529页。

止静有程度的差别，在知心之体时，“最要静，愈静愈灵”[①]。“心当静极天机见，气到完时鬼力随。”[②]在禅定学中，心能做到细密也是止静的一个标志，或是至极静的必由之路。如果是这样，心的细密也是把握心之体的必要条件。薛瑄说：“心细密则见道，心粗则行不著。”[③]“心一收而万理咸至，至非自外来也，盖常在是而心存，有以识其妙耳。”[④]陈白沙更明确地说：要发明本心，“惟在静坐”，“久之，然后见吾此心之体，隐然呈露，常若有物，日用间种种应酬，随吾所欲，如马之御衔勒也”。[⑤]

根据儒家的体用不二论、本迹不二论，通过体认事物的妙用、迹象去体认后面的心体也是认识心的一种方法。黄宗羲认为，作为道德本体的心是超经验的，无法直接被人识取。但它必表现为用或迹，此用或迹体现在人的道德实践之中，如人的忠孝行为就是此本心的自然流露，因此通过心的用或“事迹”可间接认知本心。故黄宗羲说：“心不可见，见之于事。”[⑥]“学问思辨行，正是虚灵用处；舍学问思辨行，亦无以为虚灵矣。”[⑦]

隋朝的王通也认为，可同时从迹与本的角度去观察人心。迹即迹象、外在表现，本即迹后的体。从迹上看，心有忧、有患、有疑，即有思想、情感变化，但从体上看，心则是无，或以无为本。圣人之心就是只有体性显现的心。他说：“乐天知命吾何忧，穷理尽性吾何疑。”[⑧]

王夫之认为，要尽心知性，必须靠心之灵，即必须充分利用心本身的资源，如它的灵明之性、它的能动性。他说：“夫心之灵，足以尽性而应天下者。”[⑨]心能知万物之情、天地之数、逆顺之势、是非之准、治乱吉凶之由。

儒家楚简《性自命出》有部分篇幅是回答“如何知心”这一心灵哲学的认识论问题的。该书的基本结论是“从其所为”，即根据心的行业、作为去探讨心的本质。该书说：“凡学者求其心为难，从其所为，近得之矣，不如以乐之

① [明清之际]黄宗羲：《明儒学案（下）》，沈芝盈点校，中华书局2008年版，第1095页。
② [明清之际]黄宗羲：《明儒学案》（上），沈芝盈点校，中华书局2008年版，第118页。
③ [明清之际]黄宗羲：《明儒学案》（上），沈芝盈点校，中华书局2008年版，第118页。
④ [明清之际]黄宗羲：《明儒学案》（上），沈芝盈点校，中华书局2008年版，第119页。
⑤ [明]陈献章：《复赵提学》，《白沙子全集（康熙本）》卷2。
⑥ [明清之际]黄宗羲：《孟子师说》卷2。
⑦ [明清之际]黄宗羲：《明儒学案（下）》，沈芝盈点校，中华书局2008年版，第1226页。
⑧ [隋]王通：《中说·问易》。
⑨ [明清之际]王夫之：《尚书引义》，中华书局1976年版，第37-38页。

速。”[①]所为即情，因此知心必由情出发，由情才能知心，由心才能知性。

列子时代，人们已经认识到了人这样的心理能力，即内省、内观。列子认为，内观就是不外游。心的外游就是向外驰求。这是把握外部事物的方式，不适合认识内心。内观就是将能知之心指向心本身，向内开发、深掘。随着深度的推进，最终有望达到“取足自身”这一最高的识心境界。列子说：“务外游，不知务内观。外游者，求备于物；内观者，取足于身。取足于身，游之至也；求备于物，游之不至也。”[②]当然，要把握真心，必须最终依赖于真知、真能。所谓真知、真能是指，知而忘情，能而不为。

刘劭认为，真正的心可称作神精。它是理、性在人身上的表现。要知此神精，则必须穷理尽性。他说：“物生有形，形有神精，能知精神，则穷理尽性。”[③]要认识包括神精在内的人的构成及其整体本质，唯有穷理，别无他途。“若夫天地气化，盈虚损益，道之理也。法制正事，事之理也。礼教宜适，义之理也。人情枢机，情之理也。”[④]

道学一般强调：作为妄心之体的真心是不适合用推论、算数的方法把握的。它们适合认识感官能接触到的一切内外现象，例如，要认识天有春、夏、秋、冬之变化，可由此变化、由求数来推知，而“心居于内，情伏于里，非可以算数测也”[⑤]。《文始真经》认为，圣人不仅有我，而且体悟到了这个我，而此我即转化为全体同一之大我。“圣人知我无我，故同之以仁……知心无我，故戒之以礼……知识无我，故照之以智……知言无我，故守之以信。”[⑥]其一体的表现还在于：将仁、义、礼、智、信打通了，使一而五，五而一，随举一端，即具五端，“仁义礼智信，各兼五者”[⑦]。

《性命圭旨》云：“观心之法，妙在灵关一窍。人自受生感气之初，禀天地一点元阳，化生此窍，以藏元神。其中空空洞洞，至虚至明，乃吾人生主宰。真

① 《性自命出》，转引自李零：《上博楚简三篇校读记》，中国人民大学出版社 2007 年版，第 105 页。
② 《冲虚至德真经·仲尼》。
③ [东汉]刘劭：《人物志·九征》。
④ [东汉]刘劭：《人物志·材理》。
⑤ [北齐]刘昼：《刘子》，载胡道静、陈莲笙、陈耀庭选辑：《道藏要籍选刊（五）》，上海古籍出社 1989 年版，第 869 页。
⑥ [元]牛道惇：《文始真经注》，载胡道静、陈莲笙、陈耀庭选辑：《道藏要籍选刊（五）》，上海古籍出社 1989 年版，第 347-345 页。
⑦ [元]牛道惇：《文始真经注》，载胡道静、陈莲笙、陈耀庭选辑：《道藏要籍选刊（五）》，上海古籍出社 1989 年版，第 375 页。

所谓有之则生，无之则死。”之所以必须用观空的方法观真我，是因为真我不是一个东西、一种实体，而是至虚至明，至虚即空灵，什么也没有，寂然不动，至明即绝对明白，故能感而遂通。《道法心传·心死神活》曰：“一念未起是真心，思虑才兴即妄心，心死方知神始活，逍遥物外鬼神钦。”①从认知上说，只有当妄心灭除、彻底死掉时，真心、真我才会呈现。

在他心知问题上，儒道都有近于中国化佛教的一面，即强调人的神通是知他人之心的最有效方式。例如，儒家认为，至人有他心知神通，因为至人认识了万物之本，“得一”了，即“本于一”，“本于一”就有神。“道与一”，就是神的“强名”。“心一而不分则能应万变。”②邵雍说：“神无所在，无所不在。至人与他心通者，以其本于一也。道与一，神之强名也。以神为神者，至言也。”“人之神则天地之神。”③

中国心灵哲学对他心知的探讨不是太多。最具标准的他心知意义的论辩发生在古代的“鱼乐之辩”之中。它具有双重心灵哲学意义：一是回答了他心知问题；二是提出并回答了感受性质问题，类似于内格尔（T. Nagel）的“蝙蝠论证”。这个论辩记载于《庄子》一书中。其概述鱼乐之辩的文字如下：“庄子与惠子游于濠梁之上。庄子曰：‘鯈鱼出游从容（快乐自得），是鱼之乐也。’惠子曰：‘子（你）非鱼，安知鱼之乐？’庄子曰：‘子非我，安知我不知鱼之乐？’惠子曰：‘我非子，固不知子矣；子固非鱼也，子之不知鱼之乐，全矣（完全如此）。’庄子曰：‘请循其本（回到开始的话题），子曰“汝安知鱼乐”云者，既已知吾知之而问我，我知之濠上也（我是在濠梁上知道的）。’”④

这里，关于他心是否可知的问题有两种对立的观点：一是惠子所坚持的不可论或怀疑论。其论证的第一步是你不是鱼，你怎么知道鱼有无快乐之类的心理；第二步是针对庄子的下述反驳，即根据惠子的逻辑，人只知道自己的心理，我不是鱼，因此不可能知道鱼的心理。根据这一前提，可得出这样的结论，你惠子不是我，对我的心理是没法知道的，例如，我知道鱼之乐是我的一种认知性心理状态，你就没法知道。惠施的反驳是，不错，我不是你，因此不知你。如果你承认

① [元]王惟一：《道法心传·心死神活》。
② [明]周汝登：《周汝登集（中）》，张梦新、张卫中点校，浙江古籍出版社 2015 年版，第 606 页。
③ [明清之际]黄宗羲：《宋元学案（一）》，陈金生、梁运华点校，中华书局 1986 年版，第 380 页。
④《庄子·秋水》。

了我的前提（我不是你，因此不知你的心理），那么只能得出这样的结论：你不是鱼，因此你不能知鱼是否快乐。

二是庄子的可知论。他证明自己的观点所用的方法既不是经验实证方法，也不是现今流行的思想实验，而是逻辑的反证方法，即通过驳斥对立观点、通过证明其假来证明自己观点的真。其论证过程是根据惠子的前提，即不是鱼就不能知鱼之乐，引申出这样的前提——人只知自己的心理，不能知非我的心理。如果是这样，你惠子不是我，因此即便知道鱼之乐，即使有这样的认知性心理，你也没法知道我的心理。其实，我是有知鱼之乐的心理的。

惠子对此反驳说：这意味着你赞成这样的前提，即我不是你，因此我不可能知你的心理。如果是这样，你不是鱼，因此你不知鱼之乐。庄子对此强调：要澄清这里的问题，应回到我们的出发点（循其本）。你既然问我怎么知道鱼之乐，就说明你有对我的知识。而我对你的问题的回答是我是在濠梁上知道的。

庄子还有一个更有力的论证：你不是我，既然知我不知鱼之乐，那么根据你的逻辑——我不是鱼也可知鱼之乐。这是郭象对原文的一种解读，全文如下："庄子谓子非我，尚可以知我之非鱼，则我非鱼亦可以知鱼之乐。"①

根据林疑独注，庄子所说的"请循其本"有这样一层意义，即让惠子关注、回溯到事物的本性上。事物都有其本性、共性，如果事物有其共性，那么由一物的性可推知他物的性。更重要的是，人的体性同时也是别的一切事物的体性。因此只要反求诸己，认识自己的体性，就有可能知别物的体性。林疑独注曰："人生于陆而安于陆，鱼生于水而安于水，尽己之性，而后能尽物之性，此所以知鱼之乐……庄子请循其本，欲其由恕以观之，终曰：我知之濠上也，以我在濠上之乐推之，则知鱼之乐矣。"②

对"循本"还有一种解读，即把它理解为知他心的类比推论途径。因为所谓循本，即"反其初"。庄子正是通过这一方法知道了鱼之乐。你惠子最初问我：你非鱼，安知鱼之乐？这一问题表明你对我有所知。不然怎么问我呢？你既如此

① [南宋]褚伯秀：《南华真经义海纂微》，载胡道静、陈莲笙、陈耀庭选辑：《道藏要籍选刊（二）》，上海古籍出版社 1989 年版，第 544 页。
② [南宋]褚伯秀：《南华真经义海纂微》，载胡道静、陈莲笙、陈耀庭选辑：《道藏要籍选刊（二）》，上海古籍出版社 1989 年版，第 544 页。

知我，我于濠上亦如此知鱼。[①]根据这一解读，庄子用了现今他心知论证中常用的类比推论方法：我和鱼都是有共性的事物，由我的状况是可以推知鱼的状况的。同理，由于他心与我心同类，因此只要知我心，就能知他心。陈详道的注解也突出了这一点。人与鱼有同有异，就迹观之，人在形态上不同于鱼，但以理或本观之，人与鱼“无异性”，即有相同体性。既然如此，知人即可知鱼。“庄子以性观性，故己非鱼而知鱼之情”，万物“与我为一，是以处此足以知在彼之趣居，显足以知潜在（在水中的，即鱼）之乐也”。[②]

中国心灵哲学的自我探讨尽管远未最终解决有关问题，但为我们将认识向前推进提供了启示。它昭示我们：片面的形而上学方法是永远不可能解决自我及其认识问题的，只有坚持辩证法才是唯一的出路，当然，要辅之以本体论和实证性研究。基于中国心灵哲学的研究，我们可以理出这样的思路和初步认识，即自我与人的全部构成的关系类似于火焰与燃烧的木材、水与水流的关系：它既是无常的、此起彼伏的、生生灭灭的，又像火焰、水流一样相续不绝；它既非绝对的同一性，又非绝对的相异性，而是一种既有生灭性，又有非生灭性的相续性的实在。从与其他心理样式的关系看，自我是心理活动、过程、状态的主体，是心理内容、对象的持有者和感受性质的体验者，因而是所有心理样式的中心。从构成和本质上看，自我是以人进化而来的物质构成为基础并综合复杂的社会、文化、心理因素而形成的一种整体模式。因此，我们在探寻心的本质时，必须考虑到自我这种复杂的心理样式。

中国哲学对心灵哲学认识论问题的探讨也极富个性，这主要表现在：围绕着孟子提出的尽心知性这一既具有价值性诉求，又具有求真性诉求的目标，各家各派从方法论、认识论上做了大量的探讨，形成了各具特色的理论，为世界的心灵认识和认识论做出了宝贵的贡献。例如，强调知心是系统工程，既要做全面探讨，又要抓主要矛盾，有的人强调知心必由情（心的表现、行为）出发，由情才能知心，由心才能知性；有的人强调要尽心知性，必须靠心之灵，即必须充分利用心本身的资源，如它的灵明之性、它的能动性。

① [南宋]褚伯秀：《南华真经义海纂微》，载胡道静、陈莲笙、陈耀庭选辑：《道藏要籍选刊（二）》，上海古籍出版社 1989 年版，第 545 页。
② [南宋]褚伯秀：《南华真经义海纂微》，载胡道静、陈莲笙、陈耀庭选辑：《道藏要籍选刊（二）》，上海古籍出版社 1989 年版，第 544-545 页。

第三篇

价值性心灵哲学

我们在讨论求真性心灵哲学时曾反复强调：如果正确地理解和使用心理语言，持一种关于心灵的科学的概念图式，那么可以肯定地说，心灵不仅是存在的，而且具有无穷的妙用。人的生存状态的质量与价值、人的幸福与快乐、人的理想境界都与它有密不可分的关系。有道是“心能天堂，心能地狱，心能圣贤，心能凡夫。”[①]也就是说，人是生活在地狱，还是生活在天堂，是成为圣人，还是成为凡人，均是由人的心所决定的。由此看来，心不仅有哲学本体论、科学心理学意义上的“体”、本质和奥秘，而且还有人生价值论意义上的体与用。正是这一体认，成就了中国从先秦时代开始就十分发达的特种形式的心灵哲学：从心里去挖掘做人的奥秘，揭示人之为凡为圣的内在根据、原理、机制和条件。这种学问从内在的方面说是名副其实的心学，我们把它称作“价值性心灵哲学”，而从外在的表现来说，则是典型的做人的学问——圣学。它同时也是切入心灵哲学本体论问题、本质问题等独有问题的不可替代的方式，因此自然可被看作是心灵哲学的应有之义。另外，从价值论角度探讨心灵，必然要先从价值论上区分开好的心理和不好的心理，然后探讨它们人为转化的可能性及其根源，质言之，这里必然涉及“心灵转化”或“经验转化”，最后又必然进入或涉及对心的求真性探讨。西方也有论者看到了这一点，因而呼吁或强调心灵哲学和认知科学应把心灵转化纳入心灵哲学的视野。瓦雷拉（F. Varela）等说：“新的心智科学需要拓展其视野，同时把活生生的人类经验和内在于人类经验的转化的可能性囊括其中。”[②]所谓经验转化指经验的自然和人为变化、生灭，如新的经验从旧的经验中产生，即好心情变为其反面，或相反，等等。

加强对心灵之用的心灵哲学的研究在今日具有极强的现实意义。因为今日的“世情”“国情”是圣学贬值，甚至毫无价值，因而是名副其实的“圣学不传”。由于价值性心灵哲学同时也是科学的、做人的学问的基础，因此“圣学不传”的直接后果便是人生的幸福、快乐、意义非但没有随着物质文明的发展而增加，反倒是成反比地失落了。不绝于耳的“意义的失落”“活

---

① [隋]智顗：《法华玄义》卷1，《大正藏》第33册，第685页。

② [智]F. 瓦雷拉、[加]E. 汤普森、[美]E. 罗施：《具身认知：认知科学和人类经验》，李恒威、李恒熙、王球等译，浙江大学出版社2010年版，第xvii页。

着没意思”就是明证。人们原以为有钱就有幸福，有权就有幸福，但当这些东西得到之时却是更多的烦恼、苦闷、空虚充满之日。看来，光有科学、有物质文明、有财富像泉水一样往外涌流，是不能解决人之生存的问题的，不懂心性之理、心性之用，不懂幸福生活的原理，不懂做人的学问，尤其是不懂做人的心之理，即使过上优越的物质生活也是没有用的。相反，如果有这样的心理哲学或性理哲学，那么即使像孔子的得意门生颜渊那样身居陋巷、箪食瓢饮也能不改其乐，甚至像孔子那样不知老之将至，随心所欲而不逾矩。因此今日中国心灵哲学研究的一项十分有意义的工作就是像北宋理学家张载所倡导和践行的那样，“为往圣继绝学”，首先是开发往圣的绝学，做出新的契理和契机的诠释，然后将其改造、重构和发扬光大。

中国人论心更多地是从人文、人伦、道德、做人的角色展开的，在特定的意义上，心是中国道德文化和人生幸福的根源。徐复观先生说：“中国文化最基本的特性，可以说是‘人心的文化’。”“目前对于中国文化的误解，许多是从对于‘心’的误解而产生的。”[①]钱穆说：“西方的宗教为上帝教，中国的宗教则为‘人心教’或‘良心教’……西方人以上帝的意旨为出发点，中国人则以人类的良心为出发点。”[②]心之所以有如此崇高的地位，是因为中国哲学发现了它的许多不为西方所知或所关注的作用。例如，荀子认为，心是“形之君”“神明之主”，是身中的“天君”，具有自禁、自使、自夺、自取、自行、自止的特点。从价值上说，心为世界上最珍贵之物。因为人为万物之灵，而之所以如此，是因为人有心。“人具七尺之躯，除了此心此理，便无可贵，浑是一包脓血裹一大块骨头。”[③]朱熹说：“人之所以位天地之中而为万物之灵者，心而已矣。”[④]心不仅是把人与非人区别开来的标志性特征，而且对生命、健康起第一性的决定作用。例如，《管子》早就认识到：生命力旺盛有赖于心之平正，若失去生命，或身体有问题，必是喜怒等情绪作怪。“凡民之生也，必以正平，所以失之者，必以喜乐哀怒。”[⑤]心同时

---

① 徐复观：《中国思想史论集》，九州出版社 2014 年版，第 293 页。
② 钱穆：《灵魂与心》，广西师范大学出版社 2004 年版，第 19 页。
③ [明]周汝登：《周汝登集（下）》，张梦新、张卫中点校，浙江古籍出版社 2015 年版，第 772 页。
④ [明清之际]黄宗羲：《宋元学案（二）》，梁运华、陈金生点校，中华书局 1986 年版，第 1557 页。
⑤《管子·心术下》。

也是治国之本。董仲舒就倡导这一原则，他说：“为人君者，正心以正朝廷，以正百官，以正万民。”[①]人心之所以至尊至贵，又是因为它得天地之秀而成。基于对心之妙用的如此体认，中国哲学将心提升到了大体、大宗、大用的地位。王夫之强调：立言立教，治国天平下，必以心为宗。他说：“凡为言而思以易天下者，皆以心为宗。”[②]

当然，应注意的是，中国哲学在谈论心的上述“大用”时，所指的心常常是心的无穷多样的样式中的一种居于心的底层的本体之心、道德之心。这是中国心灵哲学在心理大发现中所发现的多种心理样式中的一种，最好是用它的较早的符号“悳”来刻画。因为最初是最清楚的，最先的“德”为“悳”，后人以“德”代替了“悳”。于是，“悳”字反被废。《说文解字》对“悳”的解释是“外得于人，内得于己也。从直，从心。”[③]其基本义实指直心而行的负责任的行为。

作为道德之根的心的特点在于：首先，不是肉团心。其次，心即真心或性，或天理，是“汝之真己”。再次，是主宰。“这个真己，是躯壳的主宰。若无真己，便无躯壳。”[④]视听言动也由之而发。当然，视听言动除根源于心之外，还离不开相应的器官。例如，“汝心之视，发窍于目；汝心之听，发窍于耳”[⑤]，如此等等。最后，这种心尽管是道德心、天心，但具有心的标志性特征——灵明。人之上什么是心？王阳明回答说：“只是一个灵明。”“可知充天塞地中间，只有这个灵明，人只为形体自间隔了。我的灵明，便是天地鬼神的主宰。天没有我的灵明，谁去仰他高？地没有我的灵明，谁去俯他深？”[⑥]这种心当然极其复杂，甚至难知，言语难以表诠。正因为复杂，所以要探讨，要深究，要建立“学”或“论”。理学家胡宏说：“心之精微，言岂能宣。”[⑦]

中国心灵哲学对心的探讨的动机除了有求真性的一面（第二篇已述）以

① [明]周汝登：《周汝登集（中）》，张梦新、张卫中点校，浙江古籍出版社 2015 年版，第 579 页。
② [明清之际]王夫之：《尚书引义》，中华书局 1976 年版，第 23 页。
③ [东汉]许慎：《说文解字·心部》。
④ [明]王守仁：《王阳明全集（上）》，吴光、钱明、董平等编校，上海古籍出版社 2012 年版，第 32 页。
⑤ [明]王守仁：《王阳明全集（上）》，吴光、钱明、董平等编校，上海古籍出版社 2012 年版，第 32 页。
⑥ [明]王守仁：《王阳明全集（上）》，吴光、钱明、董平等编校，上海古籍出版社 2012 年版，第 109 页。
⑦ [明清之际]黄宗羲《宋元学案（二）》，中华书局 1986 年版，第 1381 页。

外，更主要的在于教人如何用心。而前一动机又是服务于后一动机的，因为识心的目的是调心、制心、治心。道教认为，人生最佳的境界是静心、虚心。要如此，必须识心。“虚心实腹义俱深，只为虚心要识心。”[①]理学家王开祖把制心、治心区别开来了。他说：“凝目于鼻，游心于带，是制心者也”，而治心指的是“坐则见其存于室，行则见其立于舆”。[②]中国心灵哲学由于强调治心，因此可像二程所说的那样，实即“治心之学”。

当然，必须看到，只讨论心在做人中的作用，或只关注心之用的挖掘，而不究其原理、机制、本体，则不属于心灵哲学的研究范围。只有同时切入了后一方面的探讨才是心灵哲学在论述心之用时不同于非心灵哲学（如圣人论、人格论、心理学等）的地方。中国的价值性心灵哲学之所以有别于一般哲学的圣人论、人格论、心理健康，之所以被看作心灵哲学，恰恰是因为它在探讨心之用的时候自觉深入了对心的机理、本质的探讨之中。

① [南宋]石泰辑：《修真十书悟真篇》，载胡道静、陈莲笙、陈耀庭选辑：《道藏要籍选刊（三）》，上海古籍出版社 1989 年版，第 404 页。

② [明清之际]黄宗羲《宋元学案（一）》，梁运华、陈金生点校，中华书局 1986 年版，第 253 页。

第十三章
儒家的治心探究及其心灵哲学意义

根据我们的解释学和判释，儒家内部尽管极其复杂，甚至充满着许多相互矛盾的思想和倾向，但无论是从圣人立教的原旨原义上看，还是从后来的解释和思想繁衍来看，其实质和核心都不出“治心”这一主旨。而治心的探究，用西方哲学家的话说不外乎是对人的生存意义这一所谓的心灵哲学的“最困难问题”的探讨（在弗拉纳根看来，这是比意识产生问题更难的问题）。如果说儒家文本有客观自在的意义及客观的解读的话，那么抓住治心这一主旨就是这样的解读。

第一节 “圣人作经之意”的解释学问题

儒家肯定有自己的解释学，这是没有争议的。但问题是，它究竟是什么？笔者认为，它像佛教解释学、圣经解释学等一样，由于关注的主要是一类带有生命体验性质的文本的理解和解释问题，因而首先是一种局域性的解释学。但由于它对解释学的一般问题也发表了看法，因而也具有普遍的解释学意义。它的任务有两方面：一是揭示、宣说文本的可言说层面的意义；二是揭示、宣说不可言说层面的、以心传心的意义。它既重视文字知解，又强调对它的否定和超越。它的内容极为丰富，对古圣所立文本的本质特点、名实关系、意义-指称问题、理解本身的理解问题、客观理解的标准及条件和方法等做了具体深入的探讨，形成了系统完备的理论体系。王阳明曾明确指出：后世训释先儒文本的宗旨和任务就是要弄清“圣人作经之意”。而对此作经之意的理解则是见仁见智、五花八门。在他看来，他以前的解释都没有真正会解此作经之意。即使是二程的解读也只是“相沿世儒之说，未得圣人作经之意”①。

孔子建立了自己的“孔门家学”之后，澄清了“家学”之实义②，成了后来各代传人的重要工作。由于这里既涉及一般意义本身的复杂的形而上学、解释学问题，又涉及具体文本本身如何解读等复杂性问题，因此家学之实义或真义究竟是什么就像是盲人面前的大象，而想理解它的解释者则由于理解过程中的主客障碍因此都成了摸象的盲人。事实也是这样，自孔子以后，儒家内部之所以诞生了诸子之学，它们之所以异彩纷呈，是因为对“圣经隐赜之义”③有不同的理解和解释，每个人都自认为自己的论述是对圣学诸经之原旨原义的表达。例如，元代的黄泽以“继绝学为己任”，认为自己“十余年间屡悟圣经隐赜之义”④。泰州学派的罗汝芳说：“盖学是学圣，圣则其理必妙。”⑤朱熹认为，过去对圣学的理解都有问题，“未必圣人之意也”⑥。他建构的理解是“古昔圣贤所以教人为学之意，莫非使之讲明义理，以修其身，然后推以及人，非徒欲其务记览，为词章，以钓声名、取利禄而已也。”⑦圣学的实质还在于重实践。朱熹自己的人生实践似乎证明他把握了圣学之精髓。他自述道：“其为学也：穷理以致其知，反躬以践其实……终日俨然，端坐一室，讨论典训，未尝少辍。自吾一心一身，以至万事万物，莫不有理。”⑧他还批评了这样的圣学解释学：只注重章句分析，不通其旨，不知书之意，“苟从章分句析，而不得一篇之旨，则亦无以得子思著书之意矣”⑨。朱熹所得的“意”是“以诚之一字为此篇之枢纽。”⑩朱熹的弟子黄干的看法是“此书皆言道之体用，下学而上达，理一而分殊也。首言‘性’与

① [明]王守仁：《王阳明全集（上）》，吴光、钱明、董平等编校，上海古籍出版社2012年版，第8页。
② 参阅[明]周汝登：《周汝登集（下）》，张梦新、张卫中点校，浙江古籍出版社2015年版，第836页。
③ [明]周汝登：《周汝登集（下）》，张梦新、张卫中点校，浙江古籍出版社2015年版，第758页。
④ [明]周汝登：《周汝登集（下）》，张梦新、张卫中点校，浙江古籍出版社2015年版，第758页。
⑤ [明]罗汝芳：《罗近溪先生语要》。
⑥ [明清之际]黄宗羲：《宗元学案（二）》，梁运华、陈金生点校，中华书局1976年版，第1570页。
⑦ [明清之际]黄宗羲：《宗元学案（二）》，梁运华、陈金生点校，中华书局1976年版，第1571页。
⑧ [明清之际]黄宗羲：《宗元学案（二）》，梁运华、陈金生点校，中华书局1976年版，第1577页。
⑨ [明清之际]黄宗羲：《宋元学案（三）》，梁运华、陈金生点校，中华书局1976年版，第2024页。
⑩ [明清之际]黄宗羲：《宋元学案（三）》，梁运华、陈金生点校，中华书局1976年版，第2024页。

'道'，则性为体而道为用矣。次言'中'与'和'，则中为体而和为用矣。又言'中庸'，则合体用而言，又无适而非中庸也。"①

这当然只能是一家之解释，鹅湖之会上的分歧足以说明这一点。在教人时，朱熹认为，人应该泛观博览，然后归之约。二陆（陆九龄、陆九渊）认为，应先发明人之本心，然后使之博览。朱熹以为二陆教人太简，而二陆认为，朱熹教人为支离。陆九洲明确提出：解释"古圣贤之言"的任务就是昭示其主旨，"会通""古人之训，吾心之灵"。②根据他的解读，"古圣贤之言"所说的不外乎是，"盖心，一心也，理，一理也，至当归一，精义无二，此心此理实不容有二"③。根据这一圣学解释学，古圣所传圣学就是心学。王阳明对此推崇备至，在为《陆九渊集》所写的序中说："圣人之学，心学也。学以求尽其心而已。尧、舜、禹之相授受曰：'人心惟危，道心惟微，惟精惟一，允执厥中。'此心学之源也。""孔孟之学，惟务求仁，盖精一之传也。"④他断言："陆氏之学，孟氏之学也。"⑤质言之，古圣代代相传的圣学讲的只是一个"心"字，而此心即理。

很长时间，人们忘记了圣学的这一心学主旨，"析心与理而为二，而精一之学亡"⑥。而陆九渊告诫人们，要学圣学，"必求诸心，则一而已"⑦。他总结圣学说："学问之要，得其本心而已。"⑧根据他对已有关于圣人言论、经书的解释，过去的解读没有抓住圣学的实质、精髓、"意旨"，如"至汉唐间名臣议论，反之吾心，有甚悖道处"⑨。"今之学者读书，只是解字，更不求血脉。"⑩他认为，读书不能只重文义，他说："读书固不可不晓文义，然只以晓文义为是，只是儿童之学，须看意旨所在。"⑪这意旨就是教人关注自心。他说："圣人教人，只是就人日用处开端。如孟子言徐行后长，可为尧舜。"⑫"千古圣贤，只是办

① [明清之际]黄宗羲：《宋元学案（三）》，梁运华、陈金生点校，中华书局1976年版，第2024页。
② [南宋]陆九渊：《陆九渊集》，钟哲点校，中华书局1980年版，第80页。
③ [南宋]陆九渊：《陆九渊集》，钟哲点校，中华书局1980年版，第4-5页。
④ [南宋]陆九渊：《陆九渊集》，钟哲点校，中华书局1980年版，第537页。
⑤ [南宋]陆九渊：《陆九渊集》，钟哲点校，中华书局1980年版，第538页。
⑥ [南宋]陆九渊：《陆九渊集》，钟哲点校，中华书局1980年版，第537页。
⑦ [南宋]陆九渊：《陆九渊集》，钟哲点校，中华书局1980年版，第538页。
⑧ [南宋]陆九渊：《陆九渊集》，钟哲点校，中华书局1980年版，第519页。
⑨ [南宋]陆九渊：《陆九渊集》，钟哲点校，中华书局1980年版，第431页。
⑩ [南宋]陆九渊：《陆九渊集》，钟哲点校，中华书局1980年版，第444页。
⑪ [南宋]陆九渊：《陆九渊集》，钟哲点校，中华书局1980年版，第432页。
⑫ [南宋]陆九渊：《陆九渊集》，钟哲点校，中华书局1980年版，第432页。

一件事，无两件事”[①]，即发明本心，养心，“放其心”，“志道、据德、依仁，学者之大端”[②]。

根据陆九渊的判释，心学要回答的中心问题是人皆可以为尧舜乎？心学不仅对此做了肯定回答，而且试图找到这种可能性的最根本的、内在的根据，这就是孟子所说的心性。于是他要像孟子一样，发明圣人之智。他说：“孟子者，圣学之所由传也。故其言，发明圣人之智。”[③]所谓圣人之智就是每个人本有的是非之心、仁心，只是它在凡夫身上只以潜在的形式存在。陆九渊说：“圣人之智，明徹洞达，无一毫私意芥蒂于其间。其于是非利害，不啻如权之于轻重，度之于长短，鉴之于妍丑，有不加思而得之者。故其处大疑，定大论，夫若饥食渴饮，夏葛冬裘焉已耳。虽酬酢万变，无非因其固然，行其所无事，有不加毫末于其间者。”[④]

王阳明之所以创立了自己的心学，是因为看到已有关于圣学的解释未尽圣人之意趣，即“觉先儒训释未尽”[⑤]。根据他的训释，圣学的目的、主旨，就是要人致良知，而良知就是本心。他说：“圣人之学，惟是致此良知而已。”[⑥]而圣贤程度的差别、凡夫的差别就取决于致良知的程度和方式。他说：“自然而致之者，圣人也；勉然而致之者，贤人也；自蔽自昧而不肯致之者，愚不肖者也。”[⑦]凡夫之所以为凡夫，不在于没有良知，而在于良知被蒙蔽，没有得到唤醒。他对圣学的概括说得最多的是“心学”，即在他看来，圣学应解释为心学。《谨斋说》中王阳明说：“君子之学，心学也。心，性也；性，天也。圣人之心纯乎天理，故无事于学。”[⑧]他在为《陆九渊集》所写的序中，以及在《重修山阴县学记》等文章中都说到了这一点，他说：“夫圣人之学，心学也。学以求尽其心而已。”[⑨]有时干脆说：圣人之学不出乎“尽心”。[⑩]

心学即圣人之学，早已有之，但随着圣没而没。王阳明说：“圣人既没，心

① [南宋]陆九渊：《陆九渊集》，钟哲点校，中华书局 1980 年版，第 433 页。
② [南宋]陆九渊：《陆九渊集》，钟哲点校，中华书局 1980 年版，第 443 页。
③ [南宋]陆九渊：《陆九渊集》，钟哲点校，中华书局 1980 年版，第 350 页。
④ [南宋]陆九渊：《陆九渊集》，钟哲点校，中华书局 1980 年版，第 349 页。
⑤ [明]王守仁：《王阳明全集（中）》，吴光、钱明、董平等编校，上海古籍出版社 2012 年版，第 806 页。
⑥ [明]王守仁：《王阳明全集（上）》，吴光、钱明、董平等编校，上海古籍出版社 2012 年版，第 236 页。
⑦ [明]王守仁：《王阳明全集（上）》，吴光、钱明、董平等编校，上海古籍出版社 2012 年版，第 236 页。
⑧ [明]王守仁：《王阳明全集（上）》，吴光、钱明、董平等编校，上海古籍出版社 2012 年版，第 222 页。
⑨ [明]王守仁：《王阳明全集（上）》，吴光、钱明、董平等编校，上海古籍出版社 2012 年版，第 216 页。
⑩ [明]王守仁：《王阳明全集（上）》，吴光、钱明、董平等编校，上海古籍出版社 2012 年版，第 217 页。

学晦而人伪行……人心日炽而不复知有道心之微……心学何由而复明乎！”①孔孟之后的圣学解释的共同问题是不明圣学即心学。他说：“后儒不明圣学，不知就自己心地良知良能上体认扩充，却去求知其所不知，求能其所不能。”②即使是二程的解释，也只是“相沿世儒之说，未得圣人作经之意”③。其他的解读问题就更大，“失真愈远”。“后世著述，是又将圣人所画，摹仿誊写，而妄自分析加增，以逞其技，其失真愈远矣。”④许多解释“与圣人之学大背”⑤。还有一些人解释“只是在文义上穿求，故不明”⑥。而王阳明建立自己学说的目的就是要复明此作为圣学之真义的心学，就是要复圣学之本然，使之明。他说：“世儒只讲得一个伯者的学问，所以要知得许多阴谋诡计，纯是一片功利的心，与圣人作经的意思正相反。”⑦他的解读是“圣人述《六经》，只是要正人心，只是要存天理、去人欲。”⑧

王阳明强调：圣人作经之本意不过是要“说心体”，既然如此，要予以客观把握，就必须在心上去“体会”。他说：“须于心体上用功。凡明不得，行不去，须反在自心上体当即可通。”⑨因为“盖《四书》、《五经》不过说这心体，这心体即所谓道，心体明即是道明，更无二。此是为学头脑处”，此心体“虚灵不昧，众理具而万事出。心外无理，心外无事”，“人皆有是心，心即理”。⑩

王阳明之后心学的重要代表人物钱德洪明确提出，解释孔孟文本的关键是要弄清圣人立教究竟要干什么。根据他的解读，那就是要治心，而不在于发展认识、发展真理。他说：“圣人千言万语，只要人自得本性，非以益人知见也。纵使字字体悟，有得于心，住于见者，见即为障。”⑪之所以要灭见，不能发展认识，是因为“以见得其于本体，犹隔一层。真性上岂容加一字”⑫？

对于“千圣之秘藏”“圣学究竟教人什么”“怎样学”这类解释学问题，王

① [明]王守仁：《王阳明全集（上）》，吴光、钱明、董平等编校，上海古籍出版社2012年版，第217页。
② [明]王守仁：《王阳明全集（上）》，吴光、钱明、董平等编校，上海古籍出版社2012年版，第28页。
③ [明]王守仁：《王阳明全集（上）》，吴光、钱明、董平等编校，上海古籍出版社2012年版，第8页。
④ [明]王守仁：《王阳明全集（上）》，吴光、钱明、董平等编校，上海古籍出版社2012年版，第11页。
⑤ [明]王守仁：《王阳明全集（上）》，吴光、钱明、董平等编校，上海古籍出版社2012年版，第11页。
⑥ [明]王守仁：《王阳明全集（上）》，吴光、钱明、董平等编校，上海古籍出版社2012年版，第13页。
⑦ [明]王守仁：《王阳明全集（上）》，吴光、钱明、董平等编校，上海古籍出版社2012年版，第8页。
⑧ [明]王守仁：《王阳明全集（上）》，吴光、钱明、董平等编校，上海古籍出版社2012年版，第8页。
⑨ [明]王守仁：《王阳明全集（上）》，吴光、钱明、董平等编校，上海古籍出版社2012年版，第13页。
⑩ [明]王守仁：《王阳明全集（上）》，吴光、钱明、董平等编校，上海古籍出版社2012年版，第13页。
⑪ [明]周汝登：《周汝登集（下）》，张梦新、张卫中点校，浙江古籍出版社2015年版，第816页。
⑫ [明]周汝登：《周汝登集（下）》，张梦新、张卫中点校，浙江古籍出版社2015年版，第816页。

畿的解读是“千古圣学只从一念灵明识取，只此便是入圣真脉路。当下保此一念灵明，便是学。以此触发感通，便是教。随事不昧此一念灵明，谓之格物。不欺此一念灵明，谓之诚意。”①此是“千圣之秘藏也”②。简言之，圣学不过是要将圣人所发现的那一念灵明之心、秘藏昭示于人。

根据邹守益对过去圣学解释学的诊断，其问题是“圣学之裂”，即对本来统一的思想做出分离、分裂的理解。他说：“圣学之裂也久矣。”③例如，人们在学习《大学》和《中庸》时，以为要先去外物，然后才可入道，即把本无先后的过程，分出了先后，其问题是，“则‘有物有则’者裂矣”④。再如，过去的解读常强调即物穷理、万物皆备于我，其问题是把物与理、物与我分割开来了。还有在知行问题上强调“先知而后行”⑤，在动静问题上强调静存动察，等等，这都是“裂”的表现。而其原因是见性不透。邹守益说：“吾侪工夫正坐见性未透，故分动分静、分有分无”，这不是“圣门正脉”。⑥根据他的解读，圣学的实质是主张：“不迁怒，不二过。”⑦有的人把它称为孔门第一等学术。要体悟这一点，正确的态度是“仰观于天，确然常运矣。俯察于川，隤然常流矣。内省于良知，昭然常虚常灵矣。”⑧

王阳明的弟子欧阳德对圣人立教之旨的判释是，“诲以治心修身之学”⑨。当然，其表述方式可多种多样，这就是圣学所具有的“一实多名”的特点。他解释说：“《大学》言身心意知物，一是都是，一错都错。所言格致诚正修，一了都了，一不了都不了。”⑩这样理解就是“归根复命”。很显然，这有点类似于佛教天台宗的“互具论”。

“真得乎不迁不二之宗”⑪的王畿也有相近的看法，他说：儒学的宗旨、真精神就是“不迁不二”。不仅如此，他还行如所言，在行动上真正做到了“夭寿不

① [明]周汝登：《周汝登集（下）》，张梦新、张卫中点校，浙江古籍出版社 2015 年版，第 828 页。
② [明]周汝登：《周汝登集（下）》，张梦新、张卫中点校，浙江古籍出版社 2015 年版，第 835 页。
③ [明]周汝登：《周汝登集（下）》，张梦新、张卫中点校，浙江古籍出版社 2015 年版，第 824 页。
④ [明]周汝登：《周汝登集（下）》，张梦新、张卫中点校，浙江古籍出版社 2015 年版，第 824 页。
⑤ [明]周汝登：《周汝登集（下）》，张梦新、张卫中点校，浙江古籍出版社 2015 年版，第 824 页。
⑥ [明]周汝登：《周汝登集（下）》，张梦新、张卫中点校，浙江古籍出版社 2015 年版，第 843 页。
⑦ [明]周汝登：《周汝登集（下）》，张梦新、张卫中点校，浙江古籍出版社 2015 年版，第 842 页。
⑧ [明]周汝登：《周汝登集（下）》，张梦新、张卫中点校，浙江古籍出版社 2015 年版，第 843 页。
⑨ [明]周汝登：《周汝登集（下）》，张梦新、张卫中点校，浙江古籍出版社 2015 年版，第 847 页。
⑩ [明]周汝登：《周汝登集（下）》，张梦新、张卫中点校，浙江古籍出版社 2015 年版，第 854 页。
⑪ [明]周汝登：《周汝登集（下）》，张梦新、张卫中点校，浙江古籍出版社 2015 年版，第 837 页。

二，生死若一”[①]。难能可贵的是，他还对圣学解释学的最高目的做了探讨，认为这就是要以一言尽括千经万卷，或将全部文本“一言以蔽之”。王畿的书也很多，也可“一言以蔽之”，那就是主张：“若沧洲、瀛海根于心，发于言。”[②]

这里的问题在于，像心学这样解释儒学，儒学不就没法与佛教心学，特别是强调“直指人心”的禅宗划清界限了吗？事实上，这已然是儒学解释学中客观存在且得到了广泛而深入探讨的问题，可简称为佛儒之辩，如果算上与老学的关系问题，那么可称作儒释道三教同异之辩问题。有的人不否认佛儒在主旨上的差异，例如，欧阳德说：“人心赤子之初，本自澄静无欲，后来染习种种多欲。夫种种欲之，种种克之，是自缠自缚……要得脱尽，不如无缚。”[③]“今人徒以不立文字、直指人心为佛学之独见超悟，而不知吾儒之学，正直指人心者也。”[④]如果说两者有差别，其表现之一是，他们以为佛教有弃绝人伦之病。“佛氏之空虚漭荡、遗弃人伦焉耳。”[⑤]这显然有对佛教的误读，因为佛教不仅没有遗弃人伦问题，反倒极为重视。另外，佛教所说的空也不是顽空，而是空有、空明不二。薛侃看到了上述判释的部分问题，他说：佛、老“二氏之蔽，在遗伦，不在虚无”，因为儒圣“虚明，曰以虚受人，亦曰无极，曰无声无臭”。[⑥]因此，怎能把虚无二字只归之于佛、老？根据他的理解，在形式上，心学有反佛学的一面，他说：“禅之得罪圣人。”[⑦]其表现是去欲则割爱，厌世则遗伦。儒家圣学异于禅的地方还在于：“以言乎静，无弗具也。以言乎动，无弗体也。以言乎用之天下，无弗能也。是故一本立焉，五伦备焉。”[⑧]

欧阳德说：“儒佛异同之辩，不必急急于此，而彼之言说近吾儒者，亦不必故加排斥以求异。要在念念不欺良知，自强不息，到得精义入神，则千古是非只在目前，毫厘仿佛如见黑白矣。不然，流入意见想象，终无自得也。治心病如治身病，纷纷众言，莫非方药。惟对病求方，苦口服药，则迩言俚语无不为益。”[⑨]

---

① ［明］周汝登：《周汝登集（下）》，张梦新、张卫中点校，浙江古籍出版社 2015 年版，第 838 页。
② ［明］周汝登：《周汝登集（下）》，张梦新、张卫中点校，浙江古籍出版社 2015 年版，第 837 页。
③ ［明］周汝登：《周汝登集（下）》，张梦新、张卫中点校，浙江古籍出版社 2015 年版，第 854 页。
④ ［明］周汝登：《周汝登集（下）》，张梦新、张卫中点校，浙江古籍出版社 2015 年版，第 855 页。
⑤ ［明］周汝登：《周汝登集（下）》，张梦新、张卫中点校，浙江古籍出版社 2015 年版，第 855 页。
⑥ ［明］周汝登：《周汝登集（下）》，张梦新、张卫中点校，浙江古籍出版社 2015 年版，第 857 页。
⑦ ［明］周汝登：《周汝登集（下）》，张梦新、张卫中点校，浙江古籍出版社 2015 年版，第 863 页。
⑧ ［明］周汝登：《周汝登集（下）》，张梦新、张卫中点校，浙江古籍出版社 2015 年版，第 863 页。
⑨ ［明］周汝登：《周汝登集（下）》，张梦新、张卫中点校，浙江古籍出版社 2015 年版，第 855 页。

儒佛之辩的意义在于，它涉及怎样理解无、虚、无为、无思在孔门家学中有何地位。对此有不同的诠释。王畿的看法别具一格。他认为，儒家在此问题上与佛、老是一致的。当然，儒家赋予了它们不同的意义。这意义是什么呢？根据王畿的看法，这意义就是中道或中庸。例如，有而无，无而有；虚而实，实而虚；思而不思，不思而思；为而不为，不为而为。基于此，他认为，过去圣学解释的问题是未抓住儒教有融合三教的一面，未抓住儒家有“中庸”“中道”的宗旨。王畿说：过去的解释“不务究明本宗，而徒泥执名象，缠绕葛藤，祇益纷纷射覆耳”①。以对虚无的解释为例，儒家所说的虚无确有其特殊性，但已有解释未抓住其“真义”，没有“会吾儒本宗明白”，“未之深究”②其大旨。根据王畿的看法，“夫乾其静也专，其动也直，是以大生焉。夫坤其静也翕，其动也辟，是以广生焉。便是吾儒说虚的精髓。无思也，无为也，寂然不动，感而遂通天下之故。便是吾儒说无的精髓”③。再就儒佛对心的看法而言，他们的看法的确有一致的一面，至少在形式上如此，例如，儒家像禅宗一样强调：“一念者，无念也，即念而离念也。故君子之学，以无念为宗。”④这与《金刚经》的说法何其相似！当然，他也承认两者的差别，例如，看到了佛教说的真心是一切事物的体性，心学所说的本心即良知，而良知是人之为人、区别于非人的根本之点。王畿说：“天之所以与我，我之所以得于天而异于禽兽者，惟有此一点灵明。”“所谓一点灵明，良知也。”⑤

笔者认为，对三教关系的比较研究是一个庞大而复杂的研究课题，所选的比较项不同，所得的结论自然有别，因此不能也不应该笼统地说它们是同或异。就我们这里关心的价值性心灵哲学而言，特别是就它们对本体、境界和工夫的看法而言，它们的关系有同有异。而同又不是绝对的相同，只是质上的部分相同以及程度或量上的巨大差异。例如，它们都认为，心有深浅结构，在表层心理之下存在的是本心或真心。这心是决定人的生存状态的根本，如果被覆蔽，人就是凡夫一个，无乐可言；如果发明本心，就是圣贤，至少走上了成圣的康庄大道。这心

① ［明］周汝登：《周汝登集（下）》，张梦新、张卫中点校，浙江古籍出版社2015年版，第837页。
② ［明］周汝登：《周汝登集（下）》，张梦新、张卫中点校，浙江古籍出版社2015年版，第836页。
③ ［明］周汝登：《周汝登集（下）》，张梦新、张卫中点校，浙江古籍出版社2015年版，第836页。
④ ［明］周汝登：《周汝登集（下）》，张梦新、张卫中点校，浙江古籍出版社2015年版，第831页。
⑤ ［明］王畿：《新安斗山书院会语》，《王龙溪先生全集》卷7。

由于无形无相、寂然不动，因此可称作无或空。此无也可称作“本体之无”。根据儒释道三家的看法，去凡成圣的过程就是回归这本属于人之本质、家园的过程。把它作为理想追求即为“境界之无”，为实现此理想所进行的修行实践特别是心理操作就是“工夫之无”。三家都有对“三无”的认取和探讨，当然，其挖掘和论述有深浅、程度上的差别。这就是笔者对三家在有关问题上的观点的基本判断。“三无”是它们的共同追求，这应该是没有争议的。牟宗三先生通过对道家贵无学说的分析指出：道家以“无”为核心的形上学是一种境界形态的形上学，其目的是通过获得无的智慧而进入一种人生境界。[①]再就王阳明哲学来说，他的“‘无善无恶心之体’，乃至王龙溪之言四无，皆不免接触‘无心为道’之理境，即自主观工夫上言无之理境”[②]。基于广泛的研究，牟宗三先生得出了这样的一般性结论，即追求工夫上的“无”是任何大教大圣的生命所不可避免的。陈来先生的概括更为具体和细致，他指出：有的学派有贵“有”的特点，各学派在关注无时，可能“有本体的无、工夫的无、境界的无等不同用法和意义”[③]，在特定意义上，关注工夫之无、境界之无仍是中国哲学的一大主题。陈来先生说：“在中国文化中，儒家一般被思考为有的哲学，以与贵无的佛道相对待。不过，如果就境界而不是存有的意义而言，这种说法对早期儒家也许不无道理，但对绵延近八百年的宋明儒学，问题就远不那么简单。理学对佛教挑战的回应，不仅表现在对‘有’的本体论的论证（如气本论、理本论），也更在于对人生境界与修养工夫上‘无’的吸收，后者始终是贯穿理学史的一大主题。”[④]其实，三家也都承诺本体之无，只是其具体的把握和规定有远近、深浅的差别而已。因为作为本体的真心或本心是三家圣贤在无常世俗世界之外所发现的一个真实、美妙、可作为人生可靠寄托的世界，但它又如佛家所说的，甚深最甚深，广大极广大，乃至体充法界、性同虚空。从认知上说，它不能为一般的智慧所把握，只能为圣贤特殊的智慧所接近或证取。由于圣贤的智慧有程度的差别，因此所接近的这个本体便有深浅、大小的差别。例如，尽管它向同样是登圣位的十地菩萨以及等觉、妙觉位的极圣都敞开了，都显露了它的庐山真面目，但显现的大小、深浅是完全不一样的，甚至可

① 牟宗三：《才性与玄理》，学生书局 1985 年版，第 1-2 页。
② 牟宗三：《才性与玄理》，学生书局 1985 年版，第 1-2 页。
③ 陈来：《有无之境：王阳明哲学的精神》，生活・读书・新知三联书店 2009 年版，第 4 页。
④ 陈来：《有无之境：王阳明哲学的精神》，生活・读书・新知三联书店 2009 年版，第 5 页。

以说有部分质的差别。只有佛才真正圆满地证得了这个真心。这种程度上的、量上的差别也适用于三教的关系。

后儒的解释学探讨也涉及意义客观理解的条件问题。牟宗三说："凡重视知识、实用之学，而反对德性生命之学者，皆不能了解儒圣立教之核心本质的意义。"[①]因为儒学是"成德之教"，其"最高目标是圣、仁者或大人"。"圣、仁者或大人的规定，外延地说是与天地万物为一体，内容地说是从根上消化自家生命中那些非理性的东西，就是彻底清澈自家的生命，而使之归于纯。孟子'大而化之之谓圣'一语是最好的表示。化就是化那些执着、界限、封域、固蔽以及生命中那些非理性的渣滓。"[②]"就社会阶层而言，它是一纯粹的'士'的宗教，士即士、农、工、商之士"，也可说，它是"人的德行完成之教"，"简称为'成德之教'，成德便须作内圣的工夫，所以又可称为'内圣之教'"。[③]从内部就其义理内容而言，它是"天道性命相贯通"之教。[④]既然如此，如果停留于文字的理解，而不进入生命的体验、心性的会通，是不可能接近圣人立教之真精神的。事实也是这样，宋明儒家之所以能继往圣之绝学，就在于具备这样的理解条件，即他们以宗教精神而非"研究"态度诠释圣学。他说："宋明儒之弘扬儒教是发之于真实生命，并以宗教精神出之，非今之所谓'研究'态度者。"[⑤]其他时代的理解之所以不能到位，原因也在于此。例如，"两汉虽推尊儒圣，然因为忙于传经，并未真能了解孔、孟立教之真精神、真形态以及其真实内容的。魏晋南北朝隋唐又不是儒家思想发扬的时代"[⑥]。

第二节　早期儒家的圣心理哲学奠基

我们这里所谓的早期儒家主要指先秦时期的儒家，特别是将把孟子和荀子作为考察的重点。根据前面的解读，儒学不过是特殊意义上的哲学的人学，而这种

① 牟宗三：《宋明儒学的问题与发展》，华东师范大学出版社2004年版，第27页。
② 牟宗三：《宋明儒学的问题与发展》，华东师范大学出版社2004年版，第15页。
③ 牟宗三：《宋明儒学的问题与发展》，华东师范大学出版社2004年版，第11页。
④ 牟宗三：《宋明儒学的问题与发展》，华东师范大学出版社2004年版，第11页。
⑤ 牟宗三：《宋明儒学的问题与发展》，华东师范大学出版社2004年版，第5页。
⑥ 牟宗三：《宋明儒学的问题与发展》，华东师范大学出版社2004年版，第11页。

人学就是心性之学、治心之学或成人之教。由于治心的探讨必然涉及心的内在构成、机制、秘密，因此从做人的角度对治心进行探讨必然具有求真性心灵哲学的意义。儒学对治心的探讨有两个维度：一是从个人、社会需要以及“应然”的角度探讨什么样的心态对人最好、是人最有意义的存在方式，进而探讨如何成就这种心理；二是具体剖析现实生活中已完成的人格，即现实的圣人或君子，探讨他们的心理标志，揭示从凡心向圣心转化的心理机制、原理、过程和条件等。那么，什么是儒家所说的君子或圣人呢？

一种观点认为，在孔子之前，君子指朝廷上居高位的人。在孔子以后，君子才表示道德上达到完满境界的人。这一赋义，“是古代儒家，特别是孔子对中国文化的伟大贡献之一”[①]。张耀南说：“中国文化中‘君子’、‘大人’之理想，从一开始就与‘道德’密切相联，虽也讲‘立言’，以‘立功’为‘大’，以‘立言’为‘大’，但最为根本的还是‘立德’，以‘立德’为第一位的‘大’。”[②]君子就是将仁完满表现出来的人。“子路问君子，子曰：修己以敬”，或“修己以安人”。[③]此种境界实即仁的境界。因此问关于君子的问题，实际上是问关于仁的问题。“‘仁者浑然与物同体’，既无我与物之分……亦无成己成物之别。”[④]“君子无终食之间违仁；造次必于是，颠沛必于是。”[⑤]人之所以为君子，是因为他的心由人心变成了道心。两心的区别是人心之危，即有利欲好恶之心，此心可怕，有危害。而道心即体道、合道、证道之心。荀子说：“心合于道，说合于心，辞合于说，正名而期……有兼听之明，而无奋矜之容；有兼覆之厚，而无伐德之色。”[⑥]要实现由人心向道心的转化，唯一的途径就是靠“治气养心之术”。“血气刚强，则柔之以调和；知虑渐深，则一之以易良；勇毅猛戾，则辅之以道顺……夫是之谓治气养心之术也。”[⑦]总之，“君子养心莫善于诚，致诚则无它事矣”[⑧]。所谓诚即真诚，不受外物和利欲的影响。

这种意义的君子就是儒家所追求的以人格完满为特点的圣人。《尚书·洪范》

---

① 余英时：《中国思想传统的现代诠释》，江苏人民出版社 1989 年版，第 163-164 页。
② 张耀南：《“大人”论：中国传统中的理想人格》，北京大学出版社 2005 年版，第 31 页。
③《论语·宪问》。
④ 徐复观：《中国人性论史（先秦篇）》，上海三联书店 2001 年版，第 84 页。
⑤《论语·里仁》。
⑥《荀子·正名》。
⑦《荀子·修身》。
⑧《荀子·不苟》。

云："于事无所不通谓之圣。"[①]《白虎通义》云："圣者，通也，道也，声也。道无所不通，明无所不照。"[②]儒家的圣人形象尽管有内圣与外王两方面，但两者是本末关系，即内圣为本、外王为末。程颐说："学莫大于知本末终始。致知在格物，则所谓本也，始也；治天下国家，则所谓末也，终也。治天下国家，必本诸身，其身不正而能治天下国家者无之。"[③]

根据《论语・子罕》，智、仁、勇为圣人人格的三个必要条件或标志性特征。《礼记・中庸》称这三项为"三达德"："智（知）、仁、勇三者，天下之达德也。"[④]当然，知有大知与小知之别。大知即良知，不知而知，此知亦大智，大智是相对于有人工雕凿成分在内的后天之智而言的，其特点是"行其所无事"。小知即通过人的后天努力而形成的关于自然事物的工具性、技术性知识或科学知识。有大知，其妙用是不惑，相应地，具仁和勇特点的人既不忧又不惧。

根据孔孟等先儒的看法，圣人独有的心理特点除了仁、智、勇等之外，还有作为精神状态的"浩然之气"。它不同于一般的气。一般的气大致有四种情况：一是指人口鼻呼吸的气息；二是"血气"，例如，人的气在少、壮、老三个阶段各不相同，少时血气未定，壮时血气方刚，老时血气衰微，由于每个阶段血气的特点不同，因此行动就应区别开来，如少时就不能接近女色，以免伤害正常成长；三是"辞气"，即说话的声气，不同人的声气是不同的，一般善良的人说话轻言细语，令人备感亲切；四是"食气"，即饮食的风气。浩然之气与作为物理元素的气有关系，以之为基础，但更多的是带有心理的意味，指的是人的一种心胸，一种至大、至刚，一种充满正义感、体现道的精神的心理状态。孟子云：它"集义所生"，"配义与道"，因此"至大至刚，以直养而无害，则塞于天地之间"。[⑤]从效价上说，有此气的人既利己，又利他人、社会、国家。

圣人之所以为圣人，是因为他有大心、大境界。张耀南说："让我们认识到中国文化所以异于西方文化者，不在'道德'，不在'礼义'，不在'精神文明'，而在'大'，在'大人'之境界。"[⑥]

---

① [东汉]班固：《白虎通义・辟雍》。
② 《尚书・洪范》。
③ [北宋]程颐、程颢：《二程集（上）》，王孝鱼点校，中华书局 2004 年版，第 316 页。
④ 《礼记・中庸》。
⑤ 《孟子・公孙丑上》。
⑥ 张耀南：《"大人"论：中国传统中的理想人格》，北京大学出版社 2005 年版，第 12 页。

圣人不仅是具有内在特殊心理构成和特点的人，而且还可以“外王”。孟子说：“唯大人为能格（纠正）君心之非。”①王有两类：一是非圣人的王；二是有圣人人格的王，其特点是以不动心行王道，若有心动就不是圣人。这种人有特殊的心理操作，即以志为帅，在行王道、霸业时努力做到不动心。不动心有无方法？孟子的回答是肯定的，如培养勇气，肌肤被刺不退缩，眼睛被戳不逃避。②这里的关键是志，让志成为主帅。“持其志，无暴其气。”③即坚定自己的心态，而不滥用自己的意气。

孟子还认为，君子不同于凡夫的地方还在于存心不同，其表现是“君子以仁存心，以礼存心。仁者爱人，有礼者敬人。”④由此所决定，圣人为“人伦之至也”⑤。“富贵不能淫，贫贱不能移，威武不能屈，此之谓大丈夫。”⑥“大人者，不失其赤子（婴儿）之心者也。”⑦

儒家揭示圣人的心理标志所用的重要方法，就是对公认圣人做个案研究。颜渊尽管只是复圣，但却是经常被作为典型加以研究的对象。众所周知，尽管他箪食瓢饮、身居陋巷，但常乐无苦。据此可说，圣人的最重要的特点是充满着一般人所没法企及的“大乐”或圣人之乐。其根源何在？根据一般的心理剖析，结论是发明了本心。“仲尼、颜子之乐，此心也。”⑧此心的特点是廓然若无。《圣学宗传》云：“人心上容着一物不得，才着一物，则有碍。是以圣贤之心，廓然若无，感而后应，不感则不应。”⑨“颜子一生好学，只有‘不迁怒、不二过’六个字。此是孔门第一等学术。迁与止对，二与一对。颜子之心常止，故能不迁；常一，故能不二。所谓未发之中也。”⑩《圣学宗传》堪称一本圣心理学哲学著作，其特点是不着力于纯理论的探讨，而是抓住儒学史上公认的圣人典型，通过剖析他们的标志、特点、转化过程，揭示圣人成长的心理机理及规律。这种圣心理学关心的问题，不仅像一般的学问一样要问其“然”，如问圣人是什么、

①《孟子·离娄上》。
②《孟子·公孙丑上》。
③《孟子·公孙丑上》。
④《孟子·离娄下》。
⑤《孟子·离娄上》。
⑥《孟子·滕文公下》。
⑦《孟子·离娄下》。
⑧［明］周汝登：《周汝登集（下）》，张梦新、张卫中点校，浙江古籍出版社2015年版，第770页。
⑨［明］周汝登：《周汝登集（下）》，张梦新、张卫中点校，浙江古籍出版社2015年版，第772页。
⑩［明］周汝登：《周汝登集（下）》，张梦新、张卫中点校，浙江古籍出版社2015年版，第831页。

有哪些圣人，同时还要弄清其“所以然”。例如，《圣学宗传》说：“人皆知仲尼之为仲尼，不知仲尼之所以为仲尼。”[①]圣学或圣心理学要回答的正是后一问题。

在追问圣人的“所以然”的认知上的特点时，《圣学宗传》说：“圣也者，人之至者也。谓其能以一心观万心，一身观万身，一物观万物，一世观万世者焉。”[②]总之，只要知心，便知万物、知道，圣人正是这样，以心知万物、知道，“天地万物之道，尽之于人矣”[③]。三皇之所以是内圣外王，是因为他们无事、无为。“我无为而民自化，我无事而民自富，我好静而民自正，我无欲而民自朴。”[④]从情感上说，圣人既有忧有疑，又无忧无疑。因为天下有忧有疑，故圣人有忧有疑，但从体上讲，“乐天知命，吾何忧？穷理尽性，吾何疑”[⑤]？圣人之所以成圣，关键在于“善事于心”，“是故知圣人所以能立于无过之地者，谓其善事于心者也”[⑥]。

最重要的是，君子有不动心的心理特点。有道是“大人者，不失其赤子之心者也。”“我四十不动心。”[⑦]子贡是孔门中才气最高的人。齐景公问他，你的老师孔子是贤人吗？子贡说，岂止贤人，他是圣人。齐景公问，其表现是什么？回答是不知。“臣终身戴天，不知天之高也。终身践地，不知地之厚也。”[⑧]意为孔子的特点是遇事不动心，无分别。当然，圣人止、静不是绝对无思无虑，而是于思虑时“无动于衷”。“直心以动，出于自然。终日思虑，而未尝有所思虑。故曰天下同归而殊涂，一致而百虑。世之学者，执于涂而不知其归，溺于虑而不知其致。”[⑨]有人以为，儒家“讳言虚寂”，似乎言寂是佛、老的事。其实不然，儒家在寂与不寂、静与动的关系问题上是持中庸之道的，即强调体寂而用不寂。因为天下之动变，“盖天下之感皆生于寂，而其应也，皆本于虚。虚以适变，寂以神感”[⑩]。换言之，儒家在此问题上的基本原则是寂然不动，感而遂通。

---

① [明]周汝登：《周汝登集（中）》，张梦新、张卫中点校，浙江古籍出版社 2015 年版，第 605 页。
② [明]周汝登：《周汝登集（中）》，张梦新、张卫中点校，浙江古籍出版社 2015 年版，第 604 页。
③《老子·第五十七章》。
④ [明]周汝登：《周汝登集（中）》，张梦新、张卫中点校，浙江古籍出版社 2015 年版，第 604 页。
⑤ [明]周汝登：《周汝登集（中）》，张梦新、张卫中点校，浙江古籍出版社 2015 年版，第 590 页。
⑥ [明]周汝登：《周汝登集（中）》，张梦新、张卫中点校，浙江古籍出版社 2015 年版，第 606 页。
⑦《孟子·离娄下》。
⑧ [明]周汝登：《周汝登集（中）》，张梦新、张卫中点校，浙江古籍出版社 2015 年版，第 544 页。
⑨ [明]周汝登：《周汝登集（中）》，张梦新、张卫中点校，浙江古籍出版社 2015 年版，第 516 页。
⑩ [明]周汝登：《周汝登集（中）》，张梦新、张卫中点校，浙江古籍出版社 2015 年版，第 516 页。

儒家圣学研究圣人所用的方法，除了上面的个案剖析法之外，还常用统计法和本质推究法。孔子的弟子漆雕开据说用的是统计法。他“窥千圣之心宗，开生人之道眼”[①]。所得的结论很简单，当然可用不同的字来概括，如“钦”“极”“中”“性”“德”“信”等。[②]

由于圣人解决了体上的问题，因此妙用无穷。根据《圣学宗传》的分析，心的妙用具五福，其体本来有五福。“身或不寿，此心实寿；家或不富，此心实富。纵有患难，心实康宁……此心若正，无不是福；此心若邪，无不是祸也。”[③]由于圣人以仁心、大心处世，因此总是大吉大利。其机理在于：得道、得本心即吉，反之即凶。“得此则吉，失此则凶。循吾本心以往，则能飞能潜，能疑能惕，能用天下之九，亦能用天下之六，能尽通天下之故。君子终日乾乾而非意也？”[④]

孟子是在春秋战国时期“百家”纷纷探讨“修齐治平”、热衷于“至圣之学”这样的大背景之下切入他的探讨的。因此在从人类心灵中挖掘其本有的先天资源和根据时，孟子关心的问题就不仅仅是人的德行的先天根据，而是包含这一子问题的更大的问题，即圣人是如何可能的，用孟子自己的话说就是“人可以为尧舜乎？”[⑤]很显然，这一问题不仅包含着道德的先天根据问题，而且还包含有幸福、快乐尤其是终极的幸福、快乐是如何可能的，以及高尚的、理想的人格是如何可能的和人的通天理、知天命的大智大慧是如何可能的等问题。

下面再以孟子的有关论述为基础，揭示先儒关于成圣心理机理的探讨。笔者认为，孟子的哲学是典型的至圣之学，而基础则是他独特的“心学”。这种心学的主要任务不是查明心灵的结构、本质之类的科学和本体论问题，而是重在弄清心之理。根据孟子的解释，这里的“理”是“端倪”“纹路”“纹理”的意思。一提到“纹路”，我们自然会想到约 2000 年后德国的莱布尼茨所说的“大理石花纹”。两人所说的“纹”尽管在后天的作用范围上有所不同，一个是要解释圣人，一个是要解释真理，但在其他方面则几乎是不谋而合的。首先，两人都承认它们是先天的；其次，都认为这先天的东西只是一种可能的、潜在的倾向或禀赋；

---

① [明]周汝登：《周汝登集（中）》，张梦新、张卫中点校，浙江古籍出版社 2015 年版，第 421 页。
② [明]周汝登：《周汝登集（中）》，张梦新、张卫中点校，浙江古籍出版社 2015 年版，第 421 页。
③ [明]周汝登：《周汝登集（中）》，张梦新、张卫中点校，浙江古籍出版社 2015 年版，第 525 页。
④ [明]周汝登：《周汝登集（中）》，张梦新、张卫中点校，浙江古籍出版社 2015 年版，第 510 页。
⑤《孟子·告子下》。

最后，都强调它们是后天相应的现实的根据和基础，当然，变成现实需要条件。在孟子那里，圣学的一系列问题，例如，什么是圣人，其标志、特点何在，如何成为圣人，凡夫变成圣人的机理、根据、条件、方法和途径是什么，等等，都必须到人类心灵中去寻找答案，都离不开对心之理的揭示和扩充。而这样的任务只能由他的心学来完成。事实也是如此，他的心学正好就是到人心中去寻找圣人的标志、成圣的可能性根据和资源，以及成圣的心理条件、方法和途径。首先，他从内在心理和外在行为表现两方面对圣人的标志、特征做了说明，认为尧、舜就是典型的圣人，接着，提出了他的"总问题"："人可以为尧舜乎？"[①]这一问题用康德式的语言重新表述就是"圣人"（或"大人""君子"）是可能的吗？孟子用大量的事例说明，人都可以为善、行善，而且过去事实上已有许多圣人诞生，因此足以证明成圣是一个事实。接着他过渡到了这样一个类似于康德式的问题：成圣是如何可能的？

从孟子对圣人的规定来看，圣人是道德、真理和幸福的统一。这也就是说，圣人并不意味着只是奉献、行德、牺牲因而只是"吃亏"、当"傻瓜"，而同时也有幸福感、快乐感伴随始终，因此这么好的事，有谁不求呢？现在的问题是，现实的人离圣人标准相去十万八千里，因此圣人是否只是一种做人的纯粹理想、一种乌托邦？正像孟子的同时代人曹交所质问的："人皆可以为尧舜，有诸？"[②]尧、舜是远古的圣人，难道有这样的好事，人人都可以成为圣人吗？孟子的回答是肯定的。其根据是什么呢？其根据很简单，那就是他对人心的认识。

孟子继承孔子"性相近"的命题，同时又做了自己的发挥：一方面，指出这相近的性是天生之我心的重要组成部分，尽管只是一种可能的价值资源，但却是成圣之根；另一方面，对这性的具体形式、内涵做了阐发。孟子像孔子一样，强调人不是完全由后天环境、教育塑造出来的东西，现实的人身上的内容、性格、特点等不完全是由后天所决定的。因为人有天生之性。就外在而言，孟子也承认形色、身体及其性能、欲望有先天的一面；就内在而言，人还有先天的心性。就"性"的本来含义来说，"性"就是天生之心。不仅如此，孟子还认识到，人的这种性还有共通性。孟子说："口之于味也有同嗜焉。耳之于声也有同听焉……

---

① 《孟子·告子下》。
② 《孟子·告子上》。

至于心独无所同然乎？心之所同然者何也，谓理也，义也。”[1]意思是，既然人的味觉、听觉有共同性，人的心当然也是如此。这种共同性主要就表现在每个人心中都潜在地存有相同的理与义。

这天生的理与义是什么呢？具体表现形式如何？孟子认为，它们首先表现为“良知良能”。他说：“人之所不学而能者，其良能也；所不虑而知者，其良知也。孩提之童无不知爱其亲者，及其长也，无不知敬其兄也。亲亲，仁也；敬长，义也。”[2]再具体一点，所谓良知良能实际上就表现为仁、义、礼、智四端。他说：“乃若其情，则可以为善矣，乃所谓善也。若夫为不善，非才之罪也。恻隐之心，人皆有之；羞恶之心，人皆有之；恭敬之心，人皆有之，是非之心，人皆有之。恻隐之心，仁也；羞恶之心，义也；恭敬之心，礼也；是非之心，智也。仁义礼智非由外铄我也，我固有之也。弗思耳矣。故曰：‘求则得之，舍则失之。’或相倍蓰而无算者，不能尽其才者也。”[3]这里的“情”“才”，指天生的资质、资源。从天生的资质看，人是可以为善的。如果做了不善的事，那不是由情所使然。人能为善，说明他身上有其先天根据，那就是仁、义、礼、智四端。人之所以善的程度不一样，那是因为性的实现、发挥不尽相同，如“尽其才”，即充分地实现了，那么就是圣人。质言之，圣人与小人同有的、先天的“性”只是一种可能性、一种“端倪”或潜在的种子、倾向，而不是现实的存在，因此由于各人的条件、环境、教育、践行不同，它们在现实的人身上的具体显现就不尽相同，这就造成了“人上一百，五颜六色”这一现实的出现。

孟子的上述观点当然会碰到这样的反例：既然人性相同，圣人、小人无有例外，那么现实生活中为什么大多数人只是小人呢？不仅如此，为什么还有无恶不作之人？孟子的解释是“虽存乎人者，岂无仁义之心哉？其所以放其良心者，亦犹斧斤之于木也，旦旦而伐之，可以为美乎？”[4]意思是说：仁、义、礼、智这样的性本来存在于人心之中，但有的人不仅没有保护和发扬它们，而且经常压制、摧毁、消灭它们，因此这些人就变成了坏人。“其旦昼之所为，有梏亡之矣。梏

① 《孟子·告子上》。
② 《孟子·尽心上》。
③ 《孟子·告子上》。
④ 《孟子·告子上》。

之反复，则其夜气不足以存，则其违禽兽不远矣。”[①]但这不等于他们没有善性。正像美丽茂密的山林，天天去砍伐它，当然就会变成光秃秃的山。

下面再来看早期儒家成圣的心理操作。毫无疑问，儒家也重心斋，据《庄子·人间世》载：孔子在回答颜渊关于心斋的提问时做了这样的解释，“若一志，无听之以耳，而听之以心；无听之以心，而听之以气。听止于耳，心止于符。气也者，虚而待物者也。唯道集虚，虚者，心斋也”[②]。儒家也讲斋戒，如祭祀之斋包括不饮酒、不吃荤。另外还有心斋。有一次，颜渊问道于孔子。孔子曰：欲如此，务必斋戒。颜渊曰：我不饮酒、不茹荤久矣。孔子曰：你那只是祭祀之斋，非心斋。所谓心斋是一志无二想。无以耳听，而以心听。无以心听，而以气听。无思无虑，清洁精神，无染无秽，专道无嗜。[③]

正心也是成圣的心理操作手段。所谓正心其实就是让心处于平静、正定、常一的状态，不让它有波动。《礼记·大学》云：“所谓修身在正其心者，身有所忿懥，则不得其正；有所恐惧，则不得其正；有所好乐，则不得其正；有所忧患，则不得其正。心不在焉，视而不见，听而不闻，食而不知其味，此谓修身在正其心。”[④]与此相近的养心术是“处一危之”，专一于道，即警惧心的危害，就有希望成圣，“养一之微”，专一于道，探求精微道理，就不可能不知道。[⑤]

要成圣，必须知道心的最佳去处、最佳依止处，这就是静。“心在于静，得静则失动矣。心在于一，得一则失二。”[⑥]制心、治心，就是要让乱心静下来、停下来。其重要性在于：只要将心制好，即能入圣列，如汤王就是如此，“制心亦无，无意无我，寂然常乐。此汤所以成其日新之德者也”[⑦]。因此，是圣是凡取决于如何用心、制心。“古圣贤之心异，运同辙”[⑧]，同在于“以礼制心”。基于此，圣人“心一也”，凡夫如是行，即入圣人行列。凡圣只一念之差，“罔念作狂，克念作圣”[⑨]。放纵念头，就是狂人、凡夫；反之，能克制念头、使之

---

①《孟子·告子上》。

②《庄子·人间世》。

③［北宋］张君房编：《云笈七签》，载胡道静、陈莲笙、陈耀庭选辑：《道藏要籍选刊（一）》，上海古籍出版社 1989 年版，第 261 页。

④《礼记·大学》。

⑤《荀子·解蔽》。

⑥［明］周汝登：《周汝登集（中）》，张梦新、张卫中点校，浙江古籍出版社 2015 年版，第 514 页。

⑦［明］周汝登：《周汝登集（中）》，张梦新、张卫中点校，浙江古籍出版社 2015 年版，第 500 页。

⑧［明］周汝登：《周汝登集（中）》，张梦新、张卫中点校，浙江古籍出版社 2015 年版，第 500 页。

⑨［明］周汝登：《周汝登集（中）》，张梦新、张卫中点校，浙江古籍出版社 2015 年版，第 494 页。

停歇即为圣人。

这里有必要考察一下荀子的有关理论，因为他对要治、要转化的心坚持的是一种现实主义甚至不妨说是悲观主义的态度，如断言人心是顽劣的、丑恶的。如果是这样，成圣怎么可能呢？“圣可积而致”[①]吗？换言之，“涂之人可以为禹”[②]吗？禹是典型的圣人，而涂之人是路途中的人，即普通人。荀子的回答是肯定的，即人人都可以为尧舜，凡夫、小人可成为圣人，当然圣人也可转化成凡人，这就是荀子所说的“小人君子者未尝不可以相为也”[③]，即可相互转化。当然，荀子要探讨的是小人如何可能转化为圣人。对于他来说，甚至对于很多人来说，这是荀子难以回答的问题。因为圣人与涂人似乎没有同质性，因此自然没有由此达彼的桥梁。涂人的特点是“生而有好利焉，顺是，故争夺生而辞让亡焉；生而有疾恶焉，顺是，故残贼生而忠信亡焉；生而有耳目之欲，有好声色焉，顺是，故淫乱生而礼义文理亡焉。然则从人之性，顺人之情，必出于争夺，合于犯分乱理而归于暴。”[④]从人性的内容来说，人性主要包括好利疾恶、贪求声色、口腹之乐等本性和倾向。“凡人有所一同：饥而欲食，寒而欲暖，劳而欲息，好利而恶害，是人之所生而有之也，是无待而然者也，是禹、桀之所同也。”[⑤]而圣人恰恰相反，荀子说：“君子贫穷而志广，富贵而体恭，安燕而血气不惰，劳倦而容貌不枯，怒不过夺，喜不过予……君子之能以公义胜私欲也。”[⑥]意谓君子在任何条件下都能保持自己志广、体恭、血气不惰、容貌不枯、心神不动的品质，之所以如此，又是因为他以公义战胜了私欲。此外，从心境上说，君子“荡荡乎，其有以殊于世也”[⑦]。意即君子心胸开阔、坦坦荡荡，因此不同于世人。在处理与“物”，尤其是物质利益、财富的关系时，君子、小人的态度恰恰相反：“君子役物，小人役于物。”[⑧]意即君子不在于彻底摆脱物欲，完全生活在无物的虚幻之中，而在于用物而又超越于其上，能转物；而小人则为物所转，拜倒其下，成了物的奴隶。

①《荀子·修身》。
②《荀子·性恶》。
③《荀子·性恶》。
④《荀子·性恶》。
⑤《荀子·荣辱》。
⑥《荀子·修身》。
⑦《荀子·修身》。
⑧《荀子·修身》。

荀子在揭示由凡转圣的内在机理时首先强调，从人的最初的本性上看，小人与君子是没有区别的，“凡人之性者，尧、舜之与桀、跖，其性一也；君子之与小人，其性一也”[①]。也就是说，世上即使有圣人，他们开始也是小人一个。那么，为什么小人能成为君子呢？荀子认为，这是因为人有许多先天的资质和条件，其中有些是生理的、本能的，有些是心理的。而关键在于后者。因此，要解决上述问题，就必须返回到人心之中。在他看来，成圣成凡的全部奥秘都隐藏在心灵之中。第一，圣人之所以可致，根源在于人心有特殊的“质”和“具”。荀子说：“然则仁义法正有可知可能之理，然而涂之人也，皆有可以知仁义法正之质。”[②]有此质、具，涂之人可以为禹[③]。这种质、具，显然是一种先天的心理条件，即能学习、能知道、能判断是非、接受仁义法正的条件，是一种能够实践它的心理能力。荀子用事实说明了这一点，例如，涂之人尽管按其性不知父子之义、君臣之正，但经过教化，则可知可行这些礼义，因此“可以知之质、可以能之具，其在涂之人明矣”[④]。这就是说，小人之所以能转化为圣人，根源在于人心具有能知之质和具，具有可教化性，具有可接纳外来的知识、道理的可能性。

其次，人的天然资质中还有能分辨的能力。荀子说：“人之所以为人者，何已也？曰：以其有辨也。”“故人之所以为人者，非特以其二足而无毛也，以其有辨也。”[⑤]因为有这种能力，人就能对所接触、所学、所行的东西做出分辨，抛弃不好的，接受好的。

资质、本性、知识、智慧、才能，君子、小人是一样的，同时都趋利避害，所不同的是求取荣誉、利益的办法不同，更重要的是，他们对大道的态度不同。有的人之所以成为圣人，关键在于他敬道。努力去求道，并有求道的方法，如虚壹而静，最后便知道、得道。因此“治之要在于知道”[⑥]。“人何以知道？曰心。心何以知？曰：虚壹而静。心未尝不藏也，然而有所谓虚；心未尝不两也，然而有所谓一；心未尝不动也，然而有所谓静。人生而有知，知而有志。志也者，藏

①《荀子·性恶》。
②《荀子·性恶》。
③《荀子·性恶》。
④《荀子·性恶》。
⑤《荀子·非相》。
⑥《荀子·解蔽》。

也；然而有所谓虚。”[①]大意是说，人之所以能知道、体道、行道，直到成圣，这是由心的先天能力和本性所决定的。一方面，心有记忆、充塞的一面，有不平静、动荡的一面；另一方面，它也有虚空的一面，因而能学习、接纳新的好的东西，有专心一致的能力，有平静的能力，因此能在静的状态中体悟道的奥秘，并一心一意行道。因此“虚壹而静，谓之大清明”[②]。“君子壹于道而以赞稽物。”[③]意谓君子专心于道，并用它来考察事物。为什么心静才能知道？因为心就像一盆水一样，“导之以理，养之以清，物莫之倾，则足以定是非，决嫌疑矣。”[④]让心静下来，不让外物干扰它，不使偏斜，就能判断是非。

综上所述，做人的奥秘全在人心之中，而荀子所说的心是一个既包含有潜在资源、可能性的东西，又具有知情意等现实活动能力的主体；既有价值论的属性，又有认识论、本体论的意义。从范围上说，它包括现代心理学所说的各种心理现象；从层次上说，它是一个由各种欲望、认知、德行、智性、“天君”所构成的等级系统。从潜在性上来说，它既天生具有各种邪恶之性，但同时又具有知仁义法正之质、行仁义法正之具以及判断是非之辨别力，最后还有能治五官之“天君”或狭义的“居中虚”的“心”（实即心智）；就现实的心来说，它是以知、情、意、欲等活动，以及过程、状态和事件表现出来的。总之，荀子所说的心是以心脏为基质的广义的心，其中又有居中虚的、能治五官的、狭义的、神明的心。性是广义的人心中潜在的品质，在后天任其表现和发展，不受教化和节制，就会使人心成为凡心，有凡心就为凡人。反之，如果充分利用心之本有的“质”“具”“能”，辅之以教化，那么，即使人性本恶，也仍能塑造出圣心。有圣心，圣人随之而成。这也就是说，人的本性尽管是恶的，但皆可以成为禹、尧之类的圣人，原因在于人可以行仁义法正，在于人有心，而心既有能知仁义法正之能力，又有践行仁义法正之品质。更为重要的是，在心、情、性、欲的相互关系中，心居于天君地位。荀子说：“心居中虚，以治五官，夫是之谓天君。”[⑤]心之所以能如此，这又是由心的本质和作用所决定的。荀子所理解的心位于“中虚”，是形体

① 《荀子·解蔽》。
② 《荀子·解蔽》。
③ 《荀子·解蔽》。
④ 《荀子·解蔽》。
⑤ 《荀子·天论》。

所具有的能动作用，因为“天职既立，天功既成，形具而神生”①，正像眼、耳等形与外物“相接”可以产生看、听的功能一样，心也天生有能知、能判断，甚至能“使”、能“止”欲的作用。“欲过之而动不及，心止之也……欲不及而动过之，心使之也。”②荀子还说：“心者形之君也，而神明之主也。出令而无所受令，自禁也，自使也，自夺也，自取也，自行也，自止也。”③更重要的是，心还有一个重要的功能，即知“道”，即认识、把握天地万物运行的命或道。“人何以知道，曰心。”④

第三节　理学论心性与成圣

理学有广义和狭义之分。广义的理学泛指宋元明时期以理气、心性、天道性命等为研究中心的哲学学派；狭义的理学主要指周敦颐、张载、二程（程颢、程颐）和朱熹等宋儒的理学思想。我们这里述及的主要是二程和朱熹关于心性、心理的思想，兼及周敦颐和张载的有关思想。理学又称性理之学、义理之学、道学。其代表人物有很多，且都很有个性，但之所以能作为一个学派屹立于中国思想之林，是因为他们有共同的问题和思想倾向。他们的主要范畴或论题是理气、心理、格物、主敬、主静、涵养、知行、已发未发、道心人心、天理人欲、天命之性与气质之性。理学的特点包括：第一，重实践。吕思勉先生说：“理学特色在于躬行实践，非如寻常所谓哲学者，但厌好奇之心，驰玄远之想而已。”⑤第二，重宇宙观探讨，因为宇宙观即人生观。吕思勉说：“其实二者本系一事。何则？人者，宇宙间之一物。明乎宇宙之理，则人之所以自处者，自得其道矣。”⑥对宇宙的探讨是对人生探讨的基础。“穷究宇宙之理，以明立身处世之法者也。”⑦第三，从与心学的关系而言，两者尽管有不同的一面，但同大于异。具言之，“仅

①《荀子·天论》。
②《荀子·天论》。
③《荀子·解蔽》。
④《荀子·解蔽》。
⑤ 吕思勉：《理学纲要》，东方出版社 2012 年版，序。
⑥ 吕思勉：《理学纲要》，东方出版社 2012 年版，第 1 页。
⑦ 吕思勉：《理学纲要》，东方出版社 2012 年版，第 1-2 页。

其修为之法，小有乖违。以言乎其宇宙观、人生观，则固大致相同也”[①]。第四，就与佛教的关系而言，尽管理学有反佛教的一面，但由于有对佛教的借鉴，因此“不知佛学之大要，不可以言宋学”，“理学者，佛学之反动，而亦兼采佛学之长，以调和中国之旧哲学与佛学者也”。[②]

在宋代，程朱理学受佛教的影响，对心的价值资源的探讨一跃而成为主流，甚至可以说是后来心身认识的主体内容，称其为“心性论转向”或“价值论转向”大概也不为过。这是因为，一方面，从汉代至唐代末期，中国心灵哲学中居主导地位的倾向是对心的求真性认识，而圣学以及与之相应的对心的价值性认识则显式微，甚或“不传”。到了宋代，随着儒学的复兴，其中圣学以及相应的心学在新的基础上重新进入新儒家的视野，大有“否定之否定”之势。因此相对于汉唐来说，宋代的圣学和心学可看作是一种认识上的转向。相对于后来在宋元明清以显学而著称于世的心学来说，宋代理学对价值性心灵哲学的强调，更可以说是一个良好的开端。另一方面，就宋代的心灵哲学自身来说，尽管它也有求真性认识的方向和内容，但由其新儒学的整体性质和宗旨所决定，其价值性认识始终是居主导地位的方面。这一点的表现是多方面的，兹略述一二。

第一，从范畴上说，“形”“神”“身”等范畴尽管经常出现，但不再是居中心地位的范畴，而“心”“性”“命”“诚”则成了中心范畴。

第二，在对心的研究中，心之“性”以及万物之性成了主要话题。在程朱理学中，“性”就是“理”。两者的差别主要表现在所适用的对象不同。用来泛指天地万物的道理、本质、规律，便称作“理”，而体现在人身上的理则被称作“性”。例如，朱熹的学生陈淳在其疏释理学概念的带有工具书性质的《北溪字义》一书中说：“这道理受于天而为我所有，故谓之性。”[③]从性的内容来说，就是包含于人心中的理。从来源上说，这理得之于天然。但是心中之性、心中之理又不是以现成的形态存在的，而有一个从潜在向现实的转向过程。因此人最初的性只是一种禀赋、潜能或倾向。但这性具体包括什么内容、怎样实现、与圣凡是什么关系、与理想的心理境界是什么关系，则成了心性论的主要问题。

---

① 吕思勉：《理学纲要》，东方出版社 2012 年版，第 2 页。
② 吕思勉：《理学纲要》，东方出版社 2012 年版，第 3 页。
③ [南宋]陈淳：《北溪字义·性》。

第三，随着对心的认识的拓展和深掘，宋儒对心的范围、样式、构成的认识大大向前发展了。就心自身的存在、结构、本质与功能来说，可从不同的角度去描述和理解。程颐说："心一也。有指体而言者，有指用而言者，惟观其所见何如耳。"①首先，他们所说的心既可从形而下去理解，又可从形而上去理解。从形而上来理解，心是虚灵之心，或说"虚灵自是心之本体"②。从形而下来理解，"如肺肝五脏之心，却是实有一物。若今学者所论操舍存亡之心，则自是神明不测……心比性，则微有迹；比气，则自然又灵"③。其次，心有天心与人心之别。朱熹说："在天地则块然生物之心，在人则温然爱人利物之心，包四德而贯四端者也。""天地以生物为心者也，而人物之生，又各得夫天地之心以为心。""人之为心，其德亦有四，曰仁义礼智，而仁无不包，其发用焉则为爱恭宜别之情，而恻隐之心无所不贯……论人心之妙者，则曰'仁，人心也'，则四德之体用亦不待遍举而该。盖仁之为道，乃天地生物之心即物而在；情之未发而此体已具，情之既发而其用不穷，诚能体而存之，则众善之源，百行之本，莫不在是。"④从心对做人的价值来说，心有道心和人心之别。中国心灵哲学带有强烈的道德心理学的意味，也就是说，它重在揭示不同道德属性的心理根源、机制和作用过程。例如，朱熹在论述心、性、情、知的关系时指出，性、情、知都是心的作用。这种作用如何发挥，或者说在发挥时，它们所处的关系直接决定了人的道德性状。他认为，情与认知过程密切相关，而知有对天道的体认和对情感的控制作用。当人在知觉时，可能发生情感活动，但进到了知的阶段，人则可体认到天道，将情感恰到好处地控制起来，让其适度地发挥出来。而情的表现则与一个人的道德情操密切相关。从具体内容上看，喜、怒、哀、乐，人心也。恻隐、羞恶、恭敬、是非，道心也。从时空属性上来说，心有广大无边之心和流变之心。朱熹说："心须兼广大流行底意看，又须兼生意看。"⑤也就是说，既要从广大，又要从生生不已去理解。当然，从广大上去理解，并不是说世界上存在着这样一种广大无比的实有之心，而是就心之用来说，心可以超越自己的肉体和眼见、耳闻，达到至

① [南宋]朱熹：《近思录》卷1。
② [南宋]黎靖德编：《朱子语类（一）》，王星贤点校，中华书局1986年版，第87页。
③ [南宋]黎靖德编：《朱子语类（一）》，王星贤点校，中华书局1986年版，第87页。
④ [南宋]朱熹：《仁说》，《朱文公文集》卷67。
⑤ [南宋]朱熹：《近思录》卷5。

大无外、心外无物的境界。而流变之心则类似于现今所说的意识流，意味心总处在流动变化之中，念念相续。从体用上来说，既有作为体的心，又有作为用的心，而这可从多方面来描述。例如，《周易》云：寂然不动是心之体，而“感而遂通天下之故”①为其用。有时又把心性看作体，而把性之发用或动即情看作用。这在后面再做分析。从静态结构来看，心由不动的心之体即性加上它发生作用时的情所构成。而这里的情除了喜、怒、哀、乐等狭义的情感和情绪之外，还包括意、志、知、信、愿、欲等。由此可以看出，理学家对心理现象之范围的认识已接近西方现代心理学和心灵哲学的认识。不仅如此，他们的论述中还充满着一定的科学精神，即试图从本体论角度证明心理在自然界的存在地位，揭示它们起作用的机制和运行的原理。例如，关于知觉，他们认为，它是“知之端”，是耳闻和目见的结果。从内在的机理来说，知觉之存在和完成都离不开理与气。因为首先要有相应的形体出现。朱熹说：“不专是气，是先有知觉之理，理未知觉，气聚成形，理与气合，便能知觉。”②知觉与理是不可分的。“理不离知觉，知觉不离理。”③思与虑也是如此。思与虑是心的官能，是获得关于外物的认识的高级环节。它之所以有这种作用，之所以能克服感觉的局限性、遮蔽性，之所以能做到“物不能蔽”，关键在于它得其理、尽其职。朱熹说：“心则能思，而以思为职，凡事物之来，心得其职，则得其理，而物不能蔽。失其职则不得其理，而物来蔽之。此三者，皆天之所以与我者，而心为大。”④

第四，在程朱关于心身关系的讨论之中，心不再是原来形神之辩中的像附薪之火、附刀之刃一样的那种“副现象”，而本身有自己的本体论地位，既有自己的存在，又有自己的作用，而且还是一身之主宰，因此成了自体、本体。例如，它有自己的贮藏物，有自己的用，因此是体与用的统一。这种体用可从不同方面予以揭示。它具众理，因此是体；同时它又能应对万事，此为它的用。从相状上说，它寂然不动，此是它的体；同时它面对万物万事能变化，此是它的用。

再来考察宋儒对圣心的剖析以及对成圣之心理操作的探讨。周敦颐被朱熹誉

---

①《周易·系辞上》。
② [南宋]黎靖德编：《朱子语类（一）》，王星贤点校，中华书局1986年版，第85页。
③ [南宋]黎靖德编：《朱子语类（一）》，王星贤点校，中华书局1986年版，第85页。
④ [南宋]朱熹：《孟子集注》卷11。

为“得孔孟不传之正统”[①]的人，既弘扬正统圣学，又批判“俗学之卑陋”。所撰论著“条理之密，意味之深，又非今世学者所能骤而窥也”[②]。通过对圣人的心灵及其理路的考察，他建立了这样的公式：诚、神、几=圣人。具言之，“寂然不动者，诚也”[③]。诚也可理解为诚心，即无妄之心。它是通过颠覆妄心而成的，或是“反”的结果，即反当前之妄，回复到妄之源头。“诚心，复其不善之动而已矣。不善之动，妄也；妄复，则无妄矣；无妄，则诚矣。”[④]“感而遂通者，神也。动而未形有无之间者，几也。诚精故明，神应故妙，几微故幽。”“人之道心未尝不诚，未尝不神，其动之始曰几。”“诚、神、几曰圣人。”[⑤]

圣人也有其富贵。这富贵不是常人所追求的富贵。他们鄙视这种富贵，但他们也有自己的富与贵，即道与安。“君子以道充为贵，身安为富，故常泰无不足。”[⑥]

圣人之心还有明的特点。明即无疑，不明则疑生，但明与疑又不是相隔千里的东西，因为它们可相互转化，疑对明有促进作用，如“能疑为明”[⑦]。圣心相近的特点在于“睿”。《尚书·洪范》曰：“思曰睿，睿作圣。”[⑧]所谓睿指的是思的最高境界——通达。通达当然是一个由低到高的过程。思能通微，通微进一步则无不通，无不通则圣。圣心主静的特点也是不可忽视的。周敦颐说：“圣人定之以中正仁义（圣人之道，仁义中正而已矣），而主静（无欲故静），立人极焉。故‘圣人与天地合其德，日月合其明，四时合其序，鬼神合其吉凶’。”[⑨]圣人是人之极，其体上的特点是中正仁义，无欲极静。由于有此体，便有与天地合其德、与日月合其明等特点。朱熹解释说：圣人的静不是简单地让心停下来，而是“诚之复”，因而是“性之真”，“动静周流，而其动也必主乎静”。[⑩]

“孔颜乐处”是周敦颐率先在理学中引入的一个议题，也是儒学乃至全部价值性心灵哲学应有的课题。据二程说，二程在师从周敦颐时，就受到了此问题的

① [北宋]周敦颐：《周敦颐集》，陈克明点校，中华书局2009年版，第49页。
② [北宋]周敦颐：《周敦颐集》，陈克明点校，中华书局2009年版，第49页。
③ [北宋]周敦颐：《周敦颐集》，陈克明点校，中华书局2009年版，第17页。
④ [北宋]周敦颐：《周敦颐集》，陈克明点校，中华书局2009年版，第39页。
⑤ [明]周汝登：《周汝登集（中）》，张梦新、张卫中点校，浙江古籍出版社2015年版，第615页。
⑥ [北宋]周敦颐：《周敦颐集》，陈克明点校，中华书局2009年版，第40页。
⑦ [北宋]周敦颐：《周敦颐集》，陈克明点校，中华书局2009年版，第31页。
⑧《尚书·洪范》。
⑨ [北宋]周敦颐：《周敦颐集》，陈克明点校，中华书局2009年版，第6页。
⑩ [北宋]周敦颐：《周敦颐集》，陈克明点校，中华书局2009年版，第6-7页。

启发，程颢说："昔受学于周茂叔，每令寻颜子、仲尼乐处，所乐何事。"[①]"孔颜乐处"确实指出了人生哲学、价值性心灵哲学中的重要问题。例如，孔颜真实发现和体验的一种乐的形式究竟是什么？乐的表现是什么？为何而乐？所乐的是什么？其乐源于什么？乐于何事？乐的表现、标志、机理、条件究竟是什么？周敦颐不仅提出了问题，而且做出了自己的回答。他说："颜子'一箪食，一瓢饮，在陋巷，人不堪其忧，而不改其乐'。夫富贵，人所爱也。颜子不爱不求，而乐乎贫者，独何心哉？天地间有至贵至爱可求，而异乎彼者，见其大、而忘其小焉尔。见其大则心泰，心泰则无不足。无不足则富贵贫贱处之一也。处之一则能化而齐。故颜子亚圣。"[②]可见，乐的根源、途径多种多样，道、"大"也可致人于乐，不仅如此，它给予人的是最高级的、绝对的、无负面效应的纯乐，有此乐，则大富大贵，且不管在什么样的环境下都"处之一"，如在贫贱中也能不改其乐。可见，富贵有不同的形式：一是世间的富贵；二是由道而致的富贵，有此富贵，则于一切"能化而齐"，绝对平等，"常泰无不足"。"君子以道充为贵，身安为富，故常泰无不足。而铢视轩冕，尘视金玉，其重无加焉尔！"[③]

怎样得道进而得孔颜之乐呢？程颐对此的回答是"凡学之道，正其心，养其性而已。中正而诚，则圣矣。"[④]成圣就得到了最高的孔颜之乐。程颐又说："君子之学，必先明诸心，知所养，然后力行以求至，所谓自明而诚也。故学必尽其心。尽其心，则知其性，知其性，反而诚之，圣人也。故《洪范》曰：'思曰睿，睿作圣。'"[⑤]圣人是纯吉无凶之人，至少能逢凶化吉。其根源是心复诚，而极静。此可通过两个途径得到：一是不假修为而自然，二是通过修为而得。由于心极静，因此最为吉祥，反之，小人不明白静的妙用，违背极静，因此"小人悖之凶"[⑥]。

张载认为，圣人独有的心理标志是多方面的，其中，最重要的是他有这样的最佳心态，即宁、静。"宁者，无事也，只要行其所无事。"[⑦]他的心寂然不动，

① [北宋]程颐、程颢：《二程集（上）》，王孝鱼点校，中华书局2004年版，第16页。
② [北宋]周敦颐：《周敦颐集》，陈克明点校，中华书局2009年版，第32-33页。
③ [北宋]周敦颐：《周敦颐集》，陈克明点校，中华书局2009年版，第40页。
④ [北宋]程颐、程颢：《二程集（上）》，王孝鱼点校，中华书局2004年版，第577页。
⑤ [北宋]程颐、程颢：《二程集（上）》，王孝鱼点校，中华书局2004年版，第577页。
⑥ [北宋]周敦颐：《周敦颐集》，陈克明点校，中华书局2009年版，第7页。
⑦ [北宋]张载：《张载集》，章锡琛点校，中华书局1978年版，第283-284页。

因而是实心、常心。实心即坚实之心、义理之心，不同于世俗动乱之心。后者的特点是，“盖用心未熟，客虑多而常心少也，习俗之心来去而实心未完也”①。圣人的独有标志当然有其认知上的表现，这就是心之神明超凡绝伦。他说：“圣人之神惟天，故能周万物而知。”②正是因为有这样的功能，因此圣人能尽性、知心、尽道。张载说：“圣人之心则直欲尽道。”③尽道自然合天心。他是怎样合天心的？答案是视天下万物，无一非我，真正做到心外无物。若心外有一物，其心就没合天心。“故有外之心不足以合天心。”④由于其心体如此，因而便有这样的妙用，即德、福统一。德、福统一即为圣人。张载说：“至当之谓德，百顺之谓福。德者福之基，福者德之致。无入而非百顺，故君子乐得其道。”⑤

再看二程。两人都是承前启后的大家，一个开了理学之先河（程颐），一个开了心学之先河（程颢）（他的“识仁说”是心学的理论先驱）。根据这一理论，仁（良知、良能、义礼智信）本来就存在于人及万物之中，是其性、诚。不识即为凡夫；识即为圣人，“反身而诚”⑥说的就是这个道理。根据他们对圣心的剖析，圣人有这样的心要：一方面，“无声无臭”；另一方面，“礼仪三百，威仪三千”⑦。“圣人与理为一，故无过，无不及，中而已矣。其他皆以心处这个道理。”⑧圣人有无常人的情？他们的看法是，圣人也有喜、怒、哀、乐，这与一般凡夫无异；不同在于，圣人发时即中和，无过无不及。二程说：“圣人未尝无喜也，象喜亦喜。圣人未尝无怒也，一怒而安天下之民。”⑨但圣人的情的特点在于，即使有情感表现出来，也“凝然不动”⑩。当然，在特定意义上，圣人是无情的。程颢说：“夫天地之常，以其心普万物而无心；圣人之常，以其情顺万物而无情。故君子之学，莫若廓然而大公，物来而顺应。”⑪圣人之心是不动

① [北宋]张载：《张载集》，章锡琛点校，中华书局 1978 年版，第 284 页。
② [北宋]张载：《张载集》，章锡琛点校，中华书局 1978 年版，第 15 页。
③ [北宋]张载：《张载集》，章锡琛点校，中华书局 1978 年版，第 317 页。
④ [明清之际]黄宗羲《宋元学案（一）》，梁运华、陈金生点校，中华书局 1986 年版，第 700 页。
⑤ [北宋]张载：《张载集》，章锡琛点校，中华书局 1978 年版，第 32 页。
⑥ [北宋]程颐、程颢：《二程集（上）》，王孝鱼点校，中华书局 2004 年版，第 24 页。
⑦ [北宋]程颐、程颢：《二程集（上）》，王孝鱼点校，中华书局 2004 年版，第 307 页。
⑧ [北宋]程颐、程颢：《二程集（上）》，王孝鱼点校，中华书局 2004 年版，第 307 页。
⑨ [明]周汝登：《周汝登集（中）》，张梦新、张卫中点校，浙江古籍出版社 2015 年版，第 626 页。
⑩ [明]周汝登：《周汝登集（中）》，张梦新、张卫中点校，浙江古籍出版社 2015 年版，第 626 页。
⑪ [明清之际]黄宗羲：《宋元学案（一）》，梁运华、陈金生点校，中华书局 1986 年版，第 546 页。

不变之心。当然，这“不动心有二：有造道而不动者，有以义制心而不动者”[①]。前者指“不勉而中”，不待强制克服而合道；后者指先区分义与不义，如果是义，则取之，不义则当舍。在特定意义上，也可说圣人之心是动与不动的统一，即既有忧劳，又不动于衷。“圣人之心，虽当忧劳，未尝不安静；其在安静，亦有至忧，而未尝劳也。”[②]质言之，寂然不动，感而遂通。“未尝有在，亦无不在，盖其道合内外，体万物。”[③]由于对心有这样的价值判断，因此他们崇尚清静、不动心的境界。程颢年幼时有诗云：“中心如自固，外物岂能迁。”[④]“明道终日坐，如泥塑人，然接人浑是一团和气，所谓‘望之俨然，即之也温’。”[⑤]基于上述体认，他们也重视修定。他们对定的理解是，“所谓定者，动亦定，静亦定，无将迎，无内外”[⑥]。有四种定：①天地之常，“心普万物而无心”，此是天地之定；②圣人之常，“情顺万物而无情”，此是圣人之定；③君子之定，“廓然大公，物来顺应”；④“吾人第于怒时遽忘其怒，观理是非，此是吾人之定”。[⑦]圣人在认知上的特点是能将心的功能发挥到极致，即能通于道、辨是非。他们承认：“人心莫不有知。”[⑧]从对象上说，被知的既有感性事物，又有一般事物，尤其是道或理。“心所感通者，只是理也。”[⑨]“夫心通乎道，然后能辨是非。”[⑩]圣人之所以为圣人，就在于让这一功能完全变成了现实。就圣人之心与赤子之心的关系而言，他们承认两者有联系，但不能等同，因为“圣人之心，如镜，如止水”[⑪]。而赤子之心尚非圣人之心，因为此心只有近道之意，而未得道。通常说大人不失赤子之心，只是“取其纯一近道也”[⑫]之意。圣人之心是公心、无私心、无我之心。“惟圣人至公无我，故虽功高天下而不自有，无所累于心。盖一介存于心，乃私心也。”[⑬]圣人之心也可概括为“中”，因此，“圣人之学，以中为大本。

---

① [北宋]程颐、程颢：《二程集（上）》，王孝鱼点校，中华书局2004年版，第273页。
② [北宋]程颐、程颢：《二程集（下）》，王孝鱼点校，中华书局2004年版，第1267页。
③ [北宋]程颐、程颢：《二程集（上）》，王孝鱼点校，中华书局2004年版，第66页。
④ [明清之际]黄宗羲：《宋元学案（一）》，梁运华、陈金生点校，中华书局1986年版，第573页。
⑤ [明清之际]黄宗羲：《宋元学案（一）》，梁运华、陈金生点校，中华书局1986年版，第575页。
⑥ [明清之际]黄宗羲：《宋元学案（一）》，梁运华、陈金生点校，中华书局1986年版，第546页。
⑦ [明清之际]黄宗羲：《宋元学案（一）》，梁运华、陈金生点校，中华书局1986年版，第548页。
⑧ [北宋]程颐、程颢：《二程集（上）》，王孝鱼点校，中华书局2004年版，第123页。
⑨ [北宋]程颐、程颢：《二程集（上）》，王孝鱼点校，中华书局2004年版，第56页。
⑩ [北宋]程颐、程颢：《二程集（上）》，王孝鱼点校，中华书局2004年版，第601页。
⑪ [北宋]程颐、程颢：《二程集（上）》，王孝鱼点校，中华书局2004年版，第202页。
⑫ [北宋]程颐、程颢：《二程集（上）》，王孝鱼点校，中华书局2004年版，第202页。
⑬ [北宋]程颐、程颢：《二程集（下）》，王孝鱼点校，中华书局2004年版，第1034页。

虽尧、舜相授以天下，亦云‘允执其中’。中者，无过不及之谓也”①。心无偏倚，则至明至平，其察物甚于权度之审。此心所发，纯是义理，与天下之所同然。此心即赤子之心。赤子之心，即天地之心。由于圣人有这样的心，因此在一切时处，无忧无惧。有一次，程颐与多人乘船过汉江。中途遇急流，几次险覆，别人号哭，唯程颐正襟危坐如常。有人问其为何能如此，程颐答曰：“心存诚敬耳。”②

朱熹是中国心灵哲学发展历程中里程碑式的人物。其思想特点是全面而深入，不仅提出了丰富的价值性心灵哲学，而且在一系列求真性心灵哲学问题上做出了不比西方同时代思想家逊色的贡献。例如，在心的发生学上，他强调：理气本身没有知觉，但理与气合，便能知觉。③就心与理的关系而言，他认为理是万物本体，心是形而下的器。在心、性、情的关系问题上，他提出：心者，身之主，心统性情。在形神魂魄问题上，他认为，魄属形体，魂属精神，人活着时，形与魂魄不相离，死时可分离。他所说的心既是道德心，又是认识心。“人之一身，知觉运用莫非心之所为。”“心官至灵，藏往知来。”④就其本质而言，“心者，气之精爽”，心是“能觉者，气之灵者”。⑤这是典型的物理主义。他还通过对心气关系的论述，较好地解决了心灵哲学中的心理因果性难题，强调在心灵转化中气是心能关联于身、心，能与鬼神相通的桥梁。朱熹说：“人心才动，必达于气，便与这屈伸往来者相感通。”⑥在心的种类问题上，他认为存在天心与人心、道心与人心之别。最后，他赞成心灵研究的心性论转向，强调性得之于天而具于心，在心唤作性，在事唤作理。就其心灵哲学的特点而言，他不同于早期儒学和二程的理论，因为他把性与情区别开来，认为仁是性、恻隐是情，性与情有体与用、静与动的关系。他不像二程那样把心同时看作主体和本体，而只承认心中的性是本体，心本身只是复杂心理现象的矛盾统一体，既是主体，又有性、情和知觉等。尽管他也像陆九渊一样承认心的作用，有心即理（心中的性即理）的思想，但他认为气是心的基础，而在陆氏心学中，气是没有地位的。“陆子静之

① [北宋]程颐、程颢：《二程集（上）》，王孝鱼点校，中华书局2004年版，第608页。
② [北宋]程颐、程颢：《二程集（上）》，王孝鱼点校，中华书局2004年版，第423页。
③ [南宋]黎靖德编：《朱子语类（一）》，王星贤点校，中华书局1986年版，第85页。
④ [南宋]朱熹：《答张敬夫》。
⑤ [南宋]朱熹：《答张敬夫》。
⑥ [明清之际]黄宗羲：《宋元学案（二）》，梁运华、陈金生点校，中华书局1986年版，第1517页。

学，只管说一个心”，“若识得一个心了，万法流出，更都无许多事”。[①]在理气关系问题上，张载重气，二程重理，而朱熹重理气统一。因为气是生物之具、材料，是形而下；理是生物之本，是形而上。就理气先后问题而言，朱熹强调：在现实事物中，无先后；而在本原中，则是理先气后。照他的说法，不同于佛教的地方是他所代表的儒家“以心与理为一，而彼以心与理为二耳”[②]。“释氏只是恍惚之间见得些心性影子，亦却不曾子（仔）细见得真实心性，所以都不见里面许多道理。”[③]这样说的基础是误解。如果理解了佛教的“实相”“中道”之空、依二谛说法等许多道理，朱熹就不会有上述论断。在剖析圣心、揭示圣人的心理特点时，他首先从凡圣的先天差别上做了说明。朱熹说：“禀其清明之气而无物欲之累，则为圣；禀其清明而未纯全，则未免微有物欲之累，而能克以去之，则为贤；禀其昏浊之气又为物欲之所蔽，而不能去，则为愚、为不肖。”[④]圣人当然是禀“浩然之气”的人。这种心理特点是血气与道义相结合。他说：“浩气之说，但欲谓此气元是配合道义而成。”[⑤]血气是此精神状态的物质载体，义理附于血气之上，即为浩然之气。从起源上说，浩然之气受于天地之正气。

成圣的心理操作、心理条件当然有很多，这里有一个如何抓主要矛盾的问题。周敦颐就提出了这样的问题：既然圣可学，那么学圣“有要乎”？他的回答是肯定的，即“一为要”，一即无欲。“无欲则静虚、动直。静虚则明，明则通；动直则公，公则溥。明通公溥，庶矣乎！”[⑥]由于止静可通过养心实现，因此养心可看作是成圣之要。这与说无欲是一致的，因为养心即寡欲，乃至无欲，“寡焉以至于无”。“无则诚立，明通。诚立，贤也，明通，圣也。是圣贤非性生，必养心而至之。”[⑦]

张载认为，凡夫之所以为凡夫，是因为他们的心充斥的是成心。只有去其成心，才能走上至圣之途。所谓成心即有私意、有成见的心，也可说是世人之现实的心。“成心者，意之谓与！”[⑧]这种心与道背道而驰，因此是妨碍人成圣的根

---

① [南宋]黎靖德编：《朱子语类（八）》，王星贤点校，中华书局1986年版，第2981页。
② [南宋]朱熹：《答郑子上》，《朱文公文集》卷56。
③ [明清之际]黄宗羲《宋元学案（二）》，梁运华、陈金生点校，中华书局1986年版，第1568页。
④ [南宋]朱熹：《玉山讲义》，《朱文公文集》卷74。
⑤ [南宋]朱熹：《答吕子约》，《朱文公文集》卷48。
⑥ [北宋]周敦颐：《周敦颐集》，陈克明点校，中华书局2009年版，第31页。
⑦ [北宋]周敦颐：《周敦颐集》，陈克明点校，中华书局2009年版，第51页。
⑧ [北宋]张载：《张载集》，章锡琛点校，中华书局1978年版，第25页。

源。反之，“成心忘然后可与进于道”①，进而让人转凡成圣。成圣的关键是如何处心。“学者不论天资美恶，亦不专在勤苦，但观其趋向着心处如何。”②处心最好的办法就是做“四无”或“四毋”，这是把凡圣区别开来的四种态度。凡夫之所以为凡夫，就是有“四有”，即有“意、必、固、我”③，常表现为喜欢臆测、武断、固执、主观（或以我为中心）。四者除尽即为圣。张载说：“意，有思也。”④有意为善，尽管较高尚，但仍不究竟，不是大人之品格。“有心为之，虽善皆意也。”“有意在善，且为未尽。”⑤只有无意为善，才是出自性，故说：“无意为善，性之也，由之也。”“必，有待也；固，不化也；我，有方也。”⑥只有将“意、必、固、我”四者去除尽，方成大心。“四者有一焉，则与天地为不相似。”“四者尽去，则直养而无害矣。”⑦圣人之所以为圣人，原因在于，“脱然在物我之外，无意、必、固、我”⑧。最典型的是，孔子就是这样做的。毋意，是说孔子为人处世，没有自己的主观意见，愿意接受更好的意见。毋必，是他并不要求一件事必然要做到怎样的结果，能适应，能应变。毋固，是不固执自己的成见。毋我，是专替人着想，不以自我为中心。要成圣，还要学会“变化气质”，否则，“卒无所发明，不得见圣人之奥。故学者先须变化气质，变化气质与虚心相表里”⑨。这就是说，要成圣，要内外兼顾，既要虚其心，又要变化其气质。这里关键是要学会养浩然之气。“养浩然之气须是集义。”⑩集义即致良知。虚其心，就是要尽量清除心中的私心杂念。心能虚，则有远迈见闻的妙用，如它能无所不感。“无所不感者虚也，感即合也。”“以万物本一，故一能合异；以其能合异，故谓之感。”⑪这是感官不具有的感。“感者性之神，性者感之体。惟屈伸、动静、终始之能一也，故所以妙万物而谓之神，通万物而

---

① [北宋]张载：《张载集》，章锡琛点校，中华书局 1978 年版，第 25 页。
② [北宋]张载：《张载集》，章锡琛点校，中华书局 1978 年版，第 286 页。
③ [北宋]张载：《张载集》，章锡琛点校，中华书局 1978 年版，第 28 页。
④ [北宋]张载：《张载集》，章锡琛点校，中华书局 1978 年版，第 28 页。
⑤ [北宋]张载：《张载集》，章锡琛点校，中华书局 1978 年版，第 28 页。
⑥ [北宋]张载：《张载集》，章锡琛点校，中华书局 1978 年版，第 28 页。
⑦ [北宋]张载：《张载集》，章锡琛点校，中华书局 1978 年版，第 28 页。
⑧ [北宋]张载：《张载集》，章锡琛点校，中华书局 1978 年版，第 286 页。
⑨ [北宋]张载：《张载集》，章锡琛点校，中华书局 1978 年版，第 274 页。
⑩ [北宋]张载：《张载集》，章锡琛点校，中华书局 1978 年版，第 279 页。
⑪ [北宋]张载：《张载集》，章锡琛点校，中华书局 1978 年版，第 63 页。

谓之道，体万物而谓之性。”[①]

二程认为，成圣必须“以心为主，其心欲慈惠安静，故于道为有助……今言有助于道者，只为奈何心不下，故要得寂湛而已”[②]。去昏是二程所强调的成圣心理学方法。他们说：“人多昏其心，圣贤则去其昏。”[③]“安安”的治心方法也很有特点。前一安是心理操作，后一安是体，意为“止其所当止”。“成性存存”亦然，“小心翼翼”亦然。[④]

去凡成圣就是心灵的根本性转化或变革，是灵魂深处闹革命，因为它涉及心理样式的人为改造乃至人为生灭。这有无可能性？如果有，其心理机制、根据和原理是什么？宋儒的共同回答是，它们不能到外部世界去寻找，它们根源于人心中的“性”。那么，什么是性？其根据为什么是性？

“性”或“心性”范畴是中国心灵哲学独有的范畴，因此相对于西方心灵哲学来说，其是中国心灵哲学在研究对象与范围方面多出的部分。无论是古代西方的心灵哲学，还是现当代的西方心灵哲学都没有涉及这一课题。尽管西方的心灵哲学一直在关注和探讨心灵的种系与个体发生，但在这种研究中以及在其他的心灵研究中，其所着眼的始终是现实的心灵。即使是带有生物学倾向的心灵哲学家涉及心灵的遗传和天赋方面，也都未触及中国心灵哲学乐此不疲的“心之性”或“心之端”。如前所述，在理学家看来，所谓“性”就是“天授之于人心之中的道理”[⑤]。简言之，性便是许多道理，即“得之于天而具于心者”[⑥]。朱熹还说：“性者，人之所得于天之理也。”[⑦]万物都有理，因此万物都有性。当然，理在人与在事的表现形式有一定的差别，因此朱熹强调：“性即理也。在心唤做性，在事唤做理。”[⑧]性尽管是理，有些性尽管还只是禀赋或可能性，但性有其内容。朱熹对性的内容做了具体的说明。他像张载一样将性区分为天地之性和气质之性。所谓天地之性又称天命之性、义理之性，是“专指理言”，即天赋予人的仁、义、礼、智等先天之禀赋。人正是有些义理之性，才有成仁成善甚至成圣的可能

① [北宋]张载：《张载集》，章锡琛点校，中华书局1978年版，第63-64页。
② [北宋]程颐、程颢：《二程集（上）》，王孝鱼点校，中华书局2004年版，第49-50页。
③ [北宋]程颐、程颢：《二程集（上）》，王孝鱼点校，中华书局2004年版，第88页。
④ [南宋]黎靖德编：《朱子语类（五）》，王星贤点校，中华书局1986年版，第1989页。
⑤ [南宋]黎靖德编：《朱子语类（七）》，王星贤点校，中华书局1986年版，第2514页。
⑥ [南宋]黎靖德编：《朱子语类（七）》，王星贤点校，中华书局1986年版，第2514页。
⑦ [南宋]朱熹：《孟子集注》卷11。
⑧ [南宋]黎靖德编：《朱子语类（一）》，王星贤点校，中华书局1986年版，第82页。

性，才有别于万物，才有资格成为万物之灵。所谓气质之性是理与气混合在一起、相互作用而成的性，即“以理与气杂而言之”[①]。由于这种性有理的成分，因此它有善的可能性。但气由于有浊清、昏明、厚薄之分，因此有善恶两重性。朱熹等人强调，两种性尽管各不相同，但又是不分离、相互作用的。朱熹说：“有气质之性，无天命之性，亦做人不得；有天命之性，无气质之性，亦做人不得。”[②]

基于上述对人性的看法，理学家对现实的人做了解释。他们认为，有的人之所以为圣为贤，一方面，是他有天地之性；另一方面，在人形成之时，所“禀气之清者，为圣为贤，如宝珠在清冷水中”[③]。加上后天相应的教育，他便成了圣人。朱熹说：“在人，仁义礼智，性也。然四者有何形状，亦只是有如此道理。有如此道理，便做得许多事出来，所以能恻隐、羞恶、辞逊、是非也。”[④]这就像药的性寒、性热之类，人服用了会产生冷热的作用。反之，愚昧不肖的俗人之所以为愚为俗，根源在于所禀之气为浊，加上后天的不良教育，气习染污。

宋儒对心之“未发”与“已发”的探讨也具有揭示心的转化机理与内在奥秘的意义，值得挖掘。“未发”和“已发”两范畴反映的是理学家从历时性结构对心的状态、变化和发展所获得的认识。在他们看来，凡圣、善恶就是在心态的变化过程中分化形成的，因此凡圣、善恶都不离心。所谓“未发”，最一般地来理解是指心的潜在状态，其特点是心尚未与物感通，没有思虑、知觉作用掺杂进来，因此心处在不动的状态，其性、情都处在潜伏状态。所谓“已发”，是指心与外界相交感，有思考、知觉作用发生及其以后所出现的心理过程。具体细分包括两个阶段：一是发际，二是发后。所谓“发际”是指心开始现实地发生作用的当下。朱熹说：“也只是知觉。”[⑤]有知觉生起，便有情的现实地运转。理学家所说的情的范围比现在所说的情的范围要大得多，既包括狭义的情感和情绪，又包括认知、意志等心理过程。只要是心所表现出来的现实的作用都可理解为情。再从产生上来说，情是因感物而得的，即在与外界打交道的过程中产生的。从表现形式上说，情是动的，而不像性那样是静的。朱熹说：“本体是性，动者情。”[⑥]具体又

---

① [南宋]黎靖德编：《朱子语类（一）》，王星贤点校，中华书局1986年版，第6页。
② [南宋]黎靖德编：《朱子语类（一）》，王星贤点校，中华书局1986年版，第64页。
③ [南宋]黎靖德编：《朱子语类（一）》，王星贤点校，中华书局1986年版，第73页。
④ [南宋]黎靖德编：《朱子语类（一）》，王星贤点校，中华书局1986年版，第63-64页。
⑤ [南宋]黎靖德编：《朱子语类（一）》，王星贤点校，中华书局1986年版，第85页。
⑥ [南宋]黎靖德编：《朱子语类（七）》，王星贤点校，中华书局1986年版，第2566页。

以四端、四情、七情等形式表现出来。因为情是性、心的发用。他说："喜怒哀乐，情也；其未发，则性也。"[①]"心之为物，实主于身，其体则有仁义礼智之性，其用则有恻隐、羞恶、恭敬、是非之情。"[②]情感作为心之用，既有心内的感受，又有外在的表情表现。例如，人的快乐便是喜悦这一情感的表现。"说在心，乐主发散在外。说是中心自喜悦，乐便是说之发于外者。"[③]所谓"发后"，指心现实地产生作用之后的过程。广义地说，其实包括上面所说的发际和之后的"应物""行事"。狭义地讲，只指发际之后的、心处理其所面对的心理物理事物的过程。朱熹说："存之于中谓理，得之于心为德，发见于行事为百行。"[④]理即性，存之于中，即未发，得之于心便是德，也即发或发际，而发见于行事是人应对事物的行为，亦是已发。

在理学家看来，未发与已发是为了叙述、分析的方便而对心理过程所做的划分，其实这种划分不能把未发和已发理解为绝对分明的两个阶段，尤其是不能把未发理解为心绝对死寂、没有任何觉省的过程。朱熹说："心无间于已发未发。彻头彻尾都是，那处截做已发未发！"又说："未发不是漠然全不省，亦常醒在这里。"[⑤]

对于未发与已发还可从体用、性情、善恶等方面加以理解和说明。从体用上来说，未发是体，已发是用，因此两者是体用关系。朱熹说："心有体用。未发之前是心之体，已发之际乃心之用。"[⑥]未发之心之所以是体，是因为它里面包摄的是"寂然不动"而又有潜在大用之"性"。朱熹说："情之未发者，性也，是乃所谓中也，天下之大本也。"[⑦]从动静的角度说，未发是静，已发是动。从内容上说，未发心理状态的内容全是性，而已发状态的内容则是情。朱熹认为，心统性情，"性情一物，其所以分，只为未发已发之不同耳"[⑧]。程子说："心本善，发于思虑，则有善有不善，若既发，则可谓之情，不可谓之心。"[⑨]从道

---

① [南宋]朱熹：《中庸章句·第一章》。
② [南宋]朱熹：《大学或问》卷2，《朱文公文集》卷15。
③ [南宋]黎靖德编：《朱子语类（二）》，王星贤点校，中华书局1986年版，第453页。
④ [南宋]黎靖德编：《朱子语类（一）》，王星贤点校，中华书局1986年版，第101页。
⑤ [南宋]黎靖德编：《朱子语类（一）》，王星贤点校，中华书局1986年版，第86页。
⑥ [南宋]黎靖德编：《朱子语类（一）》，王星贤点校，中华书局1986年版，第90页。
⑦ [南宋]朱熹：《太极说》，《朱文公文集》卷67。
⑧ [南宋]朱熹：《答何叔京》，《朱文公文集》卷40。
⑨ [南宋]朱熹：《近思录》卷1。

德属性上说，性是全善，而情则有善与不善。程颐说：“性即理也。天下之理，原其所自，未有不善。喜怒哀乐未发，何尝不善。发而中节，则无往而不善。发不中节，然后为不善。”[①]所谓“中节”是指和谐适度，既不过，又无不及。可见人之为恶、人之为凡人，其根源在于发，在于发时背离了人的本性，没有做到“中节”。朱熹也说：“此只当以人品贤愚清浊论。有合下发得善底，也有合下发得不善底，也有发得善而为物欲所夺，流入于不善底。”[②]“合下”指发的当下。其意思是说，在性发而表现为情或人的具体心理状态、言行举止时，有的是善，有的是恶，而有的原为善，后为物欲所改变而变成了不善。为什么有这种区别呢？对这个问题的研究很重要，因为成圣成凡的秘密和机理就在这里。

首先，人是行善还是作恶，完全是由心所决定的，尤其是由心发时的状态决定。同样，人是成圣还是成凡，也在一念心之间，因此成圣，不能求诸外，而应“反求诸己”，尤其是要从心处着手。朱熹说：“然学之道，必先明诸心，知所往，然后力行以求至。”[③]从心上用功，除了要有诚心、存心、信心等之外，还应知道“诸心”的利害及其所发的原因与机制。一方面，喜、怒、哀、惧、爱、恶、欲七情是心之所发。它们发时和发后有两种状态：一是中，一是不中。前者是至圣之道，后者是悖圣之道。怎样才能使它们发之守中而不偏不倚呢？这就要在发时正其心，养其性，不能纵其情，梏其性，而应节制情欲。也就是说，圣人也有七情，所不同的是，圣人之情是因公而发的，不是因私而发，因此“不系于心”，而“系于物”，即由天、由道所决定，因此他所喜、所恶的，也一定是天道所喜、所恶的。这无疑是“因公而发”。这种发既不过，也无不及，因此是中和、中节。另一方面，要让仁义、忠信“不离乎心”，造次匆忙必于是，颠沛穷困必于是，语默动静必于是，时时处处不使丧失，这样一来，邪僻之心就不可能生起，人的善端就会显露、扩充，进而成为生活内容本身。

心发之后，人会有各种各样的、有善有恶的心态和行为，这就要针对具体情况用不同的方法加以调养和对治。这些在本章第四节再予以阐释。

另外，理学家对心之未发、已发的论述还具有重要的修养方法论意义。由于

---

① [南宋]朱熹：《近思录》卷1。
② [南宋]黎靖德编：《朱子语类（一）》，王星贤点校，中华书局1986年版，第73页。
③ [南宋]朱熹：《近思录》卷2。

心有不同的状态、阶段和过程，因此涵养心身应是全方位、全过程的。再者，不同阶段、不同状态中的心有不同的特点，因此涵养、对治的方法也有所不同。就未发状态来说，其涵养的功夫应是主敬，“只恁混沌养将去”。朱熹说：“‘仁’字是虚，‘心’字是实……学者须当于此心未发时加涵养之功，则所谓恻隐、羞恶、辞逊、是非发而必中。方其未发，此心之体寂然不动，无可分别，且只恁混沌养将去。若必察其所谓四者之端，则既思便是已发。”①

怎样在发际用功呢？如前所述，性必然表现于情。只要性动，只要它变成现实，就一定表现为情，“其中动而七情出焉”②。因此情之作用表现出来是必然的、不可抗拒的，凡圣都不能例外。凡圣的区别不是在发与不发，而是在怎样发。圣人是觉者，因此性之发的相状、特点是“约其情使合于中，正其心，养其性。”③简言之，圣人在此问题上的特点是“性其情”。而愚者凡夫在发时的特点是“不知制之，纵其情而至于邪僻，梏其性而亡之，故曰情其性。”④

第四节 心学：儒家价值性心灵哲学的集大成

心学是宋明时期流行的、曾一度跃居显学地位的、极具丰富的心灵哲学内涵的哲学学派。其创始人为南宋时期的陆九渊，集大成者是明代中期的王阳明，其后长时期内代有传承和发展。

一、儒学解释的心学转向

陆王心学是名副其实的、具有中国特色的心灵哲学。它既有西方心灵哲学的意趣，例如，王阳明曾将自己的学说称为“心身之学”，又有自己极为独特的个性，那就是从心理角度探讨为人之道，探讨由凡人转化为集真、善、美、乐于一身的圣人的可能性根据、心理机制及途径。因此这种心灵哲学既可称为圣学，又可叫作大人之学或良知之学。不管被称作什么学，都不出做人的学问，从出发点、

① [南宋]黎靖德编：《朱子语类（一）》，王星贤点校，中华书局 1986 年版，第 119 页。
② [北宋]程颐、程颢：《二程集（上）》，王孝鱼点校，中华书局 2004 年版，第 577 页。
③ [北宋]程颐、程颢：《二程集（上）》，王孝鱼点校，中华书局 2004 年版，第 577 页。
④ [北宋]程颐、程颢：《二程集（上）》，王孝鱼点校，中华书局 2004 年版，第 577 页。

立足点、落脚处来说又不外乎是心学。在本节，我们将主要以王阳明的心学为阐释对象，辅之以陆九渊的心学思想。王阳明的心学继承了陆九渊的思想，当然又有自己的独创。用他自己的话说，这一方面“仆诚赖天之灵，偶有见于良知之学”①，另一方面又是他“真修实证”的产物，因为他被贬贵州龙场三年，因祸得福，始有机缘和条件实践他的学说，处闲养静，终于一夜“大悟格物致知之旨，寤寐中若有人语之者，不觉呼跃，从者皆惊。始知圣人之道”②。从外在的方面来说，王阳明的心学是中国儒家圣学内在逻辑发展的必然。因为孔孟之后，“圣学晦而邪说横”③。后来的世之大儒见此“慨然悲伤”④，力图将圣学“宣畅光复于世”⑤，但圣学过去已远，人们难以看到“圣学之门墙”⑥，于是便产生了训诂之学，后来，记诵之学、辞章之学又相继问世。“纷纷籍籍，群起角立于天下。”⑦而世之学者，“如入百戏之场，欢谑跳踉，聘奇斗巧，献笑争妍者，四面而竞出，前瞻后盼，应接不遑”⑧。不仅如此，到王阳明时代，由于“圣人之学日远日晦，而功利之习愈趣愈下”⑨，“功利之毒沦浃于人之心髓”⑩，霸学猖獗，末学支离，世风日下，流弊丛生，以致于人们纷纷大呼“圣人之学为无所用”⑪。在这种背景之下，王阳明抱着拯救圣学的决心，经过自己的努力，终于创立了自己所谓的“拔本塞源之论”⑫。

心学创立的动机和主旨就是要解决做人中存在的实际问题，强调自省、功夫唯在一心，主张要从当下一念心做起，而对外在行为不太关注。吕思勉先生说：“凡从事于心学者，其于外务必较疏，自省之功则较切；其能发觉心之病痛，亦较常人为深。”⑬因此切中了学者隐微深痼之病。在鹅湖之会上，陆九渊向朱熹

① [明]王守仁：《王阳明全集（上）》，吴光、钱明、董平等编校，上海古籍出版社2012年版，第70页。
② [明]王守仁：《王阳明全集（下）》，吴光、钱明、董平等编校，上海古籍出版社2012年版，第1007页。
③ [明]王守仁：《王阳明全集（上）》，吴光、钱明、董平等编校，上海古籍出版社2012年版，第48页。
④ [明]王守仁：《王阳明全集（上）》，吴光、钱明、董平等编校，上海古籍出版社2012年版，第48页。
⑤ [明]王守仁：《王阳明全集（上）》，吴光、钱明、董平等编校，上海古籍出版社2012年版，第49页。
⑥ [明]王守仁：《王阳明全集（上）》，吴光、钱明、董平等编校，上海古籍出版社2012年版，第49页。
⑦ [明]王守仁：《王阳明全集（上）》，吴光、钱明、董平等编校，上海古籍出版社2012年版，第49页。
⑧ [明]王守仁：《王阳明全集（上）》，吴光、钱明、董平等编校，上海古籍出版社2012年版，第49页。
⑨ [明]王守仁：《王阳明全集（上）》，吴光、钱明、董平等编校，上海古籍出版社2012年版，第49页。
⑩ [明]王守仁：《王阳明全集（上）》，吴光、钱明、董平等编校，上海古籍出版社2012年版，第49页。
⑪ [明]王守仁：《王阳明全集（上）》，吴光、钱明、董平等编校，上海古籍出版社2012年版，第49页。
⑫ [明]王守仁：《王阳明全集（上）》，吴光、钱明、董平等编校，上海古籍出版社2012年版，第50页。
⑬ 吕思勉：《理学纲要》，东方出版社2012年版，第108页。

发难，明确提出了“圣人之学，心学也”①的著名思想。在他看来，心学的实质就是要重新阐发、重构圣学。根据他的解释，圣学就是倡导自立自得、自求本心良知、不依他人载籍的独立精神；内求圣境，专注于身心道德修养，完善个人道德人格，实现自我精神的本体超越，其理论基础是“心即理”。他明确反对朱熹把心与理区别为形而下和形而上的做法，而认为心也是形而上的本体。他还反对把心区分为人心和道心，认为它们不是两种心，而是一体之两面。

陆九渊在自述自己心学的创立过程时说他“笃志圣学”，即立志对先圣所立圣学做出到位的阐释，通过研究，他得出了“宇宙便是吾心，吾心即是宇宙”②的心学结论。他的心学是他的圣学解释学的结晶，而他表述心学的文本是否又成了新的解释对象呢？怎样予以理解？其精神实质是什么？质言之，该怎样理解他的心学？在徐复观先生看来，要予以理解，必须抓住他的学问的这样的主旨：“象山的所谓学问，完全是继承儒家的传统，指的是做人，即是人格的完成。”③这样的学问之所以表现为心学，是因为他认识到，人的行为完全由心所决定，尤其是由“念虑初萌”所决定。因此他的心学首先不是关于心灵的纯哲学理论，而是关于治心的行动哲学，是以做人为目的的学问，即中国式的价值性心灵哲学。笔者以为，为了解决做人的问题，心学又必然要涉及心灵深处的资源、构造、机理等问题，因此心学随后又有纯学术的一面。根据解释学的一般原则，客观理解文本的关键条件是理解文本作者创作文本的动机和出发点。理解陆九渊也不例外。他的动机是解决知与行的统一问题，解决如何将做人的问题不是停留于口头，而是落实于行动的问题，解决如何铲除伪君子或“盗贼集团”“谎言集团”④的问题。而当时盛行的科举制度是在刺激人的利欲，让人偏离圣学所指的正道，不只是在培养这样的人，而且是在批发这样的“集团”。陆九渊说：“王泽之竭，利欲日炽，先觉不作，民心横奔，浮文异端，转相荧惑，往圣话言，徒为藩饰。”⑤从这些分析可以看出，他创立心学的解释学动机是完成圣学旨意理解上的拨乱反正，正本清源。因为在他看来，已有对圣学的解释偏离了原旨，充满的是“虚

① [明]王守仁：《王阳明全集（上）》，吴光、钱明、董平等编校，上海古籍出版社2012年版，第206、216页。
② [南宋]陆九渊：《陆九渊集》，钟哲点校，中华书局1980年版，第483页。
③ 徐复观：《中国思想史论集》，九州出版社2014年版，第8页。
④ 朱元璋痛批科举制度的词语。参阅徐复观：《中国思想史论集》，九州出版社2014年版，第6页。
⑤ [南宋]陆九渊：《陆九渊集》，钟哲点校，中华书局1980年版，第2页。

见虚说，冥迷渺茫”，“观今人之用其语者，皆是断章取义”，因而迷失了圣学之“旨意”。[①]根据他的解读，圣学就是心学，而心学“用简单的话概括，即‘发明本心’”[②]。陆氏许多弟子也赞成这一看法，认为陆学主旨在于发明本心。陆九渊说：“故陆子教人以明其本心……心明则本立，而涵养省察之功于是有施行之地。”[③]

二、陆九渊：发明本心与剥落

陆九渊之所以强调“发明本心”，是因为他认为这是圣人之为圣人的根本特点。圣人由于发明本心，因此有这样一些非同寻常的特点：“惟其君子，终古不磨……见知于识者……无愧于古人。俯仰浩然，进退有裕，在己之贵，润身之富，辉光日新，有无穷之闻。”[④]“以心为本”的重要性还在于：它昭示了成圣成凡的心理机制。因为人人有本心，因此人人都有可能完成心灵的转化而成为圣人。他说：“圣人与我同类，此心此理，谁能异之。孟子曰：‘人皆可以为尧舜。’……居仁由义，大人之事备矣。”[⑤]“良心正性，人所均有，不失其心，不乖其性……纵有乖失，思而复之，何远之有？”[⑥]因此只要循理而行，每个人皆可成圣。用孟子的话说，人人之所以皆能为圣，是因为“心所同然”[⑦]。同然，即同“根一心之灵”，不同只在于：圣人的本心未蒙蔽，“不能泯灭”，而凡夫则相反。[⑧]凡夫心尽管不明，但“其心之灵不能掩没”[⑨]。凡圣当然还有其他区别，如所主不同。具言之，凡夫“气质偏弱，则耳目之官，不思而蔽于物，物交物，则引之而已……其心之所主，无非物欲而已矣”；圣人则相反，“圣人所欲导还其固有”。[⑩]凡圣的区别还在于是否思。凡人不思，则不得；圣人思之，则得。“义理之在人心，实天之所与……彼其受蔽于物而至于悖理违义，盖亦弗思焉耳。诚能反而思之，

---

① [南宋]陆九渊：《陆九渊集》，钟哲点校，中华书局1980年版，第79页。
② [南宋]陆九渊：《陆九渊集》，钟哲点校，中华书局1980年版，第1页。
③ [明清之际]黄宗羲：《宋元学案（三）》，梁运华、陈金生点校，中华书局1986年版，第1888-1889页。
④ [南宋]陆九渊：《陆九渊集》，钟哲点校，中华书局1980年版，第123页。
⑤ [南宋]陆九渊：《陆九渊集》，钟哲点校，中华书局1980年版，第171页。
⑥ [南宋]陆九渊：《陆九渊集》，钟哲点校，中华书局1980年版，第172页。
⑦ [南宋]陆九渊：《陆九渊集》，钟哲点校，中华书局1980年版，第177页。
⑧ [南宋]陆九渊：《陆九渊集》，钟哲点校，中华书局1980年版，第264页。
⑨ [南宋]陆九渊：《陆九渊集》，钟哲点校，中华书局1980年版，第268页。
⑩ [南宋]陆九渊：《陆九渊集》，钟哲点校，中华书局1980年版，第375页。

则是非取舍，盖有隐然而动，判然而明，决然而无疑者矣。”①

基于凡圣区别的讨论，可以找到成圣的心理学路径。首先，要有反求之心。因为凡夫不求，故不得。陆九渊说：“良心之在人，虽或有所陷溺，亦未始泯然而尽亡也。下愚不肖之人所以自绝于仁人君子之域者，亦特其自弃而不之求耳。诚能反而求之，则是非美恶将有所甚明。”②其次，是否发明本心，事关重大。他说：“本心若未发明，终然无益。”③例如，本心未发明，即使常行静中，也无益。“若自谓已得虽静中工夫，又别作动中工夫，恐只增扰扰耳。何适而非此心，心正则静亦正，动亦正，心不正则静亦不正矣。”④发明本心之后还要护持。他说：“诚能廓而充之，推而广之，则高明广大。”⑤发明本心当然绝非易事。要想如愿，必去欲。他说：“吾所固有而不能以自保者，以其有以害之也。”⑥此害心即欲心，因此“养心莫善于寡欲”，“欲去则心自存矣”。⑦另外，尽管他反对佛教的无心说，认为人非草木，不可能无心，但承认在发明本心时，可以利用无心方法。此“无心”意为不执着，不用心过紧。他说：“学者不可用心太紧。深山有宝，无心于宝者得之。”⑧

陆九渊发明的心灵转化、转凡成圣的最有个性的心理操作方法是“剥落”。他说：“人心有病，须是剥落。剥落得一番，即一番清明，后随起来，又剥落，又清明，须是剥落得净尽方是。”⑨所谓“剥落”，就是剔除、灭掉。心中有病，有私欲杂念，且很顽固，往往除了又长，因此要不停地用功剥落。他说：“这里是刀锯鼎镬底学问。”⑩意思是说：我这里的学问是用刀锯般的手段除去人之私欲。王阳明说：“学是学存天理。”⑪而存天理就是去人欲。“如此则只须克去私意便是，又愁甚理欲不明？”⑫怎样去人欲呢？“只是要为善之心真切。此心真切，

---

① [南宋]陆九渊：《陆九渊集》，钟哲点校，中华书局1980年版，第376页。
② [南宋]陆九渊：《陆九渊集》，钟哲点校，中华书局1980年版，第377页。
③ [南宋]陆九渊：《陆九渊集》，钟哲点校，中华书局1980年版，第57页。
④ [南宋]陆九渊：《陆九渊集》，钟哲点校，中华书局1980年版，第57页。
⑤ [南宋]陆九渊：《陆九渊集》，钟哲点校，中华书局1980年版，第152页。
⑥ [南宋]陆九渊：《陆九渊集》，钟哲点校，中华书局1980年版，第380页。
⑦ [南宋]陆九渊：《陆九渊集》，钟哲点校，中华书局1980年版，第380页。
⑧ [南宋]陆九渊：《陆九渊集》，钟哲点校，中华书局1980年版，第409页。
⑨ [南宋]陆九渊：《陆九渊集》，钟哲点校，中华书局1980年版，第458页。
⑩ [南宋]陆九渊：《陆九渊集》，钟哲点校，中华书局1980年版，第453页。
⑪ [明]王守仁：《王阳明全集（上）》，吴光、钱明、董平等编校，上海古籍出版社2012年版，第24页。
⑫ [明]王守仁：《王阳明全集（上）》，吴光、钱明、董平等编校，上海古籍出版社2012年版，第24页。

见善即迁，有过即改，方是真切工夫。如此则人欲日消，天理日明。”[①]见善即迁，意为见善就生向往之心。“吾辈用功只求日减，不求日增。减得一分人欲，便是复得一分天理，何等轻快脱洒！何等简易！”[②]这是因为，圣人之所以为圣人，其心态的标志是“纯乎天理，而无一毫人欲之私”[③]。因此去人欲，以至干净彻底，是“作圣之功”。怎样做好这一功夫呢？一是要“防于未萌之先”；二是要“克于方萌之际”；三是要“随物而格”。[④]王阳明特别强调，心体本来是宁静、寂然不动的，如果再生出“求宁静”“养生”“欲无生”之心，便是有欲念生，这都是要除去的。“良知之体本自宁静，今却又添一个求宁静；本自生生，今却又添一个欲无生……一念良知，彻头彻尾，无始无终，即是前念不灭，后念不生。”[⑤]

三、王阳明：多名一实论及其求真性、价值性意义

王阳明是中国心学的集大成者。他致力于心学创建的目的就是要恢复圣学的本来面目。之所以要这样，是因为此前圣学解释的现实“迷失圣学之根本”。根据他的心学诠释学，圣人之学的特点至易至简、易知易从。其内容是，圣人之学即心学，不外乎教人如何回复本然、复心体之同然，或教人明心、识心。他说：“圣人之学，惟是致此良知而已。”[⑥]“故夫为大人之学者，亦惟去其私欲之蔽，以自明其明德，复其天地万物一体之本然而已耳，非能于本体之外而有所增益之也。”[⑦]由于有这样的判释，因此他将见自心体作为他心学的认识的目标。根据他对心的剖析，此心有体、有相、有用，良知、至圣之道都在里面。既然如此，认识、格物的任务就是向内求索。他说：“若解向里寻求，见得自己心体，即无时无处不是此道。”[⑧]他自己也是这样做的，例如，他“龙场悟道”悟出的道是，圣人之道具足于心，因此求道无须外求，无须在外物中格物，只需内求。他说：“笃

① [明]王守仁：《王阳明全集（上）》，吴光、钱明、董平等编校，上海古籍出版社2012年版，第24页。
② [明]王守仁：《王阳明全集（上）》，吴光、钱明、董平等编校，上海古籍出版社2012年版，第25页。
③ [明]王守仁：《王阳明全集（上）》，吴光、钱明、董平等编校，上海古籍出版社2012年版，第58页。
④ [明]王守仁：《王阳明全集（上）》，吴光、钱明、董平等编校，上海古籍出版社2012年版，第58页。
⑤ [明]王守仁：《王阳明全集（上）》，吴光、钱明、董平等编校，上海古籍出版社2012年版，第59页。
⑥ [明]王守仁：《王阳明全集（上）》，吴光、钱明、董平等编校，上海古籍出版社2012年版，第236页。
⑦ [明]王守仁：《王阳明全集（上）》，吴光、钱明、董平等编校，上海古籍出版社2012年版，第799页。
⑧ [明]王守仁：《王阳明全集（上）》，吴光、钱明、董平等编校，上海古籍出版社2012年版，第19页。

信固亦是，然不如反求之切。”[①]“圣贤教人知行，正是要复那本体。”[②]

究竟什么是他所要发明的本心、要致的良知呢？在他那里，表述他所发现的心理样式的词还有很多，如天理、仁、性、定、静、真心、真己等。笔者认为，他关于这些范畴的本质与关系的看法可概括为“一实多名论”。其价值不仅表现在它指出了去凡成圣的易行之法，而且具有重要的求真性心灵哲学意义，例如，既表明他发现了一种新的心理样式，即本心，又表达了一种关于心的本质、心身关系的新的理论。在天、帝、命、人、性、心等问题上，自古至今的人立了不计其数的文字，在心的问题上，也有各种各样的心理语言。过去，人们由于不知在语言、实在、思想之间做出区分，而常常把它们混淆起来，以至于把“天”“帝”“性”“心”“命”等当作不同的实在，更有糊涂者，去进一步讨论它们之间的主次或决定与被决定、产生与被产生的关系。究竟该怎样把握它们呢？王阳明的基本观点是宇宙森罗万象，不过一实，而一实用语言指谓、描述则可达于无穷。这也就是说，从宇宙、人生的本体、本来面目上说，只有一实，但用语言描述、解释则可以多种多样。王阳明说：“性一而已：自其形体也谓之天，主宰也谓之帝，流行也谓之命，赋于人也谓之性，主于身也谓之心……名至于无穷，只一性而已。”[③]意思很清楚，所谓的实只有一个，它是宇宙的本体或未来面目，但从不同的角度去把握并用语言表达出来，则有多途，甚至“无穷”。例如，就其形体来说，可称为“天”；就其作用为主宰万物运行来说，可称为“帝”；就其流转运行或发生作用的方式来说，可称为“命”；就其体现于人之中来说，可称为“性”；就其对身有主宰作用来说，可称为“心”。再如，同一本体，我们既可曰“理”，又可曰“文”“礼”。他说：“‘理’之发见可见者谓之‘文’；‘文’之隐微不可见者谓之‘理’：只是一物。”[④]这就是说，“理”其实就是“礼”。因为理与礼是体用关系，即理之发见，必然表现为礼，如孝敬父母、尊君、忠信不移等。因此本来是一，但从不同角度述说，便有异名。可见，如果不从语言上看问题，就会自然而然地把文、理看作两个东西。其他有关名称如“心”“性”“物”“知”“意”等也是如此，都是同一对象的不同述说方式，而不是不同的

---

① [明]王守仁：《王阳明全集（上）》，吴光、钱明、董平等编校，上海古籍出版社 2012 年版，第 5 页。
② [明]王守仁：《王阳明全集（上）》，吴光、钱明、董平等编校，上海古籍出版社 2012 年版，第 3 页。
③ [明]王守仁：《王阳明全集（上）》，吴光、钱明、董平等编校，上海古籍出版社 2012 年版，第 14 页。
④ [明]王守仁：《王阳明全集（上）》，吴光、钱明、董平等编校，上海古籍出版社 2012 年版，第 6 页。

存在。

从上面的简要分析可以看出，王阳明在研究心灵的过程中，创造性地运用了一种在当时是全新的、在今天看来依然新颖如初的方法。因为时至今日，仍有许多研究心灵的人尚不知道这一方法，更不知道其价值，以至于仍陷在由语言造成的混乱之中而不能自拔。我们知道，在哲学的“语言学转向”出现之前，人们总是从实在论的立场看待心身问题，即不假思索地把心看作是实在的、存在的，要么是作为实体，要么是作为属性或机能，以为人身上客观上有心，然后在认识到了它以后才有安立名称的活动，最后有“心”一词。随着“语言学转向”在心灵哲学中的推广，人们开始把这一认识顺序颠倒过来，即先把心是否存在这一问题悬置起来，在一开始就把“心”作为语词看待，通过分析其用法揭示其意义。王阳明的上述论述其实隐含了这一精神。在他看来，“心”只是一个名称，只是无限的述说、指谓方式中的一种。用这样的方式看问题，“心”的本质便清楚了，过去围绕心身问题而产生的困惑也在一定程度上得到了克服或减轻。

由于新方法的运用，王阳明在自己的心学中也提出了许多前无古人，甚至当时和后来许多世纪的人都不知其意义与价值的“未来哲学原理”。笔者认为，不能把陆王心学归结为主观或客观唯心主义，而应理解为一种多重语言论或一实多名论或视角主义。它非常接近于赖尔等人的“双重语言论”，与理查德·戴维森的解释主义[①]也有异曲同工之妙。当然，其中也隐含有实在论和工具主义的倾向。

用上述方法看待心灵哲学的问题可以避免许多无谓的争论，例如，性之善恶之争、孟子与荀子谁为对等问题。王阳明说：“性无定体，论亦无定体。有自本体上说者，有自发用上说者，有自源头上说者，有自流弊处说者……性之本体原是无善无恶的，发用上也原是可以为善，可以为不善的……孟子说性，直从源头上说来，亦是说个大概如此。荀子性恶之说，是从流弊上说来，也未可尽说他不是，只是见得未精耳。”[②]可见，由于他采用了新的语言分析的方法，因此对儒学中的孟荀之争做了恰到好处的化解。在他看来，性可从不同角度用不同方式来述说，至少可从体、用、源、流四个角度加以描述。这样来看，孟荀就不存在根

① 关于“解释主义”，可参阅高新民、殷筱：《戴维森的解释主义及其心灵哲学意蕴》，载《哲学研究》2005年第6期，第76-81页。

② [明]王守仁：《王阳明全集（上）》，吴光、钱明、董平等编校，上海古籍出版社2012年版，第101页。

本的冲突。因为孟子的性善论是从源头上说的，且只说了个“大概”，而荀子的性恶论是从“流弊”上说的，因此也不能完全抹杀他的合理性。

“良知”是王阳明价值性心灵哲学的关键范畴。他对它的讨论同时具有求真性的意义。他说：“盖良知之在人心，亘万古，塞宇宙，而无不同。‘不虑而知’，‘恒易以知险’，‘不学而能’，‘恒简以知阻’，‘先天而天不违’，‘天且不违，而况于人乎？况于鬼神乎？’”①意即良知本来就在人心之中，贯通万古，充塞宇宙，在一切时空，皆是如此。因此不思考便能知道，总是能应变，也知道艰难险阻，不学也能做到，永远寂静而知晓艰难，先于天道而又不相违。如果正确加以理解，“良知”也就是“本心”，就是“道”。王阳明说：“夫良知即是道，良知之在人心，不但圣贤，虽常人亦无不如此。若无有物欲牵蔽，但循著良知发用流行将去，即无不是道。”②有理由说，良知是他在心理的大发现或心理的深层发掘中所发现的一种同时具有价值性和求真性意义的心理现象。它是不同于表层认知的一种“知”或“知性”。尽管不动不变，但仍有灵明之知，因此可说其本质就是纯粹的灵明，有点近于西方今日所说的“纯意识”，或佛教所说的“照心”。当然，它所知的对象及范围主要限于道德性事物，即一种能知行为之善恶的心，是人的有害心理能转化为积极健康心理、每个人能转化为圣人的最终根据。是故，他有时干脆把它称作圣人。他说：“良知者，孟子所谓‘是非之心，人皆有之’者也。是非之心，不待虑而知，不待学而能，是故谓之良知。是乃天命之性，吾心之本体，自然灵昭明觉者也。”③良知也可说就是圣人。王阳明曰：“人胸中各有个圣人，只自信不及，都自埋倒了。”④“盖良知只是一个天理自然明觉发见处，只是一个真诚恻怛，便是他本体。”⑤

总之，心学所说的良知或本心可看作是心的一种样式，也可看作是中国心灵哲学对世界心理地理大发现的一个贡献。它有其客观实在性，因为只要反观人的道德行为，就可推知其后的作为道德本原的本心。它不同于理学所说的心之本体，因为后者主要指认知性的认知主体。它是认识得以发生的前提、基础，其本性是

① [明]王守仁：《王阳明全集（上）》，吴光、钱明、董平等编校，上海古籍出版社2012年版，第64-65页。
② [明]王守仁：《王阳明全集（上）》，吴光、钱明、董平等编校，上海古籍出版社2012年版，第60页。
③ [明]王守仁：《王阳明全集（中）》，吴光、钱明、董平等编校，上海古籍出版社2012年版，第802页。
④ [明]王守仁：《王阳明全集（上）》，吴光、钱明、董平等编校，上海古籍出版社2012年版，第81页。
⑤ [明]王守仁：《王阳明全集（上）》，吴光、钱明、董平等编校，上海古籍出版社2012年版，第74页。

“虚明”，而王阳明所说的心之本体主要是道德的本原，是人何以能有德行、去凡成圣的最后、最高根据。当然，对于其“纹路”“纹理”，王阳明有不同的描述说明，一说为：“然至善者，心之本体也。心之本体，那有不善？”①作为道德根源的心是纯善的，是本然的、先验的结构，这种本心由于不在经验意识层面，因而意识无法对之“著力”，无法通过心理操作来使之变化。他说：“这心之本体，原只是个天理，原无非礼，这个便是汝之真己，这个真己，是躯壳的主宰。”②由于它客观、真实，因而可称作“诚”。他自己也强调：诚是心之本体，诚是实、本来面目、本然的状况。如果诚不见了，被毁蔽了，就需要通过努力使其复明，这便是思诚。思诚即工夫之诚，他说：“诚是心之本体，求复其本体，便是思诚的工夫。”③一般认为，他所说的本心是道德心，而不是有认识功能的认知性的心。该怎样看这个问题呢？他有这样的说法，即心之本体是“知”。应承认，此处的知是良知。它是本然的，不在外面。就知的方式而言，它是直觉之知。就知的对象而言，它是对道德上的是与非的知。因此与我们通常所说的、一般心灵哲学所关心的知没有关系。他说：“知是心之本体。心自然会知：见父自然知孝，见兄自然知弟，见孺子入井自然知恻隐，此便是良知，不假外求。”④但笔者认为，他并未完全否认它的纯认知性的功能，例如，强调人之所以能视听言动，除了离不开有关的器官之外，还离不开这个本心。他说：“所谓汝心，亦不专是那一团血肉。若是那一团血肉，如今已死的人，那一团血肉还在，缘何不能视听言动？所谓汝心，却是那能视听言动的，这个便是性，便是天理。有这个性，才能生这性之生理，便谓之仁。这性之生理，发在目便会视……以其主宰一身，故谓之心。这心之本体，原只是个天理，原无非礼，这个便是汝之真己，这个真己，是躯壳的主宰。”⑤

圣人之所以为圣人，除了有前述的各种心理标志之外，还有其特殊的乐，如所谓的“孔颜之乐”。这就是说，儒家所追求的圣人并不只是纯粹的道德完人，而是汇聚了包括福、乐、吉、美之类的一切最美好的价值。如果圣人有其乐，那

① [明]王守仁：《王阳明全集（上）》，吴光、钱明、董平等编校，上海古籍出版社2012年版，第104页。
② [明]王守仁：《王阳明全集（上）》，吴光、钱明、董平等编校，上海古籍出版社2012年版，第32页。
③ [明]王守仁：《王阳明全集（上）》，吴光、钱明、董平等编校，上海古籍出版社2012年版，第31页。
④ [明]王守仁：《王阳明全集（上）》，吴光、钱明、董平等编校，上海古籍出版社2012年版，第6页。
⑤ [明]王守仁：《王阳明全集（上）》，吴光、钱明、董平等编校，上海古籍出版社2012年版，第32页。

么它源自哪里？怎样才能享受这种乐？根据王阳明对圣心的剖析，圣人之乐就在本心之中，换言之，本心本身就包含着乐，只要发明了本心，那么就得到了这种乐。此乐尽管也是一种情感，但却是大乐，是超越低级趣味的乐。他说："乐是心之本体。"①

止、定、静、安等也是儒家所崇尚的最高价值，如《大学》云："大学之道，在明明德，在亲民，在止于至善。知止而后有定，定而后能静，静而后能安，安而后能虑，虑而后能得。"②根据王阳明对本心的剖析，它们也不难得到，因为它们就是心之本体，或是对心体的又一类描述方式。当然，这里的止、定等是作为体性的定，不是通过修习所得到的暂时的安定、平静。他说："定者心之本体，天理也。"③

根据王阳明的心学，成圣是简易之功，只要发明本心，将它的潜在价值转化成了现实价值，凡夫就成了圣人，甚至恶人当下即为圣人。因为在特定意义上可说，心之本体是恶人之心的反面。恶人之所以是恶，就因为他们的心迷失了心之本体。此本体本来在那里，但由于种种原因，它被淹没在心海的底层，无法起作用，这样，本来的圣心、圣人就成了恶心、恶人。他说："恶人之心失其本体。"④尽管如此，他的良知丝毫不差，因为"良知即是天植灵根，自生生不息；但著了私累，把此根戕贼蔽塞，不得发生耳"⑤。相反，圣人之心是无私欲、去遮蔽之心，本体之心昭然若揭。"圣人之心如明镜，纤翳自无所容，自不消磨刮。若常人之心，如斑垢驳蚀之镜，须痛磨刮一番，尽去驳蚀，然后纤尘即见，才拂便去，亦不消费力。到此已是识得仁体矣。"⑥"大人者，以天地万物为一体者也，其视天下犹一家，中国犹一人焉。若夫间形骸而分尔我者，小人矣。大人之能以天地万物为一体也，非意之也，其心之仁本若是，其与天地万物而为一也。"⑦大人之所以为大人，是因为其有大心。其实，小人也有大心，只是未发明而已。

---

① [明]王守仁：《王阳明全集（上）》，吴光、钱明、董平等编校，上海古籍出版社2012年版，第61页。
②《礼记·大学》。
③ [明]王守仁：《王阳明全集（上）》，吴光、钱明、董平等编校，上海古籍出版社2012年版，第15页。
④ [明]王守仁：《王阳明全集（上）》，吴光、钱明、董平等编校，上海古籍出版社2012年版，第13页。
⑤ [明]王守仁：《王阳明全集（上）》，吴光、钱明、董平等编校，上海古籍出版社2012年版，第89页。
⑥ [明]王守仁：《王阳明全集（下）》，吴光、钱明、董平等编校，上海古籍出版社2012年版，第970页。
⑦ [明]王守仁：《王阳明全集（中）》，吴光、钱明、董平等编校，上海古籍出版社2012年版，第798页。

怎样得大心？他认为，止、定、静、安是最好的心理操作。《大学》有言："知止而后有定，定而后能静，静而后能安，安而后能虑，虑而后能得。"[①]这类方法也可称作专一、守一。守一有两种：一是一心一意做某事，如"读书则一心在读书上，接客则一心在接客上"[②]，这是事上的守一；二是性体上的守一，如一心于天理，"主一是专主一个天理"[③]。他也很重视三纲（明明德、亲民、止于至善）八目（格物、致知、正心、诚意、修身、齐家、治国、平天下）在成圣过程中的作用，只是他从体上看问题，强调它们的统一性。他说："《大学》之要，诚意而已矣。诚意之功，格物而已矣。诚意之极，止至善而已矣。止至善之则，致知而已矣。正心，复其体也；修身，著其用也。以言乎己，谓之明德；以言乎人，谓之亲民；以言乎天地之间，则备矣。是故至善也者，心之本体也。动而后有不善，而本体之知，未尝不知也。意者，其动也。物者，其事也。致其本体之知，而动无不善。"[④]其实，三纲八目、心、身、理等说的只是一实。"自其形体也谓之天，主宰也谓之帝，流行也谓之命，赋于人也谓之性，主于身也谓之心。"[⑤]同理，格物即正心，正心即诚意，"诚则明矣，明则诚矣"[⑥]。他说："即知即行，即心即物，即动即静，即体即用，即工夫即本体，即下即上，无之不一。"[⑦]圣学只是"心一而已"[⑧]"理一而已"[⑨]"性一而已"[⑩]。

基于对心的深度剖析，王阳明无疑找到了心灵转化、治疗以及去凡成圣的内在可能性根据和机理，那就是，这一过程实即复心之本然的过程。他说："大端惟在复心体之同然"，因此"圣人之学""至易至简，易知易从"[⑪]。"圣贤教人知行，正是要复那本体"[⑫]，三纲八目、心、身、理等说的只是一实。质言之，王阳明的上述断言是有其逻辑基础的，尽管用今天的眼光看，可能因为有猜测而

---

① 《礼记·大学》。
② [明]王守仁：《王阳明全集（上）》，吴光、钱明、董平等编校，上海古籍出版社 2012 年版，第 10 页。
③ [明]王守仁：《王阳明全集（上）》，吴光、钱明、董平等编校，上海古籍出版社 2012 年版，第 10 页。
④ [明]王守仁：《王阳明全集（上）》，吴光、钱明、董平等编校，上海古籍出版社 2012 年版，第 204-205 页。
⑤ [明]王守仁：《王阳明全集（上）》，吴光、钱明、董平等编校，上海古籍出版社 2012 年版，第 14 页。
⑥ 《中庸·第二十一章》。
⑦ [明清之际]黄宗羲：《明儒学案（上）》，沈芝盈点校，中华书局 2008 年版，第 7 页。
⑧ [明]王守仁：《王阳明全集（上）》，吴光、钱明、董平等编校，上海古籍出版社 2012 年版，第 155 页。
⑨ [明]王守仁：《王阳明全集（上）》，吴光、钱明、董平等编校，上海古籍出版社 2012 年版，第 220 页。
⑩ [明]王守仁：《王阳明全集（上）》，吴光、钱明、董平等编校，上海古籍出版社 2012 年版，第 14 页。
⑪ [明]王守仁：《王阳明全集（上）》，吴光、钱明、董平等编校，上海古籍出版社 2012 年版，第 48 页。
⑫ [明]王守仁：《王阳明全集（上）》，吴光、钱明、董平等编校，上海古籍出版社 2012 年版，第 3 页。

有不够科学的弊端，但绝对有其博大精深的理论作为基础，那就是他的心学或身心之学或心性学。因此他的圣学是建立在他的心学之上的。

如前所述，王阳明心学所关注的心是有多重意义的心，即既具有心理学的意义，又具有形而上学的意义；既具有认识论的意义，又具有本体论的意义；既具有道德哲学的意义，又具有人生哲学的意义；既具有科学的意义，又具有价值论的意义。他建立心学的主旨在于：通过对心灵的探讨、分析，从中挖掘出它对于人生的价值论意义，例如，它对于人做一个高尚的、有道德的人的价值，对于人们获得人生幸福快乐乃至彻底解放的价值。在关于心有潜在价值资源这一点上，他与莱布尼茨、康德有共同的看法，那就是他们都认识到，人类心灵绝不是一张待写字的白纸，上面什么都没有，而是有点什么，如有“纹”、有“理”。正像莱布尼茨所比喻的那样，心不像白板，而像有花纹的大理石。这些纹理，是心灵天生固有的，而且同时对人类获得真理性知识，有不可或缺的作用。王阳明不仅看到了这一点，还强调先天的可能之性对人幸福美满地、成功地生活于世具有极其重要的价值，是人雕琢、塑造自己的重要价值资源，是人为自己规定自己的本质的重要前提。总之，人的天生的“理”尽管只是一种倾向，但为人之未来的可能和不可能发展提供了决定性的根据。

尽管心灵之中的性或理具有那么重要的作用，但它毕竟是潜在的，绝不会自动、自发地转化为现实，而必须经过后天的“雕琢”“发掘”“扩充”才能如此。要在人心中去发掘和扩充，又必须对人心的结构、性能、活动、作用及其发挥、运转的过程与机理、机制有哲学和心理学的认识。王阳明也意识到了这一点，并做了大量的探索，因此其心学中也包含了相应的论述。他认为，要揭示成圣的心理机制，首先要知道人之为凡为愚的心理机制。人之所以沦为凡愚，其心理根源在于：人心本具的本来清净寂然的心体、心理由于落入气、形体之中，受其“气拘物蔽”的作用，加之气及形体本具的私欲、物欲占据上风，因此人的本心便一直处于潜在的状态，而没有向现实转化的机会。要实现这种转化，就要除去私欲之类的遮蔽。一旦除去了，心之本来面目就会显现，如时时勤加操存、护持，那么便步入圣道，圣位将在面前虚位以待。因为人之本心就像太阳一样，私欲就像乌云一样。本心没有变成现实是由于私欲的遮蔽，正像阳光为乌云所笼罩一样。尽管被笼罩了，但阳光无一刻不存在，心之本性也是这样。另外，一旦驱散乌云，阳光就会普照大地。同样，心上的私意扫净了，其本来面目便会自然显现，圣人自然成就。基于这样的看法，成圣的心理途径便也一目了然了，那就是，要想自己由凡愚转化为圣人，只有一条路，用他们的话说就是，只有“一事”可做。当然，这“一事”可用不同的语言来表述。陆九渊的表述是“专欲管归一路者”①，即只需管归心。王阳明也常说，成圣只有一事：复人心之本体。“诸君要实见此道，须从自己心上体认，不假外求始得。”②王阳明借对孔孟等人的一些命题的解释，阐述了如何从心上下功夫，实现成圣大志，他说：“性是心之体，天是性之原，尽心即是尽性。‘惟天下至诚为能尽其性，知天地之化育’，存心者，心有未尽也。知天……是自己分上事，己与天为一；事天，如子之事父……须是恭敬奉承，然后能无失……至于‘夭寿不贰’其心，乃是教学者一心为善，不可以穷通夭寿之故便把为善的心变动了，只去修身以俟命。见得穷通夭寿有个命在，我亦不必以此动心。”③在追求成圣的过程中，一开始就要知道，圣、至善、理不离自心，甚至知天也是如此，因为天是性之原。既然如此，尽心、知天都是自己心上的事。因此学者的下手处就是当下的心。在有了一定的觉悟、发明之后，仍要守住此心不动摇，不因夭寿、害利的变化而动心。这里讲的无疑也是其他宗教和哲学的一个基本观点。例如，佛教教人要不动心，“八风吹不动”；而古希腊的怀疑主义大师皮浪教人要“悬搁判断”。

四、心学的“接着讲”

陆王心学在他们之后经历了持续的发展，其推手既有心学的门人，也有来自理学的传人。例如，朱熹的弟子黄干认为，圣人之所以为圣人，是因为圣人有其特殊不共的心，此心是至灵之灵。他说：“圣人者，又得其秀之秀而最灵者焉，于是继天立极，而得道统之传，故能参天地，赞化育，而统理人伦，使人各遂其生，各全其性者，其所以发明道统以示天下后世者，皆可考也。”④相对于非人而言，一般的人心因得天地之精气而为灵秀，圣人更进一步，“得其秀而秀”，其根本的表现是圣人之心以道心为主。就心的一般结构而言，心同时有人心和道

① [南宋]陆九渊：《陆九渊集》，钟哲点校，中华书局1980年版，第410页。
② [明]王守仁：《王阳明全集（上）》，吴光、钱明、董平等编校，上海古籍出版社2012年版，第19页。
③ [明]王守仁：《王阳明全集（上）》，吴光、钱明、董平等编校，上海古籍出版社2012年版，第5页。
④ [明清之际]黄宗羲：《宋元学案（三）》，梁运华、陈金生点校，中华书局1986年版，第2022页。

心两方面，“人心形气之私也，道心性命之正也”[1]。它们的不同搭配，就让人要么表现为凡夫，要么表现为圣人。圣人也是人心、道心的统一，只是道心居于绝对主导地位。黄干说：“精以察之，一以守之，则道心为主，而人心听命焉，则存之心，措之事，信能执其中。”[2]在成圣的心理操作问题上，心学认为佛教所说的“一念不生”“无念无住”是不可能的。很显然，这是基于误解而做的否定，因为佛教强调的无心无念是要让心停下来，不攀缘，或“一心”。既然如此，就没有陈淳所指责的“必欲绝之，死而后可”的问题。陈淳说：“无君臣父子等大伦，乃其粗迹悖谬极显处。心本活物，如何使之绝念不生！必欲绝之，死而后可。”[3]“圣门工夫，自有次序，非如释氏妄以一超直入之说，欺愚惑众。”[4]

静坐是儒释道三家共同倡导的心灵转化之法。三家的主张尽管有相同之处，但区别也很明显。根据陈淳的判释，道家静坐，要求定其精神魂魄，不使其动，不让精气神外泄，游心于冲漠，以通仙灵。如果说他对道家的概括是正确的话，那么对佛家的概括则失之偏颇。其实，佛家的静坐不是他所说的那么简单。例如，佛家静坐的目的不只是要超越轮回，而且要让心灵回归真心。他对儒家静坐的概括是“盖持敬之道，所以敛容体，息思虑，收放心，涵养本原，而为酬酢之地，不欲终日役役……无事则静坐，有事则应接。”[5]这种静坐在本质上就是敬。朱熹的门人刘刚中说：“然敬，非终日危坐，游心淡泊，必有事焉。神不外驰，而说心研虑，时时有新得也。”“屏思虑，绝纷扰，静也。正衣冠，尊瞻视，敬也。致静以虚，致敬以实，然此中皆有诚实工夫。”[6]

再看陆九渊门人杨简的探索。他通过反观，“觉天地万物通为一体，非吾心外事”[7]。此心即陆王要发明的本心。它在一般凡夫身上也存在，之所以不显，是因为它为“意”“必”“固”“我”这四病所遮蔽。这四病在前面曾有解释。他说：“夫人皆有至灵至明，广大圣智之性，不假外求，不由外得，自本自根，自神自明，微生意焉，故蔽之有必焉，故蔽之有固焉，故蔽之有我焉，故蔽之昏，

---

① [明清之际]黄宗羲：《宋元学案（三）》，梁运华、陈金生点校，中华书局 1986 年版，第 2022 页。
② [明清之际]黄宗羲：《宋元学案（三）》，梁运华、陈金生点校，中华书局 1986 年版，第 2022 页。
③ [明清之际]黄宗羲：《宋元学案（三）》，梁运华、陈金生点校，中华书局 1986 年版，第 2228 页。
④ [明清之际]黄宗羲：《宋元学案（三）》，梁运华、陈金生点校，中华书局 1986 年版，第 2230 页。
⑤ [明清之际]黄宗羲：《宋元学案（三）》，梁运华、陈金生点校，中华书局 1986 年版，第 2232 页。
⑥ [明清之际]黄宗羲：《宋元学案（三）》，梁运华、陈金生点校，中华书局 1986 年版，第 2266 页。
⑦ [明清之际]黄宗羲：《宋元学案（三）》，梁运华、陈金生点校，中华书局 1986 年版，第 2466 页。

蔽之端，尽由于此。”[①]

魏了翁认为，圣人之心不随身衰而衰。他说：“圣人之心，如天之运，纯亦不已，如川之逝，不舍昼夜，虽血气盛衰所不能免，而才壮志坚，始终勿贰。”[②]正是此心让人由凡转圣。其有如此大用的根源是它有神明的特点。他说：“心者，神明之舍，所以范围天地，出入古今，错综人物，贯通幽明，其远若此。”[③]

陈献章是明代心学的开创者。其心学思想像王阳明一样主要不是通过学、思得到的，而是通过静坐“悟”到的。他说：“惟在静坐。久之，然后见吾此心之体，隐然呈露。”[④]其心学的标志性看法是把心与理等同起来，认为心即理、我即理。他说：“此理干涉至大，无内外，无终始，无一处不到，无一息不运。会此则天地我立，万化我出，而宇宙在我矣。”[⑤]也就是说，此理，即完成了心灵的由凡至圣的转化。在特定意义上，也可说心即境界，达此境界即成圣，即做人的完成。

一般认为，明代心学有两大家：一是王阳明的心学；二是以湛若水为代表的江门学派的心学。后者像前者一样强调：宇宙万物即一心，心是本体、本原，在此基础上，他们提出了兼具心理哲学、政治哲学、社会治理哲学意义的“治心之学”。湛若水说：“盖万事万变皆本于心，千贤千圣皆是心学……故心也者，万事万化之大原乎。”[⑥]“心之本体，与天地同大。”[⑦]既然如此，只要将心治好了，一切便万事大吉。在揭示心的本质时，他表现出了以前心学所没有的自然主义倾向，例如，认为心及其神明离不开气和精，因为其发生的顺序是由气而有精，由精而有神。湛若水说：“宇宙间一气而已……自其精而神，虚灵知觉者谓之心。”[⑧]他不同于王阳明的地方还在于主张心无内外。他说：“盖阳明与吾看心不同。吾之所谓心者，体万物而不遗者也，故无内外；阳明之所谓心者，指腔子里而为言者也，故以吾之说为外。”[⑨]无外，即心包含一切，“心体物而不遗”[⑩]。格物也是

---

① [明清之际]黄宗羲：《宋元学案（三）》，梁运华、陈金生点校，中华书局 1986 年版，第 2476 页。
② [明清之际]黄宗羲：《宋元学案（四）》，梁运华、陈金生点校，中华书局 1986 年版，第 2665 页。
③ [明清之际]黄宗羲：《宋元学案（四）》，梁运华、陈金生点校，中华书局 1986 年版，第 2666 页。
④ [明清之际]黄宗羲：《明儒学案（上）》，沈芝盈点校，中华书局 2008 年版，第 82 页。
⑤ [明清之际]黄宗羲：《明儒学案（上）》，沈芝盈点校，中华书局 2008 年版，第 85 页。
⑥ [明]湛若水：《格物通·正心中》。
⑦ [明]湛若水：《格物通·立志下》。
⑧ [明]湛若水：《新论》，《甘泉文集》卷 2。
⑨ [明]湛若水：《答杨少默》，《甘泉文集》卷 7。
⑩ [明清之际]黄宗羲：《明儒学案（下）》，沈芝盈点校，中华书局 2008 年版，第 879 页。

在心内格，“致”不能致外，因为无内无外。在说明一般心物理论、格物理论难以说明的“物”概念时，他提出：物即心念。他说：“格物之义，以物为心意之所着……人心与天地万物为体，心体物而不遗……故格物非在外也，格之致之，心又非在外也。”[①]他对“主一”也有自己的独到理解。一般认为，主一可方便说为主天理，也可究竟说为无主即为主一。王阳明常说，主天理即主一。而湛若水说：“殊不知无适之谓一，若心主一个天理在内，即是物，即非一矣。惟无一物，乃是无适，乃是主一。”[②]究竟什么是天理呢？“天理只是吾心中正之体，不属有无，不落方体。”[③]欠一毫、添一毫，都不中。天理的特殊性在于，它离不开心。他说：“天理在心，求则得之。”[④]唐伯元（1540—1597）崇奉程朱理学，反对王阳明的“心学”，曾师从吕怀，继承湛若水的学术观点，并使之更具实践性，认为心性（或曰天理）是以物为载体的，离开物，心性便无从谈起。他也试图揭示凡圣在心上的差别。他说：“惟圣人性其心，而心其身。”[⑤]性即天命。性其心，即按性的要求处理心，进而约束身。相反，凡人的性成了心的奴隶，即“性为心用，心为身用”[⑥]。“上智顺性，其次反身”或“自性而心而身”[⑦]，凡愚的特点是顺心、顺身，或“自身而心而性”[⑧]。

明清之际的黄宗羲在揭示心的本质时也表现出了近似的自然化倾向，即用气、理说明心的产生与本质，认为心是气、理的共同作用的结果。当然，心出现后，相对于表现它的形色而言，又是体，是大。黄宗羲说：“形色，气也；天性，理也。有耳便自能聪，有目便自能明，口与鼻莫不皆然，理与气合一也。心是形色之大者，而耳目口鼻其支也。”[⑨]这样的说明不仅有价值性心灵哲学的意义，因为它足以说明凡夫为何能转化为圣贤，而且具有重要的求真性意义，因为它能够解释人为何能完成道德行为以及各种复杂的心理现象，如视听言动。根据这一方案，心的如此之类的作用既依赖于相应的肉体器官，更根源于心这一大体。

① [明清之际]黄宗羲：《明儒学案（下）》，沈芝盈点校，中华书局2008年版，第879页。
② [明清之际]黄宗羲：《明儒学案（下）》，沈芝盈点校，中华书局2008年版，第907页。
③ [明清之际]黄宗羲：《明儒学案（下）》，沈芝盈点校，中华书局2008年版，第910页。
④ [明清之际]黄宗羲：《明儒学案（下）》，沈芝盈点校，中华书局2008年版，第910页。
⑤ [明清之际]黄宗羲：《明儒学案（下）》，沈芝盈点校，中华书局2008年版，第1003页。
⑥ [明清之际]黄宗羲：《明儒学案（下）》，沈芝盈点校，中华书局2008年版，第1003页。
⑦ [明清之际]黄宗羲：《明儒学案（下）》，沈芝盈点校，中华书局2008年版，第1017页。
⑧ [明清之际]黄宗羲：《明儒学案（下）》，沈芝盈点校，中华书局2008年版，第1017页。
⑨ [明清之际]黄宗羲：《孟子师》卷7。

唐枢提出：圣人成圣的牛鼻子是先得心。他说："圣人先得其心，然后因其粗而论之，故能脱然毁誉境外，才可驰骤世途，虽波涛扰攘中，常得透出头来，有本故也。"[①]这牛鼻子也可概括为"讨真心"三个字，"真心"即"道心"或良知，"讨"就是学问、思辨并身体力行。只要良知一拈万到，本末具举。

方学渐是明代中叶桐城学术的领头人，著有《迩训》二十卷及《心学宗》等，认为慎独为心学之大要。他说："慎独者圣学之要，当其燕居独处之时，内观本体湛然惺然，此天理也，存理而欲自退，是第一着工夫。"[②]第二着工夫是当本心上有灰尘时，便予以扫除。这里关键是紧盯着心、"觅心"，看上面有什么灰尘发生。一旦如此操作，便会明白：觅心了不可得。他说："才见有心，便非心。心尽处，心体露。""学道"即"学无心"。[③]"动静者物也，心不属动静。虽不属动静，而未尝不动，未尝不静。"[④]

来知德（1525—1604）认为，心学至关重要，其表现是，若让心学明于天下，则圣人多、小人少。因为心学是教人去凡成圣的学问、实践。他说："心学常明于天下，则世多圣人"；反之，"心学不常明，圣人不常生，皆天有以囿之"。[⑤]在宋明时期，心学的现实处境是有晦有明。二程、王阳明为圣学昌明做了贡献，但又有这样或那样的"少差""差误"。

王畿，号龙溪，浙江山阴（今绍兴）人。他协助王阳明指导后学，时有"教授师"之称，是王阳明最赏识的弟子之一，也是王门七派中"浙中派"的创始人，著有《龙溪全集》二十卷。在圣学的心学阐释中，他十分重视重本息末，抓纲索宗，以找到圣学之旨归，进而续"古之学脉"，正本返源。他强调，唯其如此，才能在认识上为成圣找到方向、出路。《明儒学案》云："先生以圣人之学，心学也……或者以释氏本心之说，颇近于心学。"[⑥]对王阳明的"良知"的新解也足以说明这一点："'良知'两字，范围三教之宗。"[⑦]意为从解释上说，王阳明提出良知学说就是要统摄、融合儒释道三教，将它们的精髓、宗旨提炼出来。

---

① [明清之际]黄宗羲：《明儒学案（下）》，沈芝盈点校，中华书局2008年版，第959页。
② [明清之际]黄宗羲：《明儒学案（下）》，沈芝盈点校，中华书局2008年版，第840-841页。
③ [明清之际]黄宗羲：《明儒学案（下）》，沈芝盈点校，中华书局2008年版，第1363页。
④ [明清之际]黄宗羲：《明儒学案（下）》，沈芝盈点校，中华书局2008年版，第1365页。
⑤ [明清之际]黄宗羲：《明儒学案（下）》，沈芝盈点校，中华书局2008年版，第1286页。
⑥ [明清之际]黄宗羲：《明儒学案（上）》，沈芝盈点校，中华书局2008年版，第181页。
⑦ [明]周汝登：《周汝登集（下）》，张梦新、张卫中点校，浙江古籍出版社2015年版，第836页。

这宗旨是“即性即命，即寂即感，至虚而实，至无而有。千圣至此，骋不得一些精彩……同此即是同德，异此即是异端。”①但王畿也看到，儒释确有重大差别，例如，佛教认为，心性本觉，而“先生点出心之所以为心，不在明觉而在天理”②。天理不在外，而就是心。此心的本质是寂。王畿说：“寂之一字，千古圣学之宗。”③但寂又不离感，体不离用，本不远迹。他说：“感生于寂，寂不离感。舍寂而缘感，谓之逐物；离感而守寂，谓之泥虚。”④王畿认为，只有“无思无为”，才能成圣。但“无思无为”是何意呢？王畿的理解是“无思无为，非是不思不为。念虑酬酢，变化云为，如鉴之照物，我无容心焉。是故终日思而未尝有所思也，终日为而未尝有所为也。无思无为，故其心常寂，常寂故常感。无动无静，无前无后，而常自然，不求脱离，而自无生死可出，是之谓大易。”⑤这一对无思无为的理解无疑受佛家尤其是禅宗“于念离念”“应无所住而生其心”“为而不为，不为而为”等思想及境界的影响。他承认，静坐是到达寂乃至成圣的基本方法，但这静坐不是佛道所说的静坐。他说：“非欲坐禅入定，盖因吾辈平日为事物纷拏，未知为己，欲以此补小学收放心一段功夫耳。”⑥

由于心学强调静坐等实践工夫，因此它不仅是纯学术，而且同时是一种修证实践体系，例如，陈白沙、王阳明都提倡和重视静坐，并均有自己的“证悟”“发明”，它们是类似于禅宗所说的“开悟”一样的经验。例如，王阳明曾于洞中静坐，修习导引之术，还在常德、辰州教人静坐，在谪居龙场时，不仅坚持静坐、修行，而且还有顿悟经验，此即人们通常所说的“龙场悟道”。他这样描述了自己的静心和“开悟”经验：“日夜端居澄默，以求静一；久之，胸中洒洒……因念‘圣人处此，更有何道’？忽中夜大悟格物致知之旨，寤寐中若有人语之者，不觉呼跃，从者皆惊。始知圣人之道，吾性自足。”⑦王阳明的弟子习静坐的也有很多，例如，罗念庵有这样的自述：“当极静时，恍然觉吾此心中虚无物，旁通无穷，有如长空云气流行，无有止极。有如大海鱼龙变化，无有间隔，无内外

---

① [明]周汝登：《周汝登集（下）》，张梦新、张卫中点校，浙江古籍出版社2015年版，第836-837页。
② [明清之际]黄宗羲：《明儒学案（上）》，沈芝盈点校，中华书局2008年版，第181页。
③ [明清之际]黄宗羲：《明儒学案（上）》，沈芝盈点校，中华书局2008年版，第261页。
④ [明清之际]黄宗羲：《明儒学案（上）》，沈芝盈点校，中华书局2008年版，第261页。
⑤ [明]周汝登：《周汝登集（下）》，张梦新、张卫中点校，浙江古籍出版社2015年版，第836页。
⑥ [明清之际]黄宗羲：《明儒学案（上）》，沈芝盈点校，中华书局2008年版，第184页。
⑦ [明]王守仁：《王阳明全集（下）》，吴光、钱明、董平等编校，上海古籍出版社2012年版，第1006-1007页。

可指，无动静可分，上下四方，往古今来，浑成一片。所谓无在而无不在，吾之一身乃其发窍，固非形质所能限也。”[①]当然，他们倡导和践行的静坐是不同于佛道的儒家的静坐。它不是坐禅入定，而是收放心，即让一日纷杂的心念静下来。这种静不是禁止思虑、不做思考，而是对萌动的思想进行省察，然后使之各得其所，进而让心不外驰，自然专精。静即定，而定即守一、主一。所谓主一就是要在动静中守住天理，“静时念念去人欲、存天理，动时念念去人欲、存天理”[②]。陆九渊及弟子也有自己的静心经验，据杨简说：“尝反观，觉天地万物通为一体，非吾心外事。陆象山至富阳，夜集双明阁，象山数提本心二字。”[③]杨简闻后“忽觉此心澄然清明”[④]。陆九渊自述说：“因此无事则安坐瞑目，用力操存，夜以继日。如此者半月，一日下楼，忽觉此心，已复澄莹。”[⑤]儒家静坐等修养活动所得到的体验，相对于凡夫的乱心、散心来说，无疑是品质较优的心理，从修行上说，有这种经验的确是心理增上的一个表现，是成圣进程中的进步，对人是有益无害的。心学对此既有实践上的验证，也有理论上的总结，例如，认识到圣人之心的奥秘在于：制念于一处或念归于一。王畿说：“今心为念。”[⑥]当下的有见有动的心就是念。“念者见在心也。吾人终日应酬，不离见在。千绪万端，皆此一念为之主宰。念归于一，精神自不至流散……圣狂之分无他，只在一念克与妄之间而已。”[⑦]圣人心念的特点是克，“一念者无念”，“即念而离念”，“故君子之学，以无念为宗”。[⑧]凡愚则相反，随妄念驰流。圣人从所欲不逾矩实即“令本心时时作得主宰”[⑨]。既然凡圣之别根于念，因此处理好一念便是“入圣血脉路”。“若不从一念微处彻底判决”[⑩]，将与圣无缘，永堕凡俗。总之，圣人管心的方法就是制心，就是照顾好心灵。王畿说：“夫圣人所以为圣，精神命脉全体内用，不求知于人，故常常自见己过不自满……全体精神尽从外面照管。”[⑪]当然，

---

① [明]罗念庵：《念庵文集・与蒋道林》。
② [明]王守仁：《王阳明全集（上）》，吴光、钱明、董平等编校，上海古籍出版社 2012 年版，第 12 页。
③ [明清之际]黄宗羲：《宋元学案（三）》，梁运华、陈金生点校，中华书局 1986 年版，第 2466 页。
④ [明清之际]黄宗羲：《宋元学案（三）》，梁运华、陈金生点校，中华书局 1986 年版，第 2466 页。
⑤ [南宋]陆九渊：《陆九渊集》，钟哲点校，中华书局 1980 年版，第 471 页。
⑥ [明]周汝登：《周汝登集（下）》，张梦新、张卫中点校，浙江古籍出版社 2015 年版，第 831 页。
⑦ [明]周汝登：《周汝登集（下）》，张梦新、张卫中点校，浙江古籍出版社 2015 年版，第 831 页。
⑧ [明]周汝登：《周汝登集（下）》，张梦新、张卫中点校，浙江古籍出版社 2015 年版，第 831 页。
⑨ [明]周汝登：《周汝登集（下）》，张梦新、张卫中点校，浙江古籍出版社 2015 年版，第 832 页。
⑩ [明]周汝登：《周汝登集（下）》，张梦新、张卫中点校，浙江古籍出版社 2015 年版，第 833 页。
⑪ [明]周汝登：《周汝登集（下）》，张梦新、张卫中点校，浙江古籍出版社 2015 年版，第 834 页。

从佛教禅学的角度看，儒家的静心实践是不究竟的，因为通过种种方法所体验到的所谓静心仍属妄心范畴，不过是心灵成长过程中所出现的一种，由于它包含有能所分别，有心念的运动，所以其当然是微细的动念，但只要有念，都属后面向更高境界冲刺的修证活动应予断灭的心理。

根据陈献章的理解，圣学即心学，心学即“治心之学”[①]，而治心之学，最好理解为中庸之道。《明儒学案》认为，心学“至白沙始入精微”[②]。陈献章“以虚为基本，以静为门户，以四方上下、往古来今穿纽凑合为匡郭，以日用、常行、分殊为功用，以勿忘、勿助之间为体认之则，以未尝致力而应用不遗为实得”[③]。这就是说，他阐发的心学主虚、主静。陈献章说：“此一‘静’字，自濂溪先生主静发源，后来程门诸公，递相传授。”[④]虚静乃是成圣之本，只要真正做到虚静，就有圣人所必具的广大心、虚无心。他说：心上“才著一物，则有碍”[⑤]，心用在功夫上也为有碍，有碍即为不广大。“是以圣贤之心，廓然若无，感而后应，不感则不应。”[⑥]他倡导的基本的用心方法是“内忘其心，外忘其形，其气浩然，物莫能干，神游八极。”[⑦]

敬既是儒家所强调的一种基本心理操作，也是它所发现的一种心理样式。儒家强调，对心的态度应为操、存、敬，而一般人之所以是凡夫，是因为他们所取的是舍、亡的态度。胡居仁说：“心只是一个心，所谓操存，乃自操而自存耳；敬，是心自敬耳。”“主敬是有意”，“心有所存主，故有意”。[⑧]魏校说：“天之主宰曰帝，人之主宰曰心。敬只是吾心自做主宰处。”[⑨]治心不外乎操心、存心，而不舍心、亡心。这里的心是作为主宰、本体的本心。根据孟子，操则存，所谓操，即不放纵其心，胡居仁说：“只约束收敛，使内有主而已。”“既收敛有主，则心体昭然，遇事时，鉴察必精。”[⑩]

赵贞吉 15 岁读王阳明的《传习录》，惊曰：“予固疑物理之远于本也，今

① [明清之际]黄宗羲：《明儒学案（上）》，沈芝盈点校，中华书局 2008 年版，第 89 页。
② [明清之际]黄宗羲：《明儒学案（上）》，沈芝盈点校，中华书局 2008 年版，第 79 页。
③ [明清之际]黄宗羲：《明儒学案（上）》，沈芝盈点校，中华书局 2008 年版，第 80 页。
④ [明清之际]黄宗羲：《明儒学案（上）》，沈芝盈点校，中华书局 2008 年版，第 84 页。
⑤ [明清之际]黄宗羲：《明儒学案（上）》，沈芝盈点校，中华书局 2008 年版，第 85 页。
⑥ [明清之际]黄宗羲：《明儒学案（上）》，沈芝盈点校，中华书局 2008 年版，第 85 页。
⑦ [明清之际]黄宗羲：《明儒学案（上）》，沈芝盈点校，中华书局 2008 年版，第 88 页。
⑧ [明清之际]黄宗羲：《明儒学案（上）》，沈芝盈点校，中华书局 2008 年版，第 36 页。
⑨ [明清之际]黄宗羲：《明儒学案（上）》，沈芝盈点校，中华书局 2008 年版，第 48 页。
⑩ [明清之际]黄宗羲：《明儒学案（上）》，沈芝盈点校，中华书局 2008 年版，第 34 页。

获所归矣。”[1]意为他本来怀疑万物的理是远离本心的，现在才知道真正的归向。他对于朱子理学将释道斥为异端的理论很不以为然，通过亲身实践得出结论说：“禅之不足以害人明矣。仆盖以身证之，非世儒徒以口说诤论比也。”[2]通过对尧舜等圣人个案的研究，他得出了这样的结论：上自尧舜，下至三代，圣贤成道的关键是守一本心。“执之者，如宝珠在握。”[3]果如此，立马能进入这样的圣境：“万镜交辉而光影无尽。命自我立，性自我具，宇宙在手，万化生身，参赞位育，辅相裁成。”[4]

第五节　王夫之和戴震：圣心剖析与克念作圣

在中国近代儒学发展史特别是儒学的心灵认识史上，王夫之和戴震的工作最富成就和特色，我们这里择要考释。

王夫之是明清之际具有广博学识的思想家，因晚年隐居湘西蒸左石船山（今湖南衡阳县曲兰），也被称为船山先生。他不仅继承和发展了传统儒家思想，而且建构了自己的集宋明思想之大成的哲学体系，奠定了自己“儒学大家”的地位，因而是清初“三儒”（另两位是顾炎武和黄宗羲）之一，而且对 2000 多年来的中国学术思想做了全面系统的反思和批判性总结，从而使自己成为中国古代学术思想的集大成者。在心灵认识上也是如此，他通过对道、佛、玄等各家的有关思想的批判性反思，提出了自己融各家之所长的思想。

要认识心灵，当然要从探讨本体入手。他认为，如果说有本体的话，此本体不应是佛道所说的本无，也不应是理学所说的理、心学所说的本心，而一定是“本有”，可把它称作气。所有的由聚散、赋形而成的万事万物都是由它而出的，心也不例外。他说：“盖阴阳者气之二体，动静者气之二几，体同而用异则相感而动，动而成象则静，动静之几，聚散、出入、形不形之从来也。”[5]气尽管无形

① 转引自[日]荒木见悟：《明末清初的思想与佛教》，廖肇亨译，上海古籍出版社 2010 年版，第 56 页。
② [明清之际]黄宗羲：《明儒学案（下）》，沈芝盈点校，中华书局 2008 年版，第 748 页。
③ [明]周汝登：《周汝登集（下）》，张梦新、张卫中点校，浙江古籍出版社 2015 年版，第 900 页。
④ [明]周汝登：《周汝登集（下）》，张梦新、张卫中点校，浙江古籍出版社 2015 年版，第 900 页。
⑤ [明清之际]王夫之：《张子正蒙注》，载船山全集编辑委员会编校：《船山全书（第 12 册）》，岳麓书社 2011 年版，第 23 页。

无相，但有诚的本质特点。我们知道，“诚”原本是中国哲学的道德范畴，经王夫之改造，现同时成了他的存在论的最高范畴，或元范畴。之所以说它是“元”，是因为它在他的体系中比“有”“无”更高，是说明“有”“无”的根据。他说：“说到一个‘诚’字，是极顶字，更无一字可以代释。”[①]它解释的层次到顶了，可解释别的，但不能为别的所解释。“诚”是何意？它指的是这样一种实或真，从本质上说，它是绝对的有或事实，而不是虚无；从构成上说，诚基于气，是气的特性。而气有阴阳，“阴阳有实之谓诚”[②]。从普遍性上说，它能涵盖一切，是名副其实的“共有”。很显然，他对“诚”的抽象的确也是基于各种存在者的。但由于这里作样本的存在者不再是过去存在论所关注的有形可见之物，而是超越于它们，进到了无形不可见的存在者，如气、阴阳、道等，因此他对存在之意义的认识由于抽象的范围加大了、深度加深了，因而又向前迈进了一步。

王夫之作为儒学传人，也承认道学、圣学的必要性，但对其宗旨和任务做了自己的界定，那就是教人成圣。而要如此，首先必须研究圣人，特别是剖析他们的心理，看他们怎样完成从凡心向圣心的转化。因为他像先儒一样认为，圣人异于人的根本之所在是心。例如，孟子曰：“君子所以异于人者，以其存心也。”[③]经过研究，王夫之在圣心中找到的最基本的构成就是安心。既然如此，要学圣，首先就要学如何安心。他说：“故天下之学道者，蔑不以安心为要也。”[④]“抑天下之言道者，蔑不以安心为教也。”[⑤]安心亦即宅心。他说：“宅心云者，定其性也。”[⑥]性安定即宅心。历代统治者存在的问题从反面说明了圣学及安心的必要性。他们有如普通常人一样的通病，即“恬不知怪，以垂至于今”[⑦]。

通过剖析，王夫之还发现，圣人是合天地之德的人。他说：“君子以天之乾自强不息，以地之坤厚德载物。乾坤之德固然，君子以之则德业合于天地。”[⑧]小

① [明清之际]王夫之：《读四书大全说》，载船山全集编辑委员会编校：《船山全书（第6册）》，岳麓书社2011年版，第995页。
② [明清之际]王夫之：《张子正蒙注》，载船山全集编辑委员会编校：《船山全书（第12册）》，岳麓书社2011年版，第25页。
③《孟子·离娄下》。
④ [明清之际]王夫之：《尚书引义》，中华书局1976年版，第130页。
⑤ [明清之际]王夫之：《尚书引义》，中华书局1976年版，第130页。
⑥ [明清之际]王夫之：《尚书引义》，中华书局1976年版，第130页。
⑦ [明清之际]王夫之：《尚书引义》，中华书局1976年版，第97页。
⑧ [明清之际]王夫之：《尚书引义》，中华书局1976年版，第104页。

人不以其为准则，因而“丧其德业”①。

圣心之所以为圣心，其根本的特点是寂静、空无。王夫之说：“静无而动有。”“天下皆静无而动有也，奚以圣人为！”②圣人的特点也可以概括为“善用其心”。他说：“一念以安止，即一念以惟几，而又必其康也……圣人之用心，至于义精仁熟，而密用其张弛开合之权，以应天地动静之几，无须臾而不操之以尽其用。”③他对圣心剖析的最有个性的结论是“克念作圣。”“念者，意动而生心者也。”④克念即克服心念，用我们的话说，即以人为的方式转化乃至降伏、灭除心念。他承认，此“克念”亦即佛教的“无念”。他说：“圣人之心如鉴之无留影，衡之无定平，已往不留，将来不虑，无所执于忿恐忧惧而心正！”⑤这显然借用了佛教说明真心所用的“大圆镜（鉴）”譬，意为经修炼而完成的心像镜子一样，能照能知，但不留任何影迹，过去的如过眼烟云，未来的无忧无虑，应始终做到妙应万物而心正不动。这种心境对人有益无害，因此可以说，“为善而非利”⑥。当然，此善是作为本体的善，意为真正降伏、灭除了心念，心就回复为自己不动不变的本然状态，它寂然不动，但又感而遂通，因而有利于人的生存。他说：“天以继而生不息，日月、水火，动植、飞潜，万古而无殊象，惟其以来复为心也。人以继而道不匮，安危利害，吉凶善败，阅万变而无殊心，惟其以勿忘为养也。”⑦这既说明了心灵转化、进步的方向，那就是让心进到无念、寂然的状态，也指出了具体的步骤，即不断地克念。为善与克念的关系是什么呢？王夫之的看法是，它们是一致的，克念就是为善，因为为善只是为善，“故孳孳于善而无所息”⑧。真正如此做了，即为无念。这与孔子说的“默而识之”也是一致的。“识也者，克念之实也。”⑨

圣人之所以为圣人，还在于圣人善于养心、治心。所谓养心是要让心进入泰然、最佳状态，因此是养心的极致。怎样养心、治心呢？王夫之基于对圣心的剖

① [明清之际]王夫之：《尚书引义》，中华书局1976年版，第104页。
② [明清之际]王夫之：《思问录内篇》，载船山全集编辑委员会编校：《船山全书（第12册）》，岳麓书社2011年版，第408页。
③ [明清之际]王夫之：《尚书引义》，中华书局1976年版，第40页。
④ [明清之际]王夫之：《尚书引义》，中华书局1976年版，第153页。
⑤ [明清之际]王夫之：《尚书引义》，中华书局1976年版，第154页。
⑥ [明清之际]王夫之：《尚书引义》，中华书局1976年版，第153页。
⑦ [明清之际]王夫之：《尚书引义》，中华书局1976年版，第154页。
⑧ [明清之际]王夫之：《尚书引义》，中华书局1976年版，第155页。
⑨ [明清之际]王夫之：《尚书引义》，中华书局1976年版，第155页。

析做了这样的回答：只要以诚安心或安心于诚，返璞归真，就能真正做到心治。因为如前所述，诚就是事物的本然状态，也是心的最真实、最可靠的本然状态。王夫之说：“本有者诚也。古之明王，驭六宇，长兆民，靖多难，而其心泰然。至哉康乎！……故《诰》曰：‘康乃心’，养心之极致也。”[①]

圣人像凡人一样也有好恶，因为好恶是性之必然。王夫之说：“好恶者，性之情也。”[②]当然，就具体的表现而言，圣人的好恶又不同于凡夫。他说：“圣人之好恶安于道，贤人之好恶依于德，才人之好恶因乎功，智人之好恶生乎名，愚不肖之好恶移于习。”[③]圣人的一言一行、一举一动都不离道，都合道，因此其好恶是道的表现，而凡愚之所以为凡愚，其好恶完全随习气转移。

圣人当然也有其知和能，只是这知和能有不同于凡夫的表现。王夫之说：“圣人之知，智足以周物而非不虑也；圣人之能，才足以从矩而非不学也。”[④]这里“知”和“能”二字出自《周易·系辞上》：“乾以易知，坤以简能。”[⑤]在《周易外传》中，王夫之认为，人之所以为天地间最贵，即在于兼具天地之知、能大用于一身。圣人之所以为圣人，是因为他的知与能分别有“周”与“足”的特点。不仅如此，圣人不仅有天生的知，不仅行圣德，而且有后天的成德的能力与实践。在他看来，帝尧之至德，既依于其天生之知能，更离不开他的学问工夫。《尚书·尧典》所说的“钦、明、文、思、安安、允恭克让”[⑥]，正是对于帝尧之圣德与其成德之工夫的概括。圣人由于有通过先天与后天所合成的如此智和才，因此圣心也可概括为“通明”。他说：“通明之谓圣。”[⑦]所谓“通”指“始终一贯”，所谓“明”指“迥然在心”。[⑧]

圣人的明是与诚密不可分的，它们都是圣人之心独有的特点。他说：“‘诚’者，心之独用也；‘明’者，心依耳目之灵而生者也……立心以为体，而耳目从心，则闻见之知，皆诚理之著矣。”[⑨]此明不是前面所说的通明、实明，而指人

① [明清之际]王夫之：《尚书引义》，中华书局1976年版，第134页。
② [明清之际]王夫之：《尚书引义》，中华书局1976年版，第121页。
③ [明清之际]王夫之：《尚书引义》，中华书局1976年版，第121页。
④ [明清之际]王夫之：《尚书引义》，中华书局1976年版，第1页。
⑤《周易·系辞上》。
⑥《尚书·尧典》。
⑦《尚书·尧典》。
⑧ [明清之际]王夫之：《尚书引义》，中华书局1976年版，第154页。
⑨ [明清之际]王夫之：《尚书引义》，中华书局1976年版，第4页。

的耳目感官的不求而自有的能力；通明是与天道为一的、出于诚的明，从起源上说，它须由艰苦修养而得。在诚与明的关系上，王夫之主张“诚明相资”，认为诚由于与道一体，因此可作为明的基础，使明不致离开诚而成为浮明。而明通过自己的器官与活动又能为诚提供得以显现的场所。当然，诚明是可以分离的，例如，不以诚为基础的明就不是实明，而成了浮明。若真的分离了，它就成了凡夫之心。相反，圣心以诚与明完美统一为特点。

此外，圣人还有“钦”的特点。钦的重要性在于，它是人得以成圣的可能性根据和基础。王夫之说：“圣人之学，圣人之虑，归于一‘钦’，而‘钦’之为实，备万物于一己而已矣。”①根据他的赋义，“钦”的本义是“敬”，但内涵又深广得多，有顺承天道诚体并敬奉于身的意思，就此而言，“钦”即“诚”。他说：“‘钦’之为言，非徒敬之谓也，实有所奉至重而不敢亵越之谓也……天之风霆雨露亦物也，地之山陵原隰亦物也，则其为阴阳、为柔刚者皆物也……若是者，帝尧方日乾夕惕以祇承之，念兹在兹而不释于心，然后所‘钦’者条理无违……故以知帝尧以上圣之聪明，而日取百物之情理，如奉严师，如事天祖，以文其‘文’，思其‘思’，恭其‘恭’，让其‘让’，成‘盛德’，建‘大业’焉。心无非物也，物无非心也。故其圣也，如天之无不覆帱，而‘俊德’‘九族’‘百姓’‘黎民’‘草木鸟兽’，咸受化焉。”②大意是，圣人的特点在于，敬奉天道诚体，而天道诚体实表现为众多的具体事物。此事物包罗至广，大到天地刚柔，小到飞潜动植，广博至利用厚生，切近至日用伦常，天、地、人三才无不在其中。圣心的确有佛家所说的念兹在兹的特点，的确有其可靠的依托或寄托，这就是钦、诚，但这里的“兹”不是空或无，而是各种具体存在者所具有的诚。

由于圣人有这样的通明，因此圣人才能以“文、思、恭、让”而安于可安之体，进而享有圣人所独有的价值。王夫之说：“圣人之所以‘文、思、恭、让’而‘安安’者，惟其‘明’也。‘明’则知有，知有则不乱，不乱则日生，日生则应无穷。”③“文、思、恭、让”是《尚书》开篇的《尧典》中所提出的四个概念，指的是人的四种内心活动与外在行为。“思”与“恭”指的是人行事时内

① ［明清之际］王夫之：《尚书引义》，中华书局 1976 年版，第 6 页。
② ［明清之际］王夫之：《尚书引义》，中华书局 1976 年版，第 6 页。
③ ［明清之际］王夫之：《尚书引义》，中华书局 1976 年版，第 4 页。

心的思虑活动与道德状态，“文”与“让”指的是人接人待物时的高尚的行为方式和具体作为。在王夫之看来，圣人之所以为圣人，是因为他表现出了“文、思、恭、让”的特点，而这又是由圣人的通明所决定的，即只要能通明，就一定有文、思、恭、让的思想行为表现。因此，他说“明则知有”，认为人只要明，就一定知天地万物为实有而非虚幻，应物之道本为人性之所固有，进而能运用其所禀赋的知、能之才，即物穷理，明善以尽性，最终方可存心处事于不乱，而使其德日新，所应无穷，以达至所谓“日新之谓盛德，富有之谓大业”[①]的境界。

根据上述对圣人心理的剖析，圣人有钦、诚、明等特点。它们的关系是，“圣人之‘明’，则以‘钦’为之本也”[②]。所谓“钦”有敬的意思，但不止于此。“‘钦’之为言，非徒敬之谓也，实有所奉至重而不敢亵越之谓也。”[③]钦是一种专一、虔敬的心态，被钦者即理、即道。对此敬重，“念兹在兹而不释于心，然后所‘钦’者条理无违，而大明终始”[④]。钦、诚、明的关系是“‘钦’之所存而‘明’生，‘诚则明’也；‘明’之所照而必‘钦’，‘明则诚’也。”[⑤]由于圣心有钦、诚、明的特点，因此一定有弃小利的行为表现。事物的辩证法在于，圣人常弃小利，因此终成大事。相反，欲速则不达，见小利则大事不成。

王夫之像先儒一样，极重视对成圣的心理条件和操作功夫的探讨。其思想特点是强调，要找到行之有效的心理操作方法，前提条件是要有对心理结构特别是诸心理主体、机制及其专有功能的比较到位的认知。他认为，魂、魄、意、志、神都有特定的定位和功能，要完成“敬”这成圣的关键功夫，就要让这些主体及功能进入特定的关系。所谓敬，即主一。而要主一，要敬，则应让心身各部分、各功能“不分而各营”。他说：“肝魂、肺魄、脾意、肾志、心神不分而各营，心气交辅，帅气充体，尽形神而恭端，以致于有所事。敬，一之实也。”“无心而往，安而忘之曰适。主敬者必不使其心有此一几耳。”[⑥]

---

① 《周易·系辞上》。
② ［明清之际］王夫之：《尚书引义》，中华书局1976年版，第5页。
③ ［明清之际］王夫之：《尚书引义》，中华书局1976年版，第6页。
④ ［明清之际］王夫之：《尚书引义》，中华书局1976年版，第6页。
⑤ ［明清之际］王夫之：《尚书引义》，中华书局1976年版，第5页。
⑥ ［明清之际］王夫之：《思问录内篇》，载船山全集编辑委员会编校：《船山全书（第12册）》，岳麓书社2011年版，第408页。

安心无疑是成就圣心的重要手段，当然，由于安心有两种方式，因此要小心区分：一是安心于末、安心于非道；二是安心于本、安心于道。真正行之有效的安心方法是后者。王夫之说："夫苟从其已末而求安，则饥渴之害，爱憎之横流，莫匪心也。"[①]如果安心于本，即无上述祸患。他说："然从其本而求之，本固不易见也。本者非末也。"[②]不安于末，就能远离匪心、离于不安，就像鱼摆脱了钩，像被束缚者、囚禁者"释于圜土而手足去其桎梏"[③]一样。如前所述，王夫之非常重视治心、康心，而治心的关键是治意欲之乱。他认为，人之所以不能安、不能止，主要原因是"意欲乱"，因此要让人处于"至静之中"，必须做到"意不妄，欲不棼"，"端凝以处"，"聪明内照"。[④]圣人在这方面已做出了表率，例如，他们"以义制事，以礼制心"[⑤]。是故可以说："先圣、后圣，其揆一也。"[⑥]"揆"有道理、准则等意，"揆一"即以"一"为准则。当然，这里的专一、守一不是充满执着的守一，而是充满中道精神的守一。王夫之说："古之圣人治心之法，不倚于一事而为万事之枢，不逐于一物而为万物之宰……'安汝止，惟几惟康'……而其张弛开合于一心者如是也，则百王之指归，千圣之权衡也。"[⑦]质言之，治心的关键在一心，同时又不执着于一心。他说："心之用，患其不一也。一之用，又患其执也。"[⑧]因为在让心专一时，若太执着，其实又等于有二心，因而背离了一。因此最妥的一心之法"无他"，就是"顺心之所便，专之而据为一也"[⑨]。这样的专一之所以是完成心灵转化的可靠的方法，是因为用心、治心的目的是要复道心之本原，而道心本来寂然。有求、有执着的专一都背道而驰。他说："于一而不更有者也，'惟精惟一'，仅执其固然而非能适。于有，弗精弗一，或蔽其本有而可适于无者也。"[⑩]心有两种状态，即未发和已发，在这两种状态中，正确的用心方法是"未发有其中……有其固有；而未发无

---

① [明清之际]王夫之：《尚书引义》，中华书局1976年版，第130页。
② [明清之际]王夫之：《尚书引义》，中华书局1976年版，第131页。
③ [明清之际]王夫之：《尚书引义》，中华书局1976年版，第131页。
④ [明清之际]王夫之：《尚书引义》，中华书局1976年版，第38页。
⑤ [明清之际]王夫之：《尚书引义》，中华书局1976年版，第53页。
⑥ [明清之际]王夫之：《尚书引义》，中华书局1976年版，第53页。
⑦ [明清之际]王夫之：《尚书引义》，中华书局1976年版，第37页。
⑧ [明清之际]王夫之：《尚书引义》，中华书局1976年版，第37页。
⑨ [明清之际]王夫之：《尚书引义》，中华书局1976年版，第37页。
⑩ [明清之际]王夫之：《尚书引义》，中华书局1976年版，第25页。

不中。”[①]已发时，则有其和，“有其固有”，则已发无不和。

王夫之还注意到了儒释道所关注并经常讨论的一种“无”，即至圣必然会碰到的“无”，它又常表现为境界之无和工夫之无。王夫之在论述人生境界或最佳生存状态时无疑受到了佛教的影响。例如，他所崇尚的境界就是一种无为的境界，而无为之境就是佛教所说的“大圆镜智”所证之境，只是他的说法不同罢了：“‘君子不器’，而谓圣人之心如镜空衡平，可乎？镜能显妍媸而不能藏往，衡能测轻重而随物以轻重；本无故也。”[②]“天之事，行不逮而心喻之；心止矣。故尽心则知天。放其心于心行路绝者，舍心而下从乎意以迁流者也。志、神、气交竭其才，笃实以发光辉，谓之尽心。”[③]

再来看戴震。他是清代著名的语言文字学家、哲学家、思想家，治学广博，精通音韵、文字、历算、地理。梁启超称其为“前清学者第一人”、中国近代科学界的先驱。在说明包括心理现象在内的复杂现象时，他坚持比较彻底的自然主义，认为一切都可根据道气之类的基本原则来加以说明。例如，天是由物质性的气所形成的，作为宇宙本体的“道”既包括物质性的“气”，也包括气的运动规律——“理”。在道气关系上，他认为，气是“道之实体”，道是气在运动、发展变化中的不易之则。“善”既是自然的规律，也是社会的法则、人的道德准则。他像孟子一样，把仁、义、礼、智看作是人性的潜在构成。他最有特色的自然化是用阴、阳二气解释先儒视作本心的仁，认为气的有规律运动、变化、发展就是仁，仁是自然界和人类社会运动与发展的总规律。仁不仅是一切事物运动发展（生生不息）的准则，也是人的道德的最高准则。人的高于一般动物知觉的智也不神秘，也可用事物的复杂性来解释。他认为，人之智之所以高于一般动物的知觉，是因为“人之才质得于天，若是其全也”[④]。在天理与人欲的关系问题上，他认为人欲的正确处理，就是天理。他说：“言性之欲之不可无节也。节而不过，则依乎天理；非以天理为正，人欲为邪也。”[⑤]之所以承认合理地表现人欲不违天理，是因为他对天理有这样的看法：“节其欲而不穷人欲也。是故欲不可穷，非

① ［明清之际］王夫之：《尚书引义》，中华书局1976年版，第25页。
② ［明清之际］王夫之：《船山思问录》，上海古籍出版社2000年版，第50页。
③ ［明清之际］王夫之：《船山思问录》，上海古籍出版社2000年版，第51页。
④ 安正辉选注：《戴震哲学著作选注》，中华书局1979年版，第27页。
⑤ 安正辉选注：《戴震哲学著作选注》，中华书局1979年版，第88页。

不可有；有而节之，使无过情，无不及情，可谓之非天理乎？”①

在讨论圣心理学问题时，他强调：圣人人格易简至善。他说：“君子独居思仁，公言言义，动止应礼。达礼，义无弗精也；精义，仁无弗至也；至仁尽伦，圣人也。易简至善，圣人所欲与天下百世同之也。”②圣人也可理解为做人达到极致、最为完美的人。人本是天地之完美（至盛）的表征，而圣人的特点在于：尽其盛。他说：“是故人也者，天地至盛之征也，惟圣人然后尽其盛。”③就心理表现而言，“君子理顺心泰”④，即顺应规律，按规律行事，因而心里安泰，“霈然性得其养”⑤。而一般的人不外乎养形、养气、养神。君子的特点在于养性。从养形到养气、养神、养性，是做人的一个由低到高、提升境界和生命质量的过程。

他理解的圣人的特征可概括为：仁、智、中、和。所谓“仁”即生生，指的是自然界的不断产生、变化。他说：“得乎生生者谓之仁。”⑥所谓“智”指“得乎条理”，认识到生生的规律，“至仁必易，大智必简”，“是故生生者仁，条理者礼，断决者义，藏主者智，仁智中和曰圣人”。⑦因为“仁得，则父子亲；礼得，则亲疏上下之分尽；义得，则百事正；藏于智，则天地万物为量”⑧，意为仁、义、礼包藏在智中，则一切都有其可量度的是非标准。

① 安正辉选注：《戴震哲学著作选注》，中华书局 1979 年版，第 88 页。
② 安正辉选注：《戴震哲学著作选注》，中华书局 1979 年版，第 37 页。
③ 安正辉选注：《戴震哲学著作选注》，中华书局 1979 年版，第 22 页。
④ 安正辉选注：《戴震哲学著作选注》，中华书局 1979 年版，第 21 页。
⑤ 安正辉选注：《戴震哲学著作选注》，中华书局 1979 年版，第 21 页。
⑥ 安正辉选注：《戴震哲学著作选注》，中华书局 1979 年版，第 5 页。
⑦ 安正辉选注：《戴震哲学著作选注》，中华书局 1979 年版，第 5 页。
⑧ 安正辉选注：《戴震哲学著作选注》，中华书局 1979 年版，第 5 页。

第十四章

道家：圣人“摄心以性”

道家是由老子所创立的以道为核心、主张天道无为、道法自然的思想流派，其有影响的代表人物很多，如黄帝、关尹子、文子、列子、管子（约前 723—前 645）、庄子、鹖冠子等，内部学派纷呈，如老庄之学、黄老之学、杨朱之学等。尽管如此，各家各派又有共同的旨趣。根据清代顺治皇帝的概括，道家所倡导的道为“治心治国之道”。

道家在探讨“治心”的原理和方法的过程中，阐发了大量同时具有求真性和价值性的心灵哲学思想。关于前一方面，我们在第二篇曾做过专门考释。在论述“心”时，道家已触及了极为广泛的心理现象。从他们的用语就可看出这一点，例如，其中不仅有表示活动之主体的词，如“心”“灵”“魂”“魄”等，而且今日所说的命题态度，他们也涉及了一些，如“信”“志”“知”“爱”等。甚至庄子还把“精”与“神”连用，进行了创造“精神”一词的尝试。同时，他们还认识到，心、精神也是一个有待探索的领域，其重要性和复杂性并不比其他领域差，甚至是有过之而无不及。老子感叹道：“荒兮，其未央哉！”[①]真可谓无边无际、奥秘无穷。在心的奥秘、本质以及心与身、神与形的关系问题上，道家认为，“物成生理，谓之形；形体保神，各有仪则，谓之性”[②]。这些论述显然

①《老子·第二十章》。
②《庄子·天地》。

有形具而神生的思想。从最终的本原看，形和神都源于道、气。所谓道即无，而此无即气。庄子说：“人之生，气之聚也，聚则为生，散则为死……故曰：通天下一气耳。”①“精神生于道，形本生于精。”②灵与身的关系就像衣服与身体的关系。“忽而生”，就好比人穿衣服；“忽而死”，就好比人脱了衣服。“已化而生，又化而死……解其天弢，堕其天袠，纷乎宛乎，魂魄将往，乃身从之，乃大归乎。”③当然，他们承认，形、神是可以分离的。老子说：“载营魄抱一，能无离乎？”④这里的营即魂，亦即精神，魄指形体，它们可以统一在一起，但也可分离。尽管如此，心身又可以相互作用，例如，心的变化随身体的变化而变化。“其形化，其心与之然”⑤，意谓人的形体从小到大一直在变化，直至化为灰烬，其心也随之变化。尽管在存在上，心依赖于身，但心也可以决定身的变化，尤其是，身的生存状态在很大程度上是以心为转移的。承认心的这种功能，以至夸大心的作用，正是道家之圣学得以建立的前提和基础。

道家言心，建立自己的心灵哲学，其主旨还是要解决人生哲学的问题。在道家看来，“形者乃主死，精神者乃主生。常合即吉，去则凶。无精神则死，有精神则生。常合即为一，可以长存也”⑥。若精神离散，不能集中于一，随心念而游行，则没高质量的生存可言。故圣人教人守一，若能如此，则精神自来，百病自除。这就是他们所发现的长生久视之道。其内在的逻辑理路是人要成为彻底解脱、无忧无虑、长生久视的圣人或真人、至人，必须从心入手，将心治好。因为人是凡是圣，完全取决于心的状态。凡夫之所以为凡夫，根源在于他所拥有的是各种各样的以知、情、意形式表现出来的躁动不安的凡心，圣人之所以为圣人，在于他尽管也有知、情、意，但却回复到了其寂静的本然状态。因此接下来的任务就是探讨心灵转化或心理治理的可能性根据、机理与途径。而要如此，必然要深入心理的底层探讨心的构成与本质。

①《庄子·知北游》。
②《庄子·知北游》。
③《庄子·知北游》。
④《老子·第十章》。
⑤［唐］成玄英：《庄子·齐物论》。
⑥《太平经·钞壬部》。

第一节 《黄帝内经》：心灵转化实即复其本然

《黄帝内经》是公认的奠定了中医生理、病理、诊断以及治疗理论基础的医学著作，被称为“医之始祖”。相传该经为黄帝所作，但一般认为它最终成型于西汉，作者也绝非一人，而是由历代黄老医家传承、增补、发展而成的。由于它坚持关于人及其疾病治疗的整体论思想，因此必然涉及广泛的求真性和价值性心灵哲学问题。这里重点对后一方面的思想做一抛砖引玉的探讨。

《黄帝内经》的价值性心灵哲学探讨从扫描凡夫所拥有的现实心理状态和精神生活入手，考察它们的各种样式和个例，进而从价值论角度分析和揭示它们对人的生存的利害、价值，认为凡心尽管样式很多，但有动变不安这样的共性，而心动致病。经云：“怒则气逆，甚则呕血及飧泄，故气上矣。喜则气和志达，营卫通利，故气缓矣。悲则心系急，肺布叶举……恐则精却……惊则心无所倚，神无所归，虑无所定，故气乱矣……思则心有所存，神有所归，正气留而不行，故气结矣。”[①]从价值上说，喜、怒、哀、乐都是有害心理，不仅不利于人格提升，而且直接伤害心身健康。“怵惕（恐惧）思虑者则伤神，神伤则恐惧，流淫而不止（阴精流失不止）。因悲哀动中者，竭绝而失生。喜乐者，神荡惮散而不藏。愁忧者，气闭塞而不行。盛怒者，迷惑而不治。恐惧者，神惮散而不收（精气不能收敛）。”[②]总之，只要心理有动有变，有波动，即使是喜乐这样的心理样式，都对人是不利的，都是心理转化、改造的对象。

通过对大量心理样式的比较研究，《黄帝内经》不仅肯定存在着对人的生存及心身健康有利的心理状态，而且有其具体的发现，如认为最佳的、最有利的、最值得人进入的心态是恬淡虚无、寂静安宁。它们不仅是人的健康、吉祥、长寿的标志，而且是人转凡成圣的条件，是圣心的本质构成。就对健康的好处而言，该经云：“愚者不足（指精力），智者有余，有余则耳目聪明，身体轻强。”[③]就它们与成圣的关系而言，该经云：“是以圣人为无为之事，乐恬憺之能，从欲快

① 《黄帝内经·素问·举痛论》。
② 《黄帝内经·灵枢·本神》。
③ 《黄帝内经·素问·阴阳应象大论》。

志于虚无之守，故寿命无穷，与天地终。以圣人之治身也。”[①]

由于《黄帝内经》坚持多因素决定论及整体论，因此它还同时强调其他因素的作用，如强调精、气、神的作用。如笔者在本书第一篇曾揭示的，精、气、神既有物理学、生理学的意义，在特定语境下还有心理学的意义，即它们可分别被看作是有其特定功能作用的心理主体，至少是心理的样式。因此强调它们的作用是同时具有价值性心灵哲学的意义的。就治病来说，一病可用多法来治，因为病的决定因素多种多样，例如，不同地方（东、西、南、北）害同一病，其治法就不同，但不同的治法中又有其“大体”，这就是移精变气。经云：“圣人杂合以治，各得其所宜，故治所以异而病皆愈者，得病之情，知治之大体也。”[②]“古之治病，惟其移精变气，可祝由而已。”[③]“祝由”即不用吃药打针的精神疗法。精神疗法之所以重要，是因为精神崩溃了，病就没法治了。“针石，道也（只能疏导气血），精神不进（不振作），志意不治，故病不可愈。”[④]

《黄帝内经》还认为，圣人当然是养生高手，而养生贵在心志专一，在行针刺时，亦应如此。“深居静处，占神往来（只与神往来），闭户塞牖，魂魄不散。专意一神，精气之分，毋闻人声，以收其精，必一其神。”[⑤]

可见，《黄帝内经》不仅是一本关于治疗身体疾患的医书，也是一本关于心理健康的经典。它看到，要让心健康，就必须知道让其受伤害、不健康的原因或决定因素，进而加以防范，阻断它们的影响。质言之，找到影响心理健康的根源，进而加以改变或消除，便是实现心理健康的关键。根据它对心理的剖析和对有害心理的深层根源的挖掘，有害因素主要有：第一，癫狂、心痛、心疝、心痹之类的疾病。第二，不适度的情感活动，如“喜伤心”，盛怒、惊骇、恐惧都会伤心，“怵惕（惊恐、警惕）思虑者则伤神，神伤则恐惧，流淫而不止（阴精流失不止）。因悲哀动中者，竭绝而失生。喜乐者，神惮散而不藏；愁忧者，气闭塞而不行；盛怒者，迷惑而不治”[⑥]；等等。第三，欲利，欲望多而强、放纵，都会伤心，如“以酒为浆，以妄为常，醉以入房，以欲竭其精；以耗散其真，不知持满，不

①《黄帝内经·素问·阴阳应象大论》。
②《黄帝内经·素问·异法方宜论》。
③《黄帝内经·素问·移精变气论》。
④《黄帝内经·素问·汤液醪醴论》。
⑤《黄帝内经·灵枢·终始》。
⑥《黄帝内经·灵枢·百病始生》。

时御神，务快其心，逆于生乐”[①]。总之，心理的动荡，都会导致精、气、神的遗失、泄漏，而这都是与生命的长久、真乐背道而驰的。由此，再清楚不过的是，什么是顺“生乐”而处心、用心？那就是尽量让心处在不动、寂静的状态，或让心处在不耗能的状态。其隐含的长生、健康的理念是，精、气、神的不泄漏、固而充足，就可长生久视、绝对健康。据此也不难推论出实现长生久视目标的具体操作方法，例如，养生、心理健康的秘诀不外乎是善调和、善节制。经云：“故智者之养生也，必顺四时而适寒暑，和喜怒而安居处，节阴阳而调刚柔，如是则僻邪不至，长生久视。”[②]

第二节 《老子》：圣人在于“被褐而怀玉”

从形而下的角度说，老子承认，人是一具体的事物，有心和身两方面；从形而上的角度说，心是无形质的，其体寂静无为，其功用在“知”。而身是形质性的，由眼、耳、鼻、舌等具体部分所构成，每一部分都有自己的“欲”。从做人的角度来说，人的这种本质、结构和特点是做人之成功与失败的枢纽，真可谓成赖于斯，败也赖于斯。

一、凡心与圣心及其内在奥秘

老子特别重视对凡心与圣心这两种心理样式的研究。此研究同时具有价值性和求真性心灵哲学的意义。

对凡心的勘探是从对凡夫的现实生存状况入手的。根据老子的了解，凡夫过的是这样不令人满意的生活：“营谋”、竞逐、相互倾轧，进而陷入无休止的痛苦与烦恼之中，过早地衰老、夭折。其根源何在呢？老子回答说：“心使气曰强。物壮则老，谓之不道，不道早已。”[③]这也就是说，人之所以早死，根源在于违背“道”。之所以违背“道”，根本原因又在于用心不当，没有让心处于它应该处的位置、发挥它应该发挥的作用，让心知与欲望摆错了关系，即让心知去驱使、

①《黄帝内经·素问·上古天真论》。
②《黄帝内经·灵枢·本神》。
③《老子·第五十五章》。

刺激、激发人的欲望，从而让生理作用逾越了它本有的范围，走向了它不应该进入的极端，即“强”。“坚强者死之徒”①，实是人生之大忌。这里所说的气是指人的生理结构及其功用。“心使”就是心知不适当地干预、驱使、主宰人的生理的运行。人如果任其自然地行使自己的欲望、满足自己的欲望，那不仅是无害的，而且本身是合道的。但是，心知不适当地插进来，夸大生理存在的价值，即“贵生”，干预生理的运行，在欲望的满足过程中，帮忙算计，进而鼓动欲望，让其膨胀，用智谋想方设法予以满足，就必然让人陷入无休止的争斗之中。最终的结果是使人走向自己的反面，想得，得不到；想乐，乐不起来；想生，生不长久。

知是心的必然的功能作用，智更是一般人追求的最高价值之一。而在老子的价值观中，尽管它们是有用的，但在人生的最高境界中，在人过上了与道合一的生活之后，它们是没有什么用的。老子对知、智像对待仁、义、礼等一样，经常持一种不屑一顾的态度，他认为，它们是在人无道、天下无道以后才产生、才需要的东西。当然，在进道、求道的过程中，运用得当，知与智也还是有一定作用的。

道家创始人老子尽管有绝圣弃智的倡导（这是针对其他流派的圣人标准及成就方法而说的），但是，他非但并不绝对地拒绝圣人概念，而且建立了自己的圣学理论，其核心是圣心理学，即关于圣心及其成就原理、机理、道理和方法的学问。根据老子对圣人及其圣心的剖析，圣人之所以为圣人，是因为他有“虚心”，即清静无欲之心，以此治身、治国，方能做到无治而无不治。老子说：“是以圣人之治，虚其心，实其腹，弱其志，强其骨，常使民无知无欲，使夫智者不敢为也。为无为，则无不治。”②无为也可理解为无心，即没有一般人通常所拥有的心。凡心即成心、滑心（滑乱之心）、机心（机巧之心）、忧乐之心、相害之心。要成圣，就应去这些心。是故说：“圣人常无心。”③事物的辩证法在于：若真无心，恰恰又是真有心，成就圣心，因为经过如此的无心操作之后，显现出来的才是真正对人有利的心，可让人长生久视乃至成圣的心。其内在机理在于：无心

①《老子·第七十六章》。
②《老子·第三章》。
③《老子·第四十九章》。

即没有一般人所富有的那些动心、乱心，亦即常让心虚静。

这里应注意的是，“圣”在老子那里有不同的意义。陈鼓应先生经考证说：“‘圣’学在《老子》书上有两种用法，一为圣人的‘圣’，乃是指最高的修养境界；另一为自作聪明的意思。”[①]因此在理解时，我们应注意根据上下文区别对待。在老子那里，作为最高理想人格模式的圣人并不是人外之物，更不是物外之神，而是由人变来的。人是圣是凡，最根本的决定因素不是外在的容貌、形象和行为，而是内在的心灵状态。老子说：“是以圣人被褐而怀玉。”[②]也就是说，从表面上看，圣人穿的是粗衣，但内怀美玉，有一颗特殊的心。这个心是与道合一的心，是得道、证道、体道的心。老子对此心的思考开辟了心灵哲学研究的一个新领域。这种心是一个什么样的心呢？有何构成、结构、本质特征？其地理学、地貌学、运动学、动力学是什么？弄清这些问题显然既有利于人生，又有求真性意义。

第一，圣心表面上看愚昏、独顽且鄙，但它以道为食，因此独异于人。老子说：“众人熙熙，如享太牢，如春登台。我独泊兮，其未兆，如婴儿之未孩；儽儽兮，若无所归。众人皆有余，而我独若遗，我愚人之心也哉！俗人昭昭，我独昏昏。俗人察察，我独闷闷，‘澹兮其若海，飂兮若无止’。众人皆有以，而我独顽且鄙。我独异于人，而贵食母。”[③]所谓食母，就是能滋养万物的食粮，亦即道。圣心“贵”或敬重的、以之为有价值的东西是道，要追求、要得到、要坚守的是道，是精神境界的升华，与道合一。其具体表现是淡泊宁静，无自无我，因此不会去争名夺利、炫耀自己，在面对世人所看重的价值时，混混沌沌，就像婴儿一样。面对财物时，众人争夺不已，而圣人像愚人一样，既“昏昏”，又不精明。

第二，圣心在动和静、浊和清、安和散乱两极之间保持必要的张力。生活毕竟要人去生活，不可能绝对地安。要生，必然要动，必然要碰到污浊、腐败不堪的东西。问题不在于绝对的回避，而在于在动中保持内在的心性的虚静，不为污浊、烦恼所动，真正做到恬淡自养、静定持心，进而转入澄明的境界。这正是“孰

① 陈鼓应：《老子注译及评介》，中华书局 1984 年版，第 136 页。
②《老子·第七十章》。
③《老子·第二十章》。

能浊以静之徐清，孰能安以动之徐生。保此道者，不欲盈，夫唯不盈，故能蔽而新成。”[①]同样是处于混浊、动荡不安的尘世，同样是整日忙忙碌碌，但是若能以道持心、以静待浊、以安处动，便能获得一种全新的、高质量的生活。

第三，圣心除了有恬淡、止静等特点之外，还有认知上的特点。可以肯定的是，圣人的认知不同于凡夫，可用不同的方式表述，如首先可表述为“袭明”。《老子》云：“善行无辙迹，善言无瑕谪，善数不用筹策……是以圣人常善救人，故无弃人，常善救物，故无弃物，是谓袭明。”[②]“袭”有承袭、保持或含藏的意思，指因顺常道，合道或不违道。“明”是指了解道的智慧。承其本明，因之以通其蔽，就是袭明。圣人之知，也可说是无所不知，因为他悟道、知道、体道。《老子》云：“不出户知天下；不窥牖见天道……是以圣人不行而知，不见而明，不为而成。”[③]也可这样表述：圣人之知既知又无知。因为圣人之心息念妄心，不滞于见，因此仿佛是无知无见的，但它同时“明白四达”。明白即慧明，慧明之心，“照无远近，焕然四达，无所隔碍”[④]。圣人之知也可称作神。神的广义用法是指变化莫测的作用。神有不同的表现形式，例如，在天为神，在地为祇，在人曰鬼，在心曰神。后一神即指心的最高级的灵明妙用。心之所以有此灵妙的作用，是因为有冲和道气，因为专一。“神得道用而能灵变”[⑤]，正像谷得一而充盈一样。

第四，圣心有无限的包容性。老子说：“知常容，容乃公，公乃全，全乃天，天乃道，道乃久，没身不殆。”[⑥]这里的“常”即常道，“容”意为包容、宽容。全句意谓：认识把握了常道的人便宽容、无所不包，能容天下难容之事，能与天地齐，真正做到“万物皆备于我”。有这种体认，便有无穷的妙用，如坦然大公，而大公做到了又能做到无不周遍，即“全”。这种“全”实即天、自然，而自然就是得道，有道便能不朽，可避免凶险危殆。

第五，圣心有明、强、富、志、永恒、长生久视等妙用。这些价值是其他事

① 《老子·第十五章》。
② 《老子·第二十七章》。
③ 《老子·第四十七章》。
④ [唐]杜光庭：《道德真经广圣义》，载胡道静、陈莲笙、陈耀庭选辑：《道藏要籍选刊（二）》，上海古籍出版社 1989 年版，第 62 页。
⑤ 《道德经集释（下）》，[西汉]河上公、[唐]杜光庭等注，中国书店 2015 年版，第 818 页。
⑥ 《老子·第十六章》。

物也会表现出的性质，但在圣心上的表现是有其独特的内容与特点的。老子说："自知者明……自胜者强。知足者富。强行者有志，不失其所者久。死而不亡者寿。"[①]首先，在老子看来，明白、明智的表现是自知，圣人自知故明。其次，圣人也强大，其表现是能自己战胜自己，而不是战胜、压倒别人。圣人也很富有，之所以富有，是因为他知足、容易满足。圣人长生久视，甚至不死，其表现是人们能永远记住他，他永远活在人们的心中。之所以如此，其根源在于他不失其根基，不失其道。圣心最重要的价值是让得此心的人逢凶化吉，无为而无不为。老子说："蓋闻善摄生者，陆行不遇兕（犀牛）虎，入军不被甲兵，兕无所投其角，虎无所措其爪，兵无所容其刃。夫何故，以其无死地。"[②]意谓：有圣心一定会养护生命，进而有这样的特点，即在陆地上行走，不会碰到犀牛和老虎，在战斗中不会受伤害。犀牛的角和老虎的爪以及兵器的刃都派不上用场。圣人之所以不会受到伤害，不会被害死，乃是因为他不会死，或者说没有死与不死的问题，他已与道合一了。

尽管"古人之善为道者，微妙玄通，深不可识"，但老子仍"强为之容"："豫兮若冬涉川；犹兮若畏四邻，俨兮其若客；涣兮其若凌释；敦兮其若朴；旷兮其若谷；混兮其若浊。"[③]这就是说，真正的圣人做人处事，总是小心审慎，警觉戒惕，拘谨严肃，融和可亲，淳厚朴实，容豁开朗。同时，圣人还能做到沉静恬淡，飘逸无系，能在动荡中安静下来。不仅如此，心修好了，凡心转化为圣心，齐家、治国、平天下的任务也会随之而成，内圣而必然外王。老子说："修之于身，其德乃真；修之于家，其德乃余；修之于乡，其德乃长；修之于邦，其德乃丰，修之于天下，其德乃普。"[④]意思是说，将道落实到个人身上，他的德会是真实的，落实到家庭，其家可丰衣足食……贯彻到一乡，其乡也会如此，贯彻到天下，他的德就会遍及天下。

二、心灵转化的机理与途径

圣心不是从来就有的，而是经转化而来的。它的出发点是每个人当下的凡心。

①《老子・第三十三章》。
②《老子・第五十章》。
③《老子・第十五章》。
④《老子・第五十四章》。

由于有的人事实上完成了从凡心向圣心的转化，因此其可能性是不需讨论的。问题是其内在根据、机理是什么？如何予以转化？

首先，要予以转化，要“虚其心”①。所谓“虚其心”，就是让心回复到原始的“虚极”“静笃”的状态，其上清清净净，无一丝牵挂和污染。要使心“虚极”“静笃”，就要将心知在人的生存过程中、人的生理运行中的作用消解掉，不能把刺激、鼓噪、算计、智谋加给欲望。要不为欲所累，从欲中解脱出来。要如此，就要不停地与欲望做斗争，每天都使之下降、减少，直到最后达到“无为”这一与道合一的境界。此正所谓：“为道日损，损之又损，以至于无为。”②怎样寡欲、损欲、去欲呢？关键在于看清欲及其对象的虚无本质，真正做到“归根”，即归于“一”、归于“道”、归于“玄德”，果能如此，便能静。此即“归根曰静，静曰复命”③。另外，人要做到彻底无欲，必须做到“无身”，因为身是欲的根源。所谓无身就是无我，即不计执有我，不把我看作中心，使自己与万物、道融为一体。老子说：“吾所以有大患者，为吾有身。及吾无身，吾有何患？”④要去欲，还要让心“明”，保持“玄览”，保持“愚人之心”“沌沌兮”“我独若昏”。而要如此，就要努力消解心知的是非判断作用，经常对万物做平等不二、玄同的观照。

其次，要成就圣心，一定要学会知足。老子说：“故知足而不辱，知止不殆，可以长久。”⑤意谓：知足的人不会蒙受屈辱，知道适可而止的人不会陷入凶险，这样就可以长此以往。因为“甚爱必大费，多藏必厚亡”⑥，意即过分的爱名必定要付出重大的代价，富足的藏货必定会招致惨重的损失。“祸莫大于不知足，咎莫大于欲得。故知足之足，常足矣。”⑦可以说，人生最大的祸患就是不知足，最大的罪过就是贪得无厌，因此知道满足、适可而止的人永远是满足的。既然如此，做人就要尽量做到：“塞其兑，闭其门，终身不勤。”⑧即尽量减少欲望，从根本上截断它，如此下去，人的一生便不会有什么烦扰，反之就

---

①《老子·第三章》。
②《老子·第四十八章》。
③《老子·第三章》。
④《老子·第十三章》。
⑤《老子·第四十四章》。
⑥《老子·第四十四章》。
⑦《老子·第四十六章》。
⑧《老子·第五十二章》。

“终身不救”[1]，即无可救药。

再次，要知道且有办法进入最佳心态。圣心就是一种心态。老子认为，最好的心态是“童心”，因此他的心态说可称作“婴儿说”。其基本观点是在面对一切问题时，最好是保持童心，努力回归人的自然本性，返璞归真。他说：“为天下奚谷，常德不离。复归于婴儿……为天下式，常德不忒，复归于无极……常德乃足，复归于朴。朴散则为器，圣人用之则为官长。故大制不割。”[2]意谓：能成为天下的溪涧，不逞强，就能使常德不失，进而回复到婴儿的状态。能作为天下的川谷，常德才可以充足，而回复到真朴的状态。真朴的道分散成为万物，圣人用之便能像百官的长官，因此完善的政治是与此不可分割的。16 世纪著名的思想家李贽对此解释说：“夫童心者，真心也……夫童心者，绝假纯真，最初一念之本心也。若失去童心，便失却真心；若失却真心，便失却真人。”[3]童心失去的原因在于后天所受的教育及环境。要保住童心，就得净化环境，甚至“焚书”。

最后，老子还具体阐述了由凡转圣的具体的调心、养心、治心的方法。正是由于有这方面的思想，因此老子也被看作是中华气功、养生文化以及道教的开山鼻祖之一。老子说：“载营魄抱一，能无离乎？专气致柔，能如婴儿乎？涤除玄览，能无疵乎？爱民治国，能无为乎？天门开阖，能为雌乎，明白四达，能无知乎？‘生之畜之，生而不有，为而不恃，长而不宰，是谓玄德。’”[4]这里的句式尽管是疑问句，但它其实是以反问的形式表达了肯定的内容。老子告诫我们：道的本质与作用在于能生长和养育万物，但是它又有高贵的品格。例如，生长而不占有，养育而不依恃，道引而不主宰，此即高深莫测之德。修养身心就是要去体悟道的这种实质与作用，努力做到“抱一”，即抱道、与之合一，使精神与形体不相分离，一心一意使精气处于柔和的状态，清除杂念而深入观照，尽可能没有瑕疵，用无为精神爱民治国，在用感官与外界打交道时也尽可能做到守静，遍知一切，而又不动心机。

心有像水一样的“善适”“深静”的本性，当然，在凡夫身上没有表现出来，因此，要转凡成圣，就要善用其心、善治其心，将心改造为像水一样的状态，因

---

①《老子·第五十二章》。
②《老子·第二十八章》。
③［明]李贽：《焚书·童心说》。
④《老子·第十章》。

为“上善若水”。“心善渊”意为，用心深静，像深渊一样。“泉渟水静，则清明，心闲则了悟泉深静也，故云心善渊。”[①]心善渊也就是要涤除玄览。老子说：“专气致柔，能如婴儿乎？涤除玄览，能无疵乎？”[②]玄览即心的鉴明之用。治心的关键是让心不动不念，连照知之心都无掉。果如此，便能让心清静而无瑕疵。这种治心方法是抓主要矛盾的方法，因为心有两方面：一是具体的心理活动，即诸妄念，如想这想那；二是能知这些心念的玄览之心，它通贯有无，周遍天地，因机即运，随境即驰。不制住，就会滞染欲杂念。如果把这种照心管住，心就能进至清静。这比一个念头一个念头地去制止，要殊胜得多。

问题是，人真的能让像猴子一样喜欢攀附的心停下来吗？玄览能被涤除吗？凡夫以躁动为特点的各种心理样式能无化、去掉吗？回答是肯定的。老子认为，这种转化之所以可能，是因为心的本质就是寂静、虚极。让心停下来不过是让心复其本然。他说：“虚极者，妙本也。”“静笃”[③]，静的极致，就是万物的本然状态。调心、安心的方法就是让心回归这本然的极致状态。“复归其根”，“归根曰静，静曰复命”。[④]“见素抱朴，少私寡欲。”[⑤]圣人为何能从凡夫转化为圣人？换言之，凡心为何能转为圣心？道家的回答是圣人体道成性，心完全体道或合乎道。《隋书·经籍志三》对此机理做了这样的概括：“道者，盖为万物之奥，圣人之至赜也。”“圣人体道成性，清虚自守，为而不恃，长而不宰，故能不劳聪明而人自化，不假修营而功自成。”[⑥]质言之，得道依于心的调适。如果能将心调至不动状态，即得道。因为道就是这样的虚静不动的状态。西汉道家河上公关于《老子》的注本《河上公章句》云：“当受之以静，求之以神，不可诘问而得之也。”[⑦]只有虚静养神，才能证得大道。因为养神就是体道、守道的过程。

道家有这样的关于成圣方法的根本性追问：圣人以谁为师？学什么？答案是

① [唐]杜光庭：《道德真经广圣义》，载胡道静、陈莲笙、陈耀庭选辑：《道藏要籍选刊（二）》，上海古籍出版社1989年版，第56页。
②《老子·第十章》。
③ [唐]杜光庭：《道德真经广圣义》，载胡道静、陈莲笙、陈耀庭选辑：《道藏要籍选刊（二）》，上海古籍出版社1989年版，第79页。
④ [唐]杜光庭：《道德真经广圣义》，载胡道静、陈莲笙、陈耀庭选辑：《道藏要籍选刊（二）》，上海古籍出版社1989年版，第80页。
⑤ [唐]杜光庭：《道德真经广圣义》，载胡道静、陈莲笙、陈耀庭选辑：《道藏要籍选刊（二）》，上海古籍出版社1989年版，第90页。
⑥《隋书·经籍志三》。
⑦《河上公章句》第16章注。

圣人以道为师，学道、守道因而成圣，“圣人学人所不能学，人学智诈，圣人学自然；人学治世，圣人学治身，守道真也”①。简言之，随顺自然，无为不争，就是圣人之学。

第三节　关尹子、列子、亢仓子：摄心以性

本节拟考释的是关尹子、列子、文子与亢仓子等人对老子圣心理学的阐释及创造性贡献。

一、关尹子：古之博大真心

作为历史人物的关尹子是道家所推崇的圣人典范之一，也是道家揭示圣人人格、心理品质、结构时常用的典型个案。相传老子骑青牛云游天下过函谷关时，时任该关关令的尹喜为老子洒清道路、焚点香火，恳请老子留下。但老子不肯，尹喜便托病辞官，随老子西游。尹喜不仅得老子言传身教，而且得其精心著成的《老子》。尹喜勤奋钻研，发而为文，成《关尹子》一书，但后失散。其思想近于老子，例如，强调内心空灵虚静，与万物和谐相处，不为天下先，等等。今见《关尹子》（即《文始真经》）是唐宋间人托名之作，里面尽管不乏关尹子本人的思想，但多为后人的增补和发挥。

关尹子所做的一项有意义的工作是剖析圣心。他自己的论述和实践都说明：“贵清”是圣心的根本特点。《吕氏春秋・不二》云：“关尹贵清。”而真能贵清即真能做到清心寡欲者即为圣人。《庄子・天下》将老子与关尹子一道并称为“古之博大真人”。其特点是“以本（道）为精，以物为粗，以有积为不足，澹然独与神明居，古之道术有在于是者。关尹、老聃闻其风而悦之，建之以常无有，主之以太一，以濡弱谦下为表，以空虚不毁万物为实。关尹曰：在己无居，形物自著。其动若水，其静若镜，其应若响。芴乎若亡，寂乎若清，同焉者和，得焉者失。”②

---

①《河上公章句》第16章注。

②《庄子・天下》。

关尹子对圣心的基本理解是，“圣人御（驾驭）物以心，摄心以性（空无之体性），则心同造化，五行亦不可拘”①。意为圣人的特点就是善用其心，其表现是以心御物，即能转物，而不为物所转。在管束心灵时，让心合于事物的空无体性，进而心同于一切由变化而来的事物，不为五行所拘。圣人与凡人一样也有言与智。但言与智有根本的区别，如小言与大言、小智与大智。前者为凡夫所有，后者为圣人所有。具言之，“圣人以有言、有为、有思者，所以同乎人；以未尝言、未尝为、未尝思者，所以异乎人”②。圣人的大言、大智的特点是“大言不能言，大智不能思。”③就此而言，圣心的最大特点是“大”。之所以大，是因为圣心无物。《文始真经》云：“心自揆（自思量），心无物。众人逐于外，贤人执于内，圣人皆伪之。”④可见，圣心的特点是内外一切都视之为虚妄。

圣心不同于凡夫的特点也可称作无所得。他说：小人之用在于恶，如愚痴颠倒、不孝不敬等。“君子之权（用）归于善”，“圣人之权归于无所得，唯无所得，所以为道”。⑤“勿以行观圣人，道无迹；勿以言观圣人，道无言；勿以能观圣人，道无为。勿以貌观圣人，道无形。”⑥无所得当然无我。关尹子说：“众人师贤人，贤人师圣人，圣人师万物”，如“师蜘蛛”，“惟圣人同物，所以无我”。⑦

圣人的行为上的特点是“动止有戒”⑧。圣人不是绝对的不动，而是于动中保持不动；也不是绝对的不知觉，而是在知觉时像镜子一样，照物而不留，常应常寂。关尹子云：“在己无居，形物自著，其动若水，其静若镜，其应若响，芒乎若亡，寂乎若清。”⑨之所以能如此，是因为圣人有这样的心，即“圣人洞了真空，心如寒灰枯木，似无生意……心源澄彻，湛然清净，如水之静，定而清澄也”⑩。

---

①《文始真经·六匕》。
② [元]牛道惇：《文始真经注》，载胡道静、陈莲笙、陈耀庭选辑：《道藏要籍选刊（五）》，上海古籍出版社1989年版，第381页。
③《文始真经·六匕》。
④《文始真经·六匕》。
⑤ [元]牛道惇：《文始真经注》，载胡道静、陈莲笙、陈耀庭选辑：《道藏要籍选刊（五）》，上海古籍出版社1989年版，第363页。
⑥《文始真经·三极》。
⑦《文始真经·三极》。
⑧ [元]牛道惇：《文始真经注》，载胡道静、陈莲笙、陈耀庭选辑：《道藏要籍选刊（五）》，上海古籍出版社1989年版，第421页。
⑨《文始真经·三极》。
⑩ [元]牛道惇：《文始真经注》，载胡道静、陈莲笙、陈耀庭选辑：《道藏要籍选刊（五）》，上海古籍出版社1989年版，第379页。

要成就圣心，关键是要证道、得道，因为唯其如此，才能无为而无不为。关尹子说：“得道之尊者，可以辅世；得道之独者，可以立我……得道之清者，物莫能累，身轻矣，可以骑凤鹤……知此道者，可以制鬼神……知此道者，可以窥他人之肝肺……以此胜物，虎豹可伏；以此同物，水火可入。”[①]总之，圣人无为而无不为。这里的得道是辩证的，因而是最高级的得道。其特点是，得而不执着，甚至即得即忘。此境界为真有道。就圣人与其他类型的人在此问题上的差异而言，“众人惑其名，见物不见道；贤人析其理，见道不见物；圣人合其天，不见道，不见物，一道皆道。不执之，即道，执之即物”[②]。“能忘道，乃能有道。”[③]

《文始真经》强调：要成为圣人，必须从小事做起。关尹子说：“能周小事，然后能成大事；能积小物，然后能成大物；能善小人，然后能契大人。”[④]

圣人处世、处事的态度也可表述为不处、不刻意作为。他说：“惟圣人不慕之，不拒之，不处之。”[⑤]心空无、无为是成圣的关键。怎样排遣心识，使之空无？这里要认识到，心的空无不能简单地用“无”“非有非无”等方法来遣除。最好的办法是“轻”，是“变”。即善去识者，“变识为智”[⑥]。

圣心是凡心的反面，若能将凡心一个一个地加以灭除，直到无丝毫凡心，便能转凡心为圣心。为完成这一转化，《文始真经》对人们常见的心理状态的样式及其根源做了扫描和研究。这一工作既具有重要的价值性心灵哲学意义，又具有不可多得的求真性心灵哲学价值。它描述了这样一些心态：“心蔽吉凶”，即着迷于吉凶，为吉凶所缚；“心蔽男女”，即淫心；“心蔽幽忧”；“心蔽逐放”，即散乱之心；“心蔽药饵”，即沉迷于求长生之药。别的不好的心态还有“无一心”，即心不专一，五识并驰。或者说，“无虚心”，喜、怒、哀、乐纷纷扰扰；“无静心”，“万化密移”，各种变化悄然发生。而圣心不同，能一、能虚、能静。“惟圣人能敛万有于一息，无有一物可役吾之明澈；散一息于万有，无有一物可间吾之云为。”[⑦]意为圣人的心至明至亮，普照一切，不会有云雾来间隔它

①《文始真经·七釜》。
②《文始真经·八筹》。
③《文始真经·九药》。
④《文始真经·九药》。
⑤《文始真经·九药》。
⑥《文始真经·五鉴》。
⑦《文始真经·五鉴》。

的光亮。

另外，在心灵转化的过程中，要注意防止或避免错误的方法，例如，言、行、学、识都不可取。因为道本无名，不可以言、行、学、识等方式求道。“若以言、行、学、识求道，互相展转，无有得时。”①反过来，“知言如泉鸣，知行如禽飞，知学如撷影，知识如计梦，一息不存，道将来契”②。总之，彻底停下来，歇下来，“截断众流”，道自现前。“一息之道，能冥万物，物亡而道何在？”③息诸差别，道即显现。

心之所以可治、可转，是因为心有同其他事物一样的道。为了说明心灵转化的原理，《文始真经》花大力气论述道，例如，该经一开头像《老子》一样，讨论了道与言、思的关系，说道不可言、不可思，“不可言即道”，“不可思即道”。④“茫茫而无知乎，心傥傥而无羁乎物，迭迭而无非乎。”⑤另外，根据《文始真经》对心的本质、结构的认识，凡夫表现出来的种种心不过是假象而已，其后有真实的心或真心，此真心也可称作“性”。合此道、此性在道理上不难，因为道即无为，“不可为（不可人为），不可致（邀致），不可测，不可分，故曰天，曰命，曰神，曰玄”⑥。只要真正从心上做到恬静无为，那么当下即合道。圣人之所以为圣人，是因为圣人以真心（性）待物，而不以妄心待物，以妄心待物便有凡夫的心物对峙、彼此分别的世界观。圣人“以性对之”，“而不对之以心”。⑦总之，圣人对心物的态度是顺其本性的。“圣人御物以心，摄心以性。”⑧

---

① [元]牛道惇：《文始真经注》，载胡道静、陈莲笙、陈耀庭选辑：《道藏要籍选刊（五）》，上海古籍出版社1989年版，第361页。
② [元]牛道惇：《文始真经注》，载胡道静、陈莲笙、陈耀庭选辑：《道藏要籍选刊（五）》，上海古籍出版社1989年版，第361页。
③ [元]牛道惇：《文始真经注》，载胡道静、陈莲笙、陈耀庭选辑：《道藏要籍选刊（五）》，上海古籍出版社1989年版，第361页。
④ [元]牛道惇：《文始真经注》，载胡道静、陈莲笙、陈耀庭选辑：《道藏要籍选刊（五）》，上海古籍出版社1989年版，第353页。
⑤ [元]牛道惇：《文始真经注》，载胡道静、陈莲笙、陈耀庭选辑：《道藏要籍选刊（五）》，上海古籍出版社1989年版，第357页。
⑥《文始真经·一宇》。
⑦ [元]牛道惇：《文始真经注》，载胡道静、陈莲笙、陈耀庭选辑：《道藏要籍选刊（五）》，上海古籍出版社1989年版，第389页。
⑧ [元]牛道惇：《文始真经注》，载胡道静、陈莲笙、陈耀庭选辑：《道藏要籍选刊（五）》，上海古籍出版社1989年版，第409页。

二、列子：心如渊泉

列子，本名列御冠，周朝郑国圃田（今郑州）人。先秦天下十豪之一，学说本于黄帝、老子。唐玄宗封列子为冲虚真人，《列子》一书便被称作《冲虚至德真经》。

列子崇尚和劝导人们成就的理想人格是神人，有时说为至人。在道家和道教中，经常被述及的理想人格有真人、神人、至人、圣人、贤人等。他们的共同特点是超越于凡夫，真、善、美、福等都达到了相当的境界，即使有区别也只是程度上的、量上的区别。例如，按一般的理解，人的境界从高到低，可这样排列：真人—神人（至人）—仙人—道人—圣人—贤人—民者—奴婢。最高者为真人，他们心合于气，气合于神，神合于虚无，因此可以呼吸天地之正气，取日月之精华，独自守护精神，肌肉宗一，形神合一，体同于道，寿命可以与道相同。神人（至人）的特点是有淳厚的品德，能到达至极之道，或积精全神，能至于德，故称为神人（至人）。老而不死之人即仙人。“仙，迁也。迁入山也”[①]，指无所不知、无所不能的人；又比喻逍遥自在、无牵无挂的人。圣人的特点是，处天地之和气，适应八风之规律，又与天地合其德，与日月合其明，与四时合其序，与鬼神合其吉凶。贤人的特点是，能效法天地之道，洞悉日月运行，分辨列宿星辰的位次，能以阴阳五行六甲等法，按顺逆之数推步吉凶的征兆，食饮有节，起居有常，不妄作劳，能益寿延年，以至于长生不老。

列子没有做细致的区分，而笼统地把所崇尚的人格形象称作神人或至人。在描述神人的特点时，他说：“吸风饮露，不食五谷，心如渊泉，形如处女；不偎不爱，仙圣为之臣；不畏不怒，愿悫为之使；不施不惠，而物自足；不聚不敛，而已无愆。阴阳常调，日月常明。”[②]在他的心目中，神人之所以为神，是因为其不仅有吸风饮露、不食五谷等外在的特点，而且更重要的是有其像深渊一样的清彻的心。有这样的心，人就没有任何负面不好的心理，如能不畏不怒，且无为而无不为，即使不施不惠，也应有尽有，不管做什么都不会有任何过失（无愆）。他们的心身特点还可以这样描述：“心凝形释，骨肉都融；不觉形之所倚，足之

---

① [东汉]刘熙：《释名》。

②《冲虚至德真经·黄帝》。

所履，随风东西，犹木叶干壳。”①

列子还通过个案分析，具体说明了上述道理，例如，黄帝作为典型的神人或至人在至道后就有这样的表征：“不知乐生，不知恶死，故无夭殇……无爱憎……无利害；都无所爱惜，都无所畏忌；入水不溺，入火不热；斫挞无伤痛，指擿无痟痒；乘空如履实，寝虚若处床……美恶不滑其心，山谷不踬行其步，神行而已……怡然自得。”②这种在各种环境下都怡然自得、逍遥自在的心理以及心凝形释的生存状态，既值得我们从价值性心灵哲学的角度予以研究，也值得从求真性心灵哲学的角度予以研究，特别是它的现象学性质和神经基质更是如此。

列子有时也把神人与至人区别开来，例如，在说明至人之行持及其根源时说：“至人潜行不窒，蹈火不热，行乎万物之上而不慄。”其原因是“纯气之守也，非智巧果敢之列。”③“游乎万物之所终始。壹其性，养其气，合其德，以通乎物之所造……其神全也。”④

列子也有对圣人人格的关注，他指出：“圣人藏于天，故物莫之能伤也。”⑤其心理上的特点是能做到始终“一心”。他说：“不知形体之所措，利害之所存也，心一而已。”⑥尽管其心如静水，但却有一般心灵所不具有的巨大的认知功能，如不仅能知，而且其知能超越耳目之限。在他看来，圣人的知和能是真知、真能，其表现是“知而忘情，能而不为，真知真能也”⑦。圣人为何神、为何先知？“圣人见出以知入，观往以知来，此其所以先知之理也。”⑧例如，老子的弟子亢仓子在介绍自己认知的特点时曾有这样的说明：“我能视听不用耳目。”⑨之所以如此，是因为“我体合于心，心合于气，气合于神，神合于无”⑩。

这里值得探讨的是，至人、神人等为何有那样的心境？为何有那样奇特的行

---

①《冲虚至德真经·黄帝》。
②《冲虚至德真经·黄帝》。
③《冲虚至德真经·黄帝》。
④《冲虚至德真经·黄帝》。
⑤《冲虚至德真经·黄帝》。
⑥《冲虚至德真经·黄帝》。
⑦［元］高守元编：《冲虚道德真经四解》，载胡道静、陈莲笙、陈耀庭选辑：《道藏要籍选刊（五）》，上海古籍出版社1989年版，第617页。
⑧［元］高守元编：《冲虚道德真经四解》，载胡道静、陈莲笙、陈耀庭选辑：《道藏要籍选刊（五）》，上海古籍出版社1989年版，第669页。
⑨ 转引自《冲虚至德真经·仲尼》。
⑩《冲虚至德真经·仲尼》。

为表现？例如，“潜行不空，蹈火不热，行乎万物之上而不栗”[①]。列子本人也提出了类似的问题：请问何以至于此？他借关尹子的口说：“是纯气之守也，非智巧果敢之列。”[②]“壹其性，养其气，合其德，以通乎物之所造。夫若是者，其天守全，其神无郤物奚自入焉。”[③]质言之，是因为神人的心进到了“壹其性”、完全与事物的本质合一的状态。由此可见，心能进入的状态、心能表现出的存在方式，除了我们常人能体验到的状态、方式之外，还有更多、更隐秘、更精妙的状态和方式。他还探讨了这样的问题，圣人在经历蹈火之类的看似危险的行为时为何能不受任何伤害？他的回答是“圣人藏于天，故物莫之能伤也。”[④]

如果神人有那么美好的心灵，有那么好的福利，那么一般人肯定愿意追求。但问题是，凡能转圣吗？特别是，凡心能转化为圣心吗？列子的回答是肯定的。他对这一可能性根据的揭示是，心为气之灵，而气可以转化，因此心也可如此。他说：“何生之无形？何形之无气？何气之无灵？”[⑤]另外，无意是心之本来面目，“有意不心”。因此转化心实即将本不属于心的“有意”的一面去掉。《冲虚至德真经》说：“有意不心，有指不至，有物不尽，有影不移，发引千钧，白马非马，孤犊未尝有母。”[⑥]

三、文子与亢仓子：治心贵在清虚

文子是老子的弟子，与孔子同时，为《文子》（《通玄真经》）一书的作者。亢仓子是《庄子》一书中所说的庚桑楚，也有说他是《庄子》中的寓言人物，其著作是《庚桑子》，因为唐玄宗诏其为洞灵真人，其书也被称作《洞灵真经》。

文子建立了自己的治心之学，认为治心有当与不当之别。他说：“清虚者，天之明也，无为者，治之常也……静则同，虚则通，至德无为，万物皆容。虚静

① 《冲虚至德真经·黄帝》。
② [元]高守元编：《冲虚道德真经四解》，载胡道静、陈莲笙、陈耀庭选辑：《道藏要籍选刊（五）》，上海古籍出版社 1989 年版，第 558 页。
③ [元]高守元编：《冲虚道德真经四解》，载胡道静、陈莲笙、陈耀庭选辑：《道藏要籍选刊（五）》，上海古籍出版社 1989 年版，第 559 页。
④ [元]高守元编：《冲虚道德真经四解》，载胡道静、陈莲笙、陈耀庭选辑：《道藏要籍选刊（五）》，上海古籍出版社 1989 年版，第 559 页。
⑤ 《冲虚至德真经·天端》。
⑥ 《冲虚至德真经·仲尼》。

之道，天长地久。”[①]妥当的治心方法就是努力让心进到清虚无为的状态，因为这是天地万物的本质，或就是道体，而道体即虚、静、理。若如此治心，即步入了至圣之途，久而久之，就会拥有一颗圣人之心。亢仓子认为，道的特点是清、平正。他说：“心平正不为外物所诱曰清，清而能久则明，明而能久则虚，虚则道全而居之。”[②]因此圣人是全道或道全之人。凡圣的根本差别在于：对性的态度不同，凡夫是“损性以求物，物愈积而性愈伤”，“圣人之于声色滋味也，利于性则取之，害于性则舍之，此全性之道也”。[③]因此圣人的特点是神全，不伤性，循性而为。“天全则神全”[④]，而天全实即不伤性。“圣人抑制万物，不使伤性，以全天真。”[⑤]“神全”的好处是，“不虑而通，不谋而当，精照无外，志凝宇宙，若天地然”[⑥]。至此境界，上为天子而不骄，下为匹夫而不惛，这就是“全真之人”[⑦]。

心的合道体的虚静本质是可以通过转（蜕）变而实现的，质言之，凡心的非虚非静的特点是可以转变为它的反面的。这种转变没有什么奇怪的，因为在世界上到处可见如此之类的转变、转化，乃至质的转化，如“蜕地之谓水”，即从土可蜕变出水，同理，“蜕水之谓气，蜕气之谓虚，蜕虚之谓道。虚者，道之体，靖（静）者，道之地（根基），理者，道之纲（关键），识者，道之目”[⑧]。意思是，通过对气的操作，可让它转化为虚，同样，进一步加以提升，虚可以转化为道。只要完成这一转化，人就得道了，就同时拥有虚、静、理和识的特点，因为虚为道之体，静为道之根，理为道之纲，识为道之目。由于心证得道，或合于道，心就有圣人的无为而无不为、无知而无不知的特点。列子说：“体合于心（体

① [唐]默希子：《通玄真经》，载胡道静、陈莲笙、陈耀庭选辑：《道藏要籍选刊（五）》，上海古籍出版社1989年版，第477页。
②《冲虚至德真经·全道》。
③ [唐]王士元：《洞灵真经》，载胡道静、陈莲笙、陈耀庭选辑：《道藏要籍选刊（五）》，上海古籍出版社1989年版，第500页。
④ [唐]王士元：《洞灵真经》，载胡道静、陈莲笙、陈耀庭选辑：《道藏要籍选刊（五）》，上海古籍出版社1989年版，第500页。
⑤ [唐]王士元：《洞灵真经》，载胡道静、陈莲笙、陈耀庭选辑：《道藏要籍选刊（五）》，上海古籍出版社1989年版，第500页。
⑥ [唐]王士元：《洞灵真经》，载胡道静、陈莲笙、陈耀庭选辑：《道藏要籍选刊（五）》，上海古籍出版社1989年版，第500页。
⑦ [唐]王士元：《洞灵真经》，载胡道静、陈莲笙、陈耀庭选辑：《道藏要籍选刊（五）》，上海古籍出版社1989年版，第500页。
⑧《冲虚至德真经·全道》。

与心泯合），心合于气，气合于神，神合于无。”[1]由于有这种合于道的境界，因此对象不论巨细、远近，都能“必尽知之”[2]。

要完成上述转化，要达到那种美妙而理想的境界，关键是不师其心，依道而行。凡夫的心和行从反面说明了这一点。凡夫以自心为师，听任成心的摆布，不能依道而行，因此永远生活在可怖的生存状态之中。列子说：“凡人不修其道，随其心而师之（随顺自心），营欲茂滋（欲望滋长、繁茂），灾疾朋衅（灾难、疾患纷至沓来），戕身损寿（伤害身体、影响寿命）。”[3]这些后果的根源就是“师”错了对象，即不师道，而师心，最终为“心斯害之”[4]。

这里要明白的是，道与识是不同的。道的作用在于，可作为人安身立命之可靠基础，而识即小聪小慧，能知善辩，其作用不外乎是让人理解。而真正的知是对道的体悟，不假识辩。有此体悟，人就能安天乐命。列子说：“知而辩之谓之识，知而不辩谓之道。识以理人，道以安人。”[5]道之所以能安人，是因为有道即有德，有道、有德则万事大吉。他说：“道德盛则鬼神助。”[6]既然如此，要完成心灵的转化，去凡成圣，关键在于做全道之人。全道就是让道得到完全、完整的保全和遵守。具言之，全道体现在形全、神全、福全。他说：“导筋骨则形全，翦情欲则神全，靖（静）言语则福全。”[7]他还探讨了得道的心理操作方法。他说：“咽（食）气谷（养）神，宰思损虑（不思不虑），超遥轻举（超然离世，轻升术道），日精（吸食太阳之精）炼仙（修炼仙术）”[8]，乃“高士之道”[9]，亦即超凡脱俗之道。另外，要全道，还应做到无私欲、无心。他以尧舜为例指出：“尧舜有为人主之勤，无为人主之欲，故天下各得济其欲；有为人主之位，无为人主之心，故天下各得肆其心。”[10]无心就是心静。“是故外静而内动者，摇思而损性；奔走而逐利者，劳力而害名。”[11]

---

①《冲虚至德真经·全道》。
②《冲虚至德真经·全道》。
③《冲虚至德真经·用道》。
④《冲虚至德真经·用道》。
⑤《冲虚至德真经·用道》。
⑥《冲虚至德真经·用道》。
⑦《冲虚至德真经·用道》。
⑧《冲虚至德真经·用道》。
⑨《冲虚至德真经·用道》。
⑩《冲虚至德真经·君道》。
⑪《冲虚至德真经·训道》。

文子探讨了治心与治气的关系，认为治气尽管重要，但真正的治气就是治心。他说：“心治则气顺，心乱则气逆。”[①]而治好心，则要道德。他说：“心之治乱在于道德。得道则心治，失道则心乱。心治则交让，心乱则交争。让则有德，争则生贼。”[②]心治看起来很难，其实，治心与治国一样，如果说治大国若烹小鲜，那么治心也是如此。“心治则百节皆安，心扰则百节皆乱。”[③]要真正治好心，关键是坚持“九守”[④]。“九守”分别是守虚、守无、守平、守易、守真、守静、守法（圣人法天）、守弱、守朴。[⑤]

《通玄真经》记载了文子与老子关于道等问题的大量对话。根据该经，闻道的方式按层次分有耳、心、神。文子强调：以耳听道是下学，只触及皮毛，“下学以耳听，以耳听者，学在皮肤。以心听者，学在肌肉。以神听者，学在骨髓”[⑥]。

治心必须落实于实处，即一种心一种心具体地加以治理。为此，文子在对诸心理样式进行扫描的基础上做出了自己的价值审视。他说：“喜怒者，道之邪也；忧悲者，德之失也；好憎者，心之过也；嗜欲者，生之累也；人大怒破阴，大喜坠阳；薄气发喑，惊怖为狂，忧悲焦心，疾乃成积。人能除此五者，即合于神明。”[⑦]而神明是克服一切负面心理后的境界，其表征有：“神明者，得其内也。得其内者，五藏宁，思虑平，耳目聪明，筋骨劲强，疏达而不悖，坚强而不匮，无所太过，无所不逮。”[⑧]

要治心，当然要知道治心的目标，即什么是人应去往的心灵之境。他的回答

① [唐]默希子：《通玄真经》，载胡道静、陈莲笙、陈耀庭选辑：《道藏要籍选刊（五）》，上海古籍出版社1989年版，第461页。
② [唐]默希子：《通玄真经》，载胡道静、陈莲笙、陈耀庭选辑：《道藏要籍选刊（五）》，上海古籍出版社1989年版，第461页。
③ [唐]默希子：《通玄真经》，载胡道静、陈莲笙、陈耀庭选辑：《道藏要籍选刊（五）》，上海古籍出版社1989年版，第467页。
④ [唐]默希子：《通玄真经》，载胡道静、陈莲笙、陈耀庭选辑：《道藏要籍选刊（五）》，上海古籍出版社1989年版，第453页。
⑤ [唐]默希子：《通玄真经》，载胡道静、陈莲笙、陈耀庭选辑：《道藏要籍选刊（五）》，上海古籍出版社1989年版，第453-456页。
⑥ [唐]默希子：《通玄真经》，载胡道静、陈莲笙、陈耀庭选辑：《道藏要籍选刊（五）》，上海古籍出版社1989年版，第462页。
⑦ [唐]默希子：《通玄真经》，载胡道静、陈莲笙、陈耀庭选辑：《道藏要籍选刊（五）》，上海古籍出版社1989年版，第444页。
⑧ [唐]默希子：《通玄真经》，载胡道静、陈莲笙、陈耀庭选辑：《道藏要籍选刊（五）》，上海古籍出版社1989年版，第444页。

是，只有真人之心才是最好的、最值得入住的。这种心境的特点是“虚无、平易、清净、柔弱、纯粹、素朴、不与物杂，至德天地之道。”[①]“与天同心，与道同体。”[②]这种心也可理解为大丈夫之心。文子说：“大丈夫恬然无思，惔然无虑，以天为盖，以地为车，以四时为马，以阴阳为御，行乎无路，游乎无怠，出乎无门。以天为盖，则无所不覆也，以地为车，则无所不载也，四时为马，则无所不使也，阴阳御之，则无所不备也。”[③]

第四节 《管子》：治心的关键是反其性

《管子》一书是春秋时期齐国政治家、思想家管子（即管仲）及其门人、传人的著述之总称，大约成书于战国时代，托名管子所作，其实大部分出自战国时齐国稷下学者之手，另还有汉代附益的部分。一般认为，有些部分如《牧民》等记述了管子的遗说，有些部分如《立政》等记述了管子的言行，而《心术上》《心术下》《白心》《内业》等篇可视为管子学派、齐国法家对管子思想的发挥。总的来看，《管子》一书是出自不同时代许多人之手的汇集了政治、经济、天文、历数、哲学、伦理道德等各方面理论、思想的百科全书式的著作，而从思想的性质来说，则是一部糅合了儒、道、法等诸家学说的综合性著作。鉴于它主要是稷下道家推尊管子之作的集结，《汉书·艺文志》等将其列入子部道家类，据统计全书几乎各篇都充斥着《老子》的语言片段与哲学思想。在心理哲学与做人之类的问题上，上述特点尤为突出。据此，我们把它当作道家著作加以考释。

一、心以藏心，心之中又有心

《管子》一书有多篇涉及人心及其构成问题，如《心术上》《心术下》《白心》《内业》等。用今日心理学、心灵哲学的眼光看，可以说它们包含了丰富的

① [唐]默希子：《通玄真经》，载胡道静、陈莲笙、陈耀庭选辑：《道藏要籍选刊（五）》，上海古籍出版社 1989 年版，第 443 页。
② [唐]默希子：《通玄真经》，载胡道静、陈莲笙、陈耀庭选辑：《道藏要籍选刊（五）》，上海古籍出版社 1989 年版，第 443 页。
③ [唐]默希子：《通玄真经》，载胡道静、陈莲笙、陈耀庭选辑：《道藏要籍选刊（五）》，上海古籍出版社 1989 年版，第 442 页。

心理学、心灵哲学思想。从阐述这些思想的动机来看，作者的主要目的可能是要表达他们关于如何做人以及做一个什么样的人的看法。而做人实际上是一个类似于治理国家的事情，亦即做人实际上是要“治”人。而治人又必须治心或修身。这一思路及逻辑在《心术上》《心术下》《内业》等篇的标题中已得到了较好的体现。根据管仲学派对人的看法，心为人身之主，因此要做好人、把自己治理好，必须把内部的事务治理好，质言之，做人实际上是一项内在的事业、工程。《心术上》《心术下》讨论的是心的作用、功能及其调节方法，而《白心》讲的就是怎样通过净化内心来实现提高自身的生活质量和道德境界直至成圣这一做人理想。

《管子》在说明人及其心身的构成及本质时坚持的是自然主义的精气说、道气说。其基本观点是包括人在内的万物都由精气所构成，而精气是“气之精者也”，即一种精细的气。当然，光有气还不会有物生，还必须有道的作用。所谓道是一种存在于万事万物，包括我们人身上的、“虚而无形”的，但又能“化育万物”的规则、力量。[①]从其存在的处所来说，万事万物都与它须臾不离，真可谓“道不远”“与人并处”；从其存在形态来说，“虚而无形”；从其本质来说，虚静无为，故可以说，“天曰虚，地曰静，乃不忒”[②]。意思是，天之道为虚，地之道为静，故没有过错。从与人的认识的关系来说，它超越于感知觉之上，“难极”“难得”[③]；但从作用上说，它又有生化、主宰万物的作用，可以说它有“化育万物”之德。当然光有道，还不足以产生万物，它必须与气结合在一起，才能如此，因此它只是万物生灭、运行的一种决定力量。具体而言之，有了道与气的结合，才有万事万物的生灭和运行。人也没有丝毫例外，人是气道合和而产生的，天出其精，地出其形，合此便有人生，不合和便无生。一旦有生，便有感觉思想的发生。

从人的具体构成来说，人是一个由心和其他部分所组成的统一体，整个人是一个整体，由心和九窍及内部其他器官所构成。《管子·心术上》说：“心之在体，君之位也；九窍之有职，官之分也。”[④]九窍指的是人的外部器官，即两眼、

①《管子·心术上》。
②《管子·心术上》。
③《管子·心术上》。
④《管子·心术上》。

两耳、两鼻孔、口、前阴、后阴，内部器官有心以外的其他器官如胃、脾、肾等。人身上的九窍有自己的规则和功能，就像朝廷百官各有自己的职责和分工一样。例如，眼睛的职责是看或视，如此等等。

这里值得我们关注的是《管子》对心的构成、作用以及它与身体其他部位的关系的论述。《管子》所说的心有两种：一是肉体之心；二是精神，即像君主一样处在至高无上的统治地位的心。《管子·内业》云："心以藏心，心之中又有心焉。"①第一个心实即我们今天所说的心脏，但它又是人的高级心智活动的主体或基质，因此可以说心中还有心。后一个心是精神性的、有认知思虑作用的心。这也就是说，管仲学派是持心脏为思维器官这一观点的。《管子·心术上》说得更明白："心也者，智之舍也。"②而智的作用主要表现在"思虑"和"知"之上。这里的"知"不是感官之知，而是高级的理智的知。例如，把握形而上的对象，认识事物内在的结构和本质，体悟"道"，"照知万物"，"得一之理"，等等。③管仲学派还承认，人除了有思、知之类的智性作用之外，还有欲、情、志、视觉、听觉、触觉、嗅觉、味觉等心理作用。不过，管仲学派的独特之处在于，他们既不把它们归之于纯粹的肉体作用，更不把它们看作是纯粹的精神作用。例如，就视觉之类的感性认识来说，他们首先认识到了人能得到关于外物的认识，如形成感知、获得关于事物本质和规律的认识。在此基础上，他们还试图做出解释。他们认为，人的感性认识主要是由感官获得的，但也离不开心的作用。"耳目者，视听之官也。"④这就是说，耳目只管视听，要获得知觉，还得靠心的作用。例如，正是由于心对感知"察而征之""审别良苦"⑤，进而才有相应的认知。

二、心术与圣心剖析

通过对人、心体、"心术"（即心之作用）的研究，管仲学派认识到了修心、治心、安心的可能的方向，尤其是心可能达到的理想状态。这种状态既能使自己有"一事能变"之智，恰到好处地应对万物，齐家、治国、平天下，同时又能使

①《管子·内业》。
②《管子·心术上》。
③《管子·白心》。
④《管子·心术上》。
⑤《管子·心术上》。

自己心态恬愉，尽享人生快乐，因此它是一种圣人的境界。根据他们对心的体认以及对圣人的理解，圣人实即有特定心理的人。

在《管子·心术下》中，管仲学派从内在方面描绘了圣人的品质、标志和特征，从内在的方面看，圣人有独特的“内德”或“内聚”。所谓“内德”是指，圣人因与道合一，彻底把握了万事万物的本质及变化规律，达到了心的真正“内治”，因此必有各种“用”即德表现出来。这些用或德对于人来说，是宝贵的价值源泉，由此可以派生出无穷无尽的外在的用，因此是“内聚”。按照《管子·心术下》的描绘，内德主要有这样一些方面。

第一，从心态上来说，心达到了“正静”“精”的境界。它“专于意，一于心”[①]。也就是说，心在任何时候，甚至在不利的环境下都能保持不变，不为利害得失所动，“无以物乱官”，即外物不能扰乱感官，从而无动于衷。但是，心专并不等于把自己完全与世隔绝开来。这是不可能的。因此精或专一的实质在于面对外物能专一不乱，适逢变化而应对自如。

第二，有独特的智慧。圣人的智慧不是凡夫的小智巧慧，而是大智大慧。它是体道的必然体现，因此与道合一，其特点是“一事能变”，即专一其事而又能变通，以不变应万变，因此“一事能变曰智”[②]。圣人的心智也可称作神智。一切顺应物化即为神，一切顺应事变即为智。圣心之所以是圣心，是因为它能做到物化而不易其阴阳之气，事变而不易其静定之智，“执一不失，能君万物，君子使物，不为物使”[③]。“神者，至贵也”[④]，这种心理状态是最宝贵的。要进入这种状态，就应这样做：“世人之所职者（即应记住），精也（让精神专一）。去欲则宣，宣则静也。静则精，精则独立矣。独则明，明则神矣。”[⑤]意为要有神性，就要让精神专一，而要如此，必须清除欲念，只有这样才能让心虚静，只有虚静才能做到专一，专一才能超然独立，超然独立就能明察一切，明察一切就进入了神明的境界。

第三，从认知上说，圣人之心能摆脱感知、情感的影响，以静心体察万物，

---

①《管子·心术下》。
②《管子·心术下》。
③《管子·内业》。
④《管子·心术上》。
⑤《管子·心术上》。

因此能获得关于世界的彻底、全面、深刻的认识。它“翼然自来，神莫知其极。昭知天下，通于四极”①，意即这种知的境界犹如飞鸟翩翩而来，神灵都不知其秘密。这种认识清楚明白地把握了天下一切事物，在完善性上达于极致。

第四，圣人之心是全心，即完善、健康的心，完美无缺。“全心在中”，即健康之心内于其中。“全心之形，明于日月，察于父母。”②尽管它内隐于身，但像日月一样明显，就像父母能清楚地知道自己的子女那样。圣人即善用其心的人。《管子》云：“圣人用其心，沌沌乎博而圜，豚豚乎莫得其门，纷纷乎若乱丝，遗遗乎若有从治。”③其心好像混混沌沌、圆通博大、若隐若现，让人找不到门径；纷纷杂杂，好像很乱，但又像有次序可理。

第五，《管子・心术上》还从心与欲念、情感、事态的关系上说明了圣人之心的特点。从欲求上说，圣人能做到寡欲、去欲。“世人之所职者精也，去欲则宣，宣则静矣。静则精，精则独立矣，独则明，明则神矣。”④这里所说的职即志，亦即念，或“心之所之”，大意是，在面对心所向往的东西时，若能做到去欲，则能让心静下来，进而有利于人处在最佳的精神状态，如独立、明朗直至神明。从与感官、情感的关系来看，圣心的特点在于有无为而能制服的心术。所谓心术就是让心无欲进而有效管理自己的情感、感知的办法。《管子・心术上》云：“心术者，无为而制窍者也。”⑤意谓心的作用正在于通过虚静无为来管制自己身上的九窍。《管子・心术上》还说：“洁其宫，开其门，去私毋言，神明若存。”⑥这就是说，只要让心室清净起来，排除私心杂念，便能让神明出现于心、存在于心。当然，圣人也有自己的“好”和“恶”，其与凡人的不同在于“恶不失其理，欲不过其情”⑦，亦即既不违理，又不逆常情，循理而好恶，这才叫君子。在名实关系上，圣人的特点在于“名当”“不与万物异理”⑧。《管子・心术上》云：“物固有形，形固有名，名当谓之圣人……殊形异执，不与万物异理，

①《管子・心术下》。
②《管子・心术下》。
③《管子・枢言》。
④《管子・心术上》。
⑤《管子・心术上》。
⑥《管子・心术上》。
⑦《管子・心术上》。
⑧《管子・心术上》。

故可以为天下始。”[①]意思是，事物都有自己的形体，有形必有自己的名称，而圣人的特点在于能做到名实相符，“以形务名，督言正名”[②]，对不同的事物采取不同的态度，同时不违背事物的规律。圣人虚静以待，故可以看作天下始祖。

第六，有圣心必有这样的大用，即福满天下。因为道与福是体用关系，圣心证大道，一定得大福。“道者……小取焉则小得福，大取焉则得大福，尽行之而天下服。”[③]同理，道满天下一定会福满天下。

三、成圣的心理机制及途径

《管子》中的《内业》篇在分析人的构成因素、形成过程及生命的运作原理的基础上，从独特的视角，开创性地论述了凡圣在心理上的根本差别及成圣成凡的心理机制。

《管子·内业》云：“凡人之生也，天出其精，地出其形，合此以为人。”[④]意思是，人由精气和形体两部分构成。形包括人的肢体和五脏六腑，其中最重要的部分是心，此心即心脏。之所以说它最重要，是因为它是人的生命的主宰，是人的生存状态、生活质量高低的决定因素。它之所以能发挥如此重要的作用，又在于它之内还有心，即精气。“心以藏心，心之中又有心焉。”“凡物之精，此则为生。”[⑤]每一事物之所以产生，皆是因为它禀得了天地的精气，五谷、星辰、鬼神、圣凡，莫不如此。精气在物，为其主宰，在人则为心中之心。后一心即心理性的心。在此意义上说，人人都是平等的，因为每个人都禀气而生，依心而为人。

既然如此，现实的人为什么有凡圣之别呢？这个问题中也隐含着康德式的问题：人有成圣的可能吗？如果有，是如何可能的？《管子》的答复清楚明白：人人都可以成圣。因为人人都藏有天所赐予的“精气”，它“藏于胸中，谓之圣人”[⑥]。也就是说，只要是禀天地而成的人，都藏有圣人，用今天的话来说就

---

①《管子·心术上》。
②《管子·心术上》。
③《管子·白心》。
④《管子·内业》。
⑤《管子·内业》。
⑥《管子·内业》。

是，有成圣的可能性，有圣人的种子。其内在机制和原理是“精存自生，其外安荣。内藏以为泉原（精藏于内即为生命的源泉），浩然和平，以气为渊。渊之不涸（不枯竭），四体乃固（精足则四肢坚固）。泉之不竭，九窍遂通，乃能穷天地（认识天地），被（普察）四海。中无惑意（无迷惑），外无邪菑（灾祸）。”[①]这颗“种子”在没有变成现实之前，尽管是潜在的，但也有它的存在形体，那就是以精气的形式存在，“是故民气，杲乎如登于天，杳乎如入于渊，淖乎如在于海，卒乎如在于己”[②]。也就是说，这气高远、幽婉、广阔，同时又切近。尽管有此种子，但在现实生活中，并非每个人都能成为圣人。原因何在呢？原因不在形体，而在心理。

接着，《管子·内业》对此做了具体的阐述：“凡心之刑，自充自盈，自生自成。”[③]这里的“刑”通“形”，全句的意思是说，心的形体、本性本来是自我充盈、自生自成的，但是一经生成之后，心所面对的环境、所受的来自主体的待遇是不同的，尤其是它的心理环境和待遇是各不相同的。如果一天到晚总是烦扰它、捣乱它，让它不停地往来于喜怒哀乐的状态，让利欲来熏染它，使之跟随五官的变化而川流不息，随物而转，那么它就违反了它的宁静的本性，背道而驰。如果是这样，这种心体、心态就会让相应的用伴随出现，例如，得到小智巧慧、小恩小惠，生活在人我是非之中，为鸡毛蒜皮的事、蝇头小利争来斗去，生活在喜怒哀乐、起伏不定的状态之中，想得到的得不到，终生碌碌无为，干不了大事。

相反，有一种人合道而行，按心的本性安心，依气的规律运行气，因此能让此心、此气由潜在的圣人变成现实的圣人。因为此气“不可止以力，而可安以德；不可呼以声，而可迎以音。敬守勿失，是谓成德。德成而智出”[④]。有德有智，然后凡夫便成为圣人。这句话的大意是说，成圣之种子或气，用强力是留不住的，只能顺其本性，用德来安顿它。而靠声音是没法让它停在身舍之内的，但却能用心意来安抚它，恭敬地守着它，不让其跑掉、失却，这就叫“成德”。德一成，便有智出，有德有智便为圣。质言之，为这种心提供它所必需的、与其本性一致的居住环境，即静、专一的环境，成圣的种子就会结出圣果来。千万不能提供纷

① 《管子·内业》。
② 《管子·内业》。
③ 《管子·内业》。
④ 《管子·内业》。

扰、杂乱的环境，因为后一环境是成凡的条件。《管子·内业》总结说：“凡道无所，善心安爱，心静气理，道乃可止。”“修心静意，道乃可得。”[①]意谓：只要用坚持不懈的精神去修养心意，让它安定下来，使之成为静心、定心、治心，而不让它流转于各种知觉和情绪状态之中，那么就有了道气生存的合适的条件，就有了成就圣人的条件。一言以蔽之，潜在的圣人变成现实的圣人、凡夫转为圣人的秘密和机制在于“心安”，因为“中不静，心不治”[②]，如果中静心治，定心得到了，“执一不失”，那么便水到渠成，圣人翩然而至。圣人一成，便无事不成，例如，“执一不失，能君万物。君子使物，不为物使”，“是故圣人与时变而不化，从物而不移……定心在中，耳目聪明，四肢坚固……气，道乃生，生乃思，思乃知，知乃止矣”。[③]这就是说，圣人专一而不失，因此能主宰万事万物。也即，君子能役使万物，而不会为其所役使。因此圣人能随时而变，又不为其所化；顺应事物之变迁，而不会为其所迁移。因为定心在中，因此耳聪目明，四肢坚固。总之，心一静，道以之为舍，人便进入了臻于至善的人生境界。

既然圣人的标志、特征，从体上来说，都不离心，因此要由凡转圣，当然要从内努力，使内在的条件得到满足。后者满足了，成圣便水到渠成。而满足内在条件的过程和方法可以用两个字来概括，那就是“治心”，即修治凡夫的心，使之成为圣人的心，使凡夫之心得到“大治”。怎样治心呢？

治心，可以从正反两方面来加以分析和阐述：一是从反面分析凡夫之心的表现及其根源。凡夫之心之所以是凡夫之心，关键在于它失去了平正，即不能在任何环境中保持专一和虚静，总处在上下起伏、波动不安之中，纷纷攘攘，乱成一团。“所以失之，必以喜怒忧患。”[④]也就是说，凡夫的心之所以不能平正，原因不在于不能自己做主，而在于总受制于感知觉的左右，受喜怒哀乐的影响。既然如此，就应从这里入手开始对其进行治疗。其方法是节制喜怒哀乐。怎样节制呢？“去忧莫若乐，节乐莫若礼，守礼莫若敬，守敬莫若静。内静外敬，能反其性。”[⑤]这就是说，节怒止恶，关键是靠音乐。而要防止陷入享乐，重要的

①《管子·内业》。
②《管子·内业》。
③《管子·内业》。
④《管子·内业》。
⑤《管子·内业》。

是要守礼，而要守礼就要做到笃敬。如果能外守笃敬、内修虚静，那么就能返回自己虚静灵明的本性。

总之，调整心态最重要的就是要让心静下来，让它处在它应处的“位”之上。这个位就是静。之所以要静，这是由心的阴性所决定的，性阴故静，违静而动，“动则失位”①。如果守住自己的阴、静之位，便能控制阳，就能制动。故可以说，“静乃自得”②。如果得静，便能使心专一；心专一，便能超然独立；而独立便能明察秋毫。这便进到了神明的境界。

圣人也是得道之人。这里的道是虚道，其大无外，其小无内，遍满一切。“遍流万物而不变。”③因此，它就是宇宙万物的本质。圣人之所以为圣人，就在于圣人是得道之人，彻底认识了道，并与它彻底同一，进而顺应它，于它不偏不颇。

怎样修身治心呢？管子的回答很简单，那就是要“白心”。为了说明这一点，《管子》一书专辟《白心》篇加以集中阐述。所谓“白心”，就是要通过一定的方法将心灵调适到清白、虚静、明朗、中正的状态。因为只有处在这样的心态，才能得福，才能“形性相葆”，即形全心顺，以至于长命百岁。怎样“白心”呢？首先，既要知道心之中正为最高价值，为最理想的状态，但又不能执意求取。因为一执意，便违背了中正。因此正确的动机和态度是“不中有中”，“有成”同时又“贵其无成”。④所谓“不中有中”，意即不刻意求取中正，反而可保持中正，在创造成就的过程中，心抛开有成无成的计较，反而能取得真正的成就。在知识、智慧、德行、名利面前都保持这种态度，守中守正，“持而待之，空然勿两之，淑然自清”⑤，意为保持中正的心态，以之接人待物、虚静自心，而忘人我是非，便能使神志洁然、清净，便能得到真正的知识、智慧和德行。如果走向任一极端，便贻害无穷。因为“思索精者明益衰，德行修者王道狭，卧名利者写生危，知周于六合之内者，吾知生之有为阻也”⑥，意即，思考越精细的人，越是不明智，而德行上修养越高的人，其王道越狭窄。计较名利的人，其危险一定多，知识丰富、无所不知的人，一定伤神过度，而且会到处碰壁。因为矜持自满，

---

①《管子・心术上》。
②《管子・心术上》。
③《管子・心术上》。
④《管子・白心》。
⑤《管子・白心》。
⑥《管子・白心》。

必带来很多凶险。

综上所述，修身贵在白心，而白心贵在心处中正，“淑然自清”①。怎样才能做到中正呢？方法、道路远在天边，近在眼前，那就是要“知道”“得道”。要“知道”，首先要转变价值观，真正认识到道是最高的价值。“道者，一人用之，不闻有余；天下行之，不闻不足。此谓道矣。小取焉则小得福，大取焉则大得福，尽行之而天下服。”②人人都可识道、悟道，绝不会因用、行的人多而不够用。只要行道，随着程度的加深就会得到不同的福祉，甚至得到延年益寿的效用。这正所谓：小行得小福，大行得大福，进一步，天下人皆得服。因为“今夫来者，必道其道，无迁无衍”③，意谓道的来到，有其固有的道路和规律，不改变，不拖延。怎样才能知道得道呢？答案是“和以反中，形性相葆。一以无贰，是谓知道。”④所谓“知道”，就是认识到这样的道理，即心性平和，直至返归中正，进而使形体健全、性命和顺、相谐统一，永远做到心意专一而不分散。所谓得道就是“责其往来，莫知其时，索之于天，与之为期，不失其期，乃能得之。”⑤意思是说，要得道，就要设法探求道的往来，知其时间，索之于天，专一等待，不失其期，进而持之以恒，便能得道。

第五节　庄子：“四六”心理与心灵转化

“四六”心理实即常人有而圣贤没有的心理。如果是这样，“人同此心，心同此理”这样的心理定则似乎就应重新予以思考。事实也是这样，庄子在剖析凡心和圣心的过程中，的确向传统和常识的心灵哲学提出了尖锐的挑战，例如，强调许多心理现象是可以人为地加以改变、转化的，有些甚至可以人为地加以灭除。相应地，一般人所没有的心理现象可通过适当的方式在有些人身上培养、塑造出来。庄子心灵哲学的另一特点是第一次提出了“精神”的概念。前此，把“精”与“神”两词分开使用极为常见，但合在一起作为一个范畴则是庄子的首创。他

---

①《管子·白心》。
②《管子·白心》。
③《管子·白心》。
④《管子·白心》。
⑤《管子·白心》。

所理解的精是微妙不可见的、与道相通的东西，而神则是它的妙用。他说：“夫精，小之微也……可以言论者物之粗也，可以意致者，物之精也。”[①]由这一规定所决定，精神可以是人心之规定性，也可以是天地的规定性。也就是说，精神既可以是心性的，也可以是属于天地的，如他说“独与天地精神往来”[②]。就人而言，庄子所说的精神指的是应该成就的、本然的一种状态，人的心应该发挥出来的妙用，就是自由。这也是人生最美好的状态。因为所谓自由，指的是自己决定自己、自己主宰自主、不由他物支配和限制的一种状态。要进入这种状态，关键在于“忘”“化”。所谓“忘”，就是要“忘乎物，忘乎天”，做到了这一点，也就是“忘己”，如能忘己，便可“谓入于天”[③]，从而使生道合一。所谓“化”，包括“观化”和“化己”。所谓观化就是观察外物时不随波逐流，仍能保持不动心之状态。所谓“化己”就是随物变化，这有点类似于佛教所说的“随缘行”，碰到任何东西都不执着。

庄子既大谈特谈精神、灵魂，又对圣之类的人格价值乐此不疲。因此可以肯定，庄子既有自己的心灵哲学，又有自己的圣学。不过，两者不是相互外在的，而是密切地联系在一起的，甚至可以说是统一的，前者是后者的基础和核心，因为庄子也是从心灵深处挖掘、探讨圣人的根据和成圣的机理及途径的。那么，什么是他心目中的圣人呢？

一、圣人：其鬼不祟，其魂不疲

庄子在《庄子·大宗师》中也对他心目中的理想人格做了描述。他用了很多词来表述自己的理想人格，如圣人、神人、至人、真人等。这些理想人格尽管有圆满程度的差别，但为了本书行文的方便，我们不做区别，把他们笼统看作圣人。在明确揭示了圣人的本质规定性的基础上，他又用了浪漫主义手法，描述了圣人那洒脱自如的形象和特点：高迈凌越、舒坦自得、自由自在、超凡脱俗、胸襟开阔、气度磅礴，“独与天地精神往来”。

圣人之所以为圣人，从体上来说，圣人已摆脱了凡俗之心，而建构出了道心。

---

① 《庄子·秋水》。
② 《庄子·天下》。
③ 《庄子·天地》。

他说：“圣人之心静乎，天地之鉴也，万物之镜也。夫虚静恬淡寂寞无为者，天地之平，而道德之至也，故帝王圣人休焉。”[①]在庄子看来，天道的本质在于无为，万物的本质也不例外，“夫虚静恬淡寂寞无为者，万物之本也”[②]。做人之道即成圣之道，如能做到心静无为、“休焉”即安心于此平静不动的境界，那么就进到了做人的最高境界，即为圣人。不过，圣人的“心静”不是为静而静，不是因为静有好处才去求，更不是处静时还有求，因为这种静不是真正的静，即使到了这样的静，也还算不上圣人。真正的圣人之静是“昧然无不静”，是无为之静，静前、静中、静后皆“昧然”，皆无为。

心有此体，与道合一，将有无穷的妙用，将把人带入最美妙的境界。而这些都是圣心之体在用上的标志和特征。

第一，“休则虚，虚则实，实则伦矣”[③]，意谓安心于静便能清虚如镜、映照万物，进而人便会充实，而充实就是完备。可见，圣人是充实而合道之人。如果成为圣人，将真有孔子所描述的那种结果发生：随心所欲而不逾矩。

第二，圣人“俞俞者，忧患不能处，年寿长矣”[④]。意思是，圣人总是悠然自得，不会受忧患的缠绕，且能长命百岁。

第三，圣人在任何时候都能心想事成，与人相处，能上敬下效。“明此以南乡，尧之为君也；明此以北面，舜之为臣也。以此处上，帝王天子之德也；以此处下，玄圣素王之道也。以此退居而闲游江海，山林之士服；以此进为而抚世，则功大名显而天下一也。”[⑤]

第四，由于得道，因此圣人能做到“与人和”“与天和”，而“与人和者，谓之人乐；与天和者，谓之天乐”[⑥]。简言之，圣人在与人、天打交道的过程中都能做到其乐无穷。

第五，圣人“无天怨，无人非，无物累，无鬼责”，“其鬼不祟，其魂不疲”。[⑦]圣人没有人我是非，没有烦心事，谁都不会为难他，其精神永远处在昂

①《庄子・天道》。
②《庄子・天道》。
③《庄子・天道》。
④《庄子・天道》。
⑤《庄子・天道》。
⑥《庄子・天道》。
⑦《庄子・天道》。

扬、振奋、不疲惫的状态。庄子说："圣人者，原天地之美而达万物之理。是故至人无为，大圣不作，观于天地之谓也。"[①]意谓：圣人是这样的人，他以效法天地的功德为根本，而与万物的自然本性相通达。因此至人无为，圣人不作，向天地之道看齐。

第六，从情感和死亡观上看，圣人超越常人的情感，游乎四海之外，甚至面对死亡也坦坦荡荡。庄子说："至人神矣！大泽焚而不能热，河汉冱而不能寒，疾雷破山、飘风振海而不能惊，若然者，乘云气，骑日月，而游乎四海之外，死生无变于己，而况利害之端乎！"[②]至人真是神奇啊！大草泽的焚烧不会使其感觉到热，江河即使冻结了，他也不觉得冷，疾雷摧毁了山脉，飓风掀翻了大海，他都不会感到惊恐。正因为如此，至人洒脱地生活于世，在生死面前也无动于衷。在《庄子·大宗师》这一篇中，庄子比较系统地表达了他的生死观："古之真人，不知说生，不知恶死。其出不欣，其入不距，翛然而往，翛然而来而已矣。不忘其所始，不求其所终。受而喜之，忘而复之。是之谓不以心捐道。"[③]古代的圣人不以生为乐，也不以死为可怕，不因为有生而欣喜，视死如归。甚至生也乐，死也乐，得也乐，失也乐，誉也乐，毁也乐，这才是顺天道而生。

第七，圣人大智若愚。庄子说："众人役役，圣人愚芚，参万岁而一成纯。"[④]意谓：众人忙忙碌碌，而圣人则表现得很愚钝，与万古不变的大道相糅合而整个地变得混混沌沌。

第八，圣人无烦无恼。之所以无烦恼，是因为圣人所看到的都是"一"，常人所看到的是是与非、好与坏的界限。而这些在圣人面前都消失了，因为"道通为一"。从道的观点看世界，世界万物没有彼此、是非、邪正之分，都是一，是等同的。因为"其分也，成也；其成也，毁也。凡物无成与毁，复通为一"[⑤]。意思是说，分离意味着新的组合，而新的组合又意味着有所毁坏，其实无所谓组合与毁坏，一切事物最终都是一样的。圣人不仅没有上述分别与界限，甚至也没有大与小、我与他、我与非我、我与世界的分别和界限。庄子说："天下莫大于

---

①《庄子·知北游》。
② [唐]成玄英：《庄子·齐物论》。
③《庄子·大宗师》。
④ [唐]成玄英：《庄子·齐物论》。
⑤ [唐]成玄英：《庄子·齐物论》。

秋毫之末……天地与我并生，而万物与我为一。”[①]所谓秋毫就是动物在秋天换出的新毛，它本来就小，其“末”当然更小。天下看起来大，但在圣人看来，其实并不比“秋毫之末”大。天地万物与我一样同生于无，因此同为一体。

第九，圣人的精神是绝对的善或自由，而自由是最高的价值之一。“泽雉十步一啄，百步一饮，不蕲畜乎樊中。神虽王，不善也。”[②]养在笼中的鸟尽管神气十足，但是不值得羡慕，因为它不“善”，即不自由、不好。真正的善、真正的好是能与天地精神自由自在地往来，能超越物质、形体，甚至超越肉体的小我，像鲲鹏一样，展翅、遨游于“无何有之乡”[③]。

二、“四六之心”与“蓬之心”及其清除机理

道家研究心主要服从于治心这一目的。因为人做得如何、活得怎样、是凡是圣、是福是灾，主要取决于心治得如何。而要治心，务须知人心的构成、本质特点。根据《庄子》，老子已回答了这一问题，例如，他认识到：“人心，排下而进上（排挤往下降，推进往上升），上下囚杀（被外物迫害）；淖约柔乎刚强（尽管柔弱，但足以克制刚强）；廉刿雕琢（尖锐足以雕琢器皿）；其热，焦火（有热量，如同火烧着）；其寒，凝冰（可冷，如同结冰）；其疾，俛仰之间，而再抚四海之外（速度极快，一低头、仰头便能至四海外，巡行两周）；其居也，渊而静（静止时如同渊水一般）；其动也，县而天（运动时，远玄如同天道一般）；偾骄而不可系者（世间难以拘系的东西），其唯人心乎！”[④]

庄子从价值论角度对心的本质特点的探讨还体现在对圣心和凡心的剖析之上，认为圣人可以说是没有四六之心和蓬之心的人，即通过适当的方法，将凡夫所拥有甚至生而即有的这些心理现象转化或去掉了。相反，凡心恰恰在于充满四六之心这样一些心理样式及特点。所谓四六之心指的是这样一些心理样式，它们共有四大类，每类又有六小类。《庄子》具体说明了“四六”，即勃志、缪心、累德、塞道四方面的各六项有害心理。六种“勃志”是贵、富、显、严、名、利。由于它们会让志动摇、悖乱，故被称作六种“勃志”。六种“缪心”是容（貌）、

① [唐]成玄英：《庄子·齐物论》。
②《庄子·养生主》。
③《庄子·逍遥游》。
④《庄子·在宥》。

（行）动、（颜）色、（纹）理、气（息）、（情）意。这六方面会窒息、束缚心灵，故说“缪心”。六种“累德”分别是恶、欲、喜、怒、哀、乐。六种“塞道”分别是（离）去、（趋）就、取（得）、（施）与、知（智虑）、（技）能。[①]圣心之所以不同于凡心，就是因为他们将这些心理都清除干净了，例如，分别用四种方法将四大类心理去掉了：第一，“彻志之勃”，即要彻底消除“勃志”，或“志”上的“悖乱”；第二，“解心之缪”（缪即谬，束缚），即解除“心缪”或束缚心灵的绳索；第三，“去德之累”，即去掉德行上的系累，即去“累德”；第四，更为根本的是要“达道之塞”，即要清除“塞道”，或“道”上的阻碍。

祛除“四六”的重要性在于：“此四六者，不荡（不扰乱）胸中，则正（心神即会端正）；正，则静；静，则明（心明眼亮、无不通达）；明，则虚；虚，则无为而无不为也。”[②]圣人之所以为圣人，就在于完成了上述心灵转化，使心由四六之心成了有正、静、明、虚、无为无不为特点的心，即不表现为四六之心，而表现为明净之心。这不是没有其可能性的，因为圣人事实上就完成了这样的转化。其内在的机制和原理是，人及其心像万物一样，其本质是自然无为的，与道本来是合一的。庄子承认，现实生活中的人是背道而驰的，因此大多都生活在凄惨、困窘、苦不堪言的状态之中。第一个表现是愚痴无比，例如，事物本有的用看不到，而其不存在的用或没有用的用又拼命求取，其结果不外乎是一场辛苦一场空。像惠子这样的所谓智者也不例外，有“大树”而不知其用，于是“立之涂”，即丢在大路上，连木匠都不屑一顾。惠子还曾得一个大葫芦，也觉得它没有什么用，于是把它击碎了。庄子说：“夫子固拙于用大矣。”[③]意思是说，惠子没有看到其用，不善于发挥其用。生活在背道、窘困的状态之中的第二个表现是“大知闲闲，小知间间。大言炎炎，小言詹詹。其寐也魂交，其觉也形开。与接为构，日以心斗……其杀若秋冬。”[④]意谓：那些似乎有大学问的人自以为是，目空一切，而那些小智小慧的人又在芝麻小事上与人计较不休。善于辩论的人气势夺人，不善辞令的人则啰啰唆唆。所有这些人都日夜紧张得不得了，睡着了也处在心烦

①《庄子·庚桑楚》。
②《庄子·庚桑楚》。
③《庄子·逍遥游》。
④［唐］成玄英：《庄子·齐物论》。

意乱之中，醒着更是四体如坐针毡。整天你来我往，是是非非，钩心斗角。这种状况对心的摧残就像秋冬的天气对生物的摧残一样。第三个表现是“与物相刃相靡，其行尽如驰而莫之能止，不亦悲乎！终身役役而不见其成功，苶然疲役而不知其所归，可不哀邪！……其形化，其心与之然，可不谓大哀乎？人之生也，固若是芒乎？”①人为了自己的所谓利益，与人、物相互争奇，刀刃相见，其行为没有停止的时候，这难道还不悲哀吗？终身忙忙碌碌，但又一无所获，耗尽心机，疲于劳役，而总是找不到自己的真正归宿，凄凄然如丧家之犬，真是太悲哀了！人从生到死，形体不断向衰老变化，其心也随之变化，这不更值得悲哀吗？人这样活一生，岂不是太愚痴了吗？

人生的现状为什么是这个样子？世代哲人智者都在思考这个问题，因而自然有许多不同的解答。有的人认为是由于“非彼无我，非我无所取”②，另外还有各家的说法。庄子认为，这些看法都“不知其所为使”③，即不知道其后面的真正原因、真正的决定力量。在庄子看来，众人之所以生活在“大哀”“芒乎”（愚痴）的状态之中，其根本原因就是迷失了每个人本有的真实或真君或自然无为的大道。“若有真宰，而特不得其眹。”④意思是，如果让真君出场，行使其主宰作用，那么就不会有那些令人悲哀的迹象、表现出现在自己的生活之中。人为什么有真君而又像没有真君、让其迷失了呢？

庄子通过对心身的形成的分析，深刻地揭示了其中的道理和原因。庄子说：“一受其成形，不亡以待尽……其形化，其心与之然……夫随其成心而师之，谁独且无师乎……未成乎心而有是非，是今日适越而昔至也。”⑤在庄子看来，人的形体是禀受天道或真君而形成的，形成后有一个由生长、壮大到衰老的过程。人心也不例外，也是这样形成和变化的。心、形本是因道而成，但在“成”的过程中，心在与外界打交道的过程中形成了自己的“师”，即世界观、价值观、是非观、幸福观、财富观等。只要是人，都有自己的“师”，智者、愚者没有例外。有此心、有此师之时，就是真君迷失之日，就是人的忧悲苦恼的生活开始之日。

---

① [唐]成玄英：《庄子·齐物论》。
② [唐]成玄英：《庄子·齐物论》。
③ [唐]成玄英：《庄子·齐物论》。
④ [唐]成玄英：《庄子·齐物论》。
⑤ [唐]成玄英：《庄子·齐物论》。

如果没有这个心，没有这个“师”，就不会有是是非非。

庄子还用比喻的手法说明了这样形成的心的特点和危害。首先，庄子认为，这种心是“蓬之心”[①]，即各种成见、主观偏见充塞之心，这些见、“师”像蓬草一样遮蔽、阻塞了本真的道或真实的显现，使其处在压抑、遮蔽的状态。其次，庄子还用“籁”说明了人的这种“成心”的特点。籁即箫，是由竹管制成的乐器。每个人的心就是一个独特的竹箫，它由许多管并排合成，管上又有许多孔。每一管、每一孔都有自己的声音，而合在一起又独成其声。因为“吹万不同”，即风吹千万个窍穴而声音不同，但合在一起又组成了自己的独特的声音。人心也是这样，每个人的心在不同时间和不同地点会有自己的独特表现，但总归是“使其自己”，即自己决定自己的、不同于他人的心。每个人之所以有自己的心、自己的“师”，又是因为有自己的“怒者”，即产生情感、认知、意志和外部言行反应的心，就像让竹箫之孔发出声音的“怒吼者”一样。这个怒者其实就是每个人所视之为真实的“我”。但在庄子看来，这是假我，不是真正的“萌”，即真正的产生万物的缔造者或真君。假我是“吾”要“丧”的“我”。一般的人，尤其是那些自命不凡的人所认识到的人、所体会到的心和我，都不是事物的本质、规律，不是真正的“萌”，故说他们“莫知其所萌”[②]。

庄子的这些分析和探讨表面上只涉及了做人的秘密的问题，其实触及了心灵哲学的深层次的问题，如两类价值不同的心理（圣心和凡心）的构成、内在本质和生成机理，值得当代心灵哲学进一步探讨。

三、“庖丁解牛”：成圣在于心“依理而行”

如前所述，一般的人之所以生活在悲惨的生存状态而不能自拔，根源在于“心之蓬”，即心受到了错误的思想、观念的污染和蒙蔽。因此能否摆脱这种状态而至圣道、能否完成养生的任务，关键就是看能否去心之蓬。庄子对此的回答是肯定的。因为一方面，心之蓬完全是人为的或心为的，就像竹箫所发出的声音取决于“怒者”一样。在心选择“师”的过程中，心是有很大的自由度的。之所以如此，是因为自由是心的本质。另一方面，古已有尧舜这样的圣人出现，这说明去

① 《庄子·逍遥游》。
② ［唐］成玄英：《庄子·齐物论》。

心之蓬有事实的可能性。

怎样成圣呢？庄子的基本观点是要抓住根本，而不能在枝叶上费周折。果能如此，便能收到纲举目张、一本万利的效果。《庄子·养生主》集中论述了这一点。从标题上就可以看出，要养生保生，颐养天年，关键是找到“主”，即主宰人的喜怒哀乐、祸福吉凶、生老病死的根本原则。是否抓住了根本，不是以自己的宣称为转移的，而是有客观的检验标准。例如，从人行善为恶时心里所想的，就可判断出来。如果做好事是为了名声，不做坏事是怕触犯刑法，那么就不能认为这个人得道了。反之，“为善无近名，为恶无近刑，缘督以为经，可以保身，可以全生，可以养亲，可以尽年”[①]。这里的“督”指人体中的督脉，贯穿人体上下。“经”是指纲纪。此句意为，做事做人要抓住纲纪、以根本原则为指导，因其自然。如果为善不是为了名声，不做坏事不是因为害怕受到刑法惩罚，只是随顺自然之道、将其作为生活的准则，那么便既可保身，又可全生，还可护持真君即大道，进而颐养天年。

庄子通过一则故事说明了应怎样去体悟“养生之主”。从前有一个厨工，名庖丁，他用他的刀为梁惠王解牛。解完后，他讲了自己为什么那么快将牛分解完，而又使其刀完好无损。梁惠王听后感叹道：“善哉！吾闻庖丁之言，得养生焉。”[②]意谓从庖丁关于解牛的言论中悟到了养生的真谛。这是为什么呢？要明白这一点，我们要弄清庖丁是怎样解牛的。他用的刀也是平常的刀，只是比较薄。但是，他在将牛迅速而准确地分解完后，不仅没有损坏刀，而且用完后其刀刃“若新发于硎”，即像刚磨过的。其秘诀何在呢？很简单，那就是“依乎天理，批大郤，导大窾，因其固然。”[③]意谓他之所以能迅捷地解好牛，而不损伤刀刃，最根本的是他认识了牛的基本结构和根本之所在，然后能“依乎天理”，“因其固然”，从筋骨间的空隙（大郤）处下刀，在骨节间的窍穴处行刀。因此“以无厚入有间，恢恢乎其于游刃必有余地矣”[④]。庖丁总结说：他之所以能如此，是因为“臣之所好者道也，进乎技矣”[⑤]，意谓：这是由于他“好道”，依道而行，

① 《庄子·养生主》。
② 《庄子·养生主》。
③ 《庄子·养生主》。
④ 《庄子·养生主》。
⑤ 《庄子·养生主》。

而不是得益于技术。因为“好道”是超乎（进乎）技术之上的。可见，养生之主、养生之根本在于“缘督以为经”“依乎天理”“因其固然”。[①]这“天理”“固然”就是道，就是虚静无为。因此做圣人的关键在于按万物的本然的寂静无为之理，去行无为之事。

既然成圣之关键在于依理而行，而行的方式多种多样，因此要成圣又必须在人的一切行持中将理贯彻落实到位。为此，庄子从不同的角度和侧面对之做了描述与说明。

首先，要从心上做起，因为养生的关键在于养神而非养形。正如薪火，燃烧的东西烧掉了，火还可以传下。养生也是如此，只要真君在，精神自由，形体有残缺也无所谓。这正是“指穷于为薪，火传也，不知其尽也。”[②]能不能保身、全生，关键不在于身体的状态，不在于身做了什么，而在于心是否合道，是否顺其自然。例如，做了坏事，如果不是有意的，不是故意去触犯刑律，那也是可以理解的；反过来，如果做了好事，其目的是为了某种功利，如图好名声，那也不一定就是好事。正所谓：“为善无近名，为恶无近刑，缘督以为经，可以保身，可以全生，可以养亲，可以尽年。”[③]做人的关键在于“缘督以为经”，即以身上贯穿上下的督脉为纲纪，一言一行要与道合，要“因其固然”“依乎天理”，不要带着人为的动机，更不要违背自然去行事。其基本观点是人的生存状态取决于心的状态。而心的状态不外乎两种：一种是“外于心知”[④]。所谓“外于心知”，就是让心往外驰骋，将心的“知”的功用发挥出来，逐物生起分别心，形成这样或那样的见识，亦即“其心之出，有物采之”[⑤]。这在表面上看是不可避免的，也是人不可缺少的。因为通过心的知，人们可以得到知识。但在庄子看来，这样做既会扰乱自己，与解脱之道背道而驰，又会扰乱社会，酿成社会大乱。庄子说：“故天下每每大乱，罪在于好知。”[⑥]心的另一种状态是“虚静”。庄子说：“惟道集虚，虚者，心斋也。”[⑦]在庄子的人生价值观中，这是人心从而也是人生最

①《庄子・养生主》。
②《庄子・养生主》。
③《庄子・养生主》。
④《庄子・德充符》。
⑤《庄子・天地》。
⑥《庄子・胠箧》。
⑦《庄子・人世间》。

佳的状态，也是心本来所在的状态。他说：“圣人之心静乎，天地之鉴也，万物之镜也。夫虚静恬淡寂寞无为者，天地之平而道德之至也，故帝王圣人休焉。”①这有点接近于佛教所推崇的“大圆镜智”。因为庄子也是倡导：要进入虚静的心态，就要让心像镜子一样，照物不动，逐镜不乱，永葆寂寞无为之状态。

其实，人获得这种状态是不难的，因为虚静本来就是心原有的状态。只是由于人不适当地发挥了自心的作用，逐物生知，使自己迷失了本心。因此致虚其实是人心返回本来属于自己的精神家园。

其次，要在心中做到无待与无己。如前所述，最美妙的精神境界是自由自在、无拘无束的精神境界，而这是一般常人所不可企及的。之所以如此，是因为他们有包袱，有依赖，有对人与非人、人与物的区分和对待，即“有待”。“有待”之人，即使能得到幸福，也只能是很有限的、不彻底的幸福。要得到真正的幸福，要成为一个“游无穷者”，要能“乘天地之正，而御六气之辩”②，就必须做到“无待”，即没有人我的对立和对待，无所牵挂，无所依赖。而要如此，又必须做到“无己”“无功”“无名”。因为没有自我的分别和牵挂，连自我都不放在心上，去我顺物，不求有功，不求名气，还有什么理由不逍遥呢？自由之境界不就自然来到眼前了吗？因此要成为至人、圣人，关键是要“无己”。“故曰：至人无己，神人无功，圣人无名。”③

最后，庄子还具体探讨了依理而行的心理操作方法。庄子借用孔子之口，表达了自己调心、治心的一个基本方法：心斋。所谓“心斋”之“斋”不是祭祀之斋，而是在自心中实施的斋戒，其目的是涤除心中的欲念，最终使心灵进入灵明虚静的状态。因此所谓心斋实即静其心、虚其心，让心静下来、停下来。例如，在用耳与外界打交道时，也可进行心斋的操作：“若一志……听止于耳，心止于符。气也者，虚而待物者也，唯道集虚。虚者，心斋也。”④意谓：要使心专一不移，耳与声音接触时，人有听，在听时，耳听到了，不要再进一步分别，心在这里也应到此为止。“符”即接合之意，听觉与外物相交感。心听到后要做到不动心，对境莫任心，对心莫认境。这就是虚静之道，也是心斋之法。心斋的方法

①《庄子·天道》。
②《庄子·逍遥游》。
③《庄子·逍遥游》。
④《庄子·大宗师》。

很多，坐忘就是其中之一。庄子强调："坐忘"的方法可帮助提升功夫以进入虚静的与道合一的境界。什么是坐忘呢？所谓坐忘，就是在静坐的过程中，逐渐让心中的一切观念、欲念乃至关于心的意识静下来，甚至不复存在。

心灵转化必不可少的工作是处理好有为与无为的关系，其基本原则是于有为中行无为，因为人不可能不作为。但在这个过程中，有两种态度：一是凡夫的执着的、功利的态度；二是圣人的无为的态度，即在行有为之事如行善为贤时，保持平常的心态，不强作强为，无累于心。《南华真经义海纂微》云："不免于有为，有为之极复归无为……圣之在神，有为在无为……迹虽有为，但无累于心。""无为者，以有为为累，有为者，以无为为宗，方其有为也。"[①]例如，行贤是有为，其无为的操作就是不要有执着，不生分别之心，如分别自己是不是贤，更不能以贤者自居。据《庄子·山木》载，当杨朱听闻老子关于"不欲见贤""上德不德""为而不恃，功成而不居"等的教诲后，即付诸行动。并从行动中引申出了"行贤而去自贤之心"[②]的结论，要弟子努力行善为贤，但又不以善、贤自居，不自诩为贤。

第六节 《淮南子》与王充：治心在于返性

本节的任务是考释汉代刘安等所著的《淮南子》和王充的有关论著中所做的价值性心灵哲学探究。

一、《淮南子》：心无所载为真人之道

这里先考察《淮南子》的价值性心灵哲学探索。该书是西汉淮南王刘安带领门客集体完成的一本以老庄思想为基础，糅合了儒、墨、法、阴阳众家思想的哲学巨著。在回答价值性心灵哲学的问题时，基于对圣人之心的剖析，其不仅系统论述了人应成就的圣心的标志性特点，而且探讨了凡心转化为圣心的内在机理、原理，探讨了具体的转化方法，认为心灵转化之所以可能，完全是由心的性、道

① ［南宋］褚伯秀：《南华真经义海纂微》，载胡道静、陈莲笙、陈耀庭选辑：《道藏要籍选刊（二）》，上海古籍出版社 1989 年版，第 270 页。
②《庄子·山木》。

或本质所决定的，因为平、静、虚就是心道之素。该书说：“平者，道之素也；虚者，道之舍也。”[①]要让凡心合道返性，关键是要原天命、治心术（调整好心理行为）。

《淮南子》看到：《诗经》早就包含有“圣人论”的思想。根据这一圣人说，圣人的特点是心凝结不动，故《诗经》曰：“淑人君子，其仪一兮；其仪一兮，心如结兮。”[②]这就是说，人做得如何，完全由心所决定，因此要建立圣学，首先要关注的是心，而心一直以来幽隐难解。为此，《淮南子》把揭露心的本来面目这一工作放在了突出的地位。刘安深知，要完成这样的任务，必须用描述现象学的方法，把显现给我们人的心的“地形”、“地貌”、性、相、用等弄清楚。根据对它的勘探和扫描，心可以被这样予以描述：“发一端（从一端点出发），散无竟（可以发散至无止境之地）；周八极（周遍八方），总一管（总结于一个洞管之中），谓之心。”[③]心也可称作精神。所谓精神，其本义是精微之气。如果是这样，精神就不是人所独有的，如天上就是如此。《淮南子》说：“是故精神天之有也。”[④]

由于心有散无竟、周八极的功能和特点，因此它对人之为人、对人的生存状态就有决定性的作用。例如，人之所以有凡夫与圣贤的差别，就在于他们的用心不同。圣人之所以为圣人，就是因为他把心塑造成了圣心。其标志性特征有很多：第一，“怀天心”[⑤]。这里的心没有心理学意义，指万物的核心、关键、根本。第二，“圣人心平志易，精神内守，物莫足以惑之（物不能使之迷惑）”[⑥]。相应地，圣人心胸等虚空，真正让心的散无竟、周八极的特点发挥至极致。“故大人者，与天地合德、日月合明，与鬼神合灵，与四时合信（一起循环往复）。故圣人怀天气（天地阴阳正气），抱天心，执中含和。”[⑦]第三，圣心没有凡心的起伏波动性，因而平静；没有凡夫的那些负面有害的心理，自然妙应万物，因此积极而健康。其原因是，圣心完全合道，或将心的虚静的本质完全表现出来了。

---

① [西汉]刘安：《淮南子·诠言训》。
②《诗经·曹风·鸤鸠》。
③ [西汉]刘安：《淮南子·人间训》。
④ [西汉]刘安：《淮南子·精神训》。
⑤ [西汉]刘安：《淮南子·泰族训》。
⑥ [西汉]刘安：《淮南子·氾论训》。
⑦ [西汉]刘安：《淮南子·泰族训》。

《淮南子》说："体道者，不哀不乐，不怒不喜，其坐无虑，其寝无梦，物来而名，事来而应。"[①]也可以这样表述：圣心"恬然无思，澹然无虑，以天为盖，以地为舆（车厢），四时为马……是故疾而不摇（动摇），远而不劳，四支不动，聪明不损，而知八纮九野之形埒者（构形和界域）"，能"游于无穷之地"。[②]为什么能如此，是因为他们证道、得道，"执道要之柄（道的要领、实质）"[③]。其机理和妙用在于：体道者必富。"体道者逸而不穷。"[④]尽管安逸，但绝不穷困，甚至无生无死。质言之，体道心平是一种无祸福、绝对美妙、幸福的至神境界。"死生无变于己，故曰至神。"[⑤]第四，圣人有漠然无为而无不为的特点。"是故圣人内修其本，而不外饰其末；保其精神，偃其智故；漠然无为，而无不为也，澹然无治也，而无不治也。所谓无为者，不先物为也；所谓无不为者，因物之所为。所谓无治者，不易自然也；所谓无不治者，因物之相然也。"[⑥]第五，在圣人有无情感表现这一问题上，《淮南子》坚持圣人无情说。情是性之动，在成圣过程中都有害，都应当除灭。再者，圣心绝对合于万物虚静的体性，不会有动的表现。"夫喜怒者，道之邪（偏离了道）也；忧悲者，德之失也；好憎者，心之过也；嗜欲者，性之累（牵累）也。人大怒破阴（破坏体内阴气），大喜坠（挫伤）阳，薄气（阴阳之气冲突）发喑（使人变哑），惊怖为狂，忧悲多恚，病乃成积。"[⑦]这些心理的根源是神越、滑心。"神越（不守宁静）者其言华，德荡者其行伪（虚伪）。至精（纯粹的精）亡于中（心中），而言行观（表现）于外，此不免以身役物（成为外物的奴仆）……精有湫（穷）尽，而行无穷极，则滑心浊神（心散乱、精神污浊），而惑乱其本（本性、静心）。"[⑧]这样的人没有"须臾恬淡"[⑨]。相反，圣人由于得道，因此无忧乐、嗜欲、好憎，不躁不娆，这些都是得道的德、虚、平的表现。《淮南子》云："心不忧乐，德之至也；嗜欲不载（不产生），虚之至也；无所好憎，平之至也；不与物散（不与外物混

① [西汉]刘安：《淮南子·缪称训》。
② [西汉]刘安：《淮南子·原道训》。
③ [西汉]刘安：《淮南子·原道训》。
④ [西汉]刘安：《淮南子·原道训》。
⑤ [西汉]刘安：《淮南子·精神训》。
⑥ [西汉]刘安：《淮南子·原道训》。
⑦ [西汉]刘安：《淮南子·原道训》。
⑧ [西汉]刘安：《淮南子·俶真训》。
⑨ [西汉]刘安：《淮南子·俶真训》。

杂），粹（纯粹、纯洁）之至也……其魂不躁，其神不娆（烦躁）；湫漻（清静）寂寞（恬淡），为天下枭（雄）。”[①]嗜欲、情动是人之大祸的根源，“嗜欲者，使人之气越；而好憎者，使人之心劳”[②]。“好憎者，心之暴也。”[③]同理，大怒、大忧、大怖都是有害心理，圣人没有这些心理。之所以如此，不是因为圣人一点一点地将它们清除掉了，而是因为圣人息末崇本，因为他“除秽去累，莫若未始出其宗（一开始就没离开宗旨），乃为大通”[④]。到了这一步，就无为而不为。例如，“清目而不以视，静耳而不以听，钳口而不以言，委心而不以虑，弃聪明而反太素，休精神而弃知故；觉而若昧，以生而若死”，一切“一体也”。[⑤]这些论述无疑表达了一种以恬静为最佳的心态观，换言之，《淮南子》在最佳心态、心境问题上的观点是恬淡、清静为最佳，散乱有害。

尽管《淮南子》认为圣人无情，但并不绝对认为圣人无乐，而强调圣人的乐是至乐。“天下之要，不在于彼而在于我，不在于人而在于我身，身得则万物备矣。彻（通达）于心术之论，则嗜欲、好憎外矣（都会离我去）。”[⑥]圣人之乐的特点是没有快乐，无所谓乐不乐。“能至于无乐者，则无不乐；无不乐，则至极乐矣。”[⑦]无所乐则无不乐，无不乐是最高的快乐。无为就是至乐，其心境是“无所喜而无所怒，无所乐而无所苦，万物玄同也。”“天下之于我，岂有间哉？”[⑧]如果我与天下玄同，没有间隔，“全其身，则与道为一”[⑨]，那么就是至乐。这种乐不根本有别于凡夫的“悦于目”“悦于心”的乐，也不以富贵为基础，因此圣人可以以安贫乐道为乐。“悦于目，悦于心，愚者之所利也（凡愚认为这种乐有利），然而有道者（得道者）之所辟（避）也。”[⑩]由于“圣人全身，与道为一”，因此其就能避祸得福。“圣人者，常从事无形之外（没有形成之前），而不留思尽虑于成事之内（不在已成的事情上计较），是故患祸弗

① [西汉]刘安：《淮南子·原道训》。
② [西汉]刘安：《淮南子·精神训》。
③ [西汉]刘安：《淮南子·精神训》。
④ [西汉]刘安：《淮南子·精神训》。
⑤ [西汉]刘安：《淮南子·精神训》。
⑥ [西汉]刘安：《淮南子·原道训》。
⑦ [西汉]刘安：《淮南子·原道训》。
⑧ [西汉]刘安：《淮南子·原道训》。
⑨ [西汉]刘安：《淮南子·原道训》。
⑩ [西汉]刘安：《淮南子·人间训》。

能伤也。”[①]在利与害的问题上，圣人也不同于凡夫，例如，“众人皆知利利（利有利），而病病（病有害）也，唯圣人知病之为利，知利之为病也”[②]。其事例比比皆是，例如，盗墓得利，其家必殃。圣人承认有富贵，承认它们有价值，但认为富贵不在于有官爵和财富。“至贵不待爵，至富不待财……无累之人，不以天下为贵矣。”[③]在圣人的价值观中，最宝贵的东西是道、虚无。“子罕不利（不重视）宝玉，而争券契者愧矣。”“圣人食足以接气（足以维持气血运行就足够了），衣足以盖形，适情不求余（不贪求多余），无天下（没有掌控）不亏（不损伤）其性，有天下不羡其和。有天下，无天下，一实也。”[④]意为有无这些东西是一个样子。

《淮南子》认为，圣贤是有差别的，贤者，如颜回、子贡、子路，特点要么只是仁、辨，要么只是勇。而圣人除了具备上述特点之外，还同时能忍、讷（不善言辞）、怯。孔子就是如此，“仁且忍，辨且讷，勇且怯”[⑤]。从整体上看，圣人形、气、神完美统一。“夫形者生之舍也，气者生之充（根本）也，神者生之制（主宰）也，一失位，则三者伤矣。是故圣人使人各处其位，守其职，而不得相干也。”[⑥]由于三者同等重要，因此圣人总是善养三者。“是故圣人将养其神，和弱（柔和）其气，平夷其形，而与道沉浮、俯仰。”[⑦]血气专于五脏而不外越，“则精神盛而气不散矣。精神盛而气不散则理，理则均，均则通，通则神，神则……忧患不能入也，而邪气不能袭”[⑧]。其养神的方法是以无应有。“形劳而不休则蹶，精用而不已则竭……是故圣人以无应有……魂魄处其宅，而精神守其根，死生无变于己，故曰至神。”[⑨]

总之，《淮南子》表达了这样的圣人观：“圣人内修其本，而不外饰其末；保其精神，偃其智故，漠然无为而无不为也”；“圣人守清道而抱雌节，因循应变，常后而不先；柔弱以静，舒安以定”；“圣人不以身役物，不以欲滑和”；

---

① ［西汉］刘安：《淮南子·人间训》。
② ［西汉］刘安：《淮南子·人间训》。
③ ［西汉］刘安：《淮南子·精神训》。
④ ［西汉］刘安：《淮南子·精神训》。
⑤ ［西汉］刘安：《淮南子·人间训》。
⑥ ［西汉］刘安：《淮南子·原道训》。
⑦ ［西汉］刘安：《淮南子·原道训》。
⑧ ［西汉］刘安：《淮南子·精神训》。
⑨ ［西汉］刘安：《淮南子·精神训》。

“圣人将养其神，和弱其气，平夷其形，而与道沉浮俯仰”。[①]“圣人者，不耻身之贱，而愧道之不行；不忧命之短，而忧百姓之穷。”[②]

尽管圣心很美妙，将一切最美好的价值包揽无余，但问题是，一般的人能进入这种心境吗？或者说，凡心转化为圣心有无可能性？《淮南子》的肯定回答的根据是这是由心的性、道所决定的，或者说是由心的本质所使然。

我们知道，《淮南子》中所说的“性”字有多义：一指生命，如天下常人的“养性”，即养命，所谓养性或养命就是以五味塞于口；二指生，或产生、生成；三指德，即道之用；四指事物生而即有的本质。我们这里说的心性就是这第四种意义的性。人心的本质或“性”是什么呢？《淮南子》赞成道家的观点，认为心性本静。“人生而静，天之性也。”[③]这个本质同于天地的本质，即同于道。从性与道德的关系上说，道是本体，德为用，如得道而生即为德；性则是道德的体现，或因道德而有的本性。凡心之所以能转化为圣心，是因为一切心都有本净本寂的性。圣人之所以成就圣心，就是因为他让他的这个本质变成了现实。《淮南子》云：“古之圣人，其和愉宁静，性也；其志得道行，命也。”[④]

既然人心之性为静，因此养生即养性，即要回归此性，让性“得其宜”。“静漠恬澹，所以养性也。和愉虚无，所以养德也。外不滑（乱）内，则性得其宜。性不动（扰）和，则德安其位。”[⑤]要让心的本性得到实现，关键是依道而行，或返回道本。道的本性是平、素、虚。让心回归这种状态就是合道。“节欲之本，在于反性；反性之本，在于去载；去载则虚，虚则平。平者，道之素也；虚者，道之舍也……抱神以静，形将自正。”[⑥]

要完成从凡心向圣心的转化，进而转凡成圣，必须在灵魂深处“闹革命”，这里关键是节制欲求，使心平和。《淮南子》云：“理情性，治心术；养以和，持以适；乐道而忘贱，安德而忘贫；性有不欲，无欲而不得（由于不求于外，因此没有什么欲求是不能满足的）；心有不乐，无乐而不为。无益情者不以累德，

① [西汉]刘安：《淮南子·原道训》。
② [西汉]刘安：《淮南子·修务训》。
③ [西汉]刘安：《淮南子·原道训》。
④ [西汉]刘安：《淮南子·俶真训》。
⑤ [西汉]刘安：《淮南子·俶真训》。
⑥ [西汉]刘安：《淮南子·诠言训》。

不便于性者不以滑和。”[①]之所以要如此治心，是因为心的本质就是道，道的本质就是平和，它无说、无言、无动、无造作。当然，它又有这样的特点：“不言而信，不施而仁，不怒而威，是以天心动化者也。”[②]和平的表现是“与天地合德、日月合明、鬼神合灵，与四时合信。”[③]故圣人的心治根本上就是顺自然之性，依理而制心。“至人之治也，心与神处，形与性调，静而体德，动而理通，随自然之性，而缘不得已之化，洞然无为，而天下自和。”[④]这种对心的治理如同对大国的治理，即都是无为而治。《淮南子》云：“人主之术，处无为之事，而行不言之教；清静而不动，一度（统一法度）而不摇（不变）；因循而任下，责成而不劳。”[⑤]“君人之道，处静以修身，俭约以率下。静则下不扰矣，俭则民不怨矣。”[⑥]总之，圣人一定是无为而无不为的人。对于无为，《淮南子》的阐释别具一格，认为“无为”不是指绝对空掉一切、视一切有为为无益之举。不是“寂然无声，漠然不动，引之不来，推之不往”[⑦]，而是认为，无为即按道办事，有为即违道。例如，神农、尧、舜、禹、汤都是圣人，都是行无为之道的典范。他们不是什么都不做，而是按规律去做。“劳形尽虑，为民兴利除害而不懈。”[⑧]这就是他们的无为。

要依道治心，使其“道通”，得做好四件事：一是要“原天命”，即不迷惑于祸福；二是要“治心术”，即调整好自己的心理行为，如不妄喜怒；三是要（调）理好憎；四是要（调）适性、情。[⑨]如果说治心有牛鼻子的话，那么知一、知道就是这牛鼻子。“所谓真人者，性合于道也。故有而若无，实而若虚；处其一，不知其二；治其内，不识其外。明白太素（明亮、清白、一尘不染），无为复朴（返璞归真），体本抱神，以游于天地之樊（无边无际的境地），茫然徜徉于尘垢之外，而逍遥于无事之业……廓惝而虚，清靖（静）而无思虑。”[⑩]知一、知

① [西汉]刘安：《淮南子·精神训》。
② [西汉]刘安：《淮南子·泰族训》。
③ [西汉]刘安：《淮南子·泰族训》。
④ [西汉]刘安：《淮南子·本经训》。
⑤ [西汉]刘安：《淮南子·主术训》。
⑥ [西汉]刘安：《淮南子·主术训》。
⑦ [西汉]刘安：《淮南子·修务训》。
⑧ [西汉]刘安：《淮南子·修务训》。
⑨ [西汉]刘安：《淮南子·诠言训》。
⑩ [西汉]刘安：《淮南子·精神训》。

道的妙用在于：“能知一，则无一之不知也；不能知一，则无一之能知也。”[①]因为“天地运而相通，万物总而为一”，如此知，即为圣人，“能得本知末者，其唯圣人也”。[②]

依道而行，就是要让心恬、漠。“是故达于道者，反于清静；究于物者，终于无为。以恬养性，以漠处神，则入于天门。所谓天者，纯粹朴素，质直皓白，未始有与杂糅者也。”[③]天门即天然的境界、与道合一的境界。只要把心调好了，就可进入，如让性情恬淡、让神淡漠。

与道合一或近道是有标准的。具备了下述五个标志，就意味着近道了：“大道无形，大仁无亲，大辩无声，大廉不嗛（不贪食），大勇不矜（不骄傲）。”[④]这五者都做到了，就近于证道。这里关键是要做到性合于道。其表现是“诚达于性命之情，而仁义固附矣……若夫神无所掩，心无所载，通洞条达，恬漠无事，无所凝滞，虚寂以待，势利不能诱也，辩者不能说也，声色不能淫也，美者不能滥也，智者不能动也，勇者不能恐也。此真人之道也。”[⑤]

当然，证道返性不是那么容易的事情，必须通过漫长艰辛的心理革命才能完成。首先，要将凡心加以转化，必须知道特定的“游心”、用心方法。往圣的游心方法是超然独立、卓然离世。“君子有能精（精进）摇摩监（反复磨炼），砥砺其才，自试神明（使自己神明），览物之博，通物之壅（通塞），观始卒（终）之端，见无外之境，以逍遥仿佯于尘埃之外，超然独立，卓然离世，此圣人之所以游心。”[⑥]

圣人的安心方法尽管也是让神居灵府，但归于道。“是故圣人托其神于灵府（心宅），而归于万物之初。”“动溶于至虚，而游于灭亡之野……是故虚无者道之舍，平易者道之素（本色）。”[⑦]要得道返真，必须绝圣去智，因为“道有智则惑，德有心（意念）则险，心有目（成见）则眩（惑乱）”[⑧]。

《淮南子》提出了心灵转化的“三全”方法：第一，要有统揽全局、放眼世

---

① [西汉]刘安：《淮南子·精神训》。
② [西汉]刘安：《淮南子·要略》。
③ [西汉]刘安：《淮南子·原道训》。
④ [西汉]刘安：《淮南子·诠言训》。
⑤ [西汉]刘安：《淮南子·俶真训》。
⑥ [西汉]刘安：《淮南子·修务训》。
⑦ [西汉]刘安：《淮南子·俶真训》。
⑧ [西汉]刘安：《淮南子·主术训》。

界的心；第二，以道为基础的“术”，其特点是“见本而知末，观指而睹归，执一而应万，握要而治详”；第三，“道”之知，“居智（知）所为（居住时知所为），行智所之，事智所秉，动智所由，谓之道”①。能做到“三全”，就能无为而无不为，就能处理好一切关系，如祸福、得失、益损、利害、功罪、取予、远近、誉毁、徐疾、赏罚、成败等。

二、王充：圣人不在于有特殊的外在形相

王充，东汉唯物主义哲学家，自认为“违儒家之说，合黄老之义”②，以道家的自然无为为立论宗旨，以“天”为天道观的最高范畴，认为宇宙万物由元气、精气和气所构成。其思想虽属道家，但与先秦的老庄思想有严格的区别，虽是汉代道家思想的主张者，但却与汉初王朝所标榜的“黄老之学”以及西汉末年民间流行的道教均不同。其代表作有《论衡》等。

王充也有自己的圣学。我们知道，在中国古代，如汉代，有这样一种揭示圣人特点的倾向，即注重研究圣人特殊的生理特点，如探究圣人骨相上的特点。有观点认为，“黄帝龙颜，颛顼戴午，帝喾骈齿，尧眉八采，舜目重瞳，禹耳三漏，汤臂再肘，文王四乳，武王望阳，周公背偻”③。王充作为一个喜欢否定一切的人，在此问题上同样表现出了批判精神，他说：“颛顼戴午，尧舜必未然。”④许多人有圣人的骨相，但事实上并不是圣人。例如，“虞舜重瞳，王莽亦重瞳”⑤，但后者不是圣人。“颜渊庶几，不似孔子。有若恒庸，反类圣人。”⑥意为颜渊是复圣，但形相不像孔子；有人则相反，像圣人，但始终平庸。王充认为，从外在形相上区分凡圣是不妥的，将碰到大量的反事实。根据他的看法，凡圣的区别在于：“骨性诡”，即内在气质隐秘；“知德殊”⑦，即知见和品德特殊。不过，他的思想也有矛盾的一面，例如，在后期作品《骨相》中他又承认圣人有骨相上的特征，如认为刘邦、吕雉、陈平、韩信等都有特殊的骨相。

---

① [西汉]刘安：《淮南子·人间训》。
② [东汉]王充：《论衡·自然》。
③ [东汉]王充：《论衡·骨相》。
④ [东汉]王充：《论衡·讲瑞》。
⑤ [东汉]王充：《论衡·讲瑞》。
⑥ [东汉]王充：《论衡·讲瑞》。
⑦ [东汉]王充：《论衡·讲瑞》。

对于儒家的圣人论，王充有这样的概括：“儒者论圣人，以为前知千岁，后知万世，有独见之明，独听之聪，事来则名，不学自知，不问自晓。”[①]尽管他承认圣人在认知上的独到之处，但并不认为他们有不学自知的特点。

第七节　魏晋玄学的圣心理学贡献

玄学即玄远之学，以祖述老庄立论，把《老子》《庄子》《周易》称作“三玄”，产生、发展于魏晋，主要代表人物有何晏、王弼、阮籍、郭象等。魏晋玄学由于崇尚老庄且做了解说和发挥，故又被称作新道家。其哲学上的贡献是使许多问题成了真正的哲学问题，如才性、性情和圣人问题等。这些贡献“不仅丰富了哲学的内容，而且提高了哲学的水平”[②]。汤用彤说：“道家老庄与佛家般若均为汉晋间谈玄者之依据。其中心问题，在辨本末、有无之理。”[③]“夫玄学者，乃本体之学，为本末有无之辨。”[④]玄学与汉学的区别在于：“玄学盖为本体论，而汉学则为宇宙论或宇宙构成论。玄学主体用一如……汉学主万物依元气而始生，元气永存而执为实物。自宇宙构成言之，万物未形之前，元气已存。万物全毁之后，元气不灭。”[⑤]据此，体用分为两截，因为汉学承认万物（用）之外另有别体。玄学的贵无论以无为本。尽管玄学都重视对圣学特别是圣心理学的探讨，但其内容又有一些差别，例如，王弼、何晏“其形上之学在以无为体，其人生之学以反本为鹄”[⑥]；郭象、向秀的玄学，“其形上之学主独化，其人生之学主安分”[⑦]。

就圣人问题而言，汤一介先生说：在儒家那里，圣人问题“本不成为问题”，“但是看到了汉魏之际，儒家思想衰落，因而‘什么样的人才是圣人’，‘圣人应具备什么样的人格’，也就成了问题”。[⑧]它所关注的圣人问题尽管涉及很广

① [东汉]王充：《论衡·实知》。
② 汤一介：《郭象与魏晋玄学》，北京大学出版社 2000 年版，第 30 页。
③ 汤用彤：《魏晋玄学论稿》，上海古籍出版社 2001 年版，第 44 页。
④ 汤用彤：《魏晋玄学论稿》，上海古籍出版社 2001 年版，第 53 页。
⑤ 汤用彤：《魏晋玄学论稿》，上海古籍出版社 2001 年版，第 60 页。
⑥ 汤用彤：《魏晋玄学论稿》，上海古籍出版社 2001 年版，第 45 页。
⑦ 汤用彤：《魏晋玄学论稿》，上海古籍出版社 2001 年版，第 47-48 页。
⑧ 汤一介：《郭象与魏晋玄学》，北京大学出版社 2000 年版，第 25 页。

泛的问题，但核心不外乎是从价值论角度探讨人的心理现象，着力揭示圣人心理的本质和标志性特征以及成就圣人的心理机制。

一、圣心俯仰万机而淡然自若

在圣人的标志性特征问题上，尽管玄学在形式上像儒家一样认为，圣人有内圣和外王两大特点，但赋予了其新的内容。例如，认为内圣即内心的空无，外王即行王者之道；在如此行时，顺乎自然，心无所主，若天之至公；察察为政，则未免于私。

王弼在这里的最大贡献是融合儒道，建立了自己的新的圣人论。汤用彤说："王弼会合儒道最著之处为圣人观念。"[①]根据汤用彤先生的梳理，王弼的圣人理论有如下要点：首先，真正的圣人是孔子，而非老子，因为圣人以无为本。无不可训，故不说也。老子大谈无，说明他没有真正悟透无，因为无不可言。孔子不言无，只言有，说明他参透了无，因此孔子是真圣人。其次，王弼所欣赏的圣人的一个特点是"神明知几"。"几者谓变化之至也。至者指恰当至之时，不在事后，亦不在事先也。""圣人则天之德，神与道会，天道变化，圣人神而明之，与之契合。"[②]因此圣人神知的特点是"神知当机"[③]。"圣人通远虑微，应变神化，浊乱不污能其洁，凶恶不能害其性。"[④]在王弼看来，圣人在认知、智慧、为人处世等方面都有其不共的特点。他说：圣人"避难不藏身，绝物不以形也"[⑤]，"穷易简之理，尽乾坤之奥，必圣人乃能耳"[⑥]。之所以如此，是因为圣人达到了"体无"的高度。最后，圣人必内圣而外王，在行王者之道时，以道治世。"圣人之于天下，歙歙焉心无所主。夫心无所主者，若天之至公，察察为政，则未免于私也。""圣人以无名不偏之德，行至公自然之治，无毫末之私，不自有其身，百姓日用而不知，故自成大功，自致太平也。""王弼谈治，以因为主……然其所谓因者，非谓因袭前王，而在顺乎自然也。"[⑦]

---

① 汤用彤：《魏晋玄学论稿》，上海古籍出版社 2001 年版，第 87 页。
② 汤用彤：《魏晋玄学论稿》，上海古籍出版社 2001 年版，第 88 页。
③ 汤用彤：《魏晋玄学论稿》，上海古籍出版社 2001 年版，第 88 页。
④ [南朝梁]黄侃：《论语阳货第十七疏》，《论语义疏》卷 9。
⑤ [南朝梁]黄侃：《论语阳货第十七疏》，《论语义疏》卷 9。
⑥ [唐]孔颖达：《诗经疏・周颂・天作》。
⑦ 汤用彤：《魏晋玄学论稿》，上海古籍出版社 2001 年版，第 90 页。

三国时期的刘劭在融合儒道思想的基础上也从价值论角度探讨了圣人心理及其本质特点。汤一介概括说：“刘劭一方面仍推崇尧舜为圣人，而圣人是明易象、叙诗书、制礼乐，而行道德教化于天下者；另一方面又认为圣人中庸无为，无适无莫，其质无名，中和平淡，是‘静则闭嘿，泯之玄门；动则由恭，顺之通路’者。”[①]刘劭在揭示圣心的内在特点时，主张用无为说明中庸，认为中庸就是内心的中和平淡。这对后来玄学的圣人观有一定的影响，例如，从王弼到郭象，在讨论圣人问题时，都往往把圣人老庄化，但又不以老庄为圣人。

魏晋时代的理想人格论融合了儒道的思想。汤一介说：“理想的圣人人格应该是‘不废名教而任自然’的‘内圣外王’。用我们的话来说，魏晋时代理想的圣人人格应该是生活在现实社会中，享受着荣华富贵，又可以超越现实社会，‘无心而任自然’。”[②]郭象说：“圣人之形不异凡人，故耳目之用衰也。至于精神则始终常全耳。”[③]根据他对圣人的剖析，凡圣的区别不在于外在形相，也不在于有心无心，即圣人不是离群索居、不食人间烟火之人，而是善用其心的人，即应物而不动其心。具言之，圣人既是光大人事又是超越现实、身入世而心出世之人，“应物而无累于物”，“常游外以弘内，无心以顺有，故虽终日挥形而神气无变，俯仰万机而淡然自若”。[④]根据这一从价值论上对心的剖析，最好的、最有益的、最值得进入的心灵状态，既不是有心，也不是一般意义的虚寂、空无之心，而是应物而无累于物、俯仰万机而淡然自若的心。有此心理状态，就拥有了理想人格。这一理想人格论与庄子的理想人格论显然不同，庄子强调圣人“离人群”“超世俗”，而郭象理想的圣人的特点是有一颗极为特殊的心，它“历山川”“同民事”“即世间而出世间”。每日做俗事，照样可以成圣人。“圣人未尝独异于世，必与时消息，故在皇为皇，在王为王，岂有背俗而用我哉！”[⑤]

在从价值论角度探讨圣人心理时，玄学由于特重性情才之辩，因此对圣心有情还是无情这一问题给予了特别的重视和探讨。何晏等人认为，圣人无情。所谓无情不是指没有情感，而是指这样的心理操作或处心方法，即随顺自然，不妄作

① 汤一介：《郭象与魏晋玄学》，北京大学出版社 2000 年版，第 25 页。
② 汤一介：《郭象与魏晋玄学》，北京大学出版社 2000 年版，第 162 页。
③ [西晋]郭象：《庄子注·徐无鬼》。
④ [西晋]郭象：《庄子注·徐无鬼》。
⑤ [西晋]郭象：《庄子注·天地》。

妄为。这一思想是《庄子·德充符》下述思想的继承："吾所谓无情者，言人之不以好恶内伤其身，常因自然，而不益生也（无意于追求有益于生的事情）。"[①]这里的无情不是一般所说的无情，不是没有喜怒哀乐，实际指的是无为。王弼主张圣人有情，他说："圣人茂于人者神明也，同于人者五情也。神明茂，故能体冲和以通无。五情同，故不能无哀乐以应物。然则圣人之情，应物而无累于物者也。"[②]这就是说，圣人在接人待物时，也有各种情绪表现，这与凡夫无别，但圣人所表现的情感及其表现的方式也有不同，其特点是应物而无累于物，即像大圆镜一样，在有情感表现的时候能做到内心无为。也可这样说，圣人的情是情近性。圣人同于凡人，都有情；不同在于，性与情在圣人身上的关系不同。圣人的情、性关系是"性其情"，或"情近性"，即让情近于、服从于性，性的本性是不动，尽量让情也表现为不动，"不随欲迁"。这是情的正常发挥，或"情之正"。若情随欲迁，那么情便远离性，这是"情之邪"。因此圣人的情感特点是保持"情之正"，避免"情之邪"。若让情远离性，表现为邪，那么即为凡夫。"不性其情，焉能久行其正，此是情之正也。若心好流荡失真，此是情之邪也。若以情近性，故云性其情。"[③]

嵇康也有类似的看法，即认为圣心的特点是情不系于欲，情近性。他说："体亮心达者，情不系于所欲，矜尚不存乎心，故能越名教而任自然；情不系于所欲，故能审贵贱而通物情。物情顺通，故大道无违……是故言君子，则以无措为主，以通物为美。言小人，则以匿情为非，以违道为阙。何者？匿情矜吝，小人之至恶；虚心无措，君子之笃行也。是以大道言：'及吾无身，吾又何患？'无以生为贵者，是贤于贵生也。由斯而言夫至人之用心，固不存有措矣。是故伊尹不借贤于殷汤，故世济而名显；周旦不顾贤而隐行，故假摄而化隆；夷吾不匿情于齐桓，故国霸而主尊。其用心岂为身而系乎私哉！……仁心无邪，不议于善而后正也；显情无措，不论于是而后为也。"[④]意为，清白旷达的人，感情不被欲望所拘束。心里不故作高尚，所以能超越名声教化而任其自然；感情不被欲望所拘束，所以能审视贵贱之分而明白事物的道理。因此评论君子以不在意为主，以明白事

---

① 《庄子·德充符》。
② ［西晋］陈寿：《魏书·钟会传·注引〈王弼传〉》，《三国志》卷28。
③ ［曹魏］王弼：《王弼集校释》，楼宇烈校释，中华书局1980年版，第631-632页。
④ ［曹魏］嵇康：《释私论》，《嵇中散集》卷6。

物为美；评论小人以藏匿感情为错，以违反道义为缺点。为什么是这样呢？藏匿感情、谨慎小心，是小人的最大罪恶；忘记自己，任情而为，是君子坚定施行的行为。圣人是善用其心的人，其用心的特点是本就没有前后思量。所以说“君子做事，忘记自己的存在”，这种说法很对。君子做贤德之事，不是忖度后做的；任着心意没有邪念，不在人们赞赏后才更正；显露感情没有顾虑，不在人们肯定后才行动。

二、凡圣心底探秘：“性分”不同

圣学常见的问题是圣人是否可学可至？圣心是否可人为塑造？如果能，去凡成圣的心理机制、可能性根据是什么？对于这些问题，各家以及玄学内部的看法是有分歧的。根据汤用彤的概括，有这样几种不同的看法：“宋学精神在谓圣人可至，而且可学；魏晋玄谈盖多谓圣人不可至、不能学；隋唐则颇流行圣人可至而不能学（顿悟乃成圣）之说。”[①]把范围放大一点，可概括为如下四类观点：①圣人不可学不可至，此乃中国传统；②圣人可学可至，此乃印度传统；③圣人可学不可至，此说无理不能成立；④圣人不可学但能至，此为谢灵运《辨宗论》述道生之新说。[②]

儒道一般的看法是圣人可学可至，当然，只有很少的人才能如此。魏晋玄学对上述问题的探讨独辟蹊径，即尽管也像过去许多论者一样到心底即心性当中去寻找答案，但有一个新的发现，即认为圣人和凡人最初的性分是不一样的。何晏、王弼和郭象的看法是圣人只能为有圣人之天性的人学和至。因为“性”决定了一物可能和不可能的范围。圣人也有其性，“圣人天成”，因为他“智慧自备”“自然已足”“体冲和以通无”“与道同体”。[③]凡夫则只有成凡的天性。这一思想显然有别于佛教和儒家的心性论，因为它们都强调：人乃至人以外的其他生命都有成圣的心性或种子。而玄学家则强调：人由自然所授予的心性是不一样的，例如，只有圣人才有成圣的先天的可能性和资源，凡夫则相反。郭象根据气一元论说明了其内在的原理，他说：“言特受自然之正气者至希也。”[④]有此正气，才

① 汤用彤：《魏晋玄学论稿》，上海古籍出版社 2001 年版，第 103 页。
② 汤用彤：《魏晋玄学论稿》，上海古籍出版社 2001 年版，第 107-108 页。
③ ［东汉］何晏：《论语集解·卫灵公章注》。
④ ［西晋］郭象：《庄子注·德充符》。

有成圣的可能性。这正气像松柏特禀的自然之钟气一样，是天授的。松柏能成为众木之杰正由此所决定。同理，圣人之所以为圣人，是因为他们被天然赋予了“正气”。此可能性只为“至希”的人所拥有。根据这一对成圣内在心理机制的分析，则人的心性一生下来就有差别。从价值论角度说，有的人的心性在条件成熟时可让他的心转化为圣心。这类思想无疑表达了一种关于原初天赋心灵的特殊看法，即认为人生来就有的心有性分差别，具有重要的心灵哲学意义。

谢灵运的《辨宗论》强调：要解决这里的问题，必须崇本息末，善抓牛鼻子、善辨宗，而辨宗即辨体。他借鉴竺道生的“顿悟说”指出：要想完成心灵的转化，必须通过顿悟的方式。汤用彤对此有这样的概述：“（道）生公去二方之非，取二元之是，而立顿悟之说，谓圣人可至，但非由积学所成，要在顿得自悟也。”①《辨宗论》“提示当时学说二大传统之不同，而指明所论乃二说之调和。其作用不啻在宣告圣人之可至，而为伊川谓‘学’乃以至圣人学说之先河”②。

嵇康在承认圣心可人为培养、塑造的前提下，探讨了具体的心理操作，那就是既要修性、炼心，又要重视修命的作用。他说：“修性以保神，安心以全身，爱憎不栖于情，忧喜不留于意，泊然无感而体气和平，又呼吸吐纳，服食养身，使形神相亲，表里俱济也。”③

刘劭尽管不属于魏晋玄学，但表达了相近的治心之学，认为心之所以可治，一是因为能成圣的人有特殊的情与性，二是他有相应的观察和推究的能力。他说：“盖人物之本出乎情性，情性之理甚微而玄，非圣人之察，其孰能究之哉？”④要知治心，必须知神知精，穷理尽性。刘劭说：“物生有形，形有神精，能知神精，则穷理尽性。”⑤

如前所述，圣人有圣人的性或“性分”，因此有此类性分的人完成其心灵转化是自然而然的事情，即只要顺性而为，就能将凡夫心理提升为圣人心理。所谓顺性而为就是不强作强为，一切顺其自然，随遇而安。郭象说：“苟足于天然，而安其性命。”⑥凡夫由心性所决定，尽管也可追求舒服、自由、幸福的生活，

---

① 汤用彤：《魏晋玄学论稿》，上海古籍出版社 2001 年版，第 103 页。
② 汤用彤：《魏晋玄学论稿》，上海古籍出版社 2001 年版，第 109 页。
③ [曹魏]嵇康：《养生论》，《嵇中散集》卷 3。
④ [东汉]刘劭：《人物志・九征》，《人物志》卷上。
⑤ [东汉]刘劭：《人物志・九征》，《人物志》卷上。
⑥ [西晋]郭象：《庄子注・齐物论》。

也可进入更高的境界，但总只能是有限、“有待”的。凡人只能是“有待之人”。因为由性分有局限性所决定，凡人只能适应特定的条件，而不能适应一切条件。由这些所决定，凡人便不能像圣人那样无差别、无限制地顺应一切，尽管可进入较高的境界，但只能以无心态度与自己的性分合一，进而得到“有待”的逍遥。[①]圣人的心性则完全不同，因为他们是“特禀自然之妙气”，即禀受宇宙精妙之气而成，因此“神全心具”。其特点是“夫圣人之心，极两仪之至会，穷万物之妙数，故能体化合变，无往不可，磅礴万物，无物不然。”[②]最根本的特点是“无心”，即无知无情、无欲无求。由于有这一特点，基于“有容乃大，无欲则刚”的规律，圣人必然能适应一切条件，成为“无待之人”，永远处于无心状态，与万物没有差别、障碍，因此真正“与物冥”，甚至实现天下大治。

① [西晋]郭象：《庄子注·秋水》。
② [西晋]郭象：《庄子注·逍遥游》。

第十五章
道教：了心为本与治心之学

道教是以我国古代社会的鬼神崇拜为基础，以神仙可求论、天应天威论、心神合一论、道生万物论、天道承负论为理论根据，以文饰过的道家学说、阴阳五行学说、儒家谶纬学说中的神秘主义为神学思想，带有浓厚的万物有灵论和泛心论色彩的一种民族国家宗教。就心灵哲学而言，道教不仅是推进这一认识向前发展的生力军，而且创立和发展了大量极有深度和个性的心灵理论，为世界心灵哲学的发展做出了不可磨灭的贡献。道教关心的尽管主要是养生、飞升成仙、长生久视中的实践问题，但也有学理、学究的一面。而就后一方面而言，道教也是从如何揭示、解说圣教所立之“宗”这一解释学问题出发的。如果说它有自己的解释学的话，那么道教解释学的任务就是要明此宗。当然，不同注释家所理解的宗是不一样的。正是有此差别，才有不同的教派应世。如唐代成玄英所述：“夫释义解经，宜识其宗致。然古今注疏，玄情各别。而严君平《旨归》以玄虚为宗，顾征君《堂诰》以无为为宗，孟智周、臧玄静以道德为宗，梁武帝以非有非无为宗，晋世孙登云‘托重玄以寄宗’。虽复众家不同，今以孙氏为正。”[1]他本人所主张的“重玄学”就是在发挥这种关于宗的阐释的基础上发展起来的。笔者认为，尽管有这样的差异，但每种阐释都包含有自己的以治心为旨归和核心的心灵

① ［唐］成玄英：《老子道德经开题序诀义疏》。

或精神哲学。这就是基于对心的求真性和价值性研究而形成的关于精神如何摆脱不自由状态而进入绝对自由、彻底解脱的哲学。成玄英也有这样的哲学。卢国龙概括说："要获取精神上的绝对自由，只有走'重玄之道'，亦即超越对儒俗的超越，否定对习性的否定，在不断否定中不断地遣除一切外在和内在的东西，在遣除中寻求终极的绝对同一。"①道教像东方其他各种宗教和哲学派别一样认识到，只要去凡成圣，就万事大吉，包括获得一切最高价值、泯灭负面价值、实现绝对自由、彻底解脱。而要成圣，必须以心为宗、以心为本，质言之，"了本为心"②，因为"夫心者，一身之主，百神之师，静则生慧，动则成昏"③，"夫万物以人为主，人以一心为宗。无主则法不生，无心则身不立"④，"心王乃一身之君，万神为之听命焉"⑤。总之，道教各派的共识是"穷理尽性，以至于命。"⑥这是"入圣"必经的认识论和实践论路径。

第一节　上清派：人禀道气而生，养生贵在崇本息末

上清派是道教中的重要派别天师道的衍生物。而天师道则是由东汉张道陵、张衡、张鲁祖孙三代所创立的一个道教宗派，又名正一道。该派奉老子为教主，以《老子》为主要经典，重视召神劾鬼、符箓禁咒等道术。这里我们重点考释该派内部经改革而形成的、带有较强学理性的上清派的思想。东晋时，江南许多世家大族在政治上极不得志，于是到老庄思想中寻求安慰，但又不满当时在下层平民中流行的天师道的科仪教戒，于是，他们按照自己的改造、综合便形成了天师道中的上清派。魏华存被奉为该派的开山祖师。实际的开创造者为陶弘景，由于

① 卢国龙：《道教哲学》，华夏出版社2007年版，第243页。
② [南宋]石泰辑：《修真十书悟真篇》，载胡道静、陈莲笙、陈耀庭选辑：《道藏要籍选刊（三）》，上海古籍出版社1989年版，第426页。
③ [北宋]张君房编：《云笈七签》，载胡道静、陈莲笙、陈耀庭选辑：《道藏要籍选刊（一）》，上海古籍出版社1989年版，第645页。
④ [南宋]石泰辑：《修真十书》，载胡道静、陈莲笙、陈耀庭选辑：《道藏要籍选刊（三）》，上海古籍出版社1989年版，第523页。
⑤ [元]陈致虚：《上阳子金丹大要》，载胡道静、陈莲笙、陈耀庭选辑：《道藏要籍选刊（九）》，上海古籍出版社1989年版，第227页。
⑥ [南宋]曾慥编：《道枢》，载胡道静、陈莲笙、陈耀庭选辑：《道藏要籍选刊（十）》，上海古籍出版社1989年版，第466页。

他当时在茅山，故该派也被称为茅山派或茅山宗。该派以天王、太上老君为最高神，修炼上轻视符箓、外丹和斋醮；强调调节意识、修养精神；学道、修道须崇本息末。若如此，可长生不死。经云："老子教化，唯使守其根、固其本。人皆由道气而生。失道气则死，故使思真、念道，坚固根本。不失其源，则可长生不死。"①道气，不仅是万物之本，而且是价值之源，敬之则有福，慢之则有凶。"道者，无也。"②有以无为本。当然，它也有将道神化和人格化的问题，例如，说道本虚无，化生天地人神，人得道后一切无所畏惧，无鬼神干扰。"真道无所畏忌，入火不灼，入水不寒，入殗不秽，入兵不伤。"③

一、陶弘景：深研灵奥与延命在心

从比较宗教研究的角度而言，道教的特点在于：厌死重生，且贵长生。而长生有两种：一是肉体的不朽，二是精神的长生。正如老子所说的：死而不死。老子所悟的道就包括不死之道。陶弘景曾以道教上清派宗师身份礼阿育王塔，自誓受戒，佛道兼修，在长生问题上更重后一意义的长生，他说："老君者，太上之弟子也，年七岁而知长生之要，是以为太极真人。"④通过对心与生死的独到体验、观察，他得出的结论是延命在于心。他说："游心于虚静，结志于微妙，委虑于无欲，归计于无为，故能达生延命，与道为久。"⑤

要让心发挥达生延命的作用，当然要了心、识心，或要知"灵奥"。上清派认为，这是修道、证道的理论前提。陶弘景说："有道者，皆当深研灵奥。"⑥深掘内心为明智之举。"苟能心研内镜者，是为感发乎神，将有灵

①《三天内解经》，载胡道静、陈莲笙、陈耀庭选辑：《道藏要籍选刊（八）》，上海古籍出版社1989年版，第388页。

②《三天内解经》，载胡道静、陈莲笙、陈耀庭选辑：《道藏要籍选刊（八）》，上海古籍出版社1989年版，第388页。

③《三天内解经》，载胡道静、陈莲笙、陈耀庭选辑：《道藏要籍选刊（八）》，上海古籍出版社1989年版，第389页。

④［南朝梁］陶弘景：《真诰》，载胡道静、陈莲笙、陈耀庭选辑：《道藏要籍选刊（四）》，上海古籍出版社1989年版，第592页。

⑤［南朝梁］陶弘景：《养性延命录》，载胡道静、陈莲笙、陈耀庭选辑：《道藏要籍选刊（九）》，上海古籍出版社1989年版，第398页。

⑥［南朝梁］陶弘景：《真诰》，载胡道静、陈莲笙、陈耀庭选辑：《道藏要籍选刊（四）》，上海古籍出版社1989年版，第604页。

人。”[①]根据他从求真和价值角度对心奥的精研深究，心的本质就是寂静无为。它既是心的本来面目，也是一切真正的价值、妙用的终极渊源。

如果是这样，那么长生久视、彻底解脱的出路便昭然若揭，那就是尽量让心无化，“凝心虚形，内观洞房，抱玄念神，专守真一”[②]。“以无期我，我亦无也。”[③]要进入无的、与道合一的状态，具体要做到“十二少”。这既是养生的妙法，也是成圣的心理学方法。十二少分别是少思、少念、少欲、少事、少语、少笑、少愁、少乐、少喜、少怒、少好、少恶。“行此十二少，养生之都契也。”[④]

当然，道教的独特性在于，除了重视心神的作用之外，还同时强调精和气对于实现人的超越性理想的不可或缺的作用，认为只有当人同时做到让精、气、神三者充足、饱满时，那么才能万事大吉。陶弘景说：“寂玄沉味，保和天真，注神栖灵，躭研六府，惜精闭牝，无视无听，此道之易也。”[⑤]因为精、气、神为修真之本。他说：“修真之本，营神养性。”[⑥]以宝气为例，上清派强调：这是修道成圣的必由之路。要真正做好，首先，要意志坚定，因为“志者气之师也”[⑦]。其次，“行气之法，少食自节，动其形，和其气”[⑧]。最后，要学会食气。人可食的东西很多，其中食元气对人用处最大。他说：“食谷者，智慧聪明。食石者，肥泽不老。食芝者，延年不死。食元气者，地不能埋，天不能杀。”[⑨]另外，要宝气，要从生活中的小节做起，如要努力节语、慎笑，因为言语、哂笑，必导致气泄。陶弘景说：“目想日月，耳响师声，口恒吐死气、取生炁，体象五星……慎笑、节语，

① [南朝梁]陶弘景：《真诰》，载胡道静、陈莲笙、陈耀庭选辑：《道藏要籍选刊（四）》，上海古籍出版社 1989 年版，第 614 页。
② [南朝梁]陶弘景：《真诰》，载胡道静、陈莲笙、陈耀庭选辑：《道藏要籍选刊（四）》，上海古籍出版社 1989 年版，第 579 页。
③ [南朝梁]陶弘景：《真诰》，载胡道静、陈莲笙、陈耀庭选辑：《道藏要籍选刊（四）》，上海古籍出版社 1989 年版，第 587 页。
④ [南朝梁]陶弘景：《养性延命录》，载胡道静、陈莲笙、陈耀庭选辑：《道藏要籍选刊（九）》，上海古籍出版社 1989 年版，第 398 页。
⑤ [南朝梁]陶弘景：《真诰》，载胡道静、陈莲笙、陈耀庭选辑：《道藏要籍选刊（四）》，上海古籍出版社 1989 年版，第 604 页。
⑥ [南朝梁]陶弘景：《真诰》，载胡道静、陈莲笙、陈耀庭选辑：《道藏要籍选刊（四）》，上海古籍出版社 1989 年版，第 612-613 页。
⑦ [南朝梁]陶弘景：《养性延命录》，载胡道静、陈莲笙、陈耀庭选辑：《道藏要籍选刊（九）》，上海古籍出版社 1989 年版，第 403 页。
⑧ [南朝梁]陶弘景：《养性延命录》，载胡道静、陈莲笙、陈耀庭选辑：《道藏要籍选刊（九）》，上海古籍出版社 1989 年版，第 403 页。
⑨ [南朝梁]陶弘景：《养性延命录》，载胡道静、陈莲笙、陈耀庭选辑：《道藏要籍选刊（九）》，上海古籍出版社 1989 年版，第 397 页。

常思其形，要道也。”[①]

不同于其他宗教的地方还在于：上清派还重视身体调适如调三关对于实现修道最高目的的作用。陶弘景说：“为道当令三关恒调，是根精固骨之道也。三关者，口为心关，足为地关，手为人关，谓之三关。三关调，则五藏安。五藏安，则举身无病。”[②]身体调适之所以重要，是因为生和形是神的一个条件。陶弘景说：“禀气含灵，唯人为贵，人所贵者，盖贵为生。生者，神之本，形者，神之具。神大用则竭，形大劳则毙。”[③]这里包含着接近于当今认知科学的生成或行然（enactive）认知论所倡导的思想。根据后一理论，人的心灵是离不开人的所行所为的，没有后者就没有前者。在特定意义上，人的能为所为既是心得以出现的前提条件，也是心本身的构成。质言之，心神是离不开行和生的。道教在这里也强调生对于心的不可或缺性。由上述形神理论，道教引出的养生结论是，要养神，不能过度使用（大用）形，不能让形过度劳累。反之，若能游心虚静，息虑无为，便能长生不老。

二、《云笈七签》：心安而虚，道自来止

再看《云笈七签》中的部分论述。该书是道教类书，编者为北宋张君房。道教称藏书之容器为“云笈”，该书分道书为“三洞四辅”共七部，故名，意为包含七部经典。其实，其内容主要是掇《大宋天宫宝藏》七部中最能体现上清派思想的经文。

根据该经的观点，去凡成圣是至简至易的事情，因为凡圣的差别在于是否证道、得道。《云笈七签》云：“夫道者，神异之物，灵而有性，虚而无象，随迎莫测，影响莫求，不知所以，不然而然。”[④]要得道，只要神合于道即可。而这是可以

① [南朝梁]陶弘景：《真诰》，载胡道静、陈莲笙、陈耀庭选辑：《道藏要籍选刊（四）》，上海古籍出版社1989年版，第596页。
② [南朝梁]陶弘景：《真诰》，载胡道静、陈莲笙、陈耀庭选辑：《道藏要籍选刊（四）》，上海古籍出版社1989年版，第595页。
③ [南朝梁]陶弘景：《养性延命录》，载胡道静、陈莲笙、陈耀庭选辑：《道藏要籍选刊（九）》，上海古籍出版社1989年版，第397页。
④ [北宋]张君房编：《云笈七签》，载胡道静、陈莲笙、陈耀庭选辑：《道藏要籍选刊（一）》，上海古籍出版社1989年版，第649页。

做到的，因为“形随道通，与神为一，形神合一，谓之神人”[①]。要让神道合一，关键是真观，因此真观是成圣的最要紧的心理操作。所谓真观即观一切事物的虚无本性，或观真理。要真观，就必须静心，因为静心方有智。“收心简事，日损有为，体静心闲，方能观见真理。”[②]

泰定也是得道的重要方法，因为“定者，尽俗之极地，致道之初基”[③]。定的境界是“形如槁木，心若死灰，无感无求，寂泊之至，无心于定而无所不定，故曰泰定。”[④]而泰定不过是一种心理状态，因此由上不难看出：成圣成凡皆系于一心。“心为道之器宇，虚静至极，则道居而慧生。”[⑤]

当然，这里所强调的无心或泰定操作，不是叫人绝对隔绝，而是强调：人要于动中、乱中行无为。“在物而心不染，处动而神不乱，无事而不为，无时而不寂，今犹避事而取静，离动而之定，劳于控制，乃有动静二心，滞于住守”，简言之，“在物而不染，处事而不乱，真为大矣”。[⑥]这样的行持就是行于大道。

《云笈七签》也从价值论角度对心做了探讨，认为有些心灵状态是好的，是值得人进入的，甚至有些只要得到了，就意味着得道成圣、彻底解脱了，例如，虚心、安心就是如此。经云：“心不受外，名曰虚心；心不逐外，名曰安心；心安而虚，则道自来止。”[⑦]安心于道，吉福自至。“人能虚心、无为，非欲于道，道自归之。内心既无所著，外行亦无所为，非静非秽，故毁誉无从生；非智非愚，故利害无由至。”[⑧]可见，这些心态真是妙用无穷，甚至让人超越毁誉、利害，

① [北宋]张君房编：《云笈七签》，载胡道静、陈莲笙、陈耀庭选辑：《道藏要籍选刊（一）》，上海古籍出版社1989年版，第649页。
② [北宋]张君房编：《云笈七签》，载胡道静、陈莲笙、陈耀庭选辑：《道藏要籍选刊（一）》，上海古籍出版社1989年版，第647页。
③ [北宋]张君房编：《云笈七签》，载胡道静、陈莲笙、陈耀庭选辑：《道藏要籍选刊（一）》，上海古籍出版社1989年版，第649页。
④ [北宋]张君房编：《云笈七签》，载胡道静、陈莲笙、陈耀庭选辑：《道藏要籍选刊（一）》，上海古籍出版社1989年版，第649页。
⑤ [北宋]张君房编：《云笈七签》，载胡道静、陈莲笙、陈耀庭选辑：《道藏要籍选刊（一）》，上海古籍出版社1989年版，第649页。
⑥ [北宋]张君房编：《云笈七签》，载胡道静、陈莲笙、陈耀庭选辑：《道藏要籍选刊（一）》，上海古籍出版社1989年版，第647页。
⑦ [北宋]张君房编：《云笈七签》，载胡道静、陈莲笙、陈耀庭选辑：《道藏要籍选刊（一）》，上海古籍出版社1989年版，第646页。
⑧ [北宋]张君房编：《云笈七签》，载胡道静、陈莲笙、陈耀庭选辑：《道藏要籍选刊（一）》，上海古籍出版社1989年版，第646页。

直契真道。在从价值论角度探讨心时，《云笈七签》对有价值的心态还有一种概括，即把它们概括为下面十三种：①虚——遗形忘体，恬然若无；②无——损心弃意，废伪去欲；③清——专精积神，不与物杂；④静——反神服气，安而不动；⑤微——深居闲处，功名不显；⑥寡——去妻离子，独与道游；⑦柔——呼吸中和，滑泽细微；⑧弱——缓形从体，以奉百事；⑨卑——憎恶尊荣，安贫乐辱；⑩损——遁盈逃满，衣食粗疏；⑪时——静作随阳，应变却邪；⑫和——不饥不渴，不寒不暑，不喜不怒，不哀不乐，不疾不迟；⑬啬——坚固不废，精神内守。[①]

乐是一般的、世间的价值性心灵哲学所承认和追求的东西。《云笈七签》的看法既有别于这一观点，又反对悲观主义，强调圣人有特殊的乐的形式，即无乐不乐，此乐即乐极、至乐。至乐的境界是“无所喜，无所怒，无所乐，无所苦，万物玄同，无非无是……不待势而尊，不须财而富，不须力而强。”[②]其得乐的方法是与阴俱闭，与阳俱开。它还承认：乐有内乐与外乐这样的形式。“以内乐外不乐，以乐内者也。”[③]还有自乐与天下乐，“以自乐也，即至贵乎天下，所以然者，因天下而为天下也，天下之要不在于彼，而在于我，不在于人，而在于身。身得即万物备矣”[④]。

《云笈七签》也从价值上扫描和探讨了对人有害的负面心理。它们的形式很多，如忧愁思虑等，只要有妄动的心理都属于有害心理，其危害是伤害人的某一或某些器官及其功能。例如，“忧愁思虑则伤心；形寒饮冷则伤肺；恚怒气逆，上而不下，则伤肝；饮食劳倦则伤脾；久坐湿地，强力入水，则伤肾”[⑤]。总之，喜怒忧悲恐，都伤心身。

问题是，那些好心态能人为地培养、塑造出来吗？它们的反面，即不好的、

① [北宋]张君房编：《云笈七签》，载胡道静、陈莲笙、陈耀庭选辑：《道藏要籍选刊（一）》，上海古籍出版社 1989 年版，第 635 页。
② [北宋]张君房编：《云笈七签》，载胡道静、陈莲笙、陈耀庭选辑：《道藏要籍选刊（一）》，上海古籍出版社 1989 年版，第 634 页。
③ [北宋]张君房编：《云笈七签》，载胡道静、陈莲笙、陈耀庭选辑：《道藏要籍选刊（一）》，上海古籍出版社 1989 年版，第 634 页。
④ [北宋]张君房编：《云笈七签》，载胡道静、陈莲笙、陈耀庭选辑：《道藏要籍选刊（一）》，上海古籍出版社 1989 年版，第 634 页。
⑤ [北宋]张君房编：《云笈七签》，载胡道静、陈莲笙、陈耀庭选辑：《道藏要籍选刊（一）》，上海古籍出版社 1989 年版，第 400-401 页。

有害的心态能人为灭除或人为地转化成为那些最佳心态吗？道教的回答是肯定的，其交代的根据就是“性”，认为人有得到那些好心态的“性”，那些不好的心态有转化的“性”。所谓性就是道所具的体性，是天所授予的先天的资质、资源、可能性根据。只要通过一定的操作方式，例如，明白入素，茫然徜徉尘埃之外，逍遥无事之业，就能让这性变成现实，进而，就能得到那些好的心态。经云：“性合乎道者也，故有若无，实若虚，治其内，不知其外，明白入素，无为而复朴体性，抱神以游天地之间，茫然徜徉尘埃之外，逍遥无事之业。”[①]

心灵转化、让好心态出现的方式还有很多，例如，“心审于无假不与物迁，见事之化而守其宗，心意专于内，通远归于一居”[②]；“廓然而虚，清静而无为，以死生为一化，以万异为一方……其动无形，其静无体，存而若亡，生而若死，出入无间……以不化应化，千变万化，千变万转，而未始有极化者，复归于无形者也。不化者与天地俱生者也。故生者未尝其生，化者未尝其化。此真人之游也，纯粹素朴之道矣”[③]。凡夫之所以为凡，之所以盛产有害心态、生活在恶劣的心理环境中，是因其有好攀附的心性。“一切众生，久习颠倒，心想杂乱，随逐诸尘，舍一取一，无暂休止，犹如猿猴。”“人情难制，犹如风中竖幡，飘飘不止……既受纳有形，形染六情，六情一染，动之弊秽，惑于所有，昧于所无。”[④]总之，心身调节的原则是让心、气、神进入它们该进入的状态，远离不该进入的状态。不恰当的状态是“心乱而不治，形躁而不宁，神散而气越，志荡而意昏。”[⑤]“勿久行、久坐、久听、久视，不强食，不强饮，亦不可忧思愁哀。”[⑥]

---

① [北宋]张君房编：《云笈七签》，载胡道静、陈莲笙、陈耀庭选辑：《道藏要籍选刊（一）》，上海古籍出版社 1989 年版，第 634 页。
② [北宋]张君房编：《云笈七签》，载胡道静、陈莲笙、陈耀庭选辑：《道藏要籍选刊（一）》，上海古籍出版社 1989 年版，第 634 页。
③ [北宋]张君房编：《云笈七签》，载胡道静、陈莲笙、陈耀庭选辑：《道藏要籍选刊（一）》，上海古籍出版社 1989 年版，第 634 页。
④ [北宋]张君房编：《云笈七签》，载胡道静、陈莲笙、陈耀庭选辑：《道藏要籍选刊（一）》，上海古籍出版社 1989 年版，第 636 页。
⑤ [北宋]张君房编：《云笈七签》，载胡道静、陈莲笙、陈耀庭选辑：《道藏要籍选刊（一）》，上海古籍出版社 1989 年版，第 238 页。
⑥ [北宋]张君房编：《云笈七签》，载胡道静、陈莲笙、陈耀庭选辑：《道藏要籍选刊（一）》，上海古籍出版社 1989 年版，第 239 页。

《云笈七签》认为，为善也是养生之道、静心之道、成圣之道。经云："人有一善，则心定神安，有十善，则气力强壮，有百善，则宝瑞降之，有千善，则后代神真，有二千善，则为圣真仙。"①

道教的养生重在调节精气神，质言之，养精气神，安精气神。"专精养神，不为物杂，谓之清；反神服气，安而不动，谓之静；制念以定志，静身以安神，保气以存精。"②"欲求仙大法有三，保精、引气、服饵。"③"故当运用调理、爱惜、保重，使荣卫周流，神气不竭。""我命在我，保精受气……无劳尔形，无摇尔精，归心静默。可以长生生命之根本。""元气者命。""气为生源。"④"以存道为法，化精为妙，使气流行运无阻滞。"⑤凝固、充实精气神的关键是心意守一。"不欲老者，当念守其气含精神也，今不出其形，合而为一也……心中大安，欣然若喜也，但宜闭目而卧，著志意于身内。身意不出，则身炼形变也。"⑥守一的重要性在于，"天得一以清，地得一以宁，神得一以灵，谷得一以盈"⑦。保气的重要方法是服气，而服气的关键又是静心，例如，关尹子就强调这样的服元气术。经云："夫人身中之元气，常从口鼻而出。今制之令不出，便满丹田，丹田满即不饥渴，不饥渴盖神人矣。""服元气先须澄其心，令无思无为，恬淡而已。"⑧"老子曰：长生之道，唯在行气养神，吐故纳新，出玄入玄，呼吸生门，其身神不使去，人即长生也。"⑨养气贵在平衡，即阴阳各得其所。

---

① [北宋]张君房编：《云笈七签》，载胡道静、陈莲笙、陈耀庭选辑：《道藏要籍选刊（一）》，上海古籍出版社 1989 年版，第 638 页。
② [北宋]张君房编：《云笈七签》，载胡道静、陈莲笙、陈耀庭选辑：《道藏要籍选刊（一）》，上海古籍出版社 1989 年版，第 638 页。
③ [北宋]张君房编：《云笈七签》，载胡道静、陈莲笙、陈耀庭选辑：《道藏要籍选刊（一）》，上海古籍出版社 1989 年版，第 241 页。
④ [北宋]张君房编：《云笈七签》，载胡道静、陈莲笙、陈耀庭选辑：《道藏要籍选刊（一）》，上海古籍出版社 1989 年版，第 388 页。
⑤ [北宋]张君房编：《云笈七签》，载胡道静、陈莲笙、陈耀庭选辑：《道藏要籍选刊（一）》，上海古籍出版社 1989 年版，第 388 页。
⑥ [北宋]张君房编：《云笈七签》，载胡道静、陈莲笙、陈耀庭选辑：《道藏要籍选刊（一）》，上海古籍出版社 1989 年版，第 382 页。
⑦ [北宋]张君房编：《云笈七签》，载胡道静、陈莲笙、陈耀庭选辑：《道藏要籍选刊（一）》，上海古籍出版社 1989 年版，第 380 页。
⑧ [北宋]张君房编：《云笈七签》，载胡道静、陈莲笙、陈耀庭选辑：《道藏要籍选刊（一）》，上海古籍出版社 1989 年版，第 407 页。
⑨ [北宋]张君房编：《云笈七签》，载胡道静、陈莲笙、陈耀庭选辑：《道藏要籍选刊（一）》，上海古籍出版社 1989 年版，第 413 页。

如果阴阳失衡，如“阴气制阳”①，则人心不清净、神气缺少、肾气不续，进而疾病缠身，乃是“大期将至”②。

由于心、神、意、识等各有其独立性，因此服气时除了要心静之外，还要做到神安，并让魂、魄、意、识长生，即“常令心、神、魂、魄、意识长生，神气相合，循环脏腑之内”③。由于意在道教的心理结构论中占据十分重要的地位，因此《云笈七签》十分重视意的调节在人的心灵转化和养生中的作用，其正确的做法是，努力做到“意如流水”，即意应像流水一样，随波逐流，不强作强为，如果前波已去，就让它过去，意接着就停留在后波上。久而久之，意就会专一，心就会清净。“食太和元气为首，清净自炼，委身放体，志无念虑，安定脏腑，洞极太和，长生久视，潜气不动，意如流水。”④

心灵转化或静心、得道的总方法以及第一位（初）的原则和方法是守一。“何以为初？思守一也。一者数之始也。一者道之生也，元气所起也，天之纲纪也。”“知一者，无一之不知也。不知一者，无一能知也。一者，至贵无偶之号也。”⑤但应注意，此一又不异三（精、气、神），它们合在一起可称作“三一诀”。“三一者，正一而已，三处授名，故名三一。”“一者，一此而三彼也，虽三常一，故名三一。”⑥“三一者，精神炁混三为一也。精者，虚妙智照之功，神者，无方绝累之用，气者，方所形相之法也。”⑦果能“精希”“神微”“气精”⑧，便是三一。守一的方法是这样的，“内观心起，若觉一念起，须除灭，务令安

① [北宋]张君房编：《云笈七签》，载胡道静、陈莲笙、陈耀庭选辑：《道藏要籍选刊（一）》，上海古籍出版社1989年版，第375页。
② [北宋]张君房编：《云笈七签》，载胡道静、陈莲笙、陈耀庭选辑：《道藏要籍选刊（一）》，上海古籍出版社1989年版，第375页。
③ [北宋]张君房编：《云笈七签》，载胡道静、陈莲笙、陈耀庭选辑：《道藏要籍选刊（一）》，上海古籍出版社1989年版，第415页。
④ [北宋]张君房编：《云笈七签》，载胡道静、陈莲笙、陈耀庭选辑：《道藏要籍选刊（一）》，上海古籍出版社1989年版，第404页。
⑤ [北宋]张君房编：《云笈七签》，载胡道静、陈莲笙、陈耀庭选辑：《道藏要籍选刊（一）》，上海古籍出版社1989年版，第343页。
⑥ [北宋]张君房编：《云笈七签》，载胡道静、陈莲笙、陈耀庭选辑：《道藏要籍选刊（一）》，上海古籍出版社1989年版，第344页。
⑦ [北宋]张君房编：《云笈七签》，载胡道静、陈莲笙、陈耀庭选辑：《道藏要籍选刊（一）》，上海古籍出版社1989年版，第344页。
⑧ [北宋]张君房编：《云笈七签》，载胡道静、陈莲笙、陈耀庭选辑：《道藏要籍选刊（一）》，上海古籍出版社1989年版，第344页。

静”[①]；“昼夜勤行，须臾不替，唯灭动心，不灭照心，但凝空心，不凝住心”[②]；“常能遣其欲，而心自静，澄其心，而神自清，自然六欲不生”[③]。动心即人能觉知到的正生生灭灭、来来去去的心，即乱心或妄心。在这里，《云笈七签》也像佛教一样，承认一种特殊的心理样式，即照心。它是一种反思性的意识，即在人有心动时，再生起一个高阶的心来观照那正在进行的心。它可同时表现为当今西方心灵哲学所说的前反思性自我意识和反思性自我意识，还可表现为没有观照对象的纯意识，就像什么也没照到的探照灯的照耀一样。通过照心实现心静的关键是“心深微而无所不见，故能照自然之性。”[④]因为自然之性深微。存照心、灭动心实即守道。这也可通过守神来实现，因为神本清净，清净即道。因此让神复归清净，不为情欲所动，就是守神，而守神即守道。守道即真，“得无为之身”[⑤]，即为真。

第二节　神仙道教：长生诀在无心，不在富贵

神仙道教或仙道据说是由伏羲氏代代传下来的道教派别。其系谱从前往后大略是广成子、神农氏、黄帝、老子、关尹子、列子、庄子等，其法脉在现代仍有延续，如现代的陈撄宁等。它的信仰是神仙实有、仙人可学、长生能致、方术有效。它也有自己的教团、道规、道德、仪轨。修行方式比较自由，保留着汉代方术和隐士的生活态度，既可儒道双修，又可参政娶妻。此派受佛教影响不大，保留着古代的神仙方术的风格。葛洪的《抱朴子内篇》是秦汉东方仙道和黄老道的继承与总结。

① [北宋]张君房编：《云笈七签》，载胡道静、陈莲笙、陈耀庭选辑：《道藏要籍选刊（一）》，上海古籍出版社1989年版，第131页。
② [北宋]张君房编：《云笈七签》，载胡道静、陈莲笙、陈耀庭选辑：《道藏要籍选刊（一）》，上海古籍出版社1989年版，第132页。
③ [北宋]张君房编：《云笈七签》，载胡道静、陈莲笙、陈耀庭选辑：《道藏要籍选刊（一）》，上海古籍出版社1989年版，第133页。
④ [北宋]张君房编：《云笈七签》，载胡道静、陈莲笙、陈耀庭选辑：《道藏要籍选刊（一）》，上海古籍出版社1989年版，第119页。
⑤ [北宋]张君房编：《云笈七签》，载胡道静、陈莲笙、陈耀庭选辑：《道藏要籍选刊（一）》，上海古籍出版社1989年版，第102页。

该派的特点是以长生久视、飞升成仙为教旨。这一追求和境界是中国道教独有的，反映了中国人的价值观、解脱观。根据《神仙传》的描述，这里既有理想主义成分，又有现实主义的意趣。仙人的人格特点是“或竦身入云，无翅而飞；或驾龙乘云，上造天阶；或化为鸟兽，游浮青云；或潜行江海，翱翔名山；或食元气；或茹芝草；或出入人间而人不识；或隐其身而莫之见。”[①]胡孚琛说：“仙人的世界和基督教的天国、佛教的极乐世界很不相同，它不否定人们的现世利益，也不以禁欲主义作为宗教的基石。仙人的生活实际上是以现实世界为基础的，它是对现实世界的宗教补偿和人们生活欲望的虚幻延伸。仙人境界是中国数千年来知识分子在皇权重压中产生的宗教理想，成仙以后可以得大解脱，逍遥自在，无边幸福。具备足够的宗教诱惑力。人生渴望自由，可以在仙人的精神解脱中得到满足；人生渴望平等，可以在人人皆可成仙的原则中得到满足；人生渴望健康长寿，成仙后可以长生久视，返老还童；人的食色大欲，则有成仙后的九芝之馔和玉女来侍。人生向往游乐和免除灾祸，成仙后则可游于六合之外，无何有之乡，听钧天之乐，并有役使鬼神的神通和法术。”[②]仙道不仅指出了前进方向，而且通过实践揭示了具体的实施方法，即修炼内丹和其他各种方术，如健身术、养生术、驻颜术、美容术、房中术；以及五花八门的气功炼养术，如行气、服气、闭气、饮食、吐纳、胎息、布气、辟谷、叩齿、咽津、站桩、太极、五禽戏、八段锦、导引、守一、存神、心斋、坐忘、定观、冥想、内视等。

应看到，仙有层次差别，其差别的根源在于在性与命的双修中所达到的程度。炼气之术为命功，炼神之术为性功。只修性不修命的人，可得灵异神通，如出阴神为清灵之鬼，但不能延年，充其量能成鬼仙。仅修命不修性的人，虽能延年益寿，但无灵异发生。性命双修的人则能超越鬼仙，但由于各人达到的境界不同，其所成的仙亦有差别。例如，性命双修至小周天无漏功成，便可成为地仙。再往前修，直至出阳神，得无边神通，即成为神仙。再进一步，若能达到虚空粉碎、合道还虚的境地，便进到了天仙的境界。

神仙道教像其他宗派一样贵生，甚至追求长生久视。“神仙之道，以长生为本。

①《神仙传·彭祖传》。

② 胡孚琛：《道学通论（修订版）》，社会科学文献出版社 2009 年版，第 359 页。

长生之要，以养气为先。夫气受之于天地，和之于阴阳。阴阳神虚谓之心。”①《吕氏春秋》提出了“重己贵生”的口号，云：“圣人深虑天下，莫贵于生。”②《太平经》也主张乐生、重生。《太上洞玄灵宝无量度人上品妙经》（简称《度人经》）云：“仙道贵生，无量度人。”③当然，对于长生，一般的理解是自然生命的延长乃至不灭。另一观点是受佛教影响形成的，强调的是长生不在于生命的时间的长短，而在于其内在的质量。例如，其认为只要心性寂静，即长生，命短也无妨，甚至死就是长生。这种意义的“长生不死”不是自然生命的绝对不死，而是超越了现实死亡的精神永恒。正如老子所说的：“死而不亡者寿。”④

我们这里重点剖析一下东晋著名思想家、医药学家、仙道重要代表人物葛洪的《抱朴子内篇》中的有关思想，辅之以其他有关论者的思想。该书总结了晋代以前的神仙方术，包括守一、行气、导引、炼丹等，探讨了神仙可求的生理和心理根源、机理与条件。葛洪开宗明义地指出：人是否成仙取决于心。他说：“学仙之法，欲得恬愉澹泊，涤除嗜欲，内视反听，尸居无心。”⑤简言之，求长生、学仙道的关键就是息心。“夫求长生，修至道，诀在于志，不在于富贵也。”“仙法欲静寂无为，忘其形骸。”⑥

一、精、气、神：长生不老的概念可能性与根源

神仙道教之所以相信和追求长生久视，这是由它对生命特别是作为其基础的精、气、神以及心理构造的体认所决定的。这些体认中隐含着值得关注的求真性心灵哲学思想。例如，对精、气、神的本质和作用的认识就颇值得研究。如本书第一篇所述的，精、气、神既是有特定能量的微观物理实在，又是有殊胜心理力或精神力的心理主体。它们既可耗可泄，又可固可充。泄则病、则早夭，反之则健康乃至长寿。质言之，人之寿命长短与外无关，取决于如何调适精、气、神。南宋的周

① [唐]司马承祯：《天隐子》，载胡道静、陈莲笙、陈耀庭选辑：《道藏要籍选刊（五）》，上海古籍出版社 1989 年版，第 817 页。
②《灵宝无量度人上品妙经》卷 1。
③《吕氏春秋·贵生》。
④《老子·第三十三章》。
⑤ 王明：《抱朴子内篇校释》，中华书局 1985 年版，第 17 页。
⑥ 王明：《抱朴子内篇校释》，中华书局 1985 年版，第 17 页。

守忠说："人生而命有长短者，非自然也，皆由将身不谨，饮食佚差，淫失无度，忤逆阴阳，魂魄神不守，精竭命衰，百病萌生，故不终其寿。"①《太平经》认为：长生与否，取决于是否保全精、气、神。"夫人本生混沌之气，气生精，精生神，神生明；本于阴阳之气，气转为精，精转为神，神转为明。欲寿者，当守气而合神，精不去其形，念此三合以为一，久即彬彬自见，身中形渐轻，精益明，光益精，心中大安，欣然若喜。"②《云笈七签》卷五十六曰："我命在我，保精、受气，寿无极也。""无劳尔形，无摇尔精，归心静默，可以长生。"③

长生久视或生命的永恒在表面上或现实上是不可能的，但从理论或概念上说则是有其可能性的。因为根据道教的观点，生命之根在于精、气、神的充分、充足，人只要真正做到让精、气、神不泄漏及永远充分，就能让生命永远延续，而生命之所以夭折、短暂，根源在于精、气、神的泄漏乃至枯竭。可见，是否能长生久视不是由生命的本质所决定的（生命在本质上、理论上是可以永恒不朽的），而是源于人有没有真正做到让精、气、神不泄漏。

仙道追求的仙与一般所说的圣是何关系呢？仙道认为，两者不能等同。葛洪说："大圣人不必仙，仙人不必圣。"④"世人以人所尤长，众所不及者，便谓之圣。"⑤这样的圣人样式有很多，如书圣、画圣、木圣、治世之圣、治疾之圣、用兵之圣等。从大的方面说，圣人有两种：一是世俗之圣人，二是得道之圣人。前者主要指儒家崇尚的内圣外王之类的圣人，其特点是圣人受命，不值长生之道，但自欲除残去贼，夷险平暴，制礼作乐，著法垂教，移不正之风，易流遁之俗，匡将危之主。⑥后者就是通过修道而成的出世的圣人。"至于仙者，唯须笃志至信，勤而不怠，能恬能静，便可得之，不待多才也。"⑦仙人的特点

---

①［南宋］周守忠：《养生类纂》。
②《太平经圣君秘旨》。
③［北宋］张君房编：《云笈七签》，载胡道静、陈莲笙、陈耀庭选辑：《道藏要籍选刊（一）》，上海古籍出版社 1989 年版，第 388 页。
④［东晋］葛洪：《抱朴子外篇》，载胡道静、陈莲笙、陈耀庭选辑：《道藏要籍选刊（五）》，上海古籍出版社 1989 年版，第 221 页。
⑤［东晋］葛洪：《抱朴子外篇》，载胡道静、陈莲笙、陈耀庭选辑：《道藏要籍选刊（五）》，上海古籍出版社 1989 年版，第 221 页。
⑥《抱朴子内篇·辨问》。
⑦［东晋］葛洪：《抱朴子外篇》，载胡道静、陈莲笙、陈耀庭选辑：《道藏要籍选刊（五）》，上海古籍出版社 1989 年版，第 221 页。

是“恬愉静素，形神相忘，外不饰惊愚之容，内不寄有为之心，游精坟诰，乐以忘忧。”①

道教当然不只是谈论养生，还触及了许多深层次的理论乃至形而上学问题，例如，精神的本质以及治理、道的本质与作用等，如强调治人之精神、让人“精神专一”②。果如此，一切万事大吉。道教在论及道时强调：“夫所谓道，岂唯养生之事而已乎？”③它同时涉及如何治国安邦、治心治人等大问题。因为仙道所立的道，既是人之道，又是天之道、地之道、国之道。“夫道者，内以治身，外以为国。”④

还应注意的是，对道的探讨，同时是对心的探讨，因为要揭示成圣成凡的心理机制，要探讨有为、动心对于人为何有害而无利的原因，必然要进入对道的认识。例如，祸的心理根源就是心不守道。葛洪说：“情感物而外起，智接事而旁溢，诱于可欲，而天理灭矣，惑乎见闻，而纯一迁矣。心受制于奢玩，情浊乱于波荡，于是有倾越之灾，有不振之祸。”⑤

在决定是否长生的诸心理因素中，葛洪特别重视神的作用。在神与魂、魄等心理因素的关系问题上，有一种观点认为，神即魂。《抱朴子内篇》则把它们分立看待，认为魂不同于神，因为魂是神之下的低级的官能，而神是最高主宰。人的神、血肉、气就像一个国家的君、臣和民一样。“神犹君也，血犹臣也，气犹民也。”⑥尽管神有至高无上的地位，但正像国君离不开民众一样，神也离不开气的基础作用，认为养身最重要的是要养气，如治国务必安民一样。“夫爱其民所以安其国，养其气所以全其身。民散则国亡，气竭即身死。”⑦要安神，当然要知神的本质和作用。须知，神明是道教追求的重要价值，既有工具性，又有目的性，颇近于佛教的菩提、般若。而欲得神明，必知其本。其本就是喜欢虚静，或在本质上就是虚静。葛洪经常说，虚静为神明之本。只要能让心身虚静，

① [东晋]葛洪：《抱朴子外篇》，载胡道静、陈莲笙、陈耀庭选辑：《道藏要籍选刊（五）》，上海古籍出版社 1989 年版，第 288 页。
② 王明：《抱朴子内篇校释》，中华书局 1985 年版，第 184 页。
③ 王明：《抱朴子内篇校释》，中华书局 1985 年版，第 184 页。
④ 王明：《抱朴子内篇校释》，中华书局 1985 年版，第 185 页。
⑤ 王明：《抱朴子内篇校释》，中华书局 1985 年版，第 170-171 页。
⑥ 王明：《抱朴子内篇校释》，中华书局 1985 年版，第 326 页。
⑦ 王明：《抱朴子内篇校释》，中华书局 1985 年版，第 326 页。

就有神明出现。故说："玄寂虚静者，神明之本也。"[①]

行善也可成为养神安神的方法。葛洪说："行一善则魂神乐，构一恶则魄神欢。常以宽泰自居。"[②]要长生久视，还要制嗜欲，保全性命，心澄气定，勿轻侮于人，勿杀害于物。身体能量的节制也很重要，因为"身劳则神散，气竭则命终……气疲欲胜，则精灵离身矣"[③]。

在探讨长生久视的根源和机理时，葛洪追溯的最深的根源是道体，因为这是解决精、气、神问题的牛鼻子。他说："其惟玄道，可与为永。"[④]"夫玄道者，得之乎内，守之者外，用之者神，忘之者器。""得之者贵……体之者富。"[⑤]也就是说，证道、得道不仅可让人实现长生不死的理想，而且还能让人得富贵，甚至万事大吉。因为道是永恒的，有无穷的妙用。既然如此，人就应体道以匠物，宝德以长生。而要得仙道，就要转变价值观，不要以世间价值为价值，而应把道作为最高价值来追求，甚至做到安贫乐道。葛洪说："得仙道者，多贫贱之士，非势位之人。""口断甘肴，心绝所欲，背荣华而独往，求神仙于幽漠。"[⑥]

由于道如此重要、如此有价值，因此仙道便把它作为"至要"，即解决一切问题的关键或牛鼻子，欲求神仙也是如此，"欲求神仙，唯当得其至要"[⑦]，至要就是知道、守道。怎样修道、证道呢？不外乎三法：行气、服药、房中。葛洪说："宝精爱气，最其急也。"[⑧]"至要者在于宝精行气，服一大药便足，亦不用多也。"[⑨]当然，具体的行气、服药、房中等方法，又有很多，如"服药之方""有千条"[⑩]。另外，行善积德也是必要条件。葛洪说："立功为上，除过次之，为道者以救人危、使免祸，护人疾病，令人枉死，为上功也。

---

① [东晋]葛洪：《抱朴子外篇》，载胡道静、陈莲笙、陈耀庭选辑：《道藏要籍选刊（五）》，上海古籍出版社 1989 年版，第 330 页。
② [东晋]葛洪：《抱朴子养生论》。
③ [东晋]葛洪：《抱朴子内篇》，载胡道静、陈莲笙、陈耀庭选辑：《道藏要籍选刊（五）》，上海古籍出版社 1989 年版，第 194 页。
④ 王明：《抱朴子内篇校释》，中华书局 1985 年版，第 1 页。
⑤ 王明：《抱朴子内篇校释》，中华书局 1985 年版，第 2 页。
⑥ 王明：《抱朴子内篇校释》，中华书局 1985 年版，第 19 页。
⑦ 王明：《抱朴子内篇校释》，中华书局 1985 年版，第 149 页。
⑧ 王明：《抱朴子内篇校释》，中华书局 1985 年版，第 124 页。
⑨ 王明：《抱朴子内篇校释》，中华书局 1985 年版，第 149 页。
⑩ 王明：《抱朴子内篇校释》，中华书局 1985 年版，第 149 页。

欲求仙者，要当以忠孝、和顺、仁信为本。若德行不修，而但务方术，皆不得长生也。”①

仙道也强调适度的重要性。葛洪说：“禁忌之至急，在不伤不损而已。”②养生的根本方法是一切都要适度。他说：“养生之方，唾不及远，行不疾步，耳不极听，目不久视，坐不至久，卧不及疲，先寒而衣，先热而解，不欲极饥而食，食不过饱，不欲极渴而饮，饮不过多。”③

修道还须具备这样的外部条件，即入山林。他说：“为道者必入山林，诚欲远彼腥膻，而即此清净也。”④当然，只要定力强、方法得当，也可于世俗生活中修道、证道。“上士得道于三军，中士得道于都市，下士得道于山林。”“虽在三军，而锋刃不能伤，虽在都市，而人祸不能加。”⑤

二、心的价值判断：恬淡、虚无为最佳

仙道也从价值论角度对心做了探讨和分析，基本观点是恬淡虚无的心理状态是最好的，其他有动有变的心理状态为有害，均在转化或扫荡之列。葛洪说，修道之人应认识和做到的是“弃交游，委妻子，谢荣名，损利禄，割灿烂于其目，抑铿锵于其耳，恬愉静退，独善守己，谤来不戚，誉至不喜，睹贵不欲，居贱不耻，此道家之难也。”“不劳神于七经，不运思于律历，意不为推步之苦，心不为艺文之役，众烦既损，和气自益，无为无虑，不怵不惕，此道家之易也。”⑥长生之方尽管有行气、服药、房中等复杂内容，但关键却是心的寂然不动。“学仙之法，欲得恬愉淡泊，涤除嗜欲，内视反听，尸居无心。”⑦仙者不同于圣人，其特点是“笃志至信，勤而不怠，能恬能静，便可得之，不待多才也。有入俗之高真，乃为道者之重累也。得合一大药，知守一养神之要，则长生久视。”⑧这显然有别于隋唐后佛化的道教。因为后者不反对入世，只要常应常静

① 王明：《抱朴子内篇校释》，中华书局1985年版，第53页。
② 王明：《抱朴子内篇校释》，中华书局1985年版，第125页。
③ 王明：《抱朴子内篇校释》，中华书局1985年版，第245页。
④ 王明：《抱朴子内篇校释》，中华书局1985年版，第187页。
⑤ 王明：《抱朴子内篇校释》，中华书局1985年版，第187页。
⑥ 王明：《抱朴子内篇校释》，中华书局1985年版，第139页。
⑦ 王明：《抱朴子内篇校释》，中华书局1985年版，第16页。
⑧ 王明：《抱朴子内篇校释》，中华书局1985年版，第203页。

就行。

由于人是一个复杂的系统，静心也是一系统工程，因此要静心，除了遵循静心的规律和原则之外，还要辅之以行气和吐纳，其中，胎息是重要而高级的方法。葛洪说："其大要者，胎息而已。得胎息者，能不以鼻口嘘吸，如在胞胎之中，则道成矣。初学行炁，鼻中引炁而闭之，阴以心数至一百二十，乃以口微吐之。及引之，皆不欲令已耳闻，其炁出入之声。常令入多出少，以鸿毛著鼻口之上，吐炁而鸿毛不动为候也。渐习转增其心数，久久可以至千，至千则老者更少，日还一日矣。"①

怎样看待穷与达、祸与福呢？这是古人的一个论题。战国楚简中有《穷达以时》一书，葛洪《抱朴子外篇》列"穷达"章。有人问：一流之才或穷或达，是何故？葛洪的看法是，不能以为达即贤即优，穷即劣。有的人"唯以达者为贤，而不知侥求者之所达也；唯以穷者为劣，而不详守道者之所穷也"②。对祸福也应从本质上观察。他说："祸莫大于无足，福无厚乎知止。"③福祸与祭祀等无关，而完全由内心状态所决定。他说："福非足恭所请也，祸非禋祀所禳也。"④怎样得福免祸呢？他的回答是从心用功，让其静下来。"人能淡默恬愉，不染不移，养其心以无欲，颐其神以粹素，扫涤诱慕，收之以正，除难求之思，遣害真之累，薄喜怒之邪，灭爱恶之端，则不请福而福来，不禳祸而祸去矣。"⑤

在儒道关系问题上，葛洪尽管承认儒家圣人论、治心之学的合理性以及与道家的某些一致性，但他指出了两者的差别，其中最突出的是强调儒家学说层次较低。他说："道者，儒之本也，儒者，道之末也。""儒者博而寡要，劳而少功。"⑥道家、道教包含儒墨，又超越其上。他说："唯道家之教，使人精神专一，动合无形，包儒墨之善，总名法之要。"⑦儒教重在经世济俗、"管闲

① [东晋]葛洪：《抱朴子内篇·释滞》。
② [东晋]葛洪：《抱朴子外篇》，载胡道静、陈莲笙、陈耀庭选辑：《道藏要籍选刊（五）》，上海古籍出版社1989年版，第343页。
③ [东晋]葛洪：《抱朴子外篇》，载胡道静、陈莲笙、陈耀庭选辑：《道藏要籍选刊（五）》，上海古籍出版社1989年版，第342页。
④ [东晋]葛洪：《抱朴子外篇》，载胡道静、陈莲笙、陈耀庭选辑：《道藏要籍选刊（五）》，上海古籍出版社1989年版，第208页。
⑤ 王明：《抱朴子内篇校释》，中华书局1985年版，第170页。
⑥ 王明：《抱朴子内篇校释》，中华书局1985年版，第184页。
⑦ 王明：《抱朴子内篇校释》，中华书局1985年版，第184页。

事”，因此太俗气。他批评儒家说：“升降俯仰之教，盘旋三千之仪，攻守进趣之术，轻身重义之节，欢忧礼乐之事，经世济俗之略，儒者之所务也。”[①]“儒者所爱者势利也，道家所宝者无欲也，儒者汲汲于名利，而道家抱一以独善。”[②]道家、道教遣情以教戒也，善自修以成务，善取人所不争，善绝祸于未起，善济物而不德，善居慎而无闷。[③]再者，道教不尚孔子那样的圣人，因为他们只知道夷险除暴，著法垂权，移不正之风，易流遁之俗，扶亡征之国。这些是没有意义的。不过是“民间之事”，“不免于俗情”。[④]葛洪说：“其所咨受，止于民间之事而已……不免于俗情，非学仙之人也”，总之，孔子“虽圣于世事，而非能沉静玄默，自守无为者也”，其停留于迹、末，而远离本、道。[⑤]

再看《黄庭经》的有关思想。该经是道教修仙专著，据说为老子所作，由天师道魏华存自创门户而普传于世。该经由三部分构成，即《内景玉经》《外景玉经》加上两晋间新增的《中景经》。《黄庭经》认为，魂魄不仅存在，不仅有知、觉之类的心理功能，而且在人的心灵转化、超凡成仙的过程中有重要的作用。例如，如果能在死亡降临时做到摄魂还魄，就能转死而生，经云：“垂绝念神死复生，摄魂还魄永无倾。”[⑥]魂魄飘散，必死无疑，因此返还之道，就是顺其魂魄不相分离的本性。如果能在生命垂绝之时，一念至诚，存想元神，摄魂还魄，便能转死而生。可见，元神在仙道的修炼中具有重要地位。经云：“至道不烦诀存真，泥丸百节皆有神，一部之神宗泥丸，泥丸九真皆有房。方圆一寸处其中，但思一部寿无穷。”[⑦]意为泥丸一部，有四方四隅，并中央共九位，皆神之所寄。唯当中方圆一寸处，乃百神总会。修炼者不必他求，只要存思真神，就能寿命无尽。而要炼神，又必须炼炁形，因为炁形达到一定的程度便有神。经云：“仙人道士非有神，积精累炁以成真。”[⑧]食谷者，智慧而夭，食气

① 王明：《抱朴子内篇校释》，中华书局1985年版，第187页。
② 王明：《抱朴子内篇校释》，中华书局1985年版，第187页。
③ 王明：《抱朴子内篇校释》，中华书局1985年版，第188页。
④ 王明：《抱朴子内篇校释》，中华书局1985年版，第138页。
⑤ 王明：《抱朴子内篇校释》，中华书局1985年版，第138-139页。
⑥《黄庭经·内景经》第11章。
⑦《黄庭经·内景经》第7章。
⑧《黄庭经·外景经》第18章。

者，神明而寿。[①]

仙道也重静功修炼，它强调：第一，身体不动；第二，念头不动；第三，不知有我。另外，也重心斋。我们知道，心斋实际上是孔子所授，后来《庄子》也做了发挥，强调炁也者，虚而待物者也，唯道集虚，虚者心斋也。[②]这就是说，心同太虚，即心斋。

神仙道教在中国历史上一至绵延不绝，在现当代亦不例外。例如，陈撄宁就是现代的仙学传人。有人认为，他和钟宜权、吕洞宾、张伯端、王重阳、张三丰、黄元吉一样，是各自时代的里程碑式人物。陈撄宁认为，仙学是关于如何成仙的学问、实践。“仙学乃超人之学，非一般人所能奉行。”[③]肉体凡夫要修成气体神仙，谈何容易。它要解决的问题是如何让肉身延年益命，直至不死。佛教解决不死的方法是从不生做起。而仙学则不同，强调不离已生的心身而解决求长生的问题。他说：“仙家修炼功夫遂注重肉体长生，欲与老病死相抵抗。”[④]当然，各教也有一致之处。他说：“千古无二道，万圣同一心，其文虽殊，其义则一。所入之门，若有毫厘之差，则仙非仙、佛非佛、圣非圣。”“真儒、真释、真道，果能穷一教之理，自然能了彻万卷，洞明三教，真知炽见而无疑矣。”[⑤]如果说有侧重的话，那只表现在：佛教重在闻思（耳根圆通），仙道重在心斋，儒经重在习坎。[⑥]“坎”指坎坷困难，“习”乃学习之意，“习坎”即从困难中学习并成长。习坎在儒家那里指这样一态度，即要学习水德、善处下而不争、川流不息、克服万难、胸怀万物的精神。

实现仙道目的的基本方法是“真心为主，以真炁为用，以三宝为基。外三宝（耳目口）不漏，内三宝（精气神）自合，始得天人（外内）感应，先无一气自然摄入身中。”[⑦]

---

① [西汉]刘安：《淮南子·坠形训》。
②《庄子·人间世》。
③ 陈撄宁：《陈撄宁仙学精要（上）》，胡海牙、武国忠编，宗教文化出版社 2008 年版，第 111 页。
④ 陈撄宁：《陈撄宁仙学精要（上）》，胡海牙、武国忠编，宗教文化出版社 2008 年版，第 179 页。
⑤ 陈撄宁：《陈撄宁仙学精要（上）》，胡海牙、武国忠编，宗教文化出版社 2008 年版，第 180 页。
⑥ 陈撄宁：《陈撄宁仙学精要（上）》，胡海牙、武国忠编，宗教文化出版社 2008 年版，第 179-180 页。
⑦ 陈撄宁：《陈撄宁仙学精要（上）》，胡海牙、武国忠编，宗教文化出版社 2008 年版，第 156 页。

第三节　重玄学：治心成圣只需“复性”

本节主要考释重玄学的价值性心灵哲学，兼及唐代其他有关道教人物的思想。“重玄”或双玄，语出《道德经》“玄之又玄”。玄即无，重玄强调的是应将无也无掉。这种双玄的体性就是万物的体性，相应地，人若进到这种重玄的境界，就进到了最高的圣人境界。重玄学是隋唐之际在继承先秦两汉老庄道学和魏晋玄学基础上建立与发展的道教理论及实践体系。它既有自己创新的本体论、心性论、意义论，又有自己独具一格的修养论。对重玄学建立和发展做出重要贡献的都是一些博学之士，例如，南北朝隋朝的臧玄静（生卒年不详）、刘进喜（生卒年不详），唐朝的成玄英、李荣（生卒年不详）、司马承祯、王玄览，等等。

一、成玄英：心本妙体空静与复性

成玄英承认，凡圣就其都有心来说，是没有什么区别的，但就其有不同的心乃至根本不同的心而言，又有天壤之别。因此是圣是凡，全由心定。根据他对心的研究，心的本性是“妙体空静”，心即无心，达到这种境即为圣，因此也可说“圣人无心”。凡夫区别于圣人的地方在于：心存各种想念，尘垢丰厚。要由凡转圣，就必须清洗心中的尘垢。凡夫之凡心的根源是知觉、攀缘。只要改掉这个毛病，就能进入无心之境。他说：“心有知觉，犹起攀缘；气无情虑，虚柔任物。故去彼知觉，取此虚柔，遣之又遣，渐阶玄妙也乎！”[①]正是基于此，重玄学提出了玄之又玄（万物本体是无无）、遣之又遣的基本命题。由此看来，去凡成圣的方向简单明了，那就是真性复归。而这种复性就是回归心本来的无心或玄之又玄的本然状态。此处的无心，即无一般人的平常的心。正如老子所说的：“圣人无常心。”[②]常心即常人所拥有的随境而变化的心。无心即无变动之心，只存不动不变之真心。成玄英说：“心境两忘，故即心无心。”“圣人虽动不动，用

① [唐]成玄英：《庄子疏·人间世》。
② [唐]成玄英：《道德经注》第 49 章。

而无心。”①还应注意的是，无心不是让心死掉，不让它去接触外界，而是让心常应常静，或如佛家所说的：念起不随，在生活中修禅，在禅中生活。“体道圣人，忘怀冥物，虽涉事有而不以为务，混迹尘俗，泊尔无心，岂措意存情，从于事物。”②“纵使千变万化，而心恒静。”③

怎样才能回归心的本然的无心状态呢？回答很简单，那就是要知道、体道。一般认为，以心知道。唐代道家、道教认为，可用三种方法知“道”的空假中：一是外观诸法，以此知“道”的造化，观万物之变化，以此知“道”之有；二是用坐忘法安坐收心、离境，与道合一，归于虚无，以此可知“道”之空无；三是用内观法，泯灭妄心，无心于物我，虚心自照，以此可知“道”之非空非有。唐代张志和提出：“无心可知至道。”④因为道即虚无，只有无掉一切动变之心念，才能与道体一致，进而便能知道、至道。

这里无疑涉及心灵转化的根本性难题，即人的遇事起知觉、好攀缘的特点好像是人生来就有的本性，它们怎么可能转化为寂然不动的状态呢？“复性”如何可能？重玄学的回答是，心性的本性不是动变，而是本静，即虚静的性体是心本身固有的，而非外加的。因此由妄心变为无心之真心，就不是转化，而是回归或回复。另外，圣心之所以能成，是因为圣人所禀的天资极为特殊。成玄英说：“神圣之人，降生应物，挺淳粹之精灵，禀阴阳之秀气，虽顺物以资待，非五谷之所为，托风露以清虚，岂四时之能变也。”⑤这就是说，圣心之所以能成，是因为其所禀的是灵秀之资。这显然接受了理学这样的观点：“禀得至清之气生者为圣人，禀得至浊之气生者为愚人。”⑥

重玄学之所以推崇无心这样的心理状态，之所以倡导和实施遣之又遣的心理操作和人生态度，这是由它对道的体认所决定的。成玄英说：“言至道之为物也，不有而有，虽有不有；不无而无，虽无不无。有无不定，故言恍惚。”⑦道与万物的关系是既生又不生。“虽复能生万物，实无物之可生。刍狗群情，故即生而

① [唐]成玄英：《老子注》卷1。
② [唐]成玄英：《庄子疏·齐物论》。
③ [唐]成玄英：《庄子疏·刻意》。
④ [唐]张志和：《玄真子外篇·涛之灵》。
⑤ [唐]成玄英：《庄子疏·大宗师》。
⑥ [北宋]程颐、程颢：《二程集（上）》，王孝鱼点校，中华书局2004年版，第292页。
⑦ [唐]成玄英：《老子道德经义疏》，敦煌P. 2517号。

不有。有既有而不有，生亦不生而生。此遣‘道生之’也。”[①]根据重玄学的观点，人的处心方法和人生态度也应这样，常应常寂，变而不变，为而不为。他说：“妙本虽动不动”[②]，“动而常寂”[③]，“动不乖寂”[④]。这就是心的最佳状态，是最好的人生态度。它显然类似于佛家所说的真心不变随缘、随缘不变。因此重玄学的“玄之又玄，遣之又遣”既是本体论理论，又是解脱论的操作原则及方法。

根据上述心理价值观，重玄学发明了自己的制心方法论，例如，强调要让精神得解脱，必须努力做到不滞有无，不滞不滞。成玄英说：“有欲之人，唯滞于有，无欲之士，又滞于无。故说一玄以遣双执。又恐学者滞于此玄，今说‘又玄’。更祛后病。既而非但不滞于滞，亦乃不滞于不滞，此则‘遣之又遣’，故曰‘玄之又玄’。”[⑤]

在面对物我时，要努力做到兼忘物我。成玄英说：“凡天下难忘者，己也。而己尚能忘，则天下有何物足存哉！是知物我兼忘者，故冥会自然之道也。”[⑥]

“复性”是复杂而艰难的工程，须从心上用功。其方法很多，最重要的是“率性任真”，意思是在认识自己真性的基础上，跟着自己的性和真向前走，听凭自然之性，任其自由发展，而不是用仁义礼制之类的东西来限制它。“何能强事节文，拘世俗之礼？”[⑦]质言之，人应顺应自己的本性，在行动、合道、保分等过程中都应如此，即做到“率性而动”“率性合道”“率性保分”。对于情感也应如此，即做到“率性任情”。当然，情有不同种类：一是自然的与性一致的情；二是与欲望连在一起的有害的情，如喜、怒、哀、乐等各种各样的心情。对于前者就应“率性适情”，对于后者则不滞于其上，而应努力除去，将其无化。为此，成玄英提出了“无情说”。《庄子·天下》疏云：“无是无非，无罪无过，无情任物。”[⑧]成玄英认为，无情就是复性，因此是否无情是区分凡圣的标

---

① [唐]成玄英：《老子道德经义疏》，敦煌 P. 2517 号。
② [唐]成玄英：《南华真经注疏》卷 1。
③ [唐]成玄英：《南华真经注疏》卷 27。
④ [唐]成玄英：《南华真经注疏》卷 2。
⑤ [唐]成玄英：《庄子疏·齐物论》。
⑥ [唐]成玄英：《庄子疏·天地》。
⑦ [唐]成玄英：《庄子疏·大宗师》。
⑧ 陈志坚主编：《诸子集成（第 2 册）》，北京燕山出版社 2008 年版，第 785 页。

准。他说："圣人无情，随物兴感。"[①]"复古真人，知道之士，天然淳素，无复人情。"[②]

重玄学也从价值论角度探讨和分析了人所拥有的各种心理心态。它们不外乎两类：一是好的、值得进入的心态，如凝心、凝神、澄神、澄心，这些都是圣者所具有的心态；二是与圣心相反的凡夫的心态，其特点是有心，即有知、情、意之类的千差万别的心理状态。概括来说，它们可分为十二种心态，"众生心识，变转无穷，略而言之，有此十二"[③]。它们分别是"喜则心生欢悦，乐则形于舞忭，怒则当时嗔恨，哀则举体悲号，虑则抑度未来，叹则咨嗟已往，变则改易旧事，慹则屈伏不伸，姚则轻浮躁动，佚则奢华纵放，启则开张情欲，态则骄淫妖治。"[④]

成玄英也借鉴了庄子对有害心理的"四六之病"的概括。它指的是四大类有害心理，其中每一类又有六子类，故说"四六"。第一类六种是荣贵、富赡、高显、尊严、声名、利禄，它们是六种乱情志的心理。第二类六种是容貌、变动、颜色、辞理、气调、情意，这是六种绸缪、系缚心灵的东西。第三类六种是憎恶、爱欲、欣喜、恚怒、悲哀、欢乐，这六种是有伤德行的患累。第四类六种是去舍、从就、贪取、施与、知虑、伎能，这是六种能蔽真道的心理。[⑤]

二、李荣：长生在于空其形神、丧于物我

李荣，生卒年不详，活跃于唐高宗（649~683 年在位）时期。他承认长生久视，并从心性论上对其可能性根据做了探讨。他不赞成先前把长生理解为形神的不朽的看法，认为这样理解是背道的。只有不生不死才是真正合道的长生，强调要"空其形神"，而不再是保全形神。他说："夫有身、有神，则有生有死。有生有死不可言道，流动无常岂得言静。若能空其形神，丧于物我，出无根气聚，不以为生，入无窍气散，不以为死。不死不生，此则'谷神'之义也。"[⑥]他之

① [唐]成玄英：《庄子疏·庚桑楚》。
② [唐]成玄英：《庄子疏·列御寇》。
③ [唐]成玄英：《庄子疏·齐物论》。
④ [唐]成玄英：《庄子疏·齐物论》。
⑤ [唐]成玄英：《庄子疏·庚桑楚》。
⑥ [唐]李荣：《道德真经玄德纂疏》卷 2。

所以否定先前的长生观，是因为他认为，这样的理解不究竟，是建立在分别的基础上的。他说："欲者以染爱累真，学者以分别妨道，遂使真一之源不显，至道之性难明。不入于无为，但归于败失。"[①]这就是说，长生是可能的，只要真正让心入于无为，就能如愿，反之，则归于失败。

他对重玄的理解不同于成玄英，认为玄即深妙，深妙之深妙，即重玄，或玄之又玄，重玄亦即太玄。"太玄为大乘，太平为中乘，太清为小乘。"[②]这就是说，重玄指的是对本体、真心的认识又比玄学进了一层，即认识到了它的更深层次的空无的本质。唐玄宗有类似的看法，他说："法性清净是曰重玄，虽籍勤行，必须无著，次来次灭，虽行无行，相与道合。"[③]

三、孟安排与杜光庭：理心虚心而会道

孟安排（生平事迹不详）所集的《道教义枢》强调：道性要转化为现实，除了"气"这一条件之外，还离不开"道意"这个条件。所谓"道意"，即对道的敬重追求的意识，或"入道初心"。"道意者，入道初心，归真妙趣，断生死之累，成慧鉴之明，绝有欲之津，证无为之果，此其致也。"[④]具言之，有五种道意，即自然道意、研习道意、知真道意、出离道意、无上道意。

这里重点剖析杜光庭的思想。他是唐末五代最负盛名的道士，著述宏富，出儒入道，加之其师承中如司马承祯、应夷节受佛教天台宗影响较深，因此他以道教为本，积极融合三教，提出："三教圣人所说各异，其理一也。"[⑤]

杜光庭认为，要认识心的本质，必须认识道与元炁的本质，因为后两者是包括心在内的一切的本原。他说："本者元也，元者道也。道本包于元炁，元炁分为二仪。"[⑥]他讨论了如何理解道教"宗意"这一解释学问题，认为宗意有三十八，实即为人处心、治心的三十八条原则。它们分别是，教人：以无为理国，

① [唐]李荣：《道德真经玄德纂疏》卷17。
② [唐]孟安排：《道教义枢》卷2。
③ [唐]李隆基：《御注道德经》。
④ [唐]孟安排：《道教义枢》卷3。
⑤ [唐]杜光庭：《太上老君说常清静经注》，载胡道静、陈莲笙、陈耀庭选辑：《道藏要籍选刊（三）》，上海古籍出版社1989年版，第16页。
⑥ [唐]杜光庭：《太上老君说常清静经注》，载胡道静、陈莲笙、陈耀庭选辑：《道藏要籍选刊（三）》，上海古籍出版社1989年版，第22页。

以修道于天下，以道理国，以无事法天，不以尊高，不尚贤、不贵实，无事无欲，等观庶物，不滞功名，以谦下为基，以正理国，政无苛暴，以道佐天子，轻徭薄赋，修身曲已则全、守柔则胜，理身无为无欲，理身从善去恶，理身积德为本，理身勤志于道，理身不贪世利，理身外绝浮竞，理身不务荣宠，等等。概括来说，其大的方面主要是①如何理国；②如何理身；③如何理心；④如何做出家人；⑤如何修身；⑥如何处世。其基本原则是理身寡知慎言、绝除嗜欲，出家养神则不死，体命善寿不亡，修身外身而无为、体道修身，理心虚心而会道，处世和光于物。

在理身和理心时，首先要明白的是这样做要达到的理想状态是什么。根据他对心身的价值论研究，心身的最佳状态就是精、气、神这样的状态，即不相分离。只要通过修炼让其不相分离，就表明它们有“非一”的关系。杜光庭说：“为使炁神，神之与心，炁之与道，不相远离，故圣人设法教人修道即修心，修心即修道也。”“心无其心，乃为清静之道。”[①]因为神的特点是好静，既然如此，修行就要遵循这个规律。凡夫之所以拥有那些有害的心理，就是因为其违背了这个规律，杜光庭说：“夫人神好清而心扰之，人心好静而欲牵之。”[②]如是便有种种妄心；而有妄心，必“惊其神”，神惊便必然有贪著、造业、流转依次发生。

让妄心转化为圣心或证道是完全可能的，只要修心就能如愿。因为心的体就是道，因此修心就是让心复归自己的本来状态。杜光庭说：“惟道集虚，虚心则道集于怀也，道集于怀则神化游……修道即修心……修心即修道也。”[③]修心即让心安静下来。“若安静心王，抱守真道，则天地元精之气纳化身中为玉浆甘露。”[④]安静心的方法、操作同于佛教，用的也是佛教的语言，如说：“夫欲修道，先能舍事。外事都绝，无与忤心，然后安坐，内观心起，若觉一念心起，即须灭除。随动随灭，务令安静。惟灭动心，不灭照心。”[⑤]

---

① [唐]杜光庭：《太上老君说常清静经注》，载胡道静、陈莲笙、陈耀庭选辑：《道藏要籍选刊（三）》，上海古籍出版社 1989 年版，第 14 页。
② [唐]杜光庭：《道德真经广圣义》，载胡道静、陈莲笙、陈耀庭选辑：《道藏要籍选刊（二）》，上海古籍出版社 1989 年版，第 47 页。
③《道德经集释（下）》，[西汉]河上公、[唐]杜光庭等注，中国书店 2015 年版，第 611 页。
④ [唐]杜光庭：《道德真经广圣义》，载胡道静、陈莲笙、陈耀庭选辑：《道藏要籍选刊（二）》，上海古籍出版社 1989 年版，第 138 页。
⑤《道德经集释（下）》，[西汉]河上公、[唐]杜光庭等注，中国书店 2015 年版，第 998 页。

在分析圣贤、凡愚的原初心理或天赋心理时，在揭示心先天被给予的心性时，杜光庭也表达了不同于佛儒的看法，即不承认凡圣都有共同的天赋的心性，而强调人不同于物，都是禀天地灵气而生的。就人内部而言，凡圣所禀之气又有差别。这就是有的人能成圣的先天心理根据。他说："人之生也，禀天地之灵，得清明冲朗之气为圣为贤，得浊滞烦昧之气为愚为贱。圣贤则神智广博，愚昧则性识昏蒙。由是有性分之不同也……于和气之间有明有暗，故有贤有愚。"[①]

在论述心灵转化时，杜光庭实践和提炼了遣之又遣的修心之法。他将重玄学的玄之又玄、遣之又遣的基本原则运用到修心之中，强调修心就是改造心灵，就是要不执不忘、不著有无。他说："修心之法，执之则滞著，忘之则失归宗，在于不执不忘，惟精惟一尔。"[②]简言之，修心就是要灭心，既"灭动心"，又"灭照心"[③]。在这个过程中，他阐释和发挥了《老子》的有关思想，他说："修之者，于国则无为无事，自致太平；于身则抱一守中，自登道果。得之者，排空驾景，久视长生。"[④]"道德经者，乃天地之至妙，有天道焉，有人道焉，有神道焉，大无不包，细无不入。""道德，生畜之源，经国理身之妙。"[⑤]道为自然之道、为政之道、修身之道。

四、司马承祯：回归心源

强调回归心源是唐代道教的一个特点，而司马承祯在这方面表现得更为突出。他是上清派的第十二代宗师，但又借鉴了佛教思想，认为要证道体、完成心灵的转化，必须进行方向上的转化，即从观色、空、有、无，过渡到向自心的反观，借用禅宗的话说就是，要"直指心源"。心源即妙性、道体，彻见心源即彻见道体。他说："要认真空色，回心向己观，空色宜双泯，不须举一隅。色空无滞

① 《道德经集释（下）》，[西汉]河上公、[唐]杜光庭等注，中国书店 2015 年版，第 610 页。
② [唐]杜光庭：《道德真经广圣义》，载胡道静、陈莲笙、陈耀庭选辑：《道藏要籍选刊（二）》，上海古籍出版社 1989 年版，第 255 页。
③ [唐]杜光庭：《道德真经广圣义》，载胡道静、陈莲笙、陈耀庭选辑：《道藏要籍选刊（二）》，上海古籍出版社 1989 年版，第 255 页。
④ [唐]杜光庭：《道德真经广圣义》，载胡道静、陈莲笙、陈耀庭选辑：《道藏要籍选刊（二）》，上海古籍出版社 1989 年版，第 35 页。
⑤ [唐]杜光庭：《道德真经广圣义》，载胡道静、陈莲笙、陈耀庭选辑：《道藏要籍选刊（二）》，上海古籍出版社 1989 年版，第 8 页。

碍，本性自如如……一心观一切，一切法皆同。若能如斯解，方明智慧通。”[1]根据司马承祯的解读，《太上升玄消灾护命妙经》的主旨就是阐述“妙性之本、万法之宗”，而妙性之本就是心源，因此，此经是“直为指心源”的“妙音”。[2]

人的心理状态就是人的生存状态，凡夫与圣人的差别可据此来加以区分。之所以如此，其根源在于人是得道还是失道。而这又根源于人心的治理状况，如果心中有物、有念，为其所满、所塞，道便远人而去，有此心的人就是痛苦不堪的凡夫一个。反之，心空、心虚、心静，道便自来，圣便自成。司马承祯说：“心满则道无所居”，“心不受外，名曰虚心，心不逐外，名曰安心，心安而虚，则道自来止”。[3]人心与道是相连的。只要在心上用功，让知见灭尽，“乃得道矣”[4]。这里表达了他关于心的本质及其与道的关系的看法。他说：“道者，理也，通也，导也……言理者，谓理实虚无……言通者，谓能通生万法，变通无碍……言导者，谓导执令忘，引凡令圣。”[5]“心者，一身之主，神之帅也。”[6]从其与道的关系来看，心“以道为本”[7]。不过，道与心又不是同一的，因为心由道生。只有通过一定的方法、途径，才能让心合于道、证得道。那就是要“住无所有”，做到“心安”。只有“心安”，才有“道来”。“学道之初，要须安坐，收心竟境，住无所有，不著一物，自入虚无，心乃合道。”[8]

司马承祯在阐述自己关于安心方法的看法时，深受天台止观（尤其是历缘对境止等）的影响，倡导于涉事处喧中安心或无心。他说：“故虚心无欲，非求于道而道自归之，其要在乎涉事处喧，皆作意以安之。有事无事，常若无心；处静处喧，其志惟一……自调适制而勿著，放而不动，是为真定者也。”[9]心安、住心的最高境界是“真定”或“大定”。真定不是心从有所执过渡到了无所执

---

① [唐]司马承祯：《太上升玄消灾护命妙经颂》。
② [唐]司马承祯：《太上升玄消灾护命妙经颂》。
③ [唐]司马承祯：《坐忘论》。
④ [唐]王玄览：《玄珠录》。
⑤ [唐]孟安排：《道教义枢》卷1。
⑥ [南宋]曾慥编：《道枢》，载胡道静、陈莲笙、陈耀庭选辑：《道藏要籍选刊（十）》，上海古籍出版社1989年版，第375页。
⑦ [南宋]曾慥编：《坐忘论·收心三》。
⑧ [南宋]曾慥编：《坐忘论·收心三》。
⑨ [南宋]曾慥编：《道枢》，载胡道静、陈莲笙、陈耀庭选辑：《道藏要籍选刊（十）》，上海古籍出版社1989年版，第375页。

的状态，不是无所知、无所指归的状态，而是无不知、自得真见的状态。它既超越于有念的状态，又超越于“执行住空”的状态。他说：“心不著物，又得不动，此是真定正基。”[①]

五、吴筠：至静无心，无心即心

唐代吴筠，师承冯齐整而受正一之法，对神仙道教也有研究和心得，强调仙道可学，以消除长久以来人们对仙道的怀疑。由于道是治心之本，因此他极重视对道的体悟。他从体、相、用三方面对道做了这样的刻画：“道者何也？虚无之系，造化之根，神明之本，天地之源。其大无外，其微无内，浩旷无端，杳冥无对。至幽靡察，而大明垂光。至静无心，而品物有方。混漠无形，寂寥无声。万象以之生，五音以之成。”[②]道也有神性，这里的神指的是“变化莫测”。“夫道至虚极也，而含神运气，自无而生有。”[③]

由于道以及体现道的人之真心是永恒不灭的，因此只要有效利用天所授予人的资源，那么人在理论上是可以做到长生的。吴筠关于长生的思想有如下要点：首先，有可能让肉体长生，关键是真正做到不让精、气、神泄漏。他说：“根深蒂固，长生久视。”[④]“人最善者，莫若常欲乐生。”[⑤]“要当重生，生为第一。”[⑥]其次，更重要的是让精神永恒。这也是寿，也是长生。他说：“死而不亡者寿。”[⑦]

人的生存状态与神在形中所处的状态息息相关。神的状态各不相同，有好有坏。其最佳状态是全、固、充盈、不动、不变。吴筠说：“心动则形神荡。欲不可纵，纵之必亡。神不可辱，辱之必伤。伤者无返期，朽者无生理。”[⑧]不利于神安、神固的东西是纵欲、荒淫。“燕赵艳色，性之冤也；郑卫淫声，神之洹也；珍馔旨酒，心之昏也；缙绅绂冕，体之烦也。此四者，舍之则静，取之则扰，忘之则寿，耽之

---

① [南宋]曾慥编：《坐忘论·收心三》。
② [唐]吴筠：《玄纲论·道德章》。
③ [唐]吴筠：《玄纲论·以有契无章》。
④《老子·第五十九章》。
⑤《老子·第三十三章》。
⑥ 王明：《太平经合校》，中华书局 1979 年版，第 80 页。
⑦ 王明：《太平经合校》，中华书局 1979 年版，第 613 页。
⑧ [唐]吴筠：《形神可固论·养形》。

则夭。”“静则神生而形和，躁则神劳而形毙。深根宁极，可以修其性情哉。”[①]

根据《玄纲论》对道教的判释，尽管道教重仙道等方术，但仍把修心、炼性放在首位，其宗旨和核心是强调以心为本。吴筠说：道教立教，“先理其性”，“理其性”就是整理、修炼心性。“理其性者，必平易其心。”[②]即使仙道重神仙，但也没有偏离此主旨，因为它所追求的神仙必有长生久视之心，否则不称其为神仙。《汉书·艺文志》云：“神仙者，所以保性命之真，而游求于其外者也。聊以荡意平心，同死生之域，而无怵惕于胸中。”[③]吴筠说：“神仙体虚，故能跨鸾驭鹤，乘云气飞腾太虚，寿与天齐。”[④]其体虚，若没有心理的脱胎换骨的改造，是绝对不可能的。作为神仙道教的积极弘扬者，吴筠从这个角度对道教的神仙论做了自己的阐发。例如，强调神仙尽管有体虚心静等共性，但其内是有层次差别的。其具体表现是，神人高于真人，真人高于仙人。仙人是修炼超越了凡俗的人，再进一步修炼，才可为真人、神人。“此皆自凡而为仙，自仙而入真，真与道合，谓之神人。”[⑤]只有与道真正合一（这当然是一种心理状态，即无心之心），才可进入仙道的最高境界。他说：“神人能存能亡，能晦能光，出化机之表，入大漠之乡，无心而元鉴，无翼而翱翔……福无疆，寿同太虚而不可量。”[⑥]从成就过程来看，神仙是通过修、学而得的，不是“禀受异气而生”的，不是自然而然的，更不是装神弄鬼而成的。要成仙，既离不开先天的阴灵之气，此气可称作“骨”，又要靠刻苦的学修。吴筠说：“有骨而不学者，亦如有材而无工。故金藏于矿也，不冶而为石。道在于人也，不炼而为凡。虽无骨而不仙，亦不可恃骨而待轻举也。”[⑦]成仙尽管方法、途径有很多，但关键是通过基本的程序修炼心性。有这样的基本步骤，即以“正一”为初基，接着努力“洞神”，进而栖于“灵宝”，最后息于“洞真”。在这个过程中，不变的操作是“以至静为宗，精思为用，斋戒为务，慈惠为先”[⑧]。根据他的神仙观，神

① [唐]吴筠：《心目论》，载《宗玄集》卷中。
② [唐]吴筠：《玄纲论·长生可贵章》。
③ [东汉]班固：《汉书·艺文志》。
④ [唐]吴筠：《玄纲论后序》，载《全唐书》卷925。
⑤ [唐]吴筠：《神仙可学论》，载《宗玄集》卷中。
⑥ [唐]吴筠：《神仙可学论》，载《宗玄集》卷中。
⑦ [唐]吴筠：《玄纲论·明取舍章》。
⑧ [唐]吴筠：《玄纲论·学则有序章》。

仙确有形体上的表征，但不可只看这一方面。因为神仙不是形体长寿者，而是能将神与道统一在一起的人。因此修炼神仙方术的关键不是炼形，而是定神。吴筠云："长生之非形躯。"[①]即使炼形必不可少，但"炼形之要在守一"[②]。而守一是一种心理的专注操作。

道教也重性情之辨。这里简要分析一下唐代文学家、哲学家、崇奉儒道的李翱（772—841）的有关思想。他认为，率性之人一定是无情的、忘情的。而有情，必使真性遮蔽。凡圣之所以有别，是因为圣人只有性的复归，其情荡然无存。凡夫之所以为凡夫，是因为其性隐覆，"惑其性"，为情所役使。李翱说："人之所以为圣人者，性也；人之所以惑其性者，情也。喜、怒、哀、惧、爱、恶、欲七者，皆情之所为也。情既昏，性斯匿矣。"[③]当然，圣人也有其情，只是这情没有表现出来。"虽有情也，未尝有情也。"[④]就根源来说，情又离不开性，是性的动变，用佛家的话说，是性随染缘而产生的东西。总之，情由性而生，性由情而明，情为"性之动""性之邪"。

第四节　丹道：炼丹即炼精气神，即心灵转化

丹道即道教所倡导的炼丹成仙之道，其实际创始人是东汉末的魏伯阳，后有东晋的葛洪加以发展。宋元以后，丹道进入它的鼎盛期。其追求的目标仍是飞升成仙，方法主要是炼丹。炼丹即烧炼金丹。丹道在道教中享有十分特殊的地位。刘知古的《日月玄枢论》云："道之至秘者，莫过还丹。"[⑤]丹者，单也、一也。天、谷、地、人，之所以生成、存在并拥有其清、宁、盈、生等本质特点，都因为各得其一。故有言：天得一以清，地得一以宁，谷得一以盈，人得一以生长。丹道有外丹与内丹之分，但其基本精神具有一致性，如都以炼养阴阳、返朴还淳、性命双修双了、羽化登真为第一要义。当然，内丹与外丹还是有重要的区别的。

① [唐]吴筠：《道教微略（上）》，载《图书集刊》第7期（1946年10月）。
② [唐]郑思远：《真元妙道要略》，载胡道静、陈莲笙、陈耀庭选辑：《道藏要籍选刊（九）》，上海古籍出版社1989年版，第178页。
③ [唐]李翱：《复性书》。
④ [唐]李翱：《复性书》。
⑤ [唐]刘知古：《日月玄枢论》。

宋代王道说："内丹则莫不以神炁为本，外丹则莫不以铅汞为宗。""铅汞者但以山石间所采矿银为真铅，朱砂中所描水银为真汞。"[①]外丹为何如此看重铅汞、服食金丹或还丹呢？其道理在于：铅汞是天地之母，服金者寿如金。外丹的理论从反思人有寿夭长短这一事实出发，如黄帝之前的人能活千百岁，而在他之后的则不能活如此之久，经过探讨所找到的原因是"盖人不能体天地元炁。"[②]"天地之所以能长且久者，尽得元炁纯粹之大也。""古者通达之士，观天之道，执天之行，合自然元炁而滋养一身，使如天地之寿。"[③]一般凡夫不明此理，无端让血炁泄露，致使衰老，甚至早死。服食金丹之所以能长寿，是因为金丹是采天地之元炁而制成的，"服之，则聚精会神，还童为少"[④]。

唐末以前盛行的是外丹，后因其对人体的不良影响，钟吕等人便开始创建内丹，不久陆续演变出了诸派别，如南派、北派、中派、东派、西派、伍柳派、三丰派、女丹派等。主要经典有《钟吕传道集》《悟真篇》《金丹大要》，等等。内丹派有复杂的传承。按照道教的说法，老子是道教的始祖，有多传，例如，一传尹文始即关尹子，成文始一派；一传王少阳，开全真一派，王传钟离权，钟传吕纯阳，吕传王重阳。王重阳传丘处机，开北宗，又称龙门派。吕另一传是刘海蟾，刘传张伯端，开南宗。刘亦传希夷，希夷递传至张三丰，遂开一新脉。除了这些派系之外，内丹的派别还有：第一，中派，其创始人为元初全真道士李道纯，以内丹学解释《中庸》《心经》等儒释经典，倡导禅宗修法，追求明心见性。以"守中"一着为丹法要诀，提出只要守人之中，并应天地之中，便可达到天人合一的境界。因此识得中字，守中致和，自然虚极静笃，明心见性，直超圆顿。第二，明代出现了由陆西星创立的内丹东派。第三，清代的李西月创立了内丹的西派。本节拟重点考释内丹的有关思想。

---

① [宋]王道：《古文龙虎经注疏》，载胡道静、陈莲笙、陈耀庭选辑：《道藏要籍选刊（四）》，上海古籍出版社 1989 年版，第 9 页。
② [宋]王道：《古文龙虎经注疏》，载胡道静、陈莲笙、陈耀庭选辑：《道藏要籍选刊（四）》，上海古籍出版社 1989 年版，第 10 页。
③ [宋]王道：《古文龙虎经注疏》，载胡道静、陈莲笙、陈耀庭选辑：《道藏要籍选刊（四）》，上海古籍出版社 1989 年版，第 10 页。
④ [宋]王道：《古文龙虎经注疏》，载胡道静、陈莲笙、陈耀庭选辑：《道藏要籍选刊（四）》，上海古籍出版社 1989 年版，第 10 页。

一、内丹修炼方法所隐含的心灵哲学原理

如果说道教是中国心灵哲学建构的一支重要的生力军的话，那么内丹学则是其中的“排头兵”，它改变了过去以心脏为神思枢纽的观点，明确提出脑为思维器官的结论，如说“神在泥丸”。更可贵的是，在深掘人羽化成仙的心理根基、原理的过程中，其对心理的内在奥秘做了大量有益的探索。先看它的方法和实践中所隐含的心灵哲学思想。

内丹用功的方法尽管千头万绪，但可从顺道、性命、阴阳、有无四个方面下功夫。顺是指道派生万物的过程，顺道是指返本还源的修炼过程，因此修炼的实质在于“道”，其一般程序是炼已筑基，炼精化炁，炼炁化神，炼神还虚，炼虚合道（粉碎虚空）。前三个环节属命功，属有为法，后两个环节是性功，属无为法。可见，性与命，就是无为与有为。之所以说修炼还有阴阳的方面，是因为整个修炼是一个除去人体阴质、还就纯阳之体的过程。修丹道的前提条件是高尚的道德情操，如必须忠于祖国、孝敬双亲、和于友邻等。

内丹派至张伯端的《悟真篇》完成时，已臻成熟。丹炼修炼的理论基础是道教关于精、气、神的学说。这在本书第一篇已有探讨，此处从略。根据内丹派的看法，精与形的起源是道（神）生炁，炁生精，精生形。这是万物的从神至形的顺生过程，而内丹修炼实际上就是上述过程的逆过程，即由形返精、由精返气、由气返神。这里的神既是道，也是心的体性。远离此体性，或让它被压抑，人就生活在不如意的状态，反之，若能“返还”，便超越凡俗，跃入理想的生存状态。总之，内丹修炼过程是万物生成过程的逆过程。宇宙万物生成的顺过程是道生一，一生二，二生三。而炼内丹则要使万物合而为三（精、气、神），再由三合二（铅、汞），二复归于一（圣胎或金丹），最终达到重返本原、常驻人生的目的。

由于内丹学有对这些深层次的形而上学问题、心性论问题的探讨，因此一般认为，它的形成和发展提升了道教的素质。胡孚琛说：“宋辽金元时期，道教史上最大的事，就是内丹学的创立和成熟。随之内丹学成了道教主要的修持方法，道教面貌为之一变，宗教素质有了根本提高。”①其作用在于：它是“打开生命

① 胡孚琛：《道教和丹道》，中央编译出版社 2008 年版，第 87 页。

科学之门，进而是解开人类心灵奥秘的钥匙”①。“金丹大道是参天地、同日月、契造化、返自然、还本我、修性命的天人合一之道。”②

基于对表层心理后的深层心理如元精、元气、元神、心性、道体的认识，内丹极重视精、气、神的修炼。这里当然不是修后天的东西，而是修先天的元精、元气、元神。如果说是气功的话，它应被称作“炁功”。因为后天之气即气，而先天之气则为“炁”。这些修炼的终极目的是长生久视，要如此，则必须有清静的身心，甚至让阳神出现。所谓阳神是经前面所说的筑基等修炼过程，至炼神还虚，再进一步提升而出现的心身境界，如炼尽神（元神）中的阴滓，成就一纯阳无阴的元神，此即“阳神”。修行到此次第，阳神可由“天门”出入，摆脱肉体的禁锢，脱离肉身而常存，进入身外之身、超出生死之外的境界。它既是一种心理状态，也是一种特殊的物质能量状态，因为阳神为阳者，在于它存在于阳性的物质中，且其能量是极高的。可见，内丹的修炼都是基于对心身的特殊认识而创造的改造人的心身结构的方法与过程。根据它关于心性分析所得的价值观，清静为最好，因此一切方法和操作都应服务于此、朝向此。黄信阳说：“内丹术的每一步都是在身心清静的状态下去磨炼，每一次练功都是按无为—有为—无为的自然法则循序渐进地操练。”③

二、全真道：识心为本与心性论转向

这里再以全真道的有关思想为个案稍加剖析。一般认为，该派以全老庄之真、苦己利人为宗旨，对内丹学的阐释功勋卓著。《晋真人语录》（佚名，当系金朝全真道士编撰）对“全真”的解释是“夫全真者，合天心之道也。神不走，炁不散，精不漏。三者俱备，五行都聚，四象安和，为之全真也。”④所谓全真实即让禀天而有的原初心理和物理的质素如元神、元精、元气都完好无损。

全真道有明显的禅宗特色，强调要实现丹道飞升成仙的目的，必须崇本息末，抓牛鼻子，这就是要“识心见性”，即回归自心，认识自心，彻见心性的本来面

① 胡孚琛：《道学通论（修订版）》，社会科学文献出版社 2009 年版，第 382 页。
② 胡孚琛：《道学通论（修订版）》，社会科学文献出版社 2009 年版，第 368 页。
③ 张兴发：《道教内丹修炼》，宗教文化出版社 2003 年版，总序。
④《晋真人语录·玄门杂宝十八问答》，《道藏》第 23 册，第 699 页。

目。其精神、语气与禅宗十分相近，很容易让人想到禅宗的不立文字、明心见性。元代王磐在为玄门掌教宗师诚明真人张志敬所写的碑铭中对王重阳以来全真道所笃行的精神原则做了这样的概括：“全真之教，以识心见性为宗，损己利物为行，不资考学，不立文字。”[①]对于全真道来说，修炼是易行道，因为只要能抓住当下一念心，做到“一念不生”“无心”，就万事大吉。马钰（1123—1183，全真七子之一）云：“只要一念不生，性体真空，杳然湛然，似天澄虚不别，是真澄心也。无心可澄是名澄心。”[②]一念不生、无生也可理解为“净心”，而“净心”就是刘长生真人所说的修炼的至要、关键、牛鼻子。刘长生真人说：“若心上无私，常清净，做彻便是道人，只清净两字都免了。”[③]

全真道既重视识心见性的修行实践，又重视理论探讨，以至建立了自己的系统深入的心性论理论体系，为道教在宋元时期完成所谓的心性论转向做出了重要贡献。全真道七派之一的龙门派创始人提出了内外双修的原则，强调以道、天、天道为核心，以常心、常性为依归的心性论体系。其特点是不再以心为核心，而以道为核心；强调要证道，必须内修心性（无为）、外修功行（有为）。就三教关系而言，该派与儒家思想有较多的契合点。龙门派也重视命功，当然一般不公开传授，《正统道藏》收录了丘处机的《大丹直指》，书中介绍了许多修行功法和秘诀，如五行颠倒龙虎交媾诀、五行颠倒周天火侯诀义等。龙门派之所以重修性，而不多谈修命，是因为该派认为，一方面，修好了性，修命自然水到渠成，例如，心炼好了，证得了平常心，调息、理气、结丹、证命自然随之而现；另一方面，若治心不到位，尘念滚滚，内息必然粗短难驯，气如野马驰骋。当然，炼心不能完全取代命功。没有这类外功，内功不可能修好。

陈致虚在内丹理论的建构中功不可没。他的内丹理论本于南宋的张伯端、白玉蟾，特别重视精、气、神的作用，后为丘处机弟子，并成了元代有名的全真道道士。在突出心性的作用的同时，陈致虚对与心性有关的精、气、神的作用和机制做了深入的探讨。这些探讨涉及了心性运作的内在原理与机制。在他看来，无论是心的运作还是生命的运行，都离不开精、气、神这三宝，它们既有

① [元]王磐：《甘水仙源录卷之五》，《道藏》第19册，第758-759页。
② 《真仙直指语录》，载明《正统道藏·正一部》鼓字号。
③ 《真仙直指语录·长生刘真人语录》。

精神的作用，又是生理、物理的能量。就炼内丹来说，必不可少的一环是炼精。当然，此精不是后天之精，而是“先天地之精，却为人之至宝”①。故服食金丹有长生久视之妙用。正如老子所说的：“窈窈冥冥，其中有精，其精甚真，其中有信。”②要炼精，必须悟理修道。因为这有增长人的先天之精的作用。陈致虚说：“吞精食气，先从有悟理归真便入无。”③炼内丹当然也离不开炼神，因为“老子曰：长生之功由于丹，丹之成由于神”④。总之，在陈致虚看来，炼丹即炼精、气、神。“修炼合丹者，炼精气神而已。唯此三者，千古之上，万世之下，无以易之。”⑤

陈致虚也承认并追求长生不死、飞升成仙，只是强调这里的长生不是肉体的不死，他说：能“留形长生，永居于世”，是“凡俗之说”。⑥“盖有身则为患，仙者欲去其患也。”⑦成仙的确可以长生，其形式是“脱胎”或“出神”。⑧他指出：经过长期修炼，修成圣胎，再经一定时间的保养，进而“化为阳神。阳神出入去来无碍，是云脱胎而去也”⑨。成仙离体后的仙人，有多种存在方式，因为“仙道已成，无所不可，各随所欲”⑩。例如，彭祖优游而住世，天师受命而居天职，黄石公或显或隐，旌阳拔宅而上升，王重阳示疾而终世，紫清尸解而脱壳，等等。

---

① [元]陈致虚：《上阳子金丹大要》，载胡道静、陈莲笙、陈耀庭选辑：《道藏要籍选刊（九）》，上海古籍出版社1989年版，第224页。
② [元]陈致虚：《上阳子金丹大要》，载胡道静、陈莲笙、陈耀庭选辑：《道藏要籍选刊（九）》，上海古籍出版社1989年版，第224页。
③ [元]陈致虚：《上阳子金丹大要》，载胡道静、陈莲笙、陈耀庭选辑：《道藏要籍选刊（九）》，上海古籍出版社1989年版，第224页。
④ [元]陈致虚：《上阳子金丹大要》，载胡道静、陈莲笙、陈耀庭选辑：《道藏要籍选刊（九）》，上海古籍出版社1989年版，第223页。
⑤ [元]陈致虚：《上阳子金丹大要》，载胡道静、陈莲笙、陈耀庭选辑：《道藏要籍选刊（九）》，上海古籍出版社1989年版，第223页。
⑥ [元]陈致虚：《上阳子金丹大要》，载胡道静、陈莲笙、陈耀庭选辑：《道藏要籍选刊（九）》，上海古籍出版社1989年版，第267页。
⑦ [元]陈致虚：《上阳子金丹大要》，载胡道静、陈莲笙、陈耀庭选辑：《道藏要籍选刊（九）》，上海古籍出版社1989年版，第267页。
⑧ [元]陈致虚：《上阳子金丹大要》，载胡道静、陈莲笙、陈耀庭选辑：《道藏要籍选刊（九）》，上海古籍出版社1989年版，第267页。
⑨ [元]陈致虚：《上阳子金丹大要》，载胡道静、陈莲笙、陈耀庭选辑：《道藏要籍选刊（九）》，上海古籍出版社1989年版，第267页。
⑩ [元]陈致虚：《上阳子金丹大要》，载胡道静、陈莲笙、陈耀庭选辑：《道藏要籍选刊（九）》，上海古籍出版社1989年版，第267页。

在探讨修炼方法时，陈致虚强调修金丹与参禅殊途同归，因为修金丹可得道，修禅亦如此。不了道的是人，“了底是圣贤仙佛”，“金刚经云，佛说非身是名大身”。[①]金丹道强调的也是这个意思。得此道，无为而不为，“得此道而其鬼不神”[②]。当然，《老子》的旨意是“先有为而后无为，非蠢然无为也。本道德而后仁义，非毁于仁义也。”[③]因此道佛与儒教也是一致的。

在解释道教的核心概念“道”时，他不仅利用了佛教的思想，而且从心性角度加以解释，认为道就是一种心，即“涅槃妙心”[④]。如果是这样，道就成了儒释道三家共同的本体和价值之源。他强调：三教只说一个道，因为“天下无二道”[⑤]。“孔子曰：参乎吾道，一以贯之。老子曰，万物得一以生。佛祖云：万法归一。”[⑥]由于道就是心体，因此也可说，三教语殊而心同，三教圣人无二心，“三教之道惟一心而已”[⑦]。此处所说的心非肉团心，而是“天地正中之心也”[⑧]，此心乃性命之原。

王志谨是元代全真道道士，悟道后于盘山开门授徒。他以《清静经》为宗，兼容禅宗，认识到内丹、外丹功法中修炼出的丹固然是金丹，但真正的金丹则是真心或真性。他说：“以其快利刚明、变化融液，故曰金，曾经锻炼，圆成具足，万劫不坏，故名丹。体若虚空，表里莹彻，一毫不挂，万尘不染，辉辉晃晃，照应无方。”[⑨]这可看作是金丹解释中别具一格的倾向，我们不妨将其称作真心论转向。根据这一新的解释，金丹为人天生具有的心性。由于妄心的作用，它在凡

---

① [元]陈致虚：《上阳子金丹大要》，载胡道静、陈莲笙、陈耀庭选辑：《道藏要籍选刊（九）》，上海古籍出版社1989年版，第220页。

② [元]陈致虚：《上阳子金丹大要》，载胡道静、陈莲笙、陈耀庭选辑：《道藏要籍选刊（九）》，上海古籍出版社1989年版，第220页。

③ [元]陈致虚：《上阳子金丹大要》，载胡道静、陈莲笙、陈耀庭选辑：《道藏要籍选刊（九）》，上海古籍出版社1989年版，第220页。

④ [元]陈致虚：《上阳子金丹大要》，载胡道静、陈莲笙、陈耀庭选辑：《道藏要籍选刊（九）》，上海古籍出版社1989年版，第221页。

⑤ [元]陈致虚：《上阳子金丹大要》，载胡道静、陈莲笙、陈耀庭选辑：《道藏要籍选刊（九）》，上海古籍出版社1989年版，第268页。

⑥ [元]陈致虚：《上阳子金丹大要》，载胡道静、陈莲笙、陈耀庭选辑：《道藏要籍选刊（九）》，上海古籍出版社1989年版，第268页。

⑦ [元]陈致虚：《上阳子金丹大要》，载胡道静、陈莲笙、陈耀庭选辑：《道藏要籍选刊（九）》，上海古籍出版社1989年版，第268页。

⑧ [元]陈致虚：《上阳子金丹大要》，载胡道静、陈莲笙、陈耀庭选辑：《道藏要籍选刊（九）》，上海古籍出版社1989年版，第268页。

⑨ [元]王志谨：《盘山语录》，载明《正统道藏·太玄部》卑字号。

夫身上被埋没了，而修炼的过程实即让其重新显发的过程。既然如此，炼丹即炼心，而炼心不等于逃避，就是要于生活中炼。其最高的境界是常应常静，于事境中洗心，真正做到心境一如。他说："若在万尘境界中，来去衮缠，虽相应和，要自做得主，不一向逐它去。事不碍心，心不碍事。""不曾于境上炼心，虽静坐百年，终无是处，但以似马而止者，解其绳，则奔驰如旧矣。"①最好的人生态度和用心方法是随遇而安，逆来顺受。他说："修行人修心为本，逢着逆境欢喜过去，遇着顺境，无心过去……一切在处安稳，一切境界里，平常过去，更无动心处，向诸境万缘里，心得安稳，更不沾一尘，净洒洒地，昼夜不昧，便合圣贤心也。"②

通过对心的价值论研究，王志谨得出的结论是，心平则万德具足，即一切最美好的价值，如真、善、美、福、平安、吉祥、利他等，都不在心外，而就在心中。这显然刻上了明显的禅宗印记，如佛教说的体大、用大，特别是相大，说的也是这个意思，强调的是心具有无量无漏性功德藏。证得了作为金丹的心，不仅有上述价值，而且还一定利乐一切众生，即有善的德行。"如何是善恶？答云：一切好心皆为善，一切不平心皆为恶。"③这是全真道一致于佛教的关于心的价值本质的看法。它当然也有求真的意义，因为它至少告诉我们，这类特殊的心理是真实地存在于世界中的心理样式，在抽象心的一般本质时是不能无视它们的，否则，就不可能建立科学的心理本质论。

既然心的本质和价值是这个样子，因此要证得真心或炼成金丹就只能在心上用功，如遣除妄念。王志谨强调：修行之人，以道德为心，以清净为念，削除诈伪贪求妄作，一时遣尽，忘形忘我，身外之物，未尝用心。到此，金丹就会现前。

人不可能不接触外境，因此修行当在生活中修，在境上用功。例如，应"遇境不动"，"境上炼心，常应常静"。④这样的修行才是真修行。"遇境不动，乃是验也。"⑤

张伯端像禅宗一样认识到：人们当下觉知到的川流不息的心念的底层有这样

① [元]王志谨：《盘山语录》，载明《正统道藏·太玄部》卑字号。
② [元]王志谨：《盘山语录》，载明《正统道藏·太玄部》卑字号。
③ [元]王志谨：《盘山语录》，载明《正统道藏·太玄部》卑字号。
④ [元]王志谨：《盘山语录》，载明《正统道藏·太玄部》卑字号。
⑤ [元]王志谨：《盘山语录》，载明《正统道藏·太玄部》卑字号。

一种心，可把它称作灵光或真心，特点是灵明不昧，不是实体，不是性质，不是世界上别的一切东西，就是一点灵明。这是全真道在心理的地理大发现中所发现的一种有真实本体论地位甚至可作为本原被看待的心理样式。当然，早在它之前，佛教已有关于真心的发现，并建立了完备的理论体系。这种心还有这样的特点，即在圣不增、在凡不减，既是人的心体，又是炼丹的关键。因为要想丹成，就是要识得此灵光。他对弟子说："自太极既分之后，一点灵光，人人有之，贤者不加多，愚者不减少。似子所言，是蔽其明也。"[①]每个人都有此灵光，圣者、丹成者，皆因复其本明。而与张伯端在这里对话的弟子之所以不知大道之自然，炼丹一无所成，皆因妄心覆盖了这灵光的本明。若识见此灵光，炼丹便大功告成，便会有这样的境界："丹是色身至宝，炼成变化无穷。更能性上究真宗，决了无生妙用。"[②]因此修心的目的就是让心静下来，不动，凝神定息。他告诫说："千万不可动心"[③]，修闭息之道亦如此。

总之，丹道的秘诀在于心。"心者，神之舍也，心者众妙之理，而宰万物。性在乎是，命在乎是。若夫学道之士，先须了得这一个字，其余皆是后段事实。"[④]人们之所以沉沦于生死之中，莫不由于未了此心。张伯端说："人之所以憔悴枯槁者，谁使之然？心也。"[⑤]当然，叫人回归本心、无心，寂然不动，又不是要人像土木一样。这里要紧的是要认识到心的动与不动的辩证法，区分不同的人制心、用心的层次。例如，"唯其不动之中，而有所谓动者，丹士之用心也。唯其动之中，而存不动者，仁者之用心也。于不动之中，终于不动者，土木之类也"[⑥]。要想像真正的丹士那样用心，关键是要让心发挥其妙用。他说："其所以为妙用者，但神服其令，气服其窍，精从其召。神服其令者，心勿驰于外，则神反藏于内。气服其窍者，心和则气和，气和则形和，形和则天地之和应矣……精从其召者……心清即念清，念清则精止……一言以蔽之曰：静，精、气、神始得而用矣。"[⑦]这说明，丹道所倡导的修炼精、气、神，实际上是修心，只要让心静

① [北宋]张伯端：《青华秘文·序》。
② [北宋]张伯端：《青华秘文·序》。
③ [北宋]张伯端：《青华秘文·下手功夫》。
④ [北宋]张伯端：《青华秘文·心为君论》。
⑤ [北宋]张伯端：《青华秘文·心为君论》。
⑥ [北宋]张伯端：《青华秘文·心为君论》。
⑦ [北宋]张伯端：《青华秘文·心为君论》。

下来，三宝自然修好。

在这里，张伯端像禅宗一样强调：丹道之所以能完成心灵的由凡向圣的转化，心的转化之所以可能，完全是由心之性所决定的，因为心性本寂本静，而炼丹不过是通过精、气、神的修炼让神得以全，心全则能让心的本性显现出来。他说："性则性，而基言之，何也？盖心静则神全，神全则性现。又一言以蔽之，曰：静。"[①]心的本性之所以是静，这完全是由道、理所决定的。他说："其所以为静者，盖亦有理。"[②]由于静是理，因此修道者的任务就是让心静下来。这正是顺性、返性或合规律而为。而由于静是心的体性，因此是不难实现的，例如，只要"心不留事，一静可期。此便是觅静底路"[③]。

张伯端还认识到：治心与治国的道理完全一样，因为心为君者，喻乎人君之在位。圣人以无为而治天下，则天下安肃。庸人以有为而治天下，则天下扰乱。治心也是这样，以无为临之，则其所以动者，元神之性耳。以有为临之，则其所以动者，欲念之性耳。有为者，日用之心；无为者，金丹之用心也。以有为返乎无为，然后以无为而莅正事，金丹之入门也。[④]这就是说，心灵的转化其实很简单，那就是让心由有为转为无为。而心的无为又不是死灰，它有作为元神之性的动或金丹之用。应注意的是，他这里强调的要返的性不是后天气质之性，而是先天之性，或元神，此元神就是禀自自然或道的那一点灵光。这是道教在深挖人心的根源与本质时所得出的一个值得关注的发现。根据这里的论述，一般世间哲学只看到了心的表层的性，例如，心的欲念、妄动，对形、气的依赖性，等等。其实在其后还有更深一层的性。他说："夫神者，有元神焉，有欲神焉。元神者，乃先天以来一点灵光也。欲神者，气质之性也。元神者，先天之性也。形而后有气质之性，善返之，则天地之性存焉。自为气质之性，所蔽之后，如云掩月。气质之性虽定，先天之性则无有。然元性微而质性彰，如人君之不明，而小人用事以蠹国也……气质之性每逾物而生情焉。今则徐徐铲除。主于气质尽，而本元始见。本元见，而后可以用事……善返之，则本元之性胜气质之性。"[⑤]

① [北宋]张伯端：《青华秘文·心为君论》。
② [北宋]张伯端：《青华秘文·心为君论》。
③ [北宋]张伯端：《青华秘文·心为君论》。
④ [北宋]张伯端：《青华秘文·神为主论》。
⑤ [北宋]张伯端：《青华秘文·神为主论》。

张伯端还承认意的存在与作用，认为意生于心。在修丹道时，意的作用不可偏废，当然要正确地加以利用。例如，不能让心驰于意，只能让意驰于心，因为它只是一个媒介而已。他说："意者岂特为媒而已？金丹之道，自始至终，作用不可离也。意生于心。然心勿驰于意，则可；心驰于意，则未矣。"①

再看张伯端对神的探讨。他说：神者，元性也。这是心理世界的主人。既然如此，修炼时就要善待它，即要让它"凝聚"。他说："凝者，以神凝于精气之内。精气本相依，而神亦恋之。今独重于神。何也？神者，精气之主。丹士交会采取，至于行火，无非以神而用气精。苟先以神凝于气之中，则气未可安，神亦未肯恋气，而反害药物矣。且神，元性也。性方寻见尚未定，摇摇飏飏，进退存亡。而子使凝之，性岂能自凝？其所以凝之者，亦气质之性而凝之也。初云质性而寻本性，是以质性而逐本性，可乎哉！"②

当然，丹道有二元论思想的倾向。例如，按丹道的修法一步步修下去可至阳神出壳的境界，此时的阳神可脱离形体而独立存在。张伯端强调，在精、气、神的修炼中，炼神最为重要，因为"神者，精气之主"③。而炼神的关键是凝神。他说："盖神仙有下手先凝神之说，故妄引以盲众。岂知其所谓凝神者，盖息念而返神于心之道。神归于心，则性之全体见。全体见而用之，无非神用。念念不离金丹，故丹成而神自归之，何凝之有？故曰，凝神者，神融于精气也。精、气、神合而为一，而阳神产矣。到此际，此身乃始为无用之物也。"④他还认为，神尽管可以独立于形体、气精，但最好不要外出，因为这对人有害无益，最好的态度是"用定以待之"。他说："神者，性之别名也。至静之余，元气方产之际，神亦欲出，急用定以待之。不然，是散而无体之体也。苟夸出入，必为大道，则难不可为？夫神不疾而速，不行而至。师言曰，神之妙用无方而有限。若得其道，可以出入，切不可纵为良深。盖收于内则可。神、气、精常相恋，神一出，二者无依焉。故神之出也，有害无益。"⑤

丹道的其他派别都有自己自成一体的价值性心灵哲学思想。例如，中派的李

① [北宋]张伯端：《青华秘文·意为媒说》。
② [北宋]张伯端：《青华秘文·精神论》。
③ [北宋]张伯端：《青华秘文·精神论》。
④ [北宋]张伯端：《青华秘文·精神论》。
⑤ [北宋]张伯端：《青华秘文·总论金丹之要》。

道纯认为，先天之精、气、神是内药，后天之精、气、神是外药。他说："交感之精，呼吸之气，思虑之神，皆外药也；先天至精，虚无空气，不坏元神，此内药也。"[①]既然如此，修道就是炼心，而炼心的关键是，以道制欲。而要制欲，又必须"忘"。"绝欲之要，必先忘物我。忘物我者，内忘其心，外忘其形，远忘其物。三者既忘，复全天理。"[②]换言之，修丹道的关键是不能向外求，而必须关注身心，在身心上下功夫。"全真至极处，无出身心两字，离了身心，便是外道。"[③]但又不能执着于身心，因为执着于身心又会为其所累。根据他基于心性论的解释，内丹修炼的实质不外乎是行者应止心一处，如"守其清静自然"，"顺其清静自然"，"神息相忘，神气相融，不觉恍然阳生"。[④]

三、《道枢》：心体特点及妙用的多维描述

下面再来看《道枢》和《修真十书》两本道教综合性著作中所表达的内丹学及其价值性心灵哲学思想。《道枢》是宋代曾慥编集的道教类书，共108篇。内容是将道教哲学、阴符、炼精、服气、金丹等列为专篇，举各家说法，较好地保存了南宋的道教资料。根据《道枢》对道教的判释，它是一种空教，主要任务是转化，特别是心灵转化。因为人的现实的状况是苦，特别是心苦，如生老病死、忧悲苦恼。道教追求的成圣成仙境界不过是它们的反面，就是将忧悲苦恼转化为绝对无苦的圣心。而要想完成这一转化，就要将一切都空掉。《道枢》云："内觉其身心空，外觉其万物空。于是诸相既破，无可执，无可争矣。诸有者梦幻也。"[⑤]这就是"平等大空观"[⑥]。就此而言，道教也是以空为基础的宗教，"欲究空之无空，莫若神之于慧"[⑦]。但空有多种形式，道教只承认五空中的部分空。五空分别如下：一是顽空。此空"虚而不化，滞而不通，阴沉胚浑，清气

---

① [元]李道纯：《中和集·金丹或问》。
② [元]李道纯：《清静经注》。
③ [元]李道纯：《中和集·全真活法》。
④ [元]张三丰：《道言浅近说》。
⑤ [南宋]曾慥编：《道枢》，载胡道静、陈莲笙、陈耀庭选辑：《道藏要籍选刊（十）》，上海古籍出版社1989年版，第377页。
⑥ [南宋]曾慥编：《道枢》，载胡道静、陈莲笙、陈耀庭选辑：《道藏要籍选刊（十）》，上海古籍出版社1989年版，第378页。
⑦ [南宋]曾慥编：《道枢》，载胡道静、陈莲笙、陈耀庭选辑：《道藏要籍选刊（十）》，上海古籍出版社1989年版，第422页。

埋藏而不发，阳虚质朴而不止”[①]，是愚人所执之空。二是性空。此空“虚而不受，静而能清，惟任乎离中之虚，而不知坎中之满”[②]。终为杳冥之鬼，是为断见。三是法空。它“动而不挠，静而能生，块然勿用”[③]。它强调无事、无为。证得这种空只是“得道之初”。四是真空。它“知色不色，知空不空，于是真空一变而生真道，真道一变而生真神，真神一变而物无不备矣”[④]。证得这番道理，即为神仙。五是不空。“天者高且清矣，而有日月星辰焉，地者静且宁也，而有山川草木焉，人者虚且无也，而为仙焉。三者出虚而后成者也。一神变而千神形矣，一气化而九气和矣，故动者静为基，有者无为本。”[⑤]证得此境界即为“真者”[⑥]。后面三种空既是外物的体性，又是心的体性，因此这里对空的分析是有双重的心灵哲学意义的，即一方面揭示了心的本质，因而有求真性意义；另一方面，它可成为去凡成圣，特别是心理转化的理论基础，因此有价值论意义。

《道枢》的重要的心灵哲学工作是，对要转化的众生生存状态及其心理处境做了扫描，强调生活在苦海中的众生拥有的是一颗跳动不安的心。例如，心猿意马说的就是众生的心理地理学、结构论、地貌学。《道枢》云：意者如马，如猿。“猿者，心之意也。”[⑦]由于心神远离了它本来的状态，不能做主，因此盗贼猖獗，目、耳、鼻、舌、意、心就成了让人不得安宁的六贼。万物兴起之根就是由这些东西决定的，故说它们是“万事之根”[⑧]。《道枢》在心理地理学、结构论研究中的最大贡献还在于：扫描和剖析了值得人们享有的圣者的心理世界，认为圣人、真人、神人、至人之所以生活在快乐无比、长生久视的状态之中，就是因为他们

① ［南宋］曾慥编：《道枢》，载胡道静、陈莲笙、陈耀庭选辑：《道藏要籍选刊（十）》，上海古籍出版社1989年版，第422页。
② ［南宋］曾慥编：《道枢》，载胡道静、陈莲笙、陈耀庭选辑：《道藏要籍选刊（十）》，上海古籍出版社1989年版，第422页。
③ ［南宋］曾慥编：《道枢》，载胡道静、陈莲笙、陈耀庭选辑：《道藏要籍选刊（十）》，上海古籍出版社1989年版，第422页。
④ ［南宋］曾慥编：《道枢》，载胡道静、陈莲笙、陈耀庭选辑：《道藏要籍选刊（十）》，上海古籍出版社1989年版，第422页。
⑤ ［南宋］曾慥编：《道枢》，载胡道静、陈莲笙、陈耀庭选辑：《道藏要籍选刊（十）》，上海古籍出版社1989年版，第422页。
⑥ ［南宋］曾慥编：《道枢》，载胡道静、陈莲笙、陈耀庭选辑：《道藏要籍选刊（十）》，上海古籍出版社1989年版，第422页。
⑦ ［南宋］曾慥编：《道枢》，载胡道静、陈莲笙、陈耀庭选辑：《道藏要籍选刊（十）》，上海古籍出版社1989年版，第397页。
⑧ ［南宋］曾慥编：《道枢》，载胡道静、陈莲笙、陈耀庭选辑：《道藏要籍选刊（十）》，上海古籍出版社1989年版，第397页。

有一颗平静、不波动的心。这种心有虚、无、清、静、微、柔、弱、和等十三个特点。怎样理解心的这些特点？《无上秘要》云：遗形忘体、泊然若无，谓之虚。损心弃意，废伪去欲，谓之无。专精积神，不与物杂，谓之清。反神服炁，安而不动，谓之静。深居闲处，功名不显，谓之微。去妻离子，独与道游，谓之寡。呼吸中和，滑淖细微，谓之柔。缓形纵体，以奉百事，谓之弱。憎恶尊荣，安贫乐辱，谓之卑。遁盈逃满，衣食粗疏，谓之损。动作随阳，应变却邪，谓之时。不饥不寒，不喜不怒，不哀不乐，不退不疾，谓之和。爱视爱听，爱言爱虑，坚固不费，神明内守，谓之啬。其中，虚无为根本。“凡此十三，混沌为一，虚无为大要。”[①]在从价值论上分析圣心时，《道枢》强调：由于圣心回归于它寂静、虚无的体，因此必有其无穷妙用，如吉、福、寿、慧等。《道枢》云：“静而生慧矣。”[②]福寿等可类推。

问题是，从凡心向圣心转化有无可能？如果可能，其根据、机制何在？《道枢》对此的回答是肯定的，因为事实是，老子等人已经完成了这一转化。《道枢》认识到，要揭示其内在的根据、机制，必须深入心的内在构成和本质之中，即深入道和性之中。对此，《道枢》的回答是心的转化是由道和性所决定的，因为“道者性之本也，性者，心之源也。心性同体，应化无边，是乃所谓自然者也。知乎此而能虚心实腹、抱一而迁，则可以仙”[③]。

怎样完成从凡心向圣心的转化呢？要找到答案，同样要探讨心，如探讨心的根源、依存条件、构成与本质。根据《道枢》的观点，由于心有对身形的依赖的一面，因此要予以转化，必须在重视心理治理的同时，重视修身，如调气、炼形。正是基于此，《道枢》强调：道教旨在教人如何安顿心身。“心劳神疲，与道背驰。冥心湛然，乃道之几。”[④]《道枢》看到：安神在心灵转化中最为重要，而要

① [北周]宇文邕编：《无上秘要》，载胡道静、陈莲笙、陈耀庭选辑：《道藏要籍选刊（十）》，上海古籍出版社1989年版，第218页。

② [南宋]曾慥编：《道枢》，载胡道静、陈莲笙、陈耀庭选辑：《道藏要籍选刊（十）》，上海古籍出版社1989年版，第375页。

③ [南宋]曾慥编：《道枢》，载胡道静、陈莲笙、陈耀庭选辑：《道藏要籍选刊（十）》，上海古籍出版社1989年版，第398页。

④ [南宋]曾慥编：《道枢》，载胡道静、陈莲笙、陈耀庭选辑：《道藏要籍选刊（十）》，上海古籍出版社1989年版，第371页。

如此，又必须做到身安、情顺。因为“其身安静则神居之，其身躁动则神去之”[①]。调身、顺情的方法有：“静三业（口目耳），澄七情，则五神（五藏之神）各守其藏。”[②]修身的关键又在于修精、气、神。它强调修精、气、神是“修身之大端，保形之根源也”[③]，简言之，是道教修炼之要。“道有三焉，曰炼形，曰炼气，曰炼神。其要在乎法四时之机会、五行之造化，与夫坎离匹配之用。”[④]炼形就是要冥心调息，让气寂绵绵，神室内守，进而气入于丹田。炼气就是要让气浩浩通流，遍于四支，绵绵寂寂，其神魂飏飏，真气混体而入于脐之下，气归脐，则为息，神入气，则为胎，胎息相合，其名曰太一含真。炼神就是要全神。全神有四，即心、意、性、神。四者本乎一支。神的特点是变化。炼神的目的就是要让它静、定下来。“神气归一，则其神自真矣。”[⑤]心者藏神之宅，神能抱气归根，方能自守。这就是入圣之始。可见，形神难以绝对分开，修炼精、气、神同时是完成心身转化的重要方法。它们的不可分割还表现在，只有将它们结合为整体，如学会“存三守一”，才有心身转化的理想效果。《道枢》云：“存三守一者，学道之要也。”三即精、气、神“三宝”；守一即“抱守元阳真气也”。“存三守一之道，使气守精，精守神，神守气，久而神定、气和，仙道可成矣。”[⑥]修精、气、神的道理与治国的道理是一样的，因为心国同构。《道枢》云：“一身之设，一国之象也。圣人以身为国，以心为君，以精气为民，民安则国斯泰矣，民散则国斯虚矣。夫能惜精爱气，则所以长生者也。”[⑦]

当然，《道枢》也知道抓主要矛盾在心灵转化中的重要性。例如，强调在

---

① [南宋]曾慥编：《道枢》，载胡道静、陈莲笙、陈耀庭选辑：《道藏要籍选刊（十）》，上海古籍出版社 1989 年版，第 382 页。
② [南宋]曾慥编：《道枢》，载胡道静、陈莲笙、陈耀庭选辑：《道藏要籍选刊（十）》，上海古籍出版社 1989 年版，第 383 页。
③ [南宋]曾慥编：《道枢》，载胡道静、陈莲笙、陈耀庭选辑：《道藏要籍选刊（十）》，上海古籍出版社 1989 年版，第 523 页。
④ [南宋]曾慥编：《道枢》，载胡道静、陈莲笙、陈耀庭选辑：《道藏要籍选刊（十）》，上海古籍出版社 1989 年版，第 478 页。
⑤ [南宋]曾慥编：《道枢》，载胡道静、陈莲笙、陈耀庭选辑：《道藏要籍选刊（十）》，上海古籍出版社 1989 年版，第 478 页。
⑥ [南宋]曾慥编：《道枢》，载胡道静、陈莲笙、陈耀庭选辑：《道藏要籍选刊（十）》，上海古籍出版社 1989 年版，第 461 页。
⑦ [南宋]曾慥编：《道枢》，载胡道静、陈莲笙、陈耀庭选辑：《道藏要籍选刊（十）》，上海古籍出版社 1989 年版，第 398 页。

精、气、神的修炼中，修神最为重要，因为“道之要，其在于神”[①]。由于修神如此重要，因此是否修神可看作是区分真道与伪道的标准。《道枢》云：“伪道养形，真道养神。”[②]甚至，理想人格的等级差别也是由是否炼神所决定的。“修真炼气，抱元守一者，谓之圣人。炼形成气者，谓之真人。炼气成神者，谓之神人。炼神成真者，谓之至人。”[③]要安神，要知道神应进入的理想状态是什么。一般人们都知道，神在修炼前表现为六根和肉团心的作用。例如，在耳为听，在心而变化，在意而倏忽。由于炼神就是要让神回归它的静止状态，因此炼后就表现为神明。“内景不出，外景不入，心无一念，听乎外而无所闻，闭目开目，其神在心。”[④]存神的方法是，使内外不出不入，心则默数其息，“以意存其神”[⑤]。《道枢》还强调，修炼精、气、神的关键是心无为。“心无为则气和，气和则万宝结矣。心有为则气乱，气乱则英华散矣。”[⑥]“养生者，寡念也；丧生者，多思也，其要在乎和心、损虑、去喜怒、除驰逐、谨施泄，秋冬犹当固藏者也。”[⑦]

在心灵转化中，怎样看待魂魄？《道枢》的看法是，都要保，都不能伤，且让阴阳平衡。而要不伤，做任何事情最好是“适中”，否则，阳盛则明多，明多则伤魄，因魄属阴。反之，阴盛则伤魂，因为魂属阳。从与身体的关系看，伤魂魄则生疾。[⑧]

心与炼丹的关系问题是丹道的独有且重要的课题。《道枢》的基本看法是“心

① [南宋]曾慥编：《道枢》，载胡道静、陈莲笙、陈耀庭选辑：《道藏要籍选刊（十）》，上海古籍出版社1989年版，第553页。
② [南宋]曾慥编：《道枢》，载胡道静、陈莲笙、陈耀庭选辑：《道藏要籍选刊（十）》，上海古籍出版社1989年版，第457页。
③ [南宋]曾慥编：《道枢》，载胡道静、陈莲笙、陈耀庭选辑：《道藏要籍选刊（十）》，上海古籍出版社1989年版，第380-381页。
④ [南宋]曾慥编：《道枢》，载胡道静、陈莲笙、陈耀庭选辑：《道藏要籍选刊（十）》，上海古籍出版社1989年版，第478页。
⑤ [南宋]曾慥编：《道枢》，载胡道静、陈莲笙、陈耀庭选辑：《道藏要籍选刊（十）》，上海古籍出版社1989年版，第479页。
⑥ [南宋]曾慥编：《道枢》，载胡道静、陈莲笙、陈耀庭选辑：《道藏要籍选刊（十）》，上海古籍出版社1989年版，第435页。
⑦ [南宋]曾慥编：《道枢》，载胡道静、陈莲笙、陈耀庭选辑：《道藏要籍选刊（十）》，上海古籍出版社1989年版，第436-437页。
⑧ [南宋]曾慥编：《道枢》，载胡道静、陈莲笙、陈耀庭选辑：《道藏要籍选刊（十）》，上海古籍出版社1989年版，第376页。

者丹之源也，心不契道，则虽得玄秘，吾未见其能成也。”[①]因此炼丹必须以调心或心灵转化为基础，将后者贯穿于前者的全过程。《道枢》云：“善治生者先治其心，将躁则安之，将邪则正之，将求则以舌而抑之，将浊则以清而澄之。行止于是，造次于是，久之则物冥于外，神鉴于中，不求静而愈静，不求泰而弥泰。”[②]治心的关键是让心宁静。宁静的妙用是“静然后能契至虚，虚极则莹莹，极则明明，极则彻彻，则天地之大莫能逃乎方寸矣。”[③]神安其本静，便有无上妙用，只要心真的静定下来，神便会“三衣足、四器空”[④]。三衣即性、智、慧，性者神也，智者通也，慧者变也。四器即耳、目、鼻、舌。

当然，内丹也有其相对的独立性，如有其独立的作用和方法。其作用是，它是返老还童之方。《道枢》引华阳子文曰：“吾有返老还童之方焉，内丹就，则真气生矣，外丹成，则凡骨健矣。”[⑤]“内丹者可以得长生者也。炼金石，补丹田，为内大药。大药者可以不死者也。”[⑥]内丹也可炼出还丹，如“肾中生气，以气还肾，其名曰小还丹。心中生神，以神还心，其名曰中还丹。脑中生髓，以髓还脑，其名曰大还丹”[⑦]。神是一种像气、髓一样的高阶实在，可通过修炼而从心中产生出来。“心中生神”，脸上也可出现神采。《道枢》对内丹的创新解释是，内丹的最高境界是一念不生。它的说明是“内观之法，以净心为本，以绝想为用。下心之火于丹田。”[⑧]即让心中的火下降至丹田，“不计功程，盖如达磨所谓一念不漏，自然内定而结元神焉”[⑨]。“吾有观心之法，一念不

① [南宋]曾慥编：《道枢》，载胡道静、陈莲笙、陈耀庭选辑：《道藏要籍选刊（十）》，上海古籍出版社1989年版，第437页。
② [南宋]曾慥编：《道枢》，载胡道静、陈莲笙、陈耀庭选辑：《道藏要籍选刊（十）》，上海古籍出版社1989年版，第404页。
③ [南宋]曾慥编：《道枢》，载胡道静、陈莲笙、陈耀庭选辑：《道藏要籍选刊（十）》，上海古籍出版社1989年版，第405页。
④ [南宋]曾慥编：《道枢》，载胡道静、陈莲笙、陈耀庭选辑：《道藏要籍选刊（十）》，上海古籍出版社1989年版，第414页。
⑤ [南宋]曾慥编：《道枢》，载胡道静、陈莲笙、陈耀庭选辑：《道藏要籍选刊（十）》，上海古籍出版社1989年版，第419页。
⑥ [南宋]曾慥编：《道枢》，载胡道静、陈莲笙、陈耀庭选辑：《道藏要籍选刊（十）》，上海古籍出版社1989年版，第419页。
⑦ [南宋]曾慥编：《道枢》，载胡道静、陈莲笙、陈耀庭选辑：《道藏要籍选刊（十）》，上海古籍出版社1989年版，第419页。
⑧ [南宋]曾慥编：《道枢》，载胡道静、陈莲笙、陈耀庭选辑：《道藏要籍选刊（十）》，上海古籍出版社1989年版，第420页。
⑨ [南宋]曾慥编：《道枢》，载胡道静、陈莲笙、陈耀庭选辑：《道藏要籍选刊（十）》，上海古籍出版社1989年版，第420页。

生。”[①]到此境界就是真正的内丹。

四、《修真十书》：成圣需“向自已本分上寻”

《修真十书》也是道教的类书，不过，它主要汇集的是丹经，即汇编了唐末五代至宋元的数十种内丹著述，编纂人不详。该书最大的特点是充满着更强烈的三教合一特别是向禅宗心学靠拢的倾向，可看作是道教心性论转向的标杆。它通过对凡心和圣心的价值论分析，更明确强调：心是去凡成圣的大体、大宗、大用。要治好心、完成心灵的转化，必须知心识性，认识心的本来面目。它承认凡圣有天壤之别，而凡圣的差别主要体现在心之上，即心的妄与真之上。凡夫之所以为凡夫，是因为“有妄心”[②]。妄心的特点是“妄者动也，情浮、意动、心生。”“一切众生不得真道者，皆为情染意动，妄有所思，思有所感。感者感其情，而妄动于意。意动其思，而妄生于心。人若妄心不生，自然清静。”[③]也可以说，凡圣的差别取决于心的明昧。“明之则圣，昧之则凡。”[④]

由于受佛教启发，《修真十书》的见地达到了很高境界，至少在文字上如此，例如，偈子就是如此：“佛即心兮心即佛，心佛从来皆妄物，若知无佛复无心，始是真如法身佛。”[⑤]修行的境界是不一样的，要予以检验，也必须从心上加以检验，如看是否不动心。若能不动心，就证明“无明火尽”，这样的人便是圣人。《修真十书》举了这样一个例子：有一人自称炼尽无明火，一师父遣一弟子去勘验，勘验时弟子对这个人极不礼貌，结果这个人大发雷霆。勘验人说，是师父让我来看你是否真的炼尽无明火。很显然，这个人的境界未出凡尘。其结论是，“不

---

① [南宋]曾慥编：《道枢》，载胡道静、陈莲笙、陈耀庭选辑：《道藏要籍选刊（十）》，上海古籍出版社 1989 年版，第 420 页。

② [南宋]曾慥编：《道枢》，载胡道静、陈莲笙、陈耀庭选辑：《道藏要籍选刊（十）》，上海古籍出版社 1989 年版，第 17 页。

③ [唐]杜光庭：《太上老君说常清静经注》，载胡道静、陈莲笙、陈耀庭选辑：《道藏要籍选刊（三）》，上海古籍出版社 1989 年版，第 17 页。

④ [南宋]石泰辑：《修真十书》，载胡道静、陈莲笙、陈耀庭选辑：《道藏要籍选刊（三）》，上海古籍出版社 1989 年版，第 511 页。

⑤ [南宋]石泰辑：《修真十书悟真篇》，载胡道静、陈莲笙、陈耀庭选辑：《道藏要籍选刊（三）》，上海古籍出版社 1989 年版，第 426 页。

动乃是验”[1]，意为心是否有动，是检验境界的标准。同理，人生态度即心理态度，若能应万物而不动，那么可看作是最好的人生态度。“外缘虽假，不可不应，应而无我，心体虚空，事来无碍，则虚空无碍，万事万事，不碍虚空。”[2]

《修真十书》也从价值论角度扫描和分析了诸心理样式，具体说明了它们各自的危害和对治方法，如说：“一日之忌，暮无饱食，一月之忌，暮无大醉，一岁之忌，暮无远行，终身之忌，暮常护气。久视伤血，久行伤筋，久卧伤风，久立伤骨，久坐伤肉，久语伤气，多思则神怠，多念则志散，多事则形劳，多语则气急，多笑则伤脏，多愁则心颠，多怒则伤脉，多喜则伤血，多乐则气溢，多好则迷乱，多恶则憔悴。”[3]

从价值论上说，最好的心态是空心，空心即真心，它是妄心的反面。只要有见闻觉知，就是妄心，就是有害之心，故说：“见闻觉知，亦是病患。”[4]空心也可理解为无心境界，其特点是“热则单衣，寒则盖被，无思无量，何忧何喜，不悔不谋，无念无意。”[5]这种心对人最有利，因此是圣人之心。其特点是“如云之出山，无心往来，飘飘自在，境上物上挂他不住，道人之心亦当如是。又如风之鼓动，吹嘘万物，忽往忽来，略无滞碍，不留景迹，草木丛林，碍他不住”；也可这样描述，“如太山巍巍峨峨，稳稳当当，不摇不动，一切物来触他不得，道人之心亦当如是”；“又如水之物，性柔就下，利益群品，不与物竞。随方就圆。本性澄湛。至于积成江海。容纳百川，不分彼此”；“如天之在上，其体常清，清而能容，无所不覆。地之在下，其体常静，万有利而一不害。道人之心亦当如是。如虚空广大，无边际，无所不容，无所不包，有识无情，天盖地载，包而不辨，非动非静，不有不无，不即万事，不离万事”。[6]

---

① [南宋]石泰辑：《修真十书》，载胡道静、陈莲笙、陈耀庭选辑：《道藏要籍选刊（三）》，上海古籍出版社 1989 年版，第 504 页。

② [南宋]石泰辑：《修真十书》，载胡道静、陈莲笙、陈耀庭选辑：《道藏要籍选刊（三）》，上海古籍出版社 1989 年版，第 505 页。

③ [南宋]石泰辑：《修真十书杂著捷径》，载胡道静、陈莲笙、陈耀庭选辑：《道藏要籍选刊（三）》，上海古籍出版社 1989 年版，第 387 页。

④ [南宋]石泰辑：《修真十书》，载胡道静、陈莲笙、陈耀庭选辑：《道藏要籍选刊（三）》，上海古籍出版社 1989 年版，第 505 页。

⑤ [南宋]石泰辑：《修真十书悟真篇》，载胡道静、陈莲笙、陈耀庭选辑：《道藏要籍选刊（三）》，上海古籍出版社 1989 年版，第 427 页。

⑥ [南宋]石泰辑：《修真十书武夷集》，载胡道静、陈莲笙、陈耀庭选辑：《道藏要籍选刊（三）》，上海古籍出版社 1989 年版，第 501 页。

圣人在于有圣心，而圣心是从凡心转化而来的，这又是通过修道而实现的。《修真十书》强调：转凡成圣是世上最为艰难的事情，非经脱胎换骨的转化不行，而这又不是不可能的，其方法有“九转金丹秘诀”。九转分别是用特定方法将九种实在彻底予以转换：一转降丹，二转交媾，三转养阳，四转养阴，五转换骨，六转换肉，七转换五脏六腑，八转育火，九转飞升。[①]如果能完成心灵的转化，那么一切万事大吉，如“安而不病，壮而不老，生而不死”[②]。怎样转化呢？该书强调有关于世界的正知正见至关重要。而世界的本质不外乎心的本质，因此最重要的是要如实知心、安心。“若有正知正见，必于自己心上体究。”[③]基于此，道教也倡导“无上心地大法门”[④]。如实知心实即有关于心的真知、真觉。何谓真知、真觉？“真知以不知之知，真觉以不觉之觉，元本真灵，蒙昧离却，今方省悟，乃名为觉。一切知见皆从此生，若言有知有觉，又专欲常知常觉，乃是自缠自缚，无病自灸也。”[⑤]因此该书反对在经上、文字上用功。“只向他古人言句上搜寻，纸上文字里做活计……费尽工夫，济甚么事？”这样做，“终无是处”。[⑥]因为这样做，无异于无眼人听别人描绘日月一样，不如“向自己本分事上寻”[⑦]。遣欲、澄心也是心灵转化的基本操作。“常能遣其欲，而心自静，澄其心而神自清，自然六欲不生，三毒消灭。”[⑧]六欲即六根对六尘的贪欲，三毒即身、口、心各自的妄动。这里的关键是“断其情，去其欲，澄其心，忘其虑，而安其神”[⑨]。

① [南宋]石泰辑：《修真十书杂著捷径》，载胡道静、陈莲笙、陈耀庭选辑：《道藏要籍选刊（三）》，上海古籍出版社1989年版，第361页。
② [南宋]石泰辑：《修真十书》，载胡道静、陈莲笙、陈耀庭选辑：《道藏要籍选刊（三）》，上海古籍出版社1989年版，第336页。
③ [南宋]石泰辑：《修真十书》，载胡道静、陈莲笙、陈耀庭选辑：《道藏要籍选刊（三）》，上海古籍出版社1989年版，第503页。
④ [南宋]石泰辑：《修真十书》，载胡道静、陈莲笙、陈耀庭选辑：《道藏要籍选刊（三）》，上海古籍出版社1989年版，第503页。
⑤ [南宋]石泰辑：《修真十书》，载胡道静、陈莲笙、陈耀庭选辑：《道藏要籍选刊（三）》，上海古籍出版社1989年版，第508页。
⑥ [南宋]石泰辑：《修真十书》，载胡道静、陈莲笙、陈耀庭选辑：《道藏要籍选刊（三）》，上海古籍出版社1989年版，第508页。
⑦ [南宋]石泰辑：《修真十书》，载胡道静、陈莲笙、陈耀庭选辑：《道藏要籍选刊（三）》，上海古籍出版社1989年版，第508页。
⑧ [唐]杜光庭：《太上老君说常清静经注》，载胡道静、陈莲笙、陈耀庭选辑：《道藏要籍选刊（三）》，上海古籍出版社1989年版，第13页。
⑨ [唐]杜光庭：《太上老君说常清静经注》，载胡道静、陈莲笙、陈耀庭选辑：《道藏要籍选刊（三）》，上海古籍出版社1989年版，第13页。

另外，要转化心灵，贵在遵循心神的规律。神的规律是“神好清”①，因此只要不打扰神，让其安静，就能长生久视。换言之，应祛除妄心。“既有妄心，即惊其神。”②惊神就会著物，著物即生贪求，生贪求即生烦恼，进而“流浪生死”③。

《修真十书》还用太极解释心，看出了“心为太极”的命题，如说：“道为太极，心为太极。”④所谓太极即天地未开、混沌未分阴阳之前的状态。既然心如此重要，因此要完成从凡至圣的转化，出路只能是修心。而修心的关键是心无其心。要成圣，必修道，而“修心即修道”。修心就是要“无心”，“心无所著即无心可观，既无心可观，则无所用，无所修，即凝然合道，故心无其心，乃为清静之道矣”⑤。

由此可见，丹道的本质也是重空、重清静，并把它们看作是心的本质。从价值论、解脱论角度说，顺应这一本质，如实体认这一本质，即对人有利，甚至使人得解脱。《修真十书》说：内观其心，心无其心；外观其形，形无其形；远观其物，物无其物。三者既悟，唯见于空。观空亦空，空无所空。所空既无，无无亦无。无无既无，湛然常寂。⑥但是凡夫的心被严重扭曲了，因此要让这心回复其本然状态就极为艰难。是故丹道强调：炼心如炼金，只有千锤百炼才能成金。“炼心如铸金……天下之心虽有好争者不能为争矣，故经云：夫惟不争，故天下莫能与之争。”⑦

《修真十书》当然也重视并讨论了精、气、神的修炼，认为这种修炼的牛鼻子仍然是炼心。例如，修身的秘诀在于：“存其心，守其神，以心为性，以气为

① [唐]杜光庭：《太上老君说常清静经注》，载胡道静、陈莲笙、陈耀庭选辑：《道藏要籍选刊（三）》，上海古籍出版社1989年版，第24页。
② [南宋]石泰辑：《修真十书》，载胡道静、陈莲笙、陈耀庭选辑：《道藏要籍选刊（三）》，上海古籍出版社1989年版，第28页。
③ [南宋]石泰辑：《修真十书》，载胡道静、陈莲笙、陈耀庭选辑：《道藏要籍选刊（三）》，上海古籍出版社1989年版，第29页。
④ [唐]杜光庭：《太上老君说常清静经注》，载胡道静、陈莲笙、陈耀庭选辑：《道藏要籍选刊（三）》，上海古籍出版社1989年版，第25页。
⑤ [唐]杜光庭：《太上老君说常清静经注》，载胡道静、陈莲笙、陈耀庭选辑：《道藏要籍选刊（三）》，上海古籍出版社1989年版，第14页。
⑥ [唐]杜光庭：《太上老君说常清静经注》，载胡道静、陈莲笙、陈耀庭选辑：《道藏要籍选刊（三）》，上海古籍出版社1989年版，第13-14页。
⑦ [南宋]石泰辑：《修真十书》，载胡道静、陈莲笙、陈耀庭选辑：《道藏要籍选刊（三）》，上海古籍出版社1989年版，第507页。

命。”[①]当然，要落实到行动中，否则，就会气绝命亡。这种结果的根源是“乱性散神”[②]。如偈云：“捉得金精养命基，日华东畔月华西。壶中自有长生药，返老还童天地齐。劝君勤学守三一，中有长生不死术。能存玄真万事毕，一身精神不妄失。”[③]怎样存三，即做到精、气、神不泄？可用和合四象之法。“眼不视而魂在肝，耳不闻而精在肾，舌不动而神在心，鼻不嗅而魄在肺。精神魂魄聚于意土也。”[④]简言之，要想精神魂魄各得其所，就是要摄住诸根，不让它们动弹，如不闻、不视、不嗅、不动。三一之功的关键是守一。“能守真一，则息不往来，如在胞胎之中，谓之大定也。”“抱元守一，而凝神聚气也。”[⑤]如此修炼下去，就可进到道教的最高境界——出阳神，即让神离开躯壳。“自凝阳神自聚，盖以一心运诸气，气住则神住，真积力久，功成行满，然后调神出壳也。”[⑥]

《修真十书》还论述了修炼的内三关、外三关。内三关是指：性不迁情第一关，气不化精第二关，神不外驰第三关。外三关是指：耳不妄听第一关，眼不妄视第二关，口不欺心第三关。[⑦]

有的道派认为，炼服金丹也是实现凡圣转化的途径，而有的道派持否定态度。该怎样理解金丹及其作用呢？《修真十书》认为，金丹有三种不同：一是化学意义上的金丹；二是内炼金丹；三是“自性”。既然如此，就不能笼统地肯定或否定它。第一种金丹是有问题的，但第二种和第三种金丹是值得提倡与践行的，例如，第三种“本来自性”就是“金丹”。它“快利、刚明，变化融液，故名金，曾经锻炼，圆成具足，万劫不坏，故名丹。体若虚空，表里莹彻，一毫不挂，一

① [南宋]石泰辑：《修真十书杂著指玄篇》，载胡道静、陈莲笙、陈耀庭选辑：《道藏要籍选刊（三）》，上海古籍出版社1989年版，第294页。
② [南宋]石泰辑：《修真十书杂著指玄篇》，载胡道静、陈莲笙、陈耀庭选辑：《道藏要籍选刊（三）》，上海古籍出版社1989年版，第294页。
③ [南宋]石泰辑：《修真十书杂著捷径》，载胡道静、陈莲笙、陈耀庭选辑：《道藏要籍选刊（三）》，上海古籍出版社1989年版，第369页。
④ [南宋]石泰辑：《修真十书金丹大成集》，载胡道静、陈莲笙、陈耀庭选辑：《道藏要籍选刊（三）》，上海古籍出版社1989年版，第319页。
⑤ [南宋]石泰辑：《修真十书金丹大成集》，载胡道静、陈莲笙、陈耀庭选辑：《道藏要籍选刊（三）》，上海古籍出版社1989年版，第320页。
⑥ [南宋]石泰辑：《修真十书金丹大成集》，载胡道静、陈莲笙、陈耀庭选辑：《道藏要籍选刊（三）》，上海古籍出版社1989年版，第321页。
⑦ [南宋]夏元鼎：《黄帝阴符经讲义圆说》，载胡道静、陈莲笙、陈耀庭选辑：《道藏要籍选刊（三）》，上海古籍出版社1989年版，第582页。

尘不染，辉辉晃晃，照应无方”，故“本来真性号金丹”。[①]这种金丹就是心的本质，或就是真心。由于它有自己的资源，如体性虚静、能照应无方，因此它既是让有害心理转化为圣的条件，又是人们修炼的准则，依之而修，必致妙果。就此而言，炼丹可成为有用的心灵转化方法。例如，魂魄精神等都需调节、制伏，不制伏，任其为所欲为，就是凡心。怎样制伏呢？可通过心性锻炼这样的“烧炼金丹”的方法来实现，此即“锻炼精华制魄魂”[②]。

《修真十书》对道教的许多论题阐述了独到的见解。例如，关于抱元守一，它认为，可从两方面理解：一是方便的理解，根据这一理解，抱元守一就是专心于一；二是究竟的理解，这是禅宗强调的，但为该书所肯定和吸纳。根据这一理解，抱元守一，“乃是混成之性，无分别之时也。既知有此，即堕于数，则不能一矣。一便生二，二便生三，三生万，如何守得”[③]？因此真正的抱元守一是无元无一、非元非一、非抱非不抱、非守非不守。若有执，就背道而驰。因此它既是对本体之无的认识，又是一种工夫之无。这种工夫的要求是，抱而不抱，守而不守，按元、一的体性去照了。该书说：“抱元守一是工夫，地久天长一也无，向这个一也无……知空不空，知色不色，名为照了。”[④]

总之，要完成心灵转化，不从心上用功，不是道法，也没用处。“学者不寐，本以炼心为事。若不收心，济甚么事？”[⑤]用功的方法就是心法。《修真十书》强调要“把从来私情、眷恋图谋计较、前思后算、坑人陷人底心，一刀两段”，还应把人我是非“攀缘、爱念、私心、邪心、利心、欲心，一一罢尽。外无所累，则身轻快，内无染著，则心轻快。内外轻快，久久纯熟，自无妄念，更时时刻刻护持照顾，慎言语节饮食……尘垢净尽，一物不留”。[⑥]到此境地，便是

① [南宋]石泰辑：《修真十书》，载胡道静、陈莲笙、陈耀庭选辑：《道藏要籍选刊（三）》，上海古籍出版社1989年版，第512-513页。
② [南宋]石泰辑：《修真十书》，载胡道静、陈莲笙、陈耀庭选辑：《道藏要籍选刊（三）》，上海古籍出版社1989年版，第402页。
③ [南宋]石泰辑：《修真十书》，载胡道静、陈莲笙、陈耀庭选辑：《道藏要籍选刊（三）》，上海古籍出版社1989年版，第513页。
④ [南宋]石泰辑：《修真十书》，载胡道静、陈莲笙、陈耀庭选辑：《道藏要籍选刊（三）》，上海古籍出版社1989年版，第513页。
⑤ [南宋]石泰辑：《修真十书》，载胡道静、陈莲笙、陈耀庭选辑：《道藏要籍选刊（三）》，上海古籍出版社1989年版，第506页。
⑥ [南宋]石泰辑：《修真十书武夷集》，载胡道静、陈莲笙、陈耀庭选辑：《道藏要籍选刊（三）》，上海古籍出版社1989年版，第501页。

“无上道人”①。

最根本的制心方法，当然是“不动地面”等顿法。在这里，《修真十书》表现出了明显的禅宗倾向，如说：“修行之人，心地平稳，事触不动，便是个不动地面。万尘染他不得，便是个清净地面。露出自己亘初法身，分分朗朗，承当得，便是个圆明地面。凡言地面，亦有边际去处，若到无地位、无方所，绝名言处，乃所谓玄之又玄也。”②值得一提的是，这里在探讨治心方法和原理时触及了一个重要的心灵哲学问题，即心灵的地层学、结构论问题。根据《修真十书》，心是有不同的层级的，至少相对于人的经验而言，心是有不同的现象学构造的。例如，一是最常见、最低级的层级，即凡夫所体验到的妄心、乱心，它是离经验最近的“地面”。二是心地平稳、不随境迁的“地面”。三是一尘不染的清净“地面”。四是圆满明亮的圆明“地面”。五是无地面的玄之又玄的地面。这是一种稀有难得的心境，但只要用适当的方法，又是可以让它真实出现和存在的。它超越于一念不生的心境，如该书说：“一念无生即无死也……欲求解脱，随过即追，追之又追，以至丝毫不存，源本清净，不逐声，不逐色，随处自在，虚静潇洒，天长地久，自明真宰，盖心正则事事正，心邪则事事邪。”③

在探讨心性修炼及其心理地理学问题时，《修真十书》像佛教一样，既承认被转化的妄心的存在，又承认能用来转化的“照心”的存在及作用。在修行的一定阶段，要“灭动不灭照”，当动心、妄心灭除后，要让这个照心灵光独耀，“要会得这个灭动的是谁”④，最后再进一步将这个照心灭掉，真正做到佛来佛斩，魔来魔斩。“每在动处、静处一切境界里，行住坐卧，念念在道，逢魔不变，遇害不迁，安稳处亦如此。”⑤

心灵转化的功夫是有检验方法的，那就是看是否做到了心中无相、无念。它

① [南宋]石泰辑：《修真十书武夷集》，载胡道静、陈莲笙、陈耀庭选辑：《道藏要籍选刊（三）》，上海古籍出版社 1989 年版，第 502 页。

② [南宋]石泰辑：《修真十书》，载胡道静、陈莲笙、陈耀庭选辑：《道藏要籍选刊（三）》，上海古籍出版社 1989 年版，第 506 页。

③ [南宋]石泰辑：《修真十书》，载胡道静、陈莲笙、陈耀庭选辑：《道藏要籍选刊（三）》，上海古籍出版社 1989 年版，第 506 页。

④ [南宋]石泰辑：《修真十书》，载胡道静、陈莲笙、陈耀庭选辑：《道藏要籍选刊（三）》，上海古籍出版社 1989 年版，第 506 页。

⑤ [南宋]石泰辑：《修真十书》，载胡道静、陈莲笙、陈耀庭选辑：《道藏要籍选刊（三）》，上海古籍出版社 1989 年版，第 507 页。

像禅宗一样强调有念皆妄，如说："静中境界，甚有多般，皆由自己识神所化。因静而现，诱引心君。岂不闻古人云：凡所有相皆是虚妄。心欲遣识，识神尚在，便化形像神头鬼面，或乱心主。若主不动，见如不见，体同虚空，无处捉摸，自然消散，无境可魔，无物可坏也。"①《修真十书》向佛教靠拢的表现还有很多，例如，该书许多地方开诚布公地大量引用达摩祖师、《金刚经》等的思想，并明确予以承认。另外，其内容在文字上几乎一致。例如，该书引用了《楞严经》对十种仙人的批评，并承认批评中肯。"楞严经云：有十种仙皆于人中炼心，坚固精粹，寿千万岁，若不修正觉三昧，则报尽还来，散入诸趣。"②《修真十书》还借用了佛教的许多独有概念，如"佛性"。该书说："佛性非同异，千灯共一光，增之宁解溢，减著且无伤。取舍皆为过，焚漂总不妨。"③"如来""法眼"在该书中也很常见，如说："如来妙体遍河沙，万象森罗无障遮，会得圆通真法眼，始知三界是吾家。"④该书还借鉴了佛教的唯心、唯识思想，如说："三界惟心妙理，万物非此非彼，无一物非我心，无一物是我已。""见物便见心，无物心不现，十方通塞中，真心无不遍。"⑤佛教的中道之空、毕竟空、实相等也常被利用：见了真空空不空，圆明何处不圆通，根尘心法都无物，妙用方知与物同。⑥难能可贵的是，该书吸纳了佛教的真心思想，并做了近于佛教的解释，它认为有两个层次的真心：一是名相上的，二是理地上的。后者的特点是无真心即真心。"能知真妄两俱非，方得真心无挂碍。"⑦也可说，真心即无心。不仅如此，该书还把上述理解贯彻到对很多问题的解释之上，例如，在解释戒定慧时说："夫戒定慧者，乃法中之妙用也……然其心境两忘，一念不动，曰戒。觉性圆明，内外莹彻，曰定。

① [南宋]石泰辑：《修真十书》，载胡道静、陈莲笙、陈耀庭选辑：《道藏要籍选刊（三）》，上海古籍出版社 1989 年版，第 505-506 页。
② [南宋]石泰辑：《修真十书悟真篇》，载胡道静、陈莲笙、陈耀庭选辑：《道藏要籍选刊（三）》，上海古籍出版社 1989 年版，第 424 页。
③ [南宋]石泰辑：《修真十书悟真篇》，载胡道静、陈莲笙、陈耀庭选辑：《道藏要籍选刊（三）》，上海古籍出版社 1989 年版，第 424 页。
④ [南宋]石泰辑：《修真十书悟真篇》，载胡道静、陈莲笙、陈耀庭选辑：《道藏要籍选刊（三）》，上海古籍出版社 1989 年版，第 424 页。
⑤ [南宋]石泰辑：《修真十书悟真篇》，载胡道静、陈莲笙、陈耀庭选辑：《道藏要籍选刊（三）》，上海古籍出版社 1989 年版，第 425 页。
⑥ [北宋]张伯端：《圆通》。
⑦ [南宋]石泰辑：《修真十书悟真篇》，载胡道静、陈莲笙、陈耀庭选辑：《道藏要籍选刊（三）》，上海古籍出版社 1989 年版，第 425 页。

随缘应物，妙用无穷，曰慧。”[①]它们可互为体用。例如，既可以戒为体，也可分别以定、慧为体。它们的关系像日与光的关系，不可分离。戒定慧者，本乎一性。

第五节　小结与思考：道教价值性心灵哲学探讨中的求真性意义

不可否认，道教的价值性心灵哲学探讨由其宗教的立场、观点、方法所决定，必有其不可避免的局限。例如，有将决定心物的道人格化、宗教化的倾向，有泛心论色彩，在论述精、气、神的修炼时所强调的阳神出壳有二元论倾向，等等。但同样应看到的是，道教从价值角度切入的对心的探讨，不仅拓展和深化了对心性锻炼、心理健康、生存意义、人格完满等的认知与探讨，而且在客观上推进了对心灵本身的认识，具有重要的求真性心灵哲学意义。就此而言，道教的心灵哲学的价值性探讨具有一石二鸟的意义，即同时具有价值性和求真性意义。

道教最有意义的工作是，在往深处探讨心理的底层结构（近道之心、真心、照心，以及净心的个人层面、圆明层面、清净层面等）、进入这底层心境的操作时，既向当代心灵哲学提出了有价值的、值得进一步深入探讨的问题，又为我们展示了一般心灵哲学所不知或不太注意的心理样式，如没有意向性和对象性的心、绝对不动的心、常应常静的心。《清静经》认为，心本来清净，只因为有欲念的牵引，此心才流于动浊。若清除其上的尘垢（欲念），心便恢复其本来面目，当下即得道成圣，如说：“清静为本”，“常能遣其欲，而心自静；澄其心，而神自清”，“道所以能得者，其在自心”。[②]这里所述的心理状态、心理地理和地貌，特别是现象学性质与状态，是一般心理地理学、地貌学所不可能扫描到的。该经还有这样的发现，即心彻底无欲、清静，就能进入不同层次的静心状态，最高的是常应常静的真静状态。“如此清静，渐入真道。既入真道，名为得道，虽名得道，实无所得。为化众生，名为得道。”[③]好道清净则得道，务贪求则沉苦

① [南宋]石泰辑：《修真十书悟真篇》，载胡道静、陈莲笙、陈耀庭选辑：《道藏要籍选刊（三）》，上海古籍出版社 1989 年版，第 425-426 页。

② [北宋]张君房编：《云笈七签》，载胡道静、陈莲笙、陈耀庭选辑：《道藏要籍选刊（一）》，上海古籍出版社 1989 年版，第 133-134 页。

③《太上老君说常清静妙经》，载胡道静、陈莲笙、陈耀庭选辑：《道藏要籍选刊（三）》，上海古籍出版社 1989 年版，第 3 页。

海。“人能常清静，天地悉皆归。”[①]现实的凡人的特点是尽管神好净，但心常扰之，人心好静，而欲牵之。要回归清净本性、成圣得解脱，只需遣欲即可。遣欲的办法是内观于心，见心无心；外观于形，形无所形；远观于物，物无其物。在无掉心、形、物的基础上，再无掉无本身，那么就进入了湛然常寂的圣境。这也是真静，真静应物，常应常静。这是心中一种很特殊的心，但又不是无，而有其实在的本体论地位，只是已有的本体论尚有这样的“无奈”，即没法用已有的本体论范畴来加以描述。

道教在心理地理大发现中还发现了许多不为一般世间学问所知的心理样式，例如，“五时”“七候”中就有不同静性的心理状态，随着工夫和心的纯净程度的提升，最后还会出现绝对不动的状态。“五时”即由低到高的五个时间阶段。第一时，心身动多静少；第二时，动静各半；第三时，静多动少；第四时，无事则静，事触还动；第五时，心与道合，触而不动。[②]“七候”讲的也是心性修炼中的七个时间阶段。在第一阶段上都会出现相应的、具有不同特点和表现形式的心理状态。例如，一候，心得定易，觉诸尘埃；二候，宿疾普消，身心轻爽；三候，填补夭损，还年复命；四候，延寿万岁，名曰仙人；五候，炼形为气，名为真人；六候，炼气成神，名为神人；七候，炼神合道，名为至人。[③]在探讨如何遣除对人有害、妨碍人至圣的心理现象时，道教发现了许多不为我们注意的心理样式，例如，强调要悟心，必除十种迷心。它们分别是①迷事心——于有为之事，不能分别了达，生颠倒滞惑之心；②迷理心——于理体，无见闻修证；③迷教心——不知从诸教中求出离心；④迷境心——一不知真境，二不知六根所对之境；⑤迷气心——不知气的作用，不能养神爱气；⑥迷身心——不达虚其身为养身大法；⑦迷神心——不知身内神识精灵，故不知炼神合道；⑧迷仙心——不知仙，不修仙；⑨迷真心——不知真心、不修真心；⑩迷圣心——不知圣，不修圣行。客观来说，这些心理样式有些是真实存在的，有些是宗教的编造，如迷仙心。与此同时，道教还发现了对人有利的、值得人进入的一些心理样式，如无

① 《太上老君说常清静妙经》，载胡道静、陈莲笙、陈耀庭选辑：《道藏要籍选刊（三）》，上海古籍出版社 1989 年版，第 3 页。
② ［唐］司马承祯：《坐忘论·坐忘枢翼》。
③ 《洞玄灵宝定观经》。

心、定心、息心、制心、正心、净心、虚心。道教强调："明此七者，可与言道，可与言修心矣。"[①]这些探讨，尽管有些有宗教的局限和偏颇，但其心灵哲学意义不可否认，因为它为我们全面完成心理样式的"人口普查""心理本体论库存清单"的建构做了不可多得的贡献，而这类工作又是抽象心灵的一般本质进而建构更为科学的心理本质论和结构论以及建构一般的本体论范畴体系所必不可少的。

在追求心的静的状态时，在进行成圣的心理操作时，道教提出了一个问题：按一般对心的理解，任何心理状态、现象都一定有对象性，有动的一面，有生、变化的一面。而道教认为，在进行心的无化操作时，最后可进入湛然常寂的状态，它不仅没有对心、形、物的指向，没有对象性，而且最后连无化的动作也没有。但是，最后剩下的仍可名之为心，不仅如此，它还有常应（应对、观照）常静（心不动不变、犹如止水）的特点。这里提出的问题是在心理王国中，在千变万化的心理样式组成的心理家族中，是否真的存在着湛然常寂这种心理样式？有没有"五时"中所说的"与道相合、触而不动"的状态？笔者的看法是，这样的心理是可以出现的，因为根据现在对意识本质结构的现象学分析，一般的有意识的心理现象同时有指向对象的性质和不假心动的前反思性自我意识，或心有自明性、本明性。在特殊情况下，前一性质可不出现，只出现后一性质。例如，人们可以生起这样一个心理活动，让它去观照心内是否有什么东西出现，若有，就会有对心的高阶观照；若没有，那么就只有一个像夜晚到处照而什么也没有照到的探照灯的纯粹观照。扎哈维（D. Zahavi）等基于此，明确把这种纯粹的觉知性意识称作"纯意识"。此外，道教在探讨成圣、心灵转化的心理操作时提出了常见心理现象（如知、情、意等）的人为生灭问题，并做了这样的回答：它们的人为消灭不仅在理论上可能，而且在实践上可行。这里的问题和答案至少值得当代心灵哲学从科学和哲学上进一步探讨。我们知道，道教以《老子》的"致虚极守静笃"为圭臬，强调修炼重在清静身心。所谓清静实即灭除常见的一切心念。有道是，一念不起谓之清，灵台无物谓之静。这一清静功夫在践行时，关键在于：少私寡欲，不悲不喜，不怒不恨，不嫉不忌，心正眼明。这些与禅宗"于念离念"有一致之处，它们强调的是，人没有必要且可能不与外物打交道，不应物，关键是做到："真常

① 《大道论》，《道藏·太玄部》。

应物，真常得性，常应常静”[①]；“真常须应物，应物要不迷”[②]。常静即真静，其表现是，有心而无心，有形而无形，物无其物，观察亦空。《海空经》说的五果也表达了道教关于心的人为生灭的思想。五果实即一果，即无为、寂灭。具言之，道果有五种：“一地仙果，二飞仙果，三自在果，四无漏果，五无为果。是五道果，用心虽别，同趣一源。”[③]“无为果者，即是入寂无上法门。所以尔者，寂境即是无为，无为即是寂境。何谓寂境？不生不死，故能长生；不毁不变，故能应变。无为即是有为，有为即是无为……寂境即是感应，感应即是寂境……寂境即是妙有之源，系言为有，不得同无。既不为无，亦不为有，是为‘无为’。无为之说，非有境界。”[④]进入寂境的方法很多，但归元无二路，只是一心为。“若修此果，当用静心，静心专一，所习必成。”[⑤]经过如此之类的心理操作，人的常见的许多心理现象的确会化为乌有，至少在修定的当下是这样。这就表明，心是可以人为灭除的。同样，人所需要的心理也可通过人为的方式让它们生起。其机理不难查明，因为每种心理现象都是一个结果，都由相应复杂的因素所决定、所产生，因此，只要弄清某一种心理样式产生所依赖的条件、因素，并为之提供所需的条件，就能如愿。反之，不想让它出现，则可让其中的一个或几个条件不出现。这就是有因必有果、缺缘不生的道理。遵循这些规律，就可做到让心人为生灭。

道教在进行价值性心灵哲学探讨时，正确地注意到，要解决心灵转化、去凡成圣过程中的种种治心问题，必须做到“明心见性”，即深入探讨心的深层结构和本质。顺着这样的思路，它切入了对心性、道体、元神的探讨之上。这些探讨都具有心理本质理论的意义。根据道教的观点，心的本质就是道、性。其独特之处在于：它所说的道、性不是我们所说的物质性的本质、自然的力量，而是万物的空性、凝然不动的体性。当然，它尽管有时有将道、性神秘化的一面，但一般不否认它是一种特殊的自然，只是它具有一般自然事物所不具有的形上性。另一贡献是，它一方面承认人有先天的原初心理，另一方面更看到了共性当中的特殊性、个别

---

① [元]王元晖：《太上老君说常清静经注》，载胡道静、陈莲笙、陈耀庭选辑：《道藏要籍选刊（三）》，上海古籍出版社1989年版，第26-27页。
② [唐]吕岩：《百字碑》。
③《海空经·序品》，敦煌P. 2806号，卷1。
④《海空经·序品》，敦煌P. 2806号，卷1。
⑤《海空经·序品》，敦煌P. 2806号，卷1。

性。例如，强调由于气的清浊、明暗程度不一样，因此所禀的原初心理不可能完全一样，如凡夫的原初心理就有很大差别。这些是有一定的合理性的。

道教对心的本质的探讨，尽管有其宗教的局限，但也有其合理性，如用道、性和气之类的自然类型的范畴说明心的本质。尽管它承认存在着神、灵、心、魂、魄等多种多样的心理样式，甚至承认精、气、神都有先天和后天两种形式，但认为它们的本质、本原都是道，都是道的具体化。经云："道者，有而无形，无而有情，变化不测。通神群生，在人之身则为神明，所谓心也。"①道教在说明道时尽管有时有神秘化的倾向，但有时有自然主义的倾向，如说："道者，性之本也；性者，心之源也。心性同体，应化无边，是乃所谓自然者也。"②性即事物形成时由大自然所授予的内在构成及本质，如说："点化之道，本亦在内，各受其性。"③就世间心灵哲学所知的心理样式而言，它们本于虚静之道，是道与"我见"因缘和合的产物。例如，由于有我见，便有欲起，进而有妄想颠倒。"本来虚净，元无有识。有识分别，起诸邪见。"④人尽管有种种变动不居、川流不息的心念，但它们的体性是不动不变的静性或凝性。经云："夫至道真旨，以凝性炼形长生为上。所谓凝性者，心灵也。乃内观不动，湛然无为焉。虽云凝心一也，乃有二德。二德者，谓住心、空心。若凝住心，则身境与道同，形性俱超，此真得长生不死、高真妙道也。"⑤"清者元也，静者气也。"⑥这些对心理样式的说明坚持了多因素决定论，因此也有其可取之处。

道教对治心之机理的研究也值得思考。在道教看来，心之所以可调节、治理、转化乃至人为生灭，完全是由道、性决定的。《云笈七签》认为："道者，有而无形，无而有情；变化不测，通神群生。在人之身，则为神明，所谓心也。""从

① [北宋]张君房编：《云笈七签》，载胡道静、陈莲笙、陈耀庭选辑：《道藏要籍选刊（一）》，上海古籍出版社1989年版，第130页。
② [北宋]曾慥编：《道枢》，载胡道静、陈莲笙、陈耀庭选辑：《道藏要籍选刊（十）》，上海古籍出版社1989年版，第398页。
③《悬解录》，载胡道静、陈莲笙、陈耀庭选辑：《道藏要籍选刊（九）》，上海古籍出版社1989年版，第193页。
④ [北宋]张君房编：《云笈七签》，载胡道静、陈莲笙、陈耀庭选辑：《道藏要籍选刊（一）》，上海古籍出版社1989年版，第130页。
⑤ [北宋]张君房编：《云笈七签》，载胡道静、陈莲笙、陈耀庭选辑：《道藏要籍选刊（一）》，上海古籍出版社1989年版，第509页。
⑥ [唐]杜光庭：《太上老君说常清静经注》，载胡道静、陈莲笙、陈耀庭选辑：《道藏要籍选刊（三）》，上海古籍出版社1989年版，第11页。

道受生谓之命，自一禀形谓之性，所以任物谓之心。”①因此认识人的关键就是要知道、知性。“知人之性则自养不悖。”②什么是人之性呢？“清静恬和，人之性也。”③特别是北宋后，张伯端、王重阳接受了佛教理论尤其是佛性论，创立了以内丹心性学为基础的“新道教”，其特点是以心性解释道、神等范畴。这是颇值得关注的。这在前面已有论述，这里不重复。

道教对精、气、神的探讨既触及了一般心灵哲学的深层次问题，如心与生理属性、物理能量的关系问题，以及心的因果性的可能性根源与机制问题等，又开辟或拓展了心灵哲学的视域。在论述精、气、神的关系时，道教既看到了它们各自的独立性、多样性，又看到了它们之间的随附性、相互可转化性。例如，内丹强调修炼的五个阶段足以说明这一点。五个阶段分别是炼已筑基、炼精化炁、炼气化神、炼神还虚、炼虚合道（粉碎虚空）。④如前所述，修炼精、气、神，让它们良性转化，关键是心念不动。果如此，便能神定、气足、精旺。“心不动，名曰炼精；身不动，名曰炼气；念不动，名曰炼神……必先寡欲以养精，寡言以养气，少思以养神。迨至还精补脑，则精自不泄矣；心息相依，忘言守中，则气自不散矣；形神俱妙，与道合真，则神自不扰矣。”⑤对精气神的解释在唐代以后还有这样的新走向，即受佛教影响，有些人不再把精气看作一种生物学存在或力量，而用“智”来解释它。这样一来，精气神同时成了既具有物质性又具有精神性的力量或存在样式。

---

① [北宋]张君房编：《云笈七签》，载胡道静、陈莲笙、陈耀庭选辑：《道藏要籍选刊（一）》，上海古籍出版社 1989 年版，第 130 页。
② [唐]默希子：《通玄真经注》，载胡道静、陈莲笙、陈耀庭选辑：《道藏要籍选刊（五）》，上海古籍出版社 1989 年版，第 473 页。
③ [唐]默希子：《通玄真经注》，载胡道静、陈莲笙、陈耀庭选辑：《道藏要籍选刊（五）》，上海古籍出版社 1989 年版，第 473 页。
④ 张兴发：《道教内丹修炼》，宗教文化出版社 2003 年版，第 4-5 页。
⑤ [清]黄元吉：《论性命双修》，载陈撄宁：《陈撄宁仙学精要（下）》，胡海牙、武国忠编，宗教文化出版社 2008 年版，第 468-469 页。

第十六章
中西思想交融中的“接着讲”

本章探讨的是 19 世纪末以来一部分熟悉中西文化的哲学家在中西碰撞、融通大背景下对价值性心灵哲学的“接着讲”。所谓“接着讲”，是指他们的有关思想既是对中国传统儒释道价值性心灵哲学的继承，同时由于融合了西方有关思想成果，因此不是简单的“照着讲”，而是继承、融合基础上的发展、创新。这里涉及的人物除章太炎（1869—1936）、谭嗣同、梁启超等之外，大都可被看作是新儒家的代表人物。

一般而言，“新儒家”一词大致有两种用法：一是指宋明时期的儒家各学派，如“程朱理学”一派、“陆王心学”一派等；二是指产生于 20 世纪 20 年代初期并一直发展至今的一个学术思想流派。其特点在于：致力于对儒、释、道三家特别是儒家做出新的诠释及应用，同时努力把西方哲学思想融合在中国传统智慧之内，力图在当代中国恢复儒家思想的主导地位，重建儒家的价值系统并以此为基础来吸纳、融合、会通西学，以谋求中国文化和社会的现代化。当代新儒家可分为三代：第一代活跃于 1921~1949 年，代表人物为熊十力、梁漱溟、马一浮、张君劢、冯友兰、贺麟（1902—1992）、钱穆等；第二代活跃于 1950~1979 年，代表哲学家为方东美、唐君毅、牟宗三、徐复观等；第三代活跃于 1980 年至今，代表哲学家有成中英、刘述先、杜维明、余英时等。其中，张君劢、唐君毅、牟宗三、徐复观于 1958 年元旦联合署名发表《为中国文化敬告世界人士宣言》，强调“心性之学”为了解中国文化传统的基础，标志着海外新儒学的真正崛起，同时也意味着中国儒学的现代转化进入新的阶段。

第一节 谭嗣同、章太炎和梁启超：会通群哲心法、深究“治心之学”

本节考释的是谭嗣同、章太炎和梁启超通过治心之法的深究所切入的心灵哲学探究。尽管他们都是极有个性的风云人物，但在许多方面其又表现出了惊人的一致性，如致力于会通群哲之心法，这里的群哲不拘于东方的儒释道圣贤，还包括西方的大哲。在 20 世纪初，西学东渐尽管只是渐入佳境，但他们在参与传播的同时都做了及时的跟进，且表现出较厚实的西学功底，都有对西方思想的积极而批判的吸纳。另外，他们还有一个共同性特别值得一提，即他们在各种传统中首推佛教，有的人甚至有真实的信仰，或成了佛门弟子。由此所决定，他们的治心之学、治心之法主要渊源于佛教。梁启超在论及谭嗣同时曾说：谭嗣同“与余同从事治心之学”①。谭嗣同还有自己的心得和经验，例如，“以断念为下手方便”，在他看来，果能真实做到，“便能枯树上灿葩……死灰里发热”。②怎样断念？“悬旌无薄，是名暂断，乘此微隙，视其如何复续？若竟不复续，意识断矣。”③梁启超赞叹说：“其品格事业之与人以共见者，真可谓能开枯树之花，能燃死灰之火者也。”④当然，梁启超自己不用断念一法，而主“提醒”。他说：“启超则谓不必断念，惟有提醒。苟能提醒，则我自作得主起，虽多念不妨。”⑤虽然他倡导此法，但不否定断念一法，而告诫人们可根据自己的实际择其一而行之。

① 梁启超：《开明专制论》，《梁启超全集（第五卷）》，北京出版社 1999 年版，第 1520 页。
② 梁启超：《开明专制论》，《梁启超全集（第五卷）》，北京出版社 1999 年版，第 1520 页。
③ 梁启超：《开明专制论》，《梁启超全集（第五卷）》，北京出版社 1999 年版，第 1520 页。
④ 梁启超：《开明专制论》，《梁启超全集（第五卷）》，北京出版社 1999 年版，第 1520 页。
⑤ 梁启超：《开明专制论》，《梁启超全集（第五卷）》，北京出版社 1999 年版，第 1520 页。

一、谭嗣同：冥探孔佛之精奥 会通群哲之心法

谭嗣同，近代中国资产阶级维新派的主要代表人物之一，受过正统封建教育，鄙视科举，好今文经学，对刚传入的西方科学倾注了极大的热情和精力，并将它融入自己兼收佛释的思想之中。他从小就“私怀墨子摩顶放踵之志”，还曾在南京“闭户养心读书，冥探孔、佛之精奥，会通群哲之心法”。[①]梁启超对他的评价是“晚清思想界有一慧星，曰浏阳谭嗣同。”[②]其《仁学》旨在“冲决网罗”。特别是自受梁启超、杨文会特别是后者影响而接受了佛教的思想以后，其便自觉以佛教为自己理论建设的思想基础，且成就卓著。“其尽脱旧思想之束缚……未有其比也。”[③]在这个过程中，他当然非但没有轻视科学、哲学和宗教等，而“欲将科学、哲学、宗教冶于一炉，而更使适于人生之用，真可谓极大胆、极辽远之一种计划”[④]。

尽管儒学也是他的思想的渊源，但其对儒学多有批判，这特别表现在对荀学的态度上。例如，在善恶问题上，他主张恶只是名称，而无其实，“恶由名起”。在批判“俗儒”的以天理为善、以人欲为恶时指出：“不知无人欲安得有天理。”[⑤]

在心灵哲学问题上，谭嗣同首先依据中国传统哲学常用的自然主义概念如“气”之类和新传入的西方哲学概念如电等，对人及其心阐述了自己的看法，建立了独具一格的人论、心论。他认为，阴阳之为一事，就像礼乐为一事、理数实一样。[⑥]要想认识世界，必须从数理、阴阳上入手，例如，“数之推移，如机轮之互运，因此及彼，辗转相之，不能自已。不能自已，庸非理乎”[⑦]？数与理或道的区别是，数是事物的“然”，而道是事物的“所以然”，两者是器、道关系。他说：“数者，器也，所以器者，道也。”[⑧]知道即知本。他还试图把古代的气论与天文学的天地学说结合起来，他说：古人“自地以上皆天也”，此以气言

① 梁启超：《变法通议》，《梁启超全集（第一卷）》，北京出版社 1999 年版，第 232 页。
② 梁启超：《欧游心影录》，《梁启超全集（第十卷）》，北京出版社 1999 年版，第 3102 页。
③ 梁启超：《欧游心影录》，《梁启超全集（第十卷）》，北京出版社 1999 年版，第 3102 页。
④ 梁启超：《欧游心影录》，《梁启超全集（第十卷）》，北京出版社 1999 年版，第 3102 页。
⑤ 转引自梁启超：《欧游心影录》，《梁启超全集（第十卷）》，北京出版社 1999 年版，第 3103 页。
⑥ [清]谭嗣同：《石菊影庐笔识》，《谭嗣同全集（上）》，中华书局 1981 年版，第 122 页。
⑦ [清]谭嗣同：《石菊影庐笔识》，《谭嗣同全集（上）》，中华书局 1981 年版，第 122 页。
⑧ [清]谭嗣同：《石菊影庐笔识》，《谭嗣同全集（上）》，中华书局 1981 年版，第 122 页。

也。[1]朱熹也曾说："天即理"，此以理言，而兼乎气也。[2]"地在天中，天亦即在地中，阳中有阴，阴中有阳也。就其虚而无形者言之曰天，就其实而有形者言之曰地。天、阳也，未尝无阴；地、阴也，未尝无阳。阴阳一气也，天地可离而二乎？"事物的动静也可用气的阴阳来解释，例如，"动，阳之发也；静，阴之敛也"[3]。用气解释，效果一样。"气，阳之类也，血，阴之润也。""阴足以益阳，阳足以益阴，而偏相妨也。"[4]

有了上述自然化的理论基础，就可对心的起源、存在地位、方式和本质做出说明。在谭嗣同看来，心尽管是世界上最奇特的现象，但也是由道、气、阴阳所决定的自然现象，一点也不神秘。就作用而言，心是人身的主宰，是许多器官之所以有它们的心理作用的根源。他说"心（又）运于人身之中"，就像船车运于地球之中。心是眼、耳、口、身等之所以有它们专有的视、听、言、动等作用的根源。"人心一不运，则视不见，听不闻，运者皆废矣。"[5]而心之所以有如此作用，又根源于气的运行。人的心能知久远之事，也根于气，如"人目仰见月星，是地之气达于月星矣"[6]，正像日月之光由于它们的气而照于地球一样。这里表达的无疑是中国许多哲学家所坚持的心气一元论。它既说明了心的本质构成，又较好地回答了一般西方哲学难以说明的心如何可能有反作用、有因果有效性的问题。

他还"与时俱进"，用刚传进来的、西人所说的电、光、声等来解释心理现象。当然，他又有自己的改进，如用气来解释电、光的存在及其作用。他说："夫天地非幻，即声光亦至宝，声光虽无体，而以所凭之气为体。光一而已，其行也，气为光所烁而相射以流也。声一而已，其行也，气为声所迫而相禅以鸣也。"[7]

在人的产生、起源问题上，他提出：人是在大自然的进化中逐渐产生出来的，从顺序上后于鸟兽等动物。既然人与动物同源，因此动物在本质上与人没有根本区别。例如，"人之初生，浑浑灏灏，肉食动物而露处，若有知，若无知，殆亦无以

① [清]谭嗣同：《石菊影庐笔识》，《谭嗣同全集（上）》，中华书局 1981 年版，第 125 页。
② [清]谭嗣同：《石菊影庐笔识》，《谭嗣同全集（上）》，中华书局 1981 年版，第 125 页。
③ [清]谭嗣同：《石菊影庐笔识》，《谭嗣同全集（上）》，中华书局 1981 年版，第 127 页。
④ [清]谭嗣同：《石菊影庐笔识》，《谭嗣同全集（上）》，中华书局 1981 年版，第 127 页。
⑤ [清]谭嗣同：《石菊影庐笔识》，《谭嗣同全集（上）》，中华书局 1981 年版，第 127 页。
⑥ [清]谭嗣同：《石菊影庐笔识》，《谭嗣同全集（上）》，中华书局 1981 年版，第 127 页。
⑦ [清]谭嗣同：《石菊影庐笔识》，《谭嗣同全集（上）》，中华书局 1981 年版，第 130 页。

自远于螺蛤鱼蛇龟鸟兽焉”[①]。当然，人有自己的特殊性，如逐渐派生出了心智。

治心之学的做人理想当然是成圣，因为治心的目的就是去凡成圣。在谭嗣同看来，凡圣的差别在于是否自觉治心。圣贤的人格完善程度的差别也表现在治心所达到的境界。圣人之所以是圣人，是因为他能调治好自心，让其得到最佳的治理。他说：“未有不能治其心，而能治天下者。”[②]治心、成圣既是每个追求解脱的人必然要关心的问题，同时也是当时的社会现实的急切呼唤。在他看来，要拯救当时的中国，只能寄希望于大圣人的诞生。而大圣人的诞生也会是历史的必然。

要实现心灵转化直至去凡成圣这一做人、治心的目标，首先，必须有清醒的自我认识。而要如此，又应将我与他者互换角色，即让我成为我的他者。正是因为有此转换，人才能认识自我。他说：“试以前后之我，视今日之我，以今日之我，视前后之我，则所谓我，皆他人也。所谓我皆他人，安知所谓他人不皆我耶？原始反终，大《易》所以知生死，于以见万物一体，无容以自囿者自私也……《中庸》所以察上下，于以见大道为公，无容以自私者自囿也。”[③]

其次，要剖析圣人，认识圣人的特点，特别是剖析圣心，弄清它的构成、结构及特点。果如此，心灵转化、去凡成圣就有了前进的方向。根据谭嗣同先生的剖析，圣人不同于一般的人，他“利之以器用，文之以等威，经之以礼义，纬之以法政，纪之以伦类，纲之以师长”[④]。除这些之外，圣人还创制文字，载著图录，“发天道之精微，明人事之必不容己，俾知圣人之教，皆本于人性之自然，非有矫揉于其间”[⑤]。他这里说的圣人当然不是心灵圆满的内圣，而是既内圣又能行王者之道的正人君子。他还强调：圣人不在于长寿，而在于心的不死。他说：“土石虽寿，不得谓之生。”[⑥]因为圣人的独特标志在于其内心价值的完全实现和释放。如果人活着，无知无心，又有什么价值呢？“人至无知，其心已死，身虽存，奚贵乎？”[⑦]

凡圣同有浩然正气，差别在于养与不养。他说：“夫浩然之气，非有异气，

① [清]谭嗣同：《石菊影庐笔识》，《谭嗣同全集（上）》，中华书局1981年版，第131页。
② [清]谭嗣同：《石菊影庐笔识》，《谭嗣同全集（上）》，中华书局1981年版，第146页。
③ [清]谭嗣同：《石菊影庐笔识》，《谭嗣同全集（上）》，中华书局1981年版，第132-133页。
④ [清]谭嗣同：《石菊影庐笔识》，《谭嗣同全集（上）》，中华书局1981年版，第131页。
⑤ [清]谭嗣同：《石菊影庐笔识》，《谭嗣同全集（上）》，中华书局1981年版，第131页。
⑥ [清]谭嗣同：《石菊影庐笔识》，《谭嗣同全集（上）》，中华书局1981年版，第133页。
⑦ [清]谭嗣同：《石菊影庐笔识》，《谭嗣同全集（上）》，中华书局1981年版，第133页。

即鼻息出入之气。理气此气，血气亦此气，圣贤庸众皆此气，辨在养不养耳。得养静以盈，失养暴以歉，气行于五官百骸，形而为视听言动，著而为喜怒哀乐，推而究之，齐治均平，所由出也。”①这里的浩然之气当然是浸透着义理的气。尽管如此，它又不是二元论所说的非物理、非自然的存在或力量，而仍是在身体中运行的作为能量场、波粒相统一的气，甚至是人能在呼吸时感觉到的气。在这里，他坚持和贯彻的仍是他的气一元论或气-自然主义，如说理气、血气、圣人之气、庸众之气，都离不开基本的自然之气。这里的养浩然正气不是指吐纳屈伸，而是指惩忿、窒欲，极深研几。因为只有惩治忿嗔，才能固气之体，只有极深研几，才能精其用。他说：“惩与窒，斯不忧不惧继之矣。极与研，斯尽性至命继之矣。故善养气者，喜怒哀乐、视听言动之权，皆操之自我者也。操之自我，而又知言以辨其得失。于是无有能惑之者，而不动心之功成矣”，总之，“学莫大于养气”。②可见，他在这里坚持和阐释的是东方哲学关于心的共同的价值观，即以心静、心不动为最佳、最好的心态，为圣心的标志性特点。在他看来，要得到和享受这种心态，出路主要是养气。

当然，养气除了上面所说的惩忿、窒欲、极深研几等工夫之外，还有很多事要做，如“去矜”“忍诟”。因为惩忿、窒欲都“不密”，故他说：“窒欲者，惩忿之前事，欲窒，则忿易以惩，然而未密也。去矜则窒欲之极，忍诟则惩之精也。”③

要治心成圣，在明白了圣心特点的基础上还应立圣人之志。他说：“为天地立心，为生民立命，以续衡阳王子（王船山）之绪脉，使孔、孟、程、朱之传不坠于地。”④

要治心，必知治心的诸心理操作方法，如应善于运用戒慎、恐惧等方法，在运用时，即使是在心的未发时，也要努力戒惧、恐惧。他说：“未发者何心矣？……是亦戒慎之心也，是亦恐惧之心也。舍此无以为未发，即无以为中，亦无以为心也，舍此更无以为无忧惧之君子也。”⑤

① [清]谭嗣同：《石菊影庐笔识》，《谭嗣同全集（上）》，中华书局 1981 年版，第 137 页。
② [清]谭嗣同：《石菊影庐笔识》，《谭嗣同全集（上）》，中华书局 1981 年版，第 137 页。
③ [清]谭嗣同：《石菊影庐笔识》，《谭嗣同全集（上）》，中华书局 1981 年版，第 137 页。
④ [清]谭嗣同：《兴算学议》，《谭嗣同全集（上）》，中华书局 1981 年版，第 164 页。
⑤ [清]谭嗣同：《兴算学议》，《谭嗣同全集（上）》，中华书局 1981 年版，第 139 页。

要成为道德完美的圣人，必须有对灵魂不朽的坚定信念，因为只有相信灵魂不死的人，才有道德感，才有责任心。他说：“今使灵魂之说明，虽至暗者犹知死后有莫大之事，及无穷之苦乐，必不于生前之暂苦暂乐而生贪著厌离之想；知天堂地狱，森列于心目，必不敢欺世放纵，将日迁善以自兢惕；知身为不死之物，虽杀之亦不死，则成仁取义，必无怛怖于其衰，且此生未及竟者，未生固可以补之。”[①]这一思想得到了梁启超的高度评价，被称为“应用佛学”之言。谭嗣同不仅建立了这样的理论，而且努力恭行，并从中受益。梁启超说：谭嗣同“一生得力在此，吾辈所以崇拜浏阳步趋浏阳者，亦当在此”[②]。

最后，要治好心，必须以断念为下手方便。断念无疑是从佛教中借鉴过来的治心方法，它强调的是厌离、斩断，如于念离念、于相离相，直至一念不生，万事如如，果如此，便进到了人生的最高境界。这在前面已有分析，此处从略。

二、章太炎：归敬于自心

章太炎，浙江余杭人，清末民初民主革命家、思想家、著名学者，研究范围涉及小学、历史、哲学、政治等，著述甚丰。

章太炎先生的心灵哲学思想主要渊源于佛教。他自己也不避讳这一点，如强调佛教是所有一切宗教中最好的宗教。在他看来，像基督教之类的宗教皆不可取，是下劣诸教，但又不能没有宗教。应建立的宗教应具备这样的特点：“以上不失真，下有益于生民之道德为其准。”[③]

这样的宗教只能是佛教，特别是其中的三性（遍计所执性、依他起性、圆成实性）说，因为它是“了义言教”，“如毗湿缚药，一切散药仙药方中，皆应安放；则如画地，遍于一切彩画事业，或青或黄，或赤或白，皆同一味，复能显发彩画事业；则如熟酥，倾置一切珍馐诸饼果内，更生胜味。吾既举此诸例，于是复持三性以衡宗教”。[④]这就是说，三性说符合他的最好宗教的标准，即既真又有益于人的道德和幸福，因此是值得推广的。他强调要抛弃别的宗教，只立一宗

① [清]谭嗣同：《仁学》，《谭嗣同全集（下）》，中华书局1981年版，第309页。
② 转引自梁启超：《新大陆游记》，《梁启超全集（第四卷）》，北京出版社1999年版，第908页。
③ 章太炎：《太炎文录初编》，《章太炎全集（七）》，上海人民出版社2014年版，第429页。
④ 章太炎：《太炎文录初编》，《章太炎全集（七）》，上海人民出版社2014年版，第429页。

教，此即“立教以惟识为宗”[①]。此宗教真能做到“虽超居物外，而必期于利益众生”[②]。其他宗教之所以下劣，也是由于它们不符合他提的两个标准，如都有失真的问题。他说：“执一实以为神者，其实固不胜指，转而谓此神者，冒世界万有而为言，然则此所谓有，特人心之概念耳。”[③]而概念像一切法一样是依他而起的，并非实有。总之，最好的宗教必须是能教人“归敬于自心”的宗教。因为根据他的真实标准，其他一切都是遍计所执、依他而起的，没有自性，唯有真心是真实。“由是观之，心精圆遍，含裹十方，云何无量？心之无量，云何合法？心之合法。与其归敬于外界，不若归敬于自心。不知其心，而怖于外，以为穷大至精。譬之心有忧者，闻鸟鸣而谓鸟亦有忧……于彼外界起增益执，于此自心起损减执，实惟不了依他之故。”[④]

要认识心，不能撇开人和构成人的物质性身体。因为心与它们息息相关。在论述人时，章太炎不赞成希腊人关于人之所好的看法。希腊人认为，人之所好为真善美。其实，还有许多心理，如好胜心。正因为有此心，人才有恶性。如果人只好真善美，那么就没法说明人为什么有恶性。他说：“若惟三者，则人必无恶性……复有一好胜心。好胜有二，一、有目的之好胜；二、无目的之好胜。”[⑤]前者的例子是为求五欲财产、权位、名誉而起竞争者，后者的例子是人的博弈，只以胜为止，不再以之为手段。好胜心的根源是我执。他说：“由于执我而起，名我慢心，则纯是恶性矣。”[⑥]

在讨论人的构成与寿夭等问题时，他接受了当时刚传进来的化学等科学知识，并据以说明人的构成与寿夭。他说：“今人之死也，则淡、养、炭、轻（即氮、氧、二氧化碳和氢的旧译）诸气，盐、铁、磷、钙诸质，各散而复其流定之本性，而人之性亡矣。”[⑦]可见，人身上没有不死的灵魂，不过是物质因素的复合体。如果说人有“性海”（佛教术语，指人储藏着无量无漏功德种子的体性）的话，则“性海即以太”。然以太即传光气，能过玻璃实质，而其动亦因光之色

① 章太炎：《太炎文录初编》，《章太炎全集（七）》，上海人民出版社 2014 年版，第 438 页。
② 章太炎：《太炎文录初编》，《章太炎全集（七）》，上海人民出版社 2014 年版，第 439 页。
③ 章太炎：《太炎文录初编》，《章太炎全集（七）》，上海人民出版社 2014 年版，第 430 页。
④ 章太炎：《太炎文录初编》，《章太炎全集（七）》，上海人民出版社 2014 年版，第 434 页。
⑤ 章太炎：《太炎文录初编》，《章太炎全集（七）》，上海人民出版社 2014 年版，第 408-409 页。
⑥ 章太炎：《太炎文录初编》，《章太炎全集（七）》，上海人民出版社 2014 年版，第 409 页。
⑦ 章太炎：《医论集》，《章太炎全集（四）》，上海人民出版社 2014 年版，第 9 页。

而分迟速。彼其实质，即曰阿屯，以一分质分为五千万分，即为阿屯大小三数，是阿屯亦有形可量。以太流动，虽更微于此，而既有迟速，则不得谓之无体。[①]他说：“盖所谓性海，无积毫之微，芦苻之厚。而阿屯以太，而尚不免于毫末沦无间，芦苻通无圻也。”“光、热、电三者，虽不能得其质点，而终于湛然不动者有殊。”[②]尽管这里承认以太的存在与作用，有当时的认知局限，但承认微观实在的存在，并据以解释人等复杂事物则有其进步的一面。不仅如此，他还据以驳斥灵魂不灭、论证一切因缘和合，更是高瞻远瞩。他说：“各原质之成于以太，万物之成于各原质，而后知内外四大，至于六道”，里面没有不变之自性、实体。[③]

章太炎还认为，包括人在内的万事万物除了那些基本的物质构成之外，还有更复杂的一面，就较浅层而言，人有人性，而人性定有善有恶，再进一步，到事物的最本质处，则只有非善非恶的真性、体性，此即佛之所谓“性海”[④]。现实的人性除了由此性海决定之外，还离不开这样一些微观的作用，如熏习、习化。人之性之同异都由习化所决定。他说：“然一人之行，固以习化，而千世之性，亦以习殊。”[⑤]

如果说人有知识、兼爱济世之道，那也不是由于其内有灵魂之类的实体，而它们仍不过“由官骸而生”，“知识之全体，亦不能出乎官骸之外”。[⑥]不管是完美还是不完美的人格，也都由微观物质构成的官骸来表现。他说：“内圣外王，无不托始于六根三欲。”[⑦]这就是他所说的“舍妄无真”[⑧]。

他还用上述夹杂着当时的科学理论与佛教因缘和合学说的解释模式，说明了生物的“灵运”，即生物所表现的微妙的灵异作用，认为它们“非有神宰界之”，而由事物内部的复杂构成所决定，如细胞的构造、细胞内的原形质和蛋白质等。他说：“原形质有同化、增增二力。”[⑨]因此能让生物表现出无机物所不具有的

① 章太炎：《医论集》，《章太炎全集（四）》，上海人民出版社 2014 年版，第 9 页。
② 章太炎：《医论集》，《章太炎全集（四）》，上海人民出版社 2014 年版，第 9 页。
③ 章太炎：《医论集》，《章太炎全集（四）》，上海人民出版社 2014 年版，第 10 页。
④ 章太炎：《医论集》，《章太炎全集（四）》，上海人民出版社 2014 年版，第 13 页。
⑤ 章太炎：《医论集》，《章太炎全集（四）》，上海人民出版社 2014 年版，第 14 页。
⑥ 章太炎：《医论集》，《章太炎全集（四）》，上海人民出版社 2014 年版，第 10 页。
⑦ 章太炎：《医论集》，《章太炎全集（四）》，上海人民出版社 2014 年版，第 10 页。
⑧ 章太炎：《医论集》，《章太炎全集（四）》，上海人民出版社 2014 年版，第 10 页。
⑨ 章太炎：《医论集》，《章太炎全集（四）》，上海人民出版社 2014 年版，第 16 页。

高级生命现象。在讨论物的可分与不可分时，他强调：这类问题都是世俗谛的问题。若依胜义谛，一切皆空，因此所谓的可分或不可分就都是方便言说。《大毗婆沙论》等佛经论也依世俗谛说过可分与不可分。他说：佛教依“有方分言”，说“极微是最细色”；“依无方分言者，彼论一百三十二云：极微更无细分。其实二义皆是假说，有方分者无至细之倪，无方分者非可知之境，然有方分犹近之”。[①]《大毗婆沙论》卷一百三十六云：“十极微成一微尘，七微尘成一铜尘，七铜尘成一水尘。”章太炎先生说：铜尘水尘，今所谓分子也，微尘，今所谓小分子、微分子，极微，乃今所谓原子（依有方分说原子）。[②]庄子说的“精”就是边际色，“至精者不能至无形，无形则更不为至精，明无分至边际，便现空相之理”[③]。

在探讨心的本质与奥秘时，章太炎先生的一大特点是，既根据传统的屈申概念说明心，又根据电之类的科学概念来阐释。这些关于心的工作，在今天就是标准心灵哲学的自然化操作。就此而言，他有标准的心灵哲学思想。他强调：神、申、灵、电都可用来解释心的神明之类的独特能力，只是过去常用屈申、神来解释，在今天则可借电等微观实在和力来解释。如果是这样，则表明心的存在及其神明之类的高级作用就一点也不神秘，而是可理解的自然现象。他说：“屈申者，晦明之道也，屈甚而晦，申甚而明，古者不言神，亦不言电，而统之以申。”[④]

其实，神明是可用电来解释的。他说：“雷霆为电，慈石之气为电，金铁相磨为电。电也者，眇万物而为言者也。”[⑤]此处“眇”同“渺”，实指微观实在及其作用。根据章太炎先生的看法，万物的复杂变化可据电来解释，同理，心的神明也是如此。

怎样看待鬼？或怎样予以解释呢？他说：余以为鬼既有形，“初造字时必不谓是死者之灵，以声求之，鬼与夔正相似”，“造鬼字时，殆即夔之或字，其后以死者之灵不可言状，乃因怪物之名以命之”。[⑥]意为最初的“鬼”字表示的不是死者之灵，而是一种较隐秘的自然现象。而死者之灵是无形的、不可言状的。

---

① 章太炎：《齐物论释》，《章太炎全集（五）》，上海人民出版社 2014 年版，第 38 页。
② 章太炎：《齐物论释》，《章太炎全集（五）》，上海人民出版社 2014 年版，第 39 页。
③ 章太炎：《齐物论释》，《章太炎全集（五）》，上海人民出版社 2014 年版，第 41 页。
④ 章太炎：《訄书（初刻本）》，《章太炎全集（三）》，上海人民出版社 2014 年版，第 102 页。
⑤ 章太炎：《訄书（初刻本）》，《章太炎全集（三）》，上海人民出版社 2014 年版，第 102 页。
⑥ 章太炎：《太炎文录续编》，《章太炎全集（八）》，上海人民出版社 2014 年版，第 87 页。

作为佛教徒，他当然相信其存在。中国心灵哲学的独有课题之一是魂魄。对此，他从词源和词义上做了这样的说明：“魂魄诸字，则字义引申，后所从出，古文又有䰟字，则特为死者之灵制文。”①对庄子所说的“灵台”，他做了这样的解释：台有持义。心可称作台，因为心能任持，“相当于梵语阿陀那”②。庄子还说灵府，府有藏义，相当于梵语之阿那邪，亦作阿赖耶。③因此所谓灵台或灵府指的是有心理作用的基质或主体。

在心的样式、种类问题上，他像佛教一样认为，心不外乎妄心和真心两大类。他的这类论述，用今日的观点看，同时有求真性和价值性心灵哲学意义。所谓妄心是指表层的一切能觉知的心，如知、情、意等。妄心的作用有三，即相、名、分别。他说：“人心所起，无过相名分别三事。”④用《瑜伽师地论》卷三十六的话说，不过四寻思，即名寻思（于名唯见名）、事寻思（于事唯见事）、自性假立寻思、差别假立寻思。从体性上说，一切离分别、言说，平等平等。⑤同样，妄心的终极本质是体空。

章太炎投入精力较多的一项工作，就是以佛教唯识论的理解框架解读庄子的《齐物论》，其结论是，它里面的真精神一致于佛教，如认为里面也有唯心无境的心灵哲学思想。他说：“观察名相，会之一心。”⑥庄子所说的“天籁”其实就是藏识中的种子，或晚近所说的原型观念。它是诸有、诸相的本质，有“吹万不同”的作用。另外，《齐物论》中已有近于佛教真心、妄心的理论，如所说的“真宰”即真心。基于多方考证，章太炎认为，该篇有这样的思想：“有真我在此，即阿陀识那任根身，亦曰藏识含藏种子，亦通名如来藏，此土既无诸号，故独命以真君。”⑦此最清净心，本来自尔，非可修相，非可作相，来来自尔，毕竟。⑧另外，庄子还说：其形化，其心与之然。章太炎对这话的解读是“斥如来

① 章太炎：《太炎文录续编》，《章太炎全集（八）》，上海人民出版社2014年版，第87页。
② 章太炎：《齐物论释》，《章太炎全集（五）》，上海人民出版社2014年版，第34页。
③ 章太炎：《齐物论释》，《章太炎全集（五）》，上海人民出版社2014年版，第34页。
④ 章太炎：《齐物论释》，《章太炎全集（五）》，上海人民出版社2014年版，第5页。
⑤ 章太炎：《齐物论释》，《章太炎全集（五）》，上海人民出版社2014年版，第5页。
⑥ 章太炎：《齐物论释定本》，《章太炎全集（五）》，上海人民出版社2014年版，第78页。
⑦ 章太炎：《齐物论释》，《章太炎全集（五）》，上海人民出版社2014年版，第15页。
⑧ 章太炎：《齐物论释》，《章太炎全集（五）》，上海人民出版社2014年版，第15页。

藏中生灭相。”[①]妄心或生灭心依如来藏而有，即如来藏随因缘而有生灭心，而生灭心随形体的变化而变化。《齐物论》云：“夫随其成心而师之，谁独且无师？”章太炎认为，它说的是“藏识中种子，即原型观念也。”[②]成心即种子，六识未动，潜处意根之中，六识既动，应时显现，不待告教，所谓随其成心而师之。

章太炎的思想具有鲜明的超前性，其表现之一是把“我”与“我见”（即当代西方学者所说的自我感、自我信念、自我经验等）区别开来了，而这又为化解自我所笼罩的迷雾提供了认识论基础。在西方最近的自我研究中，有这样一种认识转向，即不再从一开始就追问、思考自我是什么之类的本体论问题，而强调要从研究人事实上所具有的自我感开始。章太炎也有这样的认知和倾向，他强调：人事实上没有自我，但客观上每个人都有“我见”。他说：“人莫不有我见，此不待邪执而后得之。”“阿赖耶识之名，虽非人所尽知，而执此阿赖耶识之相即以为我者，则为人所尽有。”[③]它本不是我，但一般人们以为它就是人身上的我，此即我执或我见。西方现当代的自我研究在反思过去研究的问题时也有此自觉，认识到过去之所以越研究越不知所措，主要原因是没有把自我与自我感区别开来，以为自我实有，而不知其实是自我感实有。为何要破我执？因为我见、我执为一切灾祸（如战争、残杀等）之源。他说：“纵令进化至千百世后，知识慧了，或倍蓰于今人，而杀心方日见其炽，所以者何？我见愈盛故。”[④]从事实上说，人所执着的我是子虚乌有，因为不仅人无我，而且诸法无我，一切都是因缘和合，里面没人们所执着的那个作为主体、主宰、常一不变实体的我。在这里，章太炎表现出了高深的佛教造诣，他强调：说人是自然的产物，是因缘的和合，都不究竟。他说：“所谓自然者，谓其由自性而然也。而万物未生之初，本无自性；既无其自，何有其然？然既无依，自亦假立。若云由补特伽罗（笔者注：可意译为数取趣、人、众生，指轮回的主体）而生，而此补特伽罗者，亦复无其自性。是故人我之见，必不能立。”[⑤]

破我不仅由事物的本质所决定，还有重要的解脱论和价值论意义。是故西方

① 章太炎：《齐物论释》，《章太炎全集（五）》，上海人民出版社2014年版，第15页。
② 章太炎：《齐物论释》，《章太炎全集（五）》，上海人民出版社2014年版，第16页。
③ 章太炎：《太炎文录初编》，《章太炎全集（七）》，上海人民出版社2014年版，第447页。
④ 章太炎：《太炎文录初编》，《章太炎全集（七）》，上海人民出版社2014年版，第467页。
⑤ 章太炎：《太炎文录初编》，《章太炎全集（七）》，上海人民出版社2014年版，第418页。

当今的自我研究也在做破除常识和传统哲学所持的实我论的工作。章太炎认为，人之所以生活在痛苦烦恼之中，或沉沦苦海，是因为“闵末俗之沉沦，悲民德之堕废，皆以我见缠缚，致斯劣果”[1]，即人的痛苦不幸根源在有末那识将第八识恒执为我，进而有我痴、我爱、我慢等烦恼。因此要出离苦海，就要破我执，是故他写了“人无我论”。这一理论既有对无著等大师的“圣义”的解读，又有他自己的发挥。他说：“曲明师说，杂以己意，为《人无我论》一首。”[2]

为了破我，他先扫描和概述了人们的我执的内容及特点，他认为“我”有两种：一是常人所指为我，人从生至死，一直认为自己身上有我，“无一刹那而不执有我见”[3]，此为俱生我执，属于依他起自性；二是邪见所指为我，即与常人有异。其表现是恒常之谓我，坚住之谓我，不可变坏之谓我。质言之，我者即自性之别名。此为分别我执，属遍计所执自性。[4]人有我，在一般人看来天经地义，因为“若无我者，不应于一切心法、色法、不相应法中，先起思觉，方得有所造作”[5]。如果没有我，怎么会在视物后有关于诸色的见识？怎么会有各种行为的发生？“是故必有实我，其理极成。”[6]他用因明的方法对人们关于我的观点和论证做了否定性论证。例如，从现量上说，惟形色、领受、名号、作业、心事五事，是现量得，而我非现量得，不应道理。“若取比量义者，如彼婴儿未能思度，何缘率尔而起我想？”[7]另外，“世间造作事业，为以思为本因，为以我为本因？若以思为本因者，但是思作，而非我作；若以我为本因者，我既常住，不应更待思觉方能造作；若谓思在故我在，思即是我者，是则无思之时即无有我，不应道理”[8]。若说我是常，就是说它无变异，而无变异，即不会有造作，而言有所造作，是没有道理的。[9]他还从我与五蕴（人的色、受、想、行、识五方面的构成）的关系等角度做了自己的破斥，总的结论是“不觉为先而起我想故，思觉为先方

---

① 章太炎：《太炎文录初编》，《章太炎全集（七）》，上海人民出版社 2014 年版，第 442 页。
② 章太炎：《太炎文录初编》，《章太炎全集（七）》，上海人民出版社 2014 年版，第 442 页。
③ 章太炎：《太炎文录初编》，《章太炎全集（七）》，上海人民出版社 2014 年版，第 441 页。
④ 章太炎：《太炎文录初编》，《章太炎全集（七）》，上海人民出版社 2014 年版，第 441-442 页。
⑤ 章太炎：《太炎文录初编》，《章太炎全集（七）》，上海人民出版社 2014 年版，第 442 页。
⑥ 章太炎：《太炎文录初编》，《章太炎全集（七）》，上海人民出版社 2014 年版，第 442 页。
⑦ 章太炎：《太炎文录初编》，《章太炎全集（七）》，上海人民出版社 2014 年版，第 443 页。
⑧ 章太炎：《太炎文录初编》，《章太炎全集（七）》，上海人民出版社 2014 年版，第 443 页。
⑨ 章太炎：《太炎文录初编》，《章太炎全集（七）》，上海人民出版社 2014 年版，第 443 页。

有造作故，于五蕴中假施设故，由于彼相安立为有故，建立杂染及清净故，建立流转及止息故，假立受者、作者、解脱者故，施设有作者故，施设言说故，施设见故，计有实我，皆不应理。”[①]简言之，从诸多方面看，没有理由相信人身上有实我。

中国心灵哲学的特点在于：既注重从体、实的角度分析心，又注重从用、价值上加以探讨。章太炎的思想也有这一特点。他像佛教一样认为，所有有为、有动、有变的心，即世间心理学所关注的一切心理样式，如知、情、意等，都是有害的、虚妄的、负面的心。有这些心，人必苦无疑。可以说，它们是人不幸的根源。他说：“人之有生，无不由妄，而舍妄亦无所谓真。”[②]烦恼有无第一因？他的回答是“生无自。”因为烦恼源于最初一念无明之动。动又从哪里来？“假即第一生期此即唯是心动，更无他因，虽依因果说，不觉为因，动为其果，动复为因，生为其果，而实不觉即动，动即是生，更无差别，故曰生无自。”[③]

苦乐既是心理样式，又是诸多心理样式所伴随的感受。章太炎依佛教和当时的科学对之做了分析，认为凡苦有三，即怨憎会、求不得、爱别离。乐则相反。从感受的角度说，苦有两种，即身的苦受和心的苦受；乐也有两种，即身的乐受和心的乐受。“乐事现前，暝瞒耽溺，若忘余事，是为乐受。喜受是指，乐事未来，预为掉动，乐事已去，追为顾恋。”[④]苦乐的进化规律是①世界愈进，相杀相伤之事渐少，而阴阳排挤之事亦多，彼时怨憎会苦，惟在忧受，不在苦受[⑤]；②卫生愈善，无少毁伤，其感受乐则愈久，其感苦亦愈久[⑥]；③思想愈精，利害较著，其思未来之乐愈审，其虑未来之苦亦愈审[⑦]；④资具愈多，悉为已有，其得乐之处愈广，其得苦之处亦愈广[⑧]；⑤好尚愈高，执著不舍，其器所引之乐愈

① 章太炎：《太炎文录初编》，《章太炎全集（七）》，上海人民出版社 2014 年版，第 447 页。
② 章太炎：《医论集》，《章太炎全集（四）》，上海人民出版社 2014 年版，第 7 页。
③ 章太炎：《齐物论释》，《章太炎全集（五）》，上海人民出版社 2014 年版，第 59-60 页。
④ 章太炎：《太炎文录初编》，《章太炎全集（七）》，上海人民出版社 2014 年版，第 411 页。
⑤ 章太炎：《太炎文录初编》，《章太炎全集（七）》，上海人民出版社 2014 年版，第 411 页。
⑥ 章太炎：《太炎文录初编》，《章太炎全集（七）》，上海人民出版社 2014 年版，第 411 页。
⑦ 章太炎：《太炎文录初编》，《章太炎全集（七）》，上海人民出版社 2014 年版，第 412 页。
⑧ 章太炎：《太炎文录初编》，《章太炎全集（七）》，上海人民出版社 2014 年版，第 412 页。

深，其器所引之苦亦愈深[①]；⑥夭殇愈少，各保上龄，其受乐之时愈永，其受苦之时亦愈永[②]。

苦乐还有这样的规律，即世间的乐总伴随着苦。只有超越，才有真正的纯乐、无漏之乐。苦乐相随还说明，世间的乐、福不是真乐、真福。人身不过是苦之聚积。苦无疑是苦，乐再多，只要有苦，也乐不起来。“如存百千乐，不如丧一子苦。夫尽世间之上妙乐具，无益于我秋毫，而只足以填苦壑，则人生之为苦聚可知。”福也是这样，本身有苦乐二相，即既与苦又与乐，“是故福二相，二相故无常，是以应舍。然则若苦若乐，终之为苦一也”[③]。在日常生活中，人有时也能感受到快乐，章太炎认为，这是世间的有漏之乐，必伴有痛苦烦恼。他还在批判地接受进化论思想的基础上，对这种乐与苦的关系做了分析。他认为，进化非由一方直进，必由双方并进，如智与识、道德的善与恶、乐与苦都“双方并进，如影之随形”[④]。基于此，章先生提出了“俱分进化论”[⑤]。再如，富贵之人所得的乐尽管多，但其苦也俱进，例如，“易箦（更换床席，指人将死）告终，其苦必甚于贫子；贫子之死，其苦必甚于牛马”[⑥]。

在讨论圣人的理想人格时，章太炎注意到，过去诸家都提出过自己的理想模式，也产生了他们所崇尚的圣人。尽管他们有自贵其心的特点，但章太炎十分鄙视儒家的思想，而推崇佛道。他说：儒家诸派诸人“虽虚实不同，拘通异状，而自贵其心，不以鬼神为奥主”[⑦]。以宋明诸儒为例，他们“不知藏识当舍，而反以为当知我在，以为生生非幻妄……迷失道者也”，另外，他们还不知“藏识非我，由意根执之为我……命自我立、自为主宰”等的道理。[⑧]章太炎鄙视、否定儒家以狂狷为特征的理想人格说。他说：“夫狂狷有伪，于今则宁予乡原矣。”[⑨]乡原，亦作乡愿，今多作“伪君子”解，意为言行不一、伪善欺世之人。《论语·阳货》

---

① 章太炎：《太炎文录初编》，《章太炎全集（七）》，上海人民出版社 2014 年版，第 412 页。
② 章太炎：《太炎文录初编》，《章太炎全集（七）》，上海人民出版社 2014 年版，第 413 页。
③ 章太炎：《太炎文录初编》，《章太炎全集（七）》，上海人民出版社 2014 年版，第 464 页。
④ 章太炎：《太炎文录初编》，《章太炎全集（七）》，上海人民出版社 2014 年版，第 405 页。
⑤ 章太炎：《太炎文录初编》，《章太炎全集（七）》，上海人民出版社 2014 年版，第 405 页。
⑥ 章太炎：《太炎文录初编》，《章太炎全集（七）》，上海人民出版社 2014 年版，第 408 页。
⑦ 章太炎：《太炎文录初编》，《章太炎全集（七）》，上海人民出版社 2014 年版，第 386 页。
⑧ 章太炎：《太炎文录续编》，《章太炎全集（八）》，上海人民出版社 2014 年版，第 111 页。
⑨ 章太炎：《太炎文录初编》，《章太炎全集（七）》，上海人民出版社 2014 年版，第 130 页。

云："乡原，德之贼也。""狂狷"本身说得不错，它强调的是"不求其名，故不崇伪；不歆其得，故不燿世"①。但现实中，一般人不仅做不到，反倒"反其是"。例如，"自唐以降之狂狷者，自辞章夸诞至……反（应为'及'）纠察之，流于声色，黩贷无厌，内不慈于亲戚……外则卖朋友，其为狂者，不以为誉，即以为权藉也"②。有的人"其形能似狷，性乃至庳，然往往章闻于世"③。"程、杨、李、朱者，可谓乡原之秀，中行则未也。"④总之，章太炎看不起中国的圣人，尤其视儒家圣人的狂狷人格为欺诈、伪君子、"乡原"，而崇印度的有识之士，特别是佛陀。他说："观其搤腕咋齿，辞气慷慨，诚印度有心之士哉。"⑤"佛教行于中国，宗派十数，独禅宗为盛者，即以贵其心，不援鬼神，与中国心理相合。"⑥换言之，诸派都"自贵其心，不依他力，其术可用于艰难危急之时"⑦。

在说明自己所追求的圣人人格时，章太炎首先依据《说文解字》对"圣"做了这样的解释："圣，通也。""故昭朗万形，不滞一隅者，谓之圣人，亦犹今言通人而已。"⑧"通"尽管主要表现为圣人心境上通达等特点，但无疑也具有"昭朗万形"的特点。根据他的看法，圣人之知在于"藉于物而知"。他说："夫不藉物而知，谓之鬼神……藉于物而知，谓之圣人。若上中仁智以下，虽藉物犹不知也……抟精壹思，不足以旁通，至于圣人则具矣。"⑨当然，有的圣人也可不借物而知，例如，尧等"圣人以上知千世，下知千世"⑩。他对圣人特别是其心理结构的剖析主要体现在他依佛教的解读框架对《庄子·齐物论》所做的解读之中。他重读庄子的目的在于：正本清源，还其本来面目。在他看来，对该篇过去未曾有到位解读，尽管解释众多，很多出自大家之手，但真会其旨的不多，充

---

① 章太炎：《太炎文录初编》，《章太炎全集（七）》，上海人民出版社2014年版，第130页。
② 章太炎：《太炎文录初编》，《章太炎全集（七）》，上海人民出版社2014年版，第130页。
③ 章太炎：《太炎文录初编》，《章太炎全集（七）》，上海人民出版社2014年版，第130页。
④ 章太炎：《太炎文录初编》，《章太炎全集（七）》，上海人民出版社2014年版，第132页。
⑤ 章太炎：《太炎文录初编》，《章太炎全集（七）》，上海人民出版社2014年版，第373页。
⑥ 章太炎：《太炎文录初编》，《章太炎全集（七）》，上海人民出版社2014年版，第386页。
⑦ 章太炎：《太炎文录初编》，《章太炎全集（七）》，上海人民出版社2014年版，第387页。
⑧ 章太炎：《訄书（重刻本）》，《章太炎全集（三）》，上海人民出版社2014年版，第162页。
⑨ 章太炎：《訄书（重刻本）》，《章太炎全集（三）》，上海人民出版社2014年版，第34页。
⑩ 章太炎：《訄书（重刻本）》，《章太炎全集（三）》，上海人民出版社2014年版，第35页。

其量只“见其一隅”[①]。章太炎认为自己的解读“寻绎微旨，阡陌始通，宝藏无尽，以诒后生也”[②]。其根据法相唯识宗做了新的解读，他说：“齐物者，一往平等之谈，详其实义，非独等视有情，无所优劣，盖离言说相，离名字相，离心缘相，毕竟平等，乃合《齐物》之义。”[③]《齐物论》也有自己的圣人、圣心观。它崇尚的圣人人格是“内知其违，而外还顺世。”[④]凡夫在认识世界时争论可分与不可分、某物是有是无，这些看法都是“人之迷”。圣人的特点如老子所说，即常无又常有：常无，欲以观其妙；常有，欲有观其缴。“此之谓两行也。”[⑤]东西方追求的圣人人格有异有同。具言之，真心相同，但分理有异。有的人说“东西圣人心理不异”[⑥]，这其实不完全对，“不悟真心固同，生灭心中所起事相，分理有异，言语亦殊”[⑦]。“人各自主之谓王，智无留碍然后圣”[⑧]，成圣即远离生死轮回。这是不难做到的，只要一念不生，心念不起不动，即可。“齐物者以百姓心为心，故究极在此，而乐行在彼。”[⑨]另外，圣人颠倒习气皆尽。

要完成心理转化、转凡成圣，只需研究佛果及其得到的心理过程就能找到答案。章太炎说：“谓依六识现量，证得八识自体，次依八识现量，证得菴摩罗识自体，以一念相应，慧无明顿尽于色究竟处，示一切世间最高大身也。”[⑩]庄子有近似的思想，他说：“以其知得其心，以其心得其常心。”[⑪]只要一步步地无化，如七日外物，九日外生，次乃朝彻，次乃见独，次乃入于不生不死，最终能够完成心灵转化。[⑫]根据章太炎基于对佛教和庄子等的研究所得出的结论，人的解脱过程其实是心的转化、解脱过程。首先是六识等妄心的灭除，其次是阿赖耶识的灭除，最后有菴摩罗识的显现。人不攀缘，六识无对境，便不会发生识和别的妄心。当然，不发生不意味着它们灭除了。章太炎说：“心虽不起，而

---

① 章太炎：《齐物论释定本》，《章太炎全集（五）》，上海人民出版社 2014 年版，第 143 页。
② 章太炎：《齐物论释定本》，《章太炎全集（五）》，上海人民出版社 2014 年版，第 143 页。
③ 章太炎：《齐物论释》，《章太炎全集（五）》，上海人民出版社 2014 年版，第 5 页。
④ 章太炎：《齐物论释定本》，《章太炎全集（五）》，上海人民出版社 2014 年版，第 143 页。
⑤ 章太炎：《齐物论释》，《章太炎全集（五）》，上海人民出版社 2014 年版，第 27 页。
⑥ 章太炎：《齐物论释》，《章太炎全集（五）》，上海人民出版社 2014 年版，第 34 页。
⑦ 章太炎：《齐物论释》，《章太炎全集（五）》，上海人民出版社 2014 年版，第 34 页。
⑧ 章太炎：《齐物论释》，《章太炎全集（五）》，上海人民出版社 2014 年版，第 66 页。
⑨ 章太炎：《齐物论释》，《章太炎全集（五）》，上海人民出版社 2014 年版，第 66 页。
⑩ 章太炎：《齐物论释定本》，《章太炎全集（五）》，上海人民出版社 2014 年版，第 140 页。
⑪《庄子·德充符》。
⑫ 章太炎：《齐物论释定本》，《章太炎全集（五）》，上海人民出版社 2014 年版，第 140 页。

心非无。”[①]因为其后的种子识还在。只有伏断阿赖耶识，才会无诸妄心。“诸漏既尽，证得二空（人法）。是时种子既断，此识复何所在？是故为说菴摩罗识。”[②]此识可意译为无垢，指的是阿赖耶识永离尘垢，但它有有的一面。就像手握拳，此有能握、所握，一旦解拳，能所俱消，“而此手力，非不能握，菴摩罗识无所执持，亦复如是。由此故知，明了识性，无时断绝，解此数事，则此心为必有，而宇宙为非有”[③]。

圣人的心境特点是心性离。在这方面，《庄子》有同佛教一样的见解，例如，《大乘起信论》云：“若心起见，则有不见之相，心性离见，即是遍照法界义故。”《庄子·大宗师》云：“有真人而后有真知。”“此为离绝相见对待之境，乃是真自证尔。”[④]

总之，人只要归敬真心或圆成实性，即万事大吉。他说：“真如即是惟识实性，所谓圆成实也。而此圆成实者，太冲无象，欲求趋入，不得不赖依他。逮其证得圆成，则依他亦自除遣。故今所归敬者，在圆成实自性，非依他起自性。”[⑤]

三、梁启超：养心之学与治心的系统工程

梁启超，中国近现代著名的思想家、哲学家，戊戌变法（百日维新）的领袖之一，新法家代表人物。曾师从康有为，成为资产阶级改良派的宣传家。论著颇丰，其结集除《饮冰室合集》之外还有《梁启超全集》。梁启超为学的特点在于：追求变、进步。这一点相反于康有为。康有为认为自己的思想至 30 岁已完成，以后就“不必求进”了。而梁启超却说：“常自觉其学未成，且忧其不成，数十年日在旁皇求索中”，因此其学“未能论定”。[⑥]另一特点是，“学问欲”极炽，所嗜之种类亦繁杂。[⑦]梁启超自认为，他还有喜欢颠覆、解构的特点。他说“启超之在思想界，其破坏力确不少”，主张“将世界学说为无限制的尽量输入”。[⑧]

---

① 章太炎：《太炎文录初编》，《章太炎全集（七）》，上海人民出版社 2014 年版，第 435 页。
② 章太炎：《太炎文录初编》，《章太炎全集（七）》，上海人民出版社 2014 年版，第 435 页。
③ 章太炎：《太炎文录初编》，《章太炎全集（七）》，上海人民出版社 2014 年版，第 436 页。
④ 章太炎：《齐物论释》，《章太炎全集（五）》，上海人民出版社 2014 年版，第 54 页。
⑤ 章太炎：《太炎文录初编》，《章太炎全集（七）》，上海人民出版社 2014 年版，第 436 页。
⑥ 梁启超：《欧影游心录》，《梁启超全集（第十卷）》，北京出版社 1999 年版，第 3102 页。
⑦ 梁启超：《欧影游心录》，《梁启超全集（第十卷）》，北京出版社 1999 年版，第 3102 页。
⑧ 梁启超：《欧影游心录》，《梁启超全集（第十卷）》，北京出版社 1999 年版，第 3101 页。

梁启超堪称中国的百科全书式人物。在所治的诸学问之中，心性之学、养心之学是他着力不小且成果突出的一个领域。他强调：“治心治身本原之学。”[①]这是先民诏我的学问。它们对于人们提升自己，“修养以成伟大之人格”，是有用的，因此可作为每个人的座右铭。[②]他不仅自己对之做理论的探讨和实践的提炼，而且号召年轻人要专注于操练心境的学问，认为这类学问与体育课中的操练身体一样，是有用的。[③]当然，他也认识到，治心是最难的事情，只有将其作为系统工程才会见成效。他强调：治心如治国一样，是系统工程，致良知、克治、省察缺一不可，如良知像宪法，是万事之标准；存养工夫像官吏与人民各尽其义；省察工夫像警察，碰到违规者，及时加以纠正；克治工夫，则刑事也，警察发现了违法行为后，要靠克治工夫来惩治。“知此义也，可以清心。”[④]

他的养心之学，实即圣心“理”学，亦即往圣所倡导的圣学。当然，他致力于建构的圣学是以佛教圣学为主而融合了儒道的圣学。他像王阳明一样感叹道：“圣人之学，日远日晦。”[⑤]其表现是，人们的功利之心猖獗。他说：“盖至于今，功利之毒，渝浃于人之心髓。”[⑥]他关于圣学的这一现状的感叹十分类似于宋儒对前此“圣学不传”的现实的感受。另一相同之处在于：梁启超也有传续、发扬圣学的志愿。就内容而言，他所热心的养心之学或圣学旨在揭示圣人的心理特点、成圣的心理机理（圣心理学）和成圣的具体心理操作，因此是名副其实的圣心“理”学。[⑦]作为一位有哲学头脑、有深厚的形而上学素养的思想家，他更关心的是这里的“理”。

揭示圣人的心“理”学，既可从心理探讨入手，又可基于对往圣的个案研究。他之所以重视后一研究，是因为他有这样的现象学发现，即每个人都有两个世界：一个是大家共居的世界；另一个是每个人由于有自己特殊的立场、观点和感受结构，因此经主客相互作用所形成的世界。它一定不同于别人用同样的方式所形成的世界，因为每个人的世界都是一种有函数性质的东西，只要形成它的任一变量

---

① 梁启超：《开明专制论》，《梁启超全集（第五卷）》，北京出版社 1999 年版，第 1488 页。
② 梁启超：《开明专制论》，《梁启超全集（第五卷）》，北京出版社 1999 年版，第 1488 页。
③ 梁启超：《欧影游心录》，《梁启超全集（第十卷）》，北京出版社 1999 年版，第 3111 页。
④ 梁启超：《开明专制论》，《梁启超全集（第五卷）》，北京出版社 1999 年版，第 1529 页。
⑤ 梁启超：《开明专制论》，《梁启超全集（第五卷）》，北京出版社 1999 年版，第 1490 页。
⑥ 梁启超：《开明专制论》，《梁启超全集（第五卷）》，北京出版社 1999 年版，第 1490 页。
⑦ 梁启超：《开明专制论》，《梁启超全集（第五卷）》，北京出版社 1999 年版，第 1490 页。

稍有变化或不同，所成的世界便自然不同。就像同一本书，有不同志趣和知识结构的人（如考据家、辞章家、经世家等）读起来，所成的意义世界大相径庭一样。圣人也是这样，也有他自己独特的世界。剖析圣人就是弄清这个世界，特别是作为其根本构成的心理。

循着这样的思路，他曾花大力气剖析过儒释道中的圣人思想。通过对孔子的思想的剖析他得到的关于圣人的理是“孔子的人格，在平淡无奇中现出他的伟大。”[①]孔子的人格特点是把知、情、意三方面调和得极为圆满，他的调和方法，确是可模可范。圆满的表现是在知、仁、勇三方面都达到了极致，进而有这样的妙用：“知者不惑，仁者无忧，勇者不惧。”[②]

根据一般的圣心理剖析，圣人好像是无欲或少欲的，而梁启超的看法不同。在《无欲与多欲》一文中，他说：“吾以为世俗之所谓无欲者，未必无欲；所谓多欲者，未必多欲。要而论之，则欲之有无多少，惟视其所欲之性质与种类何如耳。”欲的种类很多，如大欲与小欲、高欲与卑欲、清欲与浊欲等。所谓无欲，只是说，无世欲、小欲、卑欲，或以大克小、以高克下、以清克欲，这是圣人的欲望的特点。孟子云：“养心莫善于寡欲。”[③]这里的寡欲应理解为寡小欲、浊欲。在特定意义上，也可说圣人多欲。例如，荀子曾说过：“凡人所欲多，其可用必多。”[④]圣人要干成一番大事业，必须有多欲。梁启超说：“物质上之欲，惟患其多；精神上之欲，惟患其少。”[⑤]例如，释迦牟尼佛之所以舍太子之贵而苦行六年，哥伦布之所以抛里井而投身遥海，“惟有欲之故”[⑥]。圣人之所以为圣人，是因为他有特定意义上的多欲，例如，孔子说：“我欲仁，斯仁至矣。”[⑦]就此而言，孔子是“天下之多欲而大欲者”[⑧]，其他圣贤豪杰莫不如此。

圣人也有悔的心理特点。梁启超说：“悔也者，殆非大贤豪杰之所当有乎？虽然，佛教曰忏悔，耶教曰悔过，孔子曰过则勿惮改，凡古之大宗教教育之主旨，

① 梁启超：《墨子学案》，《梁启超全集（第十一卷）》，北京出版社 1999 年版，第 3152 页。
② 梁启超：《墨子学案》，《梁启超全集（第十一卷）》，北京出版社 1999 年版，第 3152 页。
③ 梁启超：《瓜分危言》，《梁启超全集（第二卷）》，北京出版社 1999 年版，第 377 页。
④ 转引自梁启超：《瓜分危言》，《梁启超全集（第二卷）》，北京出版社 1999 年版，第 377 页。
⑤ 梁启超：《瓜分危言》，《梁启超全集（第二卷）》，北京出版社 1999 年版，第 377 页。
⑥ 梁启超：《瓜分危言》，《梁启超全集（第二卷）》，北京出版社 1999 年版，第 377 页。
⑦《论语·述而》。
⑧ 梁启超：《瓜分危言》，《梁启超全集（第二卷）》，北京出版社 1999 年版，第 377 页。

无不提倡此义，以为立身进德不二法门。”[①]圣人为何要有悔的一维？道理在于：“吝者凶之原，而悔者吉之本。”[②]为什么是这样呢？因为人一方面有根本无明之种子；另一方面又不断将染污种子熏习于八识之中，“彼此相熏，日习日深，虽有善根，而常为恶根所胜，不克伸长，不克成熟。于是欲乎进德者不可不以战胜旧习为第一段工夫”，是故欲为圣必以悔为本，或“非悔莫由。悔也者，进步之原动力也”。[③]有悔，才可能有圣人这样的气概：“其心地何等磊落，其气象何等俊伟，百世之下，如见其精神矣。”[④]可见，他在这里从对悔这一心理个例的层层分析，进到了深层的无意识心理世界，让我们看到了它的内在秘密与运作过程及机制，具有重要的求真性心灵哲学意义。

怎样进行悔的心理操作呢？“有二途，一曰自内，二曰自外。自内发者非大智慧不能……自外生者，或读书而感动焉，或阅事而感动焉，或听哲人之说法而感动焉，或闻朋友之规谏而感动焉。要之当其悔也，惶皇然凛然有今是昨非之想，往往中夜矍省，汗流浃背，自觉其前者所为，不可立于天地。”[⑤]

圣人当然是充满美好希望的人。梁启超说：“希望者，失意人之第二灵魂也。”“有希望则虽失意亦得意，希望愈远大者，无人而不自得也。”[⑥]

在心物的应然关系问题上，人不能为物之奴隶，即不能让心为物役，而应相反，努力做到心能使物，换言之，不能为物所转，只能转物。梁启超说：“人莫患为他人之奴隶，尤莫患为自己之奴隶，为人奴隶，犹可解脱，为己奴隶，则永无解脱之时。所谓为己奴隶，心为形役是也。故吾常言心为形役者，奴隶之魁而最可哀怜者也。”[⑦]圣人即心能役物的典范。

圣人是利己与利他兼顾的人。梁启超通过讨论加藤博士的有关观点阐述了自己的看法。加藤是日本的文学家，他基于进化论提出：应以爱己心为道德法律之准绳。梁启超认为，人不能绝对否定利己心。因为没有利己心，就没有利他心。

---

① 梁启超：《瓜分危言》，《梁启超全集（第二卷）》，北京出版社1999年版，第377页。
② 梁启超：《瓜分危言》，《梁启超全集（第二卷）》，北京出版社1999年版，第377页。
③ 梁启超：《瓜分危言》，《梁启超全集（第二卷）》，北京出版社1999年版，第377页。
④ 梁启超：《瓜分危言》，《梁启超全集（第二卷）》，北京出版社1999年版，第378页。
⑤ 梁启超：《瓜分危言》，《梁启超全集（第二卷）》，北京出版社1999年版，第378页。
⑥ 梁启超：《瓜分危言》，《梁启超全集（第二卷）》，北京出版社1999年版，第378页。
⑦ 梁启超：《瓜分危言》，《梁启超全集（第二卷）》，北京出版社1999年版，第379页。

同理，自己没有办法解放自己，也无力解放他人。[①]加藤认为，要解决这里的问题，必须将眼光从局限于人类放至人类之外。他说："研究人类身心之现象，皆不可不并下等动物而研究之……今日论利己利人两也，亦不得不推本如是。"[②]意为要解决这里的问题，必须进至其后具有根本性的形而上学问题之中。根据加藤的探讨，人之外的动物固然只有利己心，但不妄害他物。此可看作是"利他心之发端"。随着进化，人类的利他心不断发展壮大，于是便有两心并存。从依存关系来说，"利他心不过为利己心一变体"[③]。因为人不利他，不可能有自己的长久存在，因此不能真正利己。人类的利己心有两种：一是唯物的，即利他之后自己得到了物质上的回报；二是唯心的，即利他之后得到了心灵的愉悦。此两种心表面利他，实则利己。[④]有一种利他心表面上非由利己心所出，例如，于其所亲爱之人（父母、兄弟等），视之每如与己之同体，相互视其幸福，而忧其灾害，"以寻常论之，此可谓利他心，全非由利己心而出者也"[⑤]，但其实，它仍根源于利己心，因为"其利他也，毕竟自为心上之利益谋也。然此等心在本人，亦并不见其利己计者。故以意识论，可谓之利他，以本源论，实仍为利己也"[⑥]。心灵的快乐也属于利己心。"夫利益之高等者，不在躯壳之乐而在心魂之乐，故此种心，实利己心中之最高尚最优美者也。"[⑦]再如，普度众生、教化众生其实也源于利己心，因为做好事，可以让自己得大快乐。加藤说："此实普渡众之妙法门也。然溯其本源，乃不出于利己心之外，苟无利己之心，则虽圣贤，亦无从施其教也。"[⑧]

梁启超对加藤以上观点既有肯定，又认为有不合理之处。例如，他只把利他心看作是利己心的附庸，而没有看到利他心本身的原初性（即人性的本质构成），且这样的看法也不适用于中国。梁启超又认为，"加藤之意，则亦有在焉"，例如强调要真利己，必请求于自利之外，"利己不可不先利他"。[⑨]苟能如此，将

---

① 梁启超：《瓜分危言》，《梁启超全集（第二卷）》，北京出版社1999年版，第387页。
② 梁启超：《瓜分危言》，《梁启超全集（第二卷）》，北京出版社1999年版，第389页。
③ 梁启超：《瓜分危言》，《梁启超全集（第二卷）》，北京出版社1999年版，第389页。
④ 梁启超：《瓜分危言》，《梁启超全集（第二卷）》，北京出版社1999年版，第389页。
⑤ 梁启超：《瓜分危言》，《梁启超全集（第二卷）》，北京出版社1999年版，第389页。
⑥ 梁启超：《瓜分危言》，《梁启超全集（第二卷）》，北京出版社1999年版，第389-390页。
⑦ 梁启超：《瓜分危言》，《梁启超全集（第二卷）》，北京出版社1999年版，第390页。
⑧ 梁启超：《瓜分危言》，《梁启超全集（第二卷）》，北京出版社1999年版，第390页。
⑨ 梁启超：《瓜分危言》，《梁启超全集（第二卷）》，北京出版社1999年版，第390页。

其“扩充而广大之，则始视一家所亲为一体者，浸假而视一乡为一体矣，浸假而视一国为一体可焉，浸假而视天下为一体焉可矣”[①]。见别人有苦乐，而自己生苦乐，这与《维摩诘经》倡导的众生病是我病有一致之处。[②]

与以上内容密切相关，圣人坚持自度与度他或度人的统一，因为度己是度人的前提条件。自己都度不了，怎有条件度他人？梁启超说：“不能自度而言度人，正恐人未度，而己先陷溺。另外，他人没有度脱、解放，自己是过不上好日子的，不可能有真正的解放。”[③]

与宗教、心灵哲学的经典问题——灵魂不朽——密切相关的是圣心是否可朽的问题。在这里，梁启超表达了关于灵魂本质及是否可朽的一般思想。他承认，这首先是宗教所热心的论题，他说：“宗教之所以异于哲学，以其言灵魂也。知灵魂，则其希望长，而无或易召失望以至堕落。”[④]在诸教中，佛教的灵魂理论最完备。为了回答这里的问题，梁启超依据当时刚传播进来的进化论、生理学等知识和佛教的有关思想，做了极富创新意义、猜测色彩的探讨。他说，他写《余之生死观》一文的宗旨是“与君研究‘死学’”，即今日所说的死亡学、死亡哲学。根据他的研究，人的生命有两方面：一方面是必死，因为它“终不能免”；但另一方面，又有不死性，如圣哲、豪杰乃至不肖之人，都“有其不死者存”。他看到：灵魂之有无及其状态，一直是“数千年学界一大问题，辩争剧激烈”[⑤]。尽管有争论，但有一点是共同的，即都承认，人在死时，人身上有死去、消失的东西，也有“不死之物”。有的人把这不死之物称作灵魂。梁启超也承认有不死之物，但不主张用“灵魂”一词，而愿用“精神”来表示，认为只要对精神做出必要的界说和阐明，就能将死亡学建构起来。[⑥]

梁启超在借鉴佛教思想的基础上做了自己的论证与发挥。众所周知，佛教不赞成外道所说的作为轮回主体的不变的实体性的神我。由于外道有时把它称作灵魂，故佛教不用“灵魂”一词。但佛教认为人的心身尽管有生生灭灭的一面，有

① 梁启超：《瓜分危言》，《梁启超全集（第二卷）》，北京出版社 1999 年版，第 390 页。
② 梁启超：《瓜分危言》，《梁启超全集（第二卷）》，北京出版社 1999 年版，第 390 页。
③ 梁启超：《开明专制论》，《梁启超全集（第五卷）》，北京出版社 1999 年版，第 1494 页。
④ 梁启超：《新大陆游记》，《梁启超全集（第四卷）》，北京出版社 1999 年版，第 908 页。
⑤ 梁启超：《开明专制论》，《梁启超全集（第五卷）》，北京出版社 1999 年版，第 1369 页。
⑥ 梁启超：《开明专制论》，《梁启超全集（第五卷）》，北京出版社 1999 年版，第 1369 页。

死亡，但又有不死性，这是《楞严经》详细阐述过的思想，如佛说："我今示汝不生灭性。"[①]这不生灭性不是实体性的东西，而是有其特定所指：一是真心或真如，二是羯磨或业力。它像流水、灯光一样既间断，又连续。梁启超说：生灭的心身中"有一物"，它"因果连续一能生他，他复生一前波后波，相续不断，而此一物，名曰羯磨"[②]。佛教对此的证明有很多，例如，不同时间的人看恒河之所以能把它看作同一个恒河，是因为人身之内有一个具有同一性的东西。此外，不同时间的同一个人，如小时候和老年时期的波斯匿王，之所以知道自己是一个人，也是根源于自己内部有不变的主体，此即羯磨。梁启超说："羯磨为物，殆如然电灯者，电虽消去，而其遗渍……铢黍不爽。"[③]人当下的心身、行为尽管"乍起即灭，若无所留，而其性格，常住不灭，因果相续，为我一身及我同类将来生活一切基础"[④]。人之所以有连续性，"皆缘羯磨相习相熏组织而成。是故今日我一辈一举一动，一言一话，一感一想，而其影像，直刻入此羯磨总之中，永不消灭，将来我身及我同类受其影响，而食其报"[⑤]。尽管有不死性，但人身在死时，肯定有许多东西随之而逝。例如，人身中的许多物质性的东西就是如此。梁启超说："人之肉身所含原质，一死之后，还归四大"，根据生物、生理学的"血轮肌体循环代谢之理"，结论也是这样。[⑥]但人的行为所造的业、所留下的东西会遵循能量守恒的原理继续存留，因为"凡造一业，必食其报，无所逃避"，就像"人食物品，品中土性、盐质，除秽泄外，而其余精，遍灌心管"一样。[⑦]他认为，这些思想也"与今日进化论者流之说，若合符契也"[⑧]。他根据当时的遗传学、进化论强调："一人之身，常有物焉，乃祖父之所有，而托生于其身，盖自受生得形以来，递嬗迤转，以至于今，未尝有死。"[⑨]形象地说，人死时，有很多东西死掉了，但肯定有不死的东西会传递下去，如父子之间的相似性、种族

①《楞严经》卷2。
② 梁启超：《开明专制论》，《梁启超全集（第五卷）》，北京出版社1999年版，第1369页。
③ 梁启超：《开明专制论》，《梁启超全集（第五卷）》，北京出版社1999年版，第1370页。
④ 梁启超：《开明专制论》，《梁启超全集（第五卷）》，北京出版社1999年版，第1370页。
⑤ 梁启超：《开明专制论》，《梁启超全集（第五卷）》，北京出版社1999年版，第1370页。
⑥ 梁启超：《开明专制论》，《梁启超全集（第五卷）》，北京出版社1999年版，第1370页。
⑦ 梁启超：《开明专制论》，《梁启超全集（第五卷）》，北京出版社1999年版，第1370页。
⑧ 梁启超：《开明专制论》，《梁启超全集（第五卷）》，北京出版社1999年版，第1370页。
⑨ 梁启超：《开明专制论》，《梁启超全集（第五卷）》，北京出版社1999年版，第1370页。

和种群的相似性，只有承认有不死的东西在遗传，才能予以合理的解释。他说：“族类自无始以来以迄今日生存竞争之总结果，质而言之，是即既往无量岁月种种境遇、种种行为累积结集全量所构也。”①另外，社会心理、国民心理之所以代代相传、发展，也是因为其内有不死的东西作为后来发展的基础。梁启超说，这种发展根源于“前此全国全社会既死之人，以不死者贻诸子孙也”②。

总之，佛教的思想和进化论尽管在很多方面“结论之相反亦甚”，但“佛说之羯磨，进化论之遗传性，吾皆欲名之曰精神，今吾将据此以沟合群哲微言，以纵论死义”。③根据梁启超的解读，儒家尽管不承认灵魂，但承认有魂魄，承认死后有不死者存，如家族之相似性、名誉之遗传等，正所谓“积善之家必有余庆，积不善之家必有余殃”④。“吾辈皆死，吾辈皆不死。死者，吾辈之个体也；不死者，吾辈之群体也。”⑤换言之，死是个体的我，它刹那生灭，而通过遗传在个体间传递的群体性的我则不死。“若夫至今岿然不死者，我也，历千百年乃至千百劫而终不死者，我也。何以欲？我有群体故。”⑥

从价值上说，相信人有不生灭性，不仅有群哲之思想作为根据，而且对人们的事业和生活质量大有裨益，许多人之所以悲观、幸福不起来，主要原因之一是“惜于死而不死之理”未通达，“故以为吾之事业、之幸福限于此渺小之七尺，与区区数十寒署而已”。⑦看不到人的不死性，所享受的充其量只有声色口腹之乐，而“其精神界有无量压制，无量束缚，无量忧疑，无量惭愧，无量恐怖，是安足之乐也”⑧？另外，许多人之所以畏死、谈死色变，也是因为不知死与不死的道理。凡夫众生之所以生活在水深火热之中，就是因为让不死的东西死了，即没有让它在生命中得到发明，发挥作用，此不死者即精神或心。其实，真正可死的是血肉之躯。因此人生的正确的有利态度是“宁死其可能者，而毋死其

① 梁启超：《开明专制论》，《梁启超全集（第五卷）》，北京出版社1999年版，第1370页。
② 梁启超：《开明专制论》，《梁启超全集（第五卷）》，北京出版社1999年版，第1370页。
③ 梁启超：《开明专制论》，《梁启超全集（第五卷）》，北京出版社1999年版，第1371页。
④ 梁启超：《开明专制论》，《梁启超全集（第五卷）》，北京出版社1999年版，第1371页。
⑤ 梁启超：《开明专制论》，《梁启超全集（第五卷）》，北京出版社1999年版，第1373页。
⑥ 梁启超：《开明专制论》，《梁启超全集（第五卷）》，北京出版社1999年版，第1373页。
⑦ 梁启超：《开明专制论》，《梁启超全集（第五卷）》，北京出版社1999年版，第1373-1374页。
⑧ 梁启超：《开明专制论》，《梁启超全集（第五卷）》，北京出版社1999年版，第1374页。

不可死者。死其不可死者，名曰心死。君子曰：哀莫大于心死。”[①]圣人之所以为圣人，就是因为通达了死与不死之理，同时死其可死、该死者，不死不死者，如不会让心死、精神死。

圣人心理最重要的一维是智慧，当然是一种特殊的智慧。因为智慧的种类多种多样。例如，科学的智慧在于能在别人熟视无睹的地方发现真理。梁启超说：“人谁不见苹果之坠地，而因以悟重力之原理者，惟有一奈端（牛顿）；人谁不见沸水之腾气，而因以悟汽机之作用者，惟有一瓦特……故学莫要于善观。善观者，观滴水而知大海，观一指而知全身，不以其所已知蔽其所未知，而常以其所已知推其所未知，是之谓慧观。”[②]圣人的智慧之所以特殊，是因为它是一种超越科学的以分别为特点的智慧的无分别智。

圣心的反面就是凡夫之心。研究凡心可以印证前面的结论。根据梁启超的研究，凡夫之所以为凡夫，是因为他拥有凡心；凡夫之所以生活在永远都不如意的状态之中，这是由凡心的好攀缘、向外驰求的特点所决定的。梁启超说：“凡人自有生以来，耳濡目染，动与一切外物作缘，以是营营逐逐，将全副精神都用在外。”[③]要想转凡成圣，摆脱苦难，其“下手工夫”首先必须让心发生根本性转变，即志求于道，而道即心，即内。“须知道不是外物，反求即是。”[④]如刘宗周所云：“所向在内，愈寻求，愈归宿，亦愈发皇。”[⑤]如果相反，“所向在外，愈寻求，愈决裂，亦愈消亡”[⑥]。

梁启超明确提出了“养心之学”的概念，并对其内容有自己的建构。其理论前提是“唯心无境”之说，根据这一理论，可引出养心之学的原理和方法。即有此理论，就“可以知所从事”。因为一切既然都是虚幻，都是由心造，那么它们本身就都绝无可乐、可喜、可忧、可悲的性质。例如，飞弹掠过身经百战的老将算什么？一箪食、一瓢饮，在陋巷，对于有道之士算什么？要想乐，照样能乐，而不会像凡夫那样不堪其忧。总之，“天下之境，无一非可乐、可忧、可惊、可

① 梁启超：《开明专制论》，《梁启超全集（第五卷）》，北京出版社 1999 年版，第 1375 页。
② 梁启超：《瓜分危言》，《梁启超全集（第二卷）》，北京出版社 1999 年版，第 362 页。
③ 梁启超：《开明专制论》，《梁启超全集（第五卷）》，北京出版社 1999 年版，第 1493 页。
④ 梁启超：《开明专制论》，《梁启超全集（第五卷）》，北京出版社 1999 年版，第 1493 页。
⑤ 转引自梁启超：《开明专制论》，《梁启超全集（第五卷）》，北京出版社 1999 年版，第 1493 页。
⑥ 转引自梁启超：《开明专制论》，《梁启超全集（第五卷）》，北京出版社 1999 年版，第 1493 页。

喜者，实无一可乐、可忧、可惊、可喜者。乐之、忧之、惊之、喜之，全在人心。所谓‘天下本无事，庸人之扰之’”[①]。如果为之所动，无异于“我为物役，亦名曰心中之奴隶”[②]。相反，“是以豪杰之士，无大惊，无大苦，无大乐，无大忧，无大惧。其所以能如此者，岂有他术哉？亦明三界唯心之真理而已，除心中之奴隶而已。苟知此义，则人人皆可以为豪杰”[③]，为圣人、尧舜。

怎样理解“唯心无境”呢？梁启超说：“境者心造也。一切物境皆虚幻，惟心所造之境为真实。”[④]人所面对、所知的境、物，或被认识到的、进入人的认知中的境物不是自在的存在，因此是虚幻的。但其在主客因素的相互作用下一经形成又是真实不虚的，因为它们的存在有不依人的意识而转移的一面。之所以说境物由人所造，是因为境物对人的显现、所引起的情感是不一样的。例如，以不同的人面前的月亮为例，有的人感到乐，有的人感到悲，有的人感到有兴致，有的人感到闷绝。再如，“口含黄连者所食物一切皆苦，口含蜜饴者所食物一切皆甜”[⑤]。总之，对事物的“分别不在物而在我，故曰三界惟心”，“吾之所见者，即吾所受之境之真实相也，故曰惟心所造之境为真实”。[⑥]

养心之学的任务还在于：揭示完成心灵转化的具体方法。为此，梁启超写了《好修》。“好修”原是屈原倡导的，指“于肉体之外，必更求精神上之愉快，乃可以为养”[⑦]。有两方面的修，即一修德，二修学。修德是指：“从宗教道德上，确有所体验，而自得之于已，则浩然正气，终身不哀，自能不能淫于富贵，不移于贫贱，此最上也。”[⑧]但由于一般人做不到这一点，因此应“修学以求自养”[⑨]。

如前所述，养心、治心是系统工程。要治心、治身，须多管齐下。根据梁启超的梳理，治心应抓如下关键。

---

① 梁启超：《瓜分危言》，《梁启超全集（第二卷）》，北京出版社1999年版，第362页。
② 梁启超：《瓜分危言》，《梁启超全集（第二卷）》，北京出版社1999年版，第362页。
③ 梁启超：《瓜分危言》，《梁启超全集（第二卷）》，北京出版社1999年版，第362页。
④ 梁启超：《瓜分危言》，《梁启超全集（第二卷）》，北京出版社1999年版，第362页。
⑤ 梁启超：《瓜分危言》，《梁启超全集（第二卷）》，北京出版社1999年版，第362页。
⑥ 梁启超：《瓜分危言》，《梁启超全集（第二卷）》，北京出版社1999年版，第362页。
⑦ 梁启超：《瓜分危言》，《梁启超全集（第二卷）》，北京出版社1999年版，第404页。
⑧ 梁启超：《瓜分危言》，《梁启超全集（第二卷）》，北京出版社1999年版，第404页。
⑨ 梁启超：《瓜分危言》，《梁启超全集（第二卷）》，北京出版社1999年版，第404页。

进道成圣，心术第一。因为只有据此，才有体用的开发。梁启超说：“术者何？心术之谓也，孟子称仁术。谓有是术然后体用乃有可言也。”[①]他引钱启新的话说：“圣门教人，无甚高远，只是要人不坏心术。狂狷是不坏心术者，乡原是全坏心术者。”“狂狷”即既有为（狂）又守节无为（狷），是儒家追求的理想人格。“乡原”指乡里中言行不一、伪善欺世之人。[②]

进道成圣，立志第二。梁启超说：“术既辨，吾之所以学者，为诚为伪，差足以自信矣。然而学或进或不进，或成或不成，则视其志之所以帅之者何如。述立志第二。”[③]人无大志，不足以成就大事业，然志于何物，或帅之者何如，也很重要。要去凡成圣，应立的大志是道，如《论语·述而》云：“志于道。”梁启超在抄录了过去贤圣关于立志必要性、方法等的论述之后总结说：“括其大要，一曰必立志，然后能自拔于流俗……日自鞭策，则驽骀十驾，亦必有至焉者矣。”“二日必立志，然后他事不足以相夺……三日必立志，然后进学无间断。人之大患，莫甚无恒。一念之明，浩然与圣贤同位。”[④]

知本第三。志立好之后，要做的是知入门处、下手处。因为“学焉不得其门，则苦其难而终无所入”[⑤]。这里最关键的是要知本，知天的道与理。只要用力久，便能“豁然贯通”，“众物之表里精粗无不到，而吾心之全体大用无不明矣”。[⑥]这里的知本，也可理解为知身心之学“以之为原”的东西。总之，“学道之不可以不知本，章章明甚矣”[⑦]。在这个问题上，梁启超特别注重王阳明的心学。他说：“惟王学为今日学界独一无二之良药。”“王子提出致良知为唯一之头脑，是千古学脉，超凡入圣不二法门。”[⑧]“致知而必加一良字者，所以指其本体。夫人心之灵，莫不有知，固也，但我辈受过去社会种种遗传性，及现在社会种种感化力，其知之昏谬……然苟肯返诸最初之一念，真是真非，

① 梁启超：《开明专制论》，《梁启超全集（第五卷）》，北京出版社1999年版，第1488页。
② 梁启超：《开明专制论》，《梁启超全集（第五卷）》，北京出版社1999年版，第1489页。
③ 梁启超：《开明专制论》，《梁启超全集（第五卷）》，北京出版社1999年版，第1494页。
④ 梁启超：《开明专制论》，《梁启超全集（第五卷）》，北京出版社1999年版，第1497-1498页。
⑤ 梁启超：《开明专制论》，《梁启超全集（第五卷）》，北京出版社1999年版，第1499页。
⑥ 梁启超：《开明专制论》，《梁启超全集（第五卷）》，北京出版社1999年版，第1499页。
⑦ 梁启超：《开明专制论》，《梁启超全集（第五卷）》，北京出版社1999年版，第1499页。
⑧ 梁启超：《开明专制论》，《梁启超全集（第五卷）》，北京出版社1999年版，第1450页。

未能不能知者。”[①]“一点灵明，即知之良者也。”[②]人人本有，只是内外环境的污染，让它沉埋心底，只要兢勤用功，就能让它重见天日。这里的关键是要有“致之之功”。“有良知而不肯从事于致之之功，是欺其良知也。”[③]致良知的方法很多，如慎独等。

存养第四。梁启超说：“良知之教，简易直接，一提便醒，固是不二法门……阳明以良知喻舟之有舵，最为确切。顾舵虽具而不持，则舟亦漂泊不知所届耳。修证之功有三，曰存养，曰省察，曰克治。三者一贯，而存养为之原。”[④]存养即善养人的浩然正气，或“养其所有”。其所有即良知、本心。存养有五要：①有存养之功，则常莹明，无之则昏暗；②有存养之功，则常强立，无之则软倒；③有存养之功，则常整暇，无之则纷扰；④有存养之功，则能虚受，无之则闭塞；⑤有存养之功，则常坚定，无之则动摇。例如，孟子之得力，在不动心，而其工夫，在养浩然正气。[⑤]当然，不动心很难做到，只有持久地开展“与心斗”的战争，才有可能降伏好动的心。与心斗的诀窍在于死守一观念，即佛家所说的守一不移，因为“中有主则实，实则外患不能入……夫意识之区域，苟有一种观念之占领，则他观念无从发生”[⑥]。要存养，静坐必不可少。“故先儒皆以此为方便法门。吾辈日缠缚于外境，此心憧扰，无一刻暇适，苟非有静坐以药之，则曰为躯壳之奴隶而已。”[⑦]梁启超于静坐也有自己的实践，常用的方法不是谭嗣同所实践的“断念法”，而是“提醒法”。他说：“苟能提醒，则我自作得主起，虽多念不妨。”[⑧]

省克第五。梁启超说：“存养者，积极的学问也；克治者，消极的学问也。克治与省察相缘，非省察无所施其克治，不克治又何取于省察。既能成养以立其大，其枝节则随时点检而改善之，则缉熙光明矣！”[⑨]存养之所以是积极的，是

① 梁启超：《开明专制论》，《梁启超全集（第五卷）》，北京出版社 1999 年版，第 1501 页。
② 梁启超：《开明专制论》，《梁启超全集（第五卷）》，北京出版社 1999 年版，第 1501 页。
③ 梁启超：《开明专制论》，《梁启超全集（第五卷）》，北京出版社 1999 年版，第 1506 页。
④ 梁启超：《开明专制论》，《梁启超全集（第五卷）》，北京出版社 1999 年版，第 1510-1511 页。
⑤ 梁启超：《开明专制论》，《梁启超全集（第五卷）》，北京出版社 1999 年版，第 1514-1515 页。
⑥ 梁启超：《开明专制论》，《梁启超全集（第五卷）》，北京出版社 1999 年版，第 1515 页。
⑦ 梁启超：《开明专制论》，《梁启超全集（第五卷）》，北京出版社 1999 年版，第 1518 页。
⑧ 梁启超：《开明专制论》，《梁启超全集（第五卷）》，北京出版社 1999 年版，第 1520 页。
⑨ 梁启超：《开明专制论》，《梁启超全集（第五卷）》，北京出版社 1999 年版，第 1524 页。

因为人性本善，因此工夫只在于扩充，而扩充即积极的涵养。但根据荀子，人性中也有恶的方面。既如此，就应矫正，而矫正即克省之厉，故消极。梁启超认为，积极和消极两法“皆是”，可并行不悖。[①]

应用第六。道学说得再好，不加以应用就不能谓之善，只有将所阐明的道德加以应用，才能谓之善。道理很简单，只说不做，不会有圣人出。故先圣一再告诫要有在事上的磨炼工夫。[②]而“道学之应用，全在有志之士，以身为教，因以养成一世之风尚，造出所谓时代的精神者”[③]。

梁启超对治心、养心之学的探讨，具有重要的求真性心灵哲学意义，这不仅表现在他对养心原理、治心方法的探索之中，还表现在对心的本质、奥秘的自觉探讨之中。例如，他对“道德”的论述触及了心之深层本质。根据他的看法，道德有其体和用。就其体而言，它在一切时空中都是相同的，都无变化，亦“不得变革”，是故他反对有的人依据进化论所主张的道德进化论。这种不动不变的道德即儒家所说的本心、良知，因此是根。人的行为、表层心理都由之所决定，如人做好事或做坏事，都出于这种道德。道德也有可变化的方面，这能变的是道德的用，即“节目事变”[④]。另外，梁启超所建立的心力观不仅回答了心为何有反作用、为何能作为原因存在和起作用，从而回答了心灵哲学的因果性难题，而且触及了对心的本体论地位和本质的回答。因为根据一般的原因论，有原因作用的东西一定有本体论地位。根据张克杰的解读和梳理，梁启超对心力的理解有四个层面：一是在心理意义上的心力，指情感的力量、精神的力量、信仰的力量；二是在本体论意义上的心力，表现为“心本论”；三是在道德哲学意义上的心力，指“意志力”；四是在历史哲学意义上的心力，指“共同业力”“民族意力”。[⑤]因此在梁启超看来，心不仅有自己的本体论地位，而且不是没有原因作用的附带现象。其作用不是外加的，不是因随附于物理性身体而有的，而是源自心本身，即心所固有的。这当然是一种天才的猜想，西方也有许多人在做这种

---

① 梁启超：《开明专制论》，《梁启超全集（第五卷）》，北京出版社 1999 年版，第 1525 页。
② 梁启超：《开明专制论》，《梁启超全集（第五卷）》，北京出版社 1999 年版，第 1534 页。
③ 梁启超：《开明专制论》，《梁启超全集（第五卷）》，北京出版社 1999 年版，第 1536 页。
④ 梁启超：《开明专制论》，《梁启超全集（第五卷）》，北京出版社 1999 年版，第 1487 页。
⑤ 张杰克：《梁启超的“心力”观及其哲学基础》，《中国石油大学学报（社会科学版）》2016 年第 2 期，第 79-85 页。

探讨，也有相近的猜测，这无疑需要经验科学的支持和验证。

第二节 梁漱溟和贺麟：“心当于生中求”与“新心学”

本节主要探讨梁漱溟和贺麟的价值性心灵哲学思想，兼及金岳霖的充满了十足的西方分析心灵哲学意味的思想。梁漱溟提出：心不可以形求，当于人生（语默动静）甚至社会交往中求。贺麟在心身合一论的基础上对心的无穷妙用做了融贯东西的探讨。金岳霖尽管没有与西方分析心灵哲学的直接交锋，但对心的分析与西方的分析不谋而合。

一、梁漱溟：人心、人生密不可分

梁漱溟，蒙古族，原籍广西桂林，生于北京，有“中国最后一位大儒家”之称。梁漱溟受泰州学派的影响，在中国发起过乡村建设运动，并取得了可以借鉴的经验。其一生著述颇丰，如《中国文化要义》《东西文化及其哲学》《唯识述义》《读书与做人》《人心与人生》等。梁漱溟心灵哲学的特点在于：颇具当代4E理论或“情境化运动”（强调认识心的条件、构成与本质不能离开心所依赖的身体、行为、环境等因素，一般坚持宽心灵观）的特点，强调把人心与人生结合起来研究，因为没有人生，特别是没有生，就没有心。

他强调，他研究人生与人心的目的在于“认识自己”，进而更好地过好自己的生活。而要如此，又必须认识人的心。根据他对心的观察，心不像非心事物，只有在人有生命且过着具体的生活的情况下才出现和有作用。由于“生”不仅依赖于人有身体或具身（embodiment），还离不开包括心在内的更为复杂的因素及其合力运动，因此梁漱溟的思想既有其一致于今日认知科学的一面，也有其新颖性和超越性。基于对心产生原因、条件和构成的分析，他强调必须从人生（人类生活）以言人心。他说：“人心，人生，非二也。”[1]人之为人，“独在此心”[2]，

---

① 梁漱溟：《人心与人生》，上海人民出版社 2011 年版，第 20 页。
② 梁漱溟：《人心与人生》，上海人民出版社 2011 年版，第 18 页。

复从人心以谈乎人生，人有“精神气魄”“思维活动”。[①]在心身关系问题上，他的基本看法是身为“物质基础”、预备条件。[②]不难看出，他不仅从因果关系上把人生看作是人心得以出现的原因和条件，而且像今日比较激进的情境化理论一样，把人生看作是人心的构成，就像延展理论把进入人认知和实践范围的事物，如面前的电脑等，看作是心的组成部分一样。梁漱溟的这一思想同时具有心灵哲学和人生哲学的积极意义，一方面，他为我们认识心的原因、构成及本质提供了一种新的思路；另一方面，又为更科学、更全面地思考人生问题指明了方向，那就是，在解决人生的种种问题时，必须有心性论的视角。还值得注意的是，他在这里不仅包含有当今西方的4E理论，强调心离不开身体、情景的思想，如说“心非一物也，固不可以形求”[③]，要识心，必于“生”（语默动静）中求；而且同时承认马克思和恩格斯的有关思想，即强调通过社会交往认识人心。

对于心的本质、特点和构成，梁漱溟也发表了自己的独到看法。他认为，心是生命的全部活动能力，有内外两个方面。由于有这样的复杂性，因此观心要有哲学的观点，不能像心理学那样只着眼于它在实际生活中的作用。因为哲学为深远之谈。他用哲学看心的表现是由知识引入超知识、反知识，由科学到形而上学，由实际生活的人心归到宇宙本体。基于这样的方法，他提出：心即主宰义。[④]主谓主动，宰为宰制，对物而言则为宰制，对自体而言则为主动。就心物关系而言，心之于物，一方面是主宰，另一方面又同一。心身的分化是一个过程。随着分化，心后来便跃居于主导地位，成了主体，自由灵活，权力集中。[⑤]其他区别还有：身外而心内；心深而身浅；心住于上端，身住于下端。[⑥]就心身的联系而言，一方面，身先而心后，心随身而来；另一方面，心之于物，犹前之于后、上之于下、左之于右，因此，“心物其一而已矣”[⑦]，或者说，身心殆无可分。身心浑然一体，但“性向互异”[⑧]。在心身的说明中，他也表现出了在今日

① 梁漱溟：《人心与人生》，上海人民出版社2011年版，第18页。
② 梁漱溟：《人心与人生》，上海人民出版社2011年版，第18页。
③ 梁漱溟：《人心与人生》，上海人民出版社2011年版，第19页。
④ 梁漱溟：《人心与人生》，上海人民出版社2011年版，第29页。
⑤ 梁漱溟：《人心与人生》，上海人民出版社2011年版，第29-30页。
⑥ 梁漱溟：《人心与人生》，上海人民出版社2011年版，第117页。
⑦ 梁漱溟：《人心与人生》，上海人民出版社2011年版，第30页。
⑧ 梁漱溟：《人心与人生》，上海人民出版社2011年版，第113页。

西方极为流行的自然化倾向。例如，认为心与身像电解池内的两端，有阴极与阳极之分，心为阳极。“精神”，指离身体颇远的人心活动、高度自由灵活的活动。[①]

梁漱溟看到：建立关于心理的科学和哲学，建立心理观[②]，具有内在的必要性、必然性，因为中国是重视伦理的国家，而要谈伦理，必谈心理，同样，要解决人生问题，也必谈人心。梁漱溟说：尽管他现在的西学基础很差，科学知识少，但“没有法子避心理学而不谈”[③]。《人心与人生》之所为作，凡以此而已。[④]他说：“凡是一个伦理学派或一个伦理思想家，都有他的一种心理学为基础；或说他的伦理学，都是从他对于人类心理的一种看法，而建树起来。”[⑤]例如，孔子所说的许多话都是此伦理学上的话，但“孔子必有他的人类心理观”[⑥]。由于孔子的心理学根本有别于今日的诸心理学派别，因此他的伦理学便自成一家。这些思路及思想正是我们现在正在研究的价值性心灵哲学的思路及思想。它的目的和任务就是要通过对心的体与用的探讨，找到解决人的存在和道德生活问题的更好的出路。

梁漱溟作为新儒家的早期代表人物，对儒学当然是精通的，难能可贵的是，他对佛教也有深入的了解和精深的研究，甚至还有自己的信仰，是佛教居士。由于有这样的根基，他的比较研究，特别是融心理学于伦理学之中的人生哲学的比较研究，就自然是轻车熟路。他认为，儒、佛是人类未来文化的早熟品。它们的相同首先表现在主题相同。例如，它们都有一种生活实践功夫，都重视从关系角度研究人心。当然，它们在侧重上各有不同，例如，儒重人与人的关系，佛重人与生命自身的关系。

二、贺麟的“新心学”：心中有超时空的真理

贺麟是老一代学者中最接近于西方心灵哲学的学者，其是中国著名的哲学

---

① 梁漱溟：《人心与人生》，上海人民出版社 2011 年版，第 113 页。
② 心理观或心灵观（view of mind）是当代心灵哲学的热门话题。梁漱溟先生约在百年前就有其思考，足见其思想的超前性。
③ 梁漱溟：《人心与人生》，上海人民出版社 2011 年版，第 2 页。
④ 梁漱溟：《人心与人生》，上海人民出版社 2011 年版，第 2 页。
⑤ 梁漱溟：《人心与人生》，上海人民出版社 2011 年版，第 1 页。
⑥ 梁漱溟：《人心与人生》，上海人民出版社 2011 年版，第 2 页。

家、黑格尔研究专家、教育家、翻译家。早在20世纪40年代，贺麟就建立了“新心学”思想体系，成为中国现代新儒家思潮中声名卓著的重要人物。

“新心学”一词不是贺麟自创的，而是学界鉴于贺麟思想的特点、相对于冯友兰自创的“新理学”而为他的理论安立的一个名称。他自己的命名是把他的有关思想称作“精神哲学”。他说：“故唯心论又尝称为精神哲学，所谓精神哲学，即注重心与理一，心负荷真理，理自觉于心的哲学。”①由于“精神”与“心灵”在西文中可为同义词，因此黑格尔的精神哲学也常被译为心灵（mind）哲学，而贺麟所欲建立的精神哲学正是我们要探讨的价值性心灵哲学。贺麟由于精通西方哲学特别是正在形成和发展中的心灵哲学，因此其所创立的新心学自然别具一格，即不同于已有的新理学、新心学。例如，接受了西方哲学的影响，融合了心灵哲学对心的认识的成果，同时取东方诸家之所长，补心学之短。在吸收西方成果反思中国心身学说时，他没有妄自菲薄，而是持十分辩证的态度，强调中国心身学说有这样的特点，即超二元论，反对灵肉二分，现象地、一元地而不是截然两分地说心与身。

贺麟是我国最早关注西方心灵哲学中的基础问题——心身问题研究的哲学家，而且有深入的了解和研究，其中特别是精通斯宾诺莎的身心平行论（psycho-physical parallelism）。对于诸心身理论的关系，他提出了自己独到的当然是可进一步商榷的看法。他认为：“身心平行论是副象论（epiphenamenism）和心理一元论的前身，副象论是唯物论的一种形式，心理一元论是唯心论的一种形式。因此一谈到身心平行论我们就投入了身和心的关系这个中心问题，而身心关系这个问题又是唯物论和唯心论、机械论和目的论、决定论和意志自由论的焦点。”②在总结有关心身学说合理内容、改造身心平行论的基础上，他论证了自己的心身合一论，指出：常识的交感论者的错误在于他们认为身体的行动或运动是纯粹的物理事件，同时他们却把目的、兴趣、决心、意志和理解等当作纯粹的心理事件。而实际上从身心平行论的观点来看，意志、目的、思想、理解以及腿的运动、手的伸展都是心-物事件，在这些事件中，观念的心理系列的次序和

① 贺麟：《近代唯心论简释》，上海人民出版社2009年版，第4页。
② 贺麟：《斯宾诺莎身心平行论的意义及其批评者》，《哲学研究》1985年第11期，第54页。

联系与物体的物理系列的次序和联系是相同的，或者是同时发生的，因为诸如理智和意志这些心理作用实际上是与身体作用分不开的，或者说就是同一种作用。例如，当我说“我想写一封信”时，以平行论的观点来分析的话，其真正的意思是我有一个心-身事件，这个事件称为“想写一封信”，这个“想”是为某些前面的心-身事件所影响或产生的，这个“想”继而又将产生一个新的心-身事件，这个事件称为“写一封信”。“想”之所以能过渡到“写”，就在于“想”不纯粹是一个心理事件，而是一个心、身合一的事件。正是因为“想”既是心理事件又是生理事件，所以它就能产生心理的结果和生理或物理的结果。如果心不是与物同时发生的，或者如果思想不是有广延的，那么纯粹的心理作用就不可能“干扰纯粹的机械物理过程”。

贺麟还自述了这一理论的意义，指出它不仅答复了身心交感论者的反对意见，而且也真实地阐明了身心交感论者的实际身心两面统一于一体的具体客观过程。因为交感论只是把同一的心-物实在做了一个大致的分离或区分。简言之，交感论如果被正确理解的话，对于道德和功利主义的目的来说，其可以是一个很好的说明，但是它不能被认为是一种哲学理论，也不能作为科学的有效假设。

贺麟还对斯宾诺莎的平行论与石里克（M. Schlick）的“认识论的平行论”做了比较，并对后者做了批评，认为逻辑实证主义否定斯宾诺莎一元的本体论是错误的。在逻辑实证主义者看来，如果斯宾诺莎主要摈弃了“实体”这个他们认为是形而上学的东西，那么斯宾诺莎的身心平行论或同一论就是可以接受的，而且是有科学根据的。但是这样一来，斯宾诺莎就变成实证主义者了，或者更明确地说，变成了马赫主义者了，因为抽去了实体这个唯物主义基础，世界就变成了“要素”或“要素的复合”（马赫），或者就变成了“中立的感觉材料”（罗素），或者就成了“中立的质”（石里克）。贺麟认为，斯宾诺莎的“实体”绝不是多余的形而上学的东西。对于斯宾诺莎来说，世界的统一就在于实体（即他所谓的神），心和物只是这同一个实体通过两种不同的属性，即思想和广延表现出的两种样式。它们是一体的两面，就横断面来说，它们是平行的，离开了实体，这两种东西根本不能存在，心物事件都是实体或自然的各种样式，因而斯宾诺莎在这里主张的是唯物一元论的身心平行论。如果剥夺了斯宾诺莎体系的实体概念，那就剥夺了斯宾诺莎哲学的唯物主义性质。①贺麟的这一研究可看作是中国真正用标准心灵哲学范式研究心身问题的开端，迈出了中国的规范心灵哲学研究的第一步。

贺麟为阐发自己的新心学，撰写了大量论著。例如，1934 年发表了《近代唯心论简释》一文；1942 年，又汇编了别的相关主题的论文并以“近代唯心论简释”为书名出版；另外还有《当代中国哲学》等论著。他明确提出：当代中国哲学的历史是陆王心学复兴的历史，中国当代的哲学家都是陆王心学派。贺麟的新心学有这样几个要点：第一，关于心的概念梳理，认为心有二义，一是心理学的心或知情意之类的心，二是逻辑学的心，即超经验的精神原则，经验的统摄者，行为的主宰者，知识的组织者，价值评判者，这种心，就是理。第二，心物合一论，主张主客合一、身心合一、动静合一、知行合一、有限无限合一。第三，强调理、气、心、性四者不可离，反对离心言理、离心言性。第四，依据他发展了的斯宾诺莎的平行论论证了心身合一论。这已在前面分析过。第五和第六分别是论证了自己的新知行合一论和自由意志论。下面分别予以具体考释。

从贺麟对心的实际研究中我们不难看出，他既有对心的求真性追问，这体现在前面所述及的心身合一论中，又有对心的价值论追问，其表现是他承认心不是白板，而有丰富的有各种价值的内在资源——心负荷有理和真理。它们既有益于对世界的认识，又是人生和道德不可或缺的。它们像深不可测的矿藏一样，值得哲学不停地探索。本来，心是哲学、科学在自然追溯、探讨中发现的，而层层追溯是认识进步的表现。他说：“人格、心、理、精神的发现，也是人类生活进化很高的事。由物质文明发达，哲学家方进而追问征服自然，创造物质文明的精神基础——心；由科学知识发达，哲学家方进而追溯构成科学知识的基本条件——具有先天范畴的心。”②这就是说，人身是一大宝藏，除了有形的资源之外，还有许多形而上的东西，如精神与心中的真理，它们是超时空的，是形而上的存在。其中，一种意义的“真理”就是柏拉图的所谓存在。除此之外，还有许多形式的真理，例如，“就人言，是指人的精神本性、理性之我或先天之我。就物言，是

① 贺麟：《斯宾诺莎身心平行论的意义及其批评者》，《哲学研究》1985 年第 11 期，第 54-62 页。
② 贺麟：《近代唯心论简释》，上海人民出版社 2009 年版，第 4 页。

指在物之内构成物的本性的真理。就心言，是指活泼于意识之内、蕴藏于灵魂深处的心之性、心之德，有意义、有价值的真理。换言之，超时空的真理，不是物外之理，不是心外之理”，可以说，它们是“超时空的境界、超时空的体验，或超时空的生存”。[①]

贺麟最有个性同时体现了心灵哲学分析特点的思想是他关于心的两种意义的思想。他说：“心有二义，一，心理意义的心；二，逻辑意义的心。逻辑的心即理，所谓‘心即理也’。心理的心是物，如心理经验中的感觉、幻想、梦呓、思虑营为，以及喜怒哀乐爱恶欲之情，皆是物，皆是可以用几何方法当作点线面积一样去研究的实物。”[②]之所以是物，是因为它们为物所支配。心理的心是作为认识主体的心，其作用是赋予对象以色相、性质、价值。逻辑的心即理，“乃主乎身，一而不二，为主而不为客，命物不命于物”（朱熹语）的主体，“乃一理想的、超经验的精神原则，但为经验、行为、知识以及评价之主体。此心乃经验的统摄者，行为的主宰者，知识的组织者，价值的评判者。自然与人生之可以理解，之所以有意义、条理与价值皆出于此心此理也之心”。[③]可见，贺麟所说的作为理的心，比心学所说的心的内涵要丰富得多，不仅承认它是道德本体、价值之源，因而是人性的形而上学根基，而且有认识的资源，有统驭经验的作用，等等。这无疑拓展了对心即理的认识，因为根据他对心的天赋资源的勘探和开发，理不仅有传统理学和心学所说的那些资源，还包括认识的理智，如“时空是理”。他说：“理是一个很概括的名词，包含有共相、原则、法则、范型、标准、尺度以及其他许多意义。就理之为普遍性的概念言，曰共相，就理之为解释经验中的事物之根本概念言，曰原理。”[④]就理与心的关系而言，理是心的一个部分，理代表心之灵明部分，理是心的本质。他说：“心之为心，即因其‘聚众理而应万事’。”[⑤]另外，理是心之性，而非心之情，而心是统性情的全体。从起源上说，“理是思想的结晶，是思想所建立的法则，是思想给自己所提出来自己加给自己的职责，不是外界给予的材料。理是此心整理感官材料所用的工具，是此心用先

---

① 贺麟：《近代唯心论简释》，上海人民出版社 2009 年版，第 39 页。
② 贺麟：《近代唯心论简释》，上海人民出版社 2009 年版，第 3 页。
③ 贺麟：《近代唯心论简释》，上海人民出版社 2009 年版，第 3-4 页。
④ 贺麟：《近代唯心论简释》，上海人民出版社 2009 年版，第 18-19 页。
⑤ 贺麟：《近代唯心论简释》，上海人民出版社 2009 年版，第 19 页。

天工具在感官材料中所提炼出来的超感官的本性或精蕴”[①]。就作用而言，人的自然行为都由心之理所决定。这里的行为有三种：一是本能行为；二是经理智选择的有实用价值的行为；三是艺术行为。这些行为之发生，都有其内在的理。[②]

贺麟的思想不断地在发展，其发展表现之一是后来找到了制约知识的理。例如，时空是心中之理，是自然知识和自然行为之所以可能的先天标准。《近代唯心论简释》一书表明，贺麟已初步建立了自己新心学的理论体系，它包括本体论、知识论、方法论、知行论、文化观，基本主张是复兴儒学、主客合一、心物合一、知行合一、动静合一、理想与现实合一、有限与无限合一。这种合一即理念。在这种合一中，对立双方不是平分，不是无差别混合，而是主包含客、心包含身、无限包含有限。就此而言，称之为“新”一点也不过分，因为贺麟在阐释心学时不仅有创新，而且发起了一种转向。这可看作是他的思想发展的又一标志。其表现是他不满理学、心学从道德伦理角度释心即理的传统，不满仅把心看作道德本体，进而使心学伦理学化的传统，而扩展了理的范围，把理看作是理性原则、理性精神。因此他所说的心不再是原来心学所说的道德心，而具有更广泛的心灵哲学意义。由此所决定，他的新心学的解释范围也不再局限于道德实践领域、做人的问题，而具有了世界观的意义。就“理”来说，它不再只是道德的本原，而同时具有广泛的作用。[③]这就是说，他的新心学从伦理学、圣学（完满人格、人生之学）转向了比较纯粹的哲学，如形而上学、知识论、心灵哲学。即使不能说新心学完全放弃了圣学，但至少可以说，圣学不再是新心学的全部，而只是其一部分。这种转向不难理解，它与贺麟先生长期所受的西方哲学教育以及对它的研究有密切关系。

由上述转向所决定，贺麟对心本身的认识较过去的心学有了根本性的变化。例如，他的心物合一论认为，所有现实存在物都是心物合一的东西，没有纯粹的无心之物，也没有纯粹的无物之心，正因为这样，心物之间才不会有笛卡儿所碰到的心物由于异质而不能交感的难题。他还用西方哲学的范畴或类似于计算机程序的东西来解释“心性”，这是一个了不起的进步，他说：“性为代表一物之所

① 贺麟：《近代唯心论简释》，上海人民出版社 2009 年版，第 20 页。
② 贺麟：《近代唯心论简释》，上海人民出版社 2009 年版，第 20-21 页。
③ 贺麟：《五十年来的中国哲学》，辽宁教育出版社 1989 年版，第 33 页。

以然及其所当然的本质，性为支配一物之一切变化与发展的本则或范型。凡物无论怎样活动发展，终逃不出其性之范围。但性一方面是一物所已具有的本质，一方面又是一物须得实现的理想或范畴。”①性既是事物之本质，又决定了该事物后来发展变化的可能和不可能的范围，因此是一种程序性的东西，是理则或范型。这一解释显然吸收了黑格尔对概念的解释，根据黑格尔，绝对理念是决定一切发展、变化的方向、阶段、结果的总原则，也是其趋赴的圆满范式。另外，贺麟还用“具体共相”解释性，他说：“本性是自整个的丰富的客观材料抽炼而出之共相或精髓，因此本性是普遍的、具体的。”②

贺麟的新心学的“新”还在于：批判地对待心学的知行观。他说：“不批评地研究知行问题，而在谈本体，所得必为武断的玄学。不批评地研究知行问题，而直谈道德，所得必为武断的伦理学……若不研究与行为相连的知识，与善相关的真，当然会陷入无本的独断。”③贺麟的追求是“要超出常识的浅薄与矛盾”，“重新提出表面好似与常识相反的知行合一说”。④可见，贺麟的“新知行合一说”不再局限于本体论和伦理学范围，而进到了认识论和心理学乃至今日所说的心灵哲学的范围。因为他在论述知行合一时，实际上涉及了心灵哲学的心身关系问题，以及行动哲学的行动的原因和自由意志问题。他对知与行的重新界定足以表明这一点，因为他所说的知不再是道德意义上的良知，而是一种心理学的、逻辑学的知。“知指一切意识的活动……任何意识的活动，如记忆、感觉、推理的活动，如学问思辨的活动，都属于知的范围。”⑤“行指一切生理的活动”，如五官四肢运动、脑髓的运动、原子的细微运动。这样界定自然为在心学中从心灵哲学和行动哲学的角度探讨心与行的关系、自由意志问题腾出了地盘。贺麟认为，知与行两者既同又异，同表现在都是活动，都有动静；异表现在它们是不同类的活动。知和行的差别还在于：它们都有自己的等级差别，如有显与隐的差别。存在着最隐的行与知，例如，脑中的最微细的一个运动，连神经学家及仪器都观察不到，此种行即“无行之行”。同理，知中也有这样超出自己意识或不能为自己意识所

① 贺麟：《近代唯心论简释》，上海人民出版社 2009 年版，第 5 页。
② 贺麟：《黑格尔哲学讲演集》，上海人民出版社 2011 年版，第 203 页。
③ 贺麟：《近代唯心论简释》，上海人民出版社 2009 年版，第 44-45 页。
④ 贺麟：《近代唯心论简释》，上海人民出版社 2009 年版，第 45 页。
⑤ 贺麟：《近代唯心论简释》，上海人民出版社 2009 年版，第 45 页。

知的知，此知即“无知之知”。[①]就两者的关系而言，它们的合一：①不是混一；②乃是知行同时发动，在时间上，知行不能分先后，如同时发动、同时静止，贺麟承认，他的这一想法来自斯宾诺莎的心身合一论；③知行合一乃就知与行是同一生活活动的两面而言，简言之，“知行合一是两面式的合一”[②]；④知行合一又是知行平行的意思，在他那里，平行说与两面说是互相补充的，因而不矛盾。[③]新知行合一论的新观点是，“知行不能互为因果、互相解释”[④]。这很有点维特根斯坦等人在心理因果性、自由意志等问题上的思想的味道。相对于其他理论而言，这无疑是一个革命性的转向。因为这些思想不再把心（知）和行看作是两个独立的事件，看作有因果关系、解释关系的事件，而是看作是一个东西，这的确耐人寻味。

为了说明自己的新知行合一论的特点，贺麟还区分开了两种知行合一论：一是从事实上去说明，即说明知与行事实上是怎样的合一关系，由此而建立的知行合一说就是自然的或事实的知行合一论；二是从价值的角度去说明它们的关系，即弄清它们应该具有什么关系，此即价值的知行合一说。前者是心灵哲学的工作，贺麟借鉴斯宾诺莎平行论、两面论所阐发的思想，即属前者，而价值的知行合一论实即二元论。它以显行隐知为行，以显知隐行为知。先根据常识或为方便起见，将知行分为两事，然后再设法勉强使知行合一，求两事兼有。[⑤]

之所以有这些创新，之所以不同于传统儒学及现代新儒学，根本的原因是贺麟进行自己思维工作的背景发生了根本变化，即是在心灵哲学的心身关系研究的背景下展开自己的研究的。他不仅涉及了研究心身问题绕不过的传统平行论、两面论，而且讨论了杜威（J. Dewey）和布莱特曼（M. Bratman）等人的操作主义，尤其是对斯宾诺莎心身学说解释中的副现象论倾向提出了批评。在这里，贺麟对epi-phenomenalism的翻译是“浮象论”，现通常译为副现象论。其基本观点是心理现象是由身体产生的结果，但它不能作为原因影响身体，只是类似于树在阳光下出现的影子一样的现象，可称作无原因作用的副带现象。许多人认为，斯宾诺

① 贺麟：《近代唯心论简释》，上海人民出版社2009年版，第46页。
② 贺麟：《近代唯心论简释》，上海人民出版社2009年版，第47页。
③ 贺麟：《近代唯心论简释》，上海人民出版社2009年版，第47页。
④ 贺麟：《近代唯心论简释》，上海人民出版社2009年版，第51页。
⑤ 贺麟：《近代唯心论简释》，上海人民出版社2009年版，第51页。

涉的理论实质上陷入了副现象论。贺麟赞成合一论，自然反对这种解读。从根源上说，副现象论没有从逻辑或价值上去分析心身的主从因果关系，而“只根据片面的事实，作理论的武断”①。

自由意志问题是当代心灵哲学、认知科学的前沿热点问题。在探讨时，贺麟首先思考了中国哲学与自由意志问题的关系，认为它本应受到重视，建立自己的自由意志理论。因为中国哲学的贡献既然主要在伦理思想方面，就必然会进入这一领域。其机理在于，自由意志问题是道德的前提性问题。没有必要的自由意志理论就没有真正的作为哲学的伦理学。他说：“道德之是否可能”，“全系于意志之是否自由”。②换言之，若不把意志自由作为一个前提性理论，就无法建立伦理学的其他理论。贺麟认为，这里有一个有趣的不能不深思的问题，即既然中国哲学以伦理学见长，“但何以中国哲学家对于意志自由问题从未提过，而自由二字也竟不见经传呢”③？他找到的原因是过去的中国哲学家只注意到了意志自由的两个问题中的一个问题，一是事实问题，即把自由看作是事实。二是理想问题，即只把自由当作理想，而理想“不是根据科学实验或逻辑分析所能解决的问题，乃是一个须实际地内心修养方能达到的理想。因此中国哲学家所谈的大都是如何注意修养以发展自由的本性与实现自由的理想的先决条件与根本关键”④。现需弥补的是探讨有关的事实问题。

通过反观，贺麟发现：人们通常在理解自由之本质、证明意志不自由或证明意志自由上存在着一些误区。有些人以科学的局限证明意志自由，这是不妥的。“因为科学定律欠准确，科学方法欠周密，只能证明科学尚未臻圆满之境，决不能反证道德上意志的自由。此外认绝对没有原因、莫名其妙、不可理解的行为为自由，也是神话……愚昧、偶然、无理性不是意志自由所从出的根据。”⑤什么是自由呢？“道德上的意志自由，乃是出发于内心的深处及性格的发展，是自觉的、理性的、自主的努力争得的成绩，而不是盲目的、偶然的、外界赐予的

① 贺麟：《近代唯心论简释》，上海人民出版社2009年版，第55页。
② 贺麟：《近代唯心论简释》，上海人民出版社2009年版，第168页。
③ 贺麟：《近代唯心论简释》，上海人民出版社2009年版，第168页。
④ 贺麟：《近代唯心论简释》，上海人民出版社2009年版，第169页。
⑤ 贺麟：《近代唯心论简释》，上海人民出版社2009年版，第165页。

恩惠。”[①]关于自由的种类，贺麟认为有两种：一是作为事实的自由，即我们每个人生来俱有的自由。这种自由是“经验中的事实”。人无此自由，就不能生存，人能活下来，说明活着的人都有自由。二是作为理想的自由，即有待人通过努力去追求的自由。这种自由是“超经验的理想”“尚未完成的职责”。[②]怎样才能自由呢？一种观点认为，可供选择的事物越多，则自由越多。贺麟认为：“意志之自由、不自由不在于可供选择之事物之多寡了。并且若认自由的关键在于可供选择的外物之多寡，是不啻认意志之自由与否不系于内而系于外，不系于内心道德的努力，而系于外界之环境形势……根据此说谈意志自由，实无异根本否认意志自由。”[③]当然，贺麟也不赞成这样的观点，即认为意志自由系于“能择”，“人之能择，固是心理事实，无可否认，但欲执能择的事实以证意志的自由”[④]，也是行不通的。因为能择有时是生理作用，此外能择常为客观的所择所限制。

意志自由问题是一个处在心灵哲学、伦理学、心理学、形而上学等多学科交叉地带的复杂问题。里面有哪些子问题、它们的关系如何，历来没得到令人满意的梳理。贺麟做了这一工作。他的梳理是“意志自由乃随人格以俱来，是一个普遍的事实……自由是事实，因为人无自由犹如鱼之无水，必不能活。”[⑤]用德文讲，自由是所与的事实（gegeben）。既然是一事实，那么，有关学问就应追问这事实的性质、其根源和条件是什么，“自由既是与人格俱来的本性，那么要保持扩充这种本性，需要些甚么条件”[⑥]。另外，自由“同时是一个超验的理想……是一生所追求不到，望之弥高，钻之弥坚的理想……用德文讲，是尚未完成的职责，aufgegeben”[⑦]。接下来的问题是实现此理想的条件、关键何在？贺麟认为，在自由意志的这个领域，即在探讨如何实现自由，以及不自由的原因和实现自由的先决条件等问题上，中国哲人还是有贡献的，且提出了与西方可以贯通的思想，主要有三个方面。

一是求放心。中国哲人从心理学上探讨了人不自由的原因，认为其主要原因

① 贺麟：《近代唯心论简释》，上海人民出版社 2009 年版，第 165 页。
② 贺麟：《近代唯心论简释》，上海人民出版社 2009 年版，第 168 页。
③ 贺麟：《近代唯心论简释》，上海人民出版社 2009 年版，第 166 页。
④ 贺麟：《近代唯心论简释》，上海人民出版社 2009 年版，第 166 页。
⑤ 贺麟：《近代唯心论简释》，上海人民出版社 2009 年版，第 168 页。
⑥ 贺麟：《近代唯心论简释》，上海人民出版社 2009 年版，第 168 页。
⑦ 贺麟：《近代唯心论简释》，上海人民出版社 2009 年版，第 168 页。

是心放于外，为物所役。贺麟说：“大概心放在外，一方面好像是神不守舍，我们自己的心飞越在外边，而一方面实是外间的东西，或别人的思想意见钻进我们自己的心里……使我们不能自己做主，意志不自由。”①因此要实现自己的理想，首先就是“求放心”。所谓“求放心”，就是要“自己为自己的知识之组织者，自己为自己行为的主动者”②。当然，一味守着枯寂的心也不是办法，“或绝对不许外界的东西得钻入此心，亦非意志自由之道。必须有时故意使此心放出……然后再将此心收回，将外物赶走”③。其法门很多，如“使此心放于悠久高明博大之域”④。在西方，歌德和黑格尔也谈过求放心。

二是“知几”。所谓“知几”就是察微知著，见显知隐。这也是实现意志自由的条件，因为“自由即是主动，被动就不自由，知几就可以先物而主动，不致随物而被动”。例如，对于自己该尽的职责，“能够事先自己主动地欣然担当负重，而不临事希图推诿苟免，就是知几，就是自由”⑤。这些思想可以和柏格森（H. Bergson）的有关思想相媲美。

三是“尽性”。尽性就是尽人之性，尽物之性，就是自我实现。贺麟说：认识自我，发展自我，实现自己的本性，就是自由。⑥

新心学也关心人格培育与建设问题，关心圣学问题，例如，《论英雄崇拜》一文中就探讨了人格教育问题。正因为如此，最初发表时，该文所用的标题就是“英雄崇拜与人格教育”。贺麟认为，应提倡英雄崇拜。当然，这里的英雄有特定的含义。他说：“英雄概括来说，就是伟大人格，确切点说，英雄就是永恒价值的代表者或实现者。永恒价值乃是指真善美的价值而言，能够代表或实现真善美的人就可以叫做英雄。”⑦这样的英雄其实就是儒家圣学所说的圣人。当当然，英雄的范围比圣人略宽。贺麟说：“英雄不但指豪杰之士，而且包括圣贤之内”，此外还“包括文人、宗教家、道德家、政治家、科学家和预言家”。⑧提

---

① 贺麟：《近代唯心论简释》，上海人民出版社 2009 年版，第 169 页。
② 贺麟：《近代唯心论简释》，上海人民出版社 2009 年版，第 169 页。
③ 贺麟：《近代唯心论简释》，上海人民出版社 2009 年版，第 169-170 页。
④ 贺麟：《近代唯心论简释》，上海人民出版社 2009 年版，第 170 页。
⑤ 贺麟：《近代唯心论简释》，上海人民出版社 2009 年版，第 170 页。
⑥ 贺麟：《近代唯心论简释》，上海人民出版社 2009 年版，第 171 页。
⑦ 贺麟：《文化与人生》，上海人民出版社 2011 年版，第 76 页。
⑧ 贺麟：《文化与人生》，上海人民出版社 2011 年版，第 76-77 页。

倡崇拜英雄是必要的，“决不是反理智、反理性、反学术文化以回复原始时代的自然状态”[①]。崇拜英雄表面上看是愚昧的，“其实，崇拜英雄，需要相当智识，必有智识，方能认识英雄，因此也方能崇拜英雄”[②]。

极有价值的是，贺麟在黑格尔有关论述的基础上，对崇拜的心理过程、意义做了心灵哲学式的挖掘。黑格尔说：“崇拜是一种精神与精神的交契。”[③]这样的说法在中文经典中也有。例如，孔子说：“祭如在，祭神如神在。”[④]“就是说，在崇拜神灵的行为里，我的精神与神的精神相交契……真正的崇拜就是自己的精神与崇拜对象的精神相交契。因为这样，所以崇拜的对象，也就是自己精神上所寄托，为自己内心深处所企望仰慕者，一旦得着崇拜的对象，自己的精神，也就因此而得着安息之所。”[⑤]

既然对真正的英雄的真正崇拜本身就是一种高尚的精神过程或生活，因此可把这种操作看作人格修养的一种方式。贺麟说：“必定要有精神生活和修养的人，方足以言崇拜，必定要求情志安顿的人，方足以言崇拜。”[⑥]

就教育而言，引导人们崇拜真正的英雄，是人格教育的必要一课。贺麟说：“英雄崇拜就包含中国人名言所谓‘以身教人’的以身作则的‘身教’。假如抹煞英雄崇拜，就无异于抹煞人格教育。”[⑦]贺麟敏锐地注意到，随着物质文明的发展，出现了“非人格的趋势”，这是教育的“最大危机”，其表现是不注重身教，抹杀人格教育，教育转向了机械化、工场化、商业化，“教员和学生、教员与教员，都没有精神交契、人格感召的关系”[⑧]。

新心学作为儒学的“接着讲”，不可回避的问题是怎样看待新文化运动对儒学的批判？贺麟说：“新文化运动的最大贡献在于破坏和扫除儒家的僵化部分的躯壳的形式末节，及束缚个性的传统腐化部分。它并没有真正打倒孔孟的真精神、真意思、真学术，反而因其洗刷的工夫，使得孔孟程朱的真面目更是显露

① 贺麟：《文化与人生》，上海人民出版社2011年版，第76页。
② 贺麟：《文化与人生》，上海人民出版社2011年版，第76页。
③ 转引自贺麟：《文化与人生》，上海人民出版社2011年版，第77页。
④《伦语·八佾》。
⑤ 贺麟：《文化与人生》，上海人民出版社2011年版，第77页。
⑥ 贺麟：《文化与人生》，上海人民出版社2011年版，第78页。
⑦ 贺麟：《文化与人生》，上海人民出版社2011年版，第82页。
⑧ 贺麟：《文化与人生》，上海人民出版社2011年版，第82-83页。

出来。”[①]儒家思想当然需要发展，发展的方向和动力之一就是要关注与加强西方文化的输入及批判吸收。他说：“假如儒家思想能够把握、吸收、融会、转化西洋文化，以充实自身，发展自身，儒家思想则生存、复活而有新的发展。”[②]儒家思想发展有三种方法：第一，以西洋哲学发挥儒家理学；第二，吸收基督教的精神以充实儒家的礼教；第三，以西方艺术发扬儒家的诗教。个人的发展、人格完善也应抱这种开放的、兼容并包的态度，例如，“以自己的人格为主体，以中外古今的文化为用具，以发挥其本性，扩展其人格”[③]。

三、金岳霖：中国式的分析性心灵哲学

金岳霖，曾任中国科学院哲学研究所一级研究员、副所长、哲学社会科学部学部委员，是把西方现代逻辑介绍到中国的主要人物。中华人民共和国成立前，曾进行过把西方哲学与中国哲学相结合的尝试，建立了独特的哲学体系，著有《论道》《逻辑》《知识论》等。尽管他没有把自己的哲学贴上“语言分析”“分析哲学”之类的标签，但字里行间浸透的是西方当时正在发展的分析方法和精神。他说：“哲理之为哲理不一定要靠大题目，就是日常生活中所常用的概念也可以有很精深的分析，而此精深的分析也就是哲学。”[④]他自述是自从罗素等人那里明白了这些道理的，并且在自己的研究中一直“注重分析”。

他对西方哲学有深邃的研究，且批判地把有关思想融进自己的知识结构和思维方式中。尽管他没有注意和专门研究西方 20 世纪上半叶诞生的分析性心灵哲学这一哲学分支，但由于他把握了英美分析哲学的精神，因此在讨论有关心理现象时，他表现出十足的分析性心灵哲学意趣。在分析自由意志与因果关系的关系时，他强调：这些概念都有歧义性，因此应先弄清它们的不同用法，再来具体事物具体分析。他说：“如果我们能用点分析的功夫，我们就觉得自由意志没有绝对的意义。”[⑤]由于自由这个概念不止一种意义，因此它与因果关系是何关系，

① 贺麟：《文化与人生》，上海人民出版社 2011 年版，第 12 页。
② 贺麟：《文化与人生》，上海人民出版社 2011 年版，第 13 页。
③ 贺麟：《文化与人生》，上海人民出版社 2011 年版，第 13 页。
④ 金岳霖：《论道》，《金岳霖全集（第 2 卷）》，人民出版社 2014 年版，第 6 页。
⑤ 金岳霖：《自由意志与因果关系的关系》，《金岳霖全集（第 2 卷）》，人民出版社 2014 年版，第 383 页。

就应具体分析。他强调：是否有绝对的自由意志，这要看“自由意志”一词的用法。例如，如果完全在心理学范围之内讨论，那是应该承认有绝对的自由意志的，因为这里所说的意志是一种心理现象，它可以不与事实发生关系，因此不会受到限制。例如，“我想爱月光，我就爱月光”。如果从与事实的关系的角度看，意志的情形就不一样了。这里有两种情况：一是从事物的束缚性看意志。这里也很复杂，不能绝对说有没有自由。例如，中国女子在以前不能与男子社交，这在西方人看来不自由，但在中国女子自己看来，并没有不自由的感觉。其他情形也是这样，“我们没有反感的时候与自由不发生关系，有反感的时候才发生关系”[①]。这里的具体情况有两大类、六小类。首先，有束缚包括：①不觉得不自由，也不觉得自由；②觉得自由；③觉得不自由。其次，有束缚包括：①不觉得不自由，也不觉得自由；②觉得自由；③觉得不自由。

“意志”有时有“目的”的意义，如果这样看，这里讨论的顺序就应该是“从意志（目的）到事物”。它们有两种情况、四种关系。首先，有阻碍包括：①能达到目的（自由）；②不能达到目的（不自由）。其次，无阻碍包括：①能达到目的（自由）；②不能达到目的（不自由）。[②]

“因果关系”本身也值得具体分析。根据金岳霖的梳理，它有旧式因果关系和新式因果关系之别。关于意志与事实的关系，他的结论是“我们不能说它们一定没有关系，但我们可以说，这类的关系在意志与事实间算是极少的了……就是有因果关系，意志也不见得因此就自由，也不见得因此就不自由。”[③]

人格同一性问题是当今心灵哲学和伦理学的热门话题。尽管金岳霖没有与西方这些领域的思想直接交锋，但其所做的讨论有鲜明的时代气息。另外，金岳霖没有直接回答人格是否有同一性之类的问题，只是在论述同、等时间接涉及了它们。因为他是从形而上学的角度论一切事物的同、等的质与量的，而“由于我们的本身也是一种事物”[④]，因此他对同、等的分析也适用于人这个事物。要探讨人格同一性的根源、条件，首先必须回答：什么是同一性？世界上有无同一性？

---

① 金岳霖：《自由意志与因果关系的关系》，《金岳霖全集（第2卷）》，人民出版社2014年版，第386页。
② 金岳霖：《自由意志与因果关系的关系》，《金岳霖全集（第2卷）》，人民出版社2014年版，第385-386页。
③ 金岳霖：《自由意志与因果关系的关系》，《金岳霖全集（第2卷）》，人民出版社2014年版，第394页。
④ 金岳霖：《同·等与经验》，《金岳霖全集（第3卷）》，人民出版社2014年版，第1368页。

人身上有无同一性？有什么样的同一性？金岳霖回答的就是这里的形而上学问题。他的提问与分析是很超前的，因为这些问题现在才成为心灵哲学形而上学研究的前沿热点问题。首先，他区分开两种“同”：①“相同”——多个事物是否相同？②自同——一个事物在不同的时空中是否相同？他的看法是绝对的、完全的相同和自同都没有，只有大致的相同或相似。无论从事实还是从理论上说都是如此，这些看法在当时是很新颖、很超前的，西方心灵哲学只是到现在才有人强调和阐发这类思想。[①]他对“相等”这个概念的分析也是这样，他说：“经验中的相等是差不多的相等，不是完全相等。”[②]由此所决定，所有的计量都是“差不多”，如说一匹布 30 尺（笔者注：1 尺≈33.33 厘米），这是在“尺”的精度内说的，如果再把精度提高，情况就不是这样。[③]如果有这样的概念分析作基础，再把它运用于人格同一性这一个案之中，自然会引出极有见地的思想。

对心与物及其关系的问题，金岳霖也有自己的分析，其总的思想倾向带有现象学、中立一元论的性质。在分析印象时，他像休谟（D. Hume）一样承认有两种印象：一是由外界引起的或关于外界的印象，如关于苹果之红色的印象；二是关于体内状况的印象，如感觉到身上的痛痒。这些印象是“非心非物”“亦心亦物”的。他说：“外界的印象既不必是‘物’，内体的印象也不必是心。”[④]只要对之做出分析，就会发现：“无论哪种印象都有物，都有心。”[⑤]“印象之外，不必有心与物，如有，我们可以不理它们……我所要注意的是，心与物虽可以成为哲学中心问题，而不必是哲学中心问题……不必用终身的精力徘徊于心物之间。”[⑥]金岳霖对知觉现象的研究有明显的心灵哲学意趣。我们知道，这是心灵哲学产生之初，罗素、维特根斯坦等研究得较多的一个课题，金岳霖在吸收西方成果的基础上，对有关问题做了有中国特色的解答。像其他分析哲学家一样，首先，他对相关概念做了分析，认为知觉（perception）不同于感觉或官觉（sensing），

① 金岳霖：《同·等与经验》，《金岳霖全集（第 3 卷）》，人民出版社 2014 年版，第 1370-1376 页。
② 金岳霖：《同·等与经验》，《金岳霖全集（第 3 卷）》，人民出版社 2014 年版，第 1377 页。
③ 金岳霖：《同·等与经验》，《金岳霖全集（第 3 卷）》，人民出版社 2014 年版，第 1382 页。
④ 金岳霖：《休谟知识论的批评》，《金岳霖全集（第 3 卷）》，人民出版社 2014 年版，第 1179 页。
⑤ 金岳霖：《休谟知识论的批评》，《金岳霖全集（第 3 卷）》，人民出版社 2014 年版，第 1179 页。
⑥ 金岳霖：《休谟知识论的批评》，《金岳霖全集（第 3 卷）》，人民出版社 2014 年版，第 1216 页。

因为有感觉时不一定有知觉，如熟视无睹。其次，他把知觉现象与事实或事件（event）区别开来了。前者是一种心理现象，后者有复杂的构成。例如，知觉事实包含以下因果系统：自然的因果系统（此指由外物到感觉事实），化学、生理学、心理学范围内的系统（指生物动物的演化历程），语言历史的因果系统（文化的历程）、知觉发生时的地点和时间。质言之，“知觉事实是人们生活中的一件一件的事体，受许多因果系统的影响，外物也不过是群因中的一因”[①]。知觉现象不同于知觉事件，因为它是混合性的、显现性的，因此不是一件东西或一个事件。另外，知觉事件是外物的结果，而知觉现象则不是。知觉现象尽管是知觉事实的部分，但“本身不必属于任何具体的知觉事实的因果系统”[②]。

难能可贵的是，金岳霖在这些讨论中深入到了知觉的主观与客观问题，而这恰好是当代西方感受性质研究中争论最为激烈的问题。我们知道，在当今的研究中，主流的倾向是强调知觉的主观性，而金岳霖的先见之明在于：既承认知觉有主观性，又强调知觉其实有客观（物观）性、公开性。主观性在于：对于同一对象，不同知觉者有不同的知觉经验，“各个人有各个人的知觉现象，而这些知觉现象又彼此不同”，“一个人在不同的时地对于一件东西也有不同的现象”[③]。为什么说知觉现象有客观性、公开性呢？对这一问题的回答，有点类似于今日坚持物理主义的人面对感受性质责难所做的工作。反对者由于强调知觉的主观性、私人性、受观点限制等特点，因而“坚决地说知觉现象不是物观的（笔者注：客观的）”，而金先生撰此文的目的就是要解决“这些困难问题”。[④]他把他化解知觉现象难题的策略称作“观点论”。这类似于当今物理主义迎接感受性质挑战所提出的“现象概念策略”。他说：“观点论的主旨是把人与地点及时点分开，把一部分心理上的不一致的情形变成几何上的不一致的情形。”[⑤]这里的“观点”有特定的含义，指观察点。而此观察点要用几何学方法来描述。因为知觉者和被知觉的外物都有其位置，两位置的关系是几何关系。他说：“从外物的位置尽一

① 金岳霖：《知觉现象》，《金岳霖全集（第 3 卷）》，人民出版社 2014 年版，第 1086 页。
② 金岳霖：《知觉现象》，《金岳霖全集（第 3 卷）》，人民出版社 2014 年版，第 1089 页。
③ 金岳霖：《知觉现象》，《金岳霖全集（第 3 卷）》，人民出版社 2014 年版，第 1091 页。
④ 金岳霖：《知觉现象》，《金岳霖全集（第 3 卷）》，人民出版社 2014 年版，第 1092 页。
⑤ 金岳霖：《知觉现象》，《金岳霖全集（第 3 卷）》，人民出版社 2014 年版，第 1092 页。

欧克里直线到知觉者的位置，以这直线为半径成圆体形。”[①]因此一圆体就是一观点。这观点表面上是主观的，其实是有客观性的。因为它有客观性，因此由之而起的知觉现象也有客观性。就单个人的知觉来说，由于观点不是点式的、经验内的东西，而是包括外物与知觉者的圆体或系统，因此“外物与观点”就有内存关系。由此所决定，知觉者在不同观点中所得的是性质不同的知觉现象，而在同一观点中，不管位置如何，只要知觉者有同样的感官与知觉，那么他在同一观点中所得的知觉现象就必是相同的知觉现象，因此有客观性。不同的知觉者对同一对象的知觉由于观点相同，因此也必有其客观性。这是因为，知觉者都是人，是人在与对象发生同样的位置关系，就会有同样的“观点”，因此“在同一观点中，无论在若何位置上，知觉者与外物在知觉事实中发生外在关系，只要知觉者是‘人’，他们所得的现象是同样的知觉现象”[②]。

如果说上面对知觉现象的分析是横的分析或空间的分析的话，那么下面则是直的或时间的分析。其结论仍是相同的，即知觉现象具有客观性。金岳霖的推论是“在直觉方面，我们既可以感觉到知觉现象的相同与接续，在经验方面，又能感觉到它的融洽与常，我们联想到知觉现象所代表的东西，就是外象，是独立地接续地存在的。”[③]知觉现象是客观的，可看作是外物本身，或者说，可由知觉现象推论出外物的性质。他说：“外物与知觉现象相等。”[④]知觉现象尽管有随知觉事实出现而出现的特点，但也可以说它是独立存在的。

在分析思想时，金岳霖指出，有两类思想：一是动的思想，如从上午 8 点一直想到中午 12 点，这种想是一种历程；二是静的思想，它不是历程，而是所思的结构，或思维的结晶。[⑤]还可从这些方面去分析：一是作为能力；二是作为活动；三是它的样式（可区分为两类，即思议和想象）；四是动静，即有动的思想（如“你去想想”）和静的思想（如“思路通畅”）之别。动的思想有时间过程，而静的思想没有这样的过程，它有关系，但只是结构关系。如果不在这些分析上标上金岳霖的名字，只看内容，那么由于它与今日心灵哲学的思想研究风格如出一辙，因此人

① 金岳霖：《知觉现象》，《金岳霖全集（第 3 卷）》，人民出版社 2014 年版，第 1094 页。
② 金岳霖：《知觉现象》，《金岳霖全集（第 3 卷）》，人民出版社 2014 年版，第 1095 页。
③ 金岳霖：《知觉现象》，《金岳霖全集（第 3 卷）》，人民出版社 2014 年版，第 1101 页。
④ 金岳霖：《知觉现象》，《金岳霖全集（第 3 卷）》，人民出版社 2014 年版，第 1107 页。
⑤ 金岳霖：《思想》，《金岳霖全集（第 3 卷）》，人民出版社 2014 年版，第 1133 页。

们可能会以为它出自西方人之手。

《知识论》尽管主要是一本认识论著作，但其有心灵哲学的意趣，因为它要研究的是知识的“理”，是知识中的“一般”“普遍”的东西，而对此进行研究就必然进到对心之理的探讨。例如，知识论必然涉及五种感性认识，即耳闻目见，而要予以研究，就必然要既研究它们的对象，又研究它们的“官”“能”，如视官有视能等。金岳霖强调：除这些官能之外，还有“心能”①。心能不是官能的“所”或对象②，但肯定是可以研究的。“这里所谓心只是能见能闻的能力而已。它只是‘觉心’，也许它是普通所谓心的一部分而已。”③这些论述无疑触及了心的深层次的结构和本质问题，属于纯正的心灵哲学探讨。

在阐述理-道这类带有形而上学、伦理学、价值性心灵哲学意味的问题的时候，金岳霖尽管有对传统儒释道思想和方法的继承，但显然也贯穿着他所热衷的分析方法。他认为有两种理：一是潜藏于事物内的由科学、知识论所知的实理；二是纯理。由于后者不是根据事实求得的，因此它的特点是“虚”，它不表示事实，也不增加我们的知识。尽管虚，“不见得就是虚无所有的虚”④。关于它所形成的逻辑命题是“虽不表示事实，然而它不能不有所表示。”⑤相对于事实，纯理是虚，“相对于现实，纯理不虚，不仅不虚，而且表示最普遍的道，最根本的道”⑥。相对于传统的道论而言，他的道论有明显的进步。例如，他对道做了进一步具体的分析，认为道是式（纯形式）与能（纯材料）的综合。由于道有无穷妙用，因此每种大文化如印度、希腊、中国的文化等，都有它的中坚思想，中坚思想内又有它的最崇高的概念、最基本的原动力。他说：“所谓行道、修道、得道，都以道为最终的目标。思想与情感两方面的最基本的原动力似乎也是道。”⑦它是人的安身立命之本。他自己也是这样。他说：“我不能独立于我自己，情感难免以役于这样的道为安。”⑧就学科性质而言，道学即元学。他说：

---

① 金岳霖：《知识论》，《金岳霖全集（第3卷）》，人民出版社2014年版，第28-29页。
② 金岳霖：《知识论》，《金岳霖全集（第3卷）》，人民出版社2014年版，第29页。
③ 金岳霖：《知识论》，《金岳霖全集（第3卷）》，人民出版社2014年版，第29页。
④ 金岳霖：《论道》，《金岳霖全集（第2卷）》，人民出版社2014年版，第17页。
⑤ 金岳霖：《论道》，《金岳霖全集（第2卷）》，人民出版社2014年版，第17页。
⑥ 金岳霖：《论道》，《金岳霖全集（第2卷）》，人民出版社2014年版，第17页。
⑦ 金岳霖：《论道》，《金岳霖全集（第2卷）》，人民出版社2014年版，第20页。
⑧ 金岳霖：《论道》，《金岳霖全集（第2卷）》，人民出版社2014年版，第20页。

“关于道的思想”是“元学的题材”，不是科学知识论的对象。[①]这种研究有双重意义：一是满足理智对事物本质认识的要求；二是“求情感的满足”。他说：在进行这种研究时，“我不能忘记‘天地与我并生，万物与我为一’，我不仅在研究的对象上求理智的了解，而且在研究的结果上求情感的满足”[②]。

性、情是中国哲学特别是宋明理学和心学的焦点问题之一，同样也是金岳霖的道论的主题。根据他的分析和界定，性是存于个体中的共相，情是存于个体中的特殊性或具体情况。人的情是普遍的情中的一种。具言之，“是动于中而形于外”的东西。情与用一样，是人的认识最初，是最容易接触的，是认识体、性的入口。“情求尽性，用求得体，而势有所依归。”[③]自然事物的表现都是尽性，如水往低处流就是“尽性”。人也是这样，情是性的表现。因为“性是情之所依，性表于情，情依于性”[④]。当然也有相反的情况，即情求尽性而不尽性。[⑤]

有无至真、至善、至美的总目标？回答是它没有现实的存在，没有达到，但可思考和言说。这最理想的境界就是太极。它真且善、美、如、乐。这种最高、最理想的目标可称作太极。金岳霖说：“道无终，无终的极为太极。”“自有意志的个体而言之，太极为综合的绝对的目标。”“目标的现实虽在未来，而目标之所以为目标至少是因为它在现在已经是思考的对象。”“太极为至，就其为至而言之，太极至真、至善、至美、至如。”[⑥]“如”即佛家所说的不变不动的真如，当然也有自如、自主等理想意义。他说：“在太极情尽性，用得体，万事万物莫不完全自在，完全自如。”[⑦]他倡导这一理想境界、崇高目标的理由是“免除好些西方的性情中人对于天堂那种敬鬼神而远之的态度。太极不是不舒服的境界。它不仅如如，而且至如。”[⑧]

论道当然不能撇开“心”。而在讨论心时，金岳霖强调，由于心有多种极为不同的用法，因此不是每种用法都与道有关，只有良心与此关系密切。金岳霖尽

① 金岳霖：《论道》，《金岳霖全集（第2卷）》，人民出版社2014年版，第21页。
② 金岳霖：《论道》，《金岳霖全集（第2卷）》，人民出版社2014年版，第21页。
③ 金岳霖：《论道》，《金岳霖全集（第2卷）》，人民出版社2014年版，第243页。
④ 金岳霖：《论道》，《金岳霖全集（第2卷）》，人民出版社2014年版，第244页。
⑤ 金岳霖：《论道》，《金岳霖全集（第2卷）》，人民出版社2014年版，第247页。
⑥ 金岳霖：《论道》，《金岳霖全集（第2卷）》，人民出版社2014年版，第249-252页。
⑦ 金岳霖：《论道》，《金岳霖全集（第2卷）》，人民出版社2014年版，第253页。
⑧ 金岳霖：《论道》，《金岳霖全集（第2卷）》，人民出版社2014年版，第253-254页。

管没有用到“分析性心灵哲学”之类的概念，但由于他精通分析哲学，且将它变成了自己哲学思维的基本框架，因此当他把它用于对心的概念的分析时，自然便有事实上货真价实的分析性心灵哲学。这一心灵哲学的个体发生学其实复演的是英美分析性心灵哲学的发生学。在这一发生学中，心灵哲学恰恰是分析哲学运动的一个必然产物。金岳霖像著名的分析家赖尔在《心的概念》中一样，对心字的各种用法做了细致的分析。之所以要如此，是因为他认识到：“大部分的哲学上的笔墨官司，是为心字或物字而打的。”[①]他找到的用法很多，例如，日常生活中可指一个东西、共相，可用于表示意识、意思、意志。另外，心还在生理上被运用，如指心脏、大脑。在伦理学上的用法指的是良心。[②]在哲学上的用法一是“万物皆有心”，二是“上帝的心”或“帝心”，三是“超心”，四是作为思想之官的心。金岳霖还从心与思想的关系角度做了分析。他认为，心是思想的能力。[③]他强调：心物及其关系问题可以回避，如说最好不用“心”“物”这两个字。如果不用“心”和“物”这两个字，那么“似乎可以减少许多问题”，“哲学上的心物之战当然用不着讨论”，这“很省事”，“根本没有这样一个问题”。[④]很显然，金岳霖通过自己的分析，与西方逻辑经验主义可谓殊途同归，最终都有拒斥心身这一形而上学问题的倾向。

第三节 钱穆对“安心之学”的探赜索隐

钱穆是中国现代著名历史学家、思想家、教育家，新儒家第一代代表人物，有学者谓其为中国最后一位士大夫、国学宗师，与吕思勉、陈垣、陈寅恪并称为“史学四大家”。其著述宏富，专著有80种以上，代表作有《中国近三百年学术史》《国史大纲》《文化学大义》《中国历史精神》等，论心的著作有《灵魂与心》《人生十论》等。

---

① 金岳霖：《知识论》，《金岳霖全集（第3卷）》，人民出版社2014年版，第315页。
② 金岳霖：《知识论》，《金岳霖全集（第3卷）》，人民出版社2014年版，第315-317页。
③ 金岳霖：《知识论》，《金岳霖全集（第3卷）》，人民出版社2014年版，第317-324页。
④ 金岳霖：《知识论》，《金岳霖全集（第3卷）》，人民出版社2014年版，第322页。

一、心教：中国特色的价值性心灵哲学

钱穆认为，由于人同时有心生活和身生活，因此人类进化到现在，最重要的问题是“如何安心”，以及如何让心安得稳、安得住。即使还有其他问题，但它是“解决当前一切问题之枢纽”①。而为了揭示安心的机理、条件、具体操作方法，他不仅做了大量价值性心灵哲学的工作，而且对求真性心灵哲学做了大量有标准心灵哲学意义的工作。例如，在论述灵魂与心的区别的过程中，对中西心灵哲学的异同（主张中国哲学没有西方人的灵魂观念、二元论思想）、心的深层结构和本质发表了许多独到的见解。基于对中国心灵哲学的解读，特别是东西方心灵哲学的比较研究，他不仅揭示了中国哲学对求真性心灵哲学的贡献，如对文化心、道心的发现，而且论述了中国价值性心灵哲学的内容和特点，将它准确地概括为“心教”，认为这种心教既以仁为最高境界，又以仁为进入此境界的根本途径。

钱穆说：如果说中国的哲学是一种教化的话，那么它可被称作“心教”，儒学就是这样，是故他写了《孔子与心教》一文。②他认为，儒家建立心教旨在解决人生两大难题：一是死与生的矛盾问题。一方面，人皆有死；另一方面，人又皆有求不死的倾向与诉求。为了化解这样的矛盾，便有了种种宗教。二是人与我的矛盾问题。每个人都有一个小我，而小我必有与他人、社会的冲突。西方为了解决这一问题，特别强调法律、道德。而中国则不同，孔教既不倡导西方人的宗教，又不重西方人的法律。它是通过“心教”来解决上述问题的。心教教的是去凡成圣，或成仁。只要成仁，就没有上述两个矛盾难题。因为“在仁的境界之内，人类一切自私自利之心不复存在，而人我问题亦牵连解决……扩充至极，则中国社会可以不要法律，不要宗教，而另有其支撑点。中国社会之支撑点，在内为仁，而在外则为礼”③。总之，中国的成仁教、成圣教就是心教。因为如孟子所说的：“仁，人心也。”④这里的人不是小我之心，而是“人类大群一种无隔阂，无封界，无彼我的共通心。到达此种心的境界则谓之仁。人到了仁的境界，则死生、彼我

① 钱穆：《人生十论》，九州出版社 2011 年版，第 93 页。
② 钱穆：《灵魂与心》，广西师范大学出版社 2004 年版，第 16-21 页。
③ 钱穆：《灵魂与心》，广西师范大学出版社 2004 年版，第 17 页。
④《孟子·告子上》。

问题，均连带获得解决”①。因此他强调：“自孔门之道言之，则政治之重不如教化，教化一本乎人心。”②从比较上说，孔门之发展演变成了教育，耶稣之训演变成了宗教。“孔子教义，重在人心之自启自悟，其归极则不许有小己之自私。曰仁曰礼，皆不为小己。”③

二、自我、自由、不朽及其心理机制

思考人生问题是钱穆从小就有的兴致，即“性之所迫”，例如，他从小就爱读“人生教训”一类的书。④他说：“凡属那些有关人生教训的话，我总感到亲切有味，时时盘旋在心中。”⑤他思考人生问题的特点在于：不停留于人生的表面，而进至决定人生的人心中探赜索隐。由此所决定，他在对心的价值性追问中便表达了丰富而独到的求真性心灵哲学思想。

首先，他对探究世界人生的方法做了自己的思考，强调不能用有限的生命去探索无限的宇宙，更不能用以此方法探索所得的结论来指导人生。如果硬要这样做，则如庄子所述的“殆矣”，即太危险了。正确的方法是注重探讨人生大道。他说：“人生大道属于有限世界。向有限世界体验，可以当体即是。要求了解人生世界，即在人生之本身……人生乃宇宙一中心……人生真理亦即宇宙真理中之一基点。有限知识，当作为寻求无限知识一指针。人若面向无限宇宙，不免有漆黑一片之感，但返就自身，总还有一点光明。”⑥顺此光明探索下去，就能获得无限真理。“故人类求知，先必返就己之所能知而求，而及其求而得，转可成无限。”⑦质言之，要认识世界，必从人自身入手。而要认识人和人生，又必须从了解自我入手。“人类求了解人生，最先第一步在了解各各自己，即我之个人。”⑧

认识自我旨在认识自我与非我的关系，这是由人我离不开大群所决定的。从做人的角度来说，只有融进大我之中，才是个人的出路。这是中国文化的精神之

① 钱穆：《灵魂与心》，广西师范大学出版社 2004 年版，第 18 页。
② 钱穆：《灵魂与心》，广西师范大学出版社 2004 年版，第 27 页。
③ 钱穆：《灵魂与心》，广西师范大学出版社 2004 年版，第 28 页。
④ 钱穆：《人生十论》，九州出版社 2011 年版，自序第 1 页。
⑤ 钱穆：《人生十论》，九州出版社 2011 年版，自序第 3 页。
⑥ 钱穆：《人生十论》，九州出版社 2011 年版，第 58 页。
⑦ 钱穆：《人生十论》，九州出版社 2011 年版，第 60 页。
⑧ 钱穆：《人生十论》，九州出版社 2011 年版，第 63 页。

所在。它“以此有限中之有限个人小我为中心，而完成其对于无限宇宙之大自然而融为一体者”[①]。在《中国思想史》的“序言”中，钱穆强调：要生活得好，必须获得关于人生的真理。这真理应到哪里求？怎样求？西方人的科学、宗教、哲学一般主张：应像追求宇宙科学真理一样到外界去求，要么到作为万善之源的上帝中求，要么到宇宙万物中去求。东方的看法大不相同：“不主离开人生界而向外觅理，而认真理即内在于人生界之本身……此可谓之向内觅理。”[②]钱穆花力气发掘这一思想，而且“接着”做出了自己的发挥和创新，例如，《人生十论》《灵魂与心》等书都做了这样的工作。

怎样到人本身、人内部去发现真理呢？首先，当然应关注心理世界中地位最高的理智，但仅此还不够，因为“理智仅占人类心知之一部分而非其全体，则仅由理智所获得之人生真理，亦属人生真理之一部分而非其全体可知”[③]。这就是说，仁心也是必须关注的课题，例如，儒家就是这样，既重智，又关注仁心或道德之心，实可谓“仁智兼尽”。由于仁属情感，因此情感也是人生真理之源头。就两者的地位而言，情感对于人生远重要于心智，从此路径发现的真理主要是人性本善。正因为有此发现，中国哲学才得出“人皆可为尧舜”的积极人生哲学结论。[④]

人有无心？能否自见其心？钱穆赞成禅宗二祖慧可的看法：人没法把心拿给自己看。但他又认为，心是实有，自己看不了，但可交由他人看。他说：“用你的心来透视人的心，却亲切易知，简明易能。父母很容易知道儿女的心，儿女也很容易知道父母的心，心和心，同样差不多，这所谓易地则皆然。”“心遇见了心，将会仍感是他自己。”[⑤]

我们知道，有我、无我问题是当代心灵哲学研究中最热门、最前沿的问题之一，现涌现出了数以百计的崭新理论。钱穆对此也有独到的思考，认为自我与自由是密切联系在一起的问题。要回答自由的种种问题，首先要弄清什么是我。因为自由即由我自己做主，那么，什么是我？佛教认为，人们所相信存在的那个我

① 钱穆：《人生十论》，九州出版社 2011 年版，第 38 页。
② 钱穆：《中国思想史》，九州出版社 2012 年版，自序第 2 页。
③ 钱穆：《中国思想史》，九州出版社 2012 年版，自序第 3 页。
④ 钱穆：《中国思想史》，九州出版社 2012 年版，自序第 4 页。
⑤ 钱穆：《人生十论》，九州出版社 2011 年版，第 99 页。

是空，是不存在的。詹姆斯（W. James）认为“我”有三种，即肉体我、心理我、社会我。钱穆改造詹姆斯的思想认为，真正的我是心我或精神我，它不是一个实体，只是一种觉。这有点类似于今日最低限度自我论的思想，最低限度自我论也认为，自我就是意识的前反思的自我觉知。他说：“此我，则只在我心上觉其有。而此所有，又在我心上真实觉其为一我。”[①]

圣人是做人的完成，集真、善、美、福、吉、安等一切终极美好价值于一身。圣人有我还是无我？如果有我，其特点是什么？钱穆的回答是圣人有我，但不是一般人的小我（肉体我），而是大我、“真我”。“所谓真我者，必使此我可一而不可再。旷宇长宙中，将仅有此一我，此我之所以异于人……故此一我，乃成为旷宇长宙中最可宝贵之一我。”[②]从表面上看，人身上只有穿衣吃饭、生儿育女之类的现象，“我之所以为我者又何在”[③]？就现实的人而言，此真我不是现成，而是“待成”，因为人身上充其量只有成真我的可能性资源。他说：“目前之所谓我，仅乃一种所以完成真我之与料，此乃天地自然赋我以完成真我之一种凭借或器材。所谓我者乃待我，非已成”[④]，要成真我，首先要发现它，而“我之发现，有赖于人心之自觉”[⑤]。尽管人人都说我，但此我只是一向往，并非实存。“人心必求成一我，而人未必真能成一我，未必能真成一真我。”[⑥]

在寻求、发现真我时，务必认识到，真我不能离当下现实的我或人而求之，因为真我的依凭、可能性根据、种子就在当下的人之中。“若一意求异于人以为我，则此我将属于非人。”[⑦]要完成真我不仅不能离开现实的人，而且也不能离开现实的世界。“我之所贵，贵能于人世界中完成其为我。贵在于群性中见个性，贵在于共相中见别相。故我之为我，必既为一己之所独，而又为群众之所同。”[⑧]

要成为真我，除了自觉、发明之外，还离不开“特异品格”“特殊德行”。此品格、德行既来自自然授予，又依赖于文化塑造，即由于“人文化成”而始有。

① 钱穆：《人生十论》，九州出版社 2011 年版，第 107 页。
② 钱穆：《人生十论》，九州出版社 2011 年版，第 67 页。
③ 钱穆：《人生十论》，九州出版社 2011 年版，第 68 页。
④ 钱穆：《人生十论》，九州出版社 2011 年版，第 68 页。
⑤ 钱穆：《人生十论》，九州出版社 2011 年版，第 67 页。
⑥ 钱穆：《人生十论》，九州出版社 2011 年版，第 67 页。
⑦ 钱穆：《人生十论》，九州出版社 2011 年版，第 68 页。
⑧ 钱穆：《人生十论》，九州出版社 2011 年版，第 68 页。

随着文化的演进、发展，此品格、特性也在发展。[①]要成真我，还要善于在历史文化中完成，或从“先我”中求，即向已成为真我的人学习，钱穆说：“此千品万俦之先我，乃所以为完成此一我之模型与榜样。”[②]这先我既存于当世，又存于异代。

综上所述，只有这精神我，“才始是主我，是真我。既是只有精神我得称为真我，因此也唯有精神我得可有自由”[③]。他自认为，如此认识我，就能合理地说明人为什么有最高的自由。在他看来，自由不可能在肉体我中，也不在社会我中，只在真我或精神我之中。肉体我、社会我不可能有此自由。以颜渊为例，他就有最高的自由，如箪食瓢饮、身居陋巷、人不堪忧，而他却不改其乐。这乐就是他的最高自由。钱穆说：“此一番颜渊心中之乐，则纯由颜渊内心所自发。此出颜渊之真心，亦是颜渊之真乐。”[④]如果他这样想，即我这样做旨在博人赞赏，那么这里起作用的我就是社会我，而非真心我，他的自由就不是最高自由，因为它不出自真我。因此钱穆强调：“追求人生最高自由，则不得不透悟到此一辨。”[⑤]若透悟了这一层，那么就有了寻求最高自由的方向了，这就是应向真我求。即使是思想与言论的自由，也不该到外求，到外求，只能事与愿违。他说：“言论思想自由，实际该向内、向自己觅取，不能向外，向社会争求。”“凡属人生行为之一切自由，实则无不皆然。若我们不明白这一层，则社会纵使给予我以种种自由，而我仍可无自由。故社会立法，至多可使我不自由，而不会使我们真有了自由。”[⑥]孔子“七十不逾矩而随心所欲”足以说明这一点，只要进入仁心真我境界，就绝对自由了，且合乎一切礼法。

依法、依道德而行在一些人看来，是自由的，因为法、道德是自由意志的表现。钱穆认为，这也不是真自由。如孟子所说的：“由仁义行，非行仁义”，因为在社会关系中，规定有仁与义，我依规定而行仁义，则此种行是由社会关系所强制的，并非出于我。“只有由我自性行，因我自性中本具有仁义，故我自由性

① 钱穆：《人生十论》，九州出版社 2011 年版，第 69 页。
② 钱穆：《人生十论》，九州出版社 2011 年版，第 69 页。
③ 钱穆：《人生十论》，九州出版社 2011 年版，第 107 页。
④ 钱穆：《人生十论》，九州出版社 2011 年版，第 108 页。
⑤ 钱穆：《人生十论》，九州出版社 2011 年版，第 108 页。
⑥ 钱穆：《人生十论》，九州出版社 2011 年版，第 114 页。

行，即成为由仁义行。此乃我行为之最高自由。”[①]质言之，由我自发的行为才是自由的行为。他说：“人类要寻求自由，必该在人性之自觉与夫人心之自决上觅取……人类若要尊重自我、自由、人权、人生，则必然尊重人类的自心自性，而接受认许儒家所主张的性善论。”[②]

讨论人生问题当然无法回避朽与不朽的问题。在这方面，中国也很有特点。钱穆说：中国“早已舍弃灵魂观念而另寻吾人之永生与不朽……明白了这一义，才可明白中国思想之特殊精神与特殊贡献之所在”[③]。从《左传》中可以看出当时人们所追求的不朽不是灵魂不朽，而是有两方面的不朽：“一是家族传袭的世禄不朽，一是对社会上之立德立功立言的三不朽。”[④]根据这一观念，人即使没有死后的灵魂存在，也照样可以做到不朽。在上述两种不朽中，三不朽“较高大”。这里追求的不朽不是死后到另一世界中去，而是继续留在现实世界之中。怎样留呢？很简单，只要功德、事功、言论留在现实的人心中，就等于不朽。到了孔子，他把追求人心绵延的不朽“倒转来成为一种人生的义务与责任”，只要能尽义务、责任，做到孝悌忠恕，便是不朽。钱穆说：“孝弟（悌）忠恕便是仁，便是一种人类心之互相映发互相照顾，而吾人之不朽永生即由此而得。”[⑤]不同于西方的地方还在于：中国人不仅不承认西方所谓的灵魂，而且还强调心有人心和道心两方面。人心可随肉体而生灭，而道心即文化心，是不灭的。

凡夫的肉体及所依存的直接心理是肯定要消灭的，即使有特定意义的不朽，如“三立”，那也是圣贤的事情。问题是如何看圣贤的不朽？或圣人是否有不朽的特点？钱穆的回答是肯定的，但强调，此所谓不朽有特定含义：一是其神的“余势”可以遵循能量守恒的原则存在一定的时间；二是其所立的功、德、言长久存在于后人心中。他说：“古来大伟人，其身虽死，其骨虽朽，其魂气当已散失于天壤之间……然其生前之志气德行，事业文章，仍然在此世间发生莫大之作用……故亦谓之神。”“文王生前之魂气，实能于其死后时时昭显其大作用。故

① 钱穆：《人生十论》，九州出版社 2011 年版，第 111 页。
② 钱穆：《人生十论》，九州出版社 2011 年版，第 115 页。
③ 钱穆：《灵魂与心》，广西师范大学出版社 2004 年版，第 6 页。
④ 钱穆：《灵魂与心》，广西师范大学出版社 2004 年版，第 6 页。
⑤ 钱穆：《灵魂与心》，广西师范大学出版社 2004 年版，第 8 页。

文王身后，为神不为鬼。”[①]

钱穆还探讨了这类不朽的心理根源，认为圣人之所以能不朽、凡人之所以有朽，是因为人心有魂魄两种构成，魄依附于形体，其知极其有限，即拘于知身之冷暖。而魂则不同，有超越于身的认知能力。人死时，其魂气不像魄那样归于地，而归于天，因此能远播。“一人之死，乃死其身，死其附随于身之知。而别有超越其身之知，则可不死常在。而且引申变化莫测。故曰：形与魄则归于地，魂与气则归于天。人之生，不仅有身，乃亦有气。不仅有魄，乃亦有魂。人之死，魄随形埋归于地，魂则随气散播于天，古人之魂气，仍可常在，流传于后世千万年之下，故曰归于天。”[②]

这种常、不朽是修来的，故说君子修其常，故恒久、神异。钱穆说：“君子修其常，小人道其变。惟变终必归于无，此即是鬼。常自可通于久，此即是神。”[③]钱穆的这些思想表面上看承认了神、不朽，与一般的相信灵魂不朽的观点似无区别；其实，他所说的神、不朽都有特定的含义，不同于有神论所说的神、不朽。例如，神是指人的奇妙的作用、变化。这也没有违反他一贯坚持的自然主义。他说：“每一人之生与死，只是一自然，其过程则全在人文界，遂以造成中华民族唯一看重人文精神之一项特出的文化传统。”[④]对灵魂与心的区别也足以说明这一点。他不承认人有灵魂，认为灵魂是其他文化的虚构，中国文化是否定作为实体、转世之依凭的灵魂的。人拥有的是随身体而生的心。即使可以承认灵魂，但也必须强调：只是在“有了生命乃始有灵魂，并非有了灵魂乃始有生命”[⑤]。

如果人有特定意义的不朽，那么人就用不着悲观，因为根据他的看法，人可由小生命进至大生命之中，根据在于：人有心之神明功能。他说：“人类生前之心，有能得人心之同然者。此为由心返性，即孟子所谓尽心知性，尽性知天，亦可谓之由人合天，是即由每一人生前之小生命转进到人类继继绳绳万世不绝之大生命中，而何复有断灭之忧。而人类此一短暂渺小之小生命，乃能寄存于大生命

① 钱穆：《灵魂与心》，广西师范大学出版社 2004 年版，第 87 页。
② 钱穆：《灵魂与心》，广西师范大学出版社 2004 年版，第 96 页。
③ 钱穆：《灵魂与心》，广西师范大学出版社 2004 年版，第 100 页。
④ 钱穆：《灵魂与心》，广西师范大学出版社 2004 年版，第 102 页。
⑤ 钱穆：《灵魂与心》，广西师范大学出版社 2004 年版，第 105 页。

之中，随以俱前，此可谓之至神。”①

总之，中国人对于人心有极细密之观察，其表现是①以性情言心；②言心，常兼言魂魄；③所言之心有随附于身之心和超越于身之心两种；④重道心或文化心，道心是相对于人心、肉团心而言的，心有肉团之心，还可超出此躯体而共同完成一大心，其作用是在己心与他心、心与心之间做共同之会通；⑤重心灵生活、心灵生命，重从人生、伦理角度论心，因此中国的人生观是人心本位的。钱穆总结说：“中国人独于人心有极细密之观察。中国人常以性情言心。言性，乃见人心有其数千年以上之共同一贯性。言情，乃见人心有其相互间广大之感通性。”②西方人看到的是心的理性的一面，这只是看到了心的一种认知功能，而没有看到心对于人的幸福美满的作用。“中国文化之最高价值，正在其能一本人心全体以为基础。”③

三、圣心结构、机制剖析

圣心及相关的心理现象，如天心、道心、大心以及钱先生所说的文化心等，是中国心灵哲学所发现的心理样式，也是中国心灵哲学独有的课题。它对它们的剖析既表达了中国独有的价值性心灵哲学思想，也展示了中国切入求真性心灵哲学研究的一个独特的维度。这在前面已有考释，这里重点剖析钱穆所关注的与道心有关的圣心问题。在他看来，中国文化的基本精神是圣学，而圣学实即心学，即教人如何成就圣心这样一种心理，它也可被称作仁心。他说：中国文化“乃以教人做一好人，即做天地间一完人，为其文化之基本精神者。此所谓好人之好，即孟子之所谓善，中庸之所谓中庸，亦即孔子之所谓仁”④，也就是今日所说的道德或伦理精神。仁心的特点是通、融、大、化。他说：“中国人生活理想，则贵心心交融，两心化成一心。如父慈子孝，父与子各别是一我，但慈存之心则互通为一。此心在孔子谓之仁。仁即在尘世中。”⑤一家仁、一国仁即为天堂，反

① 钱穆：《灵魂与心》，广西师范大学出版社 2004 年版，第 99 页。
② 钱穆：《灵魂与心》，广西师范大学出版社 2004 年版，第 94 页。
③ 钱穆：《灵魂与心》，广西师范大学出版社 2004 年版，第 94 页。
④ 钱穆：《人生十论》，九州出版社 2011 年版，第 64 页。
⑤ 钱穆：《灵魂与心》，广西师范大学出版社 2004 年版，第 92 页。

之为地狱。

根据儒家的圣心观，圣心以狂狷为特点。钱穆赞成这一点，但做了自己的新阐释。他认为，圣心既无为、狷，又有为、狂。“他只依着一条中间路线而前进，他的前进也将无限。但随时随地，便是他的终极宁止点。”[①]

钱穆对圣人之心进行剖析所发现的第一构成或特点是能感通。一般人的心由于是万物之灵，因此也有感通之用，如“能心与心相通，情与情相感”，“人中之圣人”更是如此，“尤能妙极此灵，竭其感通之能事。不仅其生前，既能推而达致于邦国天下，并能及其死后，上通千古，下通千古，郁之为德行，畅之为事业，华之为文章，使其魂气乃若常在天壤间”，他们的德言、精神“永昭于后人之目，故谓之不朽……又谓之神明”。[②]圣人如孔子之所以三不朽，即立德、立功、立言，是因为有“明德灵性”，“苟非明德灵性，则三者俱无由立”。[③]这就是说，圣人通过自己的努力，成就了一种特殊的心理，即妙极此灵、明德灵性。它无疑是值得求真性心灵哲学研究的一个对象。因为它在心理系统的底层，是心的深层本质的结构，因此认识它的庐山真面目，将有助于我们更好地把握心的一般本质。

此外，钱穆像梁漱溟一样重视从生、从活即生活的角度言心，特别是研究了圣人的心的“真生活”。他认为，圣凡在身体、物质生活上没有什么差别，但心生活有天壤之别。其表现是，圣人的心生活是人与人相感通、互相关照、自利利他的高级的生活。“此心主要生活，乃不专为躯体作仆隶，而在己心他心、心与心之间作共同之会通……心有真生活开始，乃在不专当躯体仆奴。他心喜乐，己心亦喜乐，他心忧郁，己心亦忧郁。”[④]以孔子和颜渊这样的圣人为例，“孔子饭疏食，饮水，曲肱而枕之。颜渊居陋巷，一箪食，一瓢饮。就物质生活言，此属一种极低级之生活，人人可及。但孔子、颜渊在此物质生活中所寓有之心生活，则自古迄今，无人能及。乃亦永久存在，永使人可期望在此生活中生活”[⑤]。这种生活世界美妙无比，因为它不同于物质世界的有限、狭隘，它“广大宏通，悠

① 钱穆：《人生十论》，九州出版社 2011 年版，第 8 页。
② 钱穆：《灵魂与心》，广西师范大学出版社 2004 年版，第 87 页。
③ 钱穆：《灵魂与心》，广西师范大学出版社 2004 年版，第 88 页。
④ 钱穆：《灵魂与心》，广西师范大学出版社 2004 年版，第 89 页。
⑤ 钱穆：《灵魂与心》，广西师范大学出版社 2004 年版，第 90 页。

久无疆，一入其中，人可各得满足，而又欲罢不能”[①]。

个人快乐、幸福在圣人境界中有何地位？这是一个重要而争论极大的问题。一种观点认为，圣人是理想道德的化身，大公无私，毫不利己，专门利人，不看重个人快乐。钱穆通过分析身生命、心生命及其关系发表了自己的看法。他认为，两种生命是东方哲学独有的主题。当然，东方不是一开始就有此自觉的，而是文化发展到较高境界的产物。钱穆说：“由身生命转出心生命，乃是生命上一绝大变化，绝大进步。”[②]当然，心生命也有层次差别，例如，由关心饥寒饱暖到追求喜乐，是心生命开始的表现。但低层次的心生命所关心的喜乐主要在温饱之上。钱穆不否认求喜乐是人的目的性追求，但认为最高的喜乐形式是由小心变成天人一体的大心，并视天下喜乐为真正的喜乐。这就是圣心之喜乐。它不是伴随物质享受、感性欲望满足而发生的暂时、瞬时的喜乐，而是圣心永远具有的体验。质言之，只要成就了圣心，就一定永远生活在它的喜乐之中。

我们知道，自周敦颐教二程寻孔颜乐处始，许多人就把所乐何事作为儒家圣学的核心问题更明确地摆在人们面前。当然，早期儒家已在关注此问题，如孟子看重三乐。《孟子》云：“君子有三乐，而王天下不与存焉。”第一，父母健在，兄弟安好。第二，上无愧于天，下无愧于人。第三，得天下英才而教育之。钱穆认为，圣人所乐的事很多，如哀乐也是一乐。他借解释《论语》“乐而不淫（过度），哀而不伤（伤害）”说：“哀乐者，人心之正，乐天爱人之与悲天悯人，皆人心之最高境界，亦相通而合一，无哀乐，是无人心。无人心，何来有人道？”[③]当然，在哀乐表现时，有过与不过的问题。最好是适度，因为乐逾量，便成苦恼；哀抑郁，则成伤损。即使有过有损，那也不是哀乐本身的问题，因为哀乐即人心之正。通过对喜乐的深层机制的研究，钱穆认为，快乐与否主要取决于心，取决于人的感受结构，而与引起乐的外部刺激关系不大。例如，“鸡汤从外面吃进去，但味则从心灵内部感觉到。有时一个人吃粗茶淡饭，有时比别人吃鸡鸭鱼肉还好，这就是‘味’不同。这个‘味’字，在人生中牵涉很广，也很深。我们总要自己生活得有味。由此可知，人生主要，应该是高出于物质人生之上的内部人生，应

① 钱穆：《灵魂与心》，广西师范大学出版社 2004 年版，第 93 页。
② 钱穆：《灵魂与心》，广西师范大学出版社 2004 年版，第 111 页。
③ 钱穆：《论语新解》，生活·读书·新知三联书店 2012 年版，第 68 页。

该是心灵的”①。人生的理想境界就是要“活得有味”。而人活得是否有味，不在于物质生活，而在于心灵生活。他说：“高级生命则形为心役，以身体物质生活为手段，以心灵精神生活为目标……心的价值意义，远胜过了身体的价值意义。”②

钱穆上升到价值论的高度强调：安乐即人的终极价值。他说：“我们的人生除了安与乐还有第三个要求吗？”③安乐可分为安和乐，它们有递进关系，有条件与结果的关系，如只有安了才有乐。因此，“安是我们人第一个重要的字，安了就能乐”④。就其所依的条件而言，安乐与富贵贫贱没有关系，因为富贵的人不一定安乐，而贫贱的人有时很安乐。安乐从哪来？怎样得真安乐？关键是“圆满我们的天性”，由于性是潜在可能性，是规律，因此只有顺性而为，让天性满足，才能真安乐。“完成我的天性，自会得到安乐两字做我们人生最后的归宿。”⑤这里的天性就是生来就有的资源，本自具足。这天性因得自天的道，因此也可称作“德”（得）。如韩愈所说的：“足于己，无待于外，之谓德。”⑥钱穆说：“在我们自己内部的本就充足，不必讲外面的条件，只要能把来表现就行。”⑦例如，人本来就既喜又欢，此即一种天性，“人自会喜欢，不需再要条件”⑧。在这里，钱穆从天性的角度论述了通常看作有害心理表现的必然性及其与快乐的关系。他认为，由于哀、怒等是人的天性，因此必然表露出来，而且只要正确予以表现，便可有益于人生。他说：“人遇到哀伤时不哀伤，便会不快乐。如父母死了，不哭，你的心便不安。”⑨如果让它在这样的情况下表现出来，“哀伤反而像变成为快乐了”。怒也是如此，该怒时不怒，就有害，若“发怒得当，也就像是一种快乐”。总之，喜怒哀乐是人的感情，从天性而来，只要发泄得当、表现得圆满，就既合天性，又有益于人生。他说：“我们人生最后的归宿，就归

① 钱穆：《灵魂与心》，广西师范大学出版社2004年版，第121页。
② 钱穆：《灵魂与心》，广西师范大学出版社2004年版，第121-122页。
③ 钱穆：《人生十论》，九州出版社2011年版，第133页。
④ 钱穆：《人生十论》，九州出版社2011年版，第133页。
⑤ 钱穆：《人生十论》，九州出版社2011年版，第133页。
⑥ [唐]韩愈：《原道》。
⑦ 钱穆：《人生十论》，九州出版社2011年版，第134页。
⑧ 钱穆：《人生十论》，九州出版社2011年版，第134页。
⑨ 钱穆：《人生十论》，九州出版社2011年版，第134页。

属在此德性上。性就是德，德就是性。”[①]我们最好是“圆满发展它”。这里显然表达的是一种极独到甚至反常的思想。它不认为哀、怒等是负面的有害心理，而将其视作天性的流露，因而不主张节制、消灭它们，反而强调适当予以表现与圆满人生不仅不冲突，反倒是其必然环节。既然如此，在圣人是否有情这一圣学的经典问题上，就可得出这样的结论：圣人不是没有喜怒哀乐的人，而是让其恰当圆满表现的人。“身体之内有个心，生命之内有个德。德性乃是由天所赋，尽人相同，可以不足一百年，可以绵延到几千年，几万年。人的生活到死完了，人的德性可以保留在你的儿孙身上，亦可保留在大群人身上。喜怒哀乐古人有，今人亦有，将来的人还是有。这个人能表现一种十分恰当圆满的喜怒哀乐，可做人家榜样的标准的，中国人称他人圣人，或者称他为天人……我们人生到这个阶段，可以无憾了。”[②]

怎样看待幸福或生活的意义？这是弗拉纳根所说的心灵哲学和认知科学的最困难的问题。钱穆从阐释儒家有关思想出发，表达了自己的看法。他说：“儒家思想并不反对福，但它们只在主张福德俱备。只有福德俱备那才是真福。”[③]另外，真福还体现在“内外调和、心物交融的情景中”[④]。这就是说，钱穆倡导的幸福是一种内外和谐、既有为又无为的状态。这里值得探讨的是“如何像以前禅宗般，把西方的新人生观（重利、外）综合上中国人的性格和观念，而转身像宋明理学家般把西方人的融和到自己身上来，这该是我们现代关心生活和文化的人来努力了。”[⑤]

钱穆的幸福论还体现在他对价值样式的讨论中。在比较中西方价值观时，钱穆认为，西方人关注的价值主要是真善美。由于西方文化的强劲推进，这几乎成了世界性的普遍观念。在他看来，这是有欠缺的，“并不能包括尽人生的一切”。做补充的人有很多，例如，巴文克（B. Bavink）主张应增加适合与神圣。适合即工技适合，如以最少的资力获得最好的效果；神圣即宗教神圣。钱穆认为，这增补的两种价值还应扩充，如政治上的法律制度、社会上的风俗礼教都应有适的一

① 钱穆：《人生十论》，九州出版社 2011 年版，第 134 页。
② 钱穆：《人生十论》，九州出版社 2011 年版，第 135 页。
③ 钱穆：《人生十论》，九州出版社 2011 年版，第 7 页。
④ 钱穆：《人生十论》，九州出版社 2011 年版，第 7 页。
⑤ 钱穆：《人生十论》，九州出版社 2011 年版，第 8-9 页。

面，除了物质工业之外，还应发展“人文工业”“精神工业”，让它们也有“适”的特点。[①]除上述几种价值之外，钱穆认为，还应追求第五价值，即神，并将它加到其他价值之中。这里的神不是人格神，而是将生命活出神味，如让有限的生命具有无限性。他说：“以如此般短促的人生，而居然能要求一个无限无极的永永向前，这一种人性的本身要求便已是一个神。”[②]神的表现还可这样表述：在生活中，“随其短促之时分，而居然得到一个适，得到一种无终极里面的终极，无宁止里面的宁止。而这种终极，又将不妨害其无限向前之无终极，这种宁止，又将不妨害其永远动进之无宁止。适我之适者，又将不妨害尽一切非我者之各自适其适”[③]，这就是神。从心灵哲学上说，这种神是一种不同于道家所说的精、气、神的神，它也是一种极为玄奥的心理状态，值得心灵哲学研究。

怎样让生命体现神的价值？钱穆的回答是一要唯，二要知。“唯神而后能知神。真能认识神的，其本身便亦同样是一个神。”[④]能知道神的当然只能是心。

在探讨生活意义这一心灵哲学最困难的问题时，他有时把有目的、有意义的人生称作“文化的人生”。它是人按特定目的而建构的人生，不同于“自然的人生”。当然，文化的人生离不开甚至包含着自然的人生。例如，老、病不是人的目的，属自然的人生，但这又是文化的人生所不可免的。从来源上说，“文化的人生，是在人类达成其自然人生之目的以外，或正在其达成自然人生之目的之中，偷著些余剩的精力来干另一些勾当，来玩另一套把戏”，文化的人生的特点是自由，即“从自然人生中解放出来的一个自由”。[⑤]由于人的境界、情趣、能力不同，文化的人生当然有层次差别，即有高低、深浅之别。

在探讨如何过有意义的人生时，钱穆提出了圣人的“艺术心情说”。他从对《论语》的“子在齐闻韶，三月不知肉味，曰：‘不图为乐之至于斯也’”[⑥]的解释开始说起。他不赞成过去的三种解释：①一旦闻美乐，何至三月不知肉味？②“心不在焉，食而不知其味”，岂圣人亦不能正心？③圣人之心应能不凝

① 钱穆：《人生十论》，九州出版社2011年版，第13页。
② 钱穆：《人生十论》，九州出版社2011年版，第18-19页。
③ 钱穆：《人生十论》，九州出版社2011年版，第19页。
④ 钱穆：《人生十论》，九州出版社2011年版，第19页。
⑤ 钱穆：《人生十论》，九州出版社2011年版，第27页。
⑥ 钱穆：《论语新解》，生活·读书·新知三联书店2012年版，第160页。

滞于物，岂有三月常滞在乐之理？钱穆的看法是“圣人一种艺术心情”。孔子说自己“发愤忘食，乐以忘忧”，这也是圣人的一种艺术心情。“艺术心情与道德心情交流合一，乃是圣人境界之高。”①

钱穆不同于一般心学的地方在于，不满足于对圣心、大心做现象学的描述，而是试图走进去，揭示其内在机理和成就的可能性根据。从外因来说，人们之所以有痛痒相切、互感互通的大心，是因为人类发明和使用了语言。他说：“人类有语言，乃为心与心相通一大机能。语言传达，曲折细微，此心之所感受，可以传达他心，使同有此感受……此心乃不复拘束在各自躯体之内，可以超出此躯体而共通完成一大心。”②由此，他看到了心的这样一个本质特点，即可以不封闭于大脑之内，可以走出去，可以扩而充之，弥散于主客之间，甚至整个宇宙。由于心有上述放大、扩充之类的作用，因此人的心量可以放大，圣人之所以为圣人，就是因为其心量被放大至无限，“别人心里之所有，尽可装入我心里，上下古今，千头万绪，愈装进，心量愈扩大”③。放大的最高境界就是成就大我。他说：“整个世界中，有一大我，它是一个大生命在表现。”④明白这一点，就能明白生命的意义之广大与悠久，既然生命可广大与悠久，生命的意义也可广大与悠久。

凡心转化为圣心的内在机制是志胜气。相应地，凡夫的特点是气胜志而为魄。其心由于沉迷于肉体的享受，“其资厚者其气强，其资约者其气微，故气胜志而为魄”⑤。圣贤则不然：“以志一气，清明在躬，志气如神，故志胜气为魂。众人之死为鬼，而圣人为神，志之所在异也。”⑥之所以神，是因为圣贤志胜气，进而有游魂，而游魂为变，为神。凡夫则不同，气胜志，其心表现为魄。是故古人重魂轻魄，务求人人圣贤化，使人生如在神世界。

基于对孔子这一圣人个案的剖析，钱先生认为，圣人有这样的境界，即耳顺，从心所欲而逾矩。从孔子身上不难发现：只要知天命，认识与道一致，就可进入这样的耳顺境界：“远近反正，古今顺逆，所见皆道，皆在天命中……明其所以

① 钱穆：《论语新解》，生活·读书·新知三联书店 2012 年版，第 161 页。
② 钱穆：《灵魂与心》，广西师范大学出版社 2004 年版，第 89 页。
③ 钱穆：《人生十论》，九州出版社 2011 年版，第 47 页。
④ 钱穆：《人生十论》，九州出版社 2011 年版，第 52 页。
⑤ [南宋]朱熹：《朱子全书（二十四）》，上海古籍出版社、安徽教育出版社 2002 年版，第 3468 页。
⑥ 钱穆：《灵魂与心》，广西师范大学出版社 2004 年版，第 99 页。

然则耳顺，一切不感其有所违逆，于是而可以施教，可以为治，可以立己而立人，达己而达人。”①更进一步就到了从心所欲而不逾矩的境界。“圣人到此境界，一任己心所欲，可以纵己心之所至，不复检点管束，而自无不合于规矩法度。此乃圣人内心自由之极致，与外界所当然之一切法度规矩自然相洽。”②

在从价值论角度研究心时，钱穆同样表现出了他一直坚持的自然主义，如强调心生命依于身生命。他说：“心生命必寄存于身生命，身生命必投入于心生命。”③即使是圣人所拥有的喜乐也不是物质生命之外的东西，而是生命最高发展的产物。例如，经过生命的进化，人发展出了对快乐的感受和追求。他说：“人的生活，又有最重要的一点，就是人对自己的生命能够感到快乐……求生意志，乃及如何保持生命的一些智慧，此是大多数生命所同有。只有一种乐生之情，乃最为人生之特出处。”④质言之，人生“以乐生之情为其最高发展”。当然，乐也有其相对的独立性。他说：“乐生先要能安生。生命在危险中便不安，当然就不乐。这个乐，不在身体上，不从外面加进去，而乃发自内心。”⑤

四、道心、意向性及其心理-生理机制

心怎样来？有无依凭？钱穆认为，世界尽管很大，其充斥的东西很多，但归纳起来只有“两样东西，即是物与心”。生命寄存于物质。“到目前为止我们还没有发现能离开物质而自行独立的生命。”⑥而有生命不一定有心，如植物有生命而没有心。所谓生命具体表现为身体的活动与行为之上。因此可以说，身体是生命的工具。没有生命不可能有心，心必须寄托于生命之中。因此物质、生命、心是依次发生的，后者寄于前者之上。⑦具言之，先有物质，后有生命和心。从依存关系来说，心依于生命、生命依于物质。但从价值上来说，心的价值最高。“宇宙间心灵价值实最高，生命次之，而物质价值却最低。”⑧但价值高的要表现

① 钱穆：《论语新解》，生活·读书·新知三联书店2012年版，第90页。
② 钱穆：《论语新解》，生活·读书·新知三联书店2012年版，第93页。
③ 钱穆：《灵魂与心》，广西师范大学出版社2004年版，第114页。
④ 钱穆：《灵魂与心》，广西师范大学出版社2004年版，第121页。
⑤ 钱穆：《灵魂与心》，广西师范大学出版社2004年版，第121页。
⑥ 钱穆：《人生十论》，九州出版社2011年版，第37-38页。
⑦ 钱穆：《人生十论》，九州出版社2011年版，第38页。
⑧ 钱穆：《人生十论》，九州出版社2011年版，第40页。

其价值则又不得不依赖于价值低的东西。只有如此，它才能表现其存在和价值。由此所决定，“高价值的遂不得不为低价值的所牵累而接受其限制”[①]。

但是，心灵能否不依赖于物质和生命呢？钱穆的看法是，在特定意义上是可以的。这就像老的生命没死，新的生命发生了，生命在新老之间的跳跃、接续，就有离开物质而独存的意味。他说：“生命像在踏过那些凭依物而跳跃地向前。其实，心灵之于生命，依我看来，正也有类此的趋势。人心和动物心之不同，似乎都是人的心可以离开身体而另有表现。”[②]这是生命离开身体而表现自己的另一更重要的成就。心离开身体的另一表现是表现在自己的创造、制作活动之中，例如，人将木头制成桌子，就让自己的心离开了身体而投射到桌子的制作之上。在制作和制成桌子时，“那匠人之生命与匠人之心，已离开那匠人之身躯，而在此桌子上寄托与表现了”[③]。再放大一点，人所造的一切，都是心灵逃出小我之躯“所完成之表现”。

再如，人类面前展现的自然景象，不再是纯自然的东西，同样有从躯体中逃逸出来的心灵。或者说，它们里面渗透着心灵的努力。就此而言，人面前显现的自然世界其实是“心物交融的世界”[④]。总之，心灵有其不可思议的存在方式与作用。钱穆说：“人的心，能不专困在自己的身躯里……因为人的心灵之活动，而使人的身躯也扩大了，外面许多东西都变成了我身躯之代用品……因此我的心与命，都可借仗这些而表现而存在。”[⑤]很显然，心有可冲出生命和身体的束缚的本质特点，因此包含有今日认知科学所说的 4E 理论的思想。其延展心灵观表现在：强调“心跳进瓷土，就造成了杯子，心跳进棉麻，就造成了衣服”[⑥]。另外，心还可借语言声音跳出躯壳“钻进别人心里”。这是人心不同于动物心的根本特点。“人类有了文字以后，人的心灵便扩大了，情感思维理智种种心能无不突跃地前进。这真是人类文化史上一大划时代的大标记。”[⑦]用今日心灵哲学的范式看，这表达的是一种十分典型的“宽心灵观”。据此，心不再像笛卡儿主义

① 钱穆：《人生十论》，九州出版社 2011 年版，第 40 页。
② 钱穆：《人生十论》，九州出版社 2011 年版，第 41 页。
③ 钱穆：《人生十论》，九州出版社 2011 年版，第 41 页。
④ 钱穆：《人生十论》，九州出版社 2011 年版，第 42 页。
⑤ 钱穆：《人生十论》，九州出版社 2011 年版，第 42 页。
⑥ 钱穆：《人生十论》，九州出版社 2011 年版，第 46 页。
⑦ 钱穆：《人生十论》，九州出版社 2011 年版，第 47 页。

和常识心灵观所设想的那样，只局限于头脑之内，而可弥散、辐射于主客之间，心既有以内的存在样式，也有脱离头脑而显现于外的样式。这既包含了宽心灵观的思想，又有其超越性，因为钱穆还承认心有头脑之外的存在样式，特别是如后面将述及的，他承认有道心、文化心之类的具有更“宽”特点的心理样式。

钱穆在《灵魂与心》一书中从比较角度强调：西方坚持的是二元对立观念，如灵魂与肉体、精神与物质、感性与理性的对立。中国人重视的是心理生活，因此形成了中国哲学直指人心一元论的人生观与宇宙观。当然，中国哲学表面上有二元倾向，如强调气质与心性，其实只要真理解了性，就没有这个嫌疑。因为中国哲学既强调气质之性，又强调义理之性。“以一性字总摄之，则又决非是二元。”①另外，西方坚持的二元论首先是关于灵魂生活与肉体生活的人生观二元论，其次是关于精神与物质的宇宙观二元论。“这种二元世界，实从二元的人生观而来。”②西方人对人生始终不脱个人主义藩篱，即只在个体头脑内讨论人生问题。而这是由他们认识的心或灵魂是囿于个体之内的小心所决定的。这种心灵观在今天被称作与宽心灵观相对应的窄心灵观。对于他们而言，“灵魂本带有个人性”，其表现在幸福观上，“大体以个人之快乐与福利为宗极”。③西方人一般认为，灵与肉是两种不同的存在。灵魂与肉体合，即为生命，灵魂是生命的原则。灵魂可以在生前、死后独存。中国则不同，“似无如西方民族同样之灵魂观……人生先有此肉体，有了此肉体，才始有一种精气表见……在人生以前，并非先有一灵魂”④。人死后没有灵魂的游荡，只有依附于一物上的精气。另一最大的区别是中国人谈论的心有自然心和文化心的分别。

中国儒家看到的人心不是认知性的、心理性的心，而是道心、文化心、大通之心。它的特点是“超出个体小我之隔膜与封蔽而相通，此为人兽之分别点。”⑤此心不是肉体心，肉体心是人兽共有的。西方心理学只关注此心，因此无法涉及“人心之真实境界”⑥。中国人除了看到此心之外，还看到了心后面的“文化心”“道

① 钱穆：《灵魂与心》，广西师范大学出版社 2004 年版，第 11 页。
② 钱穆：《灵魂与心》，广西师范大学出版社 2004 年版，第 1 页。
③ 钱穆：《灵魂与心》，广西师范大学出版社 2004 年版，第 4 页。
④ 钱穆：《灵魂与心》，广西师范大学出版社 2004 年版，第 85 页。
⑤ 钱穆：《灵魂与心》，广西师范大学出版社 2004 年版，第 18 页。
⑥ 钱穆：《灵魂与心》，广西师范大学出版社 2004 年版，第 19 页。

心”，它的特点是“存在于人与人之间，哀乐相关，痛痒相切，中国人称此种心为道心，以示别于人心。现在我们可以称此种心为文化心。所谓文化心者，因此境界实由人类文化演进陶冶而成。”①

中国哲学也注意到了宇宙中的意向性这一神奇现象，但可惜没有由此生发开来，提出带有实证科学和形而上学性质的问题。钱穆曾用自己独特的但不太“标准”的意向习语对中国文化重视心之意向特征这一点做了十分精彩的概述。他说：“人心能超出个体小我之隔膜与封蔽而相通，此为人兽之分别点。此种着重在心一边的看法，其实只为中国人的观念。”②（并非如此）“西方科学里的心理学……是无灵魂的心理学……当然研究不到人心之真实境界……对人心的认识实嫌不够。中国人所谓心并不专指肉体心，并不封蔽在各各小我之内，而实存于人与人之间，哀乐相关，痛禅相切，中国人此种心为道心……为文化心。”“所谓人心者，乃指人类大群一种无隔阂，无封界，无彼我的共同心。”相对而言，西方人所说的人心只是“小我肉体之心之一种机能”。③从时间上讲，人心在特定意义上有超时间性，如圣人“永远存在于他人心里”④，“此种心，已不是专限于肉体的生物心，而渐已演进形成为彼我古今共同沟通的一种文化心”⑤。例如，人心能超越自身，指向过去，“心存百代”，指向未来，遥想万世。从空间上说，心能超越小我，把整个宇宙装于一心之中。另外心与心可以互相渗透，如“可以超出此躯体而共通完成一大心”。“他心喜乐，己心亦喜乐。”⑥心还能以文字为媒介，“感受异地数百千里外，异时数百千年外他人之心以为心。数百千里外他心之忧喜郁乐，数百千年前他心之忧喜郁乐，可以用为此时此地吾心之忧喜郁乐”，“此始为吾心之真生活真生命所在”。⑦

中国哲学不仅对心之意向作用做了较全面的梳理，而且对它在做人、成圣中的作用，对它与人的生存状态的关系做了独到的探究。一般认为，心还能以文字为媒介，“感受异地数百千里外，异时数百千年外他人之心以为心。数百千里外

① 钱穆：《灵魂与心》，广西师范大学出版社 2004 年版，第 19 页。
② 钱穆：《灵魂与心》，广西师范大学出版社 2004 年版，第 18 页。
③ 钱穆：《灵魂与心》，广西师范大学出版社 2004 年版，第 19 页。
④ 钱穆：《灵魂与心》，广西师范大学出版社 2004 年版，第 19 页。
⑤ 钱穆：《灵魂与心》，广西师范大学出版社 2004 年版，第 20-21 页。
⑥ 钱穆：《灵魂与心》，广西师范大学出版社 2004 年版，第 89 页。
⑦ 钱穆：《灵魂与心》，广西师范大学出版社 2004 年版，第 89 页。

他心之忧喜郁乐，数百千年前他心之忧喜郁乐，可以用为此时此地吾心之忧喜郁乐”，“此始为吾心之真生活真生命所在”。[①]人做得如何，是圣人还是凡夫，人生活得如何，是在天堂享福还是在地狱受罪，主要取决于人心“位于”“安于”“寄托于”何处，即取决于人心的意向、指向，取决于“心使”。如果让心在任何情况下都指向、安顿于道，“虚其心”，“贵食母”[②]，“休”于“虚静恬淡寂寞无为者”[③]，或者像孟子所说的那样，把心的指向性放在养“大心”、扩充心、尽心之上，那么就会成为快乐无比、人格高尚的圣人、大人。荀子说：“心平愉，则色不及佣而可以养目……蔬食菜羹而可以美口，粗布之衣，粗训之履而可以养体。”[④]意思是说，人如果不为物所役，不是只知往外驰骋，而是安于平愉，那么即使处在物质条件很差的情境之下，也能心安理得、快乐无比。反之，如果为物役使，让心系于财色名食睡，那么便会“心忧恐则口衔刍豢而不知其味，耳听钟鼓而不知其声……故向万物之美而盛忧，兼万物之利而盛害，如此者求其物也，养生也”[⑤]？《管子·内业》也说：“执一不失，能君万物。君子使物，不为物使。”“是故圣人与时变而不化，从物而不移……定心在中，耳目聪明，四肢坚固。”[⑥]中国佛教由于对印度佛教和中国文化的精髓兼收并蓄，因此对此的认识更加深刻和透彻。它认识到：心既是体、宗，又是用，或者说，西方不离方寸，一念心净，则佛土净，是圣是凡就取决于当下一念心，取决于心之所住。因此至圣、求解脱的根本问题是处理心的所住，是“善巧安心”。一念心生，向外弛求、攀缘，念念着相，即指向有相之物，便堕凡夫，反之一念不生，安心于法相，念而无念，指而无指，“于无住而生其心”，永远心平行直，即入涅槃。

人为什么能获得广大无边的道心或文化心，而非人却不能呢？钱穆通过对心的深层次的构成、结构及本质进行分析做了回答。例如，钱穆在对《周易·系辞上》中的“精气为物、游魂为变”进行解释时就表达了他关于人、心、身及其相互关系的看法。他说：“精气为物，犹言合心与身为人。”[⑦]气指的是形，精指

① 钱穆：《灵魂与心》，广西师范大学出版社2004年版，第89页。
②《老子·第十五章》。
③《庄子·天道》。
④《荀子·正名》。
⑤《荀子·正名》。
⑥《管子·内业》。
⑦ 钱穆：《灵魂与心》，广西师范大学出版社2004年版，第96页。

的是其中的精微、精妙力量，如血气心知。这里的心身只是人的浅层次的结构。除此之外，人身还有“游魂”，其特点是“变”，即能超越心身和狭隘的时空，而至于广大。质言之，人的道心就根源于此。他说：“魂亦心知，乃已超越人身，不随俱灭，乃若能离此死人之体而游于太空，又随后人之身而复活，故曰游魂为变。”其表现还有：“凡此人文社会之文化传递，演进无极，皆是此游魂之为变。”①

他还用仁心来解释道心。众所周知，仁是儒家的核心范畴，但一般认为它是一个伦理范畴，而根据钱穆的理解，它从本质上说是一个心灵哲学范畴，因为仁即心、灵觉。它“指人类内心之超乎小我个己之私而有以合于大群之一种真情，亦可谓是一种群己融合之本性的灵觉。人类惟此始可以泯群我之限，亦惟此始可以通天人之际”②。“孔门之所谓仁，即吾人对此大群体无限生命之一种警觉与灵感也。”③只要发明、发扬此心，就能“使人生得其希望”④。

魂魄的功能问题是中国心灵哲学的常见课题。根据钱穆的理解，它的功能范围极大，既有认知、道德等作用，也有决定身体及行为的作用。他说：“耳目心识、手足运动、啼呼为声”，属于魄。“精神识性，渐有所知”，属于魂。⑤其功能的强弱也与人体的强弱有关。体魄强，其魂也强，以至于有精爽、神明。魂魄有力量的根源在于：它们有物的能量，因为魂魄本身就是一种气。如果构成魂魄的气、物强大，“用物宏”，“取精多”，那么其力量就大，同样，其死后，即为鬼。据《左传》，郑子产已有这样的思想：“用物精多，则魂魄强，是以有精爽，以至于神明……其用物宏，其取精多，其族又大，所凭厚矣，而强而死，能为鬼。”⑥相反，如钱穆所说的：“若其人生前生活条件劣，即所谓凭依薄，则魂魄弱，则在其死后，亦未必能为鬼。”⑦据此可知，鬼其实是“人生时种种活动之余劲未息、余势未已”⑧。质言之，是余力、余势。它们为何有因果作用呢？因为它它们本身就是形气之灵。如孔颖达《春秋左传正义》疏：“人之生也，始变化为

① 钱穆：《灵魂与心》，广西师范大学出版社 2004 年版，第 96-97 页。
② 钱穆：《灵魂与心》，广西师范大学出版社 2004 年版，第 24 页。
③ 钱穆：《灵魂与心》，广西师范大学出版社 2004 年版，第 25 页。
④ 钱穆：《灵魂与心》，广西师范大学出版社 2004 年版，第 25 页。
⑤ 钱穆：《灵魂与心》，广西师范大学出版社 2004 年版，第 42 页。
⑥ 钱穆：《灵魂与心》，广西师范大学出版社 2004 年版，第 41 页。
⑦ 钱穆：《灵魂与心》，广西师范大学出版社 2004 年版，第 41 页。
⑧ 钱穆：《灵魂与心》，广西师范大学出版社 2004 年版，第 41 页。

形，形之灵者，名之曰魄也。既生魄矣，魄内自有阳气。气之神者，名之曰魂也。魂魄，神灵之名，本从形气而有。”[①]钱穆认为，这一解释与郑子产的意愿可能有差距，他的解释是“人生仅只是此形气，而气谓神灵，则指其有形气后之种种性能与作为……并不是外于此形气，先于此形气，而另有一种神灵或灵魂之存在。”[②]我们可把这一思想称作无灵魂的人生观或纯形气或自然主义的人生观，它“实为古代中国人所特有”[③]。

五、以仁心为安宅：成圣的心理学途径与操作

这里必然碰到的问题是成圣、成好人可能吗？由凡心向圣心转化可能吗？如果可能，该如何进行心理的操作？钱穆的回答是肯定的，认为其可能性根据在于：“由于各自内心之明觉，由于各人自己之向内体验”[④]，因此人人都有转化心灵、由凡转圣的可能性根据。尽管各人才性、气质、长相、时空等千差万别，但有这样的共同性，即都有良知或那么一点明觉或灵性或灵明妙德。他说：“各自之良心，人人良知之明觉，此即人人当体即是之真理。”[⑤]由此所决定，人人皆可为尧舜，人人皆可成为无限宇宙之中心。方法是借助本有的明觉，不向外求，而向内求。“各人凭其各自内心之明觉而向内体验，由此所得之真理，真乃有限之有限，当体而即是。人生一切真理，莫要于先使自己做成一好人。而各人自知之明，必远多于他人之知我。”[⑥]

要完成心灵转化，必须抓主要矛盾、崇本息末，因为“君子务本”。钱穆说：“本立而道生，孝弟也者，其为仁之本与？”“孝”指善事父母，“弟”（悌）指善事兄长。他解释说：“孔子之学所重最在道。所谓道，即人道，其本则在心。”[⑦]有仁心始可有仁道，所谓仁，即人群相处之大道。此道以孝悌为本。“孔门论学，范围虽广，然必兼心地修养与人格完成之两义。”[⑧]

---

① 转引自钱穆：《灵魂与心》，广西师范大学出版社 2004 年版，第 42 页。
② 钱穆：《灵魂与心》，广西师范大学出版社 2004 年版，第 43 页。
③ 钱穆：《灵魂与心》，广西师范大学出版社 2004 年版，第 43 页。
④ 钱穆：《人生十论》，九州出版社 2011 年版，第 65 页。
⑤ 钱穆：《人生十论》，九州出版社 2011 年版，第 65 页。
⑥ 钱穆：《人生十论》，九州出版社 2011 年版，第 65 页。
⑦ 钱穆：《论语新解》，生活・读书・新知三联书店 2012 年版，第 6 页。
⑧ 钱穆：《论语新解》，生活・读书・新知三联书店 2012 年版，第 5 页。

成圣的过程实即寻找心之安宅或最好寄托的过程。根据儒家的看法，人心安宅不难求，那就是要到仁中求。《论语》云："里仁为美，择不处仁，焉得知！"[①]意为居于仁为美，若择身所处而不择于仁，哪算是知呢？孟子云："仁，人之安宅也。"[②]因为仁既利人，又利己，让自己永处逸乐，如《论语》云："不仁者，不可以久处约，不可以长处乐。仁者安仁，知者利仁。"钱穆据此发挥说："人之所以为人，主要在心不在境。外境有约有乐，然使己心不能择仁而处，则约与乐皆不可安……仁者，处己处群，人生一切可久可大之道之所本。仁乃一种心境，亦人心所同有，人心所同欲……安仁者，此心自安于仁……利仁者，心知仁之为利，思欲有之。"[③]

怎样以仁心为安宅呢？他的回答是一切时、境都安心于仁，或让仁心久驻，果如此，即为得圣心、成君子。他说："仁者人心，得自天赋……惟君子能处一切境而不去仁，在一切时无不安于仁，故谓之君子。"[④]在他看来，人要提升品位，要完满人格，关键是找到可靠的寄托，就像人不以脚为支撑就没法行走一样。他强调：要知道有止有进，正如两只脚走路，只有一只脚停下来，另一只才能进，人生也是这样，随时得找个归宿。"人生要能这样才能安，才能乐，此始是所谓圆满。"[⑤]一般而言，成圣的最好的止是止于至善。"至善便是人生归宿处。""中国人讲一个'止'一字，并不妨碍了进步，进步也要不妨碍随时有一个歇脚，这歇脚就是人生一大归宿。"[⑥]

为何能通过安心来解决人的问题？钱穆通过追溯生命特别是心身的进化做了回答。他说：在动物界，"心为身有，亦为身役，更无属于心本身之活动与工作，因此也没有心自己独立自生的问题"[⑦]。在人类身上，"心经过长期的历练，心的贡献，遂远异于耳目四肢其他身上的一切官能，而渐渐成为主宰一切官能，指挥一切官能的一种特殊官能了"[⑧]。任何事物都有两面性，随着心的进化，心

①《论语·里仁》。
②《孟子·尽心上》。
③ 钱穆：《论语新解》，生活·读书·新知三联书店2012年版，第77页。
④ 钱穆：《论语新解》，生活·读书·新知三联书店2012年版，第80页。
⑤ 钱穆：《灵魂与心》，广西师范大学出版社2004年版，第129页。
⑥ 钱穆：《灵魂与心》，广西师范大学出版社2004年版，第129页。
⑦ 钱穆：《人生十论》，九州出版社2011年版，第91页。
⑧ 钱穆：《人生十论》，九州出版社2011年版，第92页。

也同时有动物所没有的问题，即"独立而自生的问题"[①]。心开始是身的仆人、工具，后来逐渐摆脱这种地位，而成了身之外的自主的领地。例如，在原始人的一定时期，如有了自己的社会组织、农工技术之后，小孩到几岁后，人就有自己独立的心生活或精神生活。在心生活中，最重要的问题就是如何安心。特别是在当前，"主要在于如何安放我们的心，把我们的心安放在哪里？如何使我们的心得放稳、得安住？这一问题是解决当前一切问题之枢纽"[②]。安心之所以是一个问题，完全由心的下述特点所决定。它的特点是"总爱离开身向外跑，总爱偷闲随便逛。"[③]所有关于安心原理和方法的探讨都围绕它而展开。宗教教人的安心方法是教人将心安放在身之外的神之上。其以为这样就摆脱了污秽、罪恶、受缚的身体，让心自己自由与独立了。这其实是不现实的，也不能实现。因为"若使真脱离了身，心又从何处见"[④]？科学认为，心的安放之处应是能满足人需要的"物"，因此努力去加以探讨，努力去发明创造各种新奇的事物。心在这里尽管有自己的喜悦，有自己的满足，但得到了想要的物之后，并不能让人满足长久，而且物有时还常伤害人自己的心身。钱穆说："大规模的出产狂，无限上的企业狂，专翻新花样的发明狂"[⑤]，都是心生活在自寻出路、自寻安顿处，其结果怎样？就其对身生活的作用而言，有些是锦上添花，有些是画蛇添足，有些是自寻烦恼。对于心本身，这些心的依托是弊大于利的。还有一种安心论，就是禅宗的。它告诫人们，既无安心处，又无心可安，因为一切空空。钱穆在这里由于对禅宗的真精神缺乏必要的理解，因此做了错误的批判，他说："那是一种欺人的把戏"，"心虽拿不到，我心之感有不安是真的"。[⑥]

无论就理论还是现实而言，如何安放心，一直都在被真实地加以探讨。其实，禅宗说无心可安，那是就果上、理体上说的。就事用、行上而言，禅宗像其他宗派一样承认有心可安、心有安处。佛教独有的主张是要将心安放到最值得安的、最可靠的地方。那就是要安心于实相，殊不知，禅宗祖师还发明了大量安心的方

① 钱穆：《人生十论》，九州出版社 2011 年版，第 92 页。
② 钱穆：《人生十论》，九州出版社 2011 年版，第 93 页。
③ 钱穆：《人生十论》，九州出版社 2011 年版，第 94 页。
④ 钱穆：《人生十论》，九州出版社 2011 年版，第 94 页。
⑤ 钱穆：《人生十论》，九州出版社 2011 年版，第 95 页。
⑥ 钱穆：《人生十论》，九州出版社 2011 年版，第 96 页。

法，如参话头、默照禅等。宋代的道学先生教人将心安放在“腔子”即身体之上，因为跑出腔子，飘飘荡荡，会没有个安放处。“没有了身，必然会没有身。”“心与身之间，该如鹣鹣鲽鲽，该如连理木，如同命鸟。它们生则同生，死则同死……心必先常放在腔子里，才能跑出腔子外。”[①]

钱穆赞成的是孔子的安心之法，认为它“牖启了人心一新趋向……教人心安放在人心里。他教各个人的心，走向别人的心里找安顿、找归宿。父的心，走向子的心里成为慈；子的心，走向父的心里成为孝；朋友的心，走向朋友的心里成为忠与恕。心走向心，便是孔子之所谓仁。心走向神、走向物，总感得是羁旅他乡。心走向心，才始感到是它自己同类，是它自己的相知，因此是它自己的乐土”[②]。这样安心，其实是要将心安放于他人之心，在钱穆看来，是最好的安心方法，它既利己，因为如此安心，处处是家园；又利他，甚至让全人类的心结成一大心。于是一人之心，化成了一家心。一家之心，化成了一国心。一国之心，化成了天下心。天下人心，便化成了世界心宇宙心。心量愈扩愈大，它不仅感到己心即他心，而且会感到我心即宇宙。到这时，心可与神合一，与物合一，这是“心之大解放”“心之大安顿”；到这时，心会感到自己的不朽，因为心彻底安放妥当，就会觉得己心是文化心、历史心，“如是之谓人心不死”。[③]

心量放大，让心终极安顿的方法很简单，那就是先让自己的心走进别人的心里去，进而让心跑进死人的心里，跑进后来未生的人心里。如此一来，过去心、现在心、未来心，便凝为大心，或文化心。它“超然于身与万物而独立自由地存在了”，“此之谓心安而理得，此之谓至神”。[④]

当然，这不是说他人、他物、宇宙由我心所创造，也不是说我心是宇宙主宰，它强调的是，“在人文境界里，人心和宇宙和合融凝为一了”[⑤]。

要完成心灵转化，必须学会多情寡欲。“这一人如果多情寡欲，他定是个快乐人。如果是多欲寡情，最好不和他交朋友。”[⑥]这里的情是指拿出去，指奉献，

① 钱穆：《人生十论》，九州出版社 2011 年版，第 96-97 页。
② 钱穆：《人生十论》，九州出版社 2011 年版，第 98 页。
③ 钱穆：《人生十论》，九州出版社 2011 年版，第 99-100 页。
④ 钱穆：《人生十论》，九州出版社 2011 年版，第 100 页。
⑤ 钱穆：《人生十论》，九州出版社 2011 年版，第 101 页。
⑥ 钱穆：《灵魂与心》，广西师范大学出版社 2004 年版，第 129 页。

欲是指拿进来。

成圣的过程也可看作克服苦痛、实现解脱的过程。钱穆说：“人生有两大限，一为人、我之限，一为生、死之限。人生一切苦痛，则全从此两大限生。”[①]我总生在非我之中，人与非我争，“必归失败，宜无他途”。因此，人不苦才怪。人有生死当然是最苦，其根源是有身。“有身乃复有死，我限死限，皆由身来。”[②]能否于此有限人生中找到安适、解脱？能否就此有限人生解脱此有限？钱穆的回答是肯定的，根据是人身虽有限，但心量可无限，因此人超越有限、实现无限是可以做到的。这就是要“从自然生命转入心灵生命”，“超出有限，便是解除苦痛。人之所谓我，皆从身起见，不从心起见”。[③]

心灵转化直至完成对痛苦死亡的超越，离不开自我的转化，换言之，通过自我的心理转换，可完成对痛苦的超越，由有限过渡到无限。“我”有两种：一是自然生命中的有限的我；二是心灵生命中的无限的我。解脱的关键就是“从心灵生命中见我……于一切感中认知有此心，而复于此无限心量中感知有此我。当知自心即具一切感，不仅感知有此身，抑且感知身外之一切。非身是我，此感乃是我，而且自心以外，复有他心，能从一切他心中感知我。此一我，绝不仅止一身我，必且感知及于我之心而始认之为是我……人必从我与他之两心之相互感知中认有我，此之谓心起见。此始是一种人文我。而此我则是一无限。”[④]总之，痛苦之超越、有限向无限的转化，是可以做到的，当然要从心中做，要进行心理操作或革命，用钱穆的说法就是要“从心起见”。看到我与他人、非我是一大我，是一文化我。“我之所以为我，并非由我此心对我此身而成有我，乃由我此心对于我之伦类之心之相感相知而后始成其为我。若认知了此一我，则早已打破了人、我之限。”[⑤]在这里，只要完成心灵的转化，就可如愿，这种转化其实是可以做到的，也具有可操作性。例如，从心上看，“内本己心是忠，外推他心是恕，己和他同属人，换言之，则同是我。我心即人心，心人即我心。此种人心之同然处，

① 钱穆：《人生十论》，九州出版社 2011 年版，第 79 页。
② 钱穆：《人生十论》，九州出版社 2011 年版，第 80 页。
③ 钱穆：《人生十论》，九州出版社 2011 年版，第 80 页。
④ 钱穆：《人生十论》，九州出版社 2011 年版，第 80 页。
⑤ 钱穆：《人生十论》，九州出版社 2011 年版，第 81 页。

即是人心之常然处”[①]。应注意，这里倡导的同然、常然之心又不同于抹杀个性的主张。因为这里有这样的要求和操作，即“全体即从个体上见”，例如，我为父而慈，即表现了全体为人父者之慈。孝慈由我而言，是一个别心，但由人类而言，就是一共同心或全体心。“唯其是己心他心相感相通而融成一心，此心之量扩大可至无限，绵延亦可至无尽，故于心起见之我，亦属于无限。”[②]

总之，由于生死既有限，又无限，因此既有其不可超越性，又有其可超越性。要超越生死，其枢纽仍在心中，因此仍应从心上说起。从肉体上看，人是有限的，依于身的生命必有限。“故人之有生，莫不决然向于死之途而迈进。”[③]从价值上说，生老死灭是一悲事。但若“从心上起见”，结论则不同。钱穆说：从文化上、从心上看生死，“则人之有死，实非生老死灭，而是生长完成。有死，故得有完成，此乃一可喜事。若我无死，我将永不终了，永无完成”，“唯其人生有此一无常，人生始得产生一善自处理之妙道……只要善处有限，便是善处无限。孔子曰：朝闻道，夕死可矣。这是说，在有限人生之前面，常有一无限之黑影死，时时相迫……若失了此一有限性，朝过有夕，夕去有朝……人生无限，既无终极，亦将不复有开始……孔子则吃紧为人，把捉此一段有限之生命，即在此有限中下功夫，只求此有限之完成……正因为人人都有此一机会，必然会跃出有限，跳进无限……人生观其实由人死观而来，一切人生真理都由有了一死的大限而创出而完成”。[④]

要完成心灵转化，最要紧的当然是崇道、敬道、知道、得道。因为道即宇宙人生的普遍共有的规律、大道。它由于具有普遍的必然性，故也可被称作天道。君子、圣人之所以为君子、圣人，是因为他悟此大道。他是怎样悟的呢？很简单，“于某一时代某一人之心中，而独为所发现”[⑤]？因为道具于身、具于心。有道是“道不远人。”既如此，心中必有道。它尽管难知，但圣人之知必以知此为终极。因为不知命、不知道，不以为圣人。他说：“道与命之合一，即天与人之合一也，

① 钱穆：《人生十论》，九州出版社2011年版，第83页。
② 钱穆：《人生十论》，九州出版社2011年版，第83-84页。
③ 钱穆：《人生十论》，九州出版社2011年版，第85页。
④ 钱穆：《人生十论》，九州出版社2011年版，第85-86页。
⑤ 钱穆：《人生十论》，九州出版社2011年版，第117页。

亦即圣人知命行道，天人合一之学之最高之所诣。”[①]

第四节　唐君毅、牟宗三和徐复观：圣贤人格自狂狷入与情欲安顿

唐君毅、牟宗三和徐复观无疑是新儒家最重要、最活跃的代表人物。他们试图超越儒老、西方，“体道以立人极”，即着力探究天地万物本原、原理，以为人性立形而上学基础。在这个过程中，他们都非常重视对圣贤心理、心灵观的探讨。例如，唐君毅的《中国文化之精神价值》第六章专论“中国先哲之人心观”，主旨是论述心的无对性、虚灵性、涵盖性和主宰性之类的特点，心、神、志、气、性、情的关系，性情的善恶问题，心与理的关系问题，中国儒道论心性的异同，以及对中西方人心观的比较，等等。[②]其他两人也都做过类似的工作。

一、唐君毅：心的“无对性”与心灵观、圣心观的中国式探讨

唐君毅，四川宜宾人，中国现代著名思想家、哲学家、教育家。1949 年 4 月，唐君毅赴香港，与钱穆、张丕介等创办新亚书院，并兼任教务长、哲学系主任等职。1958 年与徐复观、牟宗三、张君劢联名发表现代新儒家的纲领性文章《为中国文化敬告世界人士宣言》。其学问体大思精，驰骋于东西方哲学及其比较之中，而归于中国圣贤义理之学。其主要著作有《人生之体验》《道德自我之建立》《生命存在与心灵境界》《中国文化之精神价值》等。

唐君毅对中西方心灵观及其异同投入较多而精深，在总述西方宗教、文学、哲学、心理学的人心观的基础上指出，相对于西方许多心理学派重视从生理与心理的关系的角度言心的特点，中国的心理观除少数例外之外，“殆皆注重直接就人心对其自身之体验以言心性也，盖皆不注重研讨心中之诸观念如何联络之法则”[③]。“中国哲人之言心，主要者，一为道家一路，一为儒家一路。道家之言心，重心之虚明灵觉，及心所依之气一面。而儒家之言心，则兼重心之性情与志

① 钱穆：《人生十论》，九州出版社 2011 年版，第 70 页。
② 唐君毅：《中国文化之精神价值》，广西师范大学出版社 2005 年版，第 89-129 页。
③ 唐君毅：《中国文化之精神价值》，广西师范大学出版社 2005 年版，第 92 页。

行一面。”[①]在谈观念或意念时，虽强调在意念上下功夫，但不把它当作心之本身。虽重视欲，但认为欲为后者，非先存于下意识中之实在。西方强调心有其相对性，即总是从二分关系中言心，如主观与客观对、心与物对，而中国哲学言心性“则重心之无对性。中国先哲，重心之虚与心之性情，皆所以显心与自然之不相为碍，与心之通内外，而能使主宾相照，物我兼成，以见心之无对性”[②]。

“心的无对性”这一关于心的本质特点的概括，与其说是对先哲心灵观的总结，倒不如说是唐君毅在诠释过去思想的基础上受某些思想的启发而创造性地提出的一个极具时代性意义的概念。根据他的阐释，心不是一个与身、物相对的东西，也不是与客观相对的纯主观经验，不是点式存在，不是局限于头脑或心脏中的有明确界限的东西，而是一个依于身、物、情境、自然同时又包含这些东西的高阶的存在。从因果关系上说，它依赖于过去认为与它对立、界限分明的非心的东西，是由它们的相互作用以及与别的有关的东西的动的交涉而突现出来的极其复杂的现象。从构成上说，心包含性情、虚静的体性、有关的自然和文化的因素，“物我兼成”，贯通内外。从结构上说，它的底层是道、虚静的体性，里面同时隐藏着后来现实的真善美福等价值资源、质材——性。相对于西方当今认知科学的 4E 理论而言，这个概念既包含了它们的合理的思想，又有其充满着真知灼见的超越。例如，看到了心的更深的本质、更原始和更丰富的先天资源以及通内外、兼物我的特点，突出了心的无对性特点。这便为避免西方常见的二分“范畴错误”、正确认识心在自然界的奇特地位（包含客体、非我、物、自然、文化但又超越于这一切，因而是复杂的高阶现象）奠定了基础。

唐君毅认为，中国先哲对心的认识的最大贡献是发现了西方哲学所不知道的这样的心理大陆，即作为道德之源的道德心。他说：“人之有其内在而复超越的心之本体或道德自我。”[③]例如，庄子除了看到了一般人所知的表层的认知之心之外，还发现了人心有虚灵之心。他把前一类心称作“心止于符”之心，即由外物引起的、有与外物是否相符关系的心，如“偾骄而不可逆者，其为人心乎”“其

① 唐君毅：《中国文化之精神价值》，广西师范大学出版社 2005 年版，第 92 页。
② 唐君毅：《中国文化之精神价值》，广西师范大学出版社 2005 年版，第 94 页。
③ 唐君毅：《中国文化之精神价值》，广西师范大学出版社 2005 年版，第 2 页。

热焦火，其寒凝冰”之心。[①]但他同时通过他的特殊的心斋之类的心理运作发现了另一深层次的心，即虚灵照觉之心，它是万物不可纳于灵台之灵台，其感而后应，应而即忘，随气化而运行不滞，不将不迎，应而不藏。其发现的过程和原因一是看到天道之运而无所积，自然万物之变化无常，出乎无有，而入乎无有，方生方死，彼是相因，而莫为之宰；二是由于观此心之喜怒哀乐、虑叹、变、姚佚、启态之日夜相代乎前，而不知其所萌，若有真宰，而特不得其朕；三是由见我与物之关系亦为非彼无我、非我无所取之互相因待之关系。[②]

后来，《管子·内业》也有同样的体认：“心以藏心，心之中又有心。”此心中之心即虚灵之真心。此心的作用不是成就知识，因此不是认知之心，而是道德之心，它也可与物相遇，与大众同流，但不需范畴之类的中间环节，如老子之“空虚不毁万物为实”，致虚守静以观万物之复。它直接与物相遇，而不碍心之虚灵者，以物之运化未尝积滞，而依气之虚以待物之心，亦可无滞住执著也。[③]

道德心的另一特点是无限性。之所以无限量，是因为其念念之过而不留，无所将迎，当下即逍遥自待之感。除此之外，道德心还有涵盖性、主宰性等特点。[④]这些特点中的一些是从“无对性”中引申出来的，有的是独立的，如主宰性。

中国哲学尽管重道德之心，但又不否认认知之心，或不否认心有认知功能，荀子甚至特别看重这一功能。中国哲学重此心的表现是强调心能知来藏往，即既能知来，又能储藏过去的所知。唐君毅说：“一切记忆知识，皆止于藏往。至于判断当今，则一方赖凝固于心中之‘已往之记忆知识’，重新活泼起来；一方赖对于当下呈现者之直接承受。二者交融，以成一当机之判断，决定一当机之态度。此即所谓心之神。《易传》言神以知来，知以藏往……神之知来，则由于使所摄受者之重新活泼，使隐者再现，而伸展至当下所呈现。”[⑤]

在心的功能作用问题上，唐君毅融合东西方的思想成果指出：心的作用既表现在神之上，又表现在志气之上。心之神是指心的发用，有神奇不可思议、不可预测的性质，此“用”的具体表现就是西方人所说的注意、预期、判断、想象、

① 唐君毅：《中国文化之精神价值》，广西师范大学出版社 2005 年版，第 94 页。
② 唐君毅：《中国文化之精神价值》，广西师范大学出版社 2005 年版，第 94 页。
③ 唐君毅：《中国文化之精神价值》，广西师范大学出版社 2005 年版，第 95 页。
④ 唐君毅：《中国文化之精神价值》，广西师范大学出版社 2005 年版，第 95 页。
⑤ 唐君毅：《中国文化之精神价值》，广西师范大学出版社 2005 年版，第 100-101 页。

意志活动等。他说："一切表现心之伸展、心之阳生之活动者，皆心之神。知为已成，神为方生。"[①]想象、神思是心的这类作用的典型形式，"盖想像之一名，重在所想像之意象。而神思之一名，则重在心在想像中之不为感觉及所想之意象所限制，而自由运行，以无远弗届，而遍接万物一面"[②]。广义的心之神还包括冲动意志行为之活动。

中国对心之气、身之气的说明较好地回答了西方人难以说明的意志、心为何有对身体的因果作用的难题。心之神就是心的知来藏往的作用，之所以被称作神，是因为这些作用、活动全无障碍。而心之气，"则就其感阻碍限制，而又加以克服融化上言。言身之气，则指充实于身体而通运用此身，使身之各部，不互相为对峙阻碍者。言物之气，则就物之形质之相对阻碍处之融化上言，唯在中国恒以心之气、身之气及物之气为相通，故心之意志能贯注于身体行为也"[③]。由于心与气不相离，因此心一有对行为的决定，便能作为原因引起行为的发生。因此这里便不存在西方人所碰到的心没有物质、能量而为何有原因作用的难题。在中国哲学中，气就是物质、能量。由于心不离气，因此心一运用作为时，就有它的真实的、具有法则学性质的因果作用。例如，在儒家哲学中，气是"依于自作主宰之精神或神，而充塞弥沦于物我之间，以使其间之矛盾，归于中和，不复见有阻隔窒碍之气。故此气恒与心之志连，而称为志气，志中即包含目的与理想。志气中，即包含实现目的与理想之努力"[④]。

心之性情是"中国人心观之中心之问题"[⑤]。唐君毅对心、性、情的关系的看法是性是心的根，因此要说明心的内容、作用，以及心的塑造等，必须回归于性。他说："言心之一定之内容与有实效性之主宰性等，必自心之性情上说。如离此性情，则心之虚灵，正所以使其空而无实。心亦实不能自保其自身之虚灵明觉功用之长存。"[⑥]简言之，要肯定心有虚灵明觉之功用，承认心有长存性，"至少必须肯定此心有能长保其虚灵明觉之性"。由于心性是大自然赐予人的质材、

① 唐君毅：《中国文化之精神价值》，广西师范大学出版社 2005 年版，第 102 页。
② 唐君毅：《中国文化之精神价值》，广西师范大学出版社 2005 年版，第 102-103 页。
③ 唐君毅：《中国文化之精神价值》，广西师范大学出版社 2005 年版，第 103 页。
④ 唐君毅：《中国文化之精神价值》，广西师范大学出版社 2005 年版，第 104 页。
⑤ 唐君毅：《中国文化之精神价值》，广西师范大学出版社 2005 年版，第 105 页。
⑥ 唐君毅：《中国文化之精神价值》，广西师范大学出版社 2005 年版，第 108 页。

资源，因此它就成了心的内容、主宰性、有效性的总根源。他说：“心之主宰作用之能有实效性，则唯赖心有性为其内容，而显此性于与物相感之情中。而心之主宰性，即依于心之有性为之宰，以定其所向也。”[①]

中国以性理言心尽管在形式上相似于西方人从理性上言心，但实则完全不同，因为西方人谈理性的心，纯是认知性的，而中国人从性理上言心，主要是服务于道德实践、人生哲学特别是成圣成德之教的，质言之，主要是从价值论角度考察心的，当然，里面包含有求真性意义。例如，人的苦乐、幸福与否，表面上是由外界决定的，但在中国哲学看来，它们实际上是由心决定的。例如，依道家，它们是“唯由吾人之不能与变化同流，与变化为常，而不免有执。人诚无所执，而随气之化，使心常保其虚灵之明觉，则此失望苦痛之感，亦可不生”[②]。这种境界在唐君毅看来，仍不够。他说：“庄子之心，虽虚灵超脱，而其情未能充实而扩大。”[③]只有儒家才能较好地解决这里的问题。因为儒者的存心是仁心、仁性。“此心此性，为普万物而无私，此情亦为普万物而博施。”[④]由于儒者有这样的心境，因此不仅自己没有痛苦烦恼，而且面对世界的所谓纷争、矛盾，也不会有矛盾感，而视之为各自的生化发展历程。“此历程之全体，为吾人所整个欲加以成就。”[⑤]“中国先哲之依性理言心之所以不言宇宙之冲突矛盾，而略异于西方以理性言心者之恒不免归于宇宙之矛盾冲突之辩证论之故也。”[⑥]

“怎样对待情”是中国圣心理学的一个重要理论和实践问题。许多人如荀子、庄子及西方理性主义者等都表现出贱情的倾向，因为情的特点是被动性、有害性，而唐君毅根据儒家的性情论发挥说，情有不同的形式，例如，既有被动之情，也有由性之所然自发自动的情。前者包括贪嗔之类的恶情，其根源是“恶情之生，乃由此心未能显其虚灵明觉，自所执之观念解脱，并使性得充量的显于情。人以心性之未显而有恶……唯心之未显其虚灵明觉，或性之未显，可谓由人之未尽其心。”[⑦]除这类情之外，还有善情。他说：“舍此与物感通之自发自动之情，亦

① 唐君毅：《中国文化之精神价值》，广西师范大学出版社 2005 年版，第 109 页。
② 唐君毅：《中国文化之精神价值》，广西师范大学出版社 2005 年版，第 119 页。
③ 唐君毅：《中国文化之精神价值》，广西师范大学出版社 2005 年版，第 119 页。
④ 唐君毅：《中国文化之精神价值》，广西师范大学出版社 2005 年版，第 120 页。
⑤ 唐君毅：《中国文化之精神价值》，广西师范大学出版社 2005 年版，第 120 页。
⑥ 唐君毅：《中国文化之精神价值》，广西师范大学出版社 2005 年版，第 120 页。
⑦ 唐君毅：《中国文化之精神价值》，广西师范大学出版社 2005 年版，第 113 页。

不足以见性养性而存心。性情实心之知与神与志气所本以生者。”[①]换言之，他肯定的情是依于超越个体之自然生命，而与物相感通，并求成己成物之心性而生者。它们是表现心性的无限性、超越性、涵盖性和主宰性的情，不是饮食男女贪、嗔、痴之类的情。[②]因此这种情不仅有必然性，而且有其不可否认的积极价值。唐君毅在这里还提出了这样一个新观点，即从本质上看，情本身无所谓善与恶。他说："情之本身亦非恶。吾人论恶情之源乃在心对概念、对自我之执著，与'情之限制'之结合。此即同于谓：形成概念之具普遍性的理性能力，与情所接之物之为有具体的特殊性者，乃合以共负胶结以成恶情之责任。”[③]

言性不仅有揭示心的构成本质的意义，而且有重要的实践价值。它对解决做人这一大问题至关重要。唐君毅说："中国先哲之言心性之活动，在本原上乃视为直道而行，一往平顺之活动；而非一上一下、跌宕起伏之活动。”[④]它没有认知之心的有对性、矛盾性。有此心性，人就有心灵转化、去凡成圣的根据和机理。他说："此即人之尽心知性之所以能安顿世界，裁成万物，使之各得其所之最后根据。”[⑤]由于中国哲学有此发见，因此它就有西方心灵哲学所没有的特点。例如，所看到的心更大、更深，更具形而上学性质和价值性心灵哲学性质。他说："儒道之心性论所重者在说明儒道之言心性、均重其无对性，而多以虚灵明觉说心之本身，故心具超越性、无限性、涵盖性。”[⑥]由此所决定，中国哲学在论述这种虚灵明觉之心时，注重从性情上进行分析，而这实即从体（性）与用（情）或内容（体、性）与实效性（情、用）上对心的分析。他说："性可真为主宰乎心，亦使心有主宰作用者。性即普遍之理，而情运于特殊之事。故真依性生情，则普遍特殊交融。”[⑦]由于心有如此这般的性，因此中国哲学在里面找到了圆满人格、成就圣心的根据。他说：中国文化的精神在于，相信人确有异于禽兽的心性，"人之一切文化道德之活动，皆所以尽心知性，而完成人之人格”[⑧]。

① 唐君毅：《中国文化之精神价值》，广西师范大学出版社 2005 年版，第 110 页。
② 唐君毅：《中国文化之精神价值》，广西师范大学出版社 2005 年版，第 110 页。
③ 唐君毅：《中国文化之精神价值》，广西师范大学出版社 2005 年版，第 113-114 页。
④ 唐君毅：《中国文化之精神价值》，广西师范大学出版社 2005 年版，第 124 页。
⑤ 唐君毅：《中国文化之精神价值》，广西师范大学出版社 2005 年版，第 124 页。
⑥ 唐君毅：《中国文化之精神价值》，广西师范大学出版社 2005 年版，第 124 页。
⑦ 唐君毅：《中国文化之精神价值》，广西师范大学出版社 2005 年版，第 124 页。
⑧ 唐君毅：《中国文化之精神价值》，广西师范大学出版社 2005 年版，第 357 页。

中国哲学将尽心知性看作是心灵认知的头等大事。为什么要如此呢？因为人心中有心，即虚灵明觉之心。有此心即既有无限性、幸福快乐感，又有涵盖性，即视天下万物为自己。简言之，让此心复明、此性复归，人即万事大吉，一切价值尽显于前。例如，儒家“肯定自然世界之实在，依于心之虚灵明觉之涵盖性，与对自然世界之仁心与敬意”①。

圣贤人格的构件、形成条件、内在机理等问题是价值性心灵哲学的核心问题，其中，圣贤心理的构成、标志性特点、内在形成机理和条件更是重中之重。唐君毅在比较研究视野下对此做了深入探讨。他认为，西方人崇尚的理想人格类型不外乎这样几类：第一，社会事业家型、发明家型；第二，学者型；第三，文学家型、艺术家型；第四，军事家型、政治家型、社会改造家型；第五，宗教人格型。古时中国人看不起第一种理想人格，“正表示中国文化精神与人生理想之为另一种”②。他对五种理想人格的评价是“此各种人格型之精神虽不同，然皆表现一超凡俗或超现实，以向往企慕一理想之精神。”③中国人崇尚的理想人格类型有：第一，有功德于民生日用的人物；第二，学者；第三，文学家、艺术家；第四，儒将与圣君贤相；第五，豪杰之士；第六，侠义之士；第七，气节之士；第八，高僧；第九，隐逸与仙道；第十，独行人物——道德性人格；第十一，圣贤——道德性人格。

根据唐君毅的分析，中西方在理想人格问题上的相同表现在都赞赏超越精神；不同在于西方只重一往直前，向慕理想，而中国既重超越精神，又重于现实或凡俗中实现超越的理想。④他认为，在中国人的精神中，没有西方人的那些冲动，中国人不会像西方人那样随处生执着。由此所决定，便不会总是超越，而多为一方面肯定现实，另一方面于其中实现超越的理想。

中国先哲以及唐君毅本人所崇尚的理想人格是圣贤人格。他认为，这人格可学而不可论。故宋明儒教，恒教学者体圣贤气象。他说：“气象者，心领神会而后可旦暮遇之，亦非吾之所得而论也。”⑤儒家追求的圣人人格是“天人之际之

---

① 唐君毅：《中国文化之精神价值》，广西师范大学出版社 2005 年版，第 138 页。
② 唐君毅：《中国文化之精神价值》，广西师范大学出版社 2005 年版，第 266 页。
③ 唐君毅：《中国文化之精神价值》，广西师范大学出版社 2005 年版，第 279 页。
④ 唐君毅：《中国文化之精神价值》，广西师范大学出版社 2005 年版，第 279 页。
⑤ 唐君毅：《中国文化之精神价值》，广西师范大学出版社 2005 年版，第 303 页。

人格，持载人文世界与人格世界之人格。儒家精神，乃似现实极实超越，既超越又归于现实……孔子念念在体天德之仁，最恶同乎流俗，合乎污世之乡愿，即超现实社会之精神。”[①]所谓乡愿即伪君子，指那些看似忠厚实际没有一点道德原则、只知道媚俗趋时的人。儒家的理想人格论憎恶这样的人，推崇既狂又狷的人格形象。所谓狂者积极进取，狷者守节无为或有所不为。是故，儒家教人，要成圣贤必自狂狷入。他说："自古儒者，皆谓必自狂狷入。耿耿于怀，于当世少所许可，恒存隐居求志之心之谓狷；摄，以自保其人格之价值。顺其精神之收敛凝摄，而极之，则为圣之清，为伯夷，为隐逸。”"理想远超溢于现实之谓狂。狂者之精神，恒发扬而超升，以期涵盖，而自任至重，以扩大其人格之价值。”[②]正如陆九渊所谓的"仰首攀南斗，翻身倚北辰，举头天外望，无我这般人”，"狷者如至阴之肃肃，狂者如至阳之赫赫；狷者如地静，狂者如天行。中国圣贤之教，人有所不为而后可以有为。故非天生之狂者，必先学狷以自别于乡愿，以拔乎流俗与污世。而当其学狷也，恒先有契合于伯夷之清、颜渊之默、仙道之返真、佛家之出世”。[③]"其精神不逃避世俗，而不能不与世俗相激扬。宏愿孔怀，若与天通，而所志不能骤现实于当今，此志乃亘时间之长流而过，以遥通古之人，兼寄望于来者。”[④]儒者之狂还表现在其狂志，即贯通天人与古今之人格精神，并以其人格精神来改造现实社会。

儒者的圣贤人格当然有其独特的内心世界，例如，"于一往进取向上，以希涵盖之精神中，再去其英锐之气；于高明之外，再充之以博厚与宽阔，以归平易近人，斯成为具太和元气之圣德。圣德之精诚所注，乃既积刚大于内，而发于外者，皆如春风化雨。所存者神，而所过者化”[⑤]；"中庸之道，非折中之道，乃由内心以感通世界之谓也”[⑥]。孔子就是其典范，他"所思在狂狷，存心亦恒在天人之际，而有予欲无言之感，知我其天之叹”[⑦]；"孔子之人格精神非他，能狂能狷，而又持载人文世界、人格世界之全体之人格精神，以使人文世界，人格

① 唐君毅：《中国文化之精神价值》，广西师范大学出版社 2005 年版，第 303-304 页。
② 唐君毅：《中国文化之精神价值》，广西师范大学出版社 2005 年版，第 304 页。
③ 唐君毅：《中国文化之精神价值》，广西师范大学出版社 2005 年版，第 304 页。
④ 唐君毅：《中国文化之精神价值》，广西师范大学出版社 2005 年版，第 305 页。
⑤ 唐君毅：《中国文化之精神价值》，广西师范大学出版社 2005 年版，第 305 页。
⑥ 唐君毅：《中国文化之精神价值》，广西师范大学出版社 2005 年版，第 305 页。
⑦ 唐君毅：《中国文化之精神价值》，广西师范大学出版社 2005 年版，第 306 页。

世界得依止者也"[1]。

唐君毅注意到：在后来对先儒理想人格理论的解读中存在着这样的误解或不到位的解读，即一般解释只注意到儒家重视道德人格的完善，而没有看到福德人格的完善，好像圣贤要成就的只是前一人格。其实不然，儒家的理想人格是克服了道德与幸福之二律背反、实现了两者完满统一的人格。当然，前一方面肯定是其重要而关键的构件。唐君毅说："吾人之得有道德责任可负，以践形尽性，而成就吾人之人格。"[2]但儒家又不停留于只教人以无限责任感，因为它也教人如何得孔颜之乐。须澄清的是，强调求快乐不只是西方快乐主义的专利。当然，西方的快乐主义是有偏颇的。唐君毅说："在西哲中如功利主义、快乐主义者，恒以快乐为一有本身价值，以人生一切活动皆人之求快乐之手段。"[3]它只重视教人追求幸福快乐，因而显然存在着幸福与道德的二律背反。根据唐君毅的解读，东方的主流思想都把幸福快乐作为最高价值甚至目的性价值来追求。只是它们理解的幸福快乐有特定的内涵。例如，佛教的最高境界涅槃就包含有乐作为其四德之一。佛教鄙弃一般人所追求的小乐，但不仅不否定反倒极力倡导"大乐""极乐"。质言之，佛教圆满地消解了幸福与道德的二律背反，看到了它们的一如一体的关系。儒道尽管在圆满程度上有差别，但其实是做出了将它们统一起来的努力的。

一般的人之所以没法把幸福与道德统一起来，深层的认知根源是在内心横眼着幸福与道德的二律背反，仿佛只要看重个人幸福、快乐，就会陷入把道德沦为手段的危险，而只要全力践行道德就必牺牲个人幸福、快乐。唐君毅认为，西方的快乐主义、功利主义强调个人快乐"皆有病在"，其表现是必然把幸福以外的他人、自然当作手段，甚至把道德也当作手段。西方的快乐主义可能有此危害，但强调个人幸福、快乐并不必然如此，它与道德是可以统一的，如佛教就将它们圆满地统一起来了。[4]儒家也较好地解决了这里的问题。唐君毅说："儒家之人生思想，于苦乐之问题之主张，乃既不主张人生唯应以苦行自励，亦非以人生之

① 唐君毅：《中国文化之精神价值》，广西师范大学出版社 2005 年版，第 306 页。
② 唐君毅：《中国文化之精神价值》，广西师范大学出版社 2005 年版，第 152 页。
③ 唐君毅：《中国文化之精神价值》，广西师范大学出版社 2005 年版，第 170 页。
④ 唐君毅：《中国文化之精神价值》，广西师范大学出版社 2005 年版，第 171 页。

目的唯在快乐。”[①]“中国先哲除伪《列子・扬朱篇》，盖无以人生目的唯在快乐之论，道家教人为天人，儒家教人求仁义礼智，明善成身……然儒、道、墨又皆未尝绝对鄙弃快乐。”[②]这样解释则较契合文本实际，因为它们的确没有将快乐作为唯一目的，只是把快乐看作目的之一，看作一种最高的价值，正如唐君毅接着所列举的：孔子发愤忘食，乐以忘忧；庄子言游心与万化者，则乐不可胜计，恬愉亦乐；孟子说“理义之悦我心，犹刍豢之悦我口”；宋代理学始于周敦颐教，二程寻孔颜乐处；王阳明则更明确地说“乐为心之本体”。[③]“中国儒道二家，则以于一切贫贱忧患之境，皆能安乐，为德之符验。”“儒者不仅能安于贫贱与世俗之忧患，亦能安乐于富贵与世俗之幸福。故《洪范》之五福中，富、寿、康宁，亦为儒家所认为人当求者，是乃肯定一切世俗之幸福，对己对人之本身价值。”[④]

总之，后来对先儒思想实质、主旨的解释有不到位性，只看到先儒对道德的倡导，而没有看到对个人幸福、快乐、解脱之类的价值的挖掘与倡导。相应地，对先儒所追求的圣人人格的构成的揭示也同样有不到位之处，即没有看到圣人是集个人幸福、道德等一切美好价值于一体的人格。根据这些论述，圣人作为人极只是道德的人格，而不是幸福的人格。这是不符合中国圣学的本来旨意的。唐君毅的新的创发性解读纠正了这类偏颇，既对人应尽的道德责任或圣人所具有的道德做了全面的概括，又突出了圣人同时所具有的最高幸福这一特点。另外，根据他的诠释，儒家所倡导的道德尽管特别重视家庭道德，但又强调应扩充至一切人乃至自然。这是因为仁心具有涵盖性、无限性。“依仁心之充量，人固当扩其情以及于一切所遇之人。”[⑤]“除个人对其他个人之道德外，又有个人对集体之家庭、宗族、国家、整个世界人类，及对天地万物之一切责任；此外，人有对于整个社会文化之责任。”[⑥]

唐先生对成圣的心理过程及机制也有自己的创新的看法，他认为这一过程是道德生活辩证发展的过程，起点是凡夫的充满矛盾、痛苦的精神生活。矛盾的表

① 唐君毅：《中国文化之精神价值》，广西师范大学出版社 2005 年版，第 174 页。
② 唐君毅：《中国文化之精神价值》，广西师范大学出版社 2005 年版，第 175 页。
③ 唐君毅：《中国文化之精神价值》，广西师范大学出版社 2005 年版，第 175 页。
④ 唐君毅：《中国文化之精神价值》，广西师范大学出版社 2005 年版，第 177 页。
⑤ 唐君毅：《中国文化之精神价值》，广西师范大学出版社 2005 年版，第 151 页。
⑥ 唐君毅：《中国文化之精神价值》，广西师范大学出版社 2005 年版，第 151 页。

现是道德理性与个人私欲之间的冲突。其根源是人的超越性、涵盖性、普遍性、无限性等本性被迷失了，而充斥的是欲望心，如“欲使其某一类之欲望活动本身普遍化、无限化”①。在此情况下，要想进入高一阶段之道德生活，唯有反思、反省，例如，在私欲受外物之阻碍、不能进行时，思考为何是这样。通过这样的心理操作，人便有可能从私欲与矛盾中“拔出”，并自觉其超越性之类的本性。②进一步加以推广扩充，运用保任此心之虚无明觉的工夫，就可使道德生活上一新台阶，如进入第二阶段的自觉的道德生活。再进一步，产生贱情贵性的道德意识。这是自觉的求“明心、复性”的阶段。“由复性充情，吾之超越心觉乃继其一阶段之降落复返于自身，完成其辩证的发展，以逐渐建立吾人之内在的道德生活，形成吾人之道德人格。”③如此一步步地上升，就会进入最高的道德生活，直至完成心灵的转化，回归心的以无对性、无限性、涵盖性、主宰性为本质特点的状态——本心、无心（无凡夫的以欲心、恶情为特点的心）。

总之，“道德上之理想境，皆当说为性情中所本有之实现境，道德生活中所要求之上帝与无心，亦当说之为即吾人之本心”④。因此成圣、成完人的过程实即明心复性的过程。“人所以体天心帝德而立人极，是即中国自孟子、中庸以至宋明理学所言之最高道德智慧，亦即人心性情之最高智慧也。”⑤

二、牟宗三：心的多维解释与价值性探索

牟宗三，山东省栖霞人，祖籍湖北省公安县，被誉为近现代中国最具“原创性”的“智者型”哲学家。他不仅继承而且发展了熊十力的哲学思想。他之所以有重要的理论建树，这与他宽广、厚实的学问功底是分不开的。作为一个致力于中国哲学研究的学者，其能同时兼治西方哲学、逻辑特别是康德哲学，是值得当今学人学习的。其代表作有《心体与性体》《才性与玄理》《中西哲学之汇通》《现象与物自身》《佛性与般若》等。

① 唐君毅：《中国文化之精神价值》，广西师范大学出版社 2005 年版，第 121 页。
② 唐君毅：《中国文化之精神价值》，广西师范大学出版社 2005 年版，第 122 页。
③ 唐君毅：《中国文化之精神价值》，广西师范大学出版社 2005 年版，第 122 页。
④ 唐君毅：《中国文化之精神价值》，广西师范大学出版社 2005 年版，第 123 页。
⑤ 唐君毅：《中国文化之精神价值》，广西师范大学出版社 2005 年版，第 123 页。

作为新儒家得力干将的他，特别强调新儒学的使命与担当，那就是继承和发扬作为先秦儒学嫡传的宋明儒学。因为他认为，自明代至他的时代，“中国之民族生命与文化生命遭受重大之曲折，因而遂陷入劫运，直劫至今日而犹未已”[①]。他投入巨大精力研究和发扬儒学的目的就是要“续往圣之绝学”。他自述道：“吾虽费如许之篇幅，耗如许之精力，表彰以往各阶段之学术，然目的唯在护持生命之源、价值之本，以期端正文化生命之方向，而纳民族生命于正轨。”[②]具言之，他释儒的目的就是要将儒家特别是王阳明心性学中不为人知的“底蕴”揭示出来，“使读者了解中国儒者心性之学之底蕴”[③]。

牟宗三的心性研究是从对儒家心灵哲学特别是陆王心学及其与朱熹理学的争论的解读出发的。根据他对心学的主要代表人物陆九渊思想的判释，过去的解读存在着误读、不到位的解读等问题。在他看来，陆九渊心学突出的不外乎是通过明本心而完成人格这一主旨，它本于孟子又发扬光大了孟子。其要点有：①辨志——此则本于孔孟义利之辩以及孟子之言“士尚志”；②先立其大——此则本于孟子大体小体之辨；③明“本心”——此则本于孟子之言四端之心；④心即理——此则本于孟子之言“仁义内在”以及“心之所同然”乃至“理义悦心”等；⑤简易——此表面上来自《易传》，但精神本于孟子之言良知良能；⑥存养——此则本于孟子“操则存，舍则亡”“存其心，养其性”等。陆九渊思想的实质是要解决做人的问题，不太关心知识之理。牟宗三说：读书、考古等是“为追求知识，是知识义之明理，此为朱子所重视而甚有兴趣者，而象山讲学之重点则不在此，彼对之亦无多大兴趣。此种知识固有其独立的意义与价值，然与道德实践履不相干者……象山之挥斥议论不是挥斥此种知识本身，乃是挥斥依知识之路讲道德”[④]。另外，陆九渊看到了朱熹等没有看到的一种心。朱熹等所承诺的心是气之灵之心，它是肉团心，是形而下者，而陆九渊在它之后又发现了一种心，

---

① 牟宗三：《从陆象山到刘蕺山》，《牟宗三先生全集（八）》，台湾联经出版事业有限公司 2003 年版，序第 5 页。

② 牟宗三：《从陆象山到刘蕺山》，《牟宗三先生全集（八）》，台湾联经出版事业有限公司 2003 年版，序第 5 页。

③ 牟宗三：《王阳明致良知教》，《牟宗三先生全集（八）》，台湾联经出版事业有限公司 2003 年版，引言第 11 页。

④ 牟宗三：《从陆象山到刘蕺山》，《牟宗三先生全集（八）》，台湾联经出版事业有限公司 2003 年版，第 29 页。

即本心，它是道德之德，道德法则及实践就源于此。由于有此心，人的意志就能自律，就能去凡成圣。人人有此心，只是凡夫未发现此心。因此陆九渊反复强调：为学就是要“发明本心”“复其本心”。本心人人普遍永恒地具有，“不但圣人此心同，此理同，人人皆有之，即人人皆同也。此是人之所以为人之超越的本心”①。

关于陆九渊对朱熹的批评，牟宗三认为有不妥之处，他强调“不能单纯地即视为异端，视为陷溺，视为只是虚见，只是议论。象山不能正视此点，一概予以横截，难免有轻易天下事之识，此象山之过也。朱子于此有切感，自不能服也”②。这里正确的态度是“以本心之直贯，沛然莫之能御，为头脑，并非空头而成为纯然之智之事。”③换言之，应“归于本心直贯沛然莫之能御之践履”。朱熹的问题在于：于此直贯却不能正视，且甚厌恶。④特别是没有看到天心或道德心的存在及作用。牟宗三说：“朱子，则反诸超越而普遍之性理，而此性理却未自始即绾心而论之，是以敬的心只停在人分上，而未能进至于天，即只属于虑的人心而未能点出不虑的天心，只属于工夫的心，而未至于本体的门。”⑤其局限性主要表现在，在他那里，理大而心小。

牟宗三在心的构成、种类等问题上，像其他新儒家一样，认为心不只知觉义、认知义，不只是气之灵，还有道德本原义。在批评朱熹对心的理解的片面性时，他说：“此层，朱子未能透彻。若于此真透彻，则于心必不只取其知觉义、认知义，亦必不视心只为气之灵，而于孟子之‘本心’亦可有进一步之体悟，而与陆象山亦不必为敌矣。是则此层所关甚大，朱子只是一间未达，便转成另一系统。”⑥根据他的看法，心有两种，即认知性的心和作为道德源泉的本心。当然，儒家特别重视本心，但这不等于不承认还有别的心的形式。他说：“言本心不必

① 牟宗三：《从陆象山到刘蕺山》，《牟宗三先生全集（八）》，台湾联经出版事业有限公司 2003 年版，第 29 页。
② 牟宗三：《从陆象山到刘蕺山》，《牟宗三先生全集（八）》，台湾联经出版事业有限公司 2003 年版，第 74 页。
③ 牟宗三：《从陆象山到刘蕺山》，《牟宗三先生全集（八）》，台湾联经出版事业有限公司 2003 年版，第 74 页。
④ 牟宗三：《从陆象山到刘蕺山》，《牟宗三先生全集（八）》，台湾联经出版事业有限公司 2003 年版，第 75 页。
⑤ 牟宗三：《王阳明致良知教》，《牟宗三先生全集（八）》，台湾联经出版事业有限公司 2003 年版，第 15 页。
⑥ 牟宗三：《心体与性体（三）》，《牟宗三先生全集（七）》，台湾联经出版事业有限公司 2003 年版，第 513 页。

否定气之灵之心与知觉义、认知义之心，而本心却不可以气论，亦不可以认知意义论。此两者是异层的问题……朱子却必坚持心只是气之灵之心与认知意义之心而误解孟子，而斥象山为禅。”[①]这就是说，本心是一种有自己特殊本原、资源和作用的心。它是道德的源泉，人成圣成凡、心的价值开显的状况全由它所决定。它有对气、形的依赖性，但本身不是气、形，因此不可以气论。作为气之灵的心则相反，它是心气不二，本身就是气之灵秀。由于是气之灵秀，因此其功能作用是其他仅由较粗陋之气所构成的事物所不可比的，例如，它有觉知能力，能认知，有情意，等等。

“认识心”即今日主流心灵哲学所关注的有知、情、意等功能的心，因此牟宗三对此心的研究应看作是比较规范的心灵哲学研究。在这一领域，他除了在许多论著中有所涉及之外，还有专著如《认识心之批判》。牟宗三有时把它称作“认知心”。这一研究既有求真性意义，又有价值论意义。他说：“对于认识心有充分认识矣，自能进而正视道德心。”[②]由于牟宗三坚持关于逻辑的先验主义或主体主义，即承认人的逻辑能力后有先验的基础或主体性的资源，因此强调：心内有这样的方面，即“客观的心”或“逻辑的我”，再进一步去追问知识的根源，还可发现康德所说的“超越的统觉”或“超越的我”。[③]“认识心”概念也足以说明这一点，只要承认认识是一个事实，就必然会承认其后有作为条件或根据的各种心，如感性、知性、理性、统觉等。他认为，对认识的剖析可从两方面着手：一是“向所”，即顺着对象去分析；二是“归能”，即回归追溯认识后的能力。这里的种种能力即“认识心”，亦即能认识的心。[④]他说：主体有二，即知性主体和道德主体。“认识心即知性主体”，“知性主体亦正因逻辑、数学之回归而得成为‘客观的心’、‘逻辑的我’。此‘我’施设形式纲以控御经验，则科学

① 牟宗三：《心体与性体（三）》，《牟宗三先生全集（七）》，台湾联经出版事业有限公司2003年版，第513页。

② 牟宗三：《认识心之批判（上）》，《牟宗三先生全集（十八）》，台湾联经出版事业有限公司2003年版，重印志言第6页。

③ 牟宗三：《认识心之批判（上）》，《牟宗三先生全集（十八）》，台湾联经出版事业有限公司2003年版，序言第10页。

④ 牟宗三：《认识心之批判（上）》，《牟宗三先生全集（十八）》，台湾联经出版事业有限公司2003年版，序言第10页。

知识成”。[1]“认识心”的作用是“智”，正像“道德主体即道德的天心”是仁的根源一样。[2]认识心“以了别对象为性”，有知觉、想象及理性三级形式。[3]

牟宗三深知，对认识心的研究必然涉及形神离合问题。在历史上，范缜等曾围绕形神是否可分离、神是否不灭等问题展开过激烈争论。众所周知，范缜以为佛教坚持神不灭论，进而做了大量批判。牟宗三认为，这一批判包含有误解，他说：“如果《神灭论》之反佛教是在反‘我’、‘灵魂’、‘鬼神’，则无当。因为佛教根本就在反这些东西；如果《神灭论》在反轮回、业、果报，则根本反不了，因为它们实有深切的意义在。”[4]牟宗三的正面看法是，神即灵魂，个体的灵魂是必灭的，但“在宗教上则非肯定不可。这样，人的身体虽毁坏了，但仍有不朽的灵魂；必如此，才可以谈到‘来世’”[5]。

中国特有的心灵哲学特别关注心灵中的道德心及其根源。这种关注有这样的价值诉求：安顿生命。中国文化的灵魂重视到心性中找仁、义、礼、智、善的根。孔子开始了此灵魂的自觉。[6]下面，我们重点剖析牟宗三对这种心的论述。

如果说前面对心的阐释主要是从心的资源和作用上着眼的话，那么下面对心之理的横说、纵说则可称作是“存有论解释”，即从本体论地位上所做的解释。这是西方心灵哲学所热衷也最擅长的研究心的维度。其目的就是要弄清心有无本体论或存在论地位、有什么样的本体论地位。如果有不同的心理样式，那么每一种又有什么样的地位？其存在程度如何？在本体论范畴体系中居于何地位，即与其他非心事物是何关系？牟宗三关心的问题尽管不尽相同，但也有某些一致之处。在这里，他的存有论追问是在承诺心有其存在地位（实然）的基础上进一步追问其所以然之理，因而进到了对心的本原、原理、道理、本质的探讨。这当然

① 牟宗三：《认识心之批判（上）》，《牟宗三先生全集（十八）》，台湾联经出版事业有限公司 2003 年版，序言第 12、13 页。
② 牟宗三：《王阳明致良知教》，《牟宗三先生全集（八）》，台湾联经出版事业有限公司 2003 年版，第 14 页。
③ 牟宗三：《认识心之批判（上）》，《牟宗三先生全集（十八）》，台湾联经出版事业有限公司 2003 年版，第 8 页。
④ 牟宗三：《从范缜的〈神灭论〉略谈形与神的离合问题》，《牟宗三先生全集（二十七）》，台湾联经出版事业有限公司 2003 年版，第 137 页。
⑤ 牟宗三：《从范缜的〈神灭论〉略谈形与神的离合问题》，《牟宗三先生全集（二十七）》，台湾联经出版事业有限公司 2003 年版，第 138 页。
⑥ 牟宗三：《王阳明致良知教》，《牟宗三先生全集（八）》，台湾联经出版事业有限公司 2003 年版，引言第 11 页。

是名副其实的心灵哲学工作，只是在西方，它们主要属于心的本原论、本质论探讨范畴。牟宗三说："'心之理'可两面说，一、横说，意即心认知地所摄具之理；二、纵说，意即'心气之然'之所以然之理。关此纵说，心气是实然，实然必有其所以然之理，此理亦是太极。此是心之存有论的解析。对心的动静阴阳的解释也是存有论解释。"朱熹说心具众理，是"心认知地摄具之"之义，不常说此"存有论的解析"之义。[①]这就是说，追问心气之现实存在及作用的根源、原理、机制，属于对心的存有论的"纵"的解释，而研究心在发挥认知作用时所依据的同层次的原理与根据，则属于存有论的"横"的解释。

如果说对心的横说、纵说属于对心的本质、本原、本体的研究，那么探讨心的未发、已发及其状况、相状、特点，特别是探讨已发时人应怎样进行心理操作则属于对心的工夫论探讨，即从工夫上论心。他说："从未发、已发说心之动静阴阳，此动静阴阳是工夫地说。工夫地说之以显性之浑然与粲然，此亦是横说。"[②]

牟宗三还论述了这样一种究心的维度和方式，即对心的宇宙论解释。例如，当朱熹说"气之精爽""气之灵"时，朱熹对心做了"宇宙论解释"。这一解释旨在揭示心的作用的自然原因，有点近似于西方今日所说的对心的自然化，即用自然科学的理论、原则、原理解释心的存在和作用。从宇宙论解释与存有论解释的关系上说，两者尽管都是说明心的本质特点的方式、维度，但所做的说明的侧重点和内容是不同的，前者是用事实解释心的存在和作用，而后者则是进一步探讨其所以然之理，因而进到了更深的机理与本质。他说："心是气之灵，是气之精爽，此是对于心作实然的解析，此实然的解释即曰宇宙论的解释。存有论的解析是当然、定然的解释。""说其所以精爽之理，所以灵之理，以及所以知觉之理，则是心之'存有论的解释'。"[③]

通过对人心的深掘，牟宗三像先儒一样"发现"和肯定了良知之心、天心。所谓良知之心即"良知之天理"，由于是天理，由天所成，故也称作天心。这是

① 牟宗三：《心体与性体（三）》，《牟宗三先生全集（七）》，台湾联经出版事业有限公司 2003 年版，第 518 页。
② 牟宗三：《心体与性体（三）》，《牟宗三先生全集（七）》，台湾联经出版事业有限公司 2003 年版，第 518 页。
③ 牟宗三：《心体与性体（三）》，《牟宗三先生全集（七）》，台湾联经出版事业有限公司 2003 年版，第 520 页。

“一个最后的决定是非善恶之标准，此即是透露最内在的价值之源、价值之主体”[①]。这就是说，良知之心既是道德的源泉（如准则、规范、当然之理等），又是有判断力的道德心理主体，还是一种能力或道德智慧。他说：“指导吾人行为之‘当然之理’，其最后之源必在良知天理之心，而不在知识。因为知识是实然，而成知识之‘认识心’亦了别实然，而不能决定当然也。”[②]可见，心里面除了认知心、了别心等之外，还有良知之心、价值之源。就其内容而言，良心内充满的是仁、义、礼、智等种子以及对是非的灵明性。他说：“仁义礼是心之实，而智是实亦是用（用就灵明言）。心惟有此‘既实又用’之一德，始能先天地知而决定是非善恶之当然之理。”[③]

天地为什么也是吾心之良知？他的回答是“吾人有行为之宇宙，有知识之宇宙。全宇宙可摄于吾之行为宇宙中，故云以言乎天地之间则备矣。参天地赞化育，则天地亦不外吾心之良知。一念蔽塞，则天地闭，贤人隐。一念灵明，则天地变化草木蕃。此固吾之行为宇宙之盖天盖地。然而吾人亦复有知识之宇宙。全宇宙亦可摄入吾之知识宇宙中，然此必待学问而外知的万物之何所是，非良知之断制行为者之所能断制也。”[④]从这里可看出，他看到了心内的更深、更复杂的构成。例如，他认识到，在当下经验的心理之下，还有灵明之心，或佛道所说的那么一点灵明妙觉，它接近于今日最低限度自我意识论所说的前反思自我意识，即作为意识之本质结构的纯觉知或第一人称的自明性、明见性。

他不否认人有了别心，但认为了别心也根源于天心，其特点是其发生一定有对象相对，一定有能了别的能力以及决定它如何了别的理。这理只能源自天心。以良知行为为例，牟宗三说：“每一良知行为自身有一双重性：一是天心天理所决定断制之行为系统，一是天心自己决定坎陷其自己所转化之了别心所成之知识

---

① 牟宗三：《从陆象山到刘蕺山》，《牟宗三先生全集（八）》，台湾联经出版事业有限公司 2003 年版，第 214 页。
② 牟宗三：《从陆象山到刘蕺山》，《牟宗三先生全集（八）》，台湾联经出版事业有限公司 2003 年版，第 214 页。
③ 牟宗三：《从陆象山到刘蕺山》，《牟宗三先生全集（八）》，台湾联经出版事业有限公司 2003 年版，第 214 页。
④ 牟宗三：《从陆象山到刘蕺山》，《牟宗三先生全集（八）》，台湾联经出版事业有限公司 2003 年版，第 205 页。

系统。”[①]意为在良知行为发生时，一是一定有天心天理在那里起作用；二是有了别心在起作用，而此作用同样离不开天心天理，因为“一成行为系统，便须主体化动态化。动态化而提之属于主属于能。既属于能矣，自不能与心为对也，而此时之心即为一天心。原来天心与了别心只是一心。只为要成就这件事，天心不能一于天心，而必须坎陷其自己而为一了别心”[②]。

牟宗三尽管对认知性的心，即今日西方所关注的心，做了大量有自己个性且有现代心灵哲学意义的工作，但作为一个有使命担当的新儒家代表人物，其更倾向的是尝试建立关于天心良知的道德形而上学。这种心与知识行为、认知性的心有复杂而微妙的关系。他说：“‘知识行为’亦是良知天心所自决。既决定有此行为，便须贯彻此良知之决定而成就此件行为。吾人由对于一切行为之反省而知其皆源于良知天心之决定，皆统属于良知之天理，则此步反省即成功道德形上学。而在此形上学中，吾人点出天心天理之实体，以为人生宇宙之大本。”[③]这就是说，建立这样的形而上学可从对认知之心的描述和探讨入手，因为它的后面或它里面渗透的就是天心良知。只要走进去，也只从这里出发，就能见到心里面的作为另一心理样式的天心。他自认为，这一关于天心的道德形上学正是孔孟所传至王阳明的圣学。它尽管与过去的圣心一脉相承，但又有后人所做的发挥，当然也包括牟宗三的创造性奉献。例如，他提出了“知识行为而融纳知识系统于此骨干中，因而亦即融纳一知识论于此形上学中”[④]。这就是说，他建构的道德形而上学，既包含和发展了过去的心学，又有关于认知性心灵的理论，有关于带有行动哲学意义的行为系统论。这些内容既是道德形而上学的出发点，因而是其有机构成，同时也是天心论之不可或缺的铺垫。因为如果不引进“知”，就不能恰到好处地说明天心、道德心为何有其作用。而要认识这个知，就要从剖析认知性的“知”入手。根据牟宗三的研究，知有两种：一是依于气之灵的知，这是常见的心灵的

① 牟宗三：《从陆象山到刘蕺山》，《牟宗三先生全集（八）》，台湾联经出版事业有限公司 2003 年版，第 208 页。
② 牟宗三：《从陆象山到刘蕺山》，《牟宗三先生全集（八）》，台湾联经出版事业有限公司 2003 年版，第 209 页。
③ 牟宗三：《从陆象山到刘蕺山》，《牟宗三先生全集（八）》，台湾联经出版事业有限公司 2003 年版，第 210 页。
④ 牟宗三：《从陆象山到刘蕺山》，《牟宗三先生全集（八）》，台湾联经出版事业有限公司 2003 年版，第 211 页。

知；二是由心的本性所使然的知。天心的知不是认知心的知，而属于后一种知。他说：“心之本性自然会知，此便是天心之灵明处。要不是死木槁灰，则心便是一团生机，亦只是个灵明。这个灵明总是必然常在的。因为除是死木槁灰，灵明便没了。否则总是一团生机。这一团生机，从赤子落地哑啼一声，便已彰明昭著。自此以后，便无时不存，无处不行。只争一个障不障、搅不搅、直不直。若是障搅而曲之，则它便随私欲流于邪枝僻流，而只成就一个混账。若是不障搅，便是直道而行。若不能无障搅，便须下一番工夫而致之。”[①]天心的知由于不需要认知心的那种依于心之灵动的知，因此是不知而知、本觉。但它又能知意所及的一切事，因此又是知。他说：“意之所及也，知之所知也，意之所及之种种事为，良知本觉无不知之。是非之宜，该如何不该如何之义，尽在良知之本觉中。”[②]总之，心之虚灵明觉，即所谓本然之良知。

关于良知之心的形而上学最重要的原则是心即理，或心具众理。牟宗三说：天理不外吾心，天理亦即心律，或道德实体之意志律。[③]此处的心就是“形上的道体的心，即天心，故天理即在其中”[④]。这里的“心即理”不是等同关系，充其量只是等价关系，因为严格来说，只是理在心中。他说：“人人心中皆有个合理、不合理的判断，而这种判断却正是根于‘道德的心’的。依此，‘道德的心’是普遍地存在著的。”[⑤]浅显地说，道德心即道德感，经典地言之，则是一个生动活泼的怵惕恻隐的仁心。生动活泼是指其生命之不滞，怵惕恻隐是生动活泼之特殊化，在不滞之心之感通中，常是好善恶恶、为善去恶，有所不忍，迁善改过。在这种心中，仁心、善心是其本。觉与健是怵惕恻隐之心的两个特征，因为人由觉而恢复其怵惕恻隐之心，则自能健行不息。

牟宗三认为，自孔子开始，中国哲学就有这样的价值诉求——安顿生命，进

① 牟宗三：《王阳明致良知教》，《牟宗三先生全集（八）》，台湾联经出版事业有限公司 2003 年版，第 37 页。
② 牟宗三：《王阳明致良知教》，《牟宗三先生全集（八）》，台湾联经出版事业有限公司 2003 年版，第 16 页。
③ 牟宗三：《王阳明致良知教》，《牟宗三先生全集（八）》，台湾联经出版事业有限公司 2003 年版，第 17 页。
④ 牟宗三：《王阳明致良知教》，《牟宗三先生全集（八）》，台湾联经出版事业有限公司 2003 年版，第 33 页。
⑤ 牟宗三：《道德的理想主义》，《牟宗三先生全集（九）》，台湾联经出版事业有限公司 2003 年版，第 17 页。

而重视到心性中找仁、义、礼、智、善的根，于是有了关于灵魂的自觉。[①]由于有此自觉，因此儒家便能超越只关注赤裸裸的生命的表面层次，如才、情、气之类，而深入了道德的内在根性之中。他说："中国文化之智慧惟在能自生命之内部以翻出心性之理性以安顿原始赤裸之生命，以润泽其才情气，并由之能进而'以理生气'也。"[②]新儒家的心性之学尽管有重要的求真性心灵哲学价值，但它的主旨、归宿不在此，而在为追求成圣成贤服务。他说："儒者之学，期在圣贤，不在科学。"[③]"古人问题不在知识也。"[④]知识充其量是手段。"致知是止至善之则，即成圣成贤之诀窍也。"[⑤]例如，儒学即心性之学、成人成圣之学，旨在点出人之成为圣贤的理性本体，教人如何去"印证自家生命中之理性本体"，教人将自然生命转化为精神生命，教人获得真实的人的完成。此完成不是自然情欲生命开廓得出，而是真实德行生命开廓得出。[⑥]

牟宗三重新诠释儒家心性思想、创建自己关于心性的道德形而上学是由多重动因决定的。例如，一个动因是要弄清其原委，于是他"静下心去，从事文化生命之反省"[⑦]。他说："科学之发展固是知识上之佳事，然人之心思为科学所吸住，转而为对于价值德性学问之忽视，则亦正是时代之大病。"[⑧]现实中人的存在的问题更是他进行理论创新的动源。他看到：人的主观性丧失了，真实人格、创造灵感丧失了，等等，这些都是时代精神下沉的征象。再一动因是要诊治"时代病"。[⑨]此病的表现是"观念灾难"。他认识到，要诊治当今一切病患，出路

① 牟宗三：《王阳明致良知教》，《牟宗三先生全集（八）》，台湾联经出版事业有限公司 2003 年版，序言第 11 页。
② 牟宗三：《王阳明致良知教》，《牟宗三先生全集（八）》，台湾联经出版事业有限公司 2003 年版，序言第 11 页。
③ 牟宗三：《王阳明致良知教》，《牟宗三先生全集（八）》，台湾联经出版事业有限公司 2003 年版，序第 34 页。
④ 牟宗三：《王阳明致良知教》，《牟宗三先生全集（八）》，台湾联经出版事业有限公司 2003 年版，序第 35 页。
⑤ 牟宗三：《王阳明致良知教》，《牟宗三先生全集（八）》，台湾联经出版事业有限公司 2003 年版，序第 35 页。
⑥ 牟宗三：《政道与治道》，《牟宗三先生全集（十）》，台湾联经出版事业有限公司 2003 年版，第 294 页。
⑦ 牟宗三：《道德的理想主义》，《牟宗三先生全集（九）》，台湾联经出版事业有限公司 2003 年版，序第 5 页。
⑧ 牟宗三：《道德的理想主义》，《牟宗三先生全集（九）》，台湾联经出版事业有限公司 2003 年版，序第 6 页。
⑨ 牟宗三：《道德的理想主义》，《牟宗三先生全集（九）》，台湾联经出版事业有限公司 2003 年版，序第 6 页。

在于弘扬“孔孟之文化生命与德慧生命所印证之怵惕恻隐之仁”[①]。

中国的心性之学无疑有其学理性的一面，这相同于西方的观解的或理论性的心性形而上学，但又有其西方所没有的一面，即它还有自己的工夫实践上的形而上学。根据他的判释，“内圣之学即儒家‘心性之学’。其直接之本分乃在道德宗教之成立。然儒教之为教与普遍宗教本不同。其以道德实践为中心，虽在达天德，成圣成贤，而亦必赅摄国家天下而为一，始能得其究极之圆满……政道、事功与科学（外王），亦必统摄于心性之实学”[②]。这就是说，心性之学还有西方所缺乏的工夫实践上的心性之学。西方有发达的“观解”（理论性）形而上学，后又有康德的道德的形而上学。即使是后者，“也只是原则地、理论地如此讲，而并未从心性上，经由工夫实践以全幅呈露、印证，或实现此种真实世界也……这就表示西方学术中缺乏了一种工夫实践上的心性之学”[③]。

工夫实践上的形上学尽管是关于成圣成贤的实践的方法和原则的体系，但它也有求真性，即把握真实世界的一个必要条件，甚至在佛道那里是最重要的条件，因为真正的真理尽管可以通过理论、认知的方式去把握，但那总是一种隔靴搔痒式的工作，要真正把握，必须靠实证、实修，以及心性之体验。牟宗三说：“此即所谓扣紧工夫实践讲学问理论，而透露全幅真实世界也。若只是理论地、原则地分解出，而未落实到工夫实践上，则于实践上，于自己之心性中，仍是一片空虚、黑暗，而不著边际。”[④]他自认为，这样说与克尔凯戈尔（S. Kierkegaard）的存在主义是一致的。后者倡导“存在地”观人生，就是“实践地”观人生，“力反观解理性的系统主义，即是力反观解形上学的老路子”[⑤]。所谓观解，就是以纯理论思维的方式去观察、理解。牟宗三有强调工夫实践、反对观解形而上学的一面，试图以此找到拯救人的精神存在的状况（如不安、绝望、痛苦、恐怖等）

---

① 牟宗三：《道德的理想主义》，《牟宗三先生全集（九）》，台湾联经出版事业有限公司 2003 年版，序第 7 页。

② 牟宗三：《政道与治道》，《牟宗三先生全集（十）》，台湾联经出版事业有限公司 2003 年版，第 38 页。

③ 牟宗三：《王阳明致良知教》，《牟宗三先生全集（八）》，台湾联经出版事业有限公司 2003 年版，引言第 2 页。

④ 牟宗三：《王阳明致良知教》，《牟宗三先生全集（八）》，台湾联经出版事业有限公司 2003 年版，引言第 3 页。

⑤ 牟宗三：《王阳明致良知教》，《牟宗三先生全集（八）》，台湾联经出版事业有限公司 2003 年版，引言第 3 页。

的出路。在他看来，克尔凯戈尔也有局限性，例如，其说的只是“外面的话”，“尚未能进入心性之骨干以积极地说明并实现向上一机之超转……尚未能进入心性内部以正面实现之”。[①]因此，就整体而言，克尔凯戈尔仍未摆脱西方思想的局限性。牟宗三说：“人的存在之有限性、罪恶性、失望性，西方人能把握得清楚，但是正面的心性之骨干，则始终不能悟入。”[②]

要进入心性之骨干，必须更进一步。而要如此，必须回到儒家，因为这直承心性而开出的进一步的境界就是儒家学术之起落点，到王阳明之致良知教，则达至透彻。过去的从观解的形而上学到道德形而上学，再到克尔凯戈尔的轮廓，尽管在进步，“但我们不能停于此，我们必须再进一步而归到儒家的学术上。进一步如果透彻了，我深信必能给西方宗教以开展、以转进”[③]。质言之，西方的思路是观解的、外在的思路，尽管有其用，但由于它“对于人性具无善解”，“不能知性尽性，即不能开价值之源，树立价值之主体，而价值主体……就是真理所在”[④]，因此对于人的问题的解决是不够的。相反，“儒者由内部心性以言道德实践之学，正有其最大之文化上之作用”[⑤]。从比较上说，儒学有补其他宗教学术之空白的作用。“察业识莫若佛，观事变莫若道，而知性尽性，开价值之源，树立价值之主体，莫若儒……故为人间之大本。”[⑥]其实佛道都重视开此价值之源，例如，佛教看到了心的体大、相大（具足一切性相功德）、用大。他之所以主张在工夫实践形而上学上要回归儒家，是因为：“自孔子开始，即已由礼文以点出仁义，孟子由‘仁义内在’以言性善，宋明儒者承之以开出心性之学。此皆是将‘善的形式’向里收摄，以主善的形式之根。”[⑦]这是中国文化

---

① 牟宗三：《王阳明致良知教》，《牟宗三先生全集（八）》，台湾联经出版事业有限公司2003年版，引言第4页。
② 牟宗三：《王阳明致良知教》，《牟宗三先生全集（八）》，台湾联经出版事业有限公司2003年版，引言第6页。
③ 牟宗三：《王阳明致良知教》，《牟宗三先生全集（八）》，台湾联经出版事业有限公司2003年版，引言第7页。
④ 牟宗三：《王阳明致良知教》，《牟宗三先生全集（八）》，台湾联经出版事业有限公司2003年版，引言第8页。
⑤ 牟宗三：《王阳明致良知教》，《牟宗三先生全集（八）》，台湾联经出版事业有限公司2003年版，引言第8页。
⑥ 牟宗三：《王阳明致良知教》，《牟宗三先生全集（八）》，台湾联经出版事业有限公司2003年版，引言第9页。
⑦ 牟宗三：《王阳明致良知教》，《牟宗三先生全集（八）》，台湾联经出版事业有限公司2003年版，引言第10页。

之灵魂。

就内容而言，道德形上学、工夫实践上的心性之学将良知作为宇宙人生之大本。牟宗三说：“是以良知，说到最后，只是一个天心之灵明，故它自能知是知非、知善知恶，对于何者应当、何者不应当作一先天的应当之决定，而作为吾身动作之主宰。”[①]就良知与知识的关系而言，“良知既只是一个天心灵明，所以到致良知时，知识便必须含其中。知识是良知之贯彻中逼出来的”[②]。这就是说，知识在实践上也是有用的，但它是从良知中逼出来的。在这里，他的改进表现在，让良知容纳知识，而不认为它们是互相外在或妨碍的。他说：“吾人现在既顺致良知教而容纳知识……吾人将在知识系统之统于行为系统上说明知识义之穷理，将在行为系统之发于良知天心上说明阳明义之穷理尽性，将在虑的心之工夫上吸纳朱子之动察静养。而若识得良知天心之大本原，握得致良知之大头脑，则动察静养皆无不可，亦无所谓支离也。”[③]尽管有这些整合，但工夫实践上的关键、纲领仍是良知之心的开显和利用。他说：“良知之心是指导并统摄行为宇宙的。‘行为’，在阳明即说为人心感应之所及，对于天地万物之感应，日常酬作云为之事变，俱在内。”[④]由于工夫实践上的心性之学首要关心的问题是做人的问题，因此这里必须指出什么是做人的最高境界。在他看来，它既不是道德境界，也不是宗教的境界，而是“何思何虑”的境界应通过致良知进入。什么是何思何虑的境界呢？他说：“致良知工夫，至纯熟境地，无一毫渣滓留滞，将自家生命彻底从隐曲回护中翻过来，一切如如平常，随时光明自在，便是何思何虑境界。”[⑤]

要进入此境界，必须走内在化道路。他说：“惟有归于自己最内在之主体，始能保住价值，保住善恶之辨。”[⑥]进入了最高境界即为圣人人格。为说明这种

① 牟宗三：《从陆象山到刘蕺山》，《牟宗三先生全集（八）》，台湾联经出版事业有限公司2003年版，第212页。
② 牟宗三：《从陆象山到刘蕺山》，《牟宗三先生全集（八）》，台湾联经出版事业有限公司2003年版，第212页。
③ 牟宗三：《从陆象山到刘蕺山》，《牟宗三先生全集（八）》，台湾联经出版事业有限公司2003年版，第213页。
④ 牟宗三：《从陆象山到刘蕺山》，《牟宗三先生全集（八）》，台湾联经出版事业有限公司2003年版，第213页。
⑤ 牟宗三：《王阳明致良知教》，《牟宗三先生全集（八）》，台湾联经出版事业有限公司2003年版，第84页。
⑥ 牟宗三：《王阳明致良知教》，《牟宗三先生全集（八）》，台湾联经出版事业有限公司2003年版，第87页。

人格的特点，他也像唐君毅一样对各种人格做了梳理。他首先注意到的理想人格是宗教人格，其特点是“生命强度之立体力量之向上超越，若唯在印记纯粹的神性，那便是宗教。”[①]这种人格的特点在于它是一种纯然德行生命之感召，一方面在人的分上表现那神性的爱，另一方面予人以温暖，唤醒对方心灵上的觉悟。在垂直方向上，它上达天德或神性；在水平方向上，满足人之所需要于“道成肉身”者。其次是圣贤人格。其特点是纯粹德行的生命，即与“天之所以为天”之天德相似。这种生命当然同时具有无限性与圆满性。其纯粹的创造性、理想性，与神性性，亦当然为企向真善美的任何人所仰望、所赞叹。圣贤人格深不可测、大不可量。它的感召与功化是不可测度的。[②]质言之，圣贤人格是最高理想境界的具体化。牟宗三说：“圣人之所以为圣，只在其知天理、能天理，不在经验知识之多寡也。在人心中点出良知之天理，便是开辟价值之源，树立价值主体，而成人成圣，创造各人自己之人格与境界，俱以此为关键也。”[③]“圣人虽多学多能，然不以此为多，此即是其心之虚也。鄙夫虽无多学而识之知，然亦因此而无成见，故其心亦较虚朗，亦容易显其良知之是非。道心本即是虚极也。空之虚寂即是道心之自体（本质）也。”[④]

也可以说，圣人是天心完全显露之人，其上不存在任何瑕疵和覆障。牟宗三说：“天心实即道德的自觉，天理实由此自觉中而天定之理则。”[⑤]凡夫之所以为凡夫，是因为他的心被障蔽、搅乱了，因此私欲流行。此心就须正，就须复，复的方法就是却障、去搅，或“正心”。“正心就是正念头，念头正则天理流行。”[⑥]就此而言，工夫实践的形而上学的诀窍简单明了，那就是进行心理的大扫除，以清除其上的障、搅，让天心显现、做主。据此，工夫有两种：一是理上的，此工夫即本体。“良知不假外求，单靠自己一念。此自己一念，显本体同时

① 牟宗三：《政道与治道》，《牟宗三先生全集（十）》，台湾联经出版事业有限公司2003年版，第77页。
② 牟宗三：《政道与治道》，《牟宗三先生全集（十）》，台湾联经出版事业有限公司2003年版，第77-79页。
③ 牟宗三：《从陆象山到刘蕺山》，《牟宗三先生全集（八）》，台湾联经出版事业有限公司2003年版，第217页。
④ 牟宗三：《从陆象山到刘蕺山》，《牟宗三先生全集（八）》，台湾联经出版事业有限公司2003年版，第308页。
⑤ 牟宗三：《王阳明至良知教》，《牟宗三先生全集（八）》，台湾联经出版事业有限公司2003年版，第34页。
⑥ 牟宗三：《王阳明至良知教》，《牟宗三先生全集（八）》，台湾联经出版事业有限公司2003年版，第38页。

亦见工夫。是以工夫的觉亦是靠自己，不假外求。”①二是事上的工夫，主要是要用种种摄心、制心的方法润本心、养本心。而“要润它、养它，必须要回头发现本心之悲与仁，此便是吾心之本体、意义、价值之源”，要“顺这个回头的觉悟而作事，则不是逐物地作之，而是顺致良知而来的天理地作之。圣贤工夫只是教你回头顺天理作之。不回头，无此步工夫可言”。②

在这里，牟宗三阐发的新思想在于强调“回头”，认为只要归于殊相，不沉溺于共相，“便会回头，而找具体的真实以安顿你的空虚的生命。你若终不回头，你的生命必枯竭，你终于死在你的共相里……你要了解你的生命，了解世界之全貌，你必须把你的理智转回来，把你的共相拉下来，转到你自己的真实心上来，找个托命处……你这一回头，你才能了解圣贤学问圣贤工夫真是救你的性命的”③。所谓“回头”实际上是要找个悟处，要向往向上一机，“向你最深的‘内在性’里转”，“从里面正而开之，保任得心正”。他自认为，这些“工夫之意义说明”，可“略补先哲之不足”。④

牟宗三承认，具体的工夫包括静坐之类的方法。在论述静坐时，他不主张从外面窒塞，例如，反对把自己关起来、让六根闭塞起来，反对无念操作。当然，他承认，“若能窒塞到家，便是佛，亦好”。但儒家不看重此，不倡导“禅定寂归，以趋无余涅槃”，不去袭取坐禅的工夫。在他看来，这样做实际上是有内外分别、有间隔的，而且无念也是做不到的。他说：“无念之求是由袭取佛家坐禅而与己不相应之工夫而来。”⑤另外，尽管他不绝对反对无念、入静，但认为真正的工夫是努力做到心无内外，而不在乎是否无念、入静。以敬为例，“写字专敬，亦只是静时的专敬，实亦就是这个活泼不息真机。故敬是彻上彻下事，戒惧是彻上彻下事。从此开出，便无内外间隔可言。此是停停当当，平平顺

① 牟宗三：《王阳明至良知教》，《牟宗三先生全集（八）》，台湾联经出版事业有限公司 2003 年版，第 59 页。
② 牟宗三：《王阳明至良知教》，《牟宗三先生全集（八）》，台湾联经出版事业有限公司 2003 年版，第 59-60 页。
③ 牟宗三：《王阳明至良知教》，《牟宗三先生全集（八）》，台湾联经出版事业有限公司 2003 年版，第 61 页。
④ 牟宗三：《王阳明至良知教》，《牟宗三先生全集（八）》，台湾联经出版事业有限公司 2003 年版，第 62 页。
⑤ 牟宗三：《王阳明至良知教》，《牟宗三先生全集（八）》，台湾联经出版事业有限公司 2003 年版，第 63 页。

顺的正工夫”[①]。

他强调，工夫的大纲须是“敬以直内，义以方外”。所有工夫应从此纲中开出。若如是，即正法，否则非儒法。他说：“相应此纲领而言工夫，自有其坦荡之大途。”[②]至于有的人袭取佛家的静坐之法，他的看法是“作个人受用，一时之权法，自无不可”，但它不是“敬以直内、义以方外之开而出之之道”。[③]基于此，他说：他“从不作静坐见道想”，因为“静坐不能增加人的道德感，只是一片私心”，“一切工夫只是剥掉这许多曲折，恢复那个天理之直。而去掉曲折的工夫亦只须这个工夫是直道工夫，此便是致良知”。[④]这里应该是包含有对佛教方法的误解的，或源于缺乏对佛教方法的实践与体验。但奇怪的是，他又认为，他的新心学可以用禅宗“云门三句”来概括：截断众流，涵盖乾坤，随波逐浪。

三、徐复观：心学即“形而中学”与情欲安顿

徐复观，湖北浠水人，新儒家的大家之一，我国港台地区最具社会影响力的政治家。1944 年谒熊十力先生于重庆北碚勉仁书院，并拜入其门下，重续学术慧命。基于自身的实际经验和理论反思，他形成了发展中国儒家思想及民主政治以救中国的理念。

徐复观首先强调：心在中国文化中享有至高无上的地位，甚至可以说中国文化即心的文化。他说：“中国文化的最本特性，可以说是‘心的文化’。”[⑤]许多人看不到这一点，因此多有误解，甚至将其贬弃。中国文化的主要任务是解决人生的价值与意义问题。在解决过程中，主要的工作是为人生价值寻找根基或立足点。只要有立足点，人就“有信心，有方向，有归宿”，“否则便会感到漂泊、彷徨，没有方向，没有力量”。[⑥]中国文化经过自己的摸索和建构，“认为人生

① 牟宗三：《王阳明至良知教》，《牟宗三先生全集（八）》，台湾联经出版事业有限公司 2003 年版，第 63-64 页。
② 牟宗三：《王阳明至良知教》，《牟宗三先生全集（八）》，台湾联经出版事业有限公司 2003 年版，第 64 页。
③ 牟宗三：《王阳明至良知教》，《牟宗三先生全集（八）》，台湾联经出版事业有限公司 2003 年版，第 64 页。
④ 牟宗三：《王阳明至良知教》，《牟宗三先生全集（八）》，台湾联经出版事业有限公司 2003 年版，第 64 页。
⑤ 徐复观：《中国思想史论集》，九州出版社 2014 年版，第 293 页。
⑥ 徐复观：《中国思想史论集》，九州出版社 2014 年版，第 293 页。

价值的根源即是在人的自己的‘心’”[①]。因此中国是最重视心同时做了最多探讨的国家。这里所谓的人生价值不专指人活着的意义，同时还表现在道德、宗教、艺术、认知等活动之中，特别是道德活动。中国文化关心的主要问题是道德作为价值渊源于哪里？[②]回答当然是心。应注意的是，中国文化不仅热衷于道德价值及其根源的追问，而且也重视其他价值，有人如庄子等就关心艺术价值的根源问题。庄子的虚静明了之心，实际上就是一个艺术心灵，或者说是艺术价值的根源。另外，在中国哲学中，心是认识、知识等价值的根源，例如，荀子说：“心何以知道？曰：虚一而静。”[③]

在心的范围、构成、样式等问题上，徐复观像其他新儒家代表人物一样，认为心的构成不只是西方人所说的认知心、经验心，还有道德心、超验心。他说：“心的本身，便同时具备着经验和超经验的两重性格，此即程伊川所谓‘心一也，有指体而言者，有指用而言者’，亦即张横渠所谓‘心’统性情。”[④]其超经验的表现是，它有自己来自天道的性、体。此性、体无形无相，但又妙用无穷，里面有“天心”，如仁、义、礼、智都根于此天心。他说：“由反躬实践、向内沉潜以透出天命，实际即是后儒新说的‘见性’。这是中国新文化精神血脉之所在。”[⑤]人心中的超经验的东西尽管是形而上的、不可直接认知的，但可通过特殊方式把握、显现，例如，通过反躬实践，向内沉潜，可显自己的本心。只要用这样的方式去实践、体验，就可“通过自己的本心”看出“天道天命的血脉”，直至让天心显现于自身，因为“在反躬实践的过程中，便必然由经验之心，显出其超经验的特性，而超经验的特性，仍然是由经验之心所认取，以主宰于经验之心，于是乃真有所谓天人合一”[⑥]。所谓天人合一，不过是心的两种性格的合一。

超经验性的心就是天心或别的人所说的道心、道德之心。中国古人早就认识到心就是天。这里的天已不再是外在客观的天道或规律，而是内化于人心中的性。例如，人们常说：天命之谓性。徐复观说：“在道德实践中所显现出的天或天命，

① 徐复观：《中国思想史论集》，九州出版社 2014 年版，第 294 页。
② 徐复观：《中国思想史论集》，九州出版社 2014 年版，第 294 页。
③ 转引自徐复观：《中国思想史论集》，九州出版社 2014 年版，第 293 页。
④ 徐复观：《中国思想史论集续编》，九州出版社 2014 年版，第 430 页。
⑤ 徐复观：《中国思想史论集续编》，九州出版社 2014 年版，第 430 页。
⑥ 徐复观：《中国思想史论集续编》，九州出版社 2014 年版，第 432 页。

实即一个人的本心显发……必须承认‘心即天’，然后所谓‘天人不二’、‘天人合一’才有一确定的意义。”①

尽管儒家重视心，发现了道德心，建立了关于心性的带有求真性和价值性意义的蔚为壮观的理论体系，但其内部对先儒关于天心、心性的论述的看法和解读是不一致的。根据徐复观的解读，儒家有三派：一是以《易传》为中心的以阴阳言天命的一派；二是以礼的传承为中心的一派；三是从曾子、子思到孟子再到宋明理学的正统派。正统派的特点是发现了心的一种新的样式，即道德心，并给予其特别的关注和发掘。它“顺着天命由上向下落，由外向内收，下落到自己心上，内收到自己心上，由心所证验的善端以言性善。更由尽心，即由扩充心的善端而向上升，向外发……他们之所谓心，是每一个人在一念之间，当下即可以证验的，与西方哲学中之所谓‘唯心论’的心，完全是两回事”②。

就“心”的用法和意义而言，后来的理解、界定也大相径庭。例如，孟子、理学所说的“心”指的是道德心，或道德的心理根源；而荀子则突出认识性的心，认为它有做出抉择、判断是非的作用，可以知“道”（如只有虚一而静，才能如愿）。当然，徐复观所说的心也有道德判断能力，因为他认为，涂之人之所以可以为禹，恶之所可止，可转为善，是因为有心这一质具、机制。在道家的宋钘、尹文一系，他们强调心的受容性，如说“心之容”。还有，《管子》以及儒道的许多人物都注意到了作为主宰、身之君的心。《管子》云：“心之在体，君之位也。”③还有许多人，如庄子等，以虚静言心。《管子》中还有以气言心的，认为心是气之精、气之灵。

像其他新儒家代表人物一样，徐复观强调：中国哲学关注的心的范围大于西方人的范围。他说：“心有德性和知性的两面。德性乃人的道德主体……知性是人的知识主体。”④前者由孟子具体阐释，后者由荀子昭明。根据徐复观的判释，中国哲学所思考的心，不管是道德本心还是认知心，都是物理性实在，像耳、目、口、舌一样，是人的身体的实在构成。它所表现出的作用尽管无形无相，

① 徐复观：《中国思想史论集续编》，九州出版社 2014 年版，第 434 页。
② 徐复观：《中国人性论史（先秦篇）》，上海三联书店 2001 年版，第 173 页。
③ 徐复观：《中国人性论史（先秦篇）》，上海三联书店 2001 年版，第 400-403 页。
④ 徐复观：《中国人性论史（先秦篇）》，上海三联书店 2001 年版，第 231 页。

但也不神秘，也像耳目所具有的听视作用一样，是事物的真实的作用。这显然是一种十分独特的理解。根据这一理解，中国的心灵哲学是十足的自然主义、物理主义，甚至可以说是物理主义中最强的类型物理主义。它认为，包括心在内的一切都是物理的。徐复观从中国心灵哲学中所解读出来的这一关于心的存在样式和本质的理论与其说是一种解读，不如说是他本人所倡导和赞成的理论。

在心的作用问题上，徐复观还提出：中国人所说的心尽管指的是生理构造中的一部分，但它有许多独特的、超形相的、玄远的作用，就像耳目尽管是物理的有形实在但有能听能看这样的无形的作用一样。更神奇的是，心所发生的作用，恰恰就是“人生价值的根源所在”[①]，这里甚至存在着决定人是凡是圣的根据和机理。

在心的存在方式或存在程度问题上，他既不赞成把心看作形而上实在或高阶、第二性存在的观点，也不认为它就是一种形而下的东西，即不认为它本身就是具体的物理形态或个例，而是别出心裁地提出：心是“形而中”的实在，即介于形上和形下之间。这是因为，一方面，心在形体中；另一方面，心又有其超越性，有不同于具体物理实在的地方。相应地，关于心的哲学既不是纯粹的形而上学，也不是像机械学一样的形而下学，而是“形而中学”。他说：“心的文化，心的哲学，只能称为‘形而中学’”[②]，以区别于形而上学（研究天道）、形而下学（研究器物）。

这无疑是关于心灵哲学学科性质的一种新奇的、值得思考的见解。在西方尽管对此也有不同的看法，例如，海尔等认为，心灵哲学在本质上是本体论、形而上学；而斯蒂克等则认为，它主要是一门经验性的科学，但尚未见徐复观这样的看法。

不过，这一看法也有这样的麻烦，即说浅层次的认知心是生理的、物理性的不难理解和说明，但圣洁的、隐藏甚深的、有无尽资源和无穷妙用的本心也能是这样吗？徐复观首先承认，本心隐藏甚深，人不能直接接近、认识它，因为它只显现于人的“工夫”之中，而不能通过认知心接近。但任何人包括普通凡夫

---

① 徐复观：《中国人性论史（先秦篇）》，上海三联书店2001年版，第294页。
② 徐复观：《中国人性论史（先秦篇）》，上海三联书店2001年版，第299页。

都有它，本心丝毫不少。他说：“任何人随时随地都有本心的作用，否则是心理变态之人。但一般所发生的本心的作用是间歇性的、混淆性的，由此表现的人生是‘善恶混’的人生。”①成见、私欲重的人，本心呈现少；反之，则多。尽管本心如此幽远，但它也在生理结构、活动中，也离不开物理的东西。在儒家中，这应可以看作是一种“异端”，因为一般都强调本心是形而上的，至少是因气之灵而有的。而徐复观则认为，两种心（认知心和本心）都依于生理结构。当然，具体的依存和表现方式各有不同，例如，认知心即人们通常所用的、所感的思想、意识之类的作用，它们与生理作用混在一起，且受制于欲望；而本心，亦即心的本来作用，它是价值之源，它“通过修养工夫，使心从其他生理活动摆脱出来，以心的本来面目活动，这时心才能发出道德、艺术、纯客观认知的活动”②。它们只有在摆脱成见（一般人的知）与私欲时，才显现出来。

本心为何是价值之源？徐复观承认这一直到现在还是无法解答的问题，从今日的眼光看，这是真正的深层的心灵哲学问题。中国一般的倾向是把它划归为形而上问题，以天来加以解释。例如，孟子说“此天之所与我者”；二程说“良知良能，皆无所由，乃出于天”。③徐复观认为，这本心表面上是主观的，即存在于主观心理世界，其实是客观的，因为人只有通过克己、寡欲等工夫将私欲成见这些主观的东西统统清除干净才能显现这本心。心中哪怕只要有一点主观性，本心就只是潜在性，而不会有现实表现。他说：“未被成见、私欲所缠缚着的心，不但能分辨善恶，实在也是好善而恶恶的。”④徐复观通过对孟子心性论的解读，表达了自己对于心的结构及其与身体的关系的看法。就心与大体、小体（耳、目、口、鼻等）的关系而言，心是大体，是贵，因为里面有仁、义、礼、智等财富或资源。当然，它依于身体，小体是小，是贱。是故他说：“体有贵贱，有大小。”⑤从心内部的结构来看，根据徐复观的解读，心一是表现为有感知、认识、意欲能力和活动的心，即情识之心；二是本心，即人的道德之心。本心中的内在本质构成是性，而性主要表现为仁、义、礼、智四端。它们是“我固有之”。当

① 徐复观：《中国人性论史（先秦篇）》，上海三联书店2001年版，第299页。
② 徐复观：《中国人性论史（先秦篇）》，上海三联书店2001年版，第299页。
③ 徐复观：《中国人性论史（先秦篇）》，上海三联书店2001年版，第299页。
④ 徐复观：《中国人性论史（先秦篇）》，上海三联书店2001年版，第300页。
⑤《孟子·告子上》。

它们活动或发生作用、表现自身时，就是“情”。性情的关系是“从心向上推一步即是性；从心向下落一步即是情。”①就它们与才的关系而言，“情中涵有向外实现的冲动、能力，即是‘才’。性、心、情、才都是环绕着心的不同层次”②。

基于上述分析，徐复观提出了关于心的下述哲学结论：①本心是存在的、客观的，其作用要通过工夫才能展现；②心的作用是一种生理作用，且可以主宰其他生理作用，但又不能离开它们，换言之，心的作用只能通过生理作用来完成；③人生价值的根源在心中生根；④只要摆脱成见、私欲，当下可体验到本心的作用；⑤每个人都有本心，每个人都是天然、完全自足之物，每个人只要如理操作，就都可在心中找到归属，不需外在的追求和斗争。③

既然本心中本来包含有仁、义、礼、智等性或善端，因此要完成心灵转化，要去凡成圣，就用不着到外面去争、去斗，而只需在心上用功就行了，如养心、存心、求放心。徐复观说：“心之善只是‘端’，只是‘几希’，但这是有无限生命力的种子，只要能养，能存，它便会作无限的伸长，或者意识地使其伸长，以使其形成一道德地人格世界。这种伸长，在孟子名之曰扩充。”④他也像其他先贤一样认为，心灵转化的根据是本心中的“性”。对于这“性”，无疑可做心理学解释，无疑也应成为心灵哲学的课题。根据徐复观的看法，性本来指的是人生命内的某种最根源的作用，可用心理学观点对之做出分析、解释和说明，但这又不会影响性的真实性及价值。他说：“这种作用，从概念上分解地说，可称为命（道）、性（德）、心、意、情、才；概括地说，可只称为性，或心。”⑤据此，我们有理由认为，性是中国心灵哲学发现并做了深入研究的主题，也可以且应该成为当代心灵哲学的课题。

性是否现实显现是决定人的凡圣的枢纽，其显现的大小、圆满程度又是决定人格完满程度的关键。例如，若开显、发掘到底或“彻底”时即为做人的完成——极圣。到这一步，人的思想境界既有个性又大通。徐复观对这一境界的来源、表现做了这样的说明：“对人性的发掘到了彻底的程度时，不仅在同一思想

---

① 徐复观：《中国人性论史（先秦篇）》，上海三联书店 2001 年版，第 151 页。
② 徐复观：《中国人性论史（先秦篇）》，上海三联书店 2001 年版，第 151 页。
③ 徐复观：《中国人性论史（先秦篇）》，上海三联书店 2001 年版，第 302 页。
④ 徐复观：《中国人性论史（先秦篇）》，上海三联书店 2001 年版，第 156 页。
⑤ 徐复观：《中国人性论史（先秦篇）》，上海三联书店 2001 年版，第 408-409 页。

中，将呈现出一共同的立足点，例如儒家之仁。即在不同的思想系列中，也将发现其可以互相映带，互相承认的共同境地，例如仁可以映带出虚、静、明的境地；虚、静、明，也可映带出仁的境地。因此可以承认发掘到底的人性，若假借《庄子·齐物论》中的话，乃是‘参万岁而一、成、纯’（按：此句的解释，应当是参揉万岁中之万有不同，而依然是一，是成，是纯）的。即是我们可以假定，人性的自身，是特殊与普遍的统一。因而一个人对自己个性的彻底把握，同时即是对宇宙（自然）、社会的涵融；所以‘成己’同时即要求‘成物’。”①

由于成圣成凡与情欲息息相关，因此徐复观也在继承改造先儒思想的基础上，对如何看待、处置情欲做了新的探讨。在他看来，圣人不在于无情欲，而在于对之做了恰到好处的安顿，因此人做得如何，关键在情欲安顿得如何。要安顿好情欲，除了要用到后面所说的安心、工夫之类的方法，还须借助礼乐。他认为，中国重礼乐的一个原因就是要安顿情欲。他说："礼乐的意义，包罗广大，这里仅先指出它的意义的一端，乃在于对具体生命中的情欲的安顿，使情欲与理性能得到和谐统一，以建立生活行为中的‘中道’。"②具言之，礼乐除了有社会政治、道德教化的作用之外，还是提高个人修养的手段、途径，而且，后一方面还是前两方面的"根基"，因为"潜伏在各人生命里的共同情感是要通过乐的作用来加以发抒和合的"③。不仅如此，礼还有制情于理之中的作用，使情在理许可的范围内发抒。久而久之，情随理转，情可成为实现礼的一股力量。在当今，开发礼乐的这层作用是有现实意义的。他说："现代文化的危机，根源非一，但人的情感因得不到安顿以趋向横决……我这时提出中国人文的礼乐之教，把礼乐的根源意义在现代中重新加以发现，或者也是现代知识分子，值得努力的课题之一。"④

像牟宗三强调工夫的形而上学一样，徐复观也做了同样的工作，认为工夫是把握人性论真谛、去凡成圣的必由之路。他说："要了解开创性的人性论而加以衡断，必须使我们的认知理性，透到这种工夫的过程，才有其可能。"⑤所谓工

① 徐复观：《中国人性论史（先秦篇）》，上海三联书店 2001 年版，第 410 页。
② 徐复观：《中国思想史论集》，九州出版社 2014 年版，第 289 页。
③ 徐复观：《中国思想史论集》，九州出版社 2014 年版，第 290 页。
④ 徐复观：《中国思想史论集》，九州出版社 2014 年版，第 292 页。
⑤ 徐复观：《中国思想史论集》，九州出版社 2014 年版，第 409-410 页。

夫是相对于方法而言的一种实践操作，所谓方法是“对自身以外的客观事物的对象，为了达到某种目的而加以处理、操作的”，而工夫指的则是，“以自身为对象，尤其是以自身内在的精神为对象，为了达到某种目的，在人性论则是为了达到潜伏着的生命根源、道德根源的呈现，而加内在的精神以处理、操运”[①]有两个步骤：一是对生理作用加以批评、澄汰、摆脱；二是向生命深处追近，以发现、把握、扩充自己的生命根源、道德根源。

由于徐复观看到了心的不可思议的作用，因此强调：治国与治人一样，要把治心放在首位。如果说治国要靠德治的话，那么德治又要靠心治。他注意到：德有不同的用法，周初的“德”字多指行为，春秋时代则多以有恩惠于他人的行为为德，有的人还把修己、正身称作德。《朱子语类》在解释孔子的“为政以德”时说：“凡人做好事，若只做得一两件，亦只是勉强，非是有得。所谓得者，谓其行之熟而心安于此也。”[②]可见，真正的德是心安于它该安的地方，因此德治在本质上就是心治。孟子所说的德治也有类似的意思，他强调：既要以德教民、安民，又要让统治者注重自身道德，因为“为人君者，正心以正朝廷，正朝廷以正百官，正百官以正万民”，所以德治的起点恰恰是人君的正心，故说“反自贵者始”。[③]

① 徐复观：《中国思想史论集》，九州出版社 2014 年版，第 409-410 页。
② 徐复观：《中国思想史论集》，九州出版社 2014 年版，第 270 页。
③ 徐复观：《中国思想史论集》，九州出版社 2014 年版，第 270 页。

第四篇

中国心灵哲学的扩充

这里所谓的“扩充”也可理解为“意外的收获”。所谓意外的收获是指这里有某种偶然性，即这里所述的内容。例如，藏传佛教和汉传佛教在心灵哲学上的建树以及 20 世纪末出土的竹简文献中所包含的心灵哲学思想，完全有这样的可能性，即印度心灵哲学不出现于中国，竹简文献中的心灵哲学即使出现了，但如果不是因为偶然的原因被发现了，也仍然会像石沉大海一样。另外，由于藏传佛教和汉传佛教中的心灵哲学思想带有高度融合的特点，既有对本土文化的继承，又有对外来思想的吸收，更有在这种综合基础上的创新，不能归入纯本土化宗派的任何一派之中，因此我们单独加以考释。竹简文献中所包含的心灵哲学思想，尽管是属于本土的，且可归入儒家或道家，但由于它已成了一个有相对独立意义的研究领域，因此，我们也把它抽出来单独予以考释。

第十七章

藏传佛教对佛教心灵哲学的契理契机的发展

藏传佛教的特点之一是对佛教的密宗做了独到的阐释和弘扬。与“密宗”相同或相近的词很多，如密教、陀罗尼宗、真言宗、瑜伽教等。它们在不同的用法中有不同的意义。例如，如果把密宗看作一个教派，那么它指的是佛教三大教派之一，即与小乘、大乘相对的密教；如果把它作为佛教发展的一个阶段，那么它指的是继原始佛教、部派佛教、大乘佛教之后的密乘阶段。就中国佛教来说，它常被用来指中国大乘佛教中与禅宗、天台宗、华严宗等并列的在唐代兴起和发展的一个中国化佛教的派别。从历史源流来说，印度的密教起源于大乘佛教中陀罗尼（总持）法门，经历了早、中、晚三个发展时期。早期密教主要表现为杂密，其中又有中印度的阿地瞿多和南印度的菩提留支两系。中晚期密教主要表现为纯密。中期密教有多种形式：一是善无畏等在唐代开元年间传播的印密，二是一行等人发展的唐密，三是日本空海等人发展的东密，四是最澄所传的天台宗的密教（台密），五是 7 世纪传入缅甸继而传入云南大理的滇密。晚期密教是指 7 世纪晚期至 12 世纪在印度发展并同时传入我国西藏的密教。在西藏兴盛的密教常被称作藏密。

密教是佛教的重要组成部分，是佛教基本精神的一种契理契机的展开形式。它与其他派别相比，既有一致性，又有自身的特点。从见地上说，它与其他教派一样，坚持诸行无常、诸法无我的基本空见，但其空见有自身的特点。根据陈健民大师的看法，小乘、大乘、密乘修行所依的见地分别是小乘坚持的空见是人无我；大乘的见地是无生无灭等八不中道；密乘坚持的是这样的俱生智见，即了知一切诸法，无生、俱生之明体，于此明体，保持之，坚固之，运用之，纯化之。也可以说，它依的是大圆满根本净见。其要点是，“一切诸法从本清净，无有生死涅槃等分别垢染。无缚、无解、无修、无证，自生自显，任运自如”，明空不二，“法身为身、土、心三无二，常寂光明。配三身言，则曰法身；配四土言，则曰常寂光土；配心言，则曰妙明真心。三者主要相同之条件，即为智慧光明。故密宗初修观空，想一切化为空，此空惟是一片光明。其后收摄次第，观一切佛土、佛身，收于空性光明中。亦属明空无二。了知一切光明皆属空性，不起光明之执心；了知一切空性充满智光，不起空性之执著”。[①]

密教注重实证实修，建立了完备的修行次第及体系，但并不轻视教法或理法的探讨，因此也有自己丰富多彩的义学。开始时，其教义单一，崇尚陀罗尼字门及其功德。原始和早期密教依附大乘，没有独立的理论体系。到了中期密教，特别是《大日经》出现以后，其理论逐渐丰满完善，特点是强调、发挥涅槃类经的佛性思想、胜鬘类经的如来藏思想。再后来吸收了唯识宗的“转依说”，形成了金刚乘的理论体系。后来成熟、完善的思想，是大乘各宗各派思想的圆满统一。根据陈健民先生的概括，密乘的精要像小乘、大乘一样都可概括为三点。小乘的精要是①怖畏轮回，速求出离；②痛念无常，解脱生死；③分析无我，直证人空。[②]大乘的精要是①扩大性空，遍及诸法；②了知真如，欲求法身；③勤修利他，证取大悲。[③]密乘的精要是①果位方便，速领佛恩；②兼修心气，速得菩提；③兼用红白，易成虹身。[④]

密宗在修持上的特点是既重修心，又重修身，而修身又在对身做细分的基础上强调修气、脉、明点。一般的佛教派别只重修心。甚至唐朝的密宗也是如此。

---

① 陈健民：《曲肱斋全集（一）》，陈相攸主编，徐芹庭、陈浩望副主编，中国社会科学出版社 2002 年版，第 145 页。

② 陈健民：《曲肱斋全集（二）》，陈相攸主编，徐芹庭、陈浩望副主编，中国社会科学出版社 2002 年版，第 174-175 页。

③ 陈健民：《曲肱斋全集（二）》，陈相攸主编，徐芹庭、陈浩望副主编，中国社会科学出版社 2002 年版，第 175 页。

④ 陈健民：《曲肱斋全集（二）》，陈相攸主编，徐芹庭、陈浩望副主编，中国社会科学出版社 2002 年版，第 175 页。

大乘其他宗派只是到了法顺和尚后，才重修身、修气。另外，密宗特别讲究修行的次第，当然还有很多别的特点。

由于密宗博大精深，因此这里的考释对象尽管主要是藏传佛教或藏密，但也会兼及其他形式的密乘，即以《大藏经》中收录的密教经典为基础，重点考察晚期密教尤其是西藏密教对佛教心灵哲学的契理契机的阐发。

第一节　密教的心灵哲学意趣与基本概念

密教无疑注重心性的挖掘和探讨，并建立了十分完备的理论化心灵哲学体系。其根本经典之一《大日经》的第一品即讲心。此品在汉译本中被译为《住心品》，在藏译本中被译为《心相品》。尽管密教博大精深，但可用“三句义”加以概括，而三句义的实质则是强调以心为本。三句义就是这样的三个基本命题：“菩提心为因，大悲为根本，方便为究竟。”[①]根据《大日经》，心、佛、众生，乃至万物世界只是一心，只是一大法界，若有分别，或不如实了知，此心即表现为妄心；若无分别，或如实了知，此心即为菩提心。菩提心是体，妄心是用，妄心有一百六十种。《金刚顶经》强调的观法是月轮观，而月轮观即菩提心观。《金刚顶经大瑜伽秘密心地法门义诀》云：“月轮者，菩提心相也，表以菩提心即为法界故，即一切有情普贤菩提心之所摄持。”[②]

密宗不仅明确提出了“如实知心”这一佛教心灵哲学的宗旨和纲领，而且对之做了契理契机的解释。根据密宗的解释，如实知自心也可理解为“知众生心行”，即弄清佛为何为佛、众生为何为凡夫的心理表现、根源及原理。[③]

不难看出，佛教心灵哲学同时追求两个目标，或服从于两个动机，而且它们有机地结合在一起。一方面，有像世间心灵哲学一样的认识和解释上的动机；另一方面，有人生解脱论的动机。前一动机是根本。因为只有如实知，才有可能找到解脱的出路和方法。

---

① [唐]佚名撰：《金刚顶经大瑜伽秘密心地法门义诀》，《大正藏》第 39 册，第 817 页。
② [唐]佚名撰：《金刚顶经大瑜伽秘密心地法门义诀》，《大正藏》第 39 册，第 817 页。
③《大毗卢遮那成佛神变加持经》卷 1，《大正藏》第 18 册，第 1 页。

佛所施的教就是教人如何“如实知自心”。众生之自心，即一切智智，如实真了知，即一切智。这是《大日经》的主旨，实际上也是一切经的主旨。从修行上说，学佛就是要修持佛法。如何修持？力弘密宗的顾净缘说：修持佛法“就是‘如实知自心’，是故此教诸菩萨，皆真语为门，心自证心也”[①]。如实知自心，就是证菩提，而菩提即觉。这是佛教的最高价值，也是成佛的标志。具体而言，如实观察自心，了了证知，是名成菩提。不由他悟，不从他得。菩提也可指“心实相”，或虚空界。经云：“心、虚空界、菩提，三种无二。”[②]

一行大师在解释《大日经》时说：“经云：‘云何菩提？谓如实知自心。’即是开示如来功德宝所也，如人虽闻宝藏，发意勤求，若不知其所在，无由进趣……此法从何处得耶？即是行者自心耳……若如实自知，即是初发心时便成正觉。”[③]“如实知”就是如实知自心不生不灭，本来清净，或自心无心。因为自心之相，不动、不倚、无著，都无所得，质言之，心即无心。故无心即无相菩提心。能如实知自心者，知自心实相为无心。

怎样才能如实知自心呢？顾净缘说：“阿字本不生。”可表述为三句义：菩提心为因，大悲为根本，方便为究竟。“三句义的修持，便是如实知自心，如实知自心的‘心’，便是阿字本不生。”[④]

众生流转生死之根本原因是不知心的真实性，而佛之彻底解脱的原因则是如实知自心。宗喀巴大师说：“不知心真实性，愚蒙增上，执补特伽罗我及我所，流转生死。”[⑤]人本来无我、我所，也没有善与不善之别。妄计有这些存在，实是违反了本体论的这样一个“节俭”或实事求是原则：如无必要，勿增实体。若违背，即犯了头上安头的“增益”之错。而之所以如此，又是由于不识心之真实性。

在心理的本质、范围等基本问题上，密宗坚持的仍是一般宗派都认同的“不定说”。从究竟的角度说，一切如梦如幻，心也不例外，心即无心。但为了破除外道和世间的迷执、错谬，密宗不仅承认有心，而且认为心的范围比通常所认为的大，心的深度远超出世间哲学的想象。更重要的是，有些心理现象是存在的，

① 顾净缘、吴信如：《密宗一品一论讲略》，民族出版社 2002 年版，第 20 页。
② 《大日经·住心品》，另参阅顾净缘、吴信如：《密宗一品一论讲略》，民族出版社 2002 年版，第 53-55 页。
③ 《大毗卢遮那成佛经疏》卷 3，《大正藏》第 39 册，第 587 页。
④ 顾净缘、吴信如：《密宗一品一论讲略》，民族出版社 2002 年版，编辑说明。
⑤ 宗喀巴大师：《宗喀巴大师集（四）》，民族出版社 2001 年版，第 185 页。

但人们并不知道它们存在，而有些正在生成中，未来还会出现以前所没有的心理现象。就此而言，心理现象具有开放性，其样式和范围有变化或不定的一面。这是因为，随着新的因缘关系的建立，将有新的现象发生。其深度也是这样，随着观心的深入，将有许多更深、更细的带有现象学性质的细心（即细意识）显现出来。反之，随着某些因缘关系的消失，伴随它们的心理现象也会随之消失。因此就这些而言，心理现象的探索有近于地理发现、地质勘探的一面。正是因为有这样的广度和深度上可拓展的空间，佛教心灵哲学才有它的发展性、与时俱进性。密宗在这一过程中也做出了它的奉献。

密宗也有自己的心理语义学，即搜索、考察心理语词，研究它们的用法和意义。这一研究对心灵哲学认识心理的本质至关重要。因为它涉及心理的范围、标准等问题，同时有避免语言混乱、防止无谓争论的作用。相比较而言，它看到的“心”一词的用法更多。据陈健民大师的研究，“心”在包括佛教在内的日常用法中至少有九种意义。他说：“按中文训诂，心有九义，曰五脏之心脏；曰思也；曰本也，如《易复》曰：‘复其见天地之心乎？’曰精要也，如《般若心经》；曰了别，此则唯识宗义；曰中心，如天心、江心；曰尖刺；曰二十八宿之心宿；曰果实之核。此中，法相宗取‘了别’义；禅宗取‘本’义及‘精要’义；密藏则兼取‘五脏’心义。”①

不同语词所指的心，可看作是心的不同类别。例如，肉团心是生理意义的心脏，妄想心是心理意义的心，良心、善心、恶心为伦理意义的心，九种住心为宗教的、哲理性的心，集起心为唯识宗所说的心。密宗所说的心有多名，即“如来藏心”“圆觉妙心”“自性清净心”“真如妙心”“涅槃妙心”。这最后一种心“属佛教果位法身”，即“大手印中所称之心”。②

陈健民还认为，常得不到正确理解的一种心是“真心”中所说的“心”。这种“心”与思虑、了别之心区别甚大。因为它指的意思是“中”“核心”，就像“文章的中心思想”“房子的中心”等用法中的“心”一样。“一切物之心即是

① 陈健民：《曲肱斋全集（一）》，陈相攸主编，徐芹庭、陈浩望副主编，中国社会科学出版社 2002 年版，第 138 页。

② 陈健民：《曲肱斋全集（五）》，陈相攸主编，徐芹庭、陈浩望副主编，中国社会科学出版社 2002 年版，第 227 页。

中，故天之中曰天心，地之中曰地心，江之中曰江心。”[①]质言之，这种用法中的“心”指代的是事物的居中心、主导地位的方面：此心“纯属物”。就此而言，物也有心，例如，人们常说的“菜心”指的东西就没有心理学的意义。再如心宿之心，宿也。《周易》曰：“其于木也，为坚多心。”此“心”字说的则是刺。另外，“万姓通谱，载有姓心者”[②]，这里所说的“心”指的是共性之类的东西。

陈健民强调：理解上述用法，有助于理解佛教所说的“真心”。这里的“心”也有“中”“核”“根本”等义，因此它非心非物，但又亦心亦物。因为它除了有不同于心理学意义上的“心”的一面以外，又有相近的一面。此真心除了有体空、真实、寂然等本性之外，还有觉性、明性的意义。这种觉、明与人的心理的觉、明有相同的地方，即都有明了、照明、觉悟的作用，但又有程度乃至质上的差别。因为真心的明是广大无边的明，是不假能所、主客分别的明，即自明、灵明不昧。基于此，佛教经论尤其是藏传佛教常把“真心”译为“光明”“明体”等。早在《长阿含经》中，就经常可看到把心性称作光明的表述，如说“心识无形，光明无量”等。南传《增支部》把它称作“极光净”。大乘经中类似的说法也很多，如说心性本来光明；禅宗的类似说法更多，如通彻透明、“大光明”、周遍法界、灵明不昧、“灵寂寂知”、“灵光独耀”等。藏文将梵语表述心性的词 prabhāsvara 译为 luminsity，可汉译为“净光”“明光”“明体”。这种表述就像把真心比喻为月轮一样，一是强调心性的圆满，二是突出它不仅本空，而且本觉，自照自明，照而常寂，寂而常照。

当然，在用“光明”描述心的本质特点时，应注意的是，这里所说的光明与灯等物理的光明是不可完全等量齐观的，因为这里的“光明”有密宗赋予它的很多不同含义。例如，一种说法是有根、道、果三义或三种形式。根光明或基础光明心，是在人死亡的过程中出现的一种光明意识。因为人在咽气的时候，地、水、火、风四大逐步消融，与之相应，会逐步产生下述三种细微的意识状态：第一种为“显现”的白感，第二种是“扩散”的红感，第三种是“获得”的黑感。白感

① 陈健民：《曲肱斋全集（五）》，陈相攸主编，徐芹庭、陈浩望副主编，中国社会科学出版社 2002 年版，第 30 页。

② 陈健民：《曲肱斋全集（二）》，陈相攸主编，徐芹庭、陈浩望副主编，中国社会科学出版社 2002 年版，第 92 页。

是这样的意识状态，即感觉到有一种白色，就像夜里看见月光一样；然后红感就像天刚亮太阳欲出前的天空，稍微带点红色；接着突然变得漆黑，什么感觉都消失了。至此，人便真的死亡了。道光明指在密法（如拙火定、本尊法等）修行达到一定阶段所悟、所证的光明。由于此光明是派生的，故被称作“子光明”或“密义光明”。在不同修证次第，分别会出现不同的道光明，从低到高大致有觉受光明、喻光明、实义光明三种。用现象学术语说，它们是真心的不同层次的显现。例如，觉受光明是在初修时所体验到的似真非真的心性光明。喻光明向根本光明或真心又靠近了一步，这是在较高修行阶段如修生起次第时显现给行者的接近真实光明的光明。实义光明或胜义光明是在修圆满次第时所亲证的更近于根本光明的光明。当然，其显现的程度是有差别的。如果说存在着五级证道位（五级邃路）的话，那么分别有五种实义光明。到其最高境界，此光明就是根本光明的完全显现。而这种光明就是果光明。此光明是唯有妙觉或佛才能证到的光明。在这里，能觉与所觉、始觉与本觉完全无差别地合而为一了。换言之，本具的母光明与修道时所体验的子光明完全合一了。由于它是心性光明的圆满显现，故被称作“明满”，意思是像十五的月亮一样圆明。

在心的范围问题上，密宗坚持认为，心不是人、动物独有的，因为世上还有“饿鬼之心”“外道之心”“修罗之心”“诸恶鬼神罗刹之心”等。①密宗在这里的发展表现在：发现了更多的心理新大陆，如《大日经》说有一百六十种心，其中许多是它新发现的。再如，宗喀巴大师认为，从明相、真心可生出八十种妄心或性相。它们可分为三大类：一是三十三本性，如离欲、意住、意还、忧、寂静、分别、畏等；二是四十种本性，如贪、著、心喜、中喜、大喜、欢乐、掉举等；三是七种本性，如贪念、妄念、错乱、默然、厌患、懈怠、疑惑。②很显然，在这些心理样式中，有些是其他地方未述及的新发现，如意住、意还、默然等。

介于粗浅妄心与深层细心（细意识）之间的细心形式很多，如九住心。它们在一般凡夫身上不会出现，世间的心理学也没法介入研究，因为它们是禅修时出现的九种心境，或九种安心或调心方法，或让心安住的九种方法，故名。这九种

---

①《清净法身毗卢遮那心地法门成就一切陀罗尼三种悉地》，《大正藏》第18册，第780页。
② 宗喀巴大师：《宗喀巴大师集（四）》，民族出版社2001年版，第346-350页。

心分别是①安住心，即让心安住于一个对象；②摄住心，收摄心意，使不向外起心动念；③解住心，不让心对外生知解；④转住心，使知解心安住下来；⑤伏住心，伏断因长期修定而产生的厌怠心；⑥息住心，止息内心的动乱扰荡；⑦灭住心，灭除贪爱心；⑧性住心，通过止息种种妄念而知心之清净本性，进而自然安住；⑨持住心，积集禅定功德，安住禅定中，进而持善去恶。

由于密宗在修行法门上做了大量创造性的探索和开发，进而发明了许多新的修证方法，随着它们的运用，便有许多以前没有可能发生的深层心理被觉知和发现。这些在深层观修中知遇的心常被称作“细心”和“最细心”。稍后在论述心理分类时再一并予以考释。

在心的分类问题上，密宗除了仍坚持净心与染心、真心与妄心、心法与心所法等分类之外，还增加了一种分类法，即根据粗细对心所做的分类。根据这种分类，可将心分为粗、细、最细三个层次。之所以有这样三个层次，是因为随着修行层次的提高，身心越来越细微。陈健民先生说：“凡夫不修空慧者，即粗心，行者修空慧之止观，则为细心，密宗行人修空乐不二、四喜、四空智之心，则为最细者。”也可这样说，“粗身或粗心或粗身心苦住，则为小乘业感缘起之身心，细者则为大乘止观、密乘之气功所构成者，最细者，则为密宗无上成就果位之身心”[①]。这就是说，身与心都有上述三个层次。关于身的三个层次，我们稍后讨论心身关系学说时再议。

粗心、细心、最细心的相状、特点分别是“粗心内即包括各种烦恼等”，如六根本烦恼、二十随烦恼、八十性妄皆属此类心，“细心则唯有止观心，如十住心之前五种……此止观心及三十七菩提心，及下三部密宗所修诸观想，皆为细心。最细心则属……‘能变四喜、四空之自性之一切心’”。[②]

与这种分类有关的一种更细的分类是主张：在众生的粗糙心识之后还有三种微细心和一种澄明心。三种微细是在四大收摄、八十自性分别以及所乘骑的风开始摄入明亮心时出现的心。它们分别是①明亮洁白心，它们像夜空中的月光，里

① 陈健民：《曲肱斋全集（三）》，陈相攸主编，徐芹庭、陈浩望副主编，中国社会科学出版社2002年版，第254-255页。
② 陈健民：《曲肱斋全集（三）》，陈相攸主编，徐芹庭、陈浩望副主编，中国社会科学出版社2002年版，第255页。

面没有任何东西现起，没有滞碍，给人以清朗的开放感，由于不是从外而来的，故被称作明亮，由于超越八十自性分别心，故被称作定；②增长红色心，当明亮洁白心及其风骑收摄、增长红色心显现时，心中仿佛布满阳光，显现出比前面更加空灵的红色或黄色现象；③近得黑色心，增长红色心及其风骑收摄后出现的心。到此阶段，心中出现的是为黑暗笼罩的状态，故名。

澄明心是人的死亡发生过程中最后出现的心理。它也是一个过程，到了最后的死光明心完结后，人便真正死亡了。所谓死光明心是一种极为微细的澄明心，无概念及全无二心，一切心理活动均止息，是真正的死亡。具言之，在这一阶段的开头，心变得更微细，气的移动更弱，没有心和风的产生、流动，潜意识被遣除，思虑活动停止。至此出现的是全然无二的澄明心。它是真正的死亡。

还有一种分类也是根据粗细来分的，只是这种分类把各种心所法都包括进来了，共有三大类。

（1）粗意识，包括五种知觉（前五识）和思想意识两大类。后一意识又可分为“八十自性分别心”，根据所依的气的强、中、弱可分三大类：①三十三种强烈地表现出来的经验，如恐怖、执着、饥渴、慈悲、忌妒，它们对于物质有着强烈的冲动；②四十种中等程度的情感或心态，如喜悦、吃惊、慷慨、不诚实等，它们对物质有中等的冲动；③七种较微弱的情感或心态，如遗忘、紧张、忧郁、懒惰、怀疑，它们对物质有微弱的冲动。从关系上说，五种知觉与八十自性分别心最大的不同是前者有关于能识与所识的觉受，而后者的这种觉受要弱。

（2）微细意识，有三种，即明亮洁白心、增长红色心、近得黑色心。它们分别是临终八个阶段中的第五至第七个阶段。在死亡来临时，八十自性分别心和它们的风骑会在明亮洁白之前收摄。当明亮心显现时，那些经验会消失。

（3）极微细意识。当依次显现了明亮洁白心、增长红色心、近得黑色心之后，就会出现极微细意识。它是“死光明心”或“澄明心”。

如果说上面所述的微细意识和极微细意识是随着生命力的衰弱而在临近死亡时出现的微弱的心理的话，那么阿赖耶识则是存在于各种生命形态和一切生命阶段的真正隐秘的、微细的意识。例如，它不仅存在于活着的生命（本有）中，而且在一期生命刚开始的阶段（生有）、由生到死转化的阶段（中阴）乃至肉体完全死亡（死有）都须臾不离。密宗对此识讨论得也很充分。一般来说，“阿赖耶识”有宝、房、藏的意思。真谛三藏将其译为“无没”。密宗坚持五位百法这一本体论的范畴体系。在这个体系中，有两类法即心法和心所法合在一起构成了心理的范畴体系。心法即八识心王，都可看作是阿赖耶识，因为第八识就是阿赖耶识，而其余七识都根源于阿赖耶识，因此是阿赖耶识的变体。换言之，八识的区分实即对阿赖耶识的功能的进一步揭示。陈健民大师认为，阿赖耶识具三能变，即异熟、了别、意识。小乘合之为六，大乘开之为八，密乘增之为九，即再从中开一个如来藏识出来。①

“阿赖耶识”一般译为“藏识”，亦即异熟识。陈健民先生对它的说明是，“能藏佛性，迷人不知，能藏如来，愚者难显。能藏善恶种子，现行生出异熟业果，飘流诸趣，去后来先，妄作主人”②。第八识与第九识的关系就像水的染净关系一样。第八识像水，有染有净，尽管有染，但其净性始终存在，且不变。而一旦将杂染清除掉，第八识即第九识。第九识阿摩那识也可看作是菩提心或清净心或真心。阿赖耶识性本清净，由善恶诸法所熏，于是便有染净，通过修净，清除其上的尘垢，阿赖耶识可转化为净心。这与密宗经典的界定一脉相承。经云：“烦恼习种子，善恶皆由心，心为阿赖耶，修染以为因，六度熏习故，彼心为大心。藏识本非染，清净无瑕秽，长时积福智，喻若净满月……汝心本如是，为客尘所翳，菩提心为净。”③

就前八识的关系来说，陈健民云：“第八识去后来先，业感缘起，人生观、宇宙观皆系乎此。而执第八识为我者，即第七识，思维、了别、运用者为意识。”④

密宗的独到之处是对意识、记忆、概念的产生做了创发性解释。这一点已受到了西方心灵哲学家和神经科学家的关注与研究。例如，神经科学家德查姆斯（C. de Charms）的《心的秘密：佛教心识学与脑神经科学的对话》（*Two Views of Mind: Abhidharma and Brain Science*）一书中不仅介绍了密宗的有关理论，而且在根据自己的理解前结构进行重构的基础上，对之做了比较研究。根据他对密教的解读，

① 陈健民：《曲肱斋全集（一）》，陈相攸主编，徐芹庭、陈浩望副主编，中国社会科学出版社 2002 年版，第 255-256 页。
② 陈健民：《曲肱斋全集（一）》，陈相攸主编，徐芹庭、陈浩望副主编，中国社会科学出版社 2002 年版，第 254 页。
③《金刚顶瑜伽青颈大悲王观自在念诵仪轨》，《大正藏》第 20 册，第 493 页。
④ 陈健民：《曲肱斋全集（二）》，陈相攸主编，徐芹庭、陈浩望副主编，中国社会科学出版社 2002 年版，第 145 页。

要形成关于对象的认知，不管是前五识，还是第六识，都离不开下述五个条件：①所缘缘——对象给予；②增上缘——心有感知能力；③等无间缘——此感知前的念头或前一刹那的心；④因缘——业的潜质、种子、记忆等；⑤识精。这是《楞严经》说得较详细的一种隐心识。在密教中，它被称作sal rig。sal是明白清楚的意思，rig是了知的意愿。德查姆斯把它译为“明了”元素（illuminating elements）。他说：“只有大脑本身并无法认知，它不会辨识，但大脑有运作的能力，而它的功能作用即是藉由明了元素因而能够让意识形成。”①所不同的是，他作为一个神经学家还关心神经机制的问题，例如，他试图知道：“这明了元素的潜质是如何运作的？是和眼睛能引摄光线有关吗？还是和眼睛能够引发心识有关？”②在这些问题上，神经科学的看法是直接的认知是能量转化的结果，推理性认知是能量的进一步转化的结果。“许多理论谈到视觉直接感知的神经形态如何能够引导神经‘能量’的特定联结和特定流量，通往生起较为宽广的形态，而这可能形成某种认知的推断，像‘这是桌子’的概念作用。我再一次表示，并不是大脑硬体或能量会产生推断的作用，而是要经过那样的过程才会产生逻辑推理。”③这与藏传佛教的密续的看法有一致之处。后者认为，身体内部的气（能量）在左脉和右脉中流动时，会产生概念作用。但佛教同时认为，光有能量还不够，除了所缘缘、增上缘等的作用之外还必须有等无间缘（前一刹那的心识）和因缘（第八识中储存的业力、名言种子等）。神经科学表面上否认等无间缘和因缘的作用，其实不然。德查姆斯说：认识要产生，除了离不开经验、大脑硬体组织的作用之外，还必须有“感知产生当下的先前作用”，以及“对应联结”的作用。④

再看意识、记忆的产生。密教认为，意识的觉知是由脉道和能量“一起创造出来的”。根据神经科学，神经元的联结对意识的产生至关重要。“这些神经纤维会与其他细胞的神经通道有所联结的种种情形。许多的神经元彼此联结在一

---

① [美]德查姆斯：《心的密码：佛教心识学与脑神经科学的对话》，郑清荣、王惠雯译，法股文化股份有限公司 2010 年版，第 113 页。

② [美]德查姆斯：《心的密码：佛教心识学与脑神经科学的对话》，郑清荣、王惠雯译，法股文化股份有限公司 2010 年版，第 113 页。

③ [美]德查姆斯：《心的密码：佛教心识学与脑神经科学的对话》，郑清荣、王惠雯译，法股文化股份有限公司 2010 年版，第 116 页。

④ [美]德查姆斯：《心的密码：佛教心识学与脑神经科学的对话》，郑清荣、王惠雯译，法股文化股份有限公司 2010 年版，第 117 页。

起，所以会有从这一个细胞连结到上千个其他细胞，形成千百种联结。那些就是让能量流动的管道。而这许多的连结，我们称之为突触（synapsis）。因此某种特定的意识，像是感官知觉、概念、观念，或任何一种觉知的发生，都是立基在其所使用的连结形式上。”①“记忆与较强力的神经联结网络有关。较强的神经网络联结，会引导能量流向特有的通路，而且会活化特有的通路。”②

再看概念形成机制。这里有这样的问题：在没有语言时，概念思维是否可能？佛教的回答是肯定的。例如，意识所思考的法尘开始只是心相，想好后，才被安立名言概念。心所法中的“想”也是这样，其对象是“相”。在西方脑科学和哲学中，有一部分人坚持认为，越来越多的证据显示：可能存在着与语言无关的概念。“许多科学家相信：有某些完整的概念，其构成中有一部分是像文字名相之类（like a word），而另一部分则是像图像（like an image）或其他某种可以理解这类的东西。”③格鲁派内部对此有不同看法。有的人认为，概念是一致的名言意义；有的人认为，概念是包含名言所拥有的下述两个部分的东西，即词语的一般性和意义的一般性。显现与遣余是密宗的两个重要概念。它们体现的是两种把握、摄取对象的方式。显现即对象出现在无分别的根识或意识面前，为其认识、了别。换言之，前五根和意识中的不分别的意识把握对象的方式就是让对象显现在自己面前，只要呈现了，它们认识对象的任务就完成了。很显然，这是一种直接把握对象的方式。遣余则不同，它是语言表述事相和理性认识把握对象所用的方式，即一种间接的把握方式，因为在把握时，在分别的基础上，将无关的因素或与认识之性质无关的、其余的因素遣除了。例如，借理性所认识到的一类事物的红，就把其余的非红的一切因缘剔除了，如颂云：“无分别以显现取，名（语言）分别以遣余执。”④就是说有两种“摄取”对象的方式。

在心的定位问题上，密宗根据“不定说”认为，从究竟理体上说，心本身是梦幻泡影，作为其因缘的东西也是如此，因此心无处所，没有定位，“本性清净”，

① [美]德查姆斯：《心的密码：佛教心识学与脑神经科学的对话》，郑清荣、王惠雯译，法股文化股份有限公司 2010 年版，第 233-234 页。
② [美]德查姆斯：《心的密码：佛教心识学与脑神经科学的对话》，郑清荣、王惠雯译，法股文化股份有限公司 2010 年版，第 234 页。
③ [美]德查姆斯：《心的密码：佛教心识学与脑神经科学的对话》，郑清荣、王惠雯译，法股文化股份有限公司 2010 年版，第 205-206 页。
④ 参阅索达吉堪布：《因明讲记（一）》，甘肃人民美术出版社 2005 年版，第 254-285 页。

“心不在内，不在外及两中间，心一可得……非青非黄，非赤非白……非长非短，非圆非方，非明非暗，非男非女，非不男女……非欲界同性，非色界同性，非无色界同性……心不住眼界，不住耳鼻舌身意界，非见非显现。何以故，虚空相心，离诸分别，无分别”，“性同虚空，即同于心，性同于心，即同菩提……心、虚空界、菩提，三种无二”。[①]“云何自知心？谓若分段，或显色或形色，或境界，若色若受想行识，若我若我所……乃至一切分段中求不可得。”[②]

从心与身的关系上说，心与身体的有关构成密不可分。例如，气属于四大中的风大，而风大是不同于物质质料、颗粒的存在或能量，它有两种：一是弥漫于全身脉轮中的，它们是意识的承载物，有一点这样的风，就会有意识，就会有生命存在；二是极微细的风，可称作心风，它不由物质颗粒所组成，存在于心间脉瓣中脉内，它无法归入四大之中，因为它超越了物质颗粒。它里面有不坏持命气，此命气存在于心间脉瓣中脉内以及红白二界交合的匣盒形状内。这种极微细风与意识是密切相关的。由于气有弥散性，因此意识也具有弥散性。例如，人在感觉到脚上发痒时，脑内的意识可随着气流动到脚板发痒的地方。这就是说，意识会随气到处飘移。

从事相上说，尽管心离不开外缘的作用，但它主要的根基则是人的身体，可以说，身体是它们的依存处、处所，可把它们定位于身内。密宗不像神经科学所说的那样，认为脑为心之定位，而强调心有主依的器官，如眼识有对眼根的依赖性，但又必须注意，由于离不开气或风的作用，而气是弥散性能量，因此就此而言，心又没有固定的位置。以第八识为例，它依于命气（详见后文），而此气“在心轮中以持生命”，故又称为持命气。它是第八识的依止，是识神辗转生死、六道轮因的基础。就此命气在心轮中而言，第八识也可说在心轮（详见后文）中。“第八识去后来先，即乘此气。”[③]如颂云：“别说中脉之命气，所依八识居其中。”[④]父母二续密法认为，第八识在心间中脉与其分出的支脉处的心轮内，此

① 《大毗卢遮那成佛神变加持经》卷 1，《大正藏》第 18 册，第 1 页。
② 《大毗卢遮那成佛神变加持经》卷 1，《大正藏》第 18 册，第 1 页。
③ 陈健民：《曲肱斋全集（八）》，陈相攸主编，徐芹庭、陈浩望副主编，中国社会科学出版社 2002 年版，第 254 页。
④ 转引自陈健民：《曲肱斋全集（四）》，陈相攸主编，徐芹庭、陈浩望副主编，中国社会科学出版社 2002 年版，第 198 页。

心轮是一像黄豆大的明点，是身心的本源，乃至净菩提心也在其中。《金刚鬘续》云："心莲花蕊中，智金刚常住。"同样，第八识由于有对气的依赖的一面，因此也有其不定的一面。

再看心的本质。密教认为，可从两方面说明心的本质：第一，根据因缘分析心的产生，可得出心无常、体空的结论。"觉诸情识，空寂无生。何以故？决定本性，本无动摇。佛言一切境界本自是空。一切识识本来空性。一切境识，本即是空……见即为妄……身尚不久，云何有见？"①第二，从妄心、染污心出发，去追溯其后的根源、本体，可看到其体或本质是真心。以烦恼为例，其心源就是真心。经云："觉本心源，即名了见烦恼性者，是名菩提性也，菩提性者则是法身佛也。"②而菩提性即菩提心或真心。"菩提无漏无烦恼蕴。"③漏有四种，即欲漏、有漏、无明漏、见漏。如果远离此四漏，即为无漏。这里的蕴就是积集义，也有四种，即欲蕴、邪见蕴、我见蕴、戒禁取蕴。无此四蕴，即无烦恼。菩提之所以远离这些，是因为这些东西无有根本，本来清净。"菩提清净，无垢无有处所……所谓空即清净，无相是无垢，无起即无处所。"④"菩提虚空平等平等，而其虚空无等无不等，菩提亦尔无等不等。何以故？诸法如实无生无灭故。"⑤

从菩提与五蕴、四大的关系看，它们一如一体，不一不异。"菩提所证即是如如，如菩提如色亦如是。于第一义不即不离，如菩提如，于受想行识如亦不即不离如菩提如，于地界如水火风界如亦不即不离。"⑥菩提与十八界的关系也是不即不离的关系。总之，一法不异一切法，一切法不异一法。"菩提入相，善入诸相"⑦，无相即指一切法皆不可得，入诸相指于有为法审细观察，如修一切善法。"菩提不可取，无有依处……眼不可得故不可见，色不可得故无依处。""一切众生虚妄横执识有住处。云何众生识心住处。此有四种，所谓色蕴、受蕴、想蕴、行蕴。""众生住处，既无住处，穷无住际。"⑧"言菩提者，名体性空，由体空

---

①《大乘瑜伽金刚性海曼殊室利千臂千钵大教王经》卷17，《大正藏》第20册，第757页。
②《大乘瑜伽金刚性海曼殊室利千臂千钵大教王经》卷17，《大正藏》第20册，第757页。
③《守护国界主陀罗尼经》卷4，《大正藏》第19册，第541页。
④《守护国界主陀罗尼经》卷4，《大正藏》第19册，第541页。
⑤《守护国界主陀罗尼经》卷4，《大正藏》第19册，第540页。
⑥《守护国界主陀罗尼经》卷4，《大正藏》第19册，第540-541页。
⑦《守护国界主陀罗尼经》卷4，《大正藏》第19册，第540页。
⑧《守护国界主陀罗尼经》卷4，《大正藏》第19册，第540页。

故，则菩提空。由体空故，一切法空，如来如是如其体空，于一切法现证等觉……空与菩提不可分别……第一义中，空亦叵得，但有言说。”[①]

总之，菩提心即大心、真心。而大菩提心证得的根源及本质是“无量智慧犹如微尘，三阿僧祇劫一百劫中，精进修习之所成就，远离一切烦恼过失，成就福智犹如虚空。”“其相云何？”“譬如五十由旬圆满月轮，清凉皎洁，无诸云翳。”[②]真心的性相是“其性常坚固，知彼菩提生，无量如虚空，不染污常住，诸法不能动，本来寂无相，无量智成就，正等觉显现。”[③]众生本住的心不生不灭，寂灭无相，只要靠无量智，达到等正觉境界，就能让其真实显现。经云：“虚空相心，离诸分别、无分别。所以者何？性同虚空，即同于心，性同于心，即同菩提。如是秘密主，心、虚空界、菩提，三种无二。”[④]其作用是“能生如是最胜妙果”，“一切佛及诸菩萨从菩提心而得出生”。[⑤]

从菩提心与染污妄心的关系看，后者像客尘。如果染心覆盖菩提心，即为凡夫。“汝心本如是，为客尘所翳，不悟菩提心。”[⑥]菩提心或真心就是心的真实本性，是“心性之理”，而不是妄心外的另一个心。它以无色、无相、无形为性。心即使趣下劣生处，而其法性“终无变易”。“此心于胜义中一切相空。于名言中，无色无形，不待他证。”“彼体性无根、无处、无依、无相、无形、无色，超越诸根，非分别境。”[⑦]真心平等存在于每个人心中。“我以佛眼观察一切诸有情类，虽在诸趣烦恼秽中，心性宝珠无有污染，德利具足，如我无异，然诸有情不知苦因不证乐果。常没苦海，无有出期。”[⑧]“一切有情与诸如来同具一法平等法身，更无别体，亦无别心，事理平等，犹如虚空常住一相，无有差别”，差别的根源是“众生深著邪见”。[⑨]

从与阿赖耶识的关系看，真心是阿赖耶识的体，或者说是后者中的净性。

---

①《守护国界主陀罗尼经》卷4，《大正藏》第19册，第540页。
② 顾净缘、吴信如：《密宗一品一论讲略》，民族出版社2002年版，第72页。
③ 顾净缘、吴信如：《密宗一品一论讲略》，民族出版社2002年版，第72页。
④ 顾净缘、吴信如：《密宗一品一论讲略》，民族出版社2002年版，第57页。
⑤《诸佛境界摄真实经》卷中，《大正藏》第18册，第274页。
⑥《诸佛境界摄真实经》卷中，《大正藏》第18册，第274页。
⑦ 宗喀巴大师：《宗喀巴大师集（四）》，民族出版社2001年版，第336-337页。
⑧《宝悉地成佛陀罗尼经》，《大正藏》第19册，第335页。
⑨《宝悉地成佛陀罗尼经》，《大正藏》第19册，第335页。

经云："一念见净心，圆满如秋月……心为阿赖耶，与净识为本，六度熏习故，彼心为大心，藏识本非染，清净无瑕秽，无始修福智，犹如净满月，无体亦无用，智月亦非月。"[①]

密宗特别注重真如妙心。它其实是真心的别名。此心不同于了别心、思量心。陈健民先生说："体性空即大手印，亦即……光明体心。"[②]其特点是，一方面空，另一方面又广合万德，光明透彻。《大印教授》颂云："一切诸法即自心，离心别无尘许法，若达本来心非有，便得三世佛密意。""众生不晓本无心，由假立心缚心性。"《萨拉哈颂》云："心为一切种，由出有涅槃，能施所求果，如宝心前礼。"[③]大手印"就是三世一切诸佛的心，那无二的智慧"，因为"手"的意思是善见自智慧，印即自性印、契证印、觉受印。[④]也可以说，大手印就是平常心。平常心是指，"这个不为任何法相所掺杂、不被世间意识所扰乱、不为沉掉和妄念所鼓动，当下安置于本来之处（的自心）"[⑤]。"良以真如之中，亦心亦物，不可偏言心也。"[⑥]就此而言，真如之心，根本不属于通常意义的心。有鉴于此，为避免混乱，陈健民建议不用"心"字，而用"明体"代表"真如妙心""涅槃妙心"，因为"'明'乃心、物二者之智悲化，体即心物二者之本体"。[⑦]

密教之所以把真心称作"大手印"，是因为通过大手印可得真心之证量。如此证得的真心就是我们所说的现象学真心。作为明体的真心的特点是①"古德皆言，明体无法可示，欲强示之，则如虚空"[⑧]；②明相，"得见明体者，如戴水晶眼镜，见山河大地一切事物，非常清净，非常洁白，然非普通行人所见明相……

①《诸佛境界摄真实经》卷中，《大正藏》第18册，第274页。
② 陈健民：《曲肱斋全集（五）》，陈相攸主编，徐芹庭、陈浩望副主编，中国社会科学出版社2002年版，第229页。
③ 转引自陈健民：《曲肱斋全集（五）》，陈相攸主编，徐芹庭、陈浩望副主编，中国社会科学出版社2002年版，第230页。
④ 冈波巴：《教言广集零选》，载中国佛教文化研究所主编：《米拉日巴大师集（下卷）》，张澄基译，民族出版社2001年版，第1145页。
⑤ 冈波巴：《教言广集零选》，载中国佛教文化研究所主编：《米拉日巴大师集（下卷）》，张澄基译，民族出版社2001年版，第1145页。
⑥ 陈健民：《曲肱斋全集（二）》，陈相攸主编，徐芹庭、陈浩望副主编，中国社会科学出版社2002年版，第92页。
⑦ 陈健民：《曲肱斋全集（五）》，陈相攸主编，徐芹庭、陈浩望副主编，中国社会科学出版社2002年版，第230页。
⑧ 陈健民：《曲肱斋全集（五）》，陈相攸主编，徐芹庭、陈浩望副主编，中国社会科学出版社2002年版，第257页。

此则独处皆明，随时皆明……于其定中，上下四方中央皆充满此明体，而不见有行者之身”[①]；③无念，念与明体不一不二，只要功力成熟，可在妄念上现出明体；④离能所，“无能执明体之心，亦无所执明体这境。此明体显现时，已不属止观中物，乃为证量之物。此时之心虽明明白白，然并无能执持之心，此时之境虽清清净净，然并无所执持之明体”，当它出现时，伴随的是舒服、恬淡、坦荡、宽松等体验[②]；⑤气离出入。“大手印乃一种超脱而又渗透一切之物，心且不谈，何况谈气？”[③]“此时之气已完全停灭，既不出，以无妄念故，亦不入，以无执著故，亦不住，以无我故。”“必如此，方是明体之自生自显也。”[④]“住本元而不动”，“此本元既非认识上之境界，亦非心灵上之感觉，而是证量中不可思议、不属能所、不能取舍之物。既非自在，以有我则不生故；亦非他生，以人人本有故；亦非共生，自他既不能生，合之亦不能生；亦非无因生，以仗上师加持力、法身真实力、本尊悲心安住力等胜缘，一到成熟时节，自然遇合”。[⑤]

噶举派的冈波巴也认为，明体既是大光明，但又空寂。“无能见及所见，故名为空性。”[⑥]“所谓心之体性者，就是那明明朗朗、清清楚楚的自心之明体。有些人把这个明体想成‘（真）我’或自己，但此心之体性是空明无可认持的，也断灭不了的。此明体亦是没有依处的。见到这赤裸裸的明体就算是有了道上的契悟了。”“它非有亦非无，非常亦非断，离二边，但亦不是什么中道，截之不能断，摧之不能灭，于一切时不来亦不去，三时中相续不断。截之不断故，非有为法，从本以来，自性成就。摧之不能坏灭故，无形亦无色，非实体故，无相状故。”[⑦]尽管如此，它又遍在于一切众生身上，故可说：“凡有情皆有光明。”

① 陈健民：《曲肱斋全集（五）》，陈相攸主编，徐芹庭、陈浩望副主编，中国社会科学出版社 2002 年版，第 257 页。
② 陈健民：《曲肱斋全集（五）》，陈相攸主编，徐芹庭、陈浩望副主编，中国社会科学出版社 2002 年版，第 257-258 页。
③ 陈健民：《曲肱斋全集（五）》，陈相攸主编，徐芹庭、陈浩望副主编，中国社会科学出版社 2002 年版，第 258 页。
④ 陈健民：《曲肱斋全集（五）》，陈相攸主编，徐芹庭、陈浩望副主编，中国社会科学出版社 2002 年版，第 258 页。
⑤ 陈健民：《曲肱斋全集（五）》，陈相攸主编，徐芹庭、陈浩望副主编，中国社会科学出版社 2002 年版，第 258-259 页。
⑥ 冈波巴：《教言广集零选》，载中国佛教文化研究所主编：《米拉日巴大师集（下卷）》，张澄基译，民族出版社 2001 年版，第 1144 页。
⑦ 陈健民：《曲肱斋全集（八）》，陈相攸主编，徐芹庭、陈浩望副主编，中国社会科学出版社 2002 年版，第 66 页。

十界众生均有相应之光。例如，“六道光，必须从烦恼出，而与罪业相应。欲界天光，必从欲乐出，而与善业相应。色界光，必从微细色出，而与四禅相应；无色界光，必从四空处出，而与偏空观相应；罗汉光，必从人无我空出，而与小乘菩提相应；菩萨光，必从二无我空出，而与大乘菩提相应；佛光，必从胜义大乐大悲出，而与最上佛菩提相应”①。

心尽管本空，但它同时是世间、出世间一切法以及识心、心所法的本原和所依。《集智金刚续》云：“识从光明生，即此名为心意，以染净一切法，皆以彼为根本。”《尸陀林五蕴经》云：“心之本面为真心，由真心生妄心，气如马然，气与真心和而生妄心。”这就是佛教的唯识无境之说。不过，在理解这个原则时一定要当心，因为这里的唯识无境说并不是主张心灵是第一性、本原性存在的唯心论。佛教说唯识论的目的不是要证明心的第一性，而是要说明万法的空性，即论证诸法空无的一种方式。如果万法依识，而识本身是空的，那么便更彻底地证明了一切皆空。《菩萨注》云：“安住唯识者，大堪能亦断……一切说为心，由佛之密意，免彼愚畏怖，唯心亦非是……诸法平等空，心从本不生。”②

由于密教把真心界定为明体，因此可以说，密宗有自己的“大圆满心性光明论”。大圆满法是宁玛派独有的密法，据称是九乘佛法的最高法门。其见地为大圆满见。该见认为，心性极至圆满，明空赤露或明空觉了，体性空寂，同时无不具足。大圆满有三部，即心部、界部、要门部。心部从体、相、用三方面对心性的体性做了全面论述。其要点体现在下面三个命题之上：“心体本净，自性顿成，大悲周遍。”③心即自然智，《宗教流派镜史》云：“心性现起即自然智慧，除此自然智外，再无余法。”④界部所说的“界”意为自在。该部阐述的思想是一切诸法不外乎心体的妙用，不出佛境界。就此而言，界即觉。要门部就是心要部或教授部或口诀部，通过阐述一切染净诸法不外乎心体之显现，引申出修行的基本原则，那就是不取不舍、不空不执，于灵明智性中现证法性境界。据大圆满法，

① 陈健民：《曲肱斋全集（八）》，陈相攸主编，徐芹庭、陈浩望副主编，中国社会科学出版社 2002 年版，第 66 页。

② 转引自陈健民：《曲肱斋全集（四）》，陈相攸主编，徐芹庭、陈浩望副主编，中国社会科学出版社 2002 年版，第 262 页。

③ 隆钦续绛巴：《实相空藏论释》。

④ 善慧法日：《宗教流派镜史》，刘立千译，西北民族学院（内部资料）1980 年版，第 34 页。

此部最圆满、最重要。因为心部侧重于心，仍执意识量度，界部重有、境，而要门部则超越了意识量度，重心性自显。它包含的心性论有如下原则：①真妄一如，即妄即真；②六识、烦恼等都是心性光明；③真心本空、周遍，但又现前存在于人的肉身之中，《九部中能破经》云“真心住内光宝宫中，本来清净，非有非空”[①]；④心色一如。

在特定意义上也可以说，真心也有其所依。具言之，其依存的东西是一如芥子大小的红白明点，即“不坏明点”或“光明风”（气）。在凡夫身上，此明点为妄心所织成的脉结覆盖遮蔽，因此隐而不显。无上瑜伽密法修行的任务就是令气入中脉，打开各脉轮的脉结，让被缠裹覆盖的真心光明显现出来。

第二节　多元构成的身体结构学

密宗坚持佛教的这样一个基本原则：有情的身体作为一种法，是因缘和合的产物。但同时认为，这个和合体不像一般常识和传统哲学所认为的那样，全是物质的构成物，因为其构成成分除了非身的心和物质性的四大之外，还有既非物又非心的成分。陈健民大师说：“身之成立，八识与命、气为主，于彼三界（欲、色、无色）和合而生。”[②]这就是说，身体内部除心、身之外，还有别的存在，如“智慧身或幻化身”“心气无二之微细智身”，此外，还有五大气、五大智、五大光、五脉、五智等。密教中还有这样的对身的描述：五脉、五气、五大种、五蕴，是五佛的行相；五支分气、五脉、五界是五佛母的行相；五根、五境、五根识，共十五，是世亲菩萨的天母。不难看出，密宗的身体观极其复杂，较之世间哲学，其最突出的一点是，像其他佛教派别一样超越二元或二分模式。[③]

密宗所理解的身不仅较世间哲学所说的身广泛和复杂，而且比其他佛教派别的理解更烦琐。陈健民大师说：“我、人、事业之合成者为身。身者，脓、血、

① 陈兵：《佛教心理学》，南方日报出版社 2007 年版，第 269-270 页。
② 转引自陈健民：《曲肱斋全集（三）》，陈相攸主编，徐芹庭、陈浩望副主编，中国社会科学出版社 2002 年版，第 232 页。
③ 陈健民：《曲肱斋全集（一）》，陈相攸主编，徐芹庭、陈浩望副主编，中国社会科学出版社 2002 年版，第 160-161 页。

骨、节树立之，液筋坚持之，胶交结之，皮包裹之，此亦名蕴身也。各物集合曰‘蕴’，故曰五蕴身……身由业成，身如戏院。”[①]“戏院”的比喻十分深刻，意味着生命的身体是众多因素的异质复合体。下面我们略做具体考释。

先看整体构件。根据藏密，身体的主要构成尽管是血肉皮骨等，但远不止这些。不错，人身上的粗重的构造是骨、肉等，如尾背脊、顶骨、手足骨等。从发生学上说，它们是在脉形成后才产生出来的。脂趾共二十，各有五骨，共为一百；背脊骨，共二十四节，各节各有四骨，共为九十六。其他类型的骨还有很多。肉是在水与筋形成后才出现的。人身上还有分别来自父、母的东西，如髓、轮骨、油水、筋、脑髓、肉、血、容光、肝、七层皮、毛发、白菩提、红菩提等。白菩提由父精而来，红菩提由母血转化而来。除上面分别来自父、母的构成部分之外，还有由父母双方合成的元素。[②]就腹内来说，五脏六腑是其基本构成。密教关于人体构造最独特的看法是，认为人身上存在着所谓的气、脉、明点（详见后文）。仅就脉而言，脉大者有四千，中者八万，细者二十万，最细者一千万，与身上之毛数相等；骨有三百六十；筋有七百二十。[③]

密教在论述身体的构成及结构时，有多种理论，例如，宗喀巴大师在坚持三身说（详见后文）的同时，提出了这样的二身说：“如是有情有两种身，一分位身，二根本身。”[④]分位身即众生之粗身，是由四大（水、火、风、地）等所构成的异熟身。根本身即由风（气）心所构成的身。“谓除风心外，无别流转之补特伽罗者，施设补特伽罗名言之假义，虽非风心，然施设彼之所依，则许为有情之本身也。”[⑤]因为它是流转三世之所依，故说为根本身。“风心二法，能往诸趣。明一切众生皆唯风心之身者，是说施设有情名言所依之根本身，乃唯风心之身，别无异体之根本身。”[⑥]

---

① 陈健民：《曲肱斋全集（五）》，陈相攸主编，徐芹庭、陈浩望副主编，中国社会科学出版社2002年版，第149-150页。
② 陈健民：《曲肱斋全集（六）》，陈相攸主编，徐芹庭、陈浩望副主编，中国社会科学出版社2002年版，第144页。
③ 陈健民：《曲肱斋全集（六）》，陈相攸主编，徐芹庭、陈浩望副主编，中国社会科学出版社2002年版，第144-146页。
④ 宗喀巴大师：《宗喀巴大师集（四）》，民族出版社2001年版，第371页。
⑤ 宗喀巴大师：《宗喀巴大师集（四）》，民族出版社2001年版，第370页。
⑥ 宗喀巴大师：《宗喀巴大师集（四）》，民族出版社2001年版，第371页。

三身说认为，身有如下三种构成：第一，三昧耶身或粗身。“三昧耶”（samaya）一词有多义，如会、时、宗、平等、誓愿、惊觉、除垢障等。“三昧耶身”一词也有多义。一义是与三昧耶形同，但以佛身谓为身，如法报应三身。在显教中其被称作报身。在密教中，依通门，则指一切事物，因为它皆为大日之三昧耶身。依别门，则以塔婆为大日之三昧耶身。就一般的人来说，四大所成之身为三昧耶身。再放大说，诸尊之本誓、内证等标帜及塔、轮宝、莲花、国土、器世界等，都可被称作三昧耶身，相当于显教所说的四大所成之一切无情事物。简言之，三昧耶身为人身上的粗重之身，即土、水、火、风所集成的、由父母所生的血肉之身。第二，智慧身或细身，即由气、脉、明点所构成的人体生命内部的能量或能量场。它们与意识活动密切相关，只有在修炼时才能被感知到。脉（mādi）由四大构成，像管子一样，是气运行的轨道。明点是气的结晶，是生命的精华或能量。其梵文是 bindu，意思是水滴，指的是身体内的微细不可见但有巨大作用的真精。第三，三摩地身，主要指有情身上的最细身。陈健民先生说：“三摩地最细身，应在智慧身之内，而智慧身又在三昧耶尊身之内。”①它是行者中脉开通后获得的身。“最细身脉则属本尊坛城中脉开通后之光明身，如修三、四两灌，四喜、四空之光明身……往生佛上之光明，皆出于中脉开通之后。中脉开，法身光明现起；五轮开，报身光明现起；七万二千脉开，化身光明现起，此皆属最细身者。”②从定位上说，它在心轮中心的中脉之中，是人本有的能量，亦即光明体。一般人体验不到它。如果修大手印、大圆满等法，达到最高成就，那么就能亲见这一细微的、风心不二的境界，即见三摩地身。此身也可称作根本身，是由根本气和心识形成的最细身，是生命的根本，先于粗色身。在粗色身形成后，它又居于其隐秘处，难识难知。粗色身死亡时，此细身并不死亡。除了这三身之外，修行到最高境界的人还会证得如幻身、虹化身和清净身。

就三身的关系而言，它们显然是不同的，这主要表现在，从第一身到第三身的粗细程度是不同的。第一身是宏观可见之身，由四大构成；第二身越来越细；

---

① 陈健民：《曲肱斋全集（一）》，陈相攸主编，徐芹庭、陈浩望副主编，中国社会科学出版社 2002 年版，第 310 页。

② 陈健民：《曲肱斋全集（三）》，陈相攸主编，徐芹庭、陈浩望副主编，中国社会科学出版社 2002 年版，第 259 页。

到第三身，完全超越形象，是形上之身。由于气、脉、明点这些细身形式是密教独倡的，因此我们重点予以讨论。

密教讨论气、脉、明点的目的一是认识上的，即旨在如实认识人的构成及本质；二是解脱论上的，即旨在为众生求解脱之道。根据密教的观点，认识到人身上的这些构成及作用，如理如法修行，即可得智慧、成佛。《甚深内义》颂云："知气脉明点精华，住于普贤行暖位，即是住于加行道，知行脉门点精华，此时若作禁行住，加行道行入见谛。"[①]进一步修持可见道、得神通、成佛，如让气、脉、明点清净，明点集中海螺，而能认持，由认持真纯熟，能灭一千八百种分别心，得十方世界边际神通，变化自在。陈建民说："气、脉、明点三种，究竟六支即是果……如上所说气、脉等，一切皆为六支所摄尽，此清净已即是佛。"[②]

气，有时被称作风或息，指的是在人全身流动的物质性能量。对于它的住动、作用、有力、无力、趋入、认持情形、自性，《甚深内义》做了这样的概括："此下述风之自性，及其住动之情形，众生之所表现为时间流中的生命延续，换言之，之所以有时间延续性，是因为气与语结合。"陈健民说："盖一切有情由气息须臾相集乃成时间。"[③]就与心的关系而言，它是心的物质基础。心与气的关系类似于骑手与马的关系。心感知、注意事物，离不开气的流动。此流动实即消耗、转化能量。同时，气还是维持呼吸、肢体运动、排泄、分泌、食物消化、血液循环的基础。气充满全身，聚集于脑心及骨髓中，运行于经脉内。在不修行的人身上，气是自发地运行的，而修行者的修行其实是有意识地控制气的运行。前者由于不懂控制气运行的方法，因此在人死之时，气便会从身体的各种孔道中逸出，这样便有六道轮回；而掌握了控制气运行方法的行者在死亡时则可让气从头顶大乐轮中冲出，进而获得解脱。

气有不同的分类，例如，可把气分为粗气、细气和最细气。陈健民说："气亦当分为三：粗气、细气、最细气。"[④]根据染净性质可把气分为业劫气、定力

---

① 转引自陈健民：《曲肱斋全集（四）》，陈相攸主编，徐芹庭、陈浩望副主编，中国社会科学出版社 2002 年版，第 276 页。

② 陈健民：《曲肱斋全集（四）》，陈相攸主编，徐芹庭、陈浩望副主编，中国社会科学出版社 2002 年版，第 281 页。

③ 陈健民：《曲肱斋全集（四）》，陈相攸主编，徐芹庭、陈浩望副主编，中国社会科学出版社 2002 年版，第 196 页。

④ 陈健民：《曲肱斋全集（一）》，陈相攸主编，徐芹庭、陈浩望副主编，中国社会科学出版社 2002 年版，第 259 页。

气和智慧气。它们每时每刻都在身体中运行、发挥作用。如果以日计算，一日之内，智慧气和业劫气各有四万二千往来穿梭。业劫气是粗身之气，为凡夫所有，即为凡夫不清净、未调之粗息。而定力气属细身之气，因为通过修定，气变得清净、微细了。智慧气属最细身之气，此气经过中脉，可化成光明。

若细分，则可把气分为二十二种。这二十二种又可归为下述四大类，即外气、内气、密气、秘密气。外气有八，例如，五大（地、水、火、风、空）均匀而行，曰平均气；或有偏颇，曰作障气。五大分别而言，曰分开气；其起作用，曰动作气；不能动作，人身已死，曰死气；身住时之气，曰身住气；造作各业，曰业劫气；遍满全身，曰遍行气。此上为八外气。内气亦有八：上行言语，曰上行气；内部思量，曰心气；肠胃消化，曰胃气；下行便溺，曰下行气；发生容光，曰健气；前生所积，无有慈悲之烦恼气，曰无悲气；前生所积的大悲气，曰中和气；智慧所生之气，曰法性智气。密气有五，即五根之气，眼能见物为眼行气，耳能闻声为耳行气，如此类推。五根气的另一说法：第一，持命气。它无色，如虚空一样，存在于中脉中，与第七、第八识彼此观待。部分持命气表现为应时风息，即一昼夜在体内外出入二万一千六百次的呼吸气息。持命气的作用在于：为生起我执和分别心提供物质支持。若窜到别处则让人闷绝、狂乱，乃至死亡。命气是诸气中作用最大、最关键的气，乃至是决定生命的因素。如颂云："命气如罗睺自性，中间如王而安住。"[①]它住身体中央，如大王而安住，既是别的气之所依，又对它们及全身有主宰作用。第二，下行气。在脐下中、左、右三脉会合处以下。其作用是将身体的精华（净）和排泄物（浊）收集起来，将净储存起来，将浊作为大小便排除出去。可见有"取净而去浊"的作用。如果正确发挥其作用，人便健康，否则人会生病。"乱则生下半身病。"[②]第三，上行气。此气住行于上半身之前方，如喉、胸前等，作用是管呼吸和言语，如颂云："上身住身东南方，喉上作用由此生，能使身口歌舞等，乱则上半身生病。"[③]第四，等住或平住气。

---

① 陈健民：《曲肱斋全集（四）》，陈相攸主编，徐芹庭、陈浩望副主编，中国社会科学出版社 2002 年版，第 200 页。
② 陈健民：《曲肱斋全集（四）》，陈相攸主编，徐芹庭、陈浩望副主编，中国社会科学出版社 2002 年版，第 198 页。
③ 陈健民：《曲肱斋全集（四）》，陈相攸主编，徐芹庭、陈浩望副主编，中国社会科学出版社 2002 年版，第 199 页。

入于腹，运行于五脉尤其是胃中，作用是帮助消化、辨食物清浊，错乱则让腹中生病。第五，遍行气。与左右脉相连，贯通上下肢节，错乱则生跛挛等病。①秘密气指平等安住、无有善恶、长短的平等大慈悲气。以上内气、外气、密气、秘密气加起来共二十二种。

还有一种关于气的分类是“五支分气”说。它认为，有这样五种气：①龙风（风即气），以空大为性的空风，来自人体西南隅的鬼宿脉，作用是取色（视物）；②龟风，以风大为性的风风，出自人体后方的佛脉，作用是听声音；③蜥蜴风，以火大为性的火风，出自人体西北部的悬乘脉中之水巴脉，作用是管嗅觉；④天授风，以水大为性的水风，出自人体左部的伊扎脉，作用是管味觉；⑤财神风，以地大为性的地风，出自人体东北方位的娇作脉，作用是管触觉。

再看气的个体发生。它是随着心识入胎、个体的新一期生命的发生而发生的。正是因为有风息，入胎之心识才开始了自己的新一期的生命历程。当然，在未出生、未入世之前的胎中，风息只是出现了，但尚未形成呼吸。故说：“虽说胎中成就十风，然说未生以来不能呼吸，故是降生以后乃有。”②气的产生过程是这样的：“依诸字形而出生”，如最开始“依于阿赖耶识，及彼能依之行意，生起命气，成为阿字形，此为空界本性”。如颂云：“初依第八阿赖耶，命气有如阿字形。”③《文殊真实名义经》云：“阿字为最胜，彼自性无生，远离言语相，是诸说胜因。”④从命气依次、辗转生出下行气等气。

再看气的运行方式。一是外行，其外行道是一切毛孔、根门，尤其是鼻。运行的主要路径是从二鼻孔入，至左右二脉，在体内运行后，又可回到鼻孔，被排出去。右鼻孔出入的气为日气，左鼻孔出入的为月气，两孔每天分别有 12062.5 次气的出入，共 24135。二是内行。内行能入中脉，此类气即为智慧气。能辨窍穴，则名为空气。

气的作用至关重要，因为生命的一切时、处都离不开气，从生命入胎始，就

① 陈健民：《曲肱斋全集（四）》，陈相攸主编，徐芹庭、陈浩望副主编，中国社会科学出版社 2002 年版，第 199 页。
② 宗喀巴大师：《宗喀巴大师集（四）》，民族出版社 2001 年版，第 270 页。
③ 陈健民：《曲肱斋全集（四）》，陈相攸主编，徐芹庭、陈浩望副主编，中国社会科学出版社 2002 年版，第 196 页。
④ 转引自陈健民：《曲肱斋全集（四）》，陈相攸主编，徐芹庭、陈浩望副主编，中国社会科学出版社 2002 年版，第 196 页。

如此。之所以于一切处有作用，是因为气充满全身。具体而言之，中脉中的命气，有为八识提供依持的作用，此即“所依八识住其中”。意为八识为所依，命气为能依。这种作用持续于人的一生之中，临死之时才离去。另外，人之所以有第七识及我执，也与命气有关，或者说，由此而产生、表现出来。因为若无命气，执我及分别，亦不出生。第七识若不住命气，便会致人昏迷、疯癫。人之所以有智慧，所造业之所以不失，也得益于气的摄持。如颂云：“业与智慧混合住，其气有如虚空然。”[①]气与生命的状态乃至寿命息息相关，例如，“入气多则长寿，出气多则短命”[②]。

在各种气中，持命气或风的作用最为重要。它是住心中的风，是决定人之是否存活的风，从不动种而生，有粗细之别，粗持命风行于鼻孔之中。住心间之不坏风，即微细持命风，它光明如灯烛，不变最微细，阿即最胜主。“阿”即最初的，亦即不生之生。密宗的基本观点是阿字本不生，意为代表的是不生。在诸风中，持命风具本原性和决定性。其余一切别的风的形成，都是依次由此而发生的，在人临死时，它们纷纷归入此风。“诸风如初生时次第，临命终时，由下入上。最初成时，既持命风先成，故最后诸风灭时，皆入微细持命。”[③]

另外，在凡夫和行者身上，五气的作用是不一样的。例如，下述五气之五个作用只出现在凡夫之粗身身上。持命气决定寿夭，下行气决定大小便，上行气决定饮食、言语，平住气决定消化等，遍行气决定身体及肢节运动。在修行者身上，它们的作用大不相同。例如，命气之死有光明，下行气与事业、手印、双运有关，上行气与迁识有关，平住气与拙火定有关，遍行气与金刚拳法有关，这些气都属于细身。[④]

气的本质像别的一切事物一样是无常的。“无常者，是时间迁流，息息不停之谓。而气则通时间而言，同时也是时间的准则……无常无字，建立在气上，如

---

① 陈健民：《曲肱斋全集（四）》，陈相攸主编，徐芹庭、陈浩望副主编，中国社会科学出版社 2002 年版，第 198 页。
② 陈健民：《曲肱斋全集（一）》，陈相攸主编，徐芹庭、陈浩望副主编，中国社会科学出版社 2002 年版，第 285 页。
③ 宗喀巴大师：《宗喀巴大师集（四）》，民族出版社 2001 年版，第 264 页。
④ 陈健民：《曲肱斋全集（三）》，陈相攸主编，徐芹庭、陈浩望副主编，中国社会科学出版社 2002 年版，第 261 页。

人生一气不来，就无常了。”[1]

密教讨论气，主要是要为密教的修行提供理论依据。根据上述论述，修气的方向、目标自然清楚了，那就是要“常修气、静虑”，在修气时，少出气，尽量闭气不出。“修行人应常闭气，盖以入气是生气，出气是死气。因此无上密乘修气有成就的人，每天只闭六口气，一天圆满。”[2]从修行上说，要修心，必须同时修气脉，因为其道理在于：心气不二。要修气，必修识气，因为修心可断绝风息，使人契入佛境。而要修心，又必须修气，因为气为能生之色法，即它能让识随之生灭。《密集金刚》云：“如是风与心二者，作用同一性相二，自证性相念且明，风息性相动速物……心似有眼的瘸子，气如瞎眼的骏马，二者结合流四方。同样识被风驱动……风心自澄登佛位，珍惜实修守风息。”

再看密教关于脉的理论。脉近乎神经。用科学术语说就是能量运输通道，当然，心意也可随气、明点的流动而在其中流动。脉据说有七万二千条，其中最重要的是中、左、右三脉。

藏传佛教关于脉的结构、功能的认识与西方神经科学的看法有一致之处。德查姆斯说：“我们看到那些脉道由许多非常细小的神经脉道所组成。我们称之为神经元或神经细胞。因此这些通道或大的脉道，是由细小的脉道所组成的，而小脉道则又由个别的神经元或神经细胞组成，我们认为脉道即是由其构成。”[3]从功能上说，脉道本身不是意识，但能运作意识。[4]它们有形成意识觉知的功能。

脉的分类还有很多，如从变化、时间上分，可分为退化脉、受用脉、补充脉。从修行境界上看，有两大系统：一是无明系统，这类脉是凡夫身上表现出来的，可称作“凡夫住脉”；二是明行系统，此类脉以智慧、分别、通畅为特点，由修行经提升而成，可称作“智慧脉”。此类脉在凡不减，只是未现实化、

---

① 陈健民：《曲肱斋全集（一）》，陈相攸主编，徐芹庭、陈浩望副主编，中国社会科学出版社 2002 年版，第 284 页。

② 陈健民：《曲肱斋全集（一）》，陈相攸主编，徐芹庭、陈浩望副主编，中国社会科学出版社 2002 年版，第 284-285 页。

③ [美]德查姆斯：《心的密码：佛教心识学与脑神经科学的对话》，郑清荣、王惠雯译，法股文化股份有限公司 2010 年版，第 232 页。

④ [美]德查姆斯：《心的密码：佛教心识学与脑神经科学的对话》，郑清荣、王惠雯译，法股文化股份有限公司 2010 年版，第 232 页。

未开发而已。在圣者身上，此类脉也可以说是潜在的智慧脉的现实化。①另外还有这样的三分法：①粗身脉，即凡夫的业劫脉；②细身脉，即天仙脉，道家称为纯阴脉；③最细脉，即报身佛的智慧脉。②也可做这样的二分法，即业劫脉与智慧脉，前者如一般书上所说的二十四脉，它们是凡夫身上表现出来的“住脉”。后者指三脉五轮及各小轮，它们是“报身佛的智慧脉”。报身佛能够五根互用就是其证明。③还有这样的二分，即白脉和黑脉两类。前者从脑的根部向下延伸，遍布全身，形状类似榕树的由根部出发的枝杈。它们是整个身体及其系统的中枢，视觉与思维都与之有关。后者由心脉向上延伸，包括跳动和不跳动两种。

在所有的脉中，中脉、左脉和右脉最为重要。它们从双眉往上延伸，穿过头顶，然后沿脊椎前方伸向脊椎底部，最后到达生殖器尾端。三脉的枢纽位置为脉轮，脉轮有很多，如大乐轮或顶轮（其中央有作为大乐基础的白色明点，其作用是可帮人往生）、受用轮或喉轮（体验味道，其脉根在中脉内）、正法轮或心轮（极微细心和气所在的位置）、变化轮（位于太阳神经丛，通过瑜伽修行可以点燃内在拙火，进而生起大乐）、护乐轮（位于脊椎底，最深刻的乐由它所支撑）、空间轮或离密轮（位于性器官顶端）、眉间轮（眉心之间）、密轮（会阴是海底轮的住处，即密处轮，与中脉相关。“海底黑白之间，绕展二脉，将中脉缠绕在缝中间”④）、脐轮（脐间智慧勇识，彼之量微，小豌豆大⑤）。左右二脉的位置是，“彼左右之二脉者，从脐分开腰上勾”⑥，意为它们在脐下是相合的，至脐便分开上行，至腰上又相互靠拢，“转到心间复展开，到肋之后复到喉”。右脉

① 陈健民：《曲肱斋全集（一）》，陈相攸主编，徐芹庭、陈浩望副主编，中国社会科学出版社 2002 年版，第 279 页。
② 陈健民：《曲肱斋全集（一）》，陈相攸主编，徐芹庭、陈浩望副主编，中国社会科学出版社 2002 年版，第 279 页。
③ 陈健民：《曲肱斋全集（一）》，陈相攸主编，徐芹庭、陈浩望副主编，中国社会科学出版社 2002 年版，第 277 页。
④ 陈健民：《曲肱斋全集（一）》，陈相攸主编，徐芹庭、陈浩望副主编，中国社会科学出版社 2002 年版，第 310 页。
⑤ 陈健民：《曲肱斋全集（一）》，陈相攸主编，徐芹庭、陈浩望副主编，中国社会科学出版社 2002 年版，第 311 页。
⑥ 陈健民：《曲肱斋全集（四）》，陈相攸主编，徐芹庭、陈浩望副主编，中国社会科学出版社 2002 年版，第 181 页。

入心房右方，左脉入左方。“由颈复生于顶轮，从此乃达二鼻孔。”[①]两脉的功能是血、大香的收放归右脉管，精与小便属左脉。从脉的构成来说，左脉本体为水，月气所行；右脉本体为火，日气所行。

在中、左、右三脉中，中脉最为重要。它是五净分集中之地。“中者，集中也。中脉本身为脉之净分；其上端白罕，为精之净分；其下端红阿，为血之净分；其中央第八识，为识之净分；命气为气之净分。如上五净分皆集中于中脉中。”[②]

在中脉的构成问题上，藏传佛教内部有不同的看法。例如，有人认为中脉有两条，即修行中脉和依止中脉，后者中央仅马尾粗细。陈健民先生认为，中脉是无为法，只有当人的修持达到一定程度时才会显现开发。此前充其量只是潜在的。换言之，一般人由于愚痴，是见不到此脉的。“中者，中脉，无为法，表法身。依菩提心、中观见，修二无我空性，及密宗果位方便所开发。由此脉开发，显现法身空性，与大乐相合，则证报身；与大悲相合，则证化身。”[③]“非由造作而得，故中脉名‘阿哇都帝’，义即能与俱生智……‘阿’字本不生义，然能生出一切，故中脉又名‘数数妈’，义即一切母也……必心住正见时，心安空性时，其脉自现……是本来之脉，非权巧安立之脉。”[④]当然，中脉在特定意义上也可说是有为法，例如，它是通过人身上的许多有为法表现出来的。“普通凡夫身中，是有中脉的，这中脉是有为法，以其不能离因缘造作故”，但其体性是无为法，“中脉是无为法，不是第六识所能观显……中脉是表法身的，中脉的开发显现，则法身之光明显现”。[⑤]“净业观空，以火将业障烧去等种种方法，已包括小乘的重要点，尽在其中；然而此时的中脉，仍然是有为法。”[⑥]在中脉的粗细问题上，陈健民先生认为，中脉在不同行者身上的粗细

① 陈健民：《曲肱斋全集（四）》，陈相攸主编，徐芹庭、陈浩望副主编，中国社会科学出版社 2002 年版，第 181-182 页。
② 陈健民：《曲肱斋全集（五）》，陈相攸主编，徐芹庭、陈浩望副主编，中国社会科学出版社 2002 年版，第 31 页。
③ 陈健民：《曲肱斋全集（五）》，陈相攸主编，徐芹庭、陈浩望副主编，中国社会科学出版社 2002 年版，第 28 页。
④ 陈健民：《曲肱斋全集（五）》，陈相攸主编，徐芹庭、陈浩望副主编，中国社会科学出版社 2002 年版，第 29 页。
⑤ 陈健民：《曲肱斋全集（一）》，陈相攸主编，徐芹庭、陈浩望副主编，中国社会科学出版社 2002 年版，第 305 页。
⑥ 陈健民：《曲肱斋全集（一）》，陈相攸主编，徐芹庭、陈浩望副主编，中国社会科学出版社 2002 年版，第 303 页。

是不同的。“如凡夫贪行等，则属粗身；说修三灌、四喜、四空，专属本尊身，而本尊身属于细身，中脉观在本尊身中，此身生于空性。”[①]“粗身必有器官，故凡脉中所有与器官脏腑有关系者，皆属粗身之脉；凡由密法方便设施观想而与密法止观气功有关系者，皆属道行住者必要之物，与普通凡身、俗身无关，皆属细身、细脉。”[②]

关于中脉的位置，教内的看法也不尽相同。主张中脉为无为法的人当然不承认它有定位。陈健民认为，它不同于生理学家所说的脊柱，也不同于道家所说的黄道和督脉。[③]主张它为有为法的人认为，中脉在人身上有其固定位置，例如，有的人说在脊骨之筋中，因为从中脉与命脉的关系看，左、中、右三脉依命脉而住，而命脉依脊柱骨内而住，因此中脉亦必脊柱无疑。[④]《大威德证分》云：“绕、展（即藏文中之左、右二字）二脉，气盈满夹持中脉，中脉内气小故，因之缩扁而住。”[⑤]有的人认为，其是脊骨内细如马尾毛者。有的人认为，其在全身之中央，即前后左右的中央。“中脉在身之正中，微近脊骨而住”，“命脉依脊骨内方而住，中左右三脉，亦依命脉而住”。[⑥]“中脉内孔虽最小，如针孔窥山，修之亦可。”[⑦]中脉内有智慧身。“智慧身是最细风心，在中脉以内。”[⑧]从与七轮的关系看，它是贯穿七轮的中轴线。[⑨]《密集金刚》的看法是“中脉自身本有三，方便中脉在正中，那里流动白菩提；智慧中脉是命脉，那里流动红菩提；人体秘密的中脉，正直住于二脉间……此脉扎根于私处，上窍

① 陈健民：《曲肱斋全集（三）》，陈相攸主编，徐芹庭、陈浩望副主编，中国社会科学出版社 2002 年版，第 257 页。
② 陈健民：《曲肱斋全集（三）》，陈相攸主编，徐芹庭、陈浩望副主编，中国社会科学出版社 2002 年版，第 258 页。
③ 陈健民：《曲肱斋全集（三）》，陈相攸主编，徐芹庭、陈浩望副主编，中国社会科学出版社 2002 年版，第 234 页。
④ 转引自陈健民：《曲肱斋全集（三）》，陈相攸主编，徐芹庭、陈浩望副主编，中国社会科学出版社 2002 年版，第 257 页。
⑤ 陈健民：《曲肱斋全集（三）》，陈相攸主编，徐芹庭、陈浩望副主编，中国社会科学出版社 2002 年版，第 257 页。
⑥ 古洗里：《大威德证分》，转引自陈健民：《曲肱斋全集（一）》，陈相攸主编，徐芹庭、陈浩望副主编，中国社会科学出版社 2002 年版，第 309 页。
⑦ 陈健民：《曲肱斋全集（一）》，陈相攸主编，徐芹庭、陈浩望副主编，中国社会科学出版社 2002 年版，第 311 页。
⑧ 陈健民：《曲肱斋全集（一）》，陈相攸主编，徐芹庭、陈浩望副主编，中国社会科学出版社 2002 年版，第 311 页。
⑨ 陈健民：《曲肱斋全集（一）》，陈相攸主编，徐芹庭、陈浩望副主编，中国社会科学出版社 2002 年版，第 31-34 页。

契入顶间轮……贯穿诸脉轮正中，宛若轮子的轴心。”总之，中脉是诸有情之命脉。[①]

人身上的脉是一个庞大的系统，由七万二千脉所构成。“其始为中脉（又名有脉，以能有一切脉也），再分左右二脉，二脉共分二十四脉，而各具三作用成七十二脉，脉各一千，于是而七万二千脉大备。”[②]三作用是指：①已趋无常，即退化脉；②正常受用，即当下在起作用，此为受用脉；③待补充，可在他脉衰退时取而代之，但将趋无常，此为补充脉。[③]就脉与轮的总体结构看，“中左右三为之主，其余轮与生病脉，总数为七万二千”[④]。这就是说，人身上的脉与轮，有八轮、七万二千脉。经过左右二脉，开出二十四脉，由中脉旁开横脉，构成各脉轮。一般说为五轮，即顶、喉、心、脐、密。在修事业手印时，除必须动用密轮外，还要调动杵中两轮。在练习颇瓦法开顶时，应在顶轮上观肉髻轮。这样便成八轮。“由各轮发出横脉，遍及全身，则为七万二千脉。”[⑤]从左右脉，分出二十四脉，此二十四为大脑。

可把脉放在与其他事物的关系中加以比较，以说明它的本质特点。从与身的关系上说，心、脉、身是依次发生、前后相续的。陈健民说：“心之有脉，然后有身，以有身故，有所凭藉。”[⑥]当完整的生命出现后，脉又以身为所依、住止。“此身是一切脉之冲住处。”[⑦]从与心、气的关系看，脉受心、气所转，同时对心、气又有反作用。心、气对脉的作用表现在：有妄心，则脉不通。真心逐渐显现，脉则随之开通。“如人能有出离心，则机械心减少，机械心减少，则

---

① 转引自玛尔巴译师：《藏传密宗气功：那若六成就法》，余万治、万果译注，四川民族出版社 1997 年版，第 80 页。
② 陈健民：《曲肱斋全集（一）》，陈相攸主编，徐芹庭、陈浩望副主编，中国社会科学出版社 2002 年版，第 271 页。
③ 陈健民：《曲肱斋全集（一）》，陈相攸主编，徐芹庭、陈浩望副主编，中国社会科学出版社 2002 年版，第 271 页。
④ 陈健民：《曲肱斋全集（四）》，陈相攸主编，徐芹庭、陈浩望副主编，中国社会科学出版社 2002 年版，第 178 页。
⑤ 陈健民：《曲肱斋全集（三）》，陈相攸主编，徐芹庭、陈浩望副主编，中国社会科学出版社 2002 年版，第 235 页。
⑥ 陈健民：《曲肱斋全集（一）》，陈相攸主编，徐芹庭、陈浩望副主编，中国社会科学出版社 2002 年版，第 277 页。
⑦ 陈健民：《曲肱斋全集（一）》，陈相攸主编，徐芹庭、陈浩望副主编，中国社会科学出版社 2002 年版，第 275 页。

脉之纠缠亦少。”[①]

从本质上说，脉像其他一切事物一样是无常的。所谓无常即没有常住不变性，里面没有不变的主宰、实体。这是佛教的共同观点。密教在无常问题上的独到见解是，脉的无常有普通无常和特殊无常之分。脉的普通无常是指，脉是一个由受用脉（似乎存在、有用，但正趋无常）到补充脉（将趋无常）、退化脉（已趋无常）的新陈代谢过程。“诸脉一刹那在衰退中，纵无意外无横死，最多活百年。”[②]特殊无常是指脉表现为败坏之类的特殊形态，如魔坏脉及各轮中之病脉，它们是无常的增上缘。[③]总之，密教对身脉分析的实质在于：证明人无我，身是因缘和合之体。陈健民说：“此中所谓身者，非一整个自成之物，乃为一切界、缘起显现。虽然显现，而非常、非一，非自在、非有我，皆从本来空。一切脉性相，从烦恼网中显现，一经了知解脱，如水中月，显现世俗本体。”[④]

密教讨论脉的目的是解脱成佛。根据藏传佛教，要去凡成圣，就要修脉。修脉的关键是找到脉的最佳之处。“修得好，则脉的住处，不会错乱。不住凡夫身，不住天仙身，而住本尊身矣。”[⑤]当然，密教的脉轮论也有医学意义。例如，为了解释众生发病机理，密宗认为，病根源于脉，即人身上有专司疾病的脉，可称作生病脉，此类脉有很多。每一脉都与某一或某些疾病有关。例如，顶髻四脉与眉间十六脉，共二十脉，能生胃病；喉轮三十二脉、心轮八脉，共四十脉，能生胆病；脐轮六十四脉，密轮外十六脉，共八十脉，能生风病；密处内十六脉，能生杂集之病；如此等等。[⑥]

再看明点。陈健民大师说：“明是智慧义，点是精华义。明是五智（法界体性智、大圆镜智、妙观察者、平等性智、成所作智）的理品，点是五大（笔者注：

---

① 陈健民：《曲肱斋全集（一）》，陈相攸主编，徐芹庭、陈浩望副主编，中国社会科学出版社 2002 年版，第 273 页。
② 陈健民：《曲肱斋全集（一）》，陈相攸主编，徐芹庭、陈浩望副主编，中国社会科学出版社 2002 年版，第 271 页。
③ 陈健民：《曲肱斋全集（一）》，陈相攸主编，徐芹庭、陈浩望副主编，中国社会科学出版社 2002 年版，第 271-272 页。
④ 陈健民：《曲肱斋全集（四）》，陈相攸主编，徐芹庭、陈浩望副主编，中国社会科学出版社 2002 年版，第 195 页。
⑤ 陈健民：《曲肱斋全集（一）》，陈相攸主编，徐芹庭、陈浩望副主编，中国社会科学出版社 2002 年版，第 282 页。
⑥ 陈健民：《曲肱斋全集（四）》，陈相攸主编，徐芹庭、陈浩望副主编，中国社会科学出版社 2002 年版，第 192 页。

地水火风空）的精华。”[①]明点也可说是藏智。“明者，智慧，点者，精华，故明点亦是藏智。中脉表法身，亦以其能藏智也。”[②]白马麦札在解释明点时说：“明为显现诸境，点为大乐精华。”[③]明点即能显现诸境的精妙的力量或实在。明点的样式很多，有的明点属物质之精华（如物质明点）；有的则是精神性的（如智慧明点）；有的非心非物，如离戏明点。

《大威德证分》的汉译本将“明点”译为“真水”，陈健民先生在翻译《甚深内义根本颂自注》中则坚持将其译为“明点”。其根据是，明有合日月之光的意思，日为红明点，月为白明点。明的意思是智慧，或代表的是五智的理，点即精华义，表示的是五大的精华。用现代语言说，明点表示的是圣者在甚深观修时，于身内所见的一种近于能量的存在。它既有物质性，又有精神性。明为其相状（光明、空明、圆润），点为其体性，此性即大乐精华。

从其性质、相状上说，它“杂色光明，与空性体性无二，闪动发光，如水月、如镜影，无有定相；其光六色”[④]。明点的形式很多，就其中的物质性明点来说，它们是有大小之类的性质的。例如，可以说，“明点之量，续（部）说如芥子许”，意即很小。“不坏明点形，是如芥子许，五色光炽盛，常住心中央，现彼刹那顷，瑜伽燃大智，此中定无疑。”[⑤]其作用是可发妙智。“常住于心中，一点无变易，修此诸众生，决定发妙智。”[⑥]意为以修心间不坏明点为依，能起俱生智，拔除无明。从与心的关系看，在定中，“九住心之定，在定上当然说是心，而在明点上说，就是明点能安住，则心才能安住”[⑦]。

明点的位置有四种，即外、内、密、密密。[⑧]“外，物质明点；内，咒明点；

---

① 陈健民：《曲肱斋全集（一）》，陈相攸主编，徐芹庭、陈浩望副主编，中国社会科学出版社2002年版，第297页。
② 陈健民：《曲肱斋全集（三）》，陈相攸主编，徐芹庭、陈浩望副主编，中国社会科学出版社2002年版，第251页。
③ 转引自陈健民：《曲肱斋全集（四）》，陈相攸主编，徐芹庭、陈浩望副主编，中国社会科学出版社2002年版，第217页。
④ 陈健民：《曲肱斋全集（五）》，陈相攸主编，徐芹庭、陈浩望副主编，中国社会科学出版社2002年版，第122页。
⑤ 宗喀巴大师：《宗喀巴大师集（四）》，民族出版社2001年版，第302页。
⑥ 转引自宗喀巴大师：《宗喀巴大师集（四）》，民族出版社2001年版，第302页。
⑦ 陈健民：《曲肱斋全集（五）》，陈相攸主编，徐芹庭、陈浩望副主编，中国社会科学出版社2002年版，第299页。
⑧ 陈健民：《曲肱斋全集（五）》，陈相攸主编，徐芹庭、陈浩望副主编，中国社会科学出版社2002年版，第262-263页。

密，风明点；密密，智慧明点。”[①]只有修密法时，才会出现风明点和智慧明点。最后一明点只出现在无上瑜伽（即密密）之修习中。[②]

从起源上说，“均是一出世时便有，与之俱来”；从体性上说，明点像脉、气一样，皆是无常。[③]

明点的特点在于：捉摸即无，推之即有。表现上看不到、摸不着，但只要留心观察推究，则会确认无疑。因为它是人的心身中充满的真正的“精神”、精微、精华之神。例如，“妇女自性有慧，风韵十足，是明点充盈之象征，故慧自性也，明点自性也”[④]。身体好的男子透出的炯炯有神、神光焕发，都是明点充盈的表现。再如，人的“昏沉是明点向下沉，掉举是明点流动，散乱是明点向上浮动”[⑤]，这就是说，人由这些负面的状态可反证它的存在。

明点的重要性在于：是生三界之因。《殊胜不变略摄》云：“若明点漏失，则为生三界之因。”[⑥]从生理学上说，人的疾病都与明点调节失当有关。“七情六欲之冲动，五脏六腑的毛病，均与明点有密切关系。”[⑦]这就是说，明点在身上分布若不均匀，如有的地方过度集中，即为毛病。反之，明点均匀分布，充满全身的每个角落，人即表现为健康。因此健身的秘诀在于：不让明点漏失，如不吃辛辣发汗的东西，再者，“过分痛苦，超额饮食，过度房事，均应避免，少欲知足”[⑧]。之所以要避免，之所以要少欲，是因为不这样就等于漏失明点。而漏失，即不利于健康。

对于明点有不同的分类。例如，按位置可分为：顶上为身明点，喉间为语明

① 陈健民：《曲肱斋全集（三）》，陈相攸主编，徐芹庭、陈浩望副主编，中国社会科学出版社 2002 年版，第 264 页。
② 陈健民：《曲肱斋全集（三）》，陈相攸主编，徐芹庭、陈浩望副主编，中国社会科学出版社 2002 年版，第 264 页。
③ 陈健民：《曲肱斋全集（三）》，陈相攸主编，徐芹庭、陈浩望副主编，中国社会科学出版社 2002 年版，第 295 页。
④ 陈健民：《曲肱斋全集（一）》，陈相攸主编，徐芹庭、陈浩望副主编，中国社会科学出版社 2002 年版，第 298 页。
⑤ 陈健民：《曲肱斋全集（一）》，陈相攸主编，徐芹庭、陈浩望副主编，中国社会科学出版社 2002 年版，第 298 页。
⑥ 陈健民：《曲肱斋全集（四）》，陈相攸主编，徐芹庭、陈浩望副主编，中国社会科学出版社 2002 年版，第 166 页。
⑦ 陈健民：《曲肱斋全集（一）》，陈相攸主编，徐芹庭、陈浩望副主编，中国社会科学出版社 2002 年版，第 295-296 页。
⑧ 陈健民：《曲肱斋全集（一）》，陈相攸主编，徐芹庭、陈浩望副主编，中国社会科学出版社 2002 年版，第 296 页。

点，心为心明点，脐为智慧明点。也可这样表述：顶上父明点，白色如水，具罕字体性；密轮母明点，红色如火，具阿字体性。其下有风轮如垫，其上四轮有四种明点。此外，还有唯一明点，即无死大手印。[①]

按染净分，不净明点有三十二种，合为如下四大类：①外八不净明点，即发、爪、皮、油、脉、筋、肉、骨；②内八不净明点，即骨髓、软骨、脊髓、脑髓、涕、痰、大便、小便；③密八不净明点，即腰、肠、肺核、胆、肝、脏、肺、心；④密密八不净明点，即血、油、液、暖、气、汗、红菩提、白菩提。它们是凡夫身上具有的明点，成佛后，则消失。净明点是人身上的清净明点，通过一定的修持，如想顶之明点放光，自身成双身金刚本尊相出定，依如此之类的法要，不断修持，气入身，则不净明点就会变为清净明点。

根据明点的性质和作用，可做这样的三分法：根本离戏明点、迷乱无明明点、对治明点。所谓离戏明点，即自心俱生智，体性空寂，是生命的精华。其特点有三：自性空、明洁、不灭。其体相为真实、远离分别、无误。《密集金刚》对它的位置、构成、作用的概括是“坚守命的菩提心，心中血液的精髓。”可见，它是血肉之精华。其构形是“如盐裸露蛋大小，内有光点闪闪亮，大小豆荚和合般，能念之心寓中间。”[②]它是心的直接依存之所。所谓无明明点，实即物质性明点。因为物质的特点是没有明性。这种明点有多种形式：一是白分，或白菩提，存在于中脉的上窍；二是赤或红分，即红菩提，存在于脐下三脉会合处；三是各种物质精华（如血、肉、脂肪、骨骼、骨髓、精液、力）和各种糟粕，如以粪便和尿表现出来的分泌物，肉之糟粕为汗，骨髓的糟粕为管道中的泪和鼻涕，精液的糟粕为精子和卵子；四是三十六种生理结构，它们是由男精女血混合成的生理构造。所谓对治明点，指通过修行而生起的智慧明点。例如，以三法印之火坚守明点，生起空乐智慧，又以瓶气之威力使菩提心不泄漏，并净治一千八百种分别心之风息，若尔，则修得见道。再往前进，则可能登地、成佛。[③]

---

① 转引自陈健民：《曲肱斋全集（五）》，陈相攸主编，徐芹庭、陈浩望副主编，中国社会科学出版社 2002 年版，第 149 页。

② 转引自玛尔巴译师：《藏传密宗气功：那若六成就法》，佘万治、万果译注，四川民族出版社 1997 年版，第 94 页。

③ 玛尔巴译师：《藏传密宗气功：那若六成就法》，佘万治、万果译注，四川民族出版社 1997 年版，第 94-112 页。

从色相上分，明点有红白之分，白明点是精之净分，红明点为血之净分。从粗细角度分，有粗明点和细明点之分，例如，流布在中脉上心轮中央的是细明点（如咒明点、风明点），贯穿在其他脉中的是粗明点（如物质明点），最细明点为智慧明点。陈健民先生说："投胎时，所遇父精母血，为粗身之明点；持咒明点、风明点，则为细身之明点；智慧明点惟是修第一灌金刚莲花抽掷后有之，则为最细身之明点。"[①]

从功能作用上分有：第一，离戏明点，即智慧明点。第二，错乱明点，有不坏、咒和风三种形式。不坏明点又名持命明点，是来自父母的生命能量。来自父亲的是白菩提，位于顶轮；来自母亲的为红菩提，住于脐轮。它们在中脉心轮中心综合，白明点在上，红明点在下，组成不坏明点。其大小像芥子，放五色光，其性不坏，为第八识之所依。不坏明点在深层睡眠、生起梦境、觉醒、特殊时机方面有不同的作用。据此又可把不坏明点分为四种，即生起深沉睡眠的明点，或心明点；生起梦境的明点；觉醒的明点或身明点；特殊时机的明点，即男女交合时起作用的明点。咒明点是指在持咒观想时所见的种子字。风明点是在修习念诵、观想时所见的咒鬘旋转。第三，物质明点，为有形质的液体、水性存在，如由饮食精华所成的精血体液等，经分泌而成的汗、涕、尿等排泄物。

陈健民先生对明点有不同的分类方法，一种分法是把它分为物质明点、咒明点、风明点、智慧明点。物质明点是粗身明点；咒明点、风明点是细身明点；智慧明点是最细身明点，它相当于离戏明点，是光明与命气所产生的最细风心的根本，其作用在于成就佛身。修明点，一是让不该漏失的明点（如精液）不漏失；二是让明点转化为智慧。再一种分类法是把明点分为离戏明点、错乱明点、智慧明点。

明点的样式还有很多，如法身明点（此即离戏明点）、清净明点、准清净明点、不净明点、乐明点、明明点、力明点等。这些明点是修行中出现的明点。例如，乐明点有如水银珠的行相，白而无垢，滚动，还有月亮一样的自性——光明，约有白芥子大，或豌豆大，在心中极为明亮。修此明点的关键是专注于它，让它

---

① 陈健民：《曲肱斋全集（三）》，陈相攸主编，徐芹庭、陈浩望副主编，中国社会科学出版社 2002 年版，第 262-263 页。

在脉轮中转，如随顺吸气，伴随清脆之声，引导该明点至顶轮大乐脉正轮中，消气时，徐徐送至眉间脉轮。明明点，如月亮一样白净。修的方法是以心守持，让其在脉轮间转动。力明点可这样观修，如观想在中脉上窍五股金刚有青稞粒大小。修的要点仍是以心守持，随顺风息，进行观想，直至真切感受安乐。观想上述三明点叫三净治。[①]

藏传佛教既有对气脉明点的分别论述，也有整体观照，例如，它依据其因缘学说论述了心气脉明点在人形成时的个体发生过程。陈健民先生概括说："我等之身，最初在胎中者，为父亲之白菩提和母亲之红明点，前者如水，后者如火，此二相合之间，人之心识，骑在命气上，为业所自在，不得不入其中。三者结合，小而粗略；此为地大，如地垫然；与水和合而凝聚，与火和合而开发，与风和合而扩大，与空和合而广大之心神……如是身体成就，最初由脐发源；脐脉发出后，乃渐成身。初惟有脉，其脉轮有四，相叠成辐，相乘为六十四辐。其上十二，最上为八，相叠而上；此即化身轮；无明、慢、烦恼，由此发出。心上有心轮，此为无明、嗔烦恼之中心。"[②]在其上有喉轮，最上是顶轮，此为无明痴烦恼之中心，在心轮之下有脐轮、密轮，此为贪烦恼之中心。

从脉气心的关系来说，脉中有气。而有气必有心，因为气到心到，气走心走。脉的形成也是一个过程。中阴的识神"入胎完毕，在五大种（笔者注：地水火风空）之中央，除阿赖耶识外，七聚识不分明，宛如酒醉似的。继而，染污意（即末那识）自阿赖耶识突起，随即由红、白精气生起持命风，遂有造作活动，业风刹那间生业，（胎藏）如牛奶变为酪一样，结为凝酪位"[③]。所谓业风是指业力所成猛风，中阴时所现恐怖景象。凝酪位是指胎藏五位之第一位，此位的时间为结胎后的第一个七日。在这里，父母精血结合成了初步的个体，但凝酪尚未形成。第二个七日为皮包位，第三、第四、第五个七日分别是血块肉片位、坚肉位、肉团位。到肉团位，个体的雏形即形成。脉是在第五位出现的。例如，在此位的第

---

① 玛尔巴译师：《藏传密宗气功：那若六成就法》，佘万治、万果译注，四川民族出版社 1997 年版，第 133 页。

② 陈健民：《曲肱斋全集（五）》，陈相攸主编，徐芹庭、陈浩望副主编，中国社会科学出版社 2002 年版，第 142 页。

③ 玛尔巴译师：《藏传密宗气功：那若六成就法》，佘万治、万果译注，四川民族出版社 1997 年版，第 78 页。

一天，形成有情的中脉，即命脉。它的一端与母体的脉道连接。第二天形成心脏正中部位的十脉，它们是根本风息和支分风息的发祥地。住胎后每天形成两百条脉道，每月形成六千条脉，住胎九个月共形成五万四千条。体表的三部位在十二个月中每月增长六千条脉道，所以共形成七万二千条脉。[①]

再看气或风息的形成。有脉道，便为气、明点的产生提供了物质基础。在住胎第二月，下行气出现并成就下半身。在第三月，出现上行气，并成就上半身。第四月，形成遍行风，进而发育出手足。第五月出现等住气。它与胆、胃中的阳气一道存在，流布于全部内脏，作用是帮助消化。随着此气的形成，血、肉和三百六十骨节逐渐形成。到了后面几月，分别出现的是以地大为性的龙风，以空大为性的龟风，以水大为性的耳孔，等等。

从作用上说，气脉明点是生命之根本。例如，生命是随之而逐渐发生、逐渐收摄的，直至最后随着它们消失，生命也随之消失。“若诸有情死，明点向下行，罗睺向上行，识与三有合。”[②]“如是诸气从鼻孔外出，蕴界处于八识上收摄，此为因地光明，领纳法身自性，转生他世。”[③]

根据密宗，身体中的微细构成部分除上述之外，还有许多，如血、精、命、声等。陈健民先生说：“血为阴，气为阳，阴阳之凝结者为精。精含乎骨髓，上通脑海，下贯尾闾，人身之至宝也。故天一之水不竭，则耳目聪明，肢体强健。”[④]命也是身体中的存在。小乘认为：“有非色、非心之体，由过去之业，而生一期之间，维持暖与识，名之为命。”[⑤]可见，命是不同于肉体和心的又一种体或存在。它依赖于色、心，但又不能归结为色与心，因此有其独立性。包括密宗在内的大乘的看法是“八识种子，有住识功德，使色心相续，假名曰命根，

① 玛尔巴译师：《藏传密宗气功：那若六成就法》，佘万治、万果译注，四川民族出版社 1997 年版，第 78-79 页。
② 转引自陈健民：《曲肱斋全集（四）》，陈相攸主编，徐芹庭、陈浩望副主编，中国社会科学出版社 2002 年版，第 296 页。
③ 陈健民：《曲肱斋全集（四）》，陈相攸主编，徐芹庭、陈浩望副主编，中国社会科学出版社 2002 年版，第 296 页。
④ 陈健民：《曲肱斋全集（二）》，陈相攸主编，徐芹庭、陈浩望副主编，中国社会科学出版社 2002 年版，第 22-23 页。
⑤ 转引自陈健民：《曲肱斋全集（二）》，陈相攸主编，徐芹庭、陈浩望副主编，中国社会科学出版社 2002 年版，第 32 页。

去后来先作主公。”[①]它不仅不是色心，反倒是主宰、维护它们的东西。声也是人身上的一种有独立性的存在，尤其是像“阿”这样的声，在人的微观构成中也很重要。以“阿”字为例，“一切音韵，从短阿出”，甚至“一切佛皆从阿出”。[②]何以故？“短阿义，此即佛道究竟要义”，“短阿字从身内空隙，光明出故。故一切声与虚空等，以空性为根本。故当知彼声所诠蕴等一切义，亦皆无自性，如同虚空，即声之真实义……心中如灯炽然之不坏息，为阿字义……阿为一切字中尊……阿为一切法门”。[③]

作为能量或能量场的菩提心也是身体的微观结构中的重要成员。它不同于通常所说的作为诸法之体性的菩提，而指的是人身上的精华。从与明点的关系来看，在特定意义上可以说，“红、白菩提就是明点，故发菩提心的人，外发菩提心，则内之菩提明点，自然增长，故心广体胖”[④]。这种菩提心有两种：白菩提或白明点心来自父的精，红菩提或红明点心来自母的血。藏密以红白两种菩提心来形容人的身心内两种相辅相成的原动力。“明”即日月相合之光，日为红明点，月为白明点。白菩提心晶莹清凉，为阴性，位于顶轮；红菩提心暖热红润，为阳极，位于脐轮处。红升白降会合于心轮，即为红白相合的大圆太极。藏密非常讲求红白明点的平等均衡、互济调和，因为红白失调，容易造成禅病，成为修行的障碍。反之，能让红白明点平衡的修行者可得深厚的定力。红白明点相会于中脉心轮所产生的智慧明点为心气无二的菩提心，所以，心脉中的中脉是产生智慧明点的智慧身，即产生这种菩提心之母；只有修大手印、大圆满得到证悟时才有此真正的、心风不二的明点。

在坐禅时，舌抵上颚，则生甘露，即生白菩提。菩提心还有滚打菩提心、胜义菩提心等形式。“滚打菩提心就是明点的作用，胜义菩提心者，胜义就是智慧也。”[⑤]“胜义菩提心是增长菩提心内的智慧部分。而滚打菩提心就是五大、五

---

① 陈健民：《曲肱斋全集（二）》，陈相攸主编，徐芹庭、陈浩望副主编，中国社会科学出版社2002年版，第32页。

② 宗喀巴大师：《宗喀巴大师集（四）》，民族出版社2001年版，第293页。

③ 宗喀巴大师：《宗喀巴大师集（四）》，民族出版社2001年版，第293-294页。

④ 陈健民：《曲肱斋全集（一）》，陈相攸主编，徐芹庭、陈浩望副主编，中国社会科学出版社2002年版，第296页。

⑤ 陈健民：《曲肱斋全集（一）》，陈相攸主编，徐芹庭、陈浩望副主编，中国社会科学出版社2002年版，第297页。

智的等分增长。”[1]可见，它也是精神，即五大在增长中产生的精神，五智是在凡夫智转化过程中产生的增长部分。

在修行达到一定境界的人身上，会出现一般凡夫身上所没有的身体构造，如“生起本尊身”。本尊，是行者作为供养、礼拜对象的尊像。行人通过观修，可让本尊在自己身上生起。有三种生起本尊身：一是三昧耶身，修观可使之生起，果如此，以凡夫身而修本尊之障碍可除；二是智慧身，“如能观得生起，虽未观中脉心轮，而智慧身本尊所住的地方，已是同样的位置”[2]；三是三摩地身，此即“最细风心”，若观得生起，则可让微细脉结打开，此身本来是明点。

总之，从方便上说，身有粗身、细身及其复杂结构，但从体性上说，应“恒观此身，由如芭蕉，无有坚实，常住此心，不住贪爱”[3]。“色非我所，我非色所，如是四蕴，应知是空，色是无常，由如聚沫，受如浮泡，想如阳焰，行如芭蕉，识如幻化，如是之见，名为正见。差异见者，名为邪见。”[4]

藏传佛教也有自己关于有情众生及其世界的起源理论。关于欲界众生的起源，如颂曰：“凡有欲界六道众。”欲界众生往来于六道之中，“具有六界粗细相”，即由五大和合而成，有色形、可见、可触之相状，“具有四生及其余”[5]，四生即四种生命的四种生成方式，如胎生、卵生、湿生、化生。关于色界众生的身体的起源，如颂曰：“依四禅定生色界，破彼欲界粗贪着。”[6]生色界的因是破欲界的贪著，修四禅定，可生色界。如借初禅生梵众天等，借二禅生少光天等，借三禅生少净天等，借四禅生无想天等，若禅与智合，则生净居天。其身心构成及特点是“具有五大与无明，惟有细者为化生，空风水火及地王，小种出生之形状。”[7]其身仍是由地、水、火、风、空五大所构成，只是这里的五大更加微

① 陈健民：《曲肱斋全集（一）》，陈相攸主编，徐芹庭、陈浩望副主编，中国社会科学出版社 2002 年版，第 297 页。
② 陈健民：《曲肱斋全集（一）》，陈相攸主编，徐芹庭、陈浩望副主编，中国社会科学出版社 2002 年版，第 281 页。
③《妙臂菩提所问经》卷 1，《大正藏》第 18 册，第 748 页。
④《苏婆呼童子诸问经》卷中，《大正藏》第 18 册，第 726 页。
⑤ 陈健民：《曲肱斋全集（四）》，陈相攸主编，徐芹庭、陈浩望副主编，中国社会科学出版社 2002 年版，第 166 页。
⑥ 陈健民：《曲肱斋全集（四）》，陈相攸主编，徐芹庭、陈浩望副主编，中国社会科学出版社 2002 年版，第 165 页。
⑦ 陈健民：《曲肱斋全集（四）》，陈相攸主编，徐芹庭、陈浩望副主编，中国社会科学出版社 2002 年版，第 165 页。

妙。可见，他们仍有有漏身，其根源是明点漏失了。这里的众生尽管破除了欲界的粗贪著心，但仍有心，甚至有妄心、染污心，如有无明。人类及其周围环境即器世界是这样发生的："初劫，此世界与大梵天相同，于一小劫中成立器世界，此后渐次成立有情世界。"有情之人类是这样发生的："人类受生之方便，初化生如色界然。"[①]意思是，他们最初是色界光音天众生，其身充满光明，身寿无量，具足美妙饮食，身力圆满。"后以贪著之缘故，于香味上生执着，识于显境作取舍。身上仍具粗所显，因有男女及光暗。"[②]他们转化成人类的原因有：首先，贪著有香味、粗重的食物，于是身体变粗重，有可见、充满质碍的形色。"身重光明坏失，世间生黑暗，日月光明显现昼夜，此后乃有死尸，寿命减灭。身界肥故，男女二根出生。"[③]其次，于境攀缘、取舍。从心理方面说，人类由于食物和环境的变化，便有相应的心理现象发生及同步增长，"苦乐与贪著增长"。苦乐感受、贪著都是随着食物变化而生起的心理现象。由于有苦乐感，进而便有贪、瞋等心理发生。"其后，地霉虽无，地上生苗芽，渐有果木不种自生，渐次消灭，于是有我所有、彼所有、盗取斗争出生。"[④]人的个体发生过程是通过入胎、成胎、出胎而产生每个个体。其原因是"此后成胎生之时，由身上有六界种，六味饮食成办身，六味亦从五大出，空乐智慧二和合，乃成坚固之身体。"[⑤]在此过程中，众生不仅被赋予了有色形的身体，表现为七情六欲的心理，而且同时获得了清净的菩提智性和寂然的体性。"菩提明点之自性，此为水大之所生，由动生暖为火大，动时之气为风大，安乐之受为空大，如上五大围绕识。"[⑥]

个体发生的起点是识神入胎。此识神尽管在死时离开了此前所依附的身体，但由过去世的习气的作用而结合在一起。由于在中阴中遇风雨等外力驱使，便于

① 陈健民：《曲肱斋全集（四）》，陈相攸主编，徐芹庭、陈浩望副主编，中国社会科学出版社 2002 年版，第 168 页。
② 陈健民：《曲肱斋全集（四）》，陈相攸主编，徐芹庭、陈浩望副主编，中国社会科学出版社 2002 年版，第 168 页。
③ 陈健民：《曲肱斋全集（四）》，陈相攸主编，徐芹庭、陈浩望副主编，中国社会科学出版社 2002 年版，第 168 页。
④ 陈健民：《曲肱斋全集（四）》，陈相攸主编，徐芹庭、陈浩望副主编，中国社会科学出版社 2002 年版，第 168 页。
⑤ 陈健民：《曲肱斋全集（四）》，陈相攸主编，徐芹庭、陈浩望副主编，中国社会科学出版社 2002 年版，第 168-169 页。
⑥ 陈健民：《曲肱斋全集（四）》，陈相攸主编，徐芹庭、陈浩望副主编，中国社会科学出版社 2002 年版，第 170 页。

父母精血结合时，误入其中，此即识神入胎。如颂曰：“习气具有烦恼识，气之体性见余色，决定之义不明白，性一气行愚痴行，如是勾入第八识，乃有受用习气等，以习气而支持识。”陈健民先生解释说：“入胎趋向，如被风雨所追，愿求救护，故于显现境而入胎中。于中阴乾达婆城中，父母精血出时，彼即执以为我……此即入胎情形。如经所云，由习气引阿赖耶，并认持之，故得入胎已。”①

佛教还描述了胎儿在胎中的心身发生过程。例如，命、脉、气的形成是这样的：“胎儿如一小鱼然，母儿之脐两相连，气血得由此增长，此后从第二月起，一书夜生二百脉，持命气分生下气……三月乃生上行气，上身由此而出生。四月乃有遍行气，手足之脉皆出生。五月始有平住气，身内所依由此生。”②从此以后，“胎儿始具有活动、骨节各处段段生”。心理发生的过程是先出生五阴中的识和行，在三个月之前便完成，受与想在第四至第五个月时形成。③

第三节　超二元性与心身关系理论

在世界本原问题上，所有一切佛教派别的心灵哲学理论都具有超二元论的特点，甚至也可以说，它们超一元论、超多元论，即不承认世界万物中有世间哲学所说的那种作为始基、归属和主宰的本原。藏传佛教也是如此。陈健民大师说：佛教不立任何“元”论，“佛法之哲理，一即多，多即一，一、多皆不可偏立。故不立任何‘元’说。凡‘元’皆有不能推翻之根基，违反佛意。佛对佛法且不建立绝对论”④。

佛教尽管也使用本体、实体之类的概念，并承认真心或如来藏是诸法的本体，

① 陈健民：《曲肱斋全集（四）》，陈相攸主编，徐芹庭、陈浩望副主编，中国社会科学出版社 2002 年版，第 171 页。
② 陈健民：《曲肱斋全集（四）》，陈相攸主编，徐芹庭、陈浩望副主编，中国社会科学出版社 2002 年版，第 173-174 页。
③ 陈健民：《曲肱斋全集（四）》，陈相攸主编，徐芹庭、陈浩望副主编，中国社会科学出版社 2002 年版，第 174-175 页。
④ 陈健民：《曲肱斋全集（八）》，陈相攸主编，徐芹庭、陈浩望副主编，中国社会科学出版社 2002 年版，第 213 页。

但这本体并不具有世间哲学所说的那种“元”或“本原”的意义，因为它不是万物的源头，不是固定不变的、永享自己同一性的实体性存在，不具有“生”万物的作用。佛教的八不中道足以说明这一点：一切不生亦不灭。佛教尽管也说诸法因缘和合而生，但须知，这只是方便的、不了义之说。同时还要认识到的是，佛教所说的真心不是万物要复归的东西，更不是人格化的主宰。陈健民大师说：“如来藏心，并非专指此心理之心，或八识心王之心；实则为如来哲理之心，无所不包，物质五大（笔者注：地水火风空）亦包括在内。如来藏中，不仅有心，亦具有物……真如妙体在根本三摩地毫无分别，圆明安住，根本无心物二元之相，而有心物互融之本体。”[①]

在表面上，密教有一元论倾向，其实不然。尽管它强调一切一如一体，但这并不是要把诸法合一的“一”当作本原。张澄基先生说：“宇宙和人生之最根本原理是‘二合一’或‘二即一’。”[②]例如，生死与涅槃、烦恼与菩提、心与物、意与气、阴与阳（红与白）、起与灭、明与空、有与无、悲与智、生与死等，都是二，在特定意义上，是根本不同的两类存在，但它们又是一，即一如一体、无二无别，可用“即”连起来。“这些相（成）对诸法之合一，并非只是空洞的理论；密宗皆备有实际之修持方法，使这些差别和矛盾之相对法皆现量的融成一味，趋入此‘差别即平等’这一味境界，最直接最主要的方法是通达自心。”[③]

在佛教经论中，说“身心”一词的地方不胜枚举，密教亦不例外，但这并不意味着佛教像常识心理学一样承认对人能做心身二分，或世界能做心物二分。这些用法只是从构成人或世界的诸因素中，抽出心与身这两种重要的东西来加以讨论，并无意说，它们是构成人和世界的全部，因为佛教并不认为把人分为心、身是对人的周延的划分。

当然，佛教有将心与物、心与身作为对子看待的说法，但这也不是二元论。它只是在俗谛中，承认心物二分的说法，如常说名色、色心。但此说法不是定法，不是绝对的。因为佛教同时认为，人身上除心与身之外，还有非心非色的存在，

---

① 陈健民：《曲肱斋全集（三）》，陈相攸主编，徐芹庭、陈浩望副主编，中国社会科学出版社 2002 年版，第 231-232 页。
② 张澄基：《佛学今诠（下）》，慧炬出版社 2000 年版，第 411 页
③ 张澄基：《佛学今诠（下）》，慧炬出版社 2000 年版，第 411 页。

如命。更重要的是，佛教在用俗谛化导众生的目的达到后，就会废俗谛而讲真谛。在真谛中，佛教不承认任何差别。有道是一切无二无别、一如一体。因此人应同体大悲。既如此，当然不承认心与身的对立或二分。陈健民说："夫真理之中，岂有心物差别耶？"①

如前所述，密教在人身上、心中看到的成分多于其他教派，加之对"有"本身有不同层次的理解，因此对身与心的"有"及其关系的看法相对而言要繁杂得多。就"有"本身来说，它赋予"有"的含义有许多特别之处，如善慧法日所概括的：为避免断见，"诸实事师所许之实有、真实有、胜义有、真实性有、自相有、自性有、实物有等，此许多言中有之差别，亦应善知"②。意思是说，密教诸师承认名言中所说的有的意义很多，如这里所说的真实有、实物有等，不能一概而论。很显然，这里所说的有的意义比一般所说的要多得多。

由于有这么多层次的存在或有，因此心与身便有不同层次的存在地位。例如，真实的、清净的心与身是第一义的真实的存在，它们的关系是"合一"或同一、等同的，也就是说，清净色身就是清净心。至于俗谛意义上的、因缘和合的心与身则只有"妙有"或"假有"的地位。它们的关系较为复杂，这主要是由于心与身都有粗、细、最细三个层次。这里稍作分析。

首先，只要是有情识的色界、欲界众生，就有共同之身心。陈健民大师说："粗身心惟蕴，即共同之粗身心；一切涅槃轮回之根，为共同细身心；俱生智喜，为共同最细身心。"③粗身即五蕴和合之色身，细身即由气、脉、明点所成之身，最细身就是由最细微风心或俱生智所成之身，可表现为明空、光明。众生的心也有三个层次：一是有垢心性。它是以阿赖耶识为中心的一切染污之心，是心的体系结构的外层系统。二是离垢的心性，或无垢心，其实是阿赖耶识的净分，它自然清净，空、明、无阻，遍布一切，无变化，息灭诸戏论，与佛之密意无二，是原始智、如来藏。此心即三身佛。《密集金刚》云："心性空者是法身，明而不灭是报身，忆念连篇是化身。"或说悲悯就是化身。三是迷乱的邪分别心，相当

① 陈健民：《曲肱斋全集（二）》，陈相攸主编，徐芹庭、陈浩望副主编，中国社会科学出版社 2002 年版，第 92 页。

② 善慧法日：《宗教流派镜史》，刘立千译，西北民族学院（内部资料）1980 年版，第 14 页。

③ 陈健民：《曲肱斋全集（三）》，陈相攸主编，徐芹庭、陈浩望副主编，中国社会科学出版社 2002 年版，第 256 页。

于无意识中的贪欲之类的邪迷心，不能自知，且是让人迷乱的根源。它又有两类：一是俱生无明，此无明即不明自身有真心、明体，它与心性同时生起。心性为俱生智慧，无明为俱生无明。二是遍计迷乱无明，其特点是不能自执，始终执第八识为我。此无明心亦是通常所说的第七识或染污识。[①]

有情识的众生都是三个层次的心身的统一体：一是粗身心，包括肉身和六识或七识；二是细身心，其内包括气、脉、明点等内在机体组织、能量，以及八十种妄心及其伴随的心理；三是最细身心，由身体内的最细风或气、最细心构成。最细身即本来身或根本身，包含有气和明点的性相，是一切气之根、人之根、语之因。《金刚曼荼罗庄严续》云：心中不坏风，光明如灯烛，不变最微细，阿即是胜主。它住于心间，有光，由于它是根本，故可用梵文字母的第一个字母 a（阿）来表示。就其由最微气构成而言，也可称作持命气、不坏气、俱生气、光明气。就其与心的关系而言，它与最细心（作为空性的心体）不相分离，体一不异。

其次，心与身在特定条件下是可以相互派生的，例如，心可由色身产生出来，色身中的成分也可由心产生出来。普通人除了在死亡和睡眠之外，气都不会进入中脉，只会在中脉以外的大部分脉特别是在左右脉内流通。这种流通的一个结果是产生种种思维，产生贪、嗔、痴、傲慢、疑忌等心理现象。在这些脉内流通的气对心还有这样的作用，即让心散动，因而妨碍人专注和入定。相反，引气入中脉则能使周身业劫气转化成智慧气，进而有利于定心的形成。《略论金刚乘人与般若乘人用心之大异》云："九结、十使、五毒等，以密乘理观之，是脉结缠缚而成。而九结从脉上言，十使从气上言，五毒则从明点言之也。"[②]这就是说，心理现象都与物质的构成有关，或说两者有对应关系。九结是指爱、恚、慢、痴、见、取、悭等，十使是指贪、瞋、痴、疑、慢、身见、边见、邪见、见取见、戒禁取见，五毒即贪、嗔、痴、疑、慢。它们的出现与否、表现出的相状及程度，都与气脉明点的状况有关。五智也不例外，如大圆镜智、平等性智、妙观察智、成所作智、法界体性智，分别对应下述五物质基础，即持命气、下行气、上行气、平住气和遍行气。五气尽管不是五智的唯一决定因素，但它们的状态、表现方式

① 玛尔巴译师：《藏传密宗气功：那若六成就法》，佘万治、万果译注，四川民族出版社 1997 年版，第 107-108 页。
② 参阅陈兵：《佛教心理学》，南方日报出版社 2007 年版，第 226 页。

至少是五智产生及存在的一个条件。[1]

密教承认，心对身也有巨大的能动作用。陈健民先生说：身也可由心产生。身从心之一部分成办；其成办之法，当了知之。三界中和合时，“第八识本属无记，由第七识（意）牵引动摇。此第七识，密宗亦说为命气，其功能可持气；气即风，以动为性故”[2]。具体而言，三界众生均有身，这身无论是从种系发生还是个体发生上说，都离不开心的作用。三界众生身体的生起过程分别是无色界众生有无色之身。此身不是由四大、极微组合而成，无有显色，是意所成之身。论云：“所谓无色意之身。”[3]其生起的因缘是“与作业俱之心识，空无边处等四者，彼作境已生彼身。”[4]意为与行者的作业连在一起的心识，以无色定为所缘，便让无色之意识身产生出来。例如，修定达到一定的程度，加上习气的作用，就会导致意生身的出现。质言之，意生身是可修得的，例如，如果行人做到让心专注不散，进而持心，由心持故，即能持风，从此起证地、水、火、风、心、心所、无明一切空等，由前前融入后后，始从阳焰乃至暗相，依次现起，次一切空，如无云虚空。[5]达到一定境界，即可出现意生身。

从个体发生来说，欲界众生的肉团心和其他器官乃至全部身体都是由神识产生的。因为任何一期新的生命，都是从投胎于父母精血中的神识之念动开始的。例如，人的个体发生开始于处在中阴中的神识的这样的一念妄动，见父母精血和合，以为那是好的住处，于是决定进入其中。神识的动念不仅决定了一期生命的开始，而且身体的每一部分及整体结构都与神识有关，因为正是神识中的种子在一定因缘条件下分别变现为相应的组织和器官。例如，肉团心就是如此，“胎中，中有神识，趋入父母精血中央，即成肉心”，“彼是心所依处”。[6]

再次，心身之间具有相互依赖性。宗喀巴大师引经中话说：“若无所依身者，

① 参阅陈兵：《佛教心理学》，南方日报出版社 2007 年版，第 226 页。
② 陈健民：《曲肱斋全集（四）》，陈相攸主编，徐芹庭、陈浩望副主编，中国社会科学出版社 2002 年版，第 165-165 页。
③ 陈健民：《曲肱斋全集（四）》，陈相攸主编，徐芹庭、陈浩望副主编，中国社会科学出版社 2002 年版，第 165 页。
④ 陈健民：《曲肱斋全集（四）》，陈相攸主编，徐芹庭、陈浩望副主编，中国社会科学出版社 2002 年版，第 165 页。
⑤ 宗喀巴大师：《宗喀巴大师集（四）》，民族出版社 2001 年版，第 381 页。
⑥ 宗喀巴大师：《宗喀巴大师集（四）》，民族出版社 2001 年版，第 302 页。

亦无心性，若无心者，亦无身可得。”[①]因为如上所说，只有当一个体有心识之后，才有形成手足等一切相好之天身的可能。“随一非有，余亦无故。”不管是哪一方不存在，另一方也将不复存在。心对身的依赖性除了表现在身是心产生、存在和发挥作用的因缘条件中的必要条件之外，还表现在心的运行离不开能量，而这能量只能来自气或风以及明点。宗喀巴说：“风系缚识，令识流转。”[②]也可说，识像骑手，风像马匹，识只有骑在马上，才是真正的骑手。《五次第论》云：一切有情命，是风作诸业，此是识所乘，五性亦十性。意为风等细身，如五根本气加五支分气所成的“十性”是识的载体。因此气之类的细身是心识产生和存在的物质基础。

当然，气与心两者又有相辅相成的一面，其表现是气如果没有心识的驱使便是盲目的。《大圆胜慧澈却脱噶全书》云：“心如无足之人，气如无眼之马，心依气存，气从心使。”最细的智慧气对心识最为重要。《集智金刚经》云：“心本体光明为智慧气。”《甚深内义根本颂》云：“心者明而无妄念，体性即智慧大风。”心与身的相辅相成还表现在心与精血也有不可分离的一面，例如，在人活着时，心托于精血，死时，便离开。“识最初托精血之中，即为肉心，最后舍处即最初托。”[③]

第八识尽管是身体的一切方面和其他心识的根源与基础，但它也有对身的依赖性，例如，它的存在和作用以中脉中的白红明点为所依。《甚深内义》云：“自密处至顶上轮，上端以罕之自性，清净白明点为盖，脐下由母亲所得，红明点血为短阿，二者之中八识依。”[④]意思是，中脉是人的生命之根本，贯穿于头顶至密处。在上端有以“罕”字形式出现的白色本体，而它又来自父亲的白明点，如芥子盖其上。脉下有从母亲处所得的明点，红色为血本体，名为短阿字。两种明点中住有第八识。另外，心轮中有一种明点，即帝明点，黄豆般大小，是阿赖耶识之根本依存处。

最后，心身可以相互作用。例如，心对作为细身的脉有至关重要的作用，因

① 宗喀巴大师：《宗喀巴大师集（四）》，民族出版社 2001 年版，第 373 页。
② 宗喀巴大师：《宗喀巴大师集（四）》，民族出版社 2001 年版，第 374 页。
③ 宗喀巴大师：《宗喀巴大师集（一）》，民族出版社 2001 年版，第 190 页。
④ 转引自陈健民：《曲肱斋全集（四）》，陈相攸主编，徐芹庭、陈浩望副主编，中国社会科学出版社 2002 年版，第 178-179 页。

为脉的状态与心的状态息息相关。陈健民先生说：“心若执著一事，则脉必多一纠缠……瞋心动，则脉破裂；痴心动，则脉松缓；贪心动，则脉紧张。总之，七情六欲，莫不对脉加以直接或间接的影响。”[①]反过来，脉不通，心也难以调柔、平静。例如，脉与结使的形成就是相关的。陈建民说：“九结与十使、五毒等，以密乘理论观之，是脉结而成使。而九结从脉上言，十使从气上言，而五毒则从明点言之也。”[②]再以风或气为例，它不仅是人的身语意有作用的条件，尤其是心识之巨大能动性的不可或缺的助缘，而且对出世间法也有重要作用。《摄行论》云：“细界与识明，由无色故，如酥注酥，和合为一，能圆满世出世间一切所作。”[③]意为，人之所以能完成世俗性的事务，之所以能完成出世间的伟业，如超越六道轮回等，根源之一是有细界风在帮忙。风的作用具体表现在：由于体内有风息，人才有现实的言语能力。十风“为阿字所依而发一切语”[④]。身体有行为造作也离不开风的作用，因为风息就是一种生命能量。论云：五根本风“住身分中，作身所作”，“五风，安住诸根，能取五境，及作根所作”。[⑤]同理，人的感性认识、理性认识及别的心识作用也都离不开风。“五支分风，安住眼等，作根所作时宣说。”[⑥]因此可以说，“此是识所乘”，“此”指的是诸风息，它们是识得以产生和有作用的所依，这就是“风力动识之义”。识的作用之所以离不开风，道理很简单，“识非有身”，即本身不是身、物，因而不占有能量，因此“无自力趣境之往来功能”。要发挥作用，就得有风的帮忙。总之，六识取境、行住等，“皆依风力”。[⑦]

陈健民还具体考察了一些个例，例如，贪、瞋、痴、慢、疑的生起和作用，认为它们就是以气为体的。“惟气发光、惟气有用，故成五色，而表五用：贪气红光，瞋气白光，痴气蓝光，慢气黄光，疑气绿光。五毒为用，五智为体。”[⑧]这

① 陈健民：《曲肱斋全集（一）》，陈相攸主编，徐芹庭、陈浩望副主编，中国社会科学出版社 2002 年版，第 273 页。
② 陈健民：《曲肱斋全集（一）》，陈相攸主编，徐芹庭、陈浩望副主编，中国社会科学出版社 2002 年版，第 277 页。
③ 转引自宗喀巴大师：《宗喀巴大师集（四）》，民族出版社 2001 年版，第 272 页。
④ 宗喀巴大师：《宗喀巴大师集（四）》，民族出版社 2001 年版，第 270 页。
⑤ 宗喀巴大师：《宗喀巴大师集（四）》，民族出版社 2001 年版，第 271 页。
⑥ 宗喀巴大师：《宗喀巴大师集（四）》，民族出版社 2001 年版，第 271 页。
⑦ 宗喀巴大师：《宗喀巴大师集（四）》，民族出版社 2001 年版，第 271 页。
⑧ 陈健民：《曲肱斋全集（三）》，陈相攸主编，徐芹庭、陈浩望副主编，中国社会科学出版社 2002 年版，第 277 页。

里的智即智慧气。

密教心身关系论独有的、闪光的内容是它的心气不二论。其既是理论，又是实践操作方法。陈健民大师说，它被“建立成了一套圆满和善巧的心气修持系统”，“心气固对立，但亦互依互融。心与气者实一物之两面，因此心调则气调，气调则心亦调，心粗则气犷，心细则息微，心柔顺则气亦畅通，气充沛则心必爽朗”。[①]《地藏十析》云：“气外驰，心亦外驰，故心者说为气。”[②]

具言之，密教的心气不二论包含如下要点：第一，心以气为所依，为动力源泉。例如，心能指向体内、体外的事物，是离不开气的，心能发挥对身、物的作用，也是靠气完成的，故心即气。第二，气与心是对应的。例如，心本体光明为智慧气，于此显现黑暗，即第七识，与第八识结合在一起的是空气，受蕴对自己相续燃烧，为火气，想蕴对境执相，并欲收摄，故为水气。《时轮金刚》云：“想由水，受由火，行由风，识智出空。”[③]第三，在凡夫和圣者身上，它们有合一之关系，但表现方式根本不同。凡夫的心气是不二的，有什么心，必伴有什么气。例如，有瞋心，便有怒气，心散乱，气便像马一样四处奔走。[④]当然，心与气毕竟是两种不同的存在，说它们一致并不意味着说它们没有界限。在修行人尤其是在圣者身上，心与气的不二关系的表现方式是大不相同的。这首先表现在，在凡夫身上，二者的不二是自发的，而在圣者身上则是自觉调适的结果；其次，调适的目的是减轻乃至熄灭负面心理，保护发扬健康积极心理。到了修行的高级阶段，心、气、脉都会发生质变，例如，心返妄归真，脉停息住。而这是凡夫身上不可能出现的心气关系。密法以为，在观修时，“心与气皆平等重要，二者当同时融合修习，以与空性光明相合”。经过适当的调整，它们可以协调一致。例如，“二者在根本三摩地中，原属和合无二，既非心为主而气随之，亦非气为主而心随之。心之所在，气亦在焉；气之所至，心亦至焉。光焉气，则明为心。如

① 张澄基：《佛学今诠（下）》，慧炬出版社 2000 年版，第 413 页。

② 转引自陈健民：《曲肱斋全集（四）》，陈相攸主编，徐芹庭、陈浩望副主编，中国社会科学出版社 2002 年版，第 213 页。

③ 陈健民：《曲肱斋全集（四）》，陈相攸主编，徐芹庭、陈浩望副主编，中国社会科学出版社 2002 年版，第 197-198 页。

④ 陈健民：《曲肱斋全集（三）》，陈相攸主编，徐芹庭、陈浩望副主编，中国社会科学出版社 2002 年版，第 259 页。

彼电流……合则有光，分则无明”[①]。“夫气者，心之行也，脉者，气之道也。心有一分我执烦恼，气多一分紧缩委曲；气多一分紧缩委曲，脉多一分坚韧纠缠；脉多一分坚韧纠缠，则中脉之开发多一分阻滞障碍。此乃必然之理。心之所至，气亦至焉；气之所至，脉亦通焉。”[②]“脐轮中心或密法脐轮中心气趋入中脉，此时必有光明出现，即是中脉开发之相。”[③]至此连胎息也没有，脉停、息住。“脉停者，因为息住，所以脉停。新陈代谢完全停止，业劫病脉皆不能生；惟是由中脉发出之智慧脉起用。然此种智慧脉行时，外脉则必停止也。心休者，心之现行由于气也。脉停、息止，故妄想之心行完全消失。”[④]妄想心的现行离不开气的运转，前者以后者为所依。因此要息灭妄想心，必须让气止息。第四，心气的关系还在于：它们是不可分离的。心是得解脱还是轮回六道，都与气不相分离。《金刚鬘》云：“风之善行到彼岸，风亦能令趋轮回，能断轮回亦属彼。”总之，气既能离断轮回，也能帮人堕入轮回。心气是可以相互转化的。“本来无我，妄执贪痴，妄加分别，生起贪爱，则为贪气。不了知前六识，依于取舍，乃起瞋气。八识为一切行气，说为三界之行气。”[⑤]

密教的心气不二论最重要的心灵哲学意义在于：它为我们说明精神、意识如何可能具有反作用以及如何发挥对物质的反作用提供了思想资料。一般都承认，意识等精神现象本身不是物质，没有物质性能量，如仅据此，便能得出它们没有对身体及外界具有反作用的结论。但事实上，它们在这方面的作用极其巨大，乃至不可思议。问题是，这种反作用如何可能呢？这一直是心灵哲学家尤其是唯物主义者的一个难题。宗喀巴大师依据佛教基本原理对此所做的解释是尽管“识非有身，彼无自力趣境之往来功能”，但由于它与气结合在一起，“与风俱转，则有趣境之功能”。风之所以如此，是因为它本身包括微细物质及能量。“彼风无色

---

① 陈健民：《曲肱斋全集（三）》，陈相攸主编，徐芹庭、陈浩望副主编，中国社会科学出版社 2002 年版，第 260 页。

② 陈健民：《曲肱斋全集（五）》，陈相攸主编，徐芹庭、陈浩望副主编，中国社会科学出版社 2002 年版，第 42 页。

③ 陈健民：《曲肱斋全集（四）》，陈相攸主编，徐芹庭、陈浩望副主编，中国社会科学出版社 2002 年版，第 320 页。

④ 陈健民：《曲肱斋全集（四）》，陈相攸主编，徐芹庭、陈浩望副主编，中国社会科学出版社 2002 年版，第 320 页。

⑤ 转引自陈健民：《曲肱斋全集（四）》，陈相攸主编，徐芹庭、陈浩望副主编，中国社会科学出版社 2002 年版，第 215 页。

者，意谓无如粗界之色，非谓全无细界之无色光明。”①由于风有这些元素，因此不仅能帮助识往来于诸对象之间，形成认识，而且“能动摇身等”。“身等”包括身体和外部世界。之所以如此，“亦是由具风故乃能尔。彼若无风，则不能动”②，意为心的因果性作用离不开气。

这里有一个问题，即气对粗心、细心有作用，但气是否只为贪道所独有呢？换言之，气对最细心、对得解脱道的行者，是否还有作用呢？对此，密教内部有不同的看法。有的论者持否定看法，以为至解脱道，则不必用气。陈健民根据心气不二论指出：解脱道照样有气的作用。“道位或可不如贪道偏重气功，然其因位之气，理如上述，原无二致。果位之光明，则大手印亦不可遗气独立而得明体也。故大手印、大圆满称为无生心气无二，贪道事业手印则称大乐心气无二。”③

有成就者的心身是十分奇特的。这种心身在一般人身上充其量只是潜在的可能性，如果不如法修持，那么就不可能让其现实出现。这就是说，它们只会出现在修行达到相当层次的人身上。例如，通过修空，证成幻化身，或如虹霓之幻身，其心身结构就大不一样，此时再没有四大和合之粗身。“修成幻身时，离于粗身，若于身外或于身内，随欲能趣。”④其身的构成不再是色形，例如，“其手足等，如水中人影，全无寒、热、苦、乐、疲劳等触，亦无肉等，果界不能坏”，此即“此识弃舍无有身壳，转作余形”。⑤幻身的实质在于，通过一定次第的修行，让心身分离，让粗细身分离，将心收敛，“离诸实执，故名非有，无性显现，故亦非无……身为天身”⑥，即修成了像天人一样的身体，此身体由光所构成，因此无色形，但又非无。“天身明空显现，都无自性，离一切执，是为幻身。”“此中虽说真幻身，为不坏点，实是点所起天身。”⑦即使至此境界，心气不二的规律仍会发生作用。

① 宗喀巴大师：《宗喀巴大师集（四）》，民族出版社 2001 年版，第 272 页。
② 宗喀巴大师：《宗喀巴大师集（四）》，民族出版社 2001 年版，第 272 页。
③ 陈健民：《曲肱斋全集（三）》，陈相攸主编，徐芹庭、陈浩望副主编，中国社会科学出版社 2002 年版，第 262 页。
④ 宗喀巴大师：《宗喀巴大师集（四）》，民族出版社 2001 年版，第 375 页。
⑤ 宗喀巴大师：《宗喀巴大师集（四）》，民族出版社 2001 年版，第 375 页。
⑥ 宗喀巴大师：《宗喀巴大师集（四）》，民族出版社 2001 年版，第 380 页。
⑦ 宗喀巴大师：《宗喀巴大师集（四）》，民族出版社 2001 年版，第 380 页。

第四节　成佛之法实即“心成就法”

藏传佛教对佛教价值性心灵哲学既坚持佛教的一系列基本原则，又做了如理如法的、不无创造性的发展。其坚持的主要表现是，强调佛教对心灵的探讨既要如实知，正如前文所述，又要服务人生解脱、成圣成佛这一最高目标。密教在探讨这一目标实现的原理及方法的过程中，既探讨具体的操作方法，又注意抓牛鼻子。由于它做了行之有效的理论探讨和实践，因此建立了各种适合于不同根性的人的方法论体系。这无疑是藏传佛教的一个显著特点。

藏传佛教像其他宗派一样，视“心”为根本之根本。《佛心经》云：“不依佛心法，欲得证道欲成佛作祖，无有是处。”[①]以心为本在实践上的体现是“是故行者欲求悉地，当须摄心一境，其心调伏，即生欢喜，随其欢喜，即身轻安，随身轻安，即身安乐，随身安乐，即得心定，随其心定，即于念诵心无疑虑……随其罪灭，即心清净，心清净故，即得成就。是故如来作如是说，一切诸法，以心为本”，心之所以如此重要，是因为“由心清净，获得人天殊胜快乐，由心杂染，乃堕地狱乃至傍生贫穷之苦”。[②]换言之，心之所以重要，是因为一切“皆从心生，非自然现”。例如，不管众生生在十界的哪一界、现实的生存状态究竟如何，都完全取决于当下一心。只要心净，当下即佛土净。[③]

心为什么是转凡成圣的枢纽、根本呢？对此，藏传佛教依据佛教的基本教理做了有自己特色的解答，认为佛与众生本来同具一心，即都有如如不动之真心。《佛心经》云：佛与诸凡夫“同一佛心”。[④]此心在圣不增，在凡不减。此心有多种名号，如本体、真如、自性、始觉、本觉等。它们要说的意思是，此心“非心非物，亦心亦物。多中有诸相，诸相自起用，显密广狭，开合诠译，踵事增华，名义繁多，混淆横生”，“真如自显，证‘等正觉’。真而不著，故名曰‘如’；如而不假，故名曰‘真’。当其自显，故曰‘自性’；非别有体，故曰‘本体’。了此本体，故曰‘正觉’。当其初证，故曰‘始觉’；原属本体，故

---

①《佛心经》卷下，《大正藏》第19册，第10页。
②《苏婆呼童子请问经》卷中，《大正藏》第18册，第726页。
③《苏婆呼童子请问经》卷中，《大正藏》第18册，第726页。
④《佛心经》卷下，《大正藏》第19册，第10页。

曰‘本觉’”。[1]此心也可称作空性、法身、如来藏、佛性。“原此觉体，廓然无圣，如秋天空，无我无相，故曰‘空性’。空而有性，故不离‘真’，性而本空，故不离‘如’。”[2]陈健民大师说：“我与众生在体性上、法身上，本是同体；而十方诸佛之于我们，也是同体。以此众生本具佛性，本具如来藏，不假修证均可显现。”[3]这是从理上说的。佛与凡夫的区别只在于：迷失真实世界即为凡夫，彻见、回归此世界即为佛。“若不了知光明自性如来藏，于彼盖覆，无知习气，故为黑暗。”[4]具言之，若迷，真心即为染污心，“众生的心识是狭小和蒙昧的‘知觉’”；若悟，真心即表现为宇宙心，此心极纯，而又包含万物。“孕育创造出一切世、出世法，为一切奇迹之母，其小无内，其大无外，广涯无际，深不可测，但它又近在眼前，当下即是。自心即是人的本来面目。自心的广大又可称之为‘宇宙心’、‘法界心’或‘佛心’。”“宇宙心是一个广大空寂的明觉，或简称为‘大明空觉’。”[5]

对于沉沦于苦海的众生来说，心显得尤为重要，因为他们之所以苦，其根源就在于心。经云：“我今诸众生，不解我法，不知我心。”[6]因此佛教重心、究心就是为了找到苦的根源，就是为了让众生离苦得乐。问：众生受苦，以何法为其本？佛答曰：“从烦恼生。又问：烦恼以何为本？佛言从于种种颠倒邪见而生。又问：种种颠倒邪见以何为本？佛言从虚妄分别生。又问：虚妄分别以何为本？佛言此虚妄分别无有根本，无有色相，难知难断。”[7]此无有根本，就是空，就是真心。

佛之所以为佛，是因为佛证得了真心。佛所用的成佛方法就是“心成就法”。此心成就八万四千法，种种都可让人由凡转圣。例如，只要如理持咒、观想，识心达本，就是在修“心成就法”。[8]因此，要成佛，就要研究佛心及其成就方法。

---

① 陈健民：《曲肱斋全集（一）》，陈相攸主编，徐芹庭、陈浩望副主编，中国社会科学出版社 2002 年版，第 252-253 页。
② 陈健民：《曲肱斋全集（一）》，陈相攸主编，徐芹庭、陈浩望副主编，中国社会科学出版社 2002 年版，第 253 页。
③ 陈健民：《曲肱斋全集（一）》，陈相攸主编，徐芹庭、陈浩望副主编，中国社会科学出版社 2002 年版，第 325 页。
④ 陈健民：《曲肱斋全集（四）》，陈相攸主编，徐芹庭、陈浩望副主编，中国社会科学出版社 2002 年版，第 297 页。
⑤ 张澄基：《佛学今诠（下）》，慧炬出版社 2000 年版，第 412 页。
⑥《佛心经品亦通大随求陀罗尼》，《大正藏》第 19 册，第 2 页。
⑦《守护国界主陀罗尼经》卷 3，《大正藏》第 19 册，第 537 页。
⑧《佛说秘密三昧大教王经》卷 1，《大正藏》第 18 册，第 447 页。

是故，诸经论常说“如来心”“佛心”。[①]“所有要妙法，无过诸佛心，将心示众生，众生即佛体……诸佛乘空往，临顶即自安……或见大江河，入里无没溺，如是诸法相，即成得法因。”[②]持咒或陀罗尼之所以有效，是因为在特定意义上也可说，佛心即陀罗尼。“有陀罗尼名诸佛心。”陀罗尼为“诸佛同说”，“若有至心受持读诵，超百千劫生死剧苦，定于无上正等菩提，能速修行，永无退转”。[③]换言之，“有陀罗尼，名佛心印，恒沙等如来所说”[④]。

根据密教的看法，去凡成圣的根本出路就是要努力做到“等佛心”。“唯有大圣与我力等，与我心等，与我慈等，与我悲等，与我解等，与我知等，与我辨等。”[⑤]既然成佛的出路是“依我佛心，取佛心法”[⑥]，那么，该怎样以佛心证取佛心法呢？“有何法立证佛心？”

要等佛心，要证得佛心，其前提是要知佛心的本质和标志性特征。首先，佛心的首要特点是常在定中，因此佛心即佛心定。经云：“一切如来无不定心，谓行住坐卧饮食语默，如是时中，常住甚深三摩呬多。”[⑦]其次，佛心于一切时处，无想、无高下。“一切如来无种种想，以离种种诸异想，故心无高下。”其表现是“于诸佛刹无种种想，佛刹体性同于虚空无有尽故。于诸众生无种种想，众生本性同无我故。于诸佛中无种种想，同平等智证真法界，一相无杂、无破坏故。……如来住于平等性故。”[⑧]再次，佛心之所以为佛心，是因为佛心以智为主。“如来无有心意识过，何以故？如来心意识俱不可知，但从佛智而显现故，如来智慧而为主故……无所分别，入平等性，犹如虚空。”[⑨]佛智的特点是本有定智，此定智即与诸法的空性相一致的智。“彼空智性亦非性”，佛“以本然智决诸疑网，照解诸法本然不起”。[⑩]新的问题是“如是空智，云何而有血脉之相？”回答是

①《佛说秘密三昧大教王经》卷1，《大正藏》第19册，第1-6页。
②《佛心经品亦通大随求陀罗尼》卷下，《大正藏》第19册，第8页。
③《诸佛心陀罗尼经》，《大正藏》第19册，第1页。
④《诸佛心陀罗尼经》，《大正藏》第19册，第1页。
⑤《佛心中心印品中》卷下，《大正藏》第19册，第8页。
⑥《诸佛心陀罗尼经》，《大正藏》第19册，第9页。
⑦《守护国界立陀罗尼经》卷6，《大正藏》第19册，第551页。
⑧《守护国界立陀罗尼经》卷6，《大正藏》第19册，第551页。
⑨《守护国界立陀罗尼经》卷6，《大正藏》第19册，第554页。
⑩《大悲空智金刚大教王仪轨经》卷1，《大正藏》第18册，第588页。

佛因胜慧自性、空智、“善方便”而有此三十二相。[①]最后，佛心无丝毫烦恼或病患。只要认真研究佛的解脱，就可得出这样的结论，即佛之所以彻底解脱，是因为佛心无病。“有病者不名解脱。”[②]

佛心或佛的境界也可表述为：“一切智智，诸佛境界三昧。”有菩萨问：此境界“以何法而为其因，复以何法而为根本”？佛答曰：“以菩提心而为其因，以大慈悲而为根本，方便修习无上菩提以为究竟。”[③]这里的“三为”即足以概括密宗全部宗旨和精神的基本三句。而三句也可浓缩为一句，即心为圭臬。宗喀巴大师把成佛之道次依次分为下士道、中士道、上士道，强调只有循序渐进，一步步地修，才能成佛。而每一步的修都是修心。因此在论述每一次第的修为时，都是在论述如何修心，例如，下士“修心之道次第”，中士、上士“修心之道次第”。[④]

要等佛心，关键是在日常生活中，于一切诸法不生其心。经云：“此如来心从色生，邪执法、像法、事法，我都不为，唯有心法，至心实际。阿难，无有一法攀缘至如来处，心无异境，唯一是实。”[⑤]简言之，能做到一心一意，便是佛心。而这又可用不同的具体方法来实现，如“十种持”就有这种作用。第一持心是，“于法无碍，于佛生信，于心平等，于众生生慈，于色无著”[⑥]。另外，“八种随心”也是证取佛心的好方法。八种随心即八种处心方法，其共同的基本要求是，既用心去做，又不动心。“一变化随心，二慈悲随心，三救苦随心，四说法随心，五顺逆自在随心，六摄诸要契自来相逐随心，七所有诸毒令向善、得至佛身无退转随心，八世间所有果报福德、能施即施、能割所割、能修即修、须成即成、须破即破随心。”[⑦]

成佛的方法尽管无量无边，但根本不出一心，即心法，或者说是让心由浊变清的方法。经云：“应修三摩地，所言三摩地者，更无别法，直是一切众生自性清净心，名为大圆镜智。上自诸佛，下至蠢动，悉皆同等，无有增减，但为无明妄想、客尘所覆，是故流转生死，不得作佛，行者应当安心静坐，莫缘一切

① 《大悲空智金刚大教王仪轨经》卷1，《大正藏》第18册，第588页。
② 《清净法身毗卢遮那心地法门成就一切陀罗尼三种悉地》，《大正藏》第18册，第780页。
③ 《守护国界主陀罗尼经》卷1，《大正藏》第19册，第527页。
④ 参阅《菩提通次第略论》“目录”，《宗喀巴大师集（三）》，民族出版社2001年版，第5-18页。
⑤ 《诸佛心陀罗尼经》，《大正藏》第19册，第10页。
⑥ 《佛心经品亦通大随求陀罗尼》卷上，《大正藏》第19册，第3页。
⑦ 《佛心经品亦通大随求陀罗尼》卷上，《大正藏》第18册，第4页。

诸境。”[①]研究菩萨成功的秘密也可得出同样的结论。菩萨也是得解脱、自在之圣人。例如，他有十自在，即寿命自在、业自在、资具自在、信解自在、愿自在、神通自在、出生自在、力自在、法自在、心自在。“如是十自在，即非自在，自性离故乃得一切自在中最上寂静一切法善住清净性。”[②]“一切佛菩萨……皆住菩提心……如来心清净，是即菩提心。”[③]菩提心即平等心。“彼一切法离诸疑惑，真实出生，若贪若瞋，及痴法等，此三平等。了此法性，是即无上大菩提性。”[④]

菩提心是密教的主题。之所以如此，是因为“通达菩提心，父母所生身，速证大觉位”[⑤]。菩提心的本质特点是，无性、离一切性、无法、无我、无生、离诸法相、自性清净、光明。[⑥]《大教王经》的描述是“诸法自性皆清净，本来寂静无所有，亦无菩提亦无佛，及彼众生并寿者，有见如梦如幻化，无见之见亦复然，离有离无取舍亡，是即坚固菩提心。”[⑦]也可说，菩提心的特点是无住。“彼菩提心不于身住，不于语住，不于心住。是故菩提心一切无所住，菩提心无住，故诸法何所住。”[⑧]其他的描述还有很多，但意义大同小异，如菩提心平等，如大虚空。“自心自性无所动转，若身语心住金刚界，即与虚空界无二平等。”[⑨]可以说，菩萨是坚固住菩提心之人。“菩提心者，无法无法性，无生亦无我，此性如虚空，离诸分别相，如是了者，乃名坚固住菩提心。”“菩提心者，当知无性，性非无性，性亦非性，若了此性，即了无性，如是了者，即能了达彼无上性。”简言之，菩提心的性是无上性，此性即无性。“菩提心者，即诸法无性，离诸法相，从法无我实际所生，如是了者，乃名坚固住菩提心。”“菩提心者，是即自性净光明法，非彼菩提有相可得，亦非现前三昧可证，如是了者”，即证菩提心。[⑩]

密宗特重菩提心，把它看作是成佛之因。密宗还常把真发菩提心看作是入、行大乘的标志。“于此二乘，随趣何门，然能入门，唯菩提心。”生此即为大乘

---

①《无畏三藏禅要》，《大正藏》第18册，第945页。
②《金刚场庄严般若波罗蜜多教中一分》，《大正藏》第18册，第513页。
③《金刚场庄严般若波罗蜜多教中一分》，《大正藏》第18册，第472页。
④《金刚场庄严般若波罗蜜多教中一分》，《大正藏》第18册，第472-473页。
⑤《金刚场庄严般若波罗蜜多教中一分》，《大正藏》第18册，第473-474页。
⑥《佛说一切如来金刚三业最上秘密大教王经》卷1，《中华藏》第7册，第287-288页。
⑦《佛说瑜伽大教王经》卷4，《中华藏》第67册，第287页。
⑧《大悲空智金刚大教王仪轨经》卷5，《大正藏》第18册，第497页。
⑨《大悲空智金刚大教王仪轨经》卷5，《大正藏》第18册，第496-497页。
⑩《一切如来金刚三业最上秘密大教王经》卷1，《大正藏》第18册，第472页。

人，“离此，纵有通达空性等德，然亦堕在声闻等地，退失大乘……故大乘者，随逐有无此心而为进退”。[①]“虽未学习胜行，然有此心，便名菩萨。”[②]菩提心之所以重要，是因为它是一切佛法种子。

以菩提心为因，也可理解为以如来藏、空性、一切智智为因。“如来藏即是如来之因也。”所谓如来藏，即“心上实性，空之空性，即自性清净心之法性”。也可称此法性为“本性住种”。如果能修得离客垢位的自性清净心，那么即果位法性，可称作“究竟涅槃”，“或名究竟离系果，或名具二清净之法性，或名具二清净之法身”。[③]父续的根本经典《密藏续》强调：心性本空本觉。自证心识为空性，为无我，为本觉智。尽管空，但它又能随缘变现一切诸法。一切法皆非实有，乃至佛身佛语佛功德以及佛刹之神变，皆为根本觉所现。母续部则重点强调众生及世界都是佛父母所证空寂法界，《金刚庄严遍集明续》云：“器世间为佛母究竟法界，情世间即胜利佛父虚空，无论取舍，皆为本觉乐受。”[④]

心之所以重要，还因为它是决定一切修行之方法、成效的关键，是真正的牛鼻子。不管用何法修行，若不是围绕着心展开，不在心上做清除妄念、平息妄念、“认取”真心的工作，都将会事与愿违，或走入邪道。以藏密最为推崇、最高级、最殊胜的大手印为例，其操作是不能偏离心的。冈波巴大师说：“所谓大手印者，就是三世一切诸佛的心，那无二的智慧。这要到那里去寻找呢？要到自心中去寻找。”“如彼水中灌入水，又如油中注入油，自心能见自智慧，如是善见名为‘手’。”[⑤]“修持是指修自身为佛身，修自语为真言，修自心入法性。”[⑥]其关键是要“认取”“那明明朗朗的（自心）明体”。妄念不可能不生起，正像虚空虽然自性清净，但总有尘埃进进出出一样，妄念生起没有关系，只要“使心念收放自如”就行了。“只

① 宗喀巴大师：《宗喀巴大师集（一）》，民族出版社 2001 年版，第 214 页。
② 宗喀巴大师：《宗喀巴大师集（一）》，民族出版社 2001 年版，第 215 页。
③ 宗喀巴大师：《宗喀巴大师集（五）》，民族出版社 2001 年版，第 351 页。
④ 转引自陈兵：《佛教心理学（上）》，陕西师范大学出版社 2015 年版，第 297-298 页。
⑤ 冈波巴：《教言广集零选》，载中国佛教文化研究所主编：《米拉日巴大师集（下卷）》，张澄基译，民族出版社 2001 年版，第 1145 页。
⑥ 冈波巴：《教言广集零选》，载中国佛教文化研究所主编：《米拉日巴大师集（下卷）》，张澄基译，民族出版社 2001 年版，第 1151 页。

要不忘失心之体性，妄念种种的生起变化原是很自然的。”[①]不难看出：大手印的实质在于直取真如体性，这完全一致于禅宗的用功方法。因为此方法的要求是“无相、无依、无念咒、不观想、不祈祷、不作意，由上师指示，当下趋入，（因此）相似禅宗。”[②]陈健民大师说：“依大手印道者，直取真如空性，故必先得明体，明体即是证得真如本性空体之等流因。”大手印必止观双运。“止者，止在此明体微细轮廓；观者，观此轮廓之明相，渐增加，乃至圆满证得，即是法身光明，即是大手印。”[③]

其他的高级密法也概莫能外，如大圆满（红教）、轮涅不二法（萨迦派）等法。冈波巴大师说：它们“其实皆为同一开显本具之法身、心地光明之实际修法”，亦即明心见性的具体操作方法。其宗旨是，“令心者悟到自心之明和空之本性而直证佛果。此心之空的一面修至圆满究竟的地步则是法身佛，明的一面修至究竟即是报化佛”。[④]因此这些法门是现证法报化三身的修法。

修气、脉、明点是藏传佛教的特有修法，是圆满次第的一部分。解脱道的道次有二：一是修生起次第，主要修观本尊和观坛城；二是圆满次第，此次第又包括依赖气、脉、明点的不甚深修法和甚深大瑜伽。为什么要修气、脉、明点？因为它们是身之根本，如颂云：“果乘显境如此身，决定为气脉明点。”[⑤]意为之所以要修身，是因为有身必有心，身动心亦动，只有尽色身，才能真成佛，如龙树所说的：“如是第八识，依身而动摇，身若无有者，识有亦非也。”[⑥]陈健民说：“以世间欲界气脉明点所持身，具大善巧方便，由铁变金。”如果说佛像金，那么人则是能转化成金的铁。因此从人身上起修之道次第，是所有修行道次第中

---

① 冈波巴：《教言广集零选》，载中国佛教文化研究所主编：《米拉日巴大师集（下卷）》，张澄基译，民族出版社 2001 年版，第 1142-1143 页。
② 转引自中国佛教文化研究所主编：《米拉日巴大师集（下卷）》，张澄基译，民族出版社 2001 年版，第 18 页。
③ 陈健民：《曲肱斋全集（三）》，陈相攸主编，徐芹庭、陈浩望副主编，中国社会科学出版社 2002 年版，第 280 页。
④ 冈波巴：《教言广集零选》，载中国佛教文化研究所主编：《米拉日巴大师集（下卷）》，张澄基译，民族出版社 2001 年版，第 18 页。
⑤ 陈健民：《曲肱斋全集（四）》，陈相攸主编，徐芹庭、陈浩望副主编，中国社会科学出版社 2002 年版，第 262 页。
⑥ 转引自陈健民：《曲肱斋全集（四）》，陈相攸主编，徐芹庭、陈浩望副主编，中国社会科学出版社 2002 年版，第 262 页。

最殊胜者。“行者得法要以修己，较彼一切道次第，大为殊胜。”①

修气、脉、明点的目标是使心、气等趋于圆满，如让体内脉道自性圆满，让七万二千脉圆满于中脉，让脉道圆满于明点的自性，让全部明点圆满于乐空无二的明点，让全部明点圆满于风息，让全部风息圆满于智慧气，让全部智慧气和八十自性圆满于无二智。陈健民先生强调：修密的目标是让心气自由自在。“无上密宗之基本目标在达到心气自在。心自在者，即见明体，即大手印成就，往往偏重空性，即属无生心气无二。修贪道事业手印者……即属大乐心气无二。综上所述，可知心气无二如一水晶圆珠，或修心达气，或修气达心。”②修气、脉、明点的方向是“气之上升，心之入定，明点从脐上升等观想。”③“一切法上，心不贪著，此为心解脱大道也。”④

具体的修法有：①不依脉轮的修，此即观想空明人体内具备的性相；②依脉轮的修，如观想脐间等。如果能如法修持，就会出现暖、乐、明、无分别的感觉。修的关键是将气、脉、明点转化为智慧。“若以无上乘言，士夫百年，脉、气、明点成为智慧，真实清净，则一生决定成佛。”⑤

修气、脉、明点是圆满次第修行中不可逾越、不可弄乱的修行阶梯。陈健民说：“脉、气、明点之修持，属于圆满次第。”⑥而且要修气、脉、明点，还必须修前行。不然，尽管能得体力增强等功用，但不能得真实受用。“因此修脉、气、明点者，非研究前行不可。”⑦前行有两类：一是六疏行前行，即要修无常心、出离心、菩提心、戒、定、慧，二是亲近前行。

密教经典和各宗派都重气、脉、明点的修习。例如，父续即方便续以《集密

---

① 陈健民：《曲肱斋全集（四）》，陈相攸主编，徐芹庭、陈浩望副主编，中国社会科学出版社 2002 年版，第 272 页。
② 陈健民：《曲肱斋全集（八）》，陈相攸主编，徐芹庭、陈浩望副主编，中国社会科学出版社 2002 年版，第 262-263 页。
③ 陈健民：《曲肱斋全集（五）》，陈相攸主编，徐芹庭、陈浩望副主编，中国社会科学出版社 2002 年版，第 120 页。
④ 陈健民：《曲肱斋全集（五）》，陈相攸主编，徐芹庭、陈浩望副主编，中国社会科学出版社 2002 年版，第 120 页。
⑤ 陈健民：《曲肱斋全集（四）》，陈相攸主编，徐芹庭、陈浩望副主编，中国社会科学出版社 2002 年版，第 275 页。
⑥ 陈健民：《曲肱斋全集（一）》，陈相攸主编，徐芹庭、陈浩望副主编，中国社会科学出版社 2002 年版，第 270 页。
⑦ 陈健民：《曲肱斋全集（一）》，陈相攸主编，徐芹庭、陈浩望副主编，中国社会科学出版社 2002 年版，第 270 页。

金刚》为主经，重修气与空；母续即胜慧续，以《胜乐金刚》为主经，重修明点及大乐；不二续以《时轮金刚》为主经，重修智慧双运、空乐双运。

红教的大圆满法中，一种修法是大乐法，其中一个观法就是观中脉，例如，初观中脉麦管大，再变大如箭杆，再增大如碗口，最后观想自己的身体与中脉融合为一，变成中脉，具有中脉的直、明、红、空等特性，心亦巡住于中脉之中。再如空明法，其中一种观想即观想左、右二脉在三脉会合处屈入中脉，观想左右二脉向上分别通向左右二鼻孔。然后呼气三次，把浊气排除，再吸气三次，以吸入新鲜空气，观想蓝、白、黄、红、绿五色气体缓缓由鼻孔进，顺着左右二脉进入体，到三脉会合处进入中脉，再顺中脉而上进入心中。这样一来，中脉和心中皆充满五色之气，它们分别代表五智。经过一定时间的静定，就能出现空明、无念、光明之境。

修习的关键是坚守气、脉、明点。这样修的好处是，从世俗谛说，能生起暖、乐、空、无分别的感觉；从胜义谛说，暖、乐、空、无分别四者空而无我，如幻一般，远离一切戏论。①气、脉、明点修行的实质在于：通过控三脉五轮的气息流动，使人体的五大得到调和，增强大脑及肌体骨骼功能，直至转化为空明，“获得光焰自然智，普贤初佛之果位”②。

下面略作分述。先看脉的修习。修脉的目标是使之开显并进入最佳状态。“脉以能通、能直为佳。”例如，“凡发大愿心的人，其脉自易于开张。发心愈大，脉愈易开”，脉不通，不能成佛，“脉是众生的所在地，必先向之通达，若脉不通达，绝难成功”。③观脉成功的方法、标志、受用可这样概述，方法是经过一定的前行，如疏远前行和亲近前行，再开始“先观心、后观脉”的。经过一定的修为，可让“脉现前”，并让脉开通、调柔、通畅。最后便能证果、得受用。“脉开证果者，本尊身也。此包括生起次第本尊身，为智慧身，此包括智慧。智慧身住乐空无二；大空者，包括定也。此身无德不具，无过不除者，包括戒也。此身无死度他者，菩提心也。不为世间所染者，出离心也。此身或隐或显者，无常心也。”④

---

① 玛尔巴译师：《藏传密宗气功：那若六成就法》，佘万治、万果译注，四川民族出版社 1997 年版，第 115 页。

② 南喀诺布：《藏密气功日月和合》，万果、佘万治译，民族出版社 1997 年版，第 21 页。

③ 陈健民：《曲肱斋全集（一）》，陈相攸主编，徐芹庭、陈浩望副主编，中国社会科学出版社 2002 年版，第 274 页。

④ 陈健民：《曲肱斋全集（一）》，陈相攸主编，徐芹庭、陈浩望副主编，中国社会科学出版社 2002 年版，第 284 页。

再看修气。其重要性在于：气是能量形式，尤其是持命气，更具本原性和决定性。没有它作为助缘，出世间法不可能办成。《摄行论》说："由细界风，与识明相和合，能圆满作世出世间一切所作。"[①]有论云："不知风瑜伽，或知而不修，彼受众苦逼，当成生死虫……当知凡专注身要，修圆满次第者，皆须善知诸风变化，或直修或间修诸风，是此道中不可少者也。"[②]修气的作用还在于：能让散乱之心专一，让动摇之心停下来、歇下来，让"心无分别、坚固安住，乃内外大小乘所共有"，而要如此，不让风息停下来，心是不可能真正歇下来的。是故宗喀巴大师说："未能灭尽动分别风，必不能圆满引生，故当勤修灭风方便，故说修风能使风动渐息，心得坚住。"[③]修气还有这样的意义，即如法地修，能让人修成无生心气无二。此"为双运瑜伽道，即大乐与无生果，两两双运。能修者为大手印，由此大手印六支道，可离六界障"，即离地、水、火、风、空、识六界障。[④]

密宗分析气是要利用气为修行，直至人生解脱服务。用下述方法行气，可让人得神通。"如是气行于鼻尖，五种颜色（黄白红黑蓝）善自观，如是念诵之数同，昼夜六时常时念。趋入之门鼻两孔，口与下方共三道。此身具有四种门，持法呼吸住入出。清清楚楚而算明，持住无别任运上，自心即能出任运，颜色形状相娴熟，有漏神通从此出。"[⑤]具体的方法有：①妄念多者，宜用数法，只数入息，止于其上；②随法，让心随气在身内流动，紧随其上；③止法，气遍行于身，心止于无别之上；④观法，观一法之空性，等等。[⑥]

修气时，要努力做到的是，"把业劫气，化成智慧气"，而这要通过不同的方法、途径。总的原则是要修慧，以获得般若定慧。不同乘的人，用功方法及结果不尽相同。"小乘之人无我空慧，对内行气转智慧气的自在相，是有帮

① 宗喀巴大师：《宗喀巴大师集（四）》，民族出版社 2001 年版，第 280 页。
②《胜集密教王五次第教授善显炬论》，转引自宗喀巴大师：《宗喀巴大师集（四）》，民族出版社 2001 年版，第 262 页。
③ 宗喀巴大师：《宗喀巴大师集（四）》，民族出版社 2001 年版，第 284 页。
④ 宗喀巴大师：《宗喀巴大师集（四）》，民族出版社 2001 年版，第 308 页。
⑤ 陈健民：《曲肱斋全集（四）》，陈相攸主编，徐芹庭、陈浩望副主编，中国社会科学出版社 2002 年版，第 212 页。
⑥ 陈健民：《曲肱斋全集（四）》，陈相攸主编，徐芹庭、陈浩望副主编，中国社会科学出版社 2002 年版，第 213 页。

助（的）。”“大乘之二无我空慧，对内行外气的贯通，化成智慧气，是有帮助（的）。密乘则尊重五智……对五转之转变智慧气，甚有帮助。若顺逆四喜的俱生智气，则能使气化智慧气，且能化成为金刚智慧气，全达中脉。至果位方便之大乐心气无二，与无生心气无二两种之气，是俱由智慧产生。前者偏于大乐，后者偏于空性。”①

气为何要入中脉？因为在中脉外运行的风“为生分别之风，入中脉之风，是灭分别之风”。是故《金刚鬘续》云：“最殊胜中脉，居彼二脉（左右）中，诸无分别风，恒行遍一切。”②要让下行风等入中脉，须仗瑜伽力。

尽管诸派对脉风构成、作用的看法不尽相同，但它们关于修气、脉之目的与原理的看法是一致的，不外乎是强调：要专注身要。宗喀巴大师说：“由摄业风，融入中脉，引生大乐，与空性和合，作为道之心要，则是彼等之共规。”③

如何修明点？关键是心。“心安住明点，于自根摄持，地轮入水中，水复入于火，火亦趣入风，风多入心中。心入无二智。暂入现诸相，如阳焰及烟。”④这就是说，修明点就是要努力做到“系心明点”，如在定中，“不应想余法，恒缘一明点”⑤。如前所述，明点的样式很多，但每种明点都可成为所缘，如物、咒、风三明点，与无明相连，即有相互作用之关系，因为无明致使有此三明点，此三明点，又可增进无明。在一定意义上可以说，这三种无明是“流转三界根本”。若能于上起修，此三明点又成了三种对治明点。其原理就是“反此而修此”。《金刚鬘》云：“令具贪三有众生得解脱故，说红白菩提是为界，为物明点。令不可忍、大瞋众生得解脱故，说彼等遍计生起次第，是为咒明点。令大痴、身心迷乱众生于三有苦海中得解脱故，又特别成就随身空行等八成就，令得眼等现量果故，说风明点。”⑥

---

① 陈健民：《曲肱斋全集（一）》，陈相攸主编，徐芹庭、陈浩望副主编，中国社会科学出版社2002年版，第291-292页。

② 宗喀巴大师：《宗喀巴大师集（四）》，民族出版社2001年版，第277页。

③ 宗喀巴大师：《宗喀巴大师集（四）》，民族出版社2001年版，第278页。

④ 宗喀巴大师：《宗喀巴大师集（四）》，民族出版社2001年版，第322页。

⑤ 宗喀巴大师：《宗喀巴大师集（四）》，民族出版社2001年版，第324页

⑥ 转引自陈健民：《曲肱斋全集（四）》，陈相攸主编，徐芹庭、陈浩望副主编，中国社会科学出版社2002年版，第230页。

第十八章
汉传佛教对佛教心灵哲学的创造性阐发

中国有肥沃的心灵哲学土壤，各哲学、宗教派别都建立了自己争奇斗艳的“心学”体系。当佛教传入中国后，中国佛教的理论家、实践家发挥他们积淀着中国思维方法和思想元素的理解前结构的作用，对佛教心灵哲学做出了既契理又契机的创造性解读，进而形成了有中国特色的佛教心灵哲学理论体系。坦率地说，这个体系太庞大、太深奥了，仅就中国大德、学人创制的文本来说，其数量就远远超过了作为它的源头的印度佛教，因此这自然是需要更多人长期攻关才有望弄清的巨大工程。更麻烦的是，中国化佛教的每个宗派乃至每一本著作本身就是一个巨大繁复、难以探底的对象，如就《成唯识论》一书来说，窥基云：它“义苞权实，陵鹫岳而飞高，理洞希夷……总诸经之纲领，索隐涵宗，括众论之精华，掇奇提异”[①]。其他的类似的经论不胜枚举。既然如此，笔者这里对中国佛教心灵哲学的探讨完全是名副其实的“初探”。

第一节　佛教心灵哲学与解释学

从思想史角度说，佛教究竟有无心灵哲学，这是一个值得一辩的问题。如果

① [唐]窥基：《成唯识论述记》卷第1本，《大正藏》第43册，第229页。

事实上没有，而强词夺理地说其有，那是违背思想史的原则的。这个问题的解决，无疑需借助于佛教的解释学。中国佛教对佛教解释学的契理契机的创发性解释至少已经说明：佛教三藏中包含了大量关于世间心理学、心理观念和语词的反思性分析及研究，关于心之重要性、本质、奥秘、结构、范围、分类及其与去凡成圣的关系的系统而完备的思想。而按现代的心灵哲学标准，凡有对日常心理语言及理论的理性反思、涉及了对心之“理”与本质的刨根究底的形而上学探讨，就可将其看作是心灵哲学或“心学”。中国佛教不仅有心学，而且其核心、主体就是心学。吕澂先生基于对佛教的全面深入的研究得出结论说：“佛学亦名心学。”①

佛教的解释学探讨在十二部经中已现端倪，例如，其中的论义经就是带有解释学性质的经。后来，随着佛教经论理解和解释实践的深化、发展，佛教中诞生了完备的解释学理论体系。它除了关心正确理解、解释如何可能、意义的起源及本质等一般性的解释学问题之外，还着力探讨了佛教文本理解和解释的原则与方法论问题。例如，怎样理解佛教文本的多义性与一义性及其关系？能否用一句话、一个字总摄一切佛法？佛教无量语言说有无客观的意义？有无根本之义、“大义”？如果有，该如何予以揭示？语言符号理解在意义理解中究竟有何意义？佛教为什么强调在理解时依义不依语、取义不取语？为什么要说依经解义，三世佛冤，以及离经一字，如同魔说？如何理解佛教中的那些看似矛盾的命题、论断和理论？如何理解不同乘、不同教派及其思想的关系？等等。其中，最重要的问题是，如果说，佛四十九年说法一义一味，即只有一个意义、一个中心，那么这个实义是什么呢？中国佛教对这些问题做了既坚持佛教一般原则又带有中国特色的回答，在这个过程中，它发现了佛教包含有博大精深、极富个性的心灵哲学思想的事实。所有佛教解释学都关心这个问题：如果佛法一义一味，那么此一义究竟是什么。早在部派佛教中，佛教解释者就建立了从浩瀚文本中寻找“真实义”或“沙中金”的追求：“应审观佛教，圣谛说为依，如采沙中金，择取其真实。”②再如，《大乘起信论》在说明造该论的因缘时明确说：“为欲解释如来根本之义，令诸众生正解不谬故。”③

---

① 吕澂：《吕澂佛学论著选集（二）》，齐鲁书社 1991 年版，第 609 页。
②《异部宗轮论》，《大正藏》第 49 册，第 15 页。
③《大乘起信论》，《大正藏》第 32 册，第 575 页。

根据中国佛教的解读，一切经论的中心、主题，以及唯一的真实之义，就是“心”。《宗镜录》无疑是名副其实的概括性、精粹性论著，是总一切佛法而成之大作，当然也是中国佛教的集大成。它“引大乘经一百二十本，诸祖语一百二十本，贤圣集六十本。都三百本之微言，总一佛乘之真训。可谓举一字而摄无边教诲，立一理而收无尽真诠”①。该书引经据典地指出：一切经论同诠一旨，一心即实相，一心即法门。为证明这一点，它荟萃了诸佛、菩萨、祖师论心的大量语录，如“四祖”道信大师云：“欲识心定者，正坐时知坐是心，知有妄起是心，知无妄起是心，知无内外是心，理尽归心，心既清净，净即本性……明了无动心，名自性定。”②一切不外佛、不外真心。“三阿僧祇百千名号皆是如来异名，即真心之别称也。”③“长沙和尚偈云：最甚深最甚深，法界人身便是心，迷者迷心为众刹，悟时刹海是真心。”④该书有力地证明：心是诸经唯一的主旨、中心、永恒主题，是真正的“宗”（万变不离其宗）。“一代时教，了义诸经，虽题目不同，能诠有别，皆目一心之旨。终无识外之文，凡挂一言，尽归宗镜，横周法界，皆同此释。”⑤“一切所有诸佛之法，一切神通摄化之门，一切宗旨秘要之藏，一切甚深因果之事，皆于此心，无不圆足。故云于无量无边阿僧祇劫嘱累此法，赞叹此心无作之功，无比之德。”⑥

正因为如此，佛教早就得出了“佛语心为宗”的结论。《宗镜录》对此做了这样的解释：“所言宗者，谓心实处，约其真心之性，随其义，开体用二门。”即真如门和生灭门，前者是体，即第九识体或寂灭心，后者是用，即前八识。⑦“如来以此为眼为法根本。为引导法为通达法。”“所言正法者，即第一义心也。心外妄计，理外别求，皆堕边邪，迷于正见。所以得为如来正眼。摄尽十方之际，照穷法界之边，总归一心，是名摄受正法。”⑧

尽管佛教立了无量无边的法教，但其主旨、中心则不离心，因此必须说：“心

①《宗镜录》卷 94，《大正藏》第 48 册，第 924 页。
②《宗镜录》卷 97，《大正藏》第 48 册，第 940 页。
③《宗镜录》卷 97，《大正藏》第 48 册，第 941 页。
④《宗镜录》卷 97，《大正藏》第 48 册，第 945 页。
⑤《宗镜录》卷 25，《大正藏》第 48 册，第 555 页。
⑥《宗镜录》卷 30，《大正藏》第 48 册，第 593 页。
⑦《宗镜录》卷 57，《大正藏》第 48 册，第 742-743 页。
⑧《宗镜录》卷 2，《大正藏》第 48 册，第 424-425 页。

是法要。”“欲知法要，心是十二部经之根本，入道要门，此心门者，三世之佛祖，唯此一事实，余二即非真。”“唯有一乘法，无二亦无三，一乘法者，一心是。”①

该书之所以取名为“宗镜”，一方面是因为，作者认为，一切经论的中心、主旨即宗镜；另一方面，该书的宗旨和任务就是找出一切经论的宗镜。“镜”有能照的作用，能让对象显现出来，让不清楚者变清晰。《宗镜录》一书所说的“镜”，有让法义清楚显现出来之意。“宗镜”就是要让佛教宗旨、中心得到显现。此镜可以说是真心、涅槃、法身。“譬如男女，于明净镜，见其色像，了了分明。大涅槃镜亦复如是。菩萨执之，悉得明见大乘经典甚深之义。”此镜亦是“法镜”，“是知古佛皆目此为镜，以教法万义、真俗万缘，无不于中显现故”。般若也是镜。“般若者，即是无上调御一切种智，名大涅槃明净之镜，此镜一照，一切照，照中故是镜，照真故是净，照俗故是明。”②

总之，心是牛鼻子，是主要矛盾，是纲，是宗，是体，是用。只要抓住它，一切便迎刃而解，是“纲举目张”。心如“大摩尼宝镜，悬耀太虚，十方色相，悉皆顿现”，“法界洞彻，无不鉴矣”。③借用《才命论》的话说：“心彻宝镜。”可这样理解，“心以鉴物，庶品不遗，洞彻幽明，同乎宝镜”。④

由上不难发现佛教的解释学标准，那就是看对佛法的理解是否抓住或契合真心。因为宗镜就是心镜，此心即佛心或真心。“佛心如海，无一流而不入。佛心如镜，无一像而不生。佛心如珠，无一宝而不雨。佛心如地，无一种而不成。”⑤因此《宗镜录》的一个主张是倡导以心为镜。这大概受到了唐太宗的这段话的启示：“以铜为镜，可以正衣冠，以古为镜，可以知兴替，以人为镜，可以知得失。”⑥同理，以心为镜，可知法之邪正，可知一切之本性。延寿大师说：“今以心为镜，可以照法界。”⑦这个镜子有一般镜子所没有的特殊功用。一般的镜子可照形，不能照心；可照生灭，不能照无生；只能照世间，不能照出世间。而心镜恰恰可

① 《宗镜录》卷 2，《大正藏》第 48 册，第 426 页。
② 《宗镜录》卷 10，《大正藏》第 48 册，第 472-473 页。
③ 《宗镜录》卷 10，《大正藏》第 48 册，第 473 页。
④ 转引自《宗镜录》卷 10，《大正藏》第 48 册，第 473 页。
⑤ 《宗镜录》卷 11，《大正藏》第 48 册，第 477 页。
⑥ 《旧唐书・魏徵传》。
⑦ 《宗镜录》卷 10，《大正藏》第 48 册，第 473 页。

以照心、无生和出世间。“心镜洞该性地，鉴彻心原，遍了无生，广明真俗，有无俱察，隐显咸通。”[①]同理，心镜也是判断对佛教文本理解正确与否的标准。“若欲研究佛乘，披寻宝藏，一一须消归自己，言言使冥合真心。但莫执义上之文，随语生见，直须探诠下之旨，契会本宗。”[②]禅宗坚持的正是这个标准。根据禅宗，解有两种：一是文字上的知解；二是“会道”，即体悟、证得真心。只解佛法，不会道，为不懂佛法，只有会道，才是真懂佛法。《宗镜录》云：“黄梅山下有五百人，为甚么卢行者（慧能大师）独得衣钵？师云：只为四百九十九人皆解佛法，只有卢行者一人不解佛法，只会其道。”[③]古德偈云：“劝君学道莫贪求，万事无心道合头，无心始体无心道，体得无心道也休。”[④]无心即真心，体得诸法无心即为会道。

天台宗智顗大师认为，一切佛法都是围绕第一义悉檀而展开的，而这种悉檀又有两种：一是“不可说”的，“不可说者，即是诸佛、辟支佛、罗汉所得真实法。引偈云，言论尽竟，心行亦讫，不生不灭法”，“诸行处名世界，说不行处名第一义”，此不可说的第一义即不可说的真心；二是可说者，是指“一切实，一切不实，一切亦实亦不实，一切非实非不实，皆名诸法之实相”，而此实相即可说的真心。[⑤]“教是能诠，理是所诠，故因理设教，借教显理……离理无教，离教无理……离菩提无文字，离文字无菩提。”[⑥]一切经论都可以说是教本、行本、境本，从解释学上说，它们是能诠，而所诠则是法本、理本。所有这些本都不出“心”。例如，法本即诸法实相，亦是佛创立佛教的最终根据。法本也可说就是心。智顗说：“心是法本。”心同时也是语本、教本、行本等。智顗论证说：“一切世间中，无不从心造，无心无思觉，无思觉无言语，当知心即语本。心是行本者，大集云：心行、大行、遍行，心是思数，思数属行阴，诸行由思心而立，故心为行本。心是理本者，若无心，理与谁含？”[⑦]若没有心，理存于何处，由什么包含？由谁来悟？谁来开启？“以初心研理，恍恍将悟，稍入相似则证真实。

①《宗镜录》卷10，《大正藏》第48册，第473页。
②《宗镜录》卷1，《大正藏》第48册，第419页。
③《宗镜录》卷6，《大正藏》第48册，第444页。
④《宗镜录》卷6，《大正藏》第48册，第445页。
⑤［隋]智顗：《妙法莲华经玄义》卷1下，《大正藏》第33册，第687页。
⑥［隋]智顗：《四教义》卷2，《大正藏》第46册，第725页。
⑦［隋]智顗：《妙法莲华经玄义》卷8上，《大正藏》第33册，第778页。

是为理本。心含微发者，初刹那心微微而有，次心若存若亡，次渐增长，后则决定，畅心而发口，是语微发。”①

华严宗也有类似的看法。法藏云：“以己所得，授与众生”，此为佛之“本意也”。②佛之所得，并要传之于众的，正是佛所证的真心。另外，华严宗依《华严经》所立的“自性清净圆明体”就是真心。《宗镜录》卷1概述说：“此即是如来藏中法性之体，从本已来，性自满足，处染不垢，修治不净，故云自性清净。性体遍明，无幽不瞩，故曰圆明。又随流加染而不垢，返流除染而不净，亦可在圣体而不增，处凡身而不减。虽有隐显之殊，而无差别之异……斯即一切众生自心之体，灵知不昧，寂照无遗。”③

大乘宗派都是心宗，整个佛教亦复如是。“信此心宗成摩诃衍，同三世诸佛之所证，义理何穷，等十方菩萨之所乘，功德无尽。”④因为诸佛所教，不外乎明心。“此法即是圆顿之种，可谓甘露入顶，醍醐灌心，耀不二之慧灯，破情根之暗惑，注一味之智水，洗意地之妄尘，能令厚障深遮，若暴风之卷危叶。”⑤禅宗诸祖师所传的就是此唯一真心。正所谓以心传心。“如西天上代二十八祖，此土六祖，乃至洪州马祖大师，及南阳忠国师，鹅湖大义禅师，思空山本净禅师等，并博通经论，圆悟自心，所有示徒，皆引诚证。”⑥所谓诚证，即自己亲身真实地证得的那个真心。故说，他们所传“终不出自胸臆妄有指陈”⑦。

佛教为何要立心为宗或以心为宗镜？道理很简单，第一，只有这样看，才是如实知诸法及其本质。在佛教看来，真心是根本，是本原，是本体，广大圆满。“唯一真心，周遍法界，又此心不从前际生，不居中际住，不向后际灭，升降不动，性相一如，则从上禀受，以此真心为宗。”⑧无有一法出于心外。“诠表皆是言意分别，凡有诠量不出心识，乃至能说所说，并属见闻觉知。心含善恶，诸心数等无

---

① [隋]智顗：《妙法莲华经玄义》卷8上，《大正藏》第33册，第778页。
② [唐]法藏：《入楞伽心玄义》，《大正藏》第39册，第425页。
③《宗镜录》卷1，《大正藏》第48册，第417页。
④《宗镜录》卷2，《大正藏》第48册，第423页。
⑤《宗镜录》卷2，《大正藏》第48册，第423页。
⑥《宗镜录》卷1，《大正藏》第48册，第418页。
⑦《宗镜录》卷1，《大正藏》第48册，第418页。
⑧《宗镜录》卷3，《大正藏》第48册，第430页。

有一法出于心外。”[①]总之，一切都是心，一切言教都是围绕心而展开的。

第二，只有这样看，并如理而行，才能得彻底解脱。因为“万法本闲，而人自闹，是以若有心起时，万境皆有，若空心起处，万境皆空。则空不自空，因心故空，有不自有，因心故有……若无于心，万法安寄”[②]。质言之，“以心标宗，能治一切”[③]。“方便有多门，则遐张八教之网，归源性无二，乃高峙一心之宗。”[④]以心为宗，百病皆治。此心宗亦即根本法门，或“十方如来最胜秘密心地法门”。“徹佛真心，施于己髓。”全收一切门，因为“一切即心，妙体周遍”[⑤]。“转变自在，隐显随时，或卷或舒，能同能别，实乃能治之妙，何病而不痊。巧度之门，何机而不凑。”[⑥]尽管治众生病患的方法有很多，但只有治心才是治本，才是抓牛鼻子，而其他方法只能治标。“三界之中，以心为主，能观心者，究竟解脱，不能观者，究竟沉沦。众生之心犹如大地，五谷五果从大地生，如是心法，生世、出世间善恶五趣。三界唯心，心名为地。”[⑦]真心是万善所归。“众善所归，皆宗实相……自含众德，然不动真际，万行常兴，不坏缘生。”[⑧]真心具足一切功德，“此诸功德本自具”。“百千法门，同归方寸，河沙秒德，总在心源。一切戒门、定门、慧门、神通变化，悉自具足，不离汝心。”[⑨]

第三，佛教以心为宗最重要的原因是心为诸佛之师，诸佛都是因心而成佛的，“三世诸佛皆以诸法实相为师”，或以谛理为师，而实相、谛理就是真心。[⑩]“此一心法，理事圆备，是大悲父，般若母，法宝藏，万行原。以一切法界，十方诸佛，诸大菩萨，缘觉声闻，一切众生，皆同此心。”“宝藏处者，即众生心。”[⑪]总之，心是“一味之法印，一乘之所成，能于一切众生中为首、为师、为明、为导”。“一切法中，心为上首”，“一切明中，心明为上”。[⑫]“可谓最灵之物，至道之

①《宗镜录》卷37，《大正藏》第48册，第631页。
②《宗镜录》卷2，《大正藏》第48册，第423页。
③《宗镜录》卷11，《大正藏》第48册，第474页。
④《宗镜录》卷11，《大正藏》第48册，第474页。
⑤《宗镜录》卷11，《大正藏》第48册，第475页。
⑥《宗镜录》卷11，《大正藏》第48册，第475页。
⑦《宗镜录》卷11，《大正藏》第48册，第476页。
⑧《万善同归集》卷上，《大正藏》第48册，第958页。
⑨[高丽]知讷：《真心直说》，《大正藏》第48册，第1003页。
⑩《宗镜录》卷2，《大正藏》第48册，第423页。
⑪《宗镜录》卷2，《大正藏》第48册，第432页。
⑫《宗镜录》卷2，《大正藏》第48册，第423页。

原，绝妙之门，精实之义，为凡圣根本，作迷悟元由。”[①]

概而言之，心是体、宗、用。“心是体。夫有心者，皆当得三菩提。心是宗。制心一处无事不办。心是用，三界无别法，唯是一心作。”[②]根据《大乘起信论》的概括，佛教，至少是大乘佛教，就是关于心的体、相、用的理论。而关注、研究心的这些方面，恰恰是今日心灵哲学的追求。大乘的全部内容和精神不外乎“一法二义”。而所谓法即众生的一切心；所谓义即心所包含的真实本质、特点和妙用。它有三方面，“一者体大，谓一切法真如平等，不增减故；二者相大，谓如来藏（或真心）具足无量性功德故；三者用大，能生一切世间、出世间善因果故，一切诸佛本所乘故，一切菩萨皆乘此法到如来地故”[③]。寥寥数语，就将佛教心灵哲学的宗旨、基本内容淋漓尽致地展示出来了。正是因为该论有这一特点，因此后来的中国佛教各派基本上都是以此为蓝本而展开对佛教心灵哲学的重构的。

吕澂法师尽管不赞成这一思路，但对佛教心灵哲学的基本内容也做了中国式的阐发。他和其他支那内学院的同人一道，试图建立“院学”。所谓“院学”就是要对佛学做一种中国式的组织、解读和重构。这一追求和构想较好地从一个侧面体现了佛学中国化的现代担当和气派。他说：“所谓院学者，乃内院自己组织之佛学，依吾人看来，必如此组织建立方得称为佛学。因其尚未昌明于世，暂以院学名之。”[④]院学提出和建立的最初动机就是要继承、发扬那烂陀寺佛学的传统。支那内学院刚建立时就有意校准“印度那烂陀寺以组织此学”。之所以如此，是因为该院所尊敬的玄奘和义净二位大师，“俱从该寺出”，该寺是“华梵传道之枢纽”，因此建支那内学院顺理成章地就“取之为模范”。[⑤]建立院学的解释学目的是要回应、解答已有佛学解释中存在的问题，例如，难见对佛学的贯通理解。由于缺乏贯通理解，因此“佛学支离散漫”，学人和行人都“难识其精蕴”。[⑥]另一问题是，常见的解释“未得真正发挥之功用”，其原因是由“文字上之障碍与思想上之距离所致”。[⑦]可见，他们建立院学主要是服从佛教解释学的目的，即像许多

①《宗镜录》卷 2，《大正藏》第 48 册，第 424 页。
②《宗镜录》卷 37，《大正藏》第 48 册，第 632 页。
③《大乘起信论》，《大正藏》第 32 册，第 575-576 页。
④ 吕澂：《吕澂佛学论著选集（二）》，齐鲁书社 1991 年版，第 605 页。
⑤ 吕澂：《吕澂佛学论著选集（二）》，齐鲁书社 1991 年版，第 605 页。
⑥ 吕澂：《吕澂佛学论著选集（二）》，齐鲁书社 1991 年版，第 606 页。
⑦ 吕澂：《吕澂佛学论著选集（二）》，齐鲁书社 1991 年版，第 608 页。

经论中的解释学一样，用简练、有条理的语言将甚深博大佛法的根本之义或真精神再现出来。

院学的主要内容是将全部佛学概括为三周，或三个组成部分。之所以称作“周”：一是因为，每个部分都是一个有自己中心的自周全、自完备的系统；二是因为三个组成部分次第渐进，像轮子周而复始地运转一样。吕澂说：“周各系一中心思想，而各自成一完备结构。三周又复前后相接，义为一贯。”①根据这样的判释，全部佛教就是一种心学或心灵哲学，因为所有一切言教都是围绕心而展开的，都是要如实知心之本来面目，简言之，即“知本”。

初周的基本内容是，“佛学根本之根本，即‘心性本净、客尘所染’八字所诠。佛学亦名心学，即本此义而立”②。这一心学命题之所以说是全部佛学之根本，是因为不仅大乘经典倡此义，而且小乘经典亦复如是。例如，《般若》《华严》《涅槃》《阿含经》等大、小乘经典，皆作是说，甚至论藏“亦同”。作为根本之根本的佛学思想可这样概括：心即一切众生当下之心，因被客尘所染，居于染位，故表现此染心或居此位的生命即为众生。但其性不改，仍不失丝毫的清净。此处的“净”在梵文中有“光明、不著之义，非与染相对之净，可以寂字形容之，而于客尘不著，如镜之明，日之光”，“性净、性寂，义一名异”。③关注众生当下之心，是佛教的立足点，可以说，“佛法全立于此”。这就是说，此心是佛学得以建立的基础、依凭。众生当下若无此心，即无佛学。故说：“此心存，而后学存，则佛学实从内发。”④

第二周要表述的是佛学第二部分的思想。这部分可概括为“转依”说。依者即此心。在众生，此心处染位。所谓转，即指舍染位，趣净位。“转谓转易，染位而至净位也。”其舍与趣的根源是借闻熏（听闻佛法、进而熏习善净种子）而得觉悟之萌发及相应的修行。“由闻熏而当下自觉，乃发为舍染位、趋净之行。如是一舍一趋，名之为转。”“通过转依，心之本来净性就能无漏显现。”⑤

第三周的中心思想是阐释一法界。所谓法界，“即此心之究竟圆满处，所云一

① 吕澂：《吕澂佛学论著选集（二）》，齐鲁书社 1991 年版，第 609 页。
② 吕澂：《吕澂佛学论著选集（二）》，齐鲁书社 1991 年版，第 609 页。
③ 吕澂：《吕澂佛学论著选集（二）》，齐鲁书社 1991 年版，第 609-610 页。
④ 吕澂：《吕澂佛学论著选集（二）》，齐鲁书社 1991 年版，第 609-610 页。
⑤ 吕澂：《吕澂佛学论著选集（二）》，齐鲁书社 1991 年版，第 610 页。

者，诸佛与众生依等（皆以圆满之心为依）而相同（皆以清净之相为相）”[①]。众生的所依及相状，与佛无二无别，故说所依等同、清净之相相同。“等同之谓一，非单一之义也。学者识得此心，即将此心扩充，上应诸佛（与一切智心相应），傍应众生（不舍众生），是即大乘之根本精神。”[②]佛法至此，便达到了它的圆满的逻辑终点和事业的顶点，堪称“究竟”。“世界之圆净，斯乃此学之终鹄。”[③]

初周即佛学第一部旨在明体。“此学根本在心，所谓性寂之心。”[④]第二周即第二部分重在“发挥心之力能也”[⑤]，即阐述、发挥心之妙用，其用主要表现在：众生成圣成凡皆由心所决定。“有情成佛作祖，为圣为贤，不外此心能力发挥尽致而已。此种能力，为心所本具，非由外铄。”[⑥]要发挥心之妙用，必须有道引和运用。“道引，乃谓其能力，有所趋向。”“运用，则使此能力统束而不散漫，得致其用耳。”要发挥妙用，既要苦干又要巧干，即“不仅须力，亦必有巧”[⑦]。要如此，就得靠“道引、运行教以致之”。教即是道，观即是运。

佛教尽管以证法为核心，但教法也是其有机组成。由于有教法，因此佛教便以说教、学问的形式表现出来，便能被称作佛学。而佛学之所以能立之于世界学说之林，乃是因为有心。“心存则学存。”佛教“主于心性本寂，自觉有此心，而后有此学”，“此之谓知本”。[⑧]这样说的经论的根据在于：佛说以《法句经》始，“南传《法句》始于双品，心性本净，字义最明”[⑨]。《法句经》的二十六品，可分为两部分：第一部分是前七品，标立教之本源，此本源就是心。概言之，“教由心立，心即本净尘染之心”。此心既可向善，又可为恶，关键是看它所随的缘是什么，由何缘所使。例如，“心为法本，心尊心使，中心念恶，即言即行，罪苦自追”；反之，“中心念善，即言即行，福乐自追”。[⑩]第二部分是后十九

---

① 吕澂：《吕澂佛学论著选集（二）》，齐鲁书社 1991 年版，第 611 页。
② 吕澂：《吕澂佛学论著选集（二）》，齐鲁书社 1991 年版，第 611 页。
③ 吕澂：《吕澂佛学论著选集（二）》，齐鲁书社 1991 年版，第 611 页。
④ 吕澂：《吕澂佛学论著选集（二）》，齐鲁书社 1991 年版，第 1094 页。
⑤ 吕澂：《吕澂佛学论著选集（二）》，齐鲁书社 1991 年版，第 1094 页。
⑥ 吕澂：《吕澂佛学论著选集（二）》，齐鲁书社 1991 年版，第 1094 页。
⑦ 吕澂：《吕澂佛学论著选集（二）》，齐鲁书社 1991 年版，第 1094 页。
⑧ 吕澂：《吕澂佛学论著选集（二）》，齐鲁书社 1991 年版，第 585 页。
⑨ 吕澂：《吕澂佛学论著选集（二）》，齐鲁书社 1991 年版，第 585-586 页。
⑩ 吕澂：《吕澂佛学论著选集（二）》，齐鲁书社 1991 年版，第 646 页。

品，中心是“明入道之由致”[①]。般若类经，尤其是作为其总摄的《金刚经》“归趣于一心”。以《般若经》《宝积经》为根据的《辨中边论颂》建立了这样的论点：“心性胜义，以空性为心性也。”[②]《清净毗尼方广经》说：“一切众生界即法界，探此心源，以得戒体，又详大戒殊胜因缘，亦本于心胜也。”“上举五经五论，悉归于性寂自心一义。”[③]其他经论，莫不如此。《佛地经论》强调：“识净而知心同，界净而知理同，入道之要，亦以贤圣之心为心而已矣。”[④]

从佛教与外教的差别也可看出佛教以心学为中心的特点。宗密说：“外教宗旨，但在乎依身立行，不在究竟身之元由，所说万物，不论象外，虽指大道为本，而不备明顺逆、起灭、染净因缘，故习者不知是权，执之为了。”[⑤]佛教不仅关心外教所关心的问题，而且更圆满地解决了它们没有关心的更重要的问题，如生命的元由、怎样究竟了脱、怎样了生脱死。不仅重视权，更重视实。

如果说全部佛教以心为宗，都是心学，那么如何看待二谛、大小乘以及诸教派的差别呢？不可否认，佛教各种理论、各宗派之间的确是有差别的，有时还有争论。但这并不与佛教的圆融、和谐统一相矛盾。

就二谛来说，“谛者犹是真实之义”，为何有二谛？从真谛言，世谛当然不是真理，但仅随顺世俗而说其为谛。[⑥]所谓世谛，“世名为时，事相诸法，生灭在时，就时辨法，故云世谛”，“世人所知，名为世谛”。[⑦]世谛就是从时间上分析有时空特性的诸事、诸相，关注的是有为法，也可说是关于有为法的真理。世谛还有这样的意思：“圣人虽知此法，随世故知，是故犹名世人所知，又复圣人，就彼世人所知法中，知其虚假，虚假是其世法之实，故名世谛。”[⑧]圣人知其假，但随顺而说，这样的法就是世谛法。另一谛就是真谛或胜义谛。它包含的是佛教关于世界万物本质的真理。二谛的关系是既同又异。窥基说：“皆以能诠、所诠二法，而为教体，且世俗谛所诠，通以有为、无为，若空若有，诸

① 吕澂：《吕澂佛学论著选集（二）》，齐鲁书社 1991 年版，第 646 页。
② 吕澂：《吕澂佛学论著选集（二）》，齐鲁书社 1991 年版，第 586-587 页。
③ 吕澂：《吕澂佛学论著选集（二）》，齐鲁书社 1991 年版，第 588-589 页。
④ 吕澂：《吕澂佛学论著选集（二）》，齐鲁书社 1991 年版，第 602 页。
⑤ [唐]宗密：《原人论》，《大正藏》第 45 册，第 708 页。
⑥ [隋]慧远：《大乘义章》卷 1，《大正藏》第 44 册，第 485 页。
⑦ [隋]慧远：《大乘义章》卷 1，《大正藏》第 44 册，第 482 页。
⑧ [唐]窥基：《说无垢称经疏》卷第 1 本，《大正藏》第 38 册，第 1000 页。

法为体。”[①]不同在于：胜义体空，说法非有，亦复非无，因此是双破双非。世俗体有，言亦非无。

佛说法的特点是“依二谛说法”，“随顺众生，故说二谛”，“二谛唯是教门，不关境理”，“诸法性空，世间颠倒谓有，于世人为实，名之为谛。诸贤圣真知颠倒性空，于圣人是实，名之为谛”。[②]因此，二谛有不异的一面。“第一真谛，无成无得，世俗谛故，便有成有得。夫有得即是无得之伪号，无得即是有得之真名。真名故，虽真而非有，伪号故，虽伪而非无。”[③]之所以说二谛无异，是因为真谛说明了非有，俗谛说明了非无。非有非无本是任何一法的两面，即其体是无，其用是有。

再看诸教、诸派的关系。它们的立论根据、基本主张等的确有差异，但它们都未偏离心学这个主题，不同在于：对心做了深浅、圆偏不同的阐释。只要是佛教，就一定会坚持一心为宗镜这一原则，否则就非佛教。当然，诸教在阐述一心时，有浅深之别。如果把佛教分为小乘教、大乘始教或权教、终教、顿教、圆教，那么可以说，它们对一心之浅深做了这样的说明：①小乘教或声闻教“假说一心”，谓世、出世是染净法，皆由心造业之所感，“若推征，则一心之义不成，以立前境，故云假说”[④]；②大乘权教，立异熟赖耶为一心，主张三界万法唯识变现；③终教以如来藏为一心，强调识、境诸法皆如梦如幻；④顿教泯绝染净，以说一心，旨在破诸数假名；⑤大乘圆教总摄万有，主张一切即一心，事理、本末无别。不难看出，诸教说一心的关系是“前浅后深，浅不至深，深必该浅。”[⑤]尽管有深浅、圆偏之别，但都是围绕一心所做的有不同针对性的阐释。“诸圣依一心之正宗，逗机演差别之教迹，虽九流八教不等而不迁，一念无亏。”[⑥]“种种诸法虽多，但是一心所作。于一圣道立无量名，如一火因燃，得草火、木火种种之号。”此一心门亦复如是，对小机而称小法，逗大量而称大乘，大小虽分，真性无隔。佛所开的不同教门实即一心门针对不同根基修行者而表现出的不同对策，因此大乘、小

① [唐]窥基：《说无垢称经疏》卷第1本，《大正藏》第38册，第1000页。
② [隋]吉藏：《大乘玄论》卷1，《大正藏》第45册，第15页。
③ [南朝梁]僧肇：《肇论》，《大正藏》第45册，第152页。
④《宗镜录》卷29，《大正藏》第48册，第584页。
⑤《宗镜录》卷29，《大正藏》第48册，第584页。
⑥《宗镜录》卷33，《大正藏》第48册，第607页。

乘等“名异而体同”，都是一心宗的方便之门。[①]如果把宗派分为相宗、空宗、性宗的话，那么它们的关系与前无别。永明延寿大师说：“自古及今，分宗甚众，撮其大约，不出三宗，一相宗，二空宗，三性宗。”[②]

宗密认为，佛教有五等：一人天教，二小乘教，三大乘法相教（阐述诸法唯识，唯识无境），四大乘破相教，五一乘显性教。这五乘的关系对心的本质的揭示的深浅层次是逐渐由低到高地演进的。例如，大乘破相教较之前一乘就进了一层，其表现是既重唯识无境，又重阐诸识皆空。“所变之境既妄，能变之识岂真？”[③]一乘显性教对心的阐释就进到了圆满无缺的境地。其表现是“说一切有情皆有本觉真心，无始以来，常住清净，昭昭不昧，了了常知，亦名佛性，亦名如来藏。从无始际，妄相（想）翳之，不自觉知。但认凡质故，耽着结业，受生死苦。”[④]只要清除覆盖真心的尘垢，便会返璞归真，彻底解脱。《华严经》云：无一众生而不具有如来智慧，只因妄想执著而不证得，若离妄想，一切智、自然智、无碍智，即得现前。[⑤]“当知迷悟同一真心”，不管是迷者，还是觉者，都有一样的真心。[⑥]只要顿指一真心体，明心见性，就能成佛。

吉藏指出：佛所说教，千差万别，有些说法之间似有矛盾。其实，只要明白了佛说差别之教的原因，就能认识到，佛教是圆融无碍的。佛说不同教法的原因是，“至理无言，所以言者，言生于群心，然群基百差”，即众生的根基各不相同，千差万别，“致令圣教万殊”。[⑦]

第二节　心的分析

现代心灵哲学的特点，就是用分析方法对心理现象尤其是心理语词做细密的分析。佛教倡导的般若智慧尤其是果地境界是根本对立于分析的，甚至强调要绝

① 《宗镜录》卷 2，《大正藏》第 48 册，第 427 页。
② ［宋］延寿：《万善同归集》卷上，《大正藏》第 48 册，第 959 页。
③ ［唐］宗密：《原人论》，《大正藏》第 45 册，第 709 页。
④ ［唐］宗密：《原人论》，《大正藏》第 45 册，第 710 页。
⑤ ［唐］宗密：《原人论》，《大正藏》第 45 册，第 710 页。
⑥ ［唐］宗密：《原人论》，《大正藏》第 45 册，第 710 页。
⑦ ［隋］吉藏：《大乘玄论》卷 5，《大正藏》第 45 册，第 63 页。

对弃绝分析，如真正做到言语道断、心行处灭，但在未证果之前，佛教不仅不排斥分析，而且极重视对此法的恰到好处的运用。例如，作为三藏的经，常被界定为“分别法”，即对包括心法在内的一切事物做出分析，以显其本质。再如，佛教证空时所用的因缘析空法、要素分析法都是要借分析方法达到证明万物之体性这一目的。当然，这种方法的作用是有限度的，因为一旦目的达到，就要弃之不顾，正像通过船筏到达彼岸以后不能再把它背在身上而应予抛弃一样。

佛教对心的分析，在细密、深入等方面，较西方心灵哲学可谓有过之而无不及。中国佛教在这方面也做了自己的独特贡献。例如，唯识宗传入中国后，在中国受到了许多大德、学者的青睐，极为发达，其分析之精密、细微、深入、烦琐，可谓世界之最。由于这方面的内容深而广，因此这里只能择诸宗派的分析工作之大概而略述之。

《大乘义章》认为，对心的分析至少有十个维度（十门）：①释名；②辨相；③分析它们的根与尘；④分析它们的大小、有无；⑤分析它们的真与妄；⑥分析它们与真妄熏习的关系；⑦分析迷悟修舍；⑧分析迷悟分齐；⑨分析修舍分齐；⑩分析对治邪执。[①]释名相当于西方分析哲学对有关概念的用法分析、指称分析。就“心”的用法来说，它至少有这样一些用法：①集起，意为集诸法种子起现行，这指的是第八识；②积集，指前七识，因为它们能积集、熏习诸法种子于八识之中；③缘虑，即能攀缘、思虑自分境；④了别；⑤意等无间，即每一心识由前识而来，又有可能引起后识，在前后两识之间没有间隙，这样一来，心识就相续不断，而表现为意识流；⑥八识名心，七识名意，前六识为识。

梵文表示心的词有四个，译成中文也有四种表述，每种都有特定指称。宗密说：“梵语各别，翻译一殊。一纥利陀耶，此云肉团心，此是身中五脏心也……二缘虑心，此是八识，俱能缘虑自分境故……此八各有心所善恶之殊……三质多耶，此云集起心，唯第八识，积集种子，生起现行故（《黄庭经》‘五脏论’目之为神，西国外道计之为我，皆是此识）……四乾栗陀耶，此云坚实心，亦云贞（真）实心，此是真心也。”[②]

① ［隋］慧远：《大乘义章》卷 3，《大正藏》第 44 册，第 524 页。
② ［唐］宗密：《禅源诸诠集都序》卷 1，《大正藏》第 48 册，第 401 页。

慧远认为，分析心意识可从下述五个维度展开，即名、义、业、世、施设。名即心、意、识三名。从义上说，心有集起义，思量是意之义，分别或别知是识之义。从业上分别心、意、识，就是要根据三界境界揭示它们的不同的业。远知名之为心。所谓远，是指未来，因为未来起于身。前知是意，由此可知过去法。续知是识，由此可知现在法。从“世”上分析心意识，是指根据三世来分析：就未来，可将心说为心；就过去，可将心说为意；就现在，可将心说为识。从施设上分析，就是从阴界入上去分析。阴、界、入三词都是为对一切法做出整合、分类所用的施设名字或范畴。识是阴施设，意是入施设，界是心施设。①

天台宗智顗认为，心有五义，即名、体、宗、用、教。心既是名，又是体、宗、用、教。他说：“一切万法，本自无名，无名而有名者，皆从心起，故心即名也。心为体者，众生心性即真法性，故云体也。心为宗者，此经（《维摩诘经》）云：如其心净即佛土净，心即宗义也。心为用者，正观权巧，折伏见爱，故名为用也。心为教者，此经云：弟子众尘劳随意之所转，即教相也。”②

就心的所指意义而言，只要如实谛观，可以说它包含五义：第一，心含法本义。所谓法本，包括教本、行本、理本。心是万行之本、众灵之源，出入无乱，往来无间，统御一身，以立道根，此是言说之本，即教本。万行之本，即行本。以立道根即理本。第二，心含微发义。意为：心有粗大的一面，但由之深观下去，便能看到其微妙、精细的构造。由于有此微观构造，便有其可见的诸作用。此用的显现过程是由细至著的过程。“细微之法，莫若刹那，因此相续成一切法，若观此心，发诸功德智慧，亦从微至著也。”③第三，心含涌泉义。心有功德智慧，有无穷妙用，如涌泉无尽。第四，心含结鬘义。心王穿一切心之法（衣），如缕穿华成鬘，无零漏。意思是，八识心王只要存在和起作用，就有一系列的心所法伴随而来。久而久之，心理王国就成了由许多成员组成的庞大系统。第五，心含绳墨义。意为心是轨则、法规、准绳。④

《宗镜录》认为，心法有四义。心法就是每一具体的心理现象，包括心王和

① [隋]慧远：《维摩义记》卷1，《大正藏》第38册，第433页。
② [隋]智顗：《维摩经玄义》卷1，《大正藏》第38册，第519页。
③ [隋]智顗：《维摩经玄义》卷5，《大正藏》第38册，第548页。
④ [隋]智顗：《维摩经玄义》卷5，《大正藏》第38册，第548页。

心所两大类，其作用是“取尘别相”，即把握、了知对象的特定方面。例如，眼识取对象中的色方面的特点，耳朵取其声音方面的特点，等等。所谓心法四义，即心法的四个真实方面或特点：①作为事，心能随境分别，形成见闻觉知；②作为法，心唯是生灭法数，这两个方面，是心的可见的性相、特点，是俗谛所说的有，是缘虑妄心；③从理上说，心的体性空寂；④就其实、本性而言，是真实如来藏法。后两个方面说的是心法的体性、本质，也可说是常住真心。可见常住真心与妄心不是两个心，而是同一心的两个不同的方面。“约真心，则本性幽玄，穷理空寂，既无数量，不更指陈。”①就其相状、事相上说，心有生相、住相、灭相，但从究竟理体上说，“是心无有定实相，亦无实生、住、灭，亦不过去、未来、现在世中，是心不在内、不在外、不在中间，是心亦无性无相”②。可见，无论是个别的心识，还是就个别心识集合成的整体，都可从上述四个方面去分析和观察，而不管从哪个角度、层次，都可看到它的一定的性相、特点。另外，这四个方面，也可压缩为两个方面：一是心的用的、事相的、表象的方面；二是它的体或本质的方面。因此心是一个体用不二的存在。

如果说上面的分析侧重于共时态角度的分析的话，那么中国佛教也有对心的历时性的分析，这表现在：从时间上去分析心的生、住、灭的历时性过程。众所周知，诸法都有一个从生到住、异、灭的循环往复的过程，中经四个阶段，即生、住、异、灭。心识也是如此，也是一个过程，只是这里不说四个阶段，而说生、住、灭三个阶段，住上的过程本身包含变异，因此说三说四没有根本区别。佛教对心的历时性分析不仅注意到了宏观的过程，还将分析的触角伸向了更微观的过程，它认为，上述三个大的阶段的每一阶段都有两种形式，即流注、相。流注即指心像水一样流注不息，相即指心在任何时候所表现出来的相状、特点，或指诸识的相显现于外，这是由根尘相对这一关系所决定的，两者相合即有生，相离即导致心识之灭。就心的生来说，心有流注生、相生两方面，住、灭也分别有流注住、相住、流注灭、相灭。③

如果再把本质观照往前推进，那么可以说，心理世界有如下三门，即心、想、

---

①《宗镜录》卷4，《大正藏》第48册，第433-434页。
②《宗镜录》卷5，《大正藏》第48册，第443页。
③《楞伽阿跋多罗宝经注解》卷1上，《大正藏》第39册，第350页。

见。它们表现的分别是心理的浅层的体、相、用。其深层的本质是空、无相、无愿。《大乘义章》云："唯就内心以别三门。内心有三，谓心、想、见。妄想之体名之为心，依心起相，随之分别，说以为想，依想取执，建立定性，说之为见。心体空故，名之为空，彼想空故，说为无想（相）。彼见空故，说为无愿。"①不难看出，心是有与无的统一。就其表现、现象而言，它是有，因为心理现象以心为体，且有相、有想、有见，但从本质上说，心及其表现都是体空的，例如，心是空，想是无想，见是无愿。这里所谓空有二义，可这样来理解：一是离相名空。体虽真有，而无一相。例如，"一切众生心识，体虽是有，而无大小长短等相，又如佛身，体实妙有，而无一相"②。二是离性名空。众生佛性即如来藏。"如来藏广备法界、恒沙佛法，是诸佛法同一体性，互相集成，无有一法，别守自性，故说为空。"③从体性上说，一切心都有三性，即有遍计所执性、依他起性、圆成实性。"如是八识从无始来，三际不动，四相不迁，真实常住，自性清净，不坏之相，具足圆满，无所阙失。"④

就心的性质特点来说，心的最突出的特点是相续或像流水一样川流不息，前灭后生，此即西方人所说的意识流性质。当然，对如何理解相续，学界是有不同看法的。有三种观点：一是无常论或断见，认为相续的念，生生灭灭，前念后念各自独立；二是常论，认为前后的念就是一个；三是佛教的"非断非常"论，认为诸识就像火焰一样，灯柱上的火焰生生灭灭，但又是连续的、不间断的，因此照明时，显示的是统一的光亮。"若焰中生灭，则无灯用"，心念也是如此，"虽念念灭，以不断故，而有其用，能为过去未来之事"。⑤

从心的作用来说，任何一心都既是一心，又是一切心；反过来，一切心又是一心。一心有两种，"一者是，一是一一心，二者是，一切是一一心"。前一心依所作立名，后一心随能作立名。"心法非一，因所作一故，假名为一，心法非一切，因所作一切，故假名一切。而言一心，不说一切心者，随能作心立其名故。"⑥

① [隋]慧远：《大乘义章》卷2，《大正藏》第44册，第489页。
② [隋]慧远：《大般涅槃经义记》卷8，《大正藏》第37册，第823页。
③ [隋]慧远：《大般涅槃经义记》卷8，《大正藏》第37册，第824页。
④《宗镜录》卷56，《大正藏》第48册，第741页。
⑤《鸠摩罗什法师大义》卷下，《大正藏》第45册，第138页。
⑥《宗镜录》卷27，《大正藏》第48册，第572页。

就心理现象的范围这一问题来说，中国佛教除了坚持佛教从广度上将心理现象的范围推广到三界和出世间、从深度上承认表层心理之外还有八识、九识乃至真心等原则之外，最有特色的一项工作是对《楞严经》所论及的识精做了富有中国特色的分析。根据圆瑛法师的阐释，识精就是诸识有分别、了知功能的根本所依。从起源上说，它本于真心，是由想从外面去认识（明）真心的那个一念妄动所引发的。由于有此念动，不生灭的真心便与生灭的妄心结合，形成了识精。此识精也可说是第八识的见分。识精产生后，与六根结合在一起就有了人的能形成六识的六种认识能力。六根面对六尘之所以有六识生起，从心理根源上说，就是得益于隐藏在六根中的六种识精。圆瑛说："识精者，第八识精明之体。此体虽带少分之妄，究竟全体是真，如捏目所见第二月，全体是真月，但多一捏之妄。放手全真。在众生现前身中，舍此则无真可显。"[①]这就是说，识精是阿赖耶识的体，是极微细之识。其功能作用就是识或见，因此可称作见性或识性。"见性即陀那（阿赖耶识执持根身、种子的功能）细识，不生灭与生灭和合，体虽无明，用终带妄。"[②]即在运用时略带一点妄的性质或成分。其妄的表现有两个方面：一是同分妄见。所谓同分即共同的成分、共性，是有情种族由于共业所获得的特性，在阿赖耶识中，"共种子所生，以由共业所成，众皆有分，故曰同分"。此同分妄见相当于培根四假象中的种族假象。二是别业妄见，即由每个个体的别业所决定的、带有个性的妄见，相当于"洞穴假象"。[③]识精的作用还在于：它是第八识能生一切法的直接推手。圆瑛说："以识精即第八阿赖耶识本具精明之体，由此识体即如来藏，能摄一切法，能生一切法。"怎样生的呢？"八识能生见相二分，见分为能缘，相分为所缘。见分乃转本有智光，为能见之见分"，此见分正是识精，它"要缘八识本体自证分，八识由无明力，晦昧真空，而成顽空，本无可见，见分定欲见之，于是空晦暗中，结暗境而成四大之色，带起相分，为见分所缘之境"。[④]

就心理世界中作为王的八识来说，中国佛教对它的论述既全面又深入。许

① 圆瑛：《大佛顶首楞严经讲义》，宗教文化出版社 2012 年版，第 79 页。
② 圆瑛：《大佛顶首楞严经讲义》，宗教文化出版社 2012 年版，第 153 页。
③ 圆瑛：《大佛顶首楞严经讲义》，宗教文化出版社 2012 年版，第 172-173 页。
④ 圆瑛：《大佛顶首楞严经讲义》，宗教文化出版社 2012 年版，第 79 页。

多论师承认；立八识是佛之“密意”。法藏认为，小乘不立七、八识，它们主要由大乘所立。法藏说：“所立赖耶生灭等相，皆是密意。不令如言而取故，会归真也。”①就八识的相状来说，它们会以四种面貌表现出来：一是用相，即有了别尘境的作用之相；二是我相，即随逐我、人、众生等，妄自建立我相；三是暗相，即不知诸法的本性，显得愚痴阴暗；四是理相，尽管虚妄，但理体真实。②

从作用上说，八识有如下三相：第一，转相，即转变、流转之相，不仅当下流转，而且能在三世之间流转；第二，业相，即有动变、造业之相，其原因是无明、不觉，由不觉而起惑，由起惑而行动，进而造诸业；第三，真相，即八识都具体空妙有这一实相，随缘不变，体性真净。这是它们的本来面目。再细一点，可以说，八识中由于有虚妄境界现起，便有六种相生，即智相（缘境界，有爱、非爱之心生起）、相续相、执著相、执名相、起业相、业系苦相。

再看《宗镜录》对八识的分析。它认为，八识有这样的三个方面，即真性或真相、转识、藏识。这实际上是把八识作为一个整体看待的，所谓真性、转识、藏识则是它的不同层次的构成。“此中真相是如来藏，转识是七转识，藏识是赖耶。”作为一个整体，它有三相，即转相、业相、真相。“此三种相，通于八识，谓起心名转，八俱起故，皆有生灭故名转相。动则是业，如三细（业相、能见相、境相）中初业相故。八识皆动，尽名业相。八之真性，尽名真相。”③如果根据相状对它们分类，可把它们分为三类，即真识、现识、分别事识。如来藏心即真识，真识与缘和合，使第八识现起，此第八识即现识，余七识即分别事识。④

再把分析的范围缩小一点，专门考察八识中的前六识。它们可被称作事识。《大乘义章》云：“根尘识等一切诸法，废本谈末，悉是实有，以废本故，不得云妄，不得言真，于此分中了别之心，名为事识。”⑤事识也可称为转识，之所以被如此称呼，是因为它们随六尘转。

① ［唐］法藏：《华严一乘教义分齐章》卷2，《大正藏》第45册，第484页。
② ［隋］慧远：《大乘义章》卷3，《大正藏》第44册，第526页。
③《宗镜录》卷5，《大正藏》第48册，第441页。
④《宗镜录》卷5，《大正藏》第48册，第441页。
⑤ ［隋］慧远：《大乘义章》卷3，《大正藏》第44册，第526页。

八识还有相互渗透的关系。《大乘义章》认为，三种心即事识、妄识、真识，各具六识。“三种心中，皆有六识”，即有眼、耳、鼻、舌、身、意六识。[①]

中国佛教对八识的分析既有继承，又有契理契机的创新和发展。这表现在，它的分析维度大大丰富了，多达十门以上。例如，从语词上考察其用法，揭示其所指，分析其自相，论述它与别的识、心所法的关系，探究它的伏断及方法，辨其体相，等等。就真妄言，前七识为妄，后一识为真。《大乘义章》云：“妄中前六，迷于因缘虚假之法，妄取定性，故名为妄。第七妄识，心外无法，妄取有相故名为妄。第八真识，体如一味，妙出情妄，故说为真。又复随缘种种，故异变，体无失坏，故名为真。”[②]

第八识阿赖耶识是中国佛教挖掘最多最深的一种心理现象。从作用上说，阿赖耶识不仅是别的心理的根本，而且是“一切法本”。就它对别的心理的作用而言，它是前五识的“根本依”。因为五识要生起，必须有种子，而种子就在第八识中。另外，第八识是能持，前五识依持它才能出现和存在。[③]总之，“此识建立有情、无情”，意为有情和无情事物都根源于此识，由此识所决定、所形成。因为“若有觉，则众生界起”，即有觉便有有情众生发生，“若无想、无虑，则国土缘生”。[④]不仅如此，它还是染净诸法的根源。“可谓凡圣之本，身器之由。了此识原，何法非悟？证斯心性，何境不真？”[⑤]

八识与命的关系也可说明上述道理。“虽是一识，义差别说三”，即识、暖、寿。此三合一体就是命根。“阿赖耶识相分、色法、身根所得名暖，此识之种名寿，以能持识故，现行识是识。”[⑥]三者的关系是若无识、寿，便无暖，但若无暖，识、寿照样可以存在。例如，无色界众生就无暖性，但有识性和寿性。命根所依的条件是“依亲生此识种子，由业所引功能差别，住时决定，假立命根。”[⑦]这就是说，命的根本是种子，而种子又依于阿赖耶识，因此命的必要条件是种子和识，甚至可

① [隋]慧远：《大乘义章》卷3，《大正藏》第44册，第527页。
② [隋]慧远：《大乘义章》卷3，《大正藏》第44册，第525页。
③《宗镜录》卷72，《大正藏》第48册，第818页。
④《宗镜录》卷50，《大正藏》第48册，第710页。
⑤《宗镜录》卷50，《大正藏》第48册，第710页。
⑥《宗镜录》卷50，《大正藏》第48册，第710页。
⑦《宗镜录》卷50，《大正藏》第48册，第710页。

以说，“种子是命根”，“命根者，依心假立，命为能依，心为所依”。[①]

从第八识与生死的关系看，第八识是生死的根本、主因。《宗镜录》云：“生灭因缘最初依阿赖耶识为体，以意识为用。”[②]这就是说，八识在生命运转、轮回生死中都有作用，当然，不同的识，其具体作用是不一样的。例如，“五识取尘，第六识为因，第七识计我造业，第八识为依”[③]。有它们的共同作用，便有众生的“生死苦果不断”。换言之，五识取尘，转入六识，六识记法为因，七识攀缘，六识造善恶业，得未来生死，覆障八识不得显现。不难看出，后面的识之所以起作用，是因为前五识对境生分别心。若无它们的作用，便无后面诸识之作用。“若五识不取尘，即无六识。六识无故，七识不生。七识不生故，则无善恶业。无善恶业故，即无生死。无生死故，如来藏心湛然常住。”[④]可见，要断生死，关键要都摄六根，不令攀缘。问题是，怎样才能不让六识攀缘呢？要找到解决办法，必须弄清六识攀缘的根源。根据佛教的看法，六识根源于第八识的见分，此见分即前面所说的识精的作用。此见分“映在六根门头”，即出现在六根之中，作为能识之体，与每一根的胜义根和扶尘根结合，即有六根及其功能作用的现实化。见分出现在六根中，“在眼曰见精，在耳曰闻精，在鼻曰嗅精，在舌曰尝精，在身曰觉精，在意曰知精”[⑤]。

从起源上说，阿赖耶识是最早出现的心理现象，它源于识精。“识精是妙明真体，因最初一念”，即想把真心作为对象加以“明”的念，“无明妄动，不生不灭（真心）与生灭（一念妄动）和合，成阿赖耶识。全体是真，不过略带无明之妄”[⑥]。阿赖耶识像其他事物一样，也有其缘、因、体。例如，“先世所作、增长业烦恼为缘，无始时来戏论熏习为因，所生一切种子异熟为体”[⑦]。从相状上说，阿赖耶识有三相，即业相、转相、现相。合此三细相，即阿赖耶识。这三相的出现是与心身及外部世界的现象学发生同步的。具言之，由于最初的那个“无明妄动”（想从外面去明真心），“将灵明洞彻之真空，变为冥顽晦昧之虚空，

① 《宗镜录》卷 50，《大正藏》第 48 册，第 710 页。
② 《宗镜录》卷 73，《大正藏》第 48 册，第 822 页。
③ 《宗镜录》卷 73，《大正藏》第 48 册，第 822 页。
④ 《宗镜录》卷 73，《大正藏》第 48 册，第 822 页。
⑤ 圆瑛：《大佛顶首楞严经讲义》，宗教文化出版社 2012 年版，第 130 页。
⑥ 圆瑛：《大佛顶首楞严经讲义》，宗教文化出版社 2012 年版，第 94 页。
⑦ 《宗镜录》卷 51，《大正藏》第 48 册，第 715 页。

故云为空，是为业相，此则从真起妄”。[①]所谓转相是指依无明之力，将本有智光转化为能见之妄见。所谓现相是指，它有显现、产生其他事物、性相的作用，如显起身心、外部诸法等相。“于空晦暗中，欲有所见，而业相本无可见，瞪以发劳，故结暗境，而成四大之色，变起山河大地世界，依报外色，故曰结暗为色，是为现相。”[②]

阿赖耶识可作为现识存在。所谓现识即在染缘之下由真识转变而来的、现实化的识，此识即阿赖耶识。它的特点有：①不坏，含藏善恶种子无失，故名不坏；②与别识展转相因，即互为因缘；③不思议熏与变，熏即熏炙，将所造之业力，熏习为种子，变即转变，如此熏变是现识的因。[③]

阿赖耶识的本质在于：染与净和合，生灭与不生灭和合，真与妄和合，觉与不觉兼有。[④]“真心不守自性，随染净缘，不合而合，能含藏一切真俗境界，故名藏藏识。如明镜不与影像合而含影像。”[⑤]从其净分上看，此识即如来藏，其功能之一是阿陀那，即能摄持根身等。就此而言，也可称阿赖耶识为阿陀那识。“此识体净，被无明熏习，水乳难分。”[⑥]

关于阿赖耶执持的法的染净问题，《楞伽经》认为，染净均有。例如，其内本来藏有如来藏，有本来无漏种子，另外，还能被熏净种子。能摄持、新熏染污种子，自不待言。《宗镜录》云：“此云藏识，能藏一切杂染品法，令不失故。”[⑦]

就它与真心的关系而言，“此清净体，是八识之精元，本自圆明，以随染不觉、不守性故，如虚谷任响，随缘发声，此亦如然，能生诸法”[⑧]。

尽管中国佛教诸宗、诸派对诸识多少及其关系的看法各不相同，例如，有的只说六识（如诸般若经），有的承认八识（如金光明经等），但这些说法并不矛盾。般若等经尽管只说六识，但并不否认七识和八识。因为它们所说的六识包含着八识，例如，认为六识可区分为上、中、下三品，“上品细者，名为赖耶，中

---

①《大佛顶首楞严经讲义》，宗教文化出版社 2012 年版，第 122 页。
② 圆瑛：《大佛顶首楞严经讲义》，宗教文化出版社 2012 年版，第 122 页。
③《楞伽阿跋多罗宝经》卷 1 上，《大正藏》第 39 册，第 350-351 页。
④《宗镜录》卷 6，《大正藏》第 48 册，第 445 页。
⑤《宗镜录》卷 47，《大正藏》第 48 册，第 694 页。
⑥《宗镜录》卷 50，《大正藏》第 48 册，第 708 页。
⑦《宗镜录》卷 33，《大正藏》第 48 册，第 609 页。
⑧《宗镜录》卷 3，《大正藏》第 48 册，第 430 页。

末那，下名六识。如是三品从意根生”[1]，就是说第六识、第七识、第八识都以意根为依止，故只说六识。

当然，应看到，识的八分法是“正义”，占主导地位。唯识宗的看法且不说，地论师、摄论师、天台宗、华严宗、禅宗都承认这一分类法。地论师认为，六识是分别识，七识是智障波浪识，八识是真常识。“智识是缘修，八识若显，七识即灭。”[2]八识明真修，只要真修，就有体显。

中国佛教中也流行九识之说。所谓九识，是在前八识之上加上第九识或阿摩罗识。当然，必须承认，人们对此是有不同看法的，真谛三藏的看法是，“阿摩罗识，真如本觉为性，在缠名如来藏”，即在有情等具体事物之中，真心为有为法所缠、所覆障，即名如来藏，“出缠名法身。阿摩罗识，此云无垢识”。[3]唐慈恩三藏只立八识，不承认第九识。但他承认有净识，只是把此净识看作第八识的组成部分，即第八识中的净分。

持九识说的人认为，九识的关系是，“第六分别事识是名，取境染心是相，第七现识是名，无明熏妄心是相，第八藏识是名，心清净是相，第九真识是名，体性不改是相”[4]。为何要把识分为九识？这样分不是因为有九种识体，而是因为识有染净。为了把这一点突出出来，便把净识单独标列出来，于是，加上前八种以染为主、染净兼有的识，即成九识。也可只说八识，然后在八识中再做染净分别，其意无异。“以第八识染净，别开为二，以有漏为染，无漏为净。”[5]许多经论对此都做了论述，因此言九识是有根据的。

第九识既可是因，也可是果。例如，凡夫之所以能转化为圣人，是因为人身上有此心作为成佛之因。之所以能被看作果，是因为只要进行并完成转识成智的操作，就能得净识这一果。换言之，转化后所归趣的正是此第九识。《宗镜录》云：“转众生一切情识，入阿摩罗。”可见，它既是出发点，又是归宿。由于染众缘，所以此净识转变成了八识。反之，只要为心提供净缘，染污八识就会回归为净识。此识的特点是不动不变，因此绝对清净，“决定本性，本无有动”，“如

① [唐]圆测：《仁王经疏》卷中，《大正藏》第33册，第400页。
② [隋]智顗：《维摩经玄义》卷5，《大正藏》第38册，第552页。
③ [唐]圆测：《仁王经疏》卷中，《大正藏》第33册，第400页。
④《宗镜录》卷51，《大正藏》第48册，第715页。
⑤《宗镜录》卷56，《大正藏》第48册，第738页。

来清净藏，亦名无垢智”。[①]此识以真如为体。作为识，第九识也有能所两面，或说有两种净识。“一者所缘，即是真如，二者本觉，即是真如智。能缘即不空藏，所缘即空如来藏。”[②]

中国佛教像印度佛教一样，也有说十识的。此论认为，从心之如何量度、测量的角度，可把心分为十心，即前八识加多一心和一一心。前九心不以真理为缘，不量度推求真理，后一心以真理为缘。[③]

据《宗镜录》的阐释，《摄大乘论》等中有十一识之说。这里的十一识的内容与前面所述的九识说、十识说所说的识有很大区别。这里的十一识分别是①身识，即眼等五识；②身者识，即染污识；③受者识，即意界；④应受识，即色等六种外界；⑤正受识，即六识界；⑥世识，即生死相续不断识；⑦数识，即从一至阿僧祇；⑧处识，即器世界；⑨言说识，即见闻觉知；⑩自他差别识，亦即乱识，因为由我见熏习种子，导致虚妄分别，因此是乱识；⑪善恶两道生死识，此识即指“本识能变异，作十一识，本识即是十一识种子”[④]。

中阴识也是中国佛教特别关心的心理现象，指的是身体死亡后至下一期生命开始之前所存在的阿赖耶识。藏传佛教对此做了全面具体的论述，汉传佛教也常有论及，如吉藏云：“中阴识即是觉谛，以中阴识微弱，异于木石之性，故称为觉。”[⑤]

再看神咒心。“神者难测也，咒者敕责也，心者虑智也。”[⑥]“敕”原指皇帝的诏令，这里指带有必然性的力量，敕责即一种按法理要求进行的特殊心理操作。因此神咒心指的是一种非色非心，又亦心亦理的心。有问言：“神咒心者为是菩提心耶？为是正神咒心耶？为是行者之心耶？”答曰：“言神咒心者，非是有情之心也。是神咒秘密变异之义，似有心神随人所念得成就，故曰神咒心也。”[⑦]可见神咒心不是常见的心，而是人在持神咒时产生的一种特殊的、与理体相应的心理状态，是真心之显现状态。此心是生灭心还是无生心呢？答曰：“是神咒者，

①《宗镜录》卷 56，《大正藏》第 48 册，第 738 页。
②《宗镜录》卷 56，《大正藏》第 48 册，第 738 页。
③《宗镜录》卷 45，《大正藏》第 48 册，第 680 页。
④《宗镜录》卷 56，《大正藏》第 48 册，第 739 页。
⑤［隋］吉藏：《百论疏》卷上之中，《大正藏》第 42 册，第 245 页。
⑥《十一面神咒心经义疏》，《大正藏》第 39 册，第 1003 页。
⑦《十一面神咒心经义疏》，《大正藏》第 39 册，第 1005 页。

与理相应，故非色非心。而能色能心者皆观自在菩萨神咒似有心，而非是有情心也。”[①]即不是妄心。

净心也是一般心灵哲学所未顾及的心理现象。中国佛教认为，有不同种类、程度的净心，“其义不定”。例如，“有究竟净心，有未究竟净心；有有漏净心，有无漏净心；有有相净心，有无相净心；有伏现行净心，有断种子净心；有自力净心，有他力净心”[②]。《维摩诘经》说：“随其心净则佛土净。”此处的净心是究竟净心，唯十地菩萨才有。[③]

中国佛教更关心的是心的净化过程，认为由凡心转圣心要经历四个阶段：首先，非学、非无学心，此是世俗心，其特点是不知道观心之空性；其次，学心，或有学之心，例如，未得罗汉的圣者还有需学、需求的东西，故名，但此阶位的圣者知道“正观真解心”，因此其心是比较清净的；再次，无学心，无学即罗汉，他已尽无生二智，也知正观、空观，但尚未治结心，因此其心较之前面几种心更纯净，只是未完全断妄；最后，非学非无学心，这种心更加纯净。[④]

唯有佛教才注意到的心理现象当然是定中之心。初有六种，即“行时所起”“非住（定）时起”的六种心，接着又有十四种心。例如，“摄心住缘”就会发生这样一系列的心理，开始是八心，前四种是能治之心，即略心、举心、不掉心、寂静心，后四种是障，即散心、下心（昏沉）、掉举心（起伏不定）、不寂静心。接下来是定心等六种心，前三种心是能治之心，即能治色、无色界烦恼的心，即定心、善修心、善解脱心，后三心是障，即不定心、不善修心、不善解脱心。[⑤]当然，对定心还有很多分类。

在心的分类问题上，中国佛教既对已有分类做了重新阐释，又增加了新的分类形式。

从修行角度看，心可分为因心、果心。真心、妄心都可成为修行的因心，但其结果（果心）不同。以真心为因，能速得极果，此极果即证得之真心，也可以说是“佛果真如”。“佛果真如，有而无，相非人比，类不可取，此因中得此经，

---

① 《十一面神咒心经义疏》，《大正藏》第 39 册，第 1004 页。
② ［隋］怀感：《释净土辟疑论》卷 1，《大正藏》第 47 册，第 34 页。
③ ［隋］怀感：《释净土辟疑论》卷 1，《大正藏》第 47 册，第 34 页。
④ 《大般涅槃经集解》卷 68，《大正藏》第 37 册，第 596 页。
⑤ ［新罗］遁伦：《瑜伽论记》卷 7 上，《大正藏》第 42 册，第 455 页。

故安心修行，复能令他安心，同趣极果也。”①如果以妄心为因，就只能得有漏果。心因和心果都有程度的差别，例如，“金刚心”即真心，是“因中之极”，涅槃是果中之极。②

从有无常性的角度，可把心分为常心和无常心。“色有异相，故说坏，而心无异相，故说常也，或者闻色坏而心常，便谓心不生灭。”③此常心即真心，无常心即妄心。常心与无常心也可分别被称作等心与非等心。等心即平等心、真心；非等心或不等心，即有扰动、起伏、变化之心，亦即妄心。④

按心是否有漏，可把心分为四种，即有漏心（凡夫外道心）、无漏心（二乘心）、亦有漏亦无漏心、非有漏非无漏心（菩萨心）。⑤

根据心存在的空间界域，可把心分为三界心（欲界心、色界心、无色界心）与佛界心（纯一真心）。从时间上分，有过去心、现在心、未来心三种心。

从心的主体看，由于有十类众生，因此有十种心。例如，六凡道的六心是地狱心、饿鬼心、畜生心、人心、阿修道心、天心，第七是魔罗心，第八是外道心，第九是无色界心，第十是声闻心、缘觉心。在此之上有菩萨心和佛心。⑥

从心的结构和作用上，可把心分为四类，即肉团心、缘虑心、集起心、真心。⑦

从深浅层次，可把心分为浅心与深心，或粗心与细心。相对于每个人的自我意识来说，人的心理肯定有隐藏很深的、不易为人自己觉察到的心理世界。这已为精神分析学和佛教的八识理论以及真心—妄心理论有力地证明了。这种分类前面有述，这里从略。

中国佛教对常易被误解的“唯识”“唯心”也做出了自己的分析。它认为，佛教的这类概念与一般哲学中的同类概念除了字形相同之外，在目的、内容与实质等方面毫无共同之处。例如，佛教并不赞成精神第一性这一唯心论的基本原则。确切地说，佛教强调唯识、唯心，完全是一种临时一用的策略。这样做、这样说的目的仅仅只是为了破有、证空。一旦此目的达到，佛教就会抛弃唯识论、唯心

①《大般涅槃经集解》卷 41，《大正藏》第 37 册，第 508 页。
②《大般涅槃经集解》卷 45，《大正藏》第 37 册，第 515 页。
③《大般涅槃经集解》卷 65，《大正藏》第 37 册，第 578 页。
④《大般涅槃经集解》卷 67，《大正藏》第 37 册，第 589 页。
⑤ [隋]智顗：《释禅波罗蜜次第法门》卷 1 下，《大正藏》第 46 册，第 482 页。
⑥ [隋]智顗：《释禅波罗蜜次第法门》卷 1 上，《大正藏》第 46 册，第 476 页。
⑦《宗镜录》卷 5，《大正藏》第 48 册，第 436 页。

论。这就是说，在一定的语境下，在一定的修证层面和境界，佛教是要利用唯识论的，例如，以之为武器去破除人们所执着的外法和内我。

根据中国佛教的阐释，唯识有二义：一是方便唯识，即唯有八识，而无别境，尤其是唯有阿赖耶识；二是正观唯识，此唯识义强调的是不仅一切境界虚妄无实，就是八识以至阿赖耶识亦是如此。这种唯识旨在双遣，即“遣荡生死虚妄识心及以境像，一切皆净尽，唯有阿摩罗识清净心也”①。从修行程序、过程说，唯识可分为五种，“诸教所说一切唯识，不过五种”②：①境唯识，一切境唯识所现；②教唯识，“华严、深密等说唯识教者，皆教唯识”③；③理唯识，即唯说这样的道理——“是诸识转变，分别、所分别，由此彼皆无，故一切唯识，如是成立唯识道理”④；④行唯识；⑤果唯识，唯识即得佛果，如在大圆镜智中，一切处、境、识都会现起，一切无漏解脱具足。⑤

佛教唯识论不同于世间哲学理论的地方在于，它既是理论，又是实践，即人们成佛过程中的一个实证实修阶段。以《辩中边论》为例，它所遣除的是人们对人法的“所执”，这种遣除不外乎先空境，强调唯识无境，即先证法空，然后证我空、心空。其逻辑是“前成境非有”，“此成心无”。“境无故识无”，“非实有”。其关于心识的结论是“能缘实识亦无。”⑥因此说唯识的实质在于：方便善巧，即入空之方便，具言之，强调唯识，不过是证入法性的“方便”。“故欲证入离言法性，皆须依此方便而入，非谓有、空，皆即决定。”⑦其目的是让愚凡知道前进方向。例如，观空要从观心入手，于是强调“唯识”，既然只有识，要观，就应观识。“识唯内有，境亦通外，恐滥外故，但言唯识。又诸愚夫，迷执于境，起烦恼业，生死沉沦，不解观心、勤求出离，哀愍彼故，说唯识言，令自观心，解脱生死。”⑧之所以说“唯识”是临时一用的方便，是因为到证法性时，它也必然要被遣除，“若执实有，诸识可唯，既是所执，亦应除遣此最初门

①《宗镜录》卷33，《大正藏》第48册，第609页。
②［唐］窥基：《大乘法苑义林章》卷1，《大正藏》第45册，第259页。
③［唐］窥基：《大乘法苑义林章》卷1，《大正藏》第45册，第259页。
④［唐］窥基：《大乘法苑义林章》卷1，《大正藏》第45册，第259页。
⑤［唐］窥基：《大乘法苑义林章》卷1，《大正藏》第45册，第259页。
⑥［唐］窥基：《辩中边论述记》卷上，《大正藏》第44册，第4页。
⑦［唐］窥基：《大乘法苑义林章》卷1，《大正藏》第45册，第258页。
⑧［唐］窥基：《大乘法苑义林章》卷1，《大正藏》第45册，第258页。

所观唯识”[①]。

作为宗派的唯识宗的真实意义是旨在针对执有、执无的两种边见，阐释一切法非有非无之中道义。例如，世亲等依《解深密经》和慈氏论著论证说：“依真俗谛说一切法有、空、不空。世俗谛理，遍计所执，情有理无。有为、无为，理有情无。胜义谛中虽一切法体或有或无，由言不及，非空非有，非有体空名不可说，成唯识说。胜义谛中，心言绝故，非空非有，寄言诠者，故引慈氏所说颂言：虚妄分别有，于此二都无，此中唯有空，于彼亦有此。故说一切法非空非不空。”[②]

第三节 心之“大体”

中国心灵哲学是《楞严经》《圆觉经》《大乘起信论》等经论中包含的心学思想在扎根于中国文化土壤过程中的契理契机的展开。在它的形成过程中，它所建构的解释学原则和方法功不可没。而这种解释学既是印度佛教的，又没偏离中国《周易》提倡的“穷易简之理，尽天人之奥”的原则。中国佛教的创立者认识到，中国人的民族性格是崇简尚用。于是，这一体认便成了佛教的中国化阐释的出发点。为满足中国受众的特殊需要，中国佛教在将佛教本土化的过程中，一方面努力做到不丢失佛教本有的博大精深，同时又使之易于理解，尽可能用更少的话，乃至用一字一句将佛教精髓展示清楚。这主要表现在，中国佛教心灵哲学是围绕心之体大、相大、用大的总纲领而展开的。本节拟考释中国佛教对心之大体的论述。

先看永明延寿大师的“真心直说”。永明延寿大师在《宗镜录》和《万善同归集》二书中从真心的自相、真心与其他诸法的关系等角度对真心做了全面、深入、系统的中国式阐释。其主调是禅宗，但又兼容其他宗派的思想，因此是最能代表中国佛教心灵哲学贡献的论述。

永明延寿大师首先强调，佛教言真心、妄心，都是权巧方便之说，属有言之教。因为从究竟理地言，真与妄都是方便建立或名言施设，借用西方哲学的术语，

① [唐]窥基：《大乘法苑义林章》卷1，《大正藏》第45册，第258页。
② 转引自[唐]窥基：《大乘法苑义林章》卷1，《大正藏》第45册，第251页。

是“语言游戏”。永明延寿大师说：“真妄无因，空有言说。约真无说，约说无真，皆是狂迷情想建立。”[①]就有言之真心和妄心来说，由于不同教派侧重的角度不同，解经的深浅圆缺程度各不相同，因此对真妄的论述也有深浅圆缺的差别。大致有三种情况：一是法相宗，“法相宗一向说有真有妄”。二是破相宗，“破相宗一向说非真非妄”。例如，强调凡圣、染净，一切皆空，本无所有。本不立真，何况于妄。故不承认从真有妄。这就是说，它对立于法相宗，既否认有妄心，又否认有真心，双破双离。三是性宗圆教。其特点是“明正理”，超越相宗、破相宗的两边，因为“此二门各著一边”。它所要明的正理是，“以真如不变、不碍、随缘”为圆义；其基本观点是，真心不变，不变随缘，“不染而染，则不变随缘，染而不染，则随缘不变，实不可以有无思，亦不可为真妄惑”。[②]这就是说，它在真心与妄心的本质和关系问题上坚持中道圆教立场，既承认一定意义上的真心与妄心，又不为真妄所迷惑。

《宗镜录》的立场是法性宗，即接近于第三种观点。它与法相宗的区别在于：“法相多说事相”，强调离八识无有眼耳等诸法，而“法性唯说理性”，理性不是指作为能力的理性，而是一切万法的理体、本性。它的基本观点是“离如来藏，无有八识，若真如不守自性、变识之时，此八识即是真性上随缘之义。”[③]意思是，如来藏或真心本是不动不变的，但又可随缘变现出妄心及外法。妄心和外法的直接根源是阿赖耶，而阿赖耶又根源于如来藏，是两者的中间环节。如来藏与阿赖耶的关系如金与指环的关系。金即如来藏，指环即阿赖耶，阿赖耶是如来藏遇缘而产生的，是无生灭与生灭的和合，就像指环在人工等作用下由金子做成一样。“如来藏心……但随染缘之时迷作阿赖耶，随净缘之时悟成如来藏，本末展转，唯是一心，毕竟无别。”[④]

根据这种阐释，真心与妄心不是两个东西，而是一体的两面，如果它没有染污，它就是真心；如果它不守其不动不变、清净无染的自性，随缘变现，它就表现为妄心。正所谓“离妄名真，灵鉴曰心”。从语词上说，表述此心，有许多异

---

①《宗镜录》卷5，《大正藏》第48册，第439页。
②《宗镜录》卷5，《大正藏》第48册，第440页。
③《宗镜录》卷5，《大正藏》第48册，第441页。
④《宗镜录》卷5，《大正藏》第48册，第441页。

名。例如，菩萨戒呼为心地，因为它是发生万善之源；般若经唤作菩提，因为它是觉性之体；华严经立为法界，因为它交彻融摄；金刚经号为如来，因为它无所从来；涅槃经呼为涅槃，因为它是众圣所归；金光明经称作如如，因为它真常不变；净名经号曰法身、报身、化身，因为它是法之依止；起信论说为真如，因为它不生不灭。还有呼为佛性（三身本体故）、总持（流出一切功德故）、如来藏（隐覆、含摄故）、圆觉（破暗独照故）的，等等。总之，“一法千号，应缘立号”[①]。这就是说，真心是一实多名。当然，多名从不同侧面刻画了一心实在的特定的特点。这些词都是“因入得名”。“祖师顿悟直入，名禅宗；诸佛果德根本，名佛性；菩萨万行原穴，名心地；众生轮回起处，名识藏；万法所依，名法性；能生般若，名智海。不可定一执多，生诸情见。”[②]

佛教为什么要用多名表述一实呢？《宗镜录》的解释是只有一实，如真心或真如。它本无名字，但由下述因缘，而有多种名字。“世出世名字，皆从心起。以心随缘应物立号，略有五义而立假名。一从义故，二随缘故，三依俗故，四因时故，五约用故。”[③]

既然真心不可得，以无性为性，以无相为相，那么我们怎样去把握它呢？中国佛教的看法是，真心既然什么性相、特征都没有，那么它就是不可说的，因为能被述说的都是有可捉摸特性的东西。但是，就像手指不是月亮本身，而可以被用来指示月亮一样，对于真心，我们也可用语言来加以指称。再者，真心在特定意义上也是有其性相的，例如，无性就是性，无相就是相。另外，只要用心去体验，它还有寂而常照、照而常寂的特点。根据《万善同归集》的概括，此照性可形象地描述为：智炬常燃，心光不昧。[④]心的本质可这样描述：“心也者，冲虚粹妙，炳焕灵明，无去无来，冥通三际，非中非外，朗彻十方，不灭不生，岂四山之可害。离性离相，奚五色之能盲。处生死流，骊珠独耀于沧海……万法资始也，万法虚伪，缘会而生。”[⑤]从与言语的关系以及自相上说，“真心自体非言

① [高丽]知讷：《真心直说》，《大正藏》第48册，第999页。
②《宗镜录》卷42，《大正藏》第48册，第663页。
③《宗镜录》卷12，《大正藏》第48册，第479页。
④ [唐]延寿：《万善同归集》卷上，《大正藏》第48册，第958页。
⑤《宗镜录》卷2，《大正藏》第48册，第425页。

所诠，湛如无际之虚空，莹若圆明之净镜，毁赞不及，义理难通”①。

心的本质也可用中国哲学的“理”的范畴来说明。当然，这里的“理”被赋予了新的含义。“跋陀三藏云：理心者，心非理外，理非心外，心即是理，理即是心，心理平等，名之为理，理照能明，名之为心觉，心理平等，名之为佛心。”②可见，这里作为真心的理不同于理学家所说的理，因为它有性寂和性明或本觉两大特点。因此这种理就是佛心。“境有心性，安不作佛？以心收境，则心中见佛，是境界之佛，以境收心，境中见佛，是唯心如来。”③

真心的特点也可表述为无碍，或如心经所说的，无挂无碍。无碍有十种，即理事无碍、成坏无碍、广狭无碍、相入无碍（如以刹种入十方、十方入一，此即一多无碍）、相即无碍（如无量世界即一世界）、微细无碍、隐显无碍、重现无碍（一尘能现一切尘）、主伴无碍、三世无碍。尽管无碍如此神奇，但只要处理得当，一念就可无碍。“一念融故，如上无碍皆是一心。”④

由于真心有灵明不昧的本质特点，因此真心也可被称作妙神、妙识。《宗镜录》云：心为“妙神，亦云妙识，妙神即是法身佛。若无妙神，谁受寂灭乐”⑤？“其为也形，其寂也冥。本净非莹，法尔天成，光超日月，德越太清，万物无作，一切无名，转变天地，自在纵横，恒沙而用，混沌而成。谁闻不喜，谁闻不警？如何以无价之宝，隐于阴入之坑？是以体之，即妙即神，显无价之宝。”⑥迷之成凡，悟之、证之，即成佛。“可谓入道玄关，成佛妙诀。”真心的妙体是无所有相，无生灭相，无生无灭，非有非无，不动不摇，毕竟常恒，湛然常住，从本以来，性自满足一切功德。超出因果，贯通古今，不立凡圣，无诸对待，如大虚空，遍一切处。

从用上更好描述真心，因为真心尽管体无，但妙用却无尽。这种用与体是完美统一的。因为若是有为之体，其用必然有限。而真心之体无挂无碍，等同虚空，因此其用才可无限。“约相则非一，约性则非异，故此体用非一非异。”⑦“真

---

①《宗镜录》卷2，《大正藏》第48册，第426页。
②《宗镜录》卷100，《大正藏》第48册，第953页。
③《宗镜录》卷100，《大正藏》第48册，第953页。
④《宗镜录》卷21，《大正藏》第48册，第531页。
⑤《宗镜录》卷9，《大正藏》第48册，第461页。
⑥《宗镜录》卷9，《大正藏》第48册，第461页。
⑦［高丽］知讷：《真心直说》，《大正藏》第48册，第1000页。

心有此大力”，如“行般若波罗蜜者，毕竟清净，无所挂碍，一念中能散十方一切，如恒河沙等，三千大千国土，大地诸山微尘”，意为一念含摄一切，是真心有大力的表现。[①]其大力的表现还在于：心智之光，能“发智照理”。这是日光所没有的。日光能照暗，但不能照道理。“般若大故，色大，般若净故，色净。”[②]

真心之所以有无尽的作用，是因为它质微。“质微则势重，质重则势微。如地质重，故势不如水。”[③]意为地的重性重于水，因此没有水的势力大。同理，水性重于火，故力不如火，火不如风。风的力又不如心。“心无形，故力最无上，神通变化，入不思议。”[④]

如果万法和诸识起自真心，真心又从何而起呢？回答是“真性无所起。”“无起即起，起即无起，非起非不起，是不思议起。”[⑤]之所以没有因缘，是因为它是本有的，不假修为。“才入信门，自然显现，方悟从来具足，岂假功成。始知本性无差，非因行得。”[⑥]

真心有无所托呢？真心是一切万法之本，是其依托，但它本身无所托，因为它以空寂为体，“妙体真常，本无生灭”，因此“不可离此真心之外别有依托处”。[⑦]由此就派生出了真心这样的数量上的特点，即“十方世界，唯一真心”。切不可以为，“离此真心之外，别有依托处也”。“既无彼此，则何可不可也？”[⑧]

一般的妄心有其位置或定位，真心有无位置？回答是，真心“以空寂为体”，若人证得真心，则无来无往，不会有身后之事。“临命终时，自然业不能系，虽有中阴，所向自由，天上人间，随意寄托。”[⑨]这就是说，整个世界，唯一真心，众生与诸佛共此真心。从存在处所来说，其不在某一人之内，不在头脑之中，而遍一切处。“此一心非同凡夫。妄认缘虑能推之心，决定执在色身之内。”“今遍十方世界，皆是妙明真心。”[⑩]

---

①《宗镜录》卷9，《大正藏》第48册，第464页。
②《宗镜录》卷9，《大正藏》第48册，第464页。
③《宗镜录》卷27，《大正藏》第48册，第567页。
④《宗镜录》卷27，《大正藏》第48册，第567页。
⑤《宗镜录》卷41，《大正藏》第48册，第658页。
⑥《宗镜录》卷2，《大正藏》第48册，第424页。
⑦［高丽］知讷：《真心直说》，《大正藏》第48册，第1004页。
⑧［高丽］知讷：《真心直说》，《大正藏》第48册，第1004页。
⑨［高丽］知讷：《真心直说》，《大正藏》第48册，第1004页。
⑩《宗镜录》卷2，《大正藏》第48册，第425页。

真心最重要的特点是不生不灭。对此，诸经论提供的根据和论证有很多。在《楞严经》中，佛与波斯匿王关于生灭的对话，证明了人除了有生死变化的一面之外，还有“不生灭性”。波斯匿王根据人刹那生灭、从小至老变化密移，推论出人必生死无疑的结论。佛则由此让听众知晓：每个人的身体内都有不生灭性。其论证之一是，你年幼时见恒河水和现在见，所看到的恒河水是同一而无异的。为什么有此同一性认知呢？佛认为，只有承认里面有不变不灭的东西，才能解释此现象。论证之二是，“汝面虽皱，而此见精性未曾皱。皱者为变，不皱非变，变者受灭，彼不变者，元无生灭。云何于中受汝生死”[①]？论证之三是根据八识五根所做的证明：“众生八识之中，前眼耳鼻舌身等五根及第八识，俱缘现量，得诸法之自性，不带一切名言，又无二种计度分别随念分别，即现前不生灭，若六七二识落在比非二量，及具计度随念分别，即念念常生灭，亦是于生灭中有不生灭性。”[②]意即前五识，以及第六、第七、第八识都的确有生灭性，但其内有不生灭性，不然，它们怎么可能知诸法自性？总之，“八识心王，同一真性，皆是实相，无有生灭”[③]。

不可否认，真心的“心”与作为思虑心的“心”在梵文中不是一个字，前者不是心理学意义上的心，而带有“中心”“核心”的意思。既然如此，我们有什么理由把它称作有灵知作用的心呢？回答是，根据是它有“无知之知”。《宗镜录》云：“真般若者，清净如虚空，无知、无见，无作、无缘，斯则知自无知矣，岂待返照，然后无知哉。只此知性自无知矣，不待忘也，以此真知不落有无之境，是以诸佛有秘密。”[④]“灵觉之性，实无生灭。汝今悟此性，名为长寿，亦名如来寿量，唤作本空不动性。前后诸圣秖会此性为道。今见闻觉知，元是汝本性，亦名本心。更不离此心，别有佛。此心本有，今有不假造作，本净今净，不待莹拭。自性涅槃，自性清净，自性解脱。自性离故，是汝心性。”[⑤]因此真心不同于木石。“此真识，即业、转、现等三性，即神解性，不同虚空，通名识。”[⑥]它

①《宗镜录》卷44，《大正藏》第48册，第673页。
②《宗镜录》卷44，《大正藏》第48册，第673页。
③《宗镜录》卷44，《大正藏》第48册，第673页。
④《宗镜录》卷16，《大正藏》第48册，第499页。
⑤《宗镜录》卷14，《大正藏》第48册，第492页。
⑥《宗镜录》卷57，《大正藏》第48册，第744页。

也可以说是“智相”，因为有觉照性。“本觉真心，不借妄缘，以真心之体，即是本觉，非动转相，是觉性故。”[①]此真心也可描述为诸法的法性。佛教为何要把法性称作心？中国佛教的回答是，它“性自神解，故名为心”[②]，意为它有一般心性的明或神解的一面，因此被称作真心。

永明延寿大师也对真心做了比喻性说明，他说心像水一样，真心即其净的体性，妄心即受到污染的水。“水有十义，同真性故。一、水体澄清，喻自性清净心。二、得泥成浊，喻净心不染而染。三、虽浊不失净性，喻净心染而不染。四、若泥澄净现，喻真心惑尽性现。五、遇冷成冰，而有硬用，喻如来藏与无明合，成本识用。六、虽成硬用，而不失濡性，喻即事恒真。七、暖融成濡，喻本识还净。八、随风波动，不改静性，喻如来藏随无明风，波浪起灭，而不变自不生灭性。九、随地高下，排引流注而不动自性，喻真心随缘流注，而性常湛然。十、随器方圆，而不动自性，喻真性普遍诸有为法，而不失自性。”[③]

知讷尽管属高丽高僧，但由于继承和发展的是中国化的禅教，因此我们也可在这里叙述他的有关思想。在“直说”“真心”时，他把真心放在与其他相近概念的关系中进行分析，进而揭示真心的本质特点，强调只要稍加比较，就会发现，真心与妄心判然有别。例如，妄心面对各种平常的境，如好与坏、断与常、生与灭、动与静、去与来等，随其变而变，随其不平常而不平常，逐种种境，起差别心。真心则不同，“不随不平常境，生起种种差别，所以名平常真心也”，“真心平常，无诸异因”。[④]真心平常，不动不变，但又不同于木石，因为它有灵明之性。“湛若虚空，遍一切处……遇缘不昧，无一念取舍，触物皆周，不逐万境迁移。”[⑤]真心无分毫分别，本离言绝相，不名真心，只是“对妄识权号真心”，“对俗事假名理性”。[⑥]不难看出，一个对境无知，因而心如止水；一个对境有知，因而妄念纷飞。对境无知即真心风范。“若真心者，无知而知，平怀圆照，故异于草木，不生憎爱，故异于妄心，即对境虚明，不憎不爱。”“若是真心，居有

①《宗镜录》卷57，《大正藏》第48册，第744页。
②《宗镜录》卷100，《大正藏》第48册，第953页。
③《宗镜录》卷7，《大正藏》第48册，第451页。
④［高丽］知讷：《真心直说》，《大正藏》第48册，第1003页。
⑤［高丽］知讷：《真心直说》，《大正藏》第48册，第1003页。
⑥［高丽］知讷：《真心直说》，《大正藏》第48册，第1003页。

无，而不落有无，常处中道故。”[①]总之，真心是平常心。对境有知即妄心。“妄心对境有知，而知于顺违境，起贪嗔心，又于中容境，起痴心也。”“在有著有，在无著无，常在二边，不知中道。”[②]

真心与妄心各有二义，真心有不变和随缘二义，妄心有体空、成事二义。“一心二门”清楚地说明了它们的二义性及其关系。永明延寿大师云：“由真不变，故妄体空，为真如门，由真随缘，故妄识成事，为生灭门。”[③]两门的关系是，真如随缘即生灭，例如，法身流转五道，号曰众生。生灭的体性不动不变，随缘不变，即为真如，例如，妄心生生灭灭，但其体性永远一如，故为真心。总之，“真妄二心，情分二种，智了唯一。一二俱亡，方入宗镜”[④]。

真心与妄心的区别还表现在：真心无依，妄心有依。例如，“妄境依妄心，妄心依本识，本识依如来藏，如来藏无所依”，就像虚空是万法之依止，但自无依止一样。[⑤]

从认知方面说，妄心的特点是“从能所生，因分别起，发浮根之暂用，成对境之妄知。”真心则不同：“湛然寂照，非从境生，含虚任缘，未尝作意，明明不昧，了了常知，舒之无踪，卷之无迹，如澄潭莹野，明镜悬空。万像森罗，豁然虚鉴。不出不入，非有非无。斯则千圣冥归，万灵交会。信之者，彻大道之原底，体之者，成常住之法身，祖佛同指此心而成于佛……亦非离妄，妄无体故，亦非即真，真非即故。真、妄名尽，即、离情消，妙圆觉心，方能显现。”[⑥]概言之，真心既寂然又常照，非有非无，乃至非真非妄、非即非离，离一切言、相，但灵明不昧。要证得此真心，让其显现，关键是离一切分别，如离真、离妄、离即，乃至离离本身。真心尽管无知无识，但根本有别于无心之物。因为无心之物没有灵知之性，而真心有此明性，有神解的特点。尽管佛教有时把真心比作太虚空，但两者也有不同的一面。例如，真心“不同太虚空廓然断灭、无知”。不过，尽管其有知，但又根本有别于妄心，因为后者“仗缘托境，作意而知”，而前者

① [高丽]知讷：《真心直说》，《大正藏》第48册，第1003页。
② [高丽]知讷：《真心直说》，《大正藏》第48册，第1003页。
③ [高丽]知讷：《真心直说》，《大正藏》第48册，第1003页。
④《宗镜录》卷5，《大正藏》第48册，第443页。
⑤《宗镜录》卷7，《大正藏》第48册，第453页。
⑥《宗镜录》卷16，《大正藏》第48册，第499页。

是“灵知，性自神解”。另外，它的灵明不是建立在能所区分之上的，因为它是本明、自明，不需作意，不需仗缘托境。总之，真心作为般若，“虽鉴真谛”，但不取相、不取著，就此而言，它无有取相，无缘无动，因而无知。但此无知是真正的知。“圣心无知，无所不知。”[①]

真心与妄心还有不空与空的关系。永明延寿大师说：“一切众生以有妄心，念念分别，皆不相应，故说为空。若离妄心，实无可空故。所言不空者，以显法体空。无妄故，即是真心常恒不变、净法满足，则名不空。”[②]正像实相有“相”“无相”“无相无不相”之名一样，真心或如来藏则有“空”“不空”“不空而空”之名。

真心与妄心既有区别，又一如一体。它们的区别表现在，真心相对于妄心而言有五个特点：①远离所取差别之相；②解脱能取分别之执；③遍三际无所不等；④等虚空界无所不遍；⑤不堕有无、一异等边，超心行处，过言语道。[③]它们的一体性表现在，它们是体与用的关系。例如，真心相对妄心而言是理体，妄心则是真心的相用。

从真心与生死、始终的关系来说，真心无始无终，超越生死。当然，这可分别从真谛和俗谛两方面来分析。永明延寿大师说：“真妄两亡，方说真妄，真妄交彻，何定始终。”“本际不可得，生死无有始，亦复无有终。”当然，“顺世谛门中，随众生见，而妄说生死”。“第一义中尚无生死，何有始终。”[④]如果说妄有始，始于真，真便不真。因此不能说真妄有始终。佛教是为破有始，才立无始之名言的。若始一破，无始便不存。

就真心与菩提的关系来说，两者既异又同。其表现是，真心不同于作为发心和因的菩提心，而相同于作为理体和果位的菩提。如果说寂灭是菩提，那么菩提就是真心，因为真心即寂灭。永明延寿大师说：“究竟菩提体常冥寂如。”“寂照无二，为菩提相，犹如明镜，无心为体，鉴照为用，合为共相。”“寂知不二，为心之相。”“理智相摄，以离理无智、离智无理、如珠之明故，以珠

---

①《宗镜录》卷16，《大正藏》第48册，第449页。
②《宗镜录》卷11，《大正藏》第48册，第478页。
③《宗镜录》卷2，《大正藏》第48册，第426页。
④《宗镜录》卷76，《大正藏》第48册，第836页。

是体、明是用，用不离体，体不离用。”[①]也就是说，“菩提”指的主要是理体的智用、智性、觉性，亦即体之妙用。由于用不离体，故可说菩提就是寂灭本身，就是真心。

从真心与如来藏的关系来看，两者可以说是从不同角度对唯一理体的描述。例如，生死、涅槃、苦乐、报应等都以如来藏为因，都是如来藏的随缘变现，这样的说法也是适用于真心的。问题是如来藏是无漏常住，为何能作苦、乐、生、死等染法的因？回答是，如来藏迷则成染法之因，觉则成净法之因，它不变，随染缘生染法，随净缘生净法。[②]这些恰好也是真心的特点。

再看真心与觉的关系。觉的种类按觉悟真理的程度可分为如下三种：第一，觉察，例如，梦中对境的认知、醒时对盗贼的觉察，都是对表象的认识；第二，觉照，即能照理与事，这种觉进到了事物的本质，但不究竟；第三，妙觉，此觉离能觉、所觉，故为妙。此为诸法明智的体性或觉性，而觉性无觉，即根本智。[③]这是最高级的觉。这种高级的觉还可表现为本觉和始觉。本觉有两种：一是清净本觉，“本有法身，从无始来，具足圆满过恒沙德，常明净故”，此即纯粹的、自在的本觉；二是染净本觉，即与染法和合在一起的本觉，“自性清净心受无明熏，流转生死无断绝”。[④]始觉指的是本有的觉性通过闻教法而始得显现，它是相对于不觉而言的，也有两种：一是清净始觉，即纯粹的、不受无明熏习的始觉，它是无漏性智，出离一切无量无明；二是染净始觉，即与无明结合在一起的始觉，“般若受无明熏，不能离故”[⑤]。很显然，真心不是低级的觉，而是最高级的觉，即本觉或妙觉。也可以说，妙觉或本觉是真心的特性。它本来觉明，本来分明，自知、自解、自明，不假外力分别，不需从外加明于它。永明延寿大师说：“本觉之心不藉妄缘，性自神解，名自真相。”“神解之性与本不异，故亦得名为自真相。”[⑥]“言觉义者，谓心第一义性，离一切妄念相故，等虚空界，无所不遍，法界一相即是一切如来平等法身。依此法身说一切如来为本觉。”[⑦]此本觉无疑

①《宗镜录》卷23，《大正藏》第48册，第539页。
②《宗镜录》卷76，《大正藏》第48册，第839页。
③《宗镜录》卷78，《大正藏》第48册，第844页。
④《宗镜录》卷6，《大正藏》第48册，第445页。
⑤《宗镜录》卷6，《大正藏》第48册，第445页。
⑥《宗镜录》卷56，《大正藏》第48册，第740页。
⑦《宗镜录》卷6，《大正藏》第48册，第445页。

就是真心的别名。如果不觉转觉，即为始觉。如果能觉心原，即为究竟觉。“乃至为有妄想心故，能知名义，为说真觉。”[①]

就真心与净识或阿摩罗识的关系来说，两者也是一实二名的关系。因为后者是诸识中的究竟之识。“此云无垢净识，无有变异，可为究竟。”从地位作用来说，是诸识中最胜、最究竟者。就其自相言，可称其称为“如如”。“如如”的意思是“一切诸法，但唯是识。”此识有二义：第一，摄无倒，意即一切诸法但唯是此识，离乱识外，再无余法，“故一切诸法皆为识摄。此义决定，故称摄无倒如如”。第二，没有变异，因此是“如如”。净识外的染识、妄心都是遍计所执，本无自性，依众缘而有，即具依他性。“由分别性永灭故，依他性亦不有，此二无所有，即是阿摩罗识，唯有此识，独无变异。故称如如。”[②]简言之，净识之所以清净、无变易，是因为它是一切识、境的毕竟空无的本质，或平等无二的本质。论云：“外境既无，唯识亦无。境无相，识无生，是一切诸法平等。通以如理故，以理（体）、（思）量二门，一切性相收尽。”[③]意即理门即识性真空之如理门，或净识的理体门或真如门。所谓量门，即识相妙有的“如量门”，或者说是生灭门或思量门。此二门涵盖宇宙间的一切性相。“若理、量双消，则唯真性”，此真性即净识本身。阿摩罗识有两方面的构成：一是所缘，此所缘是本觉的所缘，而非妄识的所缘，亦即作为对象的真如；二是本觉，即真如智，亦即能缘。此能缘是真心，是真实，故云：它“唯识真实”，因此所缘亦是真心。就此而言，净识是能所的统一体。永明延寿大师说：“能缘即不空如来藏，所缘即空如来藏。”[④]总之，净识即真心。

从认识论上说，真心是可知的。当然，这种可知的意义极为特别。例如，说它可知，不是说它能像一般的对象那样能为妄心或八识所认识。是故永明延寿大师说：“心（妄心）不知心（真心），亦不见心。”“善知心无生相，通达是心无生性。”[⑤]之所以不可如是知，是因为真心有这样的不适于妄心认识的行相：“心中无心相，是心从本以来，不生不起，性常清净。”“是心空，性自空，故

---

①《宗镜录》卷 6，《大正藏》第 48 册，第 445 页。
②《宗镜录》卷 33，《大正藏》第 48 册，第 609 页。
③《宗镜录》卷 33，《大正藏》第 48 册，第 609 页。
④《宗镜录》卷 33，《大正藏》第 48 册，第 609 页。
⑤《宗镜录》卷 3，《大正藏》第 48 册，第 431 页。

根本无所有，是心无有一定法，定法不可得故。是心无法，若合若散，是心前后际不可得，是心无形，无能见者。”“心无决定性，亦无决定相”，即没有确定的、可分别的性与相，乃至无垢相、无净相。[①]其认知上的特殊性在于：知有为法，要靠心动，而知真心则相反，只有“妄息、心空”，真知才能自现。“若作计校，转益妄心。但妙悟之时，诸缘自绝”，就像观心得悟一样，“因星见悟，悟罢非星”，“见性之时”，真心“自然披露”，“妄息寂则生，寂生知则现。知生寂已舍，了了唯真见”。[②]

另外，从用上推知，也可窥探到真心的某些方面。当然，这种推知是间接的，不能把握真心之究竟体相。永明延寿大师说：“以事验知，因用可辨，事能显理，用能彰体，如见波生，知有水体。”[③]要真知真心，必须有般若大智。此智不同于识、心。因为得相者识，不得相者智。这就是说，知真心的智是不得相的无分别智。“识行于境，名之曰心，智行于境，名曰非心。”[④]这种智和知，唯佛才有。有公案可证：“韦侍御问仰山和尚了心之旨，答云：若欲了心，无心可了，无了之了，是为真了。”[⑤]其道理在于，真心由于其特殊的性相，只能由“自觉圣智、无师智、自然智之所证处，不从他悟，自证之时，法从心现”。真心之所以能为这类智所知，是因为它们是同质的。例如，真心有其智性，此智即自然智，无师智，因此它能自证、自知、自明。[⑥]

是否真的见到了真心，是有区分、判断标准的，那就是要看心对境时，是否不起一念。例如，可这样检验，“先将平生所爱底境，时时想在面前，如依前起憎爱心，则道心未熟”[⑦]，若不起，则意味着道心成熟。当然，这不是究竟的、最上的检验，因为真的见到真心的标志是“自然不起憎爱”。其检验方法是，在遇憎爱境时，看是否能真正做到“心不起”“心无碍”[⑧]，或如前面所说的无心可了、无了之了。果如此，即为真了真心。

---

①《宗镜录》卷3，《大正藏》第48册，第431页。
②《宗镜录》卷5，《大正藏》第48册，第444页。
③《宗镜录》卷40，《大正藏》第48册，第650页。
④《宗镜录》卷39，《大正藏》第48册，第650页。
⑤《宗镜录》卷41，《大正藏》第48册，第656页。
⑥《宗镜录》卷9，《大正藏》第48册，第462页。
⑦［高丽］知讷：《真心直说》，《大正藏》第48册，第1003页。
⑧［高丽］知讷：《真心直说》，《大正藏》第48册，第1003页。

第四节　真心的存在方式：自在与显现性存在

就真心的存在或表现方式来说，它能表现为两种存在：一是自在的真心，即一切事物中本有的、作为体性的，但没有被“识取”的真心；二是被圣者识取的、作为现象学事实表现出来的真心。这就是说，真心既可以自在存在，又可为“清净圣智所证，二空无我所显”①。它在圣者身上的表现如月亮一般，例如，在刚入圣位的人身上，它像初三、初四显现的月牙，随着证真程度的提高，它逐渐变圆，至佛位，被证得的真心则像十五的月亮。

中国佛教关于两种真心的论述有很多，先看“一心二门”说。这个概念最先由《大乘起信论》所提出，后得到中国佛教的高度重视和大力阐发。例如，隋朝慧远从多角度做了阐释。就真心之自体来说，它本不可说，因为它非隐非显，非因非果，无任何性相可得，绝对平等。“体谓平等，如实法性，古今常湛，非隐非显，非因非果。”②这无疑是对自在真心的绝妙的描述。慧远还强调，只要正确界定“理”，就可把此真心称作理。“理非物造，故名为理。非为木石，神知之虑故名为心。是心则摄一切世间、出世间者，如此理者，诸法中体。以用归体，故言则摄。用心众多，无出染净，染则世间，净则出世。”③

就自在真心有妙明觉性来说，可以说真心就是本觉。“凡时未有智解”，既平时无智解，“以何义故说之为觉”？慧远根据论典解释说：“从本以来，有大智慧光明义，故遍明一切法界，义故名之为觉。是义云何？真心是其智慧三昧、神通解脱，一切德性离染，即是一切德故……从本已来，具足一切性功德法，说彼心中智慧之性，以为智慧光明之义。”④

尽管真心本来清净、不动不变，但其有无穷妙用。此用可概括为两大方面：一者依持用，即真心能持妄染。若不承认有自在真心，就没法解释世界上为何有

---

①《宗镜录》卷 1，《大正藏》第 48 册，第 417 页。
②［隋］慧远：《大乘义章》卷 9，《大正藏》第 44 册，第 652 页。
③［隋］慧远：《大乘起信论义疏》卷上之上，《大正藏》第 44 册，第 179 页。
④［隋］慧远：《大乘义章》卷 3，《大正藏》第 44 册，第 525-526 页。

染污诸法。是故说："若无此真，则无妄立。"[①]二者缘起用，即能不变随缘，生起一切染净诸法，"如水随风集起波浪"。人是凡还是圣，一切有为法、无为法，世间法、出世间法，都是真心随缘之变现。

就真心的类别说，可以说它有两种：一是有垢真如或真心，即与妄心、染污结合在一起的真心，或为烦恼所覆盖的真心。我们每个人当下的心就是这种真心。它丝毫不差地存在于我们每个人当下的任何一念心之中，但由于妄心将它层层覆盖，以至我们都看不到或不晓得有这个真心。二是无垢真心，即"除垢始净"。此真心又有两种：一是如实空，它离性离相；二是如实不空，它具无量净法。也可以说，有这样两种真心，即阿摩罗识与阿赖耶识。两识实即一心，只是一个纯净，一个始终与染缘结合在一起。慧远大师说："真中分二，一阿摩罗识，此云无垢，亦曰本净，就真论真，真体常净，故曰无垢，此犹是前心真如门。二阿赖耶识，此云无没，即前真心，随妄流转，体无失坏，故曰无没，故起信论言，如来之藏，不生不灭，与生灭和合，名阿赖耶。"[②]

也可把自在真心分为如下三种：一是无垢如，即本来清净之真心；二是有垢如，它在染不污；三是离垢如，除障始净。也可把自在真心分为四种：一是垢如，它在染常净；二是无垢如，它除染始净；三是净相，即修而后生的真德。四是净教，即十二部经，从其清净法界流出，或从净法身流出。[③]

如果用一心二门这一说明模式，那么真心的本质特点将再现得更清净。根据这一模式，整个世界就是一心，但它有两种表现方式：一是随净缘，表现为真如（真如门）；二是随染缘，表现为染法、妄心（生灭门）。换言之，真心有两方面：一是具真心之体，即为真如；二是其用，即表现为生生灭灭的诸法。"是心真如相者，即是第九识。第九识是其诸法体故，故言即示摩诃衍体故也。是心生灭因缘相者，是第八识，第八识是其因缘转变，随染缘，故生灭因缘相也。"[④]质言之，真心、妄心实即一心，真如门是其体，生灭门是其相状。大师说："一心真如门，是心体性。二心生灭门，是其心相。就真论体，论体常寂平等一味，名

① [隋]慧远：《大乘起信论义疏》卷上之上，《大正藏》第44册，第179页。
② [隋]慧远：《大乘义章》卷3，《大正藏》第44册，第530页。
③ [隋]慧远：《大乘义章》卷3，《大正藏》第44册，第528-529页。
④ [隋]慧远：《大乘起信论义疏》卷上之上，《大正藏》第44册，第179页。

心真如……于此心中，无法可坏，故名为真，无法可存，故说为如。据妄摄真，真与妄合，缘集起尽，名心生灭。”①心真如中，义别有二：一是如实空，二是如实不空。心生灭中，亦有两门：一者本觉，生灭中真；二者不觉，生灭中妄。

就凡夫的心来说，真如门与生灭门说的其实是任何一念心的构成。前者是其体，后者是其现实的显现或妙用。具体来说，真如门与生灭门有这样几重关系。首先，“心真如门是其心体，心生灭门，是其心相，于中分三，一是本识，真与痴合，二依本识起阿陀那执我之识，三依本识起于六种生起之识”②。其次，任何一心是真妄和合。而真有二重，即阿摩罗识和无没识（本识），妄心也有二重，即事识和妄识。再次，对一心可做五重划分，一是一真性，二是一分别性，三是三种依他起性（即本识、阿陀那识和生起的六识）。最后，对一心也可做六重划分，即在前五重区分之上，将分别性区分为二，即事识和妄识，这样一心便有六方面。还可将一心的真妄划分为二类九重，一类有两种，即真心有阿摩罗识和阿赖耶识两种，二类由它们变现的妄心有七重，即六种事识加上第七妄识。

《大乘义章》专辟一门，讨论了真心与妄心的关系。可这样概括，首先，它们本是一，真心由于无明、迷失而表现为妄心。其次，妄心无自根、自体，以真心为体或为所依。真心是一切万法之本。《大乘义章》云：生死二法依如来藏，十二因缘皆依一心。慧远大师说：“妄之依真，如波依水，真之持妄，如水持波。”③说妄依于真，与说整个世界是一心，是一致的。因为“真妄一，故相依”④。真心之所以能作依持，是因为真心有体有用，“本净真心，说之为体，随缘隐显，说以为用，用必依体，名之为依，体能持用，说以为持”⑤。这就是说，真心与妄心实即一心，染即为妄，净即为真。

真心与真心外的一切心具有本末关系。因为真心与痴相合，产生了第七识和第六识，因此本识为本，余识为末，“末生依本”⑥。

真心之所以表现为有染有净的诸法，是因为在心的转变过程中，存在着熏习

---

① [隋]慧远：《大乘义章》卷3，《大正藏》第44册，第525页。
② [隋]慧远：《大乘义章》卷3，《大正藏》第44册，第530页。
③ [隋]慧远：《大乘义章》卷3，《大正藏》第44册，第532页。
④ [隋]慧远：《大乘义章》卷3，《大正藏》第44册，第532页。
⑤ [隋]慧远：《大乘义章》卷3，《大正藏》第44册，第533页。
⑥ [隋]慧远：《大乘义章》卷3，《大正藏》第44册，第533页。

这样的作用。质言之，熏习是真妄转变的枢纽。所谓熏习，就像香气熏在衣服上一样，人的一切行为只要做了，就会将其影响、势力留在第八识之中。熏习的实质是，通过一定的培育、营造让没有的东西变成有，就像衣服上本无香气，通过熏习，可使其有。妄心、生死乃至施舍等净法也是这样。“真中无染，妄熏令有，妄中无净，真熏使有。”①可见熏习即后天培育，其结果是让有关的净法或染法生起。就熏习自身的相状言，它有二相，一起染，二起净。起染的相状是以第一真如法故，便起第二无明染因，以此染因熏习真如，便起种种染法，如妄心、烦恼等，随妄心念起，便有妄境生。进而，妄境熏习妄心，便起念著，造种种业，受重重苦。熏习有四种：①净法熏习，即以真如为能熏，让净法生起；②染因熏习，即以无明为能熏，让染法生起；③妄心熏习，即以业识等粗细妄心为能熏；④妄境熏习，即以妄境界为能熏。无明熏习是妄心和万法生起的总根源，如这种熏习导致两种种子形成。《大乘义章》云：“一以无明迷覆真心，受妄熏习，成妄种子于妄识。二以无明迷覆真心，受善恶熏，成事种子。”②起净熏习，主要表现是由真熏妄。这里的能熏是真心之体和用。真心具无漏善法，只要觉悟了，就能通过生起善行、善业，熏习妄心，让其发生转变。

一心二门论及其所包含的真心妄心理论具有重要的理论和实践意义。这表现在，它不仅是对心理结构、本质的如实认知，而且具有重要的实践指导意义。例如，“观诸法本来唯真，无妄可随，能令妄心更不牵后，后不起前，遂成灰烬，真心独显”③。再如，“观心外无别，如理之外，亦无别心，如外无心，心不异如，心外无如，如不异心，心不异如，照而常寂，如不异心，寂而常照”，“由斯二观，便成证行”。④

慧远认为，从真心与十二因缘的关系看，十二因缘就是真心在相应条件下的有规律的连续发生。因为真心尽管空无所有，但妙用无穷，如能生一切法，包括生十二因缘。是故说：“十二因缘皆真心作。”⑤“言缘起者，谓十二缘，经名因缘，亦称缘起，亦曰缘集。藉因托缘，诸法得生，故名因缘。法藉缘起，故曰

① [隋]慧远：《大乘义章》卷3，《大正藏》第44册，第533页。
② [隋]慧远：《大乘义章》卷3，《大正藏》第44册，第533页。
③ [隋]慧远：《大乘义章》卷3，《大正藏》第44册，第529页。
④ [隋]慧远：《大乘义章》卷3末，《大正藏》第44册，第529页。
⑤ [隋]慧远：《大般涅槃经义记》卷8，《大正藏》第37册，第825页。

缘起。法从缘集，故称缘集。”[①]佛教同时也强调心生万法、真如缘起。慧远认为，两者并不矛盾。因为强调真心并不否定因缘，强调因缘也未否认真心。其实，两者是互补的，因为只有既重真心，又不否认因缘，才能圆满解释诸法之生起。他说：“唯真不生，单妄不成，真妄和合，方得集起。”妄即十二因缘。“据妄，统摄十二因缘，皆妄心起，名之为妄。据真，统收皆真，心起说以为真。”缘起有三种：“一事缘起，十二因缘皆从六种事识（前六识）所为，二妄缘起，据妄统收十二因缘，皆是七识妄相心作……三真缘起，据真统摄十二因缘，皆真心作。”[②]

从一心二门与佛教的三性学说的关系看，两者都是对同一心法的不同角度的描述。因为三性实即一性，从不同角度说，便表现为三性。例如，“就妄说妄，是分别性；约妄论真，是依他性；就真说真，是真实性”[③]。由于角度不同，人们看到的是真性的不同侧面，因此真性就表现为有差别的三性。但若“以本摄末”，则“得言不异”。因为如来之藏，是真实性，是性为本，是恶习所熏，是生无明，等等，名为依他，就彼依他变异分中，虚妄浪取，说为分别。因此三性无别异。[④]

慧远认为，分析宇宙万法的起源及形成过程，也有助于说明真心的本质特点。在妄心、众生、器世间形成之前，宇宙只有一妙明真心。起源是这样开始的，先派生出阿赖耶识。慧远大师说：“真识之心为彼无始恶习所熏，生无明地。所生无明，不离真心，其为神本，名为本识。此亦名阿赖耶识。故论说言，如来之藏，不生灭法与生灭合，名阿赖耶。”[⑤]阿赖耶识产生后起惑造业，于是便有其他心识以及物质性事物的发生。慧远大师说：“此阿赖耶为彼无始我见所熏，成我种子，此种子力故，起阿陀那执我之心……依彼本识，变起阴身……又此本识，为无始来六识根尘名字熏故，成其种子，此种力故，变起六种生起之识及六根尘。”[⑥]根据这里的论述，世界万物有两大本原：一是真心，二是无始无明。由它们，加上其他条件，便导致了万物的起源，如无始我见、无始六识根尘等，无生灭与生灭和合，便有万法的生起。被生起的识、色、身、根尘等是“生起性的”，

① [隋]慧远：《维摩义记》卷1，《大正藏》第38册，第429页。
② [隋]慧远：《维摩义记》卷1，《大正藏》第38册，第429页。
③ [隋]慧远：《大乘义章》卷3上，《大正藏》第44册，第529页。
④ [隋]慧远：《大乘义章》卷3上，《大正藏》第44册，第529页。
⑤ [隋]慧远：《大乘义章》卷3上，《大正藏》第44册，第529页。
⑥ [隋]慧远：《大乘义章》卷3上，《大正藏》第44册，第529页。

以区别于“无始的”。[①]总之，“一切诸法，皆一心作，如梦中事”[②]。

中国佛教对一心二门还有很多阐释。澄观说：“一心者，即如来藏心。含于二义，一约体，绝诸相，即真如门，二随缘起灭，即生灭门。”[③]智圆认为，真心只存在于佛界之中，其余九界的人都表现为妄心，当然其体是真心。由于他们的真心被或多或少地覆盖了，因此才说九界众生的心属妄心。“诸心即九界心，达九界妄心，即三谛真理。”[④]法藏说：“夫真心寥廓，绝言相于筌[⑤]蹄，冲漠希夷。亡境智于能所，非生非灭；四相之所不迁，无去无来。三际莫之能易，但以无住为性。随派分岐，逐迷悟而升沈，任因缘而起灭。虽复繁兴鼓躍，未始动于心源。静谧虚凝，未尝乖于业果，故使不变性而缘起染净恒殊。不舍缘而即真凡圣致一，其犹波无异水之动故。即水以辨于波，水无异动之津故，即波以明于水，是则动静交彻，真俗双融，生死涅槃夷齐同贯。”[⑥]其大意是，真心不变，但随缘变现一切诸法，虽如此，但又随缘不变。

元晓认为，一心二门是佛法之根本义。“大乘法者”，即大乘的全部内容，“唯有一心，一心之外更无别法”。[⑦]“一心二门”是对佛法全部内容、宗旨的一种概括。“是二种门皆各总摄一切诸法，当知即是如来所说一切法门之根本义。以是一心二门之内，无一法义而所不摄故。”[⑧]根据一心二门说，生灭心之所以显现，其根源在于：“一心体有本觉，而随无明动作生灭。”“依如来藏故有生灭心”，“如来之藏，是善不善因，能遍兴造一切趣生”。[⑨]值得注意的是，元晓对真心理体及其妙用的中国式描述，充满着老庄式的话语风格，但又极契佛理。他说：“箫焉空寂，堪尔冲玄，玄之又玄，之出万像之表。寂之又寂，之犹在百家之谈，非像表也。五眼不能见其躯，在言里也，四辩不能谈其状，欲言大矣。入无内而莫遗，欲言微矣。苞无外而有余，将谓有焉。一如由之而空，将谓无耶。

---

① [隋]慧远：《大乘义章》卷3上，《大正藏》第44册，第529页。
② [隋]慧远：《大乘义章》卷3上，《大正藏》第44册，第529页。
③ [唐]澄观：《大方广佛华严经随疏演义钞》卷13，《大正藏》第36册，第94页。
④ [宋]智圆：《涅槃玄义发源机要》卷2，《大正藏》第38册，第25页。
⑤ 筌，即捕鱼的竹器，蹄，即捕兔的网，合在一起的意思是为达到某目的所用的手段或工具。
⑥ [唐]法藏：《大乘起信论义记》卷上，《大正藏》第44册，第240页。
⑦ [新罗]元晓：《起信论疏》卷上，《大正藏》第43册，第204页。
⑧ [新罗]元晓：《起信论疏》卷上，《大正藏》第44册，第205页。
⑨ [新罗]元晓：《起信论疏》卷上，《大正藏》第44册，第206页。

万物用之而生，不知何以言之强为道。其体也旷兮，其若大虚而无私焉。荡兮其若巨海，而有至公焉。有至公故，动静随成。无其私故，染净斯融。染净融故，真俗平等……非形非说，既超名相，何超何归，是谓无理之至理，不然之大然也。”[①]他还认为，“一心二门”说不只是理论，同时也是修行的法宝。因而开一心二门，有利于众生修行。“诸教门虽有众多，初入修行不出二门，依真如门修止行，依生灭门而起观行，止观双运，万行斯备，入此二门，诸门皆达。”[②]

子璿对一心二门的解释是“二种门皆各总摄一切法。此义云何？以是二门不相离故。以真如门是通相，故摄一切。生灭门虽是别相，以是即真如之生灭，亦摄一切。以此二门同依一心为源，则知万法不出此心。”[③]“一心”的心即自在真心，亦即《华严经》所说的一真法界之体；总该万有即一心，体绝有无，相非生灭。“真如门”就是一心的一种显现，是诸佛之所证，“诸佛所证，妙觉圆明，现成菩提”[④]。

禅宗是真正的“心地法门”，其修证体系的理论基础就是经其契理契机阐释而成的中国化的心学或真心理论。禅宗所说的真心有不同的存在方式：一是作为本体的，即诸法寂而常照、照而常寂之体性的自在真心；二是证得的真心，即行者在开悟后所亲见的“本地风光”，亦即具有现象学性质的真心，这种真心是最高的觉，即等觉上的妙觉，或无上正等正觉，唯佛能证此妙觉；三是操作上的真心，即“行真心”。关于自在真心，前面已有较多讨论，这里重点考察一下中国佛教关于后两种形式的真心的诠释。

牛头宗五祖智威的弟子安国玄挺在解释“应无所住而生其心”时，精确地描述过这种真心的特点：“无所住者，不住色，不住声，不住迷，不住悟，不住体，不住用。而生其心者，即是一切处而显一心，若住善生心即善现，若住恶生心即恶现，本心即隐没，若无所住，十方世界唯是一心。”[⑤]显一心即现象学真心。值得注意的是，在佛教中，“显”之类的标准的现象学术语出现得极为频繁。

操作上的真心，即“行真心”，也是带有现象学性质的真心。所谓行真心，

---

① [新罗]元晓：《大乘起信论别记本》，《大正藏》第43册，第226页。
② [新罗]元晓：《起信论疏》卷上，《大正藏》第44册，第204页。
③ [北宋]子璿：《金刚经纂要刊定记》，《大正藏》第33册，第171页。
④ [北宋]子璿：《金刚经纂要刊定记》，《大正藏》第33册，第171页。
⑤《宗镜录》卷98，《大正藏》第48册，第944页。

即依真心起修，去妄心，让失去的真心回归或现实显现。例如，禅宗的参禅就是这样的过程。它是区别于外道禅、凡夫禅、小乘禅、大乘禅的最上乘禅。“带异计，欣上厌下而修者，是外道禅。正信因果，亦以欣厌而修者，是凡夫禅。悟我空偏真之理而修者，是小乘禅。悟我法二空所显真理而修者，是大乘禅。”①而禅宗的禅强调的是，“于一切时中，行住座（坐）卧常真，真心是……口说一行三昧，不行真心，非佛弟子。但行真心，于一切法上，无有执著，名一行三昧……真心座（坐）不动，除妄不起心，即是一行三昧”②。行真心就是要一心不动，连不动也不关注。“坐禅元不著心，亦不著净，亦不言动。若言看心，心元是妄……若言看净，人性本净。”③若顿悟自心，本来清净，元无烦恼，无漏智性本自具足，那么此心即佛，毕竟无异，依此而修者，是最上乘禅④。因为禅即思维修或静虑或定慧。“定慧通称为禅那”，而本觉真性则是“禅之本源”，“此之本源是禅理，忘情契之是禅行，故云理行”，参禅即理行⑤。

成凡、成佛的根源及过程都是心念的变化过程。成凡的过程是心念从不觉或无明开始、由细向粗不断转化的过程。例如，从本觉开始，基于不觉，无生灭与生灭和合，有阿赖耶识出现，进而便有心念的依次生起。其全过程是本觉（细）—不觉—念起—见起—境现—执法—执我—烦恼—造业—受报—成凡。成佛的心路历程是上述过程的逆过程。其源头也是真心、本觉，只是它完全被妄心遮蔽了。出发点是凡心中的阿赖耶识，其中的无漏种子在相应的条件具足的情况下，如有善知识启发，逐渐萌发，开始觉悟，接下来的阶段是怖苦发心、修五行（随分施、戒十恶、忍他恼、精进、止观住静正念唯心）、觉妄念、悲智愿逐渐开发、我空、法空、色自在（此地已证境是自心所显，现象学真心有较多显现，因此于色自在）、心自在（此地不见外有定实之境，故于一切自在，无所不照）、离念（觉心初起，心无初相，离微细念，心即常住，觉于迷源，名究竟觉，从初发心即修无念，此至即告成就）、成佛（证知实无有始觉之异，本来平等，同一觉故。冥于根本真净

① [唐]宗密：《禅源诸诠都集序》卷上1，《大正藏》第48册，第399页。
②《六祖坛经》，《大正藏》第48册，第338页。
③《六祖坛经》，《大正藏》第48册，第338页。
④ [唐]宗密：《禅源诸诠都集序》卷上1，《大正藏》第48册，第399页。
⑤ [唐]宗密：《禅源诸诠都集序》卷上1，《大正藏》第48册，第399页。

心源，应用尘沙，尽未来际，常住法界，感而即通，名大觉尊）。[①]

禅宗的行真心之所以不同于其他的行禅，是因为它以真心为因，努力在心的源头上用功，如通常所说的“直指人心”（真心）、直契心源。此真心即无心，是故可说，无心体得无心道，体得无心道也修。[②]由于这里动用的是真心，因此能速疾见真心、显真心。有禅师云：“空空无像，卓卓不倚，唯廓照本真，遗外境界，所以道：了了见无一物……渊源澄照之底，能发光，能出应，历历诸尘，枵然无所偶，见闻之妙，超彼声色。一切处用无痕鉴无碍。”[③]这里描述的正是现象学真心显现时的表现及特点。真心显现之时，行者面前显现的将是一个全新的现象学世界，即了了见无一物，或见任何一物，都无二无别，平等如大虚空。这种真心境界，实即向心源的回归。经云：真心或心地是诸佛之本源，是菩萨道之根本，是大众诸佛子之根本。[④]“源者是一切众生本觉真性，亦名佛性，亦名心地，悟之名慧，修之名定。”[⑤]“不变是性，随缘是相，当知性相皆是一心上义。”[⑥]

关于现象学的真心境界，开悟的大师们的描述俯拾即是，例如，“心量广大，犹如虚空，无有边畔，亦无方圆大小，亦非青黄赤白，亦无上下长短，亦无嗔无喜，无是无非，无善无恶，无有头尾”[⑦]；“不悟即佛是众生，一念悟时，众生是佛”[⑧]。悟即不起心动念，或无念。何谓无念？“智慧观照，内外明彻，识自本心。若识本心，即本解脱……即是无念……若见一切法，心不染著，是为无念。”[⑨]

彻悟真心境界，就会立马明白：佛以真心为师。因为“身心本来清净，不生不灭，无有分别，自性圆满清净之心，此是本师，乃胜念十方诸佛”[⑩]。“何名自心为本师？答曰：此真心者，自然而有，不从外来……若识心者，守之则到彼

① 普崇集：《宏智禅师广录》卷 6，《大正藏》第 48 册，第 73 页。
② 普崇集：《宏智禅师广录》卷 6，《大正藏》第 48 册，第 73 页。
③ 普崇集：《宏智禅师广录》卷 6，《大正藏》第 48 册，第 73 页。
④ [唐]宗密：《禅源诸诠都集序》卷上 1，《大正藏》第 48 册，第 399 页。
⑤ [唐]宗密：《禅源诸诠都集序》卷上 1，《大正藏》第 48 册，第 359 页。
⑥ [唐]宗密：《禅源诸诠都集序》卷上 1，《大正藏》第 48 册，第 401 页。
⑦《六祖大师法宝坛经》，《大正藏》第 48 册，第 350 页。
⑧《六祖大师法宝坛经》，《大正藏》第 48 册，第 351 页。
⑨《六祖大师法宝坛经》，《大正藏》第 48 册，第 351 页。
⑩ [隋]弘忍：《最上乘论》，《大正藏》第 48 册，第 377 页。

岸，迷心者，弃之则堕三途。故知三世诸佛以自心为本师。”[①]因此守本真心是涅槃根本，因为“涅槃者，体是寂灭、无为、安乐，我心既是真心，妄想则断，妄想断故，则具正念，正念具故，寂照智生，寂照智生故，穷达法性，穷达法性故，则得涅槃”[②]。

守本真心也是行真心之要门，因为“制心一处，无事不办，故知守本真心是入道之要门”[③]。从否定方面说，没有人能不守真心而成佛。“不识本心，学法无益”，因此学人应直指人心，只有见性才能成佛。“若识自本心，见自本性，即名丈夫、天人师、佛。”[④]是故，“心、佛正是经论之本意”[⑤]。“一藏经论义理，只是说心，心即是法，一切是义，故经云：无量义者从一法生，然无量义统唯二种，一不变，二随缘。诸经只说此心随迷悟缘，成垢净、凡圣、烦恼菩提、有漏无漏等，亦只说此心垢净等时，元来不变，常自寂灭，真实如如等。”[⑥]“自达摩大师到中国，唯说一心，唯传一法，以佛传佛，不说余佛。以法传法，不说余法。法即不可说之法，佛即不可取之佛，乃是本源清净心也。唯此一事实，余二则非真。”[⑦]

再看天台宗对真心的阐释。第一，天台宗认为，心是佛教的中心、根本。众所周知，佛的教法载于诸经之中，而经以心为源，因为佛是由观心而悟真理的。智顗说：“由一心成观，亦转教余心，名之为经。”[⑧]意为佛是通过观心而证真理的，证后转而教化于他人他心，就成了佛经，因为“心是实相”“证心是体”。心同时是宗，“夫有心者，皆当得三菩提心，是宗也”，“制心一处，无事不办，心是用也”。[⑨]质言之，心是佛教的体、宗、用，既是圣学的体、宗、用，又是做人的体、宗、用。“三界无别法，唯是一心作，心能地狱，心能天堂，心能凡夫，心能圣贤。觉观心是语本，以心分别于心，证心是教相也。”“心是诸法之

① [隋]弘忍：《最上乘论》，《大正藏》第48册，第377页。
② [隋]弘忍：《最上乘论》，《大正藏》第48册，第377页。
③ [隋]弘忍：《最上乘论》，《大正藏》第48册，第377页。
④《六祖大师法宝坛经》，《大正藏》第48册，第349页。
⑤ [唐]宗密：《禅源诸诠都集序》卷上1，《大正藏》第48册，第400页。
⑥ [唐]宗密：《禅源诸诠都集序》卷上1，《大正藏》第48册，第401页。
⑦ [唐]宗密：《禅源诸诠都集序》卷上1，《大正藏》第48册，第381页。
⑧ [隋]智顗：《妙法莲华经玄义》卷1上，《大正藏》第33册，第685页。
⑨ [隋]智顗：《妙法莲华经玄义》卷1上，《大正藏》第33册，第685页。

本，心即总也。”[①]

第二，天台宗对佛教关于心的特性的理论做了这样的解读，即把它的特性概括为如下几个字：有、无、妙、法、莲华。智顗说：“心如幻焰，但有名字，名之为心。适言其有，不见色质，适言其无，复起虑想。不可以有无思度故，故名心为妙。妙心可轨，称之为法。心法非因非果，能如理观，即辨因果，是名莲华。”[②]这几字既说明了心在不同层面的特点，同时又揭示了对心的认识的由低到高的过程。在特定意义上，可以说心是有，当然只是有名字。进一步认识会发现，心是超越有无之辩的。由于有此特点，因此心是妙。妙心尽管无性相、色质，但它是诸法之源，就此而言，它是法。此法非因非果。若如实而观，证得了自在真心的这一本性，那么此真心就像出淤泥而不染的莲华一样现实地展现在了自己面前。

第三，关于自在真心的本质特点可这样概括：“心本无名，亦无无名，心名不生，亦复不灭，心即实相，初观为因，观成为果。”[③]根据天台宗特有的三谛说，真心就是诸法的实相谛理，整个世界就是一心，因此真心就是一实谛。但此实谛从方便言说的角度，可以说是三实谛，即有这样三方面的真实不虚的性质：空、假、中。智顗说：“圆教但明一实谛。大经云：实是一谛，方便说三。”[④]当然，也可方便说为二谛、四谛等。[⑤]知礼云：“众生心，即空即假即中。中性，空是实慧，假是方便。”[⑥]这就是说，心的本质在于：空、假、中。所谓心即空，以意识为例，它以意根对尘为缘，“从此缘生，生即无生，故云心空。所谓心即假。众缘生故，空无性相”，因此心是假有。所谓心即中是指，“心性不动，本来中实，不可思议，而体具足空与不空二种功德”，“故虽观空而不定空，虽观于假而不定假，即现前识，绝二边相，能所叵得，此观即是庵摩罗识”。[⑦]从究竟理地上说，心有一谛或三谛，都是方便言说。因为就世界的终极本性而言，世界无心无色，亦非无心、非无色，一切如如。“若计有心无心，皆堕断常，此皆

① [隋]智顗：《妙法莲华经玄义》卷1上，《大正藏》第33册，第685页。
② [隋]智顗：《妙法莲华经玄义》卷1上，《大正藏》第33册，第685页。
③ [隋]智顗：《妙法莲华经玄义》卷1上，《大正藏》第33册，第685页。
④《摩诃止观》卷3下，《大正藏》第46册，第28页。
⑤《摩诃止观》卷3下，《大正藏》第46册，第28页。
⑥《金光明经玄义拾遗记》卷5，《大正藏》第39册，第39页。
⑦《金光明经玄义拾遗记》卷4，《大正藏》第39册，第34页。

外道析色心也。”[①]真心的本质特点也可概括为金光明。知礼说：“心是心性，若阴若业，若烦恼等，即凡夫心地，既三障当体是金光明。”即人的心身的每个构件，人所做的一切事情，都当体是真心之所在，“故云珍宝，此乃立心为显理境也”。[②]人能直接接触的是妄心、烦恼之心，但此心当体即真心，即法性或金光明。“法性可贵，名之为金，法性能照，名之为光，法性能益，名之为明。今用此义观于识心，若心不具金光明义，那可于心观于法性？”不仅识心是金光明，“一切法皆金光明”，“故于诸法，任运观成，欲彰诸法，一一是金，一一是光，一一是明”。[③]

第四，真心如实显现的境界就是佛教的不可思议境。这种境界用西方哲学的话说，就是真心如实显现的现象学境界。智顗对此的描述是“若解一心一切心，一切心一心，非一非一切，一阴一切阴，一切阴一阴，非一非一切，一入一切入，一切入一入，非一非一切……乃至一究竟一切究竟，一切究竟一究竟，非一非一切，遍历一切，皆是不可思议境。”[④]湛然说：“心、佛及众生，是三无差别，众生理具，诸佛已成，成之与理，莫不性等……诸法、诸尘、诸刹身，其体宛然无自性……故我身心刹尘遍，诸佛众生亦复然。”“色从心造，全体是心。”“如是观时，名观心性。随缘不变故为性，不变随缘故为心。”[⑤]

第五，真心或法性心与妄心是体用关系。智顗说：“身、受、心、法，并于法性心中。”[⑥]真心与妄心，就是一心，迷即妄心，悟即真心。灌顶说：“一念生死死之心，即是中道涅槃，烦恼之心即是中道菩提……故知迷心为烦恼生死，悟心即菩提涅槃。”[⑦]因为一个人只有一心，世界也是一心，其体性是空、本无，它随缘、对境，即有用发生，这就是妄心显现。智顗说：“观一念贪恚痴心，心为自起，为对尘起，为根尘共起，为离根尘起，皆无此义。”[⑧]从体性上说，心无生、无兴起、无产生，因为没有什么能生起它。既无因，又非无因。“非自、非

①《金光明经玄义拾遗记》卷4，《大正藏》第39册，第32页。
②《金光明经玄义拾遗记》卷4，《大正藏》第39册，第30页。
③《金光明经玄义拾遗记》卷4，《大正藏》第39册，第30页。
④《摩诃止观》卷5上，《大正藏》第46册，第55页。
⑤［唐］湛然：《止观大意》，《大正藏》第46册，第460页。
⑥［唐］湛然：《止观大意》，《大正藏》第46册，第461页。
⑦［隋］灌顶：《观心论疏》卷2，《大正藏》第46册，第599页。
⑧［隋］智顗：《金光明经玄义》，《大正藏》第39册，第7页。

他、非共、非无因，亦非前念灭故起，非生、非非生，非灭、非非灭，如是横竖求心叵得，心尚本无，何所论坏？”①此心也可称作清净心。“此心即是自性清净心，又名真如，亦名佛性，复名法身，又称如来藏，亦号法界，复名法性，如是等名，无量无边……此心无始以来虽为无明染法所覆，而性净无改，故名为净……中实本觉，故名为心，故言自性清净心也。”②为什么真心即真如？“一切诸法依此心有，以为心体，望于诸法，法悉虚妄，有即非有，对此虚伪法，故目之为真，又复诸法虽实非有，但以虚妄因缘而有生灭之相。然彼虚法生时，此心不生，诸法灭时，此心不灭……三世诸佛，及以众生，同以此一净心为体，凡圣诸法自有差别异相，而此真心无异无相，故名之为如。”③

第六，真如之所以被称作心，是因为它除了有空寂本性之外，还有一般的心的明性或觉性，只是它明的程度最高，例如，它灵明不昧，且是本觉，能寂而常照，或能自照。“自照即名净心……净心从本已来具此。智性不增不减，故以净心为佛性。”④当然说其有觉，是方便施设，因为从无言之教的角度说，“此心体非觉非不觉，非动非不动，非相非无相。虽然以不觉灭故说心为觉，亦无所妨也。此就对治出障心体以论于觉”⑤。“心体平等，非觉非不觉。但为明如如佛故，拟对说为觉。”⑥

第七，从关系上说，真心就是涅槃、菩提、佛性等。例如，涅槃有三种形式：①性净涅槃，具常、乐、我、净即为性，离生灭即为净，涅槃不生灭，具四德，因此是性净涅槃；②圆净涅槃，四德显即因，虚妄泯灭即净，净故不生，因故不灭，因此涅槃是圆净涅槃；③方便净涅槃，四德益他即为方便，不生不灭即为净，因此涅槃同时是方便净涅槃。心性也具性净、圆净、方便净等特点，因此本身就是涅槃。“心性既寂，岂唯寂染，净亦本寂，是故本性不染不净。若可染，净性则生灭，故云，染故名生，净故名灭。以不生灭，四德义成。”⑦总之，真心就是大涅槃、大般若，三智、三净、三德或四德等可于一心中得。

---

① [隋]智顗：《金光明经玄义》，《大正藏》第39册，第7页。
② [元]慧思：《大乘止观法门》卷1，《大正藏》第46册，第642页。
③ [元]慧思：《大乘止观法门》卷1，《大正藏》第46册，第642页。
④ [元]慧思：《大乘止观法门》卷2，《大正藏》第46册，第643页。
⑤ [元]慧思：《大乘止观法门》卷2，《大正藏》第46册，第643页。
⑥ [元]慧思：《大乘止观法门》卷1，《大正藏》第46册，第642页。
⑦《金光明经玄义拾遗记》卷5，《大正藏》第39册，第38页。

第八，在各宗各派的心学思想的关系问题上，天台宗坚持它的圆融说，认为不管是哪一乘、哪一派，只要是佛教，就一定是以心为本。区别只在于它们对此真心的把握程度有别。如教有四乘，即藏、通、别、圆。它们的差别就体现在所证之心的圆满程度上。所证之心尽管都是真心，但有圆满程度上的差别。藏教的特点是观一念因缘所生之心生灭，析假入空。通教的特点是观心因缘所生一切法，心空则一切法空，是为体假入空。别教的特点是观心因缘所生，即假名具足一切恒沙佛法，依无明阿赖耶识分别无量圣谛。圆教的特点是观心因缘所生，具足一切十法界，无所积聚，不纵不横，不思议中道二谛之理。[①]只有依圆教修行，才能证得“圆心”，这是圆教所证之心的特点。“菩萨大涅槃心修，即是圆心。圆心为本行于众行，从浅至深，届极而止。”[②]

再看华严宗的真心阐释。法藏指出：真心的特点在于常和凝然。当然，这里所说的常和凝然都被赋予了特定的含义。“真如常故，非如言所谓常也。何者圣说真如为凝然者？此是随缘作诸法时，不失自体，故说为常，是即不异无常之常，名不思议常，非谓不作诸法如情所谓之凝然也。”[③]这里所谓的常是真如在随缘变现时表现出的，是与无常结合在一起的常，不是纯粹、自在、孤立的；凝然也是如此，是动中之不动。真如之净也应如此理解，此净是染中的净，不染而染，染而不染。

华严宗自认为，它坚持的是圆教。圆教是对佛教的多种解读中的一种。大致来说，可概括为五种解读，或说有五乘教。它们的共同之处是都是围绕心学而展开，区别在于对作为心学的佛学做了深浅不同的阐释：①声闻教的解释是，实有外境，但由心造，业之所感；②大乘权教对佛教的概括是，明异熟赖耶名为一心，遮无境故；③大乘实教的看法是，以如来藏为一心，理无二故；④一乘顿教认为，佛教的主旨是，泯绝染净，但是一心，破诸数故；⑤一乘圆教的判释是，总该万有，即是一心，理事、本末无别异故。五教的关系是依次转深，“后必收前”，即后面的教包含前面的教，但又更高、更圆。差别及其根源在于：“经随机说，论逐经通，人随论执，致令末代固守浅权。”“若依圆教，即约性海圆明，法界

① [隋]智顗：《维摩经玄义》卷4，《大正藏》第38册，第544页。
② [隋]灌顶：《大般涅槃经玄义》卷下，《大正藏》第38册，第13页。
③ [唐]法藏：《华严一乘教义分齐章》卷2，《大正藏》第45册，第485页。

缘起，无碍自在，一即一切；一切即一，主伴圆融。”①

既然圆教既有更高、更圆的思想，同时又尽收其他教的内容，因此弄清圆教的内容就等于抓住了全部佛教的内容和实质。根据圆教的概括，佛教即心学，而这种心学强调的不外乎是，一心即一切，一切即一心。而此一心，真妄和合，圆融无碍。法藏说：“就真如性中立种性故，则遍一切众生皆悉有性故，智论云，白石有银性，黄石有金性，水是湿性，火是热性，一切众生有涅槃性，以一切妄识无不可归自真性故。”②一阐提尽管断了善根，但仍不缺真心、佛性。

真心作为常性、凝然性，只要遇缘就一定会表现为无常性、变动性，即表现为妄心。妄心的特点是流转，例如，每个心念生生灭灭，川流不息，无有间断。“前五阴故，后阴相续生等，皆是此流转义。”③可从十个方面说明流转，它们分别是违顺、断常、一异、有无、生灭、前后、时世、因果、真妄、成观。

“十玄门”是华严宗的著名理论。它是对唯一一心从不同角度、层次所做的具体说明。《宗镜录》概括说：“本是一心真如妙性，无尽之理，因体用、卷舒、相、即入、理事、包遍、缘性、依持，义分多种。”即有十玄门之别。而多即一，一即多，如一行、一法皆具十玄。此十又入一心宗镜之旨。具言之，十玄门说的是每一心、每一行、每一法的十种相状、特点。例如，一是同时具足相应门；二是广狭门；三是一多相容门；四是相即门；五是隐显门；六是微细相容门；七是帝纲无尽门；八是托事显法门；九是能所相应门；十是主伴相应门。④以第九门为例，它说的不外乎是真心和妄心的心与境或能与所，故可称作“真妄心境门”。其思想可概括为四句：①约情有心境，心即能缘，境即所缘；②约法亦有心境，此心境是从体性上说的，因此这个层次所说的心即真心，境即真境，“境谓空有不二，以俱融故，心谓绝二见（空有二见），以见无二故”；③以情就法说；④以法就情说。⑤

真心有两种表现方式：一是以因的形式自在地存在，其本质特点是“冲虚妙粹，炳焕灵明，无去无来，冥通三际，非中非外，洞彻十方，不灭不生……离性离相……

① [唐]法藏：《华严一乘教义分齐章》卷2，《大正藏》第45册，第485页。
② [唐]法藏：《华严一乘教义分齐章》卷2，《大正藏》第45册，第486页。
③ [唐]法藏：《华严经明法品内立三宝章》卷上，《大正藏》第45册，第617页。
④《宗镜录》卷28，《大正藏》第48册，第579页。
⑤ [唐]法藏：《华严经明法品内立三宝章》卷下，《大正藏》第45册，第625页。

万法资始”[1]。“心境齐泯，即是真心，垢净双亡，一切清净。”[2]二是显现的真心、被实证的真心，亦即作为果位的真心。其本质特点是住无所住。“如是生清净心，不应住色等也，而生其心者，则是正智，此是真心。若都无心，便同空见。”“应如是生清净心，不应住色生心，不应住声香味触法生心，应无所住而生其心。”[3]两种真心的共同特点是圆融不二。若被证取的心没有达到这个程度，就说明，修证的路还未走完。华严宗认为，通过修证所得的极果是这样的境界：“尘相既尽，惑识叉亡，以事无体故。事随理而圆融，体有事故，理随事而通会，是则终日有而常空，空不绝有；终日空而常有，有不碍空。然不碍有之空，能融万像；不绝空之有，能成一切，是故万像宛然，彼此无碍。”[4]

佛教的心学就是关于心之体用的哲学。其体是一，即万事万物唯此一体，可称作自性清净圆明体。法藏说：“自性清净圆明体。然此即是如来藏中法性之体。从本已来，性自满足，处染不垢，修治不净，故云自性清净。性体遍照，无幽不烛，故曰圆明……虽有隐显之殊，而无差别之异。烦恼覆之则隐，智慧了之则显……起信论云：真如自体故，有大智慧光明义故，遍照法界义故，真实识知义故，自性清净心义故，广说如彼，故曰自性清净圆明体也。”[5]其用有二。法藏大师云：“依前净体起于二用，一者海印森罗常住用，言海印者，真如本觉也，妄尽心澄，万象齐现，犹如大海因风起浪，若风止息，海水澄清，无象不现。”[6]整个世界像大海一样，真心像其体，风像无明烦恼，有此风吹，世界万象便像波浪现起，若无明烦恼止息，心就像清净海水一样回复本然清净状态。第二用是“法界圆明自在用”，即华严三昧，华有结果之用，严的意思是行成果满，契理称真，性相双亡，能所具绝，显焕炳著。[7]

分析包括妄心在内的有为法的发生过程有助于说明真心的本质及其与妄心的关系。法藏云：“真性虽为身本，生起盖有因由。”“谓初，唯一真灵性，不生不灭，不增不减，不变不易，众生无始迷睡，不自觉知，由隐覆故名如来藏，

---

① [唐]宗密：《大方广圆觉修多罗了义经略疏注》卷上之一，《大正藏》第39册，第524页。
② [唐]宗密：《金刚般若经疏论纂要》，《大正藏》第33册，第154页。
③ [唐]宗密：《金刚般若经疏论纂要》，《大正藏》第33册，第161页。
④ [唐]法藏：《华严经明法品内立三宝章》卷下，《大正藏》第45册，第631页。
⑤ [唐]法藏：《修华严奥旨妄尽还源观》，《大正藏》第45册，第637页。
⑥ [唐]法藏：《修华严奥旨妄尽还源观》，《大正藏》第45册，第637页。
⑦ [唐]法藏：《修华严奥旨妄尽还源观》，《大正藏》第45册，第637页。

依如来藏故有生灭心相。”[①]这生灭的心即妄心，它们源自阿赖耶识。而此识又是这样形成的：“所谓不生不灭真心与生灭和合，非一非异。”“此识有觉、不觉二义。”[②]依不觉故，最初动念，名为业相，又不觉此念本无故，转成能见之识，以及所见境界相现，又不觉此境从自心妄现，执为定有。此执即法执。执能见之心即为我执。由于有这些分别执著，便有人我、山河大地的差别。“执我相故，贪爱顺情诸境，欲以润我，嗔嫌违情诸境，恐相损恼，愚痴之情展转增长……故杀盗等心神乘此恶业，生于地狱、鬼畜等中。复有怖此苦者，或性善者，行施、戒等心神，乘此善业，运于中阴，入母胎中，禀气受质……气则顿具四大，渐成诸根，心则顿具四蕴，渐成诸识，十月满足，生来名人。”[③]天、阿修罗二道的生起过程大体相同。

华严宗的特点在于，根据佛教基本原则对中国心灵哲学关注的问题做出了回应。例如，在心的起源问题上，中国多数哲学以气为说明根据，对心做出了中国式的“自然化”。华严宗认为，这种说明是不究竟的，因为气尽管有作用，但作用是极有限的，且它本身是需要说明的，尤其是它的本源有待揭示。宗密说：“所禀之气，展转推本，即混一之元气也。所起之心，展转穷源，即真一之灵心也。究实言之，心外无别法，元气亦从心之所变，属前转识所现之境，是阿赖耶相分所摄。”[④]这就是说，外教所知的气和心都不究竟，心即妄心。它们后面还有其真心或灵心，气更是如此，不过是心识加业力之所变，就范畴关系而言，气属第八识的相分。

中国的律宗对佛教心灵哲学做了更具中国色彩的阐释，例如，认为真心学说是律宗的基础。因为佛教制定戒律的目的就是要防非止恶，让尘垢断绝，让染污不现起。只有这样，真心才会现起。而真心一现，即得成佛。道宣云：“教修对治，令汝即时随分解脱。垢染渐灭，心转明净，发生定慧，起于大乘清净信心，趣向菩提种性住处。”[⑤]其对治的必由之路是“可饮服般若甘露，洗荡盖缠，渐显净心。心若清净，令众生界净，众生既净，则佛土净。”“始除烦恼，令戒清

① [唐]法藏：《修华严奥旨妄尽还源观》，《大正藏》第45册，第640页。
② [唐]法藏：《修华严奥旨妄尽还源观》，《大正藏》第45册，第640页。
③ [唐]法藏：《修华严奥旨妄尽还源观》，《大正藏》第45册，第640页。
④ [唐]宗密：《原人论》，《大正藏》第45册，第710页。
⑤ [隋]道宣：《净心诫观法》，《大正藏》第45册，第819页。

净，戒既完具，定复清净。以戒定净，令智慧净。智既清已，显自身源，有此义故，名为净心。”[①]心净即佛土净。持戒守戒，重在护心，例如，让心进入这样的状态：“起勇猛心、不放逸心、安住心、大心、胜心、守护一切心、救护一切心、同菩萨心、等如来心，一心志意，五体投地。”[②]

第五节　心之“大相”与“大用”

根据《大乘起信论》，佛教的心学不外乎一法二义，法即大乘的法体，此法体即心或众生心，它摄一切世间、出世间法，义者即大乘之法体的真实义理或客观意义，或言语说教所要表述的实际内容，即句之义。大乘所说的内容不外乎三方面，即心的体大、相大、用大。全部佛教心灵哲学的任务就是说明心之体、相、用。本章第四节已考释了中国佛教对心之体的阐释，这里再来分析它关于心之相、用的看法。

心的相大主要表现在：它是如来藏，具足无量无边的“性功德”。所谓性功德，即佛之种性所具有的一切功德。这些功德就是真心中所蕴藏的能产生如来的珍宝或因。隋朝慧远认为，真心即如来藏，既空亦不空。其体无二无别，空无所有，如大虚空，故空。但又一切功德无不具足，因此是不空。“一苦灭谛是如来藏，如来藏者是真识心，是（此）真心中具有一切恒沙佛法，所谓智慧三昧神通解脱等法，如妄心中具有恒沙诸烦恼法。是心（妄心）与法同一体性，不离不异。如来藏中具有是义，故名为有。藏体虽有而为惑隐不可得见，断烦恼已定必得之，故知是有。”[③]如来藏之所以能生出佛如来，是因为其体包含成佛的种子，但同时又毕竟“无我、空寂”。

真心或如来藏也可被称作涅槃。说它相大，也可这样说，它潜在地具有法身、般若、解脱三德。为其提供必要条件，此三德即为现实三妙用。当然，说它有三德，其实是方便言说，因为它不止三德。“涅槃至号，其义赡博，岂唯般若等三？

① [隋]道宣：《净心诫观法》，《大正藏》第45册，第819页。
②《慈悲道场忏法》卷1，《大正藏》第45册，第923页。
③ [隋]慧远：《大般涅槃经义记》卷3，《大正藏》第37册，第691页。

以极其致，但略举其要。”就三德而言，它们是“名殊而实同，非体异者也”。“论体唯一，何者？即圆极有可轨之义，曰法身。有静照之功，曰般若。有无累之德，曰解脱。”[①]三者是从三个方面对唯一真实之理体的不同展示。此理体可这样概括：首先，“圆极果体，真实妙有，非如假名，但以有用而无体也”，意即其体即性空，因而无体；其次，“涅槃无体，假众德以成，岂得不空耶”？[②]总之，涅槃与实相、第一义空、真如、真心是同实而异名的关系。

用天台宗智顗的话说，真心之相大可用金光明来比喻。所谓金是指，心是世界上最珍贵的存在。除此之外，还有光、明的特点。太阳尽管也有能照之性，但不能照理，不能自照。“心智之光，能发智照理……心朗明也。又知心无心名为光，知想无想知行无行名为明……知依正非依正名为光，知一切法无一切法名为明。得此意者，即观心金光明也。”[③]

真心、佛性、如来藏也可称作实相。智顗说：“所谓实相，实相之相无相不相，不相无相名为实相……又此实相诸佛得法，故称妙有。妙有虽不可见，诸佛能见，故称真善妙色。实相非二边之有，故名毕竟空，空理湛然，非一非异，故名如如。实相寂灭，故名涅槃。觉了不改，故名虚空。佛性多所含受，故名如来藏。寂照灵知，故名中实理心。不依于有，亦不附无，故名中道。最上无过，故名第一义谛。如是等种异名，俱名实相。”[④]实相本身灵明不昧，湛然朗然，常寂常明，因此是“中实理心”。实相即一谛，一谛即三谛，实相即空、假、中。由于实相有这样的妙体，因此有含受佛性这样的大相或妙相。此体、此相的根本作用就是能作成佛之根本保证。

心的大相可概括为“仁王”。“仁”是指最慈、最善，“王”是最高、最胜。仁王也可称作金刚力士、金刚王。由于仁王本来具足最高、最胜的仁性、金刚性，因此能通过证空而成为仁王或金刚王。不过从量上说，有不同层次的仁王，如藏、通、别、圆四教都有自己的仁王。可这样描述：第一，心于色而得自在，此为生灭观心仁王；第二，观色即空，色空自在，此为无生观仁王；第三，若观空是色，

---

① 《大般涅槃经集解》卷1，《大正藏》第37册，第380页。
② 《大般涅槃经集解》卷1，《大正藏》第37册，第380页。
③ [隋]智顗：《金光明经玄义》卷下，《大正藏》第39册，第7页。
④ [隋]智顗：《妙法莲华经玄义》卷8下，《大正藏》第33册，第783页。

次第入中道正观，此为无量观心仁王；第四，若观色空，空色不二而二，二而无二，双照双亡，此是实相一心三观、三观一心，此圆教观心仁王。[①]

说真心是如来藏，也等于说真心是佛性、如来。当然，这里有不同的理解。例如，有人说："惑覆于理，名之为藏。"[②]有人不赞成此说，其根据是一切如如，哪有无性、理体覆于迷惑之下？有人认为，如来藏即诸法之常性、隐性，与如来性"全不相隔"。天台宗的看法是"如来藏即佛性也。"因为如来也有"二十五有，悉皆有我，以我同故，故名如，以如示人，故言来。常不可坏，名之为性"[③]。"身是性之住处，身家之性，即是佛性。"[④]佛性就是真心的相大的根本表现。就其本质而言，佛性之所以是无量的性功德，是因为它以无性为性、无相为相。"悟佛性时，佛性非有。"[⑤]同理，只有在彻底觉悟、彻证真心时，才能说无心、无涅槃、无佛等。

根据中国佛教的解释，佛性说是宣示诸法体性的一种门径。它不同于空门，因为说空是为了破除对有的执着，而说佛性则是为了令众生不放逸，因为若不知道自己有佛性，就会自轻、自暴、自弃，进而会放逸，是故说众生皆有佛性，必定成佛。具体而言，说众生皆有佛性有五方面的意义：一是可消除众生的怯弱心、自卑心；二是可破除对众生的轻慢；三是对于妄执有实我的众生认识自己有启发作用，因为佛性论告诉众生——自身就有如来藏；四是有助于破除众生对虚妄法的执着；五是有助于消除对真如佛性的诽谤。[⑥]

这里我们不妨对慧远、智顗等人的佛性论略加考释。有理由说，佛教的真心论是有不同的展开方式的。例如，一心二门就是其中的一种方式，而佛性论则是又一种展开方式。

慧远在以这种方式阐释真心论时，坚持了下述逻辑程序：首先，用语言分析方法，分析了该词的不同用法，揭示了它在不同语境下的不同意义；其次，从体上分析了性、体性、佛性；再次，从三世角度做出分析；最后，就因辨性，论述

① [隋]智顗：《仁王护国般若经疏》卷1，《大正藏》第33册，第254页。
② [隋]灌顶：《大般涅槃经玄义》卷11，《大正藏》第38册，第102页。
③ [隋]灌顶：《大般涅槃经玄义》卷11，《大正藏》第38册，第102页。
④ [隋]灌顶：《大般涅槃经玄义》卷11，《大正藏》第38册，第104页。
⑤ [隋]灌顶：《大般涅槃经玄义》卷11，《大正藏》第38册，第102页。
⑥ [隋]慧远：《大乘义章》卷1，《大正藏》第44册，第477页。

佛性作为成佛之因的意义和形式。他认为，可从两方面去分辨：一是缘因与正因分辨，二是生因与了因分辨。

在对佛性做语言分析时，慧远坚持的是无定说。他强调，在讨论佛性时，务必认识到“佛性”一词有不同的用法，而不同用法有不同的意义。是故慧远说：“难以定论。”其表现是既可说生死是佛性，也可说涅槃是佛性。常见的说法还有很多，例如，佛性是因、是果、是非因非果，是空、是有、是非空非有，是一、是异、是不一不异，是内、是外、是非内非外，是当、是现、是非当非现，是色心、是非色心，是一切善恶无记性。这些说法在特定语境下都是对的，都是对佛性的正确理解，因此抱住一种定义，排斥其他理解，只会失佛旨意。慧远大师说：“如是一切无非佛性，虽复异论，莫不皆入一性门中，执定是、非，无不失旨。”①要知佛性，先要明“性”，性有四义：①种子、因本之义，也就是说，性就是像种子有能生果的本性一样的因性；②体义，“诸法自体，故名为性”；③不改变、不动不变名性；④把事物区别开来的本质特点是性。就此而言，生死涅槃的体性、有情无情的体性就是佛性。“性旨一味，湛然若虚空。”②“就空论法，无法不空，据性辨法，无法非性。”③讲空与说性，实即说同一体性的两种不同方法。从认知角度说，佛性有能知性与所知性两方面。慧远大师说：“凡是有心者，悉是佛性，此等皆是能知性也。所知性者，谓如法性、实际、实相、法界、法经第一义空一实谛等。”④

从关系上说，佛性与真心等概念名异实同。“佛性之体正是一心，一心之性远离诸边，远离诸边故都无所当，无所当故无所不当。”“心法有二种义，一者不染而染，二者染而不染。染而不染，一味寂静，不染而染，流转六道。”⑤智顗说：佛性也可说是上定或体定、大定。“上定者谓佛性也，能观心性名为上定。”⑥佛性还可说是佛境界、等虚空、大空界。“游心法界如虚空，则知诸佛之境界，法界即中也，虚空即空也，心佛即假也，三种具即佛境界也。”⑦即空、

① [隋]慧远：《大乘义章》卷1，《大正藏》第44册，第472页。
② [隋]慧远：《大乘义章》卷1，《大正藏》第44册，第472页。
③ [隋]慧远：《大乘义章》卷1，《大正藏》第44册，第477页。
④ [隋]慧远：《大乘义章》卷1，《大正藏》第44册，第472页。
⑤ [新罗]元晓：《涅槃宗要》，《大正藏》第38册，第249页。
⑥ [隋]智顗：《妙法莲华经玄义》卷2上，《大正藏》第33册，第696页。
⑦ [隋]智顗：《妙法莲华经玄义》卷2上，《大正藏》第33册，第696页。

中、假为佛境界。佛性也可称作等觉、妙觉。“等觉地者，观达无始无明源底，边际智满，毕竟清净，断最后穷源微细无明，登中道山顶，与无明父母别。”“妙觉地者，究竟解脱，无上佛智故，言无所断者，名无上士，此即三德（法身、般若、解脱）不纵不横，究竟后心大涅槃也。一切大，理大，誓愿大，庄严大，智断大，遍知大，道大，用大，权实大，利益大，无住大。”①

对于通常所说的正因佛性、了因佛性等，慧远依据不定说做了自己的阐发。所谓正因佛性是直接能导致佛果的因性，也可称作亲因。他说：“同类成果，名为正因。”就像“矿中金与出矿金为正因”一样。缘因佛性是成佛的条件，其特点是“疏而助发”，故为“缘因”，例如，六度万行就是这样的助缘。慧远在这里的特点是，仍坚持他的“无定说”或相对论，认为“缘正差互不定”，即可以相互转化。就性净菩提涅槃而言，“相起以为正因，诸度等行名为缘因，若望方便菩提涅槃，诸度等行、同类生果，名为正因，佛性理资，说之为缘”②。对佛性还可以从生和了的角度进行分析，如是分析，可以说有生因佛性与了因佛性之别。他强调：佛性尽管体无，但不同兔角龟毛，因为它有生佛之用，而用有体必有。“佛性可生，以可生故，名为生因。”所谓了因佛性，“诸佛之性，是真识心体有，从本以来，有可显了成果之义，故名了因。如瓶中灯有可了义，破瓶则见”③。光可以得见，就是可了义。

关于佛性在凡圣身上的同异问题，智顗的回答是既同又异。同表现在：凡圣潜在具有的佛性无二无别，不多不少，但他们的佛性的显现则有多少、程度上的差别。“凡夫佛性，如牛新生血乳未别，声闻佛性如清净乳，辟支佛如酪，菩萨如生熟酥，佛如醍醐。”④如果说佛的佛性像满月一样圆满无缺，那么菩萨、辟支佛、声闻的佛性则分别像得到部分显现的月亮，而凡夫的佛性则完全被遮蔽了，无丝毫踪影显现。

智顗佛性论的独到之处是抓住经中所说的“十二因缘即佛性”命题，把它放到与三因佛性说的关系中加以阐发。应承认，对于佛性的种类以及每种佛性如何

① [隋]智顗：《妙法莲华经玄义》卷5上，《大正藏》第33册，第734页。
② [隋]慧远：《大乘义章》卷1，《大正藏》第44册，第476页。
③ [隋]慧远：《大乘义章》卷1，《大正藏》第44册，第477页。
④ [隋]智顗：《妙法莲华经玄义》卷5下，《大正藏》第33册，第739页。

界定，佛教内是有不同的理解的。[①]有的人认为，三种佛性是理性、行性、隐密性。有的人说，“佛性者即是人法二空所显真如”[②]。吉藏说，对正因佛性的异解有十一家：第一，众生为正因佛性，六度是缘因佛性；第二，以六法为正因佛性，六法即五阴加假人；第三，以心为正因佛性；第四，以冥传不朽为正因佛性，神识有冥传、不朽之性；第五，以众生的避苦求乐性为正因佛性；第六，以真神为正因佛性；第七，以阿赖耶识为正因佛性，因为它自性清净；第八，以当果之理为正因佛性；第九，以得佛理为正因佛性；第十，以真谛理为正因佛性；第十一，以第一义空为正因佛性。[③]不管怎样理解，有一点是共同的，即都承认真心或佛性或如来藏中隐藏着无尽的价值宝藏，因此它是中心、主题、唯尊、唯胜。智顗的解释是“无明、爱、取即是烦恼，烦恼道即是菩提，菩提通达，无复烦恼，烦恼既无，即究竟净，了因佛性也。行、有是业道，即是解脱，解脱自在，缘因佛性也。名、色、老、死是苦道，苦即法身，法身无苦、无乐、是名大乐，不生不死是常，正因佛性也。”[④]智顗认为，三佛性可理解为三轨。“三类通三佛性者，真性轨即是正因性，观照轨即是了因性，资成轨即是缘因佛性。”[⑤]乃至三般若、三菩提、三身、三涅槃（圆净、方便、大般）、三宝、三德（法身、般若、解脱）也是相通的。

《宗镜录》作为中国佛教的集大成者，对心的“相大”特点做了画龙点睛的描述，认为此识此心，最尊最胜，是教理行果之所归。“此识此心，唯尊唯胜。此识者，十方诸佛之所证，此心者，一代时教之所诠。唯尊者，教理行果之所归。唯胜者，信解证入之所趣。而解释，论起千章，众圣体之，以弘宣谈成四辯。所以掇奇提异，研精洞微，独举宏纲，大张正纲。”[⑥]《宗镜录》正是基于对心的上述认知而写出的。书名就体现了这一点。“举一心为宗，照万法如镜，编联古制之深义，摄略宝藏之圆诠，同此显扬，称之曰录。”[⑦]心具有无量性功德的最重要的表现是，心是成圣成凡的枢纽。永明延寿大师借鉴并发挥了智顗大师的有

---

① [隋]智顗：《妙法莲华经玄义》卷2下，《大正藏》第33册，第700页。
② [唐]慧沼：《能显中边慧日论》卷4，《大正藏》第45册，第439页。
③ [隋]吉藏：《大乘玄论》卷3，《大正藏》第45册，第35页。
④ [隋]智顗：《妙法莲华经玄义》卷2下，《大正藏》第33册，第700页。
⑤ [隋]智顗：《妙法莲华经玄义》卷5下，《大正藏》第33册，第744页。
⑥《宗镜录》序，《大正藏》第48册，第416页。
⑦《宗镜录》序，《大正藏》第48册，第417页。

关命题，他说：“心能作佛，心作众生，心作天堂，心作地狱，心异则千差竟起，心平则法界坦然，心凡则三毒索缠，心圣则六通自在，心空则一道清净，心有则万境纵横。”“万行由心，一切在我。”心可谓“众妙之门，群灵之府，升降之本，祸福之原”。[①]“梦觉唯识，染净由心，前贤后学之所宗，千经万论之同指。”“一切由心，邪正在己，不思一物，即是本心。”[②]

再来看中国佛教对心之“大用”的阐释。所谓大用是指它有生出一切凡圣、世间出世间的作用。例如，人是佛还是非佛，都取决于自心。《释净土群疑论》云：“诸佛正遍知海从心想生。”心生诸法生，心灭诸法灭；心垢众生垢，心净众生净，“故知万法皆心变现”[③]。

禅宗认为，“心法无形，通贯十方，在眼曰见，在耳曰闻，在鼻嗅香，在口谈论，在手执捉，在足运奔，本是一精明，分己六和合。一心既无，随处解脱”[④]。禅宗是“心地法门”。大慧普觉禅师云：“山僧说法说什么法？说心地法。便能入凡入圣，入净入秽，入真入俗。”是凡是圣，是净是秽，是真是俗，皆系一念。一念净则圣、则净、则真，反之则凡、则秽、则俗。“未得个入头处时，觉得千难万难……盖以取证、求歇底心不除，返被此作障碍。此心才歇，方知非难非易，亦非师家可以传授。”[⑤]意思是说，心不仅是成佛的根据，而且是成佛的下手处、牛鼻子。心处理不好，成佛比登天还难，让心休歇，一切迎刃而解。这里的关键是空心，“空心”即“选佛场”。“日用空境易，而空心难。境空而心不空，心为境所胜，但空心而境自空矣。若心已空，而更起第二念，欲空其境，则是此心未得空，复为境所夺。此病不除，生死无由出离。”“空却此心是本，既得本，则种种语言、种种智慧，日用应物随缘。”[⑥]

唐代名相裴休认为，圆觉就是一心。“背之则凡，顺之则圣。迷之则生死始，悟之则轮回息。亲而求之，则止观定慧，推而广之，则六度万行。引而为智，然后为正智。”[⑦]凡夫与圣人的区别在于：凡夫“未尝圆觉”，圣人已证圆觉。当

---

①《宗镜录》卷75，《大正藏》第48册，第835页。
②《宗镜录》卷75，《大正藏》第48册，第835页。
③［唐］怀感：《释净土群疑论》卷6，《大正藏》第47册，第66页。
④《镇州临济慧照禅师语录》，《大正藏》第47册，第497页。
⑤《大慧普觉禅师法语》卷19，《大正藏》第47册，第893页。
⑥《大慧普觉禅师法语》卷19，《大正藏》第47册，第893页。
⑦［唐］裴休：《大方广圆觉修多罗了义经略疏》序，《大正藏》第39册，第523页。

当然，圆觉也有程度之差别。例如，佛与菩萨都是圣，都有对心之悟，只是菩萨“欲证圆而未极圆”，“具足圆觉，而住持圆觉者，如来也”。①

心的大用集中体现在“佛语心为宗，无门为法门”这一佛教的口头禅之中。《宗镜录》对此的解释是“佛语心者，即心即佛，今语即是心语，故云佛语心为宗。无门为法门者，达本性空，更无一法，性自是门，性无有相，亦无有门，故云无门为法门。”②佛教为何要立一心为宗？因为心是根本。“此心能成一切，能坏一切，成则顿成天真之佛。”“损法财，灭功德，莫不由乎心意识。”“此心无幽不烛，有法皆知，察密防微，穷分洞古，故谓之灵台。”“心为神灵之台。”③同理，心也是进入地狱等的“道主”。“一切法皆依于心，心为自性，心为上首。能摄受心，善调伏心，善了知心，故能摄此一切诸法……便能修习奢摩他法，如是系心，如是止心，及安住心。”④心既是佛祖所立的宗旨，也是“诸贤圣所立宗体”，例如，华严宗杜顺等都是以心为宗体的。确切地说，此心“非但华严之宗，亦是一切教体”⑤。

佛教的起源也足以说明心的作用。众所周知，佛教是一种以言说为载体的教化。此言说教化从何而来？回答只能是，它们源于心。正所谓“观辨于心，论宣于口”⑥。就这种教的内容和宗旨来说，心是它的宗趣。所谓宗，即“语之所表”；所谓趣，即“宗之所归”。太贤曰：“正以心行为宗，证觉利生以为其趣。”⑦在特定意义上可以说，心就是经、律、论三藏。智顗说：“遍一切心，无不是经”，“一一于心解释无滞”。⑧“心为善语教者，法之与语俱通善恶，今以善法、善语定之，心之与观亦通善恶，今以善心、善观定之，即是善语教。”⑨“一切诸佛菩萨入自心境、离所行相、称真实义”，是“诸佛教心也”。⑩《圆觉经》是最典型的以心为宗本的例子。宗密说：“一心源即此经圆觉妙心也，经标圆觉为宗

---

① [唐]裴休：《大方广圆觉修多罗了义经略疏》序，《大正藏》第39册，第523页。
② 《宗镜录》卷1，《大正藏》第48册，第418页。
③ 《宗镜录》卷9，《大正藏》第48册，第460页。
④ 《宗镜录》卷9，《大正藏》第48册，第460页。
⑤ 《宗镜录》卷1，《大正藏》第48册，第417页。
⑥ [唐]吉藏：《中观论疏》卷1，《大正藏》第42册，第5页。
⑦ [唐]太贤：《梵纲经古迹记》卷上，《大正藏》第40册，第689页。
⑧ [隋]智顗：《妙法莲华经玄义》卷8下，《大正藏》第33册，第779页。
⑨ [隋]智顗：《妙法莲华经玄义》卷8上，《大正藏》第33册，第778页。
⑩ 《楞伽阿跋多罗宝经注解》卷1，《大正藏》第39册，第343-344页。

本故。”[①]

心的作用还表现在：心即由，心是经佛。由即缘由、根源，起决定作用的东西。智顗说：“心即是由，三义由心，一切语言由觉观心，一切诸行由于思心，一切义理由于慧心。”因此，诸佛解脱便于心中求。“心是经佛，以觉为经，以观为佛，织成言语。又慧行心为经，行行心为佛，织成义理。”[②]

对心的大用，还有许多不计其数的描述。例如，心是法本，已如前述；心是能契，因为只有通过心，才能契理；心是线，因为观心能成一切道法，就像用线做成衣服一样；心是善语，意为心广大无边，深邃无底，因此能成一切善语。[③]心为世上之最尊、最贵。“夫天下万物，唯人为贵，七尺形骸，唯头为贵，头有七孔目为贵，目虽贵不如灵智为贵，当知四阴（受、想、行、识）心为贵……心贵故心即是金。”[④]其贵的表现之一是，日光尽管朗照乾坤，但不能照理。“心智之光，能发智照理。”[⑤]“故知世、出世间，天下之贵，无过心宝。”[⑥]宝心的价值在于：能得无生法忍，见一切法如梦如幻。宝心不会住诸见，能离断、常二见，离诸边见、垢秽。“离于二故，入无二法门。宝心觉一道故，离一切行。宝心至正位故，正观法位。宝心一切法平等故，集助一切菩提法。宝心觉了一切佛法故，乃至喻如大海为众法主集一切宝。一切众宝皆悉来归。”[⑦]真心是妙、是绝。“妙名不可思议”，真心也是如此，“法界清净，非见闻觉知，不可说示”。止止不可说，不须说，因此绝言，此法妙难思，故绝思。是法不可示，言辞寂灭相，因此绝叹。[⑧]

真心、第一义心是罪与福。罪福本无主，要看心何去。如果一念清净，就是福，反之就是罪。因此务必信“一乘之福”，此福“等真如”，“此是过去、未来、现在如来应供、等正觉、性自性第一义心。以性自性第一义心，成就如来世间、出世间、出世间上上法真心之德。以第一义心，究竟获世、出世等菩提胜果

① ［唐］宗密：《大方广圆觉修多罗了义经略疏注》卷上之一，《大正藏》第 39 册，第 526 页。
② ［隋］智顗：《妙法莲华经玄义》卷 8 上，《大正藏》第 33 册，第 778 页。
③ ［隋］智顗：《维摩经玄义》卷 5，《大正藏》第 38 册，第 548 页。
④ ［隋］智顗：《金光明经玄义》卷下，《大正藏》第 39 册，第 6 页。
⑤ ［隋］智顗：《金光明经玄义》卷下，《大正藏》第 39 册，第 7 页。
⑥《宗镜录》卷 9，《大正藏》第 48 册，第 466 页。
⑦《宗镜录》卷 9，《大正藏》第 48 册，第 466 页。
⑧ ［隋］智顗：《金光明经玄义》卷下，《大正藏》第 39 册，第 461-462 页。

之福”。①

心的作用还表现在：“心是可轨。”“心是可轨者，若无观，则无规矩，以观正心王，心王正故，心数亦正，行理亦尔，心王契理，数亦契理，故名可轨。”②这里的“心”“数”是关于心理现象划分的一对范畴。如果心指的是八识心王，那么它们之外的一切心就是心数。只要心王正，心数亦正。

心的作用还在于：心含涌泉，是诸法之母、之源。“心含涌泉者，心具诸法障，故不流，如土石压泉，去壅涌流。若不观心，心闇不明，所说不长，若观心明彻，则宣辩无方，流溢难尽，岂非语涌泉？”③意为只要观心，且方法得当，心源中的价值宝藏就会像泉水一样往外涌流，如得定慧，“严显法身”。一般凡众心中的宝之所以不涌，只因为他们的心被烦恼覆障、压制了，就像石头把泉压住了一样。

心的作用也可比喻为“绳墨”。绳墨即木工打直线用的墨线，意为规矩、法度。“若观心得正语，离邪倒说，观心正，则勉邪行，心无思著，则入正理，事行如绳，理行如墨。”④

第六节　心灵转化与成圣成凡之奥秘

价值是事物之上表现出的对人有利害作用的性质，不外乎两大类：一是对人有利的、有好处的、人人趋之若鹜的积极正面价值，如解脱、自由、幸福、快乐、成圣等；二是对人有害的、人人避之不及的消极负面价值，如系缚、痛苦、烦恼、灾祸、成凡等。大千世界，人在拥有积极价值时为什么有那么大的差别呢？例如，有的人富可敌国，而有的人一贫如洗。怎样趋利避害、得到自己想得到的价值呢？在获得价值时，有没有一本万利的易行法？能否行一法而行一切法、得一价值而得一切价值？佛教对后面问题的回答是肯定的，那就是心为万法之本，只要抓住了心这个关键，一切问题便能迎刃而解。中国化佛教对佛教的这个原则做了契理

① 《宗镜录》卷33，《大正藏》第48册，第609页。
② ［隋］智顗：《妙法莲华经玄义》卷8上，《大正藏》第33册，第778页。
③ ［隋］智顗：《妙法莲华经玄义》卷8上，《大正藏》第33册，第778页。
④ ［隋］智顗：《妙法莲华经玄义》卷8上，《大正藏》第33册，第778页。

契机的创发性解释。

最好的、总括一切价值的价值不外乎是成为圣贤。因为佛教所理解的圣贤不仅表现在他们德行高尚，不为自己求安乐，但为众生得离苦，而且同时表现在他们拥有一切最美好的价值，如真、美、吉、财、贵、福、顺、寿、乐、安、顺等。成圣，在佛教中主要表现为成为佛菩萨，其相反的价值则是成为受苦难、生活在水深火热中的凡夫。成圣成凡的根源何在？永明延寿大师根据佛教的基本精神，通过对佛的人格结构及成佛过程的分析指出：凡圣在本质上其实没有区别，即都有同一真心。所谓真心是指："根本性离，毕竟寂灭，绝升沉之异，无缚脱之殊，既无在世之人，亦无灭度之者。二际平等，一道清虚，识智俱空，名体咸寂，迥无所有，唯一真心。""达之名见道之人，昧之号生死之始。"[①]"成佛本理，但是一心。"[②]"一切言说、义理、行位、进修，悉皆是心，无不收尽，以一切语言由觉观心，一切诸行由于思心，一切义理由于慧心故，又心王即佛宝心数，即僧宝所缘实际，无王无数即法宝。"[③]

佛与凡众的区别其实极其简单，就在于有无心念。"有念即众生，无念即佛。"[④]无念即心如如不动，因为动即乖道。心实不动，见自成差，同共一法中，别成凡圣。佛之所以不同于一般的圣人，而成为圣中极致，乃是因为他绝对无念。应这样来理解，即他也有心念的生起，只是他念起不随，或不住于念。而不住或住无所住才是真无念，才是真佛。因此行者不怕念起，只怕觉迟。"如今一念才起，了不可得，无有处所，是过去佛，过去不有，未来亦空，是未来佛，即今念念不住，是现在佛。但一念起时，莫执莫断，不取不舍，则三际无踪，一念圆具十法界，非因非果，而因而果之法。若能如是一念而达者，则念念相应，念念成佛。"[⑤]

佛作为圣人当然也具有这样的价值，即有妙色身，如相好庄严，就像世间有些人长得好看、穿得华丽一样。当然，佛的这方面的价值是以这样的形式表现出来的："法身是色实体故，能现种种色，谓从本已来，色心无二，以色本性即心

①《宗镜录》序，《大正藏》第48册，第415页。
②《宗镜录》卷24，《大正藏》第48册，第547页。
③《宗镜录》卷24，《大正藏》第48册，第550页。
④《宗镜录》卷23，《大正藏》第48册，第540页。
⑤《宗镜录》卷23，《大正藏》第48册，第540页。

自性，说名智身。以心本性即色自性，说名法身。依于法身，一切如来所现色身，遍一切处，无有间断；十方菩萨，随所堪任，随所显乐，见无量受用身，无量庄严土，各各差别，不相障碍，无有断绝。此所现色身，一切众生心意识不能思量。”①可见，佛像一般人一样有身有心，但此身心又非同一般，因为此身此心是法身之显现，表现为妙身妙心，且色心不二、圆融无碍。就此而言，可说佛无身心。所谓无身心，即无虚妄、有质碍之身心。佛的妙色妙心的根源及表现是“据乎实理，非无妙色妙心。妙色故能分形适变，妙心故能虚、能鉴故。”②其身的特点是“真身寥廓，与法界合其体，包罗无外，与万化齐其用，穷原莫二，执迹多端。”“此佛身即理即事，即一即多，即依即正，即人即法，即此即彼，即情即非情，即深即广，即因即果，即三身即十身，同一无碍。如是无碍，但是一心。”③可见，佛心即佛身。“以思无思之妙，反（思）灵焰之无穷。思尽还原，性相常住，事理不二，真佛如如。斯则无住无离，能见真佛履平等道矣。”④佛身心由于等虚空，绝对平等，如《华严经》所说的：“游心法界如虚空，则知诸佛之境界。”⑤因此诸佛同体。永明延寿大师云：“圣人空同其体，物无非我。以佛之性，融于物性，同佛皆成。”⑥

佛为什么享有如此无上价值呢？诸佛以何为师？答案很简单，即诸佛以空为师，或以心为师。这两说表面上看不同，其实有内在的一致性。因为真正空掉一切即为极圣。而要行空、证空，又离不开心空，因为“空不自空，因心故空，有不自有，因心故有”⑦。要入空、证空，首先必心空，“以心空故，从心所生，一切皆空，此空亦空”⑧。《肇论》云：“夫圣心者，微妙无相，不可为有，用之弥勤，不可为无，乃至非有故，知而无知，非无故无知而知，是以无知即知。”“圣人处有不有，居无不无，虽不取于有无，然不舍于有无……寂然而往，泊尔而

①《宗镜录》卷22，《大正藏》第48册，第534-535页。
②《宗镜录》卷16，《大正藏》第48册，第503页。
③《宗镜录》卷16，《大正藏》第48册，第503页。
④《宗镜录》卷14，《大正藏》第48册，第492页。
⑤《宗镜录》卷2，《大正藏》第48册，第425页。
⑥《宗镜录》卷14，《大正藏》第48册，第493页。
⑦《宗镜录》卷2，《大正藏》第48册，第423页。
⑧《宗镜录》卷2，《大正藏》第48册，第425页。

来，恬淡无为而无不为。”[①]虽在五道中周旋往来，接化众生，但无往来相。遁伦说：“一实谛为正境也，如斯而悟，称为圣心。”[②]“圣人悟理，心乐寂静。”[③]

隋朝慧远大师说：“和善曰贤，会正名圣。正谓理也，理无偏邪，故说为正。证理舍凡说为圣矣。”[④]这就是说，凡圣有同有异，同表现在他们都有同一真心。异有五点：①离恶名贤，具善称圣；②从三业角度看，身口意调善名之为贤，内心真正说之为圣；③从自利利他角度看，爱怜众生，化行纯善名为贤，自行真正即为圣；④从境界上看，事中调善名为贤，证理舍凡名为圣；⑤就阶位上说，见道之前，调心离恶，名为贤，见谛以上会正名为圣，凡夫则相反。[⑤]

总之，佛之所以拥有佛这样最高、最殊胜的价值，是因为佛彻底清除了真心上的染污，让其彻底显现了，因此是心是佛。怎样理解“是心即能作佛”呢？经论常言：是心作佛，是心是佛，心、佛、众生，是三无差别。就此而言，每个人去佛“不远”。是心即每个人当下的心。“不能心外见佛真相，当观心变作影像相。是影像相，名曰相分。能观之心，是于见分。见相两分皆不离于自证分。见分之力，能现相分，故名是心作佛也。此相分即是自证分心，无别有体，故名是心是佛。”“心纯净时，名曰为佛。”[⑥]

剖析菩萨的心理结构也能得出类似的结论。菩萨之所以为菩萨，是因为他是“大道心人”。菩萨即菩提萨埵，菩提即觉，“萨埵云心”，合起来即“大道心人”，亦即有大觉、有道心的人。“大道心人”有二义：“一长二广，远求佛果，不中途取证，此心曰长，发意兼济，此心称广。”[⑦]

不难看出，成佛有不难的一面。因为不成佛而沦为凡夫，是因为对心处理不当，如经常让妄念生起，若反过来，凡夫即转化为圣人。只要抓住心这个牛鼻子，一切便会迎刃而解。因为劫之所以成，是由“妄见所感”，空间性事物之出现，凡夫之为凡夫，都是源于妄念之生起。例如，“由四大故起六根，起六根故见六尘，见六尘故有时分。若了无明根本，一念妄心，则知从心所生三界，毕竟无有。

---

① 转引自[高丽]知讷：《真心直说》，《大正藏》第48册，第1003页。
② [新罗]遁伦：《瑜伽论记》卷9上，《大正藏》第42册，第501页。
③ [新罗]遁伦：《瑜伽论记》卷9上，《大正藏》第42册，第501页。
④ [隋]慧远：《大乘义章》卷17，《大正藏》第44册，第788页。
⑤ [隋]慧远：《大乘义章》卷17，《大正藏》第44册，第788页。
⑥ [唐]怀感：《释净土群疑论》卷6，《大正藏》第47册，第66页。
⑦ [梁]法云：《法华义记》卷1，《大正藏》第33册，第580页。

且时因境立，境尚本空，时自无体……但一念断无明，何假更历僧祇”[①]？因此成佛在于一念不生。

不仅凡夫能转化为佛，周围的无情也是如此。“是约性相相融，以情之性融无情相，以无情相随性融同有情之相，故说无情有成佛义。”[②]说无情成佛的意思是，只要一个人成佛了，他面前的一切都是佛，包括无情。质言之，“一成一切成”[③]。佛教的现象学极为特别，这表现在，只要一个人让真心如实显现、一个人成佛了，那么他面对的世界就是一个纯粹清净的世界，他面前的一切，包括无情，莫不是佛。

明白了上述道理，也就能知道天堂、幸福之类的价值在哪里、怎样进入。《宗镜录》云：“刹那心不异，何处不天堂。”[④]天台宗智顗的说法更明白：心能天堂，心能地狱，一念清净即入天堂，一念染污即下地狱。心态好，身在地狱犹如在天堂，心态不好，身在天堂无异于堕地狱。[⑤]

罪与福的根源也在心。吉藏大师云：起心动念是罪，非二不二是福。“大乘之中，行有所得，名之为罪，无所得者，目之为福。”“得、无得二”，即有对得与无得的区分，“称之为罪，了达不二，名之为福”。“二与不二，生心动念，一豪依著，悉是乖道，故名之为罪，若非二、不二，无所依著，则是符理，称之为福。”[⑥]可见佛教是承认福这样的价值的，只是其关于福与非福的标准的看法非同一般罢了。根据这种幸福观，有福不在于有得，而恰恰在于无所得。空掉一切，心念不动，即为大福。从究竟理地上说，真正的福是空掉关于福的意识，绝对地离言绝相，包括没有罪福的分别。智顗说：“我心自空，罪福无主。”[⑦]

超越生死乃至不生不灭或永无生灭性，无疑也是佛教承认的一种价值。佛教一致于世间生死价值观的地方在于，承认生死像贫穷一样都是苦。对于它们，“心之可畏甚于毒蛇、恶兽、怨贼”。不同在于：第一，对其原因做了这样的揭示，即人之所以有诸苦，根源在于有心念生起。“万祸之因，众苦之本，皆从一念结

①《宗镜录》卷17，《大正藏》第48册，第504页。
②《宗镜录》卷14，《大正藏》第48册，第493页。
③《宗镜录》卷14，《大正藏》第48册，第493页。
④《宗镜录》卷41，《大正藏》第48册，第657页。
⑤《宗镜录》卷41，《大正藏》第48册，第657页。
⑥［唐］吉藏：《百论疏》卷上之余，《大正藏》第42册，第240页。
⑦［隋］智顗：《妙法莲华经玄义》卷2上，《大正藏》第33册，第693页。

构而生。”[①]第二，佛教对生命的不朽、无死的具体内容、标志和实现方式的看法与众不同。佛教认为，无生灭性有两种：一是世间所说的长生不老，这种不死是理想的，不可能真正实现；二是绝对的无生灭性，这是佛教的追求。在佛教看来，只要如实识得心，进而如实知生死，则生命是完全有可能彻底超越生死、回归它本有的不生灭性的。因为肉身的生住异灭只是表现，其体性是不生不灭的。因此不生灭性是不假外求的，每个人天然具足，只是由于无明愚痴，我们迷失了它，因而才流转生死。《宗镜录》云：“颜貌虽童耄，见性未曾亏，明暗自去来，灵光终不昧，则是现今生灭中，指出不生灭性。”生活在妄心中，就有生有死；超越妄心，回归并安于真心，当下即超越生死。不生不死本身是自家珍宝，因妄心遮蔽，不能见得。这宝是自家本有的，“何假高推极圣，自鄙下凡？一向外求，不能内省，枉功多劫，违背己灵”[②]。第三，唯有了心才可绝生死，唯有了心才可解决生死等终极问题。“心外有法，生死轮回。若了一心，生死永绝。”[③]而妄念、乱心的根源又是第八识。“火宅即是第八识体，起四倒八苦之火，烧三界五阴之身。”[④]《真心直说》云：“生死本无，妄计为有。”妄计的表现是认四大为自身相、六尘缘影为自心相。“一切众生于无生中妄见生灭，是故说名轮转生死。”执有生死的根源是有妄念，因此“一朝妄息，生死自除”。“信知达悟圆觉真心，本无生死。”[⑤]如果不迷真心，不起妄念，就不会有生死，有生死的根源是认妄为真。许多众生不能超脱生死的根源是功夫不到。

解脱自在无疑是众生孜孜以求的最美妙的价值。它在哪里？怎样求？回答很简单：解脱当于众生心行中求。这是《维摩诘经》中的一个著名命题。僧肇对此的解释是“众生心行即缚行也，缚行即解脱之所由生也，又邪正同根，解脱一门，本其真性，未尝有异，故求佛解脱，当于众生心行也。”[⑥]心行也可以说是六十二见，因为心行、六十二见尽管是邪，但其正、其真体就是解脱。邪正、缚脱的辩证法在于：离邪无正，离众生心行无解脱。[⑦]智顗说：“我心自空，罪福无主，

① 《宗镜录》卷 42，《大正藏》第 48 册，第 665 页。
② 《宗镜录》卷 44，《大正藏》第 48 册，第 672 页。
③ 《宗镜录》卷 44，《大正藏》第 48 册，第 667 页。
④ 《宗镜录》卷 25，《大正藏》第 48 册，第 555 页。
⑤ [高丽]知讷：《真心直说》，《大正藏》第 48 册，第 1002 页。
⑥ [东晋]僧肇：《注维摩诘经》卷 5，《大正藏》第 38 册，第 373 页。
⑦ [东晋]僧肇：《注维摩诘经》卷 5，《大正藏》第 38 册，第 373 页。

观心无心，法不住法，又心纯是法……诸佛解脱当于众生心行中求。”[①]只要让覆盖其心的无明烦恼清除掉，让心性显现，邪当即是正，缚立马变为脱。[②]“无明所覆，未能觉了”，就是凡夫，是不解脱；反之即圣，即为解脱。“缚从心缚，解从心解，缚解从心，不关余处。”只要处理好当下一念，制心一处，便无事不办。“欲断其流，但塞其源，欲免其生，但断其根，不用多功，最为省要。”总之，“出要之术，唯有观心，观心得悟，一切俱了”。[③]“真德绝累，无碍自在，故称解脱。分别亦三。一就体论，真心体净，性出尘染，自体无绮，故名解脱。二就相说，羁碍永除，净德无累，故曰解脱。三就用辨，妙用无方，所为自在，故称解脱。”[④]

解脱是有等级差别的，例如，每地菩萨都有自己的解脱，以七地菩萨为例，他“于一事，乃至百千，或于一国至恒沙国，于中通达，自在无阂”[⑤]。佛的解脱在于：“于一切无阂”，自在。[⑥]这种解脱可用不同语词述说：第一，不思议解脱，亦即一心解脱。一切法非有而有，有而非有，非定量之所知故，称不思议。既以非有而有，即不住于无，有而非有，即不住于有。有无不住，即于诸法悉皆解脱。以一切法不出有无故，是知一心解脱之中，无有文字，则无生死，无烦恼。乃至无涅槃、无菩提。第二，“真解脱者，名远离一切系缚”。第三，“解脱者，名曰虚无。虚无即是解脱。解脱即是如来，如来即是虚无”。第四，“解脱者名曰无病”，此病是广义的，指一切心身之疾病。“无疾病者即真解脱。”第五，“解脱者，名曰安静”。第六，“解脱者，名无忧喜”。第七，“解脱者，名无逼迫”。第八，“解脱者，名不动法”。第九，“解脱者，名不可量”，或“名广大”。第十，“解脱者，名无能过”，或“最上”。第十一，“解脱者，名不虚”，或“最上”。第十二，“解脱者，名不可污”。[⑦]

心为什么是一切价值的源泉？负价值为什么能转为正价值？凡夫为什么能转化为圣人？中国佛教通过对心理结构的剖析尤其是事实上已完成了这一转化

① [隋]智顗：《妙法莲华经玄义》卷2上，《大正藏》第33册，第693页。
② [隋]智顗：《释摩诃般若波罗蜜经觉意三昧》，《大正藏》第46册，第623页。
③《宗镜录》卷5，《大正藏》第48册，第442页。
④ [隋]慧远：《维摩义记》卷1，《大正藏》第38册，第422页。
⑤ [东晋]僧肇：《注维摩诘经》卷1，《大正藏》第38册，第329页。
⑥ [东晋]僧肇：《注维摩诘经》卷1，《大正藏》第38册，第329页。
⑦《宗镜录》卷31，《大正藏》第48册，第594-595页。

过程的圣心的剖析，深刻揭示了“心灵转化”与凡圣转化的关联及其内在机制。

大德们对凡夫心理（如六十心相）的研究十分接近于西方存在主义对人的生存状况的研究。后者认为，人的生存状况实即心灵的状况，因此存在主义对存在的研究主要集中在心的状态之上。佛教心灵哲学也有这个课题。当然，其有自己的特点，首先，弄清人的心灵状态的目的是要断除它，不是要予以改善、调适；其次，其关注的范围比西方存在主义要大得多，例如，最多的说有八万四千种烦恼。说得具体明确的有一百零八种烦恼，尤其是六十心相。

六十心相就是常见的 60 种生存状况，具体包括：贪心、无贪心、嗔心、慈心、痴心、智心、决定心、疑心、暗心（于无疑问法生起疑团）、明心、积集心、斗心（好辩）、净心、无净心、天心（曾生天界，有天界之习，还指因有先世果报，因此心愿易变成现实）、阿修罗心（乐处生死之心）、龙心（思念广大资财之心）、人心（思念利他之心）、女心（随顺欲法之心）、自在心（盼望一切如意之心）、商人心（斤斤计较之心）、农夫心（求法之心，就像农夫勤学农艺一样，如闻而求法、而行法）、河心（心性双依二边，像河有两岸一样）、陂池心（于法无厌足之心）、井心（求法之心不断加深）、守护心、悭心、狸心（修法紧切，如猫狸紧盯被捕食者一样）、狗心（得少知足之心）、迦楼罗心（迦楼罗即一种鸟，它仗双翅而腾飞，此心指的是在别人的影响下善于跟进的心理）、鼠心（愿断系缚之心）、歌咏心（传法之心）、舞心（追求表现、神变之心）、击鼓心（愿警策别人、自己之心）、室宅心（顺修自护身法之心）、狮子心、鸺鹠心（喜于深夜思考，像这种鸟一样喜欢夜间活动）、乌心（像乌一样有猜畏之心）、罗刹心（善中发起不善之心，别人做善事，喜做不善解）、刺心（一切处作恶为性）、窟心（对龙等深窟中的生命的羡慕之心）、风心（风的特点是散乱、好动，风心即散乱好动之心）、水心（追求清净之心）、火心（极盛之心，行善造恶见效都快）、泥心（一心无明心）、显色心（人云亦云之心，无主见，好跟风）、板心（行善法时，容易满足，只行一法，不求别法）、迷心（心散乱，找不到正确方向）、毒药心（心不易生起，任运而行）、绢索心（一切处被困缚之心）、械心（常好端坐之心）、云心（时俗忧乐思虑之心）、田心（好修治自身之心）、盐心（于所思事，复加思念）、剃刀心（满足于出家、不求进步之心）、弥卢心（高高在上之心）、海等心（一切胜事，皆归于已）、穴心（容易改变，不坚定）、受生心（所修诸行，不问善恶，皆回向众生）、猿猴心（心像猿猴一样躁动不安）。[①]

尽管凡夫的生存状况堪忧，但妄心后的真心一点也不少。凡夫之所以是凡夫，是因为心灵这块地盘为妄心占据了，就像镜面被灰尘布满了一样。心这个东西很怪，不是为真心、净心占据，就是为妄心占据。迷真，则妄念生，则为凡夫；悟真，妄则止，则为圣人。[②]

众生成为凡夫的原理、机制在于："无明妄风，鼓心海而易动，本觉真性，睡长梦而难醒。"真心被覆蔽，即凡夫。"以不觉故，认随染之觉，见胜劣之境，起忻厌之心，但逐妄轮回，顿迷真觉。"[③]反之，成圣的机制在于：真心显现，即佛。心之所以能转，凡圣之所以相互转化，是因为他们都有真心，而真心的特点是能随缘变现。"真妄物我，举一全收，心佛众生，浑然齐致。是知迷则人随于法，法万差而人不同，悟则法随于人，人一致而融万境。"[④]"无物即见佛"，此是圣人境界，"心能则有物，物则变成魔"，此境即凡夫境。[⑤]

用比喻的方式说，凡夫、圣人的理体、真心无二无别，众生心性像水一样，放甘草则甜，放黄连则苦，"众生心水亦复如是，起妄染则凡，冥真空则圣，其心之性未尝变异"[⑥]。"真心凡圣本同，凡夫妄心认物，失自净性，为此所隔。所以真心不得现前。"[⑦]圣人则相反。

觉是成佛之关键、枢纽，至少有工具性价值。心是转为凡夫之心还是圣人之心，主要取决于这个觉。佛即觉诸法实性的人。"如实觉一切法名为大舍。""于一切法见心自性，即是如实究竟之觉，即是顿成佛义，三宝常现世间义，真实慈义，同体悲义，大喜舍义。"[⑧]当然，心灵的转化还与其他因素有关。例如，阿赖耶识等八识也是凡圣转化之枢纽。"因染法而六趣回旋，随净法而四圣阶降。"[⑨]意意思是，如果为阿赖耶识提供染缘，众生则轮回六道；如果为之提供净缘，众生

---

①《大毗卢遮那成佛经疏》卷2，《大正藏》第39册，第596-600页。
②《宗镜录》卷5，《大正藏》第48册，第440页。
③《宗镜录》卷19，《大正藏》第48册，第517页。
④《宗镜录》卷19，《大正藏》第48册，第522页。
⑤《宗镜录》卷19，《大正藏》第48册，第522-523页。
⑥《宗镜录》卷20，《大正藏》第48册，第523页。
⑦［高丽］知讷：《真心直说》，《大正藏》第48册，第1000页。
⑧《宗镜录》卷26，《大正藏》第48册，第566页。
⑨《宗镜录》卷50，《大正藏》第48册，第710页。

则在四圣中升降。因此它是“凡圣之本，身器之由。了此识原，何法非悟？证斯心性，何境不真？可谓绝学之门，栖神之地矣”[①]。

转凡成圣的出路一清二楚，那就是“息妄心而真心现前。”[②]意为只有息妄心才能见自真心。如偈云：“心是根，法是尘，两种犹如镜上痕，痕垢净时光始现，心法双亡性即真，此乃出妄而成真也。”[③]

妄心之所以能转能息，是因为其体性就是真心，而此真心就是藏如来或圣人的宝藏，里面储存着转凡佛圣、转染成净的种子。如来藏性清净，亦即真心。“若善若恶，随心所转，故云回转善成。心外无别境，故言唯心也。若顺转，即名涅槃，故经云：心造诸如来。若逆转，即是生死……生死涅槃皆不出心。”[④]

“转依”是佛教说明心灵转化可能性根据及机理的关键概念。较之“解脱”，它是晚出的概念，盛行于无著的时代。其所指与解脱有一致之处，即指的也是观行的圣果，例如，修行到最后，会出现转依这样的结果。“依”即依靠，即人的寄托、靠山。这靠山不外乎两种：一是真心，二是妄心。这两个依靠是可以相互转化的。如果凡夫改变习性，不再让妄心作为自己的依止，而转依为真心，则此转化即为转依。当然，其意义有一个逐渐完善的过程。它最初指的是身心的转易，例如，减轻或消灭了烦恼，转而得到了轻安。在无著那里，它并不限于身心的转移，而说明的是“客观事象上的变革”，即心灵的寄托发生了根本性改变。这种转变首先表现在认识的质变，其次是心灵深处的革命性变革，即“染尽、净满”，直至不再随顺表象，而随顺实相或真心，安心于实相。这当然是一种美妙的境界。吕澂说：“它更能积极地表示解脱的本质”，因此可以替代“解脱”一词。[⑤]

既然妄心本含如来藏，因此妄心、事识都可成为能证佛法的工具，都可起修佛法。“三种心中，并皆有修。”其心理机制是阿赖耶识作为藏识、本识，“本为缘熏，变生六识，六中意识，起闻思修，熏于本识，成闻思修善法种子。本熏无明，令其渐薄，无明薄故，起阿陀那执我执薄，执我薄故，生起六识，起惑亦

① 《宗镜录》卷 50，《大正藏》第 48 册，第 710 页。
② ［高丽］知讷：《真心直说》，《大正藏》第 48 册，第 1002 页。
③ ［高丽］知讷：《真心直说》，《大正藏》第 48 册，第 1001 页。
④ ［隋］杜顺：《华严一乘十玄门》，《大正藏》第 45 册，第 518 页。
⑤ 吕澂：《吕澂佛学论著选集（三）》，齐鲁书社 1991 年版，第 1378 页。

薄，如是展转，有过斯尽，有德皆备，真修如是”[①]。只要如理如法地修，我执必破，痛苦烦恼、成凡的根源必除。因为修行如同清扫镜面的尘埃一样，消除一点，净心就显现一点。到一定的程度，随着心灵转化，我执必破。“但彼我相，是修所破，破离我故，所有暗相，是修所灭，灭痴暗故，所有理相，是修所观，亦是所证。”[②]“真中所有假我，是修所转……转不善五阴为善五阴，转善五阴为果五阴……妄尽之时，染用亦息。”[③]至此，真心或真我就会显前，用禅宗的话说，人到此时能亲见本地风光。“显彼我性，为大涅槃真实我故。”[④]

成圣的过程实即消除心灵上的染污的过程，而消除的方式多种多样，因此条条大路皆可成佛，随修一法，只要如理，皆可成佛，如修善，亦是如此。“十善满足，则得成佛。”[⑤]当然，最根本的修法仍是要抓住心这个牛鼻子。在特定意义上可以说，转凡成圣的过程是一个心灵开发的心路历程，必经三大阶段：首先，“修出世心是第一门”，其特点是厌离有为心，这一阶段又有十五心。其次，“出家心者是第二门”，其特点是广行求善之心，其中又有三十一心，前二十四心利己，后七心利他。最后，“无为心者是第三门”，此心是趣理之心。[⑥]也可这样描述，从凡至圣要经过这样的心理转化：“初闻法敬信，教离疑谤。二至心听受，教离宽怠。三恭敬尊重，教离轻末。四于正法下（即《涅槃经》中的‘于正法’这样的句子之后，下同），教离憎恶。五莫念贪下，教离垢心。六莫观下，教离嫌心。七既闻法下，教离慢心。八莫为已下，教离妄想异求之心。”[⑦]再进一步，教二乘人离二乘心，又离狭心、小心，教他们于佛法僧三宝应生“等同想”“无分别想”，“生舍心”，于生死中“生大苦想”，生“舍著心”，于大涅槃生“常想”，离倒心。在教化菩萨时，先教他们修广心，修念众生心，修大心，修求佛智心，修离见心，“于一切法当无所住，即生无住心，于法生离爱心”。[⑧]

成佛阶位的每个阶位都有特定的心理相状，例如，“资粮位有三十心，所谓十

---

① [隋]慧远：《大乘义章》卷3末，《大正藏》第44册，第527页。
② [隋]慧远：《大乘义章》卷3末，《大正藏》第44册，第527页。
③ [隋]慧远：《大乘义章》卷3末，《大正藏》第44册，第527页。
④ [隋]慧远：《大乘义章》卷3末，《大正藏》第44册，第527页。
⑤《大般涅槃经集解》卷50，《大正藏》第37册，第529页。
⑥ [隋]慧远：《大般涅槃经义记》卷6，《大正藏》第37册，第769页。
⑦ [隋]慧远：《大般涅槃经义记》卷7，《大正藏》第37册，第787页。
⑧ [隋]慧远：《大般涅槃经义记》卷7，《大正藏》第37册，第787页。

住、十行、十回向”。十住实即十种安心方法，或十种心态。它们分别是发心住、治地住、修行住、生贵住、方便住、正心住、不退住、童真住、法王子住、灌顶住。

直心、深心、大悲心等是成佛过程中必然要出现的心理。例如，直心即正念真如法。直心中又有十心，即广大心、甚深心、方便心、坚固心、无间心、折伏心、善巧心、不二心、无碍心、圆明心，此十心即一心。例如，圆明心同时是其余九心，因为它的特点是顿观法界全一全多，同时显现，无障无碍。深心即乐修一切诸善行之心。其中也有十心，如广大心、修行心、究竟心、忍苦心、无厌足心、无痕倦心、常心、不求果报心、欢喜心、不颠倒心。大悲心即救度一切众生之心。此中也有十心，即广大心、最胜心、巧方便心、忍苦心、无厌足心、无疲倦心、常心、不求果报心、欢喜心、不颠倒心。[①]

成佛的心路历程也可这样描述：第一阶段——发心；第二阶段——中心，即中间心阶段，此段时间最长，历经“三大阿僧祇百劫”，需艰苦修行；第三阶段——后心，例如，佛坐菩提树下，最后悟道，即进入后心。此时的最后心，即真心彻底显现。[②]藏、通、别、教四教菩萨修得他们的相应的心，也经历了初心、中心、后心三个阶段。差别在于最后证得的心尽管都有真心的显现，但圆满程度有别。[③]

修心重在观心，而观心的最佳方法是让己心等佛心。观心有两种情况，即狭与广。“若观己心，不具众生心、佛心者，是体狭；具者是体广。若己心不等佛心，是住下；若等佛心是住高。若己心、众生心、佛心，不即空即假即中者，是用短；即空即假即中者，是用长。”[④]

要观心，当然要行禅。禅的方法无量无边，但基本的规范是要观心实性，回归真心。智顗把禅分为三大类，即世间禅、出世间禅、上上禅。上上禅是圆教之禅，其特点是“自性禅”“上定”。“自性禅者，即是观心实性，名为上定。一切诸法颇（没）有不由心者，心摄一切，如如意珠。”[⑤]天台宗最重要的安心方法是一心三观。智顗云：“用寂照心破一切法，即空即假即中，又识一心诸心，若通

① [唐]法藏：《华严发菩提心章》，《大正藏》第45册，第651页。
② [隋]灌顶：《大般涅槃经疏》卷12，《大正藏》第38册，第113页。
③ [隋]灌顶：《大般涅槃经疏》卷12，《大正藏》第38册，第113页。
④ [隋]智顗：《妙法莲华经玄义》卷2上，《大正藏》第33册，第692页。
⑤ [隋]智顗：《妙法莲华经玄义》卷4上，《大正藏》第33册，第720页。

若塞，能于此心，具足道品，向菩提路。又解此心正助之法，又识已心及凡圣心，又安心不动、不堕、不退、不散，虽识一心无量功能，不生染著，十心成就。”①

禅宗倡导的是直取真心的方法。大慧普觉禅师云：“为学为道一也。为学则学未至圣人，而期于必至，为道则求其放心于物我。物我一如，则道学双备矣。”②直取真心就是要明心见性。所谓见性，即见心本来面目，见心如如不动之性。换言之，回归真心，一念不生，无动无变，就是见性。“今究竟住，动念都尽，唯一心在，故言得见心性，心即常住，更无所进，名究竟觉。”③“见性成佛，即性为佛也。如来即法者，法即性空，性空即法，法即佛性也。佛性是有，性空是无，佛见有无，名觉也。”④

要直取真心，当然要知真心特点、相状和处所。禅宗认为，真心无处不在。“马祖大师云：汝若欲识心，只今语言。”⑤意为当下言语、说话的就是自心。“唤此心作佛，亦是实相法身佛。”⑥“唯即真心，悟心真故，成大觉义，故称为佛。”⑦

安心是佛教的又一主题。由于它重要，因此佛教探讨得极多，形成了许多安心方法。按不同方法分类，有三十二安心法、六十四安心法、一百二十八安心法、三百八十四安心法等；按教派分，有台教安心法、华严安心法，禅宗安心法等。⑧

最根本的安心法是空安心法或安于法性或无心。“莫与心为伴，无心心自安。”“微者无心，无身故大身，无心故大心，大心故则智周万物，大身故则应备无穷。”因为“有心成障”，有心便有“心碍”，有心碍，便会让真智隐于念虑之中。⑨

研究菩萨的心行，有助于我们明确前进的方向。菩萨有两类：一是五神通菩萨，他们实际上就是佛，但为度众生，仍留残结，以便受生。他们已得五神通，

① [隋]智顗：《妙法莲华经玄义》卷5上，《大正藏》第33册，第733页。
②《大慧普觉禅师法语》卷19，《大正藏》第47册，第893页。
③《宗镜录》卷14，《大正藏》第48册，第492页。
④《大般涅槃经集解》卷33，《大正藏》第37册，第490页。
⑤《大般涅槃经集解》卷33，《大正藏》第37册，第492页。
⑥《大般涅槃经集解》卷33，《大正藏》第37册，第492页。
⑦《宗镜录》卷16，《大正藏》第48册，第499页。
⑧《宗镜录》卷45，《大正藏》第48册，第678页。
⑨《宗镜录》卷45，《大正藏》第48册，第680页。

只是未得漏尽通，因此他们有烦恼，但能制伏，不令现前，“烦恼成就，但不现前……虽有烦恼，无所能为，住五神通，种种变化，度脱众生，故留余结，续复受生，若无残结，则无复生”[①]。二是六神通菩萨。“具六神通者，所作已办，自利足……此身尽已，更不受生，但以本愿大悲力故，应化之身相续不绝，度众生已，自然成佛。”[②]

①《鸠摩罗什法师大义》卷上，《大正藏》第45册，第124页。
②《鸠摩罗什法师大义》卷上，《大正藏》第45册，第124页。

第十九章

竹简文献中的心灵哲学：以楚地儒简为例

最近几十年来，出土文献大量出现，犹如一座富矿，引起了研究者的竞相追逐，其研究成果可谓汗牛充栋。尽管如此，但研究的范围和空间仍然很大。大量新近出土的文献所承载的广泛信息和文化密码，向世人展示了一幅全新的中国思想史的宏图，也改变了人们对中国哲学史和思想史的认识，形成了一幅整体性的文化世界图景，促使学术界重新认识中国古代文明。先秦时期主要以竹简、木牍和缣帛等为书写材料，当今出土文献的挖掘和发现使得这些书写材料重见天日。所谓“简帛”是指中国古代遗留下来的有墨书文字痕迹的竹、木牍和缣帛的总称。《尚书·多士》载：“惟殷先人，有册有典。”可见，殷商时期，就有典册文本了。王国维考证：“以帛书写，至迟也在周季。”[①]面对这些出土的文献，人们惊叹于中国古代灿烂文明实在不是虚妄之说！其内容比我们想象的要复杂得多，其成熟的时间比我们想象的要早得多。这些文献的解读可以说是证明中国古代灿烂悠久文明的最好依据。当今研究中国心灵哲学，不能对出土文献中所蕴藏的心灵哲学资源视而不见。按照中国学术的固有传统，研究出土文献大致有这样几个传统的方向：文字隶定、简文释读、义理研究等。目前，很多出土文献文字隶定和简文释读的工作业已完成，在此基础上，需要进行彻底的诠释，以揭示其中所

① 王国维：《简牍检署考》，上虞罗氏云窗丛刻本，1914年。

隐藏的奥秘。有些已经整理出来的出土文献甚至改写了学术史的方向。例如楚地出土的文献，其中，郭店简和上博简最为典型，更能代表那个时代心灵哲学发展的最高成就。这里还要强调的是，《太一生水》和《语丛四》尽管包含在这些简中，但由于没有明显而有价值的心灵哲学思想[《太一生水》主要论述“太一”（道）与天、地、四时等的关系，而《语丛四》所言多是处世箴言、保身立命之道）]，且囿于本章篇幅，加之楚简涉及面广、内容复杂，因此本章主要以郭店简和上博简中与本书内容有关的文献为例对其中的心灵哲学思想做尝试性研究。

第一节 儒简心灵哲学研究述评

出土文献对于重新认识中国古代心灵哲学的思想及价值不可小觑。目前看来，在出土文献中楚简成为学者比较感兴趣的研究目标，出现了众多的研究成果，其中一些研究成果甚至改变了中国思想史的方向。事实上，出土的楚简还有很多尚未被整理出来，其灿烂的思想向世人展示的只是冰山一角，大部分至今仍隐藏于水下，亟待研究。随着大量楚简的整理面世，一代代学者埋头于该领域，取得了丰硕的成果，这些成果为心灵哲学研究者提供了很好的文本支撑材料。引世人瞩目的郭店竹简在1993年10月出土于湖北省荆门郭店1号楚墓。据统计，从发现至今，关于其已有研究专著200余部、各类学术论文2000多篇。代表性的研究专著有：张光裕主编的《郭店楚简研究·第一卷·文字编》（艺文印书馆，1999年1月版）；张守中等撰的《郭店楚简文字编》（文物出版社，2000年5月版）；李零著的《郭店楚简校读记（增订本）》（北京大学出版社，2002年9月版，2007年8月再版）；王中江的《简帛文明与古代思想世界》（北京大学出版社，2011年3月版）；陈伟等的《楚地出土战国简册（十四种）》（经济科学出版社，2009年9月版）；等等。在此，我们借助于已有的研究成果，对涉及儒家心灵哲学范畴的楚简进行回顾，本节只就近十多年楚地出土的儒家文献中的心灵方面的研究做一个扼要综述。综观这些研究成果，有以下这样几种方向。

（1）先秦儒家的心学研究。先秦儒家对“心”的认识有三种含义：一是作为感官的生理心，包括感觉、欲望；二是道德心；三是理智心。“性”本为“生”，具有主观与客观的中介性质；孟子持“尽心知性”论，荀子则持“心知道”论。[①]孟子与荀子在“心性论”上主张不同，孟子立定“心”之大本，直探价值之超越真实，强调践行工夫下的价值开显；荀子则以统类之“心”通贯历史与社会，重视社会实践下的道德行为。[②]《五行》是儒学传统“心”之发现的重要标志，“心”具有不同的层面，表现在性物、心物等关系上。诗经学文献的主题多与心的讨论（以及相关的性）有关。其中，郭店竹简《五行》引《诗经》凡八条：第一条——“未见君子，忧心不能惙惙；既见君子，心不能悦。亦既见之，亦既觏之，我心则□，此之谓也”；第二条——“未见君子，忧心不能忡忡；既然见君子，心不能降”；第三条——“淑人君子，其仪一也。能为一然后能为君子，慎其独也”；第四条——“□□□□，泣涕如雨，能参池其羽，然后能至衰，君子慎其□□”；第五条——“明明在下，赫赫在上，此之谓也”；第六条——“文□□□□□于天，此之谓也”；第七条——“不强不俅，不刚不柔，此之谓也”；第八条——“上帝临女，毋贰尔心，此之谓也”。从引《诗经》的情况来看，上列前四条均涉及心，后面几条更多地提到天以及天与心之间的联系。心的发现和天的重塑是中国哲学有所突破的两个重要标志。《五行》最早确立了心作为价值和秩序的基础，是儒学传统里心知发现的重要标志。[③]蒙培元直接承认并构建了儒家心灵哲学。他认为，心的学说是儒学中最核心的内容之一，也是儒家主体思想的标志之一。他进一步认为，在儒学中几乎所有的思想家都讨论到了心的问题，心与性实际上联系在一起。荀子就比较重视心的认识功能。蒙培元从三个方面分析心的学说和特征：心的整体性；心的内向性；心的功能性。[④]《性自命出》和与其基本类似的上海博物馆藏楚竹书《性情论》，作为迄今发现的孔子之后、孟子和荀子之前儒家言说人性、人情和人心的典型作品，使得我们第一次看到儒家人性论和心灵哲学比较早的完整表现。[⑤]

（2）出土文献中的心身问题研究。郭店简有大量从“心”的字，有些字，传世的写法并不从“心”，但是在郭店简中从“心”。例如，为、难、易、畏、反、

① 杨维中：《论先秦儒家心性思想的历史形成及其主题》，《人文杂志》2001年第5期，第60-64页。
② 林启屏：《孟荀“心性论”与儒学意识》，《文史哲》2006年第5期，第31-42页。
③ 王博：《〈诗〉学与心性学的开展》，《中国社会科学》2013年第2期，第130-140页。
④ 蒙培元：《心灵超越与境界》，人民出版社1998年版。
⑤ 王中江：《简帛文明与古代思想世界》，北京大学出版社2011年版，第181页。

利、害等字，郭店简都加了“心”符。[①]有学者总结，战国楚简的“心”符文字，具有两个特点：一是不循旧章，另创新体；二是数量众多。楚简中凡是与思想、意识、心理、性情等意相关涉之字，都以“心”为意符，非偶然的行为。[②]战国时期出现了大量心理语言的文字，很多学者对具有心理语言字符的文字如“仁”“德”等进行了古文考辨。郭沫若曾说过：“仁字是春秋时代的新名词，我们在春秋以前的真正古书里找不出这个字，在金文和甲骨文中也找不到这个字。”[③]在中国历史文化的源头中，最典型的莫过于“皇天无亲，惟德是辅”（《左传·僖公五年》）这个命题，德字是周人所创，但内涵并没有完全固定，德与生、生命有着内在的联系，从被生者而言，意味着得到生命而具有自己的本质特性，在这个意义上，德与性成为同类概念。性从自然生命说，而德从生命之现实表现说。[④]《五行》以“仁、义、礼、智、圣”“形于内”来论证“悳”，这在早期儒学中是比较新颖的说法，这是与“心”直接相联系的“德”概念发展的结果。[⑤]不管是与“心”相对应的“身”，还是“身心合一”的身，身都是自己的，不能以“身”为人看。“从身从心”的“仁”，使人们看到了“仁”字的新的构形，也使人们重新认识理解“仁”的意义有了可靠依据。如果“从身从心”之“身”应从一个人自己的“身体”“形体”“躯体”来理解，不应该直接以“人”来看，那么作为会意字的“上身下心”之“仁”，它的意思首先是心中想着自己的“身体”，关心自己身体的“痛痒”。如果把“身”理解为作为整体的“自己”或“自我”，那么“上身下心”之“仁”，就是心里想着自己、关系自己。不管是想着自己的身体，还是想着自己本身，似乎都违背了“仁”的爱人之意。[⑥]梁涛则把“心想着身”解释为“修身成己”。他说：“如果说‘从人从二’的仁字主要反映了人我关系的一面，那么，‘从身从心的’㤡字则更多反映了心身内在的一面，

---

① 王觅泉：《郭店楚简“㤡”字与仁之诸体析论》，载北京大学《儒藏》编撰与研究中心：《儒家典籍与思想研究（第⑤辑）》，北京大学出版社 2013 年版，第 57-68 页。
② 刘宝俊：《论战国楚简从“心”之字与心性之学》，《中南民族大学学报（人文社会科学版）》2009 年第 2 期，第 162-169 页。
③ 郭沫若：《孔墨的批判》，《十批判书》，东方出版社 1996 年版，第 87 页。
④ 金春峰：《“德”的历史考察》，《陕西师范大学学报（哲学社会科学版）》2007 年第 6 期，第 5-12 页。
⑤ 王中江：《简帛文明与古代思想世界》，北京大学出版社 2011 年版，第 271 页。
⑥ 王中江：《简帛文明与古代思想世界》，北京大学出版社 2011 年版，第 214 页。

它们共同构成了‘仁’的完整内涵。”[①]有学者认为郭店简的心性论是孟子心性论的前史。[②]上博简《性情论》与郭店简《性自命出》内容基本一致，有助于人们正确理解先秦儒家的心性论的内涵和发展。[③]郭店简和上博简也涉及心身、心术理论。例如，《性自命出》就是以儒家心身观为主要内容，以探讨“心术”“性命”为中心的。其“心术”的主要内容有三：一是以心志导情气；二是以礼乐之教养性培气；三是内外交修，心身互正。特别值得注意的是郭齐勇认为，《性自命出》从“心术”角度，集中讨论礼教、乐教的功能，礼教修外（形、身），以乐教治内（心）。也就是说，礼教端正身形，乐教陶冶心灵，但是，礼教、乐教都是促成身心合一的手段。[④]“心术”概念的出现，表明古代“心”面向自己思考的意识走到一个新的高度。这说明古代哲学已经将“心”作为思考和把握的复杂对象。[⑤]出土文献中的心身关系有两种情况：一是继承了孟子以来倡导的身心一体论[⑥]；二是心身二元论，“心”对身体各器官起支配作用。[⑦]出土的简帛文献激活了对孔孟之间儒学出现的分化、谱系和思想特征的研究，使这一阶段的儒学研究呈现出一些新的面貌，“心性”和“身心”等就是其中的重要问题。[⑧]

（3）先秦儒家的人性论研究。历来先秦儒学研究的重点，几乎都将视线集中于儒家的“人性论”，且成果较多。楚简中的《性自命出》的最大特点就是论“性”角度的多层次，几乎涉及先秦性情论的所有角度，如以人论性、以天论性、以气论性、以情论性、以习论性以及以善论性等。虽然竹简的性善说并不是指人的普遍本质，但重要的是指出了一种“未教而民恒”的“性善”倾向。[⑨]人性论的讨论，多是以善恶问题展开的，“情”多半归于“恶”的欲望的范畴，关于“情”

---

① 梁涛：《郭店竹简“㤅”字与孔子仁学》，《哲学研究》2005 年第 5 期，第 47-53 页。
② 郭齐勇：《郭店儒家简与孟子心性论》，《武汉大学学报（哲学社会科学版）》1999 年第 5 期，第 24-28 页。
③ 周凤五：《上博〈性情论〉小笺》，《齐鲁学刊》2002 年第 4 期，第 13-16 页。
④ 郭齐勇：《郭店楚简〈性自命出〉的心术观》，《安徽大学学报（哲学社会科学版）》2000 年第 5 期，第 48-53 页。
⑤ 王中江：《简帛文明与古代思想世界》，北京大学出版社 2011 年版，第 197 页。
⑥ 王中江：《“身心合一”之“仁”与儒家伦理德性——郭店竹简“㤅”字及儒家仁爱的构成》，《中国哲学史》2006 年第 1 期，第 5-14 页。
⑦ 注：这与池田知久观点有点类似。参阅[日]池田知久：《马王堆汉墓帛书五行研究》，王启发译，中国社会科学出版社 2005 年版。
⑧ 注：这与池田知久观点有点类似。参阅[日]池田知久：《马王堆汉墓帛书五行研究》，王启发译，中国社会科学出版社 2005 年版，第 286 页。
⑨ 丁为祥：《从〈性自命出〉看儒家性善论的形成理路》，《孔子研究》2001 年第 3 期，第 28-37 页。

的讨论可以上溯到《荀子·正名》，对人性论的思考主要集中于“生之谓性”以及“性”是否有善恶，很少有“情”的讨论。[1]早期“性”与“心”并非一体。《五行》在突出心的同时，从没有提及性，这足以显示出心与性在早期儒家思想中并不是天然一体的。[2]“天”“命”“性”“情”构成了性情论的一条逻辑脉络。西方哲学中的“情感”是一个心理学概念，但是先秦儒家的“情”却是相对于“性”提出的一个主体性范畴。[3]以往学术界普遍以善恶伦理范畴来评价孔子、孟子、荀子人性论的思维模式，郭店简发现以后，早期儒家的心性关系、人性论等突破了这种思维模式。学者对早期儒家人性论的研究朝向更加实证的方向。

（4）中西方比较哲学视角下的心灵哲学研究。最早借助于西方心灵哲学框架建构中国心灵哲学[4]；参照心理学研究人的性情世界[5]；参照西方心灵哲学，中国古人也有类似的探讨，先秦时期就提出了形神的概念，并对其中的内涵做了界定，以至于有学者认为“东方心灵哲学具有较大的研究空间”，并成功地运用比较规范和标准的心灵哲学框架重新解读中国古典文献。[6]

（5）海外汉学家对郭店楚墓竹简的研究。从《性自命出》所言性情的产生、作用等问题可以推断，儒家至迟在战国前期就已经展开了关于人性论的形而上学讨论。《性自命出》也出现在上博简中，虽然命名为“性情论”，但二者基本上是同一文献。“二者之间，在文章排列上可以看出很多不同，在战国中期，已出现不同系统的文本，这一现象暗示着其流传时间可能已经相当长了。”[7]美国白兰汀图书公司聘请韩禄伯主编的“古代中国典籍”丛书，将马王堆、银雀山等地所出土的经典简帛译注出版，其中包括马王堆出土的《周易》。1998 年 5 月，《郭店楚墓竹简》由文物出版社出版，当月在美国达慕思大学举行“郭店《老子》国际研讨会”，来自不同国家的 30 余名专家与会，掀起了海外汉学家研究楚简的

---

① 林启屏：《心性与性情：先秦儒学思想中的人》，《文史哲》2011 年第 6 期，第 25-35 页。
② 王博：《〈诗〉学与心性学的开展》，《中国社会科学》2013 年第 2 期，第 130-140 页。
③ 参阅欧阳祯人：《先秦儒家性情思想研究》，武汉大学出版社 2005 年版。
④ 参阅梁漱溟：《人心与人生》，上海人民出版社 2011 年版；钱穆：《灵魂与心》，广西师范大学出版社 2004 年版。
⑤ 参阅燕国材：《中国心理学史》，浙江教育出版社 1998 年版。
⑥ 参阅李似珍：《形神·心性·情志——中国古代心身观述评》，江西人民出社 2001 年版；高新民：《人心与人生：广义心灵哲学论纲》，北京大学出版社 2006 年版。
⑦ [日]浅野裕一：《新出土文献与思想史的改写——兼论日本的先秦思想史研究》，柳悦译，《文史哲》2009 年第 1 期，第 22-36 页。

热潮。艾兰的《唐虞之道》学派属性的认识，杜维明（美国）强调郭店简对于先秦学派横向研究的意义，金安平（美国）比照《尚书》对《成之闻之》的缜密分析，罗凤鸣（美国）对郭店儒家典籍所见法学要素的探讨，叶山（加拿大）对于郭店楚墓竹简与子思学派关系的怀疑，顾史考（美国）对于儒家诸简分篇的意见，王安国（美国）对《缁衣》的研究，等等，都值得关注。[①]西方汉学家在研究楚简时重视相关学科的先进理论和新的诠释模式的运用，注重方法论和原则的讨论，这对于国内学者重考据、轻解读的研究方法有着重要的启示作用。日本对这些出土文献的研究，与中国、欧美国家有所不同。

台湾和香港地区的出土文献研究，1949 年之前基本上是空白。20 世纪 80 年代，随着学术交流的频繁，大陆（内地）出土的文献资料受到台湾和香港地区学者的重视。

学术界对其的研究主要集中于文字隶定和简文释读方面。文字隶定方面，有整理者的初创之功，后经李学勤、裘锡圭、李零、廖明春等学者拓展，逐渐丰富严谨，这样一来，除了个别的有争议之外，已经基本扫清了文字方面的障碍。总的来说，中外学者对竹简中心灵哲学的研究，成果斐然，但冷静分析，仍存在以下问题：一是主要侧重于价值性内容的研究，能够与西方对话的知识性研究不多；二是对心灵哲学的划界存在误解，认为凡是涉及心的材料都应被纳入心灵哲学的范畴，存在一种心灵哲学的泛化理解；三是西方学者由于语言的障碍对中国心灵哲学文献理解存在不准确的问题。

第二节　儒简心灵哲学之反观[②]

综上可见，儒家心灵哲学已有成说，一般以“心性论”为表现形态，且已经深入出土文献的研究中。在此，所谓“反观”，就是试图对先秦儒家心灵哲学已有的研究成果进行严格意义或标准化的重新审视，看看其究竟有哪些特别之处。的确，出土文献的相继发现和整理给我们带来了思想上的洗礼，人们猛然发现，

---

① 参阅邢文：《近年海外简帛研究述评》，光明日报 2000 年 10 月 13 日。
② 该节是在邢起龙与高新民的论文《性自命出：中国古代心灵哲学的杰作》的基础上改写扩充而成的。

从前的许多成说已经需要重新认定。王国维 1925 年曾说过："古来之新学问起，大都由于新发见。"①的确如此，最近几十年出土的文献，不仅澄清了许多问题，还发现了许多新问题。陈寅恪先生在《陈垣敦煌劫余录序》中说："一时代之学术，必有其新材料与新问题，取用此材料，以研求问题，则为此时代学术之新潮流。治学之士，得预于此潮流者，谓之预流（借用佛教初果之名）。其未得预者，谓之未入流。此古今学术史之通义，非彼闭门造车之徒，所能同喻者也。"②郭店简于 1993 年 10 月在湖北荆门郭店 1 号墓出土以来，一直吸引着学术界的关注。郭店简以儒家和道家典籍为主，其中，《唐虞之道》的归属仍存在争议：有人认为其属于儒家作品，也有人认为其属于纵横家作品，还有人认为其主体属于儒家，吸收了道家、墨家的思想。如果按照前文所谓的标准的心灵哲学划界来分析，则楚地出土的文献中还真蕴藏着不为人知的心灵哲学资源。然而，郭店简和上博简成为简帛研究之嚆矢。本节以郭店简、上博简为讨论重点。

一、"仁"和"德"的心理语言分析

在楚简中，有很多具有心理语言的词汇，前文已经列举了一些。在此，笔者仍不厌其烦地向读者补充两个容易忽视却又比较典型的词汇，即"仁"和"德"。"仁"字有"𢘅""忎""𡰥"等形式；"德"字写为"悳"。从心理语言的角度分析，我们可以想象，在远古时代，造字者或书写者这样写是否有不同的用意呢？那么它们之间字体的演化又说明了什么呢？战国时期的"仁"和"德"的书写形式又与演变至今的"仁"和"德"之间有何不同呢？从词源学角度看，"𢘅""忎""𡰥""悳"的真意究竟是什么呢？细细看来，这四字皆与心有关系，我们古人造字是有讲究的，那么，这几个与"心符"有关的字必然有一定的奥妙。

从事中国哲学研究的学者一般都从心性学的角度进行解读，其依据是郭店简有十四篇文章属于子思佚文，而心性说是思孟学派重要的内容。如果从心灵哲学的角度进行研究，那么其意义就不那么简单。"考古学的资料足以表明：新石器

① 王国维：《最近二三十年中中国新发见之学问》，《王国维论学集》，中国社会科学出版社 1997 年版，第 207 页。
② 陈寅恪：《金明馆丛稿二编》，《陈寅恪集》，生活·读书·新知三联书店 2011 年版，第 266 页。

时期，至少在青铜器时期就已出现了比较成熟的文字体系。”①1993 年湖北荆门郭店楚简中有很多“仁”字，但都是只有从“身”从“心”的“仁”这样的唯一字形。有学者对“仁”字进行了统计。例如，庞朴考证，郭店简“大约有将近 70 个仁字……全都无一例外，皆从心从身”②。梁涛说：在郭店竹简中，仁字均写作“𢼊”③。事实上，郭店简共 67 个“仁”字，写成“𢼊”的共 55 处、写成“忎”和“忈”的各 6 处。④但是，翻阅《说文解字》没有发现“𢼊”和“忎”二字。这是否说明：当时这二字就没有出现或已经消失于人们的视野之中呢？《说文解字》载：“仁，亲也，从人二。古文仁，从千心作，或从尸。”⑤也就是说，《说文解字》仅收录“忈”字形的仁和已经出现的“仁”。清人王筠、田吴照等认为，从“尸”实为从“人”，如果考证属实的话，也就是说，《说文解字》有“忎”和“忈”二字之“仁”，却一定没有上身下心之“𢼊”字。有学者研究，“仁”字出现较晚，但是起码，《说文解字》已经收录了“仁”，这应该是“仁”字出现的下至时间点。《论语》有“人者仁也”“仁者爱人”等之说，它们究竟是否就是今天的“仁”字值得商榷，但是，《孟子》曰：“仁也者，人也。合而言之，道也。”《中庸》曰：“仁者人也，亲亲为大。”应该皆指“从人从二”之“仁”字。但是，也有资料显示，孟子时代，“仁”和“𢼊”互用。《孟子》曰：“仁内，义外。”又见《六德》：“𢼊，内也；义，外也。”可见，此处“仁”和“𢼊”是互通使用的。“仁内”显然是一种复杂的心理现象，此内当指心内而言，质言之，仁内即心内的本质为“仁”或“仁”是心的本质属性。据考证，郭店简的下葬时间是公元前 300 年左右，成文肯定在孟子甚至子思之前。郭店简重见天日，我们发现“仁”均与“身心”有关，表明“从人从二”并非”仁”初形，也就是说，上身下心之“𢼊”字后来在历史文化的长河中已经消失，这个时间点的下限应该在许慎撰写《说文解字》的时代。

其实，甲骨文、西周金文中还没有发现“仁”字，“仁”字也“不见于虞夏

① 高新民：《心灵与身体——心灵哲学中的新二元论探微》，商务印书馆 2012 年版，第 583 页。
② 庞朴：《仁字臆断——从出土文献看仁字古文和仁爱思想》，《寻根》2001 年第 1 期，第 4-8 页。
③ 梁涛：《郭店竹简“𢼊”字与孔子仁学》，《哲学研究》2005 年第 5 期，第 47-53 页。
④ 荆门市博物馆编：《郭店楚墓竹简》，文物出版社 1998 年版，第 282 页。
⑤ [汉]许慎撰、[清]段玉裁注：《说文解字注》，上海古籍出版社 1988 年版，第 365 页。

商《书》及《诗》三颂、《易》卦爻辞之内，似周初有此言而尚无此字”[①]。郭沫若考证：“仁字是春秋时代的新名词，我们在春秋以前的真正古书里面找不出这个字，在金文和甲骨文里也找不出这个字。”[②]当然，郭沫若的考证是20世纪40年代提出来的，当时，还没有充足的出土文献作为支撑。后来，随着出土文献的发现和整理，学者发现金文中是有“仁”字存在的，例如，包山2号楚墓有“仁”形字存在。1974年河北平山县发掘的战国时期中山国墓葬群，其中M1号墓中出土的“中山王鼎”，有一段铭文：“天降休命于朕邦，有厥忠臣赒，克顺克卑，无不率仁，敬顺天德，以左右寡人。”[③]中山国在春秋时期称为“鲜虞”，乃北方少数民族白狄所建立的国家，其文化较为落后。但是，其毕竟在中原文化与齐鲁文化之间，文化之落后只是相对而言。战国初年，子夏的弟子李克曾治理中山，将儒家学说传入中山国。《太平寰宇记》引《战国策》逸文曰：“中山专行仁义，贵儒学。”可见，当时经济上落后的中山国也受儒家思想的影响比较深远，这也正好说明经济与文化由不平衡到平衡。《说文解字》中有“仁”字。那么，“忎”与现代意义上的“从人从二”之“仁”字之间又有怎样的联系呢？这个问题笔者将在后文谈论。

甲骨文是否存在“德”字也尚存争议，但是周金文字中确有其字。“德”字，《说文解字》谓：“德，升也。从彳，德声。”[④]又释“悳”，谓：“外得于心，内得于己也。”段玉裁《说文解字注》曰：“‘内得于己’，谓身心所自得也；‘外得于人’，谓惠泽使人得之也。”[⑤]何发甦考证：先有“德”字，后有“悳”。汉唐之间，人们普遍以为“悳”为古文，以“德”为今文，以“悳”为古文，殊不知今文“德”更古。[⑥]此说有一定的道理和依据。我们目前所见的有关“德”的最早、最典型的命题是“皇天无亲，惟德是辅。”此命题的意思是皇天不是某一氏族的氏族神，它是公正无私的，只辅助有“德”的氏族，让他们享有政权。

① [清]阮元撰：《揅经室集》，邓经元点校，中华书局1993年版，第176页。
② 郭沫若：《孔墨的批判》，《十批判书》，东方出版社1996年版，第87页。
③ 张守中、郑名桢、刘来成：《河北省平山县战国时期中山国墓葬发掘简报》，《文物》1979年第1期，第1-31页。
④ [汉]许慎撰、[清]段玉裁注：《说文解字注》，上海古籍出版社1988年版，第76页。
⑤ [汉]许慎撰、[清]段玉裁注：《说文解字注》，上海古籍出版社1988年版，第365页。
⑥ 何发甦：《〈说文解字〉“悳”“德”辨析》，《北京师范大学学报（社会科学版）》2008年第3期，第133-134页。

从具体语言环境看，“惟德是辅”的“德”却是一个政治上的概念。“德”具有第一性的地位。例如，《道德经》中的“道”和“德”的关系即为明证：马王堆出土的《老子》本，《德经》处在《道经》之前。

我们过去普遍认为先有“㤅”字后有“仁”字，先有“悳”字后有“德”字，这种逻辑定性是错误的。而且，包山 2 号楚墓有“仁”形字存在。笔者认为，“㤅”“悳”的初文更具有价值性，其理由如下。

第一，㤅和悳与“四心”有关。“四心”是什么意思呢？第一个是恻隐之心，我们过去把它叫作同情心，现在的很多人把同情心叫作怜悯心。但是，我们知道，同情心不是怜悯心，同情心又叫作同情感，是一种共同、共通的情感。同情心是指人们所共同具有的对事物、对人的最共通的、最普遍的那样一种情感，这叫作同情心。我们将共同拥有的那样的一种心叫同情心。如果同情心就是怜悯心的话，它就是在上位者对在下位者的一种情感施舍，这样同情心的意味整个就变了。同情心，它是在寻找人与人之间的共同性，人与人之间的同一性、最初的情感上的同一性，叫作同情心。所以，同情心又叫作同情感。人到底是不是有这样的一个同情心呢？孟子提出，同情心存在的最有力的确证是，你见一个小孩子落到井里了，你自然就会去救他。你为什么要去救他呢？孟子说：“非内交于孺子之父母也。”就是说，我救这个小孩，不是我和这个小孩的父母有交情、关系好。“非要于乡党朋友也”，也不是我想要在乡邻里面得到一个好名声。“非恶其声也”，不是说我听到他呼救的声音，我感到恐惧了，所以要去救他。这三种假设都不是，它就是一种最共同的自然反应，“见孺子落井，自然知恻隐”。孟子强调自然，这是一种自然之心，是人类最根本的、最初的、最质朴的、最共同的一种情感，这是同情心最直观的表现，但是，同情心绝不止于此。孟子强调人的共同情感，是强调这种共性，强调人类情感中的同一性，有了这样的恻隐之心，便有“仁之端也”。仁就是两个人之间共生的那个东西，两个人之间共同共通的东西叫作情感，这个情感内核是爱人。“仁者，爱人。”所以，中国人在古字中对“人”字的写法，是一撇一捺，捺上面还有三撇，意指好多的人相互支撑才构成一个“人”，在汉字简化的时候就变成了现在的“人”，但“人与人之间的相互支撑”的本意没有变。很简单，人与人之间是要相互支撑的。

第二，“㤅”字寓示着身与心、道德与身体的某种相关性。关于郭店儒简所见的心、性、身、情问题，郭齐勇有一系列的考察：《郭店儒家简与孟子心性论》认为以情言性、即心言性是楚简与孟子学的共同点；《郭店楚简〈性自命出〉的心术观》分析《性自命出》“性—情（欲）—气—形（体、身）—心（志）—神（精）”的互动关系，托显出内外交修、心身互正的心身一体观；《郭店楚简身心观发微》（《郭店楚简国际学术研讨会论文集》）则考察了《五行》《缁衣》《语丛一》《语丛二》，论定楚简的身心观旨归是通过身心合一达到天人合一。丁四新亦讨论了郭店简的“身心统一论”，强调天—性—心—人的连贯性、性—情—身—气的整全性，以及肉体生命和精神生命的统一性。郭店儒简中“仁”字从“身”从“心”，正表明仁德是一种扎根于形、气、神一体显现的道德，必须在身体上体现出来，“身心为仁，这是儒家的大本大宗”①。

汉字的象形、会意等特点，无疑给我们还原文字的初文意思带来方便。如前文列举的“仁”字，其演化过程以及几个“仁”字同时出现，如果从心灵哲学角度看，就有非常的意义：初创“㤪”字的人想表达，“㤪”是一种心理状态，或一种身心合一的心理体验，而非一种道德行为，而“仁”字则是人在处理人际关系中的心理态度、立场。又如，郭店简《五行》：“㤪之思也清，清则察，察则安，安则□，□则悦，悦则戚，戚则亲，亲则爱，爱则玉色，玉色则形，形则㤪。”（简12、简13）“清—察—安—□—悦—戚—亲—玉色—形—㤪。”这些中间环节究竟是什么意思呢？根据现有的文字信息难以判断。其实无关紧要，这里表述的信息是具有思维性、反思性，“㤪”经历了一系列中间环节最后回归至“㤪”。还有就是“悳”字，在《老子》之前，“悳”显然也是一种心理语词，指一种心理现象，即心很正直。郭店简《老子》曰：“往（广）悳女（如）不足……攸（修）之身，其悳乃贞。”（郭店简《老子》乙本）很明显，“悳”就是与“心”保持齐平，才能“贞”。很多例子却说明，中国古人是有丰富的“心”的观念的，且极具个性，认识到西方人所没有认识到的大量心理现象，如情、欲、志、灵、魂、魄等，中国心灵哲学不否认以上各种心理现象的存在，但是一般不将它们看作某种实体，只是承认它们的作为属性、状态、事件的存在地位。古人对“心”的认

① 杨儒宾：《子思学派试探》，载武汉大学中国文化研究院编：《郭店楚简国际学术研讨会论文集》，湖北人民出版社2000年版，第623页。

识隐藏着跨越时空的千古之谜，也非笔者所能言尽的。

二、“心”的本体论地位

1993年在湖北荆门出土的郭店竹简中有一篇叫作“性自命出”的竹简。经过考证认为，该简的下葬时间大致在孔子之后、孟子之前，是战国中期（公元前300年左右）的一篇典型的先秦儒家典籍。该简的出土和整理，让人们惊诧先秦时期心性学说如此丰富。很巧合的是，在上博简中也有类似内容的简文，学术界普遍认为上博简中与《性自命出》类似的简文有以情解释性的特点，整理者濮茅左将其命名为“性情论”。李天虹认为，“上篇均是情性之情，由人的本性生发，以真诚为主要特征，以情感为主要内涵”，下篇则“突出强调的是情的诚、实、真的本质”。[①]《性自命出》大量谈到心理现象的基本概念，如天、道、性、命、心、情、志等，还涉及天、命、性、情的产生和认知问题，在形式和内容上具有心灵哲学的基本特征。心灵哲学的一个基本特征就是看它是否包含着对常识心理学的反思和超越。以下，笔者就其所具有的心灵哲学特色谈谈拙见。

心的学说是先秦儒学的基本内容之一，也是先秦儒家主体思想成熟的标志。但是，“心”究竟是什么？它的具体位置在哪儿？又是如何产生的？先秦儒家的传世文献和出土竹简中很少提及这些不该回避的问题。让人庆幸的是，《性自命出》居然谈到了以上这些问题，全文涉及“心”词汇的凡二十三处，特移录如下：

> 凡人虽有性，心无奠志。（简1）
> 虽有性，心弗取不出。凡心有志，亡与不。（简6）
> 四海之内其性一也，其用心各异，教使然也。
> 养思而动心，蔚如也。
> 凡古乐龙心，益乐龙指，皆教其人者也。
> 哀、乐，其性相近也，是故其心不远。
> 乐之动心也，睿深欲蹈，其音则流如也以悲，倏然以思。
> 其声变则其心变，其心变则其声亦然。信游，哀也。躁游，乐也。

① 李天虹：《郭店竹简〈性自命出〉研究》，湖北教育出版社2003年版，第50页。

湫游，声；戏游，心也。凡学者求其心为难。

虽能其事，不能其心，不贵。求其心有为也，弗得之矣。

其过十举，其心必在焉。

凡用心之躁者，思为甚。

君子执志必有夫往往之心，出言必有夫简简之信，宾客之礼必有夫齐齐之容，祭祀之礼必有夫齐齐之敬，居丧必有夫恋恋之哀。君子身以为主心。（简 14）

综上，本书把《性自命出》中的“心”归为两个类型：一是物理学上的心，即“无奠志”的心（没有具体方向的心），具有自然属性，类似于佛教上的“妄心”或先秦儒家所称的“人心”；二是精神层面的心，即有志的“心”（有方向的心），具有精神属性，类似于佛教上的“真心”或先秦儒家所称谓的“道心”。有关“心”的本体论地位的语句值得注意的还有：

君子无中心之忧则无中心支（之）智，无中心之智则无中心之悦。（简 5《五行》）

凡忧患之事欲任，乐事欲后。（简 62《性自命出》）

中心辩然而正行之，直也。（简 33、简 34《五行》）

以其外心与人交，远也。远而庄之，敬也。敬而不懈，严也。（简 75《五行》）

耳目鼻口手足六者，心之役也。（简 45《五行》）

《性自命出》中不仅心理语言具有心灵哲学意义，而且涉及心灵哲学的基本内容——心身问题的分析。“凡性为主，物取之也。金石之有声也，弗扣不鸣。□虽有性，心弗取不出。”（简 5、简 6《性自命出》）意思是金石之声，不敲则不会响；人虽然有与生俱来的天性，但如果心不起作用，则实现不了。又见：“凡道，心术为主。”（简 14）郭齐勇先生认为：“心术自是心与物、心与身交互作用的途辙、状态和方法，也是养心、用心的过程和方略。”[①]至于“心术”

① 郭齐勇：《郭店楚简〈性自命出〉的心术观》，《安徽大学学报（哲学社会科学版）》2000 年第 5 期，第 48-53 页。

的作用，本书在后文也有论述，此处主要论证“心”在认识过程中的作用。“心术对于参赞道和体悟道，至关重要！这可以说是人的主体性的建立，涉及到心与身、心与物的关系。”[①]“身以为主心”（简 66）的释读颇为纠结，庞朴与陈昭瑛认为，应作“身主心”理解，刘昕岚则认为这里是说君子注重自己的仪容以正心。郭齐勇先生通过对《性自命出》与《五行》进行比较，解释了对身心分化与身心互动的看法。笔者认为，应在身心关系中理解“以身为心主”说。在“心”与“身”、“心”与“物”的相互关系中理解“心”的本体论地位，应该厘清以下几个方面的关系问题。

第一，心与志的关系。“志”是《性自命出》中的关键概念，它与“心”直接相关联，是理解“心”的重要环节。“凡人虽有性，心无奠志。”（简 1《性自命出》）裘锡圭先生认为：奠，定也。此即“心无定志”说。“志”古文作“识”。《周礼·保章氏》郑玄注云：“志，古识。”《尔雅·释诂》：“志，意也。”《毛诗序》云：“在心为志。”《论语·为政》云：“吾十有五而志于学。”皇侃《论语义疏》云：“志者，在心之谓也。”朱熹云：“志者，心之所之之谓。”《性自命出》又云：“凡心有志也。”（简 6）“凡心有志，亡与不□□□□□独行，犹口之不可独言。”（简 7《性自命出》）“与”为相伴、伴随之物的意思，此句的意思是一般而言，心是实有志向的，或有意向性的，志是不能独自生发的，就像口不能独自言语一样。综合可见，志在心中，应该属于心的属性。质言之，心是志的所在，“志”未有生发仍属于“心”的范畴，“志”犹如“心”这个平台发出的箭。但是，“志”并非随意或任意而发的，需要一定的外部条件的刺激、引发，才能从“心”的范围生发出去。“志”需要“待物而后作，待悦而后行，待习而后定”（简 2《性自命出》）。可见，“志”是在与外物接触下发生作用的，另外，人的心志没有定向，只有待心中有喜悦后才始行，待成为习惯后才始定。正所谓，习惯成自然。笔者认为，心是志之体，志是心之用，二者是体用关系，在心的认知作用中，“志”是关键的一环。

第二，心与性的关系。“虽有性，心弗取不出。”（简 6《性自命出》）此

① 郭齐勇：《郭店楚简〈性自命出〉的心术观》，《安徽大学学报（哲学社会科学版）》2000 年第 5 期，第 48-53 页。

句将“性”与“心”的关系进行了定位，也就是说，“性”如果没有“心”的主动获取，其也就产生不出来，或者说，起不了任何的作用。二者是隐与显的关系。性是潜在的、隐藏性的，隐藏于“心”中，如果没有“心”这个平台或作用，性不会表现出来，也就起不到作用，而且每个人都有相同的“性”，要言之，性具有普遍性。“四海之内其性一也，其用心各异，教使然也。”（简 9《性自命出》）“性”是不变的“一”，是潜在于人“心“中的，是看不见的，是万事万物的基本规则。可见，心的本体论作用非常明显。

第三，心与物的关系。那么“心”如何发生作用呢？《性自命出》认为，“心”必须和外物发生联系才能起到一定的认知作用。何谓“物”？《性自命出》对“物”专门有一个界定：“凡见者之谓物。”（简 12）笔者认为，“物”的界定十分类似于西方现象学的观点。现象学认为，凡是进入认识范围的物才能成为认识对象，由于外物的刺激作用，“心”才能具备认识功能。“待物而后作”意即“心”是随着外物的呈现而发生作用的。不论是“无奠志”的“心”，还是“有志”的“心”，必须在外物的刺激下才能发生认识，所以，“心”的主体作用需要“物”的刺激，然后才能生出“情”。“凡动性者，物也；逆性者，悦也；室性者，故也；厉性者，义也；出性者，势也；养性者，习也；长性者，道也。凡见者之谓物，快于己者之谓悦，物之势者之谓势，有为也之谓故.义也者，群善之蕝也。习也者，有以习其性也。道者，群物之道。”（简 11~简 14《性自命出》）《尔雅·释言》曰：“逆，迎也。”“室”，整理者释为“交”。《广雅·释诂》曰：“交，更也。”交性即易性。裘锡圭认为，根据上博简，此字是“室”字的误摹，似应读为“实”，古以“心实”为美德。“室性”，顾名思义，就是为性筑室，或者说，为性确定一个框架，规定这个框架的依据就是“故”。李天虹认为，“故”是指法则、事理。梁涛认为，“故”指礼仪典故。裘锡圭又认为，“室性”即“节性”。所谓“见者”就是现象的自然呈现，也就是表象世界与“心”的接触。能让外物处于某种状态的力量称为“势”，能作为原因起作用的即为“因或故”。这里对“物”的描述具有现象学的维度。凡人虽有性，心亡定志，待物而后作（简 1《性自命出》），《礼记·乐记》之《本乐》所谓人心“感于物而动”。心“待物而后作”。“凡物由亡生。”（简 1《语丛一》）庞朴认为，内即心中。智有致思的意思。“仁形于内谓之德之行，不形于内谓之行。义形于内谓之德之行，不形于内谓之行。礼形于内谓之德之行，不形于内谓之行。智形于内谓之德之行，不形于内谓之行。圣形于内谓之德之行，不形于内谓之德之行。”（简 1~简 4《五行》）“内”指“内心”。其实，这段话仍然在讲“心”与“物”之间的关系，具体为，五个德目“仁、义、礼、智、圣”是内藏于“心”的，五个德目内藏于“心”谓“德之行”，不表现于“内心”谓“行”，其实就是“知行”如何合一的问题，或德行与功夫之间的关系的最初理论萌芽。

三、人性论的最初形态

人的本质问题的讨论贯穿于整个中国哲学史，在先秦时期表现为“人性论”的问题。其实，从思想史的角度而言，春秋战国阶段是思想理论大总结的阶段，这个时期，“人性论”观点纷呈，思想家需要对各种人性论观点进行理论上的总结。其理论成果至今仍闪耀着伟大的光芒。先秦时期的人性论有这样几种形态：孟子的性善论、荀子的性恶论、告子的性无善无不善论和性可以为善可以为不善、世硕的有善有恶论等。其中，世硕的观点容易被忽视，“周人世硕以为人性有善恶，举人之善性，养而致之则善长；性恶，养而致之则恶长”[①]。而郭店简中的人性论与世硕的观点接近，《性自命出》所阐述的人性论就属于“性有善有恶论”。综观先秦儒家的人性论可以发现，各派对性的内容有着不同的看法，但是，它们都承认人心不是白板，而是天赋的、生来即有的“性”，此“性”不是空无，而是有资源的或有内容的，要么是纯善，要么是纯恶，要么善恶兼有。“在郭店简出土以前，由于相应文献材料的缺失，学界对于‘即生言性’的研究往往限于告子思想本身，而客观上对于这一传统重视不够。自郭店简出土、公布以来，学者往往以此来考量早期儒家的心性关系、人性论思维模式，等等，逐渐突破了过去以善恶伦理范畴来评介孔孟荀人性论的固有思维模式。”[②]

楚简中的“性”有诸多个性特点。“凡性，或动之，或逆之，或室之，或厉之，或出之，或养之，或长之。凡动性者，物也；逆性者，悦也；室性者，故也；

① 世硕，春秋时期陈国人，据传为孔门弟子七十二贤人之一。著有《世子》二十一篇。见王充《论衡·本性》。

② 王晓洁、李友广：《郭店楚简与学术研究前沿综论》，《华夏文化》2014 年第 1 期，第 61-64 页。

厉性者，义也；出性者，势也；养性者，习也；长性者，道也。”（简9~简12《性自命出》）就是说，性大概有动性、逆性、节性、厉性、出性、养性、长性等，接着进一步说明，凡是使性触动者是外物，迎合性者是喜悦，求取性者是故意，砥砺性者是道义，引发性者是环境，养成性者是习惯，提高性者是道理。告子言：“生之谓性”，“性无善无不善”。[①]《礼记·乐记》曰：“夫民有血气心知之性，而无哀乐喜怒之常，应感起物而动，然后心术形焉。”“人心之动，物使之然也。”[②]意思是，人们内心的活动，是受外物影响的结果。《性自命出》没有谈性的善还是不善的问题，《孟子》从理论思路上接着谈性所具有的特点。孟子曰：“凡同类者举相似也，何独至于人而疑之！圣人与我同类者。”[③]

在郭店儒简中，有这样三篇涉及“人性论”的问题，即《成之闻之》《性自命出》《语丛二》，举例如下：

> 圣人之性与中人之性，其生而未有非之，节于而也。（简26《成之闻之》）
>
> 则犹是也。虽其于善道也，亦非有译娄以多也。及其博长而厚大也。（简27《成之闻之》）
>
> 此以民皆有性而圣人不可慕也。（简28《成之闻之》）
>
> 四海之内，其性一也。（简9《性自命出》）

简26《成之闻之》的“节于而”之“节”，周凤五认为是“时命”的意思，“而”字，裘锡圭疑为误字。李零认为，似应作“此”；陈伟认为，应为“天”之误字。以上摘录语句都在说明同一个问题，即“性”是天赋的、生而俱有的，具有普适性，各色人等都具有，可以理解为孔子所说的“食色，性也”，性哪有什么善恶之分呢？而且“性”博长、厚大。简27《成之闻之》“译娄”之说也有争议，关于“译”，李零读为“怿”；陈伟疑读为“泽”，指恩惠，其又疑读为“择”，区别义；李学勤读为“择”，取也。关于“娄”，李零读为“数”。那么，从“译娄”在具体语句中所产生的意思来看，笔者认为，李学勤的观点将“译”

① 《孟子·告子上》。
② 转引自陈戍国撰：《礼记校注》，岳麓书社2004年版，第271页。
③ 《孟子·告子上》。

读为“择”比较准确，“译娄”则是“选择数目”的意思，如此文通。简27《成之闻之》的意思是虽然圣人对于善道选择之数不会多，但等到选择善道的数度广博厚重之后，则圣人不应该专有。其意思就是告诉我们：人的道德实践的获得具有公平性，没有高低之分。简26~简28《成之闻之》放在一起的意思是“中人之性与圣人之性，其生来没有不是受制于天的……此一得自于天的性，即使在道德实践的方面，也是人人均等的，追及善道的博长与厚大，则圣人不可专有之，因为每个人所得到的性可以使他博厚其道德，圣人的性并非多于中人，既然禀性人人皆同，圣人也未有多受，故在天生条件方面，圣人并不值得羡慕。”①及善道德博长与厚大，则圣人不可专有……每个人的性相同，圣人也没有多受，就这点而言，无须羡慕圣人。何谓“性”？又如以下：

> 天生民而立之君，使司牧之，勿使失性。（《左传·襄公十四年》）
>
> 天命之谓性，率性之谓道。（《礼记·中庸》）
>
> 形色，天性也。（《孟子·尽心上》）
>
> 告子言：“生之谓性。”（《孟子·尽心上》）
>
> 乎脂肤血气之情，样性命之正，安命而弗夭，养生而弗伤。（简11《唐虞之道》）

以上都是讲人性的来源或产生条件，人性只能为“一”，“四海之内，其性一也”（简9《性自命出》）。“性自命出，命自天降”，人性源于天，在这点上人人平等。《性自命出》首句为“凡人虽有性”，上博简《性情论》为“凡人虽有生”。荀子对“性”的定义有两个：一是“生之所以然者谓之性”；二是“性之和所生，精合感应，不事而自然谓之性”。②“生之所以然者谓之性”也就是“生来就是这样的叫作性”，而“性之和所生，精合感应，不事而自然谓之性”是进一步的解释，性在和谐的状态下，精神与外物相合感应，不经过人为努力或后天教化、自然产生出来的就是性。《荀子》认为，性就是自然生命的自然现象，通过认知感官与外物接触，人会产生主观反映，这些都是自然产生的，不需要后

---

① 陈宁：《〈郭店楚墓竹简〉中的儒家人性言论初探》，《中国哲学史》1998年第4期，第39-46页。
②《荀子·正名》。

天学习使之然。可见，“性”是先天的，是天赋的。《性自命出》关于“性”的界定是：

> 喜怒哀悲之气，性也。及其见于外，则物取之也。（简 4）
>
> 好恶，性也。（简 4）
>
> 四海之内，其性一也。（简 9）

笔者认为，《性自命出》与《中庸》成文时代相近，故在性情如何生成的回答上具有一致性，这是很自然的。我们倒是对那个时代的性情学说为什么这样丰富而感到惊奇！《性自命出》认为，性有两种类型：一是所谓的气性，即以气为依托的性，具有物理属性，这是先秦时代气性说的痕迹，以气言性是先秦时期心性论的一个基本内容；“喜怒哀悲之气，性也，及其见于外，则物取之也”（简 4《性自命出》）。二是好恶之性，也叫道德之性，具有精神属性。这种“性”就是人的喜怒哀悲之“气”，“气”因外物动之而显现于外，就变成人之“情”。“喜怒哀乐”“好恶”皆属于人与生俱来的先天本性，而由天和命所生之性赋予在人身上是可以看得见的，表现为一个人的“喜”“怒”“哀”“惧”“爱”“欲”“恶”之情。性被赋予在人身上可以见到，它由天和命所生，如果继续追问“命”是什么，就归于一种形而上的解释，它源于莫测的“天”。《性自命出》成文于孔子和孟子时代之间，那是祭祀氛围比较浓厚的时代，人们对天命是怀着敬畏之心的，天命不可违，即使像孔子这样的圣人对“天命”也抱着搁置不议的态度，他是很少谈“天命”的。例如，“子罕言天，与命与仁”。既然“天命”是形而上的，由此所生出来的“性”就带有神秘色彩。

由性所生之情也是先天的。“情”指“喜怒哀乐之类”。“喜怒哀悲之气，性也。”（简 2《性自命出》）只要是具有血气之身的人，他就会有“喜怒哀乐”之情。“凡有血气者，皆有喜有怒，有慎有口。”（简 46《语丛一》）何为“情”？它是先天的抑或后天的？《礼记·礼运》曰：“何谓人情？喜、怒、哀、惧、爱、恶、欲七者弗学而能。”《荀子·天论》说：“好恶喜怒哀乐臧焉，夫是谓之天情。”“臧”者，“藏也”，好恶喜怒哀乐是内在于人的天生的情感，“情”是内在于人的天性，性是“感物而动”而发之于外的，进而表现出好恶喜怒哀乐之情。再就是，能引起人情好恶的对象也是物。“好恶，性也。所好所恶，物也。

善不善性也，所善所不善，势也。凡性为主，物取之也。金石之有声，弗扣不鸣，人之虽有性，心弗取不出。凡心有志也，无与不可，性不可独行，犹口之不可独言也。”[①]性没有善与不善之分，它本身具有天然性，导致性走向善与不善的殊途只能是势即环境。

郭店简在人性论方面的贡献就是从心中找到了性情产生的根据。性和情是如何产生的？二者之间有什么关系？孔子没有具体谈到这个问题。《论语·公冶长》曰：“子贡曰：‘夫子之文章，可得而闻也；夫子之言性与天道，不可得而闻也。’”[②]可见，孔子很少在公众场合谈论性与天道这类比较玄妙的问题。从“性相近、习相远”推论，当时应该从经验层次上知道二者的关系，但是没能从逻辑上论证二者如何生成，以及如何相互作用。笔者认为，《性自命出》最大的贡献就是详尽地谈到了性与情的起源和关系问题。“性自命出，命自天降。道始于情，情生于性。”（简 2、简 3）性情的衍生顺序与《中庸》的“天命之谓性，率性之谓道，修道之谓教”基本一致：天—命—性—情—道。

《性自命出》开宗明义地指出：“情生于性。”（简 3）有关“情出于性”（简 40）的观点又大量见之于《语丛二》：

> 情生于性，礼生于情。（简 1）
> 爱生于性，亲生于爱。（简 9）
> 欲生于性，虑生于欲。（简 12）
> 智生于性，卯生于智。（简 22）
> 子生于性，易生于子。（简 23）
> 恶生于性，怒生于恶。（简 25）
> 喜生于性，乐生于喜，悲生于乐。（简 28、简 29）
> 恒生于性，忧生于温，哀生于忧。（简 30、简 31）
> 惧生少性，监生少惧。（简 32）
> 强生于性，立生于强。（简 34）

① 陈伟等：《楚地出土战国简册（十四种）》，经济科学出版社 2009 年版，第 221 页。
② 转引自杨伯峻：《论语译注》，中华书局 1980 年版，第 46 页。

弱生于性，疑生于弱。（简 36）[①]

由此可见，郭店简所见之“性”含义丰富，人的喜、怒、哀、乐、好、恶、忧、惧、智等皆是心、性的表现，它们之间的关系及其内容错综复杂。简文《性自命出》所谈及的性与情的关系是什么呢？所谓性，实际上是一种输出“情”的功能。性是人人都具有的“喜怒哀悲”之类的生物属性，是人的情感的表现。总结郭店简所言的“性”，其实质上是一种自然人性论。

郭店简的发现无疑填补了思孟之间性情论传承的空白，并有助于我们窥见他们思想的堂奥。孔子之后的人性论，对于后人来说一直是一个谜团。我们发现，楚地儒简所提出的性情论具有一定的特色，既不是性善论，又不是性恶论，或者说是比告子“生之谓性”还要复杂的一类。时间可以掩盖一切故事，遥想当年郭店简中的十四篇儒家文献从文化繁荣的齐鲁流传到落后的楚国，结果被喜欢读书的贵族带到墓中，可见当时儒学流布的空间之广、影响之大。

① 参阅陈伟等：《楚地出土战国简册（十四种）》，经济科学出版社 2009 年版，第 537-538 页。

后　　记

本书是由我、邢起龙（湖北工业大学副教授）和我的同事杨足仪教授共同组织完成的。之所以邀请邢博士参与，一是因为他是我们的团队成员之一，长期支持和参与我们的学术活动，与我们有共同的爱好和志趣；二是他多年来一直致力于中国心灵哲学的学习和研究，并拿到了国家社会科学基金立项资助的唯一以“竹简心灵哲学”为主题的青年项目。本书最后一章对楚竹简心灵哲学的解读就由他完成。另外，他在文献搜集整理、古汉字的拼写校对、引文核对等方面协助我做了大量工作。研究生束海波、刘凯、胡孝聪、陈帅、吴燕、马明秀、刘蓓蓓、罗岩超、卢锐、陈德升等帮忙做了一些校对和引文核对的工作。特别值得一提的是，张文龙同志以扎实的基本功、宽广的知识背景和一丝不苟的严谨态度，在资料搜集、文献整理、注释规范处理、引文核对、错漏改正、文字推敲润色等方面做了大量极有价值的工作，在每一遍的校对中，他还对许多内容、表述的修改或改进提出了自己的意见，为本书尽量少留遗憾、提升质量，实际上是作为一个作者在发挥作用。本书能够顺利出版，离不开科学出版社领导和编辑的厚爱与大力支持，尤其是责任编辑邹聪女士、刘溪先生和张楠女士，他们的热忱、严谨、认真、负责及在编校本书过程中所付出的巨大心血，令我感动不已。在此，对这些为本书完成做了奉献的同志表示衷心的感谢。当然，本书若还有错漏，无疑应由我来负责。本书关注的课题在我国属新生的学术领域，我们的研究是尝试性的，问题肯定会有，欢迎读者批评指正。

高新民

2019年9月1日